Deutsches Kunststoff-Institut
Schloßgartenstraße 6R
6100 Darmstadt

Dr.-Ing. Bodo Carlowitz
Am Erdbeerstein 54
6240 Königstein im Taunus

Dipl.-Chem. Jutta Wierer
Deutsches Kunststoff-Institut
Schloßgartenstraße 6R
6100 Darmstadt

Die vorliegende Datensammlung stellt eine Auswahl
aus der Datenbank „Polymat" dar

ISBN 978-3-662-12467-3 ISBN 978-3-662-12466-6 (eBook)
DOI 10.1007/978-3-662-12466-6

Ursprünglich erschienin bei Springer-Verlag Berlin Heidelberg in 1989
Softcover reprint of the hardcover 1st edition 1989

2151/3130-543210

KUNSTSTOFFE

Technische Daten von Handelsprodukten

Thermoplaste

Merkblätter 3201-3600

9

Herausgegeben vom
Deutschen Kunststoff-Institut

Bearbeitet von
B. Carlowitz und J. Wierer

Springer-Verlag Berlin Heidelberg GmbH

Geleitwort

Die für den Forschungs- und Entwicklungsprozeß in Wissenschaft und Praxis benötigten Informationen werden in zunehmendem Maße über Datenbanken zur Verfügung gestellt, die den direkten Zugriff auf Literaturhinweise, auf Fakten oder auch auf den Volltext eines Dokumentes gestatten. Die Bundesregierung fördert den Aufbau derartiger Datenbanken, da sie der Überzeugung ist, hiermit einen Beitrag zur Schaffung optimaler Voraussetzungen für den wissenschaftlichen Fortschritt und den industriellen Innovationsprozeß zu erbringen. Die gerade in der Bundesrepublik auf einer anerkannten Tradition beruhenden gedruckten Informationsdienste verlieren gegenüber elektronischer Fachinformation aber keineswegs an Bedeutung, da sie als preiswerte Nachschlagewerke jederzeit verfügbar sind.

Mit den vorliegenden ersten Bänden der Datensammlung „Kunststoffe – Technische Daten von Handelsprodukten" liegt ein Werk vor, das auf der Datenbank POLYMAT aufbaut. Diese Datenbank des Deutschen Kunststoff-Instituts wird vom Fachinformationszentrum Chemie über das Fachinformationszentrum Karlsruhe im internationalen Verbundsystem Scientific and Technical Information Network (STN) im Online-Zugriff angeboten. Im vorliegenden Werk sehe ich einen wichtigen Beitrag zur Forschung und Entwicklung in einem immer bedeutender werdenden Werkstoffbereich und bin davon überzeugt, daß hiermit allen auf diesem Gebiet Tätigen ein nützliches und gerne genutztes Informationsmittel in die Hand gegeben wird.

Probst

Dr. Albert Probst
Parlamentarischer Staatssekretär im
Bundesministerium für Forschung und Technologie

Vorwort

Die vorliegende Sammlung technischer Daten soll Konstrukteuren, Verarbeitern und Anwendern von Kunststoffen den Überblick über das Werkstoffangebot erleichtern. Sie soll bei der Werkstoffauswahl unterstützen und den Zugriff auf die für moderne, rechner-gestützte Fertigungsverfahren erforderlichen Daten vereinfachen.

Wie jede Zusammenstellung von Werkstoffkennwerten auf Merkblättern kann auch diese Sammlung nur die gegenwärtige Situation widerspiegeln. Lücken bei der Verfügbarkeit von Meßwerten und Unzulänglichkeiten bei der Vereinheitlichung der Prüfverfahren werden auf diese Weise deutlicher sichtbar. Aufgabe der für die Kunststoffprüfung und die Normung zuständigen Gremien und der Rohstoff-Hersteller ist es, sich um weitere Verbesserungen zu bemühen. Auch der Fachmann, der die tabellierten Werte zur Lösung seiner konstruktiven Aufgaben verwendet, wird aus der Verantwortung für die Beurteilung und Interpretation der Daten nicht entlassen. Das vorliegende Werk kann und soll weder Fachwissen noch Erfahrung ersetzen, sondern nur von der unproduktiven Arbeit des Suchens entlasten und das bestehende Angebot an Werkstoffen und an Werkstoffdaten transparent machen.

Für das Sammeln, Beurteilen und Auswählen der Daten wie auch für ihre Präsentation auf den Merkblättern zeichnet Herr Dr. B. Carlowitz verantwortlich. Die dokumentarische und organisatorische Betreuung des Werkes oblag Frau Dipl.-Chem. J. Wierer, die dabei von weiteren Mitarbeitern des Deutschen Kunststoff-Instituts unterstützt wurde. Hier sind vor allem die Herren Dipl.-Ing. N. Herrlich und Dipl.-Ing. V. Mauler zu nennen. An der Harmonisierung und Korrektur der chemischen Bezeichnungen und der Datei Chemikalienbeständigkeit haben Frau Dipl.-Chem. G. Klump und Frau Dipl.-Ing. S. Zopf mitgewirkt. Die Fachinformationszentrum Chemie GmbH hat die Programmierung und Datenverarbeitung für die Selektion und Aufbereitung der Daten für den Druck übernommen und die Register erstellt; beteiligt hierbei waren insbesondere Herr Dr. F. Ehrhardt und Herr Dipl.-Chem. U. Klingebiel.

Schließlich sei nicht versäumt, auf die Bemühungen von Herrn Dr. A. Franck, Stuttgart, um die Veröffentlichung des Werkes hinzuweisen.

Die Datensammlung und die ihr zugrunde liegende Datenbank wurde vom Bundesminister für Forschung und Technologie gefördert.

Allen, die am Zustandekommen dieses Werkes mitgewirkt haben, sei an dieser Stelle für Ihren Einsatz, für zahlreiche Anregungen und für wertvolle ideelle und materielle Hilfe gedankt.

Prof. Dr. D. Braun
Leiter des Deutschen Kunststoff-Instituts
Darmstadt, April 1989

Gesamtinhaltsverzeichnis

Band: Erläuterungen und Register

Datenbank-Nr. **T05129** Merkblatt-Nr. **3201**

Produkt	Polyamid 11		**PA**
Handelsname	**Rilsan BESN**		
Hersteller	ATO		
DIN-Bez 1			
DIN-Bez 2			
Zusätze		*Füllstoffe/ Verstärkung*	
Bevorzugte Verarbeitung	Extrudieren	*Lieferform*	Granulat
		Farben	Natur; Standard
Besondere Merkmale	Standard-Typ; Steif	*Bevorzugte Anwendungen*	Rohr mit geringem Durchmesser ca. 3 bis 25 mm und niedriger Wanddicke

Dichte	g/cm^3	1.04	*Schmelzindex*	g/10 min	:
Schüttdichte	g/cm^3		*Volumenfließindex*	$cm^3/10$ min	:
Viskositätszahl	ml/g	160			

Verarbeitungsbedingungen für Spritzgießen

Massetemp.	°C	*Schwindung*	% lgs , quer
Werkzeugtemp.	°C	*Bemerkungen*	
Spritzdruck	bar		

Zugversuch 23 °C

Probekörper: *Form* *Herstellung*
Zustand *Vorbehandlung*

Streckspannung	N/mm^2	*Dehnung bei Streckspannung*	%
Zugfestigkeit	N/mm^2	*Reißdehnung*	%
Reißfestigkeit	N/mm^2	*% Dehnspannung*	N/mm^2
E-Modul	N/mm^2	*Dehnung bei % Dehnspg.*	%

Kriechmoduln und Zeitstandwerte 23 °C

Probekörper: *Form* *Herstellung*
Zustand *Vorbehandlung*

Kriechmodul	*1 min* N/mm^2	*Zeitstandzugfestigkeit*	h	N/mm^2
Kriechmodul	*1000 h* N/mm^2	*Zeitdehnspg. %*	h	N/mm^2
bei Spannung	N/mm^2			

Biegeversuch 23 °C

Probekörper: *Form* *Herstellung*
Zustand *Vorbehandlung*

Biegefestigkeit	N/mm^2	*E-Modul*	N/mm^2
3,5% *Biegespannung*	N/mm^2		

Härte 23 °C *Probekörper:* *Zustand* *Herstellung*
Vorbehandlung

Kugeldruckhärte	N/mm^2 bei N, s	*Shore-Härte* A	
Rockwellhärte		*Shore-Härte* D	

Schlagversuch *Probekörper:* *(1)*
(2) *Herstellung*
Zustand *Vorbehandlung*

	°C	°C	°C	*Probekörper-Form*
Schlagzähigkeit kJ/m^2				
Kerbschlagzähigkeit (1) kJ/m^2				
IZOD-Kerbschlagzähigkeit (2) J/m				
Kerbschlagzugzähigkeit kJ/m^2				

Abrieb und Reibung

Taber-Abrieb (Reibradverfahren)	mm^3/100 U		
Abriebfaktor LNP (Thrust washer) Vergleichswert			
Statische Reibungszahl			
Dynamische Reibungszahl	(p · v=	N/mm² ·	m/min)
Zulässiger p · v Wert	N/mm² · (m/min)	v=	m/min
		v=	m/min

Thermische Eigenschaften

Formbeständigkeit in der Wärme	*Verfahren*	A		50–65 °C
	Verfahren	B		150–160 °C
Vicat Erweichungstemperatur (VST)	*Verfahren*			°C
	Verfahren			°C
Kristallit-Schmelzpunkt	*Verfahren*	ASTM D 789		185 °C
Längenausdehnungskoeffizient	*Bereich*	-30–40	°C	$0.91 \cdot 10^{-4}K^{-1}$
	Temperatur	°C		$\cdot 10^{-4}K^{-1}$
Wärmeleitfähigkeit	*Verfahren*			W/(K · m)
Spezifische Wärmekapazität	*Verfahren*			J/(K · g)
Glasumwandlungstemperatur	*Torsionsschwingungsversuch*		°C	
	Differentialkalorimetrie		°C	

Brandverhalten

UL-Test vertikal — Dicke mm, Wert
Dicke mm, Wert

	Norm	*Bewertung*	*Abmessungen*
Sauerstoff-Index	ASTM D 2863		
Glühstab-Verfahren			
Brandverhalten	DIN 4102		
MVSS			
FAR			

Elektrische Eigenschaften

		Hz	°C		*Probekörper, Form*
Dielektrizitätszahl		50			
		10^3			
		10^6			
Dielektrischer Verlustfaktor tan δ		50			
		10^3			
		10^6			
Spezifischer Durchgangswiderstand	Ohm · cm		20	7.8*10**13	
Durchschlagfestigkeit	kV/mm		20	17	3.0 mm dick
Oberflächenwiderstand	Ohm		20	2.0*10**14	

Kriechstromfestigkeit — KC — KB — KA
Elektrolytische Korrosionswirkung
Lichtbogenfestigkeit nach DIN
nach ASTM s

Beständigkeit *(Chemische Beständigkeit siehe Anhang)*

Wasseraufnahme 20 C	1 d	0.23 %
Feuchtigkeitsaufnahme Normalklima		%
Wetterbeständigkeit		
Spannungskorrosion		

Optische Eigenschaften

Brechungszahl n_D
Transmissionsgrad τ_c % mm dick
Lichtdurchlässigkeit

Datenbank-Nr.	**T05130**		Merkblatt-Nr. **3202**
Produkt	Polyamid 11		**PA**
Handelsname	**Rilsan BESV**		
Hersteller	ATO		
DIN-Bez 1			
DIN-Bez 2			
Zusätze		Füllstoffe/ Verstärkung	
Bevorzugte Verarbeitung	Extrudieren; Blasformen	Lieferform	Granulat
		Farben	Natur; Standard
Besondere Merkmale	Hochviskos; Steif	Bevorzugte Anwendungen	Rohr; Profil; Hohlkoerper bis ca. 5 l Inhalt

Dichte	g/cm^3	1.04	Schmelzindex	g/10 min	:
Schüttdichte	g/cm^3		Volumenfließindex	$cm^3/10$ min	:
Viskositätszahl	ml/g	210			

Verarbeitungsbedingungen für Spritzgießen

Massetemp.	°C	Schwindung	% lgs , quer
Werkzeugtemp.	°C	Bemerkungen	
Spritzdruck	bar		

Zugversuch 23 °C

Probekörper: Form / Zustand — Herstellung / Vorbehandlung

Streckspannung	N/mm^2	Dehnung bei Streckspannung	%
Zugfestigkeit	N/mm^2	Reißdehnung	%
Reißfestigkeit	N/mm^2	% Dehnspannung	N/mm^2
E-Modul	N/mm^2	Dehnung bei % Dehnspg.	%

Kriechmoduln und Zeitstandwerte 23 °C

Probekörper: Form / Zustand — Herstellung / Vorbehandlung

Kriechmodul	1 min N/mm^2	Zeitstandzugfestigkeit	h N/mm^2
Kriechmodul	1000 h N/mm^2	Zeitdehnspg. %	h N/mm^2
bei Spannung	N/mm^2		

Biegeversuch 23 °C

Probekörper: Form / Zustand — Herstellung / Vorbehandlung

Biegefestigkeit	N/mm^2	E-Modul	N/mm^2
3,5% Biegespannung	N/mm^2		

Härte 23 °C Probekörper: Zustand — Herstellung / Vorbehandlung

Kugeldruckhärte	N/mm^2 bei N, s	Shore-Härte A	
Rockwellhärte		Shore-Härte D	

Schlagversuch Probekörper: (1) / (2) / Zustand — Herstellung / Vorbehandlung

		°C	°C	°C	Probekörper-Form
Schlagzähigkeit	kJ/m^2				
Kerbschlagzähigkeit (1)	kJ/m^2				
IZOD-Kerbschlagzähigkeit (2)	J/m				
Kerbschlagzugzähigkeit	kJ/m^2				

Abrieb und Reibung

Taber-Abrieb (Reibradverfahren)	mm³/100 U		
Abriebfaktor LNP (Thrust washer) Vergleichswert			
Statische Reibungszahl			
Dynamische Reibungszahl	(p · v= N/mm² ·		m/min)
Zulässiger p · v Wert	N/mm² · (m/min)	v=	m/min
		v=	m/min

Thermische Eigenschaften

Formbeständigkeit in der Wärme	*Verfahren*	A		50–65 °C
	Verfahren	B		150–160 °C
Vicat Erweichungstemperatur (VST)	*Verfahren*			°C
	Verfahren			°C
Kristallit-Schmelzpunkt	*Verfahren*	ASTM D 789		185 °C
Längenausdehnungskoeffizient	*Bereich*	-30–40	°C	$0.91 \cdot 10^{-4} K^{-1}$
	Temperatur	°C		$\cdot 10^{-4} K^{-1}$
Wärmeleitfähigkeit	*Verfahren*			W/(K · m)
Spezifische Wärmekapazität	*Verfahren*			J/(K · g)
Glasumwandlungstemperatur	*Torsionsschwingungsversuch*		°C	
	Differentialkalorimetrie		°C	

Brandverhalten

UL-Test vertikal		Dicke mm, Wert	
		Dicke mm, Wert	
	Norm	*Bewertung*	*Abmessungen*
Sauerstoff-Index	ASTM D 2863		
Glühstab-Verfahren			
Brandverhalten	DIN 4102		
MVSS			
FAR			

Elektrische Eigenschaften

		Hz	°C			*Probekörper, Form*
Dielektrizitätszahl		50				
		10^3				
		10^6				
Dielektrischer Verlustfaktor tan δ		50				
		10^3				
		10^6				
Spezifischer Durchgangs-widerstand	Ohm · cm		20	7.8*10**13		
Durchschlagfestigkeit	kV/mm		20	17		3.0 mm dick
Oberflächenwiderstand	Ohm		20	2.0*10**14		
Kriechstromfestigkeit		KC		KB	KA	
Elektrolytische Korrosionswirkung						
Lichtbogenfestigkeit nach DIN						
nach ASTM	s					

Beständigkeit *(Chemische Beständigkeit siehe Anhang)*

Wasseraufnahme 20 C	1 d	0.23 %	
Feuchtigkeitsaufnahme Normalklima			%
Wetterbeständigkeit			
Spannungskorrosion			

Optische Eigenschaften

Brechungszahl n_D		
Transmissionsgrad τ_c	%	mm dick
Lichtdurchlässigkeit		

Produkt	Polyamid 11		**PA**
Handelsname	**Rilsan BESH V**		
Hersteller	ATO		
DIN-Bez 1			
DIN-Bez 2			
Zusätze		*Füllstoffe/ Verstärkung*	
Bevorzugte Verarbeitung	Extrudieren; Blasformen	*Lieferform*	Granulat
		Farben	Natur; Standard
Besondere Merkmale	Steif; Sehr hochviskos	*Bevorzugte Anwendungen*	Hohlkoerper grosser Dimension; Bierfass; Reservekanister; Profil

Dichte	g/cm³	1.04	*Schmelzindex*	g/10 min	:
Schüttdichte	g/cm³		*Volumenfließindex*	cm³/10 min	:
Viskositätszahl	ml/g	260			

Verarbeitungsbedingungen für Spritzgießen

Massetemp.	°C	*Schwindung*	% lgs , quer
Werkzeugtemp.	°C	*Bemerkungen*	
Spritzdruck	bar		

Zugversuch 23 °C

Probekörper: *Form* *Zustand* — *Herstellung* *Vorbehandlung*

Streckspannung	N/mm²	*Dehnung bei Streckspannung*	%
Zugfestigkeit	N/mm²	*Reißdehnung*	%
Reißfestigkeit	N/mm²	*% Dehnspannung*	N/mm²
E-Modul	N/mm²	*Dehnung bei % Dehnspg.*	%

Kriechmoduln und Zeitstandwerte 23 °C

Probekörper: *Form* *Zustand* — *Herstellung* *Vorbehandlung*

Kriechmodul	*1 min* N/mm²	*Zeitstandzugfestigkeit*	h N/mm²
Kriechmodul	*1000 h* N/mm²	*Zeitdehnspg. %*	h N/mm²
bei Spannung	N/mm²		

Biegeversuch 23 °C

Probekörper: *Form* *Zustand* — *Herstellung* *Vorbehandlung*

Biegefestigkeit	N/mm²	*E-Modul*	N/mm²
3,5% *Biegespannung*	N/mm²		

Härte 23 °C *Probekörper:* *Zustand* — *Herstellung* *Vorbehandlung*

Kugeldruckhärte	N/mm² bei N, s	*Shore-Härte* A
Rockwellhärte		*Shore-Härte* D

Schlagversuch *Probekörper:* *(1)* *(2)* *Zustand* — *Herstellung* *Vorbehandlung*

		°C	°C	°C	*Probekörper-Form*
Schlagzähigkeit	kJ/m²				
Kerbschlagzähigkeit (1)	kJ/m²				
IZOD-Kerbschlagzähigkeit (2)	J/m				
Kerbschlagzugzähigkeit	kJ/m²				

Abrieb und Reibung

Taber-Abrieb (Reibradverfahren)	mm^3/100 U		
Abriebfaktor LNP (Thrust washer) Vergleichswert			
Statische Reibungszahl			
Dynamische Reibungszahl	(p·v=	N/mm²·	m/min)
Zulässiger p · v Wert	N/mm²·(m/min)	v=	m/min
		v=	m/min

Thermische Eigenschaften

Formbeständigkeit in der Wärme	*Verfahren*	A		50–65 °C
	Verfahren	B		150–160 °C
Vicat Erweichungstemperatur (VST)	*Verfahren*			°C
	Verfahren			°C
Kristallit-Schmelzpunkt	*Verfahren*	ASTM D 789		185 °C
Längenausdehnungskoeffizient	*Bereich*	-30–40	°C	$0.91 \cdot 10^{-4} K^{-1}$
	Temperatur	°C		$\cdot 10^{-4} K^{-1}$
Wärmeleitfähigkeit	*Verfahren*			W/(K · m)
Spezifische Wärmekapazität	*Verfahren*			J/(K · g)
Glasumwandlungstemperatur	*Torsionsschwingungsversuch*		°C	
	Differentialkalorimetrie		°C	

Brandverhalten

UL-Test vertikal	Dicke	mm, Wert	
	Dicke	mm, Wert	

	Norm	*Bewertung*	*Abmessungen*
Sauerstoff-Index	ASTM D 2863		
Glühstab-Verfahren			
Brandverhalten	DIN 4102		
MVSS			
FAR			

Elektrische Eigenschaften

		Hz	°C		*Probekörper, Form*
Dielektrizitätszahl		50			
		10^3			
		10^6			
Dielektrischer Verlustfaktor tan δ		50			
		10^3			
		10^6			
Spezifischer Durchgangswiderstand	Ohm · cm		20	7.8*10**13	
Durchschlagfestigkeit	kV/mm		20	17	3.0 mm dick
Oberflächenwiderstand	Ohm		20	2.0*10**14	

Kriechstromfestigkeit	KC	KB	KA
Elektrolytische Korrosionswirkung			
Lichtbogenfestigkeit nach DIN			
nach ASTM s			

Beständigkeit *(Chemische Beständigkeit siehe Anhang)*

Wasseraufnahme 20 C	1 d	0.23 %
Feuchtigkeitsaufnahme Normalklima		%
Wetterbeständigkeit		
Spannungskorrosion		

Optische Eigenschaften

Brechungszahl n_D		
Transmissionsgrad τ_c	%	mm dick
Lichtdurchlässigkeit		

Produkt	Polyamid 11		**PA**
Handelsname	**Rilsan BESN P20**		
Hersteller	ATO		
DIN-Bez 1			
DIN-Bez 2			
Zusätze	Weichmacher	*Füllstoffe/ Verstärkung*	
Bevorzugte Verarbeitung	Extrudieren	*Lieferform*	Granulat
		Farben	Natur; Standard
Besondere Merkmale	Halbflexibel	*Bevorzugte Anwendungen*	Rohr

Dichte	g/cm^3	1.05	*Schmelzindex*	g/10 min	:
Schüttdichte	g/cm^3		*Volumenfließindex*	$cm^3/10$ min	:
Viskositätszahl	ml/g	180			

Verarbeitungsbedingungen für Spritzgießen

Massetemp.	°C	*Schwindung*	% lgs , quer
Werkzeugtemp.	°C	*Bemerkungen*	
Spritzdruck	bar		

Zugversuch 23 °C

Probekörper: *Form* *Herstellung*
Zustand *Vorbehandlung*

Streckspannung	N/mm^2	*Dehnung bei Streckspannung*	%
Zugfestigkeit	N/mm^2	*Reißdehnung*	%
Reißfestigkeit	N/mm^2	*% Dehnspannung*	N/mm^2
E-Modul	N/mm^2	*Dehnung bei % Dehnspg.*	%

Kriechmoduln und Zeitstandwerte 23 °C

Probekörper: *Form* *Herstellung*
Zustand *Vorbehandlung*

Kriechmodul	*1 min* N/mm^2	*Zeitstandzugfestigkeit*	h N/mm^2
Kriechmodul	*1000 h* N/mm^2	*Zeitdehnspg. %*	h N/mm^2
bei Spannung	N/mm^2		

Biegeversuch 23 °C

Probekörper: *Form* *Herstellung*
Zustand *Vorbehandlung*

Biegefestigkeit	N/mm^2	*E-Modul*	N/mm^2
3,5% *Biegespannung*	N/mm^2		

Härte 23 °C *Probekörper:* *Zustand* *Herstellung*
Vorbehandlung

Kugeldruckhärte	N/mm^2 bei N, s	*Shore-Härte*	A
Rockwellhärte		*Shore-Härte*	D

Schlagversuch *Probekörper:* *(1)*
(2) *Herstellung*
Zustand *Vorbehandlung*

		°C	°C	°C	*Probekörper-Form*
Schlagzähigkeit	kJ/m^2				
Kerbschlagzähigkeit (1)	kJ/m^2				
IZOD-Kerbschlagzähigkeit (2)	J/m				
Kerbschlagzugzähigkeit	kJ/m^2				

Abrieb und Reibung

Taber-Abrieb (Reibradverfahren)	mm³/100 U		
Abriebfaktor LNP (Thrust washer) Vergleichswert			
Statische Reibungszahl			
Dynamische Reibungszahl	(p·v= N/mm² ·		m/min)
Zulässiger p · v Wert	N/mm² · (m/min)	v=	m/min
		v=	m/min

Thermische Eigenschaften

Formbeständigkeit in der Wärme	*Verfahren* A		50–60 °C
	Verfahren B		140–155 °C
Vicat Erweichungstemperatur (VST)	*Verfahren*		°C
	Verfahren		°C
Kristallit-Schmelzpunkt	*Verfahren* ASTM D 789		185 °C
Längenausdehnungskoeffizient	*Bereich*	°C	$\cdot 10^{-4} K^{-1}$
	Temperatur		$\cdot 10^{-4} K^{-1}$
Wärmeleitfähigkeit	*Verfahren*		W/(K · m)
Spezifische Wärmekapazität	*Verfahren*		J/(K · g)
Glasumwandlungstemperatur	*Torsionsschwingungsversuch*	°C	
	Differentialkalorimetrie	°C	

Brandverhalten

UL-Test vertikal	Dicke	mm, Wert
	Dicke	mm, Wert

	Norm	*Bewertung*	*Abmessungen*
Sauerstoff-Index	ASTM D 2863		
Glühstab-Verfahren			
Brandverhalten	DIN 4102		
MVSS			
FAR			

Elektrische Eigenschaften

		Hz	°C			*Probekörper, Form*
Dielektrizitätszahl		50				
		10^3				
		10^6				
Dielektrischer Verlustfaktor tan δ		50				
		10^3				
		10^6				
Spezifischer Durchgangs-widerstand	Ohm · cm		20	3.3*10**11		
Durchschlagfestigkeit	kV/mm		20	17		3.0 mm dick
Oberflächenwiderstand	Ohm		20	9.8*10**12		
Kriechstromfestigkeit		KC		KB	KA	
Elektrolytische Korrosionswirkung						
Lichtbogenfestigkeit nach DIN						
nach ASTM	s					

Beständigkeit *(Chemische Beständigkeit siehe Anhang)*

Wasseraufnahme 20 C	1 d	0.23 %	
Feuchtigkeitsaufnahme Normalklima			%
Wetterbeständigkeit			
Spannungskorrosion			

Optische Eigenschaften

Brechungszahl n_D		
Transmissionsgrad τ_c	%	mm dick
Lichtdurchlässigkeit		

Datenbank-Nr. **T05133** Merkblatt-Nr. **3205**

PA

Produkt	Polyamid 11		
Handelsname	**Rilsan BESN P40**		
Hersteller	ATO		
DIN-Bez 1			
DIN-Bez 2			
Zusätze	Weichmacher	*Füllstoffe/ Verstärkung*	
Bevorzugte Verarbeitung	Extrudieren	*Lieferform*	Granulat
		Farben	Natur; Standard
Besondere Merkmale	Flexibel	*Bevorzugte Anwendungen*	Rohr

Dichte	g/cm³	1.06	*Schmelzindex*	g/10 min	:
Schüttdichte	g/cm³		*Volumenfließindex*	cm³/10 min	:
Viskositätszahl	ml/g	180			

Verarbeitungsbedingungen für Spritzgießen

Massetemp. °C
Werkzeugtemp. °C
Spritzdruck bar

Schwindung % lgs , quer
Bemerkungen

Zugversuch 23 °C

Probekörper: *Form* *Zustand* *Herstellung* *Vorbehandlung*

Streckspannung	N/mm²	*Dehnung bei Streckspannung*	%
Zugfestigkeit	N/mm²	*Reißdehnung*	%
Reißfestigkeit	N/mm²	*% Dehnspannung*	N/mm²
E-Modul	N/mm²	*Dehnung bei % Dehnspg.*	%

Kriechmoduln und Zeitstandwerte 23 °C

Probekörper: *Form* *Zustand* *Herstellung* *Vorbehandlung*

Kriechmodul	*1 min* N/mm²	*Zeitstandzugfestigkeit*	h N/mm²
Kriechmodul	*1000 h* N/mm²	*Zeitdehnspg. %*	h N/mm²
bei Spannung	N/mm²		

Biegeversuch 23 °C

Probekörper: *Form* *Zustand* *Herstellung* *Vorbehandlung*

Biegefestigkeit	N/mm²	*E-Modul*	N/mm²
3,5% *Biegespannung*	N/mm²		

Härte 23 °C *Probekörper:* *Zustand* *Herstellung* *Vorbehandlung*

Kugeldruckhärte	N/mm² bei N, s	*Shore-Härte* A	
Rockwellhärte		*Shore-Härte* D	

Schlagversuch *Probekörper:* *(1)* *(2)* *Zustand* *Herstellung* *Vorbehandlung*

		°C	°C	°C	*Probekörper-Form*
Schlagzähigkeit	kJ/m²				
Kerbschlagzähigkeit (1)	kJ/m²				
IZOD-Kerbschlagzähigkeit (2)	J/m				
Kerbschlagzugzähigkeit	kJ/m²				

Abrieb und Reibung

Taber-Abrieb (Reibradverfahren) mm^3/100 U
Abriebfaktor LNP (Thrust washer) Vergleichswert
Statische Reibungszahl
Dynamische Reibungszahl (p·v= N/mm^2· m/min)
Zulässiger p·v Wert N/mm^2·(m/min) v= m/min
v= m/min

Thermische Eigenschaften

Formbeständigkeit in der Wärme	*Verfahren* A		40–50 °C
	Verfahren B		130–150 °C
Vicat Erweichungstemperatur (VST)	*Verfahren*		°C
	Verfahren		°C
Kristallit-Schmelzpunkt	*Verfahren* ASTM D 789		185 °C
Längenausdehnungskoeffizient	*Bereich* °C		$\cdot 10^{-4}K^{-1}$
	Temperatur		$\cdot 10^{-4}K^{-1}$
Wärmeleitfähigkeit	*Verfahren*		W/(K·m)
Spezifische Wärmekapazität	*Verfahren*		J/(K·g)
Glasumwandlungstemperatur	*Torsionsschwingungsversuch*	°C	
	Differentialkalorimetrie	°C	

Brandverhalten

UL-Test vertikal Dicke mm, Wert
Dicke mm, Wert

	Norm	*Bewertung*	*Abmessungen*
Sauerstoff-Index	ASTM D 2863		
Glühstab-Verfahren			
Brandverhalten	DIN 4102		
MVSS			
FAR			

Elektrische Eigenschaften

		Hz	°C		*Probekörper, Form*
Dielektrizitätszahl		50			
		10^3			
		10^6			
Dielektrischer Verlustfaktor tan δ		50			
		10^3			
		10^6			
Spezifischer Durchgangs-widerstand	Ohm·cm		20	9.1*10**10	
Durchschlagfestigkeit	kV/mm		20	18	3.0 mm dick
Oberflächenwiderstand	Ohm		20	1.0*10**12	

Kriechstromfestigkeit KC KB KA
Elektrolytische Korrosionswirkung
Lichtbogenfestigkeit nach DIN
nach ASTM s

Beständigkeit *(Chemische Beständigkeit siehe Anhang)*

Wasseraufnahme 20 C 1 d 0.23 %

Feuchtigkeitsaufnahme Normalklima %
Wetterbeständigkeit

Spannungskorrosion

Optische Eigenschaften

Brechungszahl n_D
Transmissionsgrad τ_c % mm dick
Lichtdurchlässigkeit

Datenbank-Nr. **T05134** Merkblatt-Nr. **3206**

Produkt	Polyamid 11		**PA**
Handelsname	**Rilsan BESN G9**		
Hersteller	ATO		
DIN-Bez 1			
DIN-Bez 2			
Zusätze	Graphit	*Füllstoffe/ Verstärkung*	
Bevorzugte Verarbeitung	Extrudieren	*Lieferform*	Granulat
		Farben	Grau-Metallisch
Besondere Merkmale	Geringer Reibungskoeffizient; Gute Druckfestigkeit	*Bevorzugte Anwendungen*	Rohr mit geringem Durchmesser fuer Kommando- und Befehlsleitungen; Bowdenzug

Dichte	g/cm^3	1.09	*Schmelzindex*	g/10 min	:
Schüttdichte	g/cm^3		*Volumenfließindex*	cm^3/10 min	:
Viskositätszahl	ml/g	165			

Verarbeitungsbedingungen für Spritzgießen

Massetemp.	°C	*Schwindung*	% lgs , quer
Werkzeugtemp.	°C	*Bemerkungen*	
Spritzdruck	bar		

Zugversuch 23 °C

Probekörper: *Form* / *Zustand* — *Herstellung* / *Vorbehandlung*

Streckspannung	N/mm^2	*Dehnung bei Streckspannung*	%
Zugfestigkeit	N/mm^2	*Reißdehnung*	%
Reißfestigkeit	N/mm^2	*% Dehnspannung*	N/mm^2
E-Modul	N/mm^2	*Dehnung bei % Dehnspg.*	%

Kriechmoduln und Zeitstandwerte 23 °C

Probekörper: *Form* / *Zustand* — *Herstellung* / *Vorbehandlung*

Kriechmodul	*1 min* N/mm^2	*Zeitstandzugfestigkeit*	h N/mm^2
Kriechmodul	*1000 h* N/mm^2	*Zeitdehnspg. %*	h N/mm^2
bei Spannung	N/mm^2		

Biegeversuch 23 °C

Probekörper: *Form* / *Zustand* — *Herstellung* / *Vorbehandlung*

Biegefestigkeit	N/mm^2	*E-Modul*	N/mm^2
3,5% *Biegespannung*	N/mm^2		

Härte 23 °C *Probekörper:* *Zustand* — *Herstellung* / *Vorbehandlung*

Kugeldruckhärte	N/mm^2 bei N, s	*Shore-Härte*	A
Rockwellhärte		*Shore-Härte*	D

Schlagversuch *Probekörper:* *(1)* / *(2)* / *Zustand* — *Herstellung* / *Vorbehandlung*

		°C	°C	°C	*Probekörper-Form*
Schlagzähigkeit	kJ/m^2				
Kerbschlagzähigkeit (1)	kJ/m^2				
IZOD-Kerbschlagzähigkeit (2)	J/m				
Kerbschlagzugzähigkeit	kJ/m^2				

Abrieb und Reibung

Taber-Abrieb (Reibradverfahren)	mm^3/100 U		
Abriebfaktor LNP (Thrust washer) Vergleichswert			
Statische Reibungszahl			
Dynamische Reibungszahl	(p·v= N/mm²·		m/min)
Zulässiger p · v Wert	N/mm²·(m/min)	v=	m/min
		v=	m/min

Thermische Eigenschaften

Formbeständigkeit in der Wärme	*Verfahren* A		56 °C
	Verfahren B		168 °C
Vicat Erweichungstemperatur (VST)	*Verfahren*		°C
	Verfahren		°C
Kristallit-Schmelzpunkt	*Verfahren* ASTM D 789		185 °C
Längenausdehnungskoeffizient	*Bereich* -30–40 °C		$0.91 \cdot 10^{-4}K^{-1}$
	Temperatur °C		$\cdot 10^{-4}K^{-1}$
Wärmeleitfähigkeit	*Verfahren*		W/(K · m)
Spezifische Wärmekapazität	*Verfahren*		J/(K · g)
Glasumwandlungstemperatur	*Torsionsschwingungsversuch*	°C	
	Differentialkalorimetrie	°C	

Brandverhalten

UL-Test vertikal Dicke mm, Wert
Dicke mm, Wert

	Norm	*Bewertung*	*Abmessungen*
Sauerstoff-Index	ASTM D 2863		
Glühstab-Verfahren			
Brandverhalten	DIN 4102		
MVSS			
FAR			

Elektrische Eigenschaften

		Hz	°C			*Probekörper, Form*
Dielektrizitätszahl		50				
		10^3				
		10^6				
Dielektrischer Verlustfaktor tan δ		50				
		10^3				
		10^6				
Spezifischer Durchgangswiderstand	Ohm · cm		20	5.6*10**13		
Durchschlagfestigkeit	kV/mm					mm dick
Oberflächenwiderstand	Ohm		20	6.0*10**13		

	KC	KB	KA
Kriechstromfestigkeit			
Elektrolytische Korrosionswirkung			
Lichtbogenfestigkeit nach DIN			
nach ASTM s			

Beständigkeit *(Chemische Beständigkeit siehe Anhang)*

Wasseraufnahme 20 C	1 d	0.21 %
Feuchtigkeitsaufnahme Normalklima		%
Wetterbeständigkeit		
Spannungskorrosion		

Optische Eigenschaften

Brechungszahl n_D		
Transmissionsgrad τ_c	%	mm dick
Lichtdurchlässigkeit		

PA

Produkt	Polyamid 11		
Handelsname	**Rilsan BESNY**		
Hersteller	ATO		
DIN-Bez 1			
DIN-Bez 2			
Zusätze	Molybdaendisulfid	*Füllstoffe/ Verstärkung*	
Bevorzugte Verarbeitung	Extrudieren	*Lieferform*	Granulat
		Farben	Grau-Metallisch
Besondere Merkmale	Niedriger Reibungskoeffizient; Schlagfester als BESN G9	*Bevorzugte Anwendungen*	Rohr; Profil

Dichte	g/cm³	1.04	*Schmelzindex*	g/10 min	:
Schüttdichte	g/cm³		*Volumenfließindex*	cm³/10 min	:
Viskositätszahl	ml/g	160			

Verarbeitungsbedingungen für Spritzgießen

Massetemp.	°C	*Schwindung*	% lgs , quer
Werkzeugtemp.	°C	*Bemerkungen*	
Spritzdruck	bar		

Zugversuch 23 °C

Probekörper: *Form* / *Zustand* — *Herstellung* / *Vorbehandlung*

Streckspannung	N/mm²	*Dehnung bei Streckspannung*	%
Zugfestigkeit	N/mm²	*Reißdehnung*	%
Reißfestigkeit	N/mm²	*% Dehnspannung*	N/mm²
E-Modul	N/mm²	*Dehnung bei % Dehnspg.*	%

Kriechmoduln und Zeitstandwerte 23 °C

Probekörper: *Form* / *Zustand* — *Herstellung* / *Vorbehandlung*

Kriechmodul	*1 min* N/mm²	*Zeitstandzugfestigkeit*	h N/mm²
Kriechmodul	*1000 h* N/mm²	*Zeitdehnspg. %*	h N/mm²
bei Spannung	N/mm²		

Biegeversuch 23 °C

Probekörper: *Form* / *Zustand* — *Herstellung* / *Vorbehandlung*

Biegefestigkeit	N/mm²	*E-Modul*	N/mm²
3,5% *Biegespannung*	N/mm²		

Härte 23 °C *Probekörper:* *Zustand* — *Herstellung* / *Vorbehandlung*

Kugeldruckhärte	N/mm² bei N, s	*Shore-Härte* A
Rockwellhärte		*Shore-Härte* D

Schlagversuch *Probekörper:* *(1)* / *(2)* / *Zustand* — *Herstellung* / *Vorbehandlung*

	°C	°C	°C	*Probekörper-Form*
Schlagzähigkeit kJ/m²				
Kerbschlagzähigkeit (1) kJ/m²				
IZOD-Kerbschlagzähigkeit (2) J/m				
Kerbschlagzugzähigkeit kJ/m²				

Abrieb und Reibung

Taber-Abrieb (Reibradverfahren)	mm^3/100 U		
Abriebfaktor LNP (Thrust washer) Vergleichswert			
Statische Reibungszahl			
Dynamische Reibungszahl	(p · v =	N/mm² ·	m/min)
Zulässiger p · v Wert	N/mm² · (m/min)	v =	m/min
		v =	m/min

Thermische Eigenschaften

Formbeständigkeit in der Wärme	*Verfahren*	A		50–60 °C
	Verfahren	B		140–160 °C
Vicat Erweichungstemperatur (VST)	*Verfahren*			°C
	Verfahren			°C
Kristallit-Schmelzpunkt	*Verfahren*	ASTM D 789		185 °C
Längenausdehnungskoeffizient	*Bereich*	-20–30	°C	$0.9 \cdot 10^{-4} K^{-1}$
	Temperatur	°C		$\cdot 10^{-4} K^{-1}$
Wärmeleitfähigkeit	*Verfahren*			W/(K · m)
Spezifische Wärmekapazität	*Verfahren*			J/(K · g)
Glasumwandlungstemperatur	*Torsionsschwingungsversuch*		°C	
	Differentialkalorimetrie		°C	

Brandverhalten

UL-Test vertikal	Dicke	mm, Wert
	Dicke	mm, Wert

	Norm	*Bewertung*	*Abmessungen*
Sauerstoff-Index	ASTM D 2863		
Glühstab-Verfahren			
Brandverhalten	DIN 4102		
MVSS			
FAR			

Elektrische Eigenschaften

		Hz	°C		*Probekörper, Form*
Dielektrizitätszahl		50			
		10^3			
		10^6			
Dielektrischer Verlustfaktor tan δ		50			
		10^3			
		10^6			
Spezifischer Durchgangswiderstand	Ohm · cm		20	1.0*10**14	
Durchschlagfestigkeit	kV/mm				mm dick
Oberflächenwiderstand	Ohm		20	2.8*10**14	

Kriechstromfestigkeit	KC	KB	KA
Elektrolytische Korrosionswirkung			
Lichtbogenfestigkeit nach DIN			
nach ASTM s			

Beständigkeit *(Chemische Beständigkeit siehe Anhang)*

Wasseraufnahme 20 C	1 d	0.25 %
Feuchtigkeitsaufnahme Normalklima		%
Wetterbeständigkeit		
Spannungskorrosion		

Optische Eigenschaften

Brechungszahl n_D		
Transmissionsgrad τ_c	%	mm dick
Lichtdurchlässigkeit		

Produkt	Polyamid 11		**PA**
Handelsname	**Rilsan BESN T Schwarz**		
Hersteller	ATO		
DIN-Bez 1			
DIN-Bez 2			
Zusätze		*Füllstoffe/ Verstärkung*	
Bevorzugte Verarbeitung	Extrudieren	*Lieferform*	Granulat
		Farben	Schwarz
Besondere Merkmale	Steif; Gutes Verhalten bei erhoehter Temperatur	*Bevorzugte Anwendungen*	Rohr; Profil

Dichte	g/cm³	1.04	*Schmelzindex*	g/10 min	:
Schüttdichte	g/cm³		*Volumenfließindex*	cm³/10 min	:
Viskositätszahl	ml/g	165			

Verarbeitungsbedingungen für Spritzgießen

Massetemp.	°C	*Schwindung*	% lgs , quer
Werkzeugtemp.	°C	*Bemerkungen*	
Spritzdruck	bar		

Zugversuch 23 °C

Probekörper: *Form* / *Zustand* — *Herstellung* / *Vorbehandlung*

Streckspannung	N/mm²	*Dehnung bei Streckspannung*	%
Zugfestigkeit	N/mm²	*Reißdehnung*	%
Reißfestigkeit	N/mm²	*% Dehnspannung*	N/mm²
E-Modul	N/mm²	*Dehnung bei % Dehnspg.*	%

Kriechmoduln und Zeitstandwerte 23 °C

Probekörper: *Form* / *Zustand* — *Herstellung* / *Vorbehandlung*

Kriechmodul	*1 min* N/mm²	*Zeitstandzugfestigkeit*	h N/mm²
Kriechmodul	*1000 h* N/mm²	*Zeitdehnspg.* %	h N/mm²
bei Spannung	N/mm²		

Biegeversuch 23 °C

Probekörper: *Form* / *Zustand* — *Herstellung* / *Vorbehandlung*

Biegefestigkeit	N/mm²	*E-Modul*	N/mm²
3,5% *Biegespannung*	N/mm²		

Härte 23 °C *Probekörper:* *Zustand* — *Herstellung* / *Vorbehandlung*

Kugeldruckhärte	N/mm² bei N, s	*Shore-Härte*	A
Rockwellhärte		*Shore-Härte*	D

Schlagversuch *Probekörper:* *(1)* / *(2)* / *Zustand* — *Herstellung* / *Vorbehandlung*

		°C	°C	°C	*Probekörper-Form*
Schlagzähigkeit	kJ/m²				
Kerbschlagzähigkeit (1)	kJ/m²				
IZOD-Kerbschlagzähigkeit (2)	J/m				
Kerbschlagzugzähigkeit	kJ/m²				

Abrieb und Reibung

Taber-Abrieb (Reibradverfahren)	mm^3/100 U		
Abriebfaktor LNP (Thrust washer) Vergleichswert			
Statische Reibungszahl			
Dynamische Reibungszahl	(p · v=	N/mm^2 ·	m/min)
Zulässiger p · v Wert	N/mm^2 · (m/min)	v=	m/min
		v=	m/min

Thermische Eigenschaften

Formbeständigkeit in der Wärme	*Verfahren*	A		50–65 °C
	Verfahren	B		150–160 °C
Vicat Erweichungstemperatur (VST)	*Verfahren*			°C
	Verfahren			°C
Kristallit-Schmelzpunkt	*Verfahren*	ASTM D 789		185 °C
Längenausdehnungskoeffizient	*Bereich*	-30–40	°C	$0.91 \cdot 10^{-4} K^{-1}$
	Temperatur	°C		$\cdot 10^{-4} K^{-1}$
Wärmeleitfähigkeit	*Verfahren*			W/(K · m)
Spezifische Wärmekapazität	*Verfahren*			J/(K · g)
Glasumwandlungstemperatur	*Torsionsschwingungsversuch*		°C	
	Differentialkalorimetrie		°C	

Brandverhalten

UL-Test vertikal	Dicke	mm, Wert
	Dicke	mm, Wert

	Norm	*Bewertung*	*Abmessungen*
Sauerstoff-Index	ASTM D 2863		
Glühstab-Verfahren			
Brandverhalten	DIN 4102		
MVSS			
FAR			

Elektrische Eigenschaften

		Hz	°C		*Probekörper, Form*
Dielektrizitätszahl		50			
		10^3			
		10^6			
Dielektrischer Verlustfaktor tan δ		50			
		10^3			
		10^6			
Spezifischer Durchgangs-widerstand	Ohm · cm		20	3.1*10**14	
Durchschlagfestigkeit	kV/mm		20	20	3.0 mm dick
Oberflächenwiderstand	Ohm		20	2.9*10**14	

Kriechstromfestigkeit	KC	KB	KA
Elektrolytische Korrosionswirkung			
Lichtbogenfestigkeit nach DIN			
nach ASTM s			

Beständigkeit *(Chemische Beständigkeit siehe Anhang)*

Wasseraufnahme 20 C	1 d	0.23 %	
Feuchtigkeitsaufnahme Normalklima			%
Wetterbeständigkeit			
Spannungskorrosion			

Optische Eigenschaften

Brechungszahl n_D		
Transmissionsgrad τ_c	%	mm dick
Lichtdurchlässigkeit		

Produkt	Polyamid 11		**PA**
Handelsname	**Rilsan BESV T Schwarz**		
Hersteller	ATO		
DIN-Bez 1			
DIN-Bez 2			
Zusätze		*Füllstoffe/ Verstärkung*	
Bevorzugte Verarbeitung	Extrudieren	*Lieferform*	Granulat
		Farben	Schwarz
Besondere Merkmale	Halbsteif; Hochviskos; Verbesserte mechanische und thermische Eigenschaften	*Bevorzugte Anwendungen*	Rohr; Profil

Dichte	g/cm³	1.04	*Schmelzindex*	g/10 min		:
Schüttdichte	g/cm³		*Volumenfließindex*	cm³/10 min		:
Viskositätszahl	ml/g	210				

Verarbeitungsbedingungen für Spritzgießen

Massetemp.	°C	*Schwindung*	%	lgs	, quer
Werkzeugtemp.	°C	*Bemerkungen*			
Spritzdruck	bar				

Zugversuch 23 °C

Probekörper: *Form* *Herstellung*
Zustand *Vorbehandlung*

Streckspannung	N/mm²	*Dehnung bei Streckspannung*		%
Zugfestigkeit	N/mm²	*Reißdehnung*		%
Reißfestigkeit	N/mm²	*% Dehnspannung*		N/mm²
E-Modul	N/mm²	*Dehnung bei*	*% Dehnspg.*	%

Kriechmoduln und Zeitstandwerte 23 °C

Probekörper: *Form* *Herstellung*
Zustand *Vorbehandlung*

Kriechmodul	*1 min*	N/mm²	*Zeitstandzugfestigkeit*	h	N/mm²
Kriechmodul	*1000 h*	N/mm²	*Zeitdehnspg. %*	h	N/mm²
bei Spannung		N/mm²			

Biegeversuch 23 °C

Probekörper: *Form* *Herstellung*
Zustand *Vorbehandlung*

Biegefestigkeit	N/mm²	*E-Modul*	N/mm²
3,5% *Biegespannung*	N/mm²		

Härte 23 °C *Probekörper:* *Zustand* *Herstellung*
Vorbehandlung

Kugeldruckhärte	N/mm²	bei	N, s	*Shore-Härte* A
Rockwellhärte				*Shore-Härte* D

Schlagversuch *Probekörper:* *(1)*
(2) *Herstellung*
Zustand *Vorbehandlung*

	°C	°C	°C	*Probekörper-Form*
Schlagzähigkeit kJ/m²				
Kerbschlagzähigkeit (1) kJ/m²				
IZOD-Kerbschlagzähigkeit (2) J/m				
Kerbschlagzugzähigkeit kJ/m²				

Abrieb und Reibung

Taber-Abrieb (Reibradverfahren) mm³/100 U
Abriebfaktor LNP (Thrust washer) Vergleichswert
Statische Reibungszahl
Dynamische Reibungszahl (p·v= N/mm²· m/min)
Zulässiger p·v Wert N/mm²·(m/min) v= m/min
v= m/min

Thermische Eigenschaften

Formbeständigkeit in der Wärme	*Verfahren*	A	50–65 °C
	Verfahren	B	150–160 °C
Vicat Erweichungstemperatur (VST)	*Verfahren*		°C
	Verfahren		°C
Kristallit-Schmelzpunkt	*Verfahren*	ASTM D 789	185 °C
Längenausdehnungskoeffizient	*Bereich*	-30–40 °C	$0.91 \cdot 10^{-4} K^{-1}$
	Temperatur	°C	$\cdot 10^{-4} K^{-1}$
Wärmeleitfähigkeit	*Verfahren*		W/(K·m)
Spezifische Wärmekapazität	*Verfahren*		J/(K·g)
Glasumwandlungstemperatur	*Torsionsschwingungsversuch*	°C	
	Differentialkalorimetrie	°C	

Brandverhalten

UL-Test vertikal Dicke mm, Wert
Dicke mm, Wert

	Norm	*Bewertung*	*Abmessungen*
Sauerstoff-Index	ASTM D 2863		
Glühstab-Verfahren			
Brandverhalten	DIN 4102		
MVSS			
FAR			

Elektrische Eigenschaften

		Hz	°C		*Probekörper, Form*
Dielektrizitätszahl		50			
		10^3			
		10^6			
Dielektrischer Verlustfaktor tan δ		50			
		10^3			
		10^6			
Spezifischer Durchgangswiderstand	Ohm·cm		20	3.1*10**14	
Durchschlagfestigkeit	kV/mm		20	20	3.0 mm dick
Oberflächenwiderstand	Ohm		20	2.9*10**14	

Kriechstromfestigkeit KC KB KA
Elektrolytische Korrosionswirkung
Lichtbogenfestigkeit nach DIN
nach ASTM s

Beständigkeit *(Chemische Beständigkeit siehe Anhang)*

Wasseraufnahme 20 C 1 d 0.23 %

Feuchtigkeitsaufnahme Normalklima %
Wetterbeständigkeit

Spannungskorrosion

Optische Eigenschaften

Brechungszahl n_D
Transmissionsgrad τ_c % mm dick
Lichtdurchlässigkeit

Datenbank-Nr. **T05138** Merkblatt-Nr. **3210**

PA

Produkt	Polyamid 11		
Handelsname	**Rilsan KESV TL Schwarz**		
Hersteller	ATO		
DIN-Bez 1			
DIN-Bez 2			
Zusätze		*Füllstoffe/ Verstärkung*	
Bevorzugte Verarbeitung	Extrudieren	*Lieferform*	Granulat
		Farben	Schwarz
Besondere Merkmale	Verbesserte Hydrolysebestaendigkeit; Heisswasserbestaendig	*Bevorzugte Anwendungen*	Rohr

Dichte	g/cm^3	1.04	*Schmelzindex*	g/10 min		:
Schüttdichte	g/cm^3		*Volumenfließindex*	$cm^3/10$ min		:
Viskositätszahl	ml/g	210				

Verarbeitungsbedingungen für Spritzgießen

Massetemp.	°C	*Schwindung*	%	lgs , quer
Werkzeugtemp.	°C	*Bemerkungen*		
Spritzdruck	bar			

Zugversuch 23 °C

Probekörper: *Form* *Zustand* — *Herstellung* *Vorbehandlung*

Streckspannung	N/mm^2	*Dehnung bei Streckspannung*	%
Zugfestigkeit	N/mm^2	*Reißdehnung*	%
Reißfestigkeit	N/mm^2	*% Dehnspannung*	N/mm^2
E-Modul	N/mm^2	*Dehnung bei % Dehnspg.*	%

Kriechmoduln und Zeitstandwerte 23 °C

Probekörper: *Form* *Zustand* — *Herstellung* *Vorbehandlung*

Kriechmodul	*1 min* N/mm^2	*Zeitstandzugfestigkeit*		h	N/mm^2
Kriechmodul	*1000 h* N/mm^2	*Zeitdehnspg. %*		h	N/mm^2
bei Spannung	N/mm^2				

Biegeversuch 23 °C

Probekörper: *Form* *Zustand* — *Herstellung* *Vorbehandlung*

Biegefestigkeit	N/mm^2	*E-Modul*	N/mm^2
3,5% *Biegespannung*	N/mm^2		

Härte 23 °C *Probekörper:* *Zustand* — *Herstellung* *Vorbehandlung*

Kugeldruckhärte	N/mm^2 bei N, s	*Shore-Härte*	A
Rockwellhärte		*Shore-Härte*	D

Schlagversuch *Probekörper:* *(1)* *(2)* *Zustand* — *Herstellung* *Vorbehandlung*

	°C	°C	°C	*Probekörper-Form*
Schlagzähigkeit kJ/m^2				
Kerbschlagzähigkeit (1) kJ/m^2				
IZOD-Kerbschlagzähigkeit (2) J/m				
Kerbschlagzugzähigkeit kJ/m^2				

Abrieb und Reibung

Taber-Abrieb (Reibradverfahren)	mm^3/100 U		
Abriebfaktor LNP (Thrust washer) Vergleichswert			
Statische Reibungszahl			
Dynamische Reibungszahl	(p·v= N/mm^2·		m/min)
Zulässiger p · v Wert	N/mm^2 · (m/min)	v=	m/min
		v=	m/min

Thermische Eigenschaften

Formbeständigkeit in der Wärme	*Verfahren* A		57 °C
	Verfahren B		157 °C
Vicat Erweichungstemperatur (VST)	*Verfahren*		°C
	Verfahren		°C
Kristallit-Schmelzpunkt	*Verfahren* ASTM D 789		185 °C
Längenausdehnungskoeffizient	*Bereich* -30–40 °C		0.91 · $10^{-4}K^{-1}$
	Temperatur °C		· $10^{-4}K^{-1}$
Wärmeleitfähigkeit	*Verfahren*		W/(K · m)
Spezifische Wärmekapazität	*Verfahren*		J/(K · g)
Glasumwandlungstemperatur	*Torsionsschwingungsversuch*	°C	
	Differentialkalorimetrie	°C	

Brandverhalten

UL-Test vertikal Dicke mm, Wert
Dicke mm, Wert

	Norm	*Bewertung*	*Abmessungen*
Sauerstoff-Index	ASTM D 2863		
Glühstab-Verfahren			
Brandverhalten	DIN 4102		
MVSS			
FAR			

Elektrische Eigenschaften

		Hz	°C			*Probekörper, Form*
Dielektrizitätszahl		50				
		10^3				
		10^6				
Dielektrischer Verlustfaktor tan δ		50				
		10^3				
		10^6				
Spezifischer Durchgangs-widerstand	Ohm · cm		20	3.1*10**14		
Durchschlagfestigkeit	kV/mm		20	20		3.0 mm dick
Oberflächenwiderstand	Ohm		20	3.1*10**13		
Kriechstromfestigkeit		KC		KB	KA	
Elektrolytische Korrosionswirkung						
Lichtbogenfestigkeit nach DIN						
nach ASTM	s					

Beständigkeit *(Chemische Beständigkeit siehe Anhang)*

Wasseraufnahme 20 C	1 d	0.23 %	
Feuchtigkeitsaufnahme Normalklima			%
Wetterbeständigkeit			
Spannungskorrosion			

Optische Eigenschaften

Brechungszahl n_D		
Transmissionsgrad τ_c	%	mm dick
Lichtdurchlässigkeit		

Datenbank-Nr. **T05139** Merkblatt-Nr. **3211**

PA

Produkt	Polyamid 11		
Handelsname	**Rilsan BESN TL**		
Hersteller	ATO		
DIN-Bez 1			
DIN-Bez 2			
Zusätze		*Füllstoffe/ Verstärkung*	
Bevorzugte Verarbeitung	Extrudieren	*Lieferform*	Granulat
		Farben	Natur; Standard
Besondere Merkmale	Verbesserte Witterungsbestaendigkeit; Dauergebrauchstemperatur oberhalb 70 C	*Bevorzugte Anwendungen*	Rohr; Profil

Dichte	g/cm³	1.04	*Schmelzindex*	g/10 min	:
Schüttdichte	g/cm³		*Volumenfließindex*	cm³/10 min	:
Viskositätszahl	ml/g	165			

Verarbeitungsbedingungen für Spritzgießen

Massetemp.	°C	*Schwindung*	% lgs , quer
Werkzeugtemp.	°C	*Bemerkungen*	
Spritzdruck	bar		

Zugversuch 23 °C

Probekörper: *Form* / *Zustand* — *Herstellung* / *Vorbehandlung*

Streckspannung	N/mm²	*Dehnung bei Streckspannung*	%
Zugfestigkeit	N/mm²	*Reißdehnung*	%
Reißfestigkeit	N/mm²	*% Dehnspannung*	N/mm²
E-Modul	N/mm²	*Dehnung bei % Dehnspg.*	%

Kriechmoduln und Zeitstandwerte 23 °C

Probekörper: *Form* / *Zustand* — *Herstellung* / *Vorbehandlung*

Kriechmodul	*1 min* N/mm²	*Zeitstandzugfestigkeit*	h N/mm²
Kriechmodul	*1000 h* N/mm²	*Zeitdehnspg. %*	h N/mm²
bei Spannung	N/mm²		

Biegeversuch 23 °C

Probekörper: *Form* / *Zustand* — *Herstellung* / *Vorbehandlung*

Biegefestigkeit	N/mm²	*E-Modul*	N/mm²
3,5% Biegespannung	N/mm²		

Härte 23 °C *Probekörper:* *Zustand* — *Herstellung* / *Vorbehandlung*

Kugeldruckhärte	N/mm² bei N, s	*Shore-Härte* A
Rockwellhärte		*Shore-Härte* D

Schlagversuch *Probekörper:* *(1)* / *(2)* / *Zustand* — *Herstellung* / *Vorbehandlung*

	°C	°C	°C	*Probekörper-Form*
Schlagzähigkeit	kJ/m²			
Kerbschlagzähigkeit (1)	kJ/m²			
IZOD-Kerbschlagzähigkeit (2)	J/m			
Kerbschlagzugzähigkeit	kJ/m²			

Abrieb und Reibung

Taber-Abrieb (Reibradverfahren)	mm^3/100 U		
Abriebfaktor LNP (Thrust washer) Vergleichswert			
Statische Reibungszahl			
Dynamische Reibungszahl	(p·v=	N/mm²·	m/min)
Zulässiger p · v Wert	N/mm²·(m/min)	v=	m/min
		v=	m/min

Thermische Eigenschaften

Formbeständigkeit in der Wärme	*Verfahren* A		50–65 °C
	Verfahren B		150–160 °C
Vicat Erweichungstemperatur (VST)	*Verfahren*		°C
	Verfahren		°C
Kristallit-Schmelzpunkt	*Verfahren* ASTM D 789		185 °C
Längenausdehnungskoeffizient	*Bereich* -30–40 °C		$0.91 \cdot 10^{-4}K^{-1}$
	Temperatur °C		$\cdot 10^{-4}K^{-1}$
Wärmeleitfähigkeit	*Verfahren*		W/(K · m)
Spezifische Wärmekapazität	*Verfahren*		J/(K · g)
Glasumwandlungstemperatur	*Torsionsschwingungsversuch*	°C	
	Differentialkalorimetrie	°C	

Brandverhalten

UL-Test vertikal	Dicke	mm, Wert
	Dicke	mm, Wert

	Norm	*Bewertung*	*Abmessungen*
Sauerstoff-Index	ASTM D 2863		
Glühstab-Verfahren			
Brandverhalten	DIN 4102		
MVSS			
FAR			

Elektrische Eigenschaften

		Hz	°C			Probekörper, Form
Dielektrizitätszahl		50				
		10^3				
		10^6				
Dielektrischer Verlustfaktor tan δ		50				
		10^3				
		10^6				
Spezifischer Durchgangswiderstand	Ohm · cm		20	4.2*10**14		
Durchschlagfestigkeit	kV/mm					mm dick
Oberflächenwiderstand	Ohm		20	2.2*10**14		
Kriechstromfestigkeit		KC		KB	KA	
Elektrolytische Korrosionswirkung						
Lichtbogenfestigkeit nach DIN						
nach ASTM	s					

Beständigkeit *(Chemische Beständigkeit siehe Anhang)*

Wasseraufnahme 20 C	1 d	0.23 %	
Feuchtigkeitsaufnahme Normalklima			%
Wetterbeständigkeit			
Spannungskorrosion			

Optische Eigenschaften

Brechungszahl n_D		
Transmissionsgrad τ_c	%	mm dick
Lichtdurchlässigkeit		

Produkt	Polyamid 11		**PA**
Handelsname	**Rilsan BESN P 40 TL**		
Hersteller	ATO		
DIN-Bez 1			
DIN-Bez 2			
Zusätze	Weichmacher	*Füllstoffe/ Verstärkung*	
Bevorzugte Verarbeitung	Extrudieren	*Lieferform*	Granulat
		Farben	Natur; Standard
Besondere Merkmale	Flexibel; Verbesserte Witterungsbestaendigkeit	*Bevorzugte Anwendungen*	Rohr fuer den Transport heisser Fluessigkeiten

Dichte	g/cm³	1.06	*Schmelzindex*	g/10 min	:
Schüttdichte	g/cm³		*Volumenfließindex*	cm³/10 min	:
Viskositätszahl	ml/g	170			

Verarbeitungsbedingungen für Spritzgießen

Massetemp.	°C	*Schwindung*	% lgs , quer
Werkzeugtemp.	°C	*Bemerkungen*	
Spritzdruck	bar		

Zugversuch 23 °C

Probekörper: *Form* *Zustand* *Herstellung* *Vorbehandlung*

Streckspannung	N/mm²	*Dehnung bei Streckspannung*	%
Zugfestigkeit	N/mm²	*Reißdehnung*	%
Reißfestigkeit	N/mm²	*% Dehnspannung*	N/mm²
E-Modul	N/mm²	*Dehnung bei % Dehnspg.*	%

Kriechmoduln und Zeitstandwerte 23 °C

Probekörper: *Form* *Zustand* *Herstellung* *Vorbehandlung*

Kriechmodul	*1 min* N/mm²	*Zeitstandzugfestigkeit*	h N/mm²
Kriechmodul	*1000 h* N/mm²	*Zeitdehnspg. %*	h N/mm²
bei Spannung	N/mm²		

Biegeversuch 23 °C

Probekörper: *Form* *Zustand* *Herstellung* *Vorbehandlung*

Biegefestigkeit	N/mm²	*E-Modul*	N/mm²
3,5% *Biegespannung*	N/mm²		

Härte 23 °C *Probekörper:* *Zustand* *Herstellung* *Vorbehandlung*

Kugeldruckhärte	N/mm² bei N, s	*Shore-Härte* A
Rockwellhärte		*Shore-Härte* D

Schlagversuch *Probekörper:* *(1)* *(2)* *Zustand* *Herstellung* *Vorbehandlung*

		°C	°C	°C	*Probekörper-Form*
Schlagzähigkeit	kJ/m²				
Kerbschlagzähigkeit (1)	kJ/m²				
IZOD-Kerbschlagzähigkeit (2)	J/m				
Kerbschlagzugzähigkeit	kJ/m²				

Abrieb und Reibung

Taber-Abrieb (Reibradverfahren)	mm^3/100 U		
Abriebfaktor LNP (Thrust washer) Vergleichswert			
Statische Reibungszahl			
Dynamische Reibungszahl	(p·v=	N/mm^2 ·	m/min)
Zulässiger p · v Wert	N/mm^2 · (m/min)	v=	m/min
		v=	m/min

Thermische Eigenschaften

Formbeständigkeit in der Wärme	*Verfahren* A		40–50 °C
	Verfahren B		130–150 °C
Vicat Erweichungstemperatur (VST)	*Verfahren*		°C
	Verfahren		°C
Kristallit-Schmelzpunkt	*Verfahren* ASTM D 789		185 °C
Längenausdehnungskoeffizient	*Bereich*	°C	$\cdot 10^{-4}K^{-1}$
	Temperatur		$\cdot 10^{-4}K^{-1}$
Wärmeleitfähigkeit	*Verfahren*		W/(K · m)
Spezifische Wärmekapazität	*Verfahren*		J/(K · g)
Glasumwandlungstemperatur	*Torsionsschwingungsversuch*	°C	
	Differentialkalorimetrie	°C	

Brandverhalten

UL-Test vertikal Dicke mm, Wert
Dicke mm, Wert

	Norm	*Bewertung*	*Abmessungen*
Sauerstoff-Index	ASTM D 2863		
Glühstab-Verfahren			
Brandverhalten	DIN 4102		
MVSS			
FAR			

Elektrische Eigenschaften

		Hz	°C		*Probekörper, Form*
Dielektrizitätszahl		50			
		10^3			
		10^6			
Dielektrischer Verlustfaktor tan δ		50			
		10^3			
		10^6			
Spezifischer Durchgangswiderstand	Ohm · cm		20	9.1*10**10	
Durchschlagfestigkeit	kV/mm				mm dick
Oberflächenwiderstand	Ohm		20	2.8*10**11	

Kriechstromfestigkeit	KC	KB	KA
Elektrolytische Korrosionswirkung			
Lichtbogenfestigkeit nach DIN			
nach ASTM s			

Beständigkeit *(Chemische Beständigkeit siehe Anhang)*

Wasseraufnahme 20 C	1 d	0.23 %	
Feuchtigkeitsaufnahme Normalklima			%
Wetterbeständigkeit			
Spannungskorrosion			

Optische Eigenschaften

Brechungszahl n_D
Transmissionsgrad τ_c % mm dick
Lichtdurchlässigkeit

Produkt	Polyamid 11 - Copolymerisat		**PA**
Handelsname	**Rilsan C1 ESNO A**		
Hersteller	ATO		
DIN-Bez 1			
DIN-Bez 2			
Zusätze		*Füllstoffe/ Verstärkung*	
Bevorzugte Verarbeitung	Extrudieren	*Lieferform*	Granulat
		Farben	Natur
Besondere Merkmale	Transparent; Etwas flexibler als der Typ BESNO	*Bevorzugte Anwendungen*	Lebensmittelverpackung; Rohr

Dichte	g/cm^3	1.09	*Schmelzindex*	g/10 min		:
Schüttdichte	g/cm^3		*Volumenfließindex*	cm^3/10 min		:
Viskositätszahl	ml/g	200				

Verarbeitungsbedingungen für Spritzgießen

Massetemp.	°C	*Schwindung*	%	lgs	, quer
Werkzeugtemp.	°C	*Bemerkungen*			
Spritzdruck	bar				

Zugversuch 23 °C

Probekörper: *Form* *Herstellung*
Zustand *Vorbehandlung*

Streckspannung	N/mm^2	*Dehnung bei Streckspannung*	%
Zugfestigkeit	N/mm^2	*Reißdehnung*	%
Reißfestigkeit	N/mm^2	*% Dehnspannung*	N/mm^2
E-Modul	N/mm^2	*Dehnung bei % Dehnspg.*	%

Kriechmoduln und Zeitstandwerte 23 °C

Probekörper: *Form* *Herstellung*
Zustand *Vorbehandlung*

Kriechmodul	*1 min*	N/mm^2	*Zeitstandzugfestigkeit*	h	N/mm^2
Kriechmodul	*1000 h*	N/mm^2	*Zeitdehnspg.* %	h	N/mm^2
bei Spannung		N/mm^2			

Biegeversuch 23 °C

Probekörper: *Form* *Herstellung*
Zustand *Vorbehandlung*

Biegefestigkeit	N/mm^2	*E-Modul*	N/mm^2
3,5% *Biegespannung*	N/mm^2		

Härte 23 °C *Probekörper:* *Zustand* *Herstellung*
Vorbehandlung

Kugeldruckhärte	N/mm^2	bei	N, s	*Shore-Härte* A
Rockwellhärte				*Shore-Härte* D

Schlagversuch *Probekörper:* *(1)*
(2) *Herstellung*
Zustand *Vorbehandlung*

	°C	°C	°C	*Probekörper-Form*
Schlagzähigkeit kJ/m^2				
Kerbschlagzähigkeit (1) kJ/m^2				
IZOD-Kerbschlagzähigkeit (2) J/m				
Kerbschlagzugzähigkeit kJ/m^2				

Abrieb und Reibung

Taber-Abrieb (Reibradverfahren)	mm^3/100 U		
Abriebfaktor LNP (Thrust washer) Vergleichswert			
Statische Reibungszahl			
Dynamische Reibungszahl	(p · v=	N/mm² ·	m/min)
Zulässiger p · v Wert	N/mm² · (m/min)	v=	m/min
		v=	m/min

Thermische Eigenschaften

Formbeständigkeit in der Wärme	*Verfahren* A		52 °C
	Verfahren B		155 °C
Vicat Erweichungstemperatur (VST)	*Verfahren*		°C
	Verfahren		°C
Kristallit-Schmelzpunkt	*Verfahren* ASTM D 789		196–200 °C
Längenausdehnungskoeffizient	*Bereich* ≦40 °C		$1.1 \cdot 10^{-4} K^{-1}$
	Temperatur °C		$\cdot 10^{-4} K^{-1}$
Wärmeleitfähigkeit	*Verfahren*		W/(K · m)
Spezifische Wärmekapazität	*Verfahren*		J/(K · g)
Glasumwandlungstemperatur	*Torsionsschwingungsversuch*	°C	
	Differentialkalorimetrie	°C	

Brandverhalten

UL-Test vertikal	Dicke	mm, Wert
	Dicke	mm, Wert

	Norm	*Bewertung*	*Abmessungen*
Sauerstoff-Index	ASTM D 2863		
Glühstab-Verfahren			
Brandverhalten	DIN 4102		
MVSS			
FAR			

Elektrische Eigenschaften

		Hz	°C		*Probekörper, Form*
Dielektrizitätszahl		50			
		10^3			
		10^6			
Dielektrischer Verlustfaktor tan δ		50			
		10^3			
		10^6			
Spezifischer Durchgangswiderstand	Ohm · cm		20	2.0*10**12	
Durchschlagfestigkeit	kV/mm				mm dick
Oberflächenwiderstand	Ohm		20	1.7*10**10	
Kriechstromfestigkeit		KC	KB	KA	
Elektrolytische Korrosionswirkung					
Lichtbogenfestigkeit nach DIN					
nach ASTM	s				

Beständigkeit *(Chemische Beständigkeit siehe Anhang)*

Wasseraufnahme 20 C	1 d	3.8 %	
Feuchtigkeitsaufnahme Normalklima			%
Wetterbeständigkeit			
Spannungskorrosion			

Optische Eigenschaften

Brechungszahl n_D		
Transmissionsgrad τ_c	%	mm dick
Lichtdurchlässigkeit		

Produkt	Polyamid 11		**PA**
Handelsname	**Rilsan BZM 30**		
Hersteller	ATO		
DIN-Bez 1			
DIN-Bez 2			
Zusätze		*Füllstoffe/ Verstärkung*	30.0% Glasfaser
Bevorzugte Verarbeitung	Spritzgiessen	*Lieferform*	Granulat
		Farben	Natur; Standard
Besondere Merkmale	Hohe Steifigkeit; Geringer Ausdehnungskoeffizient; Geringe Schrumpfung	*Bevorzugte Anwendungen*	Technisches Formteil; Zahnrad; Ventilatorfluegel; Gehaeuse fuer Maschinen; Spulenkoerper fuer den Elektrosektor

---

Dichte	g/cm^3	1.26	*Schmelzindex*	g/10 min		:
Schüttdichte	g/cm^3		*Volumenfließindex*	cm^3/10 min		:
Viskositätszahl	ml/g	150				

Verarbeitungsbedingungen für Spritzgießen

Massetemp.	°C	*Schwindung*	% lgs , quer
Werkzeugtemp.	°C	*Bemerkungen*	
Spritzdruck	bar		

Zugversuch 23 °C

Probekörper: *Form* *Zustand* — *Herstellung* *Vorbehandlung*

Streckspannung	N/mm^2	*Dehnung bei Streckspannung*	%
Zugfestigkeit	N/mm^2	*Reißdehnung*	%
Reißfestigkeit	N/mm^2	*% Dehnspannung*	N/mm^2
E-Modul	N/mm^2	*Dehnung bei % Dehnspg.*	%

Kriechmoduln und Zeitstandwerte 23 °C

Probekörper: *Form* *Zustand* — *Herstellung* *Vorbehandlung*

Kriechmodul	*1 min* N/mm^2	*Zeitstandzugfestigkeit*	h N/mm^2
Kriechmodul	*1000 h* N/mm^2	*Zeitdehnspg. %*	h N/mm^2
bei Spannung	N/mm^2		

Biegeversuch 23 °C

Probekörper: *Form* *Zustand* — *Herstellung* *Vorbehandlung*

Biegefestigkeit	N/mm^2	*E-Modul*	N/mm^2
3,5% *Biegespannung*	N/mm^2		

Härte 23 °C *Probekörper:* *Zustand* — *Herstellung* *Vorbehandlung*

Kugeldruckhärte	N/mm^2 bei N, s	*Shore-Härte* A	
Rockwellhärte		*Shore-Härte* D	

Schlagversuch *Probekörper:* *(1)* *(2)* *Zustand* — *Herstellung* *Vorbehandlung*

		°C	°C	°C	*Probekörper-Form*
Schlagzähigkeit	kJ/m^2				
Kerbschlagzähigkeit (1)	kJ/m^2				
IZOD-Kerbschlagzähigkeit (2)	J/m				
Kerbschlagzugzähigkeit	kJ/m^2				

Abrieb und Reibung

Taber-Abrieb (Reibradverfahren)	mm^3/100 U		
Abriebfaktor LNP (Thrust washer) Vergleichswert			
Statische Reibungszahl			
Dynamische Reibungszahl	(p·v= N/mm^2 ·		m/min)
Zulässiger p · v Wert	N/mm^2 · (m/min)	v=	m/min
		v=	m/min

Thermische Eigenschaften

Formbeständigkeit in der Wärme	*Verfahren*	B	175–185 °C
	Verfahren	A	170–175 °C
Vicat Erweichungstemperatur (VST)	*Verfahren*		°C
	Verfahren		°C
Kristallit-Schmelzpunkt	*Verfahren*	ASTM D 789	184–187 °C
Längenausdehnungskoeffizient	*Bereich*	-30–100 °C	0.3 · $10^{-4}K^{-1}$
	Temperatur	°C	· $10^{-4}K^{-1}$
Wärmeleitfähigkeit	*Verfahren*		W/(K · m)
Spezifische Wärmekapazität	*Verfahren*		J/(K · g)
Glasumwandlungstemperatur	*Torsionsschwingungsversuch*		°C
	Differentialkalorimetrie		°C

Brandverhalten

UL-Test vertikal Dicke mm, Wert
Dicke mm, Wert

	Norm	*Bewertung*	*Abmessungen*
Sauerstoff-Index	ASTM D 2863		
Glühstab-Verfahren			
Brandverhalten	DIN 4102		
MVSS			
FAR			

Elektrische Eigenschaften

		Hz	°C			*Probekörper, Form*
Dielektrizitätszahl		50				
		10^3				
		10^6				
Dielektrischer Verlustfaktor tan δ		50				
		10^3				
		10^6				
Spezifischer Durchgangs-widerstand	Ohm · cm		20	4.3*10**14		
Durchschlagfestigkeit	kV/mm		20	20		3 mm dick
Oberflächenwiderstand	Ohm		20	1.3*10**12		
Kriechstromfestigkeit		KC		KB	KA	
Elektrolytische Korrosionswirkung						
Lichtbogenfestigkeit nach DIN						
nach ASTM	s					

Beständigkeit *(Chemische Beständigkeit siehe Anhang)*

Wasseraufnahme 20 C	1 d	0.12 %	
Feuchtigkeitsaufnahme Normalklima			%
Wetterbeständigkeit			
Spannungskorrosion			

Optische Eigenschaften

Brechungszahl n_D		
Transmissionsgrad τ_c	%	mm dick
Lichtdurchlässigkeit		

Produkt	Polyamid 11		**PA**
Handelsname	**Rilsan BZM 23 G9**		
Hersteller	ATO		
DIN-Bez 1			
DIN-Bez 2			
Zusätze	Graphit	*Füllstoffe/ Verstärkung*	23.0% Glasfaser
Bevorzugte Verarbeitung	Spritzgiessen	*Lieferform*	Granulat
		Farben	Grau-schwarz metallisch
Besondere Merkmale	Hohe Steifigkeit; Hohe Druckfestigkeit; Verbesserte Abriebfestigkeit	*Bevorzugte Anwendungen*	Technisches Formteil; Nockenscheibe fuer Programmschalter und Naehmaschine; Lager fuer hohe Belastungen

Dichte	g/cm^3	1.22	*Schmelzindex*	g/10 min	:
Schüttdichte	g/cm^3		*Volumenfließindex*	cm^3/10 min	:
Viskositätszahl	ml/g	150			

Verarbeitungsbedingungen für Spritzgießen

Massetemp.	°C	*Schwindung*	% lgs , quer
Werkzeugtemp.	°C	*Bemerkungen*	
Spritzdruck	bar		

Zugversuch 23 °C

Probekörper: *Form* *Herstellung*
Zustand *Vorbehandlung*

Streckspannung	N/mm^2	*Dehnung bei Streckspannung*	%
Zugfestigkeit	N/mm^2	*Reißdehnung*	%
Reißfestigkeit	N/mm^2	*% Dehnspannung*	N/mm^2
E-Modul	N/mm^2	*Dehnung bei % Dehnspg.*	%

Kriechmoduln und Zeitstandwerte 23 °C

Probekörper: *Form* *Herstellung*
Zustand *Vorbehandlung*

Kriechmodul	*1 min* N/mm^2	*Zeitstandzugfestigkeit*	h N/mm^2
Kriechmodul	*1000 h* N/mm^2	*Zeitdehnspg. %*	h N/mm^2
bei Spannung	N/mm^2		

Biegeversuch 23 °C

Probekörper: *Form* *Herstellung*
Zustand *Vorbehandlung*

Biegefestigkeit	N/mm^2	*E-Modul*	N/mm^2
3,5% *Biegespannung*	N/mm^2		

Härte 23 °C *Probekörper:* *Zustand* *Herstellung*
Vorbehandlung

Kugeldruckhärte	N/mm^2 bei N, s	*Shore-Härte*	A
Rockwellhärte		*Shore-Härte*	D

Schlagversuch *Probekörper:* *(1)*
(2) *Herstellung*
Zustand *Vorbehandlung*

	°C	°C	°C	*Probekörper-Form*
Schlagzähigkeit kJ/m^2				
Kerbschlagzähigkeit (1) kJ/m^2				
IZOD-Kerbschlagzähigkeit (2) J/m				
Kerbschlagzugzähigkeit kJ/m^2				

Abrieb und Reibung

Taber-Abrieb (Reibradverfahren)	mm^3/100 U		
Abriebfaktor LNP (Thrust washer) Vergleichswert			
Statische Reibungszahl			
Dynamische Reibungszahl	(p · v=	N/mm^2 ·	m/min)
Zulässiger p · v Wert	N/mm^2 · (m/min)	v=	m/min
		v=	m/min

Thermische Eigenschaften

Formbeständigkeit in der Wärme	*Verfahren*	B	180–185 °C
	Verfahren	A	170–175 °C
Vicat Erweichungstemperatur (VST)	*Verfahren*		°C
	Verfahren		°C
Kristallit-Schmelzpunkt	*Verfahren*	ASTM D 789	184–187 °C
Längenausdehnungskoeffizient	*Bereich*	-30–100 °C	0.3 · $10^{-4}K^{-1}$
	Temperatur	°C	· $10^{-4}K^{-1}$
Wärmeleitfähigkeit	*Verfahren*		W/(K · m)
Spezifische Wärmekapazität	*Verfahren*		J/(K · g)
Glasumwandlungstemperatur	*Torsionsschwingungsversuch*		°C
	Differentialkalorimetrie		°C

Brandverhalten

UL-Test vertikal	Dicke	mm, Wert
	Dicke	mm, Wert

	Norm	*Bewertung*	*Abmessungen*
Sauerstoff-Index	ASTM D 2863		
Glühstab-Verfahren			
Brandverhalten	DIN 4102		
MVSS			
FAR			

Elektrische Eigenschaften

		Hz	°C			*Probekörper, Form*
Dielektrizitätszahl		50				
		10^3				
		10^6				
Dielektrischer Verlustfaktor tan δ		50				
		10^3				
		10^6				
Spezifischer Durchgangs-widerstand	Ohm · cm		20	1.9*10**13		
Durchschlagfestigkeit	kV/mm		20	19		3 mm dick
Oberflächenwiderstand	Ohm		20	5.7*10**11		
Kriechstromfestigkeit		KC		KB	KA	
Elektrolytische Korrosionswirkung						
Lichtbogenfestigkeit nach DIN						
nach ASTM	s					

Beständigkeit *(Chemische Beständigkeit siehe Anhang)*

Wasseraufnahme 20 C	1 d	0.10 %	
Feuchtigkeitsaufnahme Normalklima			%
Wetterbeständigkeit			
Spannungskorrosion			

Optische Eigenschaften

Brechungszahl n_D		
Transmissionsgrad τ_c	%	mm dick
Lichtdurchlässigkeit		

Datenbank-Nr. **T05144** Merkblatt-Nr. **3216**

Produkt	Polyamid 11		**PA**
Handelsname	**Rilsan BZM 43 G9**		
Hersteller	ATO		
DIN-Bez 1			
DIN-Bez 2			
Zusätze	Graphit	*Füllstoffe/ Verstärkung*	43.0% Glasfaser
Bevorzugte Verarbeitung	Spritzgiessen	*Lieferform*	Granulat
		Farben	Grau-schwarz metallisch
Besondere Merkmale	Sehr hohe Steifigkeit; Stark erhoehte Waermeformbestaendigkeit; Ausdehnungskoeffizient niedriger als von Aluminium	*Bevorzugte Anwendungen*	Technisches Formteil; Zahnrad; Lager fuer hohe Belastungen

Dichte	g/cm^3	1.42	*Schmelzindex*	g/10 min		:
Schüttdichte	g/cm^3		*Volumenfließindex*	$cm^3/10$ min		:
Viskositätszahl	ml/g	150				

Verarbeitungsbedingungen für Spritzgießen

Massetemp.	°C	*Schwindung*	% lgs , quer
Werkzeugtemp.	°C	*Bemerkungen*	
Spritzdruck	bar		

Zugversuch 23 °C

Probekörper: *Form* *Herstellung*
Zustand *Vorbehandlung*

Streckspannung	N/mm^2	*Dehnung bei Streckspannung*	%
Zugfestigkeit	N/mm^2	*Reißdehnung*	%
Reißfestigkeit	N/mm^2	*% Dehnspannung*	N/mm^2
E-Modul	N/mm^2	*Dehnung bei % Dehnspg.*	%

Kriechmoduln und Zeitstandwerte 23 °C

Probekörper: *Form* *Herstellung*
Zustand *Vorbehandlung*

Kriechmodul	*1 min* N/mm^2	*Zeitstandzugfestigkeit*	h	N/mm^2
Kriechmodul	*1000 h* N/mm^2	*Zeitdehnspg. %*	h	N/mm^2
bei Spannung	N/mm^2			

Biegeversuch 23 °C

Probekörper: *Form* *Herstellung*
Zustand *Vorbehandlung*

Biegefestigkeit	N/mm^2	*E-Modul*	N/mm^2
3,5% *Biegespannung*	N/mm^2		

Härte 23 °C *Probekörper:* *Zustand* *Herstellung*
Vorbehandlung

Kugeldruckhärte	N/mm^2 bei N, s	*Shore-Härte* A
Rockwellhärte		*Shore-Härte* D

Schlagversuch *Probekörper:* *(1)*
(2) *Herstellung*
Zustand *Vorbehandlung*

	°C	°C	°C	*Probekörper-Form*
Schlagzähigkeit kJ/m^2				
Kerbschlagzähigkeit (1) kJ/m^2				
IZOD-Kerbschlagzähigkeit (2) J/m				
Kerbschlagzugzähigkeit kJ/m^2				

Abrieb und Reibung

Taber-Abrieb (Reibradverfahren)	mm^3/100 U		
Abriebfaktor LNP (Thrust washer) Vergleichswert			
Statische Reibungszahl			
Dynamische Reibungszahl	(p·v= N/mm^2·		m/min)
Zulässiger p·v Wert	N/mm^2·(m/min)	v=	m/min
		v=	m/min

Thermische Eigenschaften

Formbeständigkeit in der Wärme	*Verfahren*	B	185–190 °C
	Verfahren	A	175–185 °C
Vicat Erweichungstemperatur (VST)	*Verfahren*		°C
	Verfahren		°C
Kristallit-Schmelzpunkt	*Verfahren*	ASTM D 789	184–187 °C
Längenausdehnungskoeffizient	*Bereich*	50–150 °C	$0.13 \cdot 10^{-4} K^{-1}$
	Temperatur	°C	$\cdot 10^{-4} K^{-1}$
Wärmeleitfähigkeit	*Verfahren*		W/(K·m)
Spezifische Wärmekapazität	*Verfahren*		J/(K·g)
Glasumwandlungstemperatur	*Torsionsschwingungsversuch*		°C
	Differentialkalorimetrie		°C

Brandverhalten

UL-Test vertikal	Dicke	mm, Wert
	Dicke	mm, Wert

	Norm	*Bewertung*	*Abmessungen*
Sauerstoff-Index	ASTM D 2863		
Glühstab-Verfahren			
Brandverhalten	DIN 4102		
MVSS			
FAR			

Elektrische Eigenschaften

		Hz	°C		*Probekörper, Form*
Dielektrizitätszahl		50			
		10^3			
		10^6			
Dielektrischer Verlustfaktor tan δ		50			
		10^3			
		10^6			
Spezifischer Durchgangswiderstand	Ohm·cm		20	4.5*10**13	
Durchschlagfestigkeit	kV/mm				mm dick
Oberflächenwiderstand	Ohm		20	5.9*10**12	

Kriechstromfestigkeit	KC	KB	KA
Elektrolytische Korrosionswirkung			
Lichtbogenfestigkeit nach DIN			
nach ASTM s			

Beständigkeit *(Chemische Beständigkeit siehe Anhang)*

Wasseraufnahme 20 C	1 d	0.10 %
Feuchtigkeitsaufnahme Normalklima		%
Wetterbeständigkeit		
Spannungskorrosion		

Optische Eigenschaften

Brechungszahl n_D		
Transmissionsgrad τ_c	%	mm dick
Lichtdurchlässigkeit		

Produkt	Polyamid 11		**PA**
Handelsname	**Rilsan BZM 30 W3 Schwarz**		
Hersteller	ATO		
DIN-Bez 1			
DIN-Bez 2			
Zusätze	Brandschutzmittel	*Füllstoffe/ Verstärkung*	30.0% Glasfaser
Bevorzugte Verarbeitung	Spritzgiessen	*Lieferform*	Granulat
		Farben	Grau-schwarz (dunkel)
Besondere Merkmale	Verarbeitungstemperatur niedriger als bei ZM	*Bevorzugte Anwendungen*	Technisches Formteil; Elektrosektor; Elektroniksektor

Dichte	g/cm^3	1.27	*Schmelzindex*	g/10 min	:
Schüttdichte	g/cm^3		*Volumenfließindex*	cm^3/10 min	:
Viskositätszahl	ml/g	135			

Verarbeitungsbedingungen für Spritzgießen

Massetemp.	°C	*Schwindung*	% lgs , quer
Werkzeugtemp.	°C	*Bemerkungen*	
Spritzdruck	bar		

Zugversuch 23 °C

Probekörper: *Form* *Herstellung*
Zustand *Vorbehandlung*

Streckspannung	N/mm^2	*Dehnung bei Streckspannung*	%
Zugfestigkeit	N/mm^2	*Reißdehnung*	%
Reißfestigkeit	N/mm^2	*% Dehnspannung*	N/mm^2
E-Modul	N/mm^2	*Dehnung bei % Dehnspg.*	%

Kriechmoduln und Zeitstandwerte 23 °C

Probekörper: *Form* *Herstellung*
Zustand *Vorbehandlung*

Kriechmodul	*1 min* N/mm^2	*Zeitstandzugfestigkeit*	h N/mm^2
Kriechmodul	*1000 h* N/mm^2	*Zeitdehnspg. %*	h N/mm^2
bei Spannung	N/mm^2		

Biegeversuch 23 °C

Probekörper: *Form* *Herstellung*
Zustand *Vorbehandlung*

Biegefestigkeit	N/mm^2	*E-Modul*	N/mm^2
3,5% *Biegespannung*	N/mm^2		

Härte 23 °C *Probekörper:* *Zustand* *Herstellung*
Vorbehandlung

Kugeldruckhärte	N/mm^2 bei N, s	*Shore-Härte* A
Rockwellhärte		*Shore-Härte* D

Schlagversuch *Probekörper:* *(1)*
(2) *Herstellung*
Zustand *Vorbehandlung*

	°C	°C	°C	*Probekörper-Form*
Schlagzähigkeit kJ/m^2				
Kerbschlagzähigkeit (1) kJ/m^2				
IZOD-Kerbschlagzähigkeit (2) J/m				
Kerbschlagzugzähigkeit kJ/m^2				

Abrieb und Reibung

Taber-Abrieb (Reibradverfahren)	mm^3/100 U		
Abriebfaktor LNP (Thrust washer) Vergleichswert			
Statische Reibungszahl			
Dynamische Reibungszahl	(p·v=	N/mm^2·	m/min)
Zulässiger p·v Wert	N/mm^2·(m/min)	v=	m/min
		v=	m/min

Thermische Eigenschaften

Formbeständigkeit in der Wärme	*Verfahren*	B		184 °C
	Verfahren	A		172 °C
Vicat Erweichungstemperatur (VST)	*Verfahren*			°C
	Verfahren			°C
Kristallit-Schmelzpunkt	*Verfahren*	ASTM D 789		184–187 °C
Längenausdehnungskoeffizient	*Bereich*	20–150	°C	0.2 · $10^{-4}K^{-1}$
	Temperatur	°C		· $10^{-4}K^{-1}$
Wärmeleitfähigkeit	*Verfahren*			W/(K · m)
Spezifische Wärmekapazität	*Verfahren*			J/(K · g)
Glasumwandlungstemperatur	*Torsionsschwingungsversuch*		°C	
	Differentialkalorimetrie		°C	

Brandverhalten

UL-Test vertikal	Dicke	mm, Wert
	Dicke	mm, Wert

	Norm	*Bewertung*	*Abmessungen*
Sauerstoff-Index	ASTM D 2863		
Glühstab-Verfahren			
Brandverhalten	DIN 4102		
MVSS			
FAR			

Elektrische Eigenschaften

		Hz	°C			Probekörper, Form
Dielektrizitätszahl		50				
		10^3				
		10^6				
Dielektrischer Verlustfaktor tan δ		50				
		10^3				
		10^6				
Spezifischer Durchgangswiderstand	Ohm · cm		20	5.6*10**12		
Durchschlagfestigkeit	kV/mm					mm dick
Oberflächenwiderstand	Ohm		20	8.5*10**11		
Kriechstromfestigkeit		KC	KB		KA	
Elektrolytische Korrosionswirkung						
Lichtbogenfestigkeit nach DIN						
nach ASTM	s					

Beständigkeit *(Chemische Beständigkeit siehe Anhang)*

Wasseraufnahme 20 C	1 d	0.12 %	
Feuchtigkeitsaufnahme Normalklima			%
Wetterbeständigkeit			
Spannungskorrosion			

Optische Eigenschaften

Brechungszahl n_D		
Transmissionsgrad τ_c	%	mm dick
Lichtdurchlässigkeit		

Produkt	Polyamid 11		**PA**
Handelsname	**Rilsan BZM 30 TL Schwarz**		
Hersteller	ATO		
DIN-Bez 1			
DIN-Bez 2			
Zusätze	Lichtstabilisator; Waermestabilisator	*Füllstoffe/ Verstärkung*	30.0% Glasfaser
Bevorzugte Verarbeitung	Spritzgiessen	*Lieferform*	Granulat
		Farben	Schwarz
Besondere Merkmale	Ausgezeichnete Zeitstandfestigkeit bei hohen Temperaturen; Steif	*Bevorzugte Anwendungen*	Technisches Formteil; Heizluefterfluegel; Gehaeuse fuer Duengemittelpumpen

Dichte	g/cm³	1.26	*Schmelzindex*	g/10 min	:
Schüttdichte	g/cm³		*Volumenfließindex*	cm³/10 min	:
Viskositätszahl	ml/g	150			

Verarbeitungsbedingungen für Spritzgießen

Massetemp.	°C	*Schwindung*	% lgs , quer
Werkzeugtemp.	°C	*Bemerkungen*	
Spritzdruck	bar		

Zugversuch 23 °C

Probekörper: *Form* *Zustand* *Herstellung* *Vorbehandlung*

Streckspannung	N/mm²	*Dehnung bei Streckspannung*	%
Zugfestigkeit	N/mm²	*Reißdehnung*	%
Reißfestigkeit	N/mm²	*% Dehnspannung*	N/mm²
E-Modul	N/mm²	*Dehnung bei % Dehnspg.*	%

Kriechmoduln und Zeitstandwerte 23 °C

Probekörper: *Form* *Zustand* *Herstellung* *Vorbehandlung*

Kriechmodul	*1 min* N/mm²	*Zeitstandzugfestigkeit*	h	N/mm²
Kriechmodul	*1000 h* N/mm²	*Zeitdehnspg. %*	h	N/mm²
bei Spannung	N/mm²			

Biegeversuch 23 °C

Probekörper: *Form* *Zustand* *Herstellung* *Vorbehandlung*

Biegefestigkeit	N/mm²	*E-Modul*	N/mm²
3,5% *Biegespannung*	N/mm²		

Härte 23 °C *Probekörper:* *Zustand* *Herstellung* *Vorbehandlung*

Kugeldruckhärte	N/mm² bei N, s	*Shore-Härte* A	
Rockwellhärte		*Shore-Härte* D	

Schlagversuch *Probekörper:* *(1)* *(2)* *Zustand* *Herstellung* *Vorbehandlung*

	°C	°C	°C	*Probekörper-Form*
Schlagzähigkeit kJ/m²				
Kerbschlagzähigkeit (1) kJ/m²				
IZOD-Kerbschlagzähigkeit (2) J/m				
Kerbschlagzugzähigkeit kJ/m²				

Abrieb und Reibung

Taber-Abrieb (Reibradverfahren)	mm^3/100 U		
Abriebfaktor LNP (Thrust washer) Vergleichswert			
Statische Reibungszahl			
Dynamische Reibungszahl	(p·v=	N/mm^2·	m/min)
Zulässiger p · v Wert	N/mm^2 · (m/min)	v=	m/min
		v=	m/min

Thermische Eigenschaften

Formbeständigkeit in der Wärme	*Verfahren*	B		175–185 °C
	Verfahren	A		170–175 °C
Vicat Erweichungstemperatur (VST)	*Verfahren*			°C
	Verfahren			°C
Kristallit-Schmelzpunkt	*Verfahren*	ASTM D 789		184–187 °C
Längenausdehnungskoeffizient	*Bereich*	-30–100	°C	$0.3 \cdot 10^{-4} K^{-1}$
	Temperatur	°C		$\cdot 10^{-4} K^{-1}$
Wärmeleitfähigkeit	*Verfahren*			W/(K · m)
Spezifische Wärmekapazität	*Verfahren*			J/(K · g)
Glasumwandlungstemperatur	*Torsionsschwingungsversuch*		°C	
	Differentialkalorimetrie		°C	

Brandverhalten

UL-Test vertikal	Dicke	mm, Wert	
	Dicke	mm, Wert	

	Norm	*Bewertung*	*Abmessungen*
Sauerstoff-Index	ASTM D 2863		
Glühstab-Verfahren			
Brandverhalten	DIN 4102		
MVSS			
FAR			

Elektrische Eigenschaften

		Hz	°C			*Probekörper, Form*
Dielektrizitätszahl		50				
		10^3				
		10^6				
Dielektrischer Verlustfaktor tan δ		50				
		10^3				
		10^6				
Spezifischer Durchgangs-widerstand	Ohm · cm		20	6.9*10**12		
Durchschlagfestigkeit	kV/mm					mm dick
Oberflächenwiderstand	Ohm		20	3.3*10**12		
Kriechstromfestigkeit		KC		KB	KA	
Elektrolytische Korrosionswirkung						
Lichtbogenfestigkeit nach DIN						
nach ASTM	s					

Beständigkeit *(Chemische Beständigkeit siehe Anhang)*

Wasseraufnahme 20 C	1 d	0.12 %	
Feuchtigkeitsaufnahme Normalklima			%
Wetterbeständigkeit			
Spannungskorrosion			

Optische Eigenschaften

Brechungszahl n_D		
Transmissionsgrad τ_c	%	mm dick
Lichtdurchlässigkeit		

Datenbank-Nr. **T05147** Merkblatt-Nr. **3219**

Produkt	Polyamid 11		**PA**
Handelsname	**Rilsan BMN T Schwarz**		
Hersteller	ATO		
DIN-Bez 1			
DIN-Bez 2			
Zusätze	Waermestabilisator	*Füllstoffe/ Verstärkung*	
Bevorzugte Verarbeitung	Spritzgiessen	*Lieferform*	Granulat
		Farben	Schwarz
Besondere Merkmale	Verhaelt sich besser gegenueber trokkener Hitze als BMN	*Bevorzugte Anwendungen*	Technisches Formteil; Mechanik; Elektrosektor

Dichte	g/cm^3	1.04	*Schmelzindex*	g/10 min	:
Schüttdichte	g/cm^3		*Volumenfließindex*	$cm^3/10$ min	:
Viskositätszahl	ml/g	128			

Verarbeitungsbedingungen für Spritzgießen

Massetemp.	°C	*Schwindung*	% lgs , quer
Werkzeugtemp.	°C	*Bemerkungen*	
Spritzdruck	bar		

Zugversuch 23 °C

Probekörper: *Form* *Herstellung*
Zustand *Vorbehandlung*

Streckspannung	N/mm^2	*Dehnung bei Streckspannung*	%
Zugfestigkeit	N/mm^2	*Reißdehnung*	%
Reißfestigkeit	N/mm^2	*% Dehnspannung*	N/mm^2
E-Modul	N/mm^2	*Dehnung bei % Dehnspg.*	%

Kriechmoduln und Zeitstandwerte 23 °C

Probekörper: *Form* *Herstellung*
Zustand *Vorbehandlung*

Kriechmodul	*1 min* N/mm^2	*Zeitstandzugfestigkeit*	h N/mm^2
Kriechmodul	*1000 h* N/mm^2	*Zeitdehnspg. %*	h N/mm^2
bei Spannung	N/mm^2		

Biegeversuch 23 °C

Probekörper: *Form* *Herstellung*
Zustand *Vorbehandlung*

Biegefestigkeit	N/mm^2	*E-Modul*	N/mm^2
3,5% *Biegespannung*	N/mm^2		

Härte 23 °C *Probekörper:* *Zustand* *Herstellung*
Vorbehandlung

Kugeldruckhärte	N/mm^2 bei N, s	*Shore-Härte* A
Rockwellhärte		*Shore-Härte* D

Schlagversuch *Probekörper:* *(1)*
(2) *Herstellung*
Zustand *Vorbehandlung*

	°C	°C	°C	*Probekörper-Form*
Schlagzähigkeit kJ/m^2				
Kerbschlagzähigkeit (1) kJ/m^2				
IZOD-Kerbschlagzähigkeit (2) J/m				
Kerbschlagzugzähigkeit kJ/m^2				

Abrieb und Reibung

Taber-Abrieb (Reibradverfahren)	mm^3/100 U	
Abriebfaktor LNP (Thrust washer) Vergleichswert		
Statische Reibungszahl		
Dynamische Reibungszahl	(p·v= N/mm^2·	m/min)
Zulässiger p · v Wert	N/mm^2 · (m/min) v=	m/min
	v=	m/min

Thermische Eigenschaften

Formbeständigkeit in der Wärme	*Verfahren* B		145–155 °C
	Verfahren A		50–60 °C
Vicat Erweichungstemperatur (VST)	*Verfahren*		°C
	Verfahren		°C
Kristallit-Schmelzpunkt	*Verfahren* ASTM D 789		184–187 °C
Längenausdehnungskoeffizient	*Bereich* -30–40 °C		$0.91 \cdot 10^{-4} K^{-1}$
	Temperatur		$\cdot 10^{-4} K^{-1}$
Wärmeleitfähigkeit	*Verfahren*		W/(K · m)
Spezifische Wärmekapazität	*Verfahren*		J/(K · g)
Glasumwandlungstemperatur	*Torsionsschwingungsversuch*	°C	
	Differentialkalorimetrie	°C	

Brandverhalten

UL-Test vertikal	Dicke mm, Wert	
	Dicke mm, Wert	

	Norm	*Bewertung*	*Abmessungen*
Sauerstoff-Index	ASTM D 2863		
Glühstab-Verfahren			
Brandverhalten	DIN 4102		
MVSS			
FAR			

Elektrische Eigenschaften

		Hz	°C		*Probekörper, Form*
Dielektrizitätszahl		50			
		10^3			
		10^6			
Dielektrischer Verlustfaktor tan δ		50			
		10^3			
		10^6			
Spezifischer Durchgangswiderstand	Ohm · cm		20	3.1*10**14	
Durchschlagfestigkeit	kV/mm		20	20	3 mm dick
Oberflächenwiderstand	Ohm		20	2.9*10**14	

Kriechstromfestigkeit	KC	KB	KA
Elektrolytische Korrosionswirkung			
Lichtbogenfestigkeit nach DIN			
nach ASTM s			

Beständigkeit *(Chemische Beständigkeit siehe Anhang)*

Wasseraufnahme 20 C	1 d	0.23 %
Feuchtigkeitsaufnahme Normalklima		%
Wetterbeständigkeit		
Spannungskorrosion		

Optische Eigenschaften

Brechungszahl n_D		
Transmissionsgrad τ_c	%	mm dick
Lichtdurchlässigkeit		

Produkt	Polyamid 11		**PA**
Handelsname	**Rilsan BMN TL**		
Hersteller	ATO		
DIN-Bez 1			
DIN-Bez 2			
Zusätze	Waermestabilisator; Lichtstabilisator	*Füllstoffe/ Verstärkung*	
Bevorzugte Verarbeitung	Spritzgiessen	*Lieferform*	Granulat
		Farben	Natur; Standard
Besondere Merkmale	Fuer Dauereinsatztemperaturen ueber 70 C	*Bevorzugte Anwendungen*	Technisches Formteil; Bedarfsartikel

Dichte	g/cm^3	1.04	*Schmelzindex*	g/10 min	:
Schüttdichte	g/cm^3		*Volumenfließindex*	cm^3/10 min	:
Viskositätszahl	ml/g	128			

Verarbeitungsbedingungen für Spritzgießen

Massetemp.	°C	*Schwindung*	% lgs , quer
Werkzeugtemp.	°C	*Bemerkungen*	
Spritzdruck	bar		

Zugversuch 23 °C

Probekörper: *Form* *Herstellung*
Zustand *Vorbehandlung*

Streckspannung	N/mm^2	*Dehnung bei Streckspannung*	%
Zugfestigkeit	N/mm^2	*Reißdehnung*	%
Reißfestigkeit	N/mm^2	*% Dehnspannung*	N/mm^2
E-Modul	N/mm^2	*Dehnung bei % Dehnspg.*	%

Kriechmoduln und Zeitstandwerte 23 °C

Probekörper: *Form* *Herstellung*
Zustand *Vorbehandlung*

Kriechmodul	*1 min* N/mm^2	*Zeitstandzugfestigkeit*	h N/mm^2
Kriechmodul	*1000 h* N/mm^2	*Zeitdehnspg. %*	h N/mm^2
bei Spannung	N/mm^2		

Biegeversuch 23 °C

Probekörper: *Form* *Herstellung*
Zustand *Vorbehandlung*

Biegefestigkeit	N/mm^2	*E-Modul*	N/mm^2
3,5% *Biegespannung*	N/mm^2		

Härte 23 °C *Probekörper:* *Zustand* *Herstellung*
Vorbehandlung

Kugeldruckhärte	N/mm^2 bei N, s	*Shore-Härte*	A
Rockwellhärte		*Shore-Härte*	D

Schlagversuch *Probekörper:* *(1)*
(2) *Herstellung*
Zustand *Vorbehandlung*

	°C	°C	°C	*Probekörper-Form*
Schlagzähigkeit kJ/m^2				
Kerbschlagzähigkeit (1) kJ/m^2				
IZOD-Kerbschlagzähigkeit (2) J/m				
Kerbschlagzugzähigkeit kJ/m^2				

Abrieb und Reibung

Taber-Abrieb (Reibradverfahren)	mm³/100 U		
Abriebfaktor LNP (Thrust washer) Vergleichswert			
Statische Reibungszahl			
Dynamische Reibungszahl	(p·v=	N/mm²·	m/min)
Zulässiger p · v Wert	N/mm² · (m/min)	v=	m/min
		v=	m/min

Thermische Eigenschaften

Formbeständigkeit in der Wärme	*Verfahren*	B		145–155 °C
	Verfahren	A		50–60 °C
Vicat Erweichungstemperatur (VST)	*Verfahren*			°C
	Verfahren			°C
Kristallit-Schmelzpunkt	*Verfahren*	ASTM D 789		184–187 °C
Längenausdehnungskoeffizient	*Bereich*	-30–40	°C	$0.91 \cdot 10^{-4} K^{-1}$
	Temperatur			$\cdot 10^{-4} K^{-1}$
Wärmeleitfähigkeit	*Verfahren*			W/(K · m)
Spezifische Wärmekapazität	*Verfahren*			J/(K · g)
Glasumwandlungstemperatur	*Torsionsschwingungsversuch*		°C	
	Differentialkalorimetrie		°C	

Brandverhalten

UL-Test vertikal	Dicke	mm, Wert
	Dicke	mm, Wert

	Norm	*Bewertung*	*Abmessungen*
Sauerstoff-Index	ASTM D 2863		
Glühstab-Verfahren			
Brandverhalten	DIN 4102		
MVSS			
FAR			

Elektrische Eigenschaften

		Hz	°C		*Probekörper, Form*	
Dielektrizitätszahl		50				
		10^3				
		10^6				
Dielektrischer Verlustfaktor tan δ		50				
		10^3				
		10^6				
Spezifischer Durchgangs-widerstand	Ohm · cm		20	4.2*10**14		
Durchschlagfestigkeit	kV/mm		20	20	3	mm dick
Oberflächenwiderstand	Ohm		20	2.2*10**14		

Kriechstromfestigkeit	KC	KB	KA
Elektrolytische Korrosionswirkung			
Lichtbogenfestigkeit nach DIN			
nach ASTM s			

Beständigkeit *(Chemische Beständigkeit siehe Anhang)*

Wasseraufnahme 20 C	1 d	0.23 %
Feuchtigkeitsaufnahme Normalklima		%
Wetterbeständigkeit		
Spannungskorrosion		

Optische Eigenschaften

Brechungszahl n_D
Transmissionsgrad τ_c % mm dick
Lichtdurchlässigkeit

Produkt	Polyamid 11		**PA**
Handelsname	**Rilsan BMN T5**		
Hersteller	ATO		
DIN-Bez 1			
DIN-Bez 2			
Zusätze	Waermestabilisator; Lichtstabilisator	*Füllstoffe/ Verstärkung*	
Bevorzugte Verarbeitung	Spritzgiessen	*Lieferform*	Granulat
		Farben	Natur; Standard
Besondere Merkmale	Leicht entformbar; Erfordert niedrigere Verarbeitungstemperaturen; Erhoehte Einsatztemperaturen bei trockener Hitze	*Bevorzugte Anwendungen*	Technisches Formteil; Bedarfsartikel

Dichte	g/cm^3	1.05	*Schmelzindex*	g/10 min	:
Schüttdichte	g/cm^3		*Volumenfließindex*	cm^3/10 min	:
Viskositätszahl	ml/g	128			

Verarbeitungsbedingungen für Spritzgießen

Massetemp.	°C	*Schwindung*	% lgs , quer
Werkzeugtemp.	°C	*Bemerkungen*	
Spritzdruck	bar		

Zugversuch 23 °C

Probekörper: *Form* *Zustand* *Herstellung* *Vorbehandlung*

Streckspannung	N/mm^2	*Dehnung bei Streckspannung*	%
Zugfestigkeit	N/mm^2	*Reißdehnung*	%
Reißfestigkeit	N/mm^2	*% Dehnspannung*	N/mm^2
E-Modul	N/mm^2	*Dehnung bei % Dehnspg.*	%

Kriechmoduln und Zeitstandwerte 23 °C

Probekörper: *Form* *Zustand* *Herstellung* *Vorbehandlung*

Kriechmodul	*1 min* N/mm^2	*Zeitstandzugfestigkeit*	h N/mm^2
Kriechmodul	*1000 h* N/mm^2	*Zeitdehnspg. %*	h N/mm^2
bei Spannung	N/mm^2		

Biegeversuch 23 °C

Probekörper: *Form* *Zustand* *Herstellung* *Vorbehandlung*

Biegefestigkeit	N/mm^2	*E-Modul*	N/mm^2
3,5% *Biegespannung*	N/mm^2		

Härte 23 °C *Probekörper:* *Zustand* *Herstellung* *Vorbehandlung*

Kugeldruckhärte	N/mm^2 bei N, s	*Shore-Härte* A	
Rockwellhärte		*Shore-Härte* D	

Schlagversuch *Probekörper:* *(1)* *(2)* *Zustand* *Herstellung* *Vorbehandlung*

		°C	°C	°C	*Probekörper-Form*
Schlagzähigkeit	kJ/m^2				
Kerbschlagzähigkeit (1)	kJ/m^2				
IZOD-Kerbschlagzähigkeit (2)	J/m				
Kerbschlagzugzähigkeit	kJ/m^2				

Abrieb und Reibung

Taber-Abrieb (Reibradverfahren)	mm^3/100 U		
Abriebfaktor LNP (Thrust washer) Vergleichswert			
Statische Reibungszahl			
Dynamische Reibungszahl	(p·v= N/mm^2·		m/min)
Zulässiger p · v Wert	N/mm^2 · (m/min)	v=	m/min
		v=	m/min

Thermische Eigenschaften

Formbeständigkeit in der Wärme	*Verfahren*	B		145–155 °C
	Verfahren	A		50–60 °C
Vicat Erweichungstemperatur (VST)	*Verfahren*			°C
	Verfahren			°C
Kristallit-Schmelzpunkt	*Verfahren*	ASTM D 789		184–187 °C
Längenausdehnungskoeffizient	*Bereich*	-30–40	°C	0.91 · $10^{-4}K^{-1}$
	Temperatur			· $10^{-4}K^{-1}$
Wärmeleitfähigkeit	*Verfahren*			W/(K · m)
Spezifische Wärmekapazität	*Verfahren*			J/(K · g)
Glasumwandlungstemperatur	*Torsionsschwingungsversuch*		°C	
	Differentialkalorimetrie		°C	

Brandverhalten

UL-Test vertikal	Dicke	mm, Wert	
	Dicke	mm, Wert	

	Norm	*Bewertung*	*Abmessungen*
Sauerstoff-Index	ASTM D 2863		
Glühstab-Verfahren			
Brandverhalten	DIN 4102		
MVSS			
FAR			

Elektrische Eigenschaften

		Hz	°C		*Probekörper, Form*
Dielektrizitätszahl		50			
		10^3			
		10^6			
Dielektrischer Verlustfaktor tan δ		50			
		10^3			
		10^6			
Spezifischer Durchgangs-widerstand	Ohm · cm		20	3.1*10**11	
Durchschlagfestigkeit	kV/mm				mm dick
Oberflächenwiderstand	Ohm		20	5.4*10**11	

Kriechstromfestigkeit	KC	KB	KA
Elektrolytische Korrosionswirkung			
Lichtbogenfestigkeit nach DIN			
nach ASTM s			

Beständigkeit *(Chemische Beständigkeit siehe Anhang)*

Wasseraufnahme 20 C	1 d	0.45 %	
Feuchtigkeitsaufnahme Normalklima			%
Wetterbeständigkeit			
Spannungskorrosion			

Optische Eigenschaften

Brechungszahl n_D		
Transmissionsgrad τ_c	%	mm dick
Lichtdurchlässigkeit		

Produkt	Polyamid 11		**PA**
Handelsname	**Rilsan KMF T6**		
Hersteller	ATO		
DIN-Bez 1			
DIN-Bez 2			
Zusätze	Waermestabilisator; Lichtstabilisator	*Füllstoffe/ Verstärkung*	
Bevorzugte Verarbeitung	Spritzgiessen	*Lieferform*	Granulat
		Farben	Dunkelblau
Besondere Merkmale	Gute Fliessfaehigkeit	*Bevorzugte Anwendungen*	Technisches Formteil; Kompliziert geformtes Teil mit geringen Wanddicken

Dichte	g/cm³	1.05	*Schmelzindex*	g/10 min	:
Schüttdichte	g/cm³		*Volumenfließindex*	cm³/10 min	:
Viskositätszahl	ml/g	120			

Verarbeitungsbedingungen für Spritzgießen

Massetemp.	°C	*Schwindung*	% lgs , quer
Werkzeugtemp.	°C	*Bemerkungen*	
Spritzdruck	bar		

Zugversuch 23 °C

Probekörper: *Form* *Herstellung*
Zustand *Vorbehandlung*

Streckspannung	N/mm²	*Dehnung bei Streckspannung*	%
Zugfestigkeit	N/mm²	*Reißdehnung*	%
Reißfestigkeit	N/mm²	% *Dehnspannung*	N/mm²
E-Modul	N/mm²	*Dehnung bei* % *Dehnspg.*	%

Kriechmoduln und Zeitstandwerte 23 °C

Probekörper: *Form* *Herstellung*
Zustand *Vorbehandlung*

Kriechmodul	*1 min* N/mm²	*Zeitstandzugfestigkeit*	h N/mm²
Kriechmodul	*1000 h* N/mm²	*Zeitdehnspg.* %	h N/mm²
bei Spannung	N/mm²		

Biegeversuch 23 °C

Probekörper: *Form* *Herstellung*
Zustand *Vorbehandlung*

Biegefestigkeit	N/mm²	*E-Modul*	N/mm²
3,5% *Biegespannung*	N/mm²		

Härte 23 °C *Probekörper:* *Zustand* *Herstellung*
Vorbehandlung

Kugeldruckhärte	N/mm² bei N, s	*Shore-Härte* A	
Rockwellhärte		*Shore-Härte* D	

Schlagversuch *Probekörper:* *(1)*
(2) *Herstellung*
Zustand *Vorbehandlung*

	°C	°C	°C	*Probekörper-Form*
Schlagzähigkeit kJ/m²				
Kerbschlagzähigkeit (1) kJ/m²				
IZOD-Kerbschlagzähigkeit (2) J/m				
Kerbschlagzugzähigkeit kJ/m²				

Abrieb und Reibung

Taber-Abrieb (Reibradverfahren)	mm³/100 U		
Abriebfaktor LNP (Thrust washer) Vergleichswert			
Statische Reibungszahl			
Dynamische Reibungszahl	(p · v=	N/mm² ·	m/min)
Zulässiger p · v Wert	N/mm² · (m/min)	v=	m/min
		v=	m/min

Thermische Eigenschaften

Formbeständigkeit in der Wärme	*Verfahren*	B		145–155 °C
	Verfahren	A		50–60 °C
Vicat Erweichungstemperatur (VST)	*Verfahren*			°C
	Verfahren			°C
Kristallit-Schmelzpunkt	*Verfahren*	ASTM D 789		184–187 °C
Längenausdehnungskoeffizient	*Bereich*	-30–40	°C	0.91 · $10^{-4}K^{-1}$
	Temperatur			· $10^{-4}K^{-1}$
Wärmeleitfähigkeit	*Verfahren*			W/(K · m)
Spezifische Wärmekapazität	*Verfahren*			J/(K · g)
Glasumwandlungstemperatur	*Torsionsschwingungsversuch*		°C	
	Differentialkalorimetrie		°C	

Brandverhalten

UL-Test vertikal	Dicke	mm, Wert
	Dicke	mm, Wert

	Norm	*Bewertung*	*Abmessungen*
Sauerstoff-Index	ASTM D 2863		
Glühstab-Verfahren			
Brandverhalten	DIN 4102		
MVSS			
FAR			

Elektrische Eigenschaften

		Hz	°C		*Probekörper, Form*
Dielektrizitätszahl		50			
		10^3			
		10^6			
Dielektrischer Verlustfaktor tan δ		50			
		10^3			
		10^6			
Spezifischer Durchgangswiderstand	Ohm · cm		20	2.6*10**12	
Durchschlagfestigkeit	kV/mm				mm dick
Oberflächenwiderstand	Ohm		20	1.8*10**12	
Kriechstromfestigkeit		KC	KB	KA	
Elektrolytische Korrosionswirkung					
Lichtbogenfestigkeit nach DIN					
nach ASTM	s				

Beständigkeit *(Chemische Beständigkeit siehe Anhang)*

Wasseraufnahme 20 C	1 d	0.35 %	
Feuchtigkeitsaufnahme Normalklima			%
Wetterbeständigkeit			
Spannungskorrosion			

Optische Eigenschaften

Brechungszahl n_D		
Transmissionsgrad τ_c	%	mm dick
Lichtdurchlässigkeit		

PA

Produkt	Polyamid 11		
Handelsname	**Rilsan KMV TL**		
Hersteller	ATO		
DIN-Bez 1			
DIN-Bez 2			
Zusätze	Waermestabilisator	*Füllstoffe/ Verstärkung*	
Bevorzugte Verarbeitung	Spritzgiessen	*Lieferform*	Granulat
		Farben	Natur; Standard
Besondere Merkmale	Hydrolysebestaendig	*Bevorzugte Anwendungen*	Technisches Formteil; Armaturenteil; Sanitaersektor

Dichte	g/cm^3	1.04	*Schmelzindex*	g/10 min	:
Schüttdichte	g/cm^3		*Volumenfließindex*	cm^3/10 min	:
Viskositätszahl	ml/g	170			

Verarbeitungsbedingungen für Spritzgießen

Massetemp.	°C	*Schwindung*	% lgs , quer
Werkzeugtemp.	°C	*Bemerkungen*	
Spritzdruck	bar		

Zugversuch 23 °C

Probekörper: *Form* *Zustand* — *Herstellung* *Vorbehandlung*

Streckspannung	N/mm^2	*Dehnung bei Streckspannung*	%
Zugfestigkeit	N/mm^2	*Reißdehnung*	%
Reißfestigkeit	N/mm^2	*% Dehnspannung*	N/mm^2
E-Modul	N/mm^2	*Dehnung bei % Dehnspg.*	%

Kriechmoduln und Zeitstandwerte 23 °C

Probekörper: *Form* *Zustand* — *Herstellung* *Vorbehandlung*

Kriechmodul	*1 min* N/mm^2	*Zeitstandzugfestigkeit*	h N/mm^2
Kriechmodul	*1000 h* N/mm^2	*Zeitdehnspg.* %	h N/mm^2
bei Spannung	N/mm^2		

Biegeversuch 23 °C

Probekörper: *Form* *Zustand* — *Herstellung* *Vorbehandlung*

Biegefestigkeit	N/mm^2	*E-Modul*	N/mm^2
3,5% *Biegespannung*	N/mm^2		

Härte 23 °C *Probekörper:* *Zustand* — *Herstellung* *Vorbehandlung*

Kugeldruckhärte	N/mm^2 bei N, s	*Shore-Härte* A	
Rockwellhärte		*Shore-Härte* D	

Schlagversuch *Probekörper:* *(1)* *(2)* *Zustand* — *Herstellung* *Vorbehandlung*

	°C	°C	°C	*Probekörper-Form*
Schlagzähigkeit kJ/m^2				
Kerbschlagzähigkeit (1) kJ/m^2				
IZOD-Kerbschlagzähigkeit (2) J/m				
Kerbschlagzugzähigkeit kJ/m^2				

Abrieb und Reibung

Taber-Abrieb (Reibradverfahren)	mm^3/100 U		
Abriebfaktor LNP (Thrust washer) Vergleichswert			
Statische Reibungszahl			
Dynamische Reibungszahl	(p·v=	N/mm^2 ·	m/min)
Zulässiger p · v Wert	N/mm^2 · (m/min)	v=	m/min
		v=	m/min

Thermische Eigenschaften

Formbeständigkeit in der Wärme	Verfahren	B		145–155 °C
	Verfahren	A		50–60 °C
Vicat Erweichungstemperatur (VST)	Verfahren			°C
	Verfahren			°C
Kristallit-Schmelzpunkt	Verfahren	ASTM D 789		184–187 °C
Längenausdehnungskoeffizient	Bereich	-30–40	°C	0.91 · $10^{-4}K^{-1}$
	Temperatur			· $10^{-4}K^{-1}$
Wärmeleitfähigkeit	Verfahren			W/(K · m)
Spezifische Wärmekapazität	Verfahren			J/(K · g)
Glasumwandlungstemperatur	Torsionsschwingungsversuch		°C	
	Differentialkalorimetrie		°C	

Brandverhalten

UL-Test vertikal	Dicke	mm, Wert
	Dicke	mm, Wert

	Norm	Bewertung	Abmessungen
Sauerstoff-Index	ASTM D 2863		
Glühstab-Verfahren			
Brandverhalten	DIN 4102		
MVSS			
FAR			

Elektrische Eigenschaften

		Hz	°C		Probekörper, Form
Dielektrizitätszahl		50			
		10^3			
		10^6			
Dielektrischer Verlustfaktor tan δ		50			
		10^3			
		10^6			
Spezifischer Durchgangs-widerstand	Ohm · cm		20	3.1*10**14	
Durchschlagfestigkeit	kV/mm				mm dick
Oberflächenwiderstand	Ohm		20	3.1*10**13	

Kriechstromfestigkeit	KC	KB	KA
Elektrolytische Korrosionswirkung			
Lichtbogenfestigkeit nach DIN			
nach ASTM	s		

Beständigkeit *(Chemische Beständigkeit siehe Anhang)*

Wasseraufnahme 20 C	1 d	0.23 %
Feuchtigkeitsaufnahme Normalklima		%
Wetterbeständigkeit		
Spannungskorrosion		

Optische Eigenschaften

Brechungszahl n_D		
Transmissionsgrad τ_c	%	mm dick
Lichtdurchlässigkeit		

PA

Produkt	Polyamid 11		
Handelsname	**Rilsan BZM 30 TL Schwarz**		
Hersteller	ATO		
DIN-Bez 1			
DIN-Bez 2			
Zusätze	Waermestabilisator; Lichtstabilisator	*Füllstoffe/ Verstärkung*	30.0% Glasfaser
Bevorzugte Verarbeitung	Spritzgiessen	*Lieferform*	Granulat
		Farben	Schwarz
Besondere Merkmale	Steif; Ausgezeichnete Zeitstandfestigkeit auch bei hohen Temperaturen	*Bevorzugte Anwendungen*	Technisches Formteil; Heizluefterfluegel; Gehaeuse fuer Duengemittelpumpen

Dichte	g/cm^3	1.26	*Schmelzindex*	g/10 min		:
Schüttdichte	g/cm^3		*Volumenfließindex*	$cm^3/10$ min		:
Viskositätszahl	ml/g	150				

Verarbeitungsbedingungen für Spritzgießen

Massetemp.	°C	*Schwindung*	% lgs , quer
Werkzeugtemp.	°C	*Bemerkungen*	
Spritzdruck	bar		

Zugversuch 23 °C

Probekörper: *Form* *Zustand* *Herstellung* *Vorbehandlung*

Streckspannung	N/mm^2	*Dehnung bei Streckspannung*	%
Zugfestigkeit	N/mm^2	*Reißdehnung*	%
Reißfestigkeit	N/mm^2	*% Dehnspannung*	N/mm^2
E-Modul	N/mm^2	*Dehnung bei % Dehnspg.*	%

Kriechmoduln und Zeitstandwerte 23 °C

Probekörper: *Form* *Zustand* *Herstellung* *Vorbehandlung*

Kriechmodul	*1 min* N/mm^2	*Zeitstandzugfestigkeit*	h N/mm^2
Kriechmodul	*1000 h* N/mm^2	*Zeitdehnspg. %*	h N/mm^2
bei Spannung	N/mm^2		

Biegeversuch 23 °C

Probekörper: *Form* *Zustand* *Herstellung* *Vorbehandlung*

Biegefestigkeit	N/mm^2	*E-Modul*	N/mm^2
3,5% *Biegespannung*	N/mm^2		

Härte 23 °C *Probekörper:* *Zustand* *Herstellung* *Vorbehandlung*

Kugeldruckhärte	N/mm^2 bei N, s	*Shore-Härte* A	
Rockwellhärte		*Shore-Härte* D	

Schlagversuch *Probekörper:* *(1)* *(2)* *Zustand* *Herstellung* *Vorbehandlung*

	°C	°C	°C	*Probekörper-Form*
Schlagzähigkeit kJ/m^2				
Kerbschlagzähigkeit (1) kJ/m^2				
IZOD-Kerbschlagzähigkeit (2) J/m				
Kerbschlagzugzähigkeit kJ/m^2				

Abrieb und Reibung

Taber-Abrieb (Reibradverfahren)	mm^3/100 U		
Abriebfaktor LNP (Thrust washer) Vergleichswert			
Statische Reibungszahl			
Dynamische Reibungszahl	(p·v=	N/mm^2 ·	m/min)
Zulässiger p · v Wert	N/mm^2 · (m/min)	v=	m/min
		v=	m/min

Thermische Eigenschaften

Formbeständigkeit in der Wärme	*Verfahren*	B		175–185 °C
	Verfahren	A		170–175 °C
Vicat Erweichungstemperatur (VST)	*Verfahren*			°C
	Verfahren			°C
Kristallit-Schmelzpunkt	*Verfahren*	ASTM D 789		184–187 °C
Längenausdehnungskoeffizient	*Bereich*	-30–40	°C	0.91 · $10^{-4}K^{-1}$
	Temperatur			· $10^{-4}K^{-1}$
Wärmeleitfähigkeit	*Verfahren*			W/(K · m)
Spezifische Wärmekapazität	*Verfahren*			J/(K · g)
Glasumwandlungstemperatur	*Torsionsschwingungsversuch*		°C	
	Differentialkalorimetrie		°C	

Brandverhalten

UL-Test vertikal	Dicke	mm, Wert
	Dicke	mm, Wert

	Norm	*Bewertung*	*Abmessungen*
Sauerstoff-Index	ASTM D 2863		
Glühstab-Verfahren			
Brandverhalten	DIN 4102		
MVSS			
FAR			

Elektrische Eigenschaften

		Hz	°C		*Probekörper, Form*
Dielektrizitätszahl		50			
		10^3			
		10^6			
Dielektrischer Verlustfaktor tan δ		50			
		10^3			
		10^6			
Spezifischer Durchgangs-widerstand	Ohm · cm		20	6.9*10**12	
Durchschlagfestigkeit	kV/mm				mm dick
Oberflächenwiderstand	Ohm		20	3.3*10**12	

Kriechstromfestigkeit	KC	KB	KA
Elektrolytische Korrosionswirkung			
Lichtbogenfestigkeit nach DIN			
nach ASTM s			

Beständigkeit *(Chemische Beständigkeit siehe Anhang)*

Wasseraufnahme 20 C	1 d	0.12 %	
Feuchtigkeitsaufnahme Normalklima			%
Wetterbeständigkeit			
Spannungskorrosion			

Optische Eigenschaften

Brechungszahl n_D		
Transmissionsgrad τ_c	%	mm dick
Lichtdurchlässigkeit		

Produkt	Polyamid 11		**PA**
Handelsname	**Rilsan BMN P20 TL**		
Hersteller	ATO		
DIN-Bez 1			
DIN-Bez 2			
Zusätze	Waermestabilisator; Lichtstabilisator; Weichmacher	*Füllstoffe/ Verstärkung*	
Bevorzugte Verarbeitung	Spritzgiessen	*Lieferform*	Granulat
		Farben	Natur; Standard
Besondere Merkmale	Halbflexibel; Gute Bestaendigkeit gegen trockene Hitze; Geraeuschabsorbierend; Vibrationsabsorbierend	*Bevorzugte Anwendungen*	Technisches Formteil

Dichte g/cm³ 1.05
Schüttdichte g/cm³
Viskositätszahl ml/g 128

Schmelzindex g/10 min :
Volumenfließindex cm³/10 min :

Verarbeitungsbedingungen für Spritzgießen

Massetemp. °C
Werkzeugtemp. °C
Spritzdruck bar

Schwindung % lgs , quer
Bemerkungen

Zugversuch 23 °C

Probekörper: *Form* *Zustand* — *Herstellung* *Vorbehandlung*

Streckspannung N/mm²
Zugfestigkeit N/mm²
Reißfestigkeit N/mm²
E-Modul N/mm²

Dehnung bei Streckspannung %
Reißdehnung %
% Dehnspannung N/mm²
Dehnung bei % Dehnspg. %

Kriechmoduln und Zeitstandwerte 23 °C

Probekörper: *Form* *Zustand* — *Herstellung* *Vorbehandlung*

Kriechmodul *1 min* N/mm²
Kriechmodul *1000 h* N/mm²
bei Spannung N/mm²

Zeitstandzugfestigkeit h N/mm²
Zeitdehnspg. % h N/mm²

Biegeversuch 23 °C

Probekörper: *Form* *Zustand* — *Herstellung* *Vorbehandlung*

Biegefestigkeit N/mm²
3,5% *Biegespannung* N/mm²

E-Modul N/mm²

Härte 23 °C *Probekörper:* *Zustand* — *Herstellung* *Vorbehandlung*

Kugeldruckhärte N/mm² bei N, s
Rockwellhärte

Shore-Härte A
Shore-Härte D

Schlagversuch *Probekörper:* *(1)* *(2)* *Zustand* — *Herstellung* *Vorbehandlung*

	°C	°C	°C	*Probekörper-Form*
Schlagzähigkeit kJ/m²				
Kerbschlagzähigkeit (1) kJ/m²				
IZOD-Kerbschlagzähigkeit (2) J/m				
Kerbschlagzugzähigkeit kJ/m²				

Abrieb und Reibung

Taber-Abrieb (Reibradverfahren)	mm^3/100 U		
Abriebfaktor LNP (Thrust washer) Vergleichswert			
Statische Reibungszahl			
Dynamische Reibungszahl	(p·v=	N/mm^2 ·	m/min)
Zulässiger p · v Wert	N/mm^2 · (m/min)	v=	m/min
		v=	m/min

Thermische Eigenschaften

Formbeständigkeit in der Wärme	*Verfahren*	B		140–155 °C
	Verfahren	A		50–60 °C
Vicat Erweichungstemperatur (VST)	*Verfahren*			°C
	Verfahren			°C
Kristallit-Schmelzpunkt	*Verfahren*	ASTM D 789		184–187 °C
Längenausdehnungskoeffizient	*Bereich*	30–40	°C	$0.91 \cdot 10^{-4} K^{-1}$
	Temperatur			$\cdot 10^{-4} K^{-1}$
Wärmeleitfähigkeit	*Verfahren*			W/(K · m)
Spezifische Wärmekapazität	*Verfahren*			J/(K · g)
Glasumwandlungstemperatur	*Torsionsschwingungsversuch*		°C	
	Differentialkalorimetrie		°C	

Brandverhalten

UL-Test vertikal	Dicke	mm, Wert
	Dicke	mm, Wert

	Norm	*Bewertung*	*Abmessungen*
Sauerstoff-Index	ASTM D 2863		
Glühstab-Verfahren			
Brandverhalten	DIN 4102		
MVSS			
FAR			

Elektrische Eigenschaften

		Hz	°C		*Probekörper, Form*
Dielektrizitätszahl		50			
		10^3			
		10^6			
Dielektrischer Verlustfaktor tan δ		50			
		10^3			
		10^6			
Spezifischer Durchgangs-widerstand	Ohm · cm		20	2.2*10**12	
Durchschlagfestigkeit	kV/mm		20	17	3 mm dick
Oberflächenwiderstand	Ohm		20	1.7*10**12	

Kriechstromfestigkeit	KC	KB	KA
Elektrolytische Korrosionswirkung			
Lichtbogenfestigkeit nach DIN			
nach ASTM s			

Beständigkeit *(Chemische Beständigkeit siehe Anhang)*

Wasseraufnahme 20 C	1 d	0.23 %
Feuchtigkeitsaufnahme Normalklima		%
Wetterbeständigkeit		
Spannungskorrosion		

Optische Eigenschaften

Brechungszahl n_D		
Transmissionsgrad τ_c	%	mm dick
Lichtdurchlässigkeit		

Produkt	Polyamid 11		**PA**
Handelsname	**Rilsan BMN P40 TL**		
Hersteller	ATO		
DIN-Bez 1			
DIN-Bez 2			
Zusätze	Waermestabilisator; Lichtstabilisator; Weichmacher	*Füllstoffe/ Verstärkung*	
Bevorzugte Verarbeitung	Spritzgiessen	*Lieferform*	Granulat
		Farben	Natur; Standard
Besondere Merkmale	Flexibel; Schlagfest; Gegen trockene Hitze bestaendig; Geraeuschabsorbierend; Vibrationsabsorbierend	*Bevorzugte Anwendungen*	Dichtung; Elastische Abdeckung; Flexible Membran

Dichte	g/cm^3	1.06	*Schmelzindex*	g/10 min	:
Schüttdichte	g/cm^3		*Volumenfließindex*	cm^3/10 min	:
Viskositätszahl	ml/g	128			

Verarbeitungsbedingungen für Spritzgießen

Massetemp.	°C	*Schwindung*	% lgs , quer
Werkzeugtemp.	°C	*Bemerkungen*	
Spritzdruck	bar		

Zugversuch 23 °C

Probekörper: *Form* *Herstellung*
Zustand *Vorbehandlung*

Streckspannung	N/mm^2	*Dehnung bei Streckspannung*	%
Zugfestigkeit	N/mm^2	*Reißdehnung*	%
Reißfestigkeit	N/mm^2	*% Dehnspannung*	N/mm^2
E-Modul	N/mm^2	*Dehnung bei % Dehnspg.*	%

Kriechmoduln und Zeitstandwerte 23 °C

Probekörper: *Form* *Herstellung*
Zustand *Vorbehandlung*

Kriechmodul	*1 min* N/mm^2	*Zeitstandzugfestigkeit*	h N/mm^2
Kriechmodul	*1000 h* N/mm^2	*Zeitdehnspg. %*	h N/mm^2
bei Spannung	N/mm^2		

Biegeversuch 23 °C

Probekörper: *Form* *Herstellung*
Zustand *Vorbehandlung*

Biegefestigkeit	N/mm^2	*E-Modul*	N/mm^2
3,5% *Biegespannung*	N/mm^2		

Härte 23 °C *Probekörper:* *Zustand* *Herstellung*
Vorbehandlung

Kugeldruckhärte	N/mm^2 bei N, s	*Shore-Härte*	A
Rockwellhärte		*Shore-Härte*	D

Schlagversuch *Probekörper:* *(1)*
(2) *Herstellung*
Zustand *Vorbehandlung*

	°C	°C	°C	*Probekörper-Form*
Schlagzähigkeit kJ/m^2				
Kerbschlagzähigkeit (1) kJ/m^2				
IZOD-Kerbschlagzähigkeit (2) J/m				
Kerbschlagzugzähigkeit kJ/m^2				

Abrieb und Reibung

Taber-Abrieb (Reibradverfahren)	mm^3/100 U		
Abriebfaktor LNP (Thrust washer) Vergleichswert			
Statische Reibungszahl			
Dynamische Reibungszahl	(p·v=	N/mm^2 ·	m/min)
Zulässiger p · v Wert	N/mm^2 · (m/min)	v=	m/min
		v=	m/min

Thermische Eigenschaften

Formbeständigkeit in der Wärme	*Verfahren*	B		130–150 °C
	Verfahren	A		40–50 °C
Vicat Erweichungstemperatur (VST)	*Verfahren*			°C
	Verfahren			°C
Kristallit-Schmelzpunkt	*Verfahren*	ASTM D 789		184–187 °C
Längenausdehnungskoeffizient	*Bereich*	30–40	°C	$0.91 \cdot 10^{-4}K^{-1}$
	Temperatur			$\cdot 10^{-4}K^{-1}$
Wärmeleitfähigkeit	*Verfahren*			W/(K · m)
Spezifische Wärmekapazität	*Verfahren*			J/(K · g)
Glasumwandlungstemperatur	*Torsionsschwingungsversuch*		°C	
	Differentialkalorimetrie		°C	

Brandverhalten

UL-Test vertikal	Dicke	mm, Wert
	Dicke	mm, Wert

	Norm	*Bewertung*	*Abmessungen*
Sauerstoff-Index	ASTM D 2863		
Glühstab-Verfahren			
Brandverhalten	DIN 4102		
MVSS			
FAR			

Elektrische Eigenschaften

		Hz	°C		*Probekörper, Form*	
Dielektrizitätszahl		50				
		10^3				
		10^6				
Dielektrischer Verlustfaktor tan δ		50				
		10^3				
		10^6				
Spezifischer Durchgangswiderstand	Ohm · cm		20	9.1*10**10		
Durchschlagfestigkeit	kV/mm		20	18	3	mm dick
Oberflächenwiderstand	Ohm		20	2.8*10**11		

Kriechstromfestigkeit KC KB KA
Elektrolytische Korrosionswirkung
Lichtbogenfestigkeit nach DIN
nach ASTM s

Beständigkeit *(Chemische Beständigkeit siehe Anhang)*

Wasseraufnahme 20 C	1 d	0.23 %
Feuchtigkeitsaufnahme Normalklima		%
Wetterbeständigkeit		
Spannungskorrosion		

Optische Eigenschaften

Brechungszahl n_D
Transmissionsgrad τ_c % mm dick
Lichtdurchlässigkeit

Datenbank-Nr.	**T05158**		Merkblatt-Nr. **3227**
Produkt	Polyamid 11		**PA**
Handelsname	**Rilsan BECN**		
Hersteller	ATO		
DIN-Bez 1			
DIN-Bez 2			
Zusätze		Füllstoffe/ Verstärkung	
Bevorzugte Verarbeitung	Kabelextrusion	Lieferform	Granulat
		Farben	Natur; Standard
Besondere Merkmale	Steif	Bevorzugte Anwendungen	Aderisolation

Dichte	g/cm^3	1.04	Schmelzindex	g/10 min	:
Schüttdichte	g/cm^3		Volumenfließindex	$cm^3/10$ min	:
Viskositätszahl	ml/g	128			

Verarbeitungsbedingungen für Spritzgießen

Massetemp.	°C	Schwindung	% lgs , quer
Werkzeugtemp.	°C	Bemerkungen	
Spritzdruck	bar		

Zugversuch 23 °C

Probekörper: Form / Zustand — Herstellung / Vorbehandlung

Streckspannung	N/mm^2	Dehnung bei Streckspannung	%
Zugfestigkeit	N/mm^2	Reißdehnung	%
Reißfestigkeit	N/mm^2	% Dehnspannung	N/mm^2
E-Modul	N/mm^2	Dehnung bei % Dehnspg.	%

Kriechmoduln und Zeitstandwerte 23 °C

Probekörper: Form / Zustand — Herstellung / Vorbehandlung

Kriechmodul	1 min N/mm^2	Zeitstandzugfestigkeit	h N/mm^2
Kriechmodul	1000 h N/mm^2	Zeitdehnspg. %	h N/mm^2
bei Spannung	N/mm^2		

Biegeversuch 23 °C

Probekörper: Form / Zustand — Herstellung / Vorbehandlung

Biegefestigkeit	N/mm^2	E-Modul	N/mm^2
3,5% Biegespannung	N/mm^2		

Härte 23 °C Probekörper: Zustand — Herstellung / Vorbehandlung

Kugeldruckhärte	N/mm^2 bei N, s	Shore-Härte A	
Rockwellhärte		Shore-Härte D	

Schlagversuch Probekörper: (1) / (2) / Zustand — Herstellung / Vorbehandlung

		°C	°C	°C	Probekörper-Form
Schlagzähigkeit	kJ/m^2				
Kerbschlagzähigkeit (1)	kJ/m^2				
IZOD-Kerbschlagzähigkeit (2)	J/m				
Kerbschlagzugzähigkeit	kJ/m^2				

Abrieb und Reibung

Taber-Abrieb (Reibradverfahren)	mm^3/100 U		
Abriebfaktor LNP (Thrust washer) Vergleichswert			
Statische Reibungszahl			
Dynamische Reibungszahl	(p·v= N/mm^2 ·		m/min)
Zulässiger p · v Wert	N/mm^2 · (m/min)	v=	m/min
		v=	m/min

Thermische Eigenschaften

Formbeständigkeit in der Wärme	*Verfahren*	B		145–155 °C
	Verfahren	A		50–60 °C
Vicat Erweichungstemperatur (VST)	*Verfahren*			°C
	Verfahren			°C
Kristallit-Schmelzpunkt	*Verfahren*	ASTM D 789		184–187 °C
Längenausdehnungskoeffizient	*Bereich*	-30–40	°C	$0.91 \cdot 10^{-4}K^{-1}$
	Temperatur			$\cdot 10^{-4}K^{-1}$
Wärmeleitfähigkeit	*Verfahren*			W/(K · m)
Spezifische Wärmekapazität	*Verfahren*			J/(K · g)
Glasumwandlungstemperatur	*Torsionsschwingungsversuch*		°C	
	Differentialkalorimetrie		°C	

Brandverhalten

UL-Test vertikal — Dicke mm, Wert
Dicke mm, Wert

	Norm	*Bewertung*	*Abmessungen*
Sauerstoff-Index	ASTM D 2863		
Glühstab-Verfahren			
Brandverhalten	DIN 4102		
MVSS			
FAR			

Elektrische Eigenschaften

		Hz	°C			*Probekörper, Form*
Dielektrizitätszahl		50				
		10^3	20	3.7		
		10^6				
Dielektrischer Verlustfaktor tan δ		50				
		10^3	20	0.05		
		10^6				
Spezifischer Durchgangs-widerstand	Ohm · cm		20	7.8*10**13		
Durchschlagfestigkeit	kV/mm		20	28		1 mm dick
Oberflächenwiderstand	Ohm					
Kriechstromfestigkeit		KC		KB	KA	
Elektrolytische Korrosionswirkung						
Lichtbogenfestigkeit nach DIN						
nach ASTM	s					

Beständigkeit *(Chemische Beständigkeit siehe Anhang)*

Wasseraufnahme 20 C	1 d	0.23 %	
Feuchtigkeitsaufnahme Normalklima			%
Wetterbeständigkeit			
Spannungskorrosion			

Optische Eigenschaften

Brechungszahl n_D		
Transmissionsgrad τ_c	%	mm dick
Lichtdurchlässigkeit		

Produkt	Polyamid 11		**PA**
Handelsname	**Rilsan BECN P20**		
Hersteller	ATO		
DIN-Bez 1			
DIN-Bez 2			
Zusätze	Weichmacher	*Füllstoffe/ Verstärkung*	
Bevorzugte Verarbeitung	Kabelextrusion	*Lieferform*	Granulat
		Farben	Natur; Standard
Besondere Merkmale	Halbflexibel	*Bevorzugte Anwendungen*	Aderisolation; Kabelummantelung; Ummantelung von Stahlseilen

Dichte	g/cm³	1.05	*Schmelzindex*	g/10 min	:
Schüttdichte	g/cm³		*Volumenfließindex*	cm³/10 min	:
Viskositätszahl	ml/g	125			

Verarbeitungsbedingungen für Spritzgießen

Massetemp.	°C	*Schwindung*	% lgs , quer
Werkzeugtemp.	°C	*Bemerkungen*	
Spritzdruck	bar		

Zugversuch 23 °C

Probekörper: *Form* *Zustand* — *Herstellung* *Vorbehandlung*

Streckspannung	N/mm²	*Dehnung bei Streckspannung*	%
Zugfestigkeit	N/mm²	*Reißdehnung*	%
Reißfestigkeit	N/mm²	% *Dehnspannung*	N/mm²
E-Modul	N/mm²	*Dehnung bei* % *Dehnspg.*	%

Kriechmoduln und Zeitstandwerte 23 °C

Probekörper: *Form* *Zustand* — *Herstellung* *Vorbehandlung*

Kriechmodul	*1 min* N/mm²	*Zeitstandzugfestigkeit*	h	N/mm²
Kriechmodul	*1000 h* N/mm²	*Zeitdehnspg.* %	h	N/mm²
bei Spannung	N/mm²			

Biegeversuch 23 °C

Probekörper: *Form* *Zustand* — *Herstellung* *Vorbehandlung*

Biegefestigkeit	N/mm²	*E-Modul*	N/mm²
3,5% *Biegespannung*	N/mm²		

Härte 23 °C *Probekörper:* *Zustand* — *Herstellung* *Vorbehandlung*

Kugeldruckhärte	N/mm² bei N, s	*Shore-Härte* A
Rockwellhärte		*Shore-Härte* D

Schlagversuch *Probekörper:* *(1)* *(2)* *Zustand* — *Herstellung* *Vorbehandlung*

		°C	°C	°C	*Probekörper-Form*
Schlagzähigkeit	kJ/m²				
Kerbschlagzähigkeit (1)	kJ/m²				
IZOD-Kerbschlagzähigkeit (2)	J/m				
Kerbschlagzugzähigkeit	kJ/m²				

Abrieb und Reibung

Taber-Abrieb (Reibradverfahren)	$mm^3/100$ U		
Abriebfaktor LNP (Thrust washer) Vergleichswert			
Statische Reibungszahl			
Dynamische Reibungszahl	(p·v=	N/mm^2 ·	m/min)
Zulässiger p · v Wert	N/mm^2 · (m/min)	v=	m/min
		v=	m/min

Thermische Eigenschaften

Formbeständigkeit in der Wärme	*Verfahren* B	140–155 °C	
	Verfahren A	50-60 °C	
Vicat Erweichungstemperatur (VST)	*Verfahren*	°C	
	Verfahren	°C	
Kristallit-Schmelzpunkt	*Verfahren* ASTM D 789	184–187 °C	
Längenausdehnungskoeffizient	*Bereich* °C		$\cdot 10^{-4}K^{-1}$
	Temperatur		$\cdot 10^{-4}K^{-1}$
Wärmeleitfähigkeit	*Verfahren*		W/(K · m)
Spezifische Wärmekapazität	*Verfahren*		J/(K · g)
Glasumwandlungstemperatur	*Torsionsschwingungsversuch*	°C	
	Differentialkalorimetrie	°C	

Brandverhalten

UL-Test vertikal	Dicke	mm, Wert
	Dicke	mm, Wert

	Norm	*Bewertung*	*Abmessungen*
Sauerstoff-Index	ASTM D 2863		
Glühstab-Verfahren			
Brandverhalten	DIN 4102		
MVSS			
FAR			

Elektrische Eigenschaften

		Hz	°C			*Probekörper, Form*
Dielektrizitätszahl		50				
		10^3	20	5.9		
		10^6				
Dielektrischer Verlustfaktor tan δ		50				
		10^3	20	0.19		
		10^6				
Spezifischer Durchgangs-widerstand	Ohm · cm		20	3.3*10**11		
Durchschlagfestigkeit	kV/mm		20	27		1 mm dick
Oberflächenwiderstand	Ohm					
Kriechstromfestigkeit		KC		KB	KA	
Elektrolytische Korrosionswirkung						
Lichtbogenfestigkeit nach DIN						
nach ASTM	s					

Beständigkeit *(Chemische Beständigkeit siehe Anhang)*

Wasseraufnahme 20 C	1 d	0.23 %	
Feuchtigkeitsaufnahme Normalklima			%
Wetterbeständigkeit			
Spannungskorrosion			

Optische Eigenschaften

Brechungszahl n_D		
Transmissionsgrad τ_c	%	mm dick
Lichtdurchlässigkeit		

Produkt	Polyamid 11		**PA**
Handelsname	**Rilsan BECV P40**		
Hersteller	ATO		
DIN-Bez 1			
DIN-Bez 2			
Zusätze	Weichmacher	*Füllstoffe/ Verstärkung*	
Bevorzugte Verarbeitung	Kabelextrusion	*Lieferform*	Granulat
		Farben	Natur; Standard
Besondere Merkmale	Flexibel	*Bevorzugte Anwendungen*	Aderisolation; Kabelummantelung; Ummantelung von Stahlseilen

Dichte	g/cm^3	1.06	*Schmelzindex*	g/10 min	:
Schüttdichte	g/cm^3		*Volumenfließindex*	$cm^3/10$ min	:
Viskositätszahl	ml/g	135			

Verarbeitungsbedingungen für Spritzgießen

Massetemp.	°C	*Schwindung*	% lgs , quer
Werkzeugtemp.	°C	*Bemerkungen*	
Spritzdruck	bar		

Zugversuch 23 °C

Probekörper: *Form* *Herstellung*
Zustand *Vorbehandlung*

Streckspannung	N/mm^2	*Dehnung bei Streckspannung*	%
Zugfestigkeit	N/mm^2	*Reißdehnung*	%
Reißfestigkeit	N/mm^2	*% Dehnspannung*	N/mm^2
E-Modul	N/mm^2	*Dehnung bei % Dehnspg.*	%

Kriechmoduln und Zeitstandwerte 23 °C

Probekörper: *Form* *Herstellung*
Zustand *Vorbehandlung*

Kriechmodul	*1 min* N/mm^2	*Zeitstandzugfestigkeit*	h N/mm^2
Kriechmodul	*1000 h* N/mm^2	*Zeitdehnspg. %*	h N/mm^2
bei Spannung	N/mm^2		

Biegeversuch 23 °C

Probekörper: *Form* *Herstellung*
Zustand *Vorbehandlung*

Biegefestigkeit	N/mm^2	*E-Modul*	N/mm^2
3,5% *Biegespannung*	N/mm^2		

Härte 23 °C *Probekörper:* *Zustand* *Herstellung*
Vorbehandlung

Kugeldruckhärte	N/mm^2 bei N, s	*Shore-Härte* A
Rockwellhärte		*Shore-Härte* D

Schlagversuch *Probekörper:* *(1)*
(2) *Herstellung*
Zustand *Vorbehandlung*

	°C	°C	°C	*Probekörper-Form*
Schlagzähigkeit kJ/m^2				
Kerbschlagzähigkeit (1) kJ/m^2				
IZOD-Kerbschlagzähigkeit (2) J/m				
Kerbschlagzugzähigkeit kJ/m^2				

Abrieb und Reibung

Taber-Abrieb (Reibradverfahren)	$mm^3/100$ U		
Abriebfaktor LNP (Thrust washer) Vergleichswert			
Statische Reibungszahl			
Dynamische Reibungszahl	(p·v=	N/mm²·	m/min)
Zulässiger p·v Wert	N/mm²·(m/min)	v=	m/min
		v=	m/min

Thermische Eigenschaften

Formbeständigkeit in der Wärme	Verfahren	B	130–150 °C
	Verfahren	A	40–50 °C
Vicat Erweichungstemperatur (VST)	Verfahren		°C
	Verfahren		°C
Kristallit-Schmelzpunkt	Verfahren	ASTM D 789	184–187 °C
Längenausdehnungskoeffizient	Bereich	°C	$\cdot 10^{-4}K^{-1}$
	Temperatur		$\cdot 10^{-4}K^{-1}$
Wärmeleitfähigkeit	Verfahren		W/(K·m)
Spezifische Wärmekapazität	Verfahren		J/(K·g)
Glasumwandlungstemperatur	Torsionsschwingungsversuch		°C
	Differentialkalorimetrie		°C

Brandverhalten

UL-Test vertikal — Dicke mm, Wert
Dicke mm, Wert

	Norm	Bewertung	Abmessungen
Sauerstoff-Index	ASTM D 2863		
Glühstab-Verfahren			
Brandverhalten	DIN 4102		
MVSS			
FAR			

Elektrische Eigenschaften

		Hz	°C		Probekörper, Form
Dielektrizitätszahl		50			
		10^3	20	9.7	
		10^6			
Dielektrischer Verlustfaktor tan δ		50			
		10^3	20	0.20	
		10^6			
Spezifischer Durchgangs-widerstand	Ohm·cm		20	9.1*10**10	
Durchschlagfestigkeit	kV/mm		20	27	1 mm dick
Oberflächenwiderstand	Ohm				

Kriechstromfestigkeit KC KB KA
Elektrolytische Korrosionswirkung
Lichtbogenfestigkeit nach DIN
nach ASTM s

Beständigkeit *(Chemische Beständigkeit siehe Anhang)*

Wasseraufnahme 20 C 1 d 0.23 %

Feuchtigkeitsaufnahme Normalklima %
Wetterbeständigkeit

Spannungskorrosion

Optische Eigenschaften

Brechungszahl n_D
Transmissionsgrad τ_c % mm dick
Lichtdurchlässigkeit

Datenbank-Nr. **T05161** *Merkblatt-Nr.* **3230**

Produkt	Polyamid 11		**PA**
Handelsname	**Rilsan BECN T Schwarz**		
Hersteller	ATO		
DIN-Bez 1			
DIN-Bez 2			
Zusätze		*Füllstoffe/ Verstärkung*	
Bevorzugte Verarbeitung	Kabelextrusion	*Lieferform*	Granulat
		Farben	Schwarz
Besondere Merkmale	Gute Waermestabilitaet; Gute Lichtstabilitaet	*Bevorzugte Anwendungen*	Aderisolation; Kabelummantelung

Dichte	g/cm³	1.04	*Schmelzindex*	g/10 min	:
Schüttdichte	g/cm³		*Volumenfließindex*	cm³/10 min	:
Viskositätszahl	ml/g	128			

Verarbeitungsbedingungen für Spritzgießen

Massetemp.	°C	*Schwindung*	% lgs , quer
Werkzeugtemp.	°C	*Bemerkungen*	
Spritzdruck	bar		

Zugversuch 23 °C

Probekörper: *Form* *Herstellung*
Zustand *Vorbehandlung*

Streckspannung	N/mm²	*Dehnung bei Streckspannung*	%
Zugfestigkeit	N/mm²	*Reißdehnung*	%
Reißfestigkeit	N/mm²	*% Dehnspannung*	N/mm²
E-Modul	N/mm²	*Dehnung bei % Dehnspg.*	%

Kriechmoduln und Zeitstandwerte 23 °C

Probekörper: *Form* *Herstellung*
Zustand *Vorbehandlung*

Kriechmodul	*1 min* N/mm²	*Zeitstandzugfestigkeit*	h	N/mm²
Kriechmodul	*1000 h* N/mm²	*Zeitdehnspg. %*	h	N/mm²
bei Spannung	N/mm²			

Biegeversuch 23 °C

Probekörper: *Form* *Herstellung*
Zustand *Vorbehandlung*

Biegefestigkeit	N/mm²	*E-Modul*	N/mm²
3,5% *Biegespannung*	N/mm²		

Härte 23 °C *Probekörper:* *Zustand* *Herstellung*
Vorbehandlung

Kugeldruckhärte	N/mm² bei N, s	*Shore-Härte*	A
Rockwellhärte		*Shore-Härte*	D

Schlagversuch *Probekörper:* *(1)*
(2) *Herstellung*
Zustand *Vorbehandlung*

	°C	°C	°C	*Probekörper-Form*
Schlagzähigkeit kJ/m²				
Kerbschlagzähigkeit (1) kJ/m²				
IZOD-Kerbschlagzähigkeit (2) J/m				
Kerbschlagzugzähigkeit kJ/m²				

Abrieb und Reibung

Taber-Abrieb (Reibradverfahren)	mm^3/100 U	
Abriebfaktor LNP (Thrust washer) Vergleichswert		
Statische Reibungszahl		
Dynamische Reibungszahl	(p·v= N/mm^2·	m/min)
Zulässiger p · v Wert	N/mm^2 · (m/min) v=	m/min
	v=	m/min

Thermische Eigenschaften

Formbeständigkeit in der Wärme	*Verfahren* B		145–155 °C
	Verfahren A		50–60 °C
Vicat Erweichungstemperatur (VST)	*Verfahren*		°C
	Verfahren		°C
Kristallit-Schmelzpunkt	*Verfahren* ASTM D 789		184–187 °C
Längenausdehnungskoeffizient	*Bereich* -30–40 °C		0.91 · $10^{-4}K^{-1}$
	Temperatur		· $10^{-4}K^{-1}$
Wärmeleitfähigkeit	*Verfahren*		W/(K · m)
Spezifische Wärmekapazität	*Verfahren*		J/(K · g)
Glasumwandlungstemperatur	*Torsionsschwingungsversuch*	°C	
	Differentialkalorimetrie	°C	

Brandverhalten

UL-Test vertikal	Dicke mm, Wert
	Dicke mm, Wert

	Norm	*Bewertung*	*Abmessungen*
Sauerstoff-Index	ASTM D 2863		
Glühstab-Verfahren			
Brandverhalten	DIN 4102		
MVSS			
FAR			

Elektrische Eigenschaften

		Hz	°C		*Probekörper, Form*
Dielektrizitätszahl		50			
		10^3	20	4.8	
		10^6			
Dielektrischer Verlustfaktor tan δ		50			
		10^3	20	0.09	
		10^6			
Spezifischer Durchgangswiderstand	Ohm · cm		20	3.1*10**14	
Durchschlagfestigkeit	kV/mm		20	34	1 mm dick
Oberflächenwiderstand	Ohm				

Kriechstromfestigkeit	KC	KB	KA
Elektrolytische Korrosionswirkung			
Lichtbogenfestigkeit nach DIN			
nach ASTM s			

Beständigkeit *(Chemische Beständigkeit siehe Anhang)*

Wasseraufnahme 20 C	1 d	0.23 %
Feuchtigkeitsaufnahme Normalklima		%
Wetterbeständigkeit		
Spannungskorrosion		

Optische Eigenschaften

Brechungszahl n_D		
Transmissionsgrad τ_c	%	mm dick
Lichtdurchlässigkeit		

Produkt	Polyamid 11			**PA**
Handelsname	**Rilsan BECN TL**			
Hersteller	ATO			
DIN-Bez 1				
DIN-Bez 2				
Zusätze		*Füllstoffe/ Verstärkung*		
Bevorzugte Verarbeitung	Kabelextrusion	*Lieferform*	Granulat	
		Farben	Natur; Standard	
Besondere Merkmale	Gute Waermestabilitaet; Gute Lichtstabilitaet	*Bevorzugte Anwendungen*	Aderisolation; Kabelummantelung; Ummantelung von Stahlseilen	

Dichte	g/cm^3	1.04	*Schmelzindex*	g/10 min	:
Schüttdichte	g/cm^3		*Volumenfließindex*	$cm^3/10$ min	:
Viskositätszahl	ml/g	128			

Verarbeitungsbedingungen für Spritzgießen

Massetemp.	°C	*Schwindung*	% lgs , quer
Werkzeugtemp.	°C	*Bemerkungen*	
Spritzdruck	bar		

Zugversuch 23 °C

Probekörper: *Form* *Zustand* — *Herstellung* *Vorbehandlung*

Streckspannung	N/mm^2	*Dehnung bei Streckspannung*	%
Zugfestigkeit	N/mm^2	*Reißdehnung*	%
Reißfestigkeit	N/mm^2	*% Dehnspannung*	N/mm^2
E-Modul	N/mm^2	*Dehnung bei % Dehnspg.*	%

Kriechmoduln und Zeitstandwerte 23 °C

Probekörper: *Form* *Zustand* — *Herstellung* *Vorbehandlung*

Kriechmodul	*1 min* N/mm^2	*Zeitstandzugfestigkeit*	h N/mm^2
Kriechmodul	*1000 h* N/mm^2	*Zeitdehnspg.* %	h N/mm^2
bei Spannung	N/mm^2		

Biegeversuch 23 °C

Probekörper: *Form* *Zustand* — *Herstellung* *Vorbehandlung*

Biegefestigkeit	N/mm^2	*E-Modul*	N/mm^2
3,5% *Biegespannung*	N/mm^2		

Härte 23 °C *Probekörper:* *Zustand* — *Herstellung* *Vorbehandlung*

Kugeldruckhärte	N/mm^2 bei N, s	*Shore-Härte* A
Rockwellhärte		*Shore-Härte* D

Schlagversuch *Probekörper:* *(1)* *(2)* *Zustand* — *Herstellung* *Vorbehandlung*

	°C	°C	°C	*Probekörper-Form*
Schlagzähigkeit kJ/m^2				
Kerbschlagzähigkeit (1) kJ/m^2				
IZOD-Kerbschlagzähigkeit (2) J/m				
Kerbschlagzugzähigkeit kJ/m^2				

Abrieb und Reibung

Taber-Abrieb (Reibradverfahren)	$mm^3/100$ U		
Abriebfaktor LNP (Thrust washer) Vergleichswert			
Statische Reibungszahl			
Dynamische Reibungszahl	(p·v=	N/mm²·	m/min)
Zulässiger p·v Wert	N/mm²·(m/min)	v=	m/min
		v=	m/min

Thermische Eigenschaften

Formbeständigkeit in der Wärme	Verfahren	B	150 °C
	Verfahren	A	55 °C
Vicat Erweichungstemperatur (VST)	Verfahren		°C
	Verfahren		°C
Kristallit-Schmelzpunkt	Verfahren	ASTM D 789	184–187 °C
Längenausdehnungskoeffizient	Bereich	-30–40 °C	$0.91 \cdot 10^{-4} K^{-1}$
	Temperatur		$\cdot 10^{-4} K^{-1}$
Wärmeleitfähigkeit	Verfahren		W/(K·m)
Spezifische Wärmekapazität	Verfahren		J/(K·g)
Glasumwandlungstemperatur	Torsionsschwingungsversuch		°C
	Differentialkalorimetrie		°C

Brandverhalten

UL-Test vertikal	Dicke	mm, Wert
	Dicke	mm, Wert

	Norm	Bewertung	Abmessungen
Sauerstoff-Index	ASTM D 2863		
Glühstab-Verfahren			
Brandverhalten	DIN 4102		
MVSS			
FAR			

Elektrische Eigenschaften

		Hz	°C		Probekörper, Form
Dielektrizitätszahl		50			
		10^3			
		10^6			
Dielektrischer Verlustfaktor tan δ		50			
		10^3			
		10^6			
Spezifischer Durchgangswiderstand	Ohm·cm		20	4.2*10**14	
Durchschlagfestigkeit	kV/mm		20	34	1 mm dick
Oberflächenwiderstand	Ohm				

Kriechstromfestigkeit	KC	KB	KA
Elektrolytische Korrosionswirkung			
Lichtbogenfestigkeit nach DIN			
nach ASTM s			

Beständigkeit *(Chemische Beständigkeit siehe Anhang)*

Wasseraufnahme 20 C	1 d	0.23 %
Feuchtigkeitsaufnahme Normalklima		%
Wetterbeständigkeit		
Spannungskorrosion		

Optische Eigenschaften

Brechungszahl n_D		
Transmissionsgrad τ_c	%	mm dick
Lichtdurchlässigkeit		

Datenbank-Nr.	**T05163**		*Merkblatt-Nr.* **3232**
Produkt	Polyamid 11		**PA**
Handelsname	**Rilsan BECN P20 TL**		
Hersteller	ATO		
DIN-Bez 1			
DIN-Bez 2			
Zusätze	Weichmacher	*Füllstoffe/ Verstärkung*	
Bevorzugte Verarbeitung	Kabelextrusion	*Lieferform*	Granulat
		Farben	Natur; Standard
Besondere Merkmale	Halbflexibel; Gute Waermestabilitaet; Gute Lichtstabilitaet	*Bevorzugte Anwendungen*	Aderisolation; Kabelummantelung; Ummantelung von Stahlseilen

Dichte	g/cm^3	1.05	*Schmelzindex*	g/10 min	:
Schüttdichte	g/cm^3		*Volumenfließindex*	cm^3/10 min	:
Viskositätszahl	ml/g	125			

Verarbeitungsbedingungen für Spritzgießen

Massetemp.	°C	*Schwindung*	% lgs , quer
Werkzeugtemp.	°C	*Bemerkungen*	
Spritzdruck	bar		

Zugversuch 23 °C

Probekörper: *Form* / *Zustand* — *Herstellung* / *Vorbehandlung*

Streckspannung	N/mm^2	*Dehnung bei Streckspannung*	%
Zugfestigkeit	N/mm^2	*Reißdehnung*	%
Reißfestigkeit	N/mm^2	*% Dehnspannung*	N/mm^2
E-Modul	N/mm^2	*Dehnung bei % Dehnspg.*	%

Kriechmoduln und Zeitstandwerte 23 °C

Probekörper: *Form* / *Zustand* — *Herstellung* / *Vorbehandlung*

Kriechmodul	*1 min* N/mm^2	*Zeitstandzugfestigkeit*	h	N/mm^2
Kriechmodul	*1000 h* N/mm^2	*Zeitdehnspg. %*	h	N/mm^2
bei Spannung	N/mm^2			

Biegeversuch 23 °C

Probekörper: *Form* / *Zustand* — *Herstellung* / *Vorbehandlung*

Biegefestigkeit	N/mm^2	*E-Modul*	N/mm^2
3,5% *Biegespannung*	N/mm^2		

Härte 23 °C *Probekörper:* *Zustand* — *Herstellung* / *Vorbehandlung*

Kugeldruckhärte	N/mm^2 bei N, s	*Shore-Härte*	A
Rockwellhärte		*Shore-Härte*	D

Schlagversuch *Probekörper:* *(1)* / *(2)* / *Zustand* — *Herstellung* / *Vorbehandlung*

		°C	°C	°C	*Probekörper-Form*
Schlagzähigkeit	kJ/m^2				
Kerbschlagzähigkeit (1)	kJ/m^2				
IZOD-Kerbschlagzähigkeit (2)	J/m				
Kerbschlagzugzähigkeit	kJ/m^2				

Abrieb und Reibung

Taber-Abrieb (Reibradverfahren)	mm^3/100 U		
Abriebfaktor LNP (Thrust washer) Vergleichswert			
Statische Reibungszahl			
Dynamische Reibungszahl	(p·v=	N/mm^2 ·	m/min)
Zulässiger p · v Wert	N/mm^2 · (m/min)	v=	m/min
		v=	m/min

Thermische Eigenschaften

Formbeständigkeit in der Wärme	*Verfahren* B		140–155 °C
	Verfahren A		50–60 °C
Vicat Erweichungstemperatur (VST)	*Verfahren*		°C
	Verfahren		°C
Kristallit-Schmelzpunkt	*Verfahren* ASTM D 789		184–187 °C
Längenausdehnungskoeffizient	*Bereich*	°C	$\cdot 10^{-4}K^{-1}$
	Temperatur		$\cdot 10^{-4}K^{-1}$
Wärmeleitfähigkeit	*Verfahren*		W/(K · m)
Spezifische Wärmekapazität	*Verfahren*		J/(K · g)
Glasumwandlungstemperatur	*Torsionsschwingungsversuch*	°C	
	Differentialkalorimetrie	°C	

Brandverhalten

UL-Test vertikal	Dicke	mm, Wert
	Dicke	mm, Wert

	Norm	*Bewertung*	*Abmessungen*
Sauerstoff-Index	ASTM D 2863		
Glühstab-Verfahren			
Brandverhalten	DIN 4102		
MVSS			
FAR			

Elektrische Eigenschaften

		Hz	°C			*Probekörper, Form*
Dielektrizitätszahl		50				
		10^3	20	8		
		10^6				
Dielektrischer Verlustfaktor tan δ		50				
		10^3				
		10^6				
Spezifischer Durchgangswiderstand	Ohm · cm		20	2.2*10**12		
Durchschlagfestigkeit	kV/mm		20	34		1 mm dick
Oberflächenwiderstand	Ohm					
Kriechstromfestigkeit		KC		KB	KA	
Elektrolytische Korrosionswirkung						
Lichtbogenfestigkeit nach DIN						
nach ASTM	s					

Beständigkeit *(Chemische Beständigkeit siehe Anhang)*

Wasseraufnahme 20 C	1 d	0.25 %	
Feuchtigkeitsaufnahme Normalklima			%
Wetterbeständigkeit			
Spannungskorrosion			

Optische Eigenschaften

Brechungszahl n_D		
Transmissionsgrad τ_c	%	mm dick
Lichtdurchlässigkeit		

Datenbank-Nr. **T05164** Merkblatt-Nr. **3233**

Produkt	Polyamid 11		**PA**
Handelsname	**Rilsan BECV P40 TL**		
Hersteller	ATO		
DIN-Bez 1			
DIN-Bez 2			
Zusätze	Weichmacher	*Füllstoffe/ Verstärkung*	
Bevorzugte Verarbeitung	Kabelextrusion	*Lieferform*	Granulat
		Farben	Natur; Standard
Besondere Merkmale	Flexibel; Gute Waermestabilitaet; Gute Lichtstabilitaet	*Bevorzugte Anwendungen*	Aderisolation; Kabelummantelung; Ummantelung von Stahlseilen

Dichte	g/cm^3	1.06	*Schmelzindex*	g/10 min	:
Schüttdichte	g/cm^3		*Volumenfließindex*	$cm^3/10$ min	:
Viskositätszahl	ml/g	140			

Verarbeitungsbedingungen für Spritzgießen

Massetemp.	°C	*Schwindung*	% lgs , quer
Werkzeugtemp.	°C	*Bemerkungen*	
Spritzdruck	bar		

Zugversuch 23 °C

Probekörper: *Form* *Zustand* *Herstellung* *Vorbehandlung*

Streckspannung	N/mm^2	*Dehnung bei Streckspannung*	%
Zugfestigkeit	N/mm^2	*Reißdehnung*	%
Reißfestigkeit	N/mm^2	*% Dehnspannung*	N/mm^2
E-Modul	N/mm^2	*Dehnung bei % Dehnspg.*	%

Kriechmoduln und Zeitstandwerte 23 °C

Probekörper: *Form* *Zustand* *Herstellung* *Vorbehandlung*

Kriechmodul	*1 min* N/mm^2	*Zeitstandzugfestigkeit*	h N/mm^2
Kriechmodul	*1000 h* N/mm^2	*Zeitdehnspg. %*	h N/mm^2
bei Spannung	N/mm^2		

Biegeversuch 23 °C

Probekörper: *Form* *Zustand* *Herstellung* *Vorbehandlung*

Biegefestigkeit	N/mm^2	*E-Modul*	N/mm^2
3,5% *Biegespannung*	N/mm^2		

Härte 23 °C *Probekörper:* *Zustand* *Herstellung* *Vorbehandlung*

Kugeldruckhärte	N/mm^2 bei N, s	*Shore-Härte* A	
Rockwellhärte		*Shore-Härte* D	

Schlagversuch *Probekörper:* *(1)* *(2)* *Zustand* *Herstellung* *Vorbehandlung*

		°C	°C	°C	*Probekörper-Form*
Schlagzähigkeit	kJ/m^2				
Kerbschlagzähigkeit (1)	kJ/m^2				
IZOD-Kerbschlagzähigkeit (2)	J/m				
Kerbschlagzugzähigkeit	kJ/m^2				

Abrieb und Reibung

Taber-Abrieb (Reibradverfahren)	mm^3/100 U		
Abriebfaktor LNP (Thrust washer) Vergleichswert			
Statische Reibungszahl			
Dynamische Reibungszahl	(p·v=	N/mm²·	m/min)
Zulässiger p · v Wert	N/mm²·(m/min)	v=	m/min
		v=	m/min

Thermische Eigenschaften

Formbeständigkeit in der Wärme	*Verfahren* B			130–150 °C
	Verfahren A			40–50 °C
Vicat Erweichungstemperatur (VST)	*Verfahren*			°C
	Verfahren			°C
Kristallit-Schmelzpunkt	*Verfahren* ASTM D 789			184–187 °C
Längenausdehnungskoeffizient	*Bereich*	°C		$\cdot 10^{-4} K^{-1}$
	Temperatur			$\cdot 10^{-4} K^{-1}$
Wärmeleitfähigkeit	*Verfahren*			W/(K · m)
Spezifische Wärmekapazität	*Verfahren*			J/(K · g)
Glasumwandlungstemperatur	*Torsionsschwingungsversuch*		°C	
	Differentialkalorimetrie		°C	

Brandverhalten

UL-Test vertikal — Dicke mm, Wert
Dicke mm, Wert

	Norm	*Bewertung*	*Abmessungen*
Sauerstoff-Index	ASTM D 2863		
Glühstab-Verfahren			
Brandverhalten	DIN 4102		
MVSS			
FAR			

Elektrische Eigenschaften

		Hz	°C			*Probekörper, Form*
Dielektrizitätszahl		50				
		10^3				
		10^6				
Dielektrischer Verlustfaktor tan δ		50				
		10^3				
		10^6				
Spezifischer Durchgangswiderstand	Ohm · cm		20	9.1*10**10		
Durchschlagfestigkeit	kV/mm		20	33		1 mm dick
Oberflächenwiderstand	Ohm					
Kriechstromfestigkeit		KC		KB	KA	
Elektrolytische Korrosionswirkung						
Lichtbogenfestigkeit nach DIN						
nach ASTM	s					

Beständigkeit *(Chemische Beständigkeit siehe Anhang)*

Wasseraufnahme 20 C	1 d	0.25 %
Feuchtigkeitsaufnahme Normalklima		%
Wetterbeständigkeit		
Spannungskorrosion		

Optische Eigenschaften

Brechungszahl n_D		
Transmissionsgrad τ_c	%	mm dick
Lichtdurchlässigkeit		

Produkt	Polyamid 11		**PA**
Handelsname	**Rilsan BECN X**		
Hersteller	ATO		
DIN-Bez 1			
DIN-Bez 2			
Zusätze	Fungizid	*Füllstoffe/ Verstärkung*	
Bevorzugte Verarbeitung	Kabelextrusion	*Lieferform*	Granulat
		Farben	Natur; Begrenzte Anzahl von Farben
Besondere Merkmale	Termitenfest; Steif	*Bevorzugte Anwendungen*	Erdkabelisolation; Erdkabelummantelung

Dichte	g/cm^3	1.04	*Schmelzindex*	g/10 min	:
Schüttdichte	g/cm^3		*Volumenfließindex*	$cm^3/10$ min	:
Viskositätszahl	ml/g	128			

Verarbeitungsbedingungen für Spritzgießen

Massetemp.	°C	*Schwindung*	% lgs , quer
Werkzeugtemp.	°C	*Bemerkungen*	
Spritzdruck	bar		

Zugversuch 23 °C

Probekörper: *Form* / *Zustand* — *Herstellung* / *Vorbehandlung*

Streckspannung	N/mm^2	*Dehnung bei Streckspannung*	%
Zugfestigkeit	N/mm^2	*Reißdehnung*	%
Reißfestigkeit	N/mm^2	*% Dehnspannung*	N/mm^2
E-Modul	N/mm^2	*Dehnung bei % Dehnspg.*	%

Kriechmoduln und Zeitstandwerte 23 °C

Probekörper: *Form* / *Zustand* — *Herstellung* / *Vorbehandlung*

Kriechmodul	*1 min* N/mm^2	*Zeitstandzugfestigkeit*	h	N/mm^2
Kriechmodul	*1000 h* N/mm^2	*Zeitdehnspg. %*	h	N/mm^2
bei Spannung	N/mm^2			

Biegeversuch 23 °C

Probekörper: *Form* / *Zustand* — *Herstellung* / *Vorbehandlung*

Biegefestigkeit	N/mm^2	*E-Modul*	N/mm^2
3,5% *Biegespannung*	N/mm^2		

Härte 23 °C *Probekörper:* *Zustand* — *Herstellung* / *Vorbehandlung*

Kugeldruckhärte	N/mm^2 bei N, s	*Shore-Härte*	A
Rockwellhärte		*Shore-Härte*	D

Schlagversuch *Probekörper:* *(1)* / *(2)* / *Zustand* — *Herstellung* / *Vorbehandlung*

	°C	°C	°C	*Probekörper-Form*
Schlagzähigkeit kJ/m^2				
Kerbschlagzähigkeit (1) kJ/m^2				
IZOD-Kerbschlagzähigkeit (2) J/m				
Kerbschlagzugzähigkeit kJ/m^2				

Abrieb und Reibung

Taber-Abrieb (Reibradverfahren)	mm³/100 U		
Abriebfaktor LNP (Thrust washer) Vergleichswert			
Statische Reibungszahl			
Dynamische Reibungszahl	(p·v=	N/mm²·	m/min)
Zulässiger p·v Wert	N/mm²·(m/min)	v=	m/min
		v=	m/min

Thermische Eigenschaften

Formbeständigkeit in der Wärme	*Verfahren*	B		150 °C
	Verfahren	A		55 °C
Vicat Erweichungstemperatur (VST)	*Verfahren*			°C
	Verfahren			°C
Kristallit-Schmelzpunkt	*Verfahren*	ASTM D 789		184–187 °C
Längenausdehnungskoeffizient	*Bereich*	-30–40	°C	0.91 · $10^{-4}K^{-1}$
	Temperatur			· $10^{-4}K^{-1}$
Wärmeleitfähigkeit	*Verfahren*			W/(K · m)
Spezifische Wärmekapazität	*Verfahren*			J/(K · g)
Glasumwandlungstemperatur	*Torsionsschwingungsversuch*		°C	
	Differentialkalorimetrie		°C	

Brandverhalten

UL-Test vertikal		Dicke mm, Wert	
		Dicke mm, Wert	
	Norm	*Bewertung*	*Abmessungen*
Sauerstoff-Index	ASTM D 2863		
Glühstab-Verfahren			
Brandverhalten	DIN 4102		
MVSS			
FAR			

Elektrische Eigenschaften

		Hz	°C		Probekörper, Form
Dielektrizitätszahl		50			
		10^3			
		10^6			
Dielektrischer Verlustfaktor tan δ		50			
		10^3			
		10^6			
Spezifischer Durchgangswiderstand	Ohm · cm		20	6.2*10**13	
Durchschlagfestigkeit	kV/mm				mm dick
Oberflächenwiderstand	Ohm				

Kriechstromfestigkeit	KC	KB	KA
Elektrolytische Korrosionswirkung			
Lichtbogenfestigkeit nach DIN			
nach ASTM	s		

Beständigkeit *(Chemische Beständigkeit siehe Anhang)*

Wasseraufnahme 20 C	1 d	0.23 %	
Feuchtigkeitsaufnahme Normalklima			%
Wetterbeständigkeit			
Spannungskorrosion			

Optische Eigenschaften

Brechungszahl n_D

Transmissionsgrad τ_c % mm dick

Lichtdurchlässigkeit

Produkt	Thermoplastisches Polyurethan-Elastomer		**TPE**
Handelsname	**Elastollan 1180 A**		
Hersteller	ELASTOGRAN		
DIN-Bez 1			
DIN-Bez 2			
Zusätze		*Füllstoffe/ Verstärkung*	
Bevorzugte Verarbeitung	Spritzgiessen; Extrudieren	*Lieferform*	Granulat
		Farben	Natur
Besondere Merkmale	Abriebfest; Knickbestaendig; Elastisch; Geringe bleibende Verformung nach Langzeitbelastung; Flexibel in der Kaelte; Resistent gegen Mikroorganismen; Hydrolysebestaendig	*Bevorzugte Anwendungen*	Bergschuh; Skischuh; Technisches Formteil; Kabelummantelung; Schlauch; Profil

Dichte	g/cm^3	1.11	*Schmelzindex*	g/10 min	:
Schüttdichte	g/cm^3		*Volumenfließindex*	cm^3/10 min	:
Viskositätszahl	ml/g				

Verarbeitungsbedingungen für Spritzgießen

Massetemp.	°C	185–205	*Schwindung*	% lgs 1.2–1.8, quer 1.2–1.8
Werkzeugtemp.	°C	15–70	*Bemerkungen*	Schwindungswerte bedeuten Gesamtschwindung
Spritzdruck	bar	30–180		

Zugversuch 23 °C DIN 53504;

Probekörper: *Form* Normstab S 2 *Zustand* — *Herstellung* Spritzgiessen, *Vorbehandlung* 20 h bei 100 C

Streckspannung	N/mm^2		*Dehnung bei Streckspannung*	%	
Zugfestigkeit	N/mm^2	45	*Reißdehnung*	%	600
Reißfestigkeit	N/mm^2		*% Dehnspannung*	N/mm^2	
E-Modul	N/mm^2		*Dehnung bei % Dehnspg.*	%	

Kriechmoduln und Zeitstandwerte 23 °C

Probekörper: *Form* *Zustand* — *Herstellung* *Vorbehandlung*

Kriechmodul	*1 min*	N/mm^2	*Zeitstandzugfestigkeit*	h	N/mm^2
Kriechmodul	*1000 h*	N/mm^2	*Zeitdehnspg. %*	h	N/mm^2
bei Spannung		N/mm^2			

Biegeversuch 23 °C

Probekörper: *Form* *Zustand* — *Herstellung* *Vorbehandlung*

Biegefestigkeit	N/mm^2	*E-Modul*	N/mm^2
3,5% *Biegespannung*	N/mm^2		

Härte 23 °C *Probekörper:* *Zustand* — *Herstellung* Spritzgiessen, *Vorbehandlung* 20 h bei 100 C

Kugeldruckhärte	N/mm^2	bei N, s	*Shore-Härte* A	78–82
Rockwellhärte			*Shore-Härte* D	28–32

Schlagversuch *Probekörper:* *(1)* *(2)* *Zustand* — *Herstellung* *Vorbehandlung*

		°C	°C	°C	*Probekörper-Form*
Schlagzähigkeit	kJ/m^2				
Kerbschlagzähigkeit (1)	kJ/m^2				
IZOD-Kerbschlagzähigkeit (2)	J/m				
Kerbschlagzugzähigkeit	kJ/m^2				

Abrieb und Reibung

Taber-Abrieb (Reibradverfahren)	mm³/100 U		
Abriebfaktor LNP (Thrust washer) Vergleichswert			
Statische Reibungszahl			
Dynamische Reibungszahl	(p·v=	N/mm²·	m/min)
Zulässiger p·v Wert	N/mm²·(m/min)	v=	m/min
		v=	m/min

Thermische Eigenschaften

Formbeständigkeit in der Wärme	*Verfahren*		°C
	Verfahren		°C
Vicat Erweichungstemperatur (VST)	*Verfahren*		°C
	Verfahren		°C
Kristallit-Schmelzpunkt	*Verfahren*		
Längenausdehnungskoeffizient	*Bereich*	°C	$\cdot 10^{-4}K^{-1}$
	Temperatur		$\cdot 10^{-4}K^{-1}$
Wärmeleitfähigkeit	*Verfahren*		W/(K·m)
Spezifische Wärmekapazität	*Verfahren*		J/(K·g)
Glasumwandlungstemperatur	*Torsionsschwingungsversuch*	°C	
	Differentialkalorimetrie	°C	

Brandverhalten

UL-Test vertikal	Dicke mm, Wert	
	Dicke mm, Wert	

	Norm	Bewertung	Abmessungen
Sauerstoff-Index	ASTM D 2863		
Glühstab-Verfahren			
Brandverhalten	DIN 4102		
MVSS			
FAR			

Elektrische Eigenschaften

		Hz	°C		Probekörper, Form
Dielektrizitätszahl		50	23	8.0	2 mm dick
		10^3	23	7.6	2 mm dick
		10^6	23	6.5	2 mm dick
Dielektrischer Verlustfaktor tan δ		50	23	0.121	2 mm dick
		10^3	23	0.026	2 mm dick
		10^6	23	0.087	2 mm dick
Spezifischer Durchgangswiderstand	Ohm·cm		23	≧1.0*10**11	
Durchschlagfestigkeit	kV/mm		23	39	2 mm dick
Oberflächenwiderstand	Ohm		23	≧1.0*10**11	

Kriechstromfestigkeit	KC	KB	KA
Elektrolytische Korrosionswirkung			
Lichtbogenfestigkeit nach DIN			
nach ASTM s			

Beständigkeit *(Chemische Beständigkeit siehe Anhang)*

Wasseraufnahme

Feuchtigkeitsaufnahme Normalklima %

Wetterbeständigkeit

Spannungskorrosion

Optische Eigenschaften

Brechungszahl n_D		
Transmissionsgrad τ_c	%	mm dick
Lichtdurchlässigkeit		

Datenbank-Nr.	**T05389**		Merkblatt-Nr. **3236**

Produkt	Thermoplastisches Polyurethan-Elastomer		**TPE**
Handelsname	**Elastollan 1185 A**		
Hersteller	ELASTOGRAN		
DIN-Bez 1			
DIN-Bez 2			
Zusätze		*Füllstoffe/ Verstärkung*	
Bevorzugte Verarbeitung	Spritzgiessen; Extrudieren	*Lieferform*	Granulat
		Farben	Natur
Besondere Merkmale	Abriebfest; Knickbestaendig; Elastisch; Geringe bleibende Verformung nach Langzeitbelastung; Flexibel in der Kaelte; Resistent gegen Mikroorganismen; Hydrolysebestaendig	*Bevorzugte Anwendungen*	Bergschuh; Skischuh; Technisches Formteil; Kabelummantelung; Schlauch; Profil

Dichte	g/cm^3	1.12	*Schmelzindex*	g/10 min		:
Schüttdichte	g/cm^3		*Volumenfließindex*	cm^3/10 min		:
Viskositätszahl	ml/g					

Verarbeitungsbedingungen für Spritzgießen

Massetemp.	°C	185–210	*Schwindung*	%	lgs 1.2–1.6, quer 1.2–1.6
Werkzeugtemp.	°C	15–70	*Bemerkungen*	Schwindungswerte bedeuten Gesamtschwindung	
Spritzdruck	bar	30–180			

Zugversuch 23 °C DIN 53504;

Probekörper: *Form* Normstab S 2 — *Herstellung* Spritzgiessen
Zustand — *Vorbehandlung* 20 h bei 100 C

Streckspannung	N/mm^2		*Dehnung bei Streckspannung*	%	
Zugfestigkeit	N/mm^2	50	*Reißdehnung*	%	600
Reißfestigkeit	N/mm^2		% *Dehnspannung*	N/mm^2	
E-Modul	N/mm^2		*Dehnung bei* % *Dehnspg.*	%	

Kriechmoduln und Zeitstandwerte 23 °C

Probekörper: *Form* — *Herstellung*
Zustand — *Vorbehandlung*

Kriechmodul	*1 min*	N/mm^2	*Zeitstandzugfestigkeit*	h	N/mm^2
Kriechmodul	*1000 h*	N/mm^2	*Zeitdehnspg.* %	h	N/mm^2
bei Spannung		N/mm^2			

Biegeversuch 23 °C

Probekörper: *Form* — *Herstellung*
Zustand — *Vorbehandlung*

Biegefestigkeit	N/mm^2	*E-Modul*	N/mm^2
3,5% *Biegespannung*	N/mm^2		

Härte 23 °C *Probekörper:* *Zustand* — *Herstellung* Spritzgiessen
Vorbehandlung 20 h bei 100 C

Kugeldruckhärte	N/mm^2	bei	N, s	*Shore-Härte* A	85–89
Rockwellhärte				*Shore-Härte* D	34–38

Schlagversuch *Probekörper:* *(1)*
(2) — *Herstellung*
Zustand — *Vorbehandlung*

		°C	°C	°C	*Probekörper-Form*
Schlagzähigkeit	kJ/m^2				
Kerbschlagzähigkeit (1)	kJ/m^2				
IZOD-Kerbschlagzähigkeit (2)	J/m				
Kerbschlagzugzähigkeit	kJ/m^2				

Abrieb und Reibung

Taber-Abrieb (Reibradverfahren) $mm^3/100$ U
Abriebfaktor LNP (Thrust washer) Vergleichswert
Statische Reibungszahl
Dynamische Reibungszahl (p·v= N/mm²· m/min)
Zulässiger p · v Wert N/mm² · (m/min) v= m/min
v= m/min

Thermische Eigenschaften

Formbeständigkeit in der Wärme	*Verfahren*		°C
	Verfahren		°C
Vicat Erweichungstemperatur (VST)	*Verfahren*		°C
	Verfahren		°C
Kristallit-Schmelzpunkt	*Verfahren*		
Längenausdehnungskoeffizient	*Bereich*	°C	$\cdot 10^{-4} K^{-1}$
	Temperatur		$\cdot 10^{-4} K^{-1}$
Wärmeleitfähigkeit	*Verfahren*		W/(K · m)
Spezifische Wärmekapazität	*Verfahren*		J/(K · g)
Glasumwandlungstemperatur	*Torsionsschwingungsversuch*	°C	
	Differentialkalorimetrie	°C	

Brandverhalten

UL-Test vertikal Dicke mm, Wert
Dicke mm, Wert

	Norm	*Bewertung*	*Abmessungen*
Sauerstoff-Index	ASTM D 2863		
Glühstab-Verfahren			
Brandverhalten	DIN 4102		
MVSS			
FAR			

Elektrische Eigenschaften

		Hz	°C		*Probekörper, Form*
Dielektrizitätszahl		50	23	7.5	2 mm dick
		10^3	23	7.2	2 mm dick
		10^6	23	6.1	2 mm dick
Dielektrischer Verlustfaktor tan δ		50	23	0.063	2 mm dick
		10^3	23	0.026	2 mm dick
		10^6	23	0.081	2 mm dick
Spezifischer Durchgangs-widerstand	Ohm · cm		23	≧1.0*10**11	
Durchschlagfestigkeit	kV/mm		23	48	2 mm dick
Oberflächenwiderstand	Ohm		23	≧1.0*10**10	

Kriechstromfestigkeit KC KB KA
Elektrolytische Korrosionswirkung
Lichtbogenfestigkeit nach DIN
nach ASTM s

Beständigkeit *(Chemische Beständigkeit siehe Anhang)*

Wasseraufnahme

Feuchtigkeitsaufnahme Normalklima %
Wetterbeständigkeit

Spannungskorrosion

Optische Eigenschaften

Brechungszahl n_D
Transmissionsgrad τ_c % mm dick
Lichtdurchlässigkeit

Produkt	Thermoplastisches Polyurethan-Elastomer		**TPE**
Handelsname	**Elastollan 1190 A**		
Hersteller	ELASTOGRAN		
DIN-Bez 1			
DIN-Bez 2			
Zusätze		*Füllstoffe/ Verstärkung*	
Bevorzugte Verarbeitung	Spritzgiessen; Extrudieren	*Lieferform*	Granulat
		Farben	Natur
Besondere Merkmale	Abriebfest; Knickbestaendig; Elastisch; Geringe bleibende Verformung nach Langzeitbelastung; Flexibel in der Kaelte; Resistent gegen Mikroorganismen; Hydrolysebestaendig	*Bevorzugte Anwendungen*	Bergschuh; Skischuh; Technisches Formteil; Kabelummantelung; Schlauch; Profil

Dichte	g/cm³	1.13	*Schmelzindex*	g/10 min	:
Schüttdichte	g/cm³		*Volumenfließindex*	cm³/10 min	:
Viskositätszahl	ml/g				

Verarbeitungsbedingungen für Spritzgießen

Massetemp.	°C	195–220	*Schwindung*	% lgs 1.0–1.2, quer 1.0–1.2
Werkzeugtemp.	°C	15–70	*Bemerkungen*	Schwindungswerte bedeuten Gesamtschwindung
Spritzdruck	bar	30–180		

Zugversuch 23 °C DIN 53504;
Probekörper: *Form* Normstab S 2 *Herstellung* Spritzgiessen
Zustand *Vorbehandlung* 20 h bei 100 C

Streckspannung	N/mm²		*Dehnung bei Streckspannung*	%	
Zugfestigkeit	N/mm²	50	*Reißdehnung*	%	500
Reißfestigkeit	N/mm²		*% Dehnspannung*	N/mm²	
E-Modul	N/mm²		*Dehnung bei % Dehnspg.*	%	

Kriechmoduln und Zeitstandwerte 23 °C
Probekörper: *Form* *Herstellung*
Zustand *Vorbehandlung*

Kriechmodul	*1 min*	N/mm²	*Zeitstandzugfestigkeit*	h	N/mm²
Kriechmodul	*1000 h*	N/mm²	*Zeitdehnspg. %*	h	N/mm²
bei Spannung		N/mm²			

Biegeversuch 23 °C
Probekörper: *Form* *Herstellung*
Zustand *Vorbehandlung*

Biegefestigkeit	N/mm²	*E-Modul*	N/mm²
3,5% *Biegespannung*	N/mm²		

Härte 23 °C *Probekörper:* *Zustand* *Herstellung* Spritzgiessen
Vorbehandlung 20 h bei 100 C

Kugeldruckhärte	N/mm² bei N, s	*Shore-Härte* A	90–94
Rockwellhärte		*Shore-Härte* D	40–44

Schlagversuch *Probekörper:* (1)
(2) *Herstellung*
Zustand *Vorbehandlung*

	°C	°C	°C	*Probekörper-Form*
Schlagzähigkeit kJ/m²				
Kerbschlagzähigkeit (1) kJ/m²				
IZOD-Kerbschlagzähigkeit (2) J/m				
Kerbschlagzugzähigkeit kJ/m²				

Abrieb und Reibung

Taber-Abrieb (Reibradverfahren)	$mm^3/100$ U		
Abriebfaktor LNP (Thrust washer) Vergleichswert			
Statische Reibungszahl			
Dynamische Reibungszahl	(p·v=	N/mm²·	m/min)
Zulässiger p · v Wert	N/mm²·(m/min)	v=	m/min
		v=	m/min

Thermische Eigenschaften

Formbeständigkeit in der Wärme	*Verfahren*		°C
	Verfahren		°C
Vicat Erweichungstemperatur (VST)	*Verfahren*		°C
	Verfahren		°C
Kristallit-Schmelzpunkt	*Verfahren*		
Längenausdehnungskoeffizient	*Bereich*	°C	$\cdot 10^{-4}K^{-1}$
	Temperatur		$\cdot 10^{-4}K^{-1}$
Wärmeleitfähigkeit	*Verfahren*		W/(K · m)
Spezifische Wärmekapazität	*Verfahren*		J/(K · g)
Glasumwandlungstemperatur	*Torsionsschwingungsversuch*	°C	
	Differentialkalorimetrie	°C	

Brandverhalten

UL-Test vertikal	Dicke	mm, Wert
	Dicke	mm, Wert

	Norm	*Bewertung*	*Abmessungen*
Sauerstoff-Index	ASTM D 2863		
Glühstab-Verfahren			
Brandverhalten	DIN 4102		
MVSS			
FAR			

Elektrische Eigenschaften

		Hz	°C		*Probekörper, Form*
Dielektrizitätszahl		50	23	7.1	2 mm dick
		10^3	23	6.6	2 mm dick
		10^6	23	5.5	2 mm dick
Dielektrischer Verlustfaktor tan δ		50	23	0.053	2 mm dick
		10^3	23	0.025	2 mm dick
		10^6	23	0.074	2 mm dick
Spezifischer Durchgangs-widerstand	Ohm · cm		23	≧1.0*10**11	
Durchschlagfestigkeit	kV/mm		23	46	2 mm dick
Oberflächenwiderstand	Ohm		23	≧1.0*10**10	

Kriechstromfestigkeit	KC	KB	KA
Elektrolytische Korrosionswirkung			
Lichtbogenfestigkeit nach DIN			
nach ASTM s			

Beständigkeit *(Chemische Beständigkeit siehe Anhang)*

Wasseraufnahme	
Feuchtigkeitsaufnahme Normalklima	%
Wetterbeständigkeit	
Spannungskorrosion	

Optische Eigenschaften

Brechungszahl n_D		
Transmissionsgrad τ_c	%	mm dick
Lichtdurchlässigkeit		

Produkt	Thermoplastisches Polyurethan-Elastomer		**TPE**
Handelsname	**Elastollan 1195 A**		
Hersteller	ELASTOGRAN		
DIN-Bez 1			
DIN-Bez 2			
Zusätze		*Füllstoffe/ Verstärkung*	
Bevorzugte Verarbeitung	Spritzgiessen	*Lieferform*	Granulat
		Farben	Natur
Besondere Merkmale	Abriebfest; Knickbestaendig; Elastisch; Geringe bleibende Verformung nach Langzeitbelastung; Flexibel in der Kaelte; Resistent gegen Mikroorganismen; Hydrolysebestaendig	*Bevorzugte Anwendungen*	Bergschuh; Skischuh; Technisches Formteil

Dichte	g/cm³	1.15	*Schmelzindex*	g/10 min	:
Schüttdichte	g/cm³		*Volumenfließindex*	cm³/10 min	:
Viskositätszahl	ml/g				

Verarbeitungsbedingungen für Spritzgießen

Massetemp.	°C	195–220	*Schwindung*	% lgs 1.2–1.5, quer 1.2–1.5
Werkzeugtemp.	°C	15–70	*Bemerkungen*	Schwindungswerte bedeuten Gesamtschwindung
Spritzdruck	bar	30–180		

Zugversuch 23 °C DIN 53504;

Probekörper: *Form* Normstab S 2 — *Herstellung* Spritzgiessen
Zustand — *Vorbehandlung* 20 h bei 100 C

Streckspannung	N/mm²		*Dehnung bei Streckspannung*	%	
Zugfestigkeit	N/mm²	50	*Reißdehnung*	%	450
Reißfestigkeit	N/mm²		% *Dehnspannung*	N/mm²	
E-Modul	N/mm²		*Dehnung bei* % *Dehnspg.*	%	

Kriechmoduln und Zeitstandwerte 23 °C

Probekörper: *Form* — *Herstellung*
Zustand — *Vorbehandlung*

Kriechmodul	*1 min*	N/mm²	*Zeitstandzugfestigkeit*	h	N/mm²
Kriechmodul	*1000 h*	N/mm²	*Zeitdehnspg.* %	h	N/mm²
bei Spannung		N/mm²			

Biegeversuch 23 °C

Probekörper: *Form* — *Herstellung*
Zustand — *Vorbehandlung*

Biegefestigkeit	N/mm²	*E-Modul*	N/mm²
3,5% *Biegespannung*	N/mm²		

Härte 23 °C *Probekörper:* *Zustand* — *Herstellung* Spritzgiessen
Vorbehandlung 20 h bei 100 C

Kugeldruckhärte	N/mm²	bei N, s	*Shore-Härte* A	94–98
Rockwellhärte			*Shore-Härte* D	44–50

Schlagversuch *Probekörper:* *(1)*
(2) — *Herstellung*
Zustand — *Vorbehandlung*

	°C	°C	°C	*Probekörper-Form*
Schlagzähigkeit kJ/m²				
Kerbschlagzähigkeit (1) kJ/m²				
IZOD-Kerbschlagzähigkeit (2) J/m				
Kerbschlagzugzähigkeit kJ/m²				

Abrieb und Reibung

Taber-Abrieb (Reibradverfahren)	mm^3/100 U		
Abriebfaktor LNP (Thrust washer) Vergleichswert			
Statische Reibungszahl			
Dynamische Reibungszahl	(p · v=	N/mm^2 ·	m/min)
Zulässiger p · v Wert	N/mm^2 · (m/min)	v=	m/min
		v=	m/min

Thermische Eigenschaften

Formbeständigkeit in der Wärme	*Verfahren*		°C
	Verfahren		°C
Vicat Erweichungstemperatur (VST)	*Verfahren*		°C
	Verfahren		°C
Kristallit-Schmelzpunkt	*Verfahren*		
Längenausdehnungskoeffizient	*Bereich*	°C	$\cdot 10^{-4}K^{-1}$
	Temperatur		$\cdot 10^{-4}K^{-1}$
Wärmeleitfähigkeit	*Verfahren*		W/(K · m)
Spezifische Wärmekapazität	*Verfahren*		J/(K · g)
Glasumwandlungstemperatur	*Torsionsschwingungsversuch*	°C	
	Differentialkalorimetrie	°C	

Brandverhalten

UL-Test vertikal	Dicke	mm, Wert
	Dicke	mm, Wert

	Norm	*Bewertung*	*Abmessungen*
Sauerstoff-Index	ASTM D 2863		
Glühstab-Verfahren			
Brandverhalten	DIN 4102		
MVSS			
FAR			

Elektrische Eigenschaften

		Hz	°C		*Probekörper, Form*
Dielektrizitätszahl		50			
		10^3			
		10^6			
Dielektrischer Verlustfaktor tan δ		50			
		10^3			
		10^6			
Spezifischer Durchgangs-widerstand	Ohm · cm				
Durchschlagfestigkeit	kV/mm				mm dick
Oberflächenwiderstand	Ohm				
Kriechstromfestigkeit		KC	KB	KA	
Elektrolytische Korrosionswirkung					
Lichtbogenfestigkeit nach DIN					
nach ASTM	s				

Beständigkeit *(Chemische Beständigkeit siehe Anhang)*

Wasseraufnahme

Feuchtigkeitsaufnahme Normalklima %

Wetterbeständigkeit

Spannungskorrosion

Optische Eigenschaften

Brechungszahl n_D		
Transmissionsgrad τ_c	%	mm dick
Lichtdurchlässigkeit		

Produkt	Thermoplastisches Polyurethan-Elastomer		**TPE**
Handelsname	**Elastollan 1154 D**		
Hersteller	ELASTOGRAN		
DIN-Bez 1			
DIN-Bez 2			
Zusätze		*Füllstoffe/ Verstärkung*	
Bevorzugte Verarbeitung	Spritzgiessen	*Lieferform*	Granulat
		Farben	Natur
Besondere Merkmale	Abriebfest; Knickbestaendig; Elastisch; Geringe bleibende Verformung nach Langzeitbelastung; Flexibel in der Kaelte; Resistent gegen Mikroorganismen; Hydrolysebestaendig	*Bevorzugte Anwendungen*	Bergschuh; Skischuh; Technisches Formteil

Dichte	g/cm³	1.17	*Schmelzindex*	g/10 min	:
Schüttdichte	g/cm³		*Volumenfließindex*	cm³/10 min	:
Viskositätszahl	ml/g				

Verarbeitungsbedingungen für Spritzgießen

Massetemp.	°C	210–230	*Schwindung*	% lgs 1–1.2, quer 1–1.2
Werkzeugtemp.	°C	15–70	*Bemerkungen*	Schwindungswerte bedeuten Gesamtschwindung
Spritzdruck	bar	30–180		

Zugversuch 23 °C DIN 53504;

Probekörper: *Form* Normstab S 2 — *Herstellung* Spritzgiessen
Zustand — *Vorbehandlung* 20 h bei 100 C

Streckspannung	N/mm²		*Dehnung bei Streckspannung*	%
Zugfestigkeit	N/mm²	55	*Reißdehnung*	% 400
Reißfestigkeit	N/mm²		*% Dehnspannung*	N/mm²
E-Modul	N/mm²		*Dehnung bei % Dehnspg.*	%

Kriechmoduln und Zeitstandwerte 23 °C

Probekörper: *Form* — *Herstellung*
Zustand — *Vorbehandlung*

Kriechmodul	*1 min* N/mm²	*Zeitstandzugfestigkeit*	h	N/mm²
Kriechmodul	*1000 h* N/mm²	*Zeitdehnspg. %*	h	N/mm²
bei Spannung	N/mm²			

Biegeversuch 23 °C

Probekörper: *Form* — *Herstellung*
Zustand — *Vorbehandlung*

Biegefestigkeit	N/mm²	*E-Modul*	N/mm²
3,5% *Biegespannung*	N/mm²		

Härte 23 °C *Probekörper:* *Zustand* — *Herstellung* Spritzgiessen
Vorbehandlung 20 h bei 100 C

Kugeldruckhärte	N/mm² bei N, s	*Shore-Härte* A	
Rockwellhärte		*Shore-Härte* D	51–55

Schlagversuch *Probekörper:* *(1)*
(2) — *Herstellung*
Zustand — *Vorbehandlung*

°C °C °C *Probekörper-Form*

Schlagzähigkeit	kJ/m²
Kerbschlagzähigkeit (1)	kJ/m²
IZOD-Kerbschlagzähigkeit (2)	J/m
Kerbschlagzugzähigkeit	kJ/m²

Abrieb und Reibung

Taber-Abrieb (Reibradverfahren)	mm³/100 U		
Abriebfaktor LNP (Thrust washer) Vergleichswert			
Statische Reibungszahl			
Dynamische Reibungszahl	(p·v=	N/mm²·	m/min)
Zulässiger p · v Wert	N/mm² · (m/min)	v=	m/min
		v=	m/min

Thermische Eigenschaften

Formbeständigkeit in der Wärme	*Verfahren*		°C
	Verfahren		°C
Vicat Erweichungstemperatur (VST)	*Verfahren*		°C
	Verfahren		°C
Kristallit-Schmelzpunkt	*Verfahren*		
Längenausdehnungskoeffizient	*Bereich*	°C	$\cdot 10^{-4}K^{-1}$
	Temperatur		$\cdot 10^{-4}K^{-1}$
Wärmeleitfähigkeit	*Verfahren*		W/(K · m)
Spezifische Wärmekapazität	*Verfahren*		J/(K · g)
Glasumwandlungstemperatur	*Torsionsschwingungsversuch*	°C	
	Differentialkalorimetrie	°C	

Brandverhalten

UL-Test vertikal	Dicke	mm, Wert
	Dicke	mm, Wert

	Norm	*Bewertung*	*Abmessungen*
Sauerstoff-Index	ASTM D 2863		
Glühstab-Verfahren			
Brandverhalten	DIN 4102		
MVSS			
FAR			

Elektrische Eigenschaften

		Hz	°C		*Probekörper, Form*
Dielektrizitätszahl		50	23	6.3	2 mm dick
		10^3	23	5.9	2 mm dick
		10^6	23	4.9	2 mm dick
Dielektrischer Verlustfaktor tan δ		50	23	0.036	2 mm dick
		10^3	23	0.038	2 mm dick
		10^6	23	0.060	2 mm dick
Spezifischer Durchgangs-widerstand	Ohm · cm		23	≧1.0*10**12	
Durchschlagfestigkeit	kV/mm		23	≧50	2 mm dick
Oberflächenwiderstand	Ohm		23	≧1.0*10**12	

Kriechstromfestigkeit	KC	KB	KA
Elektrolytische Korrosionswirkung			
Lichtbogenfestigkeit nach DIN			
nach ASTM s			

Beständigkeit *(Chemische Beständigkeit siehe Anhang)*

Wasseraufnahme	
Feuchtigkeitsaufnahme Normalklima	%
Wetterbeständigkeit	
Spannungskorrosion	

Optische Eigenschaften

Brechungszahl n_D		
Transmissionsgrad τ_c	%	mm dick
Lichtdurchlässigkeit		

Produkt	Thermoplastisches Polyurethan-Elastomer		**TPE**
Handelsname	**Elastollan 1160 D**		
Hersteller	ELASTOGRAN		
DIN-Bez 1			
DIN-Bez 2			
Zusätze		*Füllstoffe/ Verstärkung*	
Bevorzugte Verarbeitung	Spritzgiessen	*Lieferform*	Granulat
		Farben	Natur
Besondere Merkmale	Abriebfest; Knickbestaendig; Elastisch; Geringe bleibende Verformung nach Langzeitbelastung; Flexibel in der Kaelte; Resistent gegen Mikroorganismen; Hydrolysebestaendig	*Bevorzugte Anwendungen*	Bergschuh; Skischuh; Technisches Formteil

Dichte	g/cm³	1.18	*Schmelzindex*	g/10 min	:
Schüttdichte	g/cm³		*Volumenfließindex*	cm³/10 min	:
Viskositätszahl	ml/g				

Verarbeitungsbedingungen für Spritzgießen

Massetemp.	°C	210–230	*Schwindung*	% lgs 1–1.2, quer 1–1.2
Werkzeugtemp.	°C	15–70	*Bemerkungen*	Schwindungswerte bedeuten Gesamtschwindung
Spritzdruck	bar	30–180		

Zugversuch 23 °C DIN 53504;

Probekörper: *Form* Normstab S 2 — *Zustand* — *Herstellung* Spritzgiessen — *Vorbehandlung* 20 h bei 100 C

Streckspannung	N/mm²		*Dehnung bei Streckspannung*	%	
Zugfestigkeit	N/mm²	55	*Reißdehnung*	%	350
Reißfestigkeit	N/mm²		*% Dehnspannung*	N/mm²	
E-Modul	N/mm²		*Dehnung bei % Dehnspg.*	%	

Kriechmoduln und Zeitstandwerte 23 °C

Probekörper: *Form* — *Zustand* — *Herstellung* — *Vorbehandlung*

Kriechmodul	*1 min*	N/mm²	*Zeitstandzugfestigkeit*	h	N/mm²
Kriechmodul	*1000 h*	N/mm²	*Zeitdehnspg. %*	h	N/mm²
bei Spannung		N/mm²			

Biegeversuch 23 °C

Probekörper: *Form* — *Zustand* — *Herstellung* — *Vorbehandlung*

Biegefestigkeit	N/mm²	*E-Modul*	N/mm²
3,5% *Biegespannung*	N/mm²		

Härte 23 °C *Probekörper:* *Zustand* — *Herstellung* Spritzgiessen — *Vorbehandlung* 20 h bei 100 C

Kugeldruckhärte	N/mm²	bei N, s	*Shore-Härte* A	
Rockwellhärte			*Shore-Härte* D	58–62

Schlagversuch *Probekörper:* *(1)* *(2)* *Zustand* — *Herstellung* — *Vorbehandlung*

		°C	°C	°C	*Probekörper-Form*
Schlagzähigkeit	kJ/m²				
Kerbschlagzähigkeit (1)	kJ/m²				
IZOD-Kerbschlagzähigkeit (2)	J/m				
Kerbschlagzugzähigkeit	kJ/m²				

Abrieb und Reibung

Taber-Abrieb (Reibradverfahren)	mm^3/100 U		
Abriebfaktor LNP (Thrust washer) Vergleichswert			
Statische Reibungszahl			
Dynamische Reibungszahl	(p·v=	N/mm^2·	m/min)
Zulässiger p · v Wert	N/mm^2·(m/min)	v=	m/min
		v=	m/min

Thermische Eigenschaften

Formbeständigkeit in der Wärme	*Verfahren*		°C
	Verfahren		°C
Vicat Erweichungstemperatur (VST)	*Verfahren*		°C
	Verfahren		°C
Kristallit-Schmelzpunkt	*Verfahren*		
Längenausdehnungskoeffizient	*Bereich*	°C	$\cdot 10^{-4}K^{-1}$
	Temperatur		$\cdot 10^{-4}K^{-1}$
Wärmeleitfähigkeit	*Verfahren*		W/(K · m)
Spezifische Wärmekapazität	*Verfahren*		J/(K · g)
Glasumwandlungstemperatur	*Torsionsschwingungsversuch*	°C	
	Differentialkalorimetrie	°C	

Brandverhalten

UL-Test vertikal	Dicke	mm, Wert
	Dicke	mm, Wert

	Norm	*Bewertung*	*Abmessungen*
Sauerstoff-Index	ASTM D 2863		
Glühstab-Verfahren			
Brandverhalten	DIN 4102		
MVSS			
FAR			

Elektrische Eigenschaften

		Hz	°C		*Probekörper, Form*
Dielektrizitätszahl		50			
		10^3			
		10^6			
Dielektrischer Verlustfaktor tan δ		50			
		10^3			
		10^6			
Spezifischer Durchgangswiderstand	Ohm · cm				
Durchschlagfestigkeit	kV/mm				mm dick
Oberflächenwiderstand	Ohm				
Kriechstromfestigkeit		KC	KB	KA	
Elektrolytische Korrosionswirkung					
Lichtbogenfestigkeit nach DIN					
nach ASTM	s				

Beständigkeit *(Chemische Beständigkeit siehe Anhang)*

Wasseraufnahme

Feuchtigkeitsaufnahme Normalklima %

Wetterbeständigkeit

Spannungskorrosion

Optische Eigenschaften

Brechungszahl n_D		
Transmissionsgrad τ_c	%	mm dick
Lichtdurchlässigkeit		

Produkt	Thermoplastisches Polyurethan-Elastomer		**TPE**
Handelsname	**Elastollan 1164 D**		
Hersteller	ELASTOGRAN		
DIN-Bez 1			
DIN-Bez 2			
Zusätze		*Füllstoffe/ Verstärkung*	
Bevorzugte Verarbeitung	Spritzgiessen	*Lieferform*	Granulat
		Farben	Natur
Besondere Merkmale	Abriebfest; Knickbestaendig; Elastisch; Geringe bleibende Verformung nach Langzeitbelastung; Flexibel in der Kaelte; Resistent gegen Mikroorganismen; Hydrolysebestaendig	*Bevorzugte Anwendungen*	Bergschuh; Skischuh; Technisches Formteil

Dichte	g/cm³	1.19	*Schmelzindex*	g/10 min	:
Schüttdichte	g/cm³		*Volumenfließindex*	cm³/10 min	:
Viskositätszahl	ml/g				

Verarbeitungsbedingungen für Spritzgießen

Massetemp.	°C	210–230	*Schwindung*	% lgs 1–1.2, quer 1–1.2
Werkzeugtemp.	°C	15–70	*Bemerkungen*	Schwindungswerte bedeuten Gesamtschwindung
Spritzdruck	bar	30–180		

Zugversuch 23 °C DIN 53504;

Probekörper: *Form* Normstab S 2 — *Herstellung* Spritzgiessen
Zustand — *Vorbehandlung* 20 h bei 100 C

Streckspannung	N/mm²		*Dehnung bei Streckspannung*	%	
Zugfestigkeit	N/mm²	55	*Reißdehnung*	%	350
Reißfestigkeit	N/mm²		*% Dehnspannung*	N/mm²	
E-Modul	N/mm²		*Dehnung bei % Dehnspg.*	%	

Kriechmoduln und Zeitstandwerte 23 °C

Probekörper: *Form* — *Herstellung*
Zustand — *Vorbehandlung*

Kriechmodul	*1 min*	N/mm²	*Zeitstandzugfestigkeit*	h	N/mm²
Kriechmodul	*1000 h*	N/mm²	*Zeitdehnspg. %*	h	N/mm²
bei Spannung		N/mm²			

Biegeversuch 23 °C

Probekörper: *Form* — *Herstellung*
Zustand — *Vorbehandlung*

Biegefestigkeit	N/mm²	*E-Modul*	N/mm²
3,5% *Biegespannung*	N/mm²		

Härte 23 °C *Probekörper:* *Zustand* — *Herstellung* Spritzgiessen
Vorbehandlung 20 h bei 100 C

Kugeldruckhärte	N/mm² bei N, s	*Shore-Härte* A	
Rockwellhärte		*Shore-Härte* D	62–66

Schlagversuch *Probekörper:* *(1)*
(2) — *Herstellung*
Zustand — *Vorbehandlung*

	°C	°C	°C	*Probekörper-Form*
Schlagzähigkeit kJ/m²				
Kerbschlagzähigkeit (1) kJ/m²				
IZOD-Kerbschlagzähigkeit (2) J/m				
Kerbschlagzugzähigkeit kJ/m²				

Abrieb und Reibung

Taber-Abrieb (Reibradverfahren) mm^3/100 U
Abriebfaktor LNP (Thrust washer) Vergleichswert
Statische Reibungszahl
Dynamische Reibungszahl (p·v= N/mm^2· m/min)
Zulässiger p·v Wert N/mm^2·(m/min) v= m/min
v= m/min

Thermische Eigenschaften

Formbeständigkeit in der Wärme *Verfahren* °C
Verfahren °C
Vicat Erweichungstemperatur (VST) *Verfahren* °C
Verfahren °C
Kristallit-Schmelzpunkt *Verfahren*

Längenausdehnungskoeffizient *Bereich* °C $\cdot 10^{-4}K^{-1}$
Temperatur $\cdot 10^{-4}K^{-1}$
Wärmeleitfähigkeit *Verfahren* W/(K·m)

Spezifische Wärmekapazität *Verfahren* J/(K·g)

Glasumwandlungstemperatur *Torsionsschwingungsversuch* °C
Differentialkalorimetrie °C

Brandverhalten

UL-Test vertikal Dicke mm, Wert
Dicke mm, Wert

	Norm	*Bewertung*	*Abmessungen*
Sauerstoff-Index	ASTM D 2863		
Glühstab-Verfahren			
Brandverhalten	DIN 4102		
MVSS			
FAR			

Elektrische Eigenschaften

		Hz	°C		*Probekörper, Form*
Dielektrizitätszahl		50	23	5.8	2 mm dick
		10^3	23	5.4	2 mm dick
		10^6	23	4.6	2 mm dick
Dielektrischer Verlustfaktor tan δ		50	23	0.035	2 mm dick
		10^3	23	0.035	2 mm dick
		10^6	23	0.048	2 mm dick
Spezifischer Durchgangswiderstand	Ohm·cm		23	≧1.0*10**12	
Durchschlagfestigkeit	kV/mm		23	≧49	2 mm dick
Oberflächenwiderstand	Ohm		23	≧1.0*10**12	

Kriechstromfestigkeit KC KB KA
Elektrolytische Korrosionswirkung
Lichtbogenfestigkeit nach DIN
nach ASTM s

Beständigkeit *(Chemische Beständigkeit siehe Anhang)*

Wasseraufnahme

Feuchtigkeitsaufnahme Normalklima %
Wetterbeständigkeit

Spannungskorrosion

Optische Eigenschaften

Brechungszahl n_D
Transmissionsgrad τ_c % mm dick
Lichtdurchlässigkeit

Datenbank-Nr.	**T05395**	Merkblatt-Nr. **3242**

Produkt	Thermoplastisches Polyurethan-Elastomer		**TPE**
Handelsname	**Elastollan 1174 D**		
Hersteller	ELASTOGRAN		
DIN-Bez 1			
DIN-Bez 2			
Zusätze		*Füllstoffe/ Verstärkung*	
Bevorzugte Verarbeitung	Spritzgiessen	*Lieferform*	Granulat
		Farben	Natur
Besondere Merkmale	Abriebfest; Knickbestaendig; Elastisch; Geringe bleibende Verformung nach Langzeitbelastung; Flexibel in der Kaelte; Resistent gegen Mikroorganismen; Hydrolysebestaendig	*Bevorzugte Anwendungen*	Bergschuh; Skischuh; Technisches Formteil

Dichte	g/cm³	1.20	*Schmelzindex*	g/10 min	:
Schüttdichte	g/cm³		*Volumenfließindex*	cm³/10 min	:
Viskositätszahl	ml/g				

Verarbeitungsbedingungen für Spritzgießen

Massetemp.	°C	210–230	*Schwindung*	% lgs 1–1.2, quer 1–1.2
Werkzeugtemp.	°C	15–70	*Bemerkungen*	Schwindungswerte bedeuten Gesamtschwindung
Spritzdruck	bar	30–180		

Zugversuch 23 °C DIN 53504;

Probekörper: Form	Normstab S 2	*Herstellung*	Spritzgiessen
Zustand		*Vorbehandlung*	20 h bei 100 C

Streckspannung	N/mm²		*Dehnung bei Streckspannung*	%	
Zugfestigkeit	N/mm²	55	*Reißdehnung*	%	300
Reißfestigkeit	N/mm²		*% Dehnspannung*	N/mm²	
E-Modul	N/mm²		*Dehnung bei % Dehnspg.*	%	

Kriechmoduln und Zeitstandwerte 23 °C

Probekörper: Form	*Herstellung*
Zustand	*Vorbehandlung*

Kriechmodul	*1 min* N/mm²	*Zeitstandzugfestigkeit*	h	N/mm²
Kriechmodul	*1000 h* N/mm²	*Zeitdehnspg. %*	h	N/mm²
bei Spannung	N/mm²			

Biegeversuch 23 °C

Probekörper: Form	*Herstellung*
Zustand	*Vorbehandlung*

Biegefestigkeit	N/mm²	*E-Modul*	N/mm²
3,5% *Biegespannung*	N/mm²		

Härte 23 °C

Probekörper: Zustand	*Herstellung*	Spritzgiessen
	Vorbehandlung	20 h bei 100 C

Kugeldruckhärte	N/mm² bei N, s	*Shore-Härte* A	
Rockwellhärte		*Shore-Härte* D	70–76

Schlagversuch

Probekörper: (1)	
(2)	*Herstellung*
Zustand	*Vorbehandlung*

	°C	°C	°C	*Probekörper-Form*
Schlagzähigkeit kJ/m²				
Kerbschlagzähigkeit (1) kJ/m²				
IZOD-Kerbschlagzähigkeit (2) J/m				
Kerbschlagzugzähigkeit kJ/m²				

Abrieb und Reibung

Taber-Abrieb (Reibradverfahren)	mm^3/100 U
Abriebfaktor LNP (Thrust washer) Vergleichswert	
Statische Reibungszahl	
Dynamische Reibungszahl	(p · v= N/mm^2 · m/min)
Zulässiger p · v Wert	N/mm^2 · (m/min) v= m/min
	v= m/min

Thermische Eigenschaften

Formbeständigkeit in der Wärme	*Verfahren*		°C
	Verfahren		°C
Vicat Erweichungstemperatur (VST)	*Verfahren*		°C
	Verfahren		°C
Kristallit-Schmelzpunkt	*Verfahren*		
Längenausdehnungskoeffizient	*Bereich*	°C	· $10^{-4}K^{-1}$
	Temperatur		· $10^{-4}K^{-1}$
Wärmeleitfähigkeit	*Verfahren*		W/(K · m)
Spezifische Wärmekapazität	*Verfahren*		J/(K · g)
Glasumwandlungstemperatur	*Torsionsschwingungsversuch*	°C	
	Differentialkalorimetrie	°C	

Brandverhalten

UL-Test vertikal		Dicke mm, Wert	
		Dicke mm, Wert	
	Norm	*Bewertung*	*Abmessungen*
Sauerstoff-Index	ASTM D 2863		
Glühstab-Verfahren			
Brandverhalten	DIN 4102		
MVSS			
FAR			

Elektrische Eigenschaften

		Hz	°C		*Probekörper, Form*
Dielektrizitätszahl		50	23	5.3	2 mm dick
		10^3	23	5.0	2 mm dick
		10^6	23	4.3	2 mm dick
Dielektrischer Verlustfaktor tan δ		50	23	0.038	2 mm dick
		10^3	23	0.034	2 mm dick
		10^6	23	0.038	2 mm dick
Spezifischer Durchgangswiderstand	Ohm · cm		23	≧1.0*10**14	
Durchschlagfestigkeit	kV/mm		23	≧≦49	2 mm dick
Oberflächenwiderstand	Ohm		23	≧1.0*10**13	
Kriechstromfestigkeit		KC		KB	KA
Elektrolytische Korrosionswirkung					
Lichtbogenfestigkeit nach DIN					
nach ASTM	s				

Beständigkeit *(Chemische Beständigkeit siehe Anhang)*

Wasseraufnahme	
Feuchtigkeitsaufnahme Normalklima	%
Wetterbeständigkeit	
Spannungskorrosion	

Optische Eigenschaften

Brechungszahl n_D		
Transmissionsgrad τ_c	%	mm dick
Lichtdurchlässigkeit		

Produkt	Thermoplastisches Polyurethan-Elastomer		**TPE**
Handelsname	**Elastollan 590 A**		
Hersteller	ELASTOGRAN		
DIN-Bez 1			
DIN-Bez 2			
Zusätze		*Füllstoffe/ Verstärkung*	
Bevorzugte Verarbeitung	Spritzgiessen	*Lieferform*	Granulat
		Farben	Natur
Besondere Merkmale	Abriebfest; Knickbestaendig; Elastisch; Geringe bleibende Verformung nach Langzeitbelastung; Flexibel in der Kaelte	*Bevorzugte Anwendungen*	Technisches Formteil; Absatzfleck

Dichte	g/cm^3	1.28	*Schmelzindex*	g/10 min	:
Schüttdichte	g/cm^3		*Volumenfließindex*	$cm^3/10$ min	:
Viskositätszahl	ml/g				

Verarbeitungsbedingungen für Spritzgießen

Massetemp.	°C	195–220	*Schwindung*	% lgs 1–1.2, quer 1–1.2
Werkzeugtemp.	°C	15–70	*Bemerkungen*	Schwindungswerte bedeuten Gesamtschwindung
Spritzdruck	bar	30–180		

Zugversuch 23 °C DIN 53504;

Probekörper:	*Form*	Normstab S 2	*Herstellung*	Spritzgiessen
	Zustand		*Vorbehandlung*	20 h bei 100 C

Streckspannung	N/mm^2		*Dehnung bei Streckspannung*	%	
Zugfestigkeit	N/mm^2	40	*Reißdehnung*	%	550
Reißfestigkeit	N/mm^2		*% Dehnspannung*	N/mm^2	
E-Modul	N/mm^2		*Dehnung bei % Dehnspg.*	%	

Kriechmoduln und Zeitstandwerte 23 °C

Probekörper:	*Form*	*Herstellung*	
	Zustand	*Vorbehandlung*	

Kriechmodul	*1 min*	N/mm^2	*Zeitstandzugfestigkeit*	h	N/mm^2
Kriechmodul	*1000 h*	N/mm^2	*Zeitdehnspg.* %	h	N/mm^2
bei Spannung		N/mm^2			

Biegeversuch 23 °C

Probekörper:	*Form*	*Herstellung*	
	Zustand	*Vorbehandlung*	

Biegefestigkeit	N/mm^2	*E-Modul*	N/mm^2
3,5% *Biegespannung*	N/mm^2		

Härte 23 °C

Probekörper:	*Zustand*	*Herstellung*	Spritzgiessen
		Vorbehandlung	20 h bei 100 C

Kugeldruckhärte	N/mm^2	bei N, s	*Shore-Härte* A	92–96
Rockwellhärte			*Shore-Härte* D	40–44

Schlagversuch

Probekörper:	*(1)*		
	(2)	*Herstellung*	
	Zustand	*Vorbehandlung*	

	°C	°C	°C	*Probekörper-Form*
Schlagzähigkeit kJ/m^2				
Kerbschlagzähigkeit (1) kJ/m^2				
IZOD-Kerbschlagzähigkeit (2) J/m				
Kerbschlagzugzähigkeit kJ/m^2				

Abrieb und Reibung

Taber-Abrieb (Reibradverfahren)	mm^3/100 U		
Abriebfaktor LNP (Thrust washer) Vergleichswert			
Statische Reibungszahl			
Dynamische Reibungszahl	(p · v=	N/mm^2 ·	m/min)
Zulässiger p · v Wert	N/mm^2 · (m/min)	v=	m/min
		v=	m/min

Thermische Eigenschaften

Formbeständigkeit in der Wärme	*Verfahren*		°C
	Verfahren		°C
Vicat Erweichungstemperatur (VST)	*Verfahren*		°C
	Verfahren		°C
Kristallit-Schmelzpunkt	*Verfahren*		
Längenausdehnungskoeffizient	*Bereich*	°C	$\cdot 10^{-4} K^{-1}$
	Temperatur		$\cdot 10^{-4} K^{-1}$
Wärmeleitfähigkeit	*Verfahren*		W/(K · m)
Spezifische Wärmekapazität	*Verfahren*		J/(K · g)
Glasumwandlungstemperatur	*Torsionsschwingungsversuch*	°C	
	Differentialkalorimetrie	°C	

Brandverhalten

UL-Test vertikal Dicke mm, Wert
Dicke mm, Wert

	Norm	*Bewertung*	*Abmessungen*
Sauerstoff-Index	ASTM D 2863		
Glühstab-Verfahren			
Brandverhalten	DIN 4102		
MVSS			
FAR			

Elektrische Eigenschaften

		Hz	°C		*Probekörper, Form*
Dielektrizitätszahl		50			
		10^3			
		10^6			
Dielektrischer Verlustfaktor tan δ		50			
		10^3			
		10^6			
Spezifischer Durchgangswiderstand	Ohm · cm				
Durchschlagfestigkeit	kV/mm				mm dick
Oberflächenwiderstand	Ohm				
Kriechstromfestigkeit		KC	KB	KA	
Elektrolytische Korrosionswirkung					
Lichtbogenfestigkeit nach DIN					
nach ASTM	s				

Beständigkeit *(Chemische Beständigkeit siehe Anhang)*

Wasseraufnahme

Feuchtigkeitsaufnahme Normalklima %

Wetterbeständigkeit

Spannungskorrosion

Optische Eigenschaften

Brechungszahl n_D		
Transmissionsgrad τ_c	%	mm dick
Lichtdurchlässigkeit		

Datenbank-Nr. **T05397** Merkblatt-Nr. **3244**

Produkt	Thermoplastisches Polyurethan-Elastomer		**TPE**
Handelsname	**Elastollan 595 A**		
Hersteller	ELASTOGRAN		
DIN-Bez 1			
DIN-Bez 2			
Zusätze		*Füllstoffe/ Verstärkung*	
Bevorzugte Verarbeitung	Spritzgiessen	*Lieferform*	Granulat
		Farben	Natur
Besondere Merkmale	Abriebfest; Knickbestaendig; Elastisch; Geringe bleibende Verformung nach Langzeitbelastung; Flexibel in der Kaelte	*Bevorzugte Anwendungen*	Technisches Formteil; Absatzfleck

Dichte	g/cm³	1.28	*Schmelzindex*	g/10 min	:
Schüttdichte	g/cm³		*Volumenfließindex*	cm³/10 min	:
Viskositätszahl	ml/g				

Verarbeitungsbedingungen für Spritzgießen

Massetemp.	°C	195–220	*Schwindung*	% lgs 1–1.2, quer 1–1.2
Werkzeugtemp.	°C	15–70	*Bemerkungen*	Schwindungswerte bedeuten Gesamtschwindung
Spritzdruck	bar	30–180		

Zugversuch 23 °C DIN 53504;

Probekörper: *Form* Normstab S 2 — *Herstellung* Spritzgiessen
Zustand — *Vorbehandlung* 20 h bei 100 C

Streckspannung	N/mm²		*Dehnung bei Streckspannung*	%	
Zugfestigkeit	N/mm²	40	*Reißdehnung*	%	500
Reißfestigkeit	N/mm²		*% Dehnspannung*	N/mm²	
E-Modul	N/mm²		*Dehnung bei % Dehnspg.*	%	

Kriechmoduln und Zeitstandwerte 23 °C

Probekörper: *Form* — *Herstellung*
Zustand — *Vorbehandlung*

Kriechmodul	*1 min*	N/mm²	*Zeitstandzugfestigkeit*	h	N/mm²
Kriechmodul	*1000 h*	N/mm²	*Zeitdehnspg. %*	h	N/mm²
bei Spannung		N/mm²			

Biegeversuch 23 °C

Probekörper: *Form* — *Herstellung*
Zustand — *Vorbehandlung*

Biegefestigkeit	N/mm²	*E-Modul*	N/mm²
3,5% *Biegespannung*	N/mm²		

Härte 23 °C *Probekörper:* *Zustand* — *Herstellung* Spritzgiessen
Vorbehandlung 20 h bei 100 C

Kugeldruckhärte	N/mm² bei N, s	*Shore-Härte* A	94–98
Rockwellhärte		*Shore-Härte* D	45–49

Schlagversuch *Probekörper:* *(1)*
(2) — *Herstellung*
Zustand — *Vorbehandlung*

	°C	°C	°C	*Probekörper-Form*
Schlagzähigkeit kJ/m²				
Kerbschlagzähigkeit (1) kJ/m²				
IZOD-Kerbschlagzähigkeit (2) J/m				
Kerbschlagzugzähigkeit kJ/m²				

Abrieb und Reibung

Taber-Abrieb (Reibradverfahren) $mm^3/100$ U
Abriebfaktor LNP (Thrust washer) Vergleichswert
Statische Reibungszahl
Dynamische Reibungszahl (p·v= N/mm^2· m/min)
Zulässiger p · v Wert N/mm^2 · (m/min) v= m/min
v= m/min

Thermische Eigenschaften

Formbeständigkeit in der Wärme *Verfahren* °C
Verfahren °C
Vicat Erweichungstemperatur (VST) *Verfahren* °C
Verfahren °C
Kristallit-Schmelzpunkt *Verfahren*

Längenausdehnungskoeffizient *Bereich* °C $\cdot 10^{-4}K^{-1}$
Temperatur $\cdot 10^{-4}K^{-1}$
Wärmeleitfähigkeit *Verfahren* W/(K · m)

Spezifische Wärmekapazität *Verfahren* J/(K · g)

Glasumwandlungstemperatur *Torsionsschwingungsversuch* °C
Differentialkalorimetrie °C

Brandverhalten

UL-Test vertikal Dicke mm, Wert
Dicke mm, Wert

	Norm	*Bewertung*	*Abmessungen*
Sauerstoff-Index	ASTM D 2863		
Glühstab-Verfahren			
Brandverhalten	DIN 4102		
MVSS			
FAR			

Elektrische Eigenschaften

	Hz	°C	*Probekörper, Form*
Dielektrizitätszahl	50		
	10^3		
	10^6		
Dielektrischer Verlustfaktor tan δ	50		
	10^3		
	10^6		

Spezifischer Durchgangs-widerstand Ohm · cm
Durchschlagfestigkeit kV/mm mm dick
Oberflächenwiderstand Ohm

Kriechstromfestigkeit KC KB KA
Elektrolytische Korrosionswirkung
Lichtbogenfestigkeit nach DIN
nach ASTM s

Beständigkeit *(Chemische Beständigkeit siehe Anhang)*

Wasseraufnahme

Feuchtigkeitsaufnahme Normalklima %
Wetterbeständigkeit

Spannungskorrosion

Optische Eigenschaften

Brechungszahl n_D
Transmissionsgrad τ_c % mm dick
Lichtdurchlässigkeit

Produkt	Thermoplastisches Polyurethan-Elastomer		**TPE**
Handelsname	**Elastollan 598 A**		
Hersteller	ELASTOGRAN		
DIN-Bez 1			
DIN-Bez 2			
Zusätze		*Füllstoffe/ Verstärkung*	
Bevorzugte Verarbeitung	Spritzgiessen	*Lieferform*	Granulat
		Farben	Natur
Besondere Merkmale	Abriebfest; Knickbestaendig; Elastisch; Geringe bleibende Verformung nach Langzeitbelastung; Flexibel in der Kaelte	*Bevorzugte Anwendungen*	Technisches Formteil; Absatzfleck

Dichte	g/cm^3	1.28	*Schmelzindex*	g/10 min	:
Schüttdichte	g/cm^3		*Volumenfließindex*	$cm^3/10$ min	:
Viskositätszahl	ml/g				

Verarbeitungsbedingungen für Spritzgießen

Massetemp.	°C	210–230	*Schwindung*	% lgs 1–1.2, quer 1–1.2
Werkzeugtemp.	°C	15–70	*Bemerkungen*	Schwindungswerte bedeuten Gesamtschwindung
Spritzdruck	bar	30–180		

Zugversuch 23 °C DIN 53504;

Probekörper: *Form* Normstab S 2 — *Herstellung* Spritzgiessen
Zustand — *Vorbehandlung* 20 h bei 100 C

Streckspannung	N/mm^2		*Dehnung bei Streckspannung*	%	
Zugfestigkeit	N/mm^2	40	*Reißdehnung*	%	450
Reißfestigkeit	N/mm^2		*% Dehnspannung*	N/mm^2	
E-Modul	N/mm^2		*Dehnung bei % Dehnspg.*	%	

Kriechmoduln und Zeitstandwerte 23 °C

Probekörper: *Form* — *Herstellung*
Zustand — *Vorbehandlung*

Kriechmodul	*1 min* N/mm^2	*Zeitstandzugfestigkeit*	h	N/mm^2
Kriechmodul	*1000 h* N/mm^2	*Zeitdehnspg. %*	h	N/mm^2
bei Spannung	N/mm^2			

Biegeversuch 23 °C

Probekörper: *Form* — *Herstellung*
Zustand — *Vorbehandlung*

Biegefestigkeit	N/mm^2	*E-Modul*	N/mm^2
3,5% *Biegespannung*	N/mm^2		

Härte 23 °C *Probekörper:* *Zustand* — *Herstellung* Spritzgiessen
Vorbehandlung 20 h bei 100 C

Kugeldruckhärte	N/mm^2 bei N, s	*Shore-Härte* A	
Rockwellhärte		*Shore-Härte* D	50–56

Schlagversuch *Probekörper:* *(1)*
(2) — *Herstellung*
Zustand — *Vorbehandlung*

	°C	°C	°C	*Probekörper-Form*
Schlagzähigkeit	kJ/m^2			
Kerbschlagzähigkeit (1)	kJ/m^2			
IZOD-Kerbschlagzähigkeit (2)	J/m			
Kerbschlagzugzähigkeit	kJ/m^2			

Abrieb und Reibung

Taber-Abrieb (Reibradverfahren)	$mm^3/100$ U		
Abriebfaktor LNP (Thrust washer) Vergleichswert			
Statische Reibungszahl			
Dynamische Reibungszahl	(p · v =	N/mm² ·	m/min)
Zulässiger p · v Wert	N/mm² · (m/min)	v =	m/min
		v =	m/min

Thermische Eigenschaften

Formbeständigkeit in der Wärme	*Verfahren*		°C
	Verfahren		°C
Vicat Erweichungstemperatur (VST)	*Verfahren*		°C
	Verfahren		°C
Kristallit-Schmelzpunkt	*Verfahren*		
Längenausdehnungskoeffizient	*Bereich*	°C	$\cdot 10^{-4}K^{-1}$
	Temperatur		$\cdot 10^{-4}K^{-1}$
Wärmeleitfähigkeit	*Verfahren*		W/(K · m)
Spezifische Wärmekapazität	*Verfahren*		J/(K · g)
Glasumwandlungstemperatur	*Torsionsschwingungsversuch*	°C	
	Differentialkalorimetrie	°C	

Brandverhalten

UL-Test vertikal	Dicke	mm, Wert
	Dicke	mm, Wert

	Norm	*Bewertung*	*Abmessungen*
Sauerstoff-Index	ASTM D 2863		
Glühstab-Verfahren			
Brandverhalten	DIN 4102		
MVSS			
FAR			

Elektrische Eigenschaften

		Hz	°C		*Probekörper, Form*
Dielektrizitätszahl		50			
		10^3			
		10^6			
Dielektrischer Verlustfaktor tan δ		50			
		10^3			
		10^6			
Spezifischer Durchgangswiderstand	Ohm · cm				
Durchschlagfestigkeit	kV/mm				mm dick
Oberflächenwiderstand	Ohm				
Kriechstromfestigkeit		KC	KB	KA	
Elektrolytische Korrosionswirkung					
Lichtbogenfestigkeit nach DIN					
nach ASTM	s				

Beständigkeit *(Chemische Beständigkeit siehe Anhang)*

Wasseraufnahme	
Feuchtigkeitsaufnahme Normalklima	%
Wetterbeständigkeit	
Spannungskorrosion	

Optische Eigenschaften

Brechungszahl n_D		
Transmissionsgrad τ_c	%	mm dick
Lichtdurchlässigkeit		

Datenbank-Nr. **T05399** *Merkblatt-Nr.* **3246**

Produkt	Thermoplastisches Polyurethan-Elastomer		**TPE**
Handelsname	**Elastollan 560 D**		
Hersteller	ELASTOGRAN		
DIN-Bez 1			
DIN-Bez 2			
Zusätze		*Füllstoffe/ Verstärkung*	
Bevorzugte Verarbeitung	Spritzgiessen	*Lieferform*	Granulat
		Farben	Natur
Besondere Merkmale	Abriebfest; Knickbestaendig; Elastisch; Geringe bleibende Verformung nach Langzeitbelastung; Flexibel in der Kaelte	*Bevorzugte Anwendungen*	Technisches Formteil; Absatzfleck

---

Dichte	g/cm³	1.29	*Schmelzindex*	g/10 min	:
Schüttdichte	g/cm³		*Volumenfließindex*	cm³/10 min	:
Viskositätszahl	ml/g				

Verarbeitungsbedingungen für Spritzgießen

Massetemp.	°C	210–230	*Schwindung*	% lgs 1–1.2, quer 1–1.2
Werkzeugtemp.	°C	15–70	*Bemerkungen*	Schwindungswerte bedeuten Gesamtschwindung
Spritzdruck	bar	30–180		

Zugversuch 23 °C DIN 53504;
Probekörper: *Form* Normstab S 2 — *Herstellung* Spritzgiessen
Zustand — *Vorbehandlung* 20 h bei 100 C

Streckspannung	N/mm²		*Dehnung bei Streckspannung*	%	
Zugfestigkeit	N/mm²	40	*Reißdehnung*	%	400
Reißfestigkeit	N/mm²		*% Dehnspannung*	N/mm²	
E-Modul	N/mm²		*Dehnung bei % Dehnspg.*	%	

Kriechmoduln und Zeitstandwerte 23 °C
Probekörper: *Form* — *Herstellung*
Zustand — *Vorbehandlung*

Kriechmodul	*1 min*	N/mm²	*Zeitstandzugfestigkeit*	h	N/mm²
Kriechmodul	*1000 h*	N/mm²	*Zeitdehnspg. %*	h	N/mm²
bei Spannung		N/mm²			

Biegeversuch 23 °C
Probekörper: *Form* — *Herstellung*
Zustand — *Vorbehandlung*

Biegefestigkeit	N/mm²	*E-Modul*	N/mm²
3,5% *Biegespannung*	N/mm²		

Härte 23 °C *Probekörper:* *Zustand* — *Herstellung* Spritzgiessen
Vorbehandlung 20 h bei 100 C

Kugeldruckhärte	N/mm²	bei N, s	*Shore-Härte* A	
Rockwellhärte			*Shore-Härte* D	57–63

Schlagversuch *Probekörper:* *(1)*
(2) — *Herstellung*
Zustand — *Vorbehandlung*

		°C	°C	°C	*Probekörper-Form*
Schlagzähigkeit	kJ/m²				
Kerbschlagzähigkeit (1)	kJ/m²				
IZOD-Kerbschlagzähigkeit (2)	J/m				
Kerbschlagzugzähigkeit	kJ/m²				

Abrieb und Reibung

Taber-Abrieb (Reibradverfahren) mm^3/100 U
Abriebfaktor LNP (Thrust washer) Vergleichswert
Statische Reibungszahl
Dynamische Reibungszahl (p·v= N/mm^2· m/min)
Zulässiger p · v Wert N/mm^2 · (m/min) v= m/min
v= m/min

Thermische Eigenschaften

Formbeständigkeit in der Wärme	*Verfahren*		°C
	Verfahren		°C
Vicat Erweichungstemperatur (VST)	*Verfahren*		°C
	Verfahren		°C
Kristallit-Schmelzpunkt	*Verfahren*		
Längenausdehnungskoeffizient	*Bereich*	°C	$\cdot 10^{-4}K^{-1}$
	Temperatur		$\cdot 10^{-4}K^{-1}$
Wärmeleitfähigkeit	*Verfahren*		W/(K · m)
Spezifische Wärmekapazität	*Verfahren*		J/(K · g)
Glasumwandlungstemperatur	*Torsionsschwingungsversuch*	°C	
	Differentialkalorimetrie	°C	

Brandverhalten

UL-Test vertikal Dicke mm, Wert
Dicke mm, Wert

	Norm	*Bewertung*	*Abmessungen*
Sauerstoff-Index	ASTM D 2863		
Glühstab-Verfahren			
Brandverhalten	DIN 4102		
MVSS			
FAR			

Elektrische Eigenschaften

	Hz	°C	*Probekörper, Form*
Dielektrizitätszahl	50		
	10^3		
	10^6		
Dielektrischer Verlustfaktor tan δ	50		
	10^3		
	10^6		

Spezifischer Durchgangs-widerstand Ohm · cm
Durchschlagfestigkeit kV/mm mm dick
Oberflächenwiderstand Ohm

Kriechstromfestigkeit KC KB KA
Elektrolytische Korrosionswirkung
Lichtbogenfestigkeit nach DIN
nach ASTM s

Beständigkeit *(Chemische Beständigkeit siehe Anhang)*

Wasseraufnahme

Feuchtigkeitsaufnahme Normalklima %
Wetterbeständigkeit

Spannungskorrosion

Optische Eigenschaften

Brechungszahl n_D
Transmissionsgrad τ_c % mm dick
Lichtdurchlässigkeit

Datenbank-Nr.	**T05400**		Merkblatt-Nr. **3247**
Produkt	Thermoplastisches Polyurethan-Elastomer		**TPE**
Handelsname	**Elastollan 564 D**		
Hersteller	ELASTOGRAN		
DIN-Bez 1			
DIN-Bez 2			
Zusätze		Füllstoffe/ Verstärkung	
Bevorzugte Verarbeitung	Spritzgiessen	Lieferform	Granulat
		Farben	Natur
Besondere Merkmale	Abriebfest; Knickbestaendig; Elastisch; Geringe bleibende Verformung nach Langzeitbelastung; Flexibel in der Kaelte	Bevorzugte Anwendungen	Technisches Formteil; Absatzfleck

Dichte	g/cm³	1.29	Schmelzindex	g/10 min	:
Schüttdichte	g/cm³		Volumenfließindex	cm³/10 min	:
Viskositätszahl	ml/g				

Verarbeitungsbedingungen für Spritzgießen

Massetemp.	°C	210–230	Schwindung	% lgs 1–1.2, quer 1–1.2
Werkzeugtemp.	°C	15–70	Bemerkungen	Schwindungswerte bedeuten Gesamtschwindung
Spritzdruck	bar	30–180		

Zugversuch 23 °C DIN 53504;

Probekörper:	Form	Normstab S 2	Herstellung	Spritzgiessen
	Zustand		Vorbehandlung	20 h bei 100 C

Streckspannung	N/mm²		Dehnung bei Streckspannung	%	
Zugfestigkeit	N/mm²	40	Reißdehnung	%	350
Reißfestigkeit	N/mm²		% Dehnspannung	N/mm²	
E-Modul	N/mm²		Dehnung bei % Dehnspg.	%	

Kriechmoduln und Zeitstandwerte 23 °C

Probekörper:	Form	Herstellung
	Zustand	Vorbehandlung

Kriechmodul	1 min	N/mm²	Zeitstandzugfestigkeit	h	N/mm²
Kriechmodul	1000 h	N/mm²	Zeitdehnspg. %	h	N/mm²
bei Spannung		N/mm²			

Biegeversuch 23 °C

Probekörper:	Form	Herstellung
	Zustand	Vorbehandlung

Biegefestigkeit	N/mm²	E-Modul	N/mm²
3,5% Biegespannung	N/mm²		

Härte 23 °C

Probekörper:	Zustand	Herstellung	Spritzgiessen
		Vorbehandlung	20 h bei 100 C

Kugeldruckhärte	N/mm²	bei N, s	Shore-Härte A	
Rockwellhärte			Shore-Härte D	61–67

Schlagversuch

Probekörper:	(1)	
	(2)	Herstellung
	Zustand	Vorbehandlung

°C	°C	°C	Probekörper-Form

Schlagzähigkeit	kJ/m²
Kerbschlagzähigkeit (1)	kJ/m²
IZOD-Kerbschlagzähigkeit (2)	J/m
Kerbschlagzugzähigkeit	kJ/m²

Abrieb und Reibung

Taber-Abrieb (Reibradverfahren)	mm^3/100 U			
Abriebfaktor LNP (Thrust washer) Vergleichswert				
Statische Reibungszahl				
Dynamische Reibungszahl	(p·v=	N/mm^2·		m/min)
Zulässiger p·v Wert	N/mm^2·(m/min)		v=	m/min
			v=	m/min

Thermische Eigenschaften

Formbeständigkeit in der Wärme	*Verfahren*		°C
	Verfahren		°C
Vicat Erweichungstemperatur (VST)	*Verfahren*		°C
	Verfahren		°C
Kristallit-Schmelzpunkt	*Verfahren*		
Längenausdehnungskoeffizient	*Bereich*	°C	$\cdot 10^{-4}K^{-1}$
	Temperatur		$\cdot 10^{-4}K^{-1}$
Wärmeleitfähigkeit	*Verfahren*		W/(K·m)
Spezifische Wärmekapazität	*Verfahren*		J/(K·g)
Glasumwandlungstemperatur	*Torsionsschwingungsversuch*	°C	
	Differentialkalorimetrie	°C	

Brandverhalten

UL-Test vertikal		Dicke mm, Wert	
		Dicke mm, Wert	
	Norm	*Bewertung*	*Abmessungen*
Sauerstoff-Index	ASTM D 2863		
Glühstab-Verfahren			
Brandverhalten	DIN 4102		
MVSS			
FAR			

Elektrische Eigenschaften

		Hz	°C	*Probekörper, Form*
Dielektrizitätszahl		50		
		10^3		
		10^6		
Dielektrischer Verlustfaktor tan δ		50		
		10^3		
		10^6		
Spezifischer Durchgangs-widerstand	Ohm·cm			
Durchschlagfestigkeit	kV/mm			mm dick
Oberflächenwiderstand	Ohm			

Kriechstromfestigkeit	KC	KB	KA
Elektrolytische Korrosionswirkung			
Lichtbogenfestigkeit nach DIN			
nach ASTM s			

Beständigkeit *(Chemische Beständigkeit siehe Anhang)*

Wasseraufnahme	
Feuchtigkeitsaufnahme Normalklima	%
Wetterbeständigkeit	
Spannungskorrosion	

Optische Eigenschaften

Brechungszahl n_D		
Transmissionsgrad τ_c	%	mm dick
Lichtdurchlässigkeit		

Produkt	Thermoplastisches Polyurethan-Elastomer		**TPE**
Handelsname	**Elastollan C VP 60 DG**		
Hersteller	ELASTOGRAN		
DIN-Bez 1			
DIN-Bez 2			
Zusätze		*Füllstoffe/ Verstärkung*	
Bevorzugte Verarbeitung	Spritzgiessen	*Lieferform*	Granulat
		Farben	Natur
Besondere Merkmale	Abriebfest; Guter Modul; Gute Festigkeit; Hohe Schlagfestigkeit auch in der Kaelte	*Bevorzugte Anwendungen*	Technisches Formteil; Grossflaechiges Automobilteil

Dichte	g/cm^3	1.34	*Schmelzindex*	g/10 min	:
Schüttdichte	g/cm^3		*Volumenfließindex*	$cm^3/10$ min	:
Viskositätszahl	ml/g				

Verarbeitungsbedingungen für Spritzgießen

Massetemp.	°C	210–230	*Schwindung*	% lgs 1–1.2, quer 1–1.2
Werkzeugtemp.	°C	15–70	*Bemerkungen*	Schwindungswerte bedeuten Gesamtschwindung
Spritzdruck	bar	30–180		

Zugversuch 23 °C DIN 53455; DIN 53457

Probekörper: *Form* / *Zustand* — *Herstellung* Spritzgiessen; *Vorbehandlung* 20 h bei 100 C

Streckspannung	N/mm^2		*Dehnung bei Streckspannung*	%	
Zugfestigkeit	N/mm^2	50	*Reißdehnung*	%	55
Reißfestigkeit	N/mm^2		*% Dehnspannung*	N/mm^2	
E-Modul	N/mm^2	1000	*Dehnung bei % Dehnspg.*	%	

Kriechmoduln und Zeitstandwerte 23 °C

Probekörper: *Form* / *Zustand* — *Herstellung* / *Vorbehandlung*

Kriechmodul	*1 min*	N/mm^2	*Zeitstandzugfestigkeit*	h	N/mm^2
Kriechmodul	*1000 h*	N/mm^2	*Zeitdehnspg. %*	h	N/mm^2
bei Spannung		N/mm^2			

Biegeversuch 23 °C DIN 53457;

Probekörper: *Form* / *Zustand* — *Herstellung* Spritzgiessen; *Vorbehandlung* 20 h bei 100 C

Biegefestigkeit	N/mm^2		*E-Modul*	N/mm^2 1180
3,5% *Biegespannung*	N/mm^2			

Härte 23 °C *Probekörper:* *Zustand* — *Herstellung* Spritzgiessen; *Vorbehandlung* 20 h bei 100 C

Kugeldruckhärte	N/mm^2	bei N, s	*Shore-Härte* A	
Rockwellhärte			*Shore-Härte* D	57–63

Schlagversuch *Probekörper:* *(1)* U-Kerbe; *(2)*; *Zustand* — *Herstellung* Spritzgiessen; *Vorbehandlung* 20 h bei 100 C

		°C		°C		°C		*Probekörper-Form*
Schlagzähigkeit	kJ/m^2	20	o.B.	-30	70			
Kerbschlagzähigkeit (1)	kJ/m^2	20	o.B.	-30	12			
IZOD-Kerbschlagzähigkeit (2)	J/m							
Kerbschlagzugzähigkeit	kJ/m^2							

Abrieb und Reibung

Taber-Abrieb (Reibradverfahren)	$mm^3/100$ U		
Abriebfaktor LNP (Thrust washer) Vergleichswert			
Statische Reibungszahl			
Dynamische Reibungszahl	(p·v=	N/mm^2 ·	m/min)
Zulässiger p · v Wert	N/mm^2 · (m/min)	v=	m/min
		v=	m/min

Thermische Eigenschaften

Formbeständigkeit in der Wärme	Verfahren		°C
	Verfahren		°C
Vicat Erweichungstemperatur (VST)	Verfahren		°C
	Verfahren		°C
Kristallit-Schmelzpunkt	Verfahren		
Längenausdehnungskoeffizient	Bereich	°C	$\cdot 10^{-4} K^{-1}$
	Temperatur 23 °C		$0.20 \cdot 10^{-4} K^{-1}$
Wärmeleitfähigkeit	Verfahren		W/(K · m)
Spezifische Wärmekapazität	Verfahren		J/(K · g)
Glasumwandlungstemperatur	Torsionsschwingungsversuch	°C	
	Differentialkalorimetrie	°C	

Brandverhalten

UL-Test vertikal	Dicke	mm, Wert
	Dicke	mm, Wert

	Norm	Bewertung	Abmessungen
Sauerstoff-Index	ASTM D 2863		
Glühstab-Verfahren			
Brandverhalten	DIN 4102		
MVSS			
FAR			

Elektrische Eigenschaften

		Hz	°C		Probekörper, Form
Dielektrizitätszahl		50	23	6.6	2 mm dick
		10^3	23	6.2	2 mm dick
		10^6	23	5.5	2 mm dick
Dielektrischer Verlustfaktor tan δ		50	23	0.118	2 mm dick
		10^3	23	0.027	2 mm dick
		10^6	23	0.041	2 mm dick
Spezifischer Durchgangswiderstand	Ohm · cm		23	≧1.0*10**11	
Durchschlagfestigkeit	kV/mm		23	49	2 mm dick
Oberflächenwiderstand	Ohm		23	≧1.0*10**10	

Kriechstromfestigkeit	KC	KB	KA
Elektrolytische Korrosionswirkung			
Lichtbogenfestigkeit nach DIN			
nach ASTM	s		

Beständigkeit *(Chemische Beständigkeit siehe Anhang)*

Wasseraufnahme	
Feuchtigkeitsaufnahme Normalklima	%
Wetterbeständigkeit	
Spannungskorrosion	

Optische Eigenschaften

Brechungszahl n_D		
Transmissionsgrad τ_c	%	mm dick
Lichtdurchlässigkeit		

Datenbank-Nr.	**T05402**		Merkblatt-Nr. **3249**

Produkt	Thermoplastisches Polyurethan-Elastomer		**TPE**
Handelsname	**Elastollan C VP 67 DG**		
Hersteller	ELASTOGRAN		
DIN-Bez 1			
DIN-Bez 2			
Zusätze		*Füllstoffe/ Verstärkung*	
Bevorzugte Verarbeitung	Spritzgiessen	*Lieferform*	Granulat
		Farben	Natur
Besondere Merkmale	Abriebfest; Guter Modul; Gute Festigkeit; Hohe Schlagfestigkeit auch in der Kaelte	*Bevorzugte Anwendungen*	Technisches Formteil; Grossflaechiges Automobilteil

Dichte	g/cm^3	1.35	*Schmelzindex*	g/10 min	:
Schüttdichte	g/cm^3		*Volumenfließindex*	$cm^3/10$ min	:
Viskositätszahl	ml/g				

Verarbeitungsbedingungen für Spritzgießen

Massetemp.	°C	210–230	*Schwindung*	% lgs 1–1.2, quer 1–1.2
Werkzeugtemp.	°C	15–70	*Bemerkungen*	Schwindungswerte bedeuten Gesamtschwindung
Spritzdruck	bar	30–180		

Zugversuch 23 °C DIN 53455; DIN 53457

Probekörper: *Form* / *Zustand* — *Herstellung* Spritzgiessen; *Vorbehandlung* 20 h bei 100 C

Streckspannung	N/mm^2		*Dehnung bei Streckspannung*	%	
Zugfestigkeit	N/mm^2	60	*Reißdehnung*	%	30
Reißfestigkeit	N/mm^2		*% Dehnspannung*	N/mm^2	
E-Modul	N/mm^2	1800	*Dehnung bei % Dehnspg.*	%	

Kriechmoduln und Zeitstandwerte 23 °C

Probekörper: *Form* / *Zustand* — *Herstellung* / *Vorbehandlung*

Kriechmodul	*1 min*	N/mm^2	*Zeitstandzugfestigkeit*	h	N/mm^2
Kriechmodul	*1000 h*	N/mm^2	*Zeitdehnspg. %*	h	N/mm^2
bei Spannung		N/mm^2			

Biegeversuch 23 °C DIN 53457;

Probekörper: *Form* / *Zustand* — *Herstellung* Spritzgiessen; *Vorbehandlung* 20 h bei 100 C

Biegefestigkeit	N/mm^2	*E-Modul*	N/mm^2	1900
3,5% *Biegespannung*	N/mm^2			

Härte 23 °C *Probekörper:* *Zustand* — *Herstellung* Spritzgiessen; *Vorbehandlung* 20 h bei 100 C

Kugeldruckhärte	N/mm^2	bei N, s	*Shore-Härte* A	
Rockwellhärte			*Shore-Härte* D	64–70

Schlagversuch *Probekörper:* *(1)* U-Kerbe; *(2)*; *Zustand* — *Herstellung* Spritzgiessen; *Vorbehandlung* 20 h bei 100 C

		°C		°C		°C		*Probekörper-Form*
Schlagzähigkeit	kJ/m^2	20	o.B.	-30	40			
Kerbschlagzähigkeit (1)	kJ/m^2	20	o.B.	-30	11			
IZOD-Kerbschlagzähigkeit (2)	J/m							
Kerbschlagzugzähigkeit	kJ/m^2							

Abrieb und Reibung

Taber-Abrieb (Reibradverfahren)	mm^3/100 U		
Abriebfaktor LNP (Thrust washer) Vergleichswert			
Statische Reibungszahl			
Dynamische Reibungszahl	(p·v=	N/mm^2·	m/min)
Zulässiger p · v Wert	N/mm^2 · (m/min)	v=	m/min
		v=	m/min

Thermische Eigenschaften

Formbeständigkeit in der Wärme	*Verfahren*		°C
	Verfahren		°C
Vicat Erweichungstemperatur (VST)	*Verfahren*		°C
	Verfahren		°C
Kristallit-Schmelzpunkt	*Verfahren*		
Längenausdehnungskoeffizient	*Bereich*	°C	$\cdot 10^{-4}K^{-1}$
	Temperatur 23 °C		$0.20 \cdot 10^{-4}K^{-1}$
Wärmeleitfähigkeit	*Verfahren*		W/(K · m)
Spezifische Wärmekapazität	*Verfahren*		J/(K · g)
Glasumwandlungstemperatur	*Torsionsschwingungsversuch*	°C	
	Differentialkalorimetrie	°C	

Brandverhalten

UL-Test vertikal	Dicke	mm, Wert	
	Dicke	mm, Wert	

	Norm	*Bewertung*	*Abmessungen*
Sauerstoff-Index	ASTM D 2863		
Glühstab-Verfahren			
Brandverhalten	DIN 4102		
MVSS			
FAR			

Elektrische Eigenschaften

		Hz	°C		*Probekörper, Form*
Dielektrizitätszahl		50	23	6.3	2 mm dick
		10^3	23	5.8	2 mm dick
		10^6	23	5.2	2 mm dick
Dielektrischer Verlustfaktor tan δ		50	23	0.071	2 mm dick
		10^3	23	0.029	2 mm dick
		10^6	23	0.042	2 mm dick
Spezifischer Durchgangs-widerstand	Ohm · cm		23	≧1.0*10**12	
Durchschlagfestigkeit	kV/mm		23	≧49	2 mm dick
Oberflächenwiderstand	Ohm		23	≧1.0*10**11	

Kriechstromfestigkeit	KC	KB	KA
Elektrolytische Korrosionswirkung			
Lichtbogenfestigkeit nach DIN			
nach ASTM s			

Beständigkeit *(Chemische Beständigkeit siehe Anhang)*

Wasseraufnahme

Feuchtigkeitsaufnahme Normalklima %

Wetterbeständigkeit

Spannungskorrosion

Optische Eigenschaften

Brechungszahl n_D		
Transmissionsgrad τ_c	%	mm dick
Lichtdurchlässigkeit		

Produkt	Thermoplastisches Polyurethan-Elastomer		**TPE**
Handelsname	**Elastollan C VP 74 DG**		
Hersteller	ELASTOGRAN		
DIN-Bez 1			
DIN-Bez 2			
Zusätze		*Füllstoffe/ Verstärkung*	
Bevorzugte Verarbeitung	Spritzgiessen	*Lieferform*	Granulat
		Farben	Natur
Besondere Merkmale	Abriebfest; Guter Modul; Gute Festigkeit; Hohe Schlagfestigkeit auch in der Kaelte	*Bevorzugte Anwendungen*	Technisches Formteil; Grossflaechiges Automobilteil

Dichte	g/cm^3	1.37	*Schmelzindex*	g/10 min	:
Schüttdichte	g/cm^3		*Volumenfließindex*	$cm^3/10$ min	:
Viskositätszahl	ml/g				

Verarbeitungsbedingungen für Spritzgießen

Massetemp.	°C	210–230	*Schwindung*	% lgs 1–1.2, quer 1–1.2
Werkzeugtemp.	°C	15–70	*Bemerkungen*	Schwindungswerte bedeuten Gesamtschwindung
Spritzdruck	bar	30–180		

Zugversuch 23 °C DIN 53455; DIN 53457

Probekörper: *Form* — *Zustand* — *Herstellung* Spritzgiessen — *Vorbehandlung* 20 h bei 100 C

Streckspannung	N/mm^2		*Dehnung bei Streckspannung*	%	
Zugfestigkeit	N/mm^2	70	*Reißdehnung*	%	30
Reißfestigkeit	N/mm^2		*% Dehnspannung*	N/mm^2	
E-Modul	N/mm^2	2960	*Dehnung bei % Dehnspg.*	%	

Kriechmoduln und Zeitstandwerte 23 °C

Probekörper: *Form* — *Zustand* — *Herstellung* — *Vorbehandlung*

Kriechmodul	*1 min* N/mm^2	*Zeitstandzugfestigkeit*	h	N/mm^2
Kriechmodul	*1000 h* N/mm^2	*Zeitdehnspg. %*	h	N/mm^2
bei Spannung	N/mm^2			

Biegeversuch 23 °C DIN 53457;

Probekörper: *Form* — *Zustand* — *Herstellung* Spritzgiessen — *Vorbehandlung* 20 h bei 100 C

Biegefestigkeit	N/mm^2	*E-Modul*	N/mm^2	2820
3,5% *Biegespannung*	N/mm^2			

Härte 23 °C *Probekörper:* *Zustand* — *Herstellung* Spritzgiessen — *Vorbehandlung* 20 h bei 100 C

Kugeldruckhärte	N/mm^2	bei N, s	*Shore-Härte* A	
Rockwellhärte			*Shore-Härte* D	70–76

Schlagversuch *Probekörper:* *(1)* U-Kerbe — *(2)* — *Zustand* — *Herstellung* Spritzgiessen — *Vorbehandlung* 20 h bei 100 C

		°C		°C		°C		*Probekörper-Form*
Schlagzähigkeit	kJ/m^2	20	89	-30	25			
Kerbschlagzähigkeit (1)	kJ/m^2	20	32	-30	8			
IZOD-Kerbschlagzähigkeit (2)	J/m							
Kerbschlagzugzähigkeit	kJ/m^2							

Abrieb und Reibung

Taber-Abrieb (Reibradverfahren)	mm^3/100 U		
Abriebfaktor LNP (Thrust washer) Vergleichswert			
Statische Reibungszahl			
Dynamische Reibungszahl	(p·v=	N/mm²·	m/min)
Zulässiger p·v Wert	N/mm²·(m/min)	v=	m/min
		v=	m/min

Thermische Eigenschaften

Formbeständigkeit in der Wärme	*Verfahren*			°C
	Verfahren			°C
Vicat Erweichungstemperatur (VST)	*Verfahren*			°C
	Verfahren			°C
Kristallit-Schmelzpunkt	*Verfahren*			
Längenausdehnungskoeffizient	*Bereich*	°C		$\cdot 10^{-4} K^{-1}$
	Temperatur 23 °C			$0.20 \cdot 10^{-4} K^{-1}$
Wärmeleitfähigkeit	*Verfahren*			W/(K·m)
Spezifische Wärmekapazität	*Verfahren*			J/(K·g)
Glasumwandlungstemperatur	*Torsionsschwingungsversuch*		°C	
	Differentialkalorimetrie		°C	

Brandverhalten

UL-Test vertikal	Dicke	mm, Wert
	Dicke	mm, Wert

	Norm	*Bewertung*	*Abmessungen*
Sauerstoff-Index	ASTM D 2863		
Glühstab-Verfahren			
Brandverhalten	DIN 4102		
MVSS			
FAR			

Elektrische Eigenschaften

		Hz	°C		*Probekörper, Form*
Dielektrizitätszahl		50	23	6.1	2 mm dick
		10^3	23	5.7	2 mm dick
		10^6	23	5.1	2 mm dick
Dielektrischer Verlustfaktor tan δ		50	23	0.032	2 mm dick
		10^3	23	0.028	2 mm dick
		10^6	23	0.041	2 mm dick
Spezifischer Durchgangs-widerstand	Ohm·cm		23	≧1.0*10**12	
Durchschlagfestigkeit	kV/mm		23	≧49	2 mm dick
Oberflächenwiderstand	Ohm		23	≧1.0*10**12	

Kriechstromfestigkeit	KC	KB	KA
Elektrolytische Korrosionswirkung			
Lichtbogenfestigkeit nach DIN			
nach ASTM	s		

Beständigkeit *(Chemische Beständigkeit siehe Anhang)*

Wasseraufnahme

Feuchtigkeitsaufnahme Normalklima %

Wetterbeständigkeit

Spannungskorrosion

Optische Eigenschaften

Brechungszahl n_D

Transmissionsgrad τ_c % mm dick

Lichtdurchlässigkeit

Produkt	Thermoplastisches Polyurethan-Elastomer		**TPE**
Handelsname	**Elastollan VP 1175 AW**		
Hersteller	ELASTOGRAN		
DIN-Bez 1			
DIN-Bez 2			
Zusätze		*Füllstoffe/ Verstärkung*	
Bevorzugte Verarbeitung	Spritzgiessen; Extrudieren	*Lieferform*	Granulat
		Farben	Natur
Besondere Merkmale	Abriebfest; Knickbestaendig; Elastisch; Geringe bleibende Verformung nach Langzeitbelastung; Flexibel in der Kaelte; Halogenfrei	*Bevorzugte Anwendungen*	Technisches Formteil; Schlauch; Profil; Kabelummantelung

Dichte	g/cm^3	1.14	*Schmelzindex*	g/10 min	:
Schüttdichte	g/cm^3		*Volumenfließindex*	cm^3/10 min	:
Viskositätszahl	ml/g				

Verarbeitungsbedingungen für Spritzgießen

Massetemp.	°C	185–205	*Schwindung*	% lgs 1–1.2, quer 1.5–2.0
Werkzeugtemp.	°C	15–70	*Bemerkungen*	Schwindungswerte bedeuten Gesamtschwindung
Spritzdruck	bar	30–180		

Zugversuch 23 °C DIN 53504;

Probekörper: *Form* Normstab S 2 — *Herstellung* Spritzgiessen
Zustand — *Vorbehandlung* 20 h bei 100 C

Streckspannung	N/mm^2		*Dehnung bei Streckspannung*	%	
Zugfestigkeit	N/mm^2	35	*Reißdehnung*	%	700
Reißfestigkeit	N/mm^2		*% Dehnspannung*	N/mm^2	
E-Modul	N/mm^2		*Dehnung bei % Dehnspg.*	%	

Kriechmoduln und Zeitstandwerte 23 °C

Probekörper: *Form* — *Herstellung*
Zustand — *Vorbehandlung*

Kriechmodul	*1 min* N/mm^2	*Zeitstandzugfestigkeit*	h N/mm^2
Kriechmodul	*1000 h* N/mm^2	*Zeitdehnspg.* %	h N/mm^2
bei Spannung	N/mm^2		

Biegeversuch 23 °C

Probekörper: *Form* — *Herstellung*
Zustand — *Vorbehandlung*

Biegefestigkeit	N/mm^2	*E-Modul*	N/mm^2
3,5% *Biegespannung*	N/mm^2		

Härte 23 °C *Probekörper:* *Zustand* — *Herstellung* Spritzgiessen
Vorbehandlung 20 h bei 100 C

Kugeldruckhärte	N/mm^2 bei N, s	*Shore-Härte* A	73–77
Rockwellhärte		*Shore-Härte* D	

Schlagversuch *Probekörper:* *(1)*
(2) — *Herstellung*
Zustand — *Vorbehandlung*

	°C	°C	°C	*Probekörper-Form*
Schlagzähigkeit kJ/m^2				
Kerbschlagzähigkeit (1) kJ/m^2				
IZOD-Kerbschlagzähigkeit (2) J/m				
Kerbschlagzugzähigkeit kJ/m^2				

Abrieb und Reibung

Taber-Abrieb (Reibradverfahren)	$mm^3/100$ U		
Abriebfaktor LNP (Thrust washer) Vergleichswert			
Statische Reibungszahl			
Dynamische Reibungszahl	(p·v=	N/mm²·	m/min)
Zulässiger p·v Wert	N/mm²·(m/min)	v=	m/min
		v=	m/min

Thermische Eigenschaften

Formbeständigkeit in der Wärme	*Verfahren*		°C
	Verfahren		°C
Vicat Erweichungstemperatur (VST)	*Verfahren*		°C
	Verfahren		°C
Kristallit-Schmelzpunkt	*Verfahren*		
Längenausdehnungskoeffizient	*Bereich*	°C	$\cdot 10^{-4}K^{-1}$
	Temperatur		$\cdot 10^{-4}K^{-1}$
Wärmeleitfähigkeit	*Verfahren*		W/(K·m)
Spezifische Wärmekapazität	*Verfahren*		J/(K·g)
Glasumwandlungstemperatur	*Torsionsschwingungsversuch*	°C	
	Differentialkalorimetrie	°C	

Brandverhalten

UL-Test vertikal Dicke 1.6 mm, Wert V-0
Dicke mm, Wert

	Norm	*Bewertung*	*Abmessungen*
Sauerstoff-Index	ASTM D 2863	26%	
Glühstab-Verfahren			
Brandverhalten	DIN 4102		
MVSS			
FAR			

Elektrische Eigenschaften

		Hz	°C		*Probekörper, Form*
Dielektrizitätszahl		50	23	7.9	2 mm dick
		10^3	23	7.5	2 mm dick
		10^6	23	6.8	2 mm dick
Dielektrischer Verlustfaktor tan δ		50	23	0.13	2 mm dick
		10^3	23	0.024	2 mm dick
		10^6	23	0.11	2 mm dick
Spezifischer Durchgangs-widerstand	Ohm·cm		23	≧1.0*10**9	
Durchschlagfestigkeit	kV/mm		23	49	2 mm dick
Oberflächenwiderstand	Ohm		23	≧1.0*10**9	

Kriechstromfestigkeit KC KB KA
Elektrolytische Korrosionswirkung
Lichtbogenfestigkeit nach DIN
nach ASTM s

Beständigkeit *(Chemische Beständigkeit siehe Anhang)*

Wasseraufnahme

Feuchtigkeitsaufnahme Normalklima %
Wetterbeständigkeit

Spannungskorrosion

Optische Eigenschaften

Brechungszahl n_D
Transmissionsgrad τ_c % mm dick
Lichtdurchlässigkeit

Produkt	Thermoplastisches Polyurethan-Elastomer		**TPE**
Handelsname	**Elastollan VP 1180 AL**		
Hersteller	ELASTOGRAN		
DIN-Bez 1			
DIN-Bez 2			
Zusätze		*Füllstoffe/ Verstärkung*	
Bevorzugte Verarbeitung	Spritzgiessen; Extrudieren	*Lieferform*	Granulat
		Farben	Natur
Besondere Merkmale	Knickbestaendig; Elastisch; Geringe bleibende Verformung nach Langzeitbelastung; Flexibel in der Kaelte; Ausgezeichnete Hydrolysebestaendigkeit; Resistent gegen Mikroorganismen	*Bevorzugte Anwendungen*	Technisches Formteil; Schlauch; Profil

Dichte	g/cm^3	1.11	*Schmelzindex*	g/10 min	:
Schüttdichte	g/cm^3		*Volumenfließindex*	cm^3/10 min	:
Viskositätszahl	ml/g				

Verarbeitungsbedingungen für Spritzgießen

Massetemp.	°C	185–205	*Schwindung*	% lgs 1.2–1.6, quer 1.2–1.6
Werkzeugtemp.	°C	15–70	*Bemerkungen*	Schwindungswerte bedeuten Gesamtschwindung
Spritzdruck	bar	30–180		

Zugversuch 23 °C DIN 53504;
Probekörper: *Form* Normstab S 2 — *Herstellung* Spritzgiessen
Zustand — *Vorbehandlung* 20 h bei 100 C

Streckspannung	N/mm^2		*Dehnung bei Streckspannung*	%	
Zugfestigkeit	N/mm^2	45	*Reißdehnung*	%	550
Reißfestigkeit	N/mm^2		*% Dehnspannung*	N/mm^2	
E-Modul	N/mm^2		*Dehnung bei % Dehnspg.*	%	

Kriechmoduln und Zeitstandwerte 23 °C
Probekörper: *Form* — *Herstellung*
Zustand — *Vorbehandlung*

Kriechmodul	*1 min*	N/mm^2	*Zeitstandzugfestigkeit*	h	N/mm^2
Kriechmodul	*1000 h*	N/mm^2	*Zeitdehnspg.* %	h	N/mm^2
bei Spannung		N/mm^2			

Biegeversuch 23 °C
Probekörper: *Form* — *Herstellung*
Zustand — *Vorbehandlung*

Biegefestigkeit	N/mm^2	*E-Modul*	N/mm^2
3,5% *Biegespannung*	N/mm^2		

Härte 23 °C *Probekörper:* *Zustand* — *Herstellung* Spritzgiessen
Vorbehandlung 20 h bei 100 C

Kugeldruckhärte	N/mm^2 bei N, s	*Shore-Härte* A	78–82
Rockwellhärte		*Shore-Härte* D	28–32

Schlagversuch *Probekörper:* *(1)*
(2) — *Herstellung*
Zustand — *Vorbehandlung*

	°C	°C	°C	*Probekörper-Form*
Schlagzähigkeit kJ/m^2				
Kerbschlagzähigkeit (1) kJ/m^2				
IZOD-Kerbschlagzähigkeit (2) J/m				
Kerbschlagzugzähigkeit kJ/m^2				

Abrieb und Reibung

Taber-Abrieb (Reibradverfahren) mm³/100 U
Abriebfaktor LNP (Thrust washer) Vergleichswert
Statische Reibungszahl
Dynamische Reibungszahl (p · v= N/mm² · m/min)
Zulässiger p · v Wert N/mm² · (m/min) v= m/min
v= m/min

Thermische Eigenschaften

Formbeständigkeit in der Wärme	*Verfahren*		°C
	Verfahren		°C
Vicat Erweichungstemperatur (VST)	*Verfahren*		°C
	Verfahren		°C
Kristallit-Schmelzpunkt	*Verfahren*		
Längenausdehnungskoeffizient	*Bereich*	°C	$\cdot 10^{-4} K^{-1}$
	Temperatur		$\cdot 10^{-4} K^{-1}$
Wärmeleitfähigkeit	*Verfahren*		W/(K · m)
Spezifische Wärmekapazität	*Verfahren*		J/(K · g)
Glasumwandlungstemperatur	*Torsionsschwingungsversuch*	°C	
	Differentialkalorimetrie	°C	

Brandverhalten

UL-Test vertikal Dicke mm, Wert
Dicke mm, Wert

	Norm	*Bewertung*	*Abmessungen*
Sauerstoff-Index	ASTM D 2863		
Glühstab-Verfahren			
Brandverhalten	DIN 4102		
MVSS			
FAR			

Elektrische Eigenschaften

	Hz	°C	*Probekörper, Form*
Dielektrizitätszahl	50		
	10^3		
	10^6		
Dielektrischer Verlustfaktor tan δ	50		
	10^3		
	10^6		

Spezifischer Durchgangs-widerstand Ohm · cm
Durchschlagfestigkeit kV/mm mm dick
Oberflächenwiderstand Ohm

Kriechstromfestigkeit KC KB KA
Elektrolytische Korrosionswirkung
Lichtbogenfestigkeit nach DIN
nach ASTM s

Beständigkeit *(Chemische Beständigkeit siehe Anhang)*

Wasseraufnahme

Feuchtigkeitsaufnahme Normalklima %
Wetterbeständigkeit

Spannungskorrosion

Optische Eigenschaften

Brechungszahl n_D
Transmissionsgrad τ_c % mm dick
Lichtdurchlässigkeit

Produkt	Thermoplastisches Polyurethan-Elastomer		**TPE**
Handelsname	**Elastollan VP 1185 AL**		
Hersteller	ELASTOGRAN		
DIN-Bez 1 *DIN-Bez 2*			
Zusätze		*Füllstoffe/ Verstärkung*	
Bevorzugte Verarbeitung	Spritzgiessen; Extrudieren	*Lieferform*	Granulat
		Farben	Natur
Besondere Merkmale	Knickbestaendig; Elastisch; Geringe bleibende Verformung nach Langzeitbelastung; Flexibel in der Kaelte; Ausgezeichnete Hydrolysebestaendigkeit; Resistent gegen Mikroorganismen	*Bevorzugte Anwendungen*	Technisches Formteil; Schlauch; Profil

Dichte	g/cm³	1.12	*Schmelzindex*	g/10 min	:
Schüttdichte	g/cm³		*Volumenfließindex*	cm³/10 min	:
Viskositätszahl	ml/g				

Verarbeitungsbedingungen für Spritzgießen

Massetemp.	°C	185–205	*Schwindung*	% lgs 1.2–1.6, quer 1.2–1.6
Werkzeugtemp.	°C	15–70	*Bemerkungen*	Schwindungswerte bedeuten Gesamtschwindung
Spritzdruck	bar	30–180		

Zugversuch 23 °C DIN 53504;

Probekörper: *Form* Normstab S 2 — *Herstellung* Spritzgiessen
Zustand — *Vorbehandlung* 20 h bei 100 C

Streckspannung	N/mm²		*Dehnung bei Streckspannung*	%	
Zugfestigkeit	N/mm²	50	*Reißdehnung*	%	550
Reißfestigkeit	N/mm²		*% Dehnspannung*	N/mm²	
E-Modul	N/mm²		*Dehnung bei % Dehnspg.*	%	

Kriechmoduln und Zeitstandwerte 23 °C

Probekörper: *Form* — *Herstellung*
Zustand — *Vorbehandlung*

Kriechmodul	*1 min*	N/mm²	*Zeitstandzugfestigkeit*	h	N/mm²
Kriechmodul	*1000 h*	N/mm²	*Zeitdehnspg. %*	h	N/mm²
bei Spannung		N/mm²			

Biegeversuch 23 °C

Probekörper: *Form* — *Herstellung*
Zustand — *Vorbehandlung*

Biegefestigkeit	N/mm²	*E-Modul*	N/mm²
3,5% *Biegespannung*	N/mm²		

Härte 23 °C *Probekörper:* *Zustand* — *Herstellung* Spritzgiessen
Vorbehandlung 20 h bei 100 C

Kugeldruckhärte	N/mm² bei N, s	*Shore-Härte* A	85–89
Rockwellhärte		*Shore-Härte* D	34–38

Schlagversuch *Probekörper:* *(1)*
(2) — *Herstellung*
Zustand — *Vorbehandlung*

	°C	°C	°C	*Probekörper-Form*
Schlagzähigkeit kJ/m²				
Kerbschlagzähigkeit (1) kJ/m²				
IZOD-Kerbschlagzähigkeit (2) J/m				
Kerbschlagzugzähigkeit kJ/m²				

Abrieb und Reibung

Taber-Abrieb (Reibradverfahren) mm^3/100 U
Abriebfaktor LNP (Thrust washer) Vergleichswert
Statische Reibungszahl
Dynamische Reibungszahl (p · v = N/mm^2 · m/min)
Zulässiger p · v Wert N/mm^2 · (m/min) v = m/min
v = m/min

Thermische Eigenschaften

Formbeständigkeit in der Wärme *Verfahren* °C
Verfahren °C
Vicat Erweichungstemperatur (VST) *Verfahren* °C
Verfahren °C
Kristallit-Schmelzpunkt *Verfahren*

Längenausdehnungskoeffizient *Bereich* °C · $10^{-4}K^{-1}$
Temperatur · $10^{-4}K^{-1}$
Wärmeleitfähigkeit *Verfahren* W/(K · m)

Spezifische Wärmekapazität *Verfahren* J/(K · g)

Glasumwandlungstemperatur *Torsionsschwingungsversuch* °C
Differentialkalorimetrie °C

Brandverhalten

UL-Test vertikal Dicke mm, Wert
Dicke mm, Wert

	Norm	*Bewertung*	*Abmessungen*
Sauerstoff-Index	ASTM D 2863		
Glühstab-Verfahren			
Brandverhalten	DIN 4102		
MVSS			
FAR			

Elektrische Eigenschaften

		Hz	°C	*Probekörper, Form*
Dielektrizitätszahl		50		
		10^3		
		10^6		
Dielektrischer Verlustfaktor tan δ		50		
		10^3		
		10^6		
Spezifischer Durchgangswiderstand	Ohm · cm			
Durchschlagfestigkeit	kV/mm			mm dick
Oberflächenwiderstand	Ohm			

Kriechstromfestigkeit KC KB KA
Elektrolytische Korrosionswirkung
Lichtbogenfestigkeit nach DIN
nach ASTM s

Beständigkeit *(Chemische Beständigkeit siehe Anhang)*

Wasseraufnahme

Feuchtigkeitsaufnahme Normalklima %
Wetterbeständigkeit

Spannungskorrosion

Optische Eigenschaften

Brechungszahl n_D
Transmissionsgrad τ_c % mm dick
Lichtdurchlässigkeit

Datenbank-Nr.	**T05407**		Merkblatt-Nr. **3254**

Produkt	Thermoplastisches Polyurethan-Elastomer		**TPE**
Handelsname	**Elastollan VP 1185 AF**		
Hersteller	ELASTOGRAN		
DIN-Bez 1			
DIN-Bez 2			
Zusätze		*Füllstoffe/ Verstärkung*	
Bevorzugte Verarbeitung	Spritzgiessen; Extrudieren	*Lieferform*	Granulat
		Farben	Natur
Besondere Merkmale	Knickbestaendig; Elastisch; Geringe bleibende Verformung nach Langzeitbelastung; Flexibel in der Kaelte; Ausgezeichnete Hydrolysebestaendigkeit; Resistent gegen Mikroorganismen	*Bevorzugte Anwendungen*	Technisches Formteil; Schlauch; Profil; Kabelummantelung

Dichte	g/cm³	1.21	*Schmelzindex*	g/10 min	:
Schüttdichte	g/cm³		*Volumenfließindex*	cm³/10 min	:
Viskositätszahl	ml/g				

Verarbeitungsbedingungen für Spritzgießen

Massetemp.	°C	185–205	*Schwindung*	% lgs 1.2–1.6, quer 1.2–1.6
Werkzeugtemp.	°C	15–70	*Bemerkungen*	Schwindungswerte bedeuten Gesamtschwindung
Spritzdruck	bar	30–180		

Zugversuch 23 °C DIN 53504;

Probekörper: *Form* Normstab S 2 — *Herstellung* Spritzgiessen
Zustand — *Vorbehandlung* 20 h bei 100 C

Streckspannung	N/mm²		*Dehnung bei Streckspannung*	%	
Zugfestigkeit	N/mm²	40	*Reißdehnung*	%	550
Reißfestigkeit	N/mm²		% *Dehnspannung*	N/mm²	
E-Modul	N/mm²		*Dehnung bei* % *Dehnspg.*	%	

Kriechmoduln und Zeitstandwerte 23 °C

Probekörper: *Form* — *Herstellung*
Zustand — *Vorbehandlung*

Kriechmodul	*1 min*	N/mm²	*Zeitstandzugfestigkeit*	h	N/mm²
Kriechmodul	*1000 h*	N/mm²	*Zeitdehnspg.* %	h	N/mm²
bei Spannung		N/mm²			

Biegeversuch 23 °C

Probekörper: *Form* — *Herstellung*
Zustand — *Vorbehandlung*

Biegefestigkeit	N/mm²	*E-Modul*	N/mm²
3,5% *Biegespannung*	N/mm²		

Härte 23 °C *Probekörper:* *Zustand* — *Herstellung* Spritzgiessen
Vorbehandlung 20 h bei 100 C

Kugeldruckhärte	N/mm² bei N, s	*Shore-Härte* A	85–89
Rockwellhärte		*Shore-Härte* D	34–38

Schlagversuch *Probekörper:* *(1)*
(2) — *Herstellung*
Zustand — *Vorbehandlung*

		°C	°C	°C	*Probekörper-Form*
Schlagzähigkeit	kJ/m²				
Kerbschlagzähigkeit (1)	kJ/m²				
IZOD-Kerbschlagzähigkeit (2)	J/m				
Kerbschlagzugzähigkeit	kJ/m²				

Abrieb und Reibung

Taber-Abrieb (Reibradverfahren) mm³/100 U
Abriebfaktor LNP (Thrust washer) Vergleichswert
Statische Reibungszahl
Dynamische Reibungszahl (p · v = N/mm² · m/min)
Zulässiger p · v Wert N/mm² · (m/min) v = m/min
v = m/min

Thermische Eigenschaften

Formbeständigkeit in der Wärme	*Verfahren*		°C
	Verfahren		°C
Vicat Erweichungstemperatur (VST)	*Verfahren*		°C
	Verfahren		°C
Kristallit-Schmelzpunkt	*Verfahren*		
Längenausdehnungskoeffizient	*Bereich*	°C	$\cdot 10^{-4}K^{-1}$
	Temperatur		$\cdot 10^{-4}K^{-1}$
Wärmeleitfähigkeit	*Verfahren*		W/(K · m)
Spezifische Wärmekapazität	*Verfahren*		J/(K · g)
Glasumwandlungstemperatur	*Torsionsschwingungsversuch*	°C	
	Differentialkalorimetrie	°C	

Brandverhalten

UL-Test vertikal Dicke 3 mm, Wert V-2
Dicke mm, Wert

	Norm	*Bewertung*	*Abmessungen*
Sauerstoff-Index	ASTM D 2863	28%	
Glühstab-Verfahren			
Brandverhalten	DIN 4102		
MVSS			
FAR			

Elektrische Eigenschaften

		Hz	°C		*Probekörper, Form*
Dielektrizitätszahl		50	23	7.5	2 mm dick
		10^3	23	6.8	2 mm dick
		10^6	23	5.7	2 mm dick
Dielektrischer Verlustfaktor tan δ		50	23	0.13	2 mm dick
		10^3	23	0.030	2 mm dick
		10^6	23	0.077	2 mm dick
Spezifischer Durchgangswiderstand	Ohm · cm		23	≧1.0*10**10	
Durchschlagfestigkeit	kV/mm		23	33	2 mm dick
Oberflächenwiderstand	Ohm		23	≧1.0*10**10	

Kriechstromfestigkeit KC KB KA
Elektrolytische Korrosionswirkung
Lichtbogenfestigkeit nach DIN
nach ASTM s

Beständigkeit *(Chemische Beständigkeit siehe Anhang)*

Wasseraufnahme

Feuchtigkeitsaufnahme Normalklima %
Wetterbeständigkeit

Spannungskorrosion

Optische Eigenschaften

Brechungszahl n_D
Transmissionsgrad τ_c % mm dick
Lichtdurchlässigkeit

Produkt	Thermoplastisches Polyurethan-Elastomer		**TPE**
Handelsname	**Elastollan C VP 85 AF**		
Hersteller	ELASTOGRAN		
DIN-Bez 1			
DIN-Bez 2			
Zusätze		*Füllstoffe/ Verstärkung*	
Bevorzugte Verarbeitung	Spritzgiessen; Extrudieren	*Lieferform*	Granulat
		Farben	Natur
Besondere Merkmale	Knickbestaendig; Elastisch; Geringe bleibende Verformung nach Langzeitbelastung; Flexibel in der Kaelte; Abriebfest	*Bevorzugte Anwendungen*	Technisches Formteil; Schlauch; Profil; Kabelummantelung

Dichte	g/cm^3	1.29	*Schmelzindex*	g/10 min	:
Schüttdichte	g/cm^3		*Volumenfließindex*	cm^3/10 min	:
Viskositätszahl	ml/g				

Verarbeitungsbedingungen für Spritzgießen

Massetemp.	°C	185–205	*Schwindung*	% lgs 1.2–1.6, quer 1.2–1.6
Werkzeugtemp.	°C	15–70	*Bemerkungen*	Schwindungswerte bedeuten Gesamtschwindung
Spritzdruck	bar	30–180		

Zugversuch 23 °C DIN 53504;

Probekörper: *Form* Normstab S 2 — *Herstellung* Spritzgiessen
Zustand — *Vorbehandlung* 20 h bei 100 C

Streckspannung	N/mm^2		*Dehnung bei Streckspannung*	%	
Zugfestigkeit	N/mm^2	40	*Reißdehnung*	%	600
Reißfestigkeit	N/mm^2		*% Dehnspannung*	N/mm^2	
E-Modul	N/mm^2		*Dehnung bei % Dehnspg.*	%	

Kriechmoduln und Zeitstandwerte 23 °C

Probekörper: *Form* — *Herstellung*
Zustand — *Vorbehandlung*

Kriechmodul	*1 min*	N/mm^2	*Zeitstandzugfestigkeit*	h	N/mm^2
Kriechmodul	*1000 h*	N/mm^2	*Zeitdehnspg. %*	h	N/mm^2
bei Spannung		N/mm^2			

Biegeversuch 23 °C

Probekörper: *Form* — *Herstellung*
Zustand — *Vorbehandlung*

Biegefestigkeit	N/mm^2	*E-Modul*	N/mm^2
3,5% *Biegespannung*	N/mm^2		

Härte 23 °C *Probekörper:* *Zustand* — *Herstellung* Spritzgiessen
Vorbehandlung 20 h bei 100 C

Kugeldruckhärte	N/mm^2	bei N, s	*Shore-Härte* A	85–89
Rockwellhärte			*Shore-Härte* D	34–38

Schlagversuch *Probekörper:* *(1)*
(2) — *Herstellung*
Zustand — *Vorbehandlung*

		°C	°C	°C	*Probekörper-Form*
Schlagzähigkeit	kJ/m^2				
Kerbschlagzähigkeit (1)	kJ/m^2				
IZOD-Kerbschlagzähigkeit (2)	J/m				
Kerbschlagzugzähigkeit	kJ/m^2				

Abrieb und Reibung

Taber-Abrieb (Reibradverfahren) mm³/100 U
Abriebfaktor LNP (Thrust washer) Vergleichswert
Statische Reibungszahl
Dynamische Reibungszahl (p·v= N/mm²· m/min)
Zulässiger p·v Wert N/mm²·(m/min) v= m/min
v= m/min

Thermische Eigenschaften

Formbeständigkeit in der Wärme	Verfahren		°C
	Verfahren		°C
Vicat Erweichungstemperatur (VST)	Verfahren		°C
	Verfahren		°C
Kristallit-Schmelzpunkt	Verfahren		
Längenausdehnungskoeffizient	Bereich	°C	$\cdot 10^{-4} K^{-1}$
	Temperatur		$\cdot 10^{-4} K^{-1}$
Wärmeleitfähigkeit	Verfahren		W/(K·m)
Spezifische Wärmekapazität	Verfahren		J/(K·g)
Glasumwandlungstemperatur	Torsionsschwingungsversuch	°C	
	Differentialkalorimetrie	°C	

Brandverhalten

UL-Test vertikal: Dicke 1.6 mm, Wert V-0
Dicke mm, Wert

	Norm	Bewertung	Abmessungen
Sauerstoff-Index	ASTM D 2863	29%	
Glühstab-Verfahren			
Brandverhalten	DIN 4102		
MVSS			
FAR			

Elektrische Eigenschaften

		Hz	°C		Probekörper, Form
Dielektrizitätszahl		50			
		10^3			
		10^6			
Dielektrischer Verlustfaktor $\tan\delta$		50			
		10^3			
		10^6			
Spezifischer Durchgangswiderstand	Ohm·cm				
Durchschlagfestigkeit	kV/mm				mm dick
Oberflächenwiderstand	Ohm				
Kriechstromfestigkeit		KC	KB	KA	
Elektrolytische Korrosionswirkung					
Lichtbogenfestigkeit nach DIN					
nach ASTM	s				

Beständigkeit (Chemische Beständigkeit siehe Anhang)

Wasseraufnahme

Feuchtigkeitsaufnahme Normalklima %
Wetterbeständigkeit

Spannungskorrosion

Optische Eigenschaften

Brechungszahl n_D
Transmissionsgrad τ_c % mm dick
Lichtdurchlässigkeit

Datenbank-Nr. **T05409** Merkblatt-Nr. **3256**

Produkt	Acrylnitril-Butadien-Styrol-Polymerisat		**ABS**
Handelsname	**Cycolac LA**		
Hersteller	BORGWARNER		
DIN-Bez 1	16772-ABS,M,085-XX-15C		
DIN-Bez 2			
Zusätze		*Füllstoffe/ Verstärkung*	
Bevorzugte Verarbeitung	Spritzgiessen	*Lieferform*	Granulat
		Farben	Natur
Besondere Merkmale	Kaelteschlagzaeh; Gute Steifigkeit; Breiter Verarbeitungsbereich	*Bevorzugte Anwendungen*	Technisches Formteil fuer die Kfz-Industrie

Dichte	g/cm^3	1.02	*Schmelzindex*	g/10 min	:
Schüttdichte	g/cm^3		*Volumenfließindex*	$cm^3/10$ min	:
Viskositätszahl	ml/g				

Verarbeitungsbedingungen für Spritzgießen

Massetemp.	°C	*Schwindung*	%	lgs 0.8, quer 0.8
Werkzeugtemp.	°C	*Bemerkungen*		
Spritzdruck	bar			

Zugversuch 23 °C ISO R 527;
Probekörper: *Form* Typ 1/3.2 mm *Herstellung* Spritzgiessen
Zustand *Vorbehandlung* Normalklima

Streckspannung	N/mm^2		*Dehnung bei Streckspannung*	%	
Zugfestigkeit	N/mm^2	34	*Reißdehnung*	%	
Reißfestigkeit	N/mm^2		*% Dehnspannung*	N/mm^2	
E-Modul	N/mm^2	1650	*Dehnung bei % Dehnspg.*	%	

Kriechmoduln und Zeitstandwerte 23 °C
Probekörper: *Form* *Herstellung*
Zustand *Vorbehandlung*

Kriechmodul	*1 min* N/mm^2	*Zeitstandzugfestigkeit*	h	N/mm^2
Kriechmodul	*1000 h* N/mm^2	*Zeitdehnspg. %*	h	N/mm^2
bei Spannung	N/mm^2			

Biegeversuch 23 °C ISO R 178;
Probekörper: *Form* 80 x 10 x 4 mm *Herstellung* Pressen
Zustand *Vorbehandlung* Normalklima

Biegefestigkeit	N/mm^2	54	*E-Modul*	N/mm^2	1720
3,5% *Biegespannung*	N/mm^2				

Härte 23 °C *Probekörper:* *Zustand* *Herstellung* Pressen
Vorbehandlung Normalklima

Kugeldruckhärte	N/mm^2	bei N, s	*Shore-Härte*	A
Rockwellhärte	R 89		*Shore-Härte*	D

Schlagversuch *Probekörper:* *(1)*
(2) V-Kerbe *Herstellung* Spritzgiessen
Zustand *Vorbehandlung* Normalklima

		°C		°C		°C		*Probekörper-Form*
Schlagzähigkeit	kJ/m^2							
Kerbschlagzähigkeit (1)	kJ/m^2							
IZOD-Kerbschlagzähigkeit (2)	J/m	23	400	-29	139			3.2 mm dick
Kerbschlagzugzähigkeit	kJ/m^2							

Abrieb und Reibung

Taber-Abrieb (Reibradverfahren)	mm³/100 U		
Abriebfaktor LNP (Thrust washer) Vergleichswert			
Statische Reibungszahl			
Dynamische Reibungszahl	(p·v=	N/mm²·	m/min)
Zulässiger p·v Wert	N/mm²·(m/min)	v=	m/min
		v=	m/min

Thermische Eigenschaften

Formbeständigkeit in der Wärme	*Verfahren*	A		86 °C
	Verfahren	B		96 °C
Vicat Erweichungstemperatur (VST)	*Verfahren*	B/50		90 °C
	Verfahren			°C
Kristallit-Schmelzpunkt	*Verfahren*			
Längenausdehnungskoeffizient	*Bereich*	20–60	°C	$1.10 \cdot 10^{-4} K^{-1}$
	Temperatur	°C		$\cdot 10^{-4} K^{-1}$
Wärmeleitfähigkeit	*Verfahren*			W/(K·m)
Spezifische Wärmekapazität	*Verfahren*			J/(K·g)
Glasumwandlungstemperatur	*Torsionsschwingungsversuch*		°C	
	Differentialkalorimetrie		°C	

Brandverhalten

UL-Test vertikal	Dicke	mm, Wert HB	
	Dicke	mm, Wert	

	Norm	*Bewertung*	*Abmessungen*
Sauerstoff-Index	ASTM D 2863	20%	
Glühstab-Verfahren			
Brandverhalten	DIN 4102		
MVSS			
FAR			

Elektrische Eigenschaften

		Hz	°C		*Probekörper, Form*
Dielektrizitätszahl		50			
		10^3			
		10^6			
Dielektrischer Verlustfaktor tan δ		50			
		10^3			
		10^6			
Spezifischer Durchgangswiderstand	Ohm·cm				
Durchschlagfestigkeit	kV/mm				mm dick
Oberflächenwiderstand	Ohm				
Kriechstromfestigkeit		KC	KB	KA	
Elektrolytische Korrosionswirkung					
Lichtbogenfestigkeit nach DIN					
nach ASTM	s				

Beständigkeit *(Chemische Beständigkeit siehe Anhang)*

Wasseraufnahme	
Feuchtigkeitsaufnahme Normalklima	%
Wetterbeständigkeit	
Spannungskorrosion	

Optische Eigenschaften

Brechungszahl n_D		
Transmissionsgrad τ_c	%	mm dick
Lichtdurchlässigkeit		

Produkt	Acrylnitril-Butadien-Styrol-Polymerisat		**ABS**
Handelsname	**Cycolac GSM**		
Hersteller	BORGWARNER		
DIN-Bez 1	16772-ABS,M,095-XX-15C		
DIN-Bez 2			
Zusätze		*Füllstoffe/ Verstärkung*	
Bevorzugte Verarbeitung	Spritzgiessen	*Lieferform*	Granulat
		Farben	Natur
Besondere Merkmale	Gutes Fliessverhalten; Ausgewogene mechanische Eigenschaften; Gute Oberflaeche	*Bevorzugte Anwendungen*	Technisches Formteil

Dichte	g/cm^3	1.04	*Schmelzindex*	g/10 min	:
Schüttdichte	g/cm^3		*Volumenfließindex*	cm^3/10 min	:
Viskositätszahl	ml/g				

Verarbeitungsbedingungen für Spritzgießen

Massetemp.	°C	*Schwindung*	% lgs 0.7, quer 0.7
Werkzeugtemp.	°C	*Bemerkungen*	
Spritzdruck	bar		

Zugversuch 23 °C ISO R 527;

Probekörper: *Form* Typ 1/3.2 mm *Zustand* — *Herstellung* Spritzgiessen, *Vorbehandlung* Normalklima

Streckspannung	N/mm^2		*Dehnung bei Streckspannung*	%
Zugfestigkeit	N/mm^2	41	*Reißdehnung*	%
Reißfestigkeit	N/mm^2		*% Dehnspannung*	N/mm^2
E-Modul	N/mm^2	2140	*Dehnung bei % Dehnspg.*	%

Kriechmoduln und Zeitstandwerte 23 °C

Probekörper: *Form* *Zustand* — *Herstellung* *Vorbehandlung*

Kriechmodul	*1 min* N/mm^2	*Zeitstandzugfestigkeit*	h	N/mm^2
Kriechmodul	*1000 h* N/mm^2	*Zeitdehnspg. %*	h	N/mm^2
bei Spannung	N/mm^2			

Biegeversuch 23 °C ISO R 178;

Probekörper: *Form* 80 x 10 x 4 mm *Zustand* — *Herstellung* Pressen, *Vorbehandlung* Normalklima

Biegefestigkeit	N/mm^2	70	*E-Modul*	N/mm^2 2160
3,5% *Biegespannung*	N/mm^2			

Härte 23 °C *Probekörper:* *Zustand* — *Herstellung* Pressen, *Vorbehandlung* Normalklima

Kugeldruckhärte	N/mm^2 bei N, s	*Shore-Härte*	A
Rockwellhärte	R 102	*Shore-Härte*	D

Schlagversuch *Probekörper:* *(1)* *(2)* V-Kerbe *Zustand* — *Herstellung* Spritzgiessen, *Vorbehandlung* Normalklima

		°C		°C		°C		*Probekörper-Form*
Schlagzähigkeit	kJ/m^2							
Kerbschlagzähigkeit (1)	kJ/m^2							
IZOD-Kerbschlagzähigkeit (2)	J/m	23	374	-29	107			3.2 mm dick
Kerbschlagzugzähigkeit	kJ/m^2							

Abrieb und Reibung

Taber-Abrieb (Reibradverfahren) mm³/100 U
Abriebfaktor LNP (Thrust washer) Vergleichswert
Statische Reibungszahl
Dynamische Reibungszahl (p·v= N/mm²· m/min)
Zulässiger p·v Wert N/mm²·(m/min) v= m/min
v= m/min

Thermische Eigenschaften

Formbeständigkeit in der Wärme	*Verfahren* A		89 °C
	Verfahren B		98 °C
Vicat Erweichungstemperatur (VST)	*Verfahren* B/50		95 °C
	Verfahren		°C
Kristallit-Schmelzpunkt	*Verfahren*		
Längenausdehnungskoeffizient	*Bereich* 20–60 °C		$0.95 \cdot 10^{-4} K^{-1}$
	Temperatur °C		$\cdot 10^{-4} K^{-1}$
Wärmeleitfähigkeit	*Verfahren*		W/(K·m)
Spezifische Wärmekapazität	*Verfahren*		J/(K·g)
Glasumwandlungstemperatur	*Torsionsschwingungsversuch*	°C	
	Differentialkalorimetrie	°C	

Brandverhalten

UL-Test vertikal Dicke mm, Wert HB
Dicke mm, Wert

	Norm	*Bewertung*	*Abmessungen*
Sauerstoff-Index	ASTM D 2863	20%	
Glühstab-Verfahren			
Brandverhalten	DIN 4102		
MVSS			
FAR			

Elektrische Eigenschaften

	Hz	°C	*Probekörper, Form*
Dielektrizitätszahl	50		
	10^3		
	10^6		
Dielektrischer Verlustfaktor tan δ	50		
	10^3		
	10^6		
Spezifischer Durchgangswiderstand Ohm·cm			
Durchschlagfestigkeit kV/mm			mm dick
Oberflächenwiderstand Ohm			

Kriechstromfestigkeit KC KB KA
Elektrolytische Korrosionswirkung
Lichtbogenfestigkeit nach DIN
nach ASTM s

Beständigkeit *(Chemische Beständigkeit siehe Anhang)*

Wasseraufnahme

Feuchtigkeitsaufnahme Normalklima %
Wetterbeständigkeit

Spannungskorrosion

Optische Eigenschaften

Brechungszahl n_D
Transmissionsgrad τ_c % mm dick
Lichtdurchlässigkeit

Datenbank-Nr.	**T05411**	*Merkblatt-Nr.*	**3258**

Produkt	Acrylnitril-Butadien-Styrol-Polymerisat		**ABS**
Handelsname	**Cycolac T**		
Hersteller	BORGWARNER		
DIN-Bez 1	16772-ABS,M,095-XX-15C		
DIN-Bez 2			
Zusätze		*Füllstoffe/ Verstärkung*	
Bevorzugte Verarbeitung	Spritzgiessen	*Lieferform*	Granulat
		Farben	Natur
Besondere Merkmale	Standardtyp; Gut ausgewogene Eigenschaften; Hohe Schlagfestigkeit; Hohe Steifigkeit; Gute Verarbeitbarkeit	*Bevorzugte Anwendungen*	Technisches Formteil fuer die Kfz-Industrie; Haushaltsgeraeteteil; Telefon; Spielzeug; Sportartikel; Bueromaschinenindustrie

Dichte	g/cm^3	1.04	*Schmelzindex*	g/10 min	:
Schüttdichte	g/cm^3		*Volumenfließindex*	cm^3/10 min	:
Viskositätszahl	ml/g				

Verarbeitungsbedingungen für Spritzgießen

Massetemp.	°C	*Schwindung*	% lgs 0.7, quer 0.7
Werkzeugtemp.	°C	*Bemerkungen*	
Spritzdruck	bar		

Zugversuch 23 °C ISO R 527;

Probekörper:	*Form*	Typ 1/3.2 mm	*Herstellung*	Spritzgiessen
	Zustand		*Vorbehandlung*	Normalklima

Streckspannung	N/mm^2		*Dehnung bei Streckspannung*	%	
Zugfestigkeit	N/mm^2	41	*Reißdehnung*	%	
Reißfestigkeit	N/mm^2		*% Dehnspannung*	N/mm^2	
E-Modul	N/mm^2	2070	*Dehnung bei % Dehnspg.*	%	

Kriechmoduln und Zeitstandwerte 23 °C

Probekörper:	*Form*	*Herstellung*	
	Zustand	*Vorbehandlung*	

Kriechmodul	*1 min* N/mm^2	*Zeitstandzugfestigkeit*	h	N/mm^2	
Kriechmodul	*1000 h* N/mm^2	*Zeitdehnspg. %*	h	N/mm^2	
bei Spannung	N/mm^2				

Biegeversuch 23 °C ISO R 178;

Probekörper:	*Form*	80 x 10 x 4 mm	*Herstellung*	Pressen
	Zustand		*Vorbehandlung*	Normalklima

Biegefestigkeit	N/mm^2	66	*E-Modul*	N/mm^2	2140
3,5% *Biegespannung*	N/mm^2				

Härte 23 °C

Probekörper:	*Zustand*	*Herstellung*	Pressen
		Vorbehandlung	Normalklima

Kugeldruckhärte	N/mm^2	bei N, s	*Shore-Härte*	A
Rockwellhärte	R 103		*Shore-Härte*	D

Schlagversuch

Probekörper:	*(1)*		
	(2) V-Kerbe	*Herstellung*	Spritzgiessen
	Zustand	*Vorbehandlung*	Normalklima

		°C		°C		°C	*Probekörper-Form*
Schlagzähigkeit	kJ/m^2						
Kerbschlagzähigkeit (1)	kJ/m^2						
IZOD-Kerbschlagzähigkeit (2)	J/m	23	347	-29	101		3.2 mm dick
Kerbschlagzugzähigkeit	kJ/m^2						

Abrieb und Reibung

Taber-Abrieb (Reibradverfahren) mm^3/100 U
Abriebfaktor LNP (Thrust washer) Vergleichswert
Statische Reibungszahl
Dynamische Reibungszahl (p·v= N/mm^2· m/min)
Zulässiger p·v Wert N/mm^2·(m/min) v= m/min
v= m/min

Thermische Eigenschaften

Formbeständigkeit in der Wärme	Verfahren A		88 °C
	Verfahren B		97 °C
Vicat Erweichungstemperatur (VST)	Verfahren B/50		93 °C
	Verfahren		°C
Kristallit-Schmelzpunkt	Verfahren		
Längenausdehnungskoeffizient	Bereich 20–60 °C		$0.96 \cdot 10^{-4} K^{-1}$
	Temperatur °C		$\cdot 10^{-4} K^{-1}$
Wärmeleitfähigkeit	Verfahren		W/(K · m)
Spezifische Wärmekapazität	Verfahren		J/(K · g)
Glasumwandlungstemperatur	Torsionsschwingungsversuch	°C	
	Differentialkalorimetrie	°C	

Brandverhalten

UL-Test vertikal Dicke mm, Wert HB
Dicke mm, Wert

	Norm	Bewertung	Abmessungen
Sauerstoff-Index	ASTM D 2863	20%	
Glühstab-Verfahren			
Brandverhalten	DIN 4102		
MVSS			
FAR			

Elektrische Eigenschaften

		Hz	°C			Probekörper, Form
Dielektrizitätszahl		50				
		10^3				
		10^6				
Dielektrischer Verlustfaktor tan δ		50				
		10^3				
		10^6				
Spezifischer Durchgangswiderstand	Ohm · cm					
Durchschlagfestigkeit	kV/mm					mm dick
Oberflächenwiderstand	Ohm					
Kriechstromfestigkeit		KC		KB	KA	
Elektrolytische Korrosionswirkung						
Lichtbogenfestigkeit nach DIN						
nach ASTM	s					

Beständigkeit (Chemische Beständigkeit siehe Anhang)

Wasseraufnahme

Feuchtigkeitsaufnahme Normalklima %
Wetterbeständigkeit

Spannungskorrosion

Optische Eigenschaften

Brechungszahl n_D
Transmissionsgrad τ_c % mm dick
Lichtdurchlässigkeit

Produkt	Acrylnitril-Butadien-Styrol-Polymerisat		**ABS**
Handelsname	**Cycolac AM**		
Hersteller	BORGWARNER		
DIN-Bez 1	16772-ABS,M,085-XX-10C		
DIN-Bez 2			
Zusätze		*Füllstoffe/ Verstärkung*	
Bevorzugte Verarbeitung	Spritzgiessen	*Lieferform*	Granulat
		Farben	Natur
Besondere Merkmale	Gutes Fliessverhalten; Hoher Oberflaechenglanz; Gute Steifigkeit; Mittlere Schlagzaehigkeit	*Bevorzugte Anwendungen*	Grosses Formteil mit duennen Wandstaerkenbereichen

Dichte	g/cm^3	1.04	*Schmelzindex*	g/10 min	:
Schüttdichte	g/cm^3		*Volumenfließindex*	$cm^3/10$ min	:
Viskositätszahl	ml/g				

Verarbeitungsbedingungen für Spritzgießen

Massetemp.	°C	*Schwindung*	%	lgs 0.6, quer 0.6
Werkzeugtemp.	°C	*Bemerkungen*		
Spritzdruck	bar			

Zugversuch 23 °C ISO R 527;
Probekörper: *Form* Typ 1/3.2 mm — *Herstellung* Spritzgiessen
Zustand — *Vorbehandlung* Normalklima

Streckspannung	N/mm^2		*Dehnung bei Streckspannung*	%
Zugfestigkeit	N/mm^2	44	*Reißdehnung*	%
Reißfestigkeit	N/mm^2		% *Dehnspannung*	N/mm^2
E-Modul	N/mm^2	2340	*Dehnung bei* % *Dehnspg.*	%

Kriechmoduln und Zeitstandwerte 23 °C
Probekörper: *Form* — *Herstellung*
Zustand — *Vorbehandlung*

Kriechmodul	*1 min* N/mm^2	*Zeitstandzugfestigkeit*	h N/mm^2
Kriechmodul	*1000 h* N/mm^2	*Zeitdehnspg.* %	h N/mm^2
bei Spannung	N/mm^2		

Biegeversuch 23 °C ISO R 178;
Probekörper: *Form* 80 x 10 x 4 mm — *Herstellung* Pressen
Zustand — *Vorbehandlung* Normalklima

Biegefestigkeit	N/mm^2	76	*E-Modul*	N/mm^2 2480
3,5% *Biegespannung*	N/mm^2			

Härte 23 °C *Probekörper:* *Zustand* — *Herstellung* Pressen
Vorbehandlung Normalklima

Kugeldruckhärte	N/mm^2 bei N, s	*Shore-Härte* A	
Rockwellhärte	R 107	*Shore-Härte* D	

Schlagversuch *Probekörper:* *(1)*
(2) V-Kerbe — *Herstellung* Spritzgiessen
Zustand — *Vorbehandlung* Normalklima

		°C		°C		°C		*Probekörper-Form*
Schlagzähigkeit	kJ/m^2							
Kerbschlagzähigkeit (1)	kJ/m^2							
IZOD-Kerbschlagzähigkeit (2)	J/m	23	240	-29	75			3.2 mm dick
Kerbschlagzugzähigkeit	kJ/m^2							

Abrieb und Reibung

Taber-Abrieb (Reibradverfahren)	mm^3/100 U		
Abriebfaktor LNP (Thrust washer) Vergleichswert			
Statische Reibungszahl			
Dynamische Reibungszahl	(p·v=	N/mm^2·	m/min)
Zulässiger p·v Wert	N/mm^2·(m/min)	v=	m/min
		v=	m/min

Thermische Eigenschaften

Formbeständigkeit in der Wärme	*Verfahren*	A		86 °C
	Verfahren	B		94 °C
Vicat Erweichungstemperatur (VST)	*Verfahren*	B/50		90 °C
	Verfahren			°C
Kristallit-Schmelzpunkt	*Verfahren*			
Längenausdehnungskoeffizient	*Bereich*	20–60	°C	0.88 · $10^{-4}K^{-1}$
	Temperatur	°C		· $10^{-4}K^{-1}$
Wärmeleitfähigkeit	*Verfahren*			W/(K · m)
Spezifische Wärmekapazität	*Verfahren*			J/(K · g)
Glasumwandlungstemperatur	*Torsionsschwingungsversuch*		°C	
	Differentialkalorimetrie		°C	

Brandverhalten

UL-Test vertikal		Dicke mm, Wert HB	
		Dicke mm, Wert	
	Norm	*Bewertung*	*Abmessungen*
Sauerstoff-Index	ASTM D 2863	20%	
Glühstab-Verfahren			
Brandverhalten	DIN 4102		
MVSS			
FAR			

Elektrische Eigenschaften

		Hz	°C			*Probekörper, Form*
Dielektrizitätszahl		50				
		10^3				
		10^6				
Dielektrischer Verlustfaktor tan δ		50				
		10^3				
		10^6				
Spezifischer Durchgangswiderstand	Ohm · cm					
Durchschlagfestigkeit	kV/mm					mm dick
Oberflächenwiderstand	Ohm					
Kriechstromfestigkeit		KC		KB	KA	
Elektrolytische Korrosionswirkung						
Lichtbogenfestigkeit nach DIN						
nach ASTM	s					

Beständigkeit *(Chemische Beständigkeit siehe Anhang)*

Wasseraufnahme	
Feuchtigkeitsaufnahme Normalklima	%
Wetterbeständigkeit	
Spannungskorrosion	

Optische Eigenschaften

Brechungszahl n_D		
Transmissionsgrad τ_c	%	mm dick
Lichtdurchlässigkeit		

Datenbank-Nr. **T05413** Merkblatt-Nr. **3260**

Produkt	Acrylnitril-Butadien-Styrol-Polymerisat		**ABS**
Handelsname	**Cycolac DA**		
Hersteller	BORGWARNER		
DIN-Bez 1	16772-ABS,M,085-XX-06C		
DIN-Bez 2			
Zusätze		*Füllstoffe/ Verstärkung*	
Bevorzugte Verarbeitung	Spritzgiessen	*Lieferform*	Granulat
		Farben	Natur
Besondere Merkmale	Sehr gut fliessend; Mittlere Schlagzaehigkeit	*Bevorzugte Anwendungen*	Duennwandiges technisches Formteil

Dichte	g/cm^3	1.04	*Schmelzindex*	g/10 min	:
Schüttdichte	g/cm^3		*Volumenfließindex*	$cm^3/10$ min	:
Viskositätszahl	ml/g				

Verarbeitungsbedingungen für Spritzgießen

Massetemp.	°C	*Schwindung*	%	lgs 0.6, quer 0.6
Werkzeugtemp.	°C	*Bemerkungen*		
Spritzdruck	bar			

Zugversuch 23 °C ISO R 527;
Probekörper: *Form* Typ 1/3.2 mm *Herstellung* Spritzgiessen
Zustand *Vorbehandlung* Normalklima

Streckspannung	N/mm^2		*Dehnung bei Streckspannung*	%
Zugfestigkeit	N/mm^2	39	*Reißdehnung*	%
Reißfestigkeit	N/mm^2		% *Dehnspannung*	N/mm^2
E-Modul	N/mm^2	2160	*Dehnung bei* % *Dehnspg.*	%

Kriechmoduln und Zeitstandwerte 23 °C
Probekörper: *Form* *Herstellung*
Zustand *Vorbehandlung*

Kriechmodul	*1 min* N/mm^2	*Zeitstandzugfestigkeit*	h	N/mm^2
Kriechmodul	*1000 h* N/mm^2	*Zeitdehnspg.* %	h	N/mm^2
bei Spannung	N/mm^2			

Biegeversuch 23 °C ISO R 178;
Probekörper: *Form* 80 x 10 x 4 mm *Herstellung* Pressen
Zustand *Vorbehandlung* Normalklima

Biegefestigkeit	N/mm^2	72	*E-Modul*	N/mm^2 2280
3,5% *Biegespannung*	N/mm^2			

Härte 23 °C *Probekörper:* *Zustand* *Herstellung* Pressen
Vorbehandlung Normalklima

Kugeldruckhärte	N/mm^2 bei N, s	*Shore-Härte* A	
Rockwellhärte	R 105	*Shore-Härte* D	

Schlagversuch *Probekörper:* *(1)*
(2) V-Kerbe *Herstellung* Spritzgiessen
Zustand *Vorbehandlung* Normalklima

		°C		°C		°C		*Probekörper-Form*
Schlagzähigkeit	kJ/m^2							
Kerbschlagzähigkeit (1)	kJ/m^2							
IZOD-Kerbschlagzähigkeit (2)	J/m	23	187	-29	69			3.2 mm dick
Kerbschlagzugzähigkeit	kJ/m^2							

Abrieb und Reibung

Taber-Abrieb (Reibradverfahren)	mm^3/100 U		
Abriebfaktor LNP (Thrust washer) Vergleichswert			
Statische Reibungszahl			
Dynamische Reibungszahl	(p·v=	N/mm^2·	m/min)
Zulässiger p · v Wert	N/mm^2 · (m/min)	v=	m/min
		v=	m/min

Thermische Eigenschaften

Formbeständigkeit in der Wärme	*Verfahren* A			85 °C
	Verfahren B			93 °C
Vicat Erweichungstemperatur (VST)	*Verfahren* B/50			89 °C
	Verfahren			°C
Kristallit-Schmelzpunkt	*Verfahren*			
Längenausdehnungskoeffizient	*Bereich* 20–60 °C			0.89 · $10^{-4}K^{-1}$
	Temperatur °C			· $10^{-4}K^{-1}$
Wärmeleitfähigkeit	*Verfahren*			W/(K · m)
Spezifische Wärmekapazität	*Verfahren*			J/(K · g)
Glasumwandlungstemperatur	*Torsionsschwingungsversuch*	°C		
	Differentialkalorimetrie	°C		

Brandverhalten

UL-Test vertikal		Dicke mm, Wert HB	
		Dicke mm, Wert	
	Norm	*Bewertung*	*Abmessungen*
Sauerstoff-Index	ASTM D 2863	20%	
Glühstab-Verfahren			
Brandverhalten	DIN 4102		
MVSS			
FAR			

Elektrische Eigenschaften

		Hz	°C		*Probekörper, Form*
Dielektrizitätszahl		50			
		10^3			
		10^6			
Dielektrischer Verlustfaktor tan δ		50			
		10^3			
		10^6			
Spezifischer Durchgangs-widerstand	Ohm · cm				
Durchschlagfestigkeit	kV/mm				mm dick
Oberflächenwiderstand	Ohm				
Kriechstromfestigkeit		KC	KB	KA	
Elektrolytische Korrosionswirkung					
Lichtbogenfestigkeit nach DIN					
nach ASTM	s				

Beständigkeit *(Chemische Beständigkeit siehe Anhang)*

Wasseraufnahme

Feuchtigkeitsaufnahme Normalklima %

Wetterbeständigkeit

Spannungskorrosion

Optische Eigenschaften

Brechungszahl n_D

Transmissionsgrad τ_c % mm dick

Lichtdurchlässigkeit

Produkt	Acrylnitril-Butadien-Styrol-Polymerisat		**ABS**
Handelsname	**Cycolac X37**		
Hersteller	BORGWARNER		
DIN-Bez 1	16772-ABS,M,115-XX-06C		
DIN-Bez 2			
Zusätze		*Füllstoffe/ Verstärkung*	
Bevorzugte Verarbeitung	Spritzgiessen	*Lieferform*	Granulat
		Farben	Natur
Besondere Merkmale	Gutes Fliessverhalten	*Bevorzugte Anwendungen*	Elektrogeraet; Bueromaschinenindustrie; Elektrowerkzeug

Dichte	g/cm^3	1.04	*Schmelzindex*	g/10 min	:
Schüttdichte	g/cm^3		*Volumenfließindex*	$cm^3/10$ min	:
Viskositätszahl	ml/g				

Verarbeitungsbedingungen für Spritzgießen

Massetemp.	°C	*Schwindung*	% lgs 0.5, quer 0.5
Werkzeugtemp.	°C	*Bemerkungen*	
Spritzdruck	bar		

Zugversuch 23 °C ISO R 527;
Probekörper: *Form* Typ 1/3.2 mm; *Zustand* — *Herstellung* Spritzgiessen; *Vorbehandlung* Normalklima

Streckspannung	N/mm^2		*Dehnung bei Streckspannung*	%
Zugfestigkeit	N/mm^2	50	*Reißdehnung*	%
Reißfestigkeit	N/mm^2		*% Dehnspannung*	N/mm^2
E-Modul	N/mm^2	2250	*Dehnung bei % Dehnspg.*	%

Kriechmoduln und Zeitstandwerte 23 °C
Probekörper: *Form* ; *Zustand* — *Herstellung* ; *Vorbehandlung*

Kriechmodul	*1 min*	N/mm^2	*Zeitstandzugfestigkeit*	h	N/mm^2
Kriechmodul	*1000 h*	N/mm^2	*Zeitdehnspg. %*	h	N/mm^2
bei Spannung		N/mm^2			

Biegeversuch 23 °C ISO R 178;
Probekörper: *Form* 80 x 10 x 4 mm; *Zustand* — *Herstellung* Pressen; *Vorbehandlung* Normalklima

Biegefestigkeit	N/mm^2	85	*E-Modul*	N/mm^2	2300
3,5% Biegespannung	N/mm^2				

Härte 23 °C *Probekörper:* *Zustand* — *Herstellung* Pressen; *Vorbehandlung* Normalklima

Kugeldruckhärte	N/mm^2 bei N, s	*Shore-Härte* A	
Rockwellhärte	R 108	*Shore-Härte* D	

Schlagversuch *Probekörper:* *(1)*; *(2)* V-Kerbe; *Zustand* — *Herstellung* Spritzgiessen; *Vorbehandlung* Normalklima

		°C		°C		°C		*Probekörper-Form*
Schlagzähigkeit	kJ/m^2							
Kerbschlagzähigkeit (1)	kJ/m^2							
IZOD-Kerbschlagzähigkeit (2)	J/m	23	191	-29	71			3.2 mm dick
Kerbschlagzugzähigkeit	kJ/m^2							

Abrieb und Reibung

Taber-Abrieb (Reibradverfahren)	mm^3/100 U			
Abriebfaktor LNP (Thrust washer) Vergleichswert				
Statische Reibungszahl				
Dynamische Reibungszahl	(p·v=	N/mm²·		m/min)
Zulässiger p · v Wert	N/mm² · (m/min)		v=	m/min
			v=	m/min

Thermische Eigenschaften

Formbeständigkeit in der Wärme	*Verfahren*	A		109 °C
	Verfahren	B		115 °C
Vicat Erweichungstemperatur (VST)	*Verfahren*	B/50		115 °C
	Verfahren			°C
Kristallit-Schmelzpunkt	*Verfahren*			
Längenausdehnungskoeffizient	*Bereich*	20–60	°C	$0.62 \cdot 10^{-4} K^{-1}$
	Temperatur	°C		$\cdot 10^{-4} K^{-1}$
Wärmeleitfähigkeit	*Verfahren*			W/(K · m)
Spezifische Wärmekapazität	*Verfahren*			J/(K · g)
Glasumwandlungstemperatur	*Torsionsschwingungsversuch*		°C	
	Differentialkalorimetrie		°C	

Brandverhalten

UL-Test vertikal		Dicke mm, Wert HB	
		Dicke mm, Wert	
	Norm	*Bewertung*	*Abmessungen*
Sauerstoff-Index	ASTM D 2863	20%	
Glühstab-Verfahren			
Brandverhalten	DIN 4102		
MVSS			
FAR			

Elektrische Eigenschaften

		Hz	°C		*Probekörper, Form*
Dielektrizitätszahl		50			
		10^3			
		10^6			
Dielektrischer Verlustfaktor tan δ		50			
		10^3			
		10^6			
Spezifischer Durchgangs-widerstand	Ohm · cm				
Durchschlagfestigkeit	kV/mm				mm dick
Oberflächenwiderstand	Ohm				
Kriechstromfestigkeit		KC	KB	KA	
Elektrolytische Korrosionswirkung					
Lichtbogenfestigkeit nach DIN					
nach ASTM	s				

Beständigkeit *(Chemische Beständigkeit siehe Anhang)*

Wasseraufnahme

Feuchtigkeitsaufnahme Normalklima %

Wetterbeständigkeit

Spannungskorrosion

Optische Eigenschaften

Brechungszahl n_D

Transmissionsgrad τ_c % mm dick

Lichtdurchlässigkeit

Datenbank-Nr. **T05415** *Merkblatt-Nr.* **3262**

Produkt	Acrylnitril-Butadien-Styrol-Polymerisat		**ABS**
Handelsname	**Cycolac XMM**		
Hersteller	BORGWARNER		
DIN-Bez 1	16772-ABS,M,105-XX-10C		
DIN-Bez 2			
Zusätze		*Füllstoffe/ Verstärkung*	
Bevorzugte Verarbeitung	Spritzgiessen	*Lieferform*	Granulat
		Farben	Natur
Besondere Merkmale	Hohe Waermeformbestaendigkeit; Mittlere Schlagzaehigkeit; Gute Festigkeit; Gute Verarbeitbarkeit	*Bevorzugte Anwendungen*	Technisches Formteil

Dichte	g/cm^3	1.05	*Schmelzindex*	g/10 min	:
Schüttdichte	g/cm^3		*Volumenfließindex*	$cm^3/10$ min	:
Viskositätszahl	ml/g				

Verarbeitungsbedingungen für Spritzgießen

Massetemp.	°C	*Schwindung*	%	lgs 0.6, quer 0.6
Werkzeugtemp.	°C	*Bemerkungen*		
Spritzdruck	bar			

Zugversuch 23 °C ISO R 527;
Probekörper: *Form* Typ 1/3.2 mm *Herstellung* Spritzgiessen
Zustand *Vorbehandlung* Normalklima

Streckspannung	N/mm^2		*Dehnung bei Streckspannung*	%
Zugfestigkeit	N/mm^2	48	*Reißdehnung*	%
Reißfestigkeit	N/mm^2		*% Dehnspannung*	N/mm^2
E-Modul	N/mm^2	2200	*Dehnung bei % Dehnspg.*	%

Kriechmoduln und Zeitstandwerte 23 °C
Probekörper: *Form* *Herstellung*
Zustand *Vorbehandlung*

Kriechmodul	*1 min* N/mm^2	*Zeitstandzugfestigkeit*	h	N/mm^2
Kriechmodul	*1000 h* N/mm^2	*Zeitdehnspg.* %	h	N/mm^2
bei Spannung	N/mm^2			

Biegeversuch 23 °C ISO R 178;
Probekörper: *Form* 80 x 10 x 4 mm *Herstellung* Pressen
Zustand *Vorbehandlung* Normalklima

Biegefestigkeit	N/mm^2	79	*E-Modul*	N/mm^2 2300
3,5% *Biegespannung*	N/mm^2			

Härte 23 °C *Probekörper:* *Zustand* *Herstellung* Pressen
Vorbehandlung Normalklima

Kugeldruckhärte	N/mm^2	bei N, s	*Shore-Härte* A
Rockwellhärte	R 107		*Shore-Härte* D

Schlagversuch *Probekörper:* *(1)*
(2) V-Kerbe *Herstellung* Spritzgiessen
Zustand *Vorbehandlung* Normalklima

		°C	°C	°C	*Probekörper-Form*
Schlagzähigkeit	kJ/m^2				
Kerbschlagzähigkeit (1)	kJ/m^2				
IZOD-Kerbschlagzähigkeit (2)	J/m	23 200	-29 72		3.2 mm dick
Kerbschlagzugzähigkeit	kJ/m^2				

Abrieb und Reibung

Taber-Abrieb (Reibradverfahren)	mm³/100 U		
Abriebfaktor LNP (Thrust washer) Vergleichswert			
Statische Reibungszahl			
Dynamische Reibungszahl	(p·v=	N/mm²·	m/min)
Zulässiger p · v Wert	N/mm² · (m/min)	v=	m/min
		v=	m/min

Thermische Eigenschaften

Formbeständigkeit in der Wärme	*Verfahren*	A		103 °C
	Verfahren	B		113 °C
Vicat Erweichungstemperatur (VST)	*Verfahren*	B/50		109 °C
	Verfahren			°C
Kristallit-Schmelzpunkt	*Verfahren*			
Längenausdehnungskoeffizient	*Bereich*	20–60	°C	$0.67 \cdot 10^{-4} K^{-1}$
	Temperatur	°C		$\cdot 10^{-4} K^{-1}$
Wärmeleitfähigkeit	*Verfahren*			W/(K · m)
Spezifische Wärmekapazität	*Verfahren*			J/(K · g)
Glasumwandlungstemperatur	*Torsionsschwingungsversuch*		°C	
	Differentialkalorimetrie		°C	

Brandverhalten

UL-Test vertikal	Dicke	mm, Wert HB
	Dicke	mm, Wert

	Norm	*Bewertung*	*Abmessungen*
Sauerstoff-Index	ASTM D 2863	20%	
Glühstab-Verfahren			
Brandverhalten	DIN 4102		
MVSS			
FAR			

Elektrische Eigenschaften

		Hz	°C		*Probekörper, Form*
Dielektrizitätszahl		50			
		10^3			
		10^6			
Dielektrischer Verlustfaktor tan δ		50			
		10^3			
		10^6			
Spezifischer Durchgangswiderstand	Ohm · cm				
Durchschlagfestigkeit	kV/mm				mm dick
Oberflächenwiderstand	Ohm				
Kriechstromfestigkeit		KC	KB	KA	
Elektrolytische Korrosionswirkung					
Lichtbogenfestigkeit nach DIN					
nach ASTM	s				

Beständigkeit *(Chemische Beständigkeit siehe Anhang)*

Wasseraufnahme	
Feuchtigkeitsaufnahme Normalklima	%
Wetterbeständigkeit	
Spannungskorrosion	

Optische Eigenschaften

Brechungszahl n_D		
Transmissionsgrad τ_c	%	mm dick
Lichtdurchlässigkeit		

Produkt	Acrylnitril-Butadien-Styrol-Polymerisat		**ABS**
Handelsname	**Cycolac XMI**		
Hersteller	BORGWARNER		
DIN-Bez 1	16772-ABS,M,105-XX-15C		
DIN-Bez 2			
Zusätze		*Füllstoffe/ Verstärkung*	
Bevorzugte Verarbeitung	Spritzgiessen	*Lieferform*	Granulat
		Farben	Natur
Besondere Merkmale	Hoehere Waermeformbestaendigkeit und Schlagzaehigkeit als Cycolac XMA	*Bevorzugte Anwendungen*	Technisches Formteil

Dichte	g/cm^3	1.05	*Schmelzindex*	g/10 min	:
Schüttdichte	g/cm^3		*Volumenfließindex*	cm^3/10 min	:
Viskositätszahl	ml/g				

Verarbeitungsbedingungen für Spritzgießen

Massetemp.	°C	*Schwindung*	% lgs 0.5, quer 0.5
Werkzeugtemp.	°C	*Bemerkungen*	
Spritzdruck	bar		

Zugversuch 23 °C ISO R 527;
Probekörper: *Form* Typ 1/3.2 mm; *Zustand* — *Herstellung* Spritzgiessen; *Vorbehandlung* Normalklima

Streckspannung	N/mm^2		*Dehnung bei Streckspannung*	%	
Zugfestigkeit	N/mm^2	45	*Reißdehnung*	%	
Reißfestigkeit	N/mm^2		*% Dehnspannung*	N/mm^2	
E-Modul	N/mm^2	2100	*Dehnung bei % Dehnspg.*	%	

Kriechmoduln und Zeitstandwerte 23 °C
Probekörper: *Form*; *Zustand* — *Herstellung*; *Vorbehandlung*

Kriechmodul	*1 min* N/mm^2	*Zeitstandzugfestigkeit*	h N/mm^2
Kriechmodul	*1000 h* N/mm^2	*Zeitdehnspg. %*	h N/mm^2
bei Spannung	N/mm^2		

Biegeversuch 23 °C ISO R 178;
Probekörper: *Form* 80 x 10 x 4 mm; *Zustand* — *Herstellung* Pressen; *Vorbehandlung* Normalklima

Biegefestigkeit	N/mm^2	75	*E-Modul*	N/mm^2 2200
3,5% *Biegespannung*	N/mm^2			

Härte 23 °C *Probekörper:* *Zustand* — *Herstellung* Pressen; *Vorbehandlung* Normalklima

Kugeldruckhärte	N/mm^2 bei N, s	*Shore-Härte*	A
Rockwellhärte	R 103	*Shore-Härte*	D

Schlagversuch *Probekörper:* *(1)*; *(2)* V-Kerbe; *Zustand* — *Herstellung* Spritzgiessen; *Vorbehandlung* Normalklima

		°C	°C	°C	*Probekörper-Form*
Schlagzähigkeit	kJ/m^2				
Kerbschlagzähigkeit (1)	kJ/m^2				
IZOD-Kerbschlagzähigkeit (2)	J/m	23 330			3.2 mm dick
Kerbschlagzugzähigkeit	kJ/m^2				

Abrieb und Reibung

Taber-Abrieb (Reibradverfahren)	mm^3/100 U		
Abriebfaktor LNP (Thrust washer) Vergleichswert			
Statische Reibungszahl			
Dynamische Reibungszahl	(p·v=	N/mm^2 ·	m/min)
Zulässiger p · v Wert	N/mm^2 · (m/min)	v=	m/min
		v=	m/min

Thermische Eigenschaften

Formbeständigkeit in der Wärme	*Verfahren*	A		100 °C
	Verfahren	B		110 °C
Vicat Erweichungstemperatur (VST)	*Verfahren*	B/50		106 °C
	Verfahren			°C
Kristallit-Schmelzpunkt	*Verfahren*			
Längenausdehnungskoeffizient	*Bereich*	20–60	°C	0.73 · $10^{-4}K^{-1}$
	Temperatur	°C		· $10^{-4}K^{-1}$
Wärmeleitfähigkeit	*Verfahren*			W/(K · m)
Spezifische Wärmekapazität	*Verfahren*			J/(K · g)
Glasumwandlungstemperatur	*Torsionsschwingungsversuch*		°C	
	Differentialkalorimetrie		°C	

Brandverhalten

UL-Test vertikal		Dicke mm, Wert HB	
		Dicke mm, Wert	
	Norm	*Bewertung*	*Abmessungen*
Sauerstoff-Index	ASTM D 2863	20%	
Glühstab-Verfahren			
Brandverhalten	DIN 4102		
MVSS			
FAR			

Elektrische Eigenschaften

		Hz	°C	*Probekörper, Form*
Dielektrizitätszahl		50		
		10^3		
		10^6		
Dielektrischer Verlustfaktor tan δ		50		
		10^3		
		10^6		
Spezifischer Durchgangswiderstand	Ohm · cm			
Durchschlagfestigkeit	kV/mm			mm dick
Oberflächenwiderstand	Ohm			
Kriechstromfestigkeit		KC	KB	KA
Elektrolytische Korrosionswirkung				
Lichtbogenfestigkeit nach DIN				
nach ASTM	s			

Beständigkeit *(Chemische Beständigkeit siehe Anhang)*

Wasseraufnahme

Feuchtigkeitsaufnahme Normalklima %

Wetterbeständigkeit

Spannungskorrosion

Optische Eigenschaften

Brechungszahl n_D

Transmissionsgrad τ_c % mm dick

Lichtdurchlässigkeit

Datenbank-Nr.	**T05417**		Merkblatt-Nr. **3264**

Produkt	Acrylnitril-Butadien-Styrol-Polymerisat		**ABS**
Handelsname	**Cycolac XMA**		
Hersteller	BORGWARNER		
DIN-Bez 1	16772-ABS,M,105-XX-15C		
DIN-Bez 2			
Zusätze		*Füllstoffe/ Verstärkung*	
Bevorzugte Verarbeitung	Spritzgiessen	*Lieferform*	Granulat
		Farben	Natur
Besondere Merkmale	Gute Waermeformbestaendigkeit; Hohe Schlagzaehigkeit; Hohe Fliessfaehigkeit	*Bevorzugte Anwendungen*	Grosses und komplexes Kfz-Formteil; Armaturenbrett; Kuehlergrill; Duennwandiges technisches Formteil

Dichte	g/cm^3	1.05	*Schmelzindex*	g/10 min	:
Schüttdichte	g/cm^3		*Volumenfließindex*	$cm^3/10$ min	:
Viskositätszahl	ml/g				

Verarbeitungsbedingungen für Spritzgießen

Massetemp.	°C	*Schwindung*	% lgs 0.5, quer 0.5
Werkzeugtemp.	°C	*Bemerkungen*	
Spritzdruck	bar		

Zugversuch 23 °C ISO R 527;
Probekörper: *Form* Typ 1/3.2 mm — *Herstellung* Spritzgiessen
Zustand — *Vorbehandlung* Normalklima

Streckspannung	N/mm^2		*Dehnung bei Streckspannung*	%
Zugfestigkeit	N/mm^2	45	*Reißdehnung*	%
Reißfestigkeit	N/mm^2		*% Dehnspannung*	N/mm^2
E-Modul	N/mm^2	2100	*Dehnung bei % Dehnspg.*	%

Kriechmoduln und Zeitstandwerte 23 °C
Probekörper: *Form* — *Herstellung*
Zustand — *Vorbehandlung*

Kriechmodul	*1 min* N/mm^2	*Zeitstandzugfestigkeit*	h	N/mm^2
Kriechmodul	*1000 h* N/mm^2	*Zeitdehnspg. %*	h	N/mm^2
bei Spannung	N/mm^2			

Biegeversuch 23 °C ISO R 178;
Probekörper: *Form* 80 x 10 x 4 mm — *Herstellung* Pressen
Zustand — *Vorbehandlung* Normalklima

Biegefestigkeit	N/mm^2	75	*E-Modul*	N/mm^2 2150
3,5% *Biegespannung*	N/mm^2			

Härte 23 °C *Probekörper:* *Zustand* — *Herstellung* Pressen
Vorbehandlung Normalklima

Kugeldruckhärte	N/mm^2 bei N, s	*Shore-Härte* A	
Rockwellhärte	R 107	*Shore-Härte* D	

Schlagversuch *Probekörper:* *(1)*
(2) V-Kerbe — *Herstellung* Spritzgiessen
Zustand — *Vorbehandlung* Normalklima

		°C		°C		°C		*Probekörper-Form*
Schlagzähigkeit	kJ/m^2							
Kerbschlagzähigkeit (1)	kJ/m^2							
IZOD-Kerbschlagzähigkeit (2)	J/m	23	276	-29	82			3.2 mm dick
Kerbschlagzugzähigkeit	kJ/m^2							

Abrieb und Reibung

Taber-Abrieb (Reibradverfahren)	mm^3/100 U		
Abriebfaktor LNP (Thrust washer) Vergleichswert			
Statische Reibungszahl			
Dynamische Reibungszahl	(p · v= N/mm^2 ·		m/min)
Zulässiger p · v Wert	N/mm^2 · (m/min)	v=	m/min
		v=	m/min

Thermische Eigenschaften

Formbeständigkeit in der Wärme	*Verfahren*	A		96 °C
	Verfahren	B		102 °C
Vicat Erweichungstemperatur (VST)	*Verfahren*	B/50		103 °C
	Verfahren			°C
Kristallit-Schmelzpunkt	*Verfahren*			
Längenausdehnungskoeffizient	*Bereich*	20–60	°C	0.82 · $10^{-4}K^{-1}$
	Temperatur	°C		· $10^{-4}K^{-1}$
Wärmeleitfähigkeit	*Verfahren*			W/(K · m)
Spezifische Wärmekapazität	*Verfahren*			J/(K · g)
Glasumwandlungstemperatur	*Torsionsschwingungsversuch*		°C	
	Differentialkalorimetrie		°C	

Brandverhalten

UL-Test vertikal Dicke mm, Wert HB
Dicke mm, Wert

	Norm	*Bewertung*	*Abmessungen*
Sauerstoff-Index	ASTM D 2863	20%	
Glühstab-Verfahren			
Brandverhalten	DIN 4102		
MVSS			
FAR			

Elektrische Eigenschaften

		Hz	°C		*Probekörper, Form*
Dielektrizitätszahl		50			
		10^3			
		10^6			
Dielektrischer Verlustfaktor tan δ		50			
		10^3			
		10^6			
Spezifischer Durchgangswiderstand	Ohm · cm				
Durchschlagfestigkeit	kV/mm				mm dick
Oberflächenwiderstand	Ohm				
Kriechstromfestigkeit		KC	KB	KA	
Elektrolytische Korrosionswirkung					
Lichtbogenfestigkeit nach DIN					
nach ASTM	s				

Beständigkeit *(Chemische Beständigkeit siehe Anhang)*

Wasseraufnahme

Feuchtigkeitsaufnahme Normalklima %

Wetterbeständigkeit

Spannungskorrosion

Optische Eigenschaften

Brechungszahl n_D

Transmissionsgrad τ_c % mm dick

Lichtdurchlässigkeit

Produkt	Acrylnitril-Butadien-Styrol-Polymerisat		**ABS**
Handelsname	**Cycolac XML**		
Hersteller	BORGWARNER		
DIN-Bez 1	16772-ABS,M,105-XX-10C		
DIN-Bez 2			
Zusätze		*Füllstoffe/ Verstärkung*	
Bevorzugte Verarbeitung	Spritzgiessen	*Lieferform*	Granulat
		Farben	Natur
Besondere Merkmale	Hohe Waermeformbestaendigkeit; Mittlere Schlagzaehigkeit; Ausgezeichnetes Fliessverhalten; Gute Verarbeitungsstabilitaet	*Bevorzugte Anwendungen*	Technisches Formteil; Grosses Formteil

---

Dichte	g/cm³	1.05	*Schmelzindex*	g/10 min	:
Schüttdichte	g/cm³		*Volumenfließindex*	cm³/10 min	:
Viskositätszahl	ml/g				

Verarbeitungsbedingungen für Spritzgießen

Massetemp.	°C	*Schwindung*	% lgs 0.6, quer 0.6
Werkzeugtemp.	°C	*Bemerkungen*	
Spritzdruck	bar		

Zugversuch 23 °C ISO R 527;
Probekörper: *Form* Typ 1/3.2 mm; *Zustand* — *Herstellung* Spritzgiessen; *Vorbehandlung* Normalklima

Streckspannung	N/mm²		*Dehnung bei Streckspannung*	%
Zugfestigkeit	N/mm²	44	*Reißdehnung*	%
Reißfestigkeit	N/mm²		*% Dehnspannung*	N/mm²
E-Modul	N/mm²	2000	*Dehnung bei % Dehnspg.*	%

Kriechmoduln und Zeitstandwerte 23 °C
Probekörper: *Form*; *Zustand* — *Herstellung*; *Vorbehandlung*

Kriechmodul	*1 min* N/mm²	*Zeitstandzugfestigkeit*	h N/mm²
Kriechmodul	*1000 h* N/mm²	*Zeitdehnspg.* %	h N/mm²
bei Spannung	N/mm²		

Biegeversuch 23 °C ISO R 178;
Probekörper: *Form* 80 x 10 x 4 mm; *Zustand* — *Herstellung* Pressen; *Vorbehandlung* Normalklima

Biegefestigkeit	N/mm²	75	*E-Modul*	N/mm² 2300
3,5% *Biegespannung*	N/mm²			

Härte 23 °C *Probekörper:* *Zustand* — *Herstellung* Pressen; *Vorbehandlung* Normalklima

Kugeldruckhärte	N/mm² bei N, s	*Shore-Härte* A	
Rockwellhärte	R 107	*Shore-Härte* D	

Schlagversuch *Probekörper:* *(1)*; *(2)* V-Kerbe; *Zustand* — *Herstellung* Spritzgiessen; *Vorbehandlung* Normalklima

		°C		°C		°C		*Probekörper-Form*
Schlagzähigkeit	kJ/m²							
Kerbschlagzähigkeit (1)	kJ/m²							
IZOD-Kerbschlagzähigkeit (2)	J/m	23	220	-29	74			3.2 mm dick
Kerbschlagzugzähigkeit	kJ/m²							

Abrieb und Reibung

Taber-Abrieb (Reibradverfahren)	$mm^3/100$ U		
Abriebfaktor LNP (Thrust washer) Vergleichswert			
Statische Reibungszahl			
Dynamische Reibungszahl	(p · v=	N/mm^2 ·	m/min)
Zulässiger p · v Wert	N/mm^2 · (m/min)	v=	m/min
		v=	m/min

Thermische Eigenschaften

Formbeständigkeit in der Wärme	*Verfahren*	A		92 °C
	Verfahren	B		102 °C
Vicat Erweichungstemperatur (VST)	*Verfahren*	B/50		102 °C
	Verfahren			°C
Kristallit-Schmelzpunkt	*Verfahren*			
Längenausdehnungskoeffizient	*Bereich*	20–60	°C	$0.82 \cdot 10^{-4} K^{-1}$
	Temperatur	°C		$\cdot 10^{-4} K^{-1}$
Wärmeleitfähigkeit	*Verfahren*			W/(K · m)
Spezifische Wärmekapazität	*Verfahren*			J/(K · g)
Glasumwandlungstemperatur	*Torsionsschwingungsversuch*		°C	
	Differentialkalorimetrie		°C	

Brandverhalten

UL-Test vertikal	Dicke	mm, Wert HB
	Dicke	mm, Wert

	Norm	*Bewertung*	*Abmessungen*
Sauerstoff-Index	ASTM D 2863	20%	
Glühstab-Verfahren			
Brandverhalten	DIN 4102		
MVSS			
FAR			

Elektrische Eigenschaften

		Hz	°C	*Probekörper, Form*
Dielektrizitätszahl		50		
		10^3		
		10^6		
Dielektrischer Verlustfaktor tan δ		50		
		10^3		
		10^6		
Spezifischer Durchgangswiderstand	Ohm · cm			
Durchschlagfestigkeit	kV/mm			mm dick
Oberflächenwiderstand	Ohm			

Kriechstromfestigkeit	KC	KB	KA
Elektrolytische Korrosionswirkung			
Lichtbogenfestigkeit nach DIN			
nach ASTM s			

Beständigkeit *(Chemische Beständigkeit siehe Anhang)*

Wasseraufnahme

Feuchtigkeitsaufnahme Normalklima %

Wetterbeständigkeit

Spannungskorrosion

Optische Eigenschaften

Brechungszahl n_D		
Transmissionsgrad τ_c	%	mm dick
Lichtdurchlässigkeit		

Datenbank-Nr. **T05419** Merkblatt-Nr. **3266**

Produkt	Acrylnitril-Butadien-Styrol-Polymerisat		**ABS**
Handelsname	**Cycolac SU**		
Hersteller	BORGWARNER		
DIN-Bez 1	16772-ABS,M,095-XX-15C		
DIN-Bez 2			
Zusätze		*Füllstoffe/ Verstärkung*	
Bevorzugte Verarbeitung	Spritzgiessen	*Lieferform*	Granulat
		Farben	Natur
Besondere Merkmale	Gute Schlagzaehigkeit ueber einen weiten Temperaturbereich; Gute Waermeformbestaendigkeit; Hervorragende Verarbeitbarkeit	*Bevorzugte Anwendungen*	Technisches Formteil fuer die Kfz-Industrie

Dichte	g/cm^3	1.05	*Schmelzindex*	g/10 min	:
Schüttdichte	g/cm^3		*Volumenfließindex*	$cm^3/10$ min	:
Viskositätszahl	ml/g				

Verarbeitungsbedingungen für Spritzgießen

Massetemp.	°C	*Schwindung*	% lgs 0.6, quer 0.6
Werkzeugtemp.	°C	*Bemerkungen*	
Spritzdruck	bar		

Zugversuch 23 °C ISO R 527;
Probekörper: *Form* Typ 1/3.2 mm; *Zustand* — *Herstellung* Spritzgiessen; *Vorbehandlung* Normalklima

Streckspannung	N/mm^2		*Dehnung bei Streckspannung*	%
Zugfestigkeit	N/mm^2	47	*Reißdehnung*	%
Reißfestigkeit	N/mm^2		*% Dehnspannung*	N/mm^2
E-Modul	N/mm^2	2280	*Dehnung bei % Dehnspg.*	%

Kriechmoduln und Zeitstandwerte 23 °C
Probekörper: *Form*; *Zustand* — *Herstellung*; *Vorbehandlung*

Kriechmodul	*1 min* N/mm^2	*Zeitstandzugfestigkeit*	h	N/mm^2
Kriechmodul	*1000 h* N/mm^2	*Zeitdehnspg.* %	h	N/mm^2
bei Spannung	N/mm^2			

Biegeversuch 23 °C ISO R 178;
Probekörper: *Form* 80 x 10 x 4 mm; *Zustand* — *Herstellung* Pressen; *Vorbehandlung* Normalklima

Biegefestigkeit	N/mm^2	74	*E-Modul*	N/mm^2 2450
3,5% *Biegespannung*	N/mm^2			

Härte 23 °C *Probekörper:* *Zustand* — *Herstellung* Pressen; *Vorbehandlung* Normalklima

Kugeldruckhärte	N/mm^2 bei N, s	*Shore-Härte* A	
Rockwellhärte	R 107	*Shore-Härte* D	

Schlagversuch *Probekörper:* *(1)*; *(2)* V-Kerbe; *Zustand* — *Herstellung* Spritzgiessen; *Vorbehandlung* Normalklima

		°C		°C		°C		*Probekörper-Form*
Schlagzähigkeit	kJ/m^2							
Kerbschlagzähigkeit (1)	kJ/m^2							
IZOD-Kerbschlagzähigkeit (2)	J/m	23	309	-29	90			3.2 mm dick
Kerbschlagzugzähigkeit	kJ/m^2							

Abrieb und Reibung

Taber-Abrieb (Reibradverfahren) mm³/100 U
Abriebfaktor LNP (Thrust washer) Vergleichswert
Statische Reibungszahl
Dynamische Reibungszahl (p · v= N/mm² · m/min)
Zulässiger p · v Wert N/mm² · (m/min) v= m/min
v= m/min

Thermische Eigenschaften

Formbeständigkeit in der Wärme	*Verfahren*	A		91 °C
	Verfahren	B		101 °C
Vicat Erweichungstemperatur (VST)	*Verfahren*	B/50		97 °C
	Verfahren			°C
Kristallit-Schmelzpunkt	*Verfahren*			
Längenausdehnungskoeffizient	*Bereich*	20–60	°C	$0.85 \cdot 10^{-4} K^{-1}$
	Temperatur	°C		$\cdot 10^{-4} K^{-1}$
Wärmeleitfähigkeit	*Verfahren*			W/(K · m)
Spezifische Wärmekapazität	*Verfahren*			J/(K · g)
Glasumwandlungstemperatur	*Torsionsschwingungsversuch*		°C	
	Differentialkalorimetrie		°C	

Brandverhalten

UL-Test vertikal Dicke mm, Wert HB
Dicke mm, Wert

	Norm	*Bewertung*	*Abmessungen*
Sauerstoff-Index	ASTM D 2863	20%	
Glühstab-Verfahren			
Brandverhalten	DIN 4102		
MVSS			
FAR			

Elektrische Eigenschaften

		Hz	°C	*Probekörper, Form*
Dielektrizitätszahl		50		
		10^3		
		10^6		
Dielektrischer Verlustfaktor tan δ		50		
		10^3		
		10^6		
Spezifischer Durchgangs-widerstand	Ohm · cm			
Durchschlagfestigkeit	kV/mm			mm dick
Oberflächenwiderstand	Ohm			

Kriechstromfestigkeit KC KB KA
Elektrolytische Korrosionswirkung
Lichtbogenfestigkeit nach DIN
nach ASTM s

Beständigkeit *(Chemische Beständigkeit siehe Anhang)*

Wasseraufnahme

Feuchtigkeitsaufnahme Normalklima %
Wetterbeständigkeit

Spannungskorrosion

Optische Eigenschaften

Brechungszahl n_D
Transmissionsgrad τ_c % mm dick
Lichtdurchlässigkeit

Produkt	Acrylnitril-Butadien-Styrol-Polymerisat		**ABS**
Handelsname	**Cycolac DH**		
Hersteller	BORGWARNER		
DIN-Bez 1	16772-ABS,M,095-XX-10C		
DIN-Bez 2			
Zusätze		*Füllstoffe/ Verstärkung*	
Bevorzugte Verarbeitung	Spritzgiessen	*Lieferform*	Granulat
		Farben	Natur
Besondere Merkmale	Hohe Waermeformbestaendigkeit; Hohe Schlagzaehigkeit; Hohe Steifigkeit; Sehr gutes Fliessverhalten	*Bevorzugte Anwendungen*	Technisches Formteil

Dichte	g/cm³	1.05	*Schmelzindex*	g/10 min	:
Schüttdichte	g/cm³		*Volumenfließindex*	cm³/10 min	:
Viskositätszahl	ml/g				

Verarbeitungsbedingungen für Spritzgießen

Massetemp.	°C	*Schwindung*	%	lgs 0.6, quer 0.6
Werkzeugtemp.	°C	*Bemerkungen*		
Spritzdruck	bar			

Zugversuch 23 °C ISO R 527;
Probekörper: *Form* Typ 1/3.2 mm — *Herstellung* Spritzgiessen
Zustand — *Vorbehandlung* Normalklima

Streckspannung	N/mm²		*Dehnung bei Streckspannung*	%
Zugfestigkeit	N/mm²	49	*Reißdehnung*	%
Reißfestigkeit	N/mm²		*% Dehnspannung*	N/mm²
E-Modul	N/mm²	2480	*Dehnung bei % Dehnspg.*	%

Kriechmoduln und Zeitstandwerte 23 °C
Probekörper: *Form* — *Herstellung*
Zustand — *Vorbehandlung*

Kriechmodul	*1 min* N/mm²	*Zeitstandzugfestigkeit*	h N/mm²
Kriechmodul	*1000 h* N/mm²	*Zeitdehnspg.* %	h N/mm²
bei Spannung	N/mm²		

Biegeversuch 23 °C ISO R 178;
Probekörper: *Form* 80 x 10 x 4 mm — *Herstellung* Pressen
Zustand — *Vorbehandlung* Normalklima

Biegefestigkeit	N/mm²	87	*E-Modul*	N/mm² 2600
3,5% *Biegespannung*	N/mm²			

Härte 23 °C *Probekörper:* *Zustand* — *Herstellung* Pressen
Vorbehandlung Normalklima

Kugeldruckhärte	N/mm²	bei N, s	*Shore-Härte* A
Rockwellhärte	R 110		*Shore-Härte* D

Schlagversuch *Probekörper:* *(1)*
(2) V-Kerbe — *Herstellung* Spritzgiessen
Zustand — *Vorbehandlung* Normalklima

		°C	°C	°C	*Probekörper-Form*
Schlagzähigkeit	kJ/m²				
Kerbschlagzähigkeit (1)	kJ/m²				
IZOD-Kerbschlagzähigkeit (2)	J/m	23 210	-29 59		3.2 mm dick
Kerbschlagzugzähigkeit	kJ/m²				

Abrieb und Reibung

Taber-Abrieb (Reibradverfahren)	mm^3/100 U		
Abriebfaktor LNP (Thrust washer) Vergleichswert			
Statische Reibungszahl			
Dynamische Reibungszahl	(p · v =	N/mm^2 ·	m/min)
Zulässiger p · v Wert	N/mm^2 · (m/min)	v =	m/min
		v =	m/min

Thermische Eigenschaften

Formbeständigkeit in der Wärme	*Verfahren*	A		93 °C
	Verfahren	B		102 °C
Vicat Erweichungstemperatur (VST)	*Verfahren*	B/50		97 °C
	Verfahren			°C
Kristallit-Schmelzpunkt	*Verfahren*			
Längenausdehnungskoeffizient	*Bereich*	20–60	°C	$0.85 \cdot 10^{-4} K^{-1}$
	Temperatur	°C		$\cdot 10^{-4} K^{-1}$
Wärmeleitfähigkeit	*Verfahren*			W/(K · m)
Spezifische Wärmekapazität	*Verfahren*			J/(K · g)
Glasumwandlungstemperatur	*Torsionsschwingungsversuch*		°C	
	Differentialkalorimetrie		°C	

Brandverhalten

UL-Test vertikal	Dicke	mm, Wert HB
	Dicke	mm, Wert

	Norm	*Bewertung*	*Abmessungen*
Sauerstoff-Index	ASTM D 2863	20%	
Glühstab-Verfahren			
Brandverhalten	DIN 4102		
MVSS			
FAR			

Elektrische Eigenschaften

		Hz	°C	*Probekörper, Form*
Dielektrizitätszahl		50		
		10^3		
		10^6		
Dielektrischer Verlustfaktor tan δ		50		
		10^3		
		10^6		
Spezifischer Durchgangswiderstand	Ohm · cm			
Durchschlagfestigkeit	kV/mm			mm dick
Oberflächenwiderstand	Ohm			

Kriechstromfestigkeit	KC	KB	KA
Elektrolytische Korrosionswirkung			
Lichtbogenfestigkeit nach DIN			
nach ASTM	s		

Beständigkeit *(Chemische Beständigkeit siehe Anhang)*

Wasseraufnahme

Feuchtigkeitsaufnahme Normalklima %

Wetterbeständigkeit

Spannungskorrosion

Optische Eigenschaften

Brechungszahl n_D		
Transmissionsgrad τ_c	%	mm dick
Lichtdurchlässigkeit		

Datenbank-Nr.	**T05421**		Merkblatt-Nr. **3268**
Produkt	Acrylnitril-Butadien-Styrol-Polymerisat		**ABS**
Handelsname	**Cycolac EP Grau 3510**		
Hersteller	BORGWARNER		
DIN-Bez 1	16772-ABS,M,095-XX-15C		
DIN-Bez 2			
Zusätze		*Füllstoffe/ Verstärkung*	
Bevorzugte Verarbeitung	Spritzgiessen	*Lieferform*	Granulat
		Farben	Natur
Besondere Merkmale	Galvanotyp; Ausgezeichnete Haftung der Galvanoauflage; Leichte Verarbeitbarkeit	*Bevorzugte Anwendungen*	Technisches Formteil

Dichte	g/cm^3 1.06	*Schmelzindex*	g/10 min	18:	220/10
Schüttdichte	g/cm^3	*Volumenfließindex*	cm^3/10 min	:	
Viskositätszahl	ml/g				

Verarbeitungsbedingungen für Spritzgießen

Massetemp.	°C	*Schwindung*	%	lgs 0.7, quer 0.7
Werkzeugtemp.	°C	*Bemerkungen*		
Spritzdruck	bar			

Zugversuch 23 °C ISO R 527;

Probekörper: *Form* Typ 1 - 3.2 mm dick; *Zustand* — *Herstellung* Spritzgiessen; *Vorbehandlung* Normalklima

Streckspannung	N/mm^2	*Dehnung bei Streckspannung*	%
Zugfestigkeit	N/mm^2 41	*Reißdehnung*	%
Reißfestigkeit	N/mm^2	*% Dehnspannung*	N/mm^2
E-Modul	N/mm^2 2200	*Dehnung bei % Dehnspg.*	%

Kriechmoduln und Zeitstandwerte 23 °C

Probekörper: *Form*; *Zustand* — *Herstellung*; *Vorbehandlung*

Kriechmodul	*1 min* N/mm^2	*Zeitstandzugfestigkeit*	h N/mm^2
Kriechmodul	*1000 h* N/mm^2	*Zeitdehnspg.* %	h N/mm^2
bei Spannung	N/mm^2		

Biegeversuch 23 °C ISO R 178;

Probekörper: *Form* 80 x 10 x 4 mm; *Zustand* — *Herstellung* Spritzgiessen; *Vorbehandlung* Normalklima

Biegefestigkeit	N/mm^2 66	*E-Modul*	N/mm^2 2300
3,5% *Biegespannung*	N/mm^2		

Härte 23 °C *Probekörper:* *Zustand* — *Herstellung* Pressen; *Vorbehandlung* Normalklima

Kugeldruckhärte	N/mm^2 85 bei 358 N, 30 s	*Shore-Härte* A	
Rockwellhärte	R 103	*Shore-Härte* D	

Schlagversuch *Probekörper:* *(1)*; *(2)* V-Kerbe; *Zustand* — *Herstellung* Spritzgiessen; *Vorbehandlung* Normalklima

		°C		°C		°C		*Probekörper-Form*
Schlagzähigkeit	kJ/m^2							
Kerbschlagzähigkeit (1)	kJ/m^2							
IZOD-Kerbschlagzähigkeit (2)	J/m	23	300	-29	85			3.2 mm dick
Kerbschlagzugzähigkeit	kJ/m^2							

Abrieb und Reibung

Taber-Abrieb (Reibradverfahren)	mm^3/100 U		
Abriebfaktor LNP (Thrust washer) Vergleichswert			
Statische Reibungszahl			
Dynamische Reibungszahl	(p·v=	N/mm^2 ·	m/min)
Zulässiger p · v Wert	N/mm^2 · (m/min)	v=	m/min
		v=	m/min

Thermische Eigenschaften

Formbeständigkeit in der Wärme	*Verfahren*	A		88 °C
	Verfahren			°C
Vicat Erweichungstemperatur (VST)	*Verfahren*	B/50		92 °C
	Verfahren			°C
Kristallit-Schmelzpunkt	*Verfahren*			
Längenausdehnungskoeffizient	*Bereich*	20–60	°C	$0.95 \cdot 10^{-4} K^{-1}$
	Temperatur	°C		$\cdot 10^{-4} K^{-1}$
Wärmeleitfähigkeit	*Verfahren*			W/(K · m)
Spezifische Wärmekapazität	*Verfahren*			J/(K · g)
Glasumwandlungstemperatur	*Torsionsschwingungsversuch*		°C	
	Differentialkalorimetrie		°C	

Brandverhalten

UL-Test vertikal	Dicke	mm, Wert
	Dicke	mm, Wert

	Norm	*Bewertung*	*Abmessungen*
Sauerstoff-Index	ASTM D 2863		
Glühstab-Verfahren			
Brandverhalten	DIN 4102		
MVSS			
FAR			

Elektrische Eigenschaften

		Hz	°C	*Probekörper, Form*
Dielektrizitätszahl		50		
		10^3		
		10^6		
Dielektrischer Verlustfaktor tan δ		50		
		10^3		
		10^6		
Spezifischer Durchgangswiderstand	Ohm · cm			
Durchschlagfestigkeit	kV/mm			mm dick
Oberflächenwiderstand	Ohm			

Kriechstromfestigkeit	KC	KB	KA
Elektrolytische Korrosionswirkung			
Lichtbogenfestigkeit nach DIN			
nach ASTM	s		

Beständigkeit *(Chemische Beständigkeit siehe Anhang)*

Wasseraufnahme

Feuchtigkeitsaufnahme Normalklima %

Wetterbeständigkeit

Spannungskorrosion

Optische Eigenschaften

Brechungszahl n_D

Transmissionsgrad τ_c % mm dick

Lichtdurchlässigkeit

Datenbank-Nr.	**T05422**		Merkblatt-Nr. **3269**
Produkt	Acrylnitril-Butadien-Styrol-Polymerisat		**ABS**
Handelsname	**Cycolac EPH Grau 3560**		
Hersteller	BORGWARNER		
DIN-Bez 1	16772-ABS,M,095-XX-10C		
DIN-Bez 2			
Zusätze		*Füllstoffe/ Verstärkung*	
Bevorzugte Verarbeitung	Spritzgiessen	*Lieferform*	Granulat
		Farben	Natur
Besondere Merkmale	Galvanotyp; Verbessertes Verhalten im Waermewechseltest; Leichte Verarbeitbarkeit	*Bevorzugte Anwendungen*	Technisches Formteil; Teil fuer die Kfz-Industrie

Dichte	g/cm^3 1.06	*Schmelzindex*	g/10 min	15:	220/10
Schüttdichte	g/cm^3	*Volumenfließindex*	cm^3/10 min	:	
Viskositätszahl	ml/g				

Verarbeitungsbedingungen für Spritzgießen

Massetemp.	°C	*Schwindung*	% lgs 0.6, quer 0.6
Werkzeugtemp.	°C	*Bemerkungen*	
Spritzdruck	bar		

Zugversuch 23 °C ISO R 527;

Probekörper:	*Form*	Typ 1 - 3.2 mm dick	*Herstellung*	Spritzgiessen
	Zustand		*Vorbehandlung*	Normalklima

Streckspannung	N/mm^2	*Dehnung bei Streckspannung*	%
Zugfestigkeit	N/mm^2 49	*Reißdehnung*	%
Reißfestigkeit	N/mm^2	*% Dehnspannung*	N/mm^2
E-Modul	N/mm^2 2500	*Dehnung bei % Dehnspg.*	%

Kriechmoduln und Zeitstandwerte 23 °C

Probekörper:	*Form*	*Herstellung*	
	Zustand	*Vorbehandlung*	

Kriechmodul	*1 min* N/mm^2	*Zeitstandzugfestigkeit*	h N/mm^2
Kriechmodul	*1000 h* N/mm^2	*Zeitdehnspg. %*	h N/mm^2
bei Spannung	N/mm^2		

Biegeversuch 23 °C ISO R 178;

Probekörper:	*Form*	80 x 10 x 4 mm	*Herstellung*	Spritzgiessen
	Zustand		*Vorbehandlung*	Normalklima

Biegefestigkeit	N/mm^2 81	*E-Modul*	N/mm^2 2600
3,5% *Biegespannung*	N/mm^2		

Härte 23 °C

Probekörper:	*Zustand*	*Herstellung*	Pressen
		Vorbehandlung	Normalklima

Kugeldruckhärte	N/mm^2 90	bei 358 N, 30 s	*Shore-Härte*	A
Rockwellhärte	R 110		*Shore-Härte*	D

Schlagversuch

Probekörper:	*(1)*		
	(2) V-Kerbe	*Herstellung*	Spritzgiessen
	Zustand	*Vorbehandlung*	Normalklima

		°C		°C		°C		*Probekörper-Form*
Schlagzähigkeit	kJ/m^2							
Kerbschlagzähigkeit (1)	kJ/m^2							
IZOD-Kerbschlagzähigkeit (2)	J/m	23	210	-29	60			3.2 mm dick
Kerbschlagzugzähigkeit	kJ/m^2							

Abrieb und Reibung

Taber-Abrieb (Reibradverfahren)	$mm^3/100$ U		
Abriebfaktor LNP (Thrust washer) Vergleichswert			
Statische Reibungszahl			
Dynamische Reibungszahl	(p · v =	N/mm^2 ·	m/min)
Zulässiger p · v Wert	N/mm^2 · (m/min)	v =	m/min
		v =	m/min

Thermische Eigenschaften

Formbeständigkeit in der Wärme	*Verfahren*	A		92 °C
	Verfahren			°C
Vicat Erweichungstemperatur (VST)	*Verfahren*	B/50		96 °C
	Verfahren			°C
Kristallit-Schmelzpunkt	*Verfahren*			
Längenausdehnungskoeffizient	*Bereich*	20–60	°C	0.85 · $10^{-4}K^{-1}$
	Temperatur	°C		· $10^{-4}K^{-1}$
Wärmeleitfähigkeit	*Verfahren*			W/(K · m)
Spezifische Wärmekapazität	*Verfahren*			J/(K · g)
Glasumwandlungstemperatur	*Torsionsschwingungsversuch*		°C	
	Differentialkalorimetrie		°C	

Brandverhalten

UL-Test vertikal		Dicke mm, Wert	
		Dicke mm, Wert	
	Norm	*Bewertung*	*Abmessungen*
Sauerstoff-Index	ASTM D 2863		
Glühstab-Verfahren			
Brandverhalten	DIN 4102		
MVSS			
FAR			

Elektrische Eigenschaften

		Hz	°C		*Probekörper, Form*
Dielektrizitätszahl		50			
		10^3			
		10^6			
Dielektrischer Verlustfaktor tan δ		50			
		10^3			
		10^6			
Spezifischer Durchgangswiderstand	Ohm · cm				
Durchschlagfestigkeit	kV/mm				mm dick
Oberflächenwiderstand	Ohm				
Kriechstromfestigkeit		KC	KB	KA	
Elektrolytische Korrosionswirkung					
Lichtbogenfestigkeit nach DIN					
nach ASTM	s				

Beständigkeit *(Chemische Beständigkeit siehe Anhang)*

Wasseraufnahme

Feuchtigkeitsaufnahme Normalklima %

Wetterbeständigkeit

Spannungskorrosion

Optische Eigenschaften

Brechungszahl n_D

Transmissionsgrad τ_c % mm dick

Lichtdurchlässigkeit

Datenbank-Nr. **T05423** Merkblatt-Nr. **3270**

Produkt	Polyethylen hoher Dichte		**PE**
Handelsname	**Rigidex HM5420EP**		
Hersteller	BP		
DIN-Bez 1	16776-PE,BP,55-G022		
DIN-Bez 2			
Zusätze		*Füllstoffe/ Verstärkung*	
Bevorzugte Verarbeitung	Blasformen	*Lieferform*	Granulat
		Farben	Natur
Besondere Merkmale	Hohe Zaehigkeit	*Bevorzugte Anwendungen*	Grossbehaelter; Verpackung gefaehrlicher Gueter

Dichte	g/cm³	0.955	*Schmelzindex*	g/10 min	2:	190/21.6
Schüttdichte	g/cm³		*Volumenfließindex*	cm³/10 min	:	
Viskositätszahl	ml/g					

Verarbeitungsbedingungen für Spritzgießen

Massetemp.	°C	*Schwindung*	% lgs , quer
Werkzeugtemp.	°C	*Bemerkungen*	
Spritzdruck	bar		

Zugversuch 23 °C

Probekörper: *Form* *Zustand* — *Herstellung* *Vorbehandlung*

Streckspannung	N/mm²	*Dehnung bei Streckspannung*	%
Zugfestigkeit	N/mm²	*Reißdehnung*	%
Reißfestigkeit	N/mm²	*% Dehnspannung*	N/mm²
E-Modul	N/mm²	*Dehnung bei % Dehnspg.*	%

Kriechmoduln und Zeitstandwerte 23 °C

Probekörper: *Form* *Zustand* — *Herstellung* *Vorbehandlung*

Kriechmodul	*1 min* N/mm²	*Zeitstandzugfestigkeit*	h	N/mm²
Kriechmodul	*1000 h* N/mm²	*Zeitdehnspg.* %	h	N/mm²
bei Spannung	N/mm²			

Biegeversuch 23 °C

Probekörper: *Form* *Zustand* — *Herstellung* *Vorbehandlung*

Biegefestigkeit	N/mm²	*E-Modul*	N/mm²
3,5% *Biegespannung*	N/mm²		

Härte 23 °C *Probekörper:* *Zustand* — *Herstellung* *Vorbehandlung*

Kugeldruckhärte	N/mm² bei N, s	*Shore-Härte*	A
Rockwellhärte		*Shore-Härte*	D

Schlagversuch *Probekörper:* *(1)* *(2)* *Zustand* — *Herstellung* *Vorbehandlung*

		°C	°C	°C	*Probekörper-Form*
Schlagzähigkeit	kJ/m²				
Kerbschlagzähigkeit (1)	kJ/m²				
IZOD-Kerbschlagzähigkeit (2)	J/m				
Kerbschlagzugzähigkeit	kJ/m²				

Abrieb und Reibung

Taber-Abrieb (Reibradverfahren)	mm^3/100 U		
Abriebfaktor LNP (Thrust washer) Vergleichswert			
Statische Reibungszahl			
Dynamische Reibungszahl	(p·v=	N/mm^2 ·	m/min)
Zulässiger p · v Wert	N/mm^2 · (m/min)	v=	m/min
		v=	m/min

Thermische Eigenschaften

Formbeständigkeit in der Wärme	*Verfahren*		°C
	Verfahren		°C
Vicat Erweichungstemperatur (VST)	*Verfahren*		°C
	Verfahren		°C
Kristallit-Schmelzpunkt	*Verfahren*		
Längenausdehnungskoeffizient	*Bereich*	°C	$\cdot 10^{-4}K^{-1}$
	Temperatur		$\cdot 10^{-4}K^{-1}$
Wärmeleitfähigkeit	*Verfahren*		W/(K · m)
Spezifische Wärmekapazität	*Verfahren*		J/(K · g)
Glasumwandlungstemperatur	*Torsionsschwingungsversuch*	°C	
	Differentialkalorimetrie	°C	

Brandverhalten

UL-Test vertikal Dicke mm, Wert
Dicke mm, Wert

	Norm	*Bewertung*	*Abmessungen*
Sauerstoff-Index	ASTM D 2863		
Glühstab-Verfahren			
Brandverhalten	DIN 4102		
MVSS			
FAR			

Elektrische Eigenschaften

		Hz	°C		*Probekörper, Form*
Dielektrizitätszahl		50			
		10^3			
		10^6			
Dielektrischer Verlustfaktor tan δ		50			
		10^3			
		10^6			
Spezifischer Durchgangs-widerstand	Ohm · cm				
Durchschlagfestigkeit	kV/mm				mm dick
Oberflächenwiderstand	Ohm				
Kriechstromfestigkeit		KC	KB	KA	
Elektrolytische Korrosionswirkung					
Lichtbogenfestigkeit nach DIN					
nach ASTM	s				

Beständigkeit *(Chemische Beständigkeit siehe Anhang)*

Wasseraufnahme

Feuchtigkeitsaufnahme Normalklima %

Wetterbeständigkeit

Spannungskorrosion

Optische Eigenschaften

Brechungszahl n_D

Transmissionsgrad τ_c % mm dick

Lichtdurchlässigkeit

Produkt	Polyethylen hoher Dichte		**PE**
Handelsname	**Rigidex HM5420XP**		
Hersteller	BP		
DIN-Bez 1	16776-PE,BP,55-G022		
DIN-Bez 2			
Zusätze		*Füllstoffe/ Verstärkung*	
Bevorzugte Verarbeitung	Blasformen	*Lieferform*	Granulat
		Farben	Natur
Besondere Merkmale	Hohe Zaehigkeit; Hochstabilisierte Version von HM5420EP	*Bevorzugte Anwendungen*	Grossbehaelter; Verpackung gefaehrlicher Gueter

Dichte	g/cm³	0.955	*Schmelzindex*	g/10 min	2:	190/21.6
Schüttdichte	g/cm³		*Volumenfließindex*	cm³/10 min	:	
Viskositätszahl	ml/g					

Verarbeitungsbedingungen für Spritzgießen

Massetemp.	°C	*Schwindung*	% lgs , quer
Werkzeugtemp.	°C	*Bemerkungen*	
Spritzdruck	bar		

Zugversuch 23 °C

Probekörper: *Form* *Zustand* *Herstellung* *Vorbehandlung*

Streckspannung	N/mm²	*Dehnung bei Streckspannung*	%
Zugfestigkeit	N/mm²	*Reißdehnung*	%
Reißfestigkeit	N/mm²	*% Dehnspannung*	N/mm²
E-Modul	N/mm²	*Dehnung bei % Dehnspg.*	%

Kriechmoduln und Zeitstandwerte 23 °C

Probekörper: *Form* *Zustand* *Herstellung* *Vorbehandlung*

Kriechmodul	*1 min* N/mm²	*Zeitstandzugfestigkeit*	h N/mm²
Kriechmodul	*1000 h* N/mm²	*Zeitdehnspg.* %	h N/mm²
bei Spannung	N/mm²		

Biegeversuch 23 °C

Probekörper: *Form* *Zustand* *Herstellung* *Vorbehandlung*

Biegefestigkeit	N/mm²	*E-Modul*	N/mm²
3,5% *Biegespannung*	N/mm²		

Härte 23 °C *Probekörper:* *Zustand* *Herstellung* *Vorbehandlung*

Kugeldruckhärte	N/mm² bei N, s	*Shore-Härte* A	
Rockwellhärte		*Shore-Härte* D	

Schlagversuch *Probekörper:* *(1)* *(2)* *Zustand* *Herstellung* *Vorbehandlung*

	°C	°C	°C	*Probekörper-Form*
Schlagzähigkeit kJ/m²				
Kerbschlagzähigkeit (1) kJ/m²				
IZOD-Kerbschlagzähigkeit (2) J/m				
Kerbschlagzugzähigkeit kJ/m²				

Abrieb und Reibung

Taber-Abrieb (Reibradverfahren) mm³/100 U
Abriebfaktor LNP (Thrust washer) Vergleichswert
Statische Reibungszahl
Dynamische Reibungszahl (p · v= N/mm² · m/min)
Zulässiger p · v Wert N/mm² · (m/min) v= m/min
v= m/min

Thermische Eigenschaften

Formbeständigkeit in der Wärme *Verfahren* °C
Verfahren °C
Vicat Erweichungstemperatur (VST) *Verfahren* °C
Verfahren °C
Kristallit-Schmelzpunkt *Verfahren*

Längenausdehnungskoeffizient *Bereich* °C · $10^{-4}K^{-1}$
Temperatur · $10^{-4}K^{-1}$
Wärmeleitfähigkeit *Verfahren* W/(K · m)

Spezifische Wärmekapazität *Verfahren* J/(K · g)

Glasumwandlungstemperatur *Torsionsschwingungsversuch* °C
Differentialkalorimetrie °C

Brandverhalten

UL-Test vertikal Dicke mm, Wert
Dicke mm, Wert

	Norm	*Bewertung*	*Abmessungen*
Sauerstoff-Index	ASTM D 2863		
Glühstab-Verfahren			
Brandverhalten	DIN 4102		
MVSS			
FAR			

Elektrische Eigenschaften

	Hz	°C	*Probekörper, Form*
Dielektrizitätszahl	50		
	10^3		
	10^6		
Dielektrischer Verlustfaktor tan δ	50		
	10^3		
	10^6		

Spezifischer Durchgangswiderstand Ohm · cm
Durchschlagfestigkeit kV/mm mm dick
Oberflächenwiderstand Ohm

Kriechstromfestigkeit KC KB KA
Elektrolytische Korrosionswirkung
Lichtbogenfestigkeit nach DIN
nach ASTM s

Beständigkeit *(Chemische Beständigkeit siehe Anhang)*

Wasseraufnahme

Feuchtigkeitsaufnahme Normalklima %
Wetterbeständigkeit

Spannungskorrosion

Optische Eigenschaften

Brechungszahl n_D
Transmissionsgrad τ_c % mm dick
Lichtdurchlässigkeit

Datenbank-Nr. **T05425** Merkblatt-Nr. **3272**

Produkt	Polyethylen hoher Dichte		**PE**
Handelsname	**Rigidex HM5550EP**		
Hersteller	BP		
DIN-Bez 1	16776-PE,BP,55-G045		
DIN-Bez 2			
Zusätze		*Füllstoffe/ Verstärkung*	
Bevorzugte Verarbeitung	Blasformen	*Lieferform*	Granulat
		Farben	Natur
Besondere Merkmale		*Bevorzugte Anwendungen*	Grossbehaelter fuer allgemeine Verwendungen

Dichte	g/cm³ 0.956	*Schmelzindex*	g/10 min	5:	190/21.6
Schüttdichte	g/cm³	*Volumenfließindex*	cm³/10 min	:	
Viskositätszahl	ml/g				

Verarbeitungsbedingungen für Spritzgießen

Massetemp.	°C	*Schwindung*	% lgs , quer
Werkzeugtemp.	°C	*Bemerkungen*	
Spritzdruck	bar		

Zugversuch 23 °C

Probekörper: *Form* *Zustand* *Herstellung* *Vorbehandlung*

Streckspannung	N/mm²	*Dehnung bei Streckspannung*	%
Zugfestigkeit	N/mm²	*Reißdehnung*	%
Reißfestigkeit	N/mm²	*% Dehnspannung*	N/mm²
E-Modul	N/mm²	*Dehnung bei % Dehnspg.*	%

Kriechmoduln und Zeitstandwerte 23 °C

Probekörper: *Form* *Zustand* *Herstellung* *Vorbehandlung*

Kriechmodul	*1 min* N/mm²	*Zeitstandzugfestigkeit*	h N/mm²
Kriechmodul	*1000 h* N/mm²	*Zeitdehnspg. %*	h N/mm²
bei Spannung	N/mm²		

Biegeversuch 23 °C

Probekörper: *Form* *Zustand* *Herstellung* *Vorbehandlung*

Biegefestigkeit	N/mm²	*E-Modul*	N/mm²
3,5% *Biegespannung*	N/mm²		

Härte 23 °C *Probekörper:* *Zustand* *Herstellung* *Vorbehandlung*

Kugeldruckhärte	N/mm² bei N, s	*Shore-Härte*	A
Rockwellhärte		*Shore-Härte*	D

Schlagversuch *Probekörper:* *(1)* *(2)* *Zustand* *Herstellung* *Vorbehandlung*

	°C	°C	°C	*Probekörper-Form*
Schlagzähigkeit kJ/m²				
Kerbschlagzähigkeit (1) kJ/m²				
IZOD-Kerbschlagzähigkeit (2) J/m				
Kerbschlagzugzähigkeit kJ/m²				

Abrieb und Reibung

Taber-Abrieb (Reibradverfahren)	mm^3/100 U		
Abriebfaktor LNP (Thrust washer) Vergleichswert			
Statische Reibungszahl			
Dynamische Reibungszahl	(p·v=	N/mm^2 ·	m/min)
Zulässiger p · v Wert	N/mm^2 · (m/min)	v=	m/min
		v=	m/min

Thermische Eigenschaften

Formbeständigkeit in der Wärme	*Verfahren*			°C
	Verfahren			°C
Vicat Erweichungstemperatur (VST)	*Verfahren*			°C
	Verfahren			°C
Kristallit-Schmelzpunkt	*Verfahren*			
Längenausdehnungskoeffizient	*Bereich*	°C		$\cdot 10^{-4}K^{-1}$
	Temperatur			$\cdot 10^{-4}K^{-1}$
Wärmeleitfähigkeit	*Verfahren*			W/(K · m)
Spezifische Wärmekapazität	*Verfahren*			J/(K · g)
Glasumwandlungstemperatur	*Torsionsschwingungsversuch*		°C	
	Differentialkalorimetrie		°C	

Brandverhalten

UL-Test vertikal	Dicke	mm, Wert
	Dicke	mm, Wert

	Norm	*Bewertung*	*Abmessungen*
Sauerstoff-Index	ASTM D 2863		
Glühstab-Verfahren			
Brandverhalten	DIN 4102		
MVSS			
FAR			

Elektrische Eigenschaften

		Hz	°C		*Probekörper, Form*
Dielektrizitätszahl		50			
		10^3			
		10^6			
Dielektrischer Verlustfaktor tan δ		50			
		10^3			
		10^6			
Spezifischer Durchgangs-widerstand	Ohm · cm				
Durchschlagfestigkeit	kV/mm				mm dick
Oberflächenwiderstand	Ohm				
Kriechstromfestigkeit		KC	KB	KA	
Elektrolytische Korrosionswirkung					
Lichtbogenfestigkeit nach DIN					
nach ASTM	s				

Beständigkeit *(Chemische Beständigkeit siehe Anhang)*

Wasseraufnahme

Feuchtigkeitsaufnahme Normalklima %

Wetterbeständigkeit

Spannungskorrosion

Optische Eigenschaften

Brechungszahl n_D		
Transmissionsgrad τ_c	%	mm dick
Lichtdurchlässigkeit		

Datenbank-Nr. **T05426** Merkblatt-Nr. **3273**

Produkt	Polyethylen hoher Dichte		**PE**
Handelsname	**Rigidex HM4560EP**		
Hersteller	BP		
DIN-Bez 1	16776-PE,BP,45-G045		
DIN-Bez 2			
Zusätze		*Füllstoffe/ Verstärkung*	
Bevorzugte Verarbeitung	Blasformen	*Lieferform*	Granulat
		Farben	Natur
Besondere Merkmale	Sehr gute Spannungsrissbestaendigkeit	*Bevorzugte Anwendungen*	Grossbehaelter; Verpackung gefaehrlicher Gueter; Kfz-Tank

Dichte	g/cm^3	0.947	*Schmelzindex*	g/10 min	6:	190/21.6
Schüttdichte	g/cm^3		*Volumenfließindex*	$cm^3/10$ min	:	
Viskositätszahl	ml/g					

Verarbeitungsbedingungen für Spritzgießen

Massetemp.	°C	*Schwindung*	% lgs , quer
Werkzeugtemp.	°C	*Bemerkungen*	
Spritzdruck	bar		

Zugversuch 23 °C

Probekörper: *Form* *Zustand* — *Herstellung* *Vorbehandlung*

Streckspannung	N/mm^2	*Dehnung bei Streckspannung*	%
Zugfestigkeit	N/mm^2	*Reißdehnung*	%
Reißfestigkeit	N/mm^2	*% Dehnspannung*	N/mm^2
E-Modul	N/mm^2	*Dehnung bei % Dehnspg.*	%

Kriechmoduln und Zeitstandwerte 23 °C

Probekörper: *Form* *Zustand* — *Herstellung* *Vorbehandlung*

Kriechmodul	*1 min* N/mm^2	*Zeitstandzugfestigkeit*	h N/mm^2
Kriechmodul	*1000 h* N/mm^2	*Zeitdehnspg. %*	h N/mm^2
bei Spannung	N/mm^2		

Biegeversuch 23 °C

Probekörper: *Form* *Zustand* — *Herstellung* *Vorbehandlung*

Biegefestigkeit	N/mm^2	*E-Modul*	N/mm^2
3,5% *Biegespannung*	N/mm^2		

Härte 23 °C *Probekörper:* *Zustand* — *Herstellung* *Vorbehandlung*

Kugeldruckhärte	N/mm^2 bei N, s	*Shore-Härte* A
Rockwellhärte		*Shore-Härte* D

Schlagversuch *Probekörper:* *(1)* *(2)* *Zustand* — *Herstellung* *Vorbehandlung*

	°C	°C	°C	*Probekörper-Form*
Schlagzähigkeit	kJ/m^2			
Kerbschlagzähigkeit (1)	kJ/m^2			
IZOD-Kerbschlagzähigkeit (2)	J/m			
Kerbschlagzugzähigkeit	kJ/m^2			

Abrieb und Reibung

Taber-Abrieb (Reibradverfahren)	mm^3/100 U		
Abriebfaktor LNP (Thrust washer) Vergleichswert			
Statische Reibungszahl			
Dynamische Reibungszahl	(p · v=	N/mm^2 ·	m/min)
Zulässiger p · v Wert	N/mm^2 · (m/min)	v=	m/min
		v=	m/min

Thermische Eigenschaften

Formbeständigkeit in der Wärme	*Verfahren*		°C
	Verfahren		°C
Vicat Erweichungstemperatur (VST)	*Verfahren*		°C
	Verfahren		°C
Kristallit-Schmelzpunkt	*Verfahren*		
Längenausdehnungskoeffizient	*Bereich*	°C	$\cdot 10^{-4}K^{-1}$
	Temperatur		$\cdot 10^{-4}K^{-1}$
Wärmeleitfähigkeit	*Verfahren*		W/(K · m)
Spezifische Wärmekapazität	*Verfahren*		J/(K · g)
Glasumwandlungstemperatur	*Torsionsschwingungsversuch*	°C	
	Differentialkalorimetrie	°C	

Brandverhalten

UL-Test vertikal	Dicke	mm, Wert
	Dicke	mm, Wert

	Norm	*Bewertung*	*Abmessungen*
Sauerstoff-Index	ASTM D 2863		
Glühstab-Verfahren			
Brandverhalten	DIN 4102		
MVSS			
FAR			

Elektrische Eigenschaften

		Hz	°C			*Probekörper, Form*
Dielektrizitätszahl		50				
		10^3				
		10^6				
Dielektrischer Verlustfaktor tan δ		50				
		10^3				
		10^6				
Spezifischer Durchgangs-widerstand	Ohm · cm					
Durchschlagfestigkeit	kV/mm					mm dick
Oberflächenwiderstand	Ohm					
Kriechstromfestigkeit		KC		KB	KA	
Elektrolytische Korrosionswirkung						
Lichtbogenfestigkeit nach DIN						
nach ASTM	s					

Beständigkeit *(Chemische Beständigkeit siehe Anhang)*

Wasseraufnahme	
Feuchtigkeitsaufnahme Normalklima	%
Wetterbeständigkeit	
Spannungskorrosion	

Optische Eigenschaften

Brechungszahl n_D		
Transmissionsgrad τ_c	%	mm dick
Lichtdurchlässigkeit		

Produkt	Polyethylen hoher Dichte		**PE**
Handelsname	**Rigidex HM5590EA**		
Hersteller	BP		
DIN-Bez 1	16776-PE,BG,55-G090		
DIN-Bez 2			
Zusätze		*Füllstoffe/ Verstärkung*	
Bevorzugte Verarbeitung	Blasformen	*Lieferform*	Granulat
		Farben	Natur
Besondere Merkmale		*Bevorzugte Anwendungen*	Behaelter fuer allgemeine Verwendungen im Bereich von 1 bis100 l

Dichte	g/cm^3	0.956	*Schmelzindex*	g/10 min	9: 190/21.6
Schüttdichte	g/cm^3		*Volumenfließindex*	cm^3/10 min	:
Viskositätszahl	ml/g				

Verarbeitungsbedingungen für Spritzgießen

Massetemp.	°C	*Schwindung*	% lgs , quer
Werkzeugtemp.	°C	*Bemerkungen*	
Spritzdruck	bar		

Zugversuch 23 °C

Probekörper: *Form* / *Zustand* — *Herstellung* / *Vorbehandlung*

Streckspannung	N/mm^2	*Dehnung bei Streckspannung*	%
Zugfestigkeit	N/mm^2	*Reißdehnung*	%
Reißfestigkeit	N/mm^2	*% Dehnspannung*	N/mm^2
E-Modul	N/mm^2	*Dehnung bei % Dehnspg.*	%

Kriechmoduln und Zeitstandwerte 23 °C

Probekörper: *Form* / *Zustand* — *Herstellung* / *Vorbehandlung*

Kriechmodul	*1 min* N/mm^2	*Zeitstandzugfestigkeit*	h N/mm^2
Kriechmodul	*1000 h* N/mm^2	*Zeitdehnspg. %*	h N/mm^2
bei Spannung	N/mm^2		

Biegeversuch 23 °C

Probekörper: *Form* / *Zustand* — *Herstellung* / *Vorbehandlung*

Biegefestigkeit	N/mm^2	*E-Modul*	N/mm^2
3,5% *Biegespannung*	N/mm^2		

Härte 23 °C *Probekörper:* *Zustand* — *Herstellung* / *Vorbehandlung*

Kugeldruckhärte	N/mm^2 bei N, s	*Shore-Härte*	A
Rockwellhärte		*Shore-Härte*	D

Schlagversuch *Probekörper:* *(1)* / *(2)* / *Zustand* — *Herstellung* / *Vorbehandlung*

		°C	°C	°C	*Probekörper-Form*
Schlagzähigkeit	kJ/m^2				
Kerbschlagzähigkeit (1)	kJ/m^2				
IZOD-Kerbschlagzähigkeit (2)	J/m				
Kerbschlagzugzähigkeit	kJ/m^2				

Abrieb und Reibung

Taber-Abrieb (Reibradverfahren) mm³/100 U
Abriebfaktor LNP (Thrust washer) Vergleichswert
Statische Reibungszahl
Dynamische Reibungszahl (p · v = N/mm² · m/min)
Zulässiger p · v Wert N/mm² · (m/min) v = m/min
v = m/min

Thermische Eigenschaften

Formbeständigkeit in der Wärme	*Verfahren*		°C
	Verfahren		°C
Vicat Erweichungstemperatur (VST)	*Verfahren*		°C
	Verfahren		°C
Kristallit-Schmelzpunkt	*Verfahren*		
Längenausdehnungskoeffizient	*Bereich*	°C	$\cdot 10^{-4} K^{-1}$
	Temperatur		$\cdot 10^{-4} K^{-1}$
Wärmeleitfähigkeit	*Verfahren*		W/(K · m)
Spezifische Wärmekapazität	*Verfahren*		J/(K · g)
Glasumwandlungstemperatur	*Torsionsschwingungsversuch*	°C	
	Differentialkalorimetrie	°C	

Brandverhalten

UL-Test vertikal Dicke mm, Wert
Dicke mm, Wert

	Norm	*Bewertung*	*Abmessungen*
Sauerstoff-Index	ASTM D 2863		
Glühstab-Verfahren			
Brandverhalten	DIN 4102		
MVSS			
FAR			

Elektrische Eigenschaften

		Hz	°C	*Probekörper, Form*
Dielektrizitätszahl		50		
		10^3		
		10^6		
Dielektrischer Verlustfaktor tan δ		50		
		10^3		
		10^6		
Spezifischer Durchgangswiderstand	Ohm · cm			
Durchschlagfestigkeit	kV/mm			mm dick
Oberflächenwiderstand	Ohm			

Kriechstromfestigkeit KC KB KA
Elektrolytische Korrosionswirkung
Lichtbogenfestigkeit nach DIN
nach ASTM s

Beständigkeit *(Chemische Beständigkeit siehe Anhang)*

Wasseraufnahme

Feuchtigkeitsaufnahme Normalklima %
Wetterbeständigkeit

Spannungskorrosion

Optische Eigenschaften

Brechungszahl n_D
Transmissionsgrad τ_c % mm dick
Lichtdurchlässigkeit

Produkt	Polyethylen hoher Dichte		**PE**
Handelsname	**Rigidex HM5411EA**		
Hersteller	BP		
DIN-Bez 1	16776-PE,BG,50-G090		
DIN-Bez 2			
Zusätze		*Füllstoffe/ Verstärkung*	
Bevorzugte Verarbeitung	Blasformen	*Lieferform*	Granulat
		Farben	Natur
Besondere Merkmale	Gute Spannungsrissbestaendigkeit	*Bevorzugte Anwendungen*	Mittlerer und grosser Behaelter; Verpackung gefaehrlicher Gueter

Dichte	g/cm³	0.952	*Schmelzindex*	g/10 min	10:	190/21.6
Schüttdichte	g/cm³		*Volumenfließindex*	cm³/10 min	:	
Viskositätszahl	ml/g					

Verarbeitungsbedingungen für Spritzgießen

Massetemp.	°C	*Schwindung*	% lgs , quer
Werkzeugtemp.	°C	*Bemerkungen*	
Spritzdruck	bar		

Zugversuch 23 °C

Probekörper: *Form* *Zustand* — *Herstellung* *Vorbehandlung*

Streckspannung	N/mm²	*Dehnung bei Streckspannung*	%
Zugfestigkeit	N/mm²	*Reißdehnung*	%
Reißfestigkeit	N/mm²	*% Dehnspannung*	N/mm²
E-Modul	N/mm²	*Dehnung bei % Dehnspg.*	%

Kriechmoduln und Zeitstandwerte 23 °C

Probekörper: *Form* *Zustand* — *Herstellung* *Vorbehandlung*

Kriechmodul	*1 min* N/mm²	*Zeitstandzugfestigkeit*	h N/mm²
Kriechmodul	*1000 h* N/mm²	*Zeitdehnspg. %*	h N/mm²
bei Spannung	N/mm²		

Biegeversuch 23 °C

Probekörper: *Form* *Zustand* — *Herstellung* *Vorbehandlung*

Biegefestigkeit	N/mm²	*E-Modul*	N/mm²
3,5% *Biegespannung*	N/mm²		

Härte 23 °C *Probekörper:* *Zustand* — *Herstellung* *Vorbehandlung*

Kugeldruckhärte	N/mm² bei N, s	*Shore-Härte* A
Rockwellhärte		*Shore-Härte* D

Schlagversuch *Probekörper:* *(1)* *(2)* *Zustand* — *Herstellung* *Vorbehandlung*

		°C	°C	°C	*Probekörper-Form*
Schlagzähigkeit	kJ/m²				
Kerbschlagzähigkeit (1)	kJ/m²				
IZOD-Kerbschlagzähigkeit (2)	J/m				
Kerbschlagzugzähigkeit	kJ/m²				

Abrieb und Reibung

Taber-Abrieb (Reibradverfahren) mm^3/100 U
Abriebfaktor LNP (Thrust washer) Vergleichswert
Statische Reibungszahl
Dynamische Reibungszahl ($p \cdot v =$ $N/mm^2 \cdot$ m/min)
Zulässiger p · v Wert $N/mm^2 \cdot$ (m/min) v= m/min
v= m/min

Thermische Eigenschaften

Formbeständigkeit in der Wärme	*Verfahren*		°C
	Verfahren		°C
Vicat Erweichungstemperatur (VST)	*Verfahren*		°C
	Verfahren		°C
Kristallit-Schmelzpunkt	*Verfahren*		
Längenausdehnungskoeffizient	*Bereich*	°C	$\cdot 10^{-4} K^{-1}$
	Temperatur		$\cdot 10^{-4} K^{-1}$
Wärmeleitfähigkeit	*Verfahren*		W/(K · m)
Spezifische Wärmekapazität	*Verfahren*		J/(K · g)
Glasumwandlungstemperatur	*Torsionsschwingungsversuch*	°C	
	Differentialkalorimetrie	°C	

Brandverhalten

UL-Test vertikal Dicke mm, Wert
Dicke mm, Wert

	Norm	*Bewertung*	*Abmessungen*
Sauerstoff-Index	ASTM D 2863		
Glühstab-Verfahren			
Brandverhalten	DIN 4102		
MVSS			
FAR			

Elektrische Eigenschaften

		Hz	°C			*Probekörper, Form*
Dielektrizitätszahl		50				
		10^3				
		10^6				
Dielektrischer Verlustfaktor tan δ		50				
		10^3				
		10^6				
Spezifischer Durchgangswiderstand	Ohm · cm					
Durchschlagfestigkeit	kV/mm					mm dick
Oberflächenwiderstand	Ohm					
Kriechstromfestigkeit		KC		KB	KA	
Elektrolytische Korrosionswirkung						
Lichtbogenfestigkeit nach DIN						
nach ASTM	s					

Beständigkeit *(Chemische Beständigkeit siehe Anhang)*

Wasseraufnahme

Feuchtigkeitsaufnahme Normalklima %
Wetterbeständigkeit

Spannungskorrosion

Optische Eigenschaften

Brechungszahl n_D
Transmissionsgrad τ_c % mm dick
Lichtdurchlässigkeit

Datenbank-Nr. **T05429** *Merkblatt-Nr.* **3276**

Produkt	Polyethylen hoher Dichte		**PE**
Handelsname	**Rigidex HM5411UA**		
Hersteller	BP		
DIN-Bez 1	16776-PE,BGL,50-G090		
DIN-Bez 2			
Zusätze	UV-Stabilisator	*Füllstoffe/ Verstärkung*	
Bevorzugte Verarbeitung	Blasformen	*Lieferform*	Granulat
		Farben	Natur
Besondere Merkmale	Verbesserte Lichtbestaendigkeit	*Bevorzugte Anwendungen*	Mittlerer und grosser Behaelter; Verpackung gefaehrlicher Gueter

Dichte	g/cm^3	0.952	*Schmelzindex*	g/10 min	10:	190/21.6
Schüttdichte	g/cm^3		*Volumenfließindex*	$cm^3/10$ min	:	
Viskositätszahl	ml/g					

Verarbeitungsbedingungen für Spritzgießen

Massetemp.	°C	*Schwindung*	% lgs , quer
Werkzeugtemp.	°C	*Bemerkungen*	
Spritzdruck	bar		

Zugversuch 23 °C

Probekörper: *Form* / *Zustand* — *Herstellung* / *Vorbehandlung*

Streckspannung	N/mm^2	*Dehnung bei Streckspannung*	%
Zugfestigkeit	N/mm^2	*Reißdehnung*	%
Reißfestigkeit	N/mm^2	*% Dehnspannung*	N/mm^2
E-Modul	N/mm^2	*Dehnung bei % Dehnspg.*	%

Kriechmoduln und Zeitstandwerte 23 °C

Probekörper: *Form* / *Zustand* — *Herstellung* / *Vorbehandlung*

Kriechmodul	*1 min* N/mm^2	*Zeitstandzugfestigkeit*	h	N/mm^2
Kriechmodul	*1000 h* N/mm^2	*Zeitdehnspg. %*	h	N/mm^2
bei Spannung	N/mm^2			

Biegeversuch 23 °C

Probekörper: *Form* / *Zustand* — *Herstellung* / *Vorbehandlung*

Biegefestigkeit	N/mm^2	*E-Modul*	N/mm^2
3,5% *Biegespannung*	N/mm^2		

Härte 23 °C *Probekörper:* *Zustand* — *Herstellung* / *Vorbehandlung*

Kugeldruckhärte	N/mm^2 bei N, s	*Shore-Härte* A
Rockwellhärte		*Shore-Härte* D

Schlagversuch *Probekörper:* *(1)* / *(2)* / *Zustand* — *Herstellung* / *Vorbehandlung*

	°C	°C	°C	*Probekörper-Form*
Schlagzähigkeit kJ/m^2				
Kerbschlagzähigkeit (1) kJ/m^2				
IZOD-Kerbschlagzähigkeit (2) J/m				
Kerbschlagzugzähigkeit kJ/m^2				

Abrieb und Reibung

Taber-Abrieb (Reibradverfahren)	mm^3/100 U		
Abriebfaktor LNP (Thrust washer) Vergleichswert			
Statische Reibungszahl			
Dynamische Reibungszahl	(p·v=	N/mm^2·	m/min)
Zulässiger p · v Wert	N/mm^2·(m/min)	v=	m/min
		v=	m/min

Thermische Eigenschaften

Formbeständigkeit in der Wärme	*Verfahren*			°C
	Verfahren			°C
Vicat Erweichungstemperatur (VST)	*Verfahren*			°C
	Verfahren			°C
Kristallit-Schmelzpunkt	*Verfahren*			
Längenausdehnungskoeffizient	*Bereich*	°C		$\cdot 10^{-4}K^{-1}$
	Temperatur			$\cdot 10^{-4}K^{-1}$
Wärmeleitfähigkeit	*Verfahren*			W/(K · m)
Spezifische Wärmekapazität	*Verfahren*			J/(K · g)
Glasumwandlungstemperatur	*Torsionsschwingungsversuch*		°C	
	Differentialkalorimetrie		°C	

Brandverhalten

UL-Test vertikal		Dicke	mm, Wert
		Dicke	mm, Wert

	Norm	*Bewertung*	*Abmessungen*
Sauerstoff-Index	ASTM D 2863		
Glühstab-Verfahren			
Brandverhalten	DIN 4102		
MVSS			
FAR			

Elektrische Eigenschaften

		Hz	°C		*Probekörper, Form*
Dielektrizitätszahl		50			
		10^3			
		10^6			
Dielektrischer Verlustfaktor tan δ		50			
		10^3			
		10^6			
Spezifischer Durchgangswiderstand	Ohm · cm				
Durchschlagfestigkeit	kV/mm				mm dick
Oberflächenwiderstand	Ohm				
Kriechstromfestigkeit		KC	KB	KA	
Elektrolytische Korrosionswirkung					
Lichtbogenfestigkeit nach DIN					
nach ASTM	s				

Beständigkeit *(Chemische Beständigkeit siehe Anhang)*

Wasseraufnahme

Feuchtigkeitsaufnahme Normalklima %

Wetterbeständigkeit

Spannungskorrosion

Optische Eigenschaften

Brechungszahl n_D		
Transmissionsgrad τ_c	%	mm dick
Lichtdurchlässigkeit		

Produkt	Polyethylen hoher Dichte		**PE**
Handelsname	**Rigidex HM4311EA**		
Hersteller	BP		
DIN-Bez 1	16776-PE,BG,45-G090		
DIN-Bez 2			
Zusätze		*Füllstoffe/ Verstärkung*	
Bevorzugte Verarbeitung	Blasformen	*Lieferform*	Granulat
		Farben	Natur
Besondere Merkmale	Sehr gute Spannungsrissbestaendigkeit	*Bevorzugte Anwendungen*	Behaelter von 1 bis 100 l Inhalt

Dichte	g/cm³	0.945	*Schmelzindex*	g/10 min	11:	190/21.6
Schüttdichte	g/cm³		*Volumenfließindex*	cm³/10 min	:	
Viskositätszahl	ml/g					

Verarbeitungsbedingungen für Spritzgießen

Massetemp.	°C	*Schwindung*	% lgs , quer
Werkzeugtemp.	°C	*Bemerkungen*	
Spritzdruck	bar		

Zugversuch 23 °C

Probekörper: *Form* *Zustand* — *Herstellung* *Vorbehandlung*

Streckspannung	N/mm²	*Dehnung bei Streckspannung*	%
Zugfestigkeit	N/mm²	*Reißdehnung*	%
Reißfestigkeit	N/mm²	*% Dehnspannung*	N/mm²
E-Modul	N/mm²	*Dehnung bei % Dehnspg.*	%

Kriechmoduln und Zeitstandwerte 23 °C

Probekörper: *Form* *Zustand* — *Herstellung* *Vorbehandlung*

Kriechmodul	*1 min* N/mm²	*Zeitstandzugfestigkeit*	h N/mm²
Kriechmodul	*1000 h* N/mm²	*Zeitdehnspg. %*	h N/mm²
bei Spannung	N/mm²		

Biegeversuch 23 °C

Probekörper: *Form* *Zustand* — *Herstellung* *Vorbehandlung*

Biegefestigkeit	N/mm²	*E-Modul*	N/mm²
3,5% *Biegespannung*	N/mm²		

Härte 23 °C *Probekörper:* *Zustand* — *Herstellung* *Vorbehandlung*

Kugeldruckhärte	N/mm² bei N, s	*Shore-Härte* A	
Rockwellhärte		*Shore-Härte* D	

Schlagversuch *Probekörper:* *(1)* *(2)* *Zustand* — *Herstellung* *Vorbehandlung*

	°C	°C	°C	*Probekörper-Form*
Schlagzähigkeit kJ/m²				
Kerbschlagzähigkeit (1) kJ/m²				
IZOD-Kerbschlagzähigkeit (2) J/m				
Kerbschlagzugzähigkeit kJ/m²				

Abrieb und Reibung

Taber-Abrieb (Reibradverfahren) mm^3/100 U
Abriebfaktor LNP (Thrust washer) Vergleichswert
Statische Reibungszahl
Dynamische Reibungszahl (p·v= N/mm^2· m/min)
Zulässiger p·v Wert N/mm^2·(m/min) v= m/min
v= m/min

Thermische Eigenschaften

Formbeständigkeit in der Wärme *Verfahren* °C
Verfahren °C
Vicat Erweichungstemperatur (VST) *Verfahren* °C
Verfahren °C
Kristallit-Schmelzpunkt *Verfahren*

Längenausdehnungskoeffizient *Bereich* °C $\cdot 10^{-4}K^{-1}$
Temperatur $\cdot 10^{-4}K^{-1}$
Wärmeleitfähigkeit *Verfahren* W/(K·m)

Spezifische Wärmekapazität *Verfahren* J/(K·g)

Glasumwandlungstemperatur *Torsionsschwingungsversuch* °C
Differentialkalorimetrie °C

Brandverhalten

UL-Test vertikal Dicke mm, Wert
Dicke mm, Wert

	Norm	*Bewertung*	*Abmessungen*
Sauerstoff-Index	ASTM D 2863		
Glühstab-Verfahren			
Brandverhalten	DIN 4102		
MVSS			
FAR			

Elektrische Eigenschaften

	Hz	°C	*Probekörper, Form*
Dielektrizitätszahl	50		
	10^3		
	10^6		
Dielektrischer Verlustfaktor tan δ	50		
	10^3		
	10^6		

Spezifischer Durchgangs-widerstand Ohm·cm
Durchschlagfestigkeit kV/mm mm dick
Oberflächenwiderstand Ohm

Kriechstromfestigkeit KC KB KA
Elektrolytische Korrosionswirkung
Lichtbogenfestigkeit nach DIN
nach ASTM s

Beständigkeit *(Chemische Beständigkeit siehe Anhang)*

Wasseraufnahme

Feuchtigkeitsaufnahme Normalklima %
Wetterbeständigkeit

Spannungskorrosion

Optische Eigenschaften

Brechungszahl n_D
Transmissionsgrad τ_c % mm dick
Lichtdurchlässigkeit

Produkt	Polyethylen hoher Dichte		**PE**
Handelsname	**Rigidex HD4702EA**		
Hersteller	BP		
DIN-Bez 1	16776-PE,BG,50-G001		
DIN-Bez 2	16776-PE,EG,50-G001		
Zusätze		*Füllstoffe/ Verstärkung*	
Bevorzugte Verarbeitung	Blasformen; Extrudieren	*Lieferform*	Granulat
		Farben	Natur
Besondere Merkmale		*Bevorzugte Anwendungen*	Detergentienflasche; Technisches Formteil; Formstueck; Platte

Dichte	g/cm^3	0.948	*Schmelzindex*	g/10 min	0.2:	190/2.16
Schüttdichte	g/cm^3		*Volumenfließindex*	cm^3/10 min	:	
Viskositätszahl	ml/g					

Verarbeitungsbedingungen für Spritzgießen

Massetemp.	°C	*Schwindung*	% lgs , quer
Werkzeugtemp.	°C	*Bemerkungen*	
Spritzdruck	bar		

Zugversuch 23 °C

Probekörper: *Form* *Zustand* *Herstellung* *Vorbehandlung*

Streckspannung	N/mm^2	*Dehnung bei Streckspannung*	%
Zugfestigkeit	N/mm^2	*Reißdehnung*	%
Reißfestigkeit	N/mm^2	*% Dehnspannung*	N/mm^2
E-Modul	N/mm^2	*Dehnung bei % Dehnspg.*	%

Kriechmoduln und Zeitstandwerte 23 °C

Probekörper: *Form* *Zustand* *Herstellung* *Vorbehandlung*

Kriechmodul	*1 min* N/mm^2	*Zeitstandzugfestigkeit*	h	N/mm^2
Kriechmodul	*1000 h* N/mm^2	*Zeitdehnspg.* %	h	N/mm^2
bei Spannung	N/mm^2			

Biegeversuch 23 °C

Probekörper: *Form* *Zustand* *Herstellung* *Vorbehandlung*

Biegefestigkeit	N/mm^2	*E-Modul*	N/mm^2
3,5% *Biegespannung*	N/mm^2		

Härte 23 °C *Probekörper:* *Zustand* *Herstellung* *Vorbehandlung*

Kugeldruckhärte	N/mm^2 bei N, s	*Shore-Härte* A
Rockwellhärte		*Shore-Härte* D

Schlagversuch *Probekörper:* *(1)* *(2)* *Zustand* *Herstellung* *Vorbehandlung*

	°C	°C	°C	*Probekörper-Form*
Schlagzähigkeit kJ/m^2				
Kerbschlagzähigkeit (1) kJ/m^2				
IZOD-Kerbschlagzähigkeit (2) J/m				
Kerbschlagzugzähigkeit kJ/m^2				

Abrieb und Reibung

Taber-Abrieb (Reibradverfahren)	mm^3/100 U		
Abriebfaktor LNP (Thrust washer) Vergleichswert			
Statische Reibungszahl			
Dynamische Reibungszahl	(p · v =	N/mm^2 ·	m/min)
Zulässiger p · v Wert	N/mm^2 · (m/min)	v =	m/min
		v =	m/min

Thermische Eigenschaften

Formbeständigkeit in der Wärme	*Verfahren*		°C
	Verfahren		°C
Vicat Erweichungstemperatur (VST)	*Verfahren*		°C
	Verfahren		°C
Kristallit-Schmelzpunkt	*Verfahren*		
Längenausdehnungskoeffizient	*Bereich*	°C	$\cdot 10^{-4} K^{-1}$
	Temperatur		$\cdot 10^{-4} K^{-1}$
Wärmeleitfähigkeit	*Verfahren*		W/(K · m)
Spezifische Wärmekapazität	*Verfahren*		J/(K · g)
Glasumwandlungstemperatur	*Torsionsschwingungsversuch*	°C	
	Differentialkalorimetrie	°C	

Brandverhalten

UL-Test vertikal	Dicke	mm, Wert
	Dicke	mm, Wert

	Norm	*Bewertung*	*Abmessungen*
Sauerstoff-Index	ASTM D 2863		
Glühstab-Verfahren			
Brandverhalten	DIN 4102		
MVSS			
FAR			

Elektrische Eigenschaften

		Hz	°C		*Probekörper, Form*
Dielektrizitätszahl		50			
		10^3			
		10^6			
Dielektrischer Verlustfaktor tan δ		50			
		10^3			
		10^6			
Spezifischer Durchgangs-widerstand	Ohm · cm				
Durchschlagfestigkeit	kV/mm				mm dick
Oberflächenwiderstand	Ohm				
Kriechstromfestigkeit		KC	KB	KA	
Elektrolytische Korrosionswirkung					
Lichtbogenfestigkeit nach DIN					
nach ASTM	s				

Beständigkeit *(Chemische Beständigkeit siehe Anhang)*

Wasseraufnahme

Feuchtigkeitsaufnahme Normalklima %

Wetterbeständigkeit

Spannungskorrosion

Optische Eigenschaften

Brechungszahl n_D		
Transmissionsgrad τ_c	%	mm dick
Lichtdurchlässigkeit		

Produkt	Polyethylen hoher Dichte		**PE**
Handelsname	**Rigidex HD5502EA**		
Hersteller	BP		
DIN-Bez 1	16776-PE,BG,55-G001		
DIN-Bez 2	16776-PE,EG,55-G001		
Zusätze		*Füllstoffe/ Verstärkung*	
Bevorzugte Verarbeitung	Blasformen; Extrudieren	*Lieferform*	Granulat
		Farben	Natur
Besondere Merkmale		*Bevorzugte Anwendungen*	Allgemeine Verpackungszwecke fuer Haushaltreiniger, Motorenoel, Nahrungsmittel; Platte

Dichte	g/cm^3	0.954	*Schmelzindex*	g/10 min	0.2:	190/2.16
Schüttdichte	g/cm^3		*Volumenfließindex*	cm^3/10 min	:	
Viskositätszahl	ml/g					

Verarbeitungsbedingungen für Spritzgießen

Massetemp.	°C	*Schwindung*	% lgs , quer
Werkzeugtemp.	°C	*Bemerkungen*	
Spritzdruck	bar		

Zugversuch 23 °C

Probekörper: *Form* / *Zustand* — *Herstellung* / *Vorbehandlung*

Streckspannung	N/mm^2	*Dehnung bei Streckspannung*	%
Zugfestigkeit	N/mm^2	*Reißdehnung*	%
Reißfestigkeit	N/mm^2	*% Dehnspannung*	N/mm^2
E-Modul	N/mm^2	*Dehnung bei % Dehnspg.*	%

Kriechmoduln und Zeitstandwerte 23 °C

Probekörper: *Form* / *Zustand* — *Herstellung* / *Vorbehandlung*

Kriechmodul	*1 min* N/mm^2	*Zeitstandzugfestigkeit*	h	N/mm^2
Kriechmodul	*1000 h* N/mm^2	*Zeitdehnspg. %*	h	N/mm^2
bei Spannung	N/mm^2			

Biegeversuch 23 °C

Probekörper: *Form* / *Zustand* — *Herstellung* / *Vorbehandlung*

Biegefestigkeit	N/mm^2	*E-Modul*	N/mm^2
3,5% *Biegespannung*	N/mm^2		

Härte 23 °C *Probekörper:* *Zustand* — *Herstellung* / *Vorbehandlung*

Kugeldruckhärte	N/mm^2 bei N, s	*Shore-Härte* A	
Rockwellhärte		*Shore-Härte* D	

Schlagversuch *Probekörper:* *(1)* / *(2)* / *Zustand* — *Herstellung* / *Vorbehandlung*

	°C	°C	°C	*Probekörper-Form*
Schlagzähigkeit kJ/m^2				
Kerbschlagzähigkeit (1) kJ/m^2				
IZOD-Kerbschlagzähigkeit (2) J/m				
Kerbschlagzugzähigkeit kJ/m^2				

Abrieb und Reibung

Taber-Abrieb (Reibradverfahren)	mm^3/100 U		
Abriebfaktor LNP (Thrust washer) Vergleichswert			
Statische Reibungszahl			
Dynamische Reibungszahl	(p · v=	N/mm^2 ·	m/min)
Zulässiger p · v Wert	N/mm^2 · (m/min)	v=	m/min
		v=	m/min

Thermische Eigenschaften

Formbeständigkeit in der Wärme	*Verfahren*			°C
	Verfahren			°C
Vicat Erweichungstemperatur (VST)	*Verfahren*			°C
	Verfahren			°C
Kristallit-Schmelzpunkt	*Verfahren*			
Längenausdehnungskoeffizient	*Bereich*	°C		$\cdot 10^{-4}K^{-1}$
	Temperatur			$\cdot 10^{-4}K^{-1}$
Wärmeleitfähigkeit	*Verfahren*			W/(K · m)
Spezifische Wärmekapazität	*Verfahren*			J/(K · g)
Glasumwandlungstemperatur	*Torsionsschwingungsversuch*		°C	
	Differentialkalorimetrie		°C	

Brandverhalten

UL-Test vertikal Dicke mm, Wert
Dicke mm, Wert

	Norm	*Bewertung*	*Abmessungen*
Sauerstoff-Index	ASTM D 2863		
Glühstab-Verfahren			
Brandverhalten	DIN 4102		
MVSS			
FAR			

Elektrische Eigenschaften

		Hz	°C	*Probekörper, Form*
Dielektrizitätszahl		50		
		10^3		
		10^6		
Dielektrischer Verlustfaktor tan δ		50		
		10^3		
		10^6		
Spezifischer Durchgangs-widerstand	Ohm · cm			
Durchschlagfestigkeit	kV/mm			mm dick
Oberflächenwiderstand	Ohm			

Kriechstromfestigkeit KC KB KA
Elektrolytische Korrosionswirkung
Lichtbogenfestigkeit nach DIN
nach ASTM s

Beständigkeit *(Chemische Beständigkeit siehe Anhang)*

Wasseraufnahme

Feuchtigkeitsaufnahme Normalklima %
Wetterbeständigkeit

Spannungskorrosion

Optische Eigenschaften

Brechungszahl n_D
Transmissionsgrad τ_c % mm dick
Lichtdurchlässigkeit

PE

Produkt	Polyethylen hoher Dichte		
Handelsname	**Rigidex HD5502SA**		
Hersteller	BP		
DIN-Bez 1	16776-PE,BG,55-G001		
DIN-Bez 2			
Zusätze		*Füllstoffe/ Verstärkung*	
Bevorzugte Verarbeitung	Blasformen; Extrudieren	*Lieferform*	Granulat
		Farben	Natur
Besondere Merkmale		*Bevorzugte Anwendungen*	Detergentienflasche; Technisches Formteil; Allzweckverpackung

Dichte	g/cm³	0.954	*Schmelzindex*	g/10 min	0.2:	190/2.16
Schüttdichte	g/cm³		*Volumenfließindex*	cm³/10 min	:	
Viskositätszahl	ml/g					

Verarbeitungsbedingungen für Spritzgießen

Massetemp.	°C	*Schwindung*	% lgs , quer
Werkzeugtemp.	°C	*Bemerkungen*	
Spritzdruck	bar		

Zugversuch 23 °C

Probekörper: *Form* *Zustand* — *Herstellung* *Vorbehandlung*

Streckspannung	N/mm²	*Dehnung bei Streckspannung*	%
Zugfestigkeit	N/mm²	*Reißdehnung*	%
Reißfestigkeit	N/mm²	*% Dehnspannung*	N/mm²
E-Modul	N/mm²	*Dehnung bei % Dehnspg.*	%

Kriechmoduln und Zeitstandwerte 23 °C

Probekörper: *Form* *Zustand* — *Herstellung* *Vorbehandlung*

Kriechmodul	*1 min* N/mm²	*Zeitstandzugfestigkeit*	h N/mm²
Kriechmodul	*1000 h* N/mm²	*Zeitdehnspg.* %	h N/mm²
bei Spannung	N/mm²		

Biegeversuch 23 °C

Probekörper: *Form* *Zustand* — *Herstellung* *Vorbehandlung*

Biegefestigkeit	N/mm²	*E-Modul*	N/mm²
3,5% *Biegespannung*	N/mm²		

Härte 23 °C *Probekörper:* *Zustand* — *Herstellung* *Vorbehandlung*

Kugeldruckhärte	N/mm² bei N, s	*Shore-Härte*	A
Rockwellhärte		*Shore-Härte*	D

Schlagversuch *Probekörper:* *(1)* *(2)* *Zustand* — *Herstellung* *Vorbehandlung*

		°C	°C	°C	*Probekörper-Form*
Schlagzähigkeit	kJ/m²				
Kerbschlagzähigkeit (1)	kJ/m²				
IZOD-Kerbschlagzähigkeit (2)	J/m				
Kerbschlagzugzähigkeit	kJ/m²				

Abrieb und Reibung

Taber-Abrieb (Reibradverfahren) mm³/100 U
Abriebfaktor LNP (Thrust washer) Vergleichswert
Statische Reibungszahl
Dynamische Reibungszahl (p·v= N/mm²· m/min)
Zulässiger p·v Wert N/mm²·(m/min) v= m/min
v= m/min

Thermische Eigenschaften

Formbeständigkeit in der Wärme	*Verfahren*		°C
	Verfahren		°C
Vicat Erweichungstemperatur (VST)	*Verfahren*		°C
	Verfahren		°C
Kristallit-Schmelzpunkt	*Verfahren*		
Längenausdehnungskoeffizient	*Bereich*	°C	$\cdot 10^{-4} K^{-1}$
	Temperatur		$\cdot 10^{-4} K^{-1}$
Wärmeleitfähigkeit	*Verfahren*		W/(K·m)
Spezifische Wärmekapazität	*Verfahren*		J/(K·g)
Glasumwandlungstemperatur	*Torsionsschwingungsversuch*	°C	
	Differentialkalorimetrie	°C	

Brandverhalten

UL-Test vertikal Dicke mm, Wert
Dicke mm, Wert

	Norm	*Bewertung*	*Abmessungen*
Sauerstoff-Index	ASTM D 2863		
Glühstab-Verfahren			
Brandverhalten	DIN 4102		
MVSS			
FAR			

Elektrische Eigenschaften

	Hz	°C	*Probekörper, Form*
Dielektrizitätszahl	50		
	10^3		
	10^6		
Dielektrischer Verlustfaktor tan δ	50		
	10^3		
	10^6		

Spezifischer Durchgangs-widerstand Ohm·cm
Durchschlagfestigkeit kV/mm mm dick
Oberflächenwiderstand Ohm

Kriechstromfestigkeit KC KB KA
Elektrolytische Korrosionswirkung
Lichtbogenfestigkeit nach DIN
nach ASTM s

Beständigkeit *(Chemische Beständigkeit siehe Anhang)*

Wasseraufnahme

Feuchtigkeitsaufnahme Normalklima %
Wetterbeständigkeit

Spannungskorrosion

Optische Eigenschaften

Brechungszahl n_D
Transmissionsgrad τ_c % mm dick
Lichtdurchlässigkeit

Produkt	Polyethylen hoher Dichte		**PE**
Handelsname	**Rigidex HD5903SA**		
Hersteller	BP		
DIN-Bez 1	16776-PE,BG,60-G003		
DIN-Bez 2			
Zusätze		*Füllstoffe/ Verstärkung*	
Bevorzugte Verarbeitung	Blasformen; Extrudieren	*Lieferform*	Granulat
		Farben	Natur
Besondere Merkmale	Steif	*Bevorzugte Anwendungen*	Flasche fuer Haushaltprodukte, Weichspueler, Fluessigreiniger, Oel

Dichte	g/cm^3	0.960	*Schmelzindex*	g/10 min	0.3:	190/2.16
Schüttdichte	g/cm^3		*Volumenfließindex*	$cm^3/10$ min	:	
Viskositätszahl	ml/g					

Verarbeitungsbedingungen für Spritzgießen

Massetemp.	°C	*Schwindung*	% lgs , quer
Werkzeugtemp.	°C	*Bemerkungen*	
Spritzdruck	bar		

Zugversuch 23 °C

Probekörper: *Form* *Zustand* — *Herstellung* *Vorbehandlung*

Streckspannung	N/mm^2	*Dehnung bei Streckspannung*	%
Zugfestigkeit	N/mm^2	*Reißdehnung*	%
Reißfestigkeit	N/mm^2	*% Dehnspannung*	N/mm^2
E-Modul	N/mm^2	*Dehnung bei % Dehnspg.*	%

Kriechmoduln und Zeitstandwerte 23 °C

Probekörper: *Form* *Zustand* — *Herstellung* *Vorbehandlung*

Kriechmodul	*1 min* N/mm^2	*Zeitstandzugfestigkeit*	h N/mm^2
Kriechmodul	*1000 h* N/mm^2	*Zeitdehnspg. %*	h N/mm^2
bei Spannung	N/mm^2		

Biegeversuch 23 °C

Probekörper: *Form* *Zustand* — *Herstellung* *Vorbehandlung*

Biegefestigkeit	N/mm^2	*E-Modul*	N/mm^2
3,5% *Biegespannung*	N/mm^2		

Härte 23 °C *Probekörper:* *Zustand* — *Herstellung* *Vorbehandlung*

Kugeldruckhärte	N/mm^2 bei N, s	*Shore-Härte*	A
Rockwellhärte		*Shore-Härte*	D

Schlagversuch *Probekörper:* *(1)* *(2)* *Zustand* — *Herstellung* *Vorbehandlung*

	°C	°C	°C	*Probekörper-Form*
Schlagzähigkeit kJ/m^2				
Kerbschlagzähigkeit (1) kJ/m^2				
IZOD-Kerbschlagzähigkeit (2) J/m				
Kerbschlagzugzähigkeit kJ/m^2				

Abrieb und Reibung

Taber-Abrieb (Reibradverfahren)	mm^3/100 U		
Abriebfaktor LNP (Thrust washer) Vergleichswert			
Statische Reibungszahl			
Dynamische Reibungszahl	(p·v=	N/mm^2·	m/min)
Zulässiger p · v Wert	N/mm^2·(m/min)	v=	m/min
		v=	m/min

Thermische Eigenschaften

Formbeständigkeit in der Wärme	*Verfahren*		°C
	Verfahren		°C
Vicat Erweichungstemperatur (VST)	*Verfahren*		°C
	Verfahren		°C
Kristallit-Schmelzpunkt	*Verfahren*		
Längenausdehnungskoeffizient	*Bereich*	°C	$\cdot 10^{-4} K^{-1}$
	Temperatur		$\cdot 10^{-4} K^{-1}$
Wärmeleitfähigkeit	*Verfahren*		W/(K · m)
Spezifische Wärmekapazität	*Verfahren*		J/(K · g)
Glasumwandlungstemperatur	*Torsionsschwingungsversuch*	°C	
	Differentialkalorimetrie	°C	

Brandverhalten

UL-Test vertikal	Dicke	mm, Wert
	Dicke	mm, Wert

	Norm	*Bewertung*	*Abmessungen*
Sauerstoff-Index	ASTM D 2863		
Glühstab-Verfahren			
Brandverhalten	DIN 4102		
MVSS			
FAR			

Elektrische Eigenschaften

		Hz	°C			*Probekörper, Form*
Dielektrizitätszahl		50				
		10^3				
		10^6				
Dielektrischer Verlustfaktor tan δ		50				
		10^3				
		10^6				
Spezifischer Durchgangswiderstand	Ohm · cm					
Durchschlagfestigkeit	kV/mm					mm dick
Oberflächenwiderstand	Ohm					
Kriechstromfestigkeit		KC		KB	KA	
Elektrolytische Korrosionswirkung						
Lichtbogenfestigkeit nach DIN						
nach ASTM	s					

Beständigkeit *(Chemische Beständigkeit siehe Anhang)*

Wasseraufnahme

Feuchtigkeitsaufnahme Normalklima %

Wetterbeständigkeit

Spannungskorrosion

Optische Eigenschaften

Brechungszahl n_D		
Transmissionsgrad τ_c	%	mm dick
Lichtdurchlässigkeit		

Produkt	Polyethylen hoher Dichte		**PE**
Handelsname	**Rigidex HD6007EA**		
Hersteller	BP		
DIN-Bez 1	16776-PE,BG,60-G006		
DIN-Bez 2			
Zusätze		*Füllstoffe/ Verstärkung*	
Bevorzugte Verarbeitung	Blasformen; Extrudieren	*Lieferform*	Granulat
		Farben	Natur
Besondere Merkmale		*Bevorzugte Anwendungen*	Behaelter fuer pulverfoermige Substanzen, Milch, nichtaggressive chemische Produkte

Dichte	g/cm³	0.961	*Schmelzindex*	g/10 min	0.7:	190/2.16
Schüttdichte	g/cm³		*Volumenfließindex*	cm³/10 min	:	
Viskositätszahl	ml/g					

Verarbeitungsbedingungen für Spritzgießen

Massetemp.	°C	*Schwindung*	% lgs , quer
Werkzeugtemp.	°C	*Bemerkungen*	
Spritzdruck	bar		

Zugversuch 23 °C

Probekörper: *Form* *Zustand* — *Herstellung* *Vorbehandlung*

Streckspannung	N/mm²	*Dehnung bei Streckspannung*	%
Zugfestigkeit	N/mm²	*Reißdehnung*	%
Reißfestigkeit	N/mm²	*% Dehnspannung*	N/mm²
E-Modul	N/mm²	*Dehnung bei % Dehnspg.*	%

Kriechmoduln und Zeitstandwerte 23 °C

Probekörper: *Form* *Zustand* — *Herstellung* *Vorbehandlung*

Kriechmodul	*1 min* N/mm²	*Zeitstandzugfestigkeit*	h N/mm²
Kriechmodul	*1000 h* N/mm²	*Zeitdehnspg.* %	h N/mm²
bei Spannung	N/mm²		

Biegeversuch 23 °C

Probekörper: *Form* *Zustand* — *Herstellung* *Vorbehandlung*

Biegefestigkeit	N/mm²	*E-Modul*	N/mm²
3,5% *Biegespannung*	N/mm²		

Härte 23 °C *Probekörper:* *Zustand* — *Herstellung* *Vorbehandlung*

Kugeldruckhärte	N/mm² bei N, s	*Shore-Härte*	A
Rockwellhärte		*Shore-Härte*	D

Schlagversuch *Probekörper:* *(1)* *(2)* *Zustand* — *Herstellung* *Vorbehandlung*

		°C	°C	°C	*Probekörper-Form*
Schlagzähigkeit	kJ/m²				
Kerbschlagzähigkeit (1)	kJ/m²				
IZOD-Kerbschlagzähigkeit (2)	J/m				
Kerbschlagzugzähigkeit	kJ/m²				

Abrieb und Reibung

Taber-Abrieb (Reibradverfahren) mm³/100 U
Abriebfaktor LNP (Thrust washer) Vergleichswert
Statische Reibungszahl
Dynamische Reibungszahl (p·v= N/mm²· m/min)
Zulässiger p·v Wert N/mm²·(m/min) v= m/min
v= m/min

Thermische Eigenschaften

Formbeständigkeit in der Wärme *Verfahren* °C
Verfahren °C
Vicat Erweichungstemperatur (VST) *Verfahren* °C
Verfahren °C
Kristallit-Schmelzpunkt *Verfahren*

Längenausdehnungskoeffizient *Bereich* °C $\cdot 10^{-4}K^{-1}$
Temperatur $\cdot 10^{-4}K^{-1}$
Wärmeleitfähigkeit *Verfahren* W/(K·m)

Spezifische Wärmekapazität *Verfahren* J/(K·g)

Glasumwandlungstemperatur *Torsionsschwingungsversuch* °C
Differentialkalorimetrie °C

Brandverhalten

UL-Test vertikal Dicke mm, Wert
Dicke mm, Wert

	Norm	*Bewertung*	*Abmessungen*
Sauerstoff-Index	ASTM D 2863		
Glühstab-Verfahren			
Brandverhalten	DIN 4102		
MVSS			
FAR			

Elektrische Eigenschaften

		Hz	°C	*Probekörper, Form*
Dielektrizitätszahl		50		
		10^3		
		10^6		
Dielektrischer Verlustfaktor tan δ		50		
		10^3		
		10^6		
Spezifischer Durchgangswiderstand	Ohm·cm			
Durchschlagfestigkeit	kV/mm			mm dick
Oberflächenwiderstand	Ohm			

Kriechstromfestigkeit KC KB KA
Elektrolytische Korrosionswirkung
Lichtbogenfestigkeit nach DIN
nach ASTM s

Beständigkeit *(Chemische Beständigkeit siehe Anhang)*

Wasseraufnahme

Feuchtigkeitsaufnahme Normalklima %
Wetterbeständigkeit

Spannungskorrosion

Optische Eigenschaften

Brechungszahl n_D
Transmissionsgrad τ_c % mm dick
Lichtdurchlässigkeit

Datenbank-Nr.	**T05436**		Merkblatt-Nr. **3283**
Produkt	Polyethylen hoher Dichte		**PE**
Handelsname	**Rigidex HD5620EA**		
Hersteller	BP		
DIN-Bez 1	16776-PE,BG,55-G022		
DIN-Bez 2			
Zusätze		Füllstoffe/ Verstärkung	
Bevorzugte Verarbeitung	Blasformen; Extrudieren	Lieferform	Granulat
		Farben	Natur
Besondere Merkmale		Bevorzugte Anwendungen	Flasche fuer pasteurisierte und sterilisierte Milch

Dichte	g/cm³ 0.957	Schmelzindex	g/10 min	2:	190/2.16
Schüttdichte	g/cm³	Volumenfließindex	cm³/10 min	:	
Viskositätszahl	ml/g				

Verarbeitungsbedingungen für Spritzgießen

Massetemp.	°C	Schwindung	% lgs , quer
Werkzeugtemp.	°C	Bemerkungen	
Spritzdruck	bar		

Zugversuch 23 °C

Probekörper: Form / Zustand — Herstellung / Vorbehandlung

Streckspannung	N/mm²	Dehnung bei Streckspannung	%
Zugfestigkeit	N/mm²	Reißdehnung	%
Reißfestigkeit	N/mm²	% Dehnspannung	N/mm²
E-Modul	N/mm²	Dehnung bei % Dehnspg.	%

Kriechmoduln und Zeitstandwerte 23 °C

Probekörper: Form / Zustand — Herstellung / Vorbehandlung

Kriechmodul	1 min N/mm²	Zeitstandzugfestigkeit	h N/mm²
Kriechmodul	1000 h N/mm²	Zeitdehnspg. %	h N/mm²
bei Spannung	N/mm²		

Biegeversuch 23 °C

Probekörper: Form / Zustand — Herstellung / Vorbehandlung

Biegefestigkeit	N/mm²	E-Modul	N/mm²
3,5% Biegespannung	N/mm²		

Härte 23 °C Probekörper: Zustand — Herstellung / Vorbehandlung

Kugeldruckhärte	N/mm² bei N, s	Shore-Härte A	
Rockwellhärte		Shore-Härte D	

Schlagversuch Probekörper: (1) / (2) / Zustand — Herstellung / Vorbehandlung

	°C	°C	°C	Probekörper-Form
Schlagzähigkeit kJ/m²				
Kerbschlagzähigkeit (1) kJ/m²				
IZOD-Kerbschlagzähigkeit (2) J/m				
Kerbschlagzugzähigkeit kJ/m²				

Abrieb und Reibung

Taber-Abrieb (Reibradverfahren) mm^3/100 U
Abriebfaktor LNP (Thrust washer) Vergleichswert
Statische Reibungszahl
Dynamische Reibungszahl (p · v= N/mm^2 · m/min)
Zulässiger p · v Wert N/mm^2 · (m/min) v= m/min
v= m/min

Thermische Eigenschaften

Formbeständigkeit in der Wärme	*Verfahren*		°C
	Verfahren		°C
Vicat Erweichungstemperatur (VST)	*Verfahren*		°C
	Verfahren		°C
Kristallit-Schmelzpunkt	*Verfahren*		
Längenausdehnungskoeffizient	*Bereich*	°C	$\cdot 10^{-4}K^{-1}$
	Temperatur		$\cdot 10^{-4}K^{-1}$
Wärmeleitfähigkeit	*Verfahren*		W/(K · m)
Spezifische Wärmekapazität	*Verfahren*		J/(K · g)
Glasumwandlungstemperatur	*Torsionsschwingungsversuch*	°C	
	Differentialkalorimetrie	°C	

Brandverhalten

UL-Test vertikal Dicke mm, Wert
Dicke mm, Wert

	Norm	*Bewertung*	*Abmessungen*
Sauerstoff-Index	ASTM D 2863		
Glühstab-Verfahren			
Brandverhalten	DIN 4102		
MVSS			
FAR			

Elektrische Eigenschaften

		Hz	°C	*Probekörper, Form*
Dielektrizitätszahl		50		
		10^3		
		10^6		
Dielektrischer Verlustfaktor tan δ		50		
		10^3		
		10^6		
Spezifischer Durchgangswiderstand	Ohm · cm			
Durchschlagfestigkeit	kV/mm			mm dick
Oberflächenwiderstand	Ohm			

Kriechstromfestigkeit KC KB KA
Elektrolytische Korrosionswirkung
Lichtbogenfestigkeit nach DIN
nach ASTM s

Beständigkeit *(Chemische Beständigkeit siehe Anhang)*

Wasseraufnahme

Feuchtigkeitsaufnahme Normalklima %
Wetterbeständigkeit

Spannungskorrosion

Optische Eigenschaften

Brechungszahl n_D
Transmissionsgrad τ_c % mm dick
Lichtdurchlässigkeit

Datenbank-Nr.	**T05437**		Merkblatt-Nr. **3284**
Produkt	Polyethylen hoher Dichte		**PE**
Handelsname	**Rigidex HD5740UA**		
Hersteller	BP		
DIN-Bez 1	16776-PE,MGL,60-G045		
DIN-Bez 2			
Zusätze		Füllstoffe/ Verstärkung	
Bevorzugte Verarbeitung	Spritzgiessen	Lieferform	Granulat
		Farben	Natur
Besondere Merkmale		Bevorzugte Anwendungen	Schwergutgegenstand; Muelltonne; Palettenbox; Kasten

Dichte	g/cm³	0.958	Schmelzindex	g/10 min	4: 190/2.16
Schüttdichte	g/cm³		Volumenfließindex	cm³/10 min	:
Viskositätszahl	ml/g				

Verarbeitungsbedingungen für Spritzgießen

Massetemp.	°C	Schwindung	% lgs , quer
Werkzeugtemp.	°C	Bemerkungen	
Spritzdruck	bar		

Zugversuch 23 °C

Probekörper: Form / Zustand — Herstellung / Vorbehandlung

Streckspannung	N/mm²	Dehnung bei Streckspannung	%
Zugfestigkeit	N/mm²	Reißdehnung	%
Reißfestigkeit	N/mm²	% Dehnspannung	N/mm²
E-Modul	N/mm²	Dehnung bei % Dehnspg.	%

Kriechmoduln und Zeitstandwerte 23 °C

Probekörper: Form / Zustand — Herstellung / Vorbehandlung

Kriechmodul	1 min N/mm²	Zeitstandzugfestigkeit	h N/mm²
Kriechmodul	1000 h N/mm²	Zeitdehnspg. %	h N/mm²
bei Spannung	N/mm²		

Biegeversuch 23 °C

Probekörper: Form / Zustand — Herstellung / Vorbehandlung

Biegefestigkeit	N/mm²	E-Modul	N/mm²
3,5% Biegespannung	N/mm²		

Härte 23 °C Probekörper: Zustand — Herstellung / Vorbehandlung

Kugeldruckhärte	N/mm² bei N, s	Shore-Härte A	
Rockwellhärte		Shore-Härte D	

Schlagversuch Probekörper: (1) / (2) / Zustand — Herstellung / Vorbehandlung

	°C	°C	°C	Probekörper-Form
Schlagzähigkeit kJ/m²				
Kerbschlagzähigkeit (1) kJ/m²				
IZOD-Kerbschlagzähigkeit (2) J/m				
Kerbschlagzugzähigkeit kJ/m²				

Abrieb und Reibung

Taber-Abrieb (Reibradverfahren)	mm^3/100 U		
Abriebfaktor LNP (Thrust washer) Vergleichswert			
Statische Reibungszahl			
Dynamische Reibungszahl	(p·v=	N/mm^2 ·	m/min)
Zulässiger p · v Wert	N/mm^2 · (m/min)	v=	m/min
		v=	m/min

Thermische Eigenschaften

Formbeständigkeit in der Wärme	*Verfahren*			°C
	Verfahren			°C
Vicat Erweichungstemperatur (VST)	*Verfahren*			°C
	Verfahren			°C
Kristallit-Schmelzpunkt	*Verfahren*			
Längenausdehnungskoeffizient	*Bereich*	°C		$\cdot 10^{-4} K^{-1}$
	Temperatur			$\cdot 10^{-4} K^{-1}$
Wärmeleitfähigkeit	*Verfahren*			W/(K · m)
Spezifische Wärmekapazität	*Verfahren*			J/(K · g)
Glasumwandlungstemperatur	*Torsionsschwingungsversuch*		°C	
	Differentialkalorimetrie		°C	

Brandverhalten

UL-Test vertikal		Dicke mm, Wert	
		Dicke mm, Wert	
	Norm	*Bewertung*	*Abmessungen*
Sauerstoff-Index	ASTM D 2863		
Glühstab-Verfahren			
Brandverhalten	DIN 4102		
MVSS			
FAR			

Elektrische Eigenschaften

		Hz	°C		Probekörper, Form
Dielektrizitätszahl		50			
		10^3			
		10^6			
Dielektrischer Verlustfaktor tan δ		50			
		10^3			
		10^6			
Spezifischer Durchgangswiderstand	Ohm · cm				
Durchschlagfestigkeit	kV/mm				mm dick
Oberflächenwiderstand	Ohm				
Kriechstromfestigkeit		KC	KB	KA	
Elektrolytische Korrosionswirkung					
Lichtbogenfestigkeit nach DIN					
nach ASTM	s				

Beständigkeit *(Chemische Beständigkeit siehe Anhang)*

Wasseraufnahme

Feuchtigkeitsaufnahme Normalklima %

Wetterbeständigkeit

Spannungskorrosion

Optische Eigenschaften

Brechungszahl n_D

Transmissionsgrad τ_c % mm dick

Lichtdurchlässigkeit

Produkt	Polyethylen hoher Dichte		**PE**
Handelsname	**Rigidex HD5050EA**		
Hersteller	BP		
DIN-Bez 1	16776-PE,MG,50-G045		
DIN-Bez 2			
Zusätze		*Füllstoffe/ Verstärkung*	
Bevorzugte Verarbeitung	Spritzgiessen	*Lieferform*	Granulat
		Farben	Natur
Besondere Merkmale		*Bevorzugte Anwendungen*	Verschluss; Technisches Formteil

Dichte	g/cm³	0.951	*Schmelzindex*	g/10 min	4.5:	190/2.16
Schüttdichte	g/cm³		*Volumenfließindex*	cm³/10 min	:	
Viskositätszahl	ml/g					

Verarbeitungsbedingungen für Spritzgießen

Massetemp.	°C	*Schwindung*	% lgs , quer
Werkzeugtemp.	°C	*Bemerkungen*	
Spritzdruck	bar		

Zugversuch 23 °C

Probekörper: *Form* *Zustand* — *Herstellung* *Vorbehandlung*

Streckspannung	N/mm²	*Dehnung bei Streckspannung*	%
Zugfestigkeit	N/mm²	*Reißdehnung*	%
Reißfestigkeit	N/mm²	*% Dehnspannung*	N/mm²
E-Modul	N/mm²	*Dehnung bei % Dehnspg.*	%

Kriechmoduln und Zeitstandwerte 23 °C

Probekörper: *Form* *Zustand* — *Herstellung* *Vorbehandlung*

Kriechmodul	*1 min* N/mm²	*Zeitstandzugfestigkeit*	h N/mm²
Kriechmodul	*1000 h* N/mm²	*Zeitdehnspg. %*	h N/mm²
bei Spannung	N/mm²		

Biegeversuch 23 °C

Probekörper: *Form* *Zustand* — *Herstellung* *Vorbehandlung*

Biegefestigkeit	N/mm²	*E-Modul*	N/mm²
3,5% *Biegespannung*	N/mm²		

Härte 23 °C *Probekörper:* *Zustand* — *Herstellung* *Vorbehandlung*

Kugeldruckhärte	N/mm² bei N, s	*Shore-Härte*	A
Rockwellhärte		*Shore-Härte*	D

Schlagversuch *Probekörper:* *(1)* *(2)* *Zustand* — *Herstellung* *Vorbehandlung*

		°C	°C	°C	*Probekörper-Form*
Schlagzähigkeit	kJ/m²				
Kerbschlagzähigkeit (1)	kJ/m²				
IZOD-Kerbschlagzähigkeit (2)	J/m				
Kerbschlagzugzähigkeit	kJ/m²				

Abrieb und Reibung

Taber-Abrieb (Reibradverfahren) mm^3/100 U
Abriebfaktor LNP (Thrust washer) Vergleichswert
Statische Reibungszahl
Dynamische Reibungszahl (p·v= N/mm^2· m/min)
Zulässiger p·v Wert N/mm^2·(m/min) v= m/min
v= m/min

Thermische Eigenschaften

Formbeständigkeit in der Wärme *Verfahren* °C
Verfahren °C
Vicat Erweichungstemperatur (VST) *Verfahren* °C
Verfahren °C
Kristallit-Schmelzpunkt *Verfahren*

Längenausdehnungskoeffizient *Bereich* °C $\cdot 10^{-4}K^{-1}$
Temperatur $\cdot 10^{-4}K^{-1}$
Wärmeleitfähigkeit *Verfahren* W/(K·m)

Spezifische Wärmekapazität *Verfahren* J/(K·g)

Glasumwandlungstemperatur *Torsionsschwingungsversuch* °C
Differentialkalorimetrie °C

Brandverhalten

UL-Test vertikal Dicke mm, Wert
Dicke mm, Wert

	Norm	*Bewertung*	*Abmessungen*
Sauerstoff-Index	ASTM D 2863		
Glühstab-Verfahren			
Brandverhalten	DIN 4102		
MVSS			
FAR			

Elektrische Eigenschaften

		Hz	°C	*Probekörper, Form*
Dielektrizitätszahl		50		
		10^3		
		10^6		
Dielektrischer Verlustfaktor tan δ		50		
		10^3		
		10^6		
Spezifischer Durchgangswiderstand	Ohm·cm			
Durchschlagfestigkeit	kV/mm			mm dick
Oberflächenwiderstand	Ohm			

Kriechstromfestigkeit KC KB KA
Elektrolytische Korrosionswirkung
Lichtbogenfestigkeit nach DIN
nach ASTM s

Beständigkeit *(Chemische Beständigkeit siehe Anhang)*

Wasseraufnahme

Feuchtigkeitsaufnahme Normalklima %
Wetterbeständigkeit

Spannungskorrosion

Optische Eigenschaften

Brechungszahl n_D
Transmissionsgrad τ_c % mm dick
Lichtdurchlässigkeit

Produkt	Polyethylen hoher Dichte		**PE**
Handelsname	**Rigidex HD6070EA**		
Hersteller	BP		
DIN-Bez 1	16776-PE,MG,60-G090		
DIN-Bez 2			
Zusätze		*Füllstoffe/ Verstärkung*	
Bevorzugte Verarbeitung	Spritzgiessen	*Lieferform*	Granulat
		Farben	Natur
Besondere Merkmale		*Bevorzugte Anwendungen*	Flaschenkasten; Stapelkasten; Spielzeug; Eimer

Dichte	g/cm³	0.961	*Schmelzindex*	g/10 min	7:	190/2.16
Schüttdichte	g/cm³		*Volumenfließindex*	cm³/10 min	:	
Viskositätszahl	ml/g					

Verarbeitungsbedingungen für Spritzgießen

Massetemp.	°C	*Schwindung*	% lgs , quer
Werkzeugtemp.	°C	*Bemerkungen*	
Spritzdruck	bar		

Zugversuch 23 °C

Probekörper: *Form* / *Zustand* — *Herstellung* / *Vorbehandlung*

Streckspannung	N/mm²	*Dehnung bei Streckspannung*	%
Zugfestigkeit	N/mm²	*Reißdehnung*	%
Reißfestigkeit	N/mm²	*% Dehnspannung*	N/mm²
E-Modul	N/mm²	*Dehnung bei % Dehnspg.*	%

Kriechmoduln und Zeitstandwerte 23 °C

Probekörper: *Form* / *Zustand* — *Herstellung* / *Vorbehandlung*

Kriechmodul	*1 min* N/mm²	*Zeitstandzugfestigkeit*	h N/mm²
Kriechmodul	*1000 h* N/mm²	*Zeitdehnspg.* %	h N/mm²
bei Spannung	N/mm²		

Biegeversuch 23 °C

Probekörper: *Form* / *Zustand* — *Herstellung* / *Vorbehandlung*

Biegefestigkeit	N/mm²	*E-Modul*	N/mm²
3,5% *Biegespannung*	N/mm²		

Härte 23 °C *Probekörper:* *Zustand* — *Herstellung* / *Vorbehandlung*

Kugeldruckhärte	N/mm² bei N, s	*Shore-Härte*	A
Rockwellhärte		*Shore-Härte*	D

Schlagversuch *Probekörper:* *(1)* *(2)* *Zustand* — *Herstellung* / *Vorbehandlung*

		°C	°C	°C	*Probekörper-Form*
Schlagzähigkeit	kJ/m²				
Kerbschlagzähigkeit (1)	kJ/m²				
IZOD-Kerbschlagzähigkeit (2)	J/m				
Kerbschlagzugzähigkeit	kJ/m²				

Abrieb und Reibung

Taber-Abrieb (Reibradverfahren) mm^3/100 U
Abriebfaktor LNP (Thrust washer) Vergleichswert
Statische Reibungszahl
Dynamische Reibungszahl (p·v= N/mm^2· m/min)
Zulässiger p·v Wert N/mm^2·(m/min) v= m/min
v= m/min

Thermische Eigenschaften

Formbeständigkeit in der Wärme	*Verfahren*		°C
	Verfahren		°C
Vicat Erweichungstemperatur (VST)	*Verfahren*		°C
	Verfahren		°C
Kristallit-Schmelzpunkt	*Verfahren*		
Längenausdehnungskoeffizient	*Bereich*	°C	$\cdot 10^{-4}K^{-1}$
	Temperatur		$\cdot 10^{-4}K^{-1}$
Wärmeleitfähigkeit	*Verfahren*		W/(K·m)
Spezifische Wärmekapazität	*Verfahren*		J/(K·g)
Glasumwandlungstemperatur	*Torsionsschwingungsversuch*	°C	
	Differentialkalorimetrie	°C	

Brandverhalten

UL-Test vertikal Dicke mm, Wert
Dicke mm, Wert

	Norm	*Bewertung*	*Abmessungen*
Sauerstoff-Index	ASTM D 2863		
Glühstab-Verfahren			
Brandverhalten	DIN 4102		
MVSS			
FAR			

Elektrische Eigenschaften

		Hz	°C			*Probekörper, Form*
Dielektrizitätszahl		50				
		10^3				
		10^6				
Dielektrischer Verlustfaktor tan δ		50				
		10^3				
		10^6				
Spezifischer Durchgangswiderstand	Ohm·cm					
Durchschlagfestigkeit	kV/mm					mm dick
Oberflächenwiderstand	Ohm					
Kriechstromfestigkeit		KC		KB	KA	
Elektrolytische Korrosionswirkung						
Lichtbogenfestigkeit nach DIN						
nach ASTM	s					

Beständigkeit *(Chemische Beständigkeit siehe Anhang)*

Wasseraufnahme

Feuchtigkeitsaufnahme Normalklima %
Wetterbeständigkeit

Spannungskorrosion

Optische Eigenschaften

Brechungszahl n_D
Transmissionsgrad τ_c % mm dick
Lichtdurchlässigkeit

Produkt	Polyethylen hoher Dichte		**PE**
Handelsname	**Rigidex HD6070UA**		
Hersteller	BP		
DIN-Bez 1	16776-PE,MGL,60-G090		
DIN-Bez 2			
Zusätze	UV-Stabilisator	*Füllstoffe/ Verstärkung*	
Bevorzugte Verarbeitung	Spritzgiessen	*Lieferform*	Granulat
		Farben	Natur
Besondere Merkmale	Bessere Lichtbestaendigkeit	*Bevorzugte Anwendungen*	Flaschenkasten; Stapelkasten; Spielzeug; Eimer

Dichte	g/cm^3	0.961	*Schmelzindex*	g/10 min	7:	190/2.16
Schüttdichte	g/cm^3		*Volumenfließindex*	$cm^3/10$ min	:	
Viskositätszahl	ml/g					

Verarbeitungsbedingungen für Spritzgießen

Massetemp.	°C	*Schwindung*	% lgs , quer
Werkzeugtemp.	°C	*Bemerkungen*	
Spritzdruck	bar		

Zugversuch 23 °C

Probekörper: *Form* *Zustand* — *Herstellung* *Vorbehandlung*

Streckspannung	N/mm^2	*Dehnung bei Streckspannung*	%
Zugfestigkeit	N/mm^2	*Reißdehnung*	%
Reißfestigkeit	N/mm^2	*% Dehnspannung*	N/mm^2
E-Modul	N/mm^2	*Dehnung bei % Dehnspg.*	%

Kriechmoduln und Zeitstandwerte 23 °C

Probekörper: *Form* *Zustand* — *Herstellung* *Vorbehandlung*

Kriechmodul	*1 min* N/mm^2	*Zeitstandzugfestigkeit*	h	N/mm^2
Kriechmodul	*1000 h* N/mm^2	*Zeitdehnspg. %*	h	N/mm^2
bei Spannung	N/mm^2			

Biegeversuch 23 °C

Probekörper: *Form* *Zustand* — *Herstellung* *Vorbehandlung*

Biegefestigkeit	N/mm^2	*E-Modul*	N/mm^2
3,5% *Biegespannung*	N/mm^2		

Härte 23 °C *Probekörper:* *Zustand* — *Herstellung* *Vorbehandlung*

Kugeldruckhärte	N/mm^2 bei N, s	*Shore-Härte*	A
Rockwellhärte		*Shore-Härte*	D

Schlagversuch *Probekörper:* *(1)* *(2)* *Zustand* — *Herstellung* *Vorbehandlung*

		°C	°C	°C	*Probekörper-Form*
Schlagzähigkeit	kJ/m^2				
Kerbschlagzähigkeit (1)	kJ/m^2				
IZOD-Kerbschlagzähigkeit (2)	J/m				
Kerbschlagzugzähigkeit	kJ/m^2				

Abrieb und Reibung

Taber-Abrieb (Reibradverfahren) mm^3/100 U
Abriebfaktor LNP (Thrust washer) Vergleichswert
Statische Reibungszahl
Dynamische Reibungszahl (p·v= N/mm^2· m/min)
Zulässiger p · v Wert N/mm^2·(m/min) v= m/min
v= m/min

Thermische Eigenschaften

Formbeständigkeit in der Wärme *Verfahren* °C
Verfahren °C
Vicat Erweichungstemperatur (VST) *Verfahren* °C
Verfahren °C
Kristallit-Schmelzpunkt *Verfahren*

Längenausdehnungskoeffizient *Bereich* °C $\cdot 10^{-4}K^{-1}$
Temperatur $\cdot 10^{-4}K^{-1}$
Wärmeleitfähigkeit *Verfahren* W/(K · m)

Spezifische Wärmekapazität *Verfahren* J/(K · g)

Glasumwandlungstemperatur *Torsionsschwingungsversuch* °C
Differentialkalorimetrie °C

Brandverhalten

UL-Test vertikal Dicke mm, Wert
Dicke mm, Wert

	Norm	*Bewertung*	*Abmessungen*
Sauerstoff-Index	ASTM D 2863		
Glühstab-Verfahren			
Brandverhalten	DIN 4102		
MVSS			
FAR			

Elektrische Eigenschaften

		Hz	°C	*Probekörper, Form*
Dielektrizitätszahl		50		
		10^3		
		10^6		
Dielektrischer Verlustfaktor tan δ		50		
		10^3		
		10^6		
Spezifischer Durchgangswiderstand	Ohm · cm			
Durchschlagfestigkeit	kV/mm			mm dick
Oberflächenwiderstand	Ohm			

Kriechstromfestigkeit KC KB KA
Elektrolytische Korrosionswirkung
Lichtbogenfestigkeit nach DIN
nach ASTM s

Beständigkeit *(Chemische Beständigkeit siehe Anhang)*

Wasseraufnahme

Feuchtigkeitsaufnahme Normalklima %
Wetterbeständigkeit

Spannungskorrosion

Optische Eigenschaften

Brechungszahl n_D
Transmissionsgrad τ_c % mm dick
Lichtdurchlässigkeit

Datenbank-Nr. **T05441** Merkblatt-Nr. **3288**

Produkt	Polyethylen hoher Dichte		**PE**
Handelsname	**Rigidex HD5211EA**		
Hersteller	BP		
DIN-Bez 1	16776-PE,MG,55-G090		
DIN-Bez 2			
Zusätze		*Füllstoffe/ Verstärkung*	
Bevorzugte Verarbeitung	Spritzgiessen	*Lieferform*	Granulat
		Farben	Natur
Besondere Merkmale		*Bevorzugte Anwendungen*	Haushaltsartikel; Spielzeug

Dichte	g/cm³	0.953	*Schmelzindex*	g/10 min	11:	190/2.16
Schüttdichte	g/cm³		*Volumenfließindex*	cm³/10 min	:	
Viskositätszahl	ml/g					

Verarbeitungsbedingungen für Spritzgießen

Massetemp.	°C	*Schwindung*	% lgs , quer
Werkzeugtemp.	°C	*Bemerkungen*	
Spritzdruck	bar		

Zugversuch 23 °C

Probekörper: *Form* *Zustand* *Herstellung* *Vorbehandlung*

Streckspannung	N/mm²	*Dehnung bei Streckspannung*	%
Zugfestigkeit	N/mm²	*Reißdehnung*	%
Reißfestigkeit	N/mm²	*% Dehnspannung*	N/mm²
E-Modul	N/mm²	*Dehnung bei % Dehnspg.*	%

Kriechmoduln und Zeitstandwerte 23 °C

Probekörper: *Form* *Zustand* *Herstellung* *Vorbehandlung*

Kriechmodul	*1 min* N/mm²	*Zeitstandzugfestigkeit*	h N/mm²
Kriechmodul	*1000 h* N/mm²	*Zeitdehnspg.* %	h N/mm²
bei Spannung	N/mm²		

Biegeversuch 23 °C

Probekörper: *Form* *Zustand* *Herstellung* *Vorbehandlung*

Biegefestigkeit	N/mm²	*E-Modul*	N/mm²
3,5% *Biegespannung*	N/mm²		

Härte 23 °C *Probekörper:* *Zustand* *Herstellung* *Vorbehandlung*

Kugeldruckhärte	N/mm² bei N, s	*Shore-Härte* A	
Rockwellhärte		*Shore-Härte* D	

Schlagversuch *Probekörper:* *(1)* *(2)* *Zustand* *Herstellung* *Vorbehandlung*

		°C	°C	°C	*Probekörper-Form*
Schlagzähigkeit	kJ/m²				
Kerbschlagzähigkeit (1)	kJ/m²				
IZOD-Kerbschlagzähigkeit (2)	J/m				
Kerbschlagzugzähigkeit	kJ/m²				

Abrieb und Reibung

Taber-Abrieb (Reibradverfahren) mm³/100 U
Abriebfaktor LNP (Thrust washer) Vergleichswert
Statische Reibungszahl
Dynamische Reibungszahl (p·v= N/mm²· m/min)
Zulässiger p·v Wert N/mm²·(m/min) v= m/min
v= m/min

Thermische Eigenschaften

Formbeständigkeit in der Wärme	*Verfahren*		°C
	Verfahren		°C
Vicat Erweichungstemperatur (VST)	*Verfahren*		°C
	Verfahren		°C
Kristallit-Schmelzpunkt	*Verfahren*		
Längenausdehnungskoeffizient	*Bereich*	°C	$\cdot 10^{-4}K^{-1}$
	Temperatur		$\cdot 10^{-4}K^{-1}$
Wärmeleitfähigkeit	*Verfahren*		W/(K·m)
Spezifische Wärmekapazität	*Verfahren*		J/(K·g)
Glasumwandlungstemperatur	*Torsionsschwingungsversuch*	°C	
	Differentialkalorimetrie	°C	

Brandverhalten

UL-Test vertikal Dicke mm, Wert
Dicke mm, Wert

	Norm	*Bewertung*	*Abmessungen*
Sauerstoff-Index	ASTM D 2863		
Glühstab-Verfahren			
Brandverhalten	DIN 4102		
MVSS			
FAR			

Elektrische Eigenschaften

		Hz	°C	*Probekörper, Form*
Dielektrizitätszahl		50		
		10^3		
		10^6		
Dielektrischer Verlustfaktor tan δ		50		
		10^3		
		10^6		
Spezifischer Durchgangswiderstand	Ohm·cm			
Durchschlagfestigkeit	kV/mm			mm dick
Oberflächenwiderstand	Ohm			

Kriechstromfestigkeit KC KB KA
Elektrolytische Korrosionswirkung
Lichtbogenfestigkeit nach DIN
nach ASTM s

Beständigkeit *(Chemische Beständigkeit siehe Anhang)*

Wasseraufnahme

Feuchtigkeitsaufnahme Normalklima %
Wetterbeständigkeit

Spannungskorrosion

Optische Eigenschaften

Brechungszahl n_D
Transmissionsgrad τ_c % mm dick
Lichtdurchlässigkeit

Produkt	Polyethylen hoher Dichte		**PE**
Handelsname	**Rigidex HD5813EA**		
Hersteller	BP		
DIN-Bez 1	16776-PE,MG,60-G200		
DIN-Bez 2			
Zusätze		*Füllstoffe/ Verstärkung*	
Bevorzugte Verarbeitung	Spritzgiessen	*Lieferform*	Granulat
		Farben	Natur
Besondere Merkmale		*Bevorzugte Anwendungen*	Haushaltsartikel; Aerosolkappe

Dichte	g/cm^3	0.959	*Schmelzindex*	g/10 min	13:	190/2.16
Schüttdichte	g/cm^3		*Volumenfließindex*	$cm^3/10$ min	:	
Viskositätszahl	ml/g					

Verarbeitungsbedingungen für Spritzgießen

Massetemp.	°C	*Schwindung*	% lgs , quer
Werkzeugtemp.	°C	*Bemerkungen*	
Spritzdruck	bar		

Zugversuch 23 °C

Probekörper: *Form* / *Zustand* — *Herstellung* / *Vorbehandlung*

Streckspannung	N/mm^2	*Dehnung bei Streckspannung*	%
Zugfestigkeit	N/mm^2	*Reißdehnung*	%
Reißfestigkeit	N/mm^2	*% Dehnspannung*	N/mm^2
E-Modul	N/mm^2	*Dehnung bei % Dehnspg.*	%

Kriechmoduln und Zeitstandwerte 23 °C

Probekörper: *Form* / *Zustand* — *Herstellung* / *Vorbehandlung*

Kriechmodul	*1 min* N/mm^2	*Zeitstandzugfestigkeit*	h N/mm^2
Kriechmodul	*1000 h* N/mm^2	*Zeitdehnspg.* %	h N/mm^2
bei Spannung	N/mm^2		

Biegeversuch 23 °C

Probekörper: *Form* / *Zustand* — *Herstellung* / *Vorbehandlung*

Biegefestigkeit	N/mm^2	*E-Modul*	N/mm^2
3,5% *Biegespannung*	N/mm^2		

Härte 23 °C *Probekörper:* *Zustand* — *Herstellung* / *Vorbehandlung*

Kugeldruckhärte	N/mm^2 bei N, s	*Shore-Härte*	A
Rockwellhärte		*Shore-Härte*	D

Schlagversuch *Probekörper:* *(1)* / *(2)* / *Zustand* — *Herstellung* / *Vorbehandlung*

		°C	°C	°C	*Probekörper-Form*
Schlagzähigkeit	kJ/m^2				
Kerbschlagzähigkeit (1)	kJ/m^2				
IZOD-Kerbschlagzähigkeit (2)	J/m				
Kerbschlagzugzähigkeit	kJ/m^2				

Abrieb und Reibung

Taber-Abrieb (Reibradverfahren) mm³/100 U
Abriebfaktor LNP (Thrust washer) Vergleichswert
Statische Reibungszahl
Dynamische Reibungszahl (p·v= N/mm²· m/min)
Zulässiger p·v Wert N/mm²·(m/min) v= m/min
v= m/min

Thermische Eigenschaften

Formbeständigkeit in der Wärme *Verfahren* °C
Verfahren °C
Vicat Erweichungstemperatur (VST) *Verfahren* °C
Verfahren °C
Kristallit-Schmelzpunkt *Verfahren*

Längenausdehnungskoeffizient *Bereich* °C $\cdot 10^{-4}K^{-1}$
Temperatur $\cdot 10^{-4}K^{-1}$
Wärmeleitfähigkeit *Verfahren* W/(K·m)

Spezifische Wärmekapazität *Verfahren* J/(K·g)

Glasumwandlungstemperatur *Torsionsschwingungsversuch* °C
Differentialkalorimetrie °C

Brandverhalten

UL-Test vertikal Dicke mm, Wert
Dicke mm, Wert

	Norm	*Bewertung*	*Abmessungen*
Sauerstoff-Index	ASTM D 2863		
Glühstab-Verfahren			
Brandverhalten	DIN 4102		
MVSS			
FAR			

Elektrische Eigenschaften

	Hz	°C	*Probekörper, Form*
Dielektrizitätszahl	50		
	10^3		
	10^6		
Dielektrischer Verlustfaktor tan δ	50		
	10^3		
	10^6		

Spezifischer Durchgangswiderstand Ohm·cm
Durchschlagfestigkeit kV/mm mm dick
Oberflächenwiderstand Ohm

Kriechstromfestigkeit KC KB KA
Elektrolytische Korrosionswirkung
Lichtbogenfestigkeit nach DIN
nach ASTM s

Beständigkeit *(Chemische Beständigkeit siehe Anhang)*

Wasseraufnahme

Feuchtigkeitsaufnahme Normalklima %
Wetterbeständigkeit

Spannungskorrosion

Optische Eigenschaften

Brechungszahl n_D
Transmissionsgrad τ_c % mm dick
Lichtdurchlässigkeit

Datenbank-Nr. **T05443** Merkblatt-Nr. **3290**

Produkt	Polyethylen hoher Dichte		**PE**
Handelsname	**Rigidex HD5218EA**		
Hersteller	BP		
DIN-Bez 1	16776-PE,MG,55-G200		
DIN-Bez 2			
Zusätze		*Füllstoffe/ Verstärkung*	
Bevorzugte Verarbeitung	Spritzgiessen	*Lieferform*	Granulat
		Farben	Natur
Besondere Merkmale		*Bevorzugte Anwendungen*	Haushaltsartikel; Spielzeug; PET-Flaschentraeger

Dichte	g/cm³ 0.953	*Schmelzindex*	g/10 min	18:	190/2.16
Schüttdichte	g/cm³	*Volumenfließindex*	cm³/10 min	:	
Viskositätszahl	ml/g				

Verarbeitungsbedingungen für Spritzgießen

Massetemp.	°C	*Schwindung*	% lgs , quer
Werkzeugtemp.	°C	*Bemerkungen*	
Spritzdruck	bar		

Zugversuch 23 °C

Probekörper: *Form* *Herstellung*
Zustand *Vorbehandlung*

Streckspannung	N/mm²	*Dehnung bei Streckspannung*	%
Zugfestigkeit	N/mm²	*Reißdehnung*	%
Reißfestigkeit	N/mm²	*% Dehnspannung*	N/mm²
E-Modul	N/mm²	*Dehnung bei % Dehnspg.*	%

Kriechmoduln und Zeitstandwerte 23 °C

Probekörper: *Form* *Herstellung*
Zustand *Vorbehandlung*

Kriechmodul	*1 min* N/mm²	*Zeitstandzugfestigkeit*	h N/mm²
Kriechmodul	*1000 h* N/mm²	*Zeitdehnspg. %*	h N/mm²
bei Spannung	N/mm²		

Biegeversuch 23 °C

Probekörper: *Form* *Herstellung*
Zustand *Vorbehandlung*

Biegefestigkeit	N/mm²	*E-Modul*	N/mm²
3,5% *Biegespannung*	N/mm²		

Härte 23 °C *Probekörper:* *Zustand* *Herstellung*
Vorbehandlung

Kugeldruckhärte	N/mm² bei N, s	*Shore-Härte* A
Rockwellhärte		*Shore-Härte* D

Schlagversuch *Probekörper:* *(1)*
(2) *Herstellung*
Zustand *Vorbehandlung*

	°C	°C	°C	*Probekörper-Form*
Schlagzähigkeit kJ/m²				
Kerbschlagzähigkeit (1) kJ/m²				
IZOD-Kerbschlagzähigkeit (2) J/m				
Kerbschlagzugzähigkeit kJ/m²				

Abrieb und Reibung

Taber-Abrieb (Reibradverfahren)	mm^3/100 U
Abriebfaktor LNP (Thrust washer) Vergleichswert	
Statische Reibungszahl	
Dynamische Reibungszahl	(p·v= N/mm²· m/min)
Zulässiger p·v Wert	N/mm²·(m/min) v= m/min
	v= m/min

Thermische Eigenschaften

Formbeständigkeit in der Wärme	Verfahren		°C
	Verfahren		°C
Vicat Erweichungstemperatur (VST)	Verfahren		°C
	Verfahren		°C
Kristallit-Schmelzpunkt	Verfahren		
Längenausdehnungskoeffizient	Bereich	°C	$\cdot 10^{-4}K^{-1}$
	Temperatur		$\cdot 10^{-4}K^{-1}$
Wärmeleitfähigkeit	Verfahren		W/(K·m)
Spezifische Wärmekapazität	Verfahren		J/(K·g)
Glasumwandlungstemperatur	Torsionsschwingungsversuch	°C	
	Differentialkalorimetrie	°C	

Brandverhalten

UL-Test vertikal	Dicke mm, Wert
	Dicke mm, Wert

	Norm	Bewertung	Abmessungen
Sauerstoff-Index	ASTM D 2863		
Glühstab-Verfahren			
Brandverhalten	DIN 4102		
MVSS			
FAR			

Elektrische Eigenschaften

		Hz	°C		Probekörper, Form
Dielektrizitätszahl		50			
		10^3			
		10^6			
Dielektrischer Verlustfaktor tan δ		50			
		10^3			
		10^6			
Spezifischer Durchgangswiderstand	Ohm·cm				
Durchschlagfestigkeit	kV/mm				mm dick
Oberflächenwiderstand	Ohm				
Kriechstromfestigkeit		KC	KB	KA	
Elektrolytische Korrosionswirkung					
Lichtbogenfestigkeit nach DIN					
nach ASTM	s				

Beständigkeit (Chemische Beständigkeit siehe Anhang)

Wasseraufnahme

Feuchtigkeitsaufnahme Normalklima %

Wetterbeständigkeit

Spannungskorrosion

Optische Eigenschaften

Brechungszahl n_D

Transmissionsgrad τ_c % mm dick

Lichtdurchlässigkeit

Produkt	Polyethylen hoher Dichte		**PE**
Handelsname	**Rigidex HD3840UA**		
Hersteller	BP		
DIN-Bez 1	16776-PE,RGL,40-G045		
DIN-Bez 2			
Zusätze		*Füllstoffe/ Verstärkung*	
Bevorzugte Verarbeitung	Rotationssintern	*Lieferform*	Granulat
		Farben	Natur
Besondere Merkmale		*Bevorzugte Anwendungen*	Faulbehaelter; Tank; Behaelter

Dichte	g/cm³	0.939	*Schmelzindex*	g/10 min	4:	190/2.16
Schüttdichte	g/cm³		*Volumenfließindex*	cm³/10 min	:	
Viskositätszahl	ml/g					

Verarbeitungsbedingungen für Spritzgießen

Massetemp.	°C	*Schwindung*	% lgs , quer
Werkzeugtemp.	°C	*Bemerkungen*	
Spritzdruck	bar		

Zugversuch 23 °C

Probekörper: *Form* *Zustand* — *Herstellung* *Vorbehandlung*

Streckspannung	N/mm²	*Dehnung bei Streckspannung*	%
Zugfestigkeit	N/mm²	*Reißdehnung*	%
Reißfestigkeit	N/mm²	*% Dehnspannung*	N/mm²
E-Modul	N/mm²	*Dehnung bei % Dehnspg.*	%

Kriechmoduln und Zeitstandwerte 23 °C

Probekörper: *Form* *Zustand* — *Herstellung* *Vorbehandlung*

Kriechmodul	*1 min* N/mm²	*Zeitstandzugfestigkeit*	h	N/mm²
Kriechmodul	*1000 h* N/mm²	*Zeitdehnspg. %*	h	N/mm²
bei Spannung	N/mm²			

Biegeversuch 23 °C

Probekörper: *Form* *Zustand* — *Herstellung* *Vorbehandlung*

Biegefestigkeit	N/mm²	*E-Modul*	N/mm²
3,5% *Biegespannung*	N/mm²		

Härte 23 °C *Probekörper:* *Zustand* — *Herstellung* *Vorbehandlung*

Kugeldruckhärte	N/mm² bei N, s	*Shore-Härte*	A
Rockwellhärte		*Shore-Härte*	D

Schlagversuch *Probekörper:* *(1)* *(2)* *Zustand* — *Herstellung* *Vorbehandlung*

		°C	°C	°C	*Probekörper-Form*
Schlagzähigkeit	kJ/m²				
Kerbschlagzähigkeit (1)	kJ/m²				
IZOD-Kerbschlagzähigkeit (2)	J/m				
Kerbschlagzugzähigkeit	kJ/m²				

Abrieb und Reibung

Taber-Abrieb (Reibradverfahren)	$mm^3/100$ U		
Abriebfaktor LNP (Thrust washer) Vergleichswert			
Statische Reibungszahl			
Dynamische Reibungszahl	(p·v= N/mm^2·		m/min)
Zulässiger p · v Wert	N/mm^2·(m/min)	v=	m/min
		v=	m/min

Thermische Eigenschaften

Formbeständigkeit in der Wärme	*Verfahren*		°C
	Verfahren		°C
Vicat Erweichungstemperatur (VST)	*Verfahren*		°C
	Verfahren		°C
Kristallit-Schmelzpunkt	*Verfahren*		
Längenausdehnungskoeffizient	*Bereich*	°C	$\cdot 10^{-4}K^{-1}$
	Temperatur		$\cdot 10^{-4}K^{-1}$
Wärmeleitfähigkeit	*Verfahren*		W/(K · m)
Spezifische Wärmekapazität	*Verfahren*		J/(K · g)
Glasumwandlungstemperatur	*Torsionsschwingungsversuch*	°C	
	Differentialkalorimetrie	°C	

Brandverhalten

UL-Test vertikal Dicke mm, Wert
Dicke mm, Wert

	Norm	*Bewertung*	*Abmessungen*
Sauerstoff-Index	ASTM D 2863		
Glühstab-Verfahren			
Brandverhalten	DIN 4102		
MVSS			
FAR			

Elektrische Eigenschaften

		Hz	°C	*Probekörper, Form*
Dielektrizitätszahl		50		
		10^3		
		10^6		
Dielektrischer Verlustfaktor tan δ		50		
		10^3		
		10^6		
Spezifischer Durchgangswiderstand	Ohm · cm			
Durchschlagfestigkeit	kV/mm			mm dick
Oberflächenwiderstand	Ohm			

Kriechstromfestigkeit KC KB KA
Elektrolytische Korrosionswirkung
Lichtbogenfestigkeit nach DIN
nach ASTM s

Beständigkeit *(Chemische Beständigkeit siehe Anhang)*

Wasseraufnahme

Feuchtigkeitsaufnahme Normalklima %
Wetterbeständigkeit

Spannungskorrosion

Optische Eigenschaften

Brechungszahl n_D
Transmissionsgrad τ_c % mm dick
Lichtdurchlässigkeit

Produkt	Polyethylen hoher Dichte		**PE**
Handelsname	**Rigidex HD3840UR**		
Hersteller	BP		
DIN-Bez 1	16776-PE,RLP,40-G045		
DIN-Bez 2			
Zusätze		*Füllstoffe/ Verstärkung*	
Bevorzugte Verarbeitung	Rotationssintern	*Lieferform*	Pulver
		Farben	Natur
Besondere Merkmale		*Bevorzugte Anwendungen*	Faulbehaelter; Tank; Behaelter

Dichte	g/cm³	0.939	*Schmelzindex*	g/10 min	4:	190/2.16
Schüttdichte	g/cm³		*Volumenfließindex*	cm³/10 min	:	
Viskositätszahl	ml/g					

Verarbeitungsbedingungen für Spritzgießen

Massetemp.	°C	*Schwindung*	% lgs , quer
Werkzeugtemp.	°C	*Bemerkungen*	
Spritzdruck	bar		

Zugversuch 23 °C

Probekörper: *Form* *Zustand* — *Herstellung* *Vorbehandlung*

Streckspannung	N/mm²	*Dehnung bei Streckspannung*	%
Zugfestigkeit	N/mm²	*Reißdehnung*	%
Reißfestigkeit	N/mm²	*% Dehnspannung*	N/mm²
E-Modul	N/mm²	*Dehnung bei % Dehnspg.*	%

Kriechmoduln und Zeitstandwerte 23 °C

Probekörper: *Form* *Zustand* — *Herstellung* *Vorbehandlung*

Kriechmodul	*1 min* N/mm²	*Zeitstandzugfestigkeit*	h N/mm²
Kriechmodul	*1000 h* N/mm²	*Zeitdehnspg. %*	h N/mm²
bei Spannung	N/mm²		

Biegeversuch 23 °C

Probekörper: *Form* *Zustand* — *Herstellung* *Vorbehandlung*

Biegefestigkeit	N/mm²	*E-Modul*	N/mm²
3,5% *Biegespannung*	N/mm²		

Härte 23 °C *Probekörper:* *Zustand* — *Herstellung* *Vorbehandlung*

Kugeldruckhärte	N/mm² bei N, s	*Shore-Härte* A	
Rockwellhärte		*Shore-Härte* D	

Schlagversuch *Probekörper:* *(1)* *(2)* *Zustand* — *Herstellung* *Vorbehandlung*

		°C	°C	°C	*Probekörper-Form*
Schlagzähigkeit	kJ/m²				
Kerbschlagzähigkeit (1)	kJ/m²				
IZOD-Kerbschlagzähigkeit (2)	J/m				
Kerbschlagzugzähigkeit	kJ/m²				

Abrieb und Reibung

Taber-Abrieb (Reibradverfahren) mm³/100 U
Abriebfaktor LNP (Thrust washer) Vergleichswert
Statische Reibungszahl
Dynamische Reibungszahl (p·v= N/mm²· m/min)
Zulässiger p·v Wert N/mm²·(m/min) v= m/min
v= m/min

Thermische Eigenschaften

Formbeständigkeit in der Wärme *Verfahren* °C
Verfahren °C
Vicat Erweichungstemperatur (VST) *Verfahren* °C
Verfahren °C
Kristallit-Schmelzpunkt *Verfahren*

Längenausdehnungskoeffizient *Bereich* °C $\cdot 10^{-4}K^{-1}$
Temperatur $\cdot 10^{-4}K^{-1}$
Wärmeleitfähigkeit *Verfahren* W/(K·m)

Spezifische Wärmekapazität *Verfahren* J/(K·g)

Glasumwandlungstemperatur *Torsionsschwingungsversuch* °C
Differentialkalorimetrie °C

Brandverhalten

UL-Test vertikal Dicke mm, Wert
Dicke mm, Wert

	Norm	*Bewertung*	*Abmessungen*
Sauerstoff-Index	ASTM D 2863		
Glühstab-Verfahren			
Brandverhalten	DIN 4102		
MVSS			
FAR			

Elektrische Eigenschaften

	Hz	°C	*Probekörper, Form*
Dielektrizitätszahl	50		
	10^3		
	10^6		
Dielektrischer Verlustfaktor tan δ	50		
	10^3		
	10^6		

Spezifischer Durchgangs-widerstand Ohm·cm
Durchschlagfestigkeit kV/mm mm dick
Oberflächenwiderstand Ohm

Kriechstromfestigkeit KC KB KA
Elektrolytische Korrosionswirkung
Lichtbogenfestigkeit nach DIN
nach ASTM s

Beständigkeit *(Chemische Beständigkeit siehe Anhang)*

Wasseraufnahme

Feuchtigkeitsaufnahme Normalklima %
Wetterbeständigkeit

Spannungskorrosion

Optische Eigenschaften

Brechungszahl n_D
Transmissionsgrad τ_c % mm dick
Lichtdurchlässigkeit

Datenbank-Nr. **T05913** Merkblatt-Nr. **3293**

Produkt	Polyamid 6		**PA**
Handelsname	**Frianyl B 53 F**		
Hersteller	FRISETTA		
DIN-Bez 1			
DIN-Bez 2			
Zusätze		*Füllstoffe/ Verstärkung*	
Bevorzugte Verarbeitung	Spritzgiessen; Extrudieren	*Lieferform*	Granulat
		Farben	Natur; Standard
Besondere Merkmale	Feinkristallin; Leichtfliessend; Gute Entformbarkeit; Glaenzende Oberflaeche	*Bevorzugte Anwendungen*	Praezisionsformteil; Technisches Formteil

Dichte	g/cm³	1.14	*Schmelzindex*	g/10 min	22:	230/2.16
Schüttdichte	g/cm³		*Volumenfließindex*	cm³/10 min	:	
Viskositätszahl	ml/g					

Verarbeitungsbedingungen für Spritzgießen

Massetemp.	°C	250–280	*Schwindung*	%	lgs 1.0–2.5, quer 1.0–2.5
Werkzeugtemp.	°C	40–70	*Bemerkungen*		
Spritzdruck	bar				

Zugversuch 23 °C DIN 53455; DIN 53457

Probekörper: *Form* Nr.3 — *Herstellung* Spritzgiessen
Zustand Spritzfrisch — *Vorbehandlung*

Streckspannung	N/mm²	80	*Dehnung bei Streckspannung*	%	
Zugfestigkeit	N/mm²		*Reißdehnung*	%	80
Reißfestigkeit	N/mm²		*% Dehnspannung*	N/mm²	
E-Modul	N/mm²	3000	*Dehnung bei % Dehnspg.*	%	

Kriechmoduln und Zeitstandwerte 23 °C

Probekörper: *Form* — *Herstellung*
Zustand — *Vorbehandlung*

Kriechmodul	*1 min*	N/mm²	*Zeitstandzugfestigkeit*	h	N/mm²
Kriechmodul	*1000 h*	N/mm²	*Zeitdehnspg. %*	h	N/mm²
bei Spannung		N/mm²			

Biegeversuch 23 °C

Probekörper: *Form* — *Herstellung*
Zustand — *Vorbehandlung*

Biegefestigkeit	N/mm²	*E-Modul*	N/mm²
3,5% Biegespannung	N/mm²		

Härte 23 °C *Probekörper:* *Zustand* Spritzfrisch — *Herstellung* Spritzgiessen
Vorbehandlung

Kugeldruckhärte	N/mm²	150	bei 358 N, 10 s	*Shore-Härte* A	
Rockwellhärte				*Shore-Härte* D	

Schlagversuch *Probekörper:* *(1)* U-Kerbe
(2) — *Herstellung* Spritzgiessen
Zustand Spritzfrisch — *Vorbehandlung*

		°C		°C		°C		*Probekörper-Form*
Schlagzähigkeit	kJ/m²	23	o.B.	-40	80			NKS
Kerbschlagzähigkeit (1)	kJ/m²	23	2					NKS
IZOD-Kerbschlagzähigkeit (2)	J/m							
Kerbschlagzugzähigkeit	kJ/m²							

Abrieb und Reibung

Taber-Abrieb (Reibradverfahren) mm³/100 U
Abriebfaktor LNP (Thrust washer) Vergleichswert
Statische Reibungszahl
Dynamische Reibungszahl (p·v= N/mm²· m/min)
Zulässiger p·v Wert N/mm²·(m/min) v= m/min
v= m/min

Thermische Eigenschaften

Formbeständigkeit in der Wärme	*Verfahren* A	75 °C
	Verfahren B	175 °C
Vicat Erweichungstemperatur (VST)	*Verfahren*	°C
	Verfahren	°C
Kristallit-Schmelzpunkt	*Verfahren* DSC	222 °C
Längenausdehnungskoeffizient	*Bereich* °C	$\cdot 10^{-4}K^{-1}$
	Temperatur	$\cdot 10^{-4}K^{-1}$
Wärmeleitfähigkeit	*Verfahren*	W/(K·m)
Spezifische Wärmekapazität	*Verfahren*	J/(K·g)
Glasumwandlungstemperatur	*Torsionsschwingungsversuch*	°C
	Differentialkalorimetrie	°C

Brandverhalten

UL-Test vertikal Dicke mm, Wert
Dicke mm, Wert

	Norm	*Bewertung*	*Abmessungen*
Sauerstoff-Index	ASTM D 2863		
Glühstab-Verfahren			
Brandverhalten	DIN 4102		
MVSS			
FAR			

Elektrische Eigenschaften

		Hz	°C		*Probekörper, Form*
Dielektrizitätszahl		50			
		10^3			
		10^6			
Dielektrischer Verlustfaktor tan δ		50			
		10^3			
		10^6			
Spezifischer Durchgangswiderstand	Ohm·cm		23	1.0*10**15	
Durchschlagfestigkeit	kV/mm		23	100	mm dick
Oberflächenwiderstand	Ohm				

Kriechstromfestigkeit KC >600 KB >600 KA
Elektrolytische Korrosionswirkung
Lichtbogenfestigkeit nach DIN
nach ASTM s

Beständigkeit *(Chemische Beständigkeit siehe Anhang)*

Wasseraufnahme 23 C Bis zur Saettigung 8–9 %

Feuchtigkeitsaufnahme Normalklima %
Wetterbeständigkeit

Spannungskorrosion

Optische Eigenschaften

Brechungszahl n_D
Transmissionsgrad τ_c % mm dick
Lichtdurchlässigkeit

Datenbank-Nr.	**T05914**		*Merkblatt-Nr.* **3294**
Produkt	Polyamid 6		**PA**
Handelsname	**Frianyl B 63 F**		
Hersteller	FRISETTA		
DIN-Bez 1			
DIN-Bez 2			
Zusätze		*Füllstoffe/ Verstärkung*	
Bevorzugte Verarbeitung	Spritzgiessen; Extrudieren	*Lieferform*	Granulat
		Farben	Natur; Standard
Besondere Merkmale	Feinkristallin; Leichtfliessend; Gute Entformbarkeit; Glaenzende Oberflaeche	*Bevorzugte Anwendungen*	Praezisionsformteil; Technisches Formteil

Dichte	g/cm³	1.14	*Schmelzindex*	g/10 min	20:	230/2.16
Schüttdichte	g/cm³		*Volumenfließindex*	cm³/10 min	:	
Viskositätszahl	ml/g					

Verarbeitungsbedingungen für Spritzgießen

Massetemp.	°C	250–280	*Schwindung*	%	lgs 1.0–2.5, quer 1.0–2.5
Werkzeugtemp.	°C	40–70	*Bemerkungen*		
Spritzdruck	bar				

Zugversuch 23 °C DIN 53455; DIN 53457

Probekörper: *Form* Nr.3; *Zustand* Spritzfrisch; *Herstellung* Spritzgiessen; *Vorbehandlung*

Streckspannung	N/mm²	80	*Dehnung bei Streckspannung*	%	
Zugfestigkeit	N/mm²		*Reißdehnung*	%	80
Reißfestigkeit	N/mm²		*% Dehnspannung*	N/mm²	
E-Modul	N/mm²	3000	*Dehnung bei % Dehnspg.*	%	

Kriechmoduln und Zeitstandwerte 23 °C

Probekörper: *Form*; *Zustand*; *Herstellung*; *Vorbehandlung*

Kriechmodul	*1 min*	N/mm²	*Zeitstandzugfestigkeit*	h	N/mm²
Kriechmodul	*1000 h*	N/mm²	*Zeitdehnspg. %*	h	N/mm²
bei Spannung		N/mm²			

Biegeversuch 23 °C

Probekörper: *Form*; *Zustand*; *Herstellung*; *Vorbehandlung*

Biegefestigkeit	N/mm²	*E-Modul*	N/mm²
3,5% *Biegespannung*	N/mm²		

Härte 23 °C *Probekörper:* *Zustand* Spritzfrisch; *Herstellung* Spritzgiessen; *Vorbehandlung*

Kugeldruckhärte	N/mm²	150	bei 358 N, 10 s	*Shore-Härte* A
Rockwellhärte				*Shore-Härte* D

Schlagversuch *Probekörper:* *(1)* U-Kerbe; *(2)*; *Zustand* Spritzfrisch; *Herstellung* Spritzgiessen; *Vorbehandlung*

		°C		°C		°C		*Probekörper-Form*
Schlagzähigkeit	kJ/m²	23	o.B.	-40	80			NKS
Kerbschlagzähigkeit (1)	kJ/m²	23	3					NKS
IZOD-Kerbschlagzähigkeit (2)	J/m							
Kerbschlagzugzähigkeit	kJ/m²							

Abrieb und Reibung

Taber-Abrieb (Reibradverfahren) $mm^3/100$ U
Abriebfaktor LNP (Thrust washer) Vergleichswert
Statische Reibungszahl
Dynamische Reibungszahl (p·v= N/mm²· m/min)
Zulässiger p · v Wert N/mm² · (m/min) v= m/min
v= m/min

Thermische Eigenschaften

Formbeständigkeit in der Wärme	*Verfahren* A		75 °C
	Verfahren B		175 °C
Vicat Erweichungstemperatur (VST)	*Verfahren*		°C
	Verfahren		°C
Kristallit-Schmelzpunkt	*Verfahren* DSC		222 °C
Längenausdehnungskoeffizient	*Bereich*	°C	$\cdot 10^{-4}K^{-1}$
	Temperatur		$\cdot 10^{-4}K^{-1}$
Wärmeleitfähigkeit	*Verfahren*		W/(K · m)
Spezifische Wärmekapazität	*Verfahren*		J/(K · g)
Glasumwandlungstemperatur	*Torsionsschwingungsversuch*	°C	
	Differentialkalorimetrie	°C	

Brandverhalten

UL-Test vertikal Dicke mm, Wert
Dicke mm, Wert

	Norm	*Bewertung*	*Abmessungen*
Sauerstoff-Index	ASTM D 2863		
Glühstab-Verfahren			
Brandverhalten	DIN 4102		
MVSS			
FAR			

Elektrische Eigenschaften

		Hz	°C		*Probekörper, Form*
Dielektrizitätszahl		50			
		10^3			
		10^6			
Dielektrischer Verlustfaktor tan δ		50			
		10^3			
		10^6			
Spezifischer Durchgangs-widerstand	Ohm · cm		23	1.0*10**15	
Durchschlagfestigkeit	kV/mm		23	100	mm dick
Oberflächenwiderstand	Ohm				

Kriechstromfestigkeit KC >600 KB >600 KA
Elektrolytische Korrosionswirkung
Lichtbogenfestigkeit nach DIN
nach ASTM s

Beständigkeit *(Chemische Beständigkeit siehe Anhang)*

Wasseraufnahme 23 C Bis zur Saettigung 8–9 %

Feuchtigkeitsaufnahme Normalklima %
Wetterbeständigkeit

Spannungskorrosion

Optische Eigenschaften

Brechungszahl n_D
Transmissionsgrad τ_c % mm dick
Lichtdurchlässigkeit

Produkt	Polyamid 6		**PA**
Handelsname	**Frianyl B 73 F**		
Hersteller	FRISETTA		
DIN-Bez 1			
DIN-Bez 2			
Zusätze		*Füllstoffe/ Verstärkung*	
Bevorzugte Verarbeitung	Spritzgiessen; Extrudieren	*Lieferform*	Granulat
		Farben	Natur; Standard
Besondere Merkmale	Feinkristallin; Leichtfliessend; Gute Entformbarkeit; Glaenzende Oberflaeche	*Bevorzugte Anwendungen*	Praezisionsformteil; Technisches Formteil

Dichte	g/cm³	1.14	*Schmelzindex*	g/10 min	16:	230/2.16
Schüttdichte	g/cm³		*Volumenfließindex*	cm³/10 min	:	
Viskositätszahl	ml/g					

Verarbeitungsbedingungen für Spritzgießen

Massetemp.	°C	250–280	*Schwindung*	%	lgs 1.0–2.5, quer 1.0–2.5
Werkzeugtemp.	°C	40–70	*Bemerkungen*		
Spritzdruck	bar				

Zugversuch 23 °C DIN 53455; DIN 53457

Probekörper: *Form* Nr.3 — *Herstellung* Spritzgiessen
Zustand Spritzfrisch — *Vorbehandlung*

Streckspannung	N/mm²	80	*Dehnung bei Streckspannung*	%	
Zugfestigkeit	N/mm²		*Reißdehnung*	%	80
Reißfestigkeit	N/mm²		*% Dehnspannung*	N/mm²	
E-Modul	N/mm²	3000	*Dehnung bei % Dehnspg.*	%	

Kriechmoduln und Zeitstandwerte 23 °C

Probekörper: *Form* — *Herstellung*
Zustand — *Vorbehandlung*

Kriechmodul	*1 min*	N/mm²	*Zeitstandzugfestigkeit*	h	N/mm²
Kriechmodul	*1000 h*	N/mm²	*Zeitdehnspg. %*	h	N/mm²
bei Spannung		N/mm²			

Biegeversuch 23 °C

Probekörper: *Form* — *Herstellung*
Zustand — *Vorbehandlung*

Biegefestigkeit	N/mm²	*E-Modul*	N/mm²
3,5% *Biegespannung*	N/mm²		

Härte 23 °C *Probekörper:* *Zustand* Spritzfrisch — *Herstellung* Spritzgiessen
Vorbehandlung

Kugeldruckhärte	N/mm²	150	bei 358 N, 10 s	*Shore-Härte* A
Rockwellhärte				*Shore-Härte* D

Schlagversuch *Probekörper:* *(1)* U-Kerbe
(2) — *Herstellung* Spritzgiessen
Zustand Spritzfrisch — *Vorbehandlung*

		°C		°C		°C		*Probekörper-Form*
Schlagzähigkeit	kJ/m²	23	o.B.	-40	80			NKS
Kerbschlagzähigkeit (1)	kJ/m²	23	4					NKS
IZOD-Kerbschlagzähigkeit (2)	J/m							
Kerbschlagzugzähigkeit	kJ/m²							

Abrieb und Reibung

Taber-Abrieb (Reibradverfahren) mm³/100 U
Abriebfaktor LNP (Thrust washer) Vergleichswert
Statische Reibungszahl
Dynamische Reibungszahl (p·v= N/mm²· m/min)
Zulässiger p·v Wert N/mm²·(m/min) v= m/min
v= m/min

Thermische Eigenschaften

Formbeständigkeit in der Wärme	*Verfahren* A		75 °C
	Verfahren B		175 °C
Vicat Erweichungstemperatur (VST)	*Verfahren*		°C
	Verfahren		°C
Kristallit-Schmelzpunkt	*Verfahren* DSC		222 °C
Längenausdehnungskoeffizient	*Bereich* °C		$\cdot 10^{-4} K^{-1}$
	Temperatur		$\cdot 10^{-4} K^{-1}$
Wärmeleitfähigkeit	*Verfahren*		W/(K·m)
Spezifische Wärmekapazität	*Verfahren*		J/(K·g)
Glasumwandlungstemperatur	*Torsionsschwingungsversuch*	°C	
	Differentialkalorimetrie	°C	

Brandverhalten

UL-Test vertikal Dicke mm, Wert
Dicke mm, Wert

	Norm	*Bewertung*	*Abmessungen*
Sauerstoff-Index	ASTM D 2863		
Glühstab-Verfahren			
Brandverhalten	DIN 4102		
MVSS			
FAR			

Elektrische Eigenschaften

		Hz	°C		*Probekörper, Form*
Dielektrizitätszahl		50			
		10^3			
		10^6			
Dielektrischer Verlustfaktor tan δ		50			
		10^3			
		10^6			
Spezifischer Durchgangswiderstand	Ohm·cm		23	1.0*10**15	
Durchschlagfestigkeit	kV/mm		23	100	mm dick
Oberflächenwiderstand	Ohm				

Kriechstromfestigkeit KC >600 KB >600 KA
Elektrolytische Korrosionswirkung
Lichtbogenfestigkeit nach DIN
nach ASTM s

Beständigkeit *(Chemische Beständigkeit siehe Anhang)*

Wasseraufnahme 23 C Bis zur Saettigung 8–9 %

Feuchtigkeitsaufnahme Normalklima %
Wetterbeständigkeit

Spannungskorrosion

Optische Eigenschaften

Brechungszahl n_D
Transmissionsgrad τ_c % mm dick
Lichtdurchlässigkeit

PA

Produkt	Polyamid 6
Handelsname	**Frianyl B 53 T**
Hersteller	FRISETTA
DIN-Bez 1	
DIN-Bez 2	
Zusätze	
Füllstoffe/ Verstärkung	
Bevorzugte Verarbeitung	Spritzgiessen; Extrudieren
Lieferform	Granulat
Farben	Natur; Standard
Besondere Merkmale	Feinkristallin; Leichtfliessend; Gute Entformbarkeit; Glaenzende Oberflaeche; Temperaturstabil; UV-stabilisiert
Bevorzugte Anwendungen	Praezisionsformteil; Technisches Formteil

Dichte	g/cm³	1.13	*Schmelzindex*	g/10 min	21.5: 230/2.16
Schüttdichte	g/cm³		*Volumenfließindex*	cm³/10 min	:
Viskositätszahl	ml/g				

Verarbeitungsbedingungen für Spritzgießen

Massetemp.	°C	250–280	*Schwindung*	%	lgs 1.2–2.5, quer 1.2–2.5
Werkzeugtemp.	°C	40–70	*Bemerkungen*		
Spritzdruck	bar				

Zugversuch 23 °C DIN 53455; DIN 53457

Probekörper: *Form* Nr.3, *Zustand* Spritzfrisch; *Herstellung* Spritzgiessen, *Vorbehandlung*

Streckspannung	N/mm²	80	*Dehnung bei Streckspannung*	%	
Zugfestigkeit	N/mm²		*Reißdehnung*	%	100
Reißfestigkeit	N/mm²		*% Dehnspannung*	N/mm²	
E-Modul	N/mm²	3000	*Dehnung bei % Dehnspg.*	%	

Kriechmoduln und Zeitstandwerte 23 °C

Probekörper: *Form*, *Zustand*; *Herstellung*, *Vorbehandlung*

Kriechmodul	*1 min*	N/mm²	*Zeitstandzugfestigkeit*	h	N/mm²
Kriechmodul	*1000 h*	N/mm²	*Zeitdehnspg.* %	h	N/mm²
bei Spannung		N/mm²			

Biegeversuch 23 °C

Probekörper: *Form*, *Zustand*; *Herstellung*, *Vorbehandlung*

Biegefestigkeit	N/mm²	*E-Modul*	N/mm²
3,5% *Biegespannung*	N/mm²		

Härte 23 °C *Probekörper:* *Zustand* Spritzfrisch; *Herstellung* Spritzgiessen, *Vorbehandlung*

Kugeldruckhärte	N/mm²	140	bei 358 N, 10 s	*Shore-Härte* A
Rockwellhärte				*Shore-Härte* D

Schlagversuch *Probekörper:* *(1)* U-Kerbe, *(2)*, *Zustand* Spritzfrisch; *Herstellung* Spritzgiessen, *Vorbehandlung*

		°C	°C	°C	*Probekörper-Form*
Schlagzähigkeit	kJ/m²	23 o.B.	-40 o.B.		NKS
Kerbschlagzähigkeit (1)	kJ/m²	23 2.7			NKS
IZOD-Kerbschlagzähigkeit (2)	J/m				
Kerbschlagzugzähigkeit	kJ/m²				

Abrieb und Reibung

Taber-Abrieb (Reibradverfahren) mm^3/100 U
Abriebfaktor LNP (Thrust washer) Vergleichswert
Statische Reibungszahl
Dynamische Reibungszahl (p·v= N/mm^2· m/min)
Zulässiger p · v Wert N/mm^2 · (m/min) v= m/min
v= m/min

Thermische Eigenschaften

Formbeständigkeit in der Wärme	*Verfahren* A		70 °C
	Verfahren B		170 °C
Vicat Erweichungstemperatur (VST)	*Verfahren*		°C
	Verfahren		°C
Kristallit-Schmelzpunkt	*Verfahren* DSC		220 °C
Längenausdehnungskoeffizient	*Bereich* °C		$\cdot 10^{-4}K^{-1}$
	Temperatur		$\cdot 10^{-4}K^{-1}$
Wärmeleitfähigkeit	*Verfahren*		W/(K · m)
Spezifische Wärmekapazität	*Verfahren*		J/(K · g)
Glasumwandlungstemperatur	*Torsionsschwingungsversuch*	°C	
	Differentialkalorimetrie	°C	

Brandverhalten

UL-Test vertikal Dicke 1.6 mm, Wert V-2
Dicke mm, Wert

	Norm	*Bewertung*	*Abmessungen*
Sauerstoff-Index	ASTM D 2863		
Glühstab-Verfahren			
Brandverhalten	DIN 4102		
MVSS			
FAR			

Elektrische Eigenschaften

		Hz	°C		*Probekörper, Form*
Dielektrizitätszahl		50			
		10^3			
		10^6			
Dielektrischer Verlustfaktor tan δ		50			
		10^3			
		10^6			
Spezifischer Durchgangswiderstand	Ohm · cm		23	1.0*10**15	
Durchschlagfestigkeit	kV/mm		23	110	mm dick
Oberflächenwiderstand	Ohm				

Kriechstromfestigkeit KC >600 KB >600 KA
Elektrolytische Korrosionswirkung
Lichtbogenfestigkeit nach DIN
nach ASTM s

Beständigkeit *(Chemische Beständigkeit siehe Anhang)*

Wasseraufnahme 23 C Bis zur Saettigung 7–8 %

Feuchtigkeitsaufnahme Normalklima %
Wetterbeständigkeit

Spannungskorrosion

Optische Eigenschaften

Brechungszahl n_D
Transmissionsgrad τ_c % mm dick
Lichtdurchlässigkeit

Produkt	Polyamid 6		**PA**
Handelsname	**Frianyl B 63 T**		
Hersteller	FRISETTA		
DIN-Bez 1			
DIN-Bez 2			
Zusätze		*Füllstoffe/ Verstärkung*	
Bevorzugte Verarbeitung	Spritzgiessen; Extrudieren	*Lieferform*	Granulat
		Farben	Natur; Standard
Besondere Merkmale	Feinkristallin; Leichtfliessend; Gute Entformbarkeit; Glaenzende Oberflaeche; Temperaturstabil; UV-stabilisiert	*Bevorzugte Anwendungen*	Praezisionsformteil; Technisches Formteil

Dichte	g/cm³	1.13	*Schmelzindex*	g/10 min	19:	230/2.16
Schüttdichte	g/cm³		*Volumenfließindex*	cm³/10 min	:	
Viskositätszahl	ml/g					

Verarbeitungsbedingungen für Spritzgießen

Massetemp.	°C	250–280	*Schwindung*	%	lgs 1.2–2.5, quer 1.2–2.5
Werkzeugtemp.	°C	40–70	*Bemerkungen*		
Spritzdruck	bar				

Zugversuch 23 °C DIN 53455; DIN 53457

Probekörper: *Form* Nr.3 — *Herstellung* Spritzgiessen
Zustand Spritzfrisch — *Vorbehandlung*

Streckspannung	N/mm²	80	*Dehnung bei Streckspannung*	%	
Zugfestigkeit	N/mm²		*Reißdehnung*	%	100
Reißfestigkeit	N/mm²		*% Dehnspannung*	N/mm²	
E-Modul	N/mm²	3000	*Dehnung bei % Dehnspg.*	%	

Kriechmoduln und Zeitstandwerte 23 °C

Probekörper: *Form* — *Herstellung*
Zustand — *Vorbehandlung*

Kriechmodul	*1 min*	N/mm²	*Zeitstandzugfestigkeit*	h	N/mm²
Kriechmodul	*1000 h*	N/mm²	*Zeitdehnspg. %*	h	N/mm²
bei Spannung		N/mm²			

Biegeversuch 23 °C

Probekörper: *Form* — *Herstellung*
Zustand — *Vorbehandlung*

Biegefestigkeit	N/mm²	*E-Modul*	N/mm²
3,5% *Biegespannung*	N/mm²		

Härte 23 °C *Probekörper:* *Zustand* Spritzfrisch — *Herstellung* Spritzgiessen
Vorbehandlung

Kugeldruckhärte	N/mm²	140	bei 358 N, 10 s	*Shore-Härte* A
Rockwellhärte				*Shore-Härte* D

Schlagversuch *Probekörper:* *(1)* U-Kerbe
(2) — *Herstellung* Spritzgiessen
Zustand Spritzfrisch — *Vorbehandlung*

		°C	°C	°C	*Probekörper-Form*
Schlagzähigkeit	kJ/m²	23 o.B.	-40 o.B.		NKS
Kerbschlagzähigkeit (1)	kJ/m²	23 3.6			NKS
IZOD-Kerbschlagzähigkeit (2)	J/m				
Kerbschlagzugzähigkeit	kJ/m²				

Abrieb und Reibung

Taber-Abrieb (Reibradverfahren)	mm³/100 U		
Abriebfaktor LNP (Thrust washer) Vergleichswert			
Statische Reibungszahl			
Dynamische Reibungszahl	(p · v=	N/mm² ·	m/min)
Zulässiger p · v Wert	N/mm² · (m/min)	v=	m/min
		v=	m/min

Thermische Eigenschaften

Formbeständigkeit in der Wärme	*Verfahren* A		70 °C
	Verfahren B		170 °C
Vicat Erweichungstemperatur (VST)	*Verfahren*		°C
	Verfahren		°C
Kristallit-Schmelzpunkt	*Verfahren* DSC		220 °C
Längenausdehnungskoeffizient	*Bereich*	°C	$\cdot 10^{-4} K^{-1}$
	Temperatur		$\cdot 10^{-4} K^{-1}$
Wärmeleitfähigkeit	*Verfahren*		W/(K · m)
Spezifische Wärmekapazität	*Verfahren*		J/(K · g)
Glasumwandlungstemperatur	*Torsionsschwingungsversuch*	°C	
	Differentialkalorimetrie	°C	

Brandverhalten

UL-Test vertikal		Dicke 1.6 mm, Wert V-2	
		Dicke mm, Wert	
	Norm	*Bewertung*	*Abmessungen*
Sauerstoff-Index	ASTM D 2863		
Glühstab-Verfahren			
Brandverhalten	DIN 4102		
MVSS			
FAR			

Elektrische Eigenschaften

		Hz	°C			*Probekörper, Form*
Dielektrizitätszahl		50				
		10^3				
		10^6				
Dielektrischer Verlustfaktor tan δ		50				
		10^3				
		10^6				
Spezifischer Durchgangs-widerstand	Ohm · cm		23	1.0*10**15		
Durchschlagfestigkeit	kV/mm		23	110		mm dick
Oberflächenwiderstand	Ohm					
Kriechstromfestigkeit		KC >600		KB >600	KA	
Elektrolytische Korrosionswirkung						
Lichtbogenfestigkeit nach DIN						
nach ASTM	s					

Beständigkeit *(Chemische Beständigkeit siehe Anhang)*

Wasseraufnahme 23 C Bis zur Saettigung	7–8 %	
Feuchtigkeitsaufnahme Normalklima		%
Wetterbeständigkeit		
Spannungskorrosion		

Optische Eigenschaften

Brechungszahl n_D		
Transmissionsgrad τ_c	%	mm dick
Lichtdurchlässigkeit		

PA

Produkt	Polyamid 6		
Handelsname	**Frianyl B 73 T**		
Hersteller	FRISETTA		
DIN-Bez 1			
DIN-Bez 2			
Zusätze		*Füllstoffe/ Verstärkung*	
Bevorzugte Verarbeitung	Spritzgiessen; Extrudieren	*Lieferform*	Granulat
		Farben	Natur; Standard
Besondere Merkmale	Feinkristallin; Leichtfliessend; Gute Entformbarkeit; Glaenzende Oberflaeche; Temperaturstabil; UV-stabilisiert	*Bevorzugte Anwendungen*	Praezisionsformteil; Technisches Formteil

Dichte	g/cm³	1.13	*Schmelzindex*	g/10 min	15:	230/2.16
Schüttdichte	g/cm³		*Volumenfließindex*	cm³/10 min	:	
Viskositätszahl	ml/g					

Verarbeitungsbedingungen für Spritzgießen

Massetemp.	°C	250–280	*Schwindung*	%	lgs 1.2–2.5, quer 1.2–2.5
Werkzeugtemp.	°C	40–70	*Bemerkungen*		
Spritzdruck	bar				

Zugversuch 23 °C DIN 53455; DIN 53457

Probekörper: *Form* Nr.3 — *Zustand* Spritzfrisch — *Herstellung* Spritzgiessen — *Vorbehandlung*

Streckspannung	N/mm²	80	*Dehnung bei Streckspannung*	%	
Zugfestigkeit	N/mm²		*Reißdehnung*	%	100
Reißfestigkeit	N/mm²		*% Dehnspannung*	N/mm²	
E-Modul	N/mm²	3000	*Dehnung bei % Dehnspg.*	%	

Kriechmoduln und Zeitstandwerte 23 °C

Probekörper: *Form* — *Zustand* — *Herstellung* — *Vorbehandlung*

Kriechmodul	*1 min*	N/mm²	*Zeitstandzugfestigkeit*	h	N/mm²
Kriechmodul	*1000 h*	N/mm²	*Zeitdehnspg. %*	h	N/mm²
bei Spannung		N/mm²			

Biegeversuch 23 °C

Probekörper: *Form* — *Zustand* — *Herstellung* — *Vorbehandlung*

Biegefestigkeit	N/mm²	*E-Modul*	N/mm²
3,5% *Biegespannung*	N/mm²		

Härte 23 °C *Probekörper:* *Zustand* Spritzfrisch — *Herstellung* Spritzgiessen — *Vorbehandlung*

Kugeldruckhärte	N/mm²	140	bei 358 N, 10 s	*Shore-Härte* A
Rockwellhärte				*Shore-Härte* D

Schlagversuch *Probekörper:* *(1)* U-Kerbe *(2)* — *Zustand* Spritzfrisch — *Herstellung* Spritzgiessen — *Vorbehandlung*

		°C		°C		°C		*Probekörper-Form*
Schlagzähigkeit	kJ/m²	23	o.B.	-40	o.B.			NKS
Kerbschlagzähigkeit (1)	kJ/m²	23	4.5					NKS
IZOD-Kerbschlagzähigkeit (2)	J/m							
Kerbschlagzugzähigkeit	kJ/m²							

Abrieb und Reibung

Taber-Abrieb (Reibradverfahren)	mm^3/100 U	
Abriebfaktor LNP (Thrust washer) Vergleichswert		
Statische Reibungszahl		
Dynamische Reibungszahl	(p·v= N/mm^2·	m/min)
Zulässiger p · v Wert	N/mm^2 · (m/min) v=	m/min
	v=	m/min

Thermische Eigenschaften

Formbeständigkeit in der Wärme	*Verfahren* A		70 °C
	Verfahren B		170 °C
Vicat Erweichungstemperatur (VST)	*Verfahren*		°C
	Verfahren		°C
Kristallit-Schmelzpunkt	*Verfahren* DSC		220 °C
Längenausdehnungskoeffizient	*Bereich*	°C	$\cdot 10^{-4}K^{-1}$
	Temperatur		$\cdot 10^{-4}K^{-1}$
Wärmeleitfähigkeit	*Verfahren*		W/(K · m)
Spezifische Wärmekapazität	*Verfahren*		J/(K · g)
Glasumwandlungstemperatur	*Torsionsschwingungsversuch*	°C	
	Differentialkalorimetrie	°C	

Brandverhalten

UL-Test vertikal — Dicke 1.6 mm, Wert V-2
Dicke mm, Wert

	Norm	*Bewertung*	*Abmessungen*
Sauerstoff-Index	ASTM D 2863		
Glühstab-Verfahren			
Brandverhalten	DIN 4102		
MVSS			
FAR			

Elektrische Eigenschaften

		Hz	°C		*Probekörper, Form*
Dielektrizitätszahl		50			
		10^3			
		10^6			
Dielektrischer Verlustfaktor tan δ		50			
		10^3			
		10^6			
Spezifischer Durchgangswiderstand	Ohm · cm		23	1.0*10**15	
Durchschlagfestigkeit	kV/mm		23	110	mm dick
Oberflächenwiderstand	Ohm				

Kriechstromfestigkeit KC >600 KB >600 KA
Elektrolytische Korrosionswirkung
Lichtbogenfestigkeit nach DIN
nach ASTM s

Beständigkeit *(Chemische Beständigkeit siehe Anhang)*

Wasseraufnahme 23 C Bis zur Saettigung 7–8 %

Feuchtigkeitsaufnahme Normalklima %
Wetterbeständigkeit

Spannungskorrosion

Optische Eigenschaften

Brechungszahl n_D
Transmissionsgrad τ_c % mm dick
Lichtdurchlässigkeit

PA

Produkt	Polyamid 6		
Handelsname	**Frianyl B 53 S**		
Hersteller	FRISETTA		
DIN-Bez 1			
DIN-Bez 2			
Zusätze		*Füllstoffe/ Verstärkung*	
Bevorzugte Verarbeitung	Spritzgiessen; Extrudieren	*Lieferform*	Granulat
		Farben	Natur; Standard
Besondere Merkmale	Hohe Trockenschlagzaehigkeit; Geringe Kerbempfindlichkeit	*Bevorzugte Anwendungen*	Gehaeuse; Motorenteil; Abdeckung

Dichte	g/cm³	1.12	*Schmelzindex*	g/10 min	20:	230/2.16
Schüttdichte	g/cm³		*Volumenfließindex*	cm³/10 min	:	
Viskositätszahl	ml/g					

Verarbeitungsbedingungen für Spritzgießen

Massetemp.	°C	250–280	*Schwindung*	%	lgs 1.2–2.2, quer 1.2–2.2
Werkzeugtemp.	°C	40–70	*Bemerkungen*		
Spritzdruck	bar				

Zugversuch 23 °C DIN 53455; DIN 53457

Probekörper: *Form* Nr.3 — *Herstellung* Spritzgiessen
Zustand Spritzfrisch — *Vorbehandlung*

Streckspannung	N/mm²	65	*Dehnung bei Streckspannung*	%	
Zugfestigkeit	N/mm²		*Reißdehnung*	%	100
Reißfestigkeit	N/mm²		*% Dehnspannung*	N/mm²	
E-Modul	N/mm²	2700	*Dehnung bei % Dehnspg.*	%	

Kriechmoduln und Zeitstandwerte 23 °C

Probekörper: *Form* — *Herstellung*
Zustand — *Vorbehandlung*

Kriechmodul	*1 min*	N/mm²	*Zeitstandzugfestigkeit*	h	N/mm²
Kriechmodul	*1000 h*	N/mm²	*Zeitdehnspg.* %	h	N/mm²
bei Spannung		N/mm²			

Biegeversuch 23 °C

Probekörper: *Form* — *Herstellung*
Zustand — *Vorbehandlung*

Biegefestigkeit	N/mm²	*E-Modul*	N/mm²
3,5% *Biegespannung*	N/mm²		

Härte 23 °C *Probekörper:* *Zustand* Spritzfrisch — *Herstellung* Spritzgiessen
Vorbehandlung

Kugeldruckhärte	N/mm²	120	bei 358 N, 10 s	*Shore-Härte* A
Rockwellhärte				*Shore-Härte* D

Schlagversuch *Probekörper:* *(1)* U-Kerbe
(2) — *Herstellung* Spritzgiessen
Zustand Spritzfrisch — *Vorbehandlung*

		°C	°C	°C	*Probekörper-Form*
Schlagzähigkeit	kJ/m²	23 o.B.	-40 o.B.		NKS
Kerbschlagzähigkeit (1)	kJ/m²	23 6			NKS
IZOD-Kerbschlagzähigkeit (2)	J/m				
Kerbschlagzugzähigkeit	kJ/m²				

Abrieb und Reibung

Taber-Abrieb (Reibradverfahren)	mm^3/100 U		
Abriebfaktor LNP (Thrust washer) Vergleichswert			
Statische Reibungszahl			
Dynamische Reibungszahl	(p·v=	N/mm²·	m/min)
Zulässiger p · v Wert	N/mm²·(m/min)	v=	m/min
		v=	m/min

Thermische Eigenschaften

Formbeständigkeit in der Wärme	*Verfahren*	A	65 °C	
	Verfahren	B	170 °C	
Vicat Erweichungstemperatur (VST)	*Verfahren*		°C	
	Verfahren		°C	
Kristallit-Schmelzpunkt	*Verfahren*	DSC	220 °C	
Längenausdehnungskoeffizient	*Bereich*	°C		$\cdot 10^{-4}K^{-1}$
	Temperatur			$\cdot 10^{-4}K^{-1}$
Wärmeleitfähigkeit	*Verfahren*			W/(K · m)
Spezifische Wärmekapazität	*Verfahren*			J/(K · g)
Glasumwandlungstemperatur	*Torsionsschwingungsversuch*		°C	
	Differentialkalorimetrie		°C	

Brandverhalten

UL-Test vertikal		Dicke mm, Wert	
		Dicke mm, Wert	
	Norm	*Bewertung*	*Abmessungen*
Sauerstoff-Index	ASTM D 2863		
Glühstab-Verfahren			
Brandverhalten	DIN 4102		
MVSS			
FAR			

Elektrische Eigenschaften

		Hz	°C		Probekörper, Form
Dielektrizitätszahl		50			
		10^3			
		10^6			
Dielektrischer Verlustfaktor tan δ		50			
		10^3			
		10^6			
Spezifischer Durchgangs-widerstand	Ohm · cm		23	1.0*10**15	
Durchschlagfestigkeit	kV/mm		23	60	mm dick
Oberflächenwiderstand	Ohm				

Kriechstromfestigkeit	KC >600	KB >600	KA
Elektrolytische Korrosionswirkung			
Lichtbogenfestigkeit nach DIN			
nach ASTM s			

Beständigkeit *(Chemische Beständigkeit siehe Anhang)*

Wasseraufnahme 23 C	Bis zur Saettigung	7–8 %
Feuchtigkeitsaufnahme Normalklima		%
Wetterbeständigkeit		
Spannungskorrosion		

Optische Eigenschaften

Brechungszahl n_D		
Transmissionsgrad τ_c	%	mm dick
Lichtdurchlässigkeit		

Produkt	Polyamid 6			**PA**
Handelsname	**Frianyl B 63 S**			
Hersteller	FRISETTA			
DIN-Bez 1				
DIN-Bez 2				
Zusätze		*Füllstoffe/ Verstärkung*		
Bevorzugte Verarbeitung	Spritzgiessen; Extrudieren	*Lieferform*	Granulat	
		Farben	Natur; Standard	
Besondere Merkmale	Hohe Trockenschlagzaehigkeit; Geringe Kerbempfindlichkeit	*Bevorzugte Anwendungen*	Gehaeuse; Motorenteil; Abdeckung	

Dichte	g/cm³	1.12	*Schmelzindex*	g/10 min	18:	230/2.16
Schüttdichte	g/cm³		*Volumenfließindex*	cm³/10 min	:	
Viskositätszahl	ml/g					

Verarbeitungsbedingungen für Spritzgießen

Massetemp.	°C	250–280	*Schwindung*	%	lgs 1.2–2.2, quer 1.2–2.2
Werkzeugtemp.	°C	40–70	*Bemerkungen*		
Spritzdruck	bar				

Zugversuch 23 °C DIN 53455; DIN 53457

Probekörper: *Form* Nr.3 — *Herstellung* Spritzgiessen
Zustand Spritzfrisch — *Vorbehandlung*

Streckspannung	N/mm²	65	*Dehnung bei Streckspannung*	%	
Zugfestigkeit	N/mm²		*Reißdehnung*	%	100
Reißfestigkeit	N/mm²		*% Dehnspannung*	N/mm²	
E-Modul	N/mm²	2700	*Dehnung bei % Dehnspg.*	%	

Kriechmoduln und Zeitstandwerte 23 °C

Probekörper: *Form* — *Herstellung*
Zustand — *Vorbehandlung*

Kriechmodul	*1 min*	N/mm²	*Zeitstandzugfestigkeit*	h	N/mm²	
Kriechmodul	*1000 h*	N/mm²	*Zeitdehnspg. %*	h	N/mm²	
bei Spannung		N/mm²				

Biegeversuch 23 °C

Probekörper: *Form* — *Herstellung*
Zustand — *Vorbehandlung*

Biegefestigkeit	N/mm²		*E-Modul*	N/mm²
3,5% *Biegespannung*	N/mm²			

Härte 23 °C *Probekörper:* *Zustand* Spritzfrisch — *Herstellung* Spritzgiessen
Vorbehandlung

Kugeldruckhärte	N/mm²	120	bei 358 N, 10 s	*Shore-Härte* A
Rockwellhärte				*Shore-Härte* D

Schlagversuch *Probekörper:* *(1)* U-Kerbe
(2) — *Herstellung* Spritzgiessen
Zustand Spritzfrisch — *Vorbehandlung*

		°C		°C		°C		*Probekörper-Form*
Schlagzähigkeit	kJ/m²	23	o.B.	-40	o.B.			NKS
Kerbschlagzähigkeit (1)	kJ/m²	23	6.7					NKS
IZOD-Kerbschlagzähigkeit (2)	J/m							
Kerbschlagzugzähigkeit	kJ/m²							

Abrieb und Reibung

Taber-Abrieb (Reibradverfahren)	mm^3/100 U		
Abriebfaktor LNP (Thrust washer) Vergleichswert			
Statische Reibungszahl			
Dynamische Reibungszahl	(p · v =	N/mm^2 ·	m/min)
Zulässiger p · v Wert	N/mm^2 · (m/min)	v =	m/min
		v =	m/min

Thermische Eigenschaften

Formbeständigkeit in der Wärme	*Verfahren* A		65 °C
	Verfahren B		170 °C
Vicat Erweichungstemperatur (VST)	*Verfahren*		°C
	Verfahren		°C
Kristallit-Schmelzpunkt	*Verfahren* DSC		220 °C
Längenausdehnungskoeffizient	*Bereich*	°C	$\cdot 10^{-4} K^{-1}$
	Temperatur		$\cdot 10^{-4} K^{-1}$
Wärmeleitfähigkeit	*Verfahren*		W/(K · m)
Spezifische Wärmekapazität	*Verfahren*		J/(K · g)
Glasumwandlungstemperatur	*Torsionsschwingungsversuch*	°C	
	Differentialkalorimetrie	°C	

Brandverhalten

UL-Test vertikal	Dicke mm, Wert
	Dicke mm, Wert

	Norm	*Bewertung*	*Abmessungen*
Sauerstoff-Index	ASTM D 2863		
Glühstab-Verfahren			
Brandverhalten	DIN 4102		
MVSS			
FAR			

Elektrische Eigenschaften

		Hz	°C		*Probekörper, Form*
Dielektrizitätszahl		50			
		10^3			
		10^6			
Dielektrischer Verlustfaktor tan δ		50			
		10^3			
		10^6			
Spezifischer Durchgangs-widerstand	Ohm · cm		23	1.0*10**15	
Durchschlagfestigkeit	kV/mm		23	60	mm dick
Oberflächenwiderstand	Ohm				

Kriechstromfestigkeit	KC >600	KB >600	KA
Elektrolytische Korrosionswirkung			
Lichtbogenfestigkeit nach DIN			
nach ASTM s			

Beständigkeit *(Chemische Beständigkeit siehe Anhang)*

Wasseraufnahme 23 C Bis zur Saettigung	7–8 %
Feuchtigkeitsaufnahme Normalklima	%
Wetterbeständigkeit	
Spannungskorrosion	

Optische Eigenschaften

Brechungszahl n_D		
Transmissionsgrad τ_c	%	mm dick
Lichtdurchlässigkeit		

Produkt	Polyamid 6		**PA**
Handelsname	**Frianyl B 73 S**		
Hersteller	FRISETTA		
DIN-Bez 1			
DIN-Bez 2			
Zusätze		*Füllstoffe/ Verstärkung*	
Bevorzugte Verarbeitung	Spritzgiessen; Extrudieren	*Lieferform*	Granulat
		Farben	Natur; Standard
Besondere Merkmale	Hohe Trockenschlagzaehigkeit; Geringe Kerbempfindlichkeit	*Bevorzugte Anwendungen*	Gehaeuse; Motorenteil; Abdeckung

Dichte	g/cm^3	1.12	*Schmelzindex*	g/10 min	13:	230/2.16
Schüttdichte	g/cm^3		*Volumenfließindex*	cm^3/10 min	:	
Viskositätszahl	ml/g					

Verarbeitungsbedingungen für Spritzgießen

Massetemp.	°C	250–280	*Schwindung*	%	lgs 1.2–2.2, quer 1.2–2.2
Werkzeugtemp.	°C	40–70	*Bemerkungen*		
Spritzdruck	bar				

Zugversuch 23 °C DIN 53455; DIN 53457

Probekörper: *Form* Nr.3 — *Herstellung* Spritzgiessen
Zustand Spritzfrisch — *Vorbehandlung*

Streckspannung	N/mm^2	65	*Dehnung bei Streckspannung*	%	
Zugfestigkeit	N/mm^2		*Reißdehnung*	%	100
Reißfestigkeit	N/mm^2		*% Dehnspannung*	N/mm^2	
E-Modul	N/mm^2	2700	*Dehnung bei % Dehnspg.*	%	

Kriechmoduln und Zeitstandwerte 23 °C

Probekörper: *Form* — *Herstellung*
Zustand — *Vorbehandlung*

Kriechmodul	*1 min*	N/mm^2	*Zeitstandzugfestigkeit*	h	N/mm^2
Kriechmodul	*1000 h*	N/mm^2	*Zeitdehnspg. %*	h	N/mm^2
bei Spannung		N/mm^2			

Biegeversuch 23 °C

Probekörper: *Form* — *Herstellung*
Zustand — *Vorbehandlung*

Biegefestigkeit	N/mm^2	*E-Modul*	N/mm^2
3,5% *Biegespannung*	N/mm^2		

Härte 23 °C *Probekörper:* *Zustand* Spritzfrisch — *Herstellung* Spritzgiessen
Vorbehandlung

Kugeldruckhärte	N/mm^2 120	bei 358 N, 10 s	*Shore-Härte* A	
Rockwellhärte			*Shore-Härte* D	

Schlagversuch *Probekörper:* *(1)* U-Kerbe
(2) — *Herstellung* Spritzgiessen
Zustand Spritzfrisch — *Vorbehandlung*

		°C	°C	°C	*Probekörper-Form*
Schlagzähigkeit	kJ/m^2	23 o.B.	-40 o.B.		NKS
Kerbschlagzähigkeit (1)	kJ/m^2	23 8			NKS
IZOD-Kerbschlagzähigkeit (2)	J/m				
Kerbschlagzugzähigkeit	kJ/m^2				

Abrieb und Reibung

Taber-Abrieb (Reibradverfahren)	mm^3/100 U		
Abriebfaktor LNP (Thrust washer) Vergleichswert			
Statische Reibungszahl			
Dynamische Reibungszahl	(p·v= N/mm^2 ·		m/min)
Zulässiger p · v Wert	N/mm^2 · (m/min)	v=	m/min
		v=	m/min

Thermische Eigenschaften

Formbeständigkeit in der Wärme	*Verfahren* A		65 °C	
	Verfahren B		170 °C	
Vicat Erweichungstemperatur (VST)	*Verfahren*		°C	
	Verfahren		°C	
Kristallit-Schmelzpunkt	*Verfahren* DSC		220 °C	
Längenausdehnungskoeffizient	*Bereich*	°C		$\cdot 10^{-4}K^{-1}$
	Temperatur			$\cdot 10^{-4}K^{-1}$
Wärmeleitfähigkeit	*Verfahren*			W/(K · m)
Spezifische Wärmekapazität	*Verfahren*			J/(K · g)
Glasumwandlungstemperatur	*Torsionsschwingungsversuch*		°C	
	Differentialkalorimetrie		°C	

Brandverhalten

UL-Test vertikal		Dicke mm, Wert	
		Dicke mm, Wert	
	Norm	*Bewertung*	*Abmessungen*
Sauerstoff-Index	ASTM D 2863		
Glühstab-Verfahren			
Brandverhalten	DIN 4102		
MVSS			
FAR			

Elektrische Eigenschaften

		Hz	°C			*Probekörper, Form*
Dielektrizitätszahl		50				
		10^3				
		10^6				
Dielektrischer Verlustfaktor tan δ		50				
		10^3				
		10^6				
Spezifischer Durchgangs-widerstand	Ohm · cm		23	1.0*10**15		
Durchschlagfestigkeit	kV/mm		23	60		mm dick
Oberflächenwiderstand	Ohm					
Kriechstromfestigkeit		KC >600		KB >600	KA	
Elektrolytische Korrosionswirkung						
Lichtbogenfestigkeit nach DIN						
nach ASTM	s					

Beständigkeit *(Chemische Beständigkeit siehe Anhang)*

Wasseraufnahme 23 C Bis zur Saettigung	7–8 %	
Feuchtigkeitsaufnahme Normalklima		%
Wetterbeständigkeit		
Spannungskorrosion		

Optische Eigenschaften

Brechungszahl n_D		
Transmissionsgrad τ_c	%	mm dick
Lichtdurchlässigkeit		

Datenbank-Nr. **T05922** Merkblatt-Nr. **3302**

Produkt	Polyamid 6		**PA**
Handelsname	**Frianyl B 53 D**		
Hersteller	FRISETTA		
DIN-Bez 1			
DIN-Bez 2			
Zusätze		*Füllstoffe/ Verstärkung*	
Bevorzugte Verarbeitung	Spritzgiessen; Extrudieren	*Lieferform*	Granulat
		Farben	Natur; Standard
Besondere Merkmale	Hohe Trockenschlagzaehigkeit; Dauerelastisch; Schnell erstarrend; Leichtfliessend	*Bevorzugte Anwendungen*	Technisches Formteil; Duebel

Dichte	g/cm³	1.12	*Schmelzindex*	g/10 min	28: 230/2.16
Schüttdichte	g/cm³		*Volumenfließindex*	cm³/10 min	:
Viskositätszahl	ml/g				

Verarbeitungsbedingungen für Spritzgießen

Massetemp.	°C	250–280	*Schwindung*	%	lgs 1.2–2.2, quer 1.2–2.2
Werkzeugtemp.	°C	40–70	*Bemerkungen*		
Spritzdruck	bar				

Zugversuch 23 °C DIN 53455; DIN 53457

Probekörper: *Form* Nr.3 — *Zustand* Spritzfrisch — *Herstellung* Spritzgiessen — *Vorbehandlung*

Streckspannung	N/mm²	70	*Dehnung bei Streckspannung*	%	
Zugfestigkeit	N/mm²		*Reißdehnung*	%	90
Reißfestigkeit	N/mm²		*% Dehnspannung*	N/mm²	
E-Modul	N/mm²	2800	*Dehnung bei % Dehnspg.*	%	

Kriechmoduln und Zeitstandwerte 23 °C

Probekörper: *Form* — *Zustand* — *Herstellung* — *Vorbehandlung*

Kriechmodul	*1 min*	N/mm²	*Zeitstandzugfestigkeit*	h	N/mm²
Kriechmodul	*1000 h*	N/mm²	*Zeitdehnspg. %*	h	N/mm²
bei Spannung		N/mm²			

Biegeversuch 23 °C

Probekörper: *Form* — *Zustand* — *Herstellung* — *Vorbehandlung*

Biegefestigkeit	N/mm²	*E-Modul*	N/mm²
3,5% *Biegespannung*	N/mm²		

Härte 23 °C *Probekörper:* *Zustand* Spritzfrisch — *Herstellung* Spritzgiessen — *Vorbehandlung*

Kugeldruckhärte	N/mm²	120	bei 358 N, 10 s	*Shore-Härte* A
Rockwellhärte				*Shore-Härte* D

Schlagversuch *Probekörper:* *(1)* U-Kerbe; *(2)*; *Zustand* Spritzfrisch — *Herstellung* Spritzgiessen — *Vorbehandlung*

		°C		°C		°C		*Probekörper-Form*
Schlagzähigkeit	kJ/m²	23	o.B.	-40	o.B.			NKS
Kerbschlagzähigkeit (1)	kJ/m²	23	5.1					NKS
IZOD-Kerbschlagzähigkeit (2)	J/m							
Kerbschlagzugzähigkeit	kJ/m²							

Abrieb und Reibung

Taber-Abrieb (Reibradverfahren)	mm^3/100 U		
Abriebfaktor LNP (Thrust washer) Vergleichswert			
Statische Reibungszahl			
Dynamische Reibungszahl	(p·v=	N/mm^2 ·	m/min)
Zulässiger p · v Wert	N/mm^2 · (m/min)	v=	m/min
		v=	m/min

Thermische Eigenschaften

Formbeständigkeit in der Wärme	*Verfahren* A		65 °C
	Verfahren B		170 °C
Vicat Erweichungstemperatur (VST)	*Verfahren*		°C
	Verfahren		°C
Kristallit-Schmelzpunkt	*Verfahren* DSC		220 °C
Längenausdehnungskoeffizient	*Bereich*	°C	$\cdot 10^{-4} K^{-1}$
	Temperatur		$\cdot 10^{-4} K^{-1}$
Wärmeleitfähigkeit	*Verfahren*		W/(K · m)
Spezifische Wärmekapazität	*Verfahren*		J/(K · g)
Glasumwandlungstemperatur	*Torsionsschwingungsversuch*	°C	
	Differentialkalorimetrie	°C	

Brandverhalten

UL-Test vertikal	Dicke	mm, Wert
	Dicke	mm, Wert

	Norm	*Bewertung*	*Abmessungen*
Sauerstoff-Index	ASTM D 2863		
Glühstab-Verfahren			
Brandverhalten	DIN 4102		
MVSS			
FAR			

Elektrische Eigenschaften

		Hz	°C		*Probekörper, Form*
Dielektrizitätszahl		50			
		10^3			
		10^6			
Dielektrischer Verlustfaktor tan δ		50			
		10^3			
		10^6			
Spezifischer Durchgangs-widerstand	Ohm · cm		23	1.0*10**15	
Durchschlagfestigkeit	kV/mm		23	50	mm dick
Oberflächenwiderstand	Ohm				

Kriechstromfestigkeit	KC >600	KB >600	KA
Elektrolytische Korrosionswirkung			
Lichtbogenfestigkeit nach DIN			
nach ASTM s			

Beständigkeit *(Chemische Beständigkeit siehe Anhang)*

Wasseraufnahme 23 C Bis zur Saettigung	7–8 %	
Feuchtigkeitsaufnahme Normalklima		%
Wetterbeständigkeit		
Spannungskorrosion		

Optische Eigenschaften

Brechungszahl n_D		
Transmissionsgrad τ_c	%	mm dick
Lichtdurchlässigkeit		

Produkt	Polyamid 6		**PA**
Handelsname	**Frianyl B 63 D**		
Hersteller	FRISETTA		
DIN-Bez 1 *DIN-Bez 2*			
Zusätze		*Füllstoffe/ Verstärkung*	
Bevorzugte Verarbeitung	Spritzgiessen; Extrudieren	*Lieferform*	Granulat
		Farben	Natur; Standard
Besondere Merkmale	Hohe Trockenschlagzaehigkeit; Dauerelastisch; Schnell erstarrend; Leichtfliessend	*Bevorzugte Anwendungen*	Technisches Formteil; Duebel

Dichte	g/cm³	1.12	*Schmelzindex*	g/10 min	25:	230/2.16
Schüttdichte	g/cm³		*Volumenfließindex*	cm³/10 min	:	
Viskositätszahl	ml/g					

Verarbeitungsbedingungen für Spritzgießen

Massetemp.	°C	250–280	*Schwindung*	%	lgs 1.2–2.2, quer 1.2–2.2
Werkzeugtemp.	°C	40–70	*Bemerkungen*		
Spritzdruck	bar				

Zugversuch 23 °C DIN 53455; DIN 53457

Probekörper: *Form* Nr.3 *Herstellung* Spritzgiessen
Zustand Spritzfrisch *Vorbehandlung*

Streckspannung	N/mm²	70	*Dehnung bei Streckspannung*	%	
Zugfestigkeit	N/mm²		*Reißdehnung*	%	90
Reißfestigkeit	N/mm²		*% Dehnspannung*	N/mm²	
E-Modul	N/mm²	2800	*Dehnung bei % Dehnspg.*	%	

Kriechmoduln und Zeitstandwerte 23 °C

Probekörper: *Form* *Herstellung*
Zustand *Vorbehandlung*

Kriechmodul	*1 min*	N/mm²	*Zeitstandzugfestigkeit*	h	N/mm²
Kriechmodul	*1000 h*	N/mm²	*Zeitdehnspg. %*	h	N/mm²
bei Spannung		N/mm²			

Biegeversuch 23 °C

Probekörper: *Form* *Herstellung*
Zustand *Vorbehandlung*

Biegefestigkeit	N/mm²	*E-Modul*	N/mm²
3,5% *Biegespannung*	N/mm²		

Härte 23 °C *Probekörper:* *Zustand* Spritzfrisch *Herstellung* Spritzgiessen
Vorbehandlung

Kugeldruckhärte	N/mm²	120	bei 358 N, 10 s	*Shore-Härte* A
Rockwellhärte				*Shore-Härte* D

Schlagversuch *Probekörper:* *(1)* U-Kerbe
(2) *Herstellung* Spritzgiessen
Zustand Spritzfrisch *Vorbehandlung*

		°C		°C		°C		*Probekörper-Form*
Schlagzähigkeit	kJ/m²	23	o.B.	-40	o.B.			NKS
Kerbschlagzähigkeit (1)	kJ/m²	23	6					NKS
IZOD-Kerbschlagzähigkeit (2)	J/m							
Kerbschlagzugzähigkeit	kJ/m²							

Abrieb und Reibung

Taber-Abrieb (Reibradverfahren)	mm^3/100 U		
Abriebfaktor LNP (Thrust washer) Vergleichswert			
Statische Reibungszahl			
Dynamische Reibungszahl	(p·v=	N/mm^2·	m/min)
Zulässiger p · v Wert	N/mm^2 · (m/min)	v=	m/min
		v=	m/min

Thermische Eigenschaften

Formbeständigkeit in der Wärme	*Verfahren* A		65 °C
	Verfahren B		170 °C
Vicat Erweichungstemperatur (VST)	*Verfahren*		°C
	Verfahren		°C
Kristallit-Schmelzpunkt	*Verfahren* DSC		220 °C
Längenausdehnungskoeffizient	*Bereich*	°C	$\cdot 10^{-4} K^{-1}$
	Temperatur		$\cdot 10^{-4} K^{-1}$
Wärmeleitfähigkeit	*Verfahren*		W/(K · m)
Spezifische Wärmekapazität	*Verfahren*		J/(K · g)
Glasumwandlungstemperatur	*Torsionsschwingungsversuch*	°C	
	Differentialkalorimetrie	°C	

Brandverhalten

UL-Test vertikal	Dicke	mm, Wert	
	Dicke	mm, Wert	

	Norm	*Bewertung*	*Abmessungen*
Sauerstoff-Index	ASTM D 2863		
Glühstab-Verfahren			
Brandverhalten	DIN 4102		
MVSS			
FAR			

Elektrische Eigenschaften

		Hz	°C		*Probekörper, Form*
Dielektrizitätszahl		50			
		10^3			
		10^6			
Dielektrischer Verlustfaktor tan δ		50			
		10^3			
		10^6			
Spezifischer Durchgangs-widerstand	Ohm · cm		23	1.0*10**15	
Durchschlagfestigkeit	kV/mm		23	50	mm dick
Oberflächenwiderstand	Ohm				

Kriechstromfestigkeit	KC >600	KB >600	KA
Elektrolytische Korrosionswirkung			
Lichtbogenfestigkeit nach DIN			
nach ASTM s			

Beständigkeit *(Chemische Beständigkeit siehe Anhang)*

Wasseraufnahme 23 C Bis zur Saettigung	7–8 %	
Feuchtigkeitsaufnahme Normalklima		%
Wetterbeständigkeit		
Spannungskorrosion		

Optische Eigenschaften

Brechungszahl n_D		
Transmissionsgrad τ_c	%	mm dick
Lichtdurchlässigkeit		

Datenbank-Nr. **T05924** Merkblatt-Nr. **3304**

PA

Produkt	Polyamid 6		
Handelsname	**Frianyl B 53 V**		
Hersteller	FRISETTA		
DIN-Bez 1			
DIN-Bez 2			
Zusätze		*Füllstoffe/ Verstärkung*	
Bevorzugte Verarbeitung	Spritzgiessen; Extrudieren	*Lieferform*	Granulat
		Farben	Natur; Standard
Besondere Merkmale	Ausgewogene Eigenschaften; Selbstverloeschend nach ASTM D 635	*Bevorzugte Anwendungen*	Technisches Formteil

Dichte	g/cm^3	1.14	*Schmelzindex*	g/10 min	18:	230/2.16
Schüttdichte	g/cm^3		*Volumenfließindex*	$cm^3/10$ min	:	
Viskositätszahl	ml/g					

Verarbeitungsbedingungen für Spritzgießen

Massetemp.	°C	250–280	*Schwindung*	%	lgs 1.0–2.0, quer 1.0–2.0
Werkzeugtemp.	°C	40–70	*Bemerkungen*		
Spritzdruck	bar				

Zugversuch 23 °C DIN 53455; DIN 53457

Probekörper: *Form* Nr.3 — *Zustand* Spritzfrisch — *Herstellung* Spritzgiessen — *Vorbehandlung*

Streckspannung	N/mm^2	80	*Dehnung bei Streckspannung*	%	
Zugfestigkeit	N/mm^2		*Reißdehnung*	%	40
Reißfestigkeit	N/mm^2		*% Dehnspannung*	N/mm^2	
E-Modul	N/mm^2	3100	*Dehnung bei % Dehnspg.*	%	

Kriechmoduln und Zeitstandwerte 23 °C

Probekörper: *Form* — *Zustand* — *Herstellung* — *Vorbehandlung*

Kriechmodul	*1 min*	N/mm^2	*Zeitstandzugfestigkeit*	h	N/mm^2
Kriechmodul	*1000 h*	N/mm^2	*Zeitdehnspg.* %	h	N/mm^2
bei Spannung		N/mm^2			

Biegeversuch 23 °C

Probekörper: *Form* — *Zustand* — *Herstellung* — *Vorbehandlung*

Biegefestigkeit	N/mm^2	*E-Modul*	N/mm^2
3,5% Biegespannung	N/mm^2		

Härte 23 °C *Probekörper:* *Zustand* Spritzfrisch — *Herstellung* Spritzgiessen — *Vorbehandlung*

Kugeldruckhärte	N/mm^2	150	bei 358 N, 10 s	*Shore-Härte* A
Rockwellhärte				*Shore-Härte* D

Schlagversuch *Probekörper:* *(1)* U-Kerbe *(2)* — *Zustand* Spritzfrisch — *Herstellung* Spritzgiessen — *Vorbehandlung*

		°C	°C	°C	*Probekörper-Form*
Schlagzähigkeit	kJ/m^2	23 o.B.	-40 o.B.		NKS
Kerbschlagzähigkeit (1)	kJ/m^2	23 1			NKS
IZOD-Kerbschlagzähigkeit (2)	J/m				
Kerbschlagzugzähigkeit	kJ/m^2				

Abrieb und Reibung

Taber-Abrieb (Reibradverfahren)	mm^3/100 U		
Abriebfaktor LNP (Thrust washer) Vergleichswert			
Statische Reibungszahl			
Dynamische Reibungszahl	(p·v= N/mm^2·		m/min)
Zulässiger p · v Wert	N/mm^2 · (m/min)	v=	m/min
		v=	m/min

Thermische Eigenschaften

Formbeständigkeit in der Wärme	*Verfahren* A		75 °C
	Verfahren B		175 °C
Vicat Erweichungstemperatur (VST)	*Verfahren*		°C
	Verfahren		°C
Kristallit-Schmelzpunkt	*Verfahren* DSC		220 °C
Längenausdehnungskoeffizient	*Bereich*	°C	$\cdot 10^{-4}K^{-1}$
	Temperatur		$\cdot 10^{-4}K^{-1}$
Wärmeleitfähigkeit	*Verfahren*		W/(K · m)
Spezifische Wärmekapazität	*Verfahren*		J/(K · g)
Glasumwandlungstemperatur	*Torsionsschwingungsversuch*	°C	
	Differentialkalorimetrie	°C	

Brandverhalten

UL-Test vertikal	Dicke	mm, Wert
	Dicke	mm, Wert

	Norm	*Bewertung*	*Abmessungen*
Sauerstoff-Index	ASTM D 2863		
Glühstab-Verfahren			
Brandverhalten	DIN 4102		
MVSS			
FAR			

Elektrische Eigenschaften

		Hz	°C		*Probekörper, Form*
Dielektrizitätszahl		50			
		10^3			
		10^6			
Dielektrischer Verlustfaktor tan δ		50			
		10^3			
		10^6			
Spezifischer Durchgangswiderstand	Ohm · cm		23	1.0*10**15	
Durchschlagfestigkeit	kV/mm		23	100	mm dick
Oberflächenwiderstand	Ohm				

Kriechstromfestigkeit	KC >600	KB >600	KA
Elektrolytische Korrosionswirkung			
Lichtbogenfestigkeit nach DIN			
nach ASTM s			

Beständigkeit *(Chemische Beständigkeit siehe Anhang)*

Wasseraufnahme 23 C	Bis zur Saettigung	8–9 %
Feuchtigkeitsaufnahme Normalklima		%
Wetterbeständigkeit		
Spannungskorrosion		

Optische Eigenschaften

Brechungszahl n_D		
Transmissionsgrad τ_c	%	mm dick
Lichtdurchlässigkeit		

PA

Produkt	Polyamid 6		
Handelsname	**Frianyl B 63 V**		
Hersteller	FRISETTA		
DIN-Bez 1			
DIN-Bez 2			
Zusätze		*Füllstoffe/ Verstärkung*	
Bevorzugte Verarbeitung	Spritzgiessen; Extrudieren	*Lieferform*	Granulat
		Farben	Natur; Standard
Besondere Merkmale	Ausgewogene Eigenschaften; Selbstverloeschend nach ASTM D 635	*Bevorzugte Anwendungen*	Technisches Formteil

Dichte	g/cm^3	1.14	*Schmelzindex*	g/10 min	16: 230/2.16
Schüttdichte	g/cm^3		*Volumenfließindex*	cm^3/10 min	:
Viskositätszahl	ml/g				

Verarbeitungsbedingungen für Spritzgießen

Massetemp.	°C	250–280	*Schwindung*	% lgs 1.0–2.0, quer 1.0–2.0
Werkzeugtemp.	°C	40–70	*Bemerkungen*	
Spritzdruck	bar			

Zugversuch 23 °C DIN 53455; DIN 53457

Probekörper: *Form* Nr.3 — *Zustand* Spritzfrisch — *Herstellung* Spritzgiessen — *Vorbehandlung*

Streckspannung	N/mm^2	80	*Dehnung bei Streckspannung*	%	
Zugfestigkeit	N/mm^2		*Reißdehnung*	%	40
Reißfestigkeit	N/mm^2		*% Dehnspannung*	N/mm^2	
E-Modul	N/mm^2	3100	*Dehnung bei % Dehnspg.*	%	

Kriechmoduln und Zeitstandwerte 23 °C

Probekörper: *Form* — *Zustand* — *Herstellung* — *Vorbehandlung*

Kriechmodul	*1 min*	N/mm^2	*Zeitstandzugfestigkeit*	h	N/mm^2
Kriechmodul	*1000 h*	N/mm^2	*Zeitdehnspg. %*	h	N/mm^2
bei Spannung		N/mm^2			

Biegeversuch 23 °C

Probekörper: *Form* — *Zustand* — *Herstellung* — *Vorbehandlung*

Biegefestigkeit	N/mm^2	*E-Modul*	N/mm^2
3,5% Biegespannung	N/mm^2		

Härte 23 °C *Probekörper:* *Zustand* Spritzfrisch — *Herstellung* Spritzgiessen — *Vorbehandlung*

Kugeldruckhärte	N/mm^2	150	bei 358 N, 10 s	*Shore-Härte* A
Rockwellhärte				*Shore-Härte* D

Schlagversuch *Probekörper:* *(1)* U-Kerbe; *(2)*; *Zustand* Spritzfrisch — *Herstellung* Spritzgiessen — *Vorbehandlung*

		°C	°C	°C	*Probekörper-Form*
Schlagzähigkeit	kJ/m^2	23 o.B.	-40 o.B.		NKS
Kerbschlagzähigkeit (1)	kJ/m^2	23 2			NKS
IZOD-Kerbschlagzähigkeit (2)	J/m				
Kerbschlagzugzähigkeit	kJ/m^2				

Abrieb und Reibung

Taber-Abrieb (Reibradverfahren)	mm^3/100 U		
Abriebfaktor LNP (Thrust washer) Vergleichswert			
Statische Reibungszahl			
Dynamische Reibungszahl	(p·v=	N/mm²·	m/min)
Zulässiger p·v Wert	N/mm²·(m/min)	v=	m/min
		v=	m/min

Thermische Eigenschaften

Formbeständigkeit in der Wärme	*Verfahren* A		75 °C
	Verfahren B		175 °C
Vicat Erweichungstemperatur (VST)	*Verfahren*		°C
	Verfahren		°C
Kristallit-Schmelzpunkt	*Verfahren* DSC		220 °C
Längenausdehnungskoeffizient	*Bereich*	°C	$\cdot 10^{-4}K^{-1}$
	Temperatur		$\cdot 10^{-4}K^{-1}$
Wärmeleitfähigkeit	*Verfahren*		W/(K·m)
Spezifische Wärmekapazität	*Verfahren*		J/(K·g)
Glasumwandlungstemperatur	*Torsionsschwingungsversuch*	°C	
	Differentialkalorimetrie	°C	

Brandverhalten

UL-Test vertikal Dicke mm, Wert
Dicke mm, Wert

	Norm	*Bewertung*	*Abmessungen*
Sauerstoff-Index	ASTM D 2863		
Glühstab-Verfahren			
Brandverhalten	DIN 4102		
MVSS			
FAR			

Elektrische Eigenschaften

		Hz	°C		*Probekörper, Form*
Dielektrizitätszahl		50			
		10^3			
		10^6			
Dielektrischer Verlustfaktor tan δ		50			
		10^3			
		10^6			
Spezifischer Durchgangswiderstand	Ohm·cm		23	1.0*10**15	
Durchschlagfestigkeit	kV/mm		23	100	mm dick
Oberflächenwiderstand	Ohm				

Kriechstromfestigkeit KC >600 KB >600 KA
Elektrolytische Korrosionswirkung
Lichtbogenfestigkeit nach DIN
nach ASTM s

Beständigkeit *(Chemische Beständigkeit siehe Anhang)*

Wasseraufnahme 23 C Bis zur Saettigung 8–9 %

Feuchtigkeitsaufnahme Normalklima %
Wetterbeständigkeit

Spannungskorrosion

Optische Eigenschaften

Brechungszahl n_D
Transmissionsgrad τ_c % mm dick
Lichtdurchlässigkeit

Produkt	Polyamid 6		**PA**
Handelsname	**Frianyl B 73 V**		
Hersteller	FRISETTA		
DIN-Bez 1			
DIN-Bez 2			
Zusätze		*Füllstoffe/ Verstärkung*	
Bevorzugte Verarbeitung	Spritzgiessen; Extrudieren	*Lieferform*	Granulat
		Farben	Natur; Standard
Besondere Merkmale	Ausgewogene Eigenschaften; Selbstverloeschend nach ASTM D 635	*Bevorzugte Anwendungen*	Technisches Formteil

Dichte	g/cm³	1.14	*Schmelzindex*	g/10 min	14:	230/2.16
Schüttdichte	g/cm³		*Volumenfließindex*	cm³/10 min	:	
Viskositätszahl	ml/g					

Verarbeitungsbedingungen für Spritzgießen

Massetemp.	°C	250–280	*Schwindung*	%	lgs 1.0–2.0, quer 1.0–2.0
Werkzeugtemp.	°C	40–70	*Bemerkungen*		
Spritzdruck	bar				

Zugversuch 23 °C DIN 53455; DIN 53457

Probekörper: *Form* Nr.3 — *Herstellung* Spritzgiessen
Zustand Spritzfrisch — *Vorbehandlung*

Streckspannung	N/mm²	80	*Dehnung bei Streckspannung*	%	
Zugfestigkeit	N/mm²		*Reißdehnung*	%	40
Reißfestigkeit	N/mm²		*% Dehnspannung*	N/mm²	
E-Modul	N/mm²	3100	*Dehnung bei % Dehnspg.*	%	

Kriechmoduln und Zeitstandwerte 23 °C

Probekörper: *Form* — *Herstellung*
Zustand — *Vorbehandlung*

Kriechmodul	*1 min*	N/mm²	*Zeitstandzugfestigkeit*	h	N/mm²
Kriechmodul	*1000 h*	N/mm²	*Zeitdehnspg. %*	h	N/mm²
bei Spannung		N/mm²			

Biegeversuch 23 °C

Probekörper: *Form* — *Herstellung*
Zustand — *Vorbehandlung*

Biegefestigkeit	N/mm²	*E-Modul*	N/mm²
3,5% *Biegespannung*	N/mm²		

Härte 23 °C *Probekörper:* *Zustand* Spritzfrisch — *Herstellung* Spritzgiessen
Vorbehandlung

Kugeldruckhärte	N/mm² 150	bei 358 N, 10 s	*Shore-Härte*	A
Rockwellhärte			*Shore-Härte*	D

Schlagversuch *Probekörper:* *(1)* U-Kerbe
(2) — *Herstellung* Spritzgiessen
Zustand Spritzfrisch — *Vorbehandlung*

		°C	°C	°C	*Probekörper-Form*
Schlagzähigkeit	kJ/m²	23 o.B.	-40 o.B.		NKS
Kerbschlagzähigkeit (1)	kJ/m²	23 3			NKS
IZOD-Kerbschlagzähigkeit (2)	J/m				
Kerbschlagzugzähigkeit	kJ/m²				

Abrieb und Reibung

Taber-Abrieb (Reibradverfahren) mm³/100 U
Abriebfaktor LNP (Thrust washer) Vergleichswert
Statische Reibungszahl
Dynamische Reibungszahl (p·v= N/mm²· m/min)
Zulässiger p · v Wert N/mm² · (m/min) v= m/min
v= m/min

Thermische Eigenschaften

Formbeständigkeit in der Wärme	*Verfahren* A	75 °C
	Verfahren B	175 °C
Vicat Erweichungstemperatur (VST)	*Verfahren*	°C
	Verfahren	°C
Kristallit-Schmelzpunkt	*Verfahren* DSC	220 °C
Längenausdehnungskoeffizient	*Bereich* °C	$\cdot 10^{-4}K^{-1}$
	Temperatur	$\cdot 10^{-4}K^{-1}$
Wärmeleitfähigkeit	*Verfahren*	W/(K · m)
Spezifische Wärmekapazität	*Verfahren*	J/(K · g)
Glasumwandlungstemperatur	*Torsionsschwingungsversuch* °C	
	Differentialkalorimetrie °C	

Brandverhalten

UL-Test vertikal Dicke mm, Wert
Dicke mm, Wert

	Norm	*Bewertung*	*Abmessungen*
Sauerstoff-Index	ASTM D 2863		
Glühstab-Verfahren			
Brandverhalten	DIN 4102		
MVSS			
FAR			

Elektrische Eigenschaften

		Hz	°C		Probekörper, Form
Dielektrizitätszahl		50			
		10^3			
		10^6			
Dielektrischer Verlustfaktor tan δ		50			
		10^3			
		10^6			
Spezifischer Durchgangs-widerstand	Ohm · cm		23	1.0*10**15	
Durchschlagfestigkeit	kV/mm		23	100	mm dick
Oberflächenwiderstand	Ohm				

Kriechstromfestigkeit KC >600 KB >600 KA
Elektrolytische Korrosionswirkung
Lichtbogenfestigkeit nach DIN
nach ASTM s

Beständigkeit *(Chemische Beständigkeit siehe Anhang)*

Wasseraufnahme 23 C Bis zur Saettigung 8–9 %

Feuchtigkeitsaufnahme Normalklima %
Wetterbeständigkeit

Spannungskorrosion

Optische Eigenschaften

Brechungszahl n_D
Transmissionsgrad τ_c % mm dick
Lichtdurchlässigkeit

Produkt	Polyamid 6		**PA**
Handelsname	**Frianyl B 63 E**		
Hersteller	FRISETTA		
DIN-Bez 1			
DIN-Bez 2			
Zusätze		*Füllstoffe/ Verstärkung*	
Bevorzugte Verarbeitung	Extrudieren; Spritzgiessen	*Lieferform*	Granulat
		Farben	Natur
Besondere Merkmale	Gute Zaehigkeit; Hoher Modul	*Bevorzugte Anwendungen*	Halbzeug; Dickwandiges Formteil; Monofil; Platte; Stab

Dichte	g/cm^3	1.13	*Schmelzindex*	g/10 min	12.2:	230/2.16
Schüttdichte	g/cm^3		*Volumenfließindex*	$cm^3/10$ min	:	
Viskositätszahl	ml/g					

Verarbeitungsbedingungen für Spritzgießen

Massetemp.	°C	250–280	*Schwindung*	%	lgs 1.2–2.8, quer 1.2–2.8
Werkzeugtemp.	°C	40–70	*Bemerkungen*		
Spritzdruck	bar				

Zugversuch 23 °C DIN 53455; DIN 53457

Probekörper: *Form* Nr.3 — *Herstellung* Spritzgiessen
Zustand Spritzfrisch — *Vorbehandlung*

Streckspannung	N/mm^2	75	*Dehnung bei Streckspannung*	%	
Zugfestigkeit	N/mm^2		*Reißdehnung*	%	200
Reißfestigkeit	N/mm^2		*% Dehnspannung*	N/mm^2	
E-Modul	N/mm^2	3100	*Dehnung bei % Dehnspg.*	%	

Kriechmoduln und Zeitstandwerte 23 °C

Probekörper: *Form* — *Herstellung*
Zustand — *Vorbehandlung*

Kriechmodul	*1 min*	N/mm^2	*Zeitstandzugfestigkeit*	h	N/mm^2
Kriechmodul	*1000 h*	N/mm^2	*Zeitdehnspg. %*	h	N/mm^2
bei Spannung		N/mm^2			

Biegeversuch 23 °C

Probekörper: *Form* — *Herstellung*
Zustand — *Vorbehandlung*

Biegefestigkeit	N/mm^2	*E-Modul*	N/mm^2
3,5% *Biegespannung*	N/mm^2		

Härte 23 °C *Probekörper:* *Zustand* Spritzfrisch — *Herstellung* Spritzgiessen
Vorbehandlung

Kugeldruckhärte	N/mm^2 140	bei 358 N, 10 s	*Shore-Härte* A	
Rockwellhärte			*Shore-Härte* D	

Schlagversuch *Probekörper:* *(1)* U-Kerbe
(2) — *Herstellung* Spritzgiessen
Zustand Spritzfrisch — *Vorbehandlung*

		°C	°C	°C	*Probekörper-Form*
Schlagzähigkeit	kJ/m^2	23 o.B.	-40 o.B.		NKS
Kerbschlagzähigkeit (1)	kJ/m^2	23 7			NKS
IZOD-Kerbschlagzähigkeit (2)	J/m				
Kerbschlagzugzähigkeit	kJ/m^2				

Abrieb und Reibung

Taber-Abrieb (Reibradverfahren)	mm^3/100 U		
Abriebfaktor LNP (Thrust washer) Vergleichswert			
Statische Reibungszahl			
Dynamische Reibungszahl	(p·v=	N/mm²·	m/min)
Zulässiger p · v Wert	N/mm²·(m/min)	v=	m/min
		v=	m/min

Thermische Eigenschaften

Formbeständigkeit in der Wärme	*Verfahren* A		70 °C
	Verfahren B		170 °C
Vicat Erweichungstemperatur (VST)	*Verfahren*		°C
	Verfahren		°C
Kristallit-Schmelzpunkt	*Verfahren* DSC		220 °C
Längenausdehnungskoeffizient	*Bereich*	°C	$\cdot 10^{-4}K^{-1}$
	Temperatur		$\cdot 10^{-4}K^{-1}$
Wärmeleitfähigkeit	*Verfahren*		W/(K · m)
Spezifische Wärmekapazität	*Verfahren*		J/(K · g)
Glasumwandlungstemperatur	*Torsionsschwingungsversuch*	°C	
	Differentialkalorimetrie	°C	

Brandverhalten

UL-Test vertikal	Dicke	mm, Wert
	Dicke	mm, Wert

	Norm	*Bewertung*	*Abmessungen*
Sauerstoff-Index	ASTM D 2863		
Glühstab-Verfahren			
Brandverhalten	DIN 4102		
MVSS			
FAR			

Elektrische Eigenschaften

		Hz	°C			*Probekörper, Form*
Dielektrizitätszahl		50				
		10^3				
		10^6				
Dielektrischer Verlustfaktor tan δ		50				
		10^3				
		10^6				
Spezifischer Durchgangswiderstand	Ohm · cm		23	1.0*10**15		
Durchschlagfestigkeit	kV/mm		23	110		mm dick
Oberflächenwiderstand	Ohm					
Kriechstromfestigkeit		KC >600		KB >600	KA	
Elektrolytische Korrosionswirkung						
Lichtbogenfestigkeit nach DIN						
nach ASTM	s					

Beständigkeit *(Chemische Beständigkeit siehe Anhang)*

Wasseraufnahme 23 C Bis zur Saettigung	7–8 %	
Feuchtigkeitsaufnahme Normalklima		%
Wetterbeständigkeit		
Spannungskorrosion		

Optische Eigenschaften

Brechungszahl n_D		
Transmissionsgrad τ_c	%	mm dick
Lichtdurchlässigkeit		

PA

Produkt	Polyamid 6
Handelsname	**Frianyl B 73 E**
Hersteller	FRISETTA
DIN-Bez 1	
DIN-Bez 2	
Zusätze	
Füllstoffe/ Verstärkung	
Bevorzugte Verarbeitung	Extrudieren; Spritzgiessen
Lieferform	Granulat
Farben	Natur
Besondere Merkmale	Gute Zaehigkeit; Hoher Modul
Bevorzugte Anwendungen	Halbzeug; Dickwandiges Formteil; Monofil; Platte; Stab

Dichte	g/cm³	1.13	*Schmelzindex*	g/10 min	10: 230/2.16
Schüttdichte	g/cm³		*Volumenfließindex*	cm³/10 min	:
Viskositätszahl	ml/g				

Verarbeitungsbedingungen für Spritzgießen

Massetemp.	°C	250–280	*Schwindung*	%	lgs 1.2–2.8, quer 1.2–2.8
Werkzeugtemp.	°C	40–70	*Bemerkungen*		
Spritzdruck	bar				

Zugversuch 23 °C DIN 53455; DIN 53457

Probekörper: *Form* Nr.3; *Zustand* Spritzfrisch; *Herstellung* Spritzgiessen; *Vorbehandlung*

Streckspannung	N/mm²	75	*Dehnung bei Streckspannung*	%	
Zugfestigkeit	N/mm²		*Reißdehnung*	%	200
Reißfestigkeit	N/mm²		*% Dehnspannung*	N/mm²	
E-Modul	N/mm²	3100	*Dehnung bei % Dehnspg.*	%	

Kriechmoduln und Zeitstandwerte 23 °C

Probekörper: *Form*; *Zustand*; *Herstellung*; *Vorbehandlung*

Kriechmodul	*1 min* N/mm²	*Zeitstandzugfestigkeit*	h	N/mm²
Kriechmodul	*1000 h* N/mm²	*Zeitdehnspg.* %	h	N/mm²
bei Spannung	N/mm²			

Biegeversuch 23 °C

Probekörper: *Form*; *Zustand*; *Herstellung*; *Vorbehandlung*

Biegefestigkeit	N/mm²	*E-Modul*	N/mm²
3,5% *Biegespannung*	N/mm²		

Härte 23 °C *Probekörper:* *Zustand* Spritzfrisch; *Herstellung* Spritzgiessen; *Vorbehandlung*

Kugeldruckhärte	N/mm² 140	bei 358 N, 10 s	*Shore-Härte*	A
Rockwellhärte			*Shore-Härte*	D

Schlagversuch *Probekörper:* *(1)* U-Kerbe; *(2)*; *Zustand* Spritzfrisch; *Herstellung* Spritzgiessen; *Vorbehandlung*

		°C	°C	°C	*Probekörper-Form*
Schlagzähigkeit	kJ/m²	23 o.B.	-40 o.B.		NKS
Kerbschlagzähigkeit (1)	kJ/m²	23 8.8			NKS
IZOD-Kerbschlagzähigkeit (2)	J/m				
Kerbschlagzugzähigkeit	kJ/m²				

Abrieb und Reibung

Taber-Abrieb (Reibradverfahren)	mm³/100 U		
Abriebfaktor LNP (Thrust washer) Vergleichswert			
Statische Reibungszahl			
Dynamische Reibungszahl	(p·v=	N/mm²·	m/min)
Zulässiger p · v Wert	N/mm² · (m/min)	v=	m/min
		v=	m/min

Thermische Eigenschaften

Formbeständigkeit in der Wärme	*Verfahren* A		70 °C
	Verfahren B		170 °C
Vicat Erweichungstemperatur (VST)	*Verfahren*		°C
	Verfahren		°C
Kristallit-Schmelzpunkt	*Verfahren* DSC		220 °C
Längenausdehnungskoeffizient	*Bereich*	°C	$\cdot 10^{-4}K^{-1}$
	Temperatur		$\cdot 10^{-4}K^{-1}$
Wärmeleitfähigkeit	*Verfahren*		W/(K · m)
Spezifische Wärmekapazität	*Verfahren*		J/(K · g)
Glasumwandlungstemperatur	*Torsionsschwingungsversuch*	°C	
	Differentialkalorimetrie	°C	

Brandverhalten

UL-Test vertikal	Dicke	mm, Wert
	Dicke	mm, Wert

	Norm	*Bewertung*	*Abmessungen*
Sauerstoff-Index	ASTM D 2863		
Glühstab-Verfahren			
Brandverhalten	DIN 4102		
MVSS			
FAR			

Elektrische Eigenschaften

		Hz	°C		*Probekörper, Form*
Dielektrizitätszahl		50			
		10^3			
		10^6			
Dielektrischer Verlustfaktor tan δ		50			
		10^3			
		10^6			
Spezifischer Durchgangs-widerstand	Ohm · cm		23	1.0*10**15	
Durchschlagfestigkeit	kV/mm		23	110	mm dick
Oberflächenwiderstand	Ohm				

Kriechstromfestigkeit	KC >600	KB >600	KA
Elektrolytische Korrosionswirkung			
Lichtbogenfestigkeit nach DIN			
nach ASTM	s		

Beständigkeit *(Chemische Beständigkeit siehe Anhang)*

Wasseraufnahme 23 C Bis zur Saettigung	7–8 %
Feuchtigkeitsaufnahme Normalklima	%
Wetterbeständigkeit	
Spannungskorrosion	

Optische Eigenschaften

Brechungszahl n_D		
Transmissionsgrad τ_c	%	mm dick
Lichtdurchlässigkeit		

Produkt	Polyamid 6			**PA**
Handelsname	**Frianyl B 83 E**			
Hersteller	FRISETTA			
DIN-Bez 1				
DIN-Bez 2				
Zusätze		*Füllstoffe/ Verstärkung*		
Bevorzugte Verarbeitung	Extrudieren; Spritzgiessen	*Lieferform*	Granulat	
		Farben	Natur	
Besondere Merkmale	Gute Zaehigkeit; Hoher Modul	*Bevorzugte Anwendungen*	Halbzeug; Dickwandiges Formteil; Monofil; Platte; Stab	

Dichte	g/cm^3	1.13	*Schmelzindex*	g/10 min	6.5:	230/2.16
Schüttdichte	g/cm^3		*Volumenfließindex*	cm^3/10 min	:	
Viskositätszahl	ml/g					

Verarbeitungsbedingungen für Spritzgießen

Massetemp.	°C	250–280	*Schwindung*	%	lgs 1.2–2.8, quer 1.2–2.8
Werkzeugtemp.	°C	40–70	*Bemerkungen*		
Spritzdruck	bar				

Zugversuch 23 °C DIN 53455; DIN 53457

Probekörper: *Form* Nr.3 — *Herstellung* Spritzgiessen
Zustand Spritzfrisch — *Vorbehandlung*

Streckspannung	N/mm^2	75	*Dehnung bei Streckspannung*	%	
Zugfestigkeit	N/mm^2		*Reißdehnung*	%	200
Reißfestigkeit	N/mm^2		*% Dehnspannung*	N/mm^2	
E-Modul	N/mm^2	3100	*Dehnung bei % Dehnspg.*	%	

Kriechmoduln und Zeitstandwerte 23 °C

Probekörper: *Form* — *Herstellung*
Zustand — *Vorbehandlung*

Kriechmodul	*1 min*	N/mm^2	*Zeitstandzugfestigkeit*	h	N/mm^2
Kriechmodul	*1000 h*	N/mm^2	*Zeitdehnspg. %*	h	N/mm^2
bei Spannung		N/mm^2			

Biegeversuch 23 °C

Probekörper: *Form* — *Herstellung*
Zustand — *Vorbehandlung*

Biegefestigkeit	N/mm^2	*E-Modul*	N/mm^2
3,5% Biegespannung	N/mm^2		

Härte 23 °C *Probekörper:* *Zustand* Spritzfrisch — *Herstellung* Spritzgiessen
Vorbehandlung

Kugeldruckhärte	N/mm^2	140	bei 358 N, 10 s	*Shore-Härte* A
Rockwellhärte				*Shore-Härte* D

Schlagversuch *Probekörper:* *(1)* U-Kerbe
(2) — *Herstellung* Spritzgiessen
Zustand Spritzfrisch — *Vorbehandlung*

		°C	°C	°C	*Probekörper-Form*
Schlagzähigkeit	kJ/m^2	23 o.B.	-40 o.B.		NKS
Kerbschlagzähigkeit (1)	kJ/m^2	23 11			NKS
IZOD-Kerbschlagzähigkeit (2)	J/m				
Kerbschlagzugzähigkeit	kJ/m^2				

Abrieb und Reibung

Taber-Abrieb (Reibradverfahren)	mm^3/100 U	
Abriebfaktor LNP (Thrust washer) Vergleichswert		
Statische Reibungszahl		
Dynamische Reibungszahl	(p·v= N/mm^2·	m/min)
Zulässiger p·v Wert	N/mm^2·(m/min) v=	m/min
	v=	m/min

Thermische Eigenschaften

Formbeständigkeit in der Wärme	*Verfahren* A		70 °C
	Verfahren B		170 °C
Vicat Erweichungstemperatur (VST)	*Verfahren*		°C
	Verfahren		°C
Kristallit-Schmelzpunkt	*Verfahren* DSC		220 °C
Längenausdehnungskoeffizient	*Bereich*	°C	$\cdot 10^{-4}K^{-1}$
	Temperatur		$\cdot 10^{-4}K^{-1}$
Wärmeleitfähigkeit	*Verfahren*		W/(K·m)
Spezifische Wärmekapazität	*Verfahren*		J/(K·g)
Glasumwandlungstemperatur	*Torsionsschwingungsversuch*	°C	
	Differentialkalorimetrie	°C	

Brandverhalten

UL-Test vertikal — Dicke mm, Wert; Dicke mm, Wert

	Norm	*Bewertung*	*Abmessungen*
Sauerstoff-Index	ASTM D 2863		
Glühstab-Verfahren			
Brandverhalten	DIN 4102		
MVSS			
FAR			

Elektrische Eigenschaften

		Hz	°C		*Probekörper, Form*
Dielektrizitätszahl		50			
		10^3			
		10^6			
Dielektrischer Verlustfaktor tan δ		50			
		10^3			
		10^6			
Spezifischer Durchgangswiderstand	Ohm·cm		23	1.0*10**15	
Durchschlagfestigkeit	kV/mm		23	110	mm dick
Oberflächenwiderstand	Ohm				

Kriechstromfestigkeit KC >600 KB >600 KA

Elektrolytische Korrosionswirkung

Lichtbogenfestigkeit nach DIN

nach ASTM s

Beständigkeit *(Chemische Beständigkeit siehe Anhang)*

Wasseraufnahme 23 C Bis zur Saettigung 7–8 %

Feuchtigkeitsaufnahme Normalklima %

Wetterbeständigkeit

Spannungskorrosion

Optische Eigenschaften

Brechungszahl n_D

Transmissionsgrad τ_c % mm dick

Lichtdurchlässigkeit

Produkt	Polyamid 6 elastomermodifiziert			**PA**
Handelsname	**Frianyl B 63 S 10**			
Hersteller	FRISETTA			
DIN-Bez 1				
DIN-Bez 2				
Zusätze		*Füllstoffe/ Verstärkung*		
Bevorzugte Verarbeitung	Spritzgiessen	*Lieferform*	Granulat	
		Farben	Natur; Standard	
Besondere Merkmale	Mittelschlagzaeh; Hohe Trockenschlagzaehigkeit	*Bevorzugte Anwendungen*	Bedarfsartikel; Moebelbeschlag; Rohrschelle; Hebel; Griff; Zahnrad; Rolle; Armaturenknopf	

Dichte	g/cm³ 1.11	*Schmelzindex*	g/10 min	12:	230/2.16
Schüttdichte	g/cm³	*Volumenfließindex*	cm³/10 min	:	
Viskositätszahl	ml/g				

Verarbeitungsbedingungen für Spritzgießen

Massetemp.	°C	250–280	*Schwindung*	%	lgs 1.0–2.0, quer 1.0–2.0
Werkzeugtemp.	°C	80	*Bemerkungen*		
Spritzdruck	bar				

Zugversuch 23 °C DIN 53455; DIN 53457

Probekörper: *Form* Nr.3 — *Herstellung* Spritzgiessen
Zustand Spritzfrisch — *Vorbehandlung*

Streckspannung	N/mm²	60	*Dehnung bei Streckspannung*	%	
Zugfestigkeit	N/mm²		*Reißdehnung*	%	120
Reißfestigkeit	N/mm²		*% Dehnspannung*	N/mm²	
E-Modul	N/mm²	3000	*Dehnung bei % Dehnspg.*	%	

Kriechmoduln und Zeitstandwerte 23 °C

Probekörper: *Form* — *Herstellung*
Zustand — *Vorbehandlung*

Kriechmodul	*1 min* N/mm²	*Zeitstandzugfestigkeit*	h	N/mm²
Kriechmodul	*1000 h* N/mm²	*Zeitdehnspg.* %	h	N/mm²
bei Spannung	N/mm²			

Biegeversuch 23 °C

Probekörper: *Form* — *Herstellung*
Zustand — *Vorbehandlung*

Biegefestigkeit	N/mm²	*E-Modul*	N/mm²
3,5% *Biegespannung*	N/mm²		

Härte 23 °C *Probekörper:* *Zustand* Spritzfrisch — *Herstellung* Spritzgiessen
Vorbehandlung

Kugeldruckhärte	N/mm² 110	bei 358 N, 10 s	*Shore-Härte*	A
Rockwellhärte			*Shore-Härte*	D

Schlagversuch *Probekörper:* *(1)* U-Kerbe
(2) — *Herstellung* Spritzgiessen
Zustand Spritzfrisch — *Vorbehandlung*

		°C		°C		°C		*Probekörper-Form*
Schlagzähigkeit	kJ/m²	23	o.B.	-40	o.B.			NKS
Kerbschlagzähigkeit (1)	kJ/m²	23	6	-40	3			NKS
IZOD-Kerbschlagzähigkeit (2)	J/m							
Kerbschlagzugzähigkeit	kJ/m²							

Abrieb und Reibung

Taber-Abrieb (Reibradverfahren)	$mm^3/100$ U		
Abriebfaktor LNP (Thrust washer) Vergleichswert			
Statische Reibungszahl			
Dynamische Reibungszahl	(p · v=	N/mm^2 ·	m/min)
Zulässiger p · v Wert	N/mm^2 · (m/min)	v=	m/min
		v=	m/min

Thermische Eigenschaften

Formbeständigkeit in der Wärme	*Verfahren* A		60 °C
	Verfahren B		160 °C
Vicat Erweichungstemperatur (VST)	*Verfahren*		°C
	Verfahren		°C
Kristallit-Schmelzpunkt	*Verfahren* DSC		220 °C
Längenausdehnungskoeffizient	*Bereich*	°C	$\cdot 10^{-4}K^{-1}$
	Temperatur		$\cdot 10^{-4}K^{-1}$
Wärmeleitfähigkeit	*Verfahren*		W/(K · m)
Spezifische Wärmekapazität	*Verfahren*		J/(K · g)
Glasumwandlungstemperatur	*Torsionsschwingungsversuch*	°C	
	Differentialkalorimetrie	°C	

Brandverhalten

UL-Test vertikal	Dicke	mm, Wert
	Dicke	mm, Wert

	Norm	*Bewertung*	*Abmessungen*
Sauerstoff-Index	ASTM D 2863		
Glühstab-Verfahren			
Brandverhalten	DIN 4102		
MVSS			
FAR			

Elektrische Eigenschaften

		Hz	°C		*Probekörper, Form*
Dielektrizitätszahl		50			
		10^3			
		10^6			
Dielektrischer Verlustfaktor tan δ		50			
		10^3			
		10^6			
Spezifischer Durchgangswiderstand	Ohm · cm		23	1.0*10**15	
Durchschlagfestigkeit	kV/mm		23	45	mm dick
Oberflächenwiderstand	Ohm				

Kriechstromfestigkeit	KC >600	KB >600	KA
Elektrolytische Korrosionswirkung			
Lichtbogenfestigkeit nach DIN			
nach ASTM s			

Beständigkeit *(Chemische Beständigkeit siehe Anhang)*

Wasseraufnahme 23 C	Bis zur Saettigung	8–9 %	
Feuchtigkeitsaufnahme Normalklima			%
Wetterbeständigkeit			
Spannungskorrosion			

Optische Eigenschaften

Brechungszahl n_D		
Transmissionsgrad τ_c	%	mm dick
Lichtdurchlässigkeit		

Produkt	Polyamid 6 elastomermodifiziert		**PA**
Handelsname	**Frianyl B 63 S 15**		
Hersteller	FRISETTA		
DIN-Bez 1			
DIN-Bez 2			
Zusätze		*Füllstoffe/ Verstärkung*	
Bevorzugte Verarbeitung	Spritzgiessen	*Lieferform*	Granulat
		Farben	Natur; Standard
Besondere Merkmale	Mittelschlagzaeh; Hohe Trockenschlagzaehigkeit	*Bevorzugte Anwendungen*	Bedarfsartikel; Moebelbeschlag; Rohrschelle; Hebel; Griff; Zahnrad; Rolle; Armaturenknopf

Dichte	g/cm^3	1.09	*Schmelzindex*	g/10 min	8:	230/2.16
Schüttdichte	g/cm^3		*Volumenfließindex*	cm^3/10 min	:	
Viskositätszahl	ml/g					

Verarbeitungsbedingungen für Spritzgießen

Massetemp.	°C	250–280	*Schwindung*	%	lgs 1.1–2.1, quer 1.1–2.1
Werkzeugtemp.	°C	80	*Bemerkungen*		
Spritzdruck	bar				

Zugversuch 23 °C DIN 53455; DIN 53457

Probekörper: *Form* Nr.3 — *Herstellung* Spritzgiessen
Zustand Spritzfrisch — *Vorbehandlung*

Streckspannung	N/mm^2	55	*Dehnung bei Streckspannung*	%	
Zugfestigkeit	N/mm^2		*Reißdehnung*	%	140
Reißfestigkeit	N/mm^2		*% Dehnspannung*	N/mm^2	
E-Modul	N/mm^2	2600	*Dehnung bei % Dehnspg.*	%	

Kriechmoduln und Zeitstandwerte 23 °C

Probekörper: *Form* — *Herstellung*
Zustand — *Vorbehandlung*

Kriechmodul	*1 min*	N/mm^2	*Zeitstandzugfestigkeit*	h	N/mm^2
Kriechmodul	*1000 h*	N/mm^2	*Zeitdehnspg. %*	h	N/mm^2
bei Spannung		N/mm^2			

Biegeversuch 23 °C

Probekörper: *Form* — *Herstellung*
Zustand — *Vorbehandlung*

Biegefestigkeit	N/mm^2	*E-Modul*	N/mm^2
3,5% *Biegespannung*	N/mm^2		

Härte 23 °C *Probekörper:* *Zustand* Spritzfrisch — *Herstellung* Spritzgiessen
Vorbehandlung

Kugeldruckhärte	N/mm^2	105	bei 358 N, 10 s	*Shore-Härte* A
Rockwellhärte				*Shore-Härte* D

Schlagversuch *Probekörper:* *(1)* U-Kerbe
(2) — *Herstellung* Spritzgiessen
Zustand Spritzfrisch — *Vorbehandlung*

		°C		°C		°C		*Probekörper-Form*
Schlagzähigkeit	kJ/m^2	23	o.B.	-40	o.B.			NKS
Kerbschlagzähigkeit (1)	kJ/m^2	23	9	-40	4			NKS
IZOD-Kerbschlagzähigkeit (2)	J/m							
Kerbschlagzugzähigkeit	kJ/m^2							

Abrieb und Reibung

Taber-Abrieb (Reibradverfahren) mm³/100 U
Abriebfaktor LNP (Thrust washer) Vergleichswert
Statische Reibungszahl
Dynamische Reibungszahl (p·v= N/mm²· m/min)
Zulässiger p·v Wert N/mm²·(m/min) v= m/min
v= m/min

Thermische Eigenschaften

Formbeständigkeit in der Wärme	*Verfahren* A	60 °C	
	Verfahren B	160 °C	
Vicat Erweichungstemperatur (VST)	*Verfahren*	°C	
	Verfahren	°C	
Kristallit-Schmelzpunkt	*Verfahren* DSC	220 °C	
Längenausdehnungskoeffizient	*Bereich* °C		$\cdot 10^{-4}K^{-1}$
	Temperatur		$\cdot 10^{-4}K^{-1}$
Wärmeleitfähigkeit	*Verfahren*		W/(K·m)
Spezifische Wärmekapazität	*Verfahren*		J/(K·g)
Glasumwandlungstemperatur	*Torsionsschwingungsversuch*	°C	
	Differentialkalorimetrie	°C	

Brandverhalten

UL-Test vertikal Dicke mm, Wert
Dicke mm, Wert

	Norm	*Bewertung*	*Abmessungen*
Sauerstoff-Index	ASTM D 2863		
Glühstab-Verfahren			
Brandverhalten	DIN 4102		
MVSS			
FAR			

Elektrische Eigenschaften

		Hz	°C		*Probekörper, Form*
Dielektrizitätszahl		50			
		10^3			
		10^6			
Dielektrischer Verlustfaktor tan δ		50			
		10^3			
		10^6			
Spezifischer Durchgangswiderstand	Ohm·cm		23	1.0*10**15	
Durchschlagfestigkeit	kV/mm		23	43	mm dick
Oberflächenwiderstand	Ohm				

Kriechstromfestigkeit KC >600 KB >600 KA
Elektrolytische Korrosionswirkung
Lichtbogenfestigkeit nach DIN
nach ASTM s

Beständigkeit *(Chemische Beständigkeit siehe Anhang)*

Wasseraufnahme 23 C Bis zur Saettigung 8–9 %

Feuchtigkeitsaufnahme Normalklima %
Wetterbeständigkeit

Spannungskorrosion

Optische Eigenschaften

Brechungszahl n_D
Transmissionsgrad τ_c % mm dick
Lichtdurchlässigkeit

Produkt	Polyamid 6 elastomermodifiziert		**PA**
Handelsname	**Frianyl B 63 S 20**		
Hersteller	FRISETTA		
DIN-Bez 1			
DIN-Bez 2			
Zusätze		*Füllstoffe/ Verstärkung*	
Bevorzugte Verarbeitung	Spritzgiessen	*Lieferform*	Granulat
		Farben	Natur; Standard
Besondere Merkmale	Mittelschlagzaeh; Hohe Trockenschlagzaehigkeit	*Bevorzugte Anwendungen*	Bedarfsartikel; Moebelbeschlag; Rohrschelle; Hebel; Griff; Zahnrad; Rolle; Armaturenknopf

Dichte	g/cm^3	1.07	*Schmelzindex*	g/10 min	5:	230/2.16
Schüttdichte	g/cm^3		*Volumenfließindex*	cm^3/10 min	:	
Viskositätszahl	ml/g					

Verarbeitungsbedingungen für Spritzgießen

Massetemp.	°C	250–280	*Schwindung*	%	lgs 1.2–2.2, quer 1.2–2.2
Werkzeugtemp.	°C	80	*Bemerkungen*		
Spritzdruck	bar				

Zugversuch 23 °C DIN 53455; DIN 53457

Probekörper: *Form* Nr.3 — *Zustand* Spritzfrisch — *Herstellung* Spritzgiessen — *Vorbehandlung*

Streckspannung	N/mm^2	50	*Dehnung bei Streckspannung*	%	
Zugfestigkeit	N/mm^2		*Reißdehnung*	%	160
Reißfestigkeit	N/mm^2		*% Dehnspannung*	N/mm^2	
E-Modul	N/mm^2	2300	*Dehnung bei % Dehnspg.*	%	

Kriechmoduln und Zeitstandwerte 23 °C

Probekörper: *Form* — *Zustand* — *Herstellung* — *Vorbehandlung*

Kriechmodul	*1 min*	N/mm^2	*Zeitstandzugfestigkeit*	h	N/mm^2
Kriechmodul	*1000 h*	N/mm^2	*Zeitdehnspg. %*	h	N/mm^2
bei Spannung		N/mm^2			

Biegeversuch 23 °C

Probekörper: *Form* — *Zustand* — *Herstellung* — *Vorbehandlung*

Biegefestigkeit	N/mm^2	*E-Modul*	N/mm^2
3,5% *Biegespannung*	N/mm^2		

Härte 23 °C *Probekörper:* *Zustand* Spritzfrisch — *Herstellung* Spritzgiessen — *Vorbehandlung*

Kugeldruckhärte	N/mm^2 100	bei 358 N, 10 s	*Shore-Härte*	A
Rockwellhärte			*Shore-Härte*	D

Schlagversuch *Probekörper:* *(1)* U-Kerbe *(2)* — *Zustand* Spritzfrisch — *Herstellung* Spritzgiessen — *Vorbehandlung*

		°C		°C		°C		*Probekörper-Form*
Schlagzähigkeit	kJ/m^2	23	o.B.	-40	o.B.			NKS
Kerbschlagzähigkeit (1)	kJ/m^2	23	12	-40	5			NKS
IZOD-Kerbschlagzähigkeit (2)	J/m							
Kerbschlagzugzähigkeit	kJ/m^2							

Abrieb und Reibung

Taber-Abrieb (Reibradverfahren)	$mm^3/100$ U	
Abriebfaktor LNP (Thrust washer) Vergleichswert		
Statische Reibungszahl		
Dynamische Reibungszahl	(p · v= N/mm^2 ·	m/min)
Zulässiger p · v Wert	N/mm^2 · (m/min) v=	m/min
	v=	m/min

Thermische Eigenschaften

Formbeständigkeit in der Wärme	Verfahren A		60 °C
	Verfahren B		160 °C
Vicat Erweichungstemperatur (VST)	Verfahren		°C
	Verfahren		°C
Kristallit-Schmelzpunkt	Verfahren DSC		220 °C
Längenausdehnungskoeffizient	Bereich	°C	$\cdot 10^{-4}K^{-1}$
	Temperatur		$\cdot 10^{-4}K^{-1}$
Wärmeleitfähigkeit	Verfahren		W/(K · m)
Spezifische Wärmekapazität	Verfahren		J/(K · g)
Glasumwandlungstemperatur	Torsionsschwingungsversuch	°C	
	Differentialkalorimetrie	°C	

Brandverhalten

UL-Test vertikal — Dicke mm, Wert
Dicke mm, Wert

	Norm	Bewertung	Abmessungen
Sauerstoff-Index	ASTM D 2863		
Glühstab-Verfahren			
Brandverhalten	DIN 4102		
MVSS			
FAR			

Elektrische Eigenschaften

		Hz	°C		Probekörper, Form
Dielektrizitätszahl		50			
		10^3			
		10^6			
Dielektrischer Verlustfaktor tan δ		50			
		10^3			
		10^6			
Spezifischer Durchgangs-widerstand	Ohm · cm		23	1.0*10**15	
Durchschlagfestigkeit	kV/mm		23	41	mm dick
Oberflächenwiderstand	Ohm				

Kriechstromfestigkeit KC >600 KB >600 KA
Elektrolytische Korrosionswirkung
Lichtbogenfestigkeit nach DIN
nach ASTM s

Beständigkeit *(Chemische Beständigkeit siehe Anhang)*

Wasseraufnahme 23 C Bis zur Saettigung 8–9 %

Feuchtigkeitsaufnahme Normalklima %
Wetterbeständigkeit

Spannungskorrosion

Optische Eigenschaften

Brechungszahl n_D
Transmissionsgrad τ_c % mm dick
Lichtdurchlässigkeit

Produkt	Polyamid 6 elastomermodifiziert		**PA**
Handelsname	**Frianyl B 63 HS 15**		
Hersteller	FRISETTA		
DIN-Bez 1			
DIN-Bez 2			
Zusätze		*Füllstoffe/ Verstärkung*	
Bevorzugte Verarbeitung	Spritzgiessen	*Lieferform*	Granulat
		Farben	Natur; Standard
Besondere Merkmale	Hochschlagzaeh; Extrem geringe Kerbempfindlichkeit; Extrem hohe Kaelteschlagzaehigkeit	*Bevorzugte Anwendungen*	Bedarfsartikel; Gabelbaumbeschlag; Schuhsohle; Kettenrad; Beschlag; Hoch belastbares Teil

Dichte	g/cm³	1.08	*Schmelzindex*	g/10 min	9:	230/2.16
Schüttdichte	g/cm³		*Volumenfließindex*	cm³/10 min	:	
Viskositätszahl	ml/g					

Verarbeitungsbedingungen für Spritzgießen

Massetemp.	°C	250–280	*Schwindung*	%	lgs	1–2, quer 1.0–2.0
Werkzeugtemp.	°C	80	*Bemerkungen*			
Spritzdruck	bar					

Zugversuch 23 °C DIN 53455; DIN 53457

Probekörper: *Form* Nr.3 — *Herstellung* Spritzgiessen
Zustand Spritzfrisch — *Vorbehandlung*

Streckspannung	N/mm²	50	*Dehnung bei Streckspannung*	%	
Zugfestigkeit	N/mm²		*Reißdehnung*	%	180
Reißfestigkeit	N/mm²		*% Dehnspannung*	N/mm²	
E-Modul	N/mm²	2400	*Dehnung bei % Dehnspg.*	%	

Kriechmoduln und Zeitstandwerte 23 °C

Probekörper: *Form* — *Herstellung*
Zustand — *Vorbehandlung*

Kriechmodul	*1 min*	N/mm²	*Zeitstandzugfestigkeit*	h	N/mm²
Kriechmodul	*1000 h*	N/mm²	*Zeitdehnspg. %*	h	N/mm²
bei Spannung		N/mm²			

Biegeversuch 23 °C

Probekörper: *Form* — *Herstellung*
Zustand — *Vorbehandlung*

Biegefestigkeit	N/mm²	*E-Modul*	N/mm²
3,5% *Biegespannung*	N/mm²		

Härte 23 °C *Probekörper:* *Zustand* Spritzfrisch — *Herstellung* Spritzgiessen
Vorbehandlung

Kugeldruckhärte	N/mm²	98	bei 358 N, 10 s	*Shore-Härte* A
Rockwellhärte				*Shore-Härte* D

Schlagversuch *Probekörper:* *(1)* U-Kerbe
(2) — *Herstellung* Spritzgiessen
Zustand Spritzfrisch — *Vorbehandlung*

		°C	°C	°C	*Probekörper-Form*
Schlagzähigkeit	kJ/m²	23 o.B.	-40 o.B.		NKS
Kerbschlagzähigkeit (1)	kJ/m²	23 19	-40 11		NKS
IZOD-Kerbschlagzähigkeit (2)	J/m				
Kerbschlagzugzähigkeit	kJ/m²				

Abrieb und Reibung

Taber-Abrieb (Reibradverfahren)	mm^3/100 U		
Abriebfaktor LNP (Thrust washer) Vergleichswert			
Statische Reibungszahl			
Dynamische Reibungszahl	(p·v=	N/mm²·	m/min)
Zulässiger p·v Wert	N/mm²·(m/min)	v=	m/min
		v=	m/min

Thermische Eigenschaften

Formbeständigkeit in der Wärme	*Verfahren*	A	60 °C	
	Verfahren	B	160 °C	
Vicat Erweichungstemperatur (VST)	*Verfahren*		°C	
	Verfahren		°C	
Kristallit-Schmelzpunkt	*Verfahren*	DSC	220 °C	
Längenausdehnungskoeffizient	*Bereich*	°C		$\cdot 10^{-4}K^{-1}$
	Temperatur			$\cdot 10^{-4}K^{-1}$
Wärmeleitfähigkeit	*Verfahren*			W/(K·m)
Spezifische Wärmekapazität	*Verfahren*			J/(K·g)
Glasumwandlungstemperatur	*Torsionsschwingungsversuch*		°C	
	Differentialkalorimetrie		°C	

Brandverhalten

UL-Test vertikal Dicke mm, Wert
Dicke mm, Wert

	Norm	*Bewertung*	*Abmessungen*
Sauerstoff-Index	ASTM D 2863		
Glühstab-Verfahren			
Brandverhalten	DIN 4102		
MVSS			
FAR			

Elektrische Eigenschaften

		Hz	°C		Probekörper, Form
Dielektrizitätszahl		50			
		10^3			
		10^6			
Dielektrischer Verlustfaktor tan δ		50			
		10^3			
		10^6			
Spezifischer Durchgangswiderstand	Ohm·cm		23	1.0*10**15	
Durchschlagfestigkeit	kV/mm		23	42	mm dick
Oberflächenwiderstand	Ohm				

Kriechstromfestigkeit KC >600 · KB >600 KA
Elektrolytische Korrosionswirkung
Lichtbogenfestigkeit nach DIN
nach ASTM s

Beständigkeit *(Chemische Beständigkeit siehe Anhang)*

Wasseraufnahme 23 C Bis zur Saettigung 8–9 %

Feuchtigkeitsaufnahme Normalklima %
Wetterbeständigkeit

Spannungskorrosion

Optische Eigenschaften

Brechungszahl n_D
Transmissionsgrad τ_c % mm dick
Lichtdurchlässigkeit

PA

Produkt	Polyamid 6 elastomermodifiziert		
Handelsname	**Frianyl B 63 HS 20**		
Hersteller	FRISETTA		
DIN-Bez 1			
DIN-Bez 2			
Zusätze		*Füllstoffe/ Verstärkung*	
Bevorzugte Verarbeitung	Spritzgiessen	*Lieferform*	Granulat
		Farben	Natur; Standard
Besondere Merkmale	Hochschlagzaeh; Extrem geringe Kerbempfindlichkeit; Extrem hohe Kaelteschlagzaehigkeit	*Bevorzugte Anwendungen*	Bedarfsartikel; Gabelbaumbeschlag; Schuhsohle; Kettenrad; Beschlag; Hoch belastbares Teil

Dichte	g/cm³	1.07	*Schmelzindex*	g/10 min	7:	230/2.16
Schüttdichte	g/cm³		*Volumenfließindex*	cm³/10 min	:	
Viskositätszahl	ml/g					

Verarbeitungsbedingungen für Spritzgießen

Massetemp.	°C	250–280	*Schwindung*	%	lgs 1.2–2.2, quer 1.2–2.2
Werkzeugtemp.	°C	80	*Bemerkungen*		
Spritzdruck	bar				

Zugversuch 23 °C DIN 53455; DIN 53457

Probekörper: *Form* Nr.3 — *Herstellung* Spritzgiessen
Zustand Spritzfrisch — *Vorbehandlung*

Streckspannung	N/mm²	45	*Dehnung bei Streckspannung*	%	
Zugfestigkeit	N/mm²		*Reißdehnung*	%	200
Reißfestigkeit	N/mm²		*% Dehnspannung*	N/mm²	
E-Modul	N/mm²	2200	*Dehnung bei % Dehnspg.*	%	

Kriechmoduln und Zeitstandwerte 23 °C

Probekörper: *Form* — *Herstellung*
Zustand — *Vorbehandlung*

Kriechmodul	*1 min*	N/mm²	*Zeitstandzugfestigkeit*	h	N/mm²
Kriechmodul	*1000 h*	N/mm²	*Zeitdehnspg. %*	h	N/mm²
bei Spannung		N/mm²			

Biegeversuch 23 °C

Probekörper: *Form* — *Herstellung*
Zustand — *Vorbehandlung*

Biegefestigkeit	N/mm²	*E-Modul*	N/mm²
3,5% Biegespannung	N/mm²		

Härte 23 °C *Probekörper:* *Zustand* Spritzfrisch — *Herstellung* Spritzgiessen
Vorbehandlung

Kugeldruckhärte	N/mm² 95	bei 358 N, 10 s	*Shore-Härte* A
Rockwellhärte			*Shore-Härte* D

Schlagversuch *Probekörper:* *(1)* U-Kerbe
(2) — *Herstellung* Spritzgiessen
Zustand Spritzfrisch — *Vorbehandlung*

		°C		°C		°C		*Probekörper-Form*
Schlagzähigkeit	kJ/m²	23	o.B.	-40	o.B.			NKS
Kerbschlagzähigkeit (1)	kJ/m²	23	26	-40	15			NKS
IZOD-Kerbschlagzähigkeit (2)	J/m							
Kerbschlagzugzähigkeit	kJ/m²							

Abrieb und Reibung

Taber-Abrieb (Reibradverfahren)	$mm^3/100$ U		
Abriebfaktor LNP (Thrust washer) Vergleichswert			
Statische Reibungszahl			
Dynamische Reibungszahl	(p·v=	N/mm^2 ·	m/min)
Zulässiger p · v Wert	N/mm^2 · (m/min)	v=	m/min
		v=	m/min

Thermische Eigenschaften

Formbeständigkeit in der Wärme	*Verfahren* A		58 °C
	Verfahren B		150 °C
Vicat Erweichungstemperatur (VST)	*Verfahren*		°C
	Verfahren		°C
Kristallit-Schmelzpunkt	*Verfahren* DSC		220 °C
Längenausdehnungskoeffizient	*Bereich*	°C	$\cdot 10^{-4} K^{-1}$
	Temperatur		$\cdot 10^{-4} K^{-1}$
Wärmeleitfähigkeit	*Verfahren*		W/(K · m)
Spezifische Wärmekapazität	*Verfahren*		J/(K · g)
Glasumwandlungstemperatur	*Torsionsschwingungsversuch*	°C	
	Differentialkalorimetrie	°C	

Brandverhalten

UL-Test vertikal	Dicke	mm, Wert
	Dicke	mm, Wert

	Norm	*Bewertung*	*Abmessungen*
Sauerstoff-Index	ASTM D 2863		
Glühstab-Verfahren			
Brandverhalten	DIN 4102		
MVSS			
FAR			

Elektrische Eigenschaften

		Hz	°C		*Probekörper, Form*
Dielektrizitätszahl		50			
		10^3			
		10^6			
Dielektrischer Verlustfaktor tan δ		50			
		10^3			
		10^6			
Spezifischer Durchgangs-widerstand	Ohm · cm		23	1.0*10**15	
Durchschlagfestigkeit	kV/mm		23	40	mm dick
Oberflächenwiderstand	Ohm				

Kriechstromfestigkeit	KC >600	KB >600	KA
Elektrolytische Korrosionswirkung			
Lichtbogenfestigkeit nach DIN			
nach ASTM s			

Beständigkeit *(Chemische Beständigkeit siehe Anhang)*

Wasseraufnahme 23 C	Bis zur Saettigung	8–9 %
Feuchtigkeitsaufnahme Normalklima		%
Wetterbeständigkeit		
Spannungskorrosion		

Optische Eigenschaften

Brechungszahl n_D		
Transmissionsgrad τ_c	%	mm dick
Lichtdurchlässigkeit		

Produkt	Polyamid 6 elastomermodifiziert		**PA**
Handelsname	**Frianyl B 73 HS 28**		
Hersteller	FRISETTA		
DIN-Bez 1			
DIN-Bez 2			
Zusätze		*Füllstoffe/ Verstärkung*	
Bevorzugte Verarbeitung	Spritzgiessen	*Lieferform*	Granulat
		Farben	Natur; Standard
Besondere Merkmale	Hoechste Kerbschlagzaehigkeit bis -40 C; Sehr geringe Kerbempfindlichkeit	*Bevorzugte Anwendungen*	Skischuh; Skibindung; Rolle fuer Kuehlgeraet; Technisches Formteil; Bedarfsartikel; Kaelteanwendungen

Dichte	g/cm^3	1.05	*Schmelzindex*	g/10 min	4:	230/2.16
Schüttdichte	g/cm^3		*Volumenfließindex*	cm^3/10 min	:	
Viskositätszahl	ml/g					

Verarbeitungsbedingungen für Spritzgießen

Massetemp.	°C	240–260	*Schwindung*	%	lgs 1.3–2.3, quer 1.3–2.3
Werkzeugtemp.	°C	70	*Bemerkungen*		
Spritzdruck	bar				

Zugversuch 23 °C DIN 53455; DIN 53457

Probekörper: *Form* Nr.3 — *Zustand* Spritzfrisch — *Herstellung* Spritzgiessen — *Vorbehandlung*

Streckspannung	N/mm^2	40	*Dehnung bei Streckspannung*	%	
Zugfestigkeit	N/mm^2		*Reißdehnung*	%	200
Reißfestigkeit	N/mm^2		*% Dehnspannung*	N/mm^2	
E-Modul	N/mm^2	1800	*Dehnung bei % Dehnspg.*	%	

Kriechmoduln und Zeitstandwerte 23 °C

Probekörper: *Form* — *Zustand* — *Herstellung* — *Vorbehandlung*

Kriechmodul	*1 min*	N/mm^2	*Zeitstandzugfestigkeit*	h	N/mm^2
Kriechmodul	*1000 h*	N/mm^2	*Zeitdehnspg. %*	h	N/mm^2
bei Spannung		N/mm^2			

Biegeversuch 23 °C

Probekörper: *Form* — *Zustand* — *Herstellung* — *Vorbehandlung*

Biegefestigkeit	N/mm^2	*E-Modul*	N/mm^2
3,5% Biegespannung	N/mm^2		

Härte 23 °C *Probekörper:* *Zustand* Spritzfrisch — *Herstellung* Spritzgiessen — *Vorbehandlung*

Kugeldruckhärte	N/mm^2	87	bei 358 N, 10 s	*Shore-Härte* A
Rockwellhärte				*Shore-Härte* D

Schlagversuch *Probekörper:* *(1)* U-Kerbe; *(2)*; *Zustand* Spritzfrisch — *Herstellung* Spritzgiessen — *Vorbehandlung*

		°C		°C		°C		*Probekörper-Form*
Schlagzähigkeit	kJ/m^2	23	o.B.	-40	o.B.			NKS
Kerbschlagzähigkeit (1)	kJ/m^2	23	43	-40	23			NKS
IZOD-Kerbschlagzähigkeit (2)	J/m							
Kerbschlagzugzähigkeit	kJ/m^2							

Abrieb und Reibung

Taber-Abrieb (Reibradverfahren)	mm^3/100 U		
Abriebfaktor LNP (Thrust washer) Vergleichswert			
Statische Reibungszahl			
Dynamische Reibungszahl	(p·v= N/mm^2·		m/min)
Zulässiger p·v Wert	N/mm^2·(m/min)	v=	m/min
		v=	m/min

Thermische Eigenschaften

Formbeständigkeit in der Wärme	*Verfahren* A		55 °C
	Verfahren B		140 °C
Vicat Erweichungstemperatur (VST)	*Verfahren*		°C
	Verfahren		°C
Kristallit-Schmelzpunkt	*Verfahren* DSC		220 °C
Längenausdehnungskoeffizient	*Bereich*	°C	$\cdot 10^{-4}K^{-1}$
	Temperatur		$\cdot 10^{-4}K^{-1}$
Wärmeleitfähigkeit	*Verfahren*		W/(K·m)
Spezifische Wärmekapazität	*Verfahren*		J/(K·g)
Glasumwandlungstemperatur	*Torsionsschwingungsversuch*	°C	
	Differentialkalorimetrie	°C	

Brandverhalten

UL-Test vertikal Dicke mm, Wert
Dicke mm, Wert

	Norm	*Bewertung*	*Abmessungen*
Sauerstoff-Index	ASTM D 2863		
Glühstab-Verfahren			
Brandverhalten	DIN 4102		
MVSS			
FAR			

Elektrische Eigenschaften

		Hz	°C		*Probekörper, Form*
Dielektrizitätszahl		50			
		10^3			
		10^6			
Dielektrischer Verlustfaktor tan δ		50			
		10^3			
		10^6			
Spezifischer Durchgangswiderstand	Ohm·cm		23	1.0*10**15	
Durchschlagfestigkeit	kV/mm		23	39	mm dick
Oberflächenwiderstand	Ohm				

Kriechstromfestigkeit KC >600 KB >600 KA
Elektrolytische Korrosionswirkung
Lichtbogenfestigkeit nach DIN
nach ASTM s

Beständigkeit *(Chemische Beständigkeit siehe Anhang)*

Wasseraufnahme 23 C Bis zur Saettigung 7–8 %

Feuchtigkeitsaufnahme Normalklima %
Wetterbeständigkeit

Spannungskorrosion

Optische Eigenschaften

Brechungszahl n_D
Transmissionsgrad τ_c % mm dick
Lichtdurchlässigkeit

Produkt	Polyamid 66 elastomermodifiziert		**PA**
Handelsname	**Frianyl A 63 S 10**		
Hersteller	FRISETTA		
DIN-Bez 1			
DIN-Bez 2			
Zusätze		*Füllstoffe/ Verstärkung*	
Bevorzugte Verarbeitung	Spritzgiessen	*Lieferform*	Granulat
		Farben	Natur; Standard
Besondere Merkmale	Mittelschlagzaeh auch ohne Konditionierung	*Bevorzugte Anwendungen*	Bedarfsartikel; Technisches Formteil; Moebelbeschlag; Rohrschelle; Hebel; Griff; Zahnrad; Rolle; Armaturenknopf

Dichte	g/cm³	1.11	*Schmelzindex*	g/10 min	40:	275/5.0
Schüttdichte	g/cm³		*Volumenfließindex*	cm³/10 min	:	
Viskositätszahl	ml/g					

Verarbeitungsbedingungen für Spritzgießen

Massetemp.	°C	270–280	*Schwindung*	%	lgs 1.4–2.1, quer 1.4–2.1
Werkzeugtemp.	°C	80	*Bemerkungen*		
Spritzdruck	bar				

Zugversuch 23 °C DIN 53455; DIN 53457

Probekörper: *Form* Nr.3 — *Zustand* Spritzfrisch — *Herstellung* Spritzgiessen — *Vorbehandlung*

Streckspannung	N/mm²	78	*Dehnung bei Streckspannung*	%	
Zugfestigkeit	N/mm²		*Reißdehnung*	%	50
Reißfestigkeit	N/mm²		*% Dehnspannung*	N/mm²	
E-Modul	N/mm²	2800	*Dehnung bei % Dehnspg.*	%	

Kriechmoduln und Zeitstandwerte 23 °C

Probekörper: *Form* — *Zustand* — *Herstellung* — *Vorbehandlung*

Kriechmodul	*1 min*	N/mm²	*Zeitstandzugfestigkeit*	h	N/mm²
Kriechmodul	*1000 h*	N/mm²	*Zeitdehnspg. %*	h	N/mm²
bei Spannung		N/mm²			

Biegeversuch 23 °C

Probekörper: *Form* — *Zustand* — *Herstellung* — *Vorbehandlung*

Biegefestigkeit	N/mm²	*E-Modul*	N/mm²
3,5% *Biegespannung*	N/mm²		

Härte 23 °C *Probekörper:* *Zustand* Spritzfrisch — *Herstellung* Spritzgiessen — *Vorbehandlung*

Kugeldruckhärte	N/mm²	102	bei 358 N, 10 s	*Shore-Härte* A
Rockwellhärte				*Shore-Härte* D

Schlagversuch *Probekörper:* *(1)* U-Kerbe *(2)* — *Zustand* Spritzfrisch — *Herstellung* Spritzgiessen — *Vorbehandlung*

		°C		°C		°C		*Probekörper-Form*
Schlagzähigkeit	kJ/m²	23	o.B.	-40	o.B.			NKS
Kerbschlagzähigkeit (1)	kJ/m²	23	5	-40	3			
IZOD-Kerbschlagzähigkeit (2)	J/m							
Kerbschlagzugzähigkeit	kJ/m²							

Abrieb und Reibung

Taber-Abrieb (Reibradverfahren)	mm^3/100 U		
Abriebfaktor LNP (Thrust washer) Vergleichswert			
Statische Reibungszahl			
Dynamische Reibungszahl	(p·v=	N/mm^2 ·	m/min)
Zulässiger p · v Wert	N/mm^2 · (m/min)	v=	m/min
		v=	m/min

Thermische Eigenschaften

Formbeständigkeit in der Wärme	*Verfahren* A			85 °C
	Verfahren B			180 °C
Vicat Erweichungstemperatur (VST)	*Verfahren*			°C
	Verfahren			°C
Kristallit-Schmelzpunkt	*Verfahren* DSC			260 °C
Längenausdehnungskoeffizient	*Bereich*	°C		$\cdot 10^{-4} K^{-1}$
	Temperatur			$\cdot 10^{-4} K^{-1}$
Wärmeleitfähigkeit	*Verfahren*			W/(K · m)
Spezifische Wärmekapazität	*Verfahren*			J/(K · g)
Glasumwandlungstemperatur	*Torsionsschwingungsversuch*		°C	
	Differentialkalorimetrie		°C	

Brandverhalten

UL-Test vertikal	Dicke	mm, Wert
	Dicke	mm, Wert

	Norm	*Bewertung*	*Abmessungen*
Sauerstoff-Index	ASTM D 2863		
Glühstab-Verfahren			
Brandverhalten	DIN 4102		
MVSS			
FAR			

Elektrische Eigenschaften

		Hz	°C			*Probekörper, Form*
Dielektrizitätszahl		50				
		10^3				
		10^6				
Dielektrischer Verlustfaktor tan δ		50				
		10^3				
		10^6				
Spezifischer Durchgangs-widerstand	Ohm · cm		23	1. *10**15		
Durchschlagfestigkeit	kV/mm		23	60		2 mm dick
Oberflächenwiderstand	Ohm					
Kriechstromfestigkeit		KC >600		KB >600	KA	
Elektrolytische Korrosionswirkung						
Lichtbogenfestigkeit nach DIN						
nach ASTM	s					

Beständigkeit *(Chemische Beständigkeit siehe Anhang)*

Wasseraufnahme 23 C Bis zur Saettigung	7 %	
Feuchtigkeitsaufnahme Normalklima		%
Wetterbeständigkeit		
Spannungskorrosion		

Optische Eigenschaften

Brechungszahl n_D		
Transmissionsgrad τ_c	%	mm dick
Lichtdurchlässigkeit		

Produkt	Polyamid 66 elastomermodifiziert		**PA**
Handelsname	**Frianyl A 63 S 15**		
Hersteller	FRISETTA		
DIN-Bez 1			
DIN-Bez 2			
Zusätze		*Füllstoffe/ Verstärkung*	
Bevorzugte Verarbeitung	Spritzgiessen	*Lieferform*	Granulat
		Farben	Natur; Standard
Besondere Merkmale	Mittelschlagzaeh auch ohne Konditionierung	*Bevorzugte Anwendungen*	Bedarfsartikel; Technisches Formteil; Moebelbeschlag; Rohrschelle; Hebel; Griff; Zahnrad; Rolle; Armaturenknopf

Dichte	g/cm³	1.10	*Schmelzindex*	g/10 min	36:	275/5.0
Schüttdichte	g/cm³		*Volumenfließindex*	cm³/10 min	:	
Viskositätszahl	ml/g					

Verarbeitungsbedingungen für Spritzgießen

Massetemp.	°C	270–280	*Schwindung*	%	lgs 1.4–2.0, quer 1.4–2.0
Werkzeugtemp.	°C	80	*Bemerkungen*		
Spritzdruck	bar				

Zugversuch 23 °C DIN 53455; DIN 53457

Probekörper: *Form* Nr.3 — *Herstellung* Spritzgiessen
Zustand Spritzfrisch — *Vorbehandlung*

Streckspannung	N/mm²	73	*Dehnung bei Streckspannung*	%	
Zugfestigkeit	N/mm²		*Reißdehnung*	%	55
Reißfestigkeit	N/mm²		*% Dehnspannung*	N/mm²	
E-Modul	N/mm²	2500	*Dehnung bei % Dehnspg.*	%	

Kriechmoduln und Zeitstandwerte 23 °C

Probekörper: *Form* — *Herstellung*
Zustand — *Vorbehandlung*

Kriechmodul	*1 min* N/mm²		*Zeitstandzugfestigkeit*	h	N/mm²
Kriechmodul	*1000 h* N/mm²		*Zeitdehnspg. %*	h	N/mm²
bei Spannung	N/mm²				

Biegeversuch 23 °C

Probekörper: *Form* — *Herstellung*
Zustand — *Vorbehandlung*

Biegefestigkeit	N/mm²	*E-Modul*	N/mm²
3,5% Biegespannung	N/mm²		

Härte 23 °C *Probekörper:* *Zustand* Spritzfrisch — *Herstellung* Spritzgiessen
Vorbehandlung

Kugeldruckhärte	N/mm² 94	bei 358 N, 10 s	*Shore-Härte* A	
Rockwellhärte			*Shore-Härte* D	

Schlagversuch *Probekörper:* *(1)* U-Kerbe
(2) — *Herstellung* Spritzgiessen
Zustand Spritzfrisch — *Vorbehandlung*

		°C	°C	°C	*Probekörper-Form*
Schlagzähigkeit	kJ/m²	23 o.B.	-40 o.B.		NKS
Kerbschlagzähigkeit (1)	kJ/m²	23 8	-40 4		
IZOD-Kerbschlagzähigkeit (2)	J/m				
Kerbschlagzugzähigkeit	kJ/m²				

Abrieb und Reibung

Taber-Abrieb (Reibradverfahren)	mm^3/100 U		
Abriebfaktor LNP (Thrust washer) Vergleichswert			
Statische Reibungszahl			
Dynamische Reibungszahl	(p·v=	N/mm^2·	m/min)
Zulässiger p · v Wert	N/mm^2·(m/min)	v=	m/min
		v=	m/min

Thermische Eigenschaften

Formbeständigkeit in der Wärme	*Verfahren* A		80 °C
	Verfahren B		170 °C
Vicat Erweichungstemperatur (VST)	*Verfahren*		°C
	Verfahren		°C
Kristallit-Schmelzpunkt	*Verfahren* DSC		260 °C
Längenausdehnungskoeffizient	*Bereich*	°C	$\cdot 10^{-4} K^{-1}$
	Temperatur		$\cdot 10^{-4} K^{-1}$
Wärmeleitfähigkeit	*Verfahren*		W/(K · m)
Spezifische Wärmekapazität	*Verfahren*		J/(K · g)
Glasumwandlungstemperatur	*Torsionsschwingungsversuch*	°C	
	Differentialkalorimetrie	°C	

Brandverhalten

UL-Test vertikal Dicke mm, Wert
Dicke mm, Wert

	Norm	*Bewertung*	*Abmessungen*
Sauerstoff-Index	ASTM D 2863		
Glühstab-Verfahren			
Brandverhalten	DIN 4102		
MVSS			
FAR			

Elektrische Eigenschaften

		Hz	°C		*Probekörper, Form*
Dielektrizitätszahl		50			
		10^3			
		10^6			
Dielektrischer Verlustfaktor tan δ		50			
		10^3			
		10^6			
Spezifischer Durchgangswiderstand	Ohm · cm		23	1. *10**15	
Durchschlagfestigkeit	kV/mm		23	60	2 mm dick
Oberflächenwiderstand	Ohm				

Kriechstromfestigkeit KC >600 KB >600 KA
Elektrolytische Korrosionswirkung
Lichtbogenfestigkeit nach DIN
nach ASTM s

Beständigkeit *(Chemische Beständigkeit siehe Anhang)*

Wasseraufnahme 23 C Bis zur Saettigung 7 %

Feuchtigkeitsaufnahme Normalklima %
Wetterbeständigkeit

Spannungskorrosion

Optische Eigenschaften

Brechungszahl n_D
Transmissionsgrad τ_c % mm dick
Lichtdurchlässigkeit

Produkt	Polyamid 66 elastomermodifiziert		**PA**
Handelsname	**Frianyl A 63 S 20**		
Hersteller	FRISETTA		
DIN-Bez 1			
DIN-Bez 2			
Zusätze		*Füllstoffe/ Verstärkung*	
Bevorzugte Verarbeitung	Spritzgiessen	*Lieferform*	Granulat
		Farben	Natur; Standard
Besondere Merkmale	Mittelschlagzaeh auch ohne Konditionierung	*Bevorzugte Anwendungen*	Bedarfsartikel; Technisches Formteil; Moebelbeschlag; Rohrschelle; Hebel; Griff; Zahnrad; Rolle; Armaturenknopf

Dichte	g/cm³	1.09	*Schmelzindex*	g/10 min	32:	275/5.0
Schüttdichte	g/cm³		*Volumenfließindex*	cm³/10 min	:	
Viskositätszahl	ml/g					

Verarbeitungsbedingungen für Spritzgießen

Massetemp.	°C	270–280	*Schwindung*	%	lgs 1.5–2.0, quer 1.5–2.0
Werkzeugtemp.	°C	80	*Bemerkungen*		
Spritzdruck	bar				

Zugversuch 23 °C DIN 53455; DIN 53457

Probekörper: *Form* Nr.3, *Zustand* Spritzfrisch — *Herstellung* Spritzgiessen, *Vorbehandlung*

Streckspannung	N/mm²	68	*Dehnung bei Streckspannung*	%	
Zugfestigkeit	N/mm²		*Reißdehnung*	%	60
Reißfestigkeit	N/mm²		*% Dehnspannung*	N/mm²	
E-Modul	N/mm²	2200	*Dehnung bei % Dehnspg.*	%	

Kriechmoduln und Zeitstandwerte 23 °C

Probekörper: *Form*, *Zustand* — *Herstellung*, *Vorbehandlung*

Kriechmodul	*1 min* N/mm²		*Zeitstandzugfestigkeit*	h	N/mm²
Kriechmodul	*1000 h* N/mm²		*Zeitdehnspg. %*	h	N/mm²
bei Spannung	N/mm²				

Biegeversuch 23 °C

Probekörper: *Form*, *Zustand* — *Herstellung*, *Vorbehandlung*

Biegefestigkeit	N/mm²		*E-Modul*	N/mm²
3,5% *Biegespannung*	N/mm²			

Härte 23 °C *Probekörper:* *Zustand* Spritzfrisch — *Herstellung* Spritzgiessen, *Vorbehandlung*

Kugeldruckhärte	N/mm² 86	bei 358 N, 10 s	*Shore-Härte*	A
Rockwellhärte			*Shore-Härte*	D

Schlagversuch *Probekörper:* *(1)* U-Kerbe, *(2)*, *Zustand* Spritzfrisch — *Herstellung* Spritzgiessen, *Vorbehandlung*

		°C		°C		°C		*Probekörper-Form*
Schlagzähigkeit	kJ/m²	23	o.B.	-40	o.B.			NKS
Kerbschlagzähigkeit (1)	kJ/m²	23	10	-40	5			
IZOD-Kerbschlagzähigkeit (2)	J/m							
Kerbschlagzugzähigkeit	kJ/m²							

Abrieb und Reibung

Taber-Abrieb (Reibradverfahren)	mm^3/100 U		
Abriebfaktor LNP (Thrust washer) Vergleichswert			
Statische Reibungszahl			
Dynamische Reibungszahl	(p·v=	N/mm^2·	m/min)
Zulässiger p · v Wert	N/mm^2 · (m/min)	v=	m/min
		v=	m/min

Thermische Eigenschaften

Formbeständigkeit in der Wärme	*Verfahren* A		75 °C
	Verfahren B		160 °C
Vicat Erweichungstemperatur (VST)	*Verfahren*		°C
	Verfahren		°C
Kristallit-Schmelzpunkt	*Verfahren* DSC		260 °C
Längenausdehnungskoeffizient	*Bereich*	°C	$\cdot 10^{-4}K^{-1}$
	Temperatur		$\cdot 10^{-4}K^{-1}$
Wärmeleitfähigkeit	*Verfahren*		W/(K · m)
Spezifische Wärmekapazität	*Verfahren*		J/(K · g)
Glasumwandlungstemperatur	*Torsionsschwingungsversuch*	°C	
	Differentialkalorimetrie	°C	

Brandverhalten

UL-Test vertikal		Dicke mm, Wert	
		Dicke mm, Wert	
	Norm	*Bewertung*	*Abmessungen*
Sauerstoff-Index	ASTM D 2863		
Glühstab-Verfahren			
Brandverhalten	DIN 4102		
MVSS			
FAR			

Elektrische Eigenschaften

		Hz	°C		*Probekörper, Form*
Dielektrizitätszahl		50			
		10^3			
		10^6			
Dielektrischer Verlustfaktor tan δ		50			
		10^3			
		10^6			
Spezifischer Durchgangswiderstand	Ohm · cm		23	1. *10**15	
Durchschlagfestigkeit	kV/mm		23	59	2 mm dick
Oberflächenwiderstand	Ohm				
Kriechstromfestigkeit		KC >600		KB >600	KA
Elektrolytische Korrosionswirkung					
Lichtbogenfestigkeit nach DIN					
nach ASTM	s				

Beständigkeit *(Chemische Beständigkeit siehe Anhang)*

Wasseraufnahme 23 C Bis zur Saettigung	7 %	
Feuchtigkeitsaufnahme Normalklima		%
Wetterbeständigkeit		
Spannungskorrosion		

Optische Eigenschaften

Brechungszahl n_D		
Transmissionsgrad τ_c	%	mm dick
Lichtdurchlässigkeit		

Produkt	Polyamid 66 elastomermodifiziert		**PA**
Handelsname	**Frianyl A 63 HS 15**		
Hersteller	FRISETTA		
DIN-Bez 1			
DIN-Bez 2			
Zusätze		*Füllstoffe/ Verstärkung*	
Bevorzugte Verarbeitung	Spritzgiessen	*Lieferform*	Granulat
		Farben	Natur; Standard
Besondere Merkmale	Extrem hohe Kerbschlagzaehigkeit auch in der Kaelte	*Bevorzugte Anwendungen*	Bedarfsartikel; Technisches Formteil; Gabelbaumbeschlag; Schuhsohle; Kettenrad; Beschlag; Skibindung; Skischuh; Rolle in Kuehlgeraet; Allgemeine Anwendung in der Kaelte

Dichte	g/cm^3	1.08	*Schmelzindex*	g/10 min	19: 275/5.0
Schüttdichte	g/cm^3		*Volumenfließindex*	cm^3/10 min	:
Viskositätszahl	ml/g				

Verarbeitungsbedingungen für Spritzgießen

Massetemp.	°C	270–280	*Schwindung*	%	lgs 1.4–2.0, quer 1.4–2.0
Werkzeugtemp.	°C	70	*Bemerkungen*		
Spritzdruck	bar				

Zugversuch 23 °C DIN 53455; DIN 53457

Probekörper: *Form* Nr.3 — *Herstellung* Spritzgiessen
Zustand Spritzfrisch — *Vorbehandlung*

Streckspannung	N/mm^2	65	*Dehnung bei Streckspannung*	%	
Zugfestigkeit	N/mm^2		*Reißdehnung*	%	60
Reißfestigkeit	N/mm^2		*% Dehnspannung*	N/mm^2	
E-Modul	N/mm^2	2100	*Dehnung bei % Dehnspg.*	%	

Kriechmoduln und Zeitstandwerte 23 °C

Probekörper: *Form* — *Herstellung*
Zustand — *Vorbehandlung*

Kriechmodul	*1 min*	N/mm^2	*Zeitstandzugfestigkeit*	h	N/mm^2
Kriechmodul	*1000 h*	N/mm^2	*Zeitdehnspg.* %	h	N/mm^2
bei Spannung		N/mm^2			

Biegeversuch 23 °C

Probekörper: *Form* — *Herstellung*
Zustand — *Vorbehandlung*

Biegefestigkeit	N/mm^2	*E-Modul*	N/mm^2
3,5% *Biegespannung*	N/mm^2		

Härte 23 °C *Probekörper:* *Zustand* Spritzfrisch — *Herstellung* Spritzgiessen
Vorbehandlung

Kugeldruckhärte	N/mm^2 85	bei 358 N, 10 s	*Shore-Härte* A	
Rockwellhärte			*Shore-Härte* D	

Schlagversuch *Probekörper:* *(1)* U-Kerbe
(2) — *Herstellung* Spritzgiessen
Zustand Spritzfrisch — *Vorbehandlung*

		°C	°C	°C	*Probekörper-Form*
Schlagzähigkeit	kJ/m^2	23 o.B.	-40 o.B.		NKS
Kerbschlagzähigkeit (1)	kJ/m^2	23 16	-40 9		
IZOD-Kerbschlagzähigkeit (2)	J/m				
Kerbschlagzugzähigkeit	kJ/m^2				

Abrieb und Reibung

Taber-Abrieb (Reibradverfahren)	mm^3/100 U		
Abriebfaktor LNP (Thrust washer) Vergleichswert			
Statische Reibungszahl			
Dynamische Reibungszahl	(p·v=	N/mm²·	m/min)
Zulässiger p · v Wert	N/mm²·(m/min)	v=	m/min
		v=	m/min

Thermische Eigenschaften

Formbeständigkeit in der Wärme	*Verfahren* A		67 °C
	Verfahren B		140 °C
Vicat Erweichungstemperatur (VST)	*Verfahren*		°C
	Verfahren		°C
Kristallit-Schmelzpunkt	*Verfahren* DSC		260 °C
Längenausdehnungskoeffizient	*Bereich*	°C	$\cdot 10^{-4}K^{-1}$
	Temperatur		$\cdot 10^{-4}K^{-1}$
Wärmeleitfähigkeit	*Verfahren*		W/(K · m)
Spezifische Wärmekapazität	*Verfahren*		J/(K · g)
Glasumwandlungstemperatur	*Torsionsschwingungsversuch*	°C	
	Differentialkalorimetrie	°C	

Brandverhalten

UL-Test vertikal Dicke mm, Wert
Dicke mm, Wert

	Norm	*Bewertung*	*Abmessungen*
Sauerstoff-Index	ASTM D 2863		
Glühstab-Verfahren			
Brandverhalten	DIN 4102		
MVSS			
FAR			

Elektrische Eigenschaften

		Hz	°C		Probekörper, Form
Dielektrizitätszahl		50			
		10^3			
		10^6			
Dielektrischer Verlustfaktor tan δ		50			
		10^3			
		10^6			
Spezifischer Durchgangs-widerstand	Ohm · cm		23	1. *10**15	
Durchschlagfestigkeit	kV/mm		23	58	2 mm dick
Oberflächenwiderstand	Ohm				

Kriechstromfestigkeit KC >600 KB >600 KA
Elektrolytische Korrosionswirkung
Lichtbogenfestigkeit nach DIN
nach ASTM s

Beständigkeit *(Chemische Beständigkeit siehe Anhang)*

Wasseraufnahme 23 C Bis zur Saettigung 7–8 %

Feuchtigkeitsaufnahme Normalklima %
Wetterbeständigkeit

Spannungskorrosion

Optische Eigenschaften

Brechungszahl n_D
Transmissionsgrad τ_c % mm dick
Lichtdurchlässigkeit

Datenbank-Nr. **T05940** Merkblatt-Nr. **3320**

Produkt	Polyamid 66 elastomermodifiziert		**PA**
Handelsname	**Frianyl A 63 HS 20**		
Hersteller	FRISETTA		
DIN-Bez 1			
DIN-Bez 2			
Zusätze		*Füllstoffe/ Verstärkung*	
Bevorzugte Verarbeitung	Spritzgiessen	*Lieferform*	Granulat
		Farben	Natur; Standard
Besondere Merkmale	Extrem hohe Kerbschlagzaehigkeit auch in der Kaelte	*Bevorzugte Anwendungen*	Bedarfsartikel; Technisches Formteil; Gabelbaumbeschlag; Schuhsohle; Kettenrad; Beschlag; Skibindung; Skischuh; Rolle in Kuehlgeraet; Allgemeine Anwendung in der Kaelte

Dichte	g/cm^3	1.07	*Schmelzindex*	g/10 min	12:	275/5.0
Schüttdichte	g/cm^3		*Volumenfließindex*	cm^3/10 min	:	
Viskositätszahl	ml/g					

Verarbeitungsbedingungen für Spritzgießen

Massetemp.	°C	270–280	*Schwindung*	%	lgs 1.3–1.9, quer 1.3–1.9
Werkzeugtemp.	°C	70	*Bemerkungen*		
Spritzdruck	bar				

Zugversuch 23 °C DIN 53455; DIN 53457

Probekörper: *Form* Nr.3; *Zustand* Spritzfrisch; *Herstellung* Spritzgiessen; *Vorbehandlung*

Streckspannung	N/mm^2	60	*Dehnung bei Streckspannung*	%	
Zugfestigkeit	N/mm^2		*Reißdehnung*	%	80
Reißfestigkeit	N/mm^2		*% Dehnspannung*	N/mm^2	
E-Modul	N/mm^2	2000	*Dehnung bei % Dehnspg.*	%	

Kriechmoduln und Zeitstandwerte 23 °C

Probekörper: *Form*; *Zustand*; *Herstellung*; *Vorbehandlung*

Kriechmodul	*1 min*	N/mm^2	*Zeitstandzugfestigkeit*	h	N/mm^2
Kriechmodul	*1000 h*	N/mm^2	*Zeitdehnspg.* %	h	N/mm^2
bei Spannung		N/mm^2			

Biegeversuch 23 °C

Probekörper: *Form*; *Zustand*; *Herstellung*; *Vorbehandlung*

Biegefestigkeit	N/mm^2	*E-Modul*	N/mm^2
3,5% *Biegespannung*	N/mm^2		

Härte 23 °C *Probekörper:* *Zustand* Spritzfrisch; *Herstellung* Spritzgiessen; *Vorbehandlung*

Kugeldruckhärte	N/mm^2 83	bei 358 N, 10 s	*Shore-Härte*	A
Rockwellhärte			*Shore-Härte*	D

Schlagversuch *Probekörper:* *(1)* U-Kerbe; *(2)*; *Zustand* Spritzfrisch; *Herstellung* Spritzgiessen; *Vorbehandlung*

		°C		°C		°C		*Probekörper-Form*
Schlagzähigkeit	kJ/m^2	23	o.B.	-40	o.B.			NKS
Kerbschlagzähigkeit (1)	kJ/m^2	23	23	-40	14			
IZOD-Kerbschlagzähigkeit (2)	J/m							
Kerbschlagzugzähigkeit	kJ/m^2							

Abrieb und Reibung

Taber-Abrieb (Reibradverfahren)	$mm^3/100$ U		
Abriebfaktor LNP (Thrust washer) Vergleichswert			
Statische Reibungszahl			
Dynamische Reibungszahl	(p·v=	N/mm^2·	m/min)
Zulässiger p · v Wert	N/mm^2 · (m/min)	v=	m/min
		v=	m/min

Thermische Eigenschaften

Formbeständigkeit in der Wärme	*Verfahren* A		66 °C
	Verfahren B		138 °C
Vicat Erweichungstemperatur (VST)	*Verfahren*		°C
	Verfahren		°C
Kristallit-Schmelzpunkt	*Verfahren* DSC		260 °C
Längenausdehnungskoeffizient	*Bereich*	°C	$\cdot 10^{-4}K^{-1}$
	Temperatur		$\cdot 10^{-4}K^{-1}$
Wärmeleitfähigkeit	*Verfahren*		W/(K · m)
Spezifische Wärmekapazität	*Verfahren*		J/(K · g)
Glasumwandlungstemperatur	*Torsionsschwingungsversuch*	°C	
	Differentialkalorimetrie	°C	

Brandverhalten

UL-Test vertikal	Dicke	mm, Wert
	Dicke	mm, Wert

	Norm	*Bewertung*	*Abmessungen*
Sauerstoff-Index	ASTM D 2863		
Glühstab-Verfahren			
Brandverhalten	DIN 4102		
MVSS			
FAR			

Elektrische Eigenschaften

		Hz	°C		*Probekörper, Form*
Dielektrizitätszahl		50			
		10^3			
		10^6			
Dielektrischer Verlustfaktor tan δ		50			
		10^3			
		10^6			
Spezifischer Durchgangs-widerstand	Ohm · cm		23	1. *10**15	
Durchschlagfestigkeit	kV/mm		23	57	2 mm dick
Oberflächenwiderstand	Ohm				

Kriechstromfestigkeit	KC >600	KB >600	KA
Elektrolytische Korrosionswirkung			
Lichtbogenfestigkeit nach DIN			
nach ASTM	s		

Beständigkeit *(Chemische Beständigkeit siehe Anhang)*

Wasseraufnahme 23 C Bis zur Saettigung	7–8 %	
Feuchtigkeitsaufnahme Normalklima		%
Wetterbeständigkeit		
Spannungskorrosion		

Optische Eigenschaften

Brechungszahl n_D		
Transmissionsgrad τ_c	%	mm dick
Lichtdurchlässigkeit		

Produkt	Polyamid 66 elastomermodifiziert		**PA**
Handelsname	**Frianyl A 63 HS 28**		
Hersteller	FRISETTA		
DIN-Bez 1			
DIN-Bez 2			
Zusätze		*Füllstoffe/ Verstärkung*	
Bevorzugte Verarbeitung	Spritzgiessen	*Lieferform*	Granulat
		Farben	Natur; Standard
Besondere Merkmale	Extrem hohe Kerbschlagzaehigkeit auch in der Kaelte	*Bevorzugte Anwendungen*	Bedarfsartikel; Technisches Formteil; Gabelbaumbeschlag; Schuhsohle; Kettenrad; Beschlag; Skibindung; Skischuh; Rolle in Kuehlgeraet; Allgemeine Anwendung in der Kaelte

Dichte	g/cm^3	1.05	*Schmelzindex*	g/10 min	5:	275/5.0
Schüttdichte	g/cm^3		*Volumenfließindex*	cm^3/10 min	:	
Viskositätszahl	ml/g					

Verarbeitungsbedingungen für Spritzgießen

Massetemp.	°C	270–280	*Schwindung*	%	lgs 1.2–1.9, quer 1.2–1.9
Werkzeugtemp.	°C	70	*Bemerkungen*		
Spritzdruck	bar				

Zugversuch 23 °C DIN 53455; DIN 53457

Probekörper: *Form* Nr.3 — *Zustand* Spritzfrisch — *Herstellung* Spritzgiessen — *Vorbehandlung*

Streckspannung	N/mm^2	50	*Dehnung bei Streckspannung*	%	
Zugfestigkeit	N/mm^2		*Reißdehnung*	%	120
Reißfestigkeit	N/mm^2		*% Dehnspannung*	N/mm^2	
E-Modul	N/mm^2	1800	*Dehnung bei % Dehnspg.*	%	

Kriechmoduln und Zeitstandwerte 23 °C

Probekörper: *Form* — *Zustand* — *Herstellung* — *Vorbehandlung*

Kriechmodul	*1 min*	N/mm^2	*Zeitstandzugfestigkeit*	h	N/mm^2
Kriechmodul	*1000 h*	N/mm^2	*Zeitdehnspg. %*	h	N/mm^2
bei Spannung		N/mm^2			

Biegeversuch 23 °C

Probekörper: *Form* — *Zustand* — *Herstellung* — *Vorbehandlung*

Biegefestigkeit	N/mm^2	*E-Modul*	N/mm^2
3,5% *Biegespannung*	N/mm^2		

Härte 23 °C *Probekörper:* *Zustand* Spritzfrisch — *Herstellung* Spritzgiessen — *Vorbehandlung*

Kugeldruckhärte	N/mm^2 80	bei 358 N, 10 s	*Shore-Härte*	A
Rockwellhärte			*Shore-Härte*	D

Schlagversuch *Probekörper:* *(1)* U-Kerbe — *(2)* — *Zustand* Spritzfrisch — *Herstellung* Spritzgiessen — *Vorbehandlung*

		°C	°C	°C	*Probekörper-Form*
Schlagzähigkeit	kJ/m^2	23 o.B.	-40 o.B.		NKS
Kerbschlagzähigkeit (1)	kJ/m^2	23 40	-40 21		
IZOD-Kerbschlagzähigkeit (2)	J/m				
Kerbschlagzugzähigkeit	kJ/m^2				

Abrieb und Reibung

Taber-Abrieb (Reibradverfahren)	mm^3/100 U		
Abriebfaktor LNP (Thrust washer) Vergleichswert			
Statische Reibungszahl			
Dynamische Reibungszahl	(p·v=	N/mm^2 ·	m/min)
Zulässiger p · v Wert	N/mm^2 · (m/min)	v=	m/min
		v=	m/min

Thermische Eigenschaften

Formbeständigkeit in der Wärme	*Verfahren*	A		62 °C
	Verfahren	B		130 °C
Vicat Erweichungstemperatur (VST)	*Verfahren*			°C
	Verfahren			°C
Kristallit-Schmelzpunkt	*Verfahren*	DSC		260 °C
Längenausdehnungskoeffizient	*Bereich*	°C		$\cdot 10^{-4}K^{-1}$
	Temperatur			$\cdot 10^{-4}K^{-1}$
Wärmeleitfähigkeit	*Verfahren*			W/(K · m)
Spezifische Wärmekapazität	*Verfahren*			J/(K · g)
Glasumwandlungstemperatur	*Torsionsschwingungsversuch*		°C	
	Differentialkalorimetrie		°C	

Brandverhalten

UL-Test vertikal		Dicke mm, Wert	
		Dicke mm, Wert	
	Norm	*Bewertung*	*Abmessungen*
Sauerstoff-Index	ASTM D 2863		
Glühstab-Verfahren			
Brandverhalten	DIN 4102		
MVSS			
FAR			

Elektrische Eigenschaften

		Hz	°C			Probekörper, Form	
Dielektrizitätszahl		50					
		10^3					
		10^6					
Dielektrischer Verlustfaktor tan δ		50					
		10^3					
		10^6					
Spezifischer Durchgangs-widerstand	Ohm · cm		23	1. *10**15			
Durchschlagfestigkeit	kV/mm		23	55		2	mm dick
Oberflächenwiderstand	Ohm						
Kriechstromfestigkeit		KC >600		KB >600	KA		
Elektrolytische Korrosionswirkung							
Lichtbogenfestigkeit nach DIN							
nach ASTM	s						

Beständigkeit *(Chemische Beständigkeit siehe Anhang)*

Wasseraufnahme 23 C Bis zur Saettigung	6–8 %	
Feuchtigkeitsaufnahme Normalklima		%
Wetterbeständigkeit		
Spannungskorrosion		

Optische Eigenschaften

Brechungszahl n_D		
Transmissionsgrad τ_c	%	mm dick
Lichtdurchlässigkeit		

PA

Produkt	Polyamid 6		
Handelsname	**Frianyl B 53 GV 10**		
Hersteller	FRISETTA		
DIN-Bez 1			
DIN-Bez 2			
Zusätze		*Füllstoffe/ Verstärkung*	10.0% Glasfaser
Bevorzugte Verarbeitung	Spritzgiessen	*Lieferform*	Granulat
		Farben	Natur; Standard
Besondere Merkmale	Gute Schlagzaehigkeit; Hoher Modul	*Bevorzugte Anwendungen*	Bedarfsartikel; Technisches Formteil; Luefterfluegel; Gehaeuse; Luftschraube; Grundplatte; Lueftungsgitter

Dichte	g/cm^3	1.25	*Schmelzindex*	g/10 min	50:	230/5.0
Schüttdichte	g/cm^3		*Volumenfließindex*	cm^3/10 min	:	
Viskositätszahl	ml/g					

Verarbeitungsbedingungen für Spritzgießen

Massetemp.	°C	250–280	*Schwindung*	%	lgs 1.0–2.0, quer
Werkzeugtemp.	°C	90–110	*Bemerkungen*		
Spritzdruck	bar				

Zugversuch 23 °C DIN 53455; DIN 53457

Probekörper: *Form* Nr.3 — *Herstellung* Spritzgiessen
Zustand Spritzfrisch — *Vorbehandlung*

Streckspannung	N/mm^2	95	*Dehnung bei Streckspannung*	%	
Zugfestigkeit	N/mm^2		*Reißdehnung*	%	6
Reißfestigkeit	N/mm^2		*% Dehnspannung*	N/mm^2	
E-Modul	N/mm^2	5000	*Dehnung bei % Dehnspg.*	%	

Kriechmoduln und Zeitstandwerte 23 °C

Probekörper: *Form* — *Herstellung*
Zustand — *Vorbehandlung*

Kriechmodul	*1 min*	N/mm^2	*Zeitstandzugfestigkeit*	h	N/mm^2
Kriechmodul	*1000 h*	N/mm^2	*Zeitdehnspg. %*	h	N/mm^2
bei Spannung		N/mm^2			

Biegeversuch 23 °C

Probekörper: *Form* — *Herstellung*
Zustand — *Vorbehandlung*

Biegefestigkeit	N/mm^2	*E-Modul*	N/mm^2
3,5% *Biegespannung*	N/mm^2		

Härte 23 °C *Probekörper:* *Zustand* Spritzfrisch — *Herstellung* Spritzgiessen
Vorbehandlung

Kugeldruckhärte	N/mm^2	120	bei 358 N, 10 s	*Shore-Härte*	A
Rockwellhärte				*Shore-Härte*	D

Schlagversuch *Probekörper:* *(1)* U-Kerbe
(2) — *Herstellung* Spritzgiessen
Zustand Spritzfrisch — *Vorbehandlung*

		°C		°C		°C		*Probekörper-Form*
Schlagzähigkeit	kJ/m^2	23	30	-40	20			NKS
Kerbschlagzähigkeit (1)	kJ/m^2	23	4					NKS
IZOD-Kerbschlagzähigkeit (2)	J/m							
Kerbschlagzugzähigkeit	kJ/m^2							

Abrieb und Reibung

Taber-Abrieb (Reibradverfahren)	mm^3/100 U		
Abriebfaktor LNP (Thrust washer) Vergleichswert			
Statische Reibungszahl			
Dynamische Reibungszahl	(p·v= N/mm^2·		m/min)
Zulässiger p · v Wert	N/mm^2 · (m/min)	v=	m/min
		v=	m/min

Thermische Eigenschaften

Formbeständigkeit in der Wärme	*Verfahren* A		180–190 °C
	Verfahren B		210–215 °C
Vicat Erweichungstemperatur (VST)	*Verfahren*		°C
	Verfahren		°C
Kristallit-Schmelzpunkt	*Verfahren* DSC		220 °C
Längenausdehnungskoeffizient	*Bereich*	°C	$\cdot 10^{-4}K^{-1}$
	Temperatur		$\cdot 10^{-4}K^{-1}$
Wärmeleitfähigkeit	*Verfahren*		W/(K · m)
Spezifische Wärmekapazität	*Verfahren*		J/(K · g)
Glasumwandlungstemperatur	*Torsionsschwingungsversuch*	°C	
	Differentialkalorimetrie	°C	

Brandverhalten

UL-Test vertikal	Dicke	mm, Wert
	Dicke	mm, Wert

	Norm	*Bewertung*	*Abmessungen*
Sauerstoff-Index	ASTM D 2863		
Glühstab-Verfahren			
Brandverhalten	DIN 4102		
MVSS			
FAR			

Elektrische Eigenschaften

		Hz	°C		*Probekörper, Form*
Dielektrizitätszahl		50			
		10^3			
		10^6			
Dielektrischer Verlustfaktor tan δ		50			
		10^3			
		10^6			
Spezifischer Durchgangswiderstand	Ohm · cm		23	1.0*10**15	
Durchschlagfestigkeit	kV/mm		23	80	2 mm dick
Oberflächenwiderstand	Ohm				
Kriechstromfestigkeit		KC 500		KB 450	KA
Elektrolytische Korrosionswirkung					
Lichtbogenfestigkeit nach DIN					
nach ASTM	s				

Beständigkeit *(Chemische Beständigkeit siehe Anhang)*

Wasseraufnahme 23 C	Bis zur Saettigung	7–8 %
Feuchtigkeitsaufnahme Normalklima		%
Wetterbeständigkeit		
Spannungskorrosion		

Optische Eigenschaften

Brechungszahl n_D		
Transmissionsgrad τ_c	%	mm dick
Lichtdurchlässigkeit		

Produkt	Polyamid 6		**PA**
Handelsname	**Frianyl B 63 GV 10**		
Hersteller	FRISETTA		
DIN-Bez 1			
DIN-Bez 2			
Zusätze		*Füllstoffe/ Verstärkung*	10.0% Glasfaser
Bevorzugte Verarbeitung	Spritzgiessen	*Lieferform*	Granulat
		Farben	Natur; Standard
Besondere Merkmale	Gute Schlagzaehigkeit; Hoher Modul; Hohe Waermeformbestaendigkeit	*Bevorzugte Anwendungen*	Bedarfsartikel; Technisches Formteil; Luefterfluegel; Gehaeuse; Luftschraube; Grundplatte; Lueftungsgitter

Dichte	g/cm^3	1.25	*Schmelzindex*	g/10 min	45:	230/5.0
Schüttdichte	g/cm^3		*Volumenfließindex*	cm^3/10 min	:	
Viskositätszahl	ml/g					

Verarbeitungsbedingungen für Spritzgießen

Massetemp.	°C	250–280	*Schwindung*	%	lgs 1.0–2.0, quer
Werkzeugtemp.	°C	90–110	*Bemerkungen*		
Spritzdruck	bar				

Zugversuch 23 °C DIN 53455; DIN 53457

Probekörper: *Form* Nr.3 — *Herstellung* Spritzgiessen
Zustand Spritzfrisch — *Vorbehandlung*

Streckspannung	N/mm^2	95	*Dehnung bei Streckspannung*	%	
Zugfestigkeit	N/mm^2		*Reißdehnung*	%	6
Reißfestigkeit	N/mm^2		% *Dehnspannung*	N/mm^2	
E-Modul	N/mm^2	5000	*Dehnung bei* % *Dehnspg.*	%	

Kriechmoduln und Zeitstandwerte 23 °C

Probekörper: *Form* — *Herstellung*
Zustand — *Vorbehandlung*

Kriechmodul	*1 min*	N/mm^2	*Zeitstandzugfestigkeit*	h	N/mm^2
Kriechmodul	*1000 h*	N/mm^2	*Zeitdehnspg.* %	h	N/mm^2
bei Spannung		N/mm^2			

Biegeversuch 23 °C

Probekörper: *Form* — *Herstellung*
Zustand — *Vorbehandlung*

Biegefestigkeit	N/mm^2	*E-Modul*	N/mm^2
3,5% *Biegespannung*	N/mm^2		

Härte 23 °C *Probekörper:* *Zustand* Spritzfrisch — *Herstellung* Spritzgiessen
Vorbehandlung

Kugeldruckhärte	N/mm^2 120	bei 358 N, 10 s	*Shore-Härte* A	
Rockwellhärte			*Shore-Härte* D	

Schlagversuch *Probekörper:* *(1)* U-Kerbe
(2) — *Herstellung* Spritzgiessen
Zustand Spritzfrisch — *Vorbehandlung*

		°C		°C		°C		*Probekörper-Form*
Schlagzähigkeit	kJ/m^2	23	30	-40	20			NKS
Kerbschlagzähigkeit (1)	kJ/m^2	23	6					NKS
IZOD-Kerbschlagzähigkeit (2)	J/m							
Kerbschlagzugzähigkeit	kJ/m^2							

Abrieb und Reibung

Taber-Abrieb (Reibradverfahren)	mm^3/100 U		
Abriebfaktor LNP (Thrust washer) Vergleichswert			
Statische Reibungszahl			
Dynamische Reibungszahl	(p · v= N/mm^2 ·		m/min)
Zulässiger p · v Wert	N/mm^2 · (m/min)	v=	m/min
		v=	m/min

Thermische Eigenschaften

Formbeständigkeit in der Wärme	*Verfahren* A		180–190 °C
	Verfahren B		210–215 °C
Vicat Erweichungstemperatur (VST)	*Verfahren*		°C
	Verfahren		°C
Kristallit-Schmelzpunkt	*Verfahren* DSC		220 °C
Längenausdehnungskoeffizient	*Bereich*	°C	$\cdot 10^{-4}K^{-1}$
	Temperatur		$\cdot 10^{-4}K^{-1}$
Wärmeleitfähigkeit	*Verfahren*		W/(K · m)
Spezifische Wärmekapazität	*Verfahren*		J/(K · g)
Glasumwandlungstemperatur	*Torsionsschwingungsversuch*	°C	
	Differentialkalorimetrie	°C	

Brandverhalten

UL-Test vertikal		Dicke mm, Wert	
		Dicke mm, Wert	
	Norm	*Bewertung*	*Abmessungen*
Sauerstoff-Index	ASTM D 2863		
Glühstab-Verfahren			
Brandverhalten	DIN 4102		
MVSS			
FAR			

Elektrische Eigenschaften

		Hz	°C		*Probekörper, Form*
Dielektrizitätszahl		50			
		10^3			
		10^6			
Dielektrischer Verlustfaktor tan δ		50			
		10^3			
		10^6			
Spezifischer Durchgangswiderstand	Ohm · cm		23	1.0*10**15	
Durchschlagfestigkeit	kV/mm		23	80	2 mm dick
Oberflächenwiderstand	Ohm				
Kriechstromfestigkeit		KC 500	KB 450	KA	
Elektrolytische Korrosionswirkung					
Lichtbogenfestigkeit nach DIN					
nach ASTM	s				

Beständigkeit *(Chemische Beständigkeit siehe Anhang)*

Wasseraufnahme 23 C	Bis zur Saettigung	7–8 %
Feuchtigkeitsaufnahme Normalklima		%
Wetterbeständigkeit		
Spannungskorrosion		

Optische Eigenschaften

Brechungszahl n_D		
Transmissionsgrad τ_c	%	mm dick
Lichtdurchlässigkeit		

Produkt	Polyamid 6		**PA**
Handelsname	**Frianyl B 53 GV 20**		
Hersteller	FRISETTA		
DIN-Bez 1			
DIN-Bez 2			
Zusätze		*Füllstoffe/ Verstärkung*	20.0% Glasfaser
Bevorzugte Verarbeitung	Spritzgiessen	*Lieferform*	Granulat
		Farben	Natur; Standard
Besondere Merkmale	Gute Schlagzaehigkeit; Hoher Modul; Hohe Waermeformbestaendigkeit	*Bevorzugte Anwendungen*	Bedarfsartikel; Technisches Formteil; Luefterfluegel; Gehaeuse; Luftschraube; Grundplatte; Lueftungsgitter

Dichte	g/cm³	1.28	*Schmelzindex*	g/10 min	35:	230/5.0
Schüttdichte	g/cm³		*Volumenfließindex*	cm³/10 min	:	
Viskositätszahl	ml/g					

Verarbeitungsbedingungen für Spritzgießen

Massetemp.	°C	250–280	*Schwindung*	%	lgs 0.8–1.6, quer
Werkzeugtemp.	°C	90–110	*Bemerkungen*		
Spritzdruck	bar				

Zugversuch 23 °C DIN 53455; DIN 53457

Probekörper: *Form* Nr.3 — *Herstellung* Spritzgiessen
Zustand Spritzfrisch — *Vorbehandlung*

Streckspannung	N/mm²	140	*Dehnung bei Streckspannung*	%	
Zugfestigkeit	N/mm²		*Reißdehnung*	%	5
Reißfestigkeit	N/mm²		*% Dehnspannung*	N/mm²	
E-Modul	N/mm²	6000	*Dehnung bei % Dehnspg.*	%	

Kriechmoduln und Zeitstandwerte 23 °C

Probekörper: *Form* — *Herstellung*
Zustand — *Vorbehandlung*

Kriechmodul	*1 min*	N/mm²		*Zeitstandzugfestigkeit*	h	N/mm²
Kriechmodul	*1000 h*	N/mm²		*Zeitdehnspg. %*	h	N/mm²
bei Spannung		N/mm²				

Biegeversuch 23 °C

Probekörper: *Form* — *Herstellung*
Zustand — *Vorbehandlung*

Biegefestigkeit	N/mm²		*E-Modul*	N/mm²
3,5% *Biegespannung*	N/mm²			

Härte 23 °C *Probekörper:* *Zustand* Spritzfrisch — *Herstellung* Spritzgiessen
Vorbehandlung

Kugeldruckhärte	N/mm²	130	bei 358 N, 10 s	*Shore-Härte* A
Rockwellhärte				*Shore-Härte* D

Schlagversuch *Probekörper:* *(1)* U-Kerbe
(2) — *Herstellung* Spritzgiessen
Zustand Spritzfrisch — *Vorbehandlung*

		°C		°C		°C		*Probekörper-Form*
Schlagzähigkeit	kJ/m²	23	40	-40	30			NKS
Kerbschlagzähigkeit (1)	kJ/m²	23	6					NKS
IZOD-Kerbschlagzähigkeit (2)	J/m							
Kerbschlagzugzähigkeit	kJ/m²							

Abrieb und Reibung

Taber-Abrieb (Reibradverfahren)	mm^3/100 U		
Abriebfaktor LNP (Thrust washer) Vergleichswert			
Statische Reibungszahl			
Dynamische Reibungszahl	(p·v= N/mm^2·		m/min)
Zulässiger p · v Wert	N/mm^2 · (m/min)	v=	m/min
		v=	m/min

Thermische Eigenschaften

Formbeständigkeit in der Wärme	*Verfahren* A		180–190 °C
	Verfahren B		210–220 °C
Vicat Erweichungstemperatur (VST)	*Verfahren*		°C
	Verfahren		°C
Kristallit-Schmelzpunkt	*Verfahren* DSC		220 °C
Längenausdehnungskoeffizient	*Bereich*	°C	$\cdot 10^{-4}K^{-1}$
	Temperatur		$\cdot 10^{-4}K^{-1}$
Wärmeleitfähigkeit	*Verfahren*		W/(K · m)
Spezifische Wärmekapazität	*Verfahren*		J/(K · g)
Glasumwandlungstemperatur	*Torsionsschwingungsversuch*	°C	
	Differentialkalorimetrie	°C	

Brandverhalten

UL-Test vertikal — Dicke mm, Wert
Dicke mm, Wert

	Norm	*Bewertung*	*Abmessungen*
Sauerstoff-Index	ASTM D 2863		
Glühstab-Verfahren			
Brandverhalten	DIN 4102		
MVSS			
FAR			

Elektrische Eigenschaften

		Hz	°C		*Probekörper, Form*	
Dielektrizitätszahl		50				
		10^3				
		10^6				
Dielektrischer Verlustfaktor tan δ		50				
		10^3				
		10^6				
Spezifischer Durchgangswiderstand	Ohm · cm		23	1.0*10**15		
Durchschlagfestigkeit	kV/mm		23	80	2	mm dick
Oberflächenwiderstand	Ohm					

Kriechstromfestigkeit KC 500 KB 450 KA
Elektrolytische Korrosionswirkung
Lichtbogenfestigkeit nach DIN
nach ASTM s

Beständigkeit *(Chemische Beständigkeit siehe Anhang)*

Wasseraufnahme 23 C Bis zur Saettigung 7–8 %

Feuchtigkeitsaufnahme Normalklima %
Wetterbeständigkeit

Spannungskorrosion

Optische Eigenschaften

Brechungszahl n_D
Transmissionsgrad τ_c % mm dick
Lichtdurchlässigkeit

PA

Produkt	Polyamid 6		
Handelsname	**Frianyl B 63 GV 20**		
Hersteller	FRISETTA		
DIN-Bez 1			
DIN-Bez 2			
Zusätze		*Füllstoffe/ Verstärkung*	20.0% Glasfaser
Bevorzugte Verarbeitung	Spritzgiessen	*Lieferform*	Granulat
		Farben	Natur; Standard
Besondere Merkmale	Gute Schlagzaehigkeit; Hoher Modul; Hohe Waermeformbestaendigkeit	*Bevorzugte Anwendungen*	Bedarfsartikel; Technisches Formteil; Luefterfluegel; Gehaeuse; Luftschraube; Grundplatte; Lueftungsgitter

Dichte	g/cm³	1.28		*Schmelzindex*	g/10 min	30:	230/5.0
Schüttdichte	g/cm³			*Volumenfließindex*	cm³/10 min	:	
Viskositätszahl	ml/g						

Verarbeitungsbedingungen für Spritzgießen

Massetemp.	°C	250–280	*Schwindung*	%	lgs 0.8–1.6, quer
Werkzeugtemp.	°C	90–110	*Bemerkungen*		
Spritzdruck	bar				

Zugversuch 23 °C DIN 53455; DIN 53457

Probekörper: *Form*	Nr.3	*Herstellung*	Spritzgiessen
Zustand	Spritzfrisch	*Vorbehandlung*	

Streckspannung	N/mm²	140	*Dehnung bei Streckspannung*	%	
Zugfestigkeit	N/mm²		*Reißdehnung*	%	5
Reißfestigkeit	N/mm²		*% Dehnspannung*	N/mm²	
E-Modul	N/mm²	6000	*Dehnung bei % Dehnspg.*	%	

Kriechmoduln und Zeitstandwerte 23 °C

Probekörper: *Form* *Herstellung*
Zustand *Vorbehandlung*

Kriechmodul	*1 min*	N/mm²	*Zeitstandzugfestigkeit*	h	N/mm²
Kriechmodul	*1000 h*	N/mm²	*Zeitdehnspg. %*	h	N/mm²
bei Spannung		N/mm²			

Biegeversuch 23 °C

Probekörper: *Form* *Herstellung*
Zustand *Vorbehandlung*

Biegefestigkeit	N/mm²	*E-Modul*	N/mm²
3,5% *Biegespannung*	N/mm²		

Härte 23 °C *Probekörper:* *Zustand* Spritzfrisch *Herstellung* Spritzgiessen
Vorbehandlung

Kugeldruckhärte	N/mm² 130	bei 358 N, 10 s	*Shore-Härte*	A
Rockwellhärte			*Shore-Härte*	D

Schlagversuch *Probekörper:* *(1)* U-Kerbe
(2) *Herstellung* Spritzgiessen
Zustand Spritzfrisch *Vorbehandlung*

		°C		°C		°C		*Probekörper-Form*
Schlagzähigkeit	kJ/m²	23	40	-40	30			NKS
Kerbschlagzähigkeit (1)	kJ/m²	23	8					NKS
IZOD-Kerbschlagzähigkeit (2)	J/m							
Kerbschlagzugzähigkeit	kJ/m²							

Abrieb und Reibung

Taber-Abrieb (Reibradverfahren)	$mm^3/100$ U		
Abriebfaktor LNP (Thrust washer) Vergleichswert			
Statische Reibungszahl			
Dynamische Reibungszahl	(p·v=	N/mm^2·	m/min)
Zulässiger p·v Wert	N/mm^2·(m/min)	v=	m/min
		v=	m/min

Thermische Eigenschaften

Formbeständigkeit in der Wärme	Verfahren	A		180–190 °C
	Verfahren	B		210–220 °C
Vicat Erweichungstemperatur (VST)	Verfahren			°C
	Verfahren			°C
Kristallit-Schmelzpunkt	Verfahren	DSC		220 °C
Längenausdehnungskoeffizient	Bereich	°C		$\cdot 10^{-4}K^{-1}$
	Temperatur			$\cdot 10^{-4}K^{-1}$
Wärmeleitfähigkeit	Verfahren			W/(K·m)
Spezifische Wärmekapazität	Verfahren			J/(K·g)
Glasumwandlungstemperatur	Torsionsschwingungsversuch		°C	
	Differentialkalorimetrie		°C	

Brandverhalten

UL-Test vertikal	Dicke	mm, Wert
	Dicke	mm, Wert

	Norm	Bewertung	Abmessungen
Sauerstoff-Index	ASTM D 2863		
Glühstab-Verfahren			
Brandverhalten	DIN 4102		
MVSS			
FAR			

Elektrische Eigenschaften

		Hz	°C		Probekörper, Form
Dielektrizitätszahl		50			
		10^3			
		10^6			
Dielektrischer Verlustfaktor tan δ		50			
		10^3			
		10^6			
Spezifischer Durchgangswiderstand	Ohm·cm		23	1.0*10**15	
Durchschlagfestigkeit	kV/mm		23	80	2 mm dick
Oberflächenwiderstand	Ohm				

Kriechstromfestigkeit	KC 500	KB 450	KA
Elektrolytische Korrosionswirkung			
Lichtbogenfestigkeit nach DIN			
nach ASTM s			

Beständigkeit *(Chemische Beständigkeit siehe Anhang)*

Wasseraufnahme 23 C Bis zur Saettigung	7–8 %
Feuchtigkeitsaufnahme Normalklima	%
Wetterbeständigkeit	
Spannungskorrosion	

Optische Eigenschaften

Brechungszahl n_D		
Transmissionsgrad τ_c	%	mm dick
Lichtdurchlässigkeit		

Produkt	Polyamid 6		**PA**
Handelsname	**Frianyl B 53 GV 25**		
Hersteller	FRISETTA		
DIN-Bez 1			
DIN-Bez 2			
Zusätze		*Füllstoffe/ Verstärkung*	25.0% Glasfaser
Bevorzugte Verarbeitung	Spritzgiessen	*Lieferform*	Granulat
		Farben	Natur; Standard
Besondere Merkmale	Gute Schlagzaehigkeit; Hoher Modul; Hohe Waermeformbestaendigkeit	*Bevorzugte Anwendungen*	Bedarfsartikel; Technisches Formteil; Luefterfluegel; Gehaeuse; Luftschraube; Grundplatte; Lueftungsgitter

Dichte	g/cm^3 1.31	*Schmelzindex*	g/10 min	30:	230/5.0
Schüttdichte	g/cm^3	*Volumenfließindex*	cm^3/10 min	:	
Viskositätszahl	ml/g				

Verarbeitungsbedingungen für Spritzgießen

Massetemp.	°C	250–280	*Schwindung*	%	lgs 0.7–1.5, quer
Werkzeugtemp.	°C	90–110	*Bemerkungen*		
Spritzdruck	bar				

Zugversuch 23 °C DIN 53455; DIN 53457

Probekörper: *Form* Nr.3 *Herstellung* Spritzgiessen
Zustand Spritzfrisch *Vorbehandlung*

Streckspannung	N/mm^2 170	*Dehnung bei Streckspannung*	%	
Zugfestigkeit	N/mm^2	*Reißdehnung*	%	4
Reißfestigkeit	N/mm^2	*% Dehnspannung*	N/mm^2	
E-Modul	N/mm^2 7000	*Dehnung bei % Dehnspg.*	%	

Kriechmoduln und Zeitstandwerte 23 °C

Probekörper: *Form* *Herstellung*
Zustand *Vorbehandlung*

Kriechmodul	*1 min* N/mm^2	*Zeitstandzugfestigkeit*	h	N/mm^2
Kriechmodul	*1000 h* N/mm^2	*Zeitdehnspg. %*	h	N/mm^2
bei Spannung	N/mm^2			

Biegeversuch 23 °C

Probekörper: *Form* *Herstellung*
Zustand *Vorbehandlung*

Biegefestigkeit	N/mm^2	*E-Modul*	N/mm^2
3,5% Biegespannung	N/mm^2		

Härte 23 °C *Probekörper:* *Zustand* Spritzfrisch *Herstellung* Spritzgiessen
Vorbehandlung

Kugeldruckhärte	N/mm^2 135 bei 358 N, 10 s	*Shore-Härte* A	
Rockwellhärte		*Shore-Härte* D	

Schlagversuch *Probekörper:* *(1)* U-Kerbe
(2) *Herstellung* Spritzgiessen
Zustand Spritzfrisch *Vorbehandlung*

		°C	°C	°C	*Probekörper-Form*
Schlagzähigkeit	kJ/m^2	23 50	-40 40		NKS
Kerbschlagzähigkeit (1)	kJ/m^2	23 7			NKS
IZOD-Kerbschlagzähigkeit (2)	J/m				
Kerbschlagzugzähigkeit	kJ/m^2				

Abrieb und Reibung

Taber-Abrieb (Reibradverfahren)	$mm^3/100$ U		
Abriebfaktor LNP (Thrust washer) Vergleichswert			
Statische Reibungszahl			
Dynamische Reibungszahl	(p · v=	N/mm^2 ·	m/min)
Zulässiger p · v Wert	N/mm^2 · (m/min)	v=	m/min
		v=	m/min

Thermische Eigenschaften

Formbeständigkeit in der Wärme	*Verfahren* A		190–200 °C
	Verfahren B		215–220 °C
Vicat Erweichungstemperatur (VST)	*Verfahren*		°C
	Verfahren		°C
Kristallit-Schmelzpunkt	*Verfahren* DSC		220 °C
Längenausdehnungskoeffizient	*Bereich*	°C	$\cdot 10^{-4} K^{-1}$
	Temperatur		$\cdot 10^{-4} K^{-1}$
Wärmeleitfähigkeit	*Verfahren*		W/(K · m)
Spezifische Wärmekapazität	*Verfahren*		J/(K · g)
Glasumwandlungstemperatur	*Torsionsschwingungsversuch*	°C	
	Differentialkalorimetrie	°C	

Brandverhalten

UL-Test vertikal	Dicke	mm, Wert
	Dicke	mm, Wert

	Norm	*Bewertung*	*Abmessungen*
Sauerstoff-Index	ASTM D 2863		
Glühstab-Verfahren			
Brandverhalten	DIN 4102		
MVSS			
FAR			

Elektrische Eigenschaften

		Hz	°C		*Probekörper, Form*
Dielektrizitätszahl		50			
		10^3			
		10^6			
Dielektrischer Verlustfaktor tan δ		50			
		10^3			
		10^6			
Spezifischer Durchgangswiderstand	Ohm · cm		23	1.0*10**15	
Durchschlagfestigkeit	kV/mm		23	80	2 mm dick
Oberflächenwiderstand	Ohm				

Kriechstromfestigkeit	KC 500	KB 450	KA
Elektrolytische Korrosionswirkung			
Lichtbogenfestigkeit nach DIN			
nach ASTM s			

Beständigkeit *(Chemische Beständigkeit siehe Anhang)*

Wasseraufnahme 23 C Bis zur Saettigung	6–7 %	
Feuchtigkeitsaufnahme Normalklima		%
Wetterbeständigkeit		
Spannungskorrosion		

Optische Eigenschaften

Brechungszahl n_D		
Transmissionsgrad τ_c	%	mm dick
Lichtdurchlässigkeit		

Produkt	Polyamid 6		**PA**
Handelsname	**Frianyl B 63 GV 25**		
Hersteller	FRISETTA		
DIN-Bez 1			
DIN-Bez 2			
Zusätze		*Füllstoffe/ Verstärkung*	25.0% Glasfaser
Bevorzugte Verarbeitung	Spritzgiessen	*Lieferform*	Granulat
		Farben	Natur; Standard
Besondere Merkmale	Gute Schlagzaehigkeit; Hoher Modul; Hohe Waermeformbestaendigkeit	*Bevorzugte Anwendungen*	Bedarfsartikel; Technisches Formteil; Luefterfluegel; Gehaeuse; Luftschraube; Grundplatte; Lueftungsgitter

Dichte	g/cm^3	1.31	*Schmelzindex*	g/10 min	25:	230/5.0
Schüttdichte	g/cm^3		*Volumenfließindex*	cm^3/10 min	:	
Viskositätszahl	ml/g					

Verarbeitungsbedingungen für Spritzgießen

Massetemp.	°C	250–280	*Schwindung*	%	lgs 0.7–1.5, quer
Werkzeugtemp.	°C	90–110	*Bemerkungen*		
Spritzdruck	bar				

Zugversuch 23 °C DIN 53455; DIN 53457

Probekörper: *Form* Nr.3 — *Herstellung* Spritzgiessen
Zustand Spritzfrisch — *Vorbehandlung*

Streckspannung	N/mm^2	170	*Dehnung bei Streckspannung*	%	
Zugfestigkeit	N/mm^2		*Reißdehnung*	%	4
Reißfestigkeit	N/mm^2		*% Dehnspannung*	N/mm^2	
E-Modul	N/mm^2	7000	*Dehnung bei % Dehnspg.*	%	

Kriechmoduln und Zeitstandwerte 23 °C

Probekörper: *Form* — *Herstellung*
Zustand — *Vorbehandlung*

Kriechmodul	*1 min*	N/mm^2	*Zeitstandzugfestigkeit*	h	N/mm^2
Kriechmodul	*1000 h*	N/mm^2	*Zeitdehnspg. %*	h	N/mm^2
bei Spannung		N/mm^2			

Biegeversuch 23 °C

Probekörper: *Form* — *Herstellung*
Zustand — *Vorbehandlung*

Biegefestigkeit	N/mm^2	*E-Modul*	N/mm^2
3,5% Biegespannung	N/mm^2		

Härte 23 °C *Probekörper:* *Zustand* Spritzfrisch — *Herstellung* Spritzgiessen
Vorbehandlung

Kugeldruckhärte	N/mm^2	135	bei 358 N, 10 s	*Shore-Härte* A
Rockwellhärte				*Shore-Härte* D

Schlagversuch *Probekörper:* *(1)* U-Kerbe
(2) — *Herstellung* Spritzgiessen
Zustand Spritzfrisch — *Vorbehandlung*

		°C	°C	°C	*Probekörper-Form*
Schlagzähigkeit	kJ/m^2	23 50	-40 40		NKS
Kerbschlagzähigkeit (1)	kJ/m^2	23 9			NKS
IZOD-Kerbschlagzähigkeit (2)	J/m				
Kerbschlagzugzähigkeit	kJ/m^2				

Abrieb und Reibung

Taber-Abrieb (Reibradverfahren)	mm^3/100 U		
Abriebfaktor LNP (Thrust washer) Vergleichswert			
Statische Reibungszahl			
Dynamische Reibungszahl	(p · v =	N/mm² ·	m/min)
Zulässiger p · v Wert	N/mm² · (m/min)	v =	m/min
		v =	m/min

Thermische Eigenschaften

Formbeständigkeit in der Wärme	*Verfahren* A		190–200 °C
	Verfahren B		215–220 °C
Vicat Erweichungstemperatur (VST)	*Verfahren*		°C
	Verfahren		°C
Kristallit-Schmelzpunkt	*Verfahren* DSC		220 °C
Längenausdehnungskoeffizient	*Bereich*	°C	$\cdot 10^{-4}K^{-1}$
	Temperatur		$\cdot 10^{-4}K^{-1}$
Wärmeleitfähigkeit	*Verfahren*		W/(K · m)
Spezifische Wärmekapazität	*Verfahren*		J/(K · g)
Glasumwandlungstemperatur	*Torsionsschwingungsversuch*	°C	
	Differentialkalorimetrie	°C	

Brandverhalten

UL-Test vertikal		Dicke mm, Wert	
		Dicke mm, Wert	
	Norm	*Bewertung*	*Abmessungen*
Sauerstoff-Index	ASTM D 2863		
Glühstab-Verfahren			
Brandverhalten	DIN 4102		
MVSS			
FAR			

Elektrische Eigenschaften

		Hz	°C		Probekörper, Form
Dielektrizitätszahl		50			
		10^3			
		10^6			
Dielektrischer Verlustfaktor tan δ		50			
		10^3			
		10^6			
Spezifischer Durchgangswiderstand	Ohm · cm		23	1.0*10**15	
Durchschlagfestigkeit	kV/mm		23	80	2 mm dick
Oberflächenwiderstand	Ohm				

Kriechstromfestigkeit	KC 500	KB 450	KA
Elektrolytische Korrosionswirkung			
Lichtbogenfestigkeit nach DIN			
nach ASTM s			

Beständigkeit *(Chemische Beständigkeit siehe Anhang)*

Wasseraufnahme 23 C Bis zur Saettigung	6–7 %
Feuchtigkeitsaufnahme Normalklima	%
Wetterbeständigkeit	
Spannungskorrosion	

Optische Eigenschaften

Brechungszahl n_D

Transmissionsgrad τ_c % mm dick

Lichtdurchlässigkeit

Datenbank-Nr. **T05948** *Merkblatt-Nr.* **3328**

Produkt	Polyamid 6		**PA**
Handelsname	**Frianyl B 53 GV 30**		
Hersteller	FRISETTA		
DIN-Bez 1			
DIN-Bez 2			
Zusätze		*Füllstoffe/ Verstärkung*	30.0% Glasfaser
Bevorzugte Verarbeitung	Spritzgiessen	*Lieferform*	Granulat
		Farben	Natur; Standard
Besondere Merkmale	Gute Schlagzaehigkeit; Hoher Modul; Hohe Waermeformbestaendigkeit	*Bevorzugte Anwendungen*	Bedarfsartikel; Technisches Formteil; Luefterfluegel; Gehaeuse; Luftschraube; Grundplatte; Lueftungsgitter

Dichte	g/cm^3	1.35	*Schmelzindex*	g/10 min	25:	230/5.0
Schüttdichte	g/cm^3		*Volumenfließindex*	cm^3/10 min	:	
Viskositätszahl	ml/g					

Verarbeitungsbedingungen für Spritzgießen

Massetemp.	°C	250–280	*Schwindung*	%	lgs 0.6–1.4, quer
Werkzeugtemp.	°C	90–110	*Bemerkungen*		
Spritzdruck	bar				

Zugversuch 23 °C DIN 53455; DIN 53457

Probekörper: *Form* Nr.3 — *Zustand* Spritzfrisch — *Herstellung* Spritzgiessen — *Vorbehandlung*

Streckspannung	N/mm^2	180	*Dehnung bei Streckspannung*	%	
Zugfestigkeit	N/mm^2		*Reißdehnung*	%	4
Reißfestigkeit	N/mm^2		% *Dehnspannung*	N/mm^2	
E-Modul	N/mm^2	8500	*Dehnung bei* % *Dehnspg.*	%	

Kriechmoduln und Zeitstandwerte 23 °C

Probekörper: *Form* — *Zustand* — *Herstellung* — *Vorbehandlung*

Kriechmodul	*1 min* N/mm^2	*Zeitstandzugfestigkeit*	h	N/mm^2
Kriechmodul	*1000 h* N/mm^2	*Zeitdehnspg.* %	h	N/mm^2
bei Spannung	N/mm^2			

Biegeversuch 23 °C

Probekörper: *Form* — *Zustand* — *Herstellung* — *Vorbehandlung*

Biegefestigkeit	N/mm^2	*E-Modul*	N/mm^2
3,5% *Biegespannung*	N/mm^2		

Härte 23 °C *Probekörper:* *Zustand* Spritzfrisch — *Herstellung* Spritzgiessen — *Vorbehandlung*

Kugeldruckhärte	N/mm^2	140	bei 358 N, 10 s	*Shore-Härte* A
Rockwellhärte				*Shore-Härte* D

Schlagversuch *Probekörper:* *(1)* U-Kerbe — *(2)* — *Zustand* Spritzfrisch — *Herstellung* Spritzgiessen — *Vorbehandlung*

		°C		°C		°C		*Probekörper-Form*
Schlagzähigkeit	kJ/m^2	23	55	-40	45			NKS
Kerbschlagzähigkeit (1)	kJ/m^2	23	8					NKS
IZOD-Kerbschlagzähigkeit (2)	J/m							
Kerbschlagzugzähigkeit	kJ/m^2							

Abrieb und Reibung

Taber-Abrieb (Reibradverfahren)	mm^3/100 U		
Abriebfaktor LNP (Thrust washer) Vergleichswert			
Statische Reibungszahl			
Dynamische Reibungszahl	(p·v= N/mm²·		m/min)
Zulässiger p·v Wert	N/mm²·(m/min)	v=	m/min
		v=	m/min

Thermische Eigenschaften

Formbeständigkeit in der Wärme	*Verfahren* A		190–205 °C
	Verfahren B		215–220 °C
Vicat Erweichungstemperatur (VST)	*Verfahren*		°C
	Verfahren		°C
Kristallit-Schmelzpunkt	*Verfahren* DSC		220 °C
Längenausdehnungskoeffizient	*Bereich*	°C	$\cdot 10^{-4}K^{-1}$
	Temperatur		$\cdot 10^{-4}K^{-1}$
Wärmeleitfähigkeit	*Verfahren*		W/(K·m)
Spezifische Wärmekapazität	*Verfahren*		J/(K·g)
Glasumwandlungstemperatur	*Torsionsschwingungsversuch*	°C	
	Differentialkalorimetrie	°C	

Brandverhalten

UL-Test vertikal	Dicke	mm, Wert
	Dicke	mm, Wert

	Norm	*Bewertung*	*Abmessungen*
Sauerstoff-Index	ASTM D 2863		
Glühstab-Verfahren			
Brandverhalten	DIN 4102		
MVSS			
FAR			

Elektrische Eigenschaften

		Hz	°C		*Probekörper, Form*
Dielektrizitätszahl		50			
		10^3			
		10^6			
Dielektrischer Verlustfaktor tan δ		50			
		10^3			
		10^6			
Spezifischer Durchgangswiderstand	Ohm·cm		23	1.0*10**15	
Durchschlagfestigkeit	kV/mm		23	80	2 mm dick
Oberflächenwiderstand	Ohm				

Kriechstromfestigkeit	KC 500	KB 450	KA
Elektrolytische Korrosionswirkung			
Lichtbogenfestigkeit nach DIN			
nach ASTM s			

Beständigkeit *(Chemische Beständigkeit siehe Anhang)*

Wasseraufnahme 23 C Bis zur Saettigung	6–7 %	
Feuchtigkeitsaufnahme Normalklima		%
Wetterbeständigkeit		
Spannungskorrosion		

Optische Eigenschaften

Brechungszahl n_D		
Transmissionsgrad τ_c	%	mm dick
Lichtdurchlässigkeit		

Produkt	Polyamid 6		**PA**
Handelsname	**Frianyl B 63 GV 30**		
Hersteller	FRISETTA		
DIN-Bez 1			
DIN-Bez 2			
Zusätze		*Füllstoffe/ Verstärkung*	30.0% Glasfaser
Bevorzugte Verarbeitung	Spritzgiessen	*Lieferform*	Granulat
		Farben	Natur; Standard
Besondere Merkmale	Gute Schlagzaehigkeit; Hoher Modul; Hohe Waermeformbestaendigkeit	*Bevorzugte Anwendungen*	Bedarfsartikel; Technisches Formteil; Luefterfluegel; Gehaeuse; Luftschraube; Grundplatte; Lueftungsgitter

Dichte	g/cm^3	1.35	*Schmelzindex*	g/10 min	20:	230/5.0
Schüttdichte	g/cm^3		*Volumenfließindex*	cm^3/10 min	:	
Viskositätszahl	ml/g					

Verarbeitungsbedingungen für Spritzgießen

Massetemp.	°C	250–280	*Schwindung*	%	lgs 0.6–1.4, quer
Werkzeugtemp.	°C	90–110	*Bemerkungen*		
Spritzdruck	bar				

Zugversuch 23 °C DIN 53455; DIN 53457

Probekörper: *Form* Nr.3 — *Herstellung* Spritzgiessen
Zustand Spritzfrisch — *Vorbehandlung*

Streckspannung	N/mm^2	180	*Dehnung bei Streckspannung*	%	
Zugfestigkeit	N/mm^2		*Reißdehnung*	%	4
Reißfestigkeit	N/mm^2		*% Dehnspannung*	N/mm^2	
E-Modul	N/mm^2	8500	*Dehnung bei % Dehnspg.*	%	

Kriechmoduln und Zeitstandwerte 23 °C

Probekörper: *Form* — *Herstellung*
Zustand — *Vorbehandlung*

Kriechmodul	*1 min*	N/mm^2	*Zeitstandzugfestigkeit*	h	N/mm^2
Kriechmodul	*1000 h*	N/mm^2	*Zeitdehnspg. %*	h	N/mm^2
bei Spannung		N/mm^2			

Biegeversuch 23 °C

Probekörper: *Form* — *Herstellung*
Zustand — *Vorbehandlung*

Biegefestigkeit	N/mm^2	*E-Modul*	N/mm^2
3,5% *Biegespannung*	N/mm^2		

Härte 23 °C *Probekörper:* *Zustand* Spritzfrisch — *Herstellung* Spritzgiessen
Vorbehandlung

Kugeldruckhärte	N/mm^2	140	bei 358 N, 10 s	*Shore-Härte* A
Rockwellhärte				*Shore-Härte* D

Schlagversuch *Probekörper:* *(1)* U-Kerbe
(2) — *Herstellung* Spritzgiessen
Zustand Spritzfrisch — *Vorbehandlung*

		°C		°C		°C		*Probekörper-Form*
Schlagzähigkeit	kJ/m^2	23	55	-40	45			NKS
Kerbschlagzähigkeit (1)	kJ/m^2	23	10					NKS
IZOD-Kerbschlagzähigkeit (2)	J/m							
Kerbschlagzugzähigkeit	kJ/m^2							

Abrieb und Reibung

Taber-Abrieb (Reibradverfahren)	mm^3/100 U		
Abriebfaktor LNP (Thrust washer) Vergleichswert			
Statische Reibungszahl			
Dynamische Reibungszahl	(p·v=	N/mm^2 ·	m/min)
Zulässiger p · v Wert	N/mm^2 · (m/min)	v=	m/min
		v=	m/min

Thermische Eigenschaften

Formbeständigkeit in der Wärme	*Verfahren* A		190–205 °C
	Verfahren B		215–220 °C
Vicat Erweichungstemperatur (VST)	*Verfahren*		°C
	Verfahren		°C
Kristallit-Schmelzpunkt	*Verfahren* DSC		220 °C
Längenausdehnungskoeffizient	*Bereich*	°C	$\cdot 10^{-4}K^{-1}$
	Temperatur		$\cdot 10^{-4}K^{-1}$
Wärmeleitfähigkeit	*Verfahren*		W/(K · m)
Spezifische Wärmekapazität	*Verfahren*		J/(K · g)
Glasumwandlungstemperatur	*Torsionsschwingungsversuch*	°C	
	Differentialkalorimetrie	°C	

Brandverhalten

UL-Test vertikal	Dicke	mm, Wert
	Dicke	mm, Wert

	Norm	*Bewertung*	*Abmessungen*
Sauerstoff-Index	ASTM D 2863		
Glühstab-Verfahren			
Brandverhalten	DIN 4102		
MVSS			
FAR			

Elektrische Eigenschaften

		Hz	°C		*Probekörper, Form*
Dielektrizitätszahl		50			
		10^3			
		10^6			
Dielektrischer Verlustfaktor tan δ		50			
		10^3			
		10^6			
Spezifischer Durchgangswiderstand	Ohm · cm		23	1.0*10**15	
Durchschlagfestigkeit	kV/mm		23	80	2 mm dick
Oberflächenwiderstand	Ohm				

Kriechstromfestigkeit	KC 500	KB 450	KA
Elektrolytische Korrosionswirkung			
Lichtbogenfestigkeit nach DIN			
nach ASTM s			

Beständigkeit *(Chemische Beständigkeit siehe Anhang)*

Wasseraufnahme 23 C Bis zur Saettigung	6–7 %	
Feuchtigkeitsaufnahme Normalklima		%
Wetterbeständigkeit		
Spannungskorrosion		

Optische Eigenschaften

Brechungszahl n_D		
Transmissionsgrad τ_c	%	mm dick
Lichtdurchlässigkeit		

Produkt	Polyamid 6		**PA**
Handelsname	**Frianyl B 53 GV 35**		
Hersteller	FRISETTA		
DIN-Bez 1			
DIN-Bez 2			
Zusätze		*Füllstoffe/ Verstärkung*	35.0% Glasfaser
Bevorzugte Verarbeitung	Spritzgiessen	*Lieferform*	Granulat
		Farben	Natur; Standard
Besondere Merkmale	Gute Schlagzaehigkeit; Sehr hoher Modul; Hohe Waermeformbestaendigkeit	*Bevorzugte Anwendungen*	Bedarfsartikel; Technisches Formteil; Luefterfluegel; Gehaeuse; Luftschraube; Grundplatte; Lueftungsgitter

Dichte	g/cm^3	1.40	*Schmelzindex*	g/10 min	20:	230/5.0
Schüttdichte	g/cm^3		*Volumenfließindex*	cm^3/10 min	:	
Viskositätszahl	ml/g					

Verarbeitungsbedingungen für Spritzgießen

Massetemp.	°C	250–280	*Schwindung*	%	lgs 0.5–1.3, quer
Werkzeugtemp.	°C	90–110	*Bemerkungen*		
Spritzdruck	bar				

Zugversuch 23 °C DIN 53455; DIN 53457

Probekörper: *Form* Nr.3 — *Zustand* Spritzfrisch — *Herstellung* Spritzgiessen — *Vorbehandlung*

Streckspannung	N/mm^2	190	*Dehnung bei Streckspannung*	%	
Zugfestigkeit	N/mm^2		*Reißdehnung*	%	3
Reißfestigkeit	N/mm^2		*% Dehnspannung*	N/mm^2	
E-Modul	N/mm^2	10000	*Dehnung bei % Dehnspg.*	%	

Kriechmoduln und Zeitstandwerte 23 °C

Probekörper: *Form* — *Zustand* — *Herstellung* — *Vorbehandlung*

Kriechmodul	*1 min*	N/mm^2	*Zeitstandzugfestigkeit*	h	N/mm^2
Kriechmodul	*1000 h*	N/mm^2	*Zeitdehnspg. %*	h	N/mm^2
bei Spannung		N/mm^2			

Biegeversuch 23 °C

Probekörper: *Form* — *Zustand* — *Herstellung* — *Vorbehandlung*

Biegefestigkeit	N/mm^2	*E-Modul*	N/mm^2
3,5% *Biegespannung*	N/mm^2		

Härte 23 °C *Probekörper:* *Zustand* Spritzfrisch — *Herstellung* Spritzgiessen — *Vorbehandlung*

Kugeldruckhärte	N/mm^2	143	bei 358 N, 10 s	*Shore-Härte* A
Rockwellhärte				*Shore-Härte* D

Schlagversuch *Probekörper:* *(1)* U-Kerbe *(2)* — *Zustand* Spritzfrisch — *Herstellung* Spritzgiessen — *Vorbehandlung*

		°C		°C		°C		*Probekörper-Form*
Schlagzähigkeit	kJ/m^2	23	55	-40	45			NKS
Kerbschlagzähigkeit (1)	kJ/m^2	23	9					NKS
IZOD-Kerbschlagzähigkeit (2)	J/m							
Kerbschlagzugzähigkeit	kJ/m^2							

Abrieb und Reibung

Taber-Abrieb (Reibradverfahren) mm^3/100 U
Abriebfaktor LNP (Thrust washer) Vergleichswert
Statische Reibungszahl
Dynamische Reibungszahl (p·v= N/mm^2· m/min)
Zulässiger p · v Wert N/mm^2 · (m/min) v= m/min
v= m/min

Thermische Eigenschaften

Formbeständigkeit in der Wärme *Verfahren* A 190–210 °C
Verfahren B 215–220 °C
Vicat Erweichungstemperatur (VST) *Verfahren* °C
Verfahren °C
Kristallit-Schmelzpunkt *Verfahren* DSC 220 °C

Längenausdehnungskoeffizient *Bereich* °C · $10^{-4}K^{-1}$
Temperatur · $10^{-4}K^{-1}$
Wärmeleitfähigkeit *Verfahren* W/(K · m)

Spezifische Wärmekapazität *Verfahren* J/(K · g)

Glasumwandlungstemperatur *Torsionsschwingungsversuch* °C
Differentialkalorimetrie °C

Brandverhalten

UL-Test vertikal Dicke mm, Wert
Dicke mm, Wert

	Norm	*Bewertung*	*Abmessungen*
Sauerstoff-Index	ASTM D 2863		
Glühstab-Verfahren			
Brandverhalten	DIN 4102		
MVSS			
FAR			

Elektrische Eigenschaften

		Hz	°C			*Probekörper, Form*
Dielektrizitätszahl		50				
		10^3				
		10^6				
Dielektrischer Verlustfaktor tan δ		50				
		10^3				
		10^6				
Spezifischer Durchgangs-widerstand	Ohm · cm		23	1.0*10**15		
Durchschlagfestigkeit	kV/mm		23	80		2 mm dick
Oberflächenwiderstand	Ohm					
Kriechstromfestigkeit		KC 500		KB 450	KA	
Elektrolytische Korrosionswirkung						
Lichtbogenfestigkeit nach DIN						
nach ASTM	s					

Beständigkeit *(Chemische Beständigkeit siehe Anhang)*

Wasseraufnahme 23 C Bis zur Saettigung 6–7 %

Feuchtigkeitsaufnahme Normalklima %
Wetterbeständigkeit

Spannungskorrosion

Optische Eigenschaften

Brechungszahl n_D
Transmissionsgrad τ_c % mm dick
Lichtdurchlässigkeit

PA

Produkt	Polyamid 6		
Handelsname	**Frianyl B 63 GV 35**		
Hersteller	FRISETTA		
DIN-Bez 1			
DIN-Bez 2			
Zusätze		*Füllstoffe/ Verstärkung*	35.0% Glasfaser
Bevorzugte Verarbeitung	Spritzgiessen	*Lieferform*	Granulat
		Farben	Natur; Standard
Besondere Merkmale	Gute Schlagzaehigkeit; Sehr hoher Modul; Hohe Waermeformbestaendigkeit	*Bevorzugte Anwendungen*	Bedarfsartikel; Technisches Formteil

Dichte	g/cm^3	1.40	*Schmelzindex*	g/10 min	15:	230/5.0
Schüttdichte	g/cm^3		*Volumenfließindex*	cm^3/10 min	:	
Viskositätszahl	ml/g					

Verarbeitungsbedingungen für Spritzgießen

Massetemp.	°C	250–280	*Schwindung*	%	lgs 0.5–1.3, quer
Werkzeugtemp.	°C	90–110	*Bemerkungen*		
Spritzdruck	bar				

Zugversuch 23 °C DIN 53455; DIN 53457

Probekörper: *Form* Nr.3 — *Herstellung* Spritzgiessen
Zustand Spritzfrisch — *Vorbehandlung*

Streckspannung	N/mm^2	190	*Dehnung bei Streckspannung*	%	
Zugfestigkeit	N/mm^2		*Reißdehnung*	%	3
Reißfestigkeit	N/mm^2		*% Dehnspannung*	N/mm^2	
E-Modul	N/mm^2	10000	*Dehnung bei % Dehnspg.*	%	

Kriechmoduln und Zeitstandwerte 23 °C

Probekörper: *Form* — *Herstellung*
Zustand — *Vorbehandlung*

Kriechmodul	*1 min* N/mm^2	*Zeitstandzugfestigkeit*	h	N/mm^2
Kriechmodul	*1000 h* N/mm^2	*Zeitdehnspg. %*	h	N/mm^2
bei Spannung	N/mm^2			

Biegeversuch 23 °C

Probekörper: *Form* — *Herstellung*
Zustand — *Vorbehandlung*

Biegefestigkeit	N/mm^2	*E-Modul*	N/mm^2
3,5% *Biegespannung*	N/mm^2		

Härte 23 °C *Probekörper:* *Zustand* Spritzfrisch — *Herstellung* Spritzgiessen
Vorbehandlung

Kugeldruckhärte	N/mm^2 143	bei 358 N, 10 s	*Shore-Härte* A	
Rockwellhärte			*Shore-Härte* D	

Schlagversuch *Probekörper:* *(1)* U-Kerbe
(2) — *Herstellung* Spritzgiessen
Zustand Spritzfrisch — *Vorbehandlung*

		°C		°C		°C		*Probekörper-Form*
Schlagzähigkeit	kJ/m^2	23	55	-40	45			NKS
Kerbschlagzähigkeit (1)	kJ/m^2	23	10.5					NKS
IZOD-Kerbschlagzähigkeit (2)	J/m							
Kerbschlagzugzähigkeit	kJ/m^2							

Abrieb und Reibung

Taber-Abrieb (Reibradverfahren)	mm^3/100 U		
Abriebfaktor LNP (Thrust washer) Vergleichswert			
Statische Reibungszahl			
Dynamische Reibungszahl	(p·v=	N/mm^2 ·	m/min)
Zulässiger p · v Wert	N/mm^2 · (m/min)	v=	m/min
		v=	m/min

Thermische Eigenschaften

Formbeständigkeit in der Wärme	*Verfahren* A		190–210 °C
	Verfahren B		215–220 °C
Vicat Erweichungstemperatur (VST)	*Verfahren*		°C
	Verfahren		°C
Kristallit-Schmelzpunkt	*Verfahren* DSC		220 °C
Längenausdehnungskoeffizient	*Bereich*	°C	$\cdot 10^{-4}K^{-1}$
	Temperatur		$\cdot 10^{-4}K^{-1}$
Wärmeleitfähigkeit	*Verfahren*		W/(K · m)
Spezifische Wärmekapazität	*Verfahren*		J/(K · g)
Glasumwandlungstemperatur	*Torsionsschwingungsversuch*	°C	
	Differentialkalorimetrie	°C	

Brandverhalten

UL-Test vertikal Dicke mm, Wert
Dicke mm, Wert

	Norm	*Bewertung*	*Abmessungen*
Sauerstoff-Index	ASTM D 2863		
Glühstab-Verfahren			
Brandverhalten	DIN 4102		
MVSS			
FAR			

Elektrische Eigenschaften

		Hz	°C		Probekörper, Form
Dielektrizitätszahl		50			
		10^3			
		10^6			
Dielektrischer Verlustfaktor tan δ		50			
		10^3			
		10^6			
Spezifischer Durchgangswiderstand	Ohm · cm		23	1.0*10**15	
Durchschlagfestigkeit	kV/mm		23	80	2 mm dick
Oberflächenwiderstand	Ohm				

Kriechstromfestigkeit	KC 500	KB 450	KA
Elektrolytische Korrosionswirkung			
Lichtbogenfestigkeit nach DIN			
nach ASTM s			

Beständigkeit *(Chemische Beständigkeit siehe Anhang)*

Wasseraufnahme 23 C	Bis zur Saettigung	6–7 %
Feuchtigkeitsaufnahme Normalklima		%
Wetterbeständigkeit		
Spannungskorrosion		

Optische Eigenschaften

Brechungszahl n_D		
Transmissionsgrad τ_c	%	mm dick
Lichtdurchlässigkeit		

Datenbank-Nr. **T05952** *Merkblatt-Nr.* **3332**

Produkt	Polyamid 6		**PA**
Handelsname	**Frianyl B 53 GV 40**		
Hersteller	FRISETTA		
DIN-Bez 1			
DIN-Bez 2			
Zusätze		*Füllstoffe/ Verstärkung*	40.0% Glasfaser
Bevorzugte Verarbeitung	Spritzgiessen	*Lieferform*	Granulat
		Farben	Natur; Standard
Besondere Merkmale	Gute Schlagzaehigkeit; Sehr hoher Modul; Hohe Waermeformbestaendigkeit	*Bevorzugte Anwendungen*	Bedarfsartikel; Technisches Formteil; Luefterfluegel; Gehaeuse; Luftschraube; Grundplatte; Lueftungsgitter

Dichte	g/cm³	1.45	*Schmelzindex*	g/10 min	15:	230/5.0
Schüttdichte	g/cm³		*Volumenfließindex*	cm³/10 min	:	
Viskositätszahl	ml/g					

Verarbeitungsbedingungen für Spritzgießen

Massetemp.	°C	250–280	*Schwindung*	%	lgs 0.4–1.2, quer
Werkzeugtemp.	°C	90–110	*Bemerkungen*		
Spritzdruck	bar				

Zugversuch 23 °C DIN 53455; DIN 53457

Probekörper: *Form* Nr.3 — *Zustand* Spritzfrisch — *Herstellung* Spritzgiessen — *Vorbehandlung*

Streckspannung	N/mm²	200	*Dehnung bei Streckspannung*	%	
Zugfestigkeit	N/mm²		*Reißdehnung*	%	3
Reißfestigkeit	N/mm²		*% Dehnspannung*	N/mm²	
E-Modul	N/mm²	12500	*Dehnung bei % Dehnspg.*	%	

Kriechmoduln und Zeitstandwerte 23 °C

Probekörper: *Form* — *Zustand* — *Herstellung* — *Vorbehandlung*

Kriechmodul	*1 min*	N/mm²	*Zeitstandzugfestigkeit*	h	N/mm²
Kriechmodul	*1000 h*	N/mm²	*Zeitdehnspg.* %	h	N/mm²
bei Spannung		N/mm²			

Biegeversuch 23 °C

Probekörper: *Form* — *Zustand* — *Herstellung* — *Vorbehandlung*

Biegefestigkeit	N/mm²	*E-Modul*	N/mm²
3,5% *Biegespannung*	N/mm²		

Härte 23 °C *Probekörper:* *Zustand* Spritzfrisch — *Herstellung* Spritzgiessen — *Vorbehandlung*

Kugeldruckhärte	N/mm²	148	bei 358 N, 10 s	*Shore-Härte* A
Rockwellhärte				*Shore-Härte* D

Schlagversuch *Probekörper:* *(1)* U-Kerbe; *(2)*; *Zustand* Spritzfrisch — *Herstellung* Spritzgiessen — *Vorbehandlung*

		°C		°C		°C		*Probekörper-Form*
Schlagzähigkeit	kJ/m²	23	55	-40	45			NKS
Kerbschlagzähigkeit (1)	kJ/m²	23	10					NKS
IZOD-Kerbschlagzähigkeit (2)	J/m							
Kerbschlagzugzähigkeit	kJ/m²							

Abrieb und Reibung

Taber-Abrieb (Reibradverfahren)	mm^3/100 U		
Abriebfaktor LNP (Thrust washer) Vergleichswert			
Statische Reibungszahl			
Dynamische Reibungszahl	(p·v=	N/mm²·	m/min)
Zulässiger p · v Wert	N/mm²·(m/min)	v=	m/min
		v=	m/min

Thermische Eigenschaften

Formbeständigkeit in der Wärme	*Verfahren* A		200–215 °C
	Verfahren B		215–220 °C
Vicat Erweichungstemperatur (VST)	*Verfahren*		°C
	Verfahren		°C
Kristallit-Schmelzpunkt	*Verfahren* DSC		220 °C
Längenausdehnungskoeffizient	*Bereich*	°C	$\cdot 10^{-4}K^{-1}$
	Temperatur		$\cdot 10^{-4}K^{-1}$
Wärmeleitfähigkeit	*Verfahren*		W/(K · m)
Spezifische Wärmekapazität	*Verfahren*		J/(K · g)
Glasumwandlungstemperatur	*Torsionsschwingungsversuch*	°C	
	Differentialkalorimetrie	°C	

Brandverhalten

UL-Test vertikal	Dicke mm, Wert	
	Dicke mm, Wert	

	Norm	*Bewertung*	*Abmessungen*
Sauerstoff-Index	ASTM D 2863		
Glühstab-Verfahren			
Brandverhalten	DIN 4102		
MVSS			
FAR			

Elektrische Eigenschaften

		Hz	°C		*Probekörper, Form*
Dielektrizitätszahl		50			
		10^3			
		10^6			
Dielektrischer Verlustfaktor tan δ		50			
		10^3			
		10^6			
Spezifischer Durchgangswiderstand	Ohm · cm		23	1.0*10**15	
Durchschlagfestigkeit	kV/mm		23	80	2 mm dick
Oberflächenwiderstand	Ohm				
Kriechstromfestigkeit		KC 500		KB 450	KA
Elektrolytische Korrosionswirkung					
Lichtbogenfestigkeit nach DIN					
nach ASTM	s				

Beständigkeit *(Chemische Beständigkeit siehe Anhang)*

Wasseraufnahme 23 C Bis zur Saettigung	5–6 %	
Feuchtigkeitsaufnahme Normalklima		%
Wetterbeständigkeit		
Spannungskorrosion		

Optische Eigenschaften

Brechungszahl n_D		
Transmissionsgrad τ_c	%	mm dick
Lichtdurchlässigkeit		

Datenbank-Nr. **T05953** Merkblatt-Nr. **3333**

Produkt	Polyamid 6		**PA**
Handelsname	**Frianyl B 63 GV 40**		
Hersteller	FRISETTA		
DIN-Bez 1			
DIN-Bez 2			
Zusätze		*Füllstoffe/ Verstärkung*	40.0% Glasfaser
Bevorzugte Verarbeitung	Spritzgiessen	*Lieferform*	Granulat
		Farben	Natur; Standard
Besondere Merkmale	Gute Schlagzaehigkeit; Sehr hoher Modul; Hohe Waermeformbestaendigkeit	*Bevorzugte Anwendungen*	Bedarfsartikel; Technisches Formteil; Luefterfluegel; Gehaeuse; Luftschraube; Grundplatte; Lueftungsgitter

Dichte	g/cm³	1.45	*Schmelzindex*	g/10 min	12:	230/5.0
Schüttdichte	g/cm³		*Volumenfließindex*	cm³/10 min	:	
Viskositätszahl	ml/g					

Verarbeitungsbedingungen für Spritzgießen

Massetemp.	°C	250–280	*Schwindung*	%	lgs 0.4–1.2, quer
Werkzeugtemp.	°C	90–110	*Bemerkungen*		
Spritzdruck	bar				

Zugversuch 23 °C DIN 53455; DIN 53457

Probekörper: *Form* Nr.3 — *Herstellung* Spritzgiessen
Zustand Spritzfrisch — *Vorbehandlung*

Streckspannung	N/mm²	200	*Dehnung bei Streckspannung*	%	
Zugfestigkeit	N/mm²		*Reißdehnung*	%	3
Reißfestigkeit	N/mm²		*% Dehnspannung*	N/mm²	
E-Modul	N/mm²	12500	*Dehnung bei % Dehnspg.*	%	

Kriechmoduln und Zeitstandwerte 23 °C

Probekörper: *Form* — *Herstellung*
Zustand — *Vorbehandlung*

Kriechmodul	*1 min*	N/mm²	*Zeitstandzugfestigkeit*	h	N/mm²
Kriechmodul	*1000 h*	N/mm²	*Zeitdehnspg. %*	h	N/mm²
bei Spannung		N/mm²			

Biegeversuch 23 °C

Probekörper: *Form* — *Herstellung*
Zustand — *Vorbehandlung*

Biegefestigkeit	N/mm²	*E-Modul*	N/mm²
3,5% *Biegespannung*	N/mm²		

Härte 23 °C *Probekörper:* *Zustand* Spritzfrisch — *Herstellung* Spritzgiessen
Vorbehandlung

Kugeldruckhärte	N/mm² 148	bei 358 N, 10 s	*Shore-Härte*	A
Rockwellhärte			*Shore-Härte*	D

Schlagversuch *Probekörper:* *(1)* U-Kerbe
(2) — *Herstellung* Spritzgiessen
Zustand Spritzfrisch — *Vorbehandlung*

		°C		°C		°C		*Probekörper-Form*
Schlagzähigkeit	kJ/m²	23	55	-40	45			NKS
Kerbschlagzähigkeit (1)	kJ/m²	23	11					NKS
IZOD-Kerbschlagzähigkeit (2)	J/m							
Kerbschlagzugzähigkeit	kJ/m²							

Abrieb und Reibung

Taber-Abrieb (Reibradverfahren)	$mm^3/100$ U		
Abriebfaktor LNP (Thrust washer) Vergleichswert			
Statische Reibungszahl			
Dynamische Reibungszahl	(p·v=	N/mm^2 ·	m/min)
Zulässiger p · v Wert	N/mm^2 · (m/min)	v=	m/min
		v=	m/min

Thermische Eigenschaften

Formbeständigkeit in der Wärme	*Verfahren* A		200–215 °C	
	Verfahren B		215–220 °C	
Vicat Erweichungstemperatur (VST)	*Verfahren*		°C	
	Verfahren		°C	
Kristallit-Schmelzpunkt	*Verfahren* DSC		220 °C	
Längenausdehnungskoeffizient	*Bereich*	°C		$\cdot 10^{-4}K^{-1}$
	Temperatur			$\cdot 10^{-4}K^{-1}$
Wärmeleitfähigkeit	*Verfahren*			W/(K · m)
Spezifische Wärmekapazität	*Verfahren*			J/(K · g)
Glasumwandlungstemperatur	*Torsionsschwingungsversuch*	°C		
	Differentialkalorimetrie	°C		

Brandverhalten

UL-Test vertikal		Dicke mm, Wert	
		Dicke mm, Wert	
	Norm	*Bewertung*	*Abmessungen*
Sauerstoff-Index	ASTM D 2863		
Glühstab-Verfahren			
Brandverhalten	DIN 4102		
MVSS			
FAR			

Elektrische Eigenschaften

		Hz	°C			*Probekörper, Form*
Dielektrizitätszahl		50				
		10^3				
		10^6				
Dielektrischer Verlustfaktor tan δ		50				
		10^3				
		10^6				
Spezifischer Durchgangs-widerstand	Ohm · cm		23	1.0*10**15		
Durchschlagfestigkeit	kV/mm		23	80		2 mm dick
Oberflächenwiderstand	Ohm					
Kriechstromfestigkeit		KC 500		KB 450	KA	
Elektrolytische Korrosionswirkung						
Lichtbogenfestigkeit nach DIN						
nach ASTM	s					

Beständigkeit *(Chemische Beständigkeit siehe Anhang)*

Wasseraufnahme 23 C Bis zur Saettigung	5–6 %	
Feuchtigkeitsaufnahme Normalklima		%
Wetterbeständigkeit		
Spannungskorrosion		

Optische Eigenschaften

Brechungszahl n_D		
Transmissionsgrad τ_c	%	mm dick
Lichtdurchlässigkeit		

Produkt	Polyamid 6		**PA**
Handelsname	**Frianyl B 53 GV 50**		
Hersteller	FRISETTA		
DIN-Bez 1			
DIN-Bez 2			
Zusätze		*Füllstoffe/ Verstärkung*	50.0% Glasfaser
Bevorzugte Verarbeitung	Spritzgiessen	*Lieferform*	Granulat
		Farben	Natur; Standard
Besondere Merkmale	Gute Schlagzaehigkeit; Sehr hoher Modul; Hohe Waermeformbestaendigkeit	*Bevorzugte Anwendungen*	Bedarfsartikel; Technisches Formteil; Luefterfluegel; Gehaeuse; Luftschraube; Grundplatte; Lueftungsgitter

Dichte	g/cm³	1.50	*Schmelzindex*	g/10 min	8:	230/5.0
Schüttdichte	g/cm³		*Volumenfließindex*	cm³/10 min	:	
Viskositätszahl	ml/g					

Verarbeitungsbedingungen für Spritzgießen

Massetemp.	°C	250–280	*Schwindung*	%	lgs 0.2–1.0, quer
Werkzeugtemp.	°C	90–110	*Bemerkungen*		
Spritzdruck	bar				

Zugversuch 23 °C DIN 53455; DIN 53457

Probekörper: *Form* Nr.3 — *Herstellung* Spritzgiessen
Zustand Spritzfrisch — *Vorbehandlung*

Streckspannung	N/mm²	220	*Dehnung bei Streckspannung*	%	
Zugfestigkeit	N/mm²		*Reißdehnung*	%	2
Reißfestigkeit	N/mm²		*% Dehnspannung*	N/mm²	
E-Modul	N/mm²	15000	*Dehnung bei % Dehnspg.*	%	

Kriechmoduln und Zeitstandwerte 23 °C

Probekörper: *Form* — *Herstellung*
Zustand — *Vorbehandlung*

Kriechmodul	*1 min*	N/mm²	*Zeitstandzugfestigkeit*	h	N/mm²
Kriechmodul	*1000 h*	N/mm²	*Zeitdehnspg.* %	h	N/mm²
bei Spannung		N/mm²			

Biegeversuch 23 °C

Probekörper: *Form* — *Herstellung*
Zustand — *Vorbehandlung*

Biegefestigkeit	N/mm²	*E-Modul*	N/mm²
3,5% *Biegespannung*	N/mm²		

Härte 23 °C *Probekörper:* *Zustand* Spritzfrisch — *Herstellung* Spritzgiessen
Vorbehandlung

Kugeldruckhärte	N/mm²	150	bei 358 N, 10 s	*Shore-Härte* A
Rockwellhärte				*Shore-Härte* D

Schlagversuch *Probekörper:* *(1)* U-Kerbe
(2) — *Herstellung* Spritzgiessen
Zustand Spritzfrisch — *Vorbehandlung*

		°C		°C		°C		*Probekörper-Form*
Schlagzähigkeit	kJ/m²	23	55	-40	45			NKS
Kerbschlagzähigkeit (1)	kJ/m²	23	10					NKS
IZOD-Kerbschlagzähigkeit (2)	J/m							
Kerbschlagzugzähigkeit	kJ/m²							

Abrieb und Reibung

Taber-Abrieb (Reibradverfahren) mm^3/100 U
Abriebfaktor LNP (Thrust washer) Vergleichswert
Statische Reibungszahl
Dynamische Reibungszahl (p·v= N/mm^2· m/min)
Zulässiger p·v Wert N/mm^2·(m/min) v= m/min
v= m/min

Thermische Eigenschaften

Formbeständigkeit in der Wärme	*Verfahren* A	200–215 °C
	Verfahren B	215–220 °C
Vicat Erweichungstemperatur (VST)	*Verfahren*	°C
	Verfahren	°C
Kristallit-Schmelzpunkt	*Verfahren* DSC	220 °C
Längenausdehnungskoeffizient	*Bereich* °C	$\cdot 10^{-4}K^{-1}$
	Temperatur	$\cdot 10^{-4}K^{-1}$
Wärmeleitfähigkeit	*Verfahren*	W/(K·m)
Spezifische Wärmekapazität	*Verfahren*	J/(K·g)
Glasumwandlungstemperatur	*Torsionsschwingungsversuch*	°C
	Differentialkalorimetrie	°C

Brandverhalten

UL-Test vertikal Dicke mm, Wert
Dicke mm, Wert

	Norm	*Bewertung*	*Abmessungen*
Sauerstoff-Index	ASTM D 2863		
Glühstab-Verfahren			
Brandverhalten	DIN 4102		
MVSS			
FAR			

Elektrische Eigenschaften

		Hz	°C		*Probekörper, Form*
Dielektrizitätszahl		50			
		10^3			
		10^6			
Dielektrischer Verlustfaktor tan δ		50			
		10^3			
		10^6			
Spezifischer Durchgangs-widerstand	Ohm·cm		23	1.0*10**15	
Durchschlagfestigkeit	kV/mm		23	90	2 mm dick
Oberflächenwiderstand	Ohm				

Kriechstromfestigkeit KC 500 KB 450 KA
Elektrolytische Korrosionswirkung
Lichtbogenfestigkeit nach DIN
nach ASTM s

Beständigkeit *(Chemische Beständigkeit siehe Anhang)*

Wasseraufnahme 23 C Bis zur Saettigung 4–5 %

Feuchtigkeitsaufnahme Normalklima %
Wetterbeständigkeit

Spannungskorrosion

Optische Eigenschaften

Brechungszahl n_D
Transmissionsgrad τ_c % mm dick
Lichtdurchlässigkeit

Produkt	Polyamid 6		**PA**
Handelsname	**Frianyl B 63 GV 50**		
Hersteller	FRISETTA		
DIN-Bez 1			
DIN-Bez 2			
Zusätze		*Füllstoffe/ Verstärkung*	50.0% Glasfaser
Bevorzugte Verarbeitung	Spritzgiessen	*Lieferform*	Granulat
		Farben	Natur; Standard
Besondere Merkmale	Gute Schlagzaehigkeit; Sehr hoher Modul; Hohe Waermeformbestaendigkeit	*Bevorzugte Anwendungen*	Bedarfsartikel; Technisches Formteil; Luefterfluegel; Gehaeuse; Luftschraube; Grundplatte; Lueftungsgitter

Dichte	g/cm³	1.50	*Schmelzindex*	g/10 min	6:	230/5.0
Schüttdichte	g/cm³		*Volumenfließindex*	cm³/10 min	:	
Viskositätszahl	ml/g					

Verarbeitungsbedingungen für Spritzgießen

Massetemp.	°C	250–280	*Schwindung*	%	lgs 0.2–1.0, quer
Werkzeugtemp.	°C	90–110	*Bemerkungen*		
Spritzdruck	bar				

Zugversuch 23 °C DIN 53455; DIN 53457

Probekörper: *Form* Nr.3 — *Herstellung* Spritzgiessen
Zustand Spritzfrisch — *Vorbehandlung*

Streckspannung	N/mm²	220	*Dehnung bei Streckspannung*	%	
Zugfestigkeit	N/mm²		*Reißdehnung*	%	2
Reißfestigkeit	N/mm²		*% Dehnspannung*	N/mm²	
E-Modul	N/mm²	15000	*Dehnung bei % Dehnspg.*	%	

Kriechmoduln und Zeitstandwerte 23 °C

Probekörper: *Form* — *Herstellung*
Zustand — *Vorbehandlung*

Kriechmodul	*1 min*	N/mm²	*Zeitstandzugfestigkeit*	h	N/mm²
Kriechmodul	*1000 h*	N/mm²	*Zeitdehnspg. %*	h	N/mm²
bei Spannung		N/mm²			

Biegeversuch 23 °C

Probekörper: *Form* — *Herstellung*
Zustand — *Vorbehandlung*

Biegefestigkeit	N/mm²	*E-Modul*	N/mm²
3,5% Biegespannung	N/mm²		

Härte 23 °C *Probekörper:* *Zustand* Spritzfrisch — *Herstellung* Spritzgiessen
Vorbehandlung

Kugeldruckhärte	N/mm²	150	bei 358 N, 10 s	*Shore-Härte* A
Rockwellhärte				*Shore-Härte* D

Schlagversuch *Probekörper:* *(1)* U-Kerbe
(2) — *Herstellung* Spritzgiessen
Zustand Spritzfrisch — *Vorbehandlung*

		°C		°C		°C		*Probekörper-Form*
Schlagzähigkeit	kJ/m²	23	55	-40	45			NKS
Kerbschlagzähigkeit (1)	kJ/m²	23	11					NKS
IZOD-Kerbschlagzähigkeit (2)	J/m							
Kerbschlagzugzähigkeit	kJ/m²							

Abrieb und Reibung

Taber-Abrieb (Reibradverfahren) mm^3/100 U
Abriebfaktor LNP (Thrust washer) Vergleichswert
Statische Reibungszahl
Dynamische Reibungszahl (p · v = N/mm^2 · m/min)
Zulässiger p · v Wert N/mm^2 · (m/min) v = m/min
v = m/min

Thermische Eigenschaften

Formbeständigkeit in der Wärme	*Verfahren* A		200–215 °C
	Verfahren B		215–220 °C
Vicat Erweichungstemperatur (VST)	*Verfahren*		°C
	Verfahren		°C
Kristallit-Schmelzpunkt	*Verfahren* DSC		220 °C
Längenausdehnungskoeffizient	*Bereich* °C		$\cdot 10^{-4}K^{-1}$
	Temperatur		$\cdot 10^{-4}K^{-1}$
Wärmeleitfähigkeit	*Verfahren*		W/(K · m)
Spezifische Wärmekapazität	*Verfahren*		J/(K · g)
Glasumwandlungstemperatur	*Torsionsschwingungsversuch*	°C	
	Differentialkalorimetrie	°C	

Brandverhalten

UL-Test vertikal Dicke mm, Wert
Dicke mm, Wert

	Norm	*Bewertung*	*Abmessungen*
Sauerstoff-Index	ASTM D 2863		
Glühstab-Verfahren			
Brandverhalten	DIN 4102		
MVSS			
FAR			

Elektrische Eigenschaften

		Hz	°C		*Probekörper, Form*
Dielektrizitätszahl		50			
		10^3			
		10^6			
Dielektrischer Verlustfaktor tan δ		50			
		10^3			
		10^6			
Spezifischer Durchgangswiderstand	Ohm · cm		23	1.0*10**15	
Durchschlagfestigkeit	kV/mm		23	90	2 mm dick
Oberflächenwiderstand	Ohm				

Kriechstromfestigkeit KC 500 KB 450 KA
Elektrolytische Korrosionswirkung
Lichtbogenfestigkeit nach DIN
nach ASTM s

Beständigkeit *(Chemische Beständigkeit siehe Anhang)*

Wasseraufnahme 23 C Bis zur Saettigung 4–5 %

Feuchtigkeitsaufnahme Normalklima %
Wetterbeständigkeit

Spannungskorrosion

Optische Eigenschaften

Brechungszahl n_D
Transmissionsgrad τ_c % mm dick
Lichtdurchlässigkeit

Datenbank-Nr. **T05956** Merkblatt-Nr. **3336**

Produkt	Polyamid 6		**PA**
Handelsname	**Frianyl B 53 KV 20**		
Hersteller	FRISETTA		
DIN-Bez 1			
DIN-Bez 2			
Zusätze		Füllstoffe/ Verstärkung	20.0% Glaskugel
Bevorzugte Verarbeitung	Spritzgiessen	Lieferform	Granulat
		Farben	Natur; Standard
Besondere Merkmale	Hohe Formstabilitaet; Geringer Verzug; Hohe Waermeformbestaendigkeit	Bevorzugte Anwendungen	Bedarfsartikel; Technisches Formteil

Dichte	g/cm^3	1.27	Schmelzindex	g/10 min	80: 230/5.0
Schüttdichte	g/cm^3		Volumenfließindex	cm^3/10 min	:
Viskositätszahl	ml/g				

Verarbeitungsbedingungen für Spritzgießen

Massetemp.	°C	250–280	Schwindung	%	lgs 1.0–2.0, quer 1.0–2.0
Werkzeugtemp.	°C	80–100	Bemerkungen		
Spritzdruck	bar				

Zugversuch 23 °C DIN 53455; DIN 53457

Probekörper: Form Nr.3; Zustand Spritzfrisch — Herstellung Spritzgiessen; Vorbehandlung

Streckspannung	N/mm^2	70	Dehnung bei Streckspannung	%	
Zugfestigkeit	N/mm^2		Reißdehnung	%	20
Reißfestigkeit	N/mm^2		% Dehnspannung	N/mm^2	
E-Modul	N/mm^2	3800	Dehnung bei % Dehnspg.	%	

Kriechmoduln und Zeitstandwerte 23 °C

Probekörper: Form; Zustand — Herstellung; Vorbehandlung

Kriechmodul	1 min	N/mm^2	Zeitstandzugfestigkeit	h	N/mm^2
Kriechmodul	1000 h	N/mm^2	Zeitdehnspg. %	h	N/mm^2
bei Spannung		N/mm^2			

Biegeversuch 23 °C

Probekörper: Form; Zustand — Herstellung; Vorbehandlung

Biegefestigkeit	N/mm^2	E-Modul	N/mm^2
3,5% Biegespannung	N/mm^2		

Härte 23 °C Probekörper: Zustand Spritzfrisch — Herstellung Spritzgiessen; Vorbehandlung

Kugeldruckhärte	N/mm^2	125	bei 358 N, 10 s	Shore-Härte A
Rockwellhärte				Shore-Härte D

Schlagversuch Probekörper: (1) U-Kerbe; (2); Zustand Spritzfrisch — Herstellung Spritzgiessen; Vorbehandlung

		°C		°C		°C		Probekörper-Form
Schlagzähigkeit	kJ/m^2	23	30	-40	20			NKS
Kerbschlagzähigkeit (1)	kJ/m^2	23	2.8					NKS
IZOD-Kerbschlagzähigkeit (2)	J/m							
Kerbschlagzugzähigkeit	kJ/m^2							

Abrieb und Reibung

Taber-Abrieb (Reibradverfahren)	mm³/100 U		
Abriebfaktor LNP (Thrust washer) Vergleichswert			
Statische Reibungszahl			
Dynamische Reibungszahl	(p·v= N/mm²·		m/min)
Zulässiger p · v Wert	N/mm² · (m/min)	v=	m/min
		v=	m/min

Thermische Eigenschaften

Formbeständigkeit in der Wärme	Verfahren A		160 °C
	Verfahren B		190 °C
Vicat Erweichungstemperatur (VST)	Verfahren		°C
	Verfahren		°C
Kristallit-Schmelzpunkt	Verfahren DSC		220 °C
Längenausdehnungskoeffizient	Bereich	°C	$\cdot 10^{-4} K^{-1}$
	Temperatur		$\cdot 10^{-4} K^{-1}$
Wärmeleitfähigkeit	Verfahren		W/(K · m)
Spezifische Wärmekapazität	Verfahren		J/(K · g)
Glasumwandlungstemperatur	Torsionsschwingungsversuch	°C	
	Differentialkalorimetrie	°C	

Brandverhalten

UL-Test vertikal	Dicke mm, Wert	
	Dicke mm, Wert	

	Norm	Bewertung	Abmessungen
Sauerstoff-Index	ASTM D 2863		
Glühstab-Verfahren			
Brandverhalten	DIN 4102		
MVSS			
FAR			

Elektrische Eigenschaften

		Hz	°C		Probekörper, Form
Dielektrizitätszahl		50			
		10^3			
		10^6			
Dielektrischer Verlustfaktor tan δ		50			
		10^3			
		10^6			
Spezifischer Durchgangswiderstand	Ohm · cm		23	1.0*10**15	
Durchschlagfestigkeit	kV/mm		23	60	2 mm dick
Oberflächenwiderstand	Ohm				

Kriechstromfestigkeit	KC 500	KB 500	KA
Elektrolytische Korrosionswirkung			
Lichtbogenfestigkeit nach DIN			
nach ASTM s			

Beständigkeit *(Chemische Beständigkeit siehe Anhang)*

Wasseraufnahme 23 C	Bis zur Saettigung	6.5–7.5 %
Feuchtigkeitsaufnahme Normalklima		%
Wetterbeständigkeit		
Spannungskorrosion		

Optische Eigenschaften

Brechungszahl n_D		
Transmissionsgrad τ_c	%	mm dick
Lichtdurchlässigkeit		

Produkt	Polyamid 6		**PA**
Handelsname	**Frianyl B 63 KV 20**		
Hersteller	FRISETTA		
DIN-Bez 1			
DIN-Bez 2			
Zusätze		*Füllstoffe/ Verstärkung*	20.0% Glaskugel
Bevorzugte Verarbeitung	Spritzgiessen	*Lieferform*	Granulat
		Farben	Natur; Standard
Besondere Merkmale	Hohe Formstabilitaet; Geringer Verzug; Hohe Waermeformbestaendigkeit	*Bevorzugte Anwendungen*	Bedarfsartikel; Technisches Formteil

Dichte	g/cm^3	1.27	*Schmelzindex*	g/10 min	60: 230/5.0
Schüttdichte	g/cm^3		*Volumenfließindex*	cm^3/10 min	:
Viskositätszahl	ml/g				

Verarbeitungsbedingungen für Spritzgießen

Massetemp.	°C	250–280	*Schwindung*	%	lgs 1.0–2.0, quer 1.0–2.0
Werkzeugtemp.	°C	80–100	*Bemerkungen*		
Spritzdruck	bar				

Zugversuch 23 °C DIN 53455; DIN 53457

Probekörper: *Form* Nr.3 — *Herstellung* Spritzgiessen
Zustand Spritzfrisch — *Vorbehandlung*

Streckspannung	N/mm^2	70	*Dehnung bei Streckspannung*	%	
Zugfestigkeit	N/mm^2		*Reißdehnung*	%	20
Reißfestigkeit	N/mm^2		*% Dehnspannung*	N/mm^2	
E-Modul	N/mm^2	3800	*Dehnung bei % Dehnspg.*	%	

Kriechmoduln und Zeitstandwerte 23 °C

Probekörper: *Form* — *Herstellung*
Zustand — *Vorbehandlung*

Kriechmodul	*1 min*	N/mm^2	*Zeitstandzugfestigkeit*	h	N/mm^2
Kriechmodul	*1000 h*	N/mm^2	*Zeitdehnspg. %*	h	N/mm^2
bei Spannung		N/mm^2			

Biegeversuch 23 °C

Probekörper: *Form* — *Herstellung*
Zustand — *Vorbehandlung*

Biegefestigkeit	N/mm^2	*E-Modul*	N/mm^2
3,5% *Biegespannung*	N/mm^2		

Härte 23 °C *Probekörper:* *Zustand* Spritzfrisch — *Herstellung* Spritzgiessen
Vorbehandlung

Kugeldruckhärte	N/mm^2 125	bei 358 N, 10 s	*Shore-Härte* A	
Rockwellhärte			*Shore-Härte* D	

Schlagversuch *Probekörper:* *(1)* U-Kerbe
(2) — *Herstellung* Spritzgiessen
Zustand Spritzfrisch — *Vorbehandlung*

		°C		°C		°C		*Probekörper-Form*
Schlagzähigkeit	kJ/m^2	23	30	-40	20			NKS
Kerbschlagzähigkeit (1)	kJ/m^2	23	2.9					NKS
IZOD-Kerbschlagzähigkeit (2)	J/m							
Kerbschlagzugzähigkeit	kJ/m^2							

Abrieb und Reibung

Taber-Abrieb (Reibradverfahren)	mm^3/100 U		
Abriebfaktor LNP (Thrust washer) Vergleichswert			
Statische Reibungszahl			
Dynamische Reibungszahl	(p·v=	N/mm^2·	m/min)
Zulässiger p · v Wert	N/mm^2·(m/min)	v=	m/min
		v=	m/min

Thermische Eigenschaften

Formbeständigkeit in der Wärme	*Verfahren* A		160 °C
	Verfahren B		190 °C
Vicat Erweichungstemperatur (VST)	*Verfahren*		°C
	Verfahren		°C
Kristallit-Schmelzpunkt	*Verfahren* DSC		220 °C
Längenausdehnungskoeffizient	*Bereich*	°C	$\cdot 10^{-4} K^{-1}$
	Temperatur		$\cdot 10^{-4} K^{-1}$
Wärmeleitfähigkeit	*Verfahren*		W/(K · m)
Spezifische Wärmekapazität	*Verfahren*		J/(K · g)
Glasumwandlungstemperatur	*Torsionsschwingungsversuch*	°C	
	Differentialkalorimetrie	°C	

Brandverhalten

UL-Test vertikal	Dicke	mm, Wert
	Dicke	mm, Wert

	Norm	*Bewertung*	*Abmessungen*
Sauerstoff-Index	ASTM D 2863		
Glühstab-Verfahren			
Brandverhalten	DIN 4102		
MVSS			
FAR			

Elektrische Eigenschaften

		Hz	°C		*Probekörper, Form*
Dielektrizitätszahl		50			
		10^3			
		10^6			
Dielektrischer Verlustfaktor tan δ		50			
		10^3			
		10^6			
Spezifischer Durchgangswiderstand	Ohm · cm		23	1.0*10**15	
Durchschlagfestigkeit	kV/mm		23	60	2 mm dick
Oberflächenwiderstand	Ohm				

Kriechstromfestigkeit	KC 500	KB 500	KA
Elektrolytische Korrosionswirkung			
Lichtbogenfestigkeit nach DIN			
nach ASTM s			

Beständigkeit *(Chemische Beständigkeit siehe Anhang)*

Wasseraufnahme 23 C Bis zur Saettigung	6.5–7.5 %
Feuchtigkeitsaufnahme Normalklima	%
Wetterbeständigkeit	
Spannungskorrosion	

Optische Eigenschaften

Brechungszahl n_D		
Transmissionsgrad τ_c	%	mm dick
Lichtdurchlässigkeit		

Produkt	Polyamid 6		**PA**
Handelsname	**Frianyl B 53 KV 30**		
Hersteller	FRISETTA		
DIN-Bez 1			
DIN-Bez 2			
Zusätze		*Füllstoffe/ Verstärkung*	30.0% Glaskugel
Bevorzugte Verarbeitung	Spritzgiessen	*Lieferform*	Granulat
		Farben	Natur; Standard
Besondere Merkmale	Hohe Formstabilitaet; Geringer Verzug; Hohe Waermeformbestaendigkeit	*Bevorzugte Anwendungen*	Bedarfsartikel; Technisches Formteil

Dichte	g/cm³	1.34	*Schmelzindex*	g/10 min	70:	230/5.0
Schüttdichte	g/cm³		*Volumenfließindex*	cm³/10 min	:	
Viskositätszahl	ml/g					

Verarbeitungsbedingungen für Spritzgießen

Massetemp.	°C	250–280	*Schwindung*	%	lgs 0.8–1.8, quer 0.8–1.8
Werkzeugtemp.	°C	80–100	*Bemerkungen*		
Spritzdruck	bar				

Zugversuch 23 °C DIN 53455; DIN 53457

Probekörper: *Form* Nr.3 — *Herstellung* Spritzgiessen
Zustand Spritzfrisch — *Vorbehandlung*

Streckspannung	N/mm²	80	*Dehnung bei Streckspannung*	%	
Zugfestigkeit	N/mm²		*Reißdehnung*	%	18
Reißfestigkeit	N/mm²		*% Dehnspannung*	N/mm²	
E-Modul	N/mm²	4500	*Dehnung bei % Dehnspg.*	%	

Kriechmoduln und Zeitstandwerte 23 °C

Probekörper: *Form* — *Herstellung*
Zustand — *Vorbehandlung*

Kriechmodul	*1 min*	N/mm²	*Zeitstandzugfestigkeit*	h	N/mm²
Kriechmodul	*1000 h*	N/mm²	*Zeitdehnspg. %*	h	N/mm²
bei Spannung		N/mm²			

Biegeversuch 23 °C

Probekörper: *Form* — *Herstellung*
Zustand — *Vorbehandlung*

Biegefestigkeit	N/mm²	*E-Modul*	N/mm²
3,5% *Biegespannung*	N/mm²		

Härte 23 °C *Probekörper:* *Zustand* Spritzfrisch — *Herstellung* Spritzgiessen
Vorbehandlung

Kugeldruckhärte	N/mm² 130	bei 358 N, 10 s	*Shore-Härte* A
Rockwellhärte			*Shore-Härte* D

Schlagversuch *Probekörper:* *(1)* U-Kerbe
(2) — *Herstellung* Spritzgiessen
Zustand Spritzfrisch — *Vorbehandlung*

		°C		°C		°C		*Probekörper-Form*
Schlagzähigkeit	kJ/m²	23	40	-40	30			NKS
Kerbschlagzähigkeit (1)	kJ/m²	23	3.0					NKS
IZOD-Kerbschlagzähigkeit (2)	J/m							
Kerbschlagzugzähigkeit	kJ/m²							

Abrieb und Reibung

Taber-Abrieb (Reibradverfahren)	$mm^3/100$ U		
Abriebfaktor LNP (Thrust washer) Vergleichswert			
Statische Reibungszahl			
Dynamische Reibungszahl	(p·v=	N/mm^2 ·	m/min)
Zulässiger p · v Wert	N/mm^2 · (m/min)	v=	m/min
		v=	m/min

Thermische Eigenschaften

Formbeständigkeit in der Wärme	Verfahren	A		180 °C
	Verfahren	B		200 °C
Vicat Erweichungstemperatur (VST)	Verfahren			°C
	Verfahren			°C
Kristallit-Schmelzpunkt	Verfahren	DSC		220 °C
Längenausdehnungskoeffizient	Bereich	°C		$\cdot 10^{-4}K^{-1}$
	Temperatur			$\cdot 10^{-4}K^{-1}$
Wärmeleitfähigkeit	Verfahren			W/(K · m)
Spezifische Wärmekapazität	Verfahren			J/(K · g)
Glasumwandlungstemperatur	Torsionsschwingungsversuch		°C	
	Differentialkalorimetrie		°C	

Brandverhalten

UL-Test vertikal	Dicke	mm, Wert
	Dicke	mm, Wert

	Norm	Bewertung	Abmessungen
Sauerstoff-Index	ASTM D 2863		
Glühstab-Verfahren			
Brandverhalten	DIN 4102		
MVSS			
FAR			

Elektrische Eigenschaften

		Hz	°C		Probekörper, Form
Dielektrizitätszahl		50			
		10^3			
		10^6			
Dielektrischer Verlustfaktor tan δ		50			
		10^3			
		10^6			
Spezifischer Durchgangswiderstand	Ohm · cm		23	1.0*10**15	
Durchschlagfestigkeit	kV/mm		23	60	2 mm dick
Oberflächenwiderstand	Ohm				

Kriechstromfestigkeit	KC 500	KB 500	KA
Elektrolytische Korrosionswirkung			
Lichtbogenfestigkeit nach DIN			
nach ASTM s			

Beständigkeit *(Chemische Beständigkeit siehe Anhang)*

Wasseraufnahme 23 C Bis zur Saettigung	6.0–7.0 %
Feuchtigkeitsaufnahme Normalklima	%
Wetterbeständigkeit	
Spannungskorrosion	

Optische Eigenschaften

Brechungszahl n_D		
Transmissionsgrad τ_c	%	mm dick
Lichtdurchlässigkeit		

Datenbank-Nr. **T05959** Merkblatt-Nr. **3339**

Produkt	Polyamid 6		**PA**
Handelsname	**Frianyl B 63 KV 30**		
Hersteller	FRISETTA		
DIN-Bez 1			
DIN-Bez 2			
Zusätze		*Füllstoffe/ Verstärkung*	30.0% Glaskugel
Bevorzugte Verarbeitung	Spritzgiessen	*Lieferform*	Granulat
		Farben	Natur; Standard
Besondere Merkmale	Hohe Formstabilitaet; Geringer Verzug; Hohe Waermeformbestaendigkeit	*Bevorzugte Anwendungen*	Bedarfsartikel; Technisches Formteil

Dichte	g/cm³	1.34	*Schmelzindex*	g/10 min	50:	230/5.0
Schüttdichte	g/cm³		*Volumenfließindex*	cm³/10 min	:	
Viskositätszahl	ml/g					

Verarbeitungsbedingungen für Spritzgießen

Massetemp.	°C	250–280	*Schwindung*	%	lgs 0.8–1.8, quer 0.8–1.8
Werkzeugtemp.	°C	80–100	*Bemerkungen*		
Spritzdruck	bar				

Zugversuch 23 °C DIN 53455; DIN 53457

Probekörper: *Form* Nr.3 — *Herstellung* Spritzgiessen
Zustand Spritzfrisch — *Vorbehandlung*

Streckspannung	N/mm²	80	*Dehnung bei Streckspannung*	%	
Zugfestigkeit	N/mm²		*Reißdehnung*	%	18
Reißfestigkeit	N/mm²		*% Dehnspannung*	N/mm²	
E-Modul	N/mm²	4500	*Dehnung bei % Dehnspg.*	%	

Kriechmoduln und Zeitstandwerte 23 °C

Probekörper: *Form* — *Herstellung*
Zustand — *Vorbehandlung*

Kriechmodul	*1 min*	N/mm²	*Zeitstandzugfestigkeit*	h	N/mm²
Kriechmodul	*1000 h*	N/mm²	*Zeitdehnspg. %*	h	N/mm²
bei Spannung		N/mm²			

Biegeversuch 23 °C

Probekörper: *Form* — *Herstellung*
Zustand — *Vorbehandlung*

Biegefestigkeit	N/mm²	*E-Modul*	N/mm²
3,5% Biegespannung	N/mm²		

Härte 23 °C *Probekörper:* *Zustand* Spritzfrisch — *Herstellung* Spritzgiessen
Vorbehandlung

Kugeldruckhärte	N/mm²	130	bei 358 N, 10 s	*Shore-Härte* A
Rockwellhärte				*Shore-Härte* D

Schlagversuch *Probekörper:* *(1)* U-Kerbe
(2) — *Herstellung* Spritzgiessen
Zustand Spritzfrisch — *Vorbehandlung*

		°C		°C		°C		*Probekörper-Form*
Schlagzähigkeit	kJ/m²	23	40	-40	30			NKS
Kerbschlagzähigkeit (1)	kJ/m²	23	3.2					NKS
IZOD-Kerbschlagzähigkeit (2)	J/m							
Kerbschlagzugzähigkeit	kJ/m²							

Abrieb und Reibung

Taber-Abrieb (Reibradverfahren)	mm^3/100 U		
Abriebfaktor LNP (Thrust washer) Vergleichswert			
Statische Reibungszahl			
Dynamische Reibungszahl	(p·v=	N/mm^2·	m/min)
Zulässiger p · v Wert	N/mm^2 · (m/min)	v=	m/min
		v=	m/min

Thermische Eigenschaften

Formbeständigkeit in der Wärme	*Verfahren*	A	180 °C	
	Verfahren	B	200 °C	
Vicat Erweichungstemperatur (VST)	*Verfahren*		°C	
	Verfahren		°C	
Kristallit-Schmelzpunkt	*Verfahren*	DSC	220 °C	
Längenausdehnungskoeffizient	*Bereich*	°C		$\cdot 10^{-4} K^{-1}$
	Temperatur			$\cdot 10^{-4} K^{-1}$
Wärmeleitfähigkeit	*Verfahren*			W/(K · m)
Spezifische Wärmekapazität	*Verfahren*			J/(K · g)
Glasumwandlungstemperatur	*Torsionsschwingungsversuch*		°C	
	Differentialkalorimetrie		°C	

Brandverhalten

UL-Test vertikal	Dicke	mm, Wert
	Dicke	mm, Wert

	Norm	*Bewertung*	*Abmessungen*
Sauerstoff-Index	ASTM D 2863		
Glühstab-Verfahren			
Brandverhalten	DIN 4102		
MVSS			
FAR			

Elektrische Eigenschaften

		Hz	°C		*Probekörper, Form*	
Dielektrizitätszahl		50				
		10^3				
		10^6				
Dielektrischer Verlustfaktor tan δ		50				
		10^3				
		10^6				
Spezifischer Durchgangswiderstand	Ohm · cm		23	1.0*10**15		
Durchschlagfestigkeit	kV/mm		23	60	2	mm dick
Oberflächenwiderstand	Ohm					
Kriechstromfestigkeit		KC 500	KB 500	KA		
Elektrolytische Korrosionswirkung						
Lichtbogenfestigkeit nach DIN						
nach ASTM	s					

Beständigkeit *(Chemische Beständigkeit siehe Anhang)*

Wasseraufnahme 23 C Bis zur Saettigung	6.0–7.0 %	
Feuchtigkeitsaufnahme Normalklima		%
Wetterbeständigkeit		
Spannungskorrosion		

Optische Eigenschaften

Brechungszahl n_D		
Transmissionsgrad τ_c	%	mm dick
Lichtdurchlässigkeit		

Produkt	Polyamid 6		**PA**
Handelsname	**Frianyl B 53 KG 20**		
Hersteller	FRISETTA		
DIN-Bez 1			
DIN-Bez 2			
Zusätze		*Füllstoffe/ Verstärkung*	20.0% Kreide
Bevorzugte Verarbeitung	Spritzgiessen	*Lieferform*	Granulat
		Farben	Natur; Standard
Besondere Merkmale	Hohe Formstabilitaet; Geringer Verzug	*Bevorzugte Anwendungen*	Bedarfsartikel; Technisches Formteil

Dichte	g/cm^3	1.27	*Schmelzindex*	g/10 min	50:	230/5.0
Schüttdichte	g/cm^3		*Volumenfließindex*	cm^3/10 min	:	
Viskositätszahl	ml/g					

Verarbeitungsbedingungen für Spritzgießen

Massetemp.	°C	250–280	*Schwindung*	%	lgs 1.0–2.0, quer 1.0–2.0
Werkzeugtemp.	°C	80–100	*Bemerkungen*		
Spritzdruck	bar				

Zugversuch 23 °C DIN 53455; DIN 53457

Probekörper: *Form* Nr.3 — *Zustand* Spritzfrisch — *Herstellung* Spritzgiessen — *Vorbehandlung*

Streckspannung	N/mm^2	50	*Dehnung bei Streckspannung*	%	
Zugfestigkeit	N/mm^2		*Reißdehnung*	%	30
Reißfestigkeit	N/mm^2		*% Dehnspannung*	N/mm^2	
E-Modul	N/mm^2	3600	*Dehnung bei % Dehnspg.*	%	

Kriechmoduln und Zeitstandwerte 23 °C

Probekörper: *Form* — *Zustand* — *Herstellung* — *Vorbehandlung*

Kriechmodul	*1 min*	N/mm^2	*Zeitstandzugfestigkeit*	h	N/mm^2
Kriechmodul	*1000 h*	N/mm^2	*Zeitdehnspg.* %	h	N/mm^2
bei Spannung		N/mm^2			

Biegeversuch 23 °C

Probekörper: *Form* — *Zustand* — *Herstellung* — *Vorbehandlung*

Biegefestigkeit	N/mm^2	*E-Modul*	N/mm^2
3,5% *Biegespannung*	N/mm^2		

Härte 23 °C *Probekörper:* *Zustand* Spritzfrisch — *Herstellung* Spritzgiessen — *Vorbehandlung*

Kugeldruckhärte	N/mm^2	122	bei 358 N, 10 s	*Shore-Härte* A
Rockwellhärte				*Shore-Härte* D

Schlagversuch *Probekörper:* *(1)* U-Kerbe *(2)* — *Zustand* Spritzfrisch — *Herstellung* Spritzgiessen — *Vorbehandlung*

		°C		°C		°C		*Probekörper-Form*
Schlagzähigkeit	kJ/m^2	23	30	-40	20			NKS
Kerbschlagzähigkeit (1)	kJ/m^2	23	2.5					NKS
IZOD-Kerbschlagzähigkeit (2)	J/m							
Kerbschlagzugzähigkeit	kJ/m^2							

Abrieb und Reibung

Taber-Abrieb (Reibradverfahren)	mm^3/100 U		
Abriebfaktor LNP (Thrust washer) Vergleichswert			
Statische Reibungszahl			
Dynamische Reibungszahl	(p·v=	N/mm^2 ·	m/min)
Zulässiger p · v Wert	N/mm^2 · (m/min)	v=	m/min
		v=	m/min

Thermische Eigenschaften

Formbeständigkeit in der Wärme	Verfahren A	75 °C
	Verfahren B	150 °C
Vicat Erweichungstemperatur (VST)	Verfahren	°C
	Verfahren	°C
Kristallit-Schmelzpunkt	Verfahren DSC	220 °C
Längenausdehnungskoeffizient	Bereich °C	$\cdot 10^{-4}K^{-1}$
	Temperatur	$\cdot 10^{-4}K^{-1}$
Wärmeleitfähigkeit	Verfahren	W/(K · m)
Spezifische Wärmekapazität	Verfahren	J/(K · g)
Glasumwandlungstemperatur	Torsionsschwingungsversuch	°C
	Differentialkalorimetrie	°C

Brandverhalten

UL-Test vertikal	Dicke	mm, Wert
	Dicke	mm, Wert

	Norm	Bewertung	Abmessungen
Sauerstoff-Index	ASTM D 2863		
Glühstab-Verfahren			
Brandverhalten	DIN 4102		
MVSS			
FAR			

Elektrische Eigenschaften

		Hz	°C		Probekörper, Form
Dielektrizitätszahl		50			
		10^3			
		10^6			
Dielektrischer Verlustfaktor tan δ		50			
		10^3			
		10^6			
Spezifischer Durchgangswiderstand	Ohm · cm		23	1.0*10**15	
Durchschlagfestigkeit	kV/mm		23	30	2 mm dick
Oberflächenwiderstand	Ohm				
Kriechstromfestigkeit		KC 550	KB 550	KA	
Elektrolytische Korrosionswirkung					
Lichtbogenfestigkeit nach DIN					
nach ASTM	s				

Beständigkeit *(Chemische Beständigkeit siehe Anhang)*

Wasseraufnahme 23 C	Bis zur Saettigung	6.5–7.5 %
Feuchtigkeitsaufnahme Normalklima		%
Wetterbeständigkeit		
Spannungskorrosion		

Optische Eigenschaften

Brechungszahl n_D		
Transmissionsgrad τ_c	%	mm dick
Lichtdurchlässigkeit		

Produkt	Polyamid 6		**PA**
Handelsname	**Frianyl B 63 KG 20**		
Hersteller	FRISETTA		
DIN-Bez 1			
DIN-Bez 2			
Zusätze		*Füllstoffe/ Verstärkung*	20.0% Kreide
Bevorzugte Verarbeitung	Spritzgiessen	*Lieferform*	Granulat
		Farben	Natur; Standard
Besondere Merkmale	Hohe Formstabilitaet; Geringer Verzug	*Bevorzugte Anwendungen*	Bedarfsartikel; Technisches Formteil

Dichte	g/cm^3	1.27	*Schmelzindex*	g/10 min	40:	230/5.0
Schüttdichte	g/cm^3		*Volumenfließindex*	cm^3/10 min	:	
Viskositätszahl	ml/g					

Verarbeitungsbedingungen für Spritzgießen

Massetemp.	°C	250–280	*Schwindung*	%	lgs 1.0–2.0, quer 1.0–2.0
Werkzeugtemp.	°C	80–100	*Bemerkungen*		
Spritzdruck	bar				

Zugversuch 23 °C DIN 53455; DIN 53457

Probekörper: *Form* Nr.3 — *Herstellung* Spritzgiessen
Zustand Spritzfrisch — *Vorbehandlung*

Streckspannung	N/mm^2	50	*Dehnung bei Streckspannung*	%	
Zugfestigkeit	N/mm^2		*Reißdehnung*	%	30
Reißfestigkeit	N/mm^2		*% Dehnspannung*	N/mm^2	
E-Modul	N/mm^2	3600	*Dehnung bei % Dehnspg.*	%	

Kriechmoduln und Zeitstandwerte 23 °C

Probekörper: *Form* — *Herstellung*
Zustand — *Vorbehandlung*

Kriechmodul	*1 min* N/mm^2	*Zeitstandzugfestigkeit*	h	N/mm^2
Kriechmodul	*1000 h* N/mm^2	*Zeitdehnspg. %*	h	N/mm^2
bei Spannung	N/mm^2			

Biegeversuch 23 °C

Probekörper: *Form* — *Herstellung*
Zustand — *Vorbehandlung*

Biegefestigkeit	N/mm^2	*E-Modul*	N/mm^2
3,5% *Biegespannung*	N/mm^2		

Härte 23 °C *Probekörper:* *Zustand* Spritzfrisch — *Herstellung* Spritzgiessen
Vorbehandlung

Kugeldruckhärte	N/mm^2 122	bei 358 N, 10 s	*Shore-Härte* A
Rockwellhärte			*Shore-Härte* D

Schlagversuch *Probekörper:* *(1)* U-Kerbe
(2) — *Herstellung* Spritzgiessen
Zustand Spritzfrisch — *Vorbehandlung*

		°C		°C		°C		*Probekörper-Form*
Schlagzähigkeit	kJ/m^2	23	30	-40	20			NKS
Kerbschlagzähigkeit (1)	kJ/m^2	23	2.8					NKS
IZOD-Kerbschlagzähigkeit (2)	J/m							
Kerbschlagzugzähigkeit	kJ/m^2							

Abrieb und Reibung

Taber-Abrieb (Reibradverfahren)	mm^3/100 U		
Abriebfaktor LNP (Thrust washer) Vergleichswert			
Statische Reibungszahl			
Dynamische Reibungszahl	(p·v=	N/mm^2 ·	m/min)
Zulässiger p · v Wert	N/mm^2 · (m/min)	v=	m/min
		v=	m/min

Thermische Eigenschaften

Formbeständigkeit in der Wärme	*Verfahren* A		75 °C
	Verfahren B		150 °C
Vicat Erweichungstemperatur (VST)	*Verfahren*		°C
	Verfahren		°C
Kristallit-Schmelzpunkt	*Verfahren* DSC		220 °C
Längenausdehnungskoeffizient	*Bereich*	°C	$\cdot 10^{-4}K^{-1}$
	Temperatur		$\cdot 10^{-4}K^{-1}$
Wärmeleitfähigkeit	*Verfahren*		W/(K · m)
Spezifische Wärmekapazität	*Verfahren*		J/(K · g)
Glasumwandlungstemperatur	*Torsionsschwingungsversuch*	°C	
	Differentialkalorimetrie	°C	

Brandverhalten

UL-Test vertikal		Dicke mm, Wert	
		Dicke mm, Wert	
	Norm	*Bewertung*	*Abmessungen*
Sauerstoff-Index	ASTM D 2863		
Glühstab-Verfahren			
Brandverhalten	DIN 4102		
MVSS			
FAR			

Elektrische Eigenschaften

		Hz	°C			*Probekörper, Form*
Dielektrizitätszahl		50				
		10^3				
		10^6				
Dielektrischer Verlustfaktor tan δ		50				
		10^3				
		10^6				
Spezifischer Durchgangs-widerstand	Ohm · cm		23	1.0*10**15		
Durchschlagfestigkeit	kV/mm		23	30		2 mm dick
Oberflächenwiderstand	Ohm					
Kriechstromfestigkeit		KC 550		KB 550	KA	
Elektrolytische Korrosionswirkung						
Lichtbogenfestigkeit nach DIN						
nach ASTM	s					

Beständigkeit *(Chemische Beständigkeit siehe Anhang)*

Wasseraufnahme 23 C	Bis zur Saettigung	6.5–7.5 %
Feuchtigkeitsaufnahme Normalklima		%
Wetterbeständigkeit		
Spannungskorrosion		

Optische Eigenschaften

Brechungszahl n_D		
Transmissionsgrad τ_c	%	mm dick
Lichtdurchlässigkeit		

Produkt	Polyamid 6		**PA**
Handelsname	**Frianyl B 53 KG 30**		
Hersteller	FRISETTA		
DIN-Bez 1			
DIN-Bez 2			
Zusätze		*Füllstoffe/ Verstärkung*	30.0% Kreide
Bevorzugte Verarbeitung	Spritzgiessen	*Lieferform*	Granulat
		Farben	Natur; Standard
Besondere Merkmale	Hohe Formstabilitaet; Geringer Verzug	*Bevorzugte Anwendungen*	Bedarfsartikel; Technisches Formteil

Dichte	g/cm^3	1.34	*Schmelzindex*	g/10 min	40: 230/5.0
Schüttdichte	g/cm^3		*Volumenfließindex*	$cm^3/10$ min	:
Viskositätszahl	ml/g				

Verarbeitungsbedingungen für Spritzgießen

Massetemp.	°C	250–280	*Schwindung*	%	lgs 0.8–1.8, quer 0.8–1.8
Werkzeugtemp.	°C	80–100	*Bemerkungen*		
Spritzdruck	bar				

Zugversuch 23 °C DIN 53455; DIN 53457

Probekörper: *Form* Nr.3 — *Herstellung* Spritzgiessen
Zustand Spritzfrisch — *Vorbehandlung*

Streckspannung	N/mm^2	60	*Dehnung bei Streckspannung*	%	
Zugfestigkeit	N/mm^2		*Reißdehnung*	%	20
Reißfestigkeit	N/mm^2		*% Dehnspannung*	N/mm^2	
E-Modul	N/mm^2	4200	*Dehnung bei % Dehnspg.*	%	

Kriechmoduln und Zeitstandwerte 23 °C

Probekörper: *Form* — *Herstellung*
Zustand — *Vorbehandlung*

Kriechmodul	*1 min*	N/mm^2	*Zeitstandzugfestigkeit*	h	N/mm^2
Kriechmodul	*1000 h*	N/mm^2	*Zeitdehnspg. %*	h	N/mm^2
bei Spannung		N/mm^2			

Biegeversuch 23 °C

Probekörper: *Form* — *Herstellung*
Zustand — *Vorbehandlung*

Biegefestigkeit	N/mm^2	*E-Modul*	N/mm^2
3,5% *Biegespannung*	N/mm^2		

Härte 23 °C *Probekörper:* *Zustand* Spritzfrisch — *Herstellung* Spritzgiessen
Vorbehandlung

Kugeldruckhärte	N/mm^2 128	bei 358 N, 10 s	*Shore-Härte*	A
Rockwellhärte			*Shore-Härte*	D

Schlagversuch *Probekörper:* *(1)* U-Kerbe
(2) — *Herstellung* Spritzgiessen
Zustand Spritzfrisch — *Vorbehandlung*

		°C		°C		°C		*Probekörper-Form*
Schlagzähigkeit	kJ/m^2	23	40	-40	30			NKS
Kerbschlagzähigkeit (1)	kJ/m^2	23	2.8					NKS
IZOD-Kerbschlagzähigkeit (2)	J/m							
Kerbschlagzugzähigkeit	kJ/m^2							

Abrieb und Reibung

Taber-Abrieb (Reibradverfahren) mm^3/100 U
Abriebfaktor LNP (Thrust washer) Vergleichswert
Statische Reibungszahl
Dynamische Reibungszahl (p·v= N/mm^2· m/min)
Zulässiger p · v Wert N/mm^2·(m/min) v= m/min
v= m/min

Thermische Eigenschaften

Formbeständigkeit in der Wärme	*Verfahren* A		80 °C
	Verfahren B		160 °C
Vicat Erweichungstemperatur (VST)	*Verfahren*		°C
	Verfahren		°C
Kristallit-Schmelzpunkt	*Verfahren* DSC		220 °C
Längenausdehnungskoeffizient	*Bereich*	°C	$\cdot 10^{-4}K^{-1}$
	Temperatur		$\cdot 10^{-4}K^{-1}$
Wärmeleitfähigkeit	*Verfahren*		W/(K · m)
Spezifische Wärmekapazität	*Verfahren*		J/(K · g)
Glasumwandlungstemperatur	*Torsionsschwingungsversuch*	°C	
	Differentialkalorimetrie	°C	

Brandverhalten

UL-Test vertikal Dicke mm, Wert
Dicke mm, Wert

	Norm	*Bewertung*	*Abmessungen*
Sauerstoff-Index	ASTM D 2863		
Glühstab-Verfahren			
Brandverhalten	DIN 4102		
MVSS			
FAR			

Elektrische Eigenschaften

		Hz	°C		*Probekörper, Form*
Dielektrizitätszahl		50			
		10^3			
		10^6			
Dielektrischer Verlustfaktor tan δ		50			
		10^3			
		10^6			
Spezifischer Durchgangs-widerstand	Ohm · cm		23	1.0*10**15	
Durchschlagfestigkeit	kV/mm		23	30	2 mm dick
Oberflächenwiderstand	Ohm				
Kriechstromfestigkeit		KC 550		KB 550	KA
Elektrolytische Korrosionswirkung					
Lichtbogenfestigkeit nach DIN					
nach ASTM	s				

Beständigkeit *(Chemische Beständigkeit siehe Anhang)*

Wasseraufnahme 23 C Bis zur Saettigung 6.0–7.0 %

Feuchtigkeitsaufnahme Normalklima %
Wetterbeständigkeit

Spannungskorrosion

Optische Eigenschaften

Brechungszahl n_D
Transmissionsgrad τ_c % mm dick
Lichtdurchlässigkeit

PA

Produkt	Polyamid 6		
Handelsname	**Frianyl B 63 KG 30**		
Hersteller	FRISETTA		
DIN-Bez 1			
DIN-Bez 2			
Zusätze		*Füllstoffe/ Verstärkung*	30.0% Kreide
Bevorzugte Verarbeitung	Spritzgiessen	*Lieferform*	Granulat
		Farben	Natur; Standard
Besondere Merkmale	Hohe Formstabilitaet; Geringer Verzug	*Bevorzugte Anwendungen*	Bedarfsartikel; Technisches Formteil

Dichte	g/cm^3	1.34	*Schmelzindex*	g/10 min	30:	230/5.0
Schüttdichte	g/cm^3		*Volumenfließindex*	$cm^3/10$ min	:	
Viskositätszahl	ml/g					

Verarbeitungsbedingungen für Spritzgießen

Massetemp.	°C	250–280	*Schwindung*	% lgs 0.8–1.8, quer 0.8–1.8
Werkzeugtemp.	°C	80–100	*Bemerkungen*	
Spritzdruck	bar			

Zugversuch 23 °C DIN 53455; DIN 53457

Probekörper: *Form* Nr.3 *Herstellung* Spritzgiessen
Zustand Spritzfrisch *Vorbehandlung*

Streckspannung	N/mm^2	60	*Dehnung bei Streckspannung*	%	
Zugfestigkeit	N/mm^2		*Reißdehnung*	%	20
Reißfestigkeit	N/mm^2		*% Dehnspannung*	N/mm^2	
E-Modul	N/mm^2	4200	*Dehnung bei % Dehnspg.*	%	

Kriechmoduln und Zeitstandwerte 23 °C

Probekörper: *Form* *Herstellung*
Zustand *Vorbehandlung*

Kriechmodul	*1 min* N/mm^2	*Zeitstandzugfestigkeit*	h	N/mm^2
Kriechmodul	*1000 h* N/mm^2	*Zeitdehnspg. %*	h	N/mm^2
bei Spannung	N/mm^2			

Biegeversuch 23 °C

Probekörper: *Form* *Herstellung*
Zustand *Vorbehandlung*

Biegefestigkeit	N/mm^2	*E-Modul*	N/mm^2
3,5% Biegespannung	N/mm^2		

Härte 23 °C *Probekörper:* *Zustand* Spritzfrisch *Herstellung* Spritzgiessen
Vorbehandlung

Kugeldruckhärte	N/mm^2 128	bei 358 N, 10 s	*Shore-Härte*	A
Rockwellhärte			*Shore-Härte*	D

Schlagversuch *Probekörper:* *(1)* U-Kerbe
(2) *Herstellung* Spritzgiessen
Zustand Spritzfrisch *Vorbehandlung*

		°C		°C		°C		*Probekörper-Form*
Schlagzähigkeit	kJ/m^2	23	40	-40	30			NKS
Kerbschlagzähigkeit (1)	kJ/m^2	23	3.1					NKS
IZOD-Kerbschlagzähigkeit (2)	J/m							
Kerbschlagzugzähigkeit	kJ/m^2							

Abrieb und Reibung

Taber-Abrieb (Reibradverfahren)	mm^3/100 U		
Abriebfaktor LNP (Thrust washer) Vergleichswert			
Statische Reibungszahl			
Dynamische Reibungszahl	(p·v=	N/mm²·	m/min)
Zulässiger p·v Wert	N/mm²·(m/min)	v=	m/min
		v=	m/min

Thermische Eigenschaften

Formbeständigkeit in der Wärme	*Verfahren*	A		80 °C
	Verfahren	B		160 °C
Vicat Erweichungstemperatur (VST)	*Verfahren*			°C
	Verfahren			°C
Kristallit-Schmelzpunkt	*Verfahren*	DSC		220 °C
Längenausdehnungskoeffizient	*Bereich*	°C		$\cdot 10^{-4}K^{-1}$
	Temperatur			$\cdot 10^{-4}K^{-1}$
Wärmeleitfähigkeit	*Verfahren*			W/(K·m)
Spezifische Wärmekapazität	*Verfahren*			J/(K·g)
Glasumwandlungstemperatur	*Torsionsschwingungsversuch*		°C	
	Differentialkalorimetrie		°C	

Brandverhalten

UL-Test vertikal		Dicke mm, Wert	
		Dicke mm, Wert	
	Norm	*Bewertung*	*Abmessungen*
Sauerstoff-Index	ASTM D 2863		
Glühstab-Verfahren			
Brandverhalten	DIN 4102		
MVSS			
FAR			

Elektrische Eigenschaften

		Hz	°C			Probekörper, Form
Dielektrizitätszahl		50				
		10^3				
		10^6				
Dielektrischer Verlustfaktor tan δ		50				
		10^3				
		10^6				
Spezifischer Durchgangswiderstand	Ohm·cm		23	1.0*10**15		
Durchschlagfestigkeit	kV/mm		23	30		2 mm dick
Oberflächenwiderstand	Ohm					
Kriechstromfestigkeit		KC 550		KB 550	KA	
Elektrolytische Korrosionswirkung						
Lichtbogenfestigkeit nach DIN						
nach ASTM	s					

Beständigkeit *(Chemische Beständigkeit siehe Anhang)*

Wasseraufnahme 23 C Bis zur Saettigung	6.0–7.0 %	
Feuchtigkeitsaufnahme Normalklima		%
Wetterbeständigkeit		
Spannungskorrosion		

Optische Eigenschaften

Brechungszahl n_D		
Transmissionsgrad τ_c	%	mm dick
Lichtdurchlässigkeit		

Produkt	Polyamid 6		**PA**
Handelsname	**Frianyl B 53 SG 20**		
Hersteller	FRISETTA		
DIN-Bez 1			
DIN-Bez 2			
Zusätze		*Füllstoffe/ Verstärkung*	20.0% Silikat
Bevorzugte Verarbeitung	Spritzgiessen	*Lieferform*	Granulat
		Farben	Natur; Standard
Besondere Merkmale	Hohe Formstabilitaet; Geringer Verzug; Gute Schlagzaehigkeit; Brillante Oberflaeche	*Bevorzugte Anwendungen*	Bedarfsartikel; Technisches Formteil

Dichte	g/cm³	1.29	*Schmelzindex*	g/10 min	70:	230/5.0
Schüttdichte	g/cm³		*Volumenfließindex*	cm³/10 min	:	
Viskositätszahl	ml/g					

Verarbeitungsbedingungen für Spritzgießen

Massetemp.	°C	250–280	*Schwindung*	%	lgs 0.8–1.8, quer 0.8–1.8
Werkzeugtemp.	°C	80–100	*Bemerkungen*		
Spritzdruck	bar				

Zugversuch 23 °C DIN 53455; DIN 53457

Probekörper: *Form* Nr.3 — *Herstellung* Spritzgiessen
Zustand Spritzfrisch — *Vorbehandlung*

Streckspannung	N/mm²	70	*Dehnung bei Streckspannung*	%	
Zugfestigkeit	N/mm²		*Reißdehnung*	%	60
Reißfestigkeit	N/mm²		*% Dehnspannung*	N/mm²	
E-Modul	N/mm²	3900	*Dehnung bei % Dehnspg.*	%	

Kriechmoduln und Zeitstandwerte 23 °C

Probekörper: *Form* — *Herstellung*
Zustand — *Vorbehandlung*

Kriechmodul	*1 min*	N/mm²	*Zeitstandzugfestigkeit*	h	N/mm²
Kriechmodul	*1000 h*	N/mm²	*Zeitdehnspg.* %	h	N/mm²
bei Spannung		N/mm²			

Biegeversuch 23 °C

Probekörper: *Form* — *Herstellung*
Zustand — *Vorbehandlung*

Biegefestigkeit	N/mm²		*E-Modul*	N/mm²
3,5% *Biegespannung*	N/mm²			

Härte 23 °C *Probekörper:* *Zustand* Spritzfrisch — *Herstellung* Spritzgiessen
Vorbehandlung

Kugeldruckhärte	N/mm² 122	bei 358 N, 10 s	*Shore-Härte* A	
Rockwellhärte			*Shore-Härte* D	

Schlagversuch *Probekörper:* *(1)* U-Kerbe
(2) — *Herstellung* Spritzgiessen
Zustand Spritzfrisch — *Vorbehandlung*

		°C		°C		°C		*Probekörper-Form*
Schlagzähigkeit	kJ/m²	23	o.B.	-40	40			NKS
Kerbschlagzähigkeit (1)	kJ/m²	23	3.5					NKS
IZOD-Kerbschlagzähigkeit (2)	J/m							
Kerbschlagzugzähigkeit	kJ/m²							

Abrieb und Reibung

Taber-Abrieb (Reibradverfahren)	$mm^3/100$ U		
Abriebfaktor LNP (Thrust washer) Vergleichswert			
Statische Reibungszahl			
Dynamische Reibungszahl	(p·v=	N/mm^2 ·	m/min)
Zulässiger p · v Wert	N/mm^2 · (m/min)	v=	m/min
		v=	m/min

Thermische Eigenschaften

Formbeständigkeit in der Wärme	*Verfahren* A		150 °C
	Verfahren B		180 °C
Vicat Erweichungstemperatur (VST)	*Verfahren*		°C
	Verfahren		°C
Kristallit-Schmelzpunkt	*Verfahren* DSC		220 °C
Längenausdehnungskoeffizient	*Bereich*	°C	$\cdot 10^{-4}K^{-1}$
	Temperatur		$\cdot 10^{-4}K^{-1}$
Wärmeleitfähigkeit	*Verfahren*		W/(K · m)
Spezifische Wärmekapazität	*Verfahren*		J/(K · g)
Glasumwandlungstemperatur	*Torsionsschwingungsversuch*	°C	
	Differentialkalorimetrie	°C	

Brandverhalten

UL-Test vertikal Dicke mm, Wert
Dicke mm, Wert

	Norm	*Bewertung*	*Abmessungen*
Sauerstoff-Index	ASTM D 2863		
Glühstab-Verfahren			
Brandverhalten	DIN 4102		
MVSS			
FAR			

Elektrische Eigenschaften

		Hz	°C		*Probekörper, Form*
Dielektrizitätszahl		50			
		10^3			
		10^6			
Dielektrischer Verlustfaktor tan δ		50			
		10^3			
		10^6			
Spezifischer Durchgangs-widerstand	Ohm · cm		23	1.0*10**15	
Durchschlagfestigkeit	kV/mm		23	30	2 mm dick
Oberflächenwiderstand	Ohm				

Kriechstromfestigkeit KC 550 KB 550 KA
Elektrolytische Korrosionswirkung
Lichtbogenfestigkeit nach DIN
nach ASTM s

Beständigkeit *(Chemische Beständigkeit siehe Anhang)*

Wasseraufnahme 23 C Bis zur Saettigung 6.5–7.5 %

Feuchtigkeitsaufnahme Normalklima %
Wetterbeständigkeit

Spannungskorrosion

Optische Eigenschaften

Brechungszahl n_D
Transmissionsgrad τ_c % mm dick
Lichtdurchlässigkeit

Produkt	Polyamid 6		**PA**
Handelsname	**Frianyl B 63 SG 20**		
Hersteller	FRISETTA		
DIN-Bez 1			
DIN-Bez 2			
Zusätze		*Füllstoffe/ Verstärkung*	20.0% Silikat
Bevorzugte Verarbeitung	Spritzgiessen	*Lieferform*	Granulat
		Farben	Natur; Standard
Besondere Merkmale	Hohe Formstabilitaet; Geringer Verzug; Gute Schlagzaehigkeit; Brillante Oberflaeche	*Bevorzugte Anwendungen*	Bedarfsartikel; Technisches Formteil

Dichte	g/cm³	1.29	*Schmelzindex*	g/10 min	60:	230/5.0
Schüttdichte	g/cm³		*Volumenfließindex*	cm³/10 min	:	
Viskositätszahl	ml/g					

Verarbeitungsbedingungen für Spritzgießen

Massetemp.	°C	250–280	*Schwindung*	% lgs 0.8–1.8, quer 0.8–1.8
Werkzeugtemp.	°C	80–100	*Bemerkungen*	
Spritzdruck	bar			

Zugversuch 23 °C DIN 53455; DIN 53457

Probekörper: *Form* Nr.3 — *Herstellung* Spritzgiessen
Zustand Spritzfrisch — *Vorbehandlung*

Streckspannung	N/mm²	70	*Dehnung bei Streckspannung*	%	
Zugfestigkeit	N/mm²		*Reißdehnung*	%	60
Reißfestigkeit	N/mm²		*% Dehnspannung*	N/mm²	
E-Modul	N/mm²	3900	*Dehnung bei % Dehnspg.*	%	

Kriechmoduln und Zeitstandwerte 23 °C

Probekörper: *Form* — *Herstellung*
Zustand — *Vorbehandlung*

Kriechmodul	*1 min*	N/mm²	*Zeitstandzugfestigkeit*	h	N/mm²
Kriechmodul	*1000 h*	N/mm²	*Zeitdehnspg. %*	h	N/mm²
bei Spannung		N/mm²			

Biegeversuch 23 °C

Probekörper: *Form* — *Herstellung*
Zustand — *Vorbehandlung*

Biegefestigkeit	N/mm²	*E-Modul*	N/mm²
3,5% *Biegespannung*	N/mm²		

Härte 23 °C *Probekörper:* *Zustand* Spritzfrisch — *Herstellung* Spritzgiessen, *Vorbehandlung*

Kugeldruckhärte	N/mm²	122	bei 358 N, 10 s	*Shore-Härte* A
Rockwellhärte				*Shore-Härte* D

Schlagversuch *Probekörper:* *(1)* U-Kerbe
(2) — *Herstellung* Spritzgiessen
Zustand Spritzfrisch — *Vorbehandlung*

		°C		°C		°C		*Probekörper-Form*
Schlagzähigkeit	kJ/m²	23	o.B.	-40	40			NKS
Kerbschlagzähigkeit (1)	kJ/m²	23	4					NKS
IZOD-Kerbschlagzähigkeit (2)	J/m							
Kerbschlagzugzähigkeit	kJ/m²							

Abrieb und Reibung

Taber-Abrieb (Reibradverfahren)	mm^3/100 U		
Abriebfaktor LNP (Thrust washer) Vergleichswert			
Statische Reibungszahl			
Dynamische Reibungszahl	(p·v= N/mm^2·		m/min)
Zulässiger p · v Wert	N/mm^2 · (m/min)	v=	m/min
		v=	m/min

Thermische Eigenschaften

Formbeständigkeit in der Wärme	*Verfahren* A		150 °C	
	Verfahren B		180 °C	
Vicat Erweichungstemperatur (VST)	*Verfahren*		°C	
	Verfahren		°C	
Kristallit-Schmelzpunkt	*Verfahren* DSC		220 °C	
Längenausdehnungskoeffizient	*Bereich* °C			$\cdot 10^{-4} K^{-1}$
	Temperatur			$\cdot 10^{-4} K^{-1}$
Wärmeleitfähigkeit	*Verfahren*			W/(K · m)
Spezifische Wärmekapazität	*Verfahren*			J/(K · g)
Glasumwandlungstemperatur	*Torsionsschwingungsversuch*	°C		
	Differentialkalorimetrie	°C		

Brandverhalten

UL-Test vertikal	Dicke mm, Wert
	Dicke mm, Wert

	Norm	*Bewertung*	*Abmessungen*
Sauerstoff-Index	ASTM D 2863		
Glühstab-Verfahren			
Brandverhalten	DIN 4102		
MVSS			
FAR			

Elektrische Eigenschaften

		Hz	°C			*Probekörper, Form*
Dielektrizitätszahl		50				
		10^3				
		10^6				
Dielektrischer Verlustfaktor tan δ		50				
		10^3				
		10^6				
Spezifischer Durchgangswiderstand	Ohm · cm		23	1.0*10**15		
Durchschlagfestigkeit	kV/mm		23	30		2 mm dick
Oberflächenwiderstand	Ohm					
Kriechstromfestigkeit		KC 550		KB 550	KA	
Elektrolytische Korrosionswirkung						
Lichtbogenfestigkeit nach DIN						
nach ASTM	s					

Beständigkeit *(Chemische Beständigkeit siehe Anhang)*

Wasseraufnahme 23 C Bis zur Saettigung	6.5–7.5 %	
Feuchtigkeitsaufnahme Normalklima		%
Wetterbeständigkeit		
Spannungskorrosion		

Optische Eigenschaften

Brechungszahl n_D		
Transmissionsgrad τ_c	%	mm dick
Lichtdurchlässigkeit		

Datenbank-Nr.	**T05966**	Merkblatt-Nr. **3346**

Produkt	Polyamid 6		**PA**
Handelsname	**Frianyl B 53 SG 30**		
Hersteller	FRISETTA		
DIN-Bez 1			
DIN-Bez 2			
Zusätze		*Füllstoffe/ Verstärkung*	30.0% Silikat
Bevorzugte Verarbeitung	Spritzgiessen	*Lieferform*	Granulat
		Farben	Natur; Standard
Besondere Merkmale	Hohe Formstabilitaet; Geringer Verzug; Gute Schlagzaehigkeit; Brillante Oberflaeche	*Bevorzugte Anwendungen*	Bedarfsartikel; Technisches Formteil

Dichte	g/cm^3	1.36	*Schmelzindex*	g/10 min	50:	230/5.0
Schüttdichte	g/cm^3		*Volumenfließindex*	$cm^3/10$ min	:	
Viskositätszahl	ml/g					

Verarbeitungsbedingungen für Spritzgießen

Massetemp.	°C	250–280	*Schwindung*	%	lgs 0.6–1.6, quer
Werkzeugtemp.	°C	80–100	*Bemerkungen*		
Spritzdruck	bar				

Zugversuch 23 °C DIN 53455; DIN 53457

Probekörper: *Form* Nr.3 — *Herstellung* Spritzgiessen
Zustand Spritzfrisch — *Vorbehandlung*

Streckspannung	N/mm^2	80	*Dehnung bei Streckspannung*	%	
Zugfestigkeit	N/mm^2		*Reißdehnung*	%	50
Reißfestigkeit	N/mm^2		*% Dehnspannung*	N/mm^2	
E-Modul	N/mm^2	4700	*Dehnung bei % Dehnspg.*	%	

Kriechmoduln und Zeitstandwerte 23 °C

Probekörper: *Form* — *Herstellung*
Zustand — *Vorbehandlung*

Kriechmodul	*1 min*	N/mm^2	*Zeitstandzugfestigkeit*	h	N/mm^2
Kriechmodul	*1000 h*	N/mm^2	*Zeitdehnspg. %*	h	N/mm^2
bei Spannung		N/mm^2			

Biegeversuch 23 °C

Probekörper: *Form* — *Herstellung*
Zustand — *Vorbehandlung*

Biegefestigkeit	N/mm^2	*E-Modul*	N/mm^2
3,5% *Biegespannung*	N/mm^2		

Härte 23 °C *Probekörper:* *Zustand* Spritzfrisch — *Herstellung* Spritzgiessen
Vorbehandlung

Kugeldruckhärte	N/mm^2 128	bei 358 N, 10 s	*Shore-Härte*	A
Rockwellhärte			*Shore-Härte*	D

Schlagversuch *Probekörper:* *(1)* U-Kerbe
(2)
Zustand Spritzfrisch — *Herstellung* Spritzgiessen
Vorbehandlung

		°C		°C		°C		*Probekörper-Form*
Schlagzähigkeit	kJ/m^2	23	o.B.	-40	60			NKS
Kerbschlagzähigkeit (1)	kJ/m^2	23	4.0					NKS
IZOD-Kerbschlagzähigkeit (2)	J/m							
Kerbschlagzugzähigkeit	kJ/m^2							

Abrieb und Reibung

Taber-Abrieb (Reibradverfahren)	mm^3/100 U		
Abriebfaktor LNP (Thrust washer) Vergleichswert			
Statische Reibungszahl			
Dynamische Reibungszahl	(p·v=	N/mm^2·	m/min)
Zulässiger p·v Wert	N/mm^2·(m/min)	v=	m/min
		v=	m/min

Thermische Eigenschaften

Formbeständigkeit in der Wärme	*Verfahren* A		160 °C
	Verfahren B		190 °C
Vicat Erweichungstemperatur (VST)	*Verfahren*		°C
	Verfahren		°C
Kristallit-Schmelzpunkt	*Verfahren* DSC		220 °C
Längenausdehnungskoeffizient	*Bereich*	°C	$\cdot 10^{-4}K^{-1}$
	Temperatur		$\cdot 10^{-4}K^{-1}$
Wärmeleitfähigkeit	*Verfahren*		W/(K·m)
Spezifische Wärmekapazität	*Verfahren*		J/(K·g)
Glasumwandlungstemperatur	*Torsionsschwingungsversuch*	°C	
	Differentialkalorimetrie	°C	

Brandverhalten

UL-Test vertikal Dicke mm, Wert
Dicke mm, Wert

	Norm	*Bewertung*	*Abmessungen*
Sauerstoff-Index	ASTM D 2863		
Glühstab-Verfahren			
Brandverhalten	DIN 4102		
MVSS			
FAR			

Elektrische Eigenschaften

		Hz	°C			Probekörper, Form
Dielektrizitätszahl		50				
		10^3				
		10^6				
Dielektrischer Verlustfaktor tan δ		50				
		10^3				
		10^6				
Spezifischer Durchgangswiderstand	Ohm·cm		23	1.0*10**15		
Durchschlagfestigkeit	kV/mm		23	30		2 mm dick
Oberflächenwiderstand	Ohm					
Kriechstromfestigkeit		KC 550		KB 550	KA	
Elektrolytische Korrosionswirkung						
Lichtbogenfestigkeit nach DIN						
nach ASTM	s					

Beständigkeit *(Chemische Beständigkeit siehe Anhang)*

Wasseraufnahme 23 C Bis zur Saettigung 6.0–7.0 %

Feuchtigkeitsaufnahme Normalklima %
Wetterbeständigkeit

Spannungskorrosion

Optische Eigenschaften

Brechungszahl n_D
Transmissionsgrad τ_c % mm dick
Lichtdurchlässigkeit

Produkt	Polyamid 6		**PA**
Handelsname	**Frianyl B 63 SG 30**		
Hersteller	FRISETTA		
DIN-Bez 1			
DIN-Bez 2			
Zusätze		*Füllstoffe/ Verstärkung*	30.0% Silikat
Bevorzugte Verarbeitung	Spritzgiessen	*Lieferform*	Granulat
		Farben	Natur; Standard
Besondere Merkmale	Hohe Formstabilitaet; Geringer Verzug; Gute Schlagzaehigkeit; Brillante Oberflaeche	*Bevorzugte Anwendungen*	Bedarfsartikel; Technisches Formteil

Dichte	g/cm^3	1.36	*Schmelzindex*	g/10 min	40:	230/5.0
Schüttdichte	g/cm^3		*Volumenfließindex*	cm^3/10 min	:	
Viskositätszahl	ml/g					

Verarbeitungsbedingungen für Spritzgießen

Massetemp.	°C	250–280	*Schwindung*	%	lgs 0.6–1.6, quer
Werkzeugtemp.	°C	80–100	*Bemerkungen*		
Spritzdruck	bar				

Zugversuch 23 °C DIN 53455; DIN 53457

Probekörper: *Form* Nr.3 — *Herstellung* Spritzgiessen
Zustand Spritzfrisch — *Vorbehandlung*

Streckspannung	N/mm^2	80	*Dehnung bei Streckspannung*	%	
Zugfestigkeit	N/mm^2		*Reißdehnung*	%	50
Reißfestigkeit	N/mm^2		*% Dehnspannung*	N/mm^2	
E-Modul	N/mm^2	4700	*Dehnung bei % Dehnspg.*	%	

Kriechmoduln und Zeitstandwerte 23 °C

Probekörper: *Form* — *Herstellung*
Zustand — *Vorbehandlung*

Kriechmodul	*1 min*	N/mm^2	*Zeitstandzugfestigkeit*	h	N/mm^2
Kriechmodul	*1000 h*	N/mm^2	*Zeitdehnspg. %*	h	N/mm^2
bei Spannung		N/mm^2			

Biegeversuch 23 °C

Probekörper: *Form* — *Herstellung*
Zustand — *Vorbehandlung*

Biegefestigkeit	N/mm^2	*E-Modul*	N/mm^2
3,5% *Biegespannung*	N/mm^2		

Härte 23 °C *Probekörper:* *Zustand* Spritzfrisch — *Herstellung* Spritzgiessen
Vorbehandlung

Kugeldruckhärte	N/mm^2 128	bei 358 N, 10 s	*Shore-Härte* A	
Rockwellhärte			*Shore-Härte* D	

Schlagversuch *Probekörper:* *(1)* U-Kerbe
(2) — *Herstellung* Spritzgiessen
Zustand Spritzfrisch — *Vorbehandlung*

		°C		°C		°C		*Probekörper-Form*
Schlagzähigkeit	kJ/m^2	23	o.B.	-40	60			NKS
Kerbschlagzähigkeit (1)	kJ/m^2	23	4.2					NKS
IZOD-Kerbschlagzähigkeit (2)	J/m							
Kerbschlagzugzähigkeit	kJ/m^2							

Abrieb und Reibung

Taber-Abrieb (Reibradverfahren)	mm^3/100 U		
Abriebfaktor LNP (Thrust washer) Vergleichswert			
Statische Reibungszahl			
Dynamische Reibungszahl	(p·v=	N/mm^2 ·	m/min)
Zulässiger p · v Wert	N/mm^2 · (m/min)	v=	m/min
		v=	m/min

Thermische Eigenschaften

Formbeständigkeit in der Wärme	*Verfahren* A		160 °C
	Verfahren B		190 °C
Vicat Erweichungstemperatur (VST)	*Verfahren*		°C
	Verfahren		°C
Kristallit-Schmelzpunkt	*Verfahren* DSC		220 °C
Längenausdehnungskoeffizient	*Bereich*	°C	$\cdot 10^{-4}K^{-1}$
	Temperatur		$\cdot 10^{-4}K^{-1}$
Wärmeleitfähigkeit	*Verfahren*		W/(K · m)
Spezifische Wärmekapazität	*Verfahren*		J/(K · g)
Glasumwandlungstemperatur	*Torsionsschwingungsversuch*	°C	
	Differentialkalorimetrie	°C	

Brandverhalten

UL-Test vertikal	Dicke	mm, Wert
	Dicke	mm, Wert

	Norm	*Bewertung*	*Abmessungen*
Sauerstoff-Index	ASTM D 2863		
Glühstab-Verfahren			
Brandverhalten	DIN 4102		
MVSS			
FAR			

Elektrische Eigenschaften

		Hz	°C		*Probekörper, Form*
Dielektrizitätszahl		50			
		10^3			
		10^6			
Dielektrischer Verlustfaktor tan δ		50			
		10^3			
		10^6			
Spezifischer Durchgangswiderstand	Ohm · cm		23	1.0*10**15	
Durchschlagfestigkeit	kV/mm		23	30	2 mm dick
Oberflächenwiderstand	Ohm				

Kriechstromfestigkeit	KC 550	KB 550	KA
Elektrolytische Korrosionswirkung			
Lichtbogenfestigkeit nach DIN			
nach ASTM s			

Beständigkeit *(Chemische Beständigkeit siehe Anhang)*

Wasseraufnahme 23 C	Bis zur Saettigung	6.0–7.0 %
Feuchtigkeitsaufnahme Normalklima		%
Wetterbeständigkeit		
Spannungskorrosion		

Optische Eigenschaften

Brechungszahl n_D		
Transmissionsgrad τ_c	%	mm dick
Lichtdurchlässigkeit		

Produkt	Polyamid 66		**PA**
Handelsname	**Frianyl A 53 T**		
Hersteller	FRISETTA		
DIN-Bez 1			
DIN-Bez 2			
Zusätze	UV-Stabilisator	*Füllstoffe/ Verstärkung*	
Bevorzugte Verarbeitung	Spritzgiessen	*Lieferform*	Granulat
		Farben	Natur; Standard
Besondere Merkmale	Gute Lichtbestaendigkeit; Waermestabil; Erhoehte Schlagzaehigkeit; Kaeltestabil	*Bevorzugte Anwendungen*	Technisches Formteil

Dichte	g/cm³	1.13	*Schmelzindex*	g/10 min	80:	275/2.16
Schüttdichte	g/cm³		*Volumenfließindex*	cm³/10 min	:	
Viskositätszahl	ml/g					

Verarbeitungsbedingungen für Spritzgießen

Massetemp.	°C	270–290	*Schwindung*	%	lgs 1.5–2.5, quer 1.5–2.5
Werkzeugtemp.	°C	40–80	*Bemerkungen*		
Spritzdruck	bar				

Zugversuch 23 °C DIN 53455; DIN 53457

Probekörper: *Form* Nr.3 — *Herstellung* Spritzgiessen
Zustand Spritzfrisch — *Vorbehandlung*

Streckspannung	N/mm²	100	*Dehnung bei Streckspannung*	%	
Zugfestigkeit	N/mm²		*Reißdehnung*	%	35
Reißfestigkeit	N/mm²		*% Dehnspannung*	N/mm²	
E-Modul	N/mm²	3500	*Dehnung bei % Dehnspg.*	%	

Kriechmoduln und Zeitstandwerte 23 °C

Probekörper: *Form* — *Herstellung*
Zustand — *Vorbehandlung*

Kriechmodul	*1 min*	N/mm²	*Zeitstandzugfestigkeit*	h	N/mm²
Kriechmodul	*1000 h*	N/mm²	*Zeitdehnspg. %*	h	N/mm²
bei Spannung		N/mm²			

Biegeversuch 23 °C

Probekörper: *Form* — *Herstellung*
Zustand — *Vorbehandlung*

Biegefestigkeit	N/mm²	*E-Modul*	N/mm²
3,5% *Biegespannung*	N/mm²		

Härte 23 °C *Probekörper:* *Zustand* Spritzfrisch — *Herstellung* Spritzgiessen
Vorbehandlung

Kugeldruckhärte	N/mm² 120	bei 358 N, 10 s	*Shore-Härte*	A
Rockwellhärte			*Shore-Härte*	D

Schlagversuch *Probekörper:* *(1)* U-Kerbe
(2) — *Herstellung* Spritzgiessen
Zustand Spritzfrisch — *Vorbehandlung*

		°C	°C	°C	*Probekörper-Form*
Schlagzähigkeit	kJ/m²	23 o.B.	-40 o.B.		NKS
Kerbschlagzähigkeit (1)	kJ/m²	23 3.0			NKS
IZOD-Kerbschlagzähigkeit (2)	J/m				
Kerbschlagzugzähigkeit	kJ/m²				

Abrieb und Reibung

Taber-Abrieb (Reibradverfahren)	mm^3/100 U		
Abriebfaktor LNP (Thrust washer) Vergleichswert			
Statische Reibungszahl			
Dynamische Reibungszahl	(p·v=	N/mm²·	m/min)
Zulässiger p · v Wert	N/mm²·(m/min)	v=	m/min
		v=	m/min

Thermische Eigenschaften

Formbeständigkeit in der Wärme	*Verfahren* A		95 °C
	Verfahren B		200 °C
Vicat Erweichungstemperatur (VST)	*Verfahren*		°C
	Verfahren		°C
Kristallit-Schmelzpunkt	*Verfahren* DSC		260 °C
Längenausdehnungskoeffizient	*Bereich*	°C	$\cdot 10^{-4}K^{-1}$
	Temperatur		$\cdot 10^{-4}K^{-1}$
Wärmeleitfähigkeit	*Verfahren*		W/(K · m)
Spezifische Wärmekapazität	*Verfahren*		J/(K · g)
Glasumwandlungstemperatur	*Torsionsschwingungsversuch*	°C	
	Differentialkalorimetrie	°C	

Brandverhalten

UL-Test vertikal	Dicke 1.6 mm, Wert V-2	
	Dicke mm, Wert	

	Norm	*Bewertung*	*Abmessungen*
Sauerstoff-Index	ASTM D 2863		
Glühstab-Verfahren			
Brandverhalten	DIN 4102		
MVSS			
FAR			

Elektrische Eigenschaften

		Hz	°C		*Probekörper, Form*
Dielektrizitätszahl		50			
		10^3			
		10^6			
Dielektrischer Verlustfaktor tan δ		50			
		10^3			
		10^6			
Spezifischer Durchgangswiderstand	Ohm · cm		23	1.0*10**15	
Durchschlagfestigkeit	kV/mm		23	120	2 mm dick
Oberflächenwiderstand	Ohm				

Kriechstromfestigkeit	KC >600	KB >600	KA
Elektrolytische Korrosionswirkung			
Lichtbogenfestigkeit nach DIN			
nach ASTM	s		

Beständigkeit *(Chemische Beständigkeit siehe Anhang)*

Wasseraufnahme 23 C Bis zur Saettigung	8–9 %
Feuchtigkeitsaufnahme Normalklima	%
Wetterbeständigkeit	
Spannungskorrosion	

Optische Eigenschaften

Brechungszahl n_D		
Transmissionsgrad τ_c	%	mm dick
Lichtdurchlässigkeit		

Produkt	Polyamid 66		**PA**
Handelsname	**Frianyl A 63 T**		
Hersteller	FRISETTA		
DIN-Bez 1			
DIN-Bez 2			
Zusätze	UV-Stabilisator	*Füllstoffe/ Verstärkung*	
Bevorzugte Verarbeitung	Spritzgiessen	*Lieferform*	Granulat
		Farben	Natur; Standard
Besondere Merkmale	Gute Lichtbestaendigkeit; Waermestabil; Erhoehte Schlagzaehigkeit; Kaeltestabil	*Bevorzugte Anwendungen*	Technisches Formteil

Dichte	g/cm³	1.13	*Schmelzindex*	g/10 min	50:	275/2.16
Schüttdichte	g/cm³		*Volumenfließindex*	cm³/10 min	:	
Viskositätszahl	ml/g					

Verarbeitungsbedingungen für Spritzgießen

Massetemp.	°C	270–290	*Schwindung*	%	lgs 1.5–2.5, quer 1.5–2.5
Werkzeugtemp.	°C	40–80	*Bemerkungen*		
Spritzdruck	bar				

Zugversuch 23 °C DIN 53455; DIN 53457

Probekörper: *Form* Nr.3 — *Herstellung* Spritzgiessen
Zustand Spritzfrisch — *Vorbehandlung*

Streckspannung	N/mm²	100	*Dehnung bei Streckspannung*	%	
Zugfestigkeit	N/mm²		*Reißdehnung*	%	35
Reißfestigkeit	N/mm²		*% Dehnspannung*	N/mm²	
E-Modul	N/mm²	3500	*Dehnung bei % Dehnspg.*	%	

Kriechmoduln und Zeitstandwerte 23 °C

Probekörper: *Form* — *Herstellung*
Zustand — *Vorbehandlung*

Kriechmodul	*1 min*	N/mm²	*Zeitstandzugfestigkeit*	h	N/mm²
Kriechmodul	*1000 h*	N/mm²	*Zeitdehnspg. %*	h	N/mm²
bei Spannung		N/mm²			

Biegeversuch 23 °C

Probekörper: *Form* — *Herstellung*
Zustand — *Vorbehandlung*

Biegefestigkeit	N/mm²		*E-Modul*	N/mm²
3,5% *Biegespannung*	N/mm²			

Härte 23 °C *Probekörper:* *Zustand* Spritzfrisch — *Herstellung* Spritzgiessen
Vorbehandlung

Kugeldruckhärte	N/mm²	120	bei 358 N, 10 s	*Shore-Härte* A
Rockwellhärte				*Shore-Härte* D

Schlagversuch *Probekörper:* *(1)* U-Kerbe
(2) — *Herstellung* Spritzgiessen
Zustand Spritzfrisch — *Vorbehandlung*

		°C		°C		°C		*Probekörper-Form*
Schlagzähigkeit	kJ/m²	23	o.B.	-40	o.B.			NKS
Kerbschlagzähigkeit (1)	kJ/m²	23	3.5					NKS
IZOD-Kerbschlagzähigkeit (2)	J/m							
Kerbschlagzugzähigkeit	kJ/m²							

Abrieb und Reibung

Taber-Abrieb (Reibradverfahren)	mm^3/100 U		
Abriebfaktor LNP (Thrust washer) Vergleichswert			
Statische Reibungszahl			
Dynamische Reibungszahl	(p·v=	N/mm²·	m/min)
Zulässiger p · v Wert	N/mm²·(m/min)	v=	m/min
		v=	m/min

Thermische Eigenschaften

Formbeständigkeit in der Wärme	*Verfahren* A		95 °C
	Verfahren B		200 °C
Vicat Erweichungstemperatur (VST)	*Verfahren*		°C
	Verfahren		°C
Kristallit-Schmelzpunkt	*Verfahren* DSC		260 °C
Längenausdehnungskoeffizient	*Bereich*	°C	$\cdot 10^{-4}K^{-1}$
	Temperatur		$\cdot 10^{-4}K^{-1}$
Wärmeleitfähigkeit	*Verfahren*		W/(K · m)
Spezifische Wärmekapazität	*Verfahren*		J/(K · g)
Glasumwandlungstemperatur	*Torsionsschwingungsversuch*	°C	
	Differentialkalorimetrie	°C	

Brandverhalten

UL-Test vertikal	Dicke 1.6 mm,	Wert V-2
	Dicke mm,	Wert

	Norm	*Bewertung*	*Abmessungen*
Sauerstoff-Index	ASTM D 2863		
Glühstab-Verfahren			
Brandverhalten	DIN 4102		
MVSS			
FAR			

Elektrische Eigenschaften

		Hz	°C		*Probekörper, Form*
Dielektrizitätszahl		50			
		10^3			
		10^6			
Dielektrischer Verlustfaktor tan δ		50			
		10^3			
		10^6			
Spezifischer Durchgangs-widerstand	Ohm · cm		23	1.0*10**15	
Durchschlagfestigkeit	kV/mm		23	120	2 mm dick
Oberflächenwiderstand	Ohm				

Kriechstromfestigkeit	KC >600	KB >600	KA
Elektrolytische Korrosionswirkung			
Lichtbogenfestigkeit nach DIN			
nach ASTM s			

Beständigkeit *(Chemische Beständigkeit siehe Anhang)*

Wasseraufnahme 23 C Bis zur Saettigung	8–9 %	
Feuchtigkeitsaufnahme Normalklima		%
Wetterbeständigkeit		
Spannungskorrosion		

Optische Eigenschaften

Brechungszahl n_D		
Transmissionsgrad τ_c	%	mm dick
Lichtdurchlässigkeit		

Datenbank-Nr. **T05973** *Merkblatt-Nr.* **3350**

Produkt	Polyamid 66		**PA**
Handelsname	**Frianyl A 53 W**		
Hersteller	FRISETTA		
DIN-Bez 1			
DIN-Bez 2			
Zusätze	Waermestabilisator	*Füllstoffe/ Verstärkung*	
Bevorzugte Verarbeitung	Spritzgiessen	*Lieferform*	Granulat
		Farben	Natur; Standard
Besondere Merkmale	Sehr hohe Waermestabilitaet; Lichtbestaendig; Erhoehte Schlagzaehigkeit; Kaeltestabil	*Bevorzugte Anwendungen*	Technisches Formteil

Dichte	g/cm^3	1.13	*Schmelzindex*	g/10 min	70:	275/2.16
Schüttdichte	g/cm^3		*Volumenfließindex*	$cm^3/10$ min	:	
Viskositätszahl	ml/g					

Verarbeitungsbedingungen für Spritzgießen

Massetemp.	°C	270–290	*Schwindung*	%	lgs 1.4–2.4, quer 1.4–2.4
Werkzeugtemp.	°C	40–80	*Bemerkungen*		
Spritzdruck	bar				

Zugversuch 23 °C DIN 53455; DIN 53457

Probekörper: *Form* Nr.3 — *Herstellung* Spritzgiessen
Zustand Spritzfrisch — *Vorbehandlung*

Streckspannung	N/mm^2	100	*Dehnung bei Streckspannung*	%	
Zugfestigkeit	N/mm^2		*Reißdehnung*	%	30
Reißfestigkeit	N/mm^2		% *Dehnspannung*	N/mm^2	
E-Modul	N/mm^2	3500	*Dehnung bei* % *Dehnspg.*	%	

Kriechmoduln und Zeitstandwerte 23 °C

Probekörper: *Form* — *Herstellung*
Zustand — *Vorbehandlung*

Kriechmodul	*1 min*	N/mm^2	*Zeitstandzugfestigkeit*	h	N/mm^2
Kriechmodul	*1000 h*	N/mm^2	*Zeitdehnspg.* %	h	N/mm^2
bei Spannung		N/mm^2			

Biegeversuch 23 °C

Probekörper: *Form* — *Herstellung*
Zustand — *Vorbehandlung*

Biegefestigkeit	N/mm^2	*E-Modul*	N/mm^2
3,5% *Biegespannung*	N/mm^2		

Härte 23 °C *Probekörper:* *Zustand* Spritzfrisch — *Herstellung* Spritzgiessen
Vorbehandlung

Kugeldruckhärte	N/mm^2	125	bei 358 N, 10 s	*Shore-Härte* A
Rockwellhärte				*Shore-Härte* D

Schlagversuch *Probekörper:* *(1)* U-Kerbe
(2) — *Herstellung* Spritzgiessen
Zustand Spritzfrisch — *Vorbehandlung*

		°C	°C	°C	*Probekörper-Form*
Schlagzähigkeit	kJ/m^2	23 o.B.	-40 o.B.		NKS
Kerbschlagzähigkeit (1)	kJ/m^2	23 2.8			NKS
IZOD-Kerbschlagzähigkeit (2)	J/m				
Kerbschlagzugzähigkeit	kJ/m^2				

Abrieb und Reibung

Taber-Abrieb (Reibradverfahren)	mm^3/100 U		
Abriebfaktor LNP (Thrust washer) Vergleichswert			
Statische Reibungszahl			
Dynamische Reibungszahl	(p·v=	N/mm^2·	m/min)
Zulässiger p · v Wert	N/mm^2 · (m/min)	v=	m/min
		v=	m/min

Thermische Eigenschaften

Formbeständigkeit in der Wärme	*Verfahren* A			100 °C
	Verfahren B			205 °C
Vicat Erweichungstemperatur (VST)	*Verfahren*			°C
	Verfahren			°C
Kristallit-Schmelzpunkt	*Verfahren* DSC			260 °C
Längenausdehnungskoeffizient	*Bereich*	°C		$\cdot 10^{-4} K^{-1}$
	Temperatur			$\cdot 10^{-4} K^{-1}$
Wärmeleitfähigkeit	*Verfahren*			W/(K · m)
Spezifische Wärmekapazität	*Verfahren*			J/(K · g)
Glasumwandlungstemperatur	*Torsionsschwingungsversuch*		°C	
	Differentialkalorimetrie		°C	

Brandverhalten

UL-Test vertikal	Dicke	mm, Wert
	Dicke	mm, Wert

	Norm	*Bewertung*	*Abmessungen*
Sauerstoff-Index	ASTM D 2863		
Glühstab-Verfahren			
Brandverhalten	DIN 4102		
MVSS			
FAR			

Elektrische Eigenschaften

		Hz	°C			*Probekörper, Form*
Dielektrizitätszahl		50				
		10^3				
		10^6				
Dielektrischer Verlustfaktor tan δ		50				
		10^3				
		10^6				
Spezifischer Durchgangs-widerstand	Ohm · cm		23	1.0*10**15		
Durchschlagfestigkeit	kV/mm		23	120		2 mm dick
Oberflächenwiderstand	Ohm					
Kriechstromfestigkeit		KC >600		KB >600	KA	
Elektrolytische Korrosionswirkung						
Lichtbogenfestigkeit nach DIN						
nach ASTM	s					

Beständigkeit *(Chemische Beständigkeit siehe Anhang)*

Wasseraufnahme 23 C Bis zur Saettigung	8–9 %	
Feuchtigkeitsaufnahme Normalklima		%
Wetterbeständigkeit		
Spannungskorrosion		

Optische Eigenschaften

Brechungszahl n_D		
Transmissionsgrad τ_c	%	mm dick
Lichtdurchlässigkeit		

Produkt	Polyamid 66		**PA**
Handelsname	**Frianyl A 63 W**		
Hersteller	FRISETTA		
DIN-Bez 1			
DIN-Bez 2			
Zusätze		*Füllstoffe/ Verstärkung*	
Bevorzugte Verarbeitung	Spritzgiessen	*Lieferform*	Granulat
		Farben	Natur; Standard
Besondere Merkmale	Hohe Waermestabilitaet; Lichtbestaendig; Erhoehte Schlagzaehigkeit	*Bevorzugte Anwendungen*	Technisches Formteil

Dichte	g/cm^3	1.13	*Schmelzindex*	g/10 min	45:	275/2.16
Schüttdichte	g/cm^3		*Volumenfließindex*	cm^3/10 min	:	
Viskositätszahl	ml/g					

Verarbeitungsbedingungen für Spritzgießen

Massetemp.	°C	270–290	*Schwindung*	%	lgs 1.4–2.4, quer 1.4–2.4
Werkzeugtemp.	°C	40–80	*Bemerkungen*		
Spritzdruck	bar				

Zugversuch 23 °C DIN 53455; DIN 53457

Probekörper: *Form* Nr.3 — *Herstellung* Spritzgiessen
Zustand Spritzfrisch — *Vorbehandlung*

Streckspannung	N/mm^2	100	*Dehnung bei Streckspannung*	%	
Zugfestigkeit	N/mm^2		*Reißdehnung*	%	30
Reißfestigkeit	N/mm^2		*% Dehnspannung*	N/mm^2	
E-Modul	N/mm^2	3500	*Dehnung bei % Dehnspg.*	%	

Kriechmoduln und Zeitstandwerte 23 °C

Probekörper: *Form* — *Herstellung*
Zustand — *Vorbehandlung*

Kriechmodul	*1 min*	N/mm^2	*Zeitstandzugfestigkeit*	h	N/mm^2
Kriechmodul	*1000 h*	N/mm^2	*Zeitdehnspg. %*	h	N/mm^2
bei Spannung		N/mm^2			

Biegeversuch 23 °C

Probekörper: *Form* — *Herstellung*
Zustand — *Vorbehandlung*

Biegefestigkeit	N/mm^2	*E-Modul*	N/mm^2
3,5% *Biegespannung*	N/mm^2		

Härte 23 °C *Probekörper:* *Zustand* Spritzfrisch — *Herstellung* Spritzgiessen
Vorbehandlung

Kugeldruckhärte	N/mm^2	125	bei 358 N, 10 s	*Shore-Härte* A
Rockwellhärte				*Shore-Härte* D

Schlagversuch *Probekörper:* *(1)* U-Kerbe
(2) — *Herstellung* Spritzgiessen
Zustand Spritzfrisch — *Vorbehandlung*

		°C	°C	°C	*Probekörper-Form*
Schlagzähigkeit	kJ/m^2	23 o.B.	-40 o.B.		NKS
Kerbschlagzähigkeit (1)	kJ/m^2	23 3.2			NKS
IZOD-Kerbschlagzähigkeit (2)	J/m				
Kerbschlagzugzähigkeit	kJ/m^2				

Abrieb und Reibung

Taber-Abrieb (Reibradverfahren)	mm^3/100 U		
Abriebfaktor LNP (Thrust washer) Vergleichswert			
Statische Reibungszahl			
Dynamische Reibungszahl	(p·v= N/mm^2·		m/min)
Zulässiger p·v Wert	N/mm^2·(m/min)	v=	m/min
		v=	m/min

Thermische Eigenschaften

Formbeständigkeit in der Wärme	*Verfahren* A		100 °C
	Verfahren B		205 °C
Vicat Erweichungstemperatur (VST)	*Verfahren*		°C
	Verfahren		°C
Kristallit-Schmelzpunkt	*Verfahren* DSC		260 °C
Längenausdehnungskoeffizient	*Bereich*	°C	$\cdot 10^{-4} K^{-1}$
	Temperatur		$\cdot 10^{-4} K^{-1}$
Wärmeleitfähigkeit	*Verfahren*		W/(K·m)
Spezifische Wärmekapazität	*Verfahren*		J/(K·g)
Glasumwandlungstemperatur	*Torsionsschwingungsversuch*	°C	
	Differentialkalorimetrie	°C	

Brandverhalten

UL-Test vertikal	Dicke mm, Wert	
	Dicke mm, Wert	

	Norm	*Bewertung*	*Abmessungen*
Sauerstoff-Index	ASTM D 2863		
Glühstab-Verfahren			
Brandverhalten	DIN 4102		
MVSS			
FAR			

Elektrische Eigenschaften

		Hz	°C		*Probekörper, Form*
Dielektrizitätszahl		50			
		10^3			
		10^6			
Dielektrischer Verlustfaktor tan δ		50			
		10^3			
		10^6			
Spezifischer Durchgangswiderstand	Ohm·cm		23	1.0*10**15	
Durchschlagfestigkeit	kV/mm		23	120	2 mm dick
Oberflächenwiderstand	Ohm				
Kriechstromfestigkeit		KC >600		KB >600	KA
Elektrolytische Korrosionswirkung					
Lichtbogenfestigkeit nach DIN					
nach ASTM	s				

Beständigkeit *(Chemische Beständigkeit siehe Anhang)*

Wasseraufnahme 23 C	Bis zur Saettigung	8–9 %
Feuchtigkeitsaufnahme Normalklima		%
Wetterbeständigkeit		
Spannungskorrosion		

Optische Eigenschaften

Brechungszahl n_D		
Transmissionsgrad τ_c	%	mm dick
Lichtdurchlässigkeit		

Datenbank-Nr. **T05975** Merkblatt-Nr. **3352**

PA

Produkt	Polyamid 66
Handelsname	**Frianyl A 53 H**
Hersteller	FRISETTA
DIN-Bez 1	
DIN-Bez 2	

Zusätze	Waermestabilisator	*Füllstoffe/ Verstärkung*	
Bevorzugte Verarbeitung	Spritzgiessen	*Lieferform*	Granulat
		Farben	Natur; Standard
Besondere Merkmale	Hoechste Waermestabilitaet	*Bevorzugte Anwendungen*	Technisches Formteil

Dichte	g/cm^3	1.13	*Schmelzindex*	g/10 min	60: 275/2.16
Schüttdichte	g/cm^3		*Volumenfließindex*	cm^3/10 min	:
Viskositätszahl	ml/g				

Verarbeitungsbedingungen für Spritzgießen

Massetemp.	°C	270–290	*Schwindung*	%	lgs 1.4–2.4, quer 1.4–2.4
Werkzeugtemp.	°C	40–80	*Bemerkungen*		
Spritzdruck	bar				

Zugversuch 23 °C DIN 53455; DIN 53457

Probekörper: *Form* Nr.3 — *Zustand* Spritzfrisch — *Herstellung* Spritzgiessen — *Vorbehandlung*

Streckspannung	N/mm^2	100	*Dehnung bei Streckspannung*	%	
Zugfestigkeit	N/mm^2		*Reißdehnung*	%	30
Reißfestigkeit	N/mm^2		*% Dehnspannung*	N/mm^2	
E-Modul	N/mm^2	3500	*Dehnung bei % Dehnspg.*	%	

Kriechmoduln und Zeitstandwerte 23 °C

Probekörper: *Form* — *Zustand* — *Herstellung* — *Vorbehandlung*

Kriechmodul	*1 min* N/mm^2	*Zeitstandzugfestigkeit*	h	N/mm^2
Kriechmodul	*1000 h* N/mm^2	*Zeitdehnspg. %*	h	N/mm^2
bei Spannung	N/mm^2			

Biegeversuch 23 °C

Probekörper: *Form* — *Zustand* — *Herstellung* — *Vorbehandlung*

Biegefestigkeit	N/mm^2	*E-Modul*	N/mm^2
3,5% *Biegespannung*	N/mm^2		

Härte 23 °C *Probekörper:* *Zustand* Spritzfrisch — *Herstellung* Spritzgiessen — *Vorbehandlung*

Kugeldruckhärte	N/mm^2 125	bei 358 N, 10 s	*Shore-Härte* A	
Rockwellhärte			*Shore-Härte* D	

Schlagversuch *Probekörper:* *(1)* U-Kerbe — *(2)* — *Zustand* Spritzfrisch — *Herstellung* Spritzgiessen — *Vorbehandlung*

		°C	°C	°C	*Probekörper-Form*
Schlagzähigkeit	kJ/m^2	23 o.B.	-40 o.B.		NKS
Kerbschlagzähigkeit (1)	kJ/m^2	23 2.5			NKS
IZOD-Kerbschlagzähigkeit (2)	J/m				
Kerbschlagzugzähigkeit	kJ/m^2				

Abrieb und Reibung

Taber-Abrieb (Reibradverfahren)	mm^3/100 U		
Abriebfaktor LNP (Thrust washer) Vergleichswert			
Statische Reibungszahl			
Dynamische Reibungszahl	(p·v=	N/mm^2 ·	m/min)
Zulässiger p · v Wert	N/mm^2 · (m/min)	v=	m/min
		v=	m/min

Thermische Eigenschaften

Formbeständigkeit in der Wärme	*Verfahren* A		110 °C	
	Verfahren B		210 °C	
Vicat Erweichungstemperatur (VST)	*Verfahren*		°C	
	Verfahren		°C	
Kristallit-Schmelzpunkt	*Verfahren* DSC		260 °C	
Längenausdehnungskoeffizient	*Bereich*	°C		$\cdot 10^{-4} K^{-1}$
	Temperatur			$\cdot 10^{-4} K^{-1}$
Wärmeleitfähigkeit	*Verfahren*			W/(K · m)
Spezifische Wärmekapazität	*Verfahren*			J/(K · g)
Glasumwandlungstemperatur	*Torsionsschwingungsversuch*	°C		
	Differentialkalorimetrie	°C		

Brandverhalten

UL-Test vertikal	Dicke	mm, Wert
	Dicke	mm, Wert

	Norm	*Bewertung*	*Abmessungen*
Sauerstoff-Index	ASTM D 2863		
Glühstab-Verfahren			
Brandverhalten	DIN 4102		
MVSS			
FAR			

Elektrische Eigenschaften

		Hz	°C		*Probekörper, Form*
Dielektrizitätszahl		50			
		10^3			
		10^6			
Dielektrischer Verlustfaktor tan δ		50			
		10^3			
		10^6			
Spezifischer Durchgangs-widerstand	Ohm · cm		23	1.0*10**15	
Durchschlagfestigkeit	kV/mm		23	120	2 mm dick
Oberflächenwiderstand	Ohm				

Kriechstromfestigkeit	KC >600	KB >600	KA
Elektrolytische Korrosionswirkung			
Lichtbogenfestigkeit nach DIN			
nach ASTM s			

Beständigkeit *(Chemische Beständigkeit siehe Anhang)*

Wasseraufnahme 23 C Bis zur Saettigung	8–9 %	
Feuchtigkeitsaufnahme Normalklima		%
Wetterbeständigkeit		
Spannungskorrosion		

Optische Eigenschaften

Brechungszahl n_D		
Transmissionsgrad τ_c	%	mm dick
Lichtdurchlässigkeit		

Produkt	Polyamid 66		**PA**
Handelsname	**Frianyl A 63 H**		
Hersteller	FRISETTA		
DIN-Bez 1			
DIN-Bez 2			
Zusätze	Waermestabilisator	*Füllstoffe/ Verstärkung*	
Bevorzugte Verarbeitung	Spritzgiessen	*Lieferform*	Granulat
		Farben	Natur; Standard
Besondere Merkmale	Hoechste Waermestabilitaet	*Bevorzugte Anwendungen*	Technisches Formteil

Dichte	g/cm³	1.13	*Schmelzindex*	g/10 min	40:	275/2.16
Schüttdichte	g/cm³		*Volumenfließindex*	cm³/10 min	:	
Viskositätszahl	ml/g					

Verarbeitungsbedingungen für Spritzgießen

Massetemp.	°C	270–290	*Schwindung*	%	lgs 1.4–2.4, quer 1.4–2.4
Werkzeugtemp.	°C	40–80	*Bemerkungen*		
Spritzdruck	bar				

Zugversuch 23 °C DIN 53455; DIN 53457

Probekörper: *Form* Nr.3; *Zustand* Spritzfrisch — *Herstellung* Spritzgiessen; *Vorbehandlung*

Streckspannung	N/mm²	100	*Dehnung bei Streckspannung*	%	
Zugfestigkeit	N/mm²		*Reißdehnung*	%	30
Reißfestigkeit	N/mm²		*% Dehnspannung*	N/mm²	
E-Modul	N/mm²	3500	*Dehnung bei % Dehnspg.*	%	

Kriechmoduln und Zeitstandwerte 23 °C

Probekörper: *Form*; *Zustand* — *Herstellung*; *Vorbehandlung*

Kriechmodul	*1 min*	N/mm²	*Zeitstandzugfestigkeit*	h	N/mm²
Kriechmodul	*1000 h*	N/mm²	*Zeitdehnspg. %*	h	N/mm²
bei Spannung		N/mm²			

Biegeversuch 23 °C

Probekörper: *Form*; *Zustand* — *Herstellung*; *Vorbehandlung*

Biegefestigkeit	N/mm²	*E-Modul*	N/mm²
3,5% *Biegespannung*	N/mm²		

Härte 23 °C *Probekörper:* *Zustand* Spritzfrisch — *Herstellung* Spritzgiessen; *Vorbehandlung*

Kugeldruckhärte	N/mm²	125	bei 358 N, 10 s	*Shore-Härte*	A
Rockwellhärte				*Shore-Härte*	D

Schlagversuch *Probekörper:* *(1)* U-Kerbe; *(2)*; *Zustand* Spritzfrisch — *Herstellung* Spritzgiessen; *Vorbehandlung*

		°C	°C	°C	*Probekörper-Form*
Schlagzähigkeit	kJ/m²	23 o.B.	-40 o.B.		NKS
Kerbschlagzähigkeit (1)	kJ/m²	23 3.0			NKS
IZOD-Kerbschlagzähigkeit (2)	J/m				
Kerbschlagzugzähigkeit	kJ/m²				

Abrieb und Reibung

Taber-Abrieb (Reibradverfahren) mm^3/100 U
Abriebfaktor LNP (Thrust washer) Vergleichswert
Statische Reibungszahl
Dynamische Reibungszahl (p·v= N/mm²· m/min)
Zulässiger p·v Wert N/mm²·(m/min) v= m/min
v= m/min

Thermische Eigenschaften

Formbeständigkeit in der Wärme	*Verfahren* A		110 °C
	Verfahren B		210 °C
Vicat Erweichungstemperatur (VST)	*Verfahren*		°C
	Verfahren		°C
Kristallit-Schmelzpunkt	*Verfahren* DSC		260 °C
Längenausdehnungskoeffizient	*Bereich*	°C	$\cdot 10^{-4}K^{-1}$
	Temperatur		$\cdot 10^{-4}K^{-1}$
Wärmeleitfähigkeit	*Verfahren*		W/(K · m)
Spezifische Wärmekapazität	*Verfahren*		J/(K · g)
Glasumwandlungstemperatur	*Torsionsschwingungsversuch*	°C	
	Differentialkalorimetrie	°C	

Brandverhalten

UL-Test vertikal Dicke mm, Wert
Dicke mm, Wert

	Norm	*Bewertung*	*Abmessungen*
Sauerstoff-Index	ASTM D 2863		
Glühstab-Verfahren			
Brandverhalten	DIN 4102		
MVSS			
FAR			

Elektrische Eigenschaften

		Hz	°C		*Probekörper, Form*
Dielektrizitätszahl		50			
		10^3			
		10^6			
Dielektrischer Verlustfaktor tan δ		50			
		10^3			
		10^6			
Spezifischer Durchgangswiderstand	Ohm · cm		23	1.0*10**15	
Durchschlagfestigkeit	kV/mm		23	120	2 mm dick
Oberflächenwiderstand	Ohm				
Kriechstromfestigkeit		KC >600		KB >600	KA
Elektrolytische Korrosionswirkung					
Lichtbogenfestigkeit nach DIN					
nach ASTM	s				

Beständigkeit *(Chemische Beständigkeit siehe Anhang)*

Wasseraufnahme 23 C Bis zur Saettigung 8–9 %

Feuchtigkeitsaufnahme Normalklima %
Wetterbeständigkeit

Spannungskorrosion

Optische Eigenschaften

Brechungszahl n_D
Transmissionsgrad τ_c % mm dick
Lichtdurchlässigkeit

Datenbank-Nr. **T05977** Merkblatt-Nr. **3354**

Produkt	Polyamid 66		**PA**
Handelsname	**Frianyl A 53 S**		
Hersteller	FRISETTA		
DIN-Bez 1			
DIN-Bez 2			
Zusätze		*Füllstoffe/ Verstärkung*	
Bevorzugte Verarbeitung	Spritzgiessen	*Lieferform*	Granulat
		Farben	Natur; Standard
Besondere Merkmale	Hohe Trockenschlagzaehigkeit; Hohe Kerbschlagzaehigkeit	*Bevorzugte Anwendungen*	Technisches Formteil; Gehaeuse; Motorenteil; Abdeckung

Dichte	g/cm³	1.11	*Schmelzindex*	g/10 min	50:	275/2.16
Schüttdichte	g/cm³		*Volumenfließindex*	cm³/10 min	:	
Viskositätszahl	ml/g					

Verarbeitungsbedingungen für Spritzgießen

Massetemp.	°C	270–290	*Schwindung*	%	lgs 1.5–2.5, quer 1.5–2.5
Werkzeugtemp.	°C	40–80	*Bemerkungen*		
Spritzdruck	bar				

Zugversuch 23 °C DIN 53455; DIN 53457

Probekörper: *Form* Nr.3 *Herstellung* Spritzgiessen
Zustand Spritzfrisch *Vorbehandlung*

Streckspannung	N/mm²	90	*Dehnung bei Streckspannung*	%	
Zugfestigkeit	N/mm²		*Reißdehnung*	%	50
Reißfestigkeit	N/mm²		*% Dehnspannung*	N/mm²	
E-Modul	N/mm²	3200	*Dehnung bei % Dehnspg.*	%	

Kriechmoduln und Zeitstandwerte 23 °C

Probekörper: *Form* *Herstellung*
Zustand *Vorbehandlung*

Kriechmodul	*1 min* N/mm²		*Zeitstandzugfestigkeit*	h	N/mm²
Kriechmodul	*1000 h* N/mm²		*Zeitdehnspg. %*	h	N/mm²
bei Spannung	N/mm²				

Biegeversuch 23 °C

Probekörper: *Form* *Herstellung*
Zustand *Vorbehandlung*

Biegefestigkeit	N/mm²	*E-Modul*	N/mm²
3,5% *Biegespannung*	N/mm²		

Härte 23 °C *Probekörper:* *Zustand* Spritzfrisch *Herstellung* Spritzgiessen
Vorbehandlung

Kugeldruckhärte	N/mm²	110	bei 358 N, 10 s	*Shore-Härte* A
Rockwellhärte				*Shore-Härte* D

Schlagversuch *Probekörper:* *(1)* U-Kerbe
(2) *Herstellung* Spritzgiessen
Zustand Spritzfrisch *Vorbehandlung*

		°C		°C		°C		*Probekörper-Form*
Schlagzähigkeit	kJ/m²	23	o.B.	-40	o.B.			NKS
Kerbschlagzähigkeit (1)	kJ/m²	23	3.8					NKS
IZOD-Kerbschlagzähigkeit (2)	J/m							
Kerbschlagzugzähigkeit	kJ/m²							

Abrieb und Reibung

Taber-Abrieb (Reibradverfahren)	mm^3/100 U
Abriebfaktor LNP (Thrust washer) Vergleichswert	
Statische Reibungszahl	
Dynamische Reibungszahl	(p·v= N/mm^2· m/min)
Zulässiger p · v Wert	N/mm^2·(m/min) v= m/min
	v= m/min

Thermische Eigenschaften

Formbeständigkeit in der Wärme	*Verfahren* A		80 °C
	Verfahren B		180 °C
Vicat Erweichungstemperatur (VST)	*Verfahren*		°C
	Verfahren		°C
Kristallit-Schmelzpunkt	*Verfahren* DSC		260 °C
Längenausdehnungskoeffizient	*Bereich*	°C	$\cdot 10^{-4} K^{-1}$
	Temperatur		$\cdot 10^{-4} K^{-1}$
Wärmeleitfähigkeit	*Verfahren*		W/(K · m)
Spezifische Wärmekapazität	*Verfahren*		J/(K · g)
Glasumwandlungstemperatur	*Torsionsschwingungsversuch*	°C	
	Differentialkalorimetrie	°C	

Brandverhalten

UL-Test vertikal Dicke mm, Wert
Dicke mm, Wert

	Norm	*Bewertung*	*Abmessungen*
Sauerstoff-Index	ASTM D 2863		
Glühstab-Verfahren			
Brandverhalten	DIN 4102		
MVSS			
FAR			

Elektrische Eigenschaften

		Hz	°C		*Probekörper, Form*
Dielektrizitätszahl		50			
		10^3			
		10^6			
Dielektrischer Verlustfaktor tan δ		50			
		10^3			
		10^6			
Spezifischer Durchgangswiderstand	Ohm · cm		23	1.0*10**15	
Durchschlagfestigkeit	kV/mm		23	120	2 mm dick
Oberflächenwiderstand	Ohm				

Kriechstromfestigkeit KC >600 KB >600 KA
Elektrolytische Korrosionswirkung
Lichtbogenfestigkeit nach DIN
nach ASTM s

Beständigkeit *(Chemische Beständigkeit siehe Anhang)*

Wasseraufnahme 23 C Bis zur Saettigung 7–9 %

Feuchtigkeitsaufnahme Normalklima %
Wetterbeständigkeit

Spannungskorrosion

Optische Eigenschaften

Brechungszahl n_D
Transmissionsgrad τ_c % mm dick
Lichtdurchlässigkeit

Produkt	Polyamid 66		**PA**
Handelsname	**Frianyl A 63 S**		
Hersteller	FRISETTA		
DIN-Bez 1			
DIN-Bez 2			
Zusätze		*Füllstoffe/ Verstärkung*	
Bevorzugte Verarbeitung	Spritzgiessen	*Lieferform*	Granulat
		Farben	Natur; Standard
Besondere Merkmale	Hohe Trockenschlagzaehigkeit; Hohe Kerbschlagzaehigkeit	*Bevorzugte Anwendungen*	Technisches Formteil; Gehaeuse; Motorenteil; Abdeckung

Dichte	g/cm³	1.11	*Schmelzindex*	g/10 min	35:	275/2.16
Schüttdichte	g/cm³		*Volumenfließindex*	cm³/10 min	:	
Viskositätszahl	ml/g					

Verarbeitungsbedingungen für Spritzgießen

Massetemp.	°C	270–290	*Schwindung*	% lgs 1.5–2.5, quer 1.5–2.5
Werkzeugtemp.	°C	40–80	*Bemerkungen*	
Spritzdruck	bar			

Zugversuch 23 °C DIN 53455; DIN 53457

Probekörper: *Form* Nr.3 — *Herstellung* Spritzgiessen
Zustand Spritzfrisch — *Vorbehandlung*

Streckspannung	N/mm²	90	*Dehnung bei Streckspannung*	%	
Zugfestigkeit	N/mm²		*Reißdehnung*	%	50
Reißfestigkeit	N/mm²		*% Dehnspannung*	N/mm²	
E-Modul	N/mm²	3200	*Dehnung bei % Dehnspg.*	%	

Kriechmoduln und Zeitstandwerte 23 °C

Probekörper: *Form* — *Herstellung*
Zustand — *Vorbehandlung*

Kriechmodul	*1 min*	N/mm²	*Zeitstandzugfestigkeit*	h	N/mm²
Kriechmodul	*1000 h*	N/mm²	*Zeitdehnspg. %*	h	N/mm²
bei Spannung		N/mm²			

Biegeversuch 23 °C

Probekörper: *Form* — *Herstellung*
Zustand — *Vorbehandlung*

Biegefestigkeit	N/mm²	*E-Modul*	N/mm²
3,5% Biegespannung	N/mm²		

Härte 23 °C *Probekörper:* *Zustand* Spritzfrisch — *Herstellung* Spritzgiessen
Vorbehandlung

Kugeldruckhärte	N/mm²	110	bei 358 N, 10 s	*Shore-Härte* A
Rockwellhärte				*Shore-Härte* D

Schlagversuch *Probekörper:* *(1)* U-Kerbe
(2) — *Herstellung* Spritzgiessen
Zustand Spritzfrisch — *Vorbehandlung*

		°C		°C		°C		*Probekörper-Form*
Schlagzähigkeit	kJ/m²	23	o.B.	-40	o.B.			NKS
Kerbschlagzähigkeit (1)	kJ/m²	23	4.5					NKS
IZOD-Kerbschlagzähigkeit (2)	J/m							
Kerbschlagzugzähigkeit	kJ/m²							

Abrieb und Reibung

Taber-Abrieb (Reibradverfahren)	mm^3/100 U		
Abriebfaktor LNP (Thrust washer) Vergleichswert			
Statische Reibungszahl			
Dynamische Reibungszahl	(p·v= N/mm^2 ·		m/min)
Zulässiger p · v Wert	N/mm^2 · (m/min)	v=	m/min
		v=	m/min

Thermische Eigenschaften

Formbeständigkeit in der Wärme	*Verfahren* A		80 °C
	Verfahren B		180 °C
Vicat Erweichungstemperatur (VST)	*Verfahren*		°C
	Verfahren		°C
Kristallit-Schmelzpunkt	*Verfahren* DSC		260 °C
Längenausdehnungskoeffizient	*Bereich*	°C	$\cdot 10^{-4}K^{-1}$
	Temperatur		$\cdot 10^{-4}K^{-1}$
Wärmeleitfähigkeit	*Verfahren*		W/(K · m)
Spezifische Wärmekapazität	*Verfahren*		J/(K · g)
Glasumwandlungstemperatur	*Torsionsschwingungsversuch*	°C	
	Differentialkalorimetrie	°C	

Brandverhalten

UL-Test vertikal		Dicke mm, Wert	
		Dicke mm, Wert	
	Norm	*Bewertung*	*Abmessungen*
Sauerstoff-Index	ASTM D 2863		
Glühstab-Verfahren			
Brandverhalten	DIN 4102		
MVSS			
FAR			

Elektrische Eigenschaften

		Hz	°C			*Probekörper, Form*
Dielektrizitätszahl		50				
		10^3				
		10^6				
Dielektrischer Verlustfaktor tan δ		50				
		10^3				
		10^6				
Spezifischer Durchgangs-widerstand	Ohm · cm		23	1.0*10**15		
Durchschlagfestigkeit	kV/mm		23	120		2 mm dick
Oberflächenwiderstand	Ohm					
Kriechstromfestigkeit		KC >600		KB >600	KA	
Elektrolytische Korrosionswirkung						
Lichtbogenfestigkeit nach DIN						
nach ASTM	s					

Beständigkeit *(Chemische Beständigkeit siehe Anhang)*

Wasseraufnahme 23 C Bis zur Saettigung	7–9 %	
Feuchtigkeitsaufnahme Normalklima		%
Wetterbeständigkeit		
Spannungskorrosion		

Optische Eigenschaften

Brechungszahl n_D		
Transmissionsgrad τ_c	%	mm dick
Lichtdurchlässigkeit		

Produkt	Polyamid 66		**PA**
Handelsname	**Frianyl A 53 V**		
Hersteller	FRISETTA		
DIN-Bez 1			
DIN-Bez 2			
Zusätze		*Füllstoffe/ Verstärkung*	
Bevorzugte Verarbeitung	Spritzgiessen	*Lieferform*	Granulat
		Farben	Natur; Standard
Besondere Merkmale	Selbstverloeschend nach ASTM D 635	*Bevorzugte Anwendungen*	Technisches Formteil

Dichte	g/cm³	1.12	*Schmelzindex*	g/10 min	40:	275/2.16
Schüttdichte	g/cm³		*Volumenfließindex*	cm³/10 min	:	
Viskositätszahl	ml/g					

Verarbeitungsbedingungen für Spritzgießen

Massetemp.	°C	270–290	*Schwindung*	%	lgs 1.5–2.5, quer 1.5–2.5
Werkzeugtemp.	°C	40–80	*Bemerkungen*		
Spritzdruck	bar				

Zugversuch 23 °C DIN 53455; DIN 53457

Probekörper: *Form* Nr.3 — *Herstellung* Spritzgiessen
Zustand Spritzfrisch — *Vorbehandlung*

Streckspannung	N/mm²	100	*Dehnung bei Streckspannung*	%	
Zugfestigkeit	N/mm²		*Reißdehnung*	%	30
Reißfestigkeit	N/mm²		*% Dehnspannung*	N/mm²	
E-Modul	N/mm²	3300	*Dehnung bei % Dehnspg.*	%	

Kriechmoduln und Zeitstandwerte 23 °C

Probekörper: *Form* — *Herstellung*
Zustand — *Vorbehandlung*

Kriechmodul	*1 min*	N/mm²	*Zeitstandzugfestigkeit*	h	N/mm²
Kriechmodul	*1000 h*	N/mm²	*Zeitdehnspg. %*	h	N/mm²
bei Spannung		N/mm²			

Biegeversuch 23 °C

Probekörper: *Form* — *Herstellung*
Zustand — *Vorbehandlung*

Biegefestigkeit	N/mm²	*E-Modul*	N/mm²
3,5% *Biegespannung*	N/mm²		

Härte 23 °C *Probekörper:* *Zustand* Spritzfrisch — *Herstellung* Spritzgiessen
Vorbehandlung

Kugeldruckhärte	N/mm²	120	bei 358 N, 10 s	*Shore-Härte* A
Rockwellhärte				*Shore-Härte* D

Schlagversuch *Probekörper:* *(1)* U-Kerbe
(2) — *Herstellung* Spritzgiessen
Zustand Spritzfrisch — *Vorbehandlung*

		°C		°C		°C		*Probekörper-Form*
Schlagzähigkeit	kJ/m²	23	o.B.	-40	o.B.			NKS
Kerbschlagzähigkeit (1)	kJ/m²	23	1.25					NKS
IZOD-Kerbschlagzähigkeit (2)	J/m							
Kerbschlagzugzähigkeit	kJ/m²							

Abrieb und Reibung

Taber-Abrieb (Reibradverfahren)	mm^3/100 U		
Abriebfaktor LNP (Thrust washer) Vergleichswert			
Statische Reibungszahl			
Dynamische Reibungszahl	(p·v=	N/mm^2·	m/min)
Zulässiger p·v Wert	N/mm^2·(m/min)	v=	m/min
		v=	m/min

Thermische Eigenschaften

Formbeständigkeit in der Wärme	Verfahren A		85 °C	
	Verfahren B		185 °C	
Vicat Erweichungstemperatur (VST)	Verfahren		°C	
	Verfahren		°C	
Kristallit-Schmelzpunkt	Verfahren DSC		260 °C	
Längenausdehnungskoeffizient	Bereich	°C		$\cdot 10^{-4}K^{-1}$
	Temperatur			$\cdot 10^{-4}K^{-1}$
Wärmeleitfähigkeit	Verfahren			W/(K·m)
Spezifische Wärmekapazität	Verfahren			J/(K·g)
Glasumwandlungstemperatur	Torsionsschwingungsversuch		°C	
	Differentialkalorimetrie		°C	

Brandverhalten

UL-Test vertikal — Dicke mm, Wert
Dicke mm, Wert

	Norm	Bewertung	Abmessungen
Sauerstoff-Index	ASTM D 2863		
Glühstab-Verfahren			
Brandverhalten	DIN 4102		
MVSS			
FAR			

Elektrische Eigenschaften

		Hz	°C		Probekörper, Form
Dielektrizitätszahl		50			
		10^3			
		10^6			
Dielektrischer Verlustfaktor tan δ		50			
		10^3			
		10^6			
Spezifischer Durchgangs-widerstand	Ohm·cm		23	1.0*10**15	
Durchschlagfestigkeit	kV/mm		23	120	2 mm dick
Oberflächenwiderstand	Ohm				

Kriechstromfestigkeit KC >600 KB >600 KA
Elektrolytische Korrosionswirkung
Lichtbogenfestigkeit nach DIN
nach ASTM s

Beständigkeit *(Chemische Beständigkeit siehe Anhang)*

Wasseraufnahme 23 C Bis zur Saettigung 7–9 %

Feuchtigkeitsaufnahme Normalklima %
Wetterbeständigkeit

Spannungskorrosion

Optische Eigenschaften

Brechungszahl n_D
Transmissionsgrad τ_c % mm dick
Lichtdurchlässigkeit

Datenbank-Nr. **T05980** Merkblatt-Nr. **3357**

PA

Produkt	Polyamid 66		
Handelsname	**Frianyl A 63 V**		
Hersteller	FRISETTA		
DIN-Bez 1			
DIN-Bez 2			
Zusätze		*Füllstoffe/ Verstärkung*	
Bevorzugte Verarbeitung	Spritzgiessen	*Lieferform*	Granulat
		Farben	Natur; Standard
Besondere Merkmale	Selbstverloeschend nach ASTM D 635	*Bevorzugte Anwendungen*	Technisches Formteil

Dichte	g/cm³	1.12	*Schmelzindex*	g/10 min	45:	275/2.16
Schüttdichte	g/cm³		*Volumenfließindex*	cm³/10 min	:	
Viskositätszahl	ml/g					

Verarbeitungsbedingungen für Spritzgießen

Massetemp.	°C	270–290	*Schwindung*	%	lgs 1.5–2.5, quer 1.5–2.5
Werkzeugtemp.	°C	40–80	*Bemerkungen*		
Spritzdruck	bar				

Zugversuch 23 °C DIN 53455; DIN 53457

Probekörper: *Form* Nr.3 *Herstellung* Spritzgiessen
Zustand Spritzfrisch *Vorbehandlung*

Streckspannung	N/mm²	100	*Dehnung bei Streckspannung*	%	
Zugfestigkeit	N/mm²		*Reißdehnung*	%	30
Reißfestigkeit	N/mm²		*% Dehnspannung*	N/mm²	
E-Modul	N/mm²	3300	*Dehnung bei % Dehnspg.*	%	

Kriechmoduln und Zeitstandwerte 23 °C

Probekörper: *Form* *Herstellung*
Zustand *Vorbehandlung*

Kriechmodul	*1 min*	N/mm²	*Zeitstandzugfestigkeit*	h	N/mm²
Kriechmodul	*1000 h*	N/mm²	*Zeitdehnspg. %*	h	N/mm²
bei Spannung		N/mm²			

Biegeversuch 23 °C

Probekörper: *Form* *Herstellung*
Zustand *Vorbehandlung*

Biegefestigkeit	N/mm²	*E-Modul*	N/mm²
3,5% Biegespannung	N/mm²		

Härte 23 °C *Probekörper:* *Zustand* Spritzfrisch *Herstellung* Spritzgiessen
Vorbehandlung

Kugeldruckhärte	N/mm²	120	bei 358 N, 10 s	*Shore-Härte* A
Rockwellhärte				*Shore-Härte* D

Schlagversuch *Probekörper:* *(1)* U-Kerbe
(2) *Herstellung* Spritzgiessen
Zustand Spritzfrisch *Vorbehandlung*

		°C	°C	°C	*Probekörper-Form*
Schlagzähigkeit	kJ/m²	23 o.B.	-40 o.B.		NKS
Kerbschlagzähigkeit (1)	kJ/m²	23 2.2			NKS
IZOD-Kerbschlagzähigkeit (2)	J/m				
Kerbschlagzugzähigkeit	kJ/m²				

Abrieb und Reibung

Taber-Abrieb (Reibradverfahren)	$mm^3/100$ U		
Abriebfaktor LNP (Thrust washer) Vergleichswert			
Statische Reibungszahl			
Dynamische Reibungszahl	(p·v=	N/mm^2 ·	m/min)
Zulässiger p · v Wert	N/mm^2 · (m/min)	v=	m/min
		v=	m/min

Thermische Eigenschaften

Formbeständigkeit in der Wärme	*Verfahren* A		85 °C
	Verfahren B		185 °C
Vicat Erweichungstemperatur (VST)	*Verfahren*		°C
	Verfahren		°C
Kristallit-Schmelzpunkt	*Verfahren* DSC		260 °C
Längenausdehnungskoeffizient	*Bereich*	°C	$\cdot 10^{-4}K^{-1}$
	Temperatur		$\cdot 10^{-4}K^{-1}$
Wärmeleitfähigkeit	*Verfahren*		W/(K · m)
Spezifische Wärmekapazität	*Verfahren*		J/(K · g)
Glasumwandlungstemperatur	*Torsionsschwingungsversuch*	°C	
	Differentialkalorimetrie	°C	

Brandverhalten

UL-Test vertikal	Dicke mm, Wert	
	Dicke mm, Wert	

	Norm	*Bewertung*	*Abmessungen*
Sauerstoff-Index	ASTM D 2863		
Glühstab-Verfahren			
Brandverhalten	DIN 4102		
MVSS			
FAR			

Elektrische Eigenschaften

		Hz	°C		*Probekörper, Form*
Dielektrizitätszahl		50			
		10^3			
		10^6			
Dielektrischer Verlustfaktor tan δ		50			
		10^3			
		10^6			
Spezifischer Durchgangswiderstand	Ohm · cm		23	1.0*10**15	
Durchschlagfestigkeit	kV/mm		23	120	2 mm dick
Oberflächenwiderstand	Ohm				
Kriechstromfestigkeit		KC >600	KB >600	KA	
Elektrolytische Korrosionswirkung					
Lichtbogenfestigkeit nach DIN					
nach ASTM	s				

Beständigkeit *(Chemische Beständigkeit siehe Anhang)*

Wasseraufnahme 23 C	Bis zur Saettigung	7–9 %
Feuchtigkeitsaufnahme Normalklima		%
Wetterbeständigkeit		
Spannungskorrosion		

Optische Eigenschaften

Brechungszahl n_D		
Transmissionsgrad τ_c	%	mm dick
Lichtdurchlässigkeit		

PA

Produkt	Polyamid 66		
Handelsname	**Frianyl A 63 E**		
Hersteller	FRISETTA		
DIN-Bez 1			
DIN-Bez 2			
Zusätze		*Füllstoffe/ Verstärkung*	
Bevorzugte Verarbeitung	Extrudieren	*Lieferform*	Granulat
		Farben	Natur
Besondere Merkmale	Gute Schlagzaehigkeit; Gute Kerbschlagzaehigkeit	*Bevorzugte Anwendungen*	Dickwandiges Formteil; Halbzeug; Tafel; Stab; Monofilament

Dichte	g/cm^3	1.13	*Schmelzindex*	g/10 min	40:	275/2.16
Schüttdichte	g/cm^3		*Volumenfließindex*	$cm^3/10$ min	:	
Viskositätszahl	ml/g					

Verarbeitungsbedingungen für Spritzgießen

Massetemp.	°C	270–290	*Schwindung*	%	lgs 1.5–2.8, quer 1.5–2.8
Werkzeugtemp.	°C	40–80	*Bemerkungen*		
Spritzdruck	bar				

Zugversuch 23 °C DIN 53455; DIN 53457

Probekörper: *Form* Nr.3 — *Zustand* Spritzfrisch — *Herstellung* Spritzgiessen — *Vorbehandlung*

Streckspannung	N/mm^2	80	*Dehnung bei Streckspannung*	%	
Zugfestigkeit	N/mm^2		*Reißdehnung*	%	50
Reißfestigkeit	N/mm^2		*% Dehnspannung*	N/mm^2	
E-Modul	N/mm^2	3200	*Dehnung bei % Dehnspg.*	%	

Kriechmoduln und Zeitstandwerte 23 °C

Probekörper: *Form* — *Zustand* — *Herstellung* — *Vorbehandlung*

Kriechmodul	*1 min*	N/mm^2	*Zeitstandzugfestigkeit*	h	N/mm^2
Kriechmodul	*1000 h*	N/mm^2	*Zeitdehnspg.* %	h	N/mm^2
bei Spannung		N/mm^2			

Biegeversuch 23 °C

Probekörper: *Form* — *Zustand* — *Herstellung* — *Vorbehandlung*

Biegefestigkeit	N/mm^2	*E-Modul*	N/mm^2
3,5% Biegespannung	N/mm^2		

Härte 23 °C *Probekörper:* *Zustand* Spritzfrisch — *Herstellung* Spritzgiessen — *Vorbehandlung*

Kugeldruckhärte	N/mm^2	120	bei 358 N, 10 s	*Shore-Härte* A
Rockwellhärte				*Shore-Härte* D

Schlagversuch *Probekörper:* *(1)* U-Kerbe *(2)* — *Zustand* Spritzfrisch — *Herstellung* Spritzgiessen — *Vorbehandlung*

		°C	°C	°C	*Probekörper-Form*
Schlagzähigkeit	kJ/m^2	23 o.B.	-40 o.B.		NKS
Kerbschlagzähigkeit (1)	kJ/m^2	23 5.3			NKS
IZOD-Kerbschlagzähigkeit (2)	J/m				
Kerbschlagzugzähigkeit	kJ/m^2				

Abrieb und Reibung

Taber-Abrieb (Reibradverfahren)	$mm^3/100$ U		
Abriebfaktor LNP (Thrust washer) Vergleichswert			
Statische Reibungszahl			
Dynamische Reibungszahl	(p · v= N/mm² ·		m/min)
Zulässiger p · v Wert	N/mm² · (m/min)	v=	m/min
		v=	m/min

Thermische Eigenschaften

Formbeständigkeit in der Wärme	*Verfahren* A	90 °C	
	Verfahren B	190 °C	
Vicat Erweichungstemperatur (VST)	*Verfahren*	°C	
	Verfahren	°C	
Kristallit-Schmelzpunkt	*Verfahren* DSC	260 °C	
Längenausdehnungskoeffizient	*Bereich* °C		$\cdot 10^{-4} K^{-1}$
	Temperatur		$\cdot 10^{-4} K^{-1}$
Wärmeleitfähigkeit	*Verfahren*		W/(K · m)
Spezifische Wärmekapazität	*Verfahren*		J/(K · g)
Glasumwandlungstemperatur	*Torsionsschwingungsversuch*	°C	
	Differentialkalorimetrie	°C	

Brandverhalten

UL-Test vertikal	Dicke mm, Wert	
	Dicke mm, Wert	

	Norm	*Bewertung*	*Abmessungen*
Sauerstoff-Index	ASTM D 2863		
Glühstab-Verfahren			
Brandverhalten	DIN 4102		
MVSS			
FAR			

Elektrische Eigenschaften

		Hz	°C		*Probekörper, Form*
Dielektrizitätszahl		50			
		10^3			
		10^6			
Dielektrischer Verlustfaktor tan δ		50			
		10^3			
		10^6			
Spezifischer Durchgangswiderstand	Ohm · cm		23	1.0*10**15	
Durchschlagfestigkeit	kV/mm		23	120	2 mm dick
Oberflächenwiderstand	Ohm				

Kriechstromfestigkeit	KC >600	KB >600	KA
Elektrolytische Korrosionswirkung			
Lichtbogenfestigkeit nach DIN			
nach ASTM s			

Beständigkeit *(Chemische Beständigkeit siehe Anhang)*

Wasseraufnahme 23 C Bis zur Saettigung	8–9 %
Feuchtigkeitsaufnahme Normalklima	%
Wetterbeständigkeit	
Spannungskorrosion	

Optische Eigenschaften

Brechungszahl n_D		
Transmissionsgrad τ_c	%	mm dick
Lichtdurchlässigkeit		

Produkt	Polyamid 66			**PA**
Handelsname	**Frianyl A 53 GV 15**			
Hersteller	FRISETTA			
DIN-Bez 1				
DIN-Bez 2				
Zusätze		*Füllstoffe/ Verstärkung*	15.0% Glasfaser	
Bevorzugte Verarbeitung	Spritzgiessen	*Lieferform*	Granulat	
		Farben	Natur; Standard	
Besondere Merkmale	Hoher Modul	*Bevorzugte Anwendungen*	Technisches Formteil; Luefterfluegel; Spulenkoerper; Gehaeuse; Tankdeckel	

Dichte	g/cm³	1.22	*Schmelzindex*	g/10 min	:
Schüttdichte	g/cm³		*Volumenfließindex*	cm³/10 min	:
Viskositätszahl	ml/g				

Verarbeitungsbedingungen für Spritzgießen

Massetemp.	°C	270–290	*Schwindung*	%	lgs 0.8–1.8, quer
Werkzeugtemp.	°C	90–120	*Bemerkungen*		
Spritzdruck	bar				

Zugversuch 23 °C DIN 53455; DIN 53457

Probekörper: *Form* Nr.3 — *Herstellung* Spritzgiessen
Zustand Spritzfrisch — *Vorbehandlung*

Streckspannung	N/mm²	120	*Dehnung bei Streckspannung*	%	
Zugfestigkeit	N/mm²		*Reißdehnung*	%	8
Reißfestigkeit	N/mm²		*% Dehnspannung*	N/mm²	
E-Modul	N/mm²	6500	*Dehnung bei % Dehnspg.*	%	

Kriechmoduln und Zeitstandwerte 23 °C

Probekörper: *Form* — *Herstellung*
Zustand — *Vorbehandlung*

Kriechmodul	*1 min*	N/mm²	*Zeitstandzugfestigkeit*	h	N/mm²
Kriechmodul	*1000 h*	N/mm²	*Zeitdehnspg.* %	h	N/mm²
bei Spannung		N/mm²			

Biegeversuch 23 °C

Probekörper: *Form* — *Herstellung*
Zustand — *Vorbehandlung*

Biegefestigkeit	N/mm²		*E-Modul*	N/mm²
3,5% *Biegespannung*	N/mm²			

Härte 23 °C *Probekörper:* *Zustand* Spritzfrisch — *Herstellung* Spritzgiessen
Vorbehandlung

Kugeldruckhärte	N/mm² 130	bei 358 N, 10 s	*Shore-Härte* A	
Rockwellhärte			*Shore-Härte* D	

Schlagversuch *Probekörper:* *(1)*
(2) — *Herstellung* Spritzgiessen
Zustand Spritzfrisch — *Vorbehandlung*

		°C		°C		°C		*Probekörper-Form*
Schlagzähigkeit	kJ/m²	23	25	-40	23			NKS
Kerbschlagzähigkeit (1)	kJ/m²							
IZOD-Kerbschlagzähigkeit (2)	J/m							
Kerbschlagzugzähigkeit	kJ/m²							

Abrieb und Reibung

Taber-Abrieb (Reibradverfahren)	mm^3/100 U		
Abriebfaktor LNP (Thrust washer) Vergleichswert			
Statische Reibungszahl			
Dynamische Reibungszahl	(p·v=	N/mm²·	m/min)
Zulässiger p · v Wert	N/mm²·(m/min)	v=	m/min
		v=	m/min

Thermische Eigenschaften

Formbeständigkeit in der Wärme	*Verfahren* A		190 °C
	Verfahren B		215 °C
Vicat Erweichungstemperatur (VST)	*Verfahren*		°C
	Verfahren		°C
Kristallit-Schmelzpunkt	*Verfahren* DSC		260 °C
Längenausdehnungskoeffizient	*Bereich*	°C	$\cdot 10^{-4}K^{-1}$
	Temperatur		$\cdot 10^{-4}K^{-1}$
Wärmeleitfähigkeit	*Verfahren*		W/(K · m)
Spezifische Wärmekapazität	*Verfahren*		J/(K · g)
Glasumwandlungstemperatur	*Torsionsschwingungsversuch*	°C	
	Differentialkalorimetrie	°C	

Brandverhalten

UL-Test vertikal — Dicke mm, Wert; Dicke mm, Wert

	Norm	*Bewertung*	*Abmessungen*
Sauerstoff-Index	ASTM D 2863		
Glühstab-Verfahren			
Brandverhalten	DIN 4102		
MVSS			
FAR			

Elektrische Eigenschaften

		Hz	°C			*Probekörper, Form*
Dielektrizitätszahl		50				
		10^3				
		10^6				
Dielektrischer Verlustfaktor tan δ		50				
		10^3				
		10^6				
Spezifischer Durchgangs-widerstand	Ohm · cm		23	1.0*10**15		
Durchschlagfestigkeit	kV/mm		23	60		2 mm dick
Oberflächenwiderstand	Ohm					
Kriechstromfestigkeit		KC 450		KB 450	KA	
Elektrolytische Korrosionswirkung						
Lichtbogenfestigkeit nach DIN						
nach ASTM	s					

Beständigkeit *(Chemische Beständigkeit siehe Anhang)*

Wasseraufnahme 23 C Bis zur Saettigung	6.0–8.0 %	
Feuchtigkeitsaufnahme Normalklima		%
Wetterbeständigkeit		
Spannungskorrosion		

Optische Eigenschaften

Brechungszahl n_D		
Transmissionsgrad τ_c	%	mm dick
Lichtdurchlässigkeit		

Datenbank-Nr. **T05983** *Merkblatt-Nr.* **3360**

Produkt	Polyamid 66		**PA**
Handelsname	**Frianyl A 63 GV 15**		
Hersteller	FRISETTA		
DIN-Bez 1			
DIN-Bez 2			
Zusätze		*Füllstoffe/ Verstärkung*	15.0% Glasfaser
Bevorzugte Verarbeitung	Spritzgiessen	*Lieferform*	Granulat
		Farben	Natur; Standard
Besondere Merkmale	Hoher Modul	*Bevorzugte Anwendungen*	Technisches Formteil; Luefterfluegel; Spulenkoerper; Gehaeuse; Tankdeckel

Dichte	g/cm^3	1.22	*Schmelzindex*	g/10 min		:
Schüttdichte	g/cm^3		*Volumenfließindex*	cm^3/10 min		:
Viskositätszahl	ml/g					

Verarbeitungsbedingungen für Spritzgießen

Massetemp.	°C	270–290	*Schwindung*	%	lgs 0.8–1.8, quer
Werkzeugtemp.	°C	90–120	*Bemerkungen*		
Spritzdruck	bar				

Zugversuch 23 °C DIN 53455; DIN 53457

Probekörper: *Form* Nr.3 — *Herstellung* Spritzgiessen
Zustand Spritzfrisch — *Vorbehandlung*

Streckspannung	N/mm^2	120	*Dehnung bei Streckspannung*	%	
Zugfestigkeit	N/mm^2		*Reißdehnung*	%	8
Reißfestigkeit	N/mm^2		*% Dehnspannung*	N/mm^2	
E-Modul	N/mm^2	6500	*Dehnung bei % Dehnspg.*	%	

Kriechmoduln und Zeitstandwerte 23 °C

Probekörper: *Form* — *Herstellung*
Zustand — *Vorbehandlung*

Kriechmodul	*1 min*	N/mm^2	*Zeitstandzugfestigkeit*	h	N/mm^2
Kriechmodul	*1000 h*	N/mm^2	*Zeitdehnspg. %*	h	N/mm^2
bei Spannung		N/mm^2			

Biegeversuch 23 °C

Probekörper: *Form* — *Herstellung*
Zustand — *Vorbehandlung*

Biegefestigkeit	N/mm^2	*E-Modul*	N/mm^2
3,5% *Biegespannung*	N/mm^2		

Härte 23 °C *Probekörper:* *Zustand* Spritzfrisch — *Herstellung* Spritzgiessen
Vorbehandlung

Kugeldruckhärte	N/mm^2	130	bei 358 N, 10 s	*Shore-Härte* A
Rockwellhärte				*Shore-Härte* D

Schlagversuch *Probekörper:* *(1)*
(2) — *Herstellung* Spritzgiessen
Zustand Spritzfrisch — *Vorbehandlung*

		°C		°C		°C		*Probekörper-Form*
Schlagzähigkeit	kJ/m^2	23	25	-40	23			NKS
Kerbschlagzähigkeit (1)	kJ/m^2							
IZOD-Kerbschlagzähigkeit (2)	J/m							
Kerbschlagzugzähigkeit	kJ/m^2							

Abrieb und Reibung

Taber-Abrieb (Reibradverfahren)	$mm^3/100$ U		
Abriebfaktor LNP (Thrust washer) Vergleichswert			
Statische Reibungszahl			
Dynamische Reibungszahl	(p·v=	N/mm^2 ·	m/min)
Zulässiger p · v Wert	N/mm^2 · (m/min)	v=	m/min
		v=	m/min

Thermische Eigenschaften

Formbeständigkeit in der Wärme	*Verfahren* A		190 °C
	Verfahren B		215 °C
Vicat Erweichungstemperatur (VST)	*Verfahren*		°C
	Verfahren		°C
Kristallit-Schmelzpunkt	*Verfahren* DSC		260 °C
Längenausdehnungskoeffizient	*Bereich*	°C	$\cdot 10^{-4}K^{-1}$
	Temperatur		$\cdot 10^{-4}K^{-1}$
Wärmeleitfähigkeit	*Verfahren*		W/(K · m)
Spezifische Wärmekapazität	*Verfahren*		J/(K · g)
Glasumwandlungstemperatur	*Torsionsschwingungsversuch*	°C	
	Differentialkalorimetrie	°C	

Brandverhalten

UL-Test vertikal	Dicke	mm, Wert
	Dicke	mm, Wert

	Norm	*Bewertung*	*Abmessungen*
Sauerstoff-Index	ASTM D 2863		
Glühstab-Verfahren			
Brandverhalten	DIN 4102		
MVSS			
FAR			

Elektrische Eigenschaften

		Hz	°C		*Probekörper, Form*
Dielektrizitätszahl		50			
		10^3			
		10^6			
Dielektrischer Verlustfaktor tan δ		50			
		10^3			
		10^6			
Spezifischer Durchgangs-widerstand	Ohm · cm		23	1.0*10**15	
Durchschlagfestigkeit	kV/mm		23	60	2 mm dick
Oberflächenwiderstand	Ohm				

Kriechstromfestigkeit	KC 450	KB 450	KA
Elektrolytische Korrosionswirkung			
Lichtbogenfestigkeit nach DIN			
nach ASTM s			

Beständigkeit *(Chemische Beständigkeit siehe Anhang)*

Wasseraufnahme 23 C	Bis zur Saettigung	6.0–8.0 %
Feuchtigkeitsaufnahme Normalklima		%
Wetterbeständigkeit		
Spannungskorrosion		

Optische Eigenschaften

Brechungszahl n_D		
Transmissionsgrad τ_c	%	mm dick
Lichtdurchlässigkeit		

PA

Produkt	Polyamid 66		
Handelsname	**Frianyl A 53 GV 20**		
Hersteller	FRISETTA		
DIN-Bez 1			
DIN-Bez 2			
Zusätze		*Füllstoffe/ Verstärkung*	20.0% Glasfaser
Bevorzugte Verarbeitung	Spritzgiessen	*Lieferform*	Granulat
		Farben	Natur; Standard
Besondere Merkmale	Hoher Modul	*Bevorzugte Anwendungen*	Technisches Formteil; Luefterfluegel; Spulenkoerper; Gehaeuse; Tankdeckel

Dichte	g/cm^3	1.25	*Schmelzindex*	g/10 min	110:	275/5
Schüttdichte	g/cm^3		*Volumenfließindex*	cm^3/10 min	:	
Viskositätszahl	ml/g					

Verarbeitungsbedingungen für Spritzgießen

Massetemp.	°C	270–290	*Schwindung*	%	lgs 0.5–1.5, quer
Werkzeugtemp.	°C	90–120	*Bemerkungen*		
Spritzdruck	bar				

Zugversuch 23 °C DIN 53455; DIN 53457

Probekörper: *Form* Nr.3 — *Herstellung* Spritzgiessen
Zustand Spritzfrisch — *Vorbehandlung*

Streckspannung	N/mm^2	185	*Dehnung bei Streckspannung*	%	
Zugfestigkeit	N/mm^2		*Reißdehnung*	%	7
Reißfestigkeit	N/mm^2		*% Dehnspannung*	N/mm^2	
E-Modul	N/mm^2	8000	*Dehnung bei % Dehnspg.*	%	

Kriechmoduln und Zeitstandwerte 23 °C

Probekörper: *Form* — *Herstellung*
Zustand — *Vorbehandlung*

Kriechmodul	*1 min* N/mm^2	*Zeitstandzugfestigkeit*	h	N/mm^2
Kriechmodul	*1000 h* N/mm^2	*Zeitdehnspg. %*	h	N/mm^2
bei Spannung	N/mm^2			

Biegeversuch 23 °C

Probekörper: *Form* — *Herstellung*
Zustand — *Vorbehandlung*

Biegefestigkeit	N/mm^2	*E-Modul*	N/mm^2
3,5% *Biegespannung*	N/mm^2		

Härte 23 °C *Probekörper:* *Zustand* Spritzfrisch — *Herstellung* Spritzgiessen
Vorbehandlung

Kugeldruckhärte	N/mm^2 140	bei 358 N, 10 s	*Shore-Härte* A	
Rockwellhärte			*Shore-Härte* D	

Schlagversuch *Probekörper:* *(1)* U-Kerbe
(2) — *Herstellung* Spritzgiessen
Zustand Spritzfrisch — *Vorbehandlung*

		°C		°C		°C		*Probekörper-Form*
Schlagzähigkeit	kJ/m^2	23	35	-40	28			NKS
Kerbschlagzähigkeit (1)	kJ/m^2	23	6.0					NKS
IZOD-Kerbschlagzähigkeit (2)	J/m							
Kerbschlagzugzähigkeit	kJ/m^2							

Abrieb und Reibung

Taber-Abrieb (Reibradverfahren)	mm^3/100 U		
Abriebfaktor LNP (Thrust washer) Vergleichswert			
Statische Reibungszahl			
Dynamische Reibungszahl	(p·v= N/mm^2·		m/min)
Zulässiger p · v Wert	N/mm^2 · (m/min)	v=	m/min
		v=	m/min

Thermische Eigenschaften

Formbeständigkeit in der Wärme	*Verfahren* A		220 °C	
	Verfahren B		230 °C	
Vicat Erweichungstemperatur (VST)	*Verfahren*		°C	
	Verfahren		°C	
Kristallit-Schmelzpunkt	*Verfahren* DSC		260 °C	
Längenausdehnungskoeffizient	*Bereich*	°C		$\cdot 10^{-4}K^{-1}$
	Temperatur			$\cdot 10^{-4}K^{-1}$
Wärmeleitfähigkeit	*Verfahren*			W/(K · m)
Spezifische Wärmekapazität	*Verfahren*			J/(K · g)
Glasumwandlungstemperatur	*Torsionsschwingungsversuch*	°C		
	Differentialkalorimetrie	°C		

Brandverhalten

UL-Test vertikal		Dicke mm, Wert	
		Dicke mm, Wert	
	Norm	*Bewertung*	*Abmessungen*
Sauerstoff-Index	ASTM D 2863		
Glühstab-Verfahren			
Brandverhalten	DIN 4102		
MVSS			
FAR			

Elektrische Eigenschaften

		Hz	°C		*Probekörper, Form*
Dielektrizitätszahl		50			
		10^3			
		10^6			
Dielektrischer Verlustfaktor tan δ		50			
		10^3			
		10^6			
Spezifischer Durchgangswiderstand	Ohm · cm		23	1.0*10**15	
Durchschlagfestigkeit	kV/mm		23	60	2 mm dick
Oberflächenwiderstand	Ohm				
Kriechstromfestigkeit		KC 450		KB 450	KA
Elektrolytische Korrosionswirkung					
Lichtbogenfestigkeit nach DIN					
nach ASTM	s				

Beständigkeit *(Chemische Beständigkeit siehe Anhang)*

Wasseraufnahme 23 C Bis zur Saettigung	6.0–8.0 %	
Feuchtigkeitsaufnahme Normalklima		%
Wetterbeständigkeit		
Spannungskorrosion		

Optische Eigenschaften

Brechungszahl n_D		
Transmissionsgrad τ_c	%	mm dick
Lichtdurchlässigkeit		

Produkt	Polyamid 66		**PA**
Handelsname	**Frianyl A 63 GV 20**		
Hersteller	FRISETTA		
DIN-Bez 1			
DIN-Bez 2			
Zusätze		*Füllstoffe/ Verstärkung*	20.0% Glasfaser
Bevorzugte Verarbeitung	Spritzgiessen	*Lieferform*	Granulat
		Farben	Natur; Standard
Besondere Merkmale	Hoher Modul	*Bevorzugte Anwendungen*	Technisches Formteil; Luefterfluegel; Spulenkoerper; Gehaeuse; Tankdeckel

Dichte	g/cm³	1.25	*Schmelzindex*	g/10 min	100:	275/5.0
Schüttdichte	g/cm³		*Volumenfließindex*	cm³/10 min	:	
Viskositätszahl	ml/g					

Verarbeitungsbedingungen für Spritzgießen

Massetemp.	°C	270–290	*Schwindung*	%	lgs 0.5–1.5, quer
Werkzeugtemp.	°C	90–120	*Bemerkungen*		
Spritzdruck	bar				

Zugversuch 23 °C DIN 53455; DIN 53457

Probekörper: *Form* Nr.3 — *Herstellung* Spritzgiessen
Zustand Spritzfrisch — *Vorbehandlung*

Streckspannung	N/mm²	185	*Dehnung bei Streckspannung*	%	
Zugfestigkeit	N/mm²		*Reißdehnung*	%	7
Reißfestigkeit	N/mm²		*% Dehnspannung*	N/mm²	
E-Modul	N/mm²	8000	*Dehnung bei % Dehnspg.*	%	

Kriechmoduln und Zeitstandwerte 23 °C

Probekörper: *Form* — *Herstellung*
Zustand — *Vorbehandlung*

Kriechmodul	*1 min*	N/mm²	*Zeitstandzugfestigkeit*	h	N/mm²
Kriechmodul	*1000 h*	N/mm²	*Zeitdehnspg. %*	h	N/mm²
bei Spannung		N/mm²			

Biegeversuch 23 °C

Probekörper: *Form* — *Herstellung*
Zustand — *Vorbehandlung*

Biegefestigkeit	N/mm²	*E-Modul*	N/mm²
3,5% *Biegespannung*	N/mm²		

Härte 23 °C *Probekörper:* *Zustand* Spritzfrisch — *Herstellung* Spritzgiessen
Vorbehandlung

Kugeldruckhärte	N/mm²	140	bei 358 N, 10 s	*Shore-Härte* A
Rockwellhärte				*Shore-Härte* D

Schlagversuch *Probekörper:* *(1)* U-Kerbe
(2) — *Herstellung* Spritzgiessen
Zustand Spritzfrisch — *Vorbehandlung*

		°C		°C		°C		*Probekörper-Form*
Schlagzähigkeit	kJ/m²	23	35	-40	28			NKS
Kerbschlagzähigkeit (1)	kJ/m²	23	8.0					NKS
IZOD-Kerbschlagzähigkeit (2)	J/m							
Kerbschlagzugzähigkeit	kJ/m²							

Abrieb und Reibung

Taber-Abrieb (Reibradverfahren)	$mm^3/100$ U		
Abriebfaktor LNP (Thrust washer) Vergleichswert			
Statische Reibungszahl			
Dynamische Reibungszahl	(p·v= N/mm²·		m/min)
Zulässiger p · v Wert	N/mm² · (m/min)	v=	m/min
		v=	m/min

Thermische Eigenschaften

Formbeständigkeit in der Wärme	*Verfahren* A		220 °C
	Verfahren B		230 °C
Vicat Erweichungstemperatur (VST)	*Verfahren*		°C
	Verfahren		°C
Kristallit-Schmelzpunkt	*Verfahren* DSC		260 °C
Längenausdehnungskoeffizient	*Bereich*	°C	$\cdot 10^{-4}K^{-1}$
	Temperatur		$\cdot 10^{-4}K^{-1}$
Wärmeleitfähigkeit	*Verfahren*		W/(K · m)
Spezifische Wärmekapazität	*Verfahren*		J/(K · g)
Glasumwandlungstemperatur	*Torsionsschwingungsversuch*	°C	
	Differentialkalorimetrie	°C	

Brandverhalten

UL-Test vertikal	Dicke mm, Wert	
	Dicke mm, Wert	

	Norm	*Bewertung*	*Abmessungen*
Sauerstoff-Index	ASTM D 2863		
Glühstab-Verfahren			
Brandverhalten	DIN 4102		
MVSS			
FAR			

Elektrische Eigenschaften

		Hz	°C		*Probekörper, Form*
Dielektrizitätszahl		50			
		10^3			
		10^6			
Dielektrischer Verlustfaktor tan δ		50			
		10^3			
		10^6			
Spezifischer Durchgangswiderstand	Ohm · cm		23	1.0*10**15	
Durchschlagfestigkeit	kV/mm		23	60	2 mm dick
Oberflächenwiderstand	Ohm				
Kriechstromfestigkeit		KC 450		KB 450	KA
Elektrolytische Korrosionswirkung					
Lichtbogenfestigkeit nach DIN					
nach ASTM	s				

Beständigkeit *(Chemische Beständigkeit siehe Anhang)*

Wasseraufnahme 23 C	Bis zur Saettigung	6.0–8.0 %
Feuchtigkeitsaufnahme Normalklima		%
Wetterbeständigkeit		
Spannungskorrosion		

Optische Eigenschaften

Brechungszahl n_D		
Transmissionsgrad τ_c	%	mm dick
Lichtdurchlässigkeit		

Produkt	Polyamid 66		**PA**
Handelsname	**Frianyl A 53 GV 30**		
Hersteller	FRISETTA		
DIN-Bez 1			
DIN-Bez 2			
Zusätze		*Füllstoffe/ Verstärkung*	30.0% Glasfaser
Bevorzugte Verarbeitung	Spritzgiessen	*Lieferform*	Granulat
		Farben	Natur; Standard
Besondere Merkmale	Sehr hoher Modul; Sehr hohe Festigkeit	*Bevorzugte Anwendungen*	Technisches Formteil; Luefterfluegel; Spulenkoerper; Gehaeuse; Tankdeckel

Dichte	g/cm³	1.35	*Schmelzindex*	g/10 min	90:	275/5.0
Schüttdichte	g/cm³		*Volumenfließindex*	cm³/10 min	:	
Viskositätszahl	ml/g					

Verarbeitungsbedingungen für Spritzgießen

Massetemp.	°C	270–290	*Schwindung*	%	lgs 0.3–1.2, quer
Werkzeugtemp.	°C	90–120	*Bemerkungen*		
Spritzdruck	bar				

Zugversuch 23 °C DIN 53455; DIN 53457

Probekörper: *Form* Nr.3 — *Herstellung* Spritzgiessen
Zustand Spritzfrisch — *Vorbehandlung*

Streckspannung	N/mm²	200	*Dehnung bei Streckspannung*	%	
Zugfestigkeit	N/mm²		*Reißdehnung*	%	6
Reißfestigkeit	N/mm²		*% Dehnspannung*	N/mm²	
E-Modul	N/mm²	10000	*Dehnung bei % Dehnspg.*	%	

Kriechmoduln und Zeitstandwerte 23 °C

Probekörper: *Form* — *Herstellung*
Zustand — *Vorbehandlung*

Kriechmodul	*1 min*	N/mm²	*Zeitstandzugfestigkeit*	h	N/mm²
Kriechmodul	*1000 h*	N/mm²	*Zeitdehnspg. %*	h	N/mm²
bei Spannung		N/mm²			

Biegeversuch 23 °C

Probekörper: *Form* — *Herstellung*
Zustand — *Vorbehandlung*

Biegefestigkeit	N/mm²	*E-Modul*	N/mm²
3,5% *Biegespannung*	N/mm²		

Härte 23 °C *Probekörper:* *Zustand* Spritzfrisch — *Herstellung* Spritzgiessen
Vorbehandlung

Kugeldruckhärte	N/mm²	155	bei 358 N, 10 s	*Shore-Härte* A
Rockwellhärte				*Shore-Härte* D

Schlagversuch *Probekörper:* *(1)* U-Kerbe
(2) — *Herstellung* Spritzgiessen
Zustand Spritzfrisch — *Vorbehandlung*

		°C		°C		°C		*Probekörper-Form*
Schlagzähigkeit	kJ/m²	23	45	-40	35			NKS
Kerbschlagzähigkeit (1)	kJ/m²	23	6.5					NKS
IZOD-Kerbschlagzähigkeit (2)	J/m							
Kerbschlagzugzähigkeit	kJ/m²							

Abrieb und Reibung

Taber-Abrieb (Reibradverfahren)	$mm^3/100$ U		
Abriebfaktor LNP (Thrust washer) Vergleichswert			
Statische Reibungszahl			
Dynamische Reibungszahl	(p·v=	N/mm^2 ·	m/min)
Zulässiger p · v Wert	N/mm^2 · (m/min)	v=	m/min
		v=	m/min

Thermische Eigenschaften

Formbeständigkeit in der Wärme	Verfahren A		230 °C
	Verfahren B		245 °C
Vicat Erweichungstemperatur (VST)	Verfahren		°C
	Verfahren		°C
Kristallit-Schmelzpunkt	Verfahren DSC		260 °C
Längenausdehnungskoeffizient	Bereich	°C	$\cdot 10^{-4}K^{-1}$
	Temperatur		$\cdot 10^{-4}K^{-1}$
Wärmeleitfähigkeit	Verfahren		W/(K · m)
Spezifische Wärmekapazität	Verfahren		J/(K · g)
Glasumwandlungstemperatur	Torsionsschwingungsversuch	°C	
	Differentialkalorimetrie	°C	

Brandverhalten

UL-Test vertikal	Dicke mm, Wert	
	Dicke mm, Wert	

	Norm	Bewertung	Abmessungen
Sauerstoff-Index	ASTM D 2863		
Glühstab-Verfahren			
Brandverhalten	DIN 4102		
MVSS			
FAR			

Elektrische Eigenschaften

		Hz	°C		Probekörper, Form
Dielektrizitätszahl		50			
		10^3			
		10^6			
Dielektrischer Verlustfaktor tan δ		50			
		10^3			
		10^6			
Spezifischer Durchgangswiderstand	Ohm · cm		23	1.0*10**15	
Durchschlagfestigkeit	kV/mm		23	60	2 mm dick
Oberflächenwiderstand	Ohm				

Kriechstromfestigkeit	KC 450	KB 450	KA
Elektrolytische Korrosionswirkung			
Lichtbogenfestigkeit nach DIN			
nach ASTM s			

Beständigkeit *(Chemische Beständigkeit siehe Anhang)*

Wasseraufnahme 23 C Bis zur Saettigung	6.0–8.0 %
Feuchtigkeitsaufnahme Normalklima	%
Wetterbeständigkeit	
Spannungskorrosion	

Optische Eigenschaften

Brechungszahl n_D		
Transmissionsgrad τ_c	%	mm dick
Lichtdurchlässigkeit		

PA

Produkt	Polyamid 66		
Handelsname	**Frianyl A 63 GV 30**		
Hersteller	FRISETTA		
DIN-Bez 1			
DIN-Bez 2			
Zusätze		*Füllstoffe/ Verstärkung*	30.0% Glasfaser
Bevorzugte Verarbeitung	Spritzgiessen	*Lieferform*	Granulat
		Farben	Natur; Standard
Besondere Merkmale	Sehr hoher Modul; Sehr hohe Festigkeit	*Bevorzugte Anwendungen*	Technisches Formteil; Luefterfluegel; Spulenkoerper; Gehaeuse; Tankdeckel

Dichte	g/cm^3	1.35	*Schmelzindex*	g/10 min	80:	275/5.0
Schüttdichte	g/cm^3		*Volumenfließindex*	cm^3/10 min	:	
Viskositätszahl	ml/g					

Verarbeitungsbedingungen für Spritzgießen

Massetemp.	°C	270–290	*Schwindung*	%	lgs 0.3–1.2, quer
Werkzeugtemp.	°C	90–120	*Bemerkungen*		
Spritzdruck	bar				

Zugversuch 23 °C DIN 53455; DIN 53457

Probekörper: *Form* Nr.3 — *Herstellung* Spritzgiessen
Zustand Spritzfrisch — *Vorbehandlung*

Streckspannung	N/mm^2	200	*Dehnung bei Streckspannung*	%	
Zugfestigkeit	N/mm^2		*Reißdehnung*	%	6
Reißfestigkeit	N/mm^2		*% Dehnspannung*	N/mm^2	
E-Modul	N/mm^2	10000	*Dehnung bei % Dehnspg.*	%	

Kriechmoduln und Zeitstandwerte 23 °C

Probekörper: *Form* — *Herstellung*
Zustand — *Vorbehandlung*

Kriechmodul	*1 min*	N/mm^2	*Zeitstandzugfestigkeit*	h	N/mm^2
Kriechmodul	*1000 h*	N/mm^2	*Zeitdehnspg. %*	h	N/mm^2
bei Spannung		N/mm^2			

Biegeversuch 23 °C

Probekörper: *Form* — *Herstellung*
Zustand — *Vorbehandlung*

Biegefestigkeit	N/mm^2	*E-Modul*	N/mm^2
3,5% *Biegespannung*	N/mm^2		

Härte 23 °C *Probekörper:* *Zustand* Spritzfrisch — *Herstellung* Spritzgiessen
Vorbehandlung

Kugeldruckhärte	N/mm^2 155	bei 358 N, 10 s	*Shore-Härte* A	
Rockwellhärte			*Shore-Härte* D	

Schlagversuch *Probekörper:* *(1)* U-Kerbe
(2) — *Herstellung* Spritzgiessen
Zustand Spritzfrisch — *Vorbehandlung*

		°C		°C		°C		*Probekörper-Form*
Schlagzähigkeit	kJ/m^2	23	45	-40	35			NKS
Kerbschlagzähigkeit (1)	kJ/m^2	23	8.5					NKS
IZOD-Kerbschlagzähigkeit (2)	J/m							
Kerbschlagzugzähigkeit	kJ/m^2							

Abrieb und Reibung

Taber-Abrieb (Reibradverfahren)	mm^3/100 U
Abriebfaktor LNP (Thrust washer) Vergleichswert	
Statische Reibungszahl	
Dynamische Reibungszahl	(p·v= N/mm^2· m/min)
Zulässiger p · v Wert	N/mm^2·(m/min) v= m/min
	v= m/min

Thermische Eigenschaften

Formbeständigkeit in der Wärme	*Verfahren* A		230 °C
	Verfahren B		245 °C
Vicat Erweichungstemperatur (VST)	*Verfahren*		°C
	Verfahren		°C
Kristallit-Schmelzpunkt	*Verfahren* DSC		260 °C
Längenausdehnungskoeffizient	*Bereich*	°C	$\cdot 10^{-4}K^{-1}$
	Temperatur		$\cdot 10^{-4}K^{-1}$
Wärmeleitfähigkeit	*Verfahren*		W/(K · m)
Spezifische Wärmekapazität	*Verfahren*		J/(K · g)
Glasumwandlungstemperatur	*Torsionsschwingungsversuch*	°C	
	Differentialkalorimetrie	°C	

Brandverhalten

UL-Test vertikal Dicke mm, Wert
Dicke mm, Wert

	Norm	*Bewertung*	*Abmessungen*
Sauerstoff-Index	ASTM D 2863		
Glühstab-Verfahren			
Brandverhalten	DIN 4102		
MVSS			
FAR			

Elektrische Eigenschaften

		Hz	°C		*Probekörper, Form*	
Dielektrizitätszahl		50				
		10^3				
		10^6				
Dielektrischer Verlustfaktor tan δ		50				
		10^3				
		10^6				
Spezifischer Durchgangs-widerstand	Ohm · cm		23	1.0*10**15		
Durchschlagfestigkeit	kV/mm		23	60	2	mm dick
Oberflächenwiderstand	Ohm					
Kriechstromfestigkeit		KC 450		KB 450	KA	
Elektrolytische Korrosionswirkung						
Lichtbogenfestigkeit nach DIN						
nach ASTM	s					

Beständigkeit *(Chemische Beständigkeit siehe Anhang)*

Wasseraufnahme 23 C Bis zur Saettigung	6.0–8.0 %
Feuchtigkeitsaufnahme Normalklima	%
Wetterbeständigkeit	
Spannungskorrosion	

Optische Eigenschaften

Brechungszahl n_D
Transmissionsgrad τ_c % mm dick
Lichtdurchlässigkeit

Produkt	Polyamid 66		**PA**
Handelsname	**Frianyl A 53 GV 40**		
Hersteller	FRISETTA		
DIN-Bez 1			
DIN-Bez 2			
Zusätze		*Füllstoffe/ Verstärkung*	40.0% Glasfaser
Bevorzugte Verarbeitung	Spritzgiessen	*Lieferform*	Granulat
		Farben	Natur; Standard
Besondere Merkmale	Sehr hoher Modul; Sehr hohe Festigkeit	*Bevorzugte Anwendungen*	Technisches Formteil; Luefterfluegel; Spulenkoerper; Gehaeuse; Tankdeckel

Dichte	g/cm^3	1.45	*Schmelzindex*	g/10 min	70:	275/5.0
Schüttdichte	g/cm^3		*Volumenfließindex*	$cm^3/10$ min	:	
Viskositätszahl	ml/g					

Verarbeitungsbedingungen für Spritzgießen

Massetemp.	°C	270–290	*Schwindung*	%	lgs 0.2–1.0, quer
Werkzeugtemp.	°C	90–120	*Bemerkungen*		
Spritzdruck	bar				

Zugversuch 23 °C DIN 53455; DIN 53457

Probekörper: *Form* Nr.3 — *Herstellung* Spritzgiessen
Zustand Spritzfrisch — *Vorbehandlung*

Streckspannung	N/mm^2	210	*Dehnung bei Streckspannung*	%	
Zugfestigkeit	N/mm^2		*Reißdehnung*	%	5
Reißfestigkeit	N/mm^2		*% Dehnspannung*	N/mm^2	
E-Modul	N/mm^2	12000	*Dehnung bei % Dehnspg.*	%	

Kriechmoduln und Zeitstandwerte 23 °C

Probekörper: *Form* — *Herstellung*
Zustand — *Vorbehandlung*

Kriechmodul	*1 min*	N/mm^2	*Zeitstandzugfestigkeit*	h	N/mm^2
Kriechmodul	*1000 h*	N/mm^2	*Zeitdehnspg. %*	h	N/mm^2
bei Spannung		N/mm^2			

Biegeversuch 23 °C

Probekörper: *Form* — *Herstellung*
Zustand — *Vorbehandlung*

Biegefestigkeit	N/mm^2	*E-Modul*	N/mm^2
3,5% *Biegespannung*	N/mm^2		

Härte 23 °C *Probekörper:* *Zustand* Spritzfrisch — *Herstellung* Spritzgiessen
Vorbehandlung

Kugeldruckhärte	N/mm^2	160	bei 358 N, 10 s	*Shore-Härte* A
Rockwellhärte				*Shore-Härte* D

Schlagversuch *Probekörper:* *(1)* U-Kerbe
(2) — *Herstellung* Spritzgiessen
Zustand Spritzfrisch — *Vorbehandlung*

		°C		°C		°C		*Probekörper-Form*
Schlagzähigkeit	kJ/m^2	23	48	-40	38			NKS
Kerbschlagzähigkeit (1)	kJ/m^2	23	7.0					NKS
IZOD-Kerbschlagzähigkeit (2)	J/m							
Kerbschlagzugzähigkeit	kJ/m^2							

Abrieb und Reibung

Taber-Abrieb (Reibradverfahren)	mm^3/100 U		
Abriebfaktor LNP (Thrust washer) Vergleichswert			
Statische Reibungszahl			
Dynamische Reibungszahl	(p · v =	N/mm^2 ·	m/min)
Zulässiger p · v Wert	N/mm^2 · (m/min)	v =	m/min
		v =	m/min

Thermische Eigenschaften

Formbeständigkeit in der Wärme	*Verfahren* A		235 °C
	Verfahren B		250 °C
Vicat Erweichungstemperatur (VST)	*Verfahren*		°C
	Verfahren		°C
Kristallit-Schmelzpunkt	*Verfahren* DSC		260 °C
Längenausdehnungskoeffizient	*Bereich*	°C	$\cdot 10^{-4} K^{-1}$
	Temperatur		$\cdot 10^{-4} K^{-1}$
Wärmeleitfähigkeit	*Verfahren*		W/(K · m)
Spezifische Wärmekapazität	*Verfahren*		J/(K · g)
Glasumwandlungstemperatur	*Torsionsschwingungsversuch*	°C	
	Differentialkalorimetrie	°C	

Brandverhalten

UL-Test vertikal Dicke mm, Wert
Dicke mm, Wert

	Norm	*Bewertung*	*Abmessungen*
Sauerstoff-Index	ASTM D 2863		
Glühstab-Verfahren			
Brandverhalten	DIN 4102		
MVSS			
FAR			

Elektrische Eigenschaften

		Hz	°C		*Probekörper, Form*
Dielektrizitätszahl		50			
		10^3			
		10^6			
Dielektrischer Verlustfaktor tan δ		50			
		10^3			
		10^6			
Spezifischer Durchgangs-widerstand	Ohm · cm		23	1.0*10**15	
Durchschlagfestigkeit	kV/mm		23	60	2 mm dick
Oberflächenwiderstand	Ohm				

Kriechstromfestigkeit KC 450 KB 450 KA
Elektrolytische Korrosionswirkung
Lichtbogenfestigkeit nach DIN
nach ASTM s

Beständigkeit *(Chemische Beständigkeit siehe Anhang)*

Wasseraufnahme 23 C Bis zur Saettigung 5.5–7.9 %

Feuchtigkeitsaufnahme Normalklima %
Wetterbeständigkeit

Spannungskorrosion

Optische Eigenschaften

Brechungszahl n_D
Transmissionsgrad τ_c % mm dick
Lichtdurchlässigkeit

Produkt	Polyamid 66		**PA**
Handelsname	**Frianyl A 63 GV 40**		
Hersteller	FRISETTA		
DIN-Bez 1			
DIN-Bez 2			
Zusätze		*Füllstoffe/ Verstärkung*	40.0% Glasfaser
Bevorzugte Verarbeitung	Spritzgiessen	*Lieferform*	Granulat
		Farben	Natur; Standard
Besondere Merkmale	Sehr hoher Modul; Sehr hohe Festigkeit	*Bevorzugte Anwendungen*	Technisches Formteil; Luefterfluegel; Spulenkoerper; Gehaeuse; Tankdeckel

Dichte	g/cm^3	1.45	*Schmelzindex*	g/10 min	60:	275/5.0
Schüttdichte	g/cm^3		*Volumenfließindex*	cm^3/10 min	:	
Viskositätszahl	ml/g					

Verarbeitungsbedingungen für Spritzgießen

Massetemp.	°C	270–290	*Schwindung*	%	lgs 0.2–1.0, quer
Werkzeugtemp.	°C	90–120	*Bemerkungen*		
Spritzdruck	bar				

Zugversuch 23 °C DIN 53455; DIN 53457

Probekörper: *Form* Nr.3 — *Herstellung* Spritzgiessen
Zustand Spritzfrisch — *Vorbehandlung*

Streckspannung	N/mm^2	210	*Dehnung bei Streckspannung*	%	
Zugfestigkeit	N/mm^2		*Reißdehnung*	%	5
Reißfestigkeit	N/mm^2		*% Dehnspannung*	N/mm^2	
E-Modul	N/mm^2	12000	*Dehnung bei % Dehnspg.*	%	

Kriechmoduln und Zeitstandwerte 23 °C

Probekörper: *Form* — *Herstellung*
Zustand — *Vorbehandlung*

Kriechmodul	*1 min*	N/mm^2	*Zeitstandzugfestigkeit*	h	N/mm^2
Kriechmodul	*1000 h*	N/mm^2	*Zeitdehnspg. %*	h	N/mm^2
bei Spannung		N/mm^2			

Biegeversuch 23 °C

Probekörper: *Form* — *Herstellung*
Zustand — *Vorbehandlung*

Biegefestigkeit	N/mm^2	*E-Modul*	N/mm^2
3,5% *Biegespannung*	N/mm^2		

Härte 23 °C *Probekörper:* *Zustand* Spritzfrisch — *Herstellung* Spritzgiessen
Vorbehandlung

Kugeldruckhärte	N/mm^2 160	bei 358 N, 10 s	*Shore-Härte*	A
Rockwellhärte			*Shore-Härte*	D

Schlagversuch *Probekörper:* *(1)* U-Kerbe
(2) — *Herstellung* Spritzgiessen
Zustand Spritzfrisch — *Vorbehandlung*

		°C		°C		°C		*Probekörper-Form*
Schlagzähigkeit	kJ/m^2	23	48	-40	38			NKS
Kerbschlagzähigkeit (1)	kJ/m^2	23	9.0					NKS
IZOD-Kerbschlagzähigkeit (2)	J/m							
Kerbschlagzugzähigkeit	kJ/m^2							

Abrieb und Reibung

Taber-Abrieb (Reibradverfahren)	$mm^3/100$ U	
Abriebfaktor LNP (Thrust washer) Vergleichswert		
Statische Reibungszahl		
Dynamische Reibungszahl	(p·v= N/mm^2 ·	m/min)
Zulässiger p · v Wert	N/mm^2 · (m/min) v=	m/min
	v=	m/min

Thermische Eigenschaften

Formbeständigkeit in der Wärme	Verfahren A		235 °C
	Verfahren B		250 °C
Vicat Erweichungstemperatur (VST)	Verfahren		°C
	Verfahren		°C
Kristallit-Schmelzpunkt	Verfahren DSC		260 °C
Längenausdehnungskoeffizient	Bereich	°C	$\cdot 10^{-4}K^{-1}$
	Temperatur		$\cdot 10^{-4}K^{-1}$
Wärmeleitfähigkeit	Verfahren		W/(K · m)
Spezifische Wärmekapazität	Verfahren		J/(K · g)
Glasumwandlungstemperatur	Torsionsschwingungsversuch	°C	
	Differentialkalorimetrie	°C	

Brandverhalten

UL-Test vertikal	Dicke	mm, Wert
	Dicke	mm, Wert

	Norm	Bewertung	Abmessungen
Sauerstoff-Index	ASTM D 2863		
Glühstab-Verfahren			
Brandverhalten	DIN 4102		
MVSS			
FAR			

Elektrische Eigenschaften

		Hz	°C		Probekörper, Form
Dielektrizitätszahl		50			
		10^3			
		10^6			
Dielektrischer Verlustfaktor tan δ		50			
		10^3			
		10^6			
Spezifischer Durchgangs-widerstand	Ohm · cm		23	1.0*10**15	
Durchschlagfestigkeit	kV/mm		23	60	2 mm dick
Oberflächenwiderstand	Ohm				

Kriechstromfestigkeit	KC 450	KB 450	KA
Elektrolytische Korrosionswirkung			
Lichtbogenfestigkeit nach DIN			
nach ASTM	s		

Beständigkeit (Chemische Beständigkeit siehe Anhang)

Wasseraufnahme 23 C	Bis zur Saettigung	5.5–7.9 %
Feuchtigkeitsaufnahme Normalklima		%
Wetterbeständigkeit		
Spannungskorrosion		

Optische Eigenschaften

Brechungszahl n_D		
Transmissionsgrad τ_c	%	mm dick
Lichtdurchlässigkeit		

Produkt	Polyamid 66		**PA**
Handelsname	**Frianyl A 53 KV 30**		
Hersteller	FRISETTA		
DIN-Bez 1			
DIN-Bez 2			
Zusätze		*Füllstoffe/ Verstärkung*	30.0% Glaskugel
Bevorzugte Verarbeitung	Spritzgiessen	*Lieferform*	Granulat
		Farben	Natur; Standard
Besondere Merkmale	Hoher Modul; Hervorragende Formstabilitaet; Geringer Verzug	*Bevorzugte Anwendungen*	Technisches Formteil

Dichte	g/cm³	1.35	*Schmelzindex*	g/10 min	150:	275/5.0
Schüttdichte	g/cm³		*Volumenfließindex*	cm³/10 min	:	
Viskositätszahl	ml/g					

Verarbeitungsbedingungen für Spritzgießen

Massetemp.	°C	270–290	*Schwindung*	%	lgs 0.5–1.5, quer 0.5–1.5
Werkzeugtemp.	°C	90–120	*Bemerkungen*		
Spritzdruck	bar				

Zugversuch 23 °C DIN 53455; DIN 53457

Probekörper: *Form* Nr.3 — *Herstellung* Spritzgiessen
Zustand Spritzfrisch — *Vorbehandlung*

Streckspannung	N/mm²	120	*Dehnung bei Streckspannung*	%	
Zugfestigkeit	N/mm²		*Reißdehnung*	%	10
Reißfestigkeit	N/mm²		*% Dehnspannung*	N/mm²	
E-Modul	N/mm²	5000	*Dehnung bei % Dehnspg.*	%	

Kriechmoduln und Zeitstandwerte 23 °C

Probekörper: *Form* — *Herstellung*
Zustand — *Vorbehandlung*

Kriechmodul	*1 min*	N/mm²	*Zeitstandzugfestigkeit*	h	N/mm²
Kriechmodul	*1000 h*	N/mm²	*Zeitdehnspg. %*	h	N/mm²
bei Spannung		N/mm²			

Biegeversuch 23 °C

Probekörper: *Form* — *Herstellung*
Zustand — *Vorbehandlung*

Biegefestigkeit	N/mm²	*E-Modul*	N/mm²
3,5% *Biegespannung*	N/mm²		

Härte 23 °C *Probekörper:* *Zustand* Spritzfrisch — *Herstellung* Spritzgiessen
Vorbehandlung

Kugeldruckhärte	N/mm²	120	bei 358 N, 10 s	*Shore-Härte* A
Rockwellhärte				*Shore-Härte* D

Schlagversuch *Probekörper:* *(1)* U-Kerbe
(2) — *Herstellung* Spritzgiessen
Zustand Spritzfrisch — *Vorbehandlung*

		°C		°C		°C		*Probekörper-Form*
Schlagzähigkeit	kJ/m²	23	30	-40	25			NKS
Kerbschlagzähigkeit (1)	kJ/m²	23	1.9					NKS
IZOD-Kerbschlagzähigkeit (2)	J/m							
Kerbschlagzugzähigkeit	kJ/m²							

Abrieb und Reibung

Taber-Abrieb (Reibradverfahren)	mm^3/100 U		
Abriebfaktor LNP (Thrust washer) Vergleichswert			
Statische Reibungszahl			
Dynamische Reibungszahl	(p·v=	N/mm²·	m/min)
Zulässiger p·v Wert	N/mm²·(m/min)	v=	m/min
		v=	m/min

Thermische Eigenschaften

Formbeständigkeit in der Wärme	*Verfahren* A		200 °C
	Verfahren B		220 °C
Vicat Erweichungstemperatur (VST)	*Verfahren*		°C
	Verfahren		°C
Kristallit-Schmelzpunkt	*Verfahren* DSC		260 °C
Längenausdehnungskoeffizient	*Bereich*	°C	$\cdot 10^{-4}K^{-1}$
	Temperatur		$\cdot 10^{-4}K^{-1}$
Wärmeleitfähigkeit	*Verfahren*		W/(K·m)
Spezifische Wärmekapazität	*Verfahren*		J/(K·g)
Glasumwandlungstemperatur	*Torsionsschwingungsversuch*	°C	
	Differentialkalorimetrie	°C	

Brandverhalten

UL-Test vertikal	Dicke	mm, Wert
	Dicke	mm, Wert

	Norm	*Bewertung*	*Abmessungen*
Sauerstoff-Index	ASTM D 2863		
Glühstab-Verfahren			
Brandverhalten	DIN 4102		
MVSS			
FAR			

Elektrische Eigenschaften

		Hz	°C		*Probekörper, Form*
Dielektrizitätszahl		50			
		10^3			
		10^6			
Dielektrischer Verlustfaktor tan δ		50			
		10^3			
		10^6			
Spezifischer Durchgangswiderstand	Ohm·cm		23	1.0*10**15	
Durchschlagfestigkeit	kV/mm		23	60	2 mm dick
Oberflächenwiderstand	Ohm				

Kriechstromfestigkeit	KC 450	KB 450	KA
Elektrolytische Korrosionswirkung			
Lichtbogenfestigkeit nach DIN			
nach ASTM s			

Beständigkeit *(Chemische Beständigkeit siehe Anhang)*

Wasseraufnahme 23 C	Bis zur Saettigung	6.0–8.0 %
Feuchtigkeitsaufnahme Normalklima		%
Wetterbeständigkeit		
Spannungskorrosion		

Optische Eigenschaften

Brechungszahl n_D		
Transmissionsgrad τ_c	%	mm dick
Lichtdurchlässigkeit		

Produkt	Polyamid 66		**PA**
Handelsname	**Frianyl A 63 KV 30**		
Hersteller	FRISETTA		
DIN-Bez 1			
DIN-Bez 2			
Zusätze		*Füllstoffe/ Verstärkung*	30.0% Glaskugel
Bevorzugte Verarbeitung	Spritzgiessen	*Lieferform*	Granulat
		Farben	Natur; Standard
Besondere Merkmale	Hoher Modul; Hervorragende Formstabilitaet; Geringer Verzug	*Bevorzugte Anwendungen*	Technisches Formteil

Dichte	g/cm³	1.35	*Schmelzindex*	g/10 min	130:	275/5.0
Schüttdichte	g/cm³		*Volumenfließindex*	cm³/10 min	:	
Viskositätszahl	ml/g					

Verarbeitungsbedingungen für Spritzgießen

Massetemp.	°C	270–290	*Schwindung*	%	lgs 0.5–1.5, quer 0.5–1.5
Werkzeugtemp.	°C	90–120	*Bemerkungen*		
Spritzdruck	bar				

Zugversuch 23 °C DIN 53455; DIN 53457

Probekörper: *Form* Nr.3 — *Herstellung* Spritzgiessen
Zustand Spritzfrisch — *Vorbehandlung*

Streckspannung	N/mm²	120	*Dehnung bei Streckspannung*	%	
Zugfestigkeit	N/mm²		*Reißdehnung*	%	10
Reißfestigkeit	N/mm²		*% Dehnspannung*	N/mm²	
E-Modul	N/mm²	5000	*Dehnung bei % Dehnspg.*	%	

Kriechmoduln und Zeitstandwerte 23 °C

Probekörper: *Form* — *Herstellung*
Zustand — *Vorbehandlung*

Kriechmodul	*1 min* N/mm²	*Zeitstandzugfestigkeit*	h	N/mm²
Kriechmodul	*1000 h* N/mm²	*Zeitdehnspg.* %	h	N/mm²
bei Spannung	N/mm²			

Biegeversuch 23 °C

Probekörper: *Form* — *Herstellung*
Zustand — *Vorbehandlung*

Biegefestigkeit	N/mm²	*E-Modul*	N/mm²
3,5% *Biegespannung*	N/mm²		

Härte 23 °C *Probekörper:* *Zustand* Spritzfrisch — *Herstellung* Spritzgiessen
Vorbehandlung

Kugeldruckhärte	N/mm² 120	bei 358 N, 10 s	*Shore-Härte*	A
Rockwellhärte			*Shore-Härte*	D

Schlagversuch *Probekörper:* *(1)* U-Kerbe
(2) — *Herstellung* Spritzgiessen
Zustand Spritzfrisch — *Vorbehandlung*

		°C		°C		°C		*Probekörper-Form*
Schlagzähigkeit	kJ/m²	23	30	-40	25			NKS
Kerbschlagzähigkeit (1)	kJ/m²	23	2.0					NKS
IZOD-Kerbschlagzähigkeit (2)	J/m							
Kerbschlagzugzähigkeit	kJ/m²							

Abrieb und Reibung

Taber-Abrieb (Reibradverfahren)	mm^3/100 U		
Abriebfaktor LNP (Thrust washer) Vergleichswert			
Statische Reibungszahl			
Dynamische Reibungszahl	(p·v=	N/mm^2·	m/min)
Zulässiger p · v Wert	N/mm^2 · (m/min)	v=	m/min
		v=	m/min

Thermische Eigenschaften

Formbeständigkeit in der Wärme	*Verfahren* A		200 °C
	Verfahren B		220 °C
Vicat Erweichungstemperatur (VST)	*Verfahren*		°C
	Verfahren		°C
Kristallit-Schmelzpunkt	*Verfahren* DSC		260 °C
Längenausdehnungskoeffizient	*Bereich*	°C	$\cdot 10^{-4}K^{-1}$
	Temperatur		$\cdot 10^{-4}K^{-1}$
Wärmeleitfähigkeit	*Verfahren*		W/(K · m)
Spezifische Wärmekapazität	*Verfahren*		J/(K · g)
Glasumwandlungstemperatur	*Torsionsschwingungsversuch*	°C	
	Differentialkalorimetrie	°C	

Brandverhalten

UL-Test vertikal	Dicke	mm, Wert
	Dicke	mm, Wert

	Norm	*Bewertung*	*Abmessungen*
Sauerstoff-Index	ASTM D 2863		
Glühstab-Verfahren			
Brandverhalten	DIN 4102		
MVSS			
FAR			

Elektrische Eigenschaften

		Hz	°C		*Probekörper, Form*
Dielektrizitätszahl		50			
		10^3			
		10^6			
Dielektrischer Verlustfaktor tan δ		50			
		10^3			
		10^6			
Spezifischer Durchgangswiderstand	Ohm · cm		23	1.0*10**15	
Durchschlagfestigkeit	kV/mm		23	60	2 mm dick
Oberflächenwiderstand	Ohm				

Kriechstromfestigkeit	KC 450	KB 450	KA
Elektrolytische Korrosionswirkung			
Lichtbogenfestigkeit nach DIN			
nach ASTM s			

Beständigkeit *(Chemische Beständigkeit siehe Anhang)*

Wasseraufnahme 23 C	Bis zur Saettigung	6.0–8.0 %
Feuchtigkeitsaufnahme Normalklima		%
Wetterbeständigkeit		
Spannungskorrosion		

Optische Eigenschaften

Brechungszahl n_D		
Transmissionsgrad τ_c	%	mm dick
Lichtdurchlässigkeit		

Produkt	Polyamid 66		**PA**
Handelsname	**Frianyl A 53 SG 30**		
Hersteller	FRISETTA		
DIN-Bez 1			
DIN-Bez 2			
Zusätze		*Füllstoffe/ Verstärkung*	30.0% Silikat
Bevorzugte Verarbeitung	Spritzgiessen	*Lieferform*	Granulat
		Farben	Natur; Standard
Besondere Merkmale	Gute Zaehigkeit; Gute Steifigkeit; Sehr gute Formstabilitaet; Geringe Verzugsneigung	*Bevorzugte Anwendungen*	Technisches Formteil; Bedarfsartikel

Dichte	g/cm³	1.36	*Schmelzindex*	g/10 min	130:	275/5.0
Schüttdichte	g/cm³		*Volumenfließindex*	cm³/10 min	:	
Viskositätszahl	ml/g					

Verarbeitungsbedingungen für Spritzgießen

Massetemp.	°C	270–290	*Schwindung*	%	lgs 0.5–1.5, quer 0.5–1.5
Werkzeugtemp.	°C	90–120	*Bemerkungen*		
Spritzdruck	bar				

Zugversuch 23 °C DIN 53455; DIN 53457

Probekörper: *Form* Nr.3 — *Herstellung* Spritzgiessen
Zustand Spritzfrisch — *Vorbehandlung*

Streckspannung	N/mm²	100	*Dehnung bei Streckspannung*	%	
Zugfestigkeit	N/mm²		*Reißdehnung*	%	15
Reißfestigkeit	N/mm²		*% Dehnspannung*	N/mm²	
E-Modul	N/mm²	4500	*Dehnung bei % Dehnspg.*	%	

Kriechmoduln und Zeitstandwerte 23 °C

Probekörper: *Form* — *Herstellung*
Zustand — *Vorbehandlung*

Kriechmodul	*1 min*	N/mm²	*Zeitstandzugfestigkeit*	h	N/mm²
Kriechmodul	*1000 h*	N/mm²	*Zeitdehnspg.* %	h	N/mm²
bei Spannung		N/mm²			

Biegeversuch 23 °C

Probekörper: *Form* — *Herstellung*
Zustand — *Vorbehandlung*

Biegefestigkeit	N/mm²	*E-Modul*	N/mm²
3,5% *Biegespannung*	N/mm²		

Härte 23 °C *Probekörper:* *Zustand* Spritzfrisch — *Herstellung* Spritzgiessen
Vorbehandlung

Kugeldruckhärte	N/mm² 118	bei 358 N, 10 s	*Shore-Härte* A	
Rockwellhärte			*Shore-Härte* D	

Schlagversuch *Probekörper:* *(1)* U-Kerbe
(2) — *Herstellung* Spritzgiessen
Zustand Spritzfrisch — *Vorbehandlung*

		°C		°C		°C		*Probekörper-Form*
Schlagzähigkeit	kJ/m²	23	30	-40	24			NKS
Kerbschlagzähigkeit (1)	kJ/m²	23	2.0					NKS
IZOD-Kerbschlagzähigkeit (2)	J/m							
Kerbschlagzugzähigkeit	kJ/m²							

Abrieb und Reibung

Taber-Abrieb (Reibradverfahren)	mm^3/100 U		
Abriebfaktor LNP (Thrust washer) Vergleichswert			
Statische Reibungszahl			
Dynamische Reibungszahl	(p · v =	N/mm^2 ·	m/min)
Zulässiger p · v Wert	N/mm^2 · (m/min)	v =	m/min
		v =	m/min

Thermische Eigenschaften

Formbeständigkeit in der Wärme	*Verfahren* A		190 °C	
	Verfahren B		200 °C	
Vicat Erweichungstemperatur (VST)	*Verfahren*		°C	
	Verfahren		°C	
Kristallit-Schmelzpunkt	*Verfahren* DSC		260 °C	
Längenausdehnungskoeffizient	*Bereich*	°C		$\cdot 10^{-4} K^{-1}$
	Temperatur			$\cdot 10^{-4} K^{-1}$
Wärmeleitfähigkeit	*Verfahren*			W/(K · m)
Spezifische Wärmekapazität	*Verfahren*			J/(K · g)
Glasumwandlungstemperatur	*Torsionsschwingungsversuch*	°C		
	Differentialkalorimetrie	°C		

Brandverhalten

UL-Test vertikal	Dicke	mm, Wert
	Dicke	mm, Wert

	Norm	*Bewertung*	*Abmessungen*
Sauerstoff-Index	ASTM D 2863		
Glühstab-Verfahren			
Brandverhalten	DIN 4102		
MVSS			
FAR			

Elektrische Eigenschaften

		Hz	°C		*Probekörper, Form*
Dielektrizitätszahl		50			
		10^3			
		10^6			
Dielektrischer Verlustfaktor tan δ		50			
		10^3			
		10^6			
Spezifischer Durchgangswiderstand	Ohm · cm		23	1.0*10**15	
Durchschlagfestigkeit	kV/mm		23	60	2 mm dick
Oberflächenwiderstand	Ohm				

Kriechstromfestigkeit	KC 425	KB 425	KA
Elektrolytische Korrosionswirkung			
Lichtbogenfestigkeit nach DIN			
nach ASTM s			

Beständigkeit *(Chemische Beständigkeit siehe Anhang)*

Wasseraufnahme 23 C Bis zur Saettigung	6.0–8.0 %	
Feuchtigkeitsaufnahme Normalklima		%
Wetterbeständigkeit		
Spannungskorrosion		

Optische Eigenschaften

Brechungszahl n_D		
Transmissionsgrad τ_c	%	mm dick
Lichtdurchlässigkeit		

Datenbank-Nr. **T05993** *Merkblatt-Nr.* **3370**

Produkt	Polyamid 66		**PA**
Handelsname	**Frianyl A 63 SG 30**		
Hersteller	FRISETTA		
DIN-Bez 1			
DIN-Bez 2			
Zusätze		*Füllstoffe/ Verstärkung*	30.0% Silikat
Bevorzugte Verarbeitung	Spritzgiessen	*Lieferform*	Granulat
		Farben	Natur; Standard
Besondere Merkmale	Gute Zaehigkeit; Gute Steifigkeit; Sehr gute Formstabilitaet; Geringe Verzugsneigung	*Bevorzugte Anwendungen*	Technisches Formteil; Bedarfsartikel

Dichte	g/cm^3	1.36	*Schmelzindex*	g/10 min	110:	275/5.0
Schüttdichte	g/cm^3		*Volumenfließindex*	cm^3/10 min	:	
Viskositätszahl	ml/g					

Verarbeitungsbedingungen für Spritzgießen

Massetemp.	°C	270–290	*Schwindung*	%	lgs 0.5–1.5, quer 0.5–1.5
Werkzeugtemp.	°C	90–120	*Bemerkungen*		
Spritzdruck	bar				

Zugversuch 23 °C DIN 53455; DIN 53457

Probekörper: *Form* Nr.3 — *Herstellung* Spritzgiessen
Zustand Spritzfrisch — *Vorbehandlung*

Streckspannung	N/mm^2	100	*Dehnung bei Streckspannung*	%	
Zugfestigkeit	N/mm^2		*Reißdehnung*	%	15
Reißfestigkeit	N/mm^2		*% Dehnspannung*	N/mm^2	
E-Modul	N/mm^2	4500	*Dehnung bei % Dehnspg.*	%	

Kriechmoduln und Zeitstandwerte 23 °C

Probekörper: *Form* — *Herstellung*
Zustand — *Vorbehandlung*

Kriechmodul	*1 min*	N/mm^2	*Zeitstandzugfestigkeit*	h	N/mm^2
Kriechmodul	*1000 h*	N/mm^2	*Zeitdehnspg. %*	h	N/mm^2
bei Spannung		N/mm^2			

Biegeversuch 23 °C

Probekörper: *Form* — *Herstellung*
Zustand — *Vorbehandlung*

Biegefestigkeit	N/mm^2	*E-Modul*	N/mm^2
3,5% *Biegespannung*	N/mm^2		

Härte 23 °C *Probekörper:* *Zustand* Spritzfrisch — *Herstellung* Spritzgiessen
Vorbehandlung

Kugeldruckhärte	N/mm^2 118	bei 358 N, 10 s	*Shore-Härte*	A
Rockwellhärte			*Shore-Härte*	D

Schlagversuch *Probekörper:* *(1)* U-Kerbe
(2) — *Herstellung* Spritzgiessen
Zustand Spritzfrisch — *Vorbehandlung*

		°C		°C		°C		*Probekörper-Form*
Schlagzähigkeit	kJ/m^2	23	30	-40	24			NKS
Kerbschlagzähigkeit (1)	kJ/m^2	23	2.3					NKS
IZOD-Kerbschlagzähigkeit (2)	J/m							
Kerbschlagzugzähigkeit	kJ/m^2							

Abrieb und Reibung

Taber-Abrieb (Reibradverfahren)	mm^3/100 U		
Abriebfaktor LNP (Thrust washer) Vergleichswert			
Statische Reibungszahl			
Dynamische Reibungszahl	(p · v=	N/mm^2 ·	m/min)
Zulässiger p · v Wert	N/mm^2 · (m/min)	v=	m/min
		v=	m/min

Thermische Eigenschaften

Formbeständigkeit in der Wärme	*Verfahren* A		190 °C
	Verfahren B		200 °C
Vicat Erweichungstemperatur (VST)	*Verfahren*		°C
	Verfahren		°C
Kristallit-Schmelzpunkt	*Verfahren* DSC		260 °C
Längenausdehnungskoeffizient	*Bereich*	°C	$\cdot 10^{-4}K^{-1}$
	Temperatur		$\cdot 10^{-4}K^{-1}$
Wärmeleitfähigkeit	*Verfahren*		W/(K · m)
Spezifische Wärmekapazität	*Verfahren*		J/(K · g)
Glasumwandlungstemperatur	*Torsionsschwingungsversuch*	°C	
	Differentialkalorimetrie	°C	

Brandverhalten

UL-Test vertikal Dicke mm, Wert
Dicke mm, Wert

	Norm	*Bewertung*	*Abmessungen*
Sauerstoff-Index	ASTM D 2863		
Glühstab-Verfahren			
Brandverhalten	DIN 4102		
MVSS			
FAR			

Elektrische Eigenschaften

		Hz	°C			*Probekörper, Form*
Dielektrizitätszahl		50				
		10^3				
		10^6				
Dielektrischer Verlustfaktor tan δ		50				
		10^3				
		10^6				
Spezifischer Durchgangswiderstand	Ohm · cm		23	1.0*10**15		
Durchschlagfestigkeit	kV/mm		23	60		2 mm dick
Oberflächenwiderstand	Ohm					
Kriechstromfestigkeit		KC 425		KB 425	KA	
Elektrolytische Korrosionswirkung						
Lichtbogenfestigkeit nach DIN						
nach ASTM	s					

Beständigkeit *(Chemische Beständigkeit siehe Anhang)*

Wasseraufnahme 23 C Bis zur Saettigung 6.0–8.0 %

Feuchtigkeitsaufnahme Normalklima %

Wetterbeständigkeit

Spannungskorrosion

Optische Eigenschaften

Brechungszahl n_D

Transmissionsgrad τ_c % mm dick

Lichtdurchlässigkeit

Produkt	Polyamid 6		**PA**
Handelsname	**Sniamid ASN 25 M**		
Hersteller	SNIA		
DIN-Bez 1			
DIN-Bez 2			
Zusätze		*Füllstoffe/ Verstärkung*	
Bevorzugte Verarbeitung	Spritzgiessen	*Lieferform*	Granulat
		Farben	Natur; Schwarz
Besondere Merkmale	Hohe Flexibilitaet; Hohe Kerbschlagzaehigkeit; Enthaelt Monomere; Oberflaechenqualitaet eingeschraenkt	*Bevorzugte Anwendungen*	Technisches Formteil; Bedarfsartikel

Dichte	g/cm³	1.14	*Schmelzindex*	g/10 min	:
Schüttdichte	g/cm³		*Volumenfließindex*	cm³/10 min	:
Viskositätszahl	ml/g				

Verarbeitungsbedingungen für Spritzgießen

Massetemp.	°C	230–260	*Schwindung*	%	lgs 0.9–1.2, quer 0.9–1.2
Werkzeugtemp.	°C	40–50	*Bemerkungen*		
Spritzdruck	bar				

Zugversuch 23 °C DIN 53455; DIN 53457

Probekörper: *Form* Nr.3 — *Herstellung* Spritzgiessen
Zustand Spritzfrisch — *Vorbehandlung*

Streckspannung	N/mm²	55	*Dehnung bei Streckspannung*	%	
Zugfestigkeit	N/mm²		*Reißdehnung*	%	200–260
Reißfestigkeit	N/mm²		*% Dehnspannung*	N/mm²	
E-Modul	N/mm²	1300	*Dehnung bei % Dehnspg.*	%	

Kriechmoduln und Zeitstandwerte 23 °C

Probekörper: *Form* — *Herstellung*
Zustand — *Vorbehandlung*

Kriechmodul	*1 min*	N/mm²	*Zeitstandzugfestigkeit*	h	N/mm²
Kriechmodul	*1000 h*	N/mm²	*Zeitdehnspg. %*	h	N/mm²
bei Spannung		N/mm²			

Biegeversuch 23 °C DIN 53452; DIN 53457

Probekörper: *Form* 80 mm x 10 mm x 4 mm — *Herstellung* Spritzgiessen
Zustand Spritzfrisch — *Vorbehandlung*

Biegefestigkeit	N/mm²	50	*E-Modul*	N/mm²	1200
3,5% *Biegespannung*	N/mm²				

Härte 23 °C *Probekörper:* *Zustand* Spritzfrisch — *Herstellung* Spritzgiessen
Vorbehandlung

Kugeldruckhärte	N/mm²	140	bei 358 N, 10 s	*Shore-Härte* A
Rockwellhärte		R 105		*Shore-Härte* D

Schlagversuch *Probekörper:* *(1)* U-Kerbe
(2) V-Kerbe — *Herstellung* Spritzgiessen
Zustand Spritzfrisch — *Vorbehandlung*

		°C		°C		°C		*Probekörper-Form*
Schlagzähigkeit	kJ/m²	23	o.B.	-40	80			NKS
Kerbschlagzähigkeit (1)	kJ/m²	23	12	-40	3			NKS
IZOD-Kerbschlagzähigkeit (2)	J/m	23	110					80 mm x 10 mm x 4 mm
Kerbschlagzugzähigkeit	kJ/m²							

Abrieb und Reibung

Taber-Abrieb (Reibradverfahren)	mm^3/100 U		
Abriebfaktor LNP (Thrust washer) Vergleichswert			
Statische Reibungszahl			
Dynamische Reibungszahl	(p·v= N/mm^2·		m/min)
Zulässiger p · v Wert	N/mm^2·(m/min)	v=	m/min
		v=	m/min

Thermische Eigenschaften

Formbeständigkeit in der Wärme	*Verfahren*	A		65 °C
	Verfahren	B		150 °C
Vicat Erweichungstemperatur (VST)	*Verfahren*			°C
	Verfahren	B/50		170 °C
Kristallit-Schmelzpunkt	*Verfahren*	DTA		220–224 °C
Längenausdehnungskoeffizient	*Bereich*	°C		$\cdot 10^{-4}K^{-1}$
	Temperatur	23 °C		$0.7 \cdot 10^{-4}K^{-1}$
Wärmeleitfähigkeit	*Verfahren*	DIN 52612	23 °C	0.25 W/(K · m)
Spezifische Wärmekapazität	*Verfahren*	ASTM D 696	23 °C	1.7 J/(K · g)
Glasumwandlungstemperatur	*Torsionsschwingungsversuch*		°C	
	Differentialkalorimetrie		°C	

Brandverhalten

UL-Test vertikal	Dicke 1.6 mm, Wert V-2
	Dicke mm, Wert

	Norm	*Bewertung*	*Abmessungen*
Sauerstoff-Index	ASTM D 2863		
Glühstab-Verfahren			
Brandverhalten	DIN 4102		
MVSS			
FAR			

Elektrische Eigenschaften

		Hz	°C		*Probekörper, Form*
Dielektrizitätszahl		50	23	3.7	
		10^3	23	3.5	
		10^6	23	3.4	
Dielektrischer Verlustfaktor tan δ		50	23	0.013	
		10^3	23	0.019	
		10^6	23	0.021	
Spezifischer Durchgangs-widerstand	Ohm · cm		23	3.0*10**15	
Durchschlagfestigkeit	kV/mm		23	85	1 mm dick
Oberflächenwiderstand	Ohm		23	2.0*10**13	

Kriechstromfestigkeit	KC 475	KB	KA 3c
Elektrolytische Korrosionswirkung			
Lichtbogenfestigkeit nach DIN			
nach ASTM s			

Beständigkeit *(Chemische Beständigkeit siehe Anhang)*

Wasseraufnahme 23 C	1 d	2.2 %
Feuchtigkeitsaufnahme Normalklima		%
Wetterbeständigkeit		
Spannungskorrosion		

Optische Eigenschaften

Brechungszahl n_D		
Transmissionsgrad τ_c	%	mm dick
Lichtdurchlässigkeit		

Datenbank-Nr.	**T05995**	Merkblatt-Nr. **3372**

Produkt	Polyamid 6		**PA**
Handelsname	**Sniamid ASN 27/33 AV**		
Hersteller	SNIA		
DIN-Bez 1			
DIN-Bez 2			
Zusätze		*Füllstoffe/ Verstärkung*	
Bevorzugte Verarbeitung	Spritzgiessen	*Lieferform*	Granulat
		Farben	Natur; Schwarz; Standard; Spezial
Besondere Merkmale	Hohes Fliessvermoegen; Leichte Entformbarkeit; Geringe Nachschwindung; Gute Schlagfestigkeit; Gute Verschleissfestigkeit	*Bevorzugte Anwendungen*	Technisches Formteil; Bedarfsartikel; Rad; Zahnrad; Haushaltsgeraet; Schraube; Bolzen; Scharnier; Moebelbeschlag; Preisauszeichner; Sportartikel; Spielzeug

Dichte	g/cm^3	1.14	*Schmelzindex*	g/10 min	:
Schüttdichte	g/cm^3		*Volumenfließindex*	$cm^3/10$ min	:
Viskositätszahl	ml/g				

Verarbeitungsbedingungen für Spritzgießen

Massetemp.	°C	230–280	*Schwindung*	%	lgs 1.2–1.6, quer 1.2–1.6
Werkzeugtemp.	°C	20–80	*Bemerkungen*		
Spritzdruck	bar				

Zugversuch 23 °C DIN 53455; DIN 53457

Probekörper: *Form* Nr.3 — *Herstellung* Spritzgiessen
Zustand Spritzfrisch — *Vorbehandlung*

Streckspannung	N/mm^2	85	*Dehnung bei Streckspannung*	%	
Zugfestigkeit	N/mm^2		*Reißdehnung*	%	50–100
Reißfestigkeit	N/mm^2		*% Dehnspannung*	N/mm^2	
E-Modul	N/mm^2	3000	*Dehnung bei % Dehnspg.*	%	

Kriechmoduln und Zeitstandwerte 23 °C

Probekörper: *Form* — *Herstellung*
Zustand — *Vorbehandlung*

Kriechmodul	*1 min* N/mm^2	*Zeitstandzugfestigkeit*	h	N/mm^2
Kriechmodul	*1000 h* N/mm^2	*Zeitdehnspg.* %	h	N/mm^2
bei Spannung	N/mm^2			

Biegeversuch 23 °C DIN 53452; DIN 53457

Probekörper: *Form* 80 mm x 10 mm x 4 mm — *Herstellung* Spritzgiessen
Zustand Spritzfrisch — *Vorbehandlung*

Biegefestigkeit	N/mm^2	115	*E-Modul*	N/mm^2	2900
3,5% *Biegespannung*	N/mm^2				

Härte 23 °C *Probekörper:* *Zustand* Spritzfrisch — *Herstellung* Spritzgiessen
Vorbehandlung

Kugeldruckhärte	N/mm^2 150	bei 358 N, 10 s	*Shore-Härte* A	
Rockwellhärte	R 120		*Shore-Härte* D	

Schlagversuch *Probekörper:* *(1)* U-Kerbe
(2) V-Kerbe — *Herstellung* Spritzgiessen
Zustand Spritzfrisch — *Vorbehandlung*

		°C		°C		°C		*Probekörper-Form*
Schlagzähigkeit	kJ/m^2	23	o.B.	-40	90			NKS
Kerbschlagzähigkeit (1)	kJ/m^2	23	4	-40	3.5			NKS
IZOD-Kerbschlagzähigkeit (2)	J/m	23	40					80 mm x 10 mm x 4 mm
Kerbschlagzugzähigkeit	kJ/m^2							

Abrieb und Reibung

Taber-Abrieb (Reibradverfahren)	mm^3/100 U		
Abriebfaktor LNP (Thrust washer) Vergleichswert			
Statische Reibungszahl			
Dynamische Reibungszahl	(p·v= N/mm^2·		m/min)
Zulässiger p · v Wert	N/mm^2 · (m/min)	v=	m/min
		v=	m/min

Thermische Eigenschaften

Formbeständigkeit in der Wärme	*Verfahren* A			80 °C
	Verfahren B			185 °C
Vicat Erweichungstemperatur (VST)	*Verfahren* B/50			205–210 °C
	Verfahren			°C
Kristallit-Schmelzpunkt	*Verfahren* DTA			220–224 °C
Längenausdehnungskoeffizient	*Bereich*	°C		$\cdot 10^{-4}K^{-1}$
	Temperatur 23 °C			$0.7 \cdot 10^{-4}K^{-1}$
Wärmeleitfähigkeit	*Verfahren* DIN 52612		23 °C	0.25 W/(K · m)
Spezifische Wärmekapazität	*Verfahren* ASTM D 696		23 °C	1.7 J/(K · g)
Glasumwandlungstemperatur	*Torsionsschwingungsversuch*		°C	
	Differentialkalorimetrie		°C	

Brandverhalten

UL-Test vertikal	Dicke 1.6 mm,	Wert V-2
	Dicke mm,	Wert

	Norm	*Bewertung*	*Abmessungen*
Sauerstoff-Index	ASTM D 2863		
Glühstab-Verfahren			
Brandverhalten	DIN 4102		
MVSS			
FAR			

Elektrische Eigenschaften

		Hz	°C			*Probekörper, Form*
Dielektrizitätszahl		50	23	3.7		
		10^3	23	3.5		
		10^6	23	3.4		
Dielektrischer Verlustfaktor tan δ		50	23	0.010		
		10^3	23	0.014		
		10^6	23	0.023		
Spezifischer Durchgangs-widerstand	Ohm · cm		23	5.0*10**15		
Durchschlagfestigkeit	kV/mm		23	100		1 mm dick
Oberflächenwiderstand	Ohm		23	2.0*10**13		
Kriechstromfestigkeit		KC >600		KB	KA 3c	
Elektrolytische Korrosionswirkung						
Lichtbogenfestigkeit nach DIN						
nach ASTM	s					

Beständigkeit *(Chemische Beständigkeit siehe Anhang)*

Wasseraufnahme 23 C	1 d	1.3 %
Feuchtigkeitsaufnahme Normalklima		%
Wetterbeständigkeit		
Spannungskorrosion		

Optische Eigenschaften

Brechungszahl n_D		
Transmissionsgrad τ_c	%	mm dick
Lichtdurchlässigkeit		

Produkt	Polyamid 6		**PA**
Handelsname	**Sniamid ASN 27/33 SC**		
Hersteller	SNIA		
DIN-Bez 1			
DIN-Bez 2			
Zusätze		*Füllstoffe/ Verstärkung*	
Bevorzugte Verarbeitung	Spritzgiessen	*Lieferform*	Granulat
		Farben	Natur; Schwarz; Standard; Spezial
Besondere Merkmale	Sehr hohe Schlagzaehigkeit; Hoehere Trockenflexibilitaet	*Bevorzugte Anwendungen*	Technisches Formteil kleinerer und mittlerer Groesse; WanddUebel; Teil fuer Elektrostecker; Dichtung; Distanzstueck mit flexiblen Rippen

Dichte	g/cm³	1.09	*Schmelzindex*	g/10 min	:
Schüttdichte	g/cm³		*Volumenfließindex*	cm³/10 min	:
Viskositätszahl	ml/g				

Verarbeitungsbedingungen für Spritzgießen

Massetemp.	°C	230–280	*Schwindung*	%	lgs 1.1–1.5, quer 1.1–1.5
Werkzeugtemp.	°C	20–80	*Bemerkungen*		
Spritzdruck	bar				

Zugversuch 23 °C DIN 53455; DIN 53457

Probekörper: *Form* Nr.3 — *Herstellung* Spritzgiessen
Zustand Spritzfrisch — *Vorbehandlung*

Streckspannung	N/mm²	75	*Dehnung bei Streckspannung*	%	
Zugfestigkeit	N/mm²		*Reißdehnung*	%	30–80
Reißfestigkeit	N/mm²		*% Dehnspannung*	N/mm²	
E-Modul	N/mm²	2600	*Dehnung bei % Dehnspg.*	%	

Kriechmoduln und Zeitstandwerte 23 °C

Probekörper: *Form* — *Herstellung*
Zustand — *Vorbehandlung*

Kriechmodul	*1 min*	N/mm²	*Zeitstandzugfestigkeit*	h	N/mm²
Kriechmodul	*1000 h*	N/mm²	*Zeitdehnspg. %*	h	N/mm²
bei Spannung		N/mm²			

Biegeversuch 23 °C DIN 53452; DIN 53457

Probekörper: *Form* 80 mm x 10 mm x 4 mm — *Herstellung* Spritzgiessen
Zustand Spritzfrisch — *Vorbehandlung*

Biegefestigkeit	N/mm²	100	*E-Modul*	N/mm²	2500
3,5% *Biegespannung*	N/mm²				

Härte 23 °C *Probekörper:* *Zustand* Spritzfrisch — *Herstellung* Spritzgiessen
Vorbehandlung

Kugeldruckhärte	N/mm² 136	bei 358 N, 10 s	*Shore-Härte* A	
Rockwellhärte	R 115		*Shore-Härte* D	

Schlagversuch *Probekörper:* *(1)* U-Kerbe
(2) V-Kerbe — *Herstellung* Spritzgiessen
Zustand Spritzfrisch — *Vorbehandlung*

		°C		°C		°C		*Probekörper-Form*
Schlagzähigkeit	kJ/m²	23	o.B.	-40	o.B.			NKS
Kerbschlagzähigkeit (1)	kJ/m²	23	8	-40	6			NKS
IZOD-Kerbschlagzähigkeit (2)	J/m	23	90					80 mm x 10 mm x 4 mm
Kerbschlagzugzähigkeit	kJ/m²							

Abrieb und Reibung

Taber-Abrieb (Reibradverfahren)	mm^3/100 U		
Abriebfaktor LNP (Thrust washer) Vergleichswert			
Statische Reibungszahl			
Dynamische Reibungszahl	(p·v= N/mm^2 ·		m/min)
Zulässiger p · v Wert	N/mm^2 · (m/min)	v=	m/min
		v=	m/min

Thermische Eigenschaften

Formbeständigkeit in der Wärme	*Verfahren* A			75 °C
	Verfahren B			180 °C
Vicat Erweichungstemperatur (VST)	*Verfahren* B/50			205–210 °C
	Verfahren			°C
Kristallit-Schmelzpunkt	*Verfahren* DTA			220–224 °C
Längenausdehnungskoeffizient	*Bereich*	°C		$\cdot 10^{-4}K^{-1}$
	Temperatur 23 °C			$0.7 \cdot 10^{-4}K^{-1}$
Wärmeleitfähigkeit	*Verfahren* DIN 52612		23 °C	0.25 W/(K · m)
Spezifische Wärmekapazität	*Verfahren* ASTM D 696		23 °C	1.7 J/(K · g)
Glasumwandlungstemperatur	*Torsionsschwingungsversuch*		°C	
	Differentialkalorimetrie		°C	

Brandverhalten

UL-Test vertikal		Dicke 1.6 mm, Wert HB	
		Dicke mm, Wert	
	Norm	*Bewertung*	*Abmessungen*
Sauerstoff-Index	ASTM D 2863		
Glühstab-Verfahren			
Brandverhalten	DIN 4102		
MVSS			
FAR			

Elektrische Eigenschaften

		Hz	°C		Probekörper, Form
Dielektrizitätszahl		50	23	3.8	
		10^3	23	3.6	
		10^6	23	3.5	
Dielektrischer Verlustfaktor tan δ		50	23	0.013	
		10^3	23	0.019	
		10^6	23	0.021	
Spezifischer Durchgangswiderstand	Ohm · cm		23	5.0*10**15	
Durchschlagfestigkeit	kV/mm		23	90	1 mm dick
Oberflächenwiderstand	Ohm		23	4.0*10**13	

Kriechstromfestigkeit	KC >600	KB	KA 3c
Elektrolytische Korrosionswirkung			
Lichtbogenfestigkeit nach DIN			
nach ASTM s			

Beständigkeit *(Chemische Beständigkeit siehe Anhang)*

Wasseraufnahme 23 C	1 d	1.2 %	
Feuchtigkeitsaufnahme Normalklima			%
Wetterbeständigkeit			
Spannungskorrosion			

Optische Eigenschaften

Brechungszahl n_D		
Transmissionsgrad τ_c	%	mm dick
Lichtdurchlässigkeit		

Produkt	Polyamid 6		**PA**
Handelsname	**Sniamid ASN 27/33 G8**		
Hersteller	SNIA		
DIN-Bez 1			
DIN-Bez 2			
Zusätze		*Füllstoffe/ Verstärkung*	
Bevorzugte Verarbeitung	Spritzgiessen	*Lieferform*	Granulat
		Farben	Naturbleischwarz
Besondere Merkmale	Erhoehte Verschleissfestigkeit	*Bevorzugte Anwendungen*	Technisches Formteil; Rolle; Lager; Zahnrad; Drucklagerbuchse; Gleitelement

Dichte	g/cm^3	1.14	*Schmelzindex*	g/10 min	:
Schüttdichte	g/cm^3		*Volumenfließindex*	cm^3/10 min	:
Viskositätszahl	ml/g				

Verarbeitungsbedingungen für Spritzgießen

Massetemp.	°C	230–280	*Schwindung*	%	lgs 1.3–1.7, quer 1.3–1.7
Werkzeugtemp.	°C	60–80	*Bemerkungen*		
Spritzdruck	bar				

Zugversuch 23 °C DIN 53455; DIN 53457

Probekörper: *Form* Nr.3 — *Herstellung* Spritzgiessen
Zustand Spritzfrisch — *Vorbehandlung*

Streckspannung	N/mm^2		*Dehnung bei Streckspannung*	%	
Zugfestigkeit	N/mm^2		*Reißdehnung*	%	50–80
Reißfestigkeit	N/mm^2	85	*% Dehnspannung*	N/mm^2	
E-Modul	N/mm^2	3000	*Dehnung bei % Dehnspg.*	%	

Kriechmoduln und Zeitstandwerte 23 °C

Probekörper: *Form* — *Herstellung*
Zustand — *Vorbehandlung*

Kriechmodul	*1 min*	N/mm^2	*Zeitstandzugfestigkeit*	h	N/mm^2
Kriechmodul	*1000 h*	N/mm^2	*Zeitdehnspg.* %	h	N/mm^2
bei Spannung		N/mm^2			

Biegeversuch 23 °C DIN 53452; DIN 53457

Probekörper: *Form* 80 mm x 10 mm x 4 mm — *Herstellung* Spritzgiessen
Zustand Spritzfrisch — *Vorbehandlung*

Biegefestigkeit	N/mm^2	120	*E-Modul*	N/mm^2	3000
3,5% *Biegespannung*	N/mm^2				

Härte 23 °C *Probekörper:* *Zustand* Spritzfrisch — *Herstellung* Spritzgiessen
Vorbehandlung

Kugeldruckhärte	N/mm^2	160	bei 358 N, 10 s	*Shore-Härte*	A
Rockwellhärte		R 121		*Shore-Härte*	D

Schlagversuch *Probekörper:* *(1)* U-Kerbe
(2) V-Kerbe — *Herstellung* Spritzgiessen
Zustand Spritzfrisch — *Vorbehandlung*

		°C		°C		°C		*Probekörper-Form*
Schlagzähigkeit	kJ/m^2	23	80	-40	60			NKS
Kerbschlagzähigkeit (1)	kJ/m^2	23	3.5	-40	2.5			NKS
IZOD-Kerbschlagzähigkeit (2)	J/m	23	40					80 mm x 10 mm x 4 mm
Kerbschlagzugzähigkeit	kJ/m^2							

Abrieb und Reibung

Taber-Abrieb (Reibradverfahren)	mm^3/100 U		
Abriebfaktor LNP (Thrust washer) Vergleichswert			
Statische Reibungszahl			
Dynamische Reibungszahl	(p·v=	N/mm^2·	m/min)
Zulässiger p·v Wert	N/mm^2·(m/min)	v=	m/min
		v=	m/min

Thermische Eigenschaften

Formbeständigkeit in der Wärme	*Verfahren* A			80 °C
	Verfahren B			190 °C
Vicat Erweichungstemperatur (VST)	*Verfahren* B/50			205–210 °C
	Verfahren			°C
Kristallit-Schmelzpunkt	*Verfahren* DTA			220–224 °C
Längenausdehnungskoeffizient	*Bereich*	°C		$\cdot 10^{-4}K^{-1}$
	Temperatur 23 °C			$0.5 \cdot 10^{-4}K^{-1}$
Wärmeleitfähigkeit	*Verfahren* DIN 52612		23 °C	0.25 W/(K·m)
Spezifische Wärmekapazität	*Verfahren* ASTM D 696		23 °C	1.7 J/(K·g)
Glasumwandlungstemperatur	*Torsionsschwingungsversuch*		°C	
	Differentialkalorimetrie		°C	

Brandverhalten

UL-Test vertikal	Dicke 1.6 mm, Wert V-2
	Dicke mm, Wert

	Norm	*Bewertung*	*Abmessungen*
Sauerstoff-Index	ASTM D 2863		
Glühstab-Verfahren			
Brandverhalten	DIN 4102		
MVSS			
FAR			

Elektrische Eigenschaften

		Hz	°C		*Probekörper, Form*
Dielektrizitätszahl		50	23	3.7	
		10^3	23	3.5	
		10^6	23	3.4	
Dielektrischer Verlustfaktor tan δ		50	23	0.010	
		10^3	23	0.014	
		10^6	23	0.023	
Spezifischer Durchgangswiderstand	Ohm·cm		23	5.0*10**15	
Durchschlagfestigkeit	kV/mm		23	90	1 mm dick
Oberflächenwiderstand	Ohm		23	2.0*10**13	

Kriechstromfestigkeit	KC >600	KB	KA 3c
Elektrolytische Korrosionswirkung			
Lichtbogenfestigkeit nach DIN			
nach ASTM	s		

Beständigkeit *(Chemische Beständigkeit siehe Anhang)*

Wasseraufnahme 23 C	1 d	1.2 %
Feuchtigkeitsaufnahme Normalklima		%
Wetterbeständigkeit		
Spannungskorrosion		

Optische Eigenschaften

Brechungszahl n_D
Transmissionsgrad τ_c % mm dick
Lichtdurchlässigkeit

Datenbank-Nr.	**T05998**		Merkblatt-Nr. **3375**

Produkt	Polyamid 6		**PA**
Handelsname	**Sniamid ASN 27/33 Y10**		
Hersteller	SNIA		
DIN-Bez 1			
DIN-Bez 2			
Zusätze		*Füllstoffe/ Verstärkung*	
Bevorzugte Verarbeitung	Spritzgiessen	*Lieferform*	Granulat
		Farben	Naturbleischwarz
Besondere Merkmale	Hohe Selbstschmiereigenschaft; Hohe Verschleissfestigkeit	*Bevorzugte Anwendungen*	Lagerschale; Gleitschiene; Zahnriemenscheibe; Zahnrad

---

Dichte	g/cm³	1.14	*Schmelzindex*	g/10 min	:
Schüttdichte	g/cm³		*Volumenfließindex*	cm³/10 min	:
Viskositätszahl	ml/g				

Verarbeitungsbedingungen für Spritzgießen

Massetemp.	°C	230–280	*Schwindung*	%	lgs 1.2–1.6, quer 1.2–1.6
Werkzeugtemp.	°C	60–80	*Bemerkungen*		
Spritzdruck	bar				

Zugversuch 23 °C DIN 53455; DIN 53457

Probekörper: *Form* Nr.3 — *Herstellung* Spritzgiessen
Zustand Spritzfrisch — *Vorbehandlung*

Streckspannung	N/mm²	85	*Dehnung bei Streckspannung*	%	
Zugfestigkeit	N/mm²		*Reißdehnung*	%	50–80
Reißfestigkeit	N/mm²		*% Dehnspannung*	N/mm²	
E-Modul	N/mm²	3000	*Dehnung bei % Dehnspg.*	%	

Kriechmoduln und Zeitstandwerte 23 °C

Probekörper: *Form* — *Herstellung*
Zustand — *Vorbehandlung*

Kriechmodul	*1 min*	N/mm²	*Zeitstandzugfestigkeit*	h	N/mm²
Kriechmodul	*1000 h*	N/mm²	*Zeitdehnspg. %*	h	N/mm²
bei Spannung		N/mm²			

Biegeversuch 23 °C DIN 53452; DIN 53457

Probekörper: *Form* 80 mm x 10 mm x 4 mm — *Herstellung* Spritzgiessen
Zustand Spritzfrisch — *Vorbehandlung*

Biegefestigkeit	N/mm²	115	*E-Modul*	N/mm²	3000
3,5% Biegespannung	N/mm²				

Härte 23 °C *Probekörper:* *Zustand* Spritzfrisch — *Herstellung* Spritzgiessen
Vorbehandlung

Kugeldruckhärte	N/mm² 150	bei 358 N, 10 s	*Shore-Härte* A	
Rockwellhärte	R 120		*Shore-Härte* D	

Schlagversuch *Probekörper:* *(1)* U-Kerbe
(2) V-Kerbe — *Herstellung* Spritzgiessen
Zustand Spritzfrisch — *Vorbehandlung*

		°C		°C		°C		*Probekörper-Form*
Schlagzähigkeit	kJ/m²	23	100	-40	70			NKS
Kerbschlagzähigkeit (1)	kJ/m²	23	3.5	-40	3			NKS
IZOD-Kerbschlagzähigkeit (2)	J/m	23	40					80 mm x 10 mm x 4 mm
Kerbschlagzugzähigkeit	kJ/m²							

Abrieb und Reibung

Taber-Abrieb (Reibradverfahren)	mm^3/100 U		
Abriebfaktor LNP (Thrust washer) Vergleichswert			
Statische Reibungszahl			
Dynamische Reibungszahl	(p·v=	N/mm^2·	m/min)
Zulässiger p · v Wert	N/mm^2 · (m/min)	v=	m/min
		v=	m/min

Thermische Eigenschaften

Formbeständigkeit in der Wärme	*Verfahren*	A		80 °C
	Verfahren	B		190 °C
Vicat Erweichungstemperatur (VST)	*Verfahren*	B/50		205–210 °C
	Verfahren			°C
Kristallit-Schmelzpunkt	*Verfahren*	DTA		220–224 °C
Längenausdehnungskoeffizient	*Bereich*	°C		$\cdot 10^{-4}K^{-1}$
	Temperatur	23 °C		$0.5 \cdot 10^{-4}K^{-1}$
Wärmeleitfähigkeit	*Verfahren*	DIN 52612	23 °C	0.25 W/(K · m)
Spezifische Wärmekapazität	*Verfahren*	ASTM D 696	23 °C	1.7 J/(K · g)
Glasumwandlungstemperatur	*Torsionsschwingungsversuch*		°C	
	Differentialkalorimetrie		°C	

Brandverhalten

UL-Test vertikal	Dicke 1.6 mm, Wert V-2
	Dicke mm, Wert

	Norm	*Bewertung*	*Abmessungen*
Sauerstoff-Index	ASTM D 2863		
Glühstab-Verfahren			
Brandverhalten	DIN 4102		
MVSS			
FAR			

Elektrische Eigenschaften

		Hz	°C		*Probekörper, Form*
Dielektrizitätszahl		50	23	3.7	
		10^3	23	3.5	
		10^6	23	3.4	
Dielektrischer Verlustfaktor tan δ		50	23	0.010	
		10^3	23	0.014	
		10^6	23	0.023	
Spezifischer Durchgangswiderstand	Ohm · cm		23	5.0*10**15	
Durchschlagfestigkeit	kV/mm		23	90	1 mm dick
Oberflächenwiderstand	Ohm		23	2.0*10**13	

Kriechstromfestigkeit	KC >600	KB	KA 3c
Elektrolytische Korrosionswirkung			
Lichtbogenfestigkeit nach DIN			
nach ASTM s			

Beständigkeit *(Chemische Beständigkeit siehe Anhang)*

Wasseraufnahme 23 C	1 d	1.2 %	
Feuchtigkeitsaufnahme Normalklima			%
Wetterbeständigkeit			
Spannungskorrosion			

Optische Eigenschaften

Brechungszahl n_D		
Transmissionsgrad τ_c	%	mm dick
Lichtdurchlässigkeit		

PA

Produkt	Polyamid 6		
Handelsname	**Sniamid ASN 27 AT 05**		
Hersteller	SNIA		
DIN-Bez 1			
DIN-Bez 2			
Zusätze		*Füllstoffe/ Verstärkung*	
Bevorzugte Verarbeitung	Spritzgiessen	*Lieferform*	Granulat
		Farben	Brillantweiss
Besondere Merkmale	Hoher Weissgrad; Schnelle Anfaerbbarkeit mittels normaler Polyamid-Saeurefarbstoffe	*Bevorzugte Anwendungen*	Knopf

Dichte	g/cm³	1.14	*Schmelzindex*	g/10 min	:
Schüttdichte	g/cm³		*Volumenfließindex*	cm³/10 min	:
Viskositätszahl	ml/g				

Verarbeitungsbedingungen für Spritzgießen

Massetemp.	°C	230–280	*Schwindung*	%	lgs 1.2–1.6, quer 1.2–1.6
Werkzeugtemp.	°C	20–80	*Bemerkungen*		
Spritzdruck	bar				

Zugversuch 23 °C DIN 53455; DIN 53457

Probekörper: *Form* Nr.3; *Zustand* Spritzfrisch; *Herstellung* Spritzgiessen; *Vorbehandlung*

Streckspannung	N/mm²	85	*Dehnung bei Streckspannung*	%	
Zugfestigkeit	N/mm²		*Reißdehnung*	%	40–80
Reißfestigkeit	N/mm²		*% Dehnspannung*	N/mm²	
E-Modul	N/mm²	3000	*Dehnung bei % Dehnspg.*	%	

Kriechmoduln und Zeitstandwerte 23 °C

Probekörper: *Form*; *Zustand*; *Herstellung*; *Vorbehandlung*

Kriechmodul	*1 min*	N/mm²	*Zeitstandzugfestigkeit*	h	N/mm²
Kriechmodul	*1000 h*	N/mm²	*Zeitdehnspg. %*	h	N/mm²
bei Spannung		N/mm²			

Biegeversuch 23 °C DIN 53452; DIN 53457

Probekörper: *Form* 80 mm x 10 mm x 4 mm; *Zustand* Spritzfrisch; *Herstellung* Spritzgiessen; *Vorbehandlung*

Biegefestigkeit	N/mm²	115	*E-Modul*	N/mm²	2900
3,5% *Biegespannung*	N/mm²				

Härte 23 °C *Probekörper:* *Zustand* Spritzfrisch; *Herstellung* Spritzgiessen; *Vorbehandlung*

Kugeldruckhärte	N/mm²	150	bei 358 N, 10 s	*Shore-Härte* A
Rockwellhärte		R 120		*Shore-Härte* D

Schlagversuch *Probekörper:* *(1)* U-Kerbe; *(2)* V-Kerbe; *Zustand* Spritzfrisch; *Herstellung* Spritzgiessen; *Vorbehandlung*

		°C		°C		°C		*Probekörper-Form*
Schlagzähigkeit	kJ/m²	23	o.B.	-40	85			NKS
Kerbschlagzähigkeit (1)	kJ/m²	23	4	-40	3.5			NKS
IZOD-Kerbschlagzähigkeit (2)	J/m	23	40					80 mm x 10 mm x 4 mm
Kerbschlagzugzähigkeit	kJ/m²							

Abrieb und Reibung

Taber-Abrieb (Reibradverfahren)	mm^3/100 U		
Abriebfaktor LNP (Thrust washer) Vergleichswert			
Statische Reibungszahl			
Dynamische Reibungszahl	(p·v=	N/mm²·	m/min)
Zulässiger p·v Wert	N/mm²·(m/min)	v=	m/min
		v=	m/min

Thermische Eigenschaften

Formbeständigkeit in der Wärme	*Verfahren* A			80 °C
	Verfahren B			185 °C
Vicat Erweichungstemperatur (VST)	*Verfahren* B/50			205–210 °C
	Verfahren			°C
Kristallit-Schmelzpunkt	*Verfahren* DTA			220–224 °C
Längenausdehnungskoeffizient	*Bereich*	°C		$\cdot 10^{-4}K^{-1}$
	Temperatur 23 °C			$0.7 \cdot 10^{-4}K^{-1}$
Wärmeleitfähigkeit	*Verfahren* DIN 52612		23 °C	0.25 W/(K·m)
Spezifische Wärmekapazität	*Verfahren* ASTM D 696		23 °C	1.7 J/(K·g)
Glasumwandlungstemperatur	*Torsionsschwingungsversuch*		°C	
	Differentialkalorimetrie		°C	

Brandverhalten

UL-Test vertikal	Dicke 1.6 mm, Wert V-2	
	Dicke mm, Wert	

	Norm	*Bewertung*	*Abmessungen*
Sauerstoff-Index	ASTM D 2863		
Glühstab-Verfahren			
Brandverhalten	DIN 4102		
MVSS			
FAR			

Elektrische Eigenschaften

		Hz	°C		*Probekörper, Form*
Dielektrizitätszahl		50	23	3.7	
		10^3	23	3.5	
		10^6	23	3.4	
Dielektrischer Verlustfaktor tan δ		50	23	0.010	
		10^3	23	0.014	
		10^6	23	0.023	
Spezifischer Durchgangswiderstand	Ohm·cm		23	5.0*10**15	
Durchschlagfestigkeit	kV/mm		23	100	1 mm dick
Oberflächenwiderstand	Ohm		23	2.0*10**13	

Kriechstromfestigkeit	KC >600	KB	KA 3c
Elektrolytische Korrosionswirkung			
Lichtbogenfestigkeit nach DIN			
nach ASTM	s		

Beständigkeit *(Chemische Beständigkeit siehe Anhang)*

Wasseraufnahme 23 C	1 d	1.2 %	
Feuchtigkeitsaufnahme Normalklima			%
Wetterbeständigkeit			
Spannungskorrosion			

Optische Eigenschaften

Brechungszahl n_D		
Transmissionsgrad τ_c	%	mm dick
Lichtdurchlässigkeit		

PA

Produkt	Polyamid 6		
Handelsname	**Sniamid ASN 27 T**		
Hersteller	SNIA		
DIN-Bez 1			
DIN-Bez 2			
Zusätze		*Füllstoffe/ Verstärkung*	
Bevorzugte Verarbeitung	Spritzgiessen	*Lieferform*	Granulat
		Farben	Natur
Besondere Merkmale	Hohe Schlagzaehigkeit; Hohe Flexibilitaet; Hohe Transparenz bei Wanddicken bis ca. 2.5 mm	*Bevorzugte Anwendungen*	Vergaserfilter; Bremsfluessigkeitsbehaelter

Dichte	g/cm^3	1.13	*Schmelzindex*	g/10 min	:
Schüttdichte	g/cm^3		*Volumenfließindex*	cm^3/10 min	:
Viskositätszahl	ml/g				

Verarbeitungsbedingungen für Spritzgießen

Massetemp.	°C	230–260	*Schwindung*	%	lgs 0.6–0.8, quer 0.6–0.8
Werkzeugtemp.	°C	5	*Bemerkungen*		
Spritzdruck	bar				

Zugversuch 23 °C DIN 53455; DIN 53457

Probekörper: *Form* Nr.3 — *Herstellung* Spritzgiessen
Zustand Spritzfrisch — *Vorbehandlung*

Streckspannung	N/mm^2	80	*Dehnung bei Streckspannung*	%	
Zugfestigkeit	N/mm^2		*Reißdehnung*	%	60–120
Reißfestigkeit	N/mm^2		*% Dehnspannung*	N/mm^2	
E-Modul	N/mm^2	2800	*Dehnung bei % Dehnspg.*	%	

Kriechmoduln und Zeitstandwerte 23 °C

Probekörper: *Form* — *Herstellung*
Zustand — *Vorbehandlung*

Kriechmodul	*1 min* N/mm^2	*Zeitstandzugfestigkeit*	h	N/mm^2
Kriechmodul	*1000 h* N/mm^2	*Zeitdehnspg.* %	h	N/mm^2
bei Spannung	N/mm^2			

Biegeversuch 23 °C DIN 53452; DIN 53457

Probekörper: *Form* 80 mm x 10 mm x 4 mm — *Herstellung* Spritzgiessen
Zustand Spritzfrisch — *Vorbehandlung*

Biegefestigkeit	N/mm^2	110	*E-Modul*	N/mm^2	2600
3,5% *Biegespannung*	N/mm^2				

Härte 23 °C *Probekörper:* *Zustand* Spritzfrisch — *Herstellung* Spritzgiessen
Vorbehandlung

Kugeldruckhärte	N/mm^2 145	bei 358 N, 10 s	*Shore-Härte*	A
Rockwellhärte	R 120		*Shore-Härte*	D

Schlagversuch *Probekörper:* *(1)* U-Kerbe
(2) V-Kerbe — *Herstellung* Spritzgiessen
Zustand Spritzfrisch — *Vorbehandlung*

		°C		°C		°C		*Probekörper-Form*
Schlagzähigkeit	kJ/m^2	23	o.B.	-40	130			NKS
Kerbschlagzähigkeit (1)	kJ/m^2	23	4.5	-40	4			NKS
IZOD-Kerbschlagzähigkeit (2)	J/m	23	45					80 mm x 10 mm x 4 mm
Kerbschlagzugzähigkeit	kJ/m^2							

Abrieb und Reibung

Taber-Abrieb (Reibradverfahren)	mm^3/100 U		
Abriebfaktor LNP (Thrust washer) Vergleichswert			
Statische Reibungszahl			
Dynamische Reibungszahl	(p·v=	N/mm²·	m/min)
Zulässiger p·v Wert	N/mm²·(m/min)	v=	m/min
		v=	m/min

Thermische Eigenschaften

Formbeständigkeit in der Wärme	*Verfahren*	A		70 °C
	Verfahren	B		160 °C
Vicat Erweichungstemperatur (VST)	*Verfahren*	B/50		205–210 °C
	Verfahren			°C
Kristallit-Schmelzpunkt	*Verfahren*	DTA		218–222 °C
Längenausdehnungskoeffizient	*Bereich*	°C		$\cdot 10^{-4} K^{-1}$
	Temperatur	23 °C		$0.7 \cdot 10^{-4} K^{-1}$
Wärmeleitfähigkeit	*Verfahren*	DIN 52612	23 °C	0.25 W/(K·m)
Spezifische Wärmekapazität	*Verfahren*	ASTM D 696	23 °C	1.7 J/(K·g)
Glasumwandlungstemperatur	*Torsionsschwingungsversuch*		°C	
	Differentialkalorimetrie		°C	

Brandverhalten

UL-Test vertikal — Dicke 1.6 mm, Wert V-2
Dicke mm, Wert

	Norm	*Bewertung*	*Abmessungen*
Sauerstoff-Index	ASTM D 2863		
Glühstab-Verfahren			
Brandverhalten	DIN 4102		
MVSS			
FAR			

Elektrische Eigenschaften

		Hz	°C			*Probekörper, Form*
Dielektrizitätszahl		50	23	3.7		
		10^3	23	3.5		
		10^6	23	3.4		
Dielektrischer Verlustfaktor tan δ		50	23	0.013		
		10^3	23	0.019		
		10^6	23	0.021		
Spezifischer Durchgangswiderstand	Ohm·cm		23	5.0*10**15		
Durchschlagfestigkeit	kV/mm		23	100		1 mm dick
Oberflächenwiderstand	Ohm		23	4.0*10**13		
Kriechstromfestigkeit		KC 475		KB	KA 3c	
Elektrolytische Korrosionswirkung						
Lichtbogenfestigkeit nach DIN						
nach ASTM	s					

Beständigkeit *(Chemische Beständigkeit siehe Anhang)*

Wasseraufnahme 23 C	1 d	1.5 %	
Feuchtigkeitsaufnahme Normalklima			%
Wetterbeständigkeit			
Spannungskorrosion			

Optische Eigenschaften

Brechungszahl n_D		
Transmissionsgrad τ_c	%	mm dick
Lichtdurchlässigkeit		

Datenbank-Nr.	**T06001**		Merkblatt-Nr. **3378**
Produkt	Polyamid 6		**PA**
Handelsname	**Sniamid ASN 27 P**		
Hersteller	SNIA		
DIN-Bez 1			
DIN-Bez 2			
Zusätze		Füllstoffe/ Verstärkung	
Bevorzugte Verarbeitung	Spritzgiessen	Lieferform	Granulat
		Farben	Natur; Schwarz
Besondere Merkmale	Erhoehte Flexibilitaet; Erhoehte Schlagzaehigkeit; Hohes Fliessvermoegen	Bevorzugte Anwendungen	Verbindungselement; Motorradschutzblech; Sohle fuer Sportschuhe

Dichte	g/cm³	1.14	Schmelzindex	g/10 min		:
Schüttdichte	g/cm³		Volumenfließindex	cm³/10 min		:
Viskositätszahl	ml/g					

Verarbeitungsbedingungen für Spritzgießen

Massetemp.	°C	210	Schwindung	%	lgs 0.9–1.2, quer 0.9–1.2
Werkzeugtemp.	°C	20	Bemerkungen		
Spritzdruck	bar				

Zugversuch 23 °C DIN 53455; DIN 53457

Probekörper:	Form	Nr.3	Herstellung	Spritzgiessen	
	Zustand	Spritzfrisch	Vorbehandlung		

Streckspannung	N/mm²	45	Dehnung bei Streckspannung	%	
Zugfestigkeit	N/mm²		Reißdehnung	%	220–280
Reißfestigkeit	N/mm²		% Dehnspannung	N/mm²	
E-Modul	N/mm²	1200	Dehnung bei % Dehnspg.	%	

Kriechmoduln und Zeitstandwerte 23 °C

Probekörper:	Form	Herstellung	
	Zustand	Vorbehandlung	

Kriechmodul	1 min	N/mm²	Zeitstandzugfestigkeit	h	N/mm²
Kriechmodul	1000 h	N/mm²	Zeitdehnspg. %	h	N/mm²
bei Spannung		N/mm²			

Biegeversuch 23 °C DIN 53452; DIN 53457

Probekörper:	Form	80 mm x 10 mm x 4 mm	Herstellung	Spritzgiessen
	Zustand	Spritzfrisch	Vorbehandlung	

Biegefestigkeit	N/mm²	43	E-Modul	N/mm²	1100
3,5% Biegespannung	N/mm²				

Härte 23 °C

Probekörper:	Zustand	Spritzfrisch	Herstellung	Spritzgiessen
			Vorbehandlung	

Kugeldruckhärte	N/mm²	140	bei 358 N, 10 s	Shore-Härte	A
Rockwellhärte		R 100		Shore-Härte	D

Schlagversuch

Probekörper:	(1) U-Kerbe		
	(2) V-Kerbe	Herstellung	Spritzgiessen
	Zustand Spritzfrisch	Vorbehandlung	

		°C		°C		°C		Probekörper-Form
Schlagzähigkeit	kJ/m²	23	o.B.	-40	30			NKS
Kerbschlagzähigkeit (1)	kJ/m²	23	12	-40	2.5			NKS
IZOD-Kerbschlagzähigkeit (2)	J/m	23	110					80 mm x 10 mm x 4 mm
Kerbschlagzugzähigkeit	kJ/m²							

Abrieb und Reibung

Taber-Abrieb (Reibradverfahren)	mm^3/100 U			
Abriebfaktor LNP (Thrust washer) Vergleichswert				
Statische Reibungszahl				
Dynamische Reibungszahl	(p · v =	N/mm^2 ·	m/min)	
Zulässiger p · v Wert	N/mm^2 · (m/min)	v =	m/min	
		v =	m/min	

Thermische Eigenschaften

Formbeständigkeit in der Wärme	*Verfahren* A			65 °C
	Verfahren B			150 °C
Vicat Erweichungstemperatur (VST)	*Verfahren* B/50			170 °C
	Verfahren			°C
Kristallit-Schmelzpunkt	*Verfahren* DTA			220–224 °C
Längenausdehnungskoeffizient	*Bereich*	°C		$\cdot 10^{-4}K^{-1}$
	Temperatur 23 °C			$0.7 \cdot 10^{-4}K^{-1}$
Wärmeleitfähigkeit	*Verfahren* DIN 52612		23 °C	0.25 W/(K · m)
Spezifische Wärmekapazität	*Verfahren* ASTM D 696		23 °C	1.7 J/(K · g)
Glasumwandlungstemperatur	*Torsionsschwingungsversuch*		°C	
	Differentialkalorimetrie		°C	

Brandverhalten

UL-Test vertikal	Dicke 1.6	mm, Wert V-2	
	Dicke	mm, Wert	

	Norm	*Bewertung*	*Abmessungen*
Sauerstoff-Index	ASTM D 2863		
Glühstab-Verfahren			
Brandverhalten	DIN 4102		
MVSS			
FAR			

Elektrische Eigenschaften

		Hz	°C			*Probekörper, Form*
Dielektrizitätszahl		50	23	3.7		
		10^3	23	3.5		
		10^6	23	3.4		
Dielektrischer Verlustfaktor tan δ		50	23	0.013		
		10^3	23	0.019		
		10^6	23	0.021		
Spezifischer Durchgangs-widerstand	Ohm · cm		23	3.0*10**15		
Durchschlagfestigkeit	kV/mm		23	70		1 mm dick
Oberflächenwiderstand	Ohm		23	2.0*10**13		
Kriechstromfestigkeit		KC 475		KB	KA 3c	
Elektrolytische Korrosionswirkung						
Lichtbogenfestigkeit nach DIN						
nach ASTM	s					

Beständigkeit *(Chemische Beständigkeit siehe Anhang)*

Wasseraufnahme 23 C	1 d	1.4 %	
Feuchtigkeitsaufnahme Normalklima			%
Wetterbeständigkeit			
Spannungskorrosion			

Optische Eigenschaften

Brechungszahl n_D		
Transmissionsgrad τ_c	%	mm dick
Lichtdurchlässigkeit		

Datenbank-Nr. **T06002** Merkblatt-Nr. **3379**

Produkt	Polyamid 6		**PA**
Handelsname	**Sniamid AES 34 NS**		
Hersteller	SNIA		
DIN-Bez 1 *DIN-Bez 2*			
Zusätze		*Füllstoffe/ Verstärkung*	
Bevorzugte Verarbeitung	Spritzgiessen; Extrudieren	*Lieferform*	Granulat
		Farben	Natur
Besondere Merkmale	Gute Zaehigkeit; Gute Flexibilitaet	*Bevorzugte Anwendungen*	Flachfolie; Bedarfsartikel; Messerheft

Dichte	g/cm³	1.14	*Schmelzindex*	g/10 min		:
Schüttdichte	g/cm³		*Volumenfließindex*	cm³/10 min		:
Viskositätszahl	ml/g					

Verarbeitungsbedingungen für Spritzgießen

Massetemp.	°C	*Schwindung*	%	lgs	, quer
Werkzeugtemp.	°C	*Bemerkungen*			
Spritzdruck	bar				

Zugversuch 23 °C DIN 53455; DIN 53457

Probekörper: *Form* Nr.3 — *Herstellung* Spritzgiessen
Zustand Spritzfrisch — *Vorbehandlung*

Streckspannung	N/mm²	80	*Dehnung bei Streckspannung*	%	
Zugfestigkeit	N/mm²		*Reißdehnung*	%	200–250
Reißfestigkeit	N/mm²		*% Dehnspannung*	N/mm²	
E-Modul	N/mm²	2800	*Dehnung bei % Dehnspg.*	%	

Kriechmoduln und Zeitstandwerte 23 °C

Probekörper: *Form* — *Herstellung*
Zustand — *Vorbehandlung*

Kriechmodul	*1 min*	N/mm²	*Zeitstandzugfestigkeit*	h	N/mm²
Kriechmodul	*1000 h*	N/mm²	*Zeitdehnspg. %*	h	N/mm²
bei Spannung		N/mm²			

Biegeversuch 23 °C DIN 53452; DIN 53457

Probekörper: *Form* 80 mm x 10 mm x 4 mm — *Herstellung* Spritzgiessen
Zustand Spritzfrisch — *Vorbehandlung*

Biegefestigkeit	N/mm²	115	*E-Modul*	N/mm²	2750
3,5% *Biegespannung*	N/mm²				

Härte 23 °C *Probekörper:* *Zustand* Spritzfrisch — *Herstellung* Spritzgiessen
Vorbehandlung

Kugeldruckhärte	N/mm² 140	bei 358 N, 10 s	*Shore-Härte* A	
Rockwellhärte	R 120		*Shore-Härte* D	

Schlagversuch *Probekörper:* *(1)* U-Kerbe
(2) V-Kerbe — *Herstellung* Spritzgiessen
Zustand Spritzfrisch — *Vorbehandlung*

		°C		°C		°C		*Probekörper-Form*
Schlagzähigkeit	kJ/m²	23	o.B.	-40	150			NKS
Kerbschlagzähigkeit (1)	kJ/m²	23	4.5	-40	3.5			NKS
IZOD-Kerbschlagzähigkeit (2)	J/m	23	50					80 mm x 10 mm x 4 mm
Kerbschlagzugzähigkeit	kJ/m²							

Abrieb und Reibung

Taber-Abrieb (Reibradverfahren)	mm^3/100 U		
Abriebfaktor LNP (Thrust washer) Vergleichswert			
Statische Reibungszahl			
Dynamische Reibungszahl	(p·v=	N/mm^2·	m/min)
Zulässiger p · v Wert	N/mm^2·(m/min)	v=	m/min
		v=	m/min

Thermische Eigenschaften

Formbeständigkeit in der Wärme	*Verfahren*	A		75 °C
	Verfahren	B		185 °C
Vicat Erweichungstemperatur (VST)	*Verfahren*	B/50		205–210 °C
	Verfahren			°C
Kristallit-Schmelzpunkt	*Verfahren*	DTA		220–224 °C
Längenausdehnungskoeffizient	*Bereich*	°C		$\cdot 10^{-4}K^{-1}$
	Temperatur	23 °C		$0.7 \cdot 10^{-4}K^{-1}$
Wärmeleitfähigkeit	*Verfahren*	DIN 52612	23 °C	0.25 W/(K · m)
Spezifische Wärmekapazität	*Verfahren*	ASTM D 696	23 °C	1.7 J/(K · g)
Glasumwandlungstemperatur	*Torsionsschwingungsversuch*		°C	
	Differentialkalorimetrie		°C	

Brandverhalten

UL-Test vertikal	Dicke 1.6	mm, Wert	V-2
	Dicke	mm, Wert	

	Norm	*Bewertung*	*Abmessungen*
Sauerstoff-Index	ASTM D 2863		
Glühstab-Verfahren			
Brandverhalten	DIN 4102		
MVSS			
FAR			

Elektrische Eigenschaften

		Hz	°C		*Probekörper, Form*
Dielektrizitätszahl		50	23	3.9	
		10^3	23	3.7	
		10^6	23	3.6	
Dielektrischer Verlustfaktor tan δ		50	23	0.013	
		10^3	23	0.019	
		10^6	23	0.021	
Spezifischer Durchgangs-widerstand	Ohm · cm		23	5.0*10**15	
Durchschlagfestigkeit	kV/mm		23	90	1 mm dick
Oberflächenwiderstand	Ohm		23	4.0*10**13	

Kriechstromfestigkeit	KC 475	KB	KA 3c
Elektrolytische Korrosionswirkung			
Lichtbogenfestigkeit nach DIN			
nach ASTM s			

Beständigkeit *(Chemische Beständigkeit siehe Anhang)*

Wasseraufnahme 23 C	1 d	1.2 %	
Feuchtigkeitsaufnahme Normalklima			%
Wetterbeständigkeit			
Spannungskorrosion			

Optische Eigenschaften

Brechungszahl n_D		
Transmissionsgrad τ_c	%	mm dick
Lichtdurchlässigkeit		

PA

Produkt	Polyamid 6		
Handelsname	**Sniamid ADS 40 M**		
Hersteller	SNIA		
DIN-Bez 1			
DIN-Bez 2			
Zusätze		*Füllstoffe/ Verstärkung*	
Bevorzugte Verarbeitung	Spritzgiessen	*Lieferform*	Granulat
		Farben	Natur; Schwarz
Besondere Merkmale	Hohe Flexibilitaet; Hohe Schlagzaehigkeit; Enthaelt Monomere; Eingeschraenkte Oberflaechenqualitaet	*Bevorzugte Anwendungen*	Technisches Formteil; Bedarfsartikel

Dichte	g/cm³	1.14	*Schmelzindex*	g/10 min		:
Schüttdichte	g/cm³		*Volumenfließindex*	cm³/10 min		:
Viskositätszahl	ml/g					

Verarbeitungsbedingungen für Spritzgießen

Massetemp.	°C	230–280	*Schwindung*	%	lgs 1.0–1.3, quer 1.0–1.3
Werkzeugtemp.	°C	40–60	*Bemerkungen*		
Spritzdruck	bar				

Zugversuch 23 °C DIN 53455; DIN 53457

Probekörper: *Form* Nr.3 — *Herstellung* Spritzgiessen
Zustand Spritzfrisch — *Vorbehandlung*

Streckspannung	N/mm²	55	*Dehnung bei Streckspannung*	%	
Zugfestigkeit	N/mm²		*Reißdehnung*	%	160–210
Reißfestigkeit	N/mm²		*% Dehnspannung*	N/mm²	
E-Modul	N/mm²	1300	*Dehnung bei % Dehnspg.*	%	

Kriechmoduln und Zeitstandwerte 23 °C

Probekörper: *Form* — *Herstellung*
Zustand — *Vorbehandlung*

Kriechmodul	*1 min*	N/mm²	*Zeitstandzugfestigkeit*	h	N/mm²
Kriechmodul	*1000 h*	N/mm²	*Zeitdehnspg. %*	h	N/mm²
bei Spannung		N/mm²			

Biegeversuch 23 °C DIN 53452; DIN 53457

Probekörper: *Form* 80 mm x 10 mm x 4 mm — *Herstellung* Spritzgiessen
Zustand Spritzfrisch — *Vorbehandlung*

Biegefestigkeit	N/mm²	50	*E-Modul*	N/mm²	1000
3,5% *Biegespannung*	N/mm²				

Härte 23 °C *Probekörper:* *Zustand* Spritzfrisch — *Herstellung* Spritzgiessen
Vorbehandlung

Kugeldruckhärte	N/mm²	135	bei 358 N, 10 s	*Shore-Härte* A
Rockwellhärte		R 100		*Shore-Härte* D

Schlagversuch *Probekörper:* *(1)* U-Kerbe
(2) V-Kerbe — *Herstellung* Spritzgiessen
Zustand Spritzfrisch — *Vorbehandlung*

		°C		°C		°C		*Probekörper-Form*
Schlagzähigkeit	kJ/m²	23	o.B.	-40	100			NKS
Kerbschlagzähigkeit (1)	kJ/m²	23	15	-40	3.5			NKS
IZOD-Kerbschlagzähigkeit (2)	J/m	23	150					80 mm x 10 mm x 4 mm
Kerbschlagzugzähigkeit	kJ/m²							

Abrieb und Reibung

Taber-Abrieb (Reibradverfahren)	mm³/100 U		
Abriebfaktor LNP (Thrust washer) Vergleichswert			
Statische Reibungszahl			
Dynamische Reibungszahl	(p·v= N/mm²·		m/min)
Zulässiger p·v Wert	N/mm²·(m/min)	v=	m/min
		v=	m/min

Thermische Eigenschaften

Formbeständigkeit in der Wärme	*Verfahren* A			65 °C
	Verfahren B			145 °C
Vicat Erweichungstemperatur (VST)	*Verfahren* B/50			180 °C
	Verfahren			°C
Kristallit-Schmelzpunkt	*Verfahren* DTA			220–224 °C
Längenausdehnungskoeffizient	*Bereich*	°C		$\cdot 10^{-4}K^{-1}$
	Temperatur 23 °C			$0.7 \cdot 10^{-4}K^{-1}$
Wärmeleitfähigkeit	*Verfahren* DIN 52612		23 °C	0.25 W/(K·m)
Spezifische Wärmekapazität	*Verfahren* ASTM D 696		23 °C	1.7 J/(K·g)
Glasumwandlungstemperatur	*Torsionsschwingungsversuch*		°C	
	Differentialkalorimetrie		°C	

Brandverhalten

UL-Test vertikal	Dicke 1.6 mm, Wert V-2	
	Dicke mm, Wert	

	Norm	*Bewertung*	*Abmessungen*
Sauerstoff-Index	ASTM D 2863		
Glühstab-Verfahren			
Brandverhalten	DIN 4102		
MVSS			
FAR			

Elektrische Eigenschaften

		Hz	°C		*Probekörper, Form*
Dielektrizitätszahl		50	23	3.9	
		10^3	23	3.7	
		10^6	23	3.6	
Dielektrischer Verlustfaktor tan δ		50	23	0.013	
		10^3	23	0.019	
		10^6	23	0.021	
Spezifischer Durchgangswiderstand	Ohm·cm		23	5.0*10**15	
Durchschlagfestigkeit	kV/mm		23	85	1 mm dick
Oberflächenwiderstand	Ohm		23	4.0*10**13	
Kriechstromfestigkeit		KC 475	KB	KA 3c	
Elektrolytische Korrosionswirkung					
Lichtbogenfestigkeit nach DIN					
nach ASTM	s				

Beständigkeit *(Chemische Beständigkeit siehe Anhang)*

Wasseraufnahme 23 C	1 d	1.9 %	
Feuchtigkeitsaufnahme Normalklima			%
Wetterbeständigkeit			
Spannungskorrosion			

Optische Eigenschaften

Brechungszahl n_D		
Transmissionsgrad τ_c	%	mm dick
Lichtdurchlässigkeit		

Produkt	Polyamid 6		**PA**
Handelsname	**Sniamid ADS 40 ST**		
Hersteller	SNIA		
DIN-Bez 1			
DIN-Bez 2			
Zusätze		*Füllstoffe/ Verstärkung*	
Bevorzugte Verarbeitung	Spritzgiessen; Extrudieren	*Lieferform*	Granulat
		Farben	Natur; Schwarz
Besondere Merkmale	Hohe Schlagzaehigkeit auch bei niedrigen Temperaturen	*Bevorzugte Anwendungen*	Technisches Formteil; Bedarfsartikel

Dichte	g/cm^3	1.14	*Schmelzindex*	g/10 min	:
Schüttdichte	g/cm^3		*Volumenfließindex*	$cm^3/10$ min	:
Viskositätszahl	ml/g				

Verarbeitungsbedingungen für Spritzgießen

Massetemp.	°C	245–280	*Schwindung*	%	lgs 0.9–1.3, quer 0.9–1.3
Werkzeugtemp.	°C	80	*Bemerkungen*		
Spritzdruck	bar				

Zugversuch 23 °C DIN 53455; DIN 53457

Probekörper: *Form* Nr.3 — *Herstellung* Spritzgiessen
Zustand Spritzfrisch — *Vorbehandlung*

Streckspannung	N/mm^2	80	*Dehnung bei Streckspannung*	%	
Zugfestigkeit	N/mm^2		*Reißdehnung*	%	200–260
Reißfestigkeit	N/mm^2		*% Dehnspannung*	N/mm^2	
E-Modul	N/mm^2	2800	*Dehnung bei % Dehnspg.*	%	

Kriechmoduln und Zeitstandwerte 23 °C

Probekörper: *Form* — *Herstellung*
Zustand — *Vorbehandlung*

Kriechmodul	*1 min*	N/mm^2	*Zeitstandzugfestigkeit*	h	N/mm^2
Kriechmodul	*1000 h*	N/mm^2	*Zeitdehnspg. %*	h	N/mm^2
bei Spannung		N/mm^2			

Biegeversuch 23 °C DIN 53452; DIN 53457

Probekörper: *Form* 80 mm x 10 mm x 4 mm — *Herstellung* Spritzgiessen
Zustand Spritzfrisch — *Vorbehandlung*

Biegefestigkeit	N/mm^2	115	*E-Modul*	N/mm^2	2700
3,5% *Biegespannung*	N/mm^2				

Härte 23 °C *Probekörper:* *Zustand* Spritzfrisch — *Herstellung* Spritzgiessen
Vorbehandlung

Kugeldruckhärte	N/mm^2	140	bei 358 N, 10 s	*Shore-Härte*	A
Rockwellhärte		R 120		*Shore-Härte*	D

Schlagversuch *Probekörper:* *(1)* U-Kerbe
(2) V-Kerbe — *Herstellung* Spritzgiessen
Zustand Spritzfrisch — *Vorbehandlung*

		°C		°C		°C		*Probekörper-Form*
Schlagzähigkeit	kJ/m^2	23	o.B.	-40	170			NKS
Kerbschlagzähigkeit (1)	kJ/m^2	23	5	-40	4.5			NKS
IZOD-Kerbschlagzähigkeit (2)	J/m	23	60					80 mm x 10 mm x 4 mm
Kerbschlagzugzähigkeit	kJ/m^2							

Abrieb und Reibung

Taber-Abrieb (Reibradverfahren) mm³/100 U
Abriebfaktor LNP (Thrust washer) Vergleichswert
Statische Reibungszahl
Dynamische Reibungszahl (p·v= N/mm²· m/min)
Zulässiger p·v Wert N/mm²·(m/min) v= m/min
v= m/min

Thermische Eigenschaften

Formbeständigkeit in der Wärme	*Verfahren*	A		75 °C
	Verfahren	B		175 °C
Vicat Erweichungstemperatur (VST)	*Verfahren*	B/50		205–210 °C
	Verfahren			°C
Kristallit-Schmelzpunkt	*Verfahren*	DTA		220–224 °C
Längenausdehnungskoeffizient	*Bereich*	°C		$\cdot 10^{-4}K^{-1}$
	Temperatur	23 °C		$0.7 \cdot 10^{-4}K^{-1}$
Wärmeleitfähigkeit	*Verfahren*	DIN 52612	23 °C	0.25 W/(K·m)
Spezifische Wärmekapazität	*Verfahren*	ASTM D 696	23 °C	1.7 J/(K·g)
Glasumwandlungstemperatur	*Torsionsschwingungsversuch*		°C	
	Differentialkalorimetrie		°C	

Brandverhalten

UL-Test vertikal Dicke 1.6 mm, Wert V-2
Dicke mm, Wert

	Norm	Bewertung	Abmessungen
Sauerstoff-Index	ASTM D 2863		
Glühstab-Verfahren			
Brandverhalten	DIN 4102		
MVSS			
FAR			

Elektrische Eigenschaften

		Hz	°C		*Probekörper, Form*
Dielektrizitätszahl		50	23	3.9	
		10^3	23	3.7	
		10^6	23	3.6	
Dielektrischer Verlustfaktor tan δ		50	23	0.013	
		10^3	23	0.019	
		10^6	23	0.021	
Spezifischer Durchgangswiderstand	Ohm·cm		23	5.0*10**15	
Durchschlagfestigkeit	kV/mm		23	90	1 mm dick
Oberflächenwiderstand	Ohm		23	4.0*10**13	

Kriechstromfestigkeit KC 475 KB KA 3c
Elektrolytische Korrosionswirkung
Lichtbogenfestigkeit nach DIN
nach ASTM s

Beständigkeit *(Chemische Beständigkeit siehe Anhang)*

Wasseraufnahme 23 C 1 d 1.3 %

Feuchtigkeitsaufnahme Normalklima %
Wetterbeständigkeit

Spannungskorrosion

Optische Eigenschaften

Brechungszahl n_D
Transmissionsgrad τ_c % mm dick
Lichtdurchlässigkeit

Produkt	Polyamid 6		**PA**
Handelsname	**Sniamid ADS 40 T**		
Hersteller	SNIA		
DIN-Bez 1			
DIN-Bez 2			
Zusätze		*Füllstoffe/ Verstärkung*	
Bevorzugte Verarbeitung	Extrudieren	*Lieferform*	Granulat
		Farben	Natur
Besondere Merkmale	Hohe Schlagzaehigkeit auch bei tiefen Temperaturen; Hohe Transparenz bis zu Wanddicken von ca. 2 mm	*Bevorzugte Anwendungen*	Platte; Co-Extrudat

Dichte	g/cm³	1.14	*Schmelzindex*	g/10 min	:
Schüttdichte	g/cm³		*Volumenfließindex*	cm³/10 min	:
Viskositätszahl	ml/g				

Verarbeitungsbedingungen für Spritzgießen

Massetemp.	°C	*Schwindung*	% lgs , quer
Werkzeugtemp.	°C	*Bemerkungen*	
Spritzdruck	bar		

Zugversuch 23 °C DIN 53455; DIN 53457

Probekörper: *Form* Nr.3; *Zustand* Spritzfrisch; *Herstellung* Spritzgiessen; *Vorbehandlung*

Streckspannung	N/mm²	80	*Dehnung bei Streckspannung*	%	
Zugfestigkeit	N/mm²		*Reißdehnung*	%	30–60
Reißfestigkeit	N/mm²		*% Dehnspannung*	N/mm²	
E-Modul	N/mm²	2800	*Dehnung bei % Dehnspg.*	%	

Kriechmoduln und Zeitstandwerte 23 °C

Probekörper: *Form*; *Zustand*; *Herstellung*; *Vorbehandlung*

Kriechmodul	*1 min*	N/mm²	*Zeitstandzugfestigkeit*	h	N/mm²
Kriechmodul	*1000 h*	N/mm²	*Zeitdehnspg. %*	h	N/mm²
bei Spannung		N/mm²			

Biegeversuch 23 °C DIN 53452; DIN 53457

Probekörper: *Form* 80 mm x 10 mm x 4 mm; *Zustand* Spritzfrisch; *Herstellung* Spritzgiessen; *Vorbehandlung*

Biegefestigkeit	N/mm²	115	*E-Modul*	N/mm²	2600
3,5% *Biegespannung*	N/mm²				

Härte 23 °C *Probekörper:* *Zustand* Spritzfrisch; *Herstellung* Spritzgiessen; *Vorbehandlung*

Kugeldruckhärte	N/mm² 140	bei 358 N, 10 s	*Shore-Härte*	A
Rockwellhärte	R 120		*Shore-Härte*	D

Schlagversuch *Probekörper:* *(1)* U-Kerbe; *(2)* V-Kerbe; *Zustand* Spritzfrisch; *Herstellung* Spritzgiessen; *Vorbehandlung*

		°C		°C		°C		*Probekörper-Form*
Schlagzähigkeit	kJ/m²	23	o.B.	-40	170			NKS
Kerbschlagzähigkeit (1)	kJ/m²	23	5	-40	4.5			NKS
IZOD-Kerbschlagzähigkeit (2)	J/m	23	45					80 mm x 10 mm x 4 mm
Kerbschlagzugzähigkeit	kJ/m²							

Abrieb und Reibung

Taber-Abrieb (Reibradverfahren)	mm³/100 U
Abriebfaktor LNP (Thrust washer) Vergleichswert	
Statische Reibungszahl	
Dynamische Reibungszahl	(p·v= N/mm²· m/min)
Zulässiger p · v Wert	N/mm² · (m/min) v= m/min
	v= m/min

Thermische Eigenschaften

Formbeständigkeit in der Wärme	*Verfahren* A			70 °C
	Verfahren B			160 °C
Vicat Erweichungstemperatur (VST)	*Verfahren* B/50			205–210 °C
	Verfahren			°C
Kristallit-Schmelzpunkt	*Verfahren* DTA			220–224 °C
Längenausdehnungskoeffizient	*Bereich*	°C		$\cdot 10^{-4}K^{-1}$
	Temperatur 23 °C			$0.7 \cdot 10^{-4}K^{-1}$
Wärmeleitfähigkeit	*Verfahren* DIN 52612		23 °C	0.25 W/(K · m)
Spezifische Wärmekapazität	*Verfahren* ASTM D 696		23 °C	1.7 J/(K · g)
Glasumwandlungstemperatur	*Torsionsschwingungsversuch*		°C	
	Differentialkalorimetrie		°C	

Brandverhalten

UL-Test vertikal		Dicke 1.6 mm, Wert V-2	
		Dicke mm, Wert	
	Norm	*Bewertung*	*Abmessungen*
Sauerstoff-Index	ASTM D 2863		
Glühstab-Verfahren			
Brandverhalten	DIN 4102		
MVSS			
FAR			

Elektrische Eigenschaften

		Hz	°C			*Probekörper, Form*
Dielektrizitätszahl		50	23	3.9		
		10^3	23	3.7		
		10^6	23	3.6		
Dielektrischer Verlustfaktor tan δ		50	23	0.013		
		10^3	23	0.019		
		10^6	23	0.021		
Spezifischer Durchgangs-widerstand	Ohm · cm		23	5.0*10**15		
Durchschlagfestigkeit	kV/mm		23	90		1 mm dick
Oberflächenwiderstand	Ohm		23	4.0*10**13		
Kriechstromfestigkeit		KC 475		KB	KA 3c	
Elektrolytische Korrosionswirkung						
Lichtbogenfestigkeit nach DIN						
nach ASTM	s					

Beständigkeit *(Chemische Beständigkeit siehe Anhang)*

Wasseraufnahme 23 C	1 d	1.4 %	
Feuchtigkeitsaufnahme Normalklima			%
Wetterbeständigkeit			
Spannungskorrosion			

Optische Eigenschaften

Brechungszahl n_D		
Transmissionsgrad τ_c	%	mm dick
Lichtdurchlässigkeit		

Produkt	Polyamid 6		**PA**
Handelsname	**Sniamid ADS 50**		
Hersteller	SNIA		
DIN-Bez 1			
DIN-Bez 2			
Zusätze		*Füllstoffe/ Verstärkung*	
Bevorzugte Verarbeitung	Extrudieren	*Lieferform*	Granulat
		Farben	Natur
Besondere Merkmale	Gutes Fliessvermoegen	*Bevorzugte Anwendungen*	Halbzeug; Platte; Platte fuer Warmformen; Stange; Profil; Rohr; Rundkoerper

Dichte	g/cm³	1.14	*Schmelzindex*	g/10 min	:
Schüttdichte	g/cm³		*Volumenfließindex*	cm³/10 min	:
Viskositätszahl	ml/g				

Verarbeitungsbedingungen für Spritzgießen

Massetemp.	°C	*Schwindung*	% lgs , quer
Werkzeugtemp.	°C	*Bemerkungen*	
Spritzdruck	bar		

Zugversuch 23 °C DIN 53455; DIN 53457

Probekörper: *Form* Nr.3 — *Zustand* Spritzfrisch — *Herstellung* Spritzgiessen — *Vorbehandlung*

Streckspannung	N/mm²	80	*Dehnung bei Streckspannung*	%	
Zugfestigkeit	N/mm²		*Reißdehnung*	%	210–280
Reißfestigkeit	N/mm²		*% Dehnspannung*	N/mm²	
E-Modul	N/mm²	2800	*Dehnung bei % Dehnspg.*	%	

Kriechmoduln und Zeitstandwerte 23 °C

Probekörper: *Form* — *Zustand* — *Herstellung* — *Vorbehandlung*

Kriechmodul	*1 min*	N/mm²	*Zeitstandzugfestigkeit*	h	N/mm²
Kriechmodul	*1000 h*	N/mm²	*Zeitdehnspg. %*	h	N/mm²
bei Spannung		N/mm²			

Biegeversuch 23 °C DIN 53452; DIN 53457

Probekörper: *Form* 80 mm x 10 mm x 4 mm — *Zustand* Spritzfrisch — *Herstellung* Spritzgiessen — *Vorbehandlung*

Biegefestigkeit	N/mm²	110	*E-Modul*	N/mm²	2700
3,5% *Biegespannung*	N/mm²				

Härte 23 °C *Probekörper:* *Zustand* Spritzfrisch — *Herstellung* Spritzgiessen — *Vorbehandlung*

Kugeldruckhärte	N/mm² 140	bei 358 N, 10 s	*Shore-Härte* A	
Rockwellhärte	R 119		*Shore-Härte* D	

Schlagversuch *Probekörper:* *(1)* U-Kerbe, *(2)* V-Kerbe — *Zustand* Spritzfrisch — *Herstellung* Spritzgiessen — *Vorbehandlung*

		°C		°C		°C		*Probekörper-Form*
Schlagzähigkeit	kJ/m²	23	o.B.	-40	o.B.			NKS
Kerbschlagzähigkeit (1)	kJ/m²	23	6	-40	5.5			NKS
IZOD-Kerbschlagzähigkeit (2)	J/m	23	70					80 mm x 10 mm x 4 mm
Kerbschlagzugzähigkeit	kJ/m²							

Abrieb und Reibung

Taber-Abrieb (Reibradverfahren)	mm^3/100 U		
Abriebfaktor LNP (Thrust washer) Vergleichswert			
Statische Reibungszahl			
Dynamische Reibungszahl	(p·v=	N/mm^2·	m/min)
Zulässiger p·v Wert	N/mm^2·(m/min)	v=	m/min
		v=	m/min

Thermische Eigenschaften

Formbeständigkeit in der Wärme	*Verfahren* A			70 °C
	Verfahren B			170 °C
Vicat Erweichungstemperatur (VST)	*Verfahren* B/50			205 °C
	Verfahren			°C
Kristallit-Schmelzpunkt	*Verfahren* DTA			220–224 °C
Längenausdehnungskoeffizient	*Bereich*	°C		$\cdot 10^{-4}K^{-1}$
	Temperatur 23 °C			$0.7 \cdot 10^{-4}K^{-1}$
Wärmeleitfähigkeit	*Verfahren* DIN 52612		23 °C	0.25 W/(K·m)
Spezifische Wärmekapazität	*Verfahren* ASTM D 696		23 °C	1.7 J/(K·g)
Glasumwandlungstemperatur	*Torsionsschwingungsversuch*		°C	
	Differentialkalorimetrie		°C	

Brandverhalten

UL-Test vertikal	Dicke 1.6 mm, Wert V-2
	Dicke mm, Wert

	Norm	*Bewertung*	*Abmessungen*
Sauerstoff-Index	ASTM D 2863		
Glühstab-Verfahren			
Brandverhalten	DIN 4102		
MVSS			
FAR			

Elektrische Eigenschaften

		Hz	°C		*Probekörper, Form*
Dielektrizitätszahl		50	23	3.9	
		10^3	23	3.7	
		10^6	23	3.6	
Dielektrischer Verlustfaktor tan δ		50	23	0.013	
		10^3	23	0.019	
		10^6	23	0.021	
Spezifischer Durchgangswiderstand	Ohm·cm		23	5.0*10**15	
Durchschlagfestigkeit	kV/mm		23	90	1 mm dick
Oberflächenwiderstand	Ohm		23	4.0*10**13	

Kriechstromfestigkeit	KC 475	KB	KA 3c
Elektrolytische Korrosionswirkung			
Lichtbogenfestigkeit nach DIN			
nach ASTM s			

Beständigkeit *(Chemische Beständigkeit siehe Anhang)*

Wasseraufnahme 23 C	1 d	1.3 %
Feuchtigkeitsaufnahme Normalklima		%
Wetterbeständigkeit		
Spannungskorrosion		

Optische Eigenschaften

Brechungszahl n_D		
Transmissionsgrad τ_c	%	mm dick
Lichtdurchlässigkeit		

PA

Produkt	Polyamid 6		
Handelsname	**Sniamid ADS 50 P**		
Hersteller	SNIA		
DIN-Bez 1			
DIN-Bez 2			
Zusätze		*Füllstoffe/ Verstärkung*	
Bevorzugte Verarbeitung	Extrudieren	*Lieferform*	Granulat
		Farben	Natur
Besondere Merkmale	Sehr gute Flexibilitaet; Gutes Fliessverhalten	*Bevorzugte Anwendungen*	Schlauch; Schlauch fuer Pressluftleitung und pneumatische Anlagen; Schuhsohle fuer Sportschuhe; Verbindungsteil; Halterung

Dichte	g/cm^3	1.14	*Schmelzindex*	g/10 min	:
Schüttdichte	g/cm^3		*Volumenfließindex*	$cm^3/10$ min	:
Viskositätszahl	ml/g				

Verarbeitungsbedingungen für Spritzgießen

Massetemp.	°C	240	*Schwindung*	%	lgs 0.9–1.2, quer 0.9–1.2
Werkzeugtemp.	°C	20	*Bemerkungen*		
Spritzdruck	bar				

Zugversuch 23 °C DIN 53455; DIN 53457

Probekörper: *Form* Nr.3; *Zustand* Spritzfrisch; *Herstellung* Spritzgiessen; *Vorbehandlung*

Streckspannung	N/mm^2	46	*Dehnung bei Streckspannung*	%	
Zugfestigkeit	N/mm^2		*Reißdehnung*	%	180–230
Reißfestigkeit	N/mm^2		*% Dehnspannung*	N/mm^2	
E-Modul	N/mm^2	1100	*Dehnung bei % Dehnspg.*	%	

Kriechmoduln und Zeitstandwerte 23 °C

Probekörper: *Form*; *Zustand*; *Herstellung*; *Vorbehandlung*

Kriechmodul	*1 min*	N/mm^2	*Zeitstandzugfestigkeit*	h	N/mm^2
Kriechmodul	*1000 h*	N/mm^2	*Zeitdehnspg. %*	h	N/mm^2
bei Spannung		N/mm^2			

Biegeversuch 23 °C DIN 53452; DIN 53457

Probekörper: *Form* 80 mm x 10 mm x 4 mm; *Zustand* Spritzfrisch; *Herstellung* Spritzgiessen; *Vorbehandlung*

Biegefestigkeit	N/mm^2	45	*E-Modul*	N/mm^2	1100
3,5% *Biegespannung*	N/mm^2				

Härte 23 °C

Probekörper: *Zustand* Spritzfrisch; *Herstellung* Spritzgiessen; *Vorbehandlung*

Kugeldruckhärte	N/mm^2	135	bei 358 N, 10 s	*Shore-Härte* A	
Rockwellhärte		R 100		*Shore-Härte* D	

Schlagversuch

Probekörper: *(1)* U-Kerbe; *(2)* V-Kerbe; *Zustand* Spritzfrisch; *Herstellung* Spritzgiessen; *Vorbehandlung*

		°C		°C		°C		*Probekörper-Form*
Schlagzähigkeit	kJ/m^2	23	o.B.	-40	40			NKS
Kerbschlagzähigkeit (1)	kJ/m^2	23	15	-40	3			NKS
IZOD-Kerbschlagzähigkeit (2)	J/m	23	160					80 mm x 10 mm x 4 mm
Kerbschlagzugzähigkeit	kJ/m^2							

Abrieb und Reibung

Taber-Abrieb (Reibradverfahren)	$mm^3/100$ U		
Abriebfaktor LNP (Thrust washer) Vergleichswert			
Statische Reibungszahl			
Dynamische Reibungszahl	(p · v=	N/mm^2 ·	m/min)
Zulässiger p · v Wert	N/mm^2 · (m/min)	v=	m/min
		v=	m/min

Thermische Eigenschaften

Formbeständigkeit in der Wärme	*Verfahren* A			60 °C
	Verfahren B			145 °C
Vicat Erweichungstemperatur (VST)	*Verfahren* B/50			190 °C
	Verfahren			°C
Kristallit-Schmelzpunkt	*Verfahren* DTA			220–224 °C
Längenausdehnungskoeffizient	*Bereich*	°C		$\cdot 10^{-4}K^{-1}$
	Temperatur 23 °C			$0.7 \cdot 10^{-4}K^{-1}$
Wärmeleitfähigkeit	*Verfahren* DIN 52612		23 °C	0.25 W/(K · m)
Spezifische Wärmekapazität	*Verfahren* ASTM D 696		23 °C	1.7 J/(K · g)
Glasumwandlungstemperatur	*Torsionsschwingungsversuch*		°C	
	Differentialkalorimetrie		°C	

Brandverhalten

UL-Test vertikal — Dicke 1.6 mm, Wert V-2
Dicke mm, Wert

	Norm	*Bewertung*	*Abmessungen*
Sauerstoff-Index	ASTM D 2863		
Glühstab-Verfahren			
Brandverhalten	DIN 4102		
MVSS			
FAR			

Elektrische Eigenschaften

		Hz	°C		*Probekörper, Form*
Dielektrizitätszahl		50	23	3.9	
		10^3	23	3.7	
		10^6	23	3.6	
Dielektrischer Verlustfaktor tan δ		50	23	0.013	
		10^3	23	0.019	
		10^6	23	0.021	
Spezifischer Durchgangswiderstand	Ohm · cm		23	5.0*10**15	
Durchschlagfestigkeit	kV/mm		23	70	1 mm dick
Oberflächenwiderstand	Ohm		23	4.0*10**13	

Kriechstromfestigkeit KC 475 KB KA 3c
Elektrolytische Korrosionswirkung
Lichtbogenfestigkeit nach DIN
nach ASTM s

Beständigkeit *(Chemische Beständigkeit siehe Anhang)*

Wasseraufnahme 23 C	1 d	1.5 %
Feuchtigkeitsaufnahme Normalklima		%
Wetterbeständigkeit		
Spannungskorrosion		

Optische Eigenschaften

Brechungszahl n_D
Transmissionsgrad τ_c % mm dick
Lichtdurchlässigkeit

Produkt	Polyamid 6		**PA**
Handelsname	**Sniamid ADS 50 CC**		
Hersteller	SNIA		
DIN-Bez 1			
DIN-Bez 2			
Zusätze		*Füllstoffe/ Verstärkung*	
Bevorzugte Verarbeitung	Blasformen	*Lieferform*	Granulat
		Farben	Weiss
Besondere Merkmale	Hoehere Steifigkeit; Geringeres Fliessvermoegen	*Bevorzugte Anwendungen*	Behaelter fuer organische aetzende Fluessigkeiten

Dichte	g/cm³	1.14	*Schmelzindex*	g/10 min	:
Schüttdichte	g/cm³		*Volumenfließindex*	cm³/10 min	:
Viskositätszahl	ml/g				

Verarbeitungsbedingungen für Spritzgießen

Massetemp.	°C	*Schwindung*	% lgs , quer
Werkzeugtemp.	°C	*Bemerkungen*	
Spritzdruck	bar		

Zugversuch 23 °C DIN 53455; DIN 53457

Probekörper: *Form* Nr.3 — *Zustand* Spritzfrisch — *Herstellung* Spritzgiessen — *Vorbehandlung*

Streckspannung	N/mm²	85	*Dehnung bei Streckspannung*	%	
Zugfestigkeit	N/mm²		*Reißdehnung*	%	90–140
Reißfestigkeit	N/mm²		*% Dehnspannung*	N/mm²	
E-Modul	N/mm²	2900	*Dehnung bei % Dehnspg.*	%	

Kriechmoduln und Zeitstandwerte 23 °C

Probekörper: *Form* — *Zustand* — *Herstellung* — *Vorbehandlung*

Kriechmodul	*1 min* N/mm²	*Zeitstandzugfestigkeit*	h	N/mm²
Kriechmodul	*1000 h* N/mm²	*Zeitdehnspg. %*	h	N/mm²
bei Spannung	N/mm²			

Biegeversuch 23 °C DIN 53452; DIN 53457

Probekörper: *Form* 80 mm x 10 mm x 4 mm — *Zustand* Spritzfrisch — *Herstellung* Spritzgiessen — *Vorbehandlung*

Biegefestigkeit	N/mm²	120	*E-Modul*	N/mm²	2900
3,5% *Biegespannung*	N/mm²				

Härte 23 °C *Probekörper:* *Zustand* Spritzfrisch — *Herstellung* Spritzgiessen — *Vorbehandlung*

Kugeldruckhärte	N/mm² 150	bei 358 N, 10 s	*Shore-Härte* A	
Rockwellhärte	R 120		*Shore-Härte* D	

Schlagversuch *Probekörper:* *(1)* U-Kerbe, *(2)* V-Kerbe — *Zustand* Spritzfrisch — *Herstellung* Spritzgiessen — *Vorbehandlung*

		°C		°C		°C		*Probekörper-Form*
Schlagzähigkeit	kJ/m²	23	o.B.	-40	100			NKS
Kerbschlagzähigkeit (1)	kJ/m²	23	5	-40	4			NKS
IZOD-Kerbschlagzähigkeit (2)	J/m	23	50					80 mm x 10 mm x 4 mm
Kerbschlagzugzähigkeit	kJ/m²							

Abrieb und Reibung

Taber-Abrieb (Reibradverfahren)	mm^3/100 U		
Abriebfaktor LNP (Thrust washer) Vergleichswert			
Statische Reibungszahl			
Dynamische Reibungszahl	(p·v=	N/mm^2·	m/min)
Zulässiger p·v Wert	N/mm^2·(m/min)	v=	m/min
		v=	m/min

Thermische Eigenschaften

Formbeständigkeit in der Wärme	Verfahren	A		80 °C
	Verfahren	B		170 °C
Vicat Erweichungstemperatur (VST)	Verfahren	B/50		200 °C
	Verfahren			°C
Kristallit-Schmelzpunkt	Verfahren	DTA		220–224 °C
Längenausdehnungskoeffizient	Bereich	°C		$\cdot 10^{-4}K^{-1}$
	Temperatur	23 °C		$0.7 \cdot 10^{-4}K^{-1}$
Wärmeleitfähigkeit	Verfahren	DIN 52612	23 °C	0.25 W/(K·m)
Spezifische Wärmekapazität	Verfahren	ASTM D 696	23 °C	1.7 J/(K·g)
Glasumwandlungstemperatur	Torsionsschwingungsversuch		°C	
	Differentialkalorimetrie		°C	

Brandverhalten

UL-Test vertikal	Dicke 1.6 mm, Wert V-2
	Dicke mm, Wert

	Norm	Bewertung	Abmessungen
Sauerstoff-Index	ASTM D 2863		
Glühstab-Verfahren			
Brandverhalten	DIN 4102		
MVSS			
FAR			

Elektrische Eigenschaften

		Hz	°C		Probekörper, Form
Dielektrizitätszahl		50	23	3.9	
		10^3	23	3.7	
		10^6	23	3.6	
Dielektrischer Verlustfaktor tan δ		50	23	0.013	
		10^3	23	0.019	
		10^6	23	0.021	
Spezifischer Durchgangswiderstand	Ohm·cm		23	5.0*10**15	
Durchschlagfestigkeit	kV/mm		23	90	1 mm dick
Oberflächenwiderstand	Ohm		23	4.0*10**13	

Kriechstromfestigkeit	KC 475	KB	KA 3c
Elektrolytische Korrosionswirkung			
Lichtbogenfestigkeit nach DIN			
nach ASTM	s		

Beständigkeit (Chemische Beständigkeit siehe Anhang)

Wasseraufnahme 23 C	1 d	1.3 %
Feuchtigkeitsaufnahme Normalklima		%
Wetterbeständigkeit		
Spannungskorrosion		

Optische Eigenschaften

Brechungszahl n_D		
Transmissionsgrad τ_c	%	mm dick
Lichtdurchlässigkeit		

Produkt	Polyamid 6		**PA**
Handelsname	**Sniamid ASN 27/185**		
Hersteller	SNIA		
DIN-Bez 1			
DIN-Bez 2			
Zusätze		*Füllstoffe/ Verstärkung*	18.5% Glasfaser
Bevorzugte Verarbeitung	Spritzgiessen	*Lieferform*	Granulat
		Farben	Natur; Schwarz; Standard; Spezial
Besondere Merkmale	Gute mechanische Eigenschaften; Gute thermische Eigenschaften	*Bevorzugte Anwendungen*	Technisches Formteil; Rohrverbinder fuer Warmwassserleitungen; Gehaeuse fuer kleine Haushaltsgeraete; Kleiner elektrischer Spulenkern

Dichte	g/cm³	1.24	*Schmelzindex*	g/10 min	:
Schüttdichte	g/cm³		*Volumenfließindex*	cm³/10 min	:
Viskositätszahl	ml/g				

Verarbeitungsbedingungen für Spritzgießen

Massetemp.	°C	245–280	*Schwindung*	%	lgs 0.4–0.5, quer
Werkzeugtemp.	°C	60–90	*Bemerkungen*		
Spritzdruck	bar				

Zugversuch 23 °C DIN 53455; DIN 53457

Probekörper: *Form* Nr.3 — *Zustand* Spritzfrisch — *Herstellung* Spritzgiessen — *Vorbehandlung*

Streckspannung	N/mm²		*Dehnung bei Streckspannung*	%	
Zugfestigkeit	N/mm²		*Reißdehnung*	%	4
Reißfestigkeit	N/mm²	130	*% Dehnspannung*	N/mm²	
E-Modul	N/mm²	6100	*Dehnung bei % Dehnspg.*	%	

Kriechmoduln und Zeitstandwerte 23 °C

Probekörper: *Form* — *Zustand* — *Herstellung* — *Vorbehandlung*

Kriechmodul	*1 min* N/mm²		*Zeitstandzugfestigkeit*	h	N/mm²
Kriechmodul	*1000 h* N/mm²		*Zeitdehnspg. %*	h	N/mm²
bei Spannung	N/mm²				

Biegeversuch 23 °C DIN 53452; DIN 53457

Probekörper: *Form* 80 mm x 10 mm x 4 mm — *Zustand* Spritzfrisch — *Herstellung* Spritzgiessen — *Vorbehandlung*

Biegefestigkeit	N/mm²	200	*E-Modul*	N/mm²	6300
3,5% *Biegespannung*	N/mm²				

Härte 23 °C *Probekörper:* *Zustand* Spritzfrisch — *Herstellung* Spritzgiessen — *Vorbehandlung*

Kugeldruckhärte	N/mm² 190	bei N, 10 s	*Shore-Härte*	A
Rockwellhärte	R 122		*Shore-Härte*	D

Schlagversuch *Probekörper:* *(1)* U-Kerbe, *(2)* V-Kerbe — *Zustand* Spritzfrisch — *Herstellung* Spritzgiessen — *Vorbehandlung*

		°C		°C		°C		*Probekörper-Form*
Schlagzähigkeit	kJ/m²	23	32	-40	22			NKS
Kerbschlagzähigkeit (1)	kJ/m²	23	5	-40	3.5			NKS
IZOD-Kerbschlagzähigkeit (2)	J/m	23	60					80 mm x 10 mm x 4 mm
Kerbschlagzugzähigkeit	kJ/m²							

Abrieb und Reibung

Taber-Abrieb (Reibradverfahren)	mm³/100 U		
Abriebfaktor LNP (Thrust washer) Vergleichswert			
Statische Reibungszahl			
Dynamische Reibungszahl	(p·v=	N/mm²·	m/min)
Zulässiger p·v Wert	N/mm²·(m/min)	v=	m/min
		v=	m/min

Thermische Eigenschaften

Formbeständigkeit in der Wärme	*Verfahren*	A			180 °C
	Verfahren	B			210 °C
Vicat Erweichungstemperatur (VST)	*Verfahren*	B/50			210 °C
	Verfahren				°C
Kristallit-Schmelzpunkt	*Verfahren*	DTA			220–224 °C
Längenausdehnungskoeffizient	*Bereich*	°C			$\cdot 10^{-4} K^{-1}$
	Temperatur	23 °C			$0.4 \cdot 10^{-4} K^{-1}$
Wärmeleitfähigkeit	*Verfahren*	DIN 52612		23 °C	0.25 W/(K · m)
Spezifische Wärmekapazität	*Verfahren*	ASTM D 696		23 °C	1.6 J/(K · g)
Glasumwandlungstemperatur	*Torsionsschwingungsversuch*			°C	
	Differentialkalorimetrie			°C	

Brandverhalten

UL-Test vertikal	Dicke 1.6 mm,	Wert HB
	Dicke mm,	Wert

	Norm	*Bewertung*	*Abmessungen*
Sauerstoff-Index	ASTM D 2863		
Glühstab-Verfahren			
Brandverhalten	DIN 4102		
MVSS			
FAR			

Elektrische Eigenschaften

		Hz	°C		*Probekörper, Form*
Dielektrizitätszahl		50	23	4.2	
		10^3	23	4	
		10^6	23	3.8	
Dielektrischer Verlustfaktor tan δ		50	23	0.012	
		10^3	23	0.015	
		10^6	23	0.020	
Spezifischer Durchgangs-widerstand	Ohm · cm		23	7.0*10**15	
Durchschlagfestigkeit	kV/mm		23	70	1 mm dick
Oberflächenwiderstand	Ohm		23	3.0*10**13	

Kriechstromfestigkeit	KC 550	KB	KA 3c
Elektrolytische Korrosionswirkung			
Lichtbogenfestigkeit nach DIN			
nach ASTM s			

Beständigkeit *(Chemische Beständigkeit siehe Anhang)*

Wasseraufnahme 23 C	1 d	1–1.1 %	
Feuchtigkeitsaufnahme Normalklima			%
Wetterbeständigkeit			
Spannungskorrosion			

Optische Eigenschaften

Brechungszahl n_D		
Transmissionsgrad τ_c	%	mm dick
Lichtdurchlässigkeit		

Produkt	Polyamid 6		**PA**
Handelsname	**Sniamid ASN 27/250**		
Hersteller	SNIA		
DIN-Bez 1			
DIN-Bez 2			
Zusätze		*Füllstoffe/ Verstärkung*	25.0% Glasfaser
Bevorzugte Verarbeitung	Spritzgiessen	*Lieferform*	Granulat
		Farben	Natur; Schwarz; Standard; Spezial
Besondere Merkmale	Gute mechanische Eigenschaften; Gute thermische Eigenschaften; Gute Schlagfestigkeit	*Bevorzugte Anwendungen*	Technisches Formteil; Gehaeuse fuer kleine elektrische Haushaltsgeraete; Teil fuer den Bausektor; Luefterfluegel fuer Elektromotor; Luefterfluegel fuer Verbrennungsmotor

Dichte	g/cm³	1.31	*Schmelzindex*	g/10 min	:
Schüttdichte	g/cm³		*Volumenfließindex*	cm³/10 min	:
Viskositätszahl	ml/g				

Verarbeitungsbedingungen für Spritzgießen

Massetemp.	°C	250–280	*Schwindung*	%	lgs 0.3–0.4, quer
Werkzeugtemp.	°C	80–100	*Bemerkungen*		
Spritzdruck	bar				

Zugversuch 23 °C DIN 53455; DIN 53457

Probekörper: *Form* Nr.3 — *Herstellung* Spritzgiessen
Zustand Spritzfrisch — *Vorbehandlung*

Streckspannung	N/mm²		*Dehnung bei Streckspannung*	%	
Zugfestigkeit	N/mm²		*Reißdehnung*	%	3.5
Reißfestigkeit	N/mm²	160	% *Dehnspannung*	N/mm²	
E-Modul	N/mm²	8000	*Dehnung bei % Dehnspg.*	%	

Kriechmoduln und Zeitstandwerte 23 °C

Probekörper: *Form* — *Herstellung*
Zustand — *Vorbehandlung*

Kriechmodul	*1 min*	N/mm²	*Zeitstandzugfestigkeit*	h	N/mm²
Kriechmodul	*1000 h*	N/mm²	*Zeitdehnspg. %*	h	N/mm²
bei Spannung		N/mm²			

Biegeversuch 23 °C DIN 53452; DIN 53457

Probekörper: *Form* 80 mm x 10 mm x 4 mm — *Herstellung* Spritzgiessen
Zustand Spritzfrisch — *Vorbehandlung*

Biegefestigkeit	N/mm²	230	*E-Modul*	N/mm²	8000
3,5% Biegespannung	N/mm²				

Härte 23 °C *Probekörper:* *Zustand* Spritzfrisch — *Herstellung* Spritzgiessen
Vorbehandlung

Kugeldruckhärte	N/mm²	210	bei N, 10 s	*Shore-Härte* A
Rockwellhärte		R 122		*Shore-Härte* D

Schlagversuch *Probekörper:* *(1)* U-Kerbe
(2) V-Kerbe — *Herstellung* Spritzgiessen
Zustand Spritzfrisch — *Vorbehandlung*

		°C		°C		°C		*Probekörper-Form*
Schlagzähigkeit	kJ/m²	23	38	-40	28			NKS
Kerbschlagzähigkeit (1)	kJ/m²	23	6	-40	5			NKS
IZOD-Kerbschlagzähigkeit (2)	J/m	23	80					80 mm x 10 mm x 4 mm
Kerbschlagzugzähigkeit	kJ/m²							

Abrieb und Reibung

Taber-Abrieb (Reibradverfahren)	$mm^3/100$ U		
Abriebfaktor LNP (Thrust washer) Vergleichswert			
Statische Reibungszahl			
Dynamische Reibungszahl	(p · v=	N/mm² ·	m/min)
Zulässiger p · v Wert	N/mm² · (m/min)	v=	m/min
		v=	m/min

Thermische Eigenschaften

Formbeständigkeit in der Wärme	*Verfahren*	A		200 °C
	Verfahren	B		215 °C
Vicat Erweichungstemperatur (VST)	*Verfahren*	B/50		210 °C
	Verfahren			°C
Kristallit-Schmelzpunkt	*Verfahren*	DTA		220–224 °C
Längenausdehnungskoeffizient	*Bereich*	°C		$\cdot 10^{-4} K^{-1}$
	Temperatur	23 °C		$0.35 \cdot 10^{-4} K^{-1}$
Wärmeleitfähigkeit	*Verfahren*	DIN 52612	23 °C	0.25 W/(K · m)
Spezifische Wärmekapazität	*Verfahren*	ASTM D 696	23 °C	1.5 J/(K · g)
Glasumwandlungstemperatur	*Torsionsschwingungsversuch*		°C	
	Differentialkalorimetrie		°C	

Brandverhalten

UL-Test vertikal	Dicke 1.6	mm, Wert HB
	Dicke	mm, Wert

	Norm	*Bewertung*	*Abmessungen*
Sauerstoff-Index	ASTM D 2863		
Glühstab-Verfahren			
Brandverhalten	DIN 4102		
MVSS			
FAR			

Elektrische Eigenschaften

		Hz	°C		*Probekörper, Form*
Dielektrizitätszahl		50	23	4.2	
		10^3	23	4	
		10^6	23	3.8	
Dielektrischer Verlustfaktor tan δ		50	23	0.012	
		10^3	23	0.015	
		10^6	23	0.020	
Spezifischer Durchgangswiderstand	Ohm · cm		23	7.0*10**15	
Durchschlagfestigkeit	kV/mm		23	70	1 mm dick
Oberflächenwiderstand	Ohm		23	3.0*10**13	

Kriechstromfestigkeit	KC 550	KB	KA 3c
Elektrolytische Korrosionswirkung			
Lichtbogenfestigkeit nach DIN			
nach ASTM s			

Beständigkeit *(Chemische Beständigkeit siehe Anhang)*

Wasseraufnahme 23 C	1 d	0.9–1.0 %
Feuchtigkeitsaufnahme Normalklima		%
Wetterbeständigkeit		
Spannungskorrosion		

Optische Eigenschaften

Brechungszahl n_D		
Transmissionsgrad τ_c	%	mm dick
Lichtdurchlässigkeit		

Produkt	Polyamid 6		**PA**
Handelsname	**Snlamid ASN 27/300**		
Hersteller	SNIA		
DIN-Bez 1			
DIN-Bez 2			
Zusätze		*Füllstoffe/ Verstärkung*	30.0% Glasfaser
Bevorzugte Verarbeitung	Spritzgiessen	*Lieferform*	Granulat
		Farben	Natur; Schwarz; Standard; Spezial
Besondere Merkmale	Sehr gute mechanische Eigenschaften; Sehr gute Dimensionsstabilitaet; Geringe Schwindung; Niedrige Wasseraufnahme; Kleiner Waermeausdehnungskoeffizient	*Bevorzugte Anwendungen*	Technisches Formteil; Maschinenbau; Elektroindustrie; Bohrmaschinengehaeuse; Kleines Haushaltsgeraet; Elektroverteiler; Lampenfassung; Rohrverbinder; Spulenkern

Dichte	g/cm^3	1.35	*Schmelzindex*	g/10 min	:
Schüttdichte	g/cm^3		*Volumenfließindex*	cm^3/10 min	:
Viskositätszahl	ml/g				

Verarbeitungsbedingungen für Spritzgießen

Massetemp.	°C	270–290	*Schwindung*	%	lgs 0.3–0.4, quer
Werkzeugtemp.	°C	80–120	*Bemerkungen*		
Spritzdruck	bar				

Zugversuch 23 °C DIN 53455; DIN 53457

Probekörper: *Form* Nr.3 — *Herstellung* Spritzgiessen
Zustand Spritzfrisch — *Vorbehandlung*

Streckspannung	N/mm^2		*Dehnung bei Streckspannung*	%	
Zugfestigkeit	N/mm^2		*Reißdehnung*	%	3
Reißfestigkeit	N/mm^2	170	*% Dehnspannung*	N/mm^2	
E-Modul	N/mm^2	9600	*Dehnung bei % Dehnspg.*	%	

Kriechmoduln und Zeitstandwerte 23 °C

Probekörper: *Form* — *Herstellung*
Zustand — *Vorbehandlung*

Kriechmodul	*1 min*	N/mm^2	*Zeitstandzugfestigkeit*	h	N/mm^2
Kriechmodul	*1000 h*	N/mm^2	*Zeitdehnspg. %*	h	N/mm^2
bei Spannung		N/mm^2			

Biegeversuch 23 °C DIN 53452; DIN 53457

Probekörper: *Form* 80 mm x 10 mm x 4 mm — *Herstellung* Spritzgiessen
Zustand Spritzfrisch — *Vorbehandlung*

Biegefestigkeit	N/mm^2	240	*E-Modul*	N/mm^2	9000
3,5% *Biegespannung*	N/mm^2				

Härte 23 °C *Probekörper:* *Zustand* Spritzfrisch — *Herstellung* Spritzgiessen
Vorbehandlung

Kugeldruckhärte	N/mm^2 220	bei	N, 10 s	*Shore-Härte*	A
Rockwellhärte	R 122			*Shore-Härte*	D

Schlagversuch *Probekörper:* *(1)* U-Kerbe
(2) V-Kerbe — *Herstellung* Spritzgiessen
Zustand Spritzfrisch — *Vorbehandlung*

		°C	°C	°C	*Probekörper-Form*
Schlagzähigkeit	kJ/m^2	23 42	-40 32		NKS
Kerbschlagzähigkeit (1)	kJ/m^2	23 9	-40 7		NKS
IZOD-Kerbschlagzähigkeit (2)	J/m	23 90			80 mm x 10 mm x 4 mm
Kerbschlagzugzähigkeit	kJ/m^2				

Abrieb und Reibung

Taber-Abrieb (Reibradverfahren)	$mm^3/100$ U		
Abriebfaktor LNP (Thrust washer) Vergleichswert			
Statische Reibungszahl			
Dynamische Reibungszahl	(p·v=	N/mm^2 ·	m/min)
Zulässiger p · v Wert	N/mm^2 · (m/min)	v=	m/min
		v=	m/min

Thermische Eigenschaften

Formbeständigkeit in der Wärme	*Verfahren* A		205 °C
	Verfahren B		217 °C
Vicat Erweichungstemperatur (VST)	*Verfahren* B/50		210 °C
	Verfahren		°C
Kristallit-Schmelzpunkt	*Verfahren* DTA		220–224 °C
Längenausdehnungskoeffizient	*Bereich* °C		$\cdot 10^{-4}K^{-1}$
	Temperatur 23 °C		$0.32 \cdot 10^{-4}K^{-1}$
Wärmeleitfähigkeit	*Verfahren* DIN 52612	23 °C	0.25 W/(K · m)
Spezifische Wärmekapazität	*Verfahren* ASTM D 696	23 °C	1.5 J/(K · g)
Glasumwandlungstemperatur	*Torsionsschwingungsversuch*	°C	
	Differentialkalorimetrie	°C	

Brandverhalten

UL-Test vertikal Dicke 1.6 mm, Wert HB
Dicke mm, Wert

	Norm	*Bewertung*	*Abmessungen*
Sauerstoff-Index	ASTM D 2863		
Glühstab-Verfahren			
Brandverhalten	DIN 4102		
MVSS			
FAR			

Elektrische Eigenschaften

		Hz	°C			*Probekörper, Form*
Dielektrizitätszahl		50	23	4.2		
		10^3	23	4		
		10^6	23	3.8		
Dielektrischer Verlustfaktor tan δ		50	23	0.012		
		10^3	23	0.015		
		10^6	23	0.020		
Spezifischer Durchgangswiderstand	Ohm · cm		23	7.0*10**15		
Durchschlagfestigkeit	kV/mm		23	70		1 mm dick
Oberflächenwiderstand	Ohm		23	3.0*10**13		
Kriechstromfestigkeit		KC 550		KB	KA 3c	
Elektrolytische Korrosionswirkung						
Lichtbogenfestigkeit nach DIN						
nach ASTM	s					

Beständigkeit *(Chemische Beständigkeit siehe Anhang)*

Wasseraufnahme 23 C	1 d	0.85–0.95 %
Feuchtigkeitsaufnahme Normalklima		%
Wetterbeständigkeit		
Spannungskorrosion		

Optische Eigenschaften

Brechungszahl n_D		
Transmissionsgrad τ_c	%	mm dick
Lichtdurchlässigkeit		

Produkt	Polyamid 6		**PA**
Handelsname	**Sniamid ASN 27/300 I**		
Hersteller	SNIA		
DIN-Bez 1 *DIN-Bez 2*			
Zusätze	Brandschutzmittel	*Füllstoffe/ Verstärkung*	30.0% Glasfaser
Bevorzugte Verarbeitung	Spritzgiessen	*Lieferform*	Granulat
		Farben	Natur; Schwarz
Besondere Merkmale	Sehr gute mechanische Eigenschaften; Sehr gute Dimensionsstabilitaet; Geringe Schwindung; Niedrige Wasseraufnahme; Kleiner Waermeausdehnungskoeffizient	*Bevorzugte Anwendungen*	Technisches Formteil; Gehaeuse; Abdeckung; Autoaschenbecher; Elektrostecker; Sockel fuer integrierte Schaltungen; Klemmbrett fuer Sicherungshalter

Dichte	g/cm³	1.38	*Schmelzindex*	g/10 min	:
Schüttdichte	g/cm³		*Volumenfließindex*	cm³/10 min	:
Viskositätszahl	ml/g				

Verarbeitungsbedingungen für Spritzgießen

Massetemp.	°C	≦250	*Schwindung*	%	lgs	0.3, quer
Werkzeugtemp.	°C		*Bemerkungen*			
Spritzdruck	bar					

Zugversuch 23 °C DIN 53455; DIN 53457

Probekörper: *Form* Nr.3 — *Herstellung* Spritzgiessen
Zustand Spritzfrisch — *Vorbehandlung*

Streckspannung	N/mm²		*Dehnung bei Streckspannung*	%	
Zugfestigkeit	N/mm²		*Reißdehnung*	%	2
Reißfestigkeit	N/mm²	130	*% Dehnspannung*	N/mm²	
E-Modul	N/mm²	9000	*Dehnung bei % Dehnspg.*	%	

Kriechmoduln und Zeitstandwerte 23 °C

Probekörper: *Form* — *Herstellung*
Zustand — *Vorbehandlung*

Kriechmodul	*1 min* N/mm²		*Zeitstandzugfestigkeit*	h	N/mm²
Kriechmodul	*1000 h* N/mm²		*Zeitdehnspg.* %	h	N/mm²
bei Spannung	N/mm²				

Biegeversuch 23 °C DIN 53452; DIN 53457

Probekörper: *Form* 80 mm x 10 mm x 4 mm — *Herstellung* Spritzgiessen
Zustand Spritzfrisch — *Vorbehandlung*

Biegefestigkeit	N/mm²	190	*E-Modul*	N/mm²	8500
3,5% *Biegespannung*	N/mm²				

Härte 23 °C *Probekörper:* *Zustand* Spritzfrisch — *Herstellung* Spritzgiessen
Vorbehandlung

Kugeldruckhärte	N/mm² 230	bei N, 10 s	*Shore-Härte*	A
Rockwellhärte	M 89		*Shore-Härte*	D

Schlagversuch *Probekörper:* *(1)* U-Kerbe
(2) V-Kerbe — *Herstellung* Spritzgiessen
Zustand Spritzfrisch — *Vorbehandlung*

		°C		°C		°C		*Probekörper-Form*
Schlagzähigkeit	kJ/m²	23	35	-40	28			NKS
Kerbschlagzähigkeit (1)	kJ/m²	23	6	-40	5			NKS
IZOD-Kerbschlagzähigkeit (2)	J/m	23	75					80 mm x 10 mm x 4 mm
Kerbschlagzugzähigkeit	kJ/m²							

Abrieb und Reibung

Taber-Abrieb (Reibradverfahren)	mm^3/100 U		
Abriebfaktor LNP (Thrust washer) Vergleichswert			
Statische Reibungszahl			
Dynamische Reibungszahl	(p·v=	N/mm^2·	m/min)
Zulässiger p·v Wert	N/mm^2·(m/min)	v=	m/min
		v=	m/min

Thermische Eigenschaften

Formbeständigkeit in der Wärme	*Verfahren* A			205 °C
	Verfahren B			217 °C
Vicat Erweichungstemperatur (VST)	*Verfahren* B/50			210 °C
	Verfahren			°C
Kristallit-Schmelzpunkt	*Verfahren* DTA			220–224 °C
Längenausdehnungskoeffizient	*Bereich*	°C		$\cdot 10^{-4}K^{-1}$
	Temperatur 23 °C			$0.32 \cdot 10^{-4}K^{-1}$
Wärmeleitfähigkeit	*Verfahren* DIN 52612		23 °C	0.25 W/(K·m)
Spezifische Wärmekapazität	*Verfahren* ASTM D 696		23 °C	1.5 J/(K·g)
Glasumwandlungstemperatur	*Torsionsschwingungsversuch*		°C	
	Differentialkalorimetrie		°C	

Brandverhalten

UL-Test vertikal Dicke 1.6 mm, Wert V-0
Dicke mm, Wert

	Norm	*Bewertung*	*Abmessungen*
Sauerstoff-Index	ASTM D 2863		
Glühstab-Verfahren			
Brandverhalten	DIN 4102		
MVSS			
FAR			

Elektrische Eigenschaften

		Hz	°C		*Probekörper, Form*
Dielektrizitätszahl		50	23	4.2	
		10^3	23	4	
		10^6	23	3.8	
Dielektrischer Verlustfaktor tan δ		50	23	0.012	
		10^3	23	0.015	
		10^6	23	0.020	
Spezifischer Durchgangswiderstand	Ohm·cm		23	1.0*10**15	
Durchschlagfestigkeit	kV/mm		23	65	1 mm dick
Oberflächenwiderstand	Ohm		23	1.0*10**13	

Kriechstromfestigkeit KC 350 KB KA 3c
Elektrolytische Korrosionswirkung
Lichtbogenfestigkeit nach DIN
nach ASTM s

Beständigkeit *(Chemische Beständigkeit siehe Anhang)*

Wasseraufnahme 23 C 1 d 0.6–0.7 %

Feuchtigkeitsaufnahme Normalklima %
Wetterbeständigkeit

Spannungskorrosion

Optische Eigenschaften

Brechungszahl n_D
Transmissionsgrad τ_c % mm dick
Lichtdurchlässigkeit

Produkt	Polyamid 6		**PA**
Handelsname	**Sniamid ASN 27/350**		
Hersteller	SNIA		
DIN-Bez 1			
DIN-Bez 2			
Zusätze		*Füllstoffe/ Verstärkung*	35.0% Glasfaser
Bevorzugte Verarbeitung	Spritzgiessen	*Lieferform*	Granulat
		Farben	Natur; Schwarz; Standard; Spezial
Besondere Merkmale	Hohe Steifigkeit; Hohe Haerte; Hohe mechanische Festigkeit	*Bevorzugte Anwendungen*	Technisches Formteil; Gehaeuse von Industriebohrmaschinen; Sitzverstell-hebel; Gehaeuse fuer pneumatische Anlagen

Dichte	g/cm³	1.38	*Schmelzindex*	g/10 min	:	
Schüttdichte	g/cm³		*Volumenfließindex*	cm³/10 min	:	
Viskositätszahl	ml/g					

Verarbeitungsbedingungen für Spritzgießen

Massetemp.	°C	250–290	*Schwindung*	%	lgs 0.2–0.3, quer
Werkzeugtemp.	°C	80–120	*Bemerkungen*		
Spritzdruck	bar				

Zugversuch 23 °C DIN 53455; DIN 53457

Probekörper: *Form* Nr.3 — *Herstellung* Spritzgiessen
Zustand Spritzfrisch — *Vorbehandlung*

Streckspannung	N/mm²		*Dehnung bei Streckspannung*	%	
Zugfestigkeit	N/mm²		*Reißdehnung*	%	2.5
Reißfestigkeit	N/mm²	180	*% Dehnspannung*	N/mm²	
E-Modul	N/mm²	11000	*Dehnung bei % Dehnspg.*	%	

Kriechmoduln und Zeitstandwerte 23 °C

Probekörper: *Form* — *Herstellung*
Zustand — *Vorbehandlung*

Kriechmodul	*1 min* N/mm²		*Zeitstandzugfestigkeit*	h	N/mm²
Kriechmodul	*1000 h* N/mm²		*Zeitdehnspg.* %	h	N/mm²
bei Spannung	N/mm²				

Biegeversuch 23 °C DIN 53452; DIN 53457

Probekörper: *Form* 80 mm x 10 mm x 4 mm — *Herstellung* Spritzgiessen
Zustand Spritzfrisch — *Vorbehandlung*

Biegefestigkeit	N/mm²	250	*E-Modul*	N/mm²	10000
3,5% *Biegespannung*	N/mm²				

Härte 23 °C *Probekörper:* *Zustand* Spritzfrisch — *Herstellung* Spritzgiessen
Vorbehandlung

Kugeldruckhärte	N/mm² 230	bei 358 N, 10 s	*Shore-Härte*	A
Rockwellhärte	R 122		*Shore-Härte*	D

Schlagversuch *Probekörper:* *(1)* U-Kerbe
(2) V-Kerbe — *Herstellung* Spritzgiessen
Zustand Spritzfrisch — *Vorbehandlung*

		°C		°C		°C		*Probekörper-Form*
Schlagzähigkeit	kJ/m²	23	47	-40	37			NKS
Kerbschlagzähigkeit (1)	kJ/m²	23	11	-40	9			NKS
IZOD-Kerbschlagzähigkeit (2)	J/m	23	100					80 mm x 10 mm x 4 mm
Kerbschlagzugzähigkeit	kJ/m²							

Abrieb und Reibung

Taber-Abrieb (Reibradverfahren)	mm^3/100 U		
Abriebfaktor LNP (Thrust washer) Vergleichswert			
Statische Reibungszahl			
Dynamische Reibungszahl	(p · v=	N/mm^2 ·	m/min)
Zulässiger p · v Wert	N/mm^2 · (m/min)	v=	m/min
		v=	m/min

Thermische Eigenschaften

Formbeständigkeit in der Wärme	*Verfahren* A			210 °C
	Verfahren B			220 °C
Vicat Erweichungstemperatur (VST)	*Verfahren* B/50			210 °C
	Verfahren			°C
Kristallit-Schmelzpunkt	*Verfahren* DTA			220–224 °C
Längenausdehnungskoeffizient	*Bereich*	°C		$\cdot 10^{-4} K^{-1}$
	Temperatur 23 °C			$0.28 \cdot 10^{-4} K^{-1}$
Wärmeleitfähigkeit	*Verfahren* DIN 52612		23 °C	0.25 W/(K · m)
Spezifische Wärmekapazität	*Verfahren* ASTM D 696		23 °C	1.4 J/(K · g)
Glasumwandlungstemperatur	*Torsionsschwingungsversuch*		°C	
	Differentialkalorimetrie		°C	

Brandverhalten

UL-Test vertikal Dicke 1.6 mm, Wert HB
Dicke mm, Wert

	Norm	*Bewertung*	*Abmessungen*
Sauerstoff-Index	ASTM D 2863		
Glühstab-Verfahren			
Brandverhalten	DIN 4102		
MVSS			
FAR			

Elektrische Eigenschaften

		Hz	°C		*Probekörper, Form*
Dielektrizitätszahl		50	23	4.2	
		10^3	23	4	
		10^6	23	3.8	
Dielektrischer Verlustfaktor tan δ		50	23	0.012	
		10^3	23	0.015	
		10^6	23	0.020	
Spezifischer Durchgangs-widerstand	Ohm · cm		23	7.0*10**15	
Durchschlagfestigkeit	kV/mm		23	70	1 mm dick
Oberflächenwiderstand	Ohm		23	3.0*10**13	

Kriechstromfestigkeit	KC 550	KB	KA 3c
Elektrolytische Korrosionswirkung			
Lichtbogenfestigkeit nach DIN			
nach ASTM s			

Beständigkeit *(Chemische Beständigkeit siehe Anhang)*

Wasseraufnahme 23 C	1 d	0.8–0.9 %
Feuchtigkeitsaufnahme Normalklima		%
Wetterbeständigkeit		
Spannungskorrosion		

Optische Eigenschaften

Brechungszahl n_D
Transmissionsgrad τ_c % mm dick
Lichtdurchlässigkeit

Produkt	Polyamid 6		**PA**
Handelsname	**Sniamid ASN 27/500**		
Hersteller	SNIA		
DIN-Bez 1			
DIN-Bez 2			
Zusätze		*Füllstoffe/ Verstärkung*	50.0% Glasfaser
Bevorzugte Verarbeitung	Spritzgiessen	*Lieferform*	Granulat
		Farben	Natur; Schwarz; Standard
Besondere Merkmale	Hohe Steifigkeit; Hohe Haerte; Hohe mechanische Festigkeit; Geringeres Fliessvermoegen	*Bevorzugte Anwendungen*	Technisches Formteil; Kfz-Industrie; Elektroindustrie; Bohrmschinengehaeuse; Ventiltriebabdeckung; Flansch fuer Kfz

Dichte	g/cm^3	1.56	*Schmelzindex*	g/10 min	:
Schüttdichte	g/cm^3		*Volumenfließindex*	$cm^3/10$ min	:
Viskositätszahl	ml/g				

Verarbeitungsbedingungen für Spritzgießen

Massetemp.	°C	265–300	*Schwindung*	%	lgs 0.1–0.2, quer
Werkzeugtemp.	°C	90–130	*Bemerkungen*		
Spritzdruck	bar				

Zugversuch 23 °C DIN 53455; DIN 53457

Probekörper: *Form* Nr.3, *Zustand* Spritzfrisch; *Herstellung* Spritzgiessen; *Vorbehandlung*

Streckspannung	N/mm^2		*Dehnung bei Streckspannung*	%	
Zugfestigkeit	N/mm^2		*Reißdehnung*	%	2
Reißfestigkeit	N/mm^2	190	*% Dehnspannung*	N/mm^2	
E-Modul	N/mm^2	15000	*Dehnung bei % Dehnspg.*	%	

Kriechmoduln und Zeitstandwerte 23 °C

Probekörper: *Form*, *Zustand*; *Herstellung*; *Vorbehandlung*

Kriechmodul	*1 min*	N/mm^2	*Zeitstandzugfestigkeit*	h	N/mm^2
Kriechmodul	*1000 h*	N/mm^2	*Zeitdehnspg.* %	h	N/mm^2
bei Spannung		N/mm^2			

Biegeversuch 23 °C DIN 53452; DIN 53457

Probekörper: *Form* 80 mm x 10 mm x 4 mm, *Zustand* Spritzfrisch; *Herstellung* Spritzgiessen; *Vorbehandlung*

Biegefestigkeit	N/mm^2	290	*E-Modul*	N/mm^2	13000
3,5% Biegespannung	N/mm^2				

Härte 23 °C *Probekörper:* *Zustand* Spritzfrisch; *Herstellung* Spritzgiessen; *Vorbehandlung*

Kugeldruckhärte	N/mm^2	240	bei 358 N, 10 s	*Shore-Härte*	A
Rockwellhärte		R 122		*Shore-Härte*	D

Schlagversuch *Probekörper:* *(1)* U-Kerbe, *(2)* V-Kerbe, *Zustand* Spritzfrisch; *Herstellung* Spritzgiessen; *Vorbehandlung*

		°C		°C		°C		*Probekörper-Form*
Schlagzähigkeit	kJ/m^2	23	47	-40	37			NKS
Kerbschlagzähigkeit (1)	kJ/m^2	23	12	-40	10			NKS
IZOD-Kerbschlagzähigkeit (2)	J/m	23	100					80 mm x 10 mm x 4 mm
Kerbschlagzugzähigkeit	kJ/m^2							

Abrieb und Reibung

Taber-Abrieb (Reibradverfahren)	mm^3/100 U		
Abriebfaktor LNP (Thrust washer) Vergleichswert			
Statische Reibungszahl			
Dynamische Reibungszahl	(p·v=	N/mm^2·	m/min)
Zulässiger p·v Wert	N/mm^2·(m/min)	v=	m/min
		v=	m/min

Thermische Eigenschaften

Formbeständigkeit in der Wärme	*Verfahren* A			214 °C
	Verfahren B			221 °C
Vicat Erweichungstemperatur (VST)	*Verfahren* B/50			210 °C
	Verfahren			°C
Kristallit-Schmelzpunkt	*Verfahren* DTA			220–224 °C
Längenausdehnungskoeffizient	*Bereich*	°C		$\cdot 10^{-4}K^{-1}$
	Temperatur 23 °C			$0.18 \cdot 10^{-4}K^{-1}$
Wärmeleitfähigkeit	*Verfahren* DIN 52612		23 °C	0.25 W/(K·m)
Spezifische Wärmekapazität	*Verfahren* ASTM D 696		23 °C	1.3 J/(K·g)
Glasumwandlungstemperatur	*Torsionsschwingungsversuch*		°C	
	Differentialkalorimetrie		°C	

Brandverhalten

UL-Test vertikal — Dicke 1.6 mm, Wert HB
Dicke mm, Wert

	Norm	*Bewertung*	*Abmessungen*
Sauerstoff-Index	ASTM D 2863		
Glühstab-Verfahren			
Brandverhalten	DIN 4102		
MVSS			
FAR			

Elektrische Eigenschaften

		Hz	°C			*Probekörper, Form*
Dielektrizitätszahl		50	23	4.2		
		10^3	23	4.0		
		10^6	23	3.8		
Dielektrischer Verlustfaktor tan δ		50	23	0.012		
		10^3	23	0.015		
		10^6	23	0.020		
Spezifischer Durchgangswiderstand	Ohm·cm		23	7.0*10**15		
Durchschlagfestigkeit	kV/mm		23	70		1 mm dick
Oberflächenwiderstand	Ohm		23	3.0*10**13		
Kriechstromfestigkeit		KC 550		KB	KA 3c	
Elektrolytische Korrosionswirkung						
Lichtbogenfestigkeit nach DIN						
nach ASTM	s					

Beständigkeit *(Chemische Beständigkeit siehe Anhang)*

Wasseraufnahme 23 C	1 d	0.75 %
Feuchtigkeitsaufnahme Normalklima		%
Wetterbeständigkeit		
Spannungskorrosion		

Optische Eigenschaften

Brechungszahl n_D
Transmissionsgrad τ_c % mm dick
Lichtdurchlässigkeit

Datenbank-Nr.	**T06015**	*Merkblatt-Nr.* **3392**

Produkt	Polyamid 6		**PA**
Handelsname	**Sniamid ASN 27/185 SR**		
Hersteller	SNIA		
DIN-Bez 1			
DIN-Bez 2			
Zusätze		*Füllstoffe/ Verstärkung*	18.5% Glasfaser
Bevorzugte Verarbeitung	Spritzgiessen	*Lieferform*	Granulat
		Farben	Natur; Schwarz; Standard; Spezial
Besondere Merkmale	Gute mechanische Eigenschaften; Gute thermische Eigenschaften; Erhoehtes Fliessvermoegen; Hoehere Schlagzaehigkeit gegenueber dem verstaerkten Normaltyp	*Bevorzugte Anwendungen*	Technisches Formteil; Gehaeuse fuer Elektrohaushaltsgeraete; Spulenkern; Kfz-Rueckspiegel

Dichte	g/cm^3	1.24	*Schmelzindex*	g/10 min	:
Schüttdichte	g/cm^3		*Volumenfließindex*	$cm^3/10$ min	:
Viskositätszahl	ml/g				

Verarbeitungsbedingungen für Spritzgießen

Massetemp.	°C	245–290	*Schwindung*	%	lgs 0.4–0.5, quer
Werkzeugtemp.	°C	60–90	*Bemerkungen*		
Spritzdruck	bar				

Zugversuch 23 °C DIN 53455; DIN 53457

Probekörper: *Form* Nr.3 — *Herstellung* Spritzgiessen
Zustand Spritzfrisch — *Vorbehandlung*

Streckspannung	N/mm^2		*Dehnung bei Streckspannung*	%	
Zugfestigkeit	N/mm^2		*Reißdehnung*	%	4
Reißfestigkeit	N/mm^2	140	*% Dehnspannung*	N/mm^2	
E-Modul	N/mm^2	6500	*Dehnung bei % Dehnspg.*	%	

Kriechmoduln und Zeitstandwerte 23 °C

Probekörper: *Form* — *Herstellung*
Zustand — *Vorbehandlung*

Kriechmodul	*1 min* N/mm^2	*Zeitstandzugfestigkeit*	h	N/mm^2
Kriechmodul	*1000 h* N/mm^2	*Zeitdehnspg. %*	h	N/mm^2
bei Spannung	N/mm^2			

Biegeversuch 23 °C DIN 53452; DIN 53457

Probekörper: *Form* 80 mm x 10 mm x 4 mm — *Herstellung* Spritzgiessen
Zustand Spritzfrisch — *Vorbehandlung*

Biegefestigkeit	N/mm^2	210	*E-Modul*	N/mm^2	6800
3,5% *Biegespannung*	N/mm^2				

Härte 23 °C *Probekörper:* *Zustand* Spritzfrisch — *Herstellung* Spritzgiessen
Vorbehandlung

Kugeldruckhärte	N/mm^2 190	bei 358 N, 10 s	*Shore-Härte*	A
Rockwellhärte	R 122		*Shore-Härte*	D

Schlagversuch *Probekörper:* *(1)* U-Kerbe
(2) V-Kerbe — *Herstellung* Spritzgiessen
Zustand Spritzfrisch — *Vorbehandlung*

		°C		°C		°C		*Probekörper-Form*
Schlagzähigkeit	kJ/m^2	23	35	-40	24			NKS
Kerbschlagzähigkeit (1)	kJ/m^2	23	6	-40	4.5			NKS
IZOD-Kerbschlagzähigkeit (2)	J/m	23	80					80 mm x 10 mm x 4 mm
Kerbschlagzugzähigkeit	kJ/m^2							

Abrieb und Reibung

Taber-Abrieb (Reibradverfahren)	$mm^3/100$ U		
Abriebfaktor LNP (Thrust washer) Vergleichswert			
Statische Reibungszahl			
Dynamische Reibungszahl	(p·v=	N/mm^2·	m/min)
Zulässiger p · v Wert	N/mm^2 · (m/min)	v=	m/min
		v=	m/min

Thermische Eigenschaften

Formbeständigkeit in der Wärme	*Verfahren*	A		180 °C
	Verfahren	B		210 °C
Vicat Erweichungstemperatur (VST)	*Verfahren*	B/50		210 °C
	Verfahren			°C
Kristallit-Schmelzpunkt	*Verfahren*	DTA		220–224 °C
Längenausdehnungskoeffizient	*Bereich*	°C		$\cdot 10^{-4}K^{-1}$
	Temperatur	23 °C		$0.4 \cdot 10^{-4}K^{-1}$
Wärmeleitfähigkeit	*Verfahren*	DIN 52612	23 °C	0.25 W/(K · m)
Spezifische Wärmekapazität	*Verfahren*	ASTM D 696	23 °C	1.6 J/(K · g)
Glasumwandlungstemperatur	*Torsionsschwingungsversuch*		°C	
	Differentialkalorimetrie		°C	

Brandverhalten

UL-Test vertikal	Dicke 1.6	mm, Wert HB
	Dicke	mm, Wert

	Norm	*Bewertung*	*Abmessungen*
Sauerstoff-Index	ASTM D 2863		
Glühstab-Verfahren			
Brandverhalten	DIN 4102		
MVSS			
FAR			

Elektrische Eigenschaften

		Hz	°C		*Probekörper, Form*
Dielektrizitätszahl		50	23	4.2	
		10^3	23	4.0	
		10^6	23	3.8	
Dielektrischer Verlustfaktor tan δ		50	23	0.012	
		10^3	23	0.015	
		10^6	23	0.020	
Spezifischer Durchgangs-widerstand	Ohm · cm		23	7.0*10**15	
Durchschlagfestigkeit	kV/mm		23	70	1 mm dick
Oberflächenwiderstand	Ohm		23	3.0*10**13	

Kriechstromfestigkeit	KC 550	KB	KA 3c
Elektrolytische Korrosionswirkung			
Lichtbogenfestigkeit nach DIN			
nach ASTM s			

Beständigkeit *(Chemische Beständigkeit siehe Anhang)*

Wasseraufnahme 23 C	1 d	1–1.1 %	
Feuchtigkeitsaufnahme Normalklima			%
Wetterbeständigkeit			
Spannungskorrosion			

Optische Eigenschaften

Brechungszahl n_D		
Transmissionsgrad τ_c	%	mm dick
Lichtdurchlässigkeit		

Produkt	Polyamid 6		**PA**
Handelsname	**Sniamid ASN 27/250 SR**		
Hersteller	SNIA		
DIN-Bez 1			
DIN-Bez 2			
Zusätze		*Füllstoffe/ Verstärkung*	25.0% Glasfaser
Bevorzugte Verarbeitung	Spritzgiessen	*Lieferform*	Granulat
		Farben	Natur; Schwarz; Standard; Spezial
Besondere Merkmale	Gute mechanische und thermische Eigenschaften; Gute Dimensionsstabilitaet; Sehr gutes Fliessverhalten	*Bevorzugte Anwendungen*	Technisches Formteil; Gehaeuse fuer elektrisches Haushaltsgeraet; Bausektor; Luefterfluegel fuer Elektromotor und Verbrennungsmotor

Dichte	g/cm^3	1.31	*Schmelzindex*	g/10 min	:
Schüttdichte	g/cm^3		*Volumenfließindex*	$cm^3/10$ min	:
Viskositätszahl	ml/g				

Verarbeitungsbedingungen für Spritzgießen

Massetemp.	°C	245–290	*Schwindung*	%	lgs 0.3–0.4, quer
Werkzeugtemp.	°C	80–100	*Bemerkungen*		
Spritzdruck	bar				

Zugversuch 23 °C DIN 53455; DIN 53457

Probekörper: *Form* Nr.3 — *Zustand* Spritzfrisch — *Herstellung* Spritzgiessen — *Vorbehandlung*

Streckspannung	N/mm^2		*Dehnung bei Streckspannung*	%	
Zugfestigkeit	N/mm^2		*Reißdehnung*	%	3.9
Reißfestigkeit	N/mm^2	162	*% Dehnspannung*	N/mm^2	
E-Modul	N/mm^2	8500	*Dehnung bei % Dehnspg.*	%	

Kriechmoduln und Zeitstandwerte 23 °C

Probekörper: *Form* — *Zustand* — *Herstellung* — *Vorbehandlung*

Kriechmodul	*1 min*	N/mm^2	*Zeitstandzugfestigkeit*	h	N/mm^2
Kriechmodul	*1000 h*	N/mm^2	*Zeitdehnspg. %*	h	N/mm^2
bei Spannung		N/mm^2			

Biegeversuch 23 °C DIN 53452; DIN 53457

Probekörper: *Form* 80x10x4 mm — *Zustand* Spritzfrisch — *Herstellung* Spritzgiessen — *Vorbehandlung*

Biegefestigkeit	N/mm^2	260	*E-Modul*	N/mm^2	8300
3,5% Biegespannung	N/mm^2				

Härte 23 °C *Probekörper:* *Zustand* Spritzfrisch — *Herstellung* Spritzgiessen — *Vorbehandlung*

Kugeldruckhärte	N/mm^2 210	bei 358 N, 10 s	*Shore-Härte*	A
Rockwellhärte	R 122		*Shore-Härte*	D

Schlagversuch *Probekörper:* *(1)* U-Kerbe, *(2)* V-Kerbe — *Zustand* Spritzfrisch — *Herstellung* Spritzgiessen — *Vorbehandlung*

		°C		°C		°C		*Probekörper-Form*
Schlagzähigkeit	kJ/m^2	23	45	-40	35			NKS
Kerbschlagzähigkeit (1)	kJ/m^2	23	8	-40	6			NKS
IZOD-Kerbschlagzähigkeit (2)	J/m	23	110					80x10x4 mm
Kerbschlagzugzähigkeit	kJ/m^2							

Abrieb und Reibung

Taber-Abrieb (Reibradverfahren)	mm^3/100 U		
Abriebfaktor LNP (Thrust washer) Vergleichswert			
Statische Reibungszahl			
Dynamische Reibungszahl	(p·v=	N/mm^2·	m/min)
Zulässiger p · v Wert	N/mm^2 · (m/min)	v=	m/min
		v=	m/min

Thermische Eigenschaften

Formbeständigkeit in der Wärme	*Verfahren*	A		200 °C
	Verfahren	B		215 °C
Vicat Erweichungstemperatur (VST)	*Verfahren*	B/50		210 °C
	Verfahren			°C
Kristallit-Schmelzpunkt	*Verfahren*	DTA		220–224 °C
Längenausdehnungskoeffizient	*Bereich*	°C		$\cdot 10^{-4} K^{-1}$
	Temperatur	23 °C		$0.35 \cdot 10^{-4} K^{-1}$
Wärmeleitfähigkeit	*Verfahren*	DIN 52612	23 °C	0.25 W/(K · m)
Spezifische Wärmekapazität	*Verfahren*	ASTM D 696	23 °C	1.5 J/(K · g)
Glasumwandlungstemperatur	*Torsionsschwingungsversuch*		°C	
	Differentialkalorimetrie		°C	

Brandverhalten

UL-Test vertikal	Dicke 1.6	mm, Wert HB	
	Dicke	mm, Wert	

	Norm	*Bewertung*	*Abmessungen*
Sauerstoff-Index	ASTM D 2863		
Glühstab-Verfahren			
Brandverhalten	DIN 4102		
MVSS			
FAR			

Elektrische Eigenschaften

		Hz	°C		*Probekörper, Form*
Dielektrizitätszahl		50	23	4.2	
		10^3	23	4	
		10^6	23	3.8	
Dielektrischer Verlustfaktor tan δ		50	23	0.012	
		10^3	23	0.015	
		10^6	23	0.020	
Spezifischer Durchgangswiderstand	Ohm · cm		23	7.0*10**15	
Durchschlagfestigkeit	kV/mm		23	70	2 mm dick
Oberflächenwiderstand	Ohm		23	3.0*10**13	
Kriechstromfestigkeit		KC 550	KB	KA	
Elektrolytische Korrosionswirkung					
Lichtbogenfestigkeit nach DIN					
nach ASTM	s				

Beständigkeit *(Chemische Beständigkeit siehe Anhang)*

Wasseraufnahme 23 C	1 d	0.9–1.0 %
Feuchtigkeitsaufnahme Normalklima		%
Wetterbeständigkeit		
Spannungskorrosion		

Optische Eigenschaften

Brechungszahl n_D		
Transmissionsgrad τ_c	%	mm dick
Lichtdurchlässigkeit		

Produkt	Polyamid 6		**PA**
Handelsname	**Sniamid ASN 27/300 SR**		
Hersteller	SNIA		
DIN-Bez 1			
DIN-Bez 2			
Zusätze		*Füllstoffe/ Verstärkung*	30.0% Glasfaser
Bevorzugte Verarbeitung	Spritzgiessen	*Lieferform*	Granulat
		Farben	Natur; Schwarz; Standard; Spezial
Besondere Merkmale	Gute mechanische und thermische Eigenschaften; Gute Dimensionsstabilitaet; Geringe Schwindung; Niedrige Wasseraufnahme; Geringer Waermeausdehnungskoeffizient; Hochschlagfest	*Bevorzugte Anwendungen*	Technisches Formteil; Maschinenindustrie; Elektroindustrie; Rad fuer Fahrraeder und Mofas; Bohrmaschinengehaeuse; Haushaltsgeraet; Teil von elektrischen Verteilern; Lampeneinfassung

Dichte	g/cm³ 1.35	*Schmelzindex*	g/10 min		:
Schüttdichte	g/cm³	*Volumenfließindex*	cm³/10 min		:
Viskositätszahl	ml/g				

Verarbeitungsbedingungen für Spritzgießen

Massetemp.	°C	250–300	*Schwindung*	%	lgs 0.3–0.4, quer
Werkzeugtemp.	°C	80–120	*Bemerkungen*		
Spritzdruck	bar				

Zugversuch 23 °C DIN 53455; DIN 53457

Probekörper: *Form* Nr.3 — *Herstellung* Spritzgiessen
Zustand Spritzfrisch — *Vorbehandlung*

Streckspannung	N/mm²		*Dehnung bei Streckspannung*	%	
Zugfestigkeit	N/mm²		*Reißdehnung*	%	3.8
Reißfestigkeit	N/mm²	190	*% Dehnspannung*	N/mm²	
E-Modul	N/mm²	10000	*Dehnung bei % Dehnspg.*	%	

Kriechmoduln und Zeitstandwerte 23 °C

Probekörper: *Form* — *Herstellung*
Zustand — *Vorbehandlung*

Kriechmodul	*1 min*	N/mm²	*Zeitstandzugfestigkeit*	h	N/mm²
Kriechmodul	*1000 h*	N/mm²	*Zeitdehnspg.* %	h	N/mm²
bei Spannung		N/mm²			

Biegeversuch 23 °C DIN 53452; DIN 53457

Probekörper: *Form* 80x10x4 mm — *Herstellung* Spritzgiessen
Zustand Spritzfrisch — *Vorbehandlung*

Biegefestigkeit	N/mm²	280	*E-Modul*	N/mm²	9500
3,5% *Biegespannung*	N/mm²				

Härte 23 °C *Probekörper:* *Zustand* Spritzfrisch — *Herstellung* Spritzgiessen
Vorbehandlung

Kugeldruckhärte	N/mm² 220	bei 358 N, 10 s	*Shore-Härte*	A
Rockwellhärte	R 122		*Shore-Härte*	D

Schlagversuch *Probekörper:* *(1)* U-Kerbe
(2) V-Kerbe — *Herstellung* Spritzgiessen
Zustand Spritzfrisch — *Vorbehandlung*

		°C		°C		°C		*Probekörper-Form*
Schlagzähigkeit	kJ/m²	23	46	-40	36			NKS
Kerbschlagzähigkeit (1)	kJ/m²	23	11	-40	8			NKS
IZOD-Kerbschlagzähigkeit (2)	J/m	23	120					80x10x4 mm
Kerbschlagzugzähigkeit	kJ/m²							

Abrieb und Reibung

Taber-Abrieb (Reibradverfahren)	mm^3/100 U		
Abriebfaktor LNP (Thrust washer) Vergleichswert			
Statische Reibungszahl			
Dynamische Reibungszahl	(p·v=	N/mm^2 ·	m/min)
Zulässiger p · v Wert	N/mm^2 · (m/min)	v=	m/min
		v=	m/min

Thermische Eigenschaften

Formbeständigkeit in der Wärme	*Verfahren*	A		205 °C
	Verfahren	B		217 °C
Vicat Erweichungstemperatur (VST)	*Verfahren*	B/50		210 °C
	Verfahren			°C
Kristallit-Schmelzpunkt	*Verfahren*	DTA		220–224 °C
Längenausdehnungskoeffizient	*Bereich*	°C		$\cdot 10^{-4} K^{-1}$
	Temperatur	23 °C		$0.32 \cdot 10^{-4} K^{-1}$
Wärmeleitfähigkeit	*Verfahren*	DIN 52612	23 °C	0.25 W/(K · m)
Spezifische Wärmekapazität	*Verfahren*	ASTM D 696	23 °C	1.5 J/(K · g)
Glasumwandlungstemperatur	*Torsionsschwingungsversuch*		°C	
	Differentialkalorimetrie		°C	

Brandverhalten

UL-Test vertikal	Dicke 1.6 mm, Wert HB	
	Dicke mm, Wert	

	Norm	*Bewertung*	*Abmessungen*
Sauerstoff-Index	ASTM D 2863		
Glühstab-Verfahren			
Brandverhalten	DIN 4102		
MVSS			
FAR			

Elektrische Eigenschaften

		Hz	°C		*Probekörper, Form*
Dielektrizitätszahl		50	23	4.2	
		10^3	23	4	
		10^6	23	3.8	
Dielektrischer Verlustfaktor tan δ		50	23	0.012	
		10^3	23	0.015	
		10^6	23	0.020	
Spezifischer Durchgangs-widerstand	Ohm · cm		23	7.0*10**15	
Durchschlagfestigkeit	kV/mm		23	70	2 mm dick
Oberflächenwiderstand	Ohm		23	3.0*10**13	
Kriechstromfestigkeit		KC 550		KB	KA
Elektrolytische Korrosionswirkung					
Lichtbogenfestigkeit nach DIN					
nach ASTM	s				

Beständigkeit *(Chemische Beständigkeit siehe Anhang)*

Wasseraufnahme 23 C	1 d	0.85–0.95 %
Feuchtigkeitsaufnahme Normalklima		%
Wetterbeständigkeit		
Spannungskorrosion		

Optische Eigenschaften

Brechungszahl n_D		
Transmissionsgrad τ_c	%	mm dick
Lichtdurchlässigkeit		

Produkt	Polyamid 6		**PA**
Handelsname	**Sniamid ASN 27/350 SR**		
Hersteller	SNIA		
DIN-Bez 1			
DIN-Bez 2			
Zusätze		*Füllstoffe/ Verstärkung*	34.0% Glasfaser
Bevorzugte Verarbeitung	Spritzgiessen	*Lieferform*	Granulat
		Farben	Natur; Schwarz; Standard; Spezial
Besondere Merkmale	Erhoehte Schlagzaehigkeit; Hohe Steifigkeit; Hohe Haerte; Hohe mechanische Festigkeit	*Bevorzugte Anwendungen*	Technisches Formteil; Gehaeuse von Industriebohrmaschinen; Sitzverstellhebel; Gehaeuse fuer pneumatische Anlagen

Dichte	g/cm^3	1.38	*Schmelzindex*	g/10 min	:
Schüttdichte	g/cm^3		*Volumenfließindex*	$cm^3/10$ min	:
Viskositätszahl	ml/g				

Verarbeitungsbedingungen für Spritzgießen

Massetemp.	°C	250–300	*Schwindung*	%	lgs 0.2–0.3, quer
Werkzeugtemp.	°C	80–120	*Bemerkungen*		
Spritzdruck	bar				

Zugversuch 23 °C DIN 53455; DIN 53457

Probekörper: *Form* Nr.3 — *Zustand* Spritzfrisch — *Herstellung* Spritzgiessen — *Vorbehandlung*

Streckspannung	N/mm^2		*Dehnung bei Streckspannung*	%	
Zugfestigkeit	N/mm^2		*Reißdehnung*	%	2.6
Reißfestigkeit	N/mm^2	195	*% Dehnspannung*	N/mm^2	
E-Modul	N/mm^2	11700	*Dehnung bei % Dehnspg.*	%	

Kriechmoduln und Zeitstandwerte 23 °C

Probekörper: *Form* — *Zustand* — *Herstellung* — *Vorbehandlung*

Kriechmodul	*1 min* N/mm^2	*Zeitstandzugfestigkeit*	h	N/mm^2
Kriechmodul	*1000 h* N/mm^2	*Zeitdehnspg.* %	h	N/mm^2
bei Spannung	N/mm^2			

Biegeversuch 23 °C DIN 53452; DIN 53457

Probekörper: *Form* 80x10x4 mm — *Zustand* Spritzfrisch — *Herstellung* Spritzgiessen — *Vorbehandlung*

Biegefestigkeit	N/mm^2	310	*E-Modul*	N/mm^2	10500
3,5% *Biegespannung*	N/mm^2				

Härte 23 °C *Probekörper:* *Zustand* Spritzfrisch — *Herstellung* Spritzgiessen — *Vorbehandlung*

Kugeldruckhärte	N/mm^2 230	bei 358 N, 10 s	*Shore-Härte* A	
Rockwellhärte	R 122		*Shore-Härte* D	

Schlagversuch *Probekörper:* *(1)* U-Kerbe, *(2)* V-Kerbe — *Zustand* Spritzfrisch — *Herstellung* Spritzgiessen — *Vorbehandlung*

		°C		°C		°C		*Probekörper-Form*
Schlagzähigkeit	kJ/m^2	23	53	-40	42			NKS
Kerbschlagzähigkeit (1)	kJ/m^2	23	14	-40	11			NKS
IZOD-Kerbschlagzähigkeit (2)	J/m	23	140					80x10x4 mm
Kerbschlagzugzähigkeit	kJ/m^2							

Abrieb und Reibung

Taber-Abrieb (Reibradverfahren)	$mm^3/100$ U		
Abriebfaktor LNP (Thrust washer) Vergleichswert			
Statische Reibungszahl			
Dynamische Reibungszahl	(p·v= N/mm^2·		m/min)
Zulässiger p·v Wert	N/mm^2·(m/min)	v=	m/min
		v=	m/min

Thermische Eigenschaften

Formbeständigkeit in der Wärme	*Verfahren* A			210 °C
	Verfahren B			220 °C
Vicat Erweichungstemperatur (VST)	*Verfahren* B/50			210 °C
	Verfahren			°C
Kristallit-Schmelzpunkt	*Verfahren* DTA			220–224 °C
Längenausdehnungskoeffizient	*Bereich* °C			$\cdot 10^{-4}K^{-1}$
	Temperatur 23 °C			$0.28 \cdot 10^{-4}K^{-1}$
Wärmeleitfähigkeit	*Verfahren* DIN 52612	23 °C		0.25 W/(K·m)
Spezifische Wärmekapazität	*Verfahren* ASTM D 696	23 °C		1.4 J/(K·g)
Glasumwandlungstemperatur	*Torsionsschwingungsversuch*	°C		
	Differentialkalorimetrie	°C		

Brandverhalten

UL-Test vertikal — Dicke 1.6 mm, Wert HB
Dicke mm, Wert

	Norm	*Bewertung*	*Abmessungen*
Sauerstoff-Index	ASTM D 2863		
Glühstab-Verfahren			
Brandverhalten	DIN 4102		
MVSS			
FAR			

Elektrische Eigenschaften

		Hz	°C		*Probekörper, Form*
Dielektrizitätszahl		50	23	4.2	
		10^3	23	4	
		10^6	23	3.8	
Dielektrischer Verlustfaktor tan δ		50	23	0.012	
		10^3	23	0.015	
		10^6	23	0.020	
Spezifischer Durchgangswiderstand	Ohm·cm		23	7.0*10**15	
Durchschlagfestigkeit	kV/mm		23	70	2 mm dick
Oberflächenwiderstand	Ohm		23	3.0*10**13	

Kriechstromfestigkeit KC 550 KB KA
Elektrolytische Korrosionswirkung
Lichtbogenfestigkeit nach DIN
nach ASTM s

Beständigkeit *(Chemische Beständigkeit siehe Anhang)*

Wasseraufnahme 23 C	1 d	0.8–0.9 %
Feuchtigkeitsaufnahme Normalklima		%
Wetterbeständigkeit		
Spannungskorrosion		

Optische Eigenschaften

Brechungszahl n_D
Transmissionsgrad τ_c % mm dick
Lichtdurchlässigkeit

Datenbank-Nr. **T06046** Merkblatt-Nr. **3396**

PA

Produkt	Polyamid 6		
Handelsname	**Sniamid ASN 27/400 SR**		
Hersteller	SNIA		
DIN-Bez 1			
DIN-Bez 2			
Zusätze		*Füllstoffe/ Verstärkung*	40.0% Glasfaser
Bevorzugte Verarbeitung	Spritzgiessen	*Lieferform*	Granulat
		Farben	Natur; Schwarz; Standard; Spezial
Besondere Merkmale	Erhoehte Schlagzaehigkeit; Hohe Steifigkeit; Hohe Haerte; Hohe mechanische Festigkeit	*Bevorzugte Anwendungen*	Technisches Formteil; Teil fuer Fahrrad

Dichte	g/cm^3	1.48	*Schmelzindex*	g/10 min	:
Schüttdichte	g/cm^3		*Volumenfließindex*	$cm^3/10$ min	:
Viskositätszahl	ml/g				

Verarbeitungsbedingungen für Spritzgießen

Massetemp.	°C	250–300	*Schwindung*	%	lgs 0.1–0.2, quer
Werkzeugtemp.	°C	80–120	*Bemerkungen*		
Spritzdruck	bar				

Zugversuch 23 °C DIN 53455; DIN 53457

Probekörper: *Form* Nr.3 — *Herstellung* Spritzgiessen
Zustand Spritzfrisch — *Vorbehandlung*

Streckspannung	N/mm^2	215	*Dehnung bei Streckspannung*	%	
Zugfestigkeit	N/mm^2		*Reißdehnung*	%	2.3
Reißfestigkeit	N/mm^2		*% Dehnspannung*	N/mm^2	
E-Modul	N/mm^2	14000	*Dehnung bei % Dehnspg.*	%	

Kriechmoduln und Zeitstandwerte 23 °C

Probekörper: *Form* — *Herstellung*
Zustand — *Vorbehandlung*

Kriechmodul	*1 min*	N/mm^2	*Zeitstandzugfestigkeit*	h	N/mm^2
Kriechmodul	*1000 h*	N/mm^2	*Zeitdehnspg. %*	h	N/mm^2
bei Spannung		N/mm^2			

Biegeversuch 23 °C DIN 53452; DIN 53457

Probekörper: *Form* 80x10x4 mm — *Herstellung* Spritzgiessen
Zustand Spritzfrisch — *Vorbehandlung*

Biegefestigkeit	N/mm^2	350	*E-Modul*	N/mm^2	13000
3,5% Biegespannung	N/mm^2				

Härte 23 °C *Probekörper:* *Zustand* Spritzfrisch — *Herstellung* Spritzgiessen
Vorbehandlung

Kugeldruckhärte	N/mm^2 235	bei 358 N, 10 s	*Shore-Härte*	A
Rockwellhärte	R 123		*Shore-Härte*	D

Schlagversuch *Probekörper:* *(1)* U-Kerbe
(2) V-Kerbe — *Herstellung* Spritzgiessen
Zustand Spritzfrisch — *Vorbehandlung*

		°C		°C		°C		*Probekörper-Form*
Schlagzähigkeit	kJ/m^2	23	58	-40	46			NKS
Kerbschlagzähigkeit (1)	kJ/m^2	23	15	-40	13			NKS
IZOD-Kerbschlagzähigkeit (2)	J/m	23	155					80x10x4 mm
Kerbschlagzugzähigkeit	kJ/m^2							

Abrieb und Reibung

Taber-Abrieb (Reibradverfahren)	$mm^3/100$ U		
Abriebfaktor LNP (Thrust washer) Vergleichswert			
Statische Reibungszahl			
Dynamische Reibungszahl	(p · v= N/mm^2 ·		m/min)
Zulässiger p · v Wert	N/mm^2 · (m/min)	v=	m/min
		v=	m/min

Thermische Eigenschaften

Formbeständigkeit in der Wärme	*Verfahren*	A		214 °C
	Verfahren	B		220 °C
Vicat Erweichungstemperatur (VST)	*Verfahren*	B/50		215 °C
	Verfahren			°C
Kristallit-Schmelzpunkt	*Verfahren*	DTA		220–224 °C
Längenausdehnungskoeffizient	*Bereich*	°C		$\cdot 10^{-4}K^{-1}$
	Temperatur	23 °C		$0.26 \cdot 10^{-4}K^{-1}$
Wärmeleitfähigkeit	*Verfahren*	DIN 52612	23 °C	0.25 W/(K · m)
Spezifische Wärmekapazität	*Verfahren*	ASTM D 696	23 °C	1.5 J/(K · g)
Glasumwandlungstemperatur	*Torsionsschwingungsversuch*		°C	
	Differentialkalorimetrie		°C	

Brandverhalten

UL-Test vertikal	Dicke 1.6 mm,	Wert HB
	Dicke mm,	Wert

	Norm	*Bewertung*	*Abmessungen*
Sauerstoff-Index	ASTM D 2863		
Glühstab-Verfahren			
Brandverhalten	DIN 4102		
MVSS			
FAR			

Elektrische Eigenschaften

		Hz	°C		*Probekörper, Form*
Dielektrizitätszahl		50	23	4.2	
		10^3	23	4	
		10^6	23	3.8	
Dielektrischer Verlustfaktor tan δ		50	23	0.012	
		10^3	23	0.015	
		10^6	23	0.020	
Spezifischer Durchgangswiderstand	Ohm · cm		23	7.0*10**15	
Durchschlagfestigkeit	kV/mm		23	70	2 mm dick
Oberflächenwiderstand	Ohm		23	3.0*10**13	

Kriechstromfestigkeit	KC 550	KB	KA
Elektrolytische Korrosionswirkung			
Lichtbogenfestigkeit nach DIN			
nach ASTM s			

Beständigkeit *(Chemische Beständigkeit siehe Anhang)*

Wasseraufnahme 23 C	1 d	0.80–0.90 %
Feuchtigkeitsaufnahme Normalklima		%
Wetterbeständigkeit		
Spannungskorrosion		

Optische Eigenschaften

Brechungszahl n_D		
Transmissionsgrad τ_c	%	mm dick
Lichtdurchlässigkeit		

Produkt	Polyamid 6		**PA**
Handelsname	**Sniamid ASN 27/500 SR**		
Hersteller	SNIA		
DIN-Bez 1			
DIN-Bez 2			
Zusätze		*Füllstoffe/ Verstärkung*	50.0% Glasfaser
Bevorzugte Verarbeitung	Spritzgiessen	*Lieferform*	Granulat
		Farben	Natur; Schwarz; Standard; Spezial
Besondere Merkmale	Erhoehte Schlagzaehigkeit; Hohe Steifigkeit; Hohe Haerte; Hohe mechanische Festigkeit	*Bevorzugte Anwendungen*	Technisches Formteil; Teil fuer Fahrrad

Dichte	g/cm^3	1.58	*Schmelzindex*	g/10 min	:
Schüttdichte	g/cm^3		*Volumenfließindex*	cm^3/10 min	:
Viskositätszahl	ml/g				

Verarbeitungsbedingungen für Spritzgießen

Massetemp.	°C	250–300	*Schwindung*	%	lgs 0.1–0.2, quer
Werkzeugtemp.	°C	80–120	*Bemerkungen*		
Spritzdruck	bar				

Zugversuch 23 °C DIN 53455; DIN 53457

Probekörper: *Form* Nr.3 — *Herstellung* Spritzgiessen
Zustand Spritzfrisch — *Vorbehandlung*

Streckspannung	N/mm^2	225	*Dehnung bei Streckspannung*	%	
Zugfestigkeit	N/mm^2		*Reißdehnung*	%	2.0
Reißfestigkeit	N/mm^2		*% Dehnspannung*	N/mm^2	
E-Modul	N/mm^2	15000	*Dehnung bei % Dehnspg.*	%	

Kriechmoduln und Zeitstandwerte 23 °C

Probekörper: *Form* — *Herstellung*
Zustand — *Vorbehandlung*

Kriechmodul	*1 min*	N/mm^2	*Zeitstandzugfestigkeit*	h	N/mm^2
Kriechmodul	*1000 h*	N/mm^2	*Zeitdehnspg.* %	h	N/mm^2
bei Spannung		N/mm^2			

Biegeversuch 23 °C DIN 53452; DIN 53457

Probekörper: *Form* 80x10x4 mm — *Herstellung* Spritzgiessen
Zustand Spritzfrisch — *Vorbehandlung*

Biegefestigkeit	N/mm^2	360	*E-Modul*	N/mm^2	14500
3,5% *Biegespannung*	N/mm^2				

Härte 23 °C *Probekörper:* *Zustand* Spritzfrisch — *Herstellung* Spritzgiessen
Vorbehandlung

Kugeldruckhärte	N/mm^2	235	bei 358 N, 10 s	*Shore-Härte*	A
Rockwellhärte		R 124		*Shore-Härte*	D

Schlagversuch *Probekörper:* *(1)* U-Kerbe
(2) V-Kerbe — *Herstellung* Spritzgiessen
Zustand Spritzfrisch — *Vorbehandlung*

		°C		°C		°C		*Probekörper-Form*
Schlagzähigkeit	kJ/m^2	23	60	-40	52			NKS
Kerbschlagzähigkeit (1)	kJ/m^2	23	16	-40	14			NKS
IZOD-Kerbschlagzähigkeit (2)	J/m	23	160					80x10x4 mm
Kerbschlagzugzähigkeit	kJ/m^2							

Abrieb und Reibung

Taber-Abrieb (Reibradverfahren)	mm^3/100 U		
Abriebfaktor LNP (Thrust washer) Vergleichswert			
Statische Reibungszahl			
Dynamische Reibungszahl	(p·v= N/mm^2·		m/min)
Zulässiger p·v Wert	N/mm^2·(m/min)	v=	m/min
		v=	m/min

Thermische Eigenschaften

Formbeständigkeit in der Wärme	*Verfahren* A			215 °C
	Verfahren B			220 °C
Vicat Erweichungstemperatur (VST)	*Verfahren* B/50			215 °C
	Verfahren			°C
Kristallit-Schmelzpunkt	*Verfahren* DTA			220–224 °C
Längenausdehnungskoeffizient	*Bereich* °C			$\cdot 10^{-4}K^{-1}$
	Temperatur 23 °C			$0.24 \cdot 10^{-4}K^{-1}$
Wärmeleitfähigkeit	*Verfahren* DIN 52612	23 °C		0.25 W/(K·m)
Spezifische Wärmekapazität	*Verfahren* ASTM D 696	23 °C		1.5 J/(K·g)
Glasumwandlungstemperatur	*Torsionsschwingungsversuch*	°C		
	Differentialkalorimetrie	°C		

Brandverhalten

UL-Test vertikal Dicke 1.6 mm, Wert HB
Dicke mm, Wert

	Norm	*Bewertung*	*Abmessungen*
Sauerstoff-Index	ASTM D 2863		
Glühstab-Verfahren			
Brandverhalten	DIN 4102		
MVSS			
FAR			

Elektrische Eigenschaften

		Hz	°C		*Probekörper, Form*
Dielektrizitätszahl		50	23	4.2	
		10^3	23	4	
		10^6	23	3.8	
Dielektrischer Verlustfaktor tan δ		50	23	0.012	
		10^3	23	0.015	
		10^6	23	0.020	
Spezifischer Durchgangswiderstand	Ohm·cm		23	7.0*10**15	
Durchschlagfestigkeit	kV/mm		23	70	2 mm dick
Oberflächenwiderstand	Ohm		23	3.0*10**13	
Kriechstromfestigkeit		KC 550		KB	KA
Elektrolytische Korrosionswirkung					
Lichtbogenfestigkeit nach DIN					
nach ASTM	s				

Beständigkeit *(Chemische Beständigkeit siehe Anhang)*

Wasseraufnahme 23 C	1 d	0.70–0.80 %
Feuchtigkeitsaufnahme Normalklima		%
Wetterbeständigkeit		
Spannungskorrosion		

Optische Eigenschaften

Brechungszahl n_D		
Transmissionsgrad τ_c	%	mm dick
Lichtdurchlässigkeit		

Datenbank-Nr.	**T06048**	Merkblatt-Nr. **3398**

Produkt	Polyamid 6		**PA**
Handelsname	**Sniamid ASN 27/300 EP**		
Hersteller	SNIA		
DIN-Bez 1			
DIN-Bez 2			
Zusätze	Waermestabilisator	*Füllstoffe/ Verstärkung*	Mineral
Bevorzugte Verarbeitung	Spritzgiessen	*Lieferform*	Granulat
		Farben	Natur
Besondere Merkmale	Galvanotyp; Hervorragende Schlagfestigkeit; Gute mechanische und thermische Eigenschaften	*Bevorzugte Anwendungen*	Sanitaerbereich; Tuergriff; Armatur; Teil fuer Duschanlagen; Kfz-Bau; Leuchtenteil; Verzierung; Elektrobereich; Wohnbereich; Rollengehaeuse fuer Drehstuhl

Dichte	g/cm^3	1.36	*Schmelzindex*	g/10 min	:
Schüttdichte	g/cm^3		*Volumenfließindex*	$cm^3/10$ min	:
Viskositätszahl	ml/g				

Verarbeitungsbedingungen für Spritzgießen

Massetemp.	°C	250–300	*Schwindung*	%	lgs 0.9–1.2, quer 0.9–1.2
Werkzeugtemp.	°C	80–120	*Bemerkungen*		
Spritzdruck	bar				

Zugversuch 23 °C DIN 53455; DIN 53457

Probekörper: *Form* Nr.3 — *Herstellung* Spritzgiessen
Zustand Spritzfrisch — *Vorbehandlung*

Streckspannung	N/mm^2		*Dehnung bei Streckspannung*	%	
Zugfestigkeit	N/mm^2		*Reißdehnung*	%	6
Reißfestigkeit	N/mm^2	85	*% Dehnspannung*	N/mm^2	
E-Modul	N/mm^2	5500	*Dehnung bei % Dehnspg.*	%	

Kriechmoduln und Zeitstandwerte 23 °C

Probekörper: *Form* — *Herstellung*
Zustand — *Vorbehandlung*

Kriechmodul	*1 min*	N/mm^2	*Zeitstandzugfestigkeit*	h	N/mm^2
Kriechmodul	*1000 h*	N/mm^2	*Zeitdehnspg. %*	h	N/mm^2
bei Spannung		N/mm^2			

Biegeversuch 23 °C DIN 53452; DIN 53457

Probekörper: *Form* 80x10x4 mm — *Herstellung* Spritzgiessen
Zustand Spritzfrisch — *Vorbehandlung*

Biegefestigkeit	N/mm^2	120	*E-Modul*	N/mm^2	5300
3,5% *Biegespannung*	N/mm^2				

Härte 23 °C *Probekörper:* *Zustand* Spritzfrisch — *Herstellung* Spritzgiessen
Vorbehandlung

Kugeldruckhärte	N/mm^2 185	bei 358 N, 10 s	*Shore-Härte*	A
Rockwellhärte	R 115		*Shore-Härte*	D

Schlagversuch *Probekörper:* *(1)* U-Kerbe
(2) V-Kerbe — *Herstellung* Spritzgiessen
Zustand Spritzfrisch — *Vorbehandlung*

		°C		°C		°C		*Probekörper-Form*
Schlagzähigkeit	kJ/m^2	23	50	-40	35			NKS
Kerbschlagzähigkeit (1)	kJ/m^2	23	4	-40	3			NKS
IZOD-Kerbschlagzähigkeit (2)	J/m	23	40					80x10x4 mm
Kerbschlagzugzähigkeit	kJ/m^2							

Abrieb und Reibung

Taber-Abrieb (Reibradverfahren)	mm^3/100 U		
Abriebfaktor LNP (Thrust washer) Vergleichswert			
Statische Reibungszahl			
Dynamische Reibungszahl	(p·v=	N/mm^2·	m/min)
Zulässiger p · v Wert	N/mm^2·(m/min)	v=	m/min
		v=	m/min

Thermische Eigenschaften

Formbeständigkeit in der Wärme	*Verfahren*	A		140 °C
	Verfahren	B		200 °C
Vicat Erweichungstemperatur (VST)	*Verfahren*	B/50		210 °C
	Verfahren			°C
Kristallit-Schmelzpunkt	*Verfahren*	DTA		220–224 °C
Längenausdehnungskoeffizient	*Bereich*	°C		$\cdot 10^{-4}K^{-1}$
	Temperatur	23 °C		$0.4 \cdot 10^{-4}K^{-1}$
Wärmeleitfähigkeit	*Verfahren*	DIN 52612	23 °C	0.25 W/(K · m)
Spezifische Wärmekapazität	*Verfahren*	ASTM D 696	23 °C	1.6 J/(K · g)
Glasumwandlungstemperatur	*Torsionsschwingungsversuch*		°C	
	Differentialkalorimetrie		°C	

Brandverhalten

UL-Test vertikal	Dicke 1.6 mm,	Wert V-2
	Dicke mm,	Wert

	Norm	*Bewertung*	*Abmessungen*
Sauerstoff-Index	ASTM D 2863		
Glühstab-Verfahren			
Brandverhalten	DIN 4102		
MVSS			
FAR			

Elektrische Eigenschaften

		Hz	°C		*Probekörper, Form*
Dielektrizitätszahl		50	23	4.2	
		10^3	23	4	
		10^6	23	3.8	
Dielektrischer Verlustfaktor tan δ		50	23	0.012	
		10^3	23	0.015	
		10^6	23	0.020	
Spezifischer Durchgangswiderstand	Ohm · cm		23	7.0*10**15	
Durchschlagfestigkeit	kV/mm		23	70	2 mm dick
Oberflächenwiderstand	Ohm		23	3.0*10**13	

Kriechstromfestigkeit	KC 550	KB	KA
Elektrolytische Korrosionswirkung			
Lichtbogenfestigkeit nach DIN			
nach ASTM s			

Beständigkeit *(Chemische Beständigkeit siehe Anhang)*

Wasseraufnahme 23 C	1 d	0.9–1.0 %
Feuchtigkeitsaufnahme Normalklima		%
Wetterbeständigkeit		
Spannungskorrosion		

Optische Eigenschaften

Brechungszahl n_D		
Transmissionsgrad τ_c	%	mm dick
Lichtdurchlässigkeit		

Produkt	Polyamid 6		**PA**
Handelsname	**Sniamid ASN 27/400 EPR**		
Hersteller	SNIA		
DIN-Bez 1			
DIN-Bez 2			
Zusätze		*Füllstoffe/ Verstärkung*	40.0% Glasfaser; Mineral
Bevorzugte Verarbeitung	Spritzgiessen	*Lieferform*	Granulat
		Farben	Natur; Schwarz; Spezial
Besondere Merkmale	Sehr gute mechanische und thermische Eigenschaften; Geringe thermische Ausdehnung; Hohe Dimensionsstabilitaet	*Bevorzugte Anwendungen*	Technisches Formteil; Kfz-Bau; Elektroindustrie; Nabendeckel fuer Autorad; Kuehlerhaube; Klemmbrett fuer Sicherungshalter; Gehaeuse fuer Elektrowerkzeug mit grosser Oberflaeche

Dichte	g/cm³	1.52	*Schmelzindex*	g/10 min	:
Schüttdichte	g/cm³		*Volumenfließindex*	cm³/10 min	:
Viskositätszahl	ml/g				

Verarbeitungsbedingungen für Spritzgießen

Massetemp.	°C	240–290	*Schwindung*	%	lgs 0.3–0.5, quer
Werkzeugtemp.	°C	70–120	*Bemerkungen*		
Spritzdruck	bar				

Zugversuch 23 °C DIN 53455; DIN 53457

Probekörper: *Form* Nr.3 — *Zustand* Spritzfrisch — *Herstellung* Spritzgiessen — *Vorbehandlung*

Streckspannung	N/mm²		*Dehnung bei Streckspannung*	%	
Zugfestigkeit	N/mm²		*Reißdehnung*	%	2.4
Reißfestigkeit	N/mm²	130	*% Dehnspannung*	N/mm²	
E-Modul	N/mm²	9300	*Dehnung bei % Dehnspg.*	%	

Kriechmoduln und Zeitstandwerte 23 °C

Probekörper: *Form* — *Zustand* — *Herstellung* — *Vorbehandlung*

Kriechmodul	*1 min*	N/mm²	*Zeitstandzugfestigkeit*	h	N/mm²
Kriechmodul	*1000 h*	N/mm²	*Zeitdehnspg. %*	h	N/mm²
bei Spannung		N/mm²			

Biegeversuch 23 °C DIN 53452; DIN 53457

Probekörper: *Form* 80x10x4 mm — *Zustand* Spritzfrisch — *Herstellung* Spritzgiessen — *Vorbehandlung*

Biegefestigkeit	N/mm²	220	*E-Modul*	N/mm²	10000
3,5% *Biegespannung*	N/mm²				

Härte 23 °C *Probekörper:* *Zustand* Spritzfrisch — *Herstellung* Spritzgiessen — *Vorbehandlung*

Kugeldruckhärte	N/mm²	267	bei 961 N, 10 s	*Shore-Härte* A
Rockwellhärte		M 100		*Shore-Härte* D

Schlagversuch *Probekörper:* *(1)* U-Kerbe, *(2)* V-Kerbe, *Zustand* Spritzfrisch — *Herstellung* Spritzgiessen — *Vorbehandlung*

		°C		°C		°C		*Probekörper-Form*
Schlagzähigkeit	kJ/m²	23	45	-40	30			NKS
Kerbschlagzähigkeit (1)	kJ/m²	23	4	-40	3.5			NKS
IZOD-Kerbschlagzähigkeit (2)	J/m	23	45					80x10x4 mm
Kerbschlagzugzähigkeit	kJ/m²							

Abrieb und Reibung

Taber-Abrieb (Reibradverfahren)	$mm^3/100$ U		
Abriebfaktor LNP (Thrust washer) Vergleichswert			
Statische Reibungszahl			
Dynamische Reibungszahl	(p·v=	N/mm²·	m/min)
Zulässiger p · v Wert	N/mm²·(m/min)	v=	m/min
		v=	m/min

Thermische Eigenschaften

Formbeständigkeit in der Wärme	*Verfahren*	A		211 °C
	Verfahren	B		221 °C
Vicat Erweichungstemperatur (VST)	*Verfahren*	B/50		210 °C
	Verfahren			°C
Kristallit-Schmelzpunkt	*Verfahren*	DTA		220–224 °C
Längenausdehnungskoeffizient	*Bereich*	°C		$\cdot 10^{-4}K^{-1}$
	Temperatur	23 °C		$0.4 \cdot 10^{-4}K^{-1}$
Wärmeleitfähigkeit	*Verfahren*	DIN 52612	23 °C	0.25 W/(K · m)
Spezifische Wärmekapazität	*Verfahren*	ASTM D 696	23 °C	1.6 J/(K · g)
Glasumwandlungstemperatur	*Torsionsschwingungsversuch*		°C	
	Differentialkalorimetrie		°C	

Brandverhalten

UL-Test vertikal	Dicke 1.6 mm,	Wert HB
	Dicke mm,	Wert

	Norm	*Bewertung*	*Abmessungen*
Sauerstoff-Index	ASTM D 2863		
Glühstab-Verfahren			
Brandverhalten	DIN 4102		
MVSS			
FAR			

Elektrische Eigenschaften

		Hz	°C		*Probekörper, Form*
Dielektrizitätszahl		50	23	4.2	
		10^3	23	4	
		10^6	23	3.8	
Dielektrischer Verlustfaktor tan δ		50	23	0.012	
		10^3	23	0.015	
		10^6	23	0.020	
Spezifischer Durchgangs-widerstand	Ohm · cm		23	7.0*10**15	
Durchschlagfestigkeit	kV/mm		23	70	2 mm dick
Oberflächenwiderstand	Ohm		23	3.0*10**13	

Kriechstromfestigkeit	KC 550	KB	KA
Elektrolytische Korrosionswirkung			
Lichtbogenfestigkeit nach DIN			
nach ASTM s			

Beständigkeit *(Chemische Beständigkeit siehe Anhang)*

Wasseraufnahme 23 C	1 d	0.8–0.9 %
Feuchtigkeitsaufnahme Normalklima		%
Wetterbeständigkeit		
Spannungskorrosion		

Optische Eigenschaften

Brechungszahl n_D		
Transmissionsgrad τ_c	%	mm dick
Lichtdurchlässigkeit		

Produkt	Polyamid 66		**PA**
Handelsname	**Sniamid SSD AP**		
Hersteller	SNIA		
DIN-Bez 1			
DIN-Bez 2			
Zusätze		*Füllstoffe/ Verstärkung*	
Bevorzugte Verarbeitung	Spritzgiessen	*Lieferform*	Granulat
		Farben	Natur; Schwarz; Standard; Spezial
Besondere Merkmale	Hoehere Steifigkeit und Dimensionsstabilitaet als PA6; Sehr gute Schlagzaehigkeit; Gutes Fliessverhalten	*Bevorzugte Anwendungen*	Technisches Formteil; Maschinenbau; Elektrotechnik; Elektronik; Rad; Zahnrad; Preisauszeichner; Kleinteil fuer Fernmeldegeraete und Elektrogeraete

Dichte	g/cm³	1.14	*Schmelzindex*	g/10 min	:
Schüttdichte	g/cm³		*Volumenfließindex*	cm³/10 min	:
Viskositätszahl	ml/g				

Verarbeitungsbedingungen für Spritzgießen

Massetemp.	°C	230–280	*Schwindung*	%	lgs 1.5–2.4, quer 1.5–2.4
Werkzeugtemp.	°C	20–80	*Bemerkungen*		
Spritzdruck	bar				

Zugversuch 23 °C DIN 53455; DIN 53457

Probekörper: *Form* Nr.3; *Zustand* Spritzfrisch; *Herstellung* Spritzgiessen; *Vorbehandlung*

Streckspannung	N/mm²	86	*Dehnung bei Streckspannung*	%	
Zugfestigkeit	N/mm²		*Reißdehnung*	%	30–60
Reißfestigkeit	N/mm²		*% Dehnspannung*	N/mm²	
E-Modul	N/mm²	3100	*Dehnung bei % Dehnspg.*	%	

Kriechmoduln und Zeitstandwerte 23 °C

Probekörper: *Form*; *Zustand*; *Herstellung*; *Vorbehandlung*

Kriechmodul	*1 min* N/mm²	*Zeitstandzugfestigkeit*	h	N/mm²
Kriechmodul	*1000 h* N/mm²	*Zeitdehnspg. %*	h	N/mm²
bei Spannung	N/mm²			

Biegeversuch 23 °C DIN 53452; DIN 53457

Probekörper: *Form* 80x10x4 mm; *Zustand* Spritzfrisch; *Herstellung* Spritzgiessen; *Vorbehandlung*

Biegefestigkeit	N/mm²	130	*E-Modul*	N/mm²	3100
3,5% *Biegespannung*	N/mm²				

Härte 23 °C *Probekörper:* *Zustand* Spritzfrisch; *Herstellung* Spritzgiessen; *Vorbehandlung*

Kugeldruckhärte	N/mm² 160	bei 358 N, 10 s	*Shore-Härte* A	
Rockwellhärte	R 121		*Shore-Härte* D	

Schlagversuch *Probekörper:* *(1)* U-Kerbe; *(2)* V-Kerbe; *Zustand* Spritzfrisch; *Herstellung* Spritzgiessen; *Vorbehandlung*

		°C		°C		°C		*Probekörper-Form*
Schlagzähigkeit	kJ/m²	23	80	-40	35			NKS
Kerbschlagzähigkeit (1)	kJ/m²	23	3.5	-40	2.5			NKS
IZOD-Kerbschlagzähigkeit (2)	J/m	23	40					80x10x4 mm
Kerbschlagzugzähigkeit	kJ/m²							

Abrieb und Reibung

Taber-Abrieb (Reibradverfahren)	mm^3/100 U		
Abriebfaktor LNP (Thrust washer) Vergleichswert			
Statische Reibungszahl			
Dynamische Reibungszahl	(p·v= N/mm^2·		m/min)
Zulässiger p · v Wert	N/mm^2 · (m/min)	v=	m/min
		v=	m/min

Thermische Eigenschaften

Formbeständigkeit in der Wärme	*Verfahren* A			90 °C
	Verfahren B			205 °C
Vicat Erweichungstemperatur (VST)	*Verfahren* B/50			250–255 °C
	Verfahren			°C
Kristallit-Schmelzpunkt	*Verfahren* DTA			256–260 °C
Längenausdehnungskoeffizient	*Bereich* °C			$\cdot 10^{-4} K^{-1}$
	Temperatur 23 °C			$0.7 \cdot 10^{-4} K^{-1}$
Wärmeleitfähigkeit	*Verfahren* DIN 52612		23 °C	0.25 W/(K · m)
Spezifische Wärmekapazität	*Verfahren* ASTM D 696		23 °C	1.7 J/(K · g)
Glasumwandlungstemperatur	*Torsionsschwingungsversuch*		°C	
	Differentialkalorimetrie		°C	

Brandverhalten

UL-Test vertikal	Dicke 1.6	mm, Wert V-2
	Dicke	mm, Wert

	Norm	*Bewertung*	*Abmessungen*
Sauerstoff-Index	ASTM D 2863		
Glühstab-Verfahren			
Brandverhalten	DIN 4102		
MVSS			
FAR			

Elektrische Eigenschaften

		Hz	°C		*Probekörper, Form*
Dielektrizitätszahl		50	23	3.7	
		10^3	23	3.5	
		10^6	23	3.3	
Dielektrischer Verlustfaktor tan δ		50	23	0.011	
		10^3	23	0.016	
		10^6	23	0.023	
Spezifischer Durchgangs-widerstand	Ohm · cm		23	9.0*10**15	
Durchschlagfestigkeit	kV/mm		23	100	2 mm dick
Oberflächenwiderstand	Ohm		23	2.0*10**13	

Kriechstromfestigkeit	KC >600	KB	KA
Elektrolytische Korrosionswirkung			
Lichtbogenfestigkeit nach DIN			
nach ASTM	s		

Beständigkeit *(Chemische Beständigkeit siehe Anhang)*

Wasseraufnahme 23 C	1 d	1 %	
Feuchtigkeitsaufnahme Normalklima			%
Wetterbeständigkeit			
Spannungskorrosion			

Optische Eigenschaften

Brechungszahl n_D		
Transmissionsgrad τ_c	%	mm dick
Lichtdurchlässigkeit		

Produkt	Polyamid 66		**PA**
Handelsname	**Sniamid SSD APN**		
Hersteller	SNIA		
DIN-Bez 1			
DIN-Bez 2			
Zusätze		*Füllstoffe/ Verstärkung*	
Bevorzugte Verarbeitung	Spritzgiessen	*Lieferform*	Granulat
		Farben	Natur
Besondere Merkmale	Erhoehtes Fliessvermoegen; Leichte Entformbarkeit; Mikrokristallin; Geringe Schwindung	*Bevorzugte Anwendungen*	Kleinteil fuer Fernmeldeschaltkreise; Scharnier; Moebelbeschlag

Dichte	g/cm³	1.14	*Schmelzindex*	g/10 min	:
Schüttdichte	g/cm³		*Volumenfließindex*	cm³/10 min	:
Viskositätszahl	ml/g				

Verarbeitungsbedingungen für Spritzgießen

Massetemp.	°C	230–280	*Schwindung*	%	lgs 1.5–2.4, quer 1.5–2.4
Werkzeugtemp.	°C	60–80	*Bemerkungen*		
Spritzdruck	bar				

Zugversuch 23 °C DIN 53455; DIN 53457

Probekörper: *Form* Nr.3 — *Herstellung* Spritzgiessen
Zustand Spritzfrisch — *Vorbehandlung*

Streckspannung	N/mm²	90	*Dehnung bei Streckspannung*	%	
Zugfestigkeit	N/mm²		*Reißdehnung*	%	15–45
Reißfestigkeit	N/mm²		*% Dehnspannung*	N/mm²	
E-Modul	N/mm²	3300	*Dehnung bei % Dehnspg.*	%	

Kriechmoduln und Zeitstandwerte 23 °C

Probekörper: *Form* — *Herstellung*
Zustand — *Vorbehandlung*

Kriechmodul	*1 min*	N/mm²	*Zeitstandzugfestigkeit*	h	N/mm²
Kriechmodul	*1000 h*	N/mm²	*Zeitdehnspg. %*	h	N/mm²
bei Spannung		N/mm²			

Biegeversuch 23 °C DIN 53452; DIN 53457

Probekörper: *Form* 80x10x4 mm — *Herstellung* Spritzgiessen
Zustand Spritzfrisch — *Vorbehandlung*

Biegefestigkeit	N/mm²	135	*E-Modul*	N/mm²	3200
3,5% *Biegespannung*	N/mm²				

Härte 23 °C *Probekörper:* *Zustand* Spritzfrisch — *Herstellung* Spritzgiessen
Vorbehandlung

Kugeldruckhärte	N/mm² 165	bei 358 N, 10 s	*Shore-Härte*	A
Rockwellhärte	R 118		*Shore-Härte*	D

Schlagversuch *Probekörper:* *(1)* U-Kerbe
(2) V-Kerbe — *Herstellung* Spritzgiessen
Zustand Spritzfrisch — *Vorbehandlung*

		°C		°C		°C		*Probekörper-Form*
Schlagzähigkeit	kJ/m²	23	70	-40	30			NKS
Kerbschlagzähigkeit (1)	kJ/m²	23	3.5	-40	2.5			NKS
IZOD-Kerbschlagzähigkeit (2)	J/m	23	35					80x10x4 mm
Kerbschlagzugzähigkeit	kJ/m²							

Abrieb und Reibung

Taber-Abrieb (Reibradverfahren)	mm^3/100 U		
Abriebfaktor LNP (Thrust washer) Vergleichswert			
Statische Reibungszahl			
Dynamische Reibungszahl	(p · v=	N/mm² ·	m/min)
Zulässiger p · v Wert	N/mm² · (m/min)	v=	m/min
		v=	m/min

Thermische Eigenschaften

Formbeständigkeit in der Wärme	*Verfahren*	A		90 °C
	Verfahren	B		210 °C
Vicat Erweichungstemperatur (VST)	*Verfahren*	B/50		250–255 °C
	Verfahren			°C
Kristallit-Schmelzpunkt	*Verfahren*	DTA		256–260 °C
Längenausdehnungskoeffizient	*Bereich*	°C		$\cdot 10^{-4} K^{-1}$
	Temperatur	23 °C		$0.7 \cdot 10^{-4} K^{-1}$
Wärmeleitfähigkeit	*Verfahren*	DIN 52612	23 °C	0.25 W/(K · m)
Spezifische Wärmekapazität	*Verfahren*	ASTM D 696	23 °C	1.7 J/(K · g)
Glasumwandlungstemperatur	*Torsionsschwingungsversuch*		°C	
	Differentialkalorimetrie		°C	

Brandverhalten

UL-Test vertikal	Dicke 1.6 mm, Wert V-2	
	Dicke mm, Wert	

	Norm	*Bewertung*	*Abmessungen*
Sauerstoff-Index	ASTM D 2863		
Glühstab-Verfahren			
Brandverhalten	DIN 4102		
MVSS			
FAR			

Elektrische Eigenschaften

		Hz	°C		*Probekörper, Form*
Dielektrizitätszahl		50	23	3.7	
		10^3	23	3.5	
		10^6	23	3.3	
Dielektrischer Verlustfaktor tan δ		50	23	0.011	
		10^3	23	0.016	
		10^6	23	0.023	
Spezifischer Durchgangs-widerstand	Ohm · cm		23	9.0*10**15	
Durchschlagfestigkeit	kV/mm		23	100	2 mm dick
Oberflächenwiderstand	Ohm		23	2.0*10**13	

Kriechstromfestigkeit	KC >600	KB	KA
Elektrolytische Korrosionswirkung			
Lichtbogenfestigkeit nach DIN			
nach ASTM s			

Beständigkeit *(Chemische Beständigkeit siehe Anhang)*

Wasseraufnahme 23 C	1 d	1 %
Feuchtigkeitsaufnahme Normalklima		%
Wetterbeständigkeit		
Spannungskorrosion		

Optische Eigenschaften

Brechungszahl n_D		
Transmissionsgrad τ_c	%	mm dick
Lichtdurchlässigkeit		

Produkt	Polyamid 66		**PA**
Handelsname	**Sniamid SSD SC**		
Hersteller	SNIA		
DIN-Bez 1			
DIN-Bez 2			
Zusätze		*Füllstoffe/ Verstärkung*	
Bevorzugte Verarbeitung	Spritzgiessen	*Lieferform*	Granulat
		Farben	Natur; Schwarz; Standard; Spezial
Besondere Merkmale	Erhoehte Trockenschlagzaehigkeit	*Bevorzugte Anwendungen*	Technisches Formteil; Kfz-Bau; Elektrotechnik

Dichte	g/cm³	1.09	*Schmelzindex*	g/10 min	:
Schüttdichte	g/cm³		*Volumenfließindex*	cm³/10 min	:
Viskositätszahl	ml/g				

Verarbeitungsbedingungen für Spritzgießen

Massetemp.	°C	230–280	*Schwindung*	%	lgs 1.4–2.0, quer 1.4–2.0
Werkzeugtemp.	°C	20–80	*Bemerkungen*		
Spritzdruck	bar				

Zugversuch 23 °C DIN 53455; DIN 53457

Probekörper: *Form* Nr.3 — *Herstellung* Spritzgiessen
Zustand Spritzfrisch — *Vorbehandlung*

Streckspannung	N/mm²	65	*Dehnung bei Streckspannung*	%	
Zugfestigkeit	N/mm²		*Reißdehnung*	%	20–60
Reißfestigkeit	N/mm²		*% Dehnspannung*	N/mm²	
E-Modul	N/mm²	2200	*Dehnung bei % Dehnspg.*	%	

Kriechmoduln und Zeitstandwerte 23 °C

Probekörper: *Form* — *Herstellung*
Zustand — *Vorbehandlung*

Kriechmodul	*1 min*	N/mm²	*Zeitstandzugfestigkeit*	h	N/mm²
Kriechmodul	*1000 h*	N/mm²	*Zeitdehnspg. %*	h	N/mm²
bei Spannung		N/mm²			

Biegeversuch 23 °C DIN 53452; DIN 53457

Probekörper: *Form* 80x10x4 mm — *Herstellung* Spritzgiessen
Zustand Spritzfrisch — *Vorbehandlung*

Biegefestigkeit	N/mm²	90	*E-Modul*	N/mm²	2100
3,5% *Biegespannung*	N/mm²				

Härte 23 °C *Probekörper:* *Zustand* Spritzfrisch — *Herstellung* Spritzgiessen
Vorbehandlung

Kugeldruckhärte	N/mm²	152	bei 358 N, 10 s	*Shore-Härte*	A
Rockwellhärte		R 115		*Shore-Härte*	D

Schlagversuch *Probekörper:* *(1)* U-Kerbe
(2) V-Kerbe — *Herstellung* Spritzgiessen
Zustand Spritzfrisch — *Vorbehandlung*

		°C		°C		°C		*Probekörper-Form*
Schlagzähigkeit	kJ/m²	23	130	-40	60			NKS
Kerbschlagzähigkeit (1)	kJ/m²	23	7.0	-40	4.5			NKS
IZOD-Kerbschlagzähigkeit (2)	J/m	23	90					80x10x4 mm
Kerbschlagzugzähigkeit	kJ/m²							

Abrieb und Reibung

Taber-Abrieb (Reibradverfahren)	mm^3/100 U		
Abriebfaktor LNP (Thrust washer) Vergleichswert			
Statische Reibungszahl			
Dynamische Reibungszahl	(p·v=	N/mm^2·	m/min)
Zulässiger p · v Wert	N/mm^2 · (m/min)	v=	m/min
		v=	m/min

Thermische Eigenschaften

Formbeständigkeit in der Wärme	*Verfahren* A			85 °C
	Verfahren B			200 °C
Vicat Erweichungstemperatur (VST)	*Verfahren* B/50			250 °C
	Verfahren			°C
Kristallit-Schmelzpunkt	*Verfahren* DTA			256–260 °C
Längenausdehnungskoeffizient	*Bereich*	°C		$\cdot 10^{-4}K^{-1}$
	Temperatur 23 °C			$0.7 \cdot 10^{-4}K^{-1}$
Wärmeleitfähigkeit	*Verfahren* DIN 52612		23 °C	0.25 W/(K · m)
Spezifische Wärmekapazität	*Verfahren* ASTM D 696		23 °C	1.7 J/(K · g)
Glasumwandlungstemperatur	*Torsionsschwingungsversuch*		°C	
	Differentialkalorimetrie		°C	

Brandverhalten

UL-Test vertikal Dicke 1.6 mm, Wert V-2
Dicke mm, Wert

	Norm	*Bewertung*	*Abmessungen*
Sauerstoff-Index	ASTM D 2863		
Glühstab-Verfahren			
Brandverhalten	DIN 4102		
MVSS			
FAR			

Elektrische Eigenschaften

		Hz	°C		*Probekörper, Form*
Dielektrizitätszahl		50	23	3.7	
		10^3	23	3.5	
		10^6	23	3.3	
Dielektrischer Verlustfaktor tan δ		50	23	0.011	
		10^3	23	0.016	
		10^6	23	0.023	
Spezifischer Durchgangs-widerstand	Ohm · cm		23	9.0*10**15	
Durchschlagfestigkeit	kV/mm		23	90	2 mm dick
Oberflächenwiderstand	Ohm		23	2.0*10**13	

Kriechstromfestigkeit KC >600 KB KA
Elektrolytische Korrosionswirkung
Lichtbogenfestigkeit nach DIN
nach ASTM s

Beständigkeit *(Chemische Beständigkeit siehe Anhang)*

Wasseraufnahme 23 C 1 d 0.8 %

Feuchtigkeitsaufnahme Normalklima %
Wetterbeständigkeit

Spannungskorrosion

Optische Eigenschaften

Brechungszahl n_D
Transmissionsgrad τ_c % mm dick
Lichtdurchlässigkeit

Produkt	Polyamid 66		**PA**
Handelsname	**Sniamid SSD G8**		
Hersteller	SNIA		
DIN-Bez 1			
DIN-Bez 2			
Zusätze	Graphit	*Füllstoffe/ Verstärkung*	
Bevorzugte Verarbeitung	Spritzgiessen	*Lieferform*	Granulat
		Farben	Naturbleischwarz
Besondere Merkmale	Erhoehte Verschleissfestigkeit; Gute Abriebfestigkeit	*Bevorzugte Anwendungen*	Technisches Formteil; Modelleisenbahnteil; Foerderbandrolle

Dichte	g/cm³	1.15	*Schmelzindex*	g/10 min	:
Schüttdichte	g/cm³		*Volumenfließindex*	cm³/10 min	:
Viskositätszahl	ml/g				

Verarbeitungsbedingungen für Spritzgießen

Massetemp.	°C	260–320	*Schwindung*	%	lgs 1.5–2.4, quer 1.5–2.4
Werkzeugtemp.	°C	60–80	*Bemerkungen*		
Spritzdruck	bar				

Zugversuch 23 °C DIN 53455; DIN 53457

Probekörper: *Form* Nr.3 — *Herstellung* Spritzgiessen
Zustand Spritzfrisch — *Vorbehandlung*

Streckspannung	N/mm²		*Dehnung bei Streckspannung*	%	
Zugfestigkeit	N/mm²		*Reißdehnung*	%	5–20
Reißfestigkeit	N/mm²	95	*% Dehnspannung*	N/mm²	
E-Modul	N/mm²	3300	*Dehnung bei % Dehnspg.*	%	

Kriechmoduln und Zeitstandwerte 23 °C

Probekörper: *Form* — *Herstellung*
Zustand — *Vorbehandlung*

Kriechmodul	*1 min*	N/mm²	*Zeitstandzugfestigkeit*	h	N/mm²
Kriechmodul	*1000 h*	N/mm²	*Zeitdehnspg. %*	h	N/mm²
bei Spannung		N/mm²			

Biegeversuch 23 °C DIN 53452; DIN 53457

Probekörper: *Form* 80x10x4 mm — *Herstellung* Spritzgiessen
Zustand Spritzfrisch — *Vorbehandlung*

Biegefestigkeit	N/mm²	150	*E-Modul*	N/mm²	3300
3,5% *Biegespannung*	N/mm²				

Härte 23 °C *Probekörper:* *Zustand* Spritzfrisch — *Herstellung* Spritzgiessen
Vorbehandlung

Kugeldruckhärte	N/mm² 168	bei 358 N, 10 s	*Shore-Härte*	A
Rockwellhärte	R 121		*Shore-Härte*	D

Schlagversuch *Probekörper:* *(1)* U-Kerbe
(2) V-Kerbe — *Herstellung* Spritzgiessen
Zustand Spritzfrisch — *Vorbehandlung*

		°C		°C		°C		*Probekörper-Form*
Schlagzähigkeit	kJ/m²	23	65	-40	25			NKS
Kerbschlagzähigkeit (1)	kJ/m²	23	3.5	-40	2.5			NKS
IZOD-Kerbschlagzähigkeit (2)	J/m	23	35					80x10x4 mm
Kerbschlagzugzähigkeit	kJ/m²							

Abrieb und Reibung

Taber-Abrieb (Reibradverfahren)	mm³/100 U		
Abriebfaktor LNP (Thrust washer) Vergleichswert			
Statische Reibungszahl			
Dynamische Reibungszahl	(p·v=	N/mm²·	m/min)
Zulässiger p·v Wert	N/mm²·(m/min)	v=	m/min
		v=	m/min

Thermische Eigenschaften

Formbeständigkeit in der Wärme	Verfahren A			95 °C
	Verfahren B			220 °C
Vicat Erweichungstemperatur (VST)	Verfahren B/50			250–255 °C
	Verfahren			°C
Kristallit-Schmelzpunkt	Verfahren DTA			256–260 °C
Längenausdehnungskoeffizient	Bereich °C			$\cdot 10^{-4}K^{-1}$
	Temperatur 23 °C			$0.7 \cdot 10^{-4}K^{-1}$
Wärmeleitfähigkeit	Verfahren DIN 52612		23 °C	0.25 W/(K·m)
Spezifische Wärmekapazität	Verfahren ASTM D 696		23 °C	1.7 J/(K·g)
Glasumwandlungstemperatur	Torsionsschwingungsversuch		°C	
	Differentialkalorimetrie		°C	

Brandverhalten

UL-Test vertikal	Dicke 1.6 mm, Wert V-2
	Dicke mm, Wert

	Norm	Bewertung	Abmessungen
Sauerstoff-Index	ASTM D 2863		
Glühstab-Verfahren			
Brandverhalten	DIN 4102		
MVSS			
FAR			

Elektrische Eigenschaften

		Hz	°C		Probekörper, Form
Dielektrizitätszahl		50	23	3.7	
		10^3	23	3.5	
		10^6	23	3.3	
Dielektrischer Verlustfaktor tan δ		50	23	0.011	
		10^3	23	0.016	
		10^6	23	0.023	
Spezifischer Durchgangswiderstand	Ohm·cm		23	9.0*10**15	
Durchschlagfestigkeit	kV/mm		23	100	2 mm dick
Oberflächenwiderstand	Ohm		23	2.0*10**13	

Kriechstromfestigkeit	KC >600	KB	KA
Elektrolytische Korrosionswirkung			
Lichtbogenfestigkeit nach DIN			
nach ASTM s			

Beständigkeit *(Chemische Beständigkeit siehe Anhang)*

Wasseraufnahme 23 C	1 d	1 %
Feuchtigkeitsaufnahme Normalklima		%
Wetterbeständigkeit		
Spannungskorrosion		

Optische Eigenschaften

Brechungszahl n_D		
Transmissionsgrad τ_c	%	mm dick
Lichtdurchlässigkeit		

Produkt	Polyamid 66			**PA**
Handelsname	**Sniamid SSD Y10**			
Hersteller	SNIA			
DIN-Bez 1				
DIN-Bez 2				
Zusätze	Molybdaendisulfid	*Füllstoffe/ Verstärkung*		
Bevorzugte Verarbeitung	Spritzgiessen	*Lieferform*	Granulat	
		Farben	Naturbleischwarz	
Besondere Merkmale	Erhoehte Verschleissfestigkeit; Gute Abriebfestigkeit; Niedriger Reibungskoeffizient; Gute Steifigkeit	*Bevorzugte Anwendungen*	Technisches Formteil; Gleitstueck fuer Aufzug; Seilbahnrolle; Teil fuer Gleitschiene; Teil fuer Fuehrungsstueck	

Dichte	g/cm³	1.15	*Schmelzindex*	g/10 min	:
Schüttdichte	g/cm³		*Volumenfließindex*	cm³/10 min	:
Viskositätszahl	ml/g				

Verarbeitungsbedingungen für Spritzgießen

Massetemp.	°C	260–320	*Schwindung*	%	lgs 1.5–2.4, quer 1.5–2.4
Werkzeugtemp.	°C	60–80	*Bemerkungen*		
Spritzdruck	bar				

Zugversuch 23 °C DIN 53455; DIN 53457

Probekörper: *Form* Nr.3 — *Zustand* Spritzfrisch — *Herstellung* Spritzgiessen — *Vorbehandlung*

Streckspannung	N/mm²		*Dehnung bei Streckspannung*	%	
Zugfestigkeit	N/mm²		*Reißdehnung*	%	15–40
Reißfestigkeit	N/mm²	95	*% Dehnspannung*	N/mm²	
E-Modul	N/mm²	3400	*Dehnung bei % Dehnspg.*	%	

Kriechmoduln und Zeitstandwerte 23 °C

Probekörper: *Form* — *Zustand* — *Herstellung* — *Vorbehandlung*

Kriechmodul	*1 min*	N/mm²	*Zeitstandzugfestigkeit*	h	N/mm²
Kriechmodul	*1000 h*	N/mm²	*Zeitdehnspg. %*	h	N/mm²
bei Spannung		N/mm²			

Biegeversuch 23 °C DIN 53452; DIN 53457

Probekörper: *Form* 80x10x4 mm — *Zustand* Spritzfrisch — *Herstellung* Spritzgiessen — *Vorbehandlung*

Biegefestigkeit	N/mm²	140	*E-Modul*	N/mm²	3400
3,5% *Biegespannung*	N/mm²				

Härte 23 °C *Probekörper:* *Zustand* Spritzfrisch — *Herstellung* Spritzgiessen — *Vorbehandlung*

Kugeldruckhärte	N/mm² 165	bei 358 N, 10 s	*Shore-Härte* A	
Rockwellhärte	R 121		*Shore-Härte* D	

Schlagversuch *Probekörper:* *(1)* U-Kerbe, *(2)* V-Kerbe — *Zustand* Spritzfrisch — *Herstellung* Spritzgiessen — *Vorbehandlung*

		°C		°C		°C		*Probekörper-Form*
Schlagzähigkeit	kJ/m²	23	70	-40	30			NKS
Kerbschlagzähigkeit (1)	kJ/m²	23	3.5	-40	2.5			NKS
IZOD-Kerbschlagzähigkeit (2)	J/m	23	40					80x10x4 mm
Kerbschlagzugzähigkeit	kJ/m²							

Abrieb und Reibung

Taber-Abrieb (Reibradverfahren)	$mm^3/100$ U		
Abriebfaktor LNP (Thrust washer) Vergleichswert			
Statische Reibungszahl			
Dynamische Reibungszahl	(p · v=	N/mm² ·	m/min)
Zulässiger p · v Wert	N/mm² · (m/min)	v=	m/min
		v=	m/min

Thermische Eigenschaften

Formbeständigkeit in der Wärme	*Verfahren*	A		95 °C
	Verfahren	B		220 °C
Vicat Erweichungstemperatur (VST)	*Verfahren*	B/50		250–255 °C
	Verfahren			°C
Kristallit-Schmelzpunkt	*Verfahren*	DTA		256–260 °C
Längenausdehnungskoeffizient	*Bereich*	°C		$\cdot 10^{-4}K^{-1}$
	Temperatur	23 °C		$0.7 \cdot 10^{-4}K^{-1}$
Wärmeleitfähigkeit	*Verfahren*	DIN 52612	23 °C	0.25 W/(K · m)
Spezifische Wärmekapazität	*Verfahren*	ASTM D 696	23 °C	1.7 J/(K · g)
Glasumwandlungstemperatur	*Torsionsschwingungsversuch*		°C	
	Differentialkalorimetrie		°C	

Brandverhalten

UL-Test vertikal	Dicke 1.6 mm, Wert V-2
	Dicke mm, Wert

	Norm	Bewertung	Abmessungen
Sauerstoff-Index	ASTM D 2863		
Glühstab-Verfahren			
Brandverhalten	DIN 4102		
MVSS			
FAR			

Elektrische Eigenschaften

		Hz	°C		Probekörper, Form
Dielektrizitätszahl		50	23	3.7	
		10^3	23	3.5	
		10^6	23	3.3	
Dielektrischer Verlustfaktor tan δ		50	23	0.011	
		10^3	23	0.016	
		10^6	23	0.023	
Spezifischer Durchgangswiderstand	Ohm · cm		23	9.0*10**15	
Durchschlagfestigkeit	kV/mm		23	100	2 mm dick
Oberflächenwiderstand	Ohm		23	2.0*10**13	

Kriechstromfestigkeit	KC >600	KB	KA
Elektrolytische Korrosionswirkung			
Lichtbogenfestigkeit nach DIN			
nach ASTM	s		

Beständigkeit *(Chemische Beständigkeit siehe Anhang)*

Wasseraufnahme 23 C	1 d	1 %
Feuchtigkeitsaufnahme Normalklima		%
Wetterbeständigkeit		
Spannungskorrosion		

Optische Eigenschaften

Brechungszahl n_D		
Transmissionsgrad τ_c	%	mm dick
Lichtdurchlässigkeit		

Produkt	Polyamid 66		**PA**
Handelsname	**Sniamid SSD 185**		
Hersteller	SNIA		
DIN-Bez 1			
DIN-Bez 2			
Zusätze		*Füllstoffe/ Verstärkung*	18.5% Glasfaser
Bevorzugte Verarbeitung	Spritzgiessen	*Lieferform*	Granulat
		Farben	Natur; Schwarz; Standard; Spezial
Besondere Merkmale	Gute mechanische Eigenschaften; Gute thermische Eigenschaften; Geringe Schwindung; Gutes Fliessverhalten	*Bevorzugte Anwendungen*	Technisches Formteil; Gehaeuse fuer Elektrobohrmaschine; Teil fuer Bueromaschine

Dichte	g/cm³	1.25	*Schmelzindex*	g/10 min	:
Schüttdichte	g/cm³		*Volumenfließindex*	cm³/10 min	:
Viskositätszahl	ml/g				

Verarbeitungsbedingungen für Spritzgießen

Massetemp.	°C	270–320	*Schwindung*	%	lgs 0.5–0.6, quer
Werkzeugtemp.	°C	60–90	*Bemerkungen*		
Spritzdruck	bar				

Zugversuch 23 °C DIN 53455; DIN 53457

Probekörper: *Form* Nr.3 — *Zustand* Spritzfrisch — *Herstellung* Spritzgiessen — *Vorbehandlung*

Streckspannung	N/mm²		*Dehnung bei Streckspannung*	%	
Zugfestigkeit	N/mm²		*Reißdehnung*	%	3.5
Reißfestigkeit	N/mm²	130	*% Dehnspannung*	N/mm²	
E-Modul	N/mm²	7000	*Dehnung bei % Dehnspg.*	%	

Kriechmoduln und Zeitstandwerte 23 °C

Probekörper: *Form* — *Zustand* — *Herstellung* — *Vorbehandlung*

Kriechmodul	*1 min*	N/mm²	*Zeitstandzugfestigkeit*	h	N/mm²
Kriechmodul	*1000 h*	N/mm²	*Zeitdehnspg. %*	h	N/mm²
bei Spannung		N/mm²			

Biegeversuch 23 °C DIN 53452; DIN 53457

Probekörper: *Form* 80x10x4 mm — *Zustand* Spritzfrisch — *Herstellung* Spritzgiessen — *Vorbehandlung*

Biegefestigkeit	N/mm²	210	*E-Modul*	N/mm²	7200
3,5% *Biegespannung*	N/mm²				

Härte 23 °C *Probekörper:* *Zustand* Spritzfrisch — *Herstellung* Spritzgiessen — *Vorbehandlung*

Kugeldruckhärte	N/mm²	190	bei 358 N, 10 s	*Shore-Härte* A
Rockwellhärte		R 121		*Shore-Härte* D

Schlagversuch *Probekörper:* *(1)* U-Kerbe, *(2)* V-Kerbe — *Zustand* Spritzfrisch — *Herstellung* Spritzgiessen — *Vorbehandlung*

		°C		°C		°C		*Probekörper-Form*
Schlagzähigkeit	kJ/m²	23	22	-40	20			NKS
Kerbschlagzähigkeit (1)	kJ/m²	23	4	-40	3			NKS
IZOD-Kerbschlagzähigkeit (2)	J/m	23	50					80x10x4 mm
Kerbschlagzugzähigkeit	kJ/m²							

Abrieb und Reibung

Taber-Abrieb (Reibradverfahren)	mm^3/100 U		
Abriebfaktor LNP (Thrust washer) Vergleichswert			
Statische Reibungszahl			
Dynamische Reibungszahl	(p·v=	N/mm^2·	m/min)
Zulässiger p·v Wert	N/mm^2·(m/min)	v=	m/min
		v=	m/min

Thermische Eigenschaften

Formbeständigkeit in der Wärme	Verfahren A			225 °C
	Verfahren B			245 °C
Vicat Erweichungstemperatur (VST)	Verfahren B/50			255 °C
	Verfahren			°C
Kristallit-Schmelzpunkt	Verfahren DTA			256–260 °C
Längenausdehnungskoeffizient	Bereich	°C		$\cdot 10^{-4}K^{-1}$
	Temperatur 23 °C			$0.35 \cdot 10^{-4}K^{-1}$
Wärmeleitfähigkeit	Verfahren DIN 52612		23 °C	0.25 W/(K·m)
Spezifische Wärmekapazität	Verfahren ASTM D 696		23 °C	1.6 J/(K·g)
Glasumwandlungstemperatur	Torsionsschwingungsversuch		°C	
	Differentialkalorimetrie		°C	

Brandverhalten

UL-Test vertikal	Dicke 1.6 mm, Wert HB	
	Dicke mm, Wert	

	Norm	Bewertung	Abmessungen
Sauerstoff-Index	ASTM D 2863		
Glühstab-Verfahren			
Brandverhalten	DIN 4102		
MVSS			
FAR			

Elektrische Eigenschaften

		Hz	°C		Probekörper, Form
Dielektrizitätszahl		50	23	4.1	
		10^3	23	3.9	
		10^6	23	3.7	
Dielektrischer Verlustfaktor tan δ		50	23	0.010	
		10^3	23	0.013	
		10^6	23	0.019	
Spezifischer Durchgangswiderstand	Ohm·cm		23	8.0*10**15	
Durchschlagfestigkeit	kV/mm		23	85	2 mm dick
Oberflächenwiderstand	Ohm		23	3.0*10**13	

Kriechstromfestigkeit	KC >600	KB	KA
Elektrolytische Korrosionswirkung			
Lichtbogenfestigkeit nach DIN			
nach ASTM s			

Beständigkeit (Chemische Beständigkeit siehe Anhang)

Wasseraufnahme 23 C	1 d	0.9 %
Feuchtigkeitsaufnahme Normalklima		%
Wetterbeständigkeit		
Spannungskorrosion		

Optische Eigenschaften

Brechungszahl n_D		
Transmissionsgrad τ_c	%	mm dick
Lichtdurchlässigkeit		

Produkt	Polyamid 66		**PA**
Handelsname	**Sniamid SSD 250**		
Hersteller	SNIA		
DIN-Bez 1			
DIN-Bez 2			
Zusätze		*Füllstoffe/ Verstärkung*	25.0% Glasfaser
Bevorzugte Verarbeitung	Spritzgiessen	*Lieferform*	Granulat
		Farben	Natur; Schwarz; Standard; Spezial
Besondere Merkmale	Sehr gute mechanische Eigenschaften; Sehr gute thermische Eigenschaften; Gute Schlagfestigkeit; Gute Dimensionsstabilitaet	*Bevorzugte Anwendungen*	Technisches Formteil; Zahnriemenscheibe fuer Textilmaschinen; Luftfiltergehaeuse fuer Kfz; Luefterfluegel

Dichte	g/cm^3	1.31	*Schmelzindex*	g/10 min	:
Schüttdichte	g/cm^3		*Volumenfließindex*	$cm^3/10$ min	:
Viskositätszahl	ml/g				

Verarbeitungsbedingungen für Spritzgießen

Massetemp.	°C	275–320	*Schwindung*	%	lgs 0.4–0.5, quer
Werkzeugtemp.	°C	80–100	*Bemerkungen*		
Spritzdruck	bar				

Zugversuch 23 °C DIN 53455; DIN 53457
Probekörper: *Form* Nr.3 — *Herstellung* Spritzgiessen
Zustand Spritzfrisch — *Vorbehandlung*

Streckspannung	N/mm^2		*Dehnung bei Streckspannung*	%	
Zugfestigkeit	N/mm^2		*Reißdehnung*	%	3
Reißfestigkeit	N/mm^2	150	*% Dehnspannung*	N/mm^2	
E-Modul	N/mm^2	8500	*Dehnung bei % Dehnspg.*	%	

Kriechmoduln und Zeitstandwerte 23 °C
Probekörper: *Form* — *Herstellung*
Zustand — *Vorbehandlung*

Kriechmodul	*1 min*	N/mm^2	*Zeitstandzugfestigkeit*	h	N/mm^2
Kriechmodul	*1000 h*	N/mm^2	*Zeitdehnspg. %*	h	N/mm^2
bei Spannung		N/mm^2			

Biegeversuch 23 °C DIN 53452; DIN 53457
Probekörper: *Form* 80x10x4 mm — *Herstellung* Spritzgiessen
Zustand Spritzfrisch — *Vorbehandlung*

Biegefestigkeit	N/mm^2	230	*E-Modul*	N/mm^2	8200
3,5% *Biegespannung*	N/mm^2				

Härte 23 °C *Probekörper:* *Zustand* Spritzfrisch — *Herstellung* Spritzgiessen
Vorbehandlung

Kugeldruckhärte	N/mm^2 210	bei 358 N, 10 s	*Shore-Härte*	A
Rockwellhärte	R 122		*Shore-Härte*	D

Schlagversuch *Probekörper:* *(1)* U-Kerbe
(2) V-Kerbe — *Herstellung* Spritzgiessen
Zustand Spritzfrisch — *Vorbehandlung*

		°C		°C		°C		*Probekörper-Form*
Schlagzähigkeit	kJ/m^2	23	26	-40	23			NKS
Kerbschlagzähigkeit (1)	kJ/m^2	23	4.5	-40	3.5			NKS
IZOD-Kerbschlagzähigkeit (2)	J/m	23	60					80x10x4 mm
Kerbschlagzugzähigkeit	kJ/m^2							

Abrieb und Reibung

Taber-Abrieb (Reibradverfahren)	mm³/100 U		
Abriebfaktor LNP (Thrust washer) Vergleichswert			
Statische Reibungszahl			
Dynamische Reibungszahl	(p·v=	N/mm²·	m/min)
Zulässiger p·v Wert	N/mm²·(m/min)	v=	m/min
		v=	m/min

Thermische Eigenschaften

Formbeständigkeit in der Wärme	*Verfahren* A			230 °C
	Verfahren B			250 °C
Vicat Erweichungstemperatur (VST)	*Verfahren* B/50			255 °C
	Verfahren			°C
Kristallit-Schmelzpunkt	*Verfahren* DTA			256–260 °C
Längenausdehnungskoeffizient	*Bereich*	°C		$\cdot 10^{-4}K^{-1}$
	Temperatur 23 °C			$0.3 \cdot 10^{-4}K^{-1}$
Wärmeleitfähigkeit	*Verfahren* DIN 52612		23 °C	0.25 W/(K·m)
Spezifische Wärmekapazität	*Verfahren* ASTM D 696		23 °C	1.5 J/(K·g)
Glasumwandlungstemperatur	*Torsionsschwingungsversuch*		°C	
	Differentialkalorimetrie		°C	

Brandverhalten

UL-Test vertikal	Dicke 1.6 mm,	Wert HB
	Dicke mm,	Wert

	Norm	*Bewertung*	*Abmessungen*
Sauerstoff-Index	ASTM D 2863		
Glühstab-Verfahren			
Brandverhalten	DIN 4102		
MVSS			
FAR			

Elektrische Eigenschaften

		Hz	°C		Probekörper, Form
Dielektrizitätszahl		50	23	4.1	
		10^3	23	3.9	
		10^6	23	3.7	
Dielektrischer Verlustfaktor tan δ		50	23	0.010	
		10^3	23	0.013	
		10^6	23	0.019	
Spezifischer Durchgangs-widerstand	Ohm·cm		23	8.0*10**15	
Durchschlagfestigkeit	kV/mm		23	85	2 mm dick
Oberflächenwiderstand	Ohm		23	3.0*10**13	

Kriechstromfestigkeit	KC >600	KB	KA
Elektrolytische Korrosionswirkung			
Lichtbogenfestigkeit nach DIN			
nach ASTM	s		

Beständigkeit *(Chemische Beständigkeit siehe Anhang)*

Wasseraufnahme 23 C	1 d	0.8 %	
Feuchtigkeitsaufnahme Normalklima			%
Wetterbeständigkeit			
Spannungskorrosion			

Optische Eigenschaften

Brechungszahl n_D		
Transmissionsgrad τ_c	%	mm dick
Lichtdurchlässigkeit		

Produkt	Polyamid 66		**PA**
Handelsname	**Sniamid SSD 300**		
Hersteller	SNIA		
DIN-Bez 1 *DIN-Bez 2*			
Zusätze		*Füllstoffe/ Verstärkung*	30.0% Glasfaser
Bevorzugte Verarbeitung	Spritzgiessen	*Lieferform*	Granulat
		Farben	Natur; Schwarz; Standard; Spezial
Besondere Merkmale	Erhoehte mechanische Eigenschaften; Sehr gute Dimensionsstabilitaet; Niedrige Schwindung; Niedrige Nachschwindung; Geringe Wasseraufnahme; Kleiner Laengenausdehnungskoeffizient	*Bevorzugte Anwendungen*	Technisches Formteil; Kfz-Industrie im Motorraum; Gehaeuse fuer Servo-Bremse; Kuehlwasserkasten; Haushaltsgeraeteteil; Gehaeuse fuer Elektrosaege

Dichte	g/cm³	1.35	*Schmelzindex*	g/10 min	:
Schüttdichte	g/cm³		*Volumenfließindex*	cm³/10 min	:
Viskositätszahl	ml/g				

Verarbeitungsbedingungen für Spritzgießen

Massetemp.	°C	280–320	*Schwindung*	%	lgs 0.3–0.4, quer
Werkzeugtemp.	°C	80–120	*Bemerkungen*		
Spritzdruck	bar				

Zugversuch 23 °C DIN 53455; DIN 53457

Probekörper: *Form* Nr.3 — *Zustand* Spritzfrisch — *Herstellung* Spritzgiessen — *Vorbehandlung*

Streckspannung	N/mm²		*Dehnung bei Streckspannung*	%	
Zugfestigkeit	N/mm²		*Reißdehnung*	%	2.5
Reißfestigkeit	N/mm²	170	*% Dehnspannung*	N/mm²	
E-Modul	N/mm²	9500	*Dehnung bei % Dehnspg.*	%	

Kriechmoduln und Zeitstandwerte 23 °C

Probekörper: *Form* — *Zustand* — *Herstellung* — *Vorbehandlung*

Kriechmodul	*1 min*	N/mm²	*Zeitstandzugfestigkeit*	h	N/mm²
Kriechmodul	*1000 h*	N/mm²	*Zeitdehnspg. %*	h	N/mm²
bei Spannung		N/mm²			

Biegeversuch 23 °C DIN 53452; DIN 53457

Probekörper: *Form* 80x10x4 mm — *Zustand* Spritzfrisch — *Herstellung* Spritzgiessen — *Vorbehandlung*

Biegefestigkeit	N/mm²	250	*E-Modul*	N/mm²	9200
3,5% *Biegespannung*	N/mm²				

Härte 23 °C *Probekörper:* *Zustand* Spritzfrisch — *Herstellung* Spritzgiessen — *Vorbehandlung*

Kugeldruckhärte	N/mm² 220	bei 358 N, 10 s	*Shore-Härte*	A
Rockwellhärte	R 122		*Shore-Härte*	D

Schlagversuch *Probekörper:* *(1)* U-Kerbe, *(2)* V-Kerbe — *Zustand* Spritzfrisch — *Herstellung* Spritzgiessen — *Vorbehandlung*

		°C		°C		°C		*Probekörper-Form*
Schlagzähigkeit	kJ/m²	23	30	-40	28			NKS
Kerbschlagzähigkeit (1)	kJ/m²	23	5	-40	4			NKS
IZOD-Kerbschlagzähigkeit (2)	J/m	23	80					80x10x4 mm
Kerbschlagzugzähigkeit	kJ/m²							

Abrieb und Reibung

Taber-Abrieb (Reibradverfahren)	mm³/100 U		
Abriebfaktor LNP (Thrust washer) Vergleichswert			
Statische Reibungszahl			
Dynamische Reibungszahl	(p·v=	N/mm²·	m/min)
Zulässiger p · v Wert	N/mm² · (m/min)	v=	m/min
		v=	m/min

Thermische Eigenschaften

Formbeständigkeit in der Wärme	*Verfahren*	A		235 °C
	Verfahren	B		250 °C
Vicat Erweichungstemperatur (VST)	*Verfahren*	B/50		255 °C
	Verfahren			°C
Kristallit-Schmelzpunkt	*Verfahren*	DTA		256–260 °C
Längenausdehnungskoeffizient	*Bereich*	°C		$\cdot 10^{-4}K^{-1}$
	Temperatur	23 °C		$0.28 \cdot 10^{-4}K^{-1}$
Wärmeleitfähigkeit	*Verfahren*	DIN 52612	23 °C	0.25 W/(K · m)
Spezifische Wärmekapazität	*Verfahren*	ASTM D 696	23 °C	1.5 J/(K · g)
Glasumwandlungstemperatur	*Torsionsschwingungsversuch*		°C	
	Differentialkalorimetrie		°C	

Brandverhalten

UL-Test vertikal — Dicke 1.6 mm, Wert HB; Dicke mm, Wert

	Norm	*Bewertung*	*Abmessungen*
Sauerstoff-Index	ASTM D 2863		
Glühstab-Verfahren			
Brandverhalten	DIN 4102		
MVSS			
FAR			

Elektrische Eigenschaften

		Hz	°C		*Probekörper, Form*
Dielektrizitätszahl		50	23	4.1	
		10^3	23	3.9	
		10^6	23	3.7	
Dielektrischer Verlustfaktor tan δ		50	23	0.010	
		10^3	23	0.013	
		10^6	23	0.019	
Spezifischer Durchgangswiderstand	Ohm · cm		23	8.0*10**15	
Durchschlagfestigkeit	kV/mm		23	85	2 mm dick
Oberflächenwiderstand	Ohm		23	3.0*10**13	

Kriechstromfestigkeit KC >600 KB KA
Elektrolytische Korrosionswirkung
Lichtbogenfestigkeit nach DIN
nach ASTM s

Beständigkeit *(Chemische Beständigkeit siehe Anhang)*

Wasseraufnahme 23 C	1 d	0.75 %
Feuchtigkeitsaufnahme Normalklima		%
Wetterbeständigkeit		
Spannungskorrosion		

Optische Eigenschaften

Brechungszahl n_D
Transmissionsgrad τ_c % mm dick
Lichtdurchlässigkeit

Produkt	Polyamid 66		**PA**
Handelsname	**Sniamid SSD 300 I**		
Hersteller	SNIA		
DIN-Bez 1			
DIN-Bez 2			
Zusätze	Brandschutzmittel	*Füllstoffe/ Verstärkung*	30.0% Glasfaser
Bevorzugte Verarbeitung	Spritzgiessen	*Lieferform*	Granulat
		Farben	Natur; Schwarz; Standard; Spezial
Besondere Merkmale	Hohe Steifigkeit; Hohe Waermeformbestaendigkeit; Hohe Dimensionsstabilitaet; Niedrige Schwindung; Geringe Feuchtigkeitsaufnahme	*Bevorzugte Anwendungen*	Technisches Formteil; Elektrotechnik; Zuendspulengehaeuse; Elektroverbindungen; Abdeckung fuer elektronische Geraete

Dichte	g/cm^3	1.38	*Schmelzindex*	g/10 min	:
Schüttdichte	g/cm^3		*Volumenfließindex*	cm^3/10 min	:
Viskositätszahl	ml/g				

Verarbeitungsbedingungen für Spritzgießen

Massetemp.	°C	≦270	*Schwindung*	%	lgs 0.3–0.4, quer
Werkzeugtemp.	°C	40–60	*Bemerkungen*		
Spritzdruck	bar				

Zugversuch 23 °C DIN 53455; DIN 53457

Probekörper: *Form* Nr.3 — *Herstellung* Spritzgiessen
Zustand Spritzfrisch — *Vorbehandlung*

Streckspannung	N/mm^2		*Dehnung bei Streckspannung*	%	
Zugfestigkeit	N/mm^2		*Reißdehnung*	%	1.8
Reißfestigkeit	N/mm^2	130	*% Dehnspannung*	N/mm^2	
E-Modul	N/mm^2	9000	*Dehnung bei % Dehnspg.*	%	

Kriechmoduln und Zeitstandwerte 23 °C

Probekörper: *Form* — *Herstellung*
Zustand — *Vorbehandlung*

Kriechmodul	*1 min*	N/mm^2	*Zeitstandzugfestigkeit*	h	N/mm^2
Kriechmodul	*1000 h*	N/mm^2	*Zeitdehnspg. %*	h	N/mm^2
bei Spannung		N/mm^2			

Biegeversuch 23 °C DIN 53452; DIN 53457

Probekörper: *Form* 80x10x4 mm — *Herstellung* Spritzgiessen
Zustand Spritzfrisch — *Vorbehandlung*

Biegefestigkeit	N/mm^2	200	*E-Modul*	N/mm^2	9000
3,5% *Biegespannung*	N/mm^2				

Härte 23 °C *Probekörper:* *Zustand* Spritzfrisch — *Herstellung* Spritzgiessen
Vorbehandlung

Kugeldruckhärte	N/mm^2 240	bei 961 N, 10 s	*Shore-Härte*	A
Rockwellhärte	M 89		*Shore-Härte*	D

Schlagversuch *Probekörper:* *(1)* U-Kerbe
(2) V-Kerbe — *Herstellung* Spritzgiessen
Zustand Spritzfrisch — *Vorbehandlung*

		°C		°C		°C		*Probekörper-Form*
Schlagzähigkeit	kJ/m^2	23	28	-40	25			NKS
Kerbschlagzähigkeit (1)	kJ/m^2	23	4	-40	3			NKS
IZOD-Kerbschlagzähigkeit (2)	J/m	23	65					80x10x4 mm
Kerbschlagzugzähigkeit	kJ/m^2							

Abrieb und Reibung

Taber-Abrieb (Reibradverfahren)	mm^3/100 U		
Abriebfaktor LNP (Thrust washer) Vergleichswert			
Statische Reibungszahl			
Dynamische Reibungszahl	(p·v=	N/mm^2 ·	m/min)
Zulässiger p · v Wert	N/mm^2 · (m/min)	v=	m/min
		v=	m/min

Thermische Eigenschaften

Formbeständigkeit in der Wärme	*Verfahren* A			235 °C
	Verfahren B			250 °C
Vicat Erweichungstemperatur (VST)	*Verfahren* B/50			255 °C
	Verfahren			°C
Kristallit-Schmelzpunkt	*Verfahren* DTA			256–260 °C
Längenausdehnungskoeffizient	*Bereich*	°C		$\cdot 10^{-4}K^{-1}$
	Temperatur 23 °C			$0.28 \cdot 10^{-4}K^{-1}$
Wärmeleitfähigkeit	*Verfahren* DIN 52612		23 °C	0.25 W/(K · m)
Spezifische Wärmekapazität	*Verfahren* ASTM D 696		23 °C	1.5 J/(K · g)
Glasumwandlungstemperatur	*Torsionsschwingungsversuch*		°C	
	Differentialkalorimetrie		°C	

Brandverhalten

UL-Test vertikal	Dicke 1.6 mm, Wert V-0	
	Dicke mm, Wert	

	Norm	*Bewertung*	*Abmessungen*
Sauerstoff-Index	ASTM D 2863		
Glühstab-Verfahren			
Brandverhalten	DIN 4102		
MVSS			
FAR			

Elektrische Eigenschaften

		Hz	°C		*Probekörper, Form*
Dielektrizitätszahl		50	23	4.1	
		10^3	23	3.9	
		10^6	23	3.7	
Dielektrischer Verlustfaktor tan δ		50	23	0.010	
		10^3	23	0.013	
		10^6	23	0.019	
Spezifischer Durchgangswiderstand	Ohm · cm		23	1.0*10**15	
Durchschlagfestigkeit	kV/mm		23	70	2 mm dick
Oberflächenwiderstand	Ohm		23	1.0*10**13	

Kriechstromfestigkeit	KC 350	KB	KA
Elektrolytische Korrosionswirkung			
Lichtbogenfestigkeit nach DIN			
nach ASTM s			

Beständigkeit *(Chemische Beständigkeit siehe Anhang)*

Wasseraufnahme 23 C	1 d	0.5–0.6 %
Feuchtigkeitsaufnahme Normalklima		%
Wetterbeständigkeit		
Spannungskorrosion		

Optische Eigenschaften

Brechungszahl n_D
Transmissionsgrad τ_c % mm dick
Lichtdurchlässigkeit

Produkt	Polyamid 66		**PA**
Handelsname	**Sniamid SSD 350**		
Hersteller	SNIA		
DIN-Bez 1			
DIN-Bez 2			
Zusätze		*Füllstoffe/ Verstärkung*	35.0% Glasfaser
Bevorzugte Verarbeitung	Spritzgiessen	*Lieferform*	Granulat
		Farben	Natur; Schwarz; Standard; Spezial
Besondere Merkmale	Hohe Steifigkeit; Hohe Haerte; Hohe mechanische Festigkeit	*Bevorzugte Anwendungen*	Technisches Formteil; Gehaeuse fuer Industriebohrmaschinen; Schaufelrad fuer Zentrifugalpumpen

Dichte	g/cm³	1.38	*Schmelzindex*	g/10 min	:	
Schüttdichte	g/cm³		*Volumenfließindex*	cm³/10 min	:	
Viskositätszahl	ml/g					

Verarbeitungsbedingungen für Spritzgießen

Massetemp.	°C	280–320	*Schwindung*	%	lgs 0.3–0.4, quer
Werkzeugtemp.	°C	80–120	*Bemerkungen*		
Spritzdruck	bar				

Zugversuch 23 °C DIN 53455; DIN 53457

Probekörper: *Form* Nr.3 — *Herstellung* Spritzgiessen
Zustand Spritzfrisch — *Vorbehandlung*

Streckspannung	N/mm²		*Dehnung bei Streckspannung*	%	
Zugfestigkeit	N/mm²		*Reißdehnung*	%	2.3
Reißfestigkeit	N/mm²	190	*% Dehnspannung*	N/mm²	
E-Modul	N/mm²	10500	*Dehnung bei % Dehnspg.*	%	

Kriechmoduln und Zeitstandwerte 23 °C

Probekörper: *Form* — *Herstellung*
Zustand — *Vorbehandlung*

Kriechmodul	*1 min*	N/mm²	*Zeitstandzugfestigkeit*	h	N/mm²
Kriechmodul	*1000 h*	N/mm²	*Zeitdehnspg. %*	h	N/mm²
bei Spannung		N/mm²			

Biegeversuch 23 °C DIN 53452; DIN 53457

Probekörper: *Form* 80x10x4 mm — *Herstellung* Spritzgiessen
Zustand Spritzfrisch — *Vorbehandlung*

Biegefestigkeit	N/mm²	280	*E-Modul*	N/mm²	10500
3,5% *Biegespannung*	N/mm²				

Härte 23 °C *Probekörper:* *Zustand* Spritzfrisch — *Herstellung* Spritzgiessen
Vorbehandlung

Kugeldruckhärte	N/mm²	230	bei 358 N, 10 s	*Shore-Härte*	A
Rockwellhärte		R 122	R 120	*Shore-Härte*	D

Schlagversuch *Probekörper:* *(1)* U-Kerbe
(2) V-Kerbe — *Herstellung* Spritzgiessen
Zustand Spritzfrisch — *Vorbehandlung*

		°C		°C		°C		*Probekörper-Form*
Schlagzähigkeit	kJ/m²	23	35	-40	31			NKS
Kerbschlagzähigkeit (1)	kJ/m²	23	5.5	-40	4.5			NKS
IZOD-Kerbschlagzähigkeit (2)	J/m	23	90					80x10x4 mm
Kerbschlagzugzähigkeit	kJ/m²							

Abrieb und Reibung

Taber-Abrieb (Reibradverfahren)	mm^3/100 U		
Abriebfaktor LNP (Thrust washer) Vergleichswert			
Statische Reibungszahl			
Dynamische Reibungszahl	(p · v =	N/mm^2 ·	m/min)
Zulässiger p · v Wert	N/mm^2 · (m/min)	v =	m/min
		v =	m/min

Thermische Eigenschaften

Formbeständigkeit in der Wärme	Verfahren	A			240 °C
	Verfahren	B			255 °C
Vicat Erweichungstemperatur (VST)	Verfahren	B/50			255 °C
	Verfahren				°C
Kristallit-Schmelzpunkt	Verfahren	DTA			256–260 °C
Längenausdehnungskoeffizient	Bereich	°C			$\cdot 10^{-4}K^{-1}$
	Temperatur	23 °C			$0.25 \cdot 10^{-4}K^{-1}$
Wärmeleitfähigkeit	Verfahren	DIN 52612		23 °C	0.25 W/(K · m)
Spezifische Wärmekapazität	Verfahren	ASTM D 696		23 °C	1.4 J/(K · g)
Glasumwandlungstemperatur	Torsionsschwingungsversuch			°C	
	Differentialkalorimetrie			°C	

Brandverhalten

UL-Test vertikal	Dicke 1.6	mm, Wert	HB
	Dicke	mm, Wert	

	Norm	Bewertung	Abmessungen
Sauerstoff-Index	ASTM D 2863		
Glühstab-Verfahren			
Brandverhalten	DIN 4102		
MVSS			
FAR			

Elektrische Eigenschaften

		Hz	°C		Probekörper, Form
Dielektrizitätszahl		50	23	4.1	
		10^3	23	3.9	
		10^6	23	3.7	
Dielektrischer Verlustfaktor tan δ		50	23	0.010	
		10^3	23	0.013	
		10^6	23	0.019	
Spezifischer Durchgangswiderstand	Ohm · cm		23	8.0*10**15	
Durchschlagfestigkeit	kV/mm		23	85	2 mm dick
Oberflächenwiderstand	Ohm		23	3.0*10**13	

Kriechstromfestigkeit	KC >600	KB	KA
Elektrolytische Korrosionswirkung			
Lichtbogenfestigkeit nach DIN			
nach ASTM	s		

Beständigkeit (Chemische Beständigkeit siehe Anhang)

Wasseraufnahme 23 C	1 d	0.7 %	
Feuchtigkeitsaufnahme Normalklima			%
Wetterbeständigkeit			
Spannungskorrosion			

Optische Eigenschaften

Brechungszahl n_D		
Transmissionsgrad τ_c	%	mm dick
Lichtdurchlässigkeit		

Produkt	Polyamid 66		**PA**
Handelsname	**Sniamid SSD 500**		
Hersteller	SNIA		
DIN-Bez 1			
DIN-Bez 2			
Zusätze		*Füllstoffe/ Verstärkung*	50.0% Glasfaser
Bevorzugte Verarbeitung	Spritzgiessen	*Lieferform*	Granulat
		Farben	Natur; Schwarz; Standard begrenzt
Besondere Merkmale	Sehr hohe Steifigkeit; Sehr geringe Schwindung; Niedriger Laengenausdehnungskoeffizient	*Bevorzugte Anwendungen*	Technisches Formteil

Dichte	g/cm³	1.5	*Schmelzindex*	g/10 min	:	
Schüttdichte	g/cm³		*Volumenfließindex*	cm³/10 min	:	
Viskositätszahl	ml/g					

Verarbeitungsbedingungen für Spritzgießen

Massetemp.	°C	285–320	*Schwindung*	%	lgs 0.1–0.3, quer
Werkzeugtemp.	°C	90–130	*Bemerkungen*		
Spritzdruck	bar				

Zugversuch 23 °C DIN 53455; DIN 53457

Probekörper: *Form* Nr.3 — *Herstellung* Spritzgiessen
Zustand Spritzfrisch — *Vorbehandlung*

Streckspannung	N/mm²		*Dehnung bei Streckspannung*	%	
Zugfestigkeit	N/mm²		*Reißdehnung*	%	2
Reißfestigkeit	N/mm²	200	*% Dehnspannung*	N/mm²	
E-Modul	N/mm²	15500	*Dehnung bei % Dehnspg.*	%	

Kriechmoduln und Zeitstandwerte 23 °C

Probekörper: *Form* — *Herstellung*
Zustand — *Vorbehandlung*

Kriechmodul	*1 min*	N/mm²	*Zeitstandzugfestigkeit*	h	N/mm²
Kriechmodul	*1000 h*	N/mm²	*Zeitdehnspg. %*	h	N/mm²
bei Spannung		N/mm²			

Biegeversuch 23 °C DIN 53452; DIN 53457

Probekörper: *Form* 80x10x4 mm — *Herstellung* Spritzgiessen
Zustand Spritzfrisch — *Vorbehandlung*

Biegefestigkeit	N/mm²	300	*E-Modul*	N/mm²	15000
3,5% *Biegespannung*	N/mm²				

Härte 23 °C *Probekörper:* *Zustand* Spritzfrisch — *Herstellung* Spritzgiessen — *Vorbehandlung*

Kugeldruckhärte	N/mm² 250	bei 358 N, 10 s	*Shore-Härte*	A
Rockwellhärte	R 122		*Shore-Härte*	D

Schlagversuch *Probekörper:* *(1)* U-Kerbe
(2) V-Kerbe — *Herstellung* Spritzgiessen
Zustand Spritzfrisch — *Vorbehandlung*

		°C		°C		°C		*Probekörper-Form*
Schlagzähigkeit	kJ/m²	23	40	-40	35			NKS
Kerbschlagzähigkeit (1)	kJ/m²	23	6.5	-40	6			NKS
IZOD-Kerbschlagzähigkeit (2)	J/m	23	95					80x10x4 mm
Kerbschlagzugzähigkeit	kJ/m²							

Abrieb und Reibung

Taber-Abrieb (Reibradverfahren)	$mm^3/100$ U		
Abriebfaktor LNP (Thrust washer) Vergleichswert			
Statische Reibungszahl			
Dynamische Reibungszahl	(p · v=	N/mm^2 ·	m/min)
Zulässiger p · v Wert	N/mm^2 · (m/min)	v=	m/min
		v=	m/min

Thermische Eigenschaften

Formbeständigkeit in der Wärme	Verfahren A			245 °C
	Verfahren B			255 °C
Vicat Erweichungstemperatur (VST)	Verfahren B/50			255 °C
	Verfahren			°C
Kristallit-Schmelzpunkt	Verfahren DTA			256–260 °C
Längenausdehnungskoeffizient	Bereich	°C		$\cdot 10^{-4} K^{-1}$
	Temperatur 23 °C			$0.2 \cdot 10^{-4} K^{-1}$
Wärmeleitfähigkeit	Verfahren DIN 52612		23 °C	0.25 W/(K · m)
Spezifische Wärmekapazität	Verfahren ASTM D 696		23 °C	1.3 J/(K · g)
Glasumwandlungstemperatur	Torsionsschwingungsversuch		°C	
	Differentialkalorimetrie		°C	

Brandverhalten

UL-Test vertikal	Dicke 1.6 mm, Wert HB	
	Dicke mm, Wert	

	Norm	Bewertung	Abmessungen
Sauerstoff-Index	ASTM D 2863		
Glühstab-Verfahren			
Brandverhalten	DIN 4102		
MVSS			
FAR			

Elektrische Eigenschaften

		Hz	°C		Probekörper, Form
Dielektrizitätszahl		50	23	4.1	
		10^3	23	3.9	
		10^6	23	3.7	
Dielektrischer Verlustfaktor tan δ		50	23	0.010	
		10^3	23	0.013	
		10^6	23	0.019	
Spezifischer Durchgangswiderstand	Ohm · cm		23	8.0*10**15	
Durchschlagfestigkeit	kV/mm		23	85	2 mm dick
Oberflächenwiderstand	Ohm		23	3.0*10**13	

Kriechstromfestigkeit KC >600 KB KA
Elektrolytische Korrosionswirkung
Lichtbogenfestigkeit nach DIN
nach ASTM s

Beständigkeit (Chemische Beständigkeit siehe Anhang)

Wasseraufnahme 23 C	1 d	0.6 %	
Feuchtigkeitsaufnahme Normalklima			%
Wetterbeständigkeit			
Spannungskorrosion			

Optische Eigenschaften

Brechungszahl n_D
Transmissionsgrad τ_c % mm dick
Lichtdurchlässigkeit

Produkt	Polyamid 66		**PA**
Handelsname	**Sniamid SSD 400 EP**		
Hersteller	SNIA		
DIN-Bez 1			
DIN-Bez 2			
Zusätze		*Füllstoffe/ Verstärkung*	Mineral
Bevorzugte Verarbeitung	Spritzgiessen	*Lieferform*	Granulat
		Farben	Natur; Schwarz
Besondere Merkmale	Sehr gute mechanische Eigenschaften; Sehr gute thermische Eigenschaften; Gute Schlagfestigkeit	*Bevorzugte Anwendungen*	Technisches Formteil; Kfz-Industrie; Motorgrill; Luftergitter; Leuchtengehaeuse im Elektrobereich

Dichte	g/cm³	1.45	*Schmelzindex*	g/10 min	:
Schüttdichte	g/cm³		*Volumenfließindex*	cm³/10 min	:
Viskositätszahl	ml/g				

Verarbeitungsbedingungen für Spritzgießen

Massetemp.	°C	270–320	*Schwindung*	%	lgs 1.3–1.7, quer 1.3–1.7
Werkzeugtemp.	°C	80–120	*Bemerkungen*		
Spritzdruck	bar				

Zugversuch 23 °C DIN 53455; DIN 53457

Probekörper: *Form* Nr.3 — *Zustand* Spritzfrisch — *Herstellung* Spritzgiessen — *Vorbehandlung*

Streckspannung	N/mm²		*Dehnung bei Streckspannung*	%	
Zugfestigkeit	N/mm²		*Reißdehnung*	%	5
Reißfestigkeit	N/mm²	98	*% Dehnspannung*	N/mm²	
E-Modul	N/mm²	6200	*Dehnung bei % Dehnspg.*	%	

Kriechmoduln und Zeitstandwerte 23 °C

Probekörper: *Form* — *Zustand* — *Herstellung* — *Vorbehandlung*

Kriechmodul	*1 min*	N/mm²	*Zeitstandzugfestigkeit*	h	N/mm²
Kriechmodul	*1000 h*	N/mm²	*Zeitdehnspg. %*	h	N/mm²
bei Spannung		N/mm²			

Biegeversuch 23 °C DIN 53452; DIN 53457

Probekörper: *Form* 80x10x4 mm — *Zustand* Spritzfrisch — *Herstellung* Spritzgiessen — *Vorbehandlung*

Biegefestigkeit	N/mm²	160	*E-Modul*	N/mm²	6600
3,5% Biegespannung	N/mm²				

Härte 23 °C *Probekörper:* *Zustand* Spritzfrisch — *Herstellung* Spritzgiessen — *Vorbehandlung*

Kugeldruckhärte	N/mm²	190	bei 358 N, 10 s	*Shore-Härte*	A
Rockwellhärte		R 120		*Shore-Härte*	D

Schlagversuch *Probekörper:* *(1)* U-Kerbe, *(2)* V-Kerbe — *Zustand* Spritzfrisch — *Herstellung* Spritzgiessen — *Vorbehandlung*

		°C		°C		°C		*Probekörper-Form*
Schlagzähigkeit	kJ/m²	23	27	-40	24			NKS
Kerbschlagzähigkeit (1)	kJ/m²	23	3.5	-40	3			NKS
IZOD-Kerbschlagzähigkeit (2)	J/m	23	37					80x10x4 mm
Kerbschlagzugzähigkeit	kJ/m²							

Abrieb und Reibung

Taber-Abrieb (Reibradverfahren) mm³/100 U
Abriebfaktor LNP (Thrust washer) Vergleichswert
Statische Reibungszahl
Dynamische Reibungszahl (p·v= N/mm²· m/min)
Zulässiger p·v Wert N/mm²·(m/min) v= m/min
v= m/min

Thermische Eigenschaften

Formbeständigkeit in der Wärme	*Verfahren*	A		175 °C
	Verfahren	B		240 °C
Vicat Erweichungstemperatur (VST)	*Verfahren*	B/50		255 °C
	Verfahren			°C
Kristallit-Schmelzpunkt	*Verfahren*	DTA		256–260 °C
Längenausdehnungskoeffizient	*Bereich*	°C		$\cdot 10^{-4}K^{-1}$
	Temperatur	23 °C		$0.3 \cdot 10^{-4}K^{-1}$
Wärmeleitfähigkeit	*Verfahren*	DIN 52612	23 °C	0.25 W/(K·m)
Spezifische Wärmekapazität	*Verfahren*	ASTM D 696	23 °C	1.5 J/(K·g)
Glasumwandlungstemperatur	*Torsionsschwingungsversuch*		°C	
	Differentialkalorimetrie		°C	

Brandverhalten

UL-Test vertikal Dicke 1.6 mm, Wert V-2
Dicke mm, Wert

	Norm	*Bewertung*	*Abmessungen*
Sauerstoff-Index	ASTM D 2863		
Glühstab-Verfahren			
Brandverhalten	DIN 4102		
MVSS			
FAR			

Elektrische Eigenschaften

		Hz	°C		*Probekörper, Form*
Dielektrizitätszahl		50	23	4.1	
		10^3	23	3.9	
		10^6	23	3.7	
Dielektrischer Verlustfaktor tan δ		50	23	0.010	
		10^3	23	0.013	
		10^6	23	0.019	
Spezifischer Durchgangswiderstand	Ohm·cm		23	8.0*10**15	
Durchschlagfestigkeit	kV/mm		23	85	2 mm dick
Oberflächenwiderstand	Ohm		23	3.0*10**13	

Kriechstromfestigkeit KC >600 KB KA
Elektrolytische Korrosionswirkung
Lichtbogenfestigkeit nach DIN
nach ASTM s

Beständigkeit *(Chemische Beständigkeit siehe Anhang)*

Wasseraufnahme 23 C 1 d 0.7 %

Feuchtigkeitsaufnahme Normalklima %
Wetterbeständigkeit

Spannungskorrosion

Optische Eigenschaften

Brechungszahl n_D
Transmissionsgrad τ_c % mm dick
Lichtdurchlässigkeit

Produkt	Polyamid 66		**PA**
Handelsname	**Sniamid SSD 400 EPR**		
Hersteller	SNIA		
DIN-Bez 1			
DIN-Bez 2			
Zusätze		*Füllstoffe/ Verstärkung*	Glasfaser; Mineral
Bevorzugte Verarbeitung	Spritzgiessen	*Lieferform*	Granulat
		Farben	Natur; Schwarz; Spezial auf Anfrage
Besondere Merkmale	Ausgeglichene physikalische und mechanische Eigenschaften; Gute Oberflaeche; Hohe Steifheit; Niedriger Laengenausdehnungkoeffizient; Hohe Waermeformbestaendigkeit	*Bevorzugte Anwendungen*	Technisches Formteil

Dichte	g/cm^3	1.55	*Schmelzindex*	g/10 min	:
Schüttdichte	g/cm^3		*Volumenfließindex*	$cm^3/10$ min	:
Viskositätszahl	ml/g				

Verarbeitungsbedingungen für Spritzgießen

Massetemp.	°C	260–320	*Schwindung*	%	lgs 0.3–0.4, quer
Werkzeugtemp.	°C	70–120	*Bemerkungen*		
Spritzdruck	bar				

Zugversuch 23 °C DIN 53455; DIN 53457

Probekörper: *Form* Nr.3 — *Herstellung* Spritzgiessen
Zustand Spritzfrisch — *Vorbehandlung*

Streckspannung	N/mm^2		*Dehnung bei Streckspannung*	%	
Zugfestigkeit	N/mm^2		*Reißdehnung*	%	2.0
Reißfestigkeit	N/mm^2	140	% *Dehnspannung*	N/mm^2	
E-Modul	N/mm^2	10000	*Dehnung bei* % *Dehnspg.*	%	

Kriechmoduln und Zeitstandwerte 23 °C

Probekörper: *Form* — *Herstellung*
Zustand — *Vorbehandlung*

Kriechmodul	*1 min*	N/mm^2	*Zeitstandzugfestigkeit*	h	N/mm^2
Kriechmodul	*1000 h*	N/mm^2	*Zeitdehnspg.* %	h	N/mm^2
bei Spannung		N/mm^2			

Biegeversuch 23 °C DIN 53452; DIN 53457

Probekörper: *Form* 80x10x4 mm — *Herstellung* Spritzgiessen
Zustand Spritzfrisch — *Vorbehandlung*

Biegefestigkeit	N/mm^2	215	*E-Modul*	N/mm^2	10000
3,5% *Biegespannung*	N/mm^2				

Härte 23 °C *Probekörper:* *Zustand* Spritzfrisch — *Herstellung* Spritzgiessen
Vorbehandlung

Kugeldruckhärte	N/mm^2 276	bei 961 N, 10 s	*Shore-Härte*	A
Rockwellhärte	M 99		*Shore-Härte*	D

Schlagversuch *Probekörper:* *(1)* U-Kerbe
(2) V-Kerbe — *Herstellung* Spritzgiessen
Zustand Spritzfrisch — *Vorbehandlung*

		°C		°C		°C		*Probekörper-Form*
Schlagzähigkeit	kJ/m^2	23	27	-40	24			NKS
Kerbschlagzähigkeit (1)	kJ/m^2	23	3.5	-40	3			NKS
IZOD-Kerbschlagzähigkeit (2)	J/m	23	42					80x10x4 mm
Kerbschlagzugzähigkeit	kJ/m^2							

Abrieb und Reibung

Taber-Abrieb (Reibradverfahren)	mm^3/100 U		
Abriebfaktor LNP (Thrust washer) Vergleichswert			
Statische Reibungszahl			
Dynamische Reibungszahl	(p·v=	N/mm^2·	m/min)
Zulässiger p · v Wert	N/mm^2 · (m/min)	v=	m/min
		v=	m/min

Thermische Eigenschaften

Formbeständigkeit in der Wärme	*Verfahren* A		240 °C	
	Verfahren B		255 °C	
Vicat Erweichungstemperatur (VST)	*Verfahren* B/50		255 °C	
	Verfahren		°C	
Kristallit-Schmelzpunkt	*Verfahren* DTA		256–260 °C	
Längenausdehnungskoeffizient	*Bereich* °C			$\cdot 10^{-4}K^{-1}$
	Temperatur 23 °C			$0.3 \cdot 10^{-4}K^{-1}$
Wärmeleitfähigkeit	*Verfahren* DIN 52612	23 °C		0.25 W/(K · m)
Spezifische Wärmekapazität	*Verfahren* ASTM D 696	23 °C		1.5 J/(K · g)
Glasumwandlungstemperatur	*Torsionsschwingungsversuch*	°C		
	Differentialkalorimetrie	°C		

Brandverhalten

UL-Test vertikal — Dicke 1.6 mm, Wert HB
Dicke mm, Wert

	Norm	*Bewertung*	*Abmessungen*
Sauerstoff-Index	ASTM D 2863		
Glühstab-Verfahren			
Brandverhalten	DIN 4102		
MVSS			
FAR			

Elektrische Eigenschaften

		Hz	°C		*Probekörper, Form*
Dielektrizitätszahl		50	23	4.1	
		10^3	23	3.9	
		10^6	23	3.7	
Dielektrischer Verlustfaktor tan δ		50	23	0.010	
		10^3	23	0.013	
		10^6	23	0.019	
Spezifischer Durchgangs-widerstand	Ohm · cm		23	8.0*10**15	
Durchschlagfestigkeit	kV/mm		23	85	2 mm dick
Oberflächenwiderstand	Ohm		23	3.0*10**13	

Kriechstromfestigkeit KC >600 KB KA
Elektrolytische Korrosionswirkung
Lichtbogenfestigkeit nach DIN
nach ASTM s

Beständigkeit *(Chemische Beständigkeit siehe Anhang)*

Wasseraufnahme 23 C — 1 d — 0.7 %

Feuchtigkeitsaufnahme Normalklima %
Wetterbeständigkeit

Spannungskorrosion

Optische Eigenschaften

Brechungszahl n_D
Transmissionsgrad τ_c % mm dick
Lichtdurchlässigkeit

Produkt	Polyamid 6		**PA**
Handelsname	**Sniamid AES 34 S**		
Hersteller	SNIA		
DIN-Bez 1			
DIN-Bez 2			
Zusätze		*Füllstoffe/ Verstärkung*	
Bevorzugte Verarbeitung	Extrudieren	*Lieferform*	Granulat
		Farben	Natur
Besondere Merkmale	Gute Flexibilitaet	*Bevorzugte Anwendungen*	Monofilament auch grossen Durchmessers; Fischnetz; Reissverschluss; Borste; Kuenstliches Haar fuer Puppen

Dichte	g/cm³	1.14	*Schmelzindex*	g/10 min	:
Schüttdichte	g/cm³		*Volumenfließindex*	cm³/10 min	:
Viskositätszahl	ml/g				

Verarbeitungsbedingungen für Spritzgießen

Massetemp.	°C	*Schwindung*	% lgs , quer
Werkzeugtemp.	°C	*Bemerkungen*	
Spritzdruck	bar		

Zugversuch 23 °C DIN 53455; DIN 53457

Probekörper: *Form* Nr.3 — *Zustand* Spritzfrisch — *Herstellung* Spritzgiessen — *Vorbehandlung*

Streckspannung	N/mm²	80	*Dehnung bei Streckspannung*	%	
Zugfestigkeit	N/mm²		*Reißdehnung*	%	200–250
Reißfestigkeit	N/mm²		*% Dehnspannung*	N/mm²	
E-Modul	N/mm²	2800	*Dehnung bei % Dehnspg.*	%	

Kriechmoduln und Zeitstandwerte 23 °C

Probekörper: *Form* — *Zustand* — *Herstellung* — *Vorbehandlung*

Kriechmodul	*1 min* N/mm²	*Zeitstandzugfestigkeit*	h	N/mm²
Kriechmodul	*1000 h* N/mm²	*Zeitdehnspg. %*	h	N/mm²
bei Spannung	N/mm²			

Biegeversuch 23 °C DIN 53452; DIN 53457

Probekörper: *Form* 80x10x4 mm — *Zustand* Spritzfrisch — *Herstellung* Spritzgiessen — *Vorbehandlung*

Biegefestigkeit	N/mm²	115	*E-Modul*	N/mm²	2750
3,5% Biegespannung	N/mm²				

Härte 23 °C *Probekörper:* *Zustand* Spritzfrisch — *Herstellung* Spritzgiessen — *Vorbehandlung*

Kugeldruckhärte	N/mm² 140	bei 358 N, 10 s	*Shore-Härte* A	
Rockwellhärte	R 120		*Shore-Härte* D	

Schlagversuch *Probekörper:* *(1)* U-Kerbe, *(2)* V-Kerbe, *Zustand* Spritzfrisch — *Herstellung* Spritzgiessen — *Vorbehandlung*

		°C		°C		°C		*Probekörper-Form*
Schlagzähigkeit	kJ/m²	23	o.B.	-40	150			NKS
Kerbschlagzähigkeit (1)	kJ/m²	23	4.5	-40	3.5			NKS
IZOD-Kerbschlagzähigkeit (2)	J/m	23	50					80x10x4 mm
Kerbschlagzugzähigkeit	kJ/m²							

Abrieb und Reibung

Taber-Abrieb (Reibradverfahren)	$mm^3/100$ U		
Abriebfaktor LNP (Thrust washer) Vergleichswert			
Statische Reibungszahl			
Dynamische Reibungszahl	(p · v=	N/mm^2 ·	m/min)
Zulässiger p · v Wert	N/mm^2 · (m/min)	v=	m/min
		v=	m/min

Thermische Eigenschaften

Formbeständigkeit in der Wärme	*Verfahren*	A		75 °C
	Verfahren	B		185 °C
Vicat Erweichungstemperatur (VST)	*Verfahren*	B/50		205–210 °C
	Verfahren			°C
Kristallit-Schmelzpunkt	*Verfahren*	DTA		220–224 °C
Längenausdehnungskoeffizient	*Bereich*	°C		$\cdot 10^{-4}K^{-1}$
	Temperatur	23 °C		$0.7 \cdot 10^{-4}K^{-1}$
Wärmeleitfähigkeit	*Verfahren*	DIN 52612	23 °C	0.25 W/(K · m)
Spezifische Wärmekapazität	*Verfahren*	ASTM D 696	23 °C	1.7 J/(K · g)
Glasumwandlungstemperatur	*Torsionsschwingungsversuch*		°C	
	Differentialkalorimetrie		°C	

Brandverhalten

UL-Test vertikal	Dicke 1.6 mm,	Wert V-2
	Dicke mm,	Wert

	Norm	*Bewertung*	*Abmessungen*
Sauerstoff-Index	ASTM D 2863		
Glühstab-Verfahren			
Brandverhalten	DIN 4102		
MVSS			
FAR			

Elektrische Eigenschaften

		Hz	°C		*Probekörper, Form*
Dielektrizitätszahl		50	23	3.9	
		10^3	23	3.7	
		10^6	23	3.6	
Dielektrischer Verlustfaktor tan δ		50	23	0.013	
		10^3	23	0.019	
		10^6	23	0.021	
Spezifischer Durchgangswiderstand	Ohm · cm		23	5.0*10**15	
Durchschlagfestigkeit	kV/mm		23	90	2 mm dick
Oberflächenwiderstand	Ohm		23	4.0*10**13	

Kriechstromfestigkeit	KC 475	KB	KA
Elektrolytische Korrosionswirkung			
Lichtbogenfestigkeit nach DIN			
nach ASTM s			

Beständigkeit *(Chemische Beständigkeit siehe Anhang)*

Wasseraufnahme 23 C	1 d	1.2 %
Feuchtigkeitsaufnahme Normalklima		%
Wetterbeständigkeit		
Spannungskorrosion		

Optische Eigenschaften

Brechungszahl n_D
Transmissionsgrad τ_c % mm dick
Lichtdurchlässigkeit

Datenbank-Nr.	**T06064**	Merkblatt-Nr. **3414**

Produkt	Polyamid 6		**PA**
Handelsname	**Sniamid AES 34 BX**		
Hersteller	SNIA		
DIN-Bez 1			
DIN-Bez 2			
Zusätze		*Füllstoffe/ Verstärkung*	
Bevorzugte Verarbeitung	Extrudieren	*Lieferform*	Granulat
		Farben	Natur
Besondere Merkmale	Gute Flexibilitaet	*Bevorzugte Anwendungen*	Blasfolie biaxial gereckt

Dichte	g/cm³	1.14	*Schmelzindex*	g/10 min	:
Schüttdichte	g/cm³		*Volumenfließindex*	cm³/10 min	:
Viskositätszahl	ml/g				

Verarbeitungsbedingungen für Spritzgießen

Massetemp.	°C	*Schwindung*	% lgs , quer
Werkzeugtemp.	°C	*Bemerkungen*	
Spritzdruck	bar		

Zugversuch 23 °C DIN 53455; DIN 53457

Probekörper: *Form* Nr.3 — *Herstellung* Spritzgiessen
Zustand Spritzfrisch — *Vorbehandlung*

Streckspannung	N/mm²	80	*Dehnung bei Streckspannung*	%	
Zugfestigkeit	N/mm²		*Reißdehnung*	%	200–250
Reißfestigkeit	N/mm²		*% Dehnspannung*	N/mm²	
E-Modul	N/mm²	2800	*Dehnung bei % Dehnspg.*	%	

Kriechmoduln und Zeitstandwerte 23 °C

Probekörper: *Form* — *Herstellung*
Zustand — *Vorbehandlung*

Kriechmodul	*1 min*	N/mm²	*Zeitstandzugfestigkeit*	h	N/mm²
Kriechmodul	*1000 h*	N/mm²	*Zeitdehnspg.* %	h	N/mm²
bei Spannung		N/mm²			

Biegeversuch 23 °C DIN 53452; DIN 53457

Probekörper: *Form* 80x10x4 mm — *Herstellung* Spritzgiessen
Zustand Spritzfrisch — *Vorbehandlung*

Biegefestigkeit	N/mm²	115	*E-Modul*	N/mm²	2750
3,5% *Biegespannung*	N/mm²				

Härte 23 °C *Probekörper:* *Zustand* Spritzfrisch — *Herstellung* Spritzgiessen
Vorbehandlung

Kugeldruckhärte	N/mm² 140	bei 358 N, 10 s	*Shore-Härte* A	
Rockwellhärte	R 120		*Shore-Härte* D	

Schlagversuch *Probekörper:* *(1)* U-Kerbe
(2) V-Kerbe — *Herstellung* Spritzgiessen
Zustand Spritzfrisch — *Vorbehandlung*

		°C		°C		°C		*Probekörper-Form*
Schlagzähigkeit	kJ/m²	23	o.B.	-40	150			NKS
Kerbschlagzähigkeit (1)	kJ/m²	23	4.5	-40	3.5			NKS
IZOD-Kerbschlagzähigkeit (2)	J/m	23	50					80x10x4 mm
Kerbschlagzugzähigkeit	kJ/m²							

Abrieb und Reibung

Taber-Abrieb (Reibradverfahren)	mm³/100 U		
Abriebfaktor LNP (Thrust washer) Vergleichswert			
Statische Reibungszahl			
Dynamische Reibungszahl	(p · v= N/mm² ·		m/min)
Zulässiger p · v Wert	N/mm² · (m/min)	v=	m/min
		v=	m/min

Thermische Eigenschaften

Formbeständigkeit in der Wärme	*Verfahren* A			75 °C
	Verfahren B			185 °C
Vicat Erweichungstemperatur (VST)	*Verfahren* B/50			205–210 °C
	Verfahren			°C
Kristallit-Schmelzpunkt	*Verfahren* DTA			220–224 °C
Längenausdehnungskoeffizient	*Bereich* °C			$\cdot 10^{-4}K^{-1}$
	Temperatur 23 °C			$0.7 \cdot 10^{-4}K^{-1}$
Wärmeleitfähigkeit	*Verfahren* DIN 52612	23 °C		0.25 W/(K · m)
Spezifische Wärmekapazität	*Verfahren* ASTM D 696	23 °C		1.7 J/(K · g)
Glasumwandlungstemperatur	*Torsionsschwingungsversuch*	°C		
	Differentialkalorimetrie	°C		

Brandverhalten

UL-Test vertikal	Dicke 1.6 mm, Wert V-2
	Dicke mm, Wert

	Norm	*Bewertung*	*Abmessungen*
Sauerstoff-Index	ASTM D 2863		
Glühstab-Verfahren			
Brandverhalten	DIN 4102		
MVSS			
FAR			

Elektrische Eigenschaften

		Hz	°C		*Probekörper, Form*
Dielektrizitätszahl		50	23	3.9	
		10^3	23	3.7	
		10^6	23	3.6	
Dielektrischer Verlustfaktor tan δ		50	23	0.013	
		10^3	23	0.019	
		10^6	23	0.021	
Spezifischer Durchgangswiderstand	Ohm · cm		23	5.0*10**15	
Durchschlagfestigkeit	kV/mm		23	90	2 mm dick
Oberflächenwiderstand	Ohm		23	4.0*10**13	

Kriechstromfestigkeit	KC 475	KB	KA
Elektrolytische Korrosionswirkung			
Lichtbogenfestigkeit nach DIN			
nach ASTM s			

Beständigkeit *(Chemische Beständigkeit siehe Anhang)*

Wasseraufnahme 23 C	1 d	1.2 %
Feuchtigkeitsaufnahme Normalklima		%
Wetterbeständigkeit		
Spannungskorrosion		

Optische Eigenschaften

Brechungszahl n_D		
Transmissionsgrad τ_c	%	mm dick
Lichtdurchlässigkeit		

Produkt	Polyamid 6		**PA**
Handelsname	**Sniamid AES 34 KNF**		
Hersteller	SNIA		
DIN-Bez 1			
DIN-Bez 2			
Zusätze	Lichtstabilisator; Waermestabilisator	*Füllstoffe/ Verstärkung*	
Bevorzugte Verarbeitung	Spritzgiessen; Extrudieren	*Lieferform*	Granulat
		Farben	Natur; Schwarz
Besondere Merkmale	Erhoehte Lichtbestaendigkeit; Erhoehte Waermebestaendigkeit; Gute Flexibilitaet; Gute Schlagfestigkeit	*Bevorzugte Anwendungen*	Technisches Formteil; Kfz-Bau; Kuehlerventilator; Elektrokabelummantelung

Dichte	g/cm³	1.14	*Schmelzindex*	g/10 min		:
Schüttdichte	g/cm³		*Volumenfließindex*	cm³/10 min		:
Viskositätszahl	ml/g					

Verarbeitungsbedingungen für Spritzgießen

Massetemp.	°C	*Schwindung*	%	lgs 1.0–1.4, quer 1.0–1.4
Werkzeugtemp.	°C	*Bemerkungen*		
Spritzdruck	bar			

Zugversuch 23 °C DIN 53455; DIN 53457

Probekörper: *Form* Nr.3; *Zustand* Spritzfrisch; *Herstellung* Spritzgiessen; *Vorbehandlung*

Streckspannung	N/mm²	80	*Dehnung bei Streckspannung*	%	
Zugfestigkeit	N/mm²		*Reißdehnung*	%	200–250
Reißfestigkeit	N/mm²		*% Dehnspannung*	N/mm²	
E-Modul	N/mm²	2800	*Dehnung bei % Dehnspg.*	%	

Kriechmoduln und Zeitstandwerte 23 °C

Probekörper: *Form*; *Zustand*; *Herstellung*; *Vorbehandlung*

Kriechmodul	*1 min*	N/mm²	*Zeitstandzugfestigkeit*	h	N/mm²
Kriechmodul	*1000 h*	N/mm²	*Zeitdehnspg. %*	h	N/mm²
bei Spannung		N/mm²			

Biegeversuch 23 °C DIN 53452; DIN 53457

Probekörper: *Form* 80x10x4 mm; *Zustand* Spritzfrisch; *Herstellung* Spritzgiessen; *Vorbehandlung*

Biegefestigkeit	N/mm²	115	*E-Modul*	N/mm²	2750
3,5% *Biegespannung*	N/mm²				

Härte 23 °C *Probekörper:* *Zustand* Spritzfrisch; *Herstellung* Spritzgiessen; *Vorbehandlung*

Kugeldruckhärte	N/mm² 140	bei 358 N, 10 s	*Shore-Härte* A	
Rockwellhärte	R 120		*Shore-Härte* D	

Schlagversuch *Probekörper:* *(1)* U-Kerbe; *(2)* V-Kerbe; *Zustand* Spritzfrisch; *Herstellung* Spritzgiessen; *Vorbehandlung*

		°C		°C		°C		*Probekörper-Form*
Schlagzähigkeit	kJ/m²	23	o.B.	-40	150			NKS
Kerbschlagzähigkeit (1)	kJ/m²	23	4.5	-40	3.5			NKS
IZOD-Kerbschlagzähigkeit (2)	J/m	23	50					80x10x4 mm
Kerbschlagzugzähigkeit	kJ/m²							

Abrieb und Reibung

Taber-Abrieb (Reibradverfahren)	mm^3/100 U		
Abriebfaktor LNP (Thrust washer) Vergleichswert			
Statische Reibungszahl			
Dynamische Reibungszahl	(p·v= N/mm^2·		m/min)
Zulässiger p · v Wert	N/mm^2 · (m/min)	v=	m/min
		v=	m/min

Thermische Eigenschaften

Formbeständigkeit in der Wärme	*Verfahren* A			75 °C
	Verfahren B			185 °C
Vicat Erweichungstemperatur (VST)	*Verfahren* B/50			205–210 °C
	Verfahren			°C
Kristallit-Schmelzpunkt	*Verfahren* DTA			220–224 °C
Längenausdehnungskoeffizient	*Bereich*	°C		$\cdot 10^{-4}K^{-1}$
	Temperatur 23 °C			$0.7 \cdot 10^{-4}K^{-1}$
Wärmeleitfähigkeit	*Verfahren* DIN 52612		23 °C	0.25 W/(K · m)
Spezifische Wärmekapazität	*Verfahren* ASTM D 696		23 °C	1.7 J/(K · g)
Glasumwandlungstemperatur	*Torsionsschwingungsversuch*		°C	
	Differentialkalorimetrie		°C	

Brandverhalten

UL-Test vertikal	Dicke 1.6 mm, Wert V-2
	Dicke mm, Wert

	Norm	*Bewertung*	*Abmessungen*
Sauerstoff-Index	ASTM D 2863		
Glühstab-Verfahren			
Brandverhalten	DIN 4102		
MVSS			
FAR			

Elektrische Eigenschaften

		Hz	°C		*Probekörper, Form*
Dielektrizitätszahl		50	23	3.9	
		10^3	23	3.7	
		10^6	23	3.6	
Dielektrischer Verlustfaktor tan δ		50	23	0.013	
		10^3	23	0.019	
		10^6	23	0.021	
Spezifischer Durchgangs-widerstand	Ohm · cm		23	5.0*10**15	
Durchschlagfestigkeit	kV/mm		23	90	2 mm dick
Oberflächenwiderstand	Ohm		23	4.0*10**13	

Kriechstromfestigkeit	KC 475	KB	KA
Elektrolytische Korrosionswirkung			
Lichtbogenfestigkeit nach DIN			
nach ASTM s			

Beständigkeit *(Chemische Beständigkeit siehe Anhang)*

Wasseraufnahme 23 C	1 d	1.2 %
Feuchtigkeitsaufnahme Normalklima		%
Wetterbeständigkeit		
Spannungskorrosion		

Optische Eigenschaften

Brechungszahl n_D		
Transmissionsgrad τ_c	%	mm dick
Lichtdurchlässigkeit		

Produkt	Polyamid 6		**PA**
Handelsname	**Sniamid ADS 40 F**		
Hersteller	SNIA		
DIN-Bez 1			
DIN-Bez 2			
Zusätze		*Füllstoffe/ Verstärkung*	
Bevorzugte Verarbeitung	Extrudieren	*Lieferform*	Granulat
		Farben	Natur
Besondere Merkmale	Hohe Flexibilitaet	*Bevorzugte Anwendungen*	Flachfolie

Dichte	g/cm³	1.14	*Schmelzindex*	g/10 min	:
Schüttdichte	g/cm³		*Volumenfließindex*	cm³/10 min	:
Viskositätszahl	ml/g				

Verarbeitungsbedingungen für Spritzgießen

Massetemp.	°C	*Schwindung*	% lgs , quer
Werkzeugtemp.	°C	*Bemerkungen*	
Spritzdruck	bar		

Zugversuch 23 °C DIN 53455; DIN 53457

Probekörper: *Form* Nr.3, *Zustand* Spritzfrisch — *Herstellung* Spritzgiessen, *Vorbehandlung*

Streckspannung	N/mm²	80	*Dehnung bei Streckspannung*	%	
Zugfestigkeit	N/mm²		*Reißdehnung*	%	200–260
Reißfestigkeit	N/mm²		*% Dehnspannung*	N/mm²	
E-Modul	N/mm²	2800	*Dehnung bei % Dehnspg.*	%	

Kriechmoduln und Zeitstandwerte 23 °C

Probekörper: *Form*, *Zustand* — *Herstellung*, *Vorbehandlung*

Kriechmodul	*1 min* N/mm²	*Zeitstandzugfestigkeit*	h	N/mm²
Kriechmodul	*1000 h* N/mm²	*Zeitdehnspg.* %	h	N/mm²
bei Spannung	N/mm²			

Biegeversuch 23 °C DIN 53452; DIN 53457

Probekörper: *Form* 80x10x4 mm, *Zustand* Spritzfrisch — *Herstellung* Spritzgiessen, *Vorbehandlung*

Biegefestigkeit	N/mm²	115	*E-Modul*	N/mm²	2700
3,5% *Biegespannung*	N/mm²				

Härte 23 °C *Probekörper:* *Zustand* Spritzfrisch — *Herstellung* Spritzgiessen, *Vorbehandlung*

Kugeldruckhärte	N/mm² 140	bei 358 N, 10 s	*Shore-Härte* A	
Rockwellhärte	R 120		*Shore-Härte* D	

Schlagversuch *Probekörper:* *(1)* U-Kerbe, *(2)* V-Kerbe, *Zustand* Spritzfrisch — *Herstellung* Spritzgiessen, *Vorbehandlung*

		°C		°C		°C		*Probekörper-Form*
Schlagzähigkeit	kJ/m²	23	o.B.	-40	170			NKS
Kerbschlagzähigkeit (1)	kJ/m²	23	5	-40	4.5			NKS
IZOD-Kerbschlagzähigkeit (2)	J/m	23	60					80x10x4 mm
Kerbschlagzugzähigkeit	kJ/m²							

Abrieb und Reibung

Taber-Abrieb (Reibradverfahren)	mm³/100 U		
Abriebfaktor LNP (Thrust washer) Vergleichswert			
Statische Reibungszahl			
Dynamische Reibungszahl	(p · v=	N/mm² ·	m/min)
Zulässiger p · v Wert	N/mm² · (m/min)	v=	m/min
		v=	m/min

Thermische Eigenschaften

Formbeständigkeit in der Wärme	*Verfahren*	A			75 °C
	Verfahren	B			175 °C
Vicat Erweichungstemperatur (VST)	*Verfahren*	B/50			205–210 °C
	Verfahren				°C
Kristallit-Schmelzpunkt	*Verfahren*	DTA			220–224 °C
Längenausdehnungskoeffizient	*Bereich*	°C			$\cdot 10^{-4}K^{-1}$
	Temperatur	23 °C			$0.7 \cdot 10^{-4}K^{-1}$
Wärmeleitfähigkeit	*Verfahren*	DIN 52612	23 °C		0.25 W/(K · m)
Spezifische Wärmekapazität	*Verfahren*	ASTM D 696	23 °C		1.7 J/(K · g)
Glasumwandlungstemperatur	*Torsionsschwingungsversuch*		°C		
	Differentialkalorimetrie		°C		

Brandverhalten

UL-Test vertikal	Dicke 1.6	mm, Wert V-2
	Dicke	mm, Wert

	Norm	*Bewertung*	*Abmessungen*
Sauerstoff-Index	ASTM D 2863		
Glühstab-Verfahren			
Brandverhalten	DIN 4102		
MVSS			
FAR			

Elektrische Eigenschaften

		Hz	°C		*Probekörper, Form*
Dielektrizitätszahl		50	23	3.9	
		10^3	23	3.7	
		10^6	23	3.6	
Dielektrischer Verlustfaktor tan δ		50	23	0.013	
		10^3	23	0.019	
		10^6	23	0.021	
Spezifischer Durchgangs-widerstand	Ohm · cm		23	5.0*10**15	
Durchschlagfestigkeit	kV/mm		23	90	2 mm dick
Oberflächenwiderstand	Ohm		23	4.0*10**13	

Kriechstromfestigkeit	KC 475	KB	KA
Elektrolytische Korrosionswirkung			
Lichtbogenfestigkeit nach DIN			
nach ASTM s			

Beständigkeit *(Chemische Beständigkeit siehe Anhang)*

Wasseraufnahme 23 C	1 d	1.3 %	
Feuchtigkeitsaufnahme Normalklima			%
Wetterbeständigkeit			
Spannungskorrosion			

Optische Eigenschaften

Brechungszahl n_D		
Transmissionsgrad τ_c	%	mm dick
Lichtdurchlässigkeit		

PA

Produkt	Polyamid 6		
Handelsname	**Sniamid ADS 40 E**		
Hersteller	SNIA		
DIN-Bez 1			
DIN-Bez 2			
Zusätze		*Füllstoffe/ Verstärkung*	
Bevorzugte Verarbeitung	Extrudieren	*Lieferform*	Granulat
		Farben	Natur; Standard
Besondere Merkmale	Hohe Flexibilitaet; Hohe Schlagzaehigkeit	*Bevorzugte Anwendungen*	Halbzeug; Profil; Rundstab; Rohr; Platte

Dichte	g/cm^3	1.14	*Schmelzindex*	g/10 min	:
Schüttdichte	g/cm^3		*Volumenfließindex*	$cm^3/10$ min	:
Viskositätszahl	ml/g				

Verarbeitungsbedingungen für Spritzgießen

Massetemp.	°C	*Schwindung*	% lgs , quer
Werkzeugtemp.	°C	*Bemerkungen*	
Spritzdruck	bar		

Zugversuch 23 °C DIN 53455; DIN 53457

Probekörper: *Form* Nr.3; *Zustand* Spritzfrisch; *Herstellung* Spritzgiessen; *Vorbehandlung*

Streckspannung	N/mm^2	80	*Dehnung bei Streckspannung*	%	
Zugfestigkeit	N/mm^2		*Reißdehnung*	%	200–260
Reißfestigkeit	N/mm^2		*% Dehnspannung*	N/mm^2	
E-Modul	N/mm^2	2800	*Dehnung bei % Dehnspg.*	%	

Kriechmoduln und Zeitstandwerte 23 °C

Probekörper: *Form*; *Zustand*; *Herstellung*; *Vorbehandlung*

Kriechmodul	*1 min*	N/mm^2	*Zeitstandzugfestigkeit*	h	N/mm^2
Kriechmodul	*1000 h*	N/mm^2	*Zeitdehnspg. %*	h	N/mm^2
bei Spannung		N/mm^2			

Biegeversuch 23 °C DIN 53452; DIN 53457

Probekörper: *Form* 80x10x4 mm; *Zustand* Spritzfrisch; *Herstellung* Spritzgiessen; *Vorbehandlung*

Biegefestigkeit	N/mm^2	115	*E-Modul*	N/mm^2	2700
3,5% *Biegespannung*	N/mm^2				

Härte 23 °C *Probekörper:* *Zustand* Spritzfrisch; *Herstellung* Spritzgiessen; *Vorbehandlung*

Kugeldruckhärte	N/mm^2 140	bei 358 N, 10 s	*Shore-Härte* A	
Rockwellhärte	R 120		*Shore-Härte* D	

Schlagversuch *Probekörper:* *(1)* U-Kerbe; *(2)* V-Kerbe; *Zustand* Spritzfrisch; *Herstellung* Spritzgiessen; *Vorbehandlung*

		°C		°C		°C		*Probekörper-Form*
Schlagzähigkeit	kJ/m^2	23	o.B.	-40	170			NKS
Kerbschlagzähigkeit (1)	kJ/m^2	23	5	-40	4.5			NKS
IZOD-Kerbschlagzähigkeit (2)	J/m	23	60					80x10x4 mm
Kerbschlagzugzähigkeit	kJ/m^2							

Abrieb und Reibung

Taber-Abrieb (Reibradverfahren)	$mm^3/100$ U		
Abriebfaktor LNP (Thrust washer) Vergleichswert			
Statische Reibungszahl			
Dynamische Reibungszahl	(p · v = N/mm² ·		m/min)
Zulässiger p · v Wert	N/mm² · (m/min)	v =	m/min
		v =	m/min

Thermische Eigenschaften

Formbeständigkeit in der Wärme	*Verfahren* A		75 °C	
	Verfahren B		175 °C	
Vicat Erweichungstemperatur (VST)	*Verfahren* B/50		205–210 °C	
	Verfahren		°C	
Kristallit-Schmelzpunkt	*Verfahren* DTA		220–224 °C	
Längenausdehnungskoeffizient	*Bereich* °C			$\cdot 10^{-4} K^{-1}$
	Temperatur 23 °C			$0.7 \cdot 10^{-4} K^{-1}$
Wärmeleitfähigkeit	*Verfahren* DIN 52612	23 °C		0.25 W/(K · m)
Spezifische Wärmekapazität	*Verfahren* ASTM D 696	23 °C		1.7 J/(K · g)
Glasumwandlungstemperatur	*Torsionsschwingungsversuch*	°C		
	Differentialkalorimetrie	°C		

Brandverhalten

UL-Test vertikal	Dicke 1.6 mm, Wert V-2	
	Dicke mm, Wert	

	Norm	*Bewertung*	*Abmessungen*
Sauerstoff-Index	ASTM D 2863		
Glühstab-Verfahren			
Brandverhalten	DIN 4102		
MVSS			
FAR			

Elektrische Eigenschaften

		Hz	°C		*Probekörper, Form*
Dielektrizitätszahl		50	23	3.9	
		10^3	23	3.7	
		10^6	23	3.6	
Dielektrischer Verlustfaktor tan δ		50	23	0.013	
		10^3	23	0.019	
		10^6	23	0.021	
Spezifischer Durchgangswiderstand	Ohm · cm		23	5.0*10**15	
Durchschlagfestigkeit	kV/mm		23	90	2 mm dick
Oberflächenwiderstand	Ohm		23	4.0*10**13	

Kriechstromfestigkeit	KC 475	KB	KA
Elektrolytische Korrosionswirkung			
Lichtbogenfestigkeit nach DIN			
nach ASTM s			

Beständigkeit *(Chemische Beständigkeit siehe Anhang)*

Wasseraufnahme 23 C	1 d	1.3 %	
Feuchtigkeitsaufnahme Normalklima			%
Wetterbeständigkeit			
Spannungskorrosion			

Optische Eigenschaften

Brechungszahl n_D		
Transmissionsgrad τ_c	%	mm dick
Lichtdurchlässigkeit		

PA

Produkt	Polyamid 6		
Handelsname	**Sniamid ASN 27/185 KNF**		
Hersteller	SNIA		
DIN-Bez 1			
DIN-Bez 2			
Zusätze	Lichtstabilisator; Waermestabilisator	*Füllstoffe/ Verstärkung*	18.5% Glasfaser
Bevorzugte Verarbeitung	Spritzgiessen	*Lieferform*	Granulat
		Farben	Natur; Schwarz
Besondere Merkmale	Erhoehte Lichtbestaendigkeit; Erhoehte Waermebestaendigkeit; Gute mechanische Eigenschaften	*Bevorzugte Anwendungen*	Technisches Formteil; Rohrfittings fuer Warmwasserleitungen; Gehaeuse fuer kleine Elektrohaushaltsgeraete; Spulenkern

Dichte	g/cm^3	1.24	*Schmelzindex*	g/10 min	:
Schüttdichte	g/cm^3		*Volumenfließindex*	$cm^3/10$ min	:
Viskositätszahl	ml/g				

Verarbeitungsbedingungen für Spritzgießen

Massetemp.	°C	245–280	*Schwindung*	%	lgs 0.4–0.5, quer
Werkzeugtemp.	°C	60–90	*Bemerkungen*		
Spritzdruck	bar				

Zugversuch 23 °C DIN 53455; DIN 53457

Probekörper: *Form* Nr.3 — *Herstellung* Spritzgiessen
Zustand Spritzfrisch — *Vorbehandlung*

Streckspannung	N/mm^2		*Dehnung bei Streckspannung*	%	
Zugfestigkeit	N/mm^2		*Reißdehnung*	%	4
Reißfestigkeit	N/mm^2	130	*% Dehnspannung*	N/mm^2	
E-Modul	N/mm^2	6100	*Dehnung bei % Dehnspg.*	%	

Kriechmoduln und Zeitstandwerte 23 °C

Probekörper: *Form* — *Herstellung*
Zustand — *Vorbehandlung*

Kriechmodul	*1 min*	N/mm^2	*Zeitstandzugfestigkeit*	h	N/mm^2
Kriechmodul	*1000 h*	N/mm^2	*Zeitdehnspg. %*	h	N/mm^2
bei Spannung		N/mm^2			

Biegeversuch 23 °C DIN 53452; DIN 53457

Probekörper: *Form* 80x10x4 mm — *Herstellung* Spritzgiessen
Zustand Spritzfrisch — *Vorbehandlung*

Biegefestigkeit	N/mm^2	200	*E-Modul*	N/mm^2	6300
3,5% *Biegespannung*	N/mm^2				

Härte 23 °C *Probekörper:* *Zustand* Spritzfrisch — *Herstellung* Spritzgiessen
Vorbehandlung

Kugeldruckhärte	N/mm^2 190	bei 358 N, 10 s	*Shore-Härte* A	
Rockwellhärte	R 122		*Shore-Härte* D	

Schlagversuch *Probekörper:* *(1)* U-Kerbe
(2) V-Kerbe — *Herstellung* Spritzgiessen
Zustand Spritzfrisch — *Vorbehandlung*

		°C		°C		°C		*Probekörper-Form*
Schlagzähigkeit	kJ/m^2	23	32	-40	22			NKS
Kerbschlagzähigkeit (1)	kJ/m^2	23	5	-40	3.5			NKS
IZOD-Kerbschlagzähigkeit (2)	J/m	23	60					80x10x4 mm
Kerbschlagzugzähigkeit	kJ/m^2							

Abrieb und Reibung

Taber-Abrieb (Reibradverfahren)	mm^3/100 U		
Abriebfaktor LNP (Thrust washer) Vergleichswert			
Statische Reibungszahl			
Dynamische Reibungszahl	(p·v= N/mm^2·		m/min)
Zulässiger p · v Wert	N/mm^2·(m/min)	v=	m/min
		v=	m/min

Thermische Eigenschaften

Formbeständigkeit in der Wärme	*Verfahren* A			180 °C
	Verfahren B			210 °C
Vicat Erweichungstemperatur (VST)	*Verfahren* B/50			210 °C
	Verfahren			°C
Kristallit-Schmelzpunkt	*Verfahren* DTA			220–224 °C
Längenausdehnungskoeffizient	*Bereich*	°C		$\cdot 10^{-4}K^{-1}$
	Temperatur 23 °C			$0.4 \cdot 10^{-4}K^{-1}$
Wärmeleitfähigkeit	*Verfahren* DIN 52612		23 °C	0.25 W/(K · m)
Spezifische Wärmekapazität	*Verfahren* ASTM D 696		23 °C	1.6 J/(K · g)
Glasumwandlungstemperatur	*Torsionsschwingungsversuch*		°C	
	Differentialkalorimetrie		°C	

Brandverhalten

UL-Test vertikal	Dicke 1.6 mm, Wert HB	
	Dicke mm, Wert	

	Norm	*Bewertung*	*Abmessungen*
Sauerstoff-Index	ASTM D 2863		
Glühstab-Verfahren			
Brandverhalten	DIN 4102		
MVSS			
FAR			

Elektrische Eigenschaften

		Hz	°C		*Probekörper, Form*
Dielektrizitätszahl		50	23	4.2	
		10^3	23	4	
		10^6	23	3.8	
Dielektrischer Verlustfaktor tan δ		50	23	0.012	
		10^3	23	0.015	
		10^6	23	0.020	
Spezifischer Durchgangswiderstand	Ohm · cm		23	7.0*10**15	
Durchschlagfestigkeit	kV/mm		23	70	2 mm dick
Oberflächenwiderstand	Ohm		23	3.0*10**13	

Kriechstromfestigkeit	KC 550	KB	KA
Elektrolytische Korrosionswirkung			
Lichtbogenfestigkeit nach DIN			
nach ASTM s			

Beständigkeit *(Chemische Beständigkeit siehe Anhang)*

Wasseraufnahme 23 C	1 d	1–1.1 %	
Feuchtigkeitsaufnahme Normalklima			%
Wetterbeständigkeit			
Spannungskorrosion			

Optische Eigenschaften

Brechungszahl n_D		
Transmissionsgrad τ_c	%	mm dick
Lichtdurchlässigkeit		

Produkt	Polyamid 6		**PA**
Handelsname	**Snlamid ASN 27/250 KNF**		
Hersteller	SNIA		
DIN-Bez 1			
DIN-Bez 2			
Zusätze	Lichtstabilisator; Waermestabilisator	*Füllstoffe/ Verstärkung*	25.0% Glasfaser
Bevorzugte Verarbeitung	Spritzgiessen	*Lieferform*	Granulat
		Farben	Natur; Schwarz
Besondere Merkmale	Erhoehte Lichtbestaendigkeit; Erhoehte Waermebestaendigkeit; Gute Schlagfestigkeit; Gute Dimensionsstabilitaet	*Bevorzugte Anwendungen*	Technisches Formteil

Dichte	g/cm³	1.31	*Schmelzindex*	g/10 min		:
Schüttdichte	g/cm³		*Volumenfließindex*	cm³/10 min		:
Viskositätszahl	ml/g					

Verarbeitungsbedingungen für Spritzgießen

Massetemp.	°C	250–280	*Schwindung*	%	lgs 0.3–0.4, quer
Werkzeugtemp.	°C	80–100	*Bemerkungen*		
Spritzdruck	bar				

Zugversuch 23 °C DIN 53455; DIN 53457

Probekörper: *Form* Nr.3 — *Zustand* Spritzfrisch — *Herstellung* Spritzgiessen — *Vorbehandlung*

Streckspannung	N/mm²		*Dehnung bei Streckspannung*	%	
Zugfestigkeit	N/mm²		*Reißdehnung*	%	3.5
Reißfestigkeit	N/mm²	160	*% Dehnspannung*	N/mm²	
E-Modul	N/mm²	8000	*Dehnung bei % Dehnspg.*	%	

Kriechmoduln und Zeitstandwerte 23 °C

Probekörper: *Form* — *Zustand* — *Herstellung* — *Vorbehandlung*

Kriechmodul	*1 min*	N/mm²	*Zeitstandzugfestigkeit*	h	N/mm²
Kriechmodul	*1000 h*	N/mm²	*Zeitdehnspg. %*	h	N/mm²
bei Spannung		N/mm²			

Biegeversuch 23 °C DIN 53452; DIN 53457

Probekörper: *Form* 80x10x4 mm — *Zustand* Spritzfrisch — *Herstellung* Spritzgiessen — *Vorbehandlung*

Biegefestigkeit	N/mm²	230	*E-Modul*	N/mm²	8000
3,5% *Biegespannung*	N/mm²				

Härte 23 °C *Probekörper:* *Zustand* Spritzfrisch — *Herstellung* Spritzgiessen — *Vorbehandlung*

Kugeldruckhärte	N/mm²	210	bei 358 N, 10 s	*Shore-Härte*	A
Rockwellhärte		R 122		*Shore-Härte*	D

Schlagversuch *Probekörper:* *(1)* U-Kerbe, *(2)* V-Kerbe — *Zustand* Spritzfrisch — *Herstellung* Spritzgiessen — *Vorbehandlung*

		°C		°C		°C		*Probekörper-Form*
Schlagzähigkeit	kJ/m²	23	38	-40	28			NKS
Kerbschlagzähigkeit (1)	kJ/m²	23	6	-40	5			NKS
IZOD-Kerbschlagzähigkeit (2)	J/m	23	80					80x10x4 mm
Kerbschlagzugzähigkeit	kJ/m²							

Abrieb und Reibung

Taber-Abrieb (Reibradverfahren)	mm^3/100 U		
Abriebfaktor LNP (Thrust washer) Vergleichswert			
Statische Reibungszahl			
Dynamische Reibungszahl	(p·v=	N/mm^2·	m/min)
Zulässiger p · v Wert	N/mm^2 · (m/min)	v=	m/min
		v=	m/min

Thermische Eigenschaften

Formbeständigkeit in der Wärme	*Verfahren* A			200 °C
	Verfahren B			215 °C
Vicat Erweichungstemperatur (VST)	*Verfahren* B/50			210 °C
	Verfahren			°C
Kristallit-Schmelzpunkt	*Verfahren* DTA			220–224 °C
Längenausdehnungskoeffizient	*Bereich*	°C		$\cdot 10^{-4}K^{-1}$
	Temperatur 23 °C			$0.35 \cdot 10^{-4}K^{-1}$
Wärmeleitfähigkeit	*Verfahren* DIN 52612		23 °C	0.25 W/(K · m)
Spezifische Wärmekapazität	*Verfahren* ASTM D 696		23 °C	1.5 J/(K · g)
Glasumwandlungstemperatur	*Torsionsschwingungsversuch*		°C	
	Differentialkalorimetrie		°C	

Brandverhalten

UL-Test vertikal Dicke 1.6 mm, Wert HB
Dicke mm, Wert

	Norm	*Bewertung*	*Abmessungen*
Sauerstoff-Index	ASTM D 2863		
Glühstab-Verfahren			
Brandverhalten	DIN 4102		
MVSS			
FAR			

Elektrische Eigenschaften

		Hz	°C		*Probekörper, Form*
Dielektrizitätszahl		50	23	4.2	
		10^3	23	4	
		10^6	23	3.8	
Dielektrischer Verlustfaktor tan δ		50	23	0.012	
		10^3	23	0.015	
		10^6	23	0.020	
Spezifischer Durchgangs-widerstand	Ohm · cm		23	7.0*10**15	
Durchschlagfestigkeit	kV/mm		23	70	2 mm dick
Oberflächenwiderstand	Ohm		23	3.0*10**13	

Kriechstromfestigkeit KC 550 KB KA
Elektrolytische Korrosionswirkung
Lichtbogenfestigkeit nach DIN
nach ASTM s

Beständigkeit *(Chemische Beständigkeit siehe Anhang)*

Wasseraufnahme 23 C	1 d	0.9–1.0 %
Feuchtigkeitsaufnahme Normalklima		%
Wetterbeständigkeit		
Spannungskorrosion		

Optische Eigenschaften

Brechungszahl n_D
Transmissionsgrad τ_c % mm dick
Lichtdurchlässigkeit

Produkt	Polyamid 6		**PA**
Handelsname	**Sniamid ASN 27/300 KNF**		
Hersteller	SNIA		
DIN-Bez 1			
DIN-Bez 2			
Zusätze	Lichtstabilisator; Waermestabilisator	*Füllstoffe/ Verstärkung*	30.0% Glasfaser
Bevorzugte Verarbeitung	Spritzgiessen	*Lieferform*	Granulat
		Farben	Natur; Schwarz
Besondere Merkmale	Erhoehte Lichtbestaendigkeit; Erhoehte Waermebestaendigkeit; Gute Schlagfestigkeit; Gute Dimensionsstabilitaet; Geringe Schwindung; Niedrige Wasseraufnahme	*Bevorzugte Anwendungen*	Technisches Formteil; Maschinenindustrie; Elektroindustrie; Haushaltsgeraet; Fitting

Dichte	g/cm³	1.35	*Schmelzindex*	g/10 min		:
Schüttdichte	g/cm³		*Volumenfließindex*	cm³/10 min		:
Viskositätszahl	ml/g					

Verarbeitungsbedingungen für Spritzgießen

Massetemp.	°C	270–290	*Schwindung*	%	lgs 0.3–0.4, quer
Werkzeugtemp.	°C	80–120	*Bemerkungen*		
Spritzdruck	bar				

Zugversuch 23 °C DIN 53455; DIN 53457

Probekörper: *Form* Nr.3 — *Herstellung* Spritzgiessen
Zustand Spritzfrisch — *Vorbehandlung*

Streckspannung	N/mm²		*Dehnung bei Streckspannung*	%	
Zugfestigkeit	N/mm²		*Reißdehnung*	%	3
Reißfestigkeit	N/mm²	170	*% Dehnspannung*	N/mm²	
E-Modul	N/mm²	9600	*Dehnung bei % Dehnspg.*	%	

Kriechmoduln und Zeitstandwerte 23 °C

Probekörper: *Form* — *Herstellung*
Zustand — *Vorbehandlung*

Kriechmodul	*1 min*	N/mm²	*Zeitstandzugfestigkeit*	h	N/mm²
Kriechmodul	*1000 h*	N/mm²	*Zeitdehnspg. %*	h	N/mm²
bei Spannung		N/mm²			

Biegeversuch 23 °C DIN 53452; DIN 53457

Probekörper: *Form* 80x10x4 mm — *Herstellung* Spritzgiessen
Zustand Spritzfrisch — *Vorbehandlung*

Biegefestigkeit	N/mm²	240	*E-Modul*	N/mm²	9000
3,5% *Biegespannung*	N/mm²				

Härte 23 °C *Probekörper:* *Zustand* Spritzfrisch — *Herstellung* Spritzgiessen
Vorbehandlung

Kugeldruckhärte	N/mm² 220	bei 358 N, 10 s	*Shore-Härte*	A
Rockwellhärte	R 122		*Shore-Härte*	D

Schlagversuch *Probekörper:* *(1)* U-Kerbe
(2) V-Kerbe — *Herstellung* Spritzgiessen
Zustand Spritzfrisch — *Vorbehandlung*

		°C		°C		°C		*Probekörper-Form*
Schlagzähigkeit	kJ/m²	23	42	-40	32			NKS
Kerbschlagzähigkeit (1)	kJ/m²	23	9	-40	7			NKS
IZOD-Kerbschlagzähigkeit (2)	J/m	23	90					80x10x4 mm
Kerbschlagzugzähigkeit	kJ/m²							

Abrieb und Reibung

Taber-Abrieb (Reibradverfahren)	mm³/100 U
Abriebfaktor LNP (Thrust washer) Vergleichswert	
Statische Reibungszahl	
Dynamische Reibungszahl	(p·v= N/mm²· m/min)
Zulässiger p · v Wert	N/mm² · (m/min) v= m/min
	v= m/min

Thermische Eigenschaften

Formbeständigkeit in der Wärme	*Verfahren*	A		205 °C
	Verfahren	B		217 °C
Vicat Erweichungstemperatur (VST)	*Verfahren*	B/50		210 °C
	Verfahren			°C
Kristallit-Schmelzpunkt	*Verfahren*	DTA		220–224 °C
Längenausdehnungskoeffizient	*Bereich*	°C		$\cdot 10^{-4} K^{-1}$
	Temperatur	23 °C		$0.32 \cdot 10^{-4} K^{-1}$
Wärmeleitfähigkeit	*Verfahren*	DIN 52612	23 °C	0.25 W/(K · m)
Spezifische Wärmekapazität	*Verfahren*	ASTM D 696	23 °C	1.5 J/(K · g)
Glasumwandlungstemperatur	*Torsionsschwingungsversuch*		°C	
	Differentialkalorimetrie		°C	

Brandverhalten

UL-Test vertikal	Dicke 1.6 mm, Wert HB
	Dicke mm, Wert

	Norm	*Bewertung*	*Abmessungen*
Sauerstoff-Index	ASTM D 2863		
Glühstab-Verfahren			
Brandverhalten	DIN 4102		
MVSS			
FAR			

Elektrische Eigenschaften

		Hz	°C		*Probekörper, Form*
Dielektrizitätszahl		50	23	4.2	
		10^3	23	4	
		10^6	23	3.8	
Dielektrischer Verlustfaktor tan δ		50	23	0.012	
		10^3	23	0.015	
		10^6	23	0.020	
Spezifischer Durchgangswiderstand	Ohm · cm		23	7.0*10**15	
Durchschlagfestigkeit	kV/mm		23	70	2 mm dick
Oberflächenwiderstand	Ohm		23	3.0*10**13	

Kriechstromfestigkeit	KC 550	KB	KA
Elektrolytische Korrosionswirkung			
Lichtbogenfestigkeit nach DIN			
nach ASTM s			

Beständigkeit *(Chemische Beständigkeit siehe Anhang)*

Wasseraufnahme 23 C	1 d	0.85–0.95 %
Feuchtigkeitsaufnahme Normalklima		%
Wetterbeständigkeit		
Spannungskorrosion		

Optische Eigenschaften

Brechungszahl n_D
Transmissionsgrad τ_c % mm dick
Lichtdurchlässigkeit

Datenbank-Nr. **T06071** Merkblatt-Nr. **3421**

Produkt	Polyamid 6		**PA**
Handelsname	**Sniamid ASN 27/350 KNF**		
Hersteller	SNIA		
DIN-Bez 1			
DIN-Bez 2			
Zusätze	Lichtstabilisator; Waermestabilisator	*Füllstoffe/ Verstärkung*	35.0% Glasfaser
Bevorzugte Verarbeitung	Spritzgiessen	*Lieferform*	Granulat
		Farben	Natur; Schwarz
Besondere Merkmale	Erhoehte Lichtbestaendigkeit; Erhoehte Waermebestaendigkeit; Beste Kombination von mechanischen und thermischen Eigenschaften	*Bevorzugte Anwendungen*	Technisches Formteil

Dichte	g/cm³	1.38	*Schmelzindex*	g/10 min	:
Schüttdichte	g/cm³		*Volumenfließindex*	cm³/10 min	:
Viskositätszahl	ml/g				

Verarbeitungsbedingungen für Spritzgießen

Massetemp.	°C	250–290	*Schwindung*	%	lgs 0.2–0.3, quer
Werkzeugtemp.	°C	80–120	*Bemerkungen*		
Spritzdruck	bar				

Zugversuch 23 °C DIN 53455; DIN 53457

Probekörper: *Form* Nr.3 — *Herstellung* Spritzgiessen
Zustand Spritzfrisch — *Vorbehandlung*

Streckspannung	N/mm²		*Dehnung bei Streckspannung*	%	
Zugfestigkeit	N/mm²		*Reißdehnung*	%	2.5
Reißfestigkeit	N/mm²	180	*% Dehnspannung*	N/mm²	
E-Modul	N/mm²	11000	*Dehnung bei % Dehnspg.*	%	

Kriechmoduln und Zeitstandwerte 23 °C

Probekörper: *Form* — *Herstellung*
Zustand — *Vorbehandlung*

Kriechmodul	*1 min*	N/mm²	*Zeitstandzugfestigkeit*	h	N/mm²
Kriechmodul	*1000 h*	N/mm²	*Zeitdehnspg. %*	h	N/mm²
bei Spannung		N/mm²			

Biegeversuch 23 °C DIN 53452; DIN 53457

Probekörper: *Form* 80x10x4 mm — *Herstellung* Spritzgiessen
Zustand Spritzfrisch — *Vorbehandlung*

Biegefestigkeit	N/mm²	250	*E-Modul*	N/mm²	10000
3,5% *Biegespannung*	N/mm²				

Härte 23 °C *Probekörper:* *Zustand* Spritzfrisch — *Herstellung* Spritzgiessen
Vorbehandlung

Kugeldruckhärte	N/mm² 230	bei 358 N, 10 s	*Shore-Härte*	A
Rockwellhärte	R 122		*Shore-Härte*	D

Schlagversuch *Probekörper:* *(1)* U-Kerbe
(2) V-Kerbe — *Herstellung* Spritzgiessen
Zustand Spritzfrisch — *Vorbehandlung*

		°C		°C		°C		*Probekörper-Form*
Schlagzähigkeit	kJ/m²	23	47	-40	37			NKS
Kerbschlagzähigkeit (1)	kJ/m²	23	11	-40	9			NKS
IZOD-Kerbschlagzähigkeit (2)	J/m	23	100					80x10x4 mm
Kerbschlagzugzähigkeit	kJ/m²							

Abrieb und Reibung

Taber-Abrieb (Reibradverfahren)	mm^3/100 U		
Abriebfaktor LNP (Thrust washer) Vergleichswert			
Statische Reibungszahl			
Dynamische Reibungszahl	(p·v=	N/mm^2·	m/min)
Zulässiger p · v Wert	N/mm^2 · (m/min)	v=	m/min
		v=	m/min

Thermische Eigenschaften

Formbeständigkeit in der Wärme	*Verfahren* A			210 °C
	Verfahren B			220 °C
Vicat Erweichungstemperatur (VST)	*Verfahren* B/50			210 °C
	Verfahren			°C
Kristallit-Schmelzpunkt	*Verfahren* DTA			220–224 °C
Längenausdehnungskoeffizient	*Bereich*	°C		$\cdot 10^{-4}K^{-1}$
	Temperatur 23 °C			$0.28 \cdot 10^{-4}K^{-1}$
Wärmeleitfähigkeit	*Verfahren* DIN 52612		23 °C	0.25 W/(K · m)
Spezifische Wärmekapazität	*Verfahren* ASTM D 696		23 °C	1.4 J/(K · g)
Glasumwandlungstemperatur	*Torsionsschwingungsversuch*		°C	
	Differentialkalorimetrie		°C	

Brandverhalten

UL-Test vertikal Dicke 1.6 mm, Wert HB
Dicke mm, Wert

	Norm	*Bewertung*	*Abmessungen*
Sauerstoff-Index	ASTM D 2863		
Glühstab-Verfahren			
Brandverhalten	DIN 4102		
MVSS			
FAR			

Elektrische Eigenschaften

		Hz	°C		*Probekörper, Form*
Dielektrizitätszahl		50	23	4.2	
		10^3	23	4	
		10^6	23	3.8	
Dielektrischer Verlustfaktor tan δ		50	23	0.012	
		10^3	23	0.015	
		10^6	23	0.020	
Spezifischer Durchgangs- widerstand	Ohm · cm		23	7.0*10**15	
Durchschlagfestigkeit	kV/mm		23	70	2 mm dick
Oberflächenwiderstand	Ohm		23	3.0*10**13	

Kriechstromfestigkeit KC 550 KB KA
Elektrolytische Korrosionswirkung
Lichtbogenfestigkeit nach DIN
nach ASTM s

Beständigkeit *(Chemische Beständigkeit siehe Anhang)*

Wasseraufnahme 23 C 1 d 0.8–0.9 %

Feuchtigkeitsaufnahme Normalklima %
Wetterbeständigkeit

Spannungskorrosion

Optische Eigenschaften

Brechungszahl n_D
Transmissionsgrad τ_c % mm dick
Lichtdurchlässigkeit

Datenbank-Nr.	**T06082**	*Merkblatt-Nr.*	**3422**

Produkt	Polystyrol		**PS**
Handelsname	**BP Polystyrol HF555**		
Hersteller	BP		
DIN-Bez 1	PS,MGS,075-20		
DIN-Bez 2			
Zusätze		*Füllstoffe/ Verstärkung*	
Bevorzugte Verarbeitung	Spritzgiessen; Extrudieren	*Lieferform*	Granulat mit und ohne Schmierung
		Farben	Natur; Standard
Besondere Merkmale	Glasklar; Sehr gute Fliessfaehigkeit	*Bevorzugte Anwendungen*	Duennwandiges Formteil mit sehr langem Fliessweg

Dichte	g/cm³	1.05	*Schmelzindex*	g/10 min	20:	200/5.0
Schüttdichte	g/cm³		*Volumenfließindex*	cm³/10 min	:	
Viskositätszahl	ml/g					

Verarbeitungsbedingungen für Spritzgießen

Massetemp.	°C	*Schwindung*	% lgs , quer
Werkzeugtemp.	°C	*Bemerkungen*	
Spritzdruck	bar		

Zugversuch 23 °C ISO 527;

Probekörper:	*Form*	*Herstellung*	Spritzgiessen
	Zustand	*Vorbehandlung*	Normalklima

Streckspannung	N/mm²		*Dehnung bei Streckspannung*	%	
Zugfestigkeit	N/mm²		*Reißdehnung*	%	1.4
Reißfestigkeit	N/mm²	34	*% Dehnspannung*	N/mm²	
E-Modul	N/mm²	3100	*Dehnung bei % Dehnspg.*	%	

Kriechmoduln und Zeitstandwerte 23 °C

Probekörper:	*Form*	*Herstellung*	
	Zustand	*Vorbehandlung*	

Kriechmodul	*1 min*	N/mm²	*Zeitstandzugfestigkeit*	h	N/mm²
Kriechmodul	*1000 h*	N/mm²	*Zeitdehnspg.* %	h	N/mm²
bei Spannung		N/mm²			

Biegeversuch 23 °C ISO 178;

Probekörper:	*Form*	80x10x4 mm	*Herstellung*	Spritzgiessen
	Zustand		*Vorbehandlung*	Normalklima

Biegefestigkeit	N/mm²	68	*E-Modul*	N/mm²
3,5% *Biegespannung*	N/mm²			

Härte 23 °C

Probekörper:	*Zustand*	*Herstellung*	
		Vorbehandlung	

Kugeldruckhärte	N/mm² bei N, s	*Shore-Härte* A	
Rockwellhärte		*Shore-Härte* D	

Schlagversuch

Probekörper:	*(1)*		
	(2)	*Herstellung*	Spritzgiessen
	Zustand	*Vorbehandlung*	Normalklima

		°C	°C	°C	*Probekörper-Form*
Schlagzähigkeit	kJ/m²				
Kerbschlagzähigkeit (1)	kJ/m²				
IZOD-Kerbschlagzähigkeit (2)	J/m	23 13			63.5 x 12.7 x 12.7mm
Kerbschlagzugzähigkeit	kJ/m²				

Abrieb und Reibung

Taber-Abrieb (Reibradverfahren)	$mm^3/100$ U	
Abriebfaktor LNP (Thrust washer) Vergleichswert		
Statische Reibungszahl		
Dynamische Reibungszahl	(p·v= N/mm^2·	m/min)
Zulässiger p·v Wert	N/mm^2·(m/min) v=	m/min
	v=	m/min

Thermische Eigenschaften

Formbeständigkeit in der Wärme	*Verfahren* A		72 °C
	Verfahren		°C
Vicat Erweichungstemperatur (VST)	*Verfahren* B/50		80 °C
	Verfahren		°C
Kristallit-Schmelzpunkt	*Verfahren*		
Längenausdehnungskoeffizient	*Bereich*	°C	$\cdot 10^{-4}K^{-1}$
	Temperatur		$\cdot 10^{-4}K^{-1}$
Wärmeleitfähigkeit	*Verfahren*		W/(K·m)
Spezifische Wärmekapazität	*Verfahren*		J/(K·g)
Glasumwandlungstemperatur	*Torsionsschwingungsversuch*	°C	
	Differentialkalorimetrie	°C	

Brandverhalten

UL-Test vertikal	Dicke mm, Wert	
	Dicke mm, Wert	

	Norm	*Bewertung*	*Abmessungen*
Sauerstoff-Index	ASTM D 2863		
Glühstab-Verfahren			
Brandverhalten	DIN 4102		
MVSS			
FAR			

Elektrische Eigenschaften

		Hz	°C		*Probekörper, Form*
Dielektrizitätszahl		50			
		10^3			
		10^6	23	2.59	
Dielektrischer Verlustfaktor tan δ		50			
		10^3			
		10^6	23	0.0001–0.0005	
Spezifischer Durchgangswiderstand	Ohm · cm				
Durchschlagfestigkeit	kV/mm				mm dick
Oberflächenwiderstand	Ohm				
Kriechstromfestigkeit		KC	KB	KA	
Elektrolytische Korrosionswirkung					
Lichtbogenfestigkeit nach DIN					
nach ASTM	s				

Beständigkeit *(Chemische Beständigkeit siehe Anhang)*

Wasseraufnahme

Feuchtigkeitsaufnahme Normalklima %

Wetterbeständigkeit

Spannungskorrosion

Optische Eigenschaften

Brechungszahl n_D

Transmissionsgrad τ_c % mm dick

Lichtdurchlässigkeit Bei 550 nm 89 %

Datenbank-Nr.	**T06083**	Merkblatt-Nr. **3423**

Produkt	Polystyrol		**PS**
Handelsname	**BP Polystyrol HF666**		
Hersteller	BP		
DIN-Bez 1	PS,MGS,085-12		
DIN-Bez 2			
Zusätze		*Füllstoffe/ Verstärkung*	
Bevorzugte Verarbeitung	Spritzgiessen; Extrudieren	*Lieferform*	Granulat mit und ohne Schmierung
		Farben	Natur; Standard
Besondere Merkmale	Glasklar; Ermoeglicht eine optimale Abmischung mit schlagfestem Polystyrol (besonders mit dem BP-Typ 4300)	*Bevorzugte Anwendungen*	Verpackungsanwendungen; Bedarfsartikel

Dichte	g/cm³	1.05	*Schmelzindex*	g/10 min	12:	200/5.0
Schüttdichte	g/cm³		*Volumenfließindex*	cm³/10 min	:	
Viskositätszahl	ml/g					

Verarbeitungsbedingungen für Spritzgießen

Massetemp.	°C	*Schwindung*	% lgs , quer
Werkzeugtemp.	°C	*Bemerkungen*	
Spritzdruck	bar		

Zugversuch 23 °C ISO 527;

Probekörper: *Form* / *Zustand* — *Herstellung* Spritzgiessen; *Vorbehandlung* Normalklima

Streckspannung	N/mm²		*Dehnung bei Streckspannung*	%	
Zugfestigkeit	N/mm²		*Reißdehnung*	%	1.5
Reißfestigkeit	N/mm²	37	*% Dehnspannung*	N/mm²	
E-Modul	N/mm²	3100	*Dehnung bei % Dehnspg.*	%	

Kriechmoduln und Zeitstandwerte 23 °C

Probekörper: *Form* / *Zustand* — *Herstellung* / *Vorbehandlung*

Kriechmodul	*1 min*	N/mm²	*Zeitstandzugfestigkeit*	h	N/mm²
Kriechmodul	*1000 h*	N/mm²	*Zeitdehnspg. %*	h	N/mm²
bei Spannung		N/mm²			

Biegeversuch 23 °C ISO 178;

Probekörper: *Form* 80x10x4 mm / *Zustand* — *Herstellung* Spritzgiessen; *Vorbehandlung* Normalklima

Biegefestigkeit	N/mm²	73	*E-Modul*	N/mm²
3,5% Biegespannung	N/mm²			

Härte 23 °C *Probekörper:* *Zustand* — *Herstellung* / *Vorbehandlung*

Kugeldruckhärte	N/mm² bei N, s	*Shore-Härte* A	
Rockwellhärte		*Shore-Härte* D	

Schlagversuch *Probekörper:* *(1)* / *(2)* V-Kerbe / *Zustand* — *Herstellung* Spritzgiessen; *Vorbehandlung* Normalklima

		°C	°C	°C	*Probekörper-Form*
Schlagzähigkeit	kJ/m²				
Kerbschlagzähigkeit (1)	kJ/m²				
IZOD-Kerbschlagzähigkeit (2)	J/m	23	13		63.5 x 12.7 x 12.7mm
Kerbschlagzugzähigkeit	kJ/m²				

Abrieb und Reibung

Taber-Abrieb (Reibradverfahren)	mm^3/100 U
Abriebfaktor LNP (Thrust washer) Vergleichswert	
Statische Reibungszahl	
Dynamische Reibungszahl	(p·v= N/mm^2· m/min)
Zulässiger p · v Wert	N/mm^2 · (m/min) v= m/min
	v= m/min

Thermische Eigenschaften

Formbeständigkeit in der Wärme	Verfahren A		77 °C
	Verfahren		°C
Vicat Erweichungstemperatur (VST)	Verfahren B/50		85 °C
	Verfahren		°C
Kristallit-Schmelzpunkt	Verfahren		
Längenausdehnungskoeffizient	Bereich	°C	$\cdot 10^{-4}K^{-1}$
	Temperatur		$\cdot 10^{-4}K^{-1}$
Wärmeleitfähigkeit	Verfahren		W/(K · m)
Spezifische Wärmekapazität	Verfahren		J/(K · g)
Glasumwandlungstemperatur	Torsionsschwingungsversuch	°C	
	Differentialkalorimetrie	°C	

Brandverhalten

UL-Test vertikal	Dicke	mm, Wert
	Dicke	mm, Wert

	Norm	Bewertung	Abmessungen
Sauerstoff-Index	ASTM D 2863		
Glühstab-Verfahren			
Brandverhalten	DIN 4102		
MVSS			
FAR			

Elektrische Eigenschaften

	Hz	°C		Probekörper, Form
Dielektrizitätszahl	50			
	10^3			
	10^6	23	2.59	
Dielektrischer Verlustfaktor tan δ	50			
	10^3			
	10^6	23	0.0001–0.0005	

Spezifischer Durchgangs-widerstand	Ohm · cm	
Durchschlagfestigkeit	kV/mm	mm dick
Oberflächenwiderstand	Ohm	

Kriechstromfestigkeit	KC	KB	KA
Elektrolytische Korrosionswirkung			
Lichtbogenfestigkeit nach DIN			
nach ASTM	s		

Beständigkeit *(Chemische Beständigkeit siehe Anhang)*

Wasseraufnahme	
Feuchtigkeitsaufnahme Normalklima	%
Wetterbeständigkeit	
Spannungskorrosion	

Optische Eigenschaften

Brechungszahl n_D		
Transmissionsgrad τ_c	%	mm dick
Lichtdurchlässigkeit	Bei 550 nm 89 %	

Produkt	Polystyrol			**PS**
Handelsname	**BP Polystyrol HF888**			
Hersteller	BP			
DIN-Bez 1	PS,MGS,085-06			
DIN-Bez 2				
Zusätze		*Füllstoffe/ Verstärkung*		
Bevorzugte Verarbeitung	Spritzgiessen; Extrudieren	*Lieferform*	Granulat mit und ohne Schmierung	
		Farben	Natur; Standard	
Besondere Merkmale	Glasklar; Standard-Polystyrol mit ausgewogenen Eigenschaften; Ermoeglicht Abmischungen mit schlagfestem Polystyrol	*Bevorzugte Anwendungen*	Verpackungsanwendungen; Bedarfsartikel	

Dichte	g/cm^3	1.05	*Schmelzindex*	g/10 min	6.0:	200/5.0
Schüttdichte	g/cm^3		*Volumenfließindex*	$cm^3/10$ min	:	
Viskositätszahl	ml/g					

Verarbeitungsbedingungen für Spritzgießen

Massetemp.	°C	*Schwindung*	% lgs , quer
Werkzeugtemp.	°C	*Bemerkungen*	
Spritzdruck	bar		

Zugversuch 23 °C ISO 527;

Probekörper: *Form* / *Zustand* — *Herstellung* Spritzgiessen, *Vorbehandlung* Normalklima

Streckspannung	N/mm^2		*Dehnung bei Streckspannung*	%	
Zugfestigkeit	N/mm^2		*Reißdehnung*	%	1.6
Reißfestigkeit	N/mm^2	41	*% Dehnspannung*	N/mm^2	
E-Modul	N/mm^2	3100	*Dehnung bei % Dehnspg.*	%	

Kriechmoduln und Zeitstandwerte 23 °C

Probekörper: *Form* / *Zustand* — *Herstellung* / *Vorbehandlung*

Kriechmodul	*1 min* N/mm^2	*Zeitstandzugfestigkeit*	h	N/mm^2
Kriechmodul	*1000 h* N/mm^2	*Zeitdehnspg. %*	h	N/mm^2
bei Spannung	N/mm^2			

Biegeversuch 23 °C ISO 178;

Probekörper: *Form* 80x10x4 mm / *Zustand* — *Herstellung* Spritzgiessen, *Vorbehandlung* Normalklima

Biegefestigkeit	N/mm^2	78	*E-Modul*	N/mm^2
3,5% *Biegespannung*	N/mm^2			

Härte 23 °C *Probekörper:* *Zustand* — *Herstellung* / *Vorbehandlung*

Kugeldruckhärte	N/mm^2 bei N, s	*Shore-Härte* A	
Rockwellhärte		*Shore-Härte* D	

Schlagversuch *Probekörper:* *(1)* / *(2)* V-Kerbe / *Zustand* — *Herstellung* Spritzgiessen, *Vorbehandlung* Normalklima

		°C	°C	°C	*Probekörper-Form*
Schlagzähigkeit	kJ/m^2				
Kerbschlagzähigkeit (1)	kJ/m^2				
IZOD-Kerbschlagzähigkeit (2)	J/m	23 14			63.5 x 12.7 x 12.7mm
Kerbschlagzugzähigkeit	kJ/m^2				

Abrieb und Reibung

Taber-Abrieb (Reibradverfahren) mm^3/100 U
Abriebfaktor LNP (Thrust washer) Vergleichswert
Statische Reibungszahl
Dynamische Reibungszahl (p · v= N/mm^2 · m/min)
Zulässiger p · v Wert N/mm^2 · (m/min) v= m/min
v= m/min

Thermische Eigenschaften

Formbeständigkeit in der Wärme	*Verfahren* A	82 °C	
	Verfahren	°C	
Vicat Erweichungstemperatur (VST)	*Verfahren* B/50	90 °C	
	Verfahren	°C	
Kristallit-Schmelzpunkt	*Verfahren*		
Längenausdehnungskoeffizient	*Bereich* °C		· $10^{-4}K^{-1}$
	Temperatur		· $10^{-4}K^{-1}$
Wärmeleitfähigkeit	*Verfahren*		W/(K · m)
Spezifische Wärmekapazität	*Verfahren*		J/(K · g)
Glasumwandlungstemperatur	*Torsionsschwingungsversuch*	°C	
	Differentialkalorimetrie	°C	

Brandverhalten

UL-Test vertikal Dicke mm, Wert
Dicke mm, Wert

	Norm	*Bewertung*	*Abmessungen*
Sauerstoff-Index	ASTM D 2863		
Glühstab-Verfahren			
Brandverhalten	DIN 4102		
MVSS			
FAR			

Elektrische Eigenschaften

	Hz	°C		*Probekörper, Form*
Dielektrizitätszahl	50			
	10^3			
	10^6	23	2.59	
Dielektrischer Verlustfaktor tan δ	50			
	10^3			
	10^6	23	0.0001–0.0005	

Spezifischer Durchgangswiderstand Ohm · cm
Durchschlagfestigkeit kV/mm mm dick
Oberflächenwiderstand Ohm

Kriechstromfestigkeit KC KB KA
Elektrolytische Korrosionswirkung
Lichtbogenfestigkeit nach DIN
nach ASTM s

Beständigkeit *(Chemische Beständigkeit siehe Anhang)*

Wasseraufnahme

Feuchtigkeitsaufnahme Normalklima %
Wetterbeständigkeit

Spannungskorrosion

Optische Eigenschaften

Brechungszahl n_D
Transmissionsgrad τ_c % mm dick
Lichtdurchlässigkeit Bei 550 nm 89 %

Produkt	Polystyrol		**PS**
Handelsname	**BP Polystyrol HH101**		
Hersteller	BP		
DIN-Bez 1	PS,MGS,105-03		
DIN-Bez 2			
Zusätze		*Füllstoffe/ Verstärkung*	
Bevorzugte Verarbeitung	Extrudieren; Spritzgiessen	*Lieferform*	Granulat mit und ohne Schmierung
		Farben	Natur; Standard
Besondere Merkmale	Glasklar; Hohe Festigkeit; Hohe Waermeformbestaendigkeit; Kurze Kuehlzeit	*Bevorzugte Anwendungen*	Heissgetraenkebehaelter; Schaumextrusion; Folie biaxial gereckt

Dichte	g/cm^3	1.05	*Schmelzindex*	g/10 min	2.2:	200/5.0
Schüttdichte	g/cm^3		*Volumenfließindex*	$cm^3/10$ min	:	
Viskositätszahl	ml/g					

Verarbeitungsbedingungen für Spritzgießen

Massetemp.	°C	*Schwindung*	% lgs	, quer
Werkzeugtemp.	°C	*Bemerkungen*		
Spritzdruck	bar			

Zugversuch 23 °C ISO 527;
Probekörper: *Form* — *Herstellung* Spritzgiessen
Zustand — *Vorbehandlung* Normalklima

Streckspannung	N/mm^2		*Dehnung bei Streckspannung*	%	
Zugfestigkeit	N/mm^2		*Reißdehnung*	%	1.8
Reißfestigkeit	N/mm^2	48	*% Dehnspannung*	N/mm^2	
E-Modul	N/mm^2	3100	*Dehnung bei % Dehnspg.*	%	

Kriechmoduln und Zeitstandwerte 23 °C
Probekörper: *Form* — *Herstellung*
Zustand — *Vorbehandlung*

Kriechmodul	*1 min* N/mm^2	*Zeitstandzugfestigkeit*	h N/mm^2
Kriechmodul	*1000 h* N/mm^2	*Zeitdehnspg. %*	h N/mm^2
bei Spannung	N/mm^2		

Biegeversuch 23 °C ISO 178;
Probekörper: *Form* 80x10x4 mm — *Herstellung* Spritzgiessen
Zustand — *Vorbehandlung* Normalklima

Biegefestigkeit	N/mm^2	96	*E-Modul*	N/mm^2
3,5% *Biegespannung*	N/mm^2			

Härte 23 °C *Probekörper:* *Zustand* — *Herstellung*
Vorbehandlung

Kugeldruckhärte	N/mm^2 bei N, s	*Shore-Härte* A
Rockwellhärte		*Shore-Härte* D

Schlagversuch *Probekörper:* *(1)*
(2) V-Kerbe — *Herstellung* Spritzgiessen
Zustand — *Vorbehandlung* Normalklima

		°C	°C	°C	*Probekörper-Form*
Schlagzähigkeit	kJ/m^2				
Kerbschlagzähigkeit (1)	kJ/m^2				
IZOD-Kerbschlagzähigkeit (2)	J/m	23 15			63.5 x 12.7 x 12.7mm
Kerbschlagzugzähigkeit	kJ/m^2				

Abrieb und Reibung

Taber-Abrieb (Reibradverfahren)	mm^3/100 U		
Abriebfaktor LNP (Thrust washer) Vergleichswert			
Statische Reibungszahl			
Dynamische Reibungszahl	(p·v=	N/mm²·	m/min)
Zulässiger p·v Wert	N/mm²·(m/min)	v=	m/min
		v=	m/min

Thermische Eigenschaften

Formbeständigkeit in der Wärme	*Verfahren* A		93 °C
	Verfahren		°C
Vicat Erweichungstemperatur (VST)	*Verfahren* B/50		101 °C
	Verfahren		°C
Kristallit-Schmelzpunkt	*Verfahren*		
Längenausdehnungskoeffizient	*Bereich*	°C	$\cdot 10^{-4}K^{-1}$
	Temperatur		$\cdot 10^{-4}K^{-1}$
Wärmeleitfähigkeit	*Verfahren*		W/(K·m)
Spezifische Wärmekapazität	*Verfahren*		J/(K·g)
Glasumwandlungstemperatur	*Torsionsschwingungsversuch*	°C	
	Differentialkalorimetrie	°C	

Brandverhalten

UL-Test vertikal	Dicke	mm, Wert
	Dicke	mm, Wert

	Norm	*Bewertung*	*Abmessungen*
Sauerstoff-Index	ASTM D 2863		
Glühstab-Verfahren			
Brandverhalten	DIN 4102		
MVSS			
FAR			

Elektrische Eigenschaften

		Hz	°C			*Probekörper, Form*
Dielektrizitätszahl		50				
		10^3				
		10^6	23	2.59		
Dielektrischer Verlustfaktor tan δ		50				
		10^3				
		10^6	23	0.0001–0.0005		
Spezifischer Durchgangswiderstand	Ohm·cm					
Durchschlagfestigkeit	kV/mm					mm dick
Oberflächenwiderstand	Ohm					
Kriechstromfestigkeit		KC		KB	KA	
Elektrolytische Korrosionswirkung						
Lichtbogenfestigkeit nach DIN						
nach ASTM	s					

Beständigkeit *(Chemische Beständigkeit siehe Anhang)*

Wasseraufnahme

Feuchtigkeitsaufnahme Normalklima %

Wetterbeständigkeit

Spannungskorrosion

Optische Eigenschaften

Brechungszahl n_D

Transmissionsgrad τ_c % mm dick

Lichtdurchlässigkeit Bei 550 nm 89 %

Produkt	Polystyrol schlagfest		**SB**
Handelsname	**BP Polystyrol 2220**		
Hersteller	BP		
DIN-Bez 1	16771-SB,MGS,078-12-07		
DIN-Bez 2			
Zusätze		*Füllstoffe/ Verstärkung*	
Bevorzugte Verarbeitung	Spritzgiessen; Extrudieren	*Lieferform*	Granulat mit und ohne Schmierung
		Farben	Natur; Standard
Besondere Merkmale	Hart; Steif; Gute Schlagzaehigkeit auch in der Kaelte; Opak; Wasseraufnahme hoeher als bei PS; Nicht witterungsbestaendig; Ausgewogene Eigenschaften	*Bevorzugte Anwendungen*	Verpackungsteil; Deckel; Moebelteil; Kuehlschrankteil; Haushaltsware

Dichte	g/cm^3	1.05	*Schmelzindex*	g/10 min	14:	200/5
Schüttdichte	g/cm^3		*Volumenfließindex*	cm^3/10 min	:	
Viskositätszahl	ml/g					

Verarbeitungsbedingungen für Spritzgießen

Massetemp.	°C	190–230	*Schwindung*	%	lgs 0.4–0.6, quer 0.4–0.6
Werkzeugtemp.	°C	40–60	*Bemerkungen*		
Spritzdruck	bar				

Zugversuch 23 °C DIN 53455; DIN 53457

Probekörper: *Form* — *Zustand* — *Herstellung* Spritzgiessen — *Vorbehandlung* Normalklima

Streckspannung	N/mm^2	26	*Dehnung bei Streckspannung*	%	
Zugfestigkeit	N/mm^2		*Reißdehnung*	%	35
Reißfestigkeit	N/mm^2		*% Dehnspannung*	N/mm^2	
E-Modul	N/mm^2	2700	*Dehnung bei % Dehnspg.*	%	

Kriechmoduln und Zeitstandwerte 23 °C

Probekörper: *Form* — *Zustand* — *Herstellung* — *Vorbehandlung*

Kriechmodul	*1 min* N/mm^2		*Zeitstandzugfestigkeit*	h	N/mm^2
Kriechmodul	*1000 h* N/mm^2		*Zeitdehnspg. %*	h	N/mm^2
bei Spannung	N/mm^2				

Biegeversuch 23 °C ISO 178;

Probekörper: *Form* 80x10x4 mm — *Zustand* — *Herstellung* Spritzgiessen — *Vorbehandlung* Normalklima

Biegefestigkeit	N/mm^2	*E-Modul*	N/mm^2	2600
3,5% *Biegespannung*	N/mm^2			

Härte 23 °C *Probekörper:* *Zustand* — *Herstellung* Spritzgiessen — *Vorbehandlung* Normalklima

Kugeldruckhärte	N/mm^2 115	bei N, 30 s	*Shore-Härte*	A
Rockwellhärte			*Shore-Härte*	D

Schlagversuch *Probekörper:* *(1)* — *(2)* V-Kerbe — *Zustand* — *Herstellung* Spritzgiessen — *Vorbehandlung* Normalklima

		°C		°C	°C	*Probekörper-Form*
Schlagzähigkeit	kJ/m^2	23	50			NKS
Kerbschlagzähigkeit (1)	kJ/m^2					
IZOD-Kerbschlagzähigkeit (2)	J/m	23	50			63.5x12.7x12.7 mm
Kerbschlagzugzähigkeit	kJ/m^2					

Abrieb und Reibung

Taber-Abrieb (Reibradverfahren)	mm^3/100 U		
Abriebfaktor LNP (Thrust washer) Vergleichswert			
Statische Reibungszahl			
Dynamische Reibungszahl	(p·v=	N/mm^2·	m/min)
Zulässiger p · v Wert	N/mm^2·(m/min)	v=	m/min
		v=	m/min

Thermische Eigenschaften

Formbeständigkeit in der Wärme	*Verfahren* A		70 °C
	Verfahren		°C
Vicat Erweichungstemperatur (VST)	*Verfahren* B/50		79 °C
	Verfahren		°C
Kristallit-Schmelzpunkt	*Verfahren*		
Längenausdehnungskoeffizient	*Bereich*	°C	$\cdot 10^{-4}K^{-1}$
	Temperatur 23 °C		$0.8 \cdot 10^{-4}K^{-1}$
Wärmeleitfähigkeit	*Verfahren*		W/(K · m)
Spezifische Wärmekapazität	*Verfahren*		J/(K · g)
Glasumwandlungstemperatur	*Torsionsschwingungsversuch*	°C	
	Differentialkalorimetrie	°C	

Brandverhalten

UL-Test vertikal	Dicke	mm, Wert
	Dicke	mm, Wert

	Norm	*Bewertung*	*Abmessungen*
Sauerstoff-Index	ASTM D 2863		
Glühstab-Verfahren			
Brandverhalten	DIN 4102		
MVSS			
FAR			

Elektrische Eigenschaften

		Hz	°C	*Probekörper, Form*
Dielektrizitätszahl		50		
		10^3		
		10^6		
Dielektrischer Verlustfaktor tan δ		50		
		10^3		
		10^6		
Spezifischer Durchgangswiderstand	Ohm · cm			
Durchschlagfestigkeit	kV/mm			mm dick
Oberflächenwiderstand	Ohm			

Kriechstromfestigkeit	KC	KB	KA
Elektrolytische Korrosionswirkung			
Lichtbogenfestigkeit nach DIN			
nach ASTM s			

Beständigkeit *(Chemische Beständigkeit siehe Anhang)*

Wasseraufnahme ISO 62	1 d	0.07 %	
Feuchtigkeitsaufnahme Normalklima			%
Wetterbeständigkeit			
Spannungskorrosion			

Optische Eigenschaften

Brechungszahl n_D		
Transmissionsgrad τ_c	%	mm dick
Lichtdurchlässigkeit		

Produkt	Polystyrol schlagfest		**SB**
Handelsname	**BP Polystyrol 3240**		
Hersteller	BP		
DIN-Bez 1	16771-SB,MGS,088-06-10		
DIN-Bez 2			
Zusätze		*Füllstoffe/ Verstärkung*	
Bevorzugte Verarbeitung	Spritzgiessen; Extrudieren	*Lieferform*	Granulat mit und ohne Schmierung
		Farben	Natur; Standard
Besondere Merkmale	Hart; Steif; Gute Schlagzaehigkeit auch in der Kaelte; Opak; Wasseraufnahme hoeher als bei PS; Gute Abstimmung zwischen Waermeformbestaendigkeit und Fliessverhalten	*Bevorzugte Anwendungen*	Bedarfsartikel; Tafel fuer Tiefziehanwendungen

Dichte	g/cm^3	1.05	*Schmelzindex*	g/10 min	5.8:	200/5
Schüttdichte	g/cm^3		*Volumenfließindex*	cm^3/10 min	:	
Viskositätszahl	ml/g					

Verarbeitungsbedingungen für Spritzgießen

Massetemp.	°C	200–240	*Schwindung*	%	lgs 0.4–0.6, quer 0.4–0.6
Werkzeugtemp.	°C	40–60	*Bemerkungen*		
Spritzdruck	bar				

Zugversuch 23 °C DIN 53455; DIN 53457

Probekörper: *Form* — *Zustand* — *Herstellung* Spritzgiessen — *Vorbehandlung* Normalklima

Streckspannung	N/mm^2	30	*Dehnung bei Streckspannung*	%	
Zugfestigkeit	N/mm^2		*Reißdehnung*	%	30
Reißfestigkeit	N/mm^2		*% Dehnspannung*	N/mm^2	
E-Modul	N/mm^2	2600	*Dehnung bei % Dehnspg.*	%	

Kriechmoduln und Zeitstandwerte 23 °C

Probekörper: *Form* — *Zustand* — *Herstellung* — *Vorbehandlung*

Kriechmodul	*1 min*	N/mm^2	*Zeitstandzugfestigkeit*	h	N/mm^2
Kriechmodul	*1000 h*	N/mm^2	*Zeitdehnspg. %*	h	N/mm^2
bei Spannung		N/mm^2			

Biegeversuch 23 °C ISO 178;

Probekörper: *Form* 80x10x4 mm — *Zustand* — *Herstellung* Spritzgiessen — *Vorbehandlung* Normalklima

Biegefestigkeit	N/mm^2	*E-Modul*	N/mm^2	2500
3,5% *Biegespannung*	N/mm^2			

Härte 23 °C *Probekörper:* *Zustand* — *Herstellung* Spritzgiessen — *Vorbehandlung* Normalklima

Kugeldruckhärte	N/mm^2 115	bei	N, 30 s	*Shore-Härte* A
Rockwellhärte				*Shore-Härte* D

Schlagversuch *Probekörper:* *(1)* U-Kerbe, *(2)* V-Kerbe, *Zustand* — *Herstellung* Spritzgiessen — *Vorbehandlung* Normalklima

		°C		°C		°C		*Probekörper-Form*
Schlagzähigkeit	kJ/m^2	23	60					NKS
Kerbschlagzähigkeit (1)	kJ/m^2	23	5.3					NKS
IZOD-Kerbschlagzähigkeit (2)	J/m	23	55					63.5x12.7x12.7 mm
Kerbschlagzugzähigkeit	kJ/m^2							

Abrieb und Reibung

Taber-Abrieb (Reibradverfahren) mm³/100 U
Abriebfaktor LNP (Thrust washer) Vergleichswert
Statische Reibungszahl
Dynamische Reibungszahl (p·v= N/mm²· m/min)
Zulässiger p·v Wert N/mm²·(m/min) v= m/min
v= m/min

Thermische Eigenschaften

Formbeständigkeit in der Wärme	Verfahren	A	77 °C
	Verfahren		°C
Vicat Erweichungstemperatur (VST)	Verfahren	B/50	87 °C
	Verfahren		°C
Kristallit-Schmelzpunkt	Verfahren		
Längenausdehnungskoeffizient	Bereich	°C	$\cdot 10^{-4} K^{-1}$
	Temperatur 23 °C		$0.8 \cdot 10^{-4} K^{-1}$
Wärmeleitfähigkeit	Verfahren		W/(K·m)
Spezifische Wärmekapazität	Verfahren		J/(K·g)
Glasumwandlungstemperatur	Torsionsschwingungsversuch	°C	
	Differentialkalorimetrie	°C	

Brandverhalten

UL-Test vertikal Dicke mm, Wert
Dicke mm, Wert

	Norm	Bewertung	Abmessungen
Sauerstoff-Index	ASTM D 2863		
Glühstab-Verfahren			
Brandverhalten	DIN 4102		
MVSS			
FAR			

Elektrische Eigenschaften

		Hz	°C	Probekörper, Form
Dielektrizitätszahl		50		
		10^3		
		10^6		
Dielektrischer Verlustfaktor tan δ		50		
		10^3		
		10^6		
Spezifischer Durchgangswiderstand	Ohm·cm			
Durchschlagfestigkeit	kV/mm			mm dick
Oberflächenwiderstand	Ohm			

Kriechstromfestigkeit KC KB KA
Elektrolytische Korrosionswirkung
Lichtbogenfestigkeit nach DIN
nach ASTM s

Beständigkeit *(Chemische Beständigkeit siehe Anhang)*

Wasseraufnahme ISO 62 1 d 0.07 %

Feuchtigkeitsaufnahme Normalklima %
Wetterbeständigkeit

Spannungskorrosion

Optische Eigenschaften

Brechungszahl n_D
Transmissionsgrad τ_c % mm dick
Lichtdurchlässigkeit

Produkt	Polystyrol schlagfest		**SB**
Handelsname	**BP Polystyrol 3400**		
Hersteller	BP		
DIN-Bez 1	16771-SB,MGS,093-03-10		
DIN-Bez 2			
Zusätze		*Füllstoffe/ Verstärkung*	
Bevorzugte Verarbeitung	Spritzgiessen; Extrudieren	*Lieferform*	Granulat mit und ohne Schmierung
		Farben	Natur; Standard
Besondere Merkmale	Hart; Steif; Gute Schlagzaehigkeit auch in der Kaelte; Opak; Wasseraufnahme hoeher als bei PS; Ausgewogenes Verhaeltnis von Schlagzaehigkeit und Waermeformbestaendigkeit	*Bevorzugte Anwendungen*	Technisches Formteil; Bedarfsartikel; Phonoindustrie; Fernsehgeraeteteil; Kfz-Teil

Dichte	g/cm^3	1.05	*Schmelzindex*	g/10 min	2.7 :	200/5
Schüttdichte	g/cm^3		*Volumenfließindex*	cm^3/10 min	:	
Viskositätszahl	ml/g					

Verarbeitungsbedingungen für Spritzgießen

Massetemp.	°C	220–260	*Schwindung*	%	lgs 0.4–0.6, quer 0.4–0.6
Werkzeugtemp.	°C	40–60	*Bemerkungen*		
Spritzdruck	bar				

Zugversuch 23 °C DIN 53455; DIN 53457

Probekörper: *Form* — *Zustand* — *Herstellung* Spritzgiessen — *Vorbehandlung* Normalklima

Streckspannung	N/mm^2	34	*Dehnung bei Streckspannung*	%	
Zugfestigkeit	N/mm^2		*Reißdehnung*	%	28
Reißfestigkeit	N/mm^2		*% Dehnspannung*	N/mm^2	
E-Modul	N/mm^2	2450	*Dehnung bei % Dehnspg.*	%	

Kriechmoduln und Zeitstandwerte 23 °C

Probekörper: *Form* — *Zustand* — *Herstellung* — *Vorbehandlung*

Kriechmodul	*1 min* N/mm^2	*Zeitstandzugfestigkeit*	h N/mm^2
Kriechmodul	*1000 h* N/mm^2	*Zeitdehnspg.* %	h N/mm^2
bei Spannung	N/mm^2		

Biegeversuch 23 °C ISO 178;

Probekörper: *Form* 80x10x4 mm — *Zustand* — *Herstellung* Spritzgiessen — *Vorbehandlung* Normalklima

Biegefestigkeit	N/mm^2	*E-Modul*	N/mm^2 2400
3,5% Biegespannung	N/mm^2		

Härte 23 °C *Probekörper:* *Zustand* — *Herstellung* Spritzgiessen — *Vorbehandlung* Normalklima

Kugeldruckhärte	N/mm^2 105 bei N, 30 s	*Shore-Härte*	A
Rockwellhärte		*Shore-Härte*	D

Schlagversuch *Probekörper:* *(1)* U-Kerbe, *(2)* V-Kerbe, *Zustand* — *Herstellung* Spritzgiessen — *Vorbehandlung* Normalklima

		°C		°C	°C	*Probekörper-Form*
Schlagzähigkeit	kJ/m^2	23	70			NKS
Kerbschlagzähigkeit (1)	kJ/m^2	23	6.0			NKS
IZOD-Kerbschlagzähigkeit (2)	J/m	23	65			63.5x12.7x12.7 mm
Kerbschlagzugzähigkeit	kJ/m^2					

Abrieb und Reibung

Taber-Abrieb (Reibradverfahren)	mm^3/100 U		
Abriebfaktor LNP (Thrust washer) Vergleichswert			
Statische Reibungszahl			
Dynamische Reibungszahl	(p · v=	N/mm^2 ·	m/min)
Zulässiger p · v Wert	N/mm^2 · (m/min)	v=	m/min
		v=	m/min

Thermische Eigenschaften

Formbeständigkeit in der Wärme	*Verfahren* A		85 °C
	Verfahren		°C
Vicat Erweichungstemperatur (VST)	*Verfahren* B/50		95 °C
	Verfahren		°C
Kristallit-Schmelzpunkt	*Verfahren*		
Längenausdehnungskoeffizient	*Bereich*	°C	$\cdot 10^{-4} K^{-1}$
	Temperatur 23 °C		$0.8 \cdot 10^{-4} K^{-1}$
Wärmeleitfähigkeit	*Verfahren*		W/(K · m)
Spezifische Wärmekapazität	*Verfahren*		J/(K · g)
Glasumwandlungstemperatur	*Torsionsschwingungsversuch*	°C	
	Differentialkalorimetrie	°C	

Brandverhalten

UL-Test vertikal	Dicke mm, Wert	
	Dicke mm, Wert	

	Norm	*Bewertung*	*Abmessungen*
Sauerstoff-Index	ASTM D 2863		
Glühstab-Verfahren			
Brandverhalten	DIN 4102		
MVSS			
FAR			

Elektrische Eigenschaften

		Hz	°C		*Probekörper, Form*
Dielektrizitätszahl		50			
		10^3			
		10^6			
Dielektrischer Verlustfaktor tan δ		50			
		10^3			
		10^6			
Spezifischer Durchgangswiderstand	Ohm · cm				
Durchschlagfestigkeit	kV/mm				mm dick
Oberflächenwiderstand	Ohm				
Kriechstromfestigkeit		KC	KB	KA	
Elektrolytische Korrosionswirkung					
Lichtbogenfestigkeit nach DIN					
nach ASTM	s				

Beständigkeit *(Chemische Beständigkeit siehe Anhang)*

Wasseraufnahme ISO 62	1 d	0.07 %	
Feuchtigkeitsaufnahme Normalklima			%
Wetterbeständigkeit			
Spannungskorrosion			

Optische Eigenschaften

Brechungszahl n_D		
Transmissionsgrad τ_c	%	mm dick
Lichtdurchlässigkeit		

Produkt	Polystyrol schlagfest		**SB**
Handelsname	**BP Polystyrol 4230**		
Hersteller	BP		
DIN-Bez 1	16771-SB,MGS,078-12-15		
DIN-Bez 2			
Zusätze		*Füllstoffe/ Verstärkung*	
Bevorzugte Verarbeitung	Spritzgiessen; Extrudieren	*Lieferform*	Granulat mit und ohne Schmierung
		Farben	Natur; Standard
Besondere Merkmale	Hart; Steif; Gute Schlagzaehigkeit auch in der Kaelte; Opak; Wasseraufnahme hoeher als bei PS; Ausgewogenes Verhaeltnis von Schlagzaehigkeit und Einfachheit der Verarbeitung	*Bevorzugte Anwendungen*	Gehaeuse fuer Fernsehapparate; Schublade; Moebelteil; Blumenschale; Spule

Dichte	g/cm^3	1.05	*Schmelzindex*	g/10 min	9:	200/5
Schüttdichte	g/cm^3		*Volumenfließindex*	cm^3/10 min	:	
Viskositätszahl	ml/g					

Verarbeitungsbedingungen für Spritzgießen

Massetemp.	°C	190–230	*Schwindung*	% lgs 0.4–0.6, quer 0.4–0.6
Werkzeugtemp.	°C	40–60	*Bemerkungen*	
Spritzdruck	bar			

Zugversuch 23 °C DIN 53455; DIN 53457

Probekörper: *Form* — *Herstellung* Spritzgiessen
Zustand — *Vorbehandlung* Normalklima

Streckspannung	N/mm^2	21	*Dehnung bei Streckspannung*	%	
Zugfestigkeit	N/mm^2		*Reißdehnung*	%	46
Reißfestigkeit	N/mm^2		*% Dehnspannung*	N/mm^2	
E-Modul	N/mm^2	2150	*Dehnung bei % Dehnspg.*	%	

Kriechmoduln und Zeitstandwerte 23 °C

Probekörper: *Form* — *Herstellung*
Zustand — *Vorbehandlung*

Kriechmodul	*1 min*	N/mm^2	*Zeitstandzugfestigkeit*	h	N/mm^2
Kriechmodul	*1000 h*	N/mm^2	*Zeitdehnspg. %*	h	N/mm^2
bei Spannung		N/mm^2			

Biegeversuch 23 °C ISO 178;

Probekörper: *Form* 80x10x4 mm — *Herstellung* Spritzgiessen
Zustand — *Vorbehandlung* Normalklima

Biegefestigkeit	N/mm^2	*E-Modul*	N/mm^2	2100
3,5% *Biegespannung*	N/mm^2			

Härte 23 °C *Probekörper:* *Zustand* — *Herstellung* Spritzgiessen
Vorbehandlung Normalklima

Kugeldruckhärte	N/mm^2 90	bei N, 30 s	*Shore-Härte* A	
Rockwellhärte			*Shore-Härte* D	

Schlagversuch *Probekörper:* *(1)* U-Kerbe
(2) V-Kerbe — *Herstellung* Spritzgiessen
Zustand — *Vorbehandlung* Normalklima

		°C		°C	°C	*Probekörper-Form*
Schlagzähigkeit	kJ/m^2	23	o.B.			NKS
Kerbschlagzähigkeit (1)	kJ/m^2	23	8.5			NKS
IZOD-Kerbschlagzähigkeit (2)	J/m	23	85			63.5x12.7x12.7 mm
Kerbschlagzugzähigkeit	kJ/m^2					

Abrieb und Reibung

Taber-Abrieb (Reibradverfahren)	$mm^3/100$ U		
Abriebfaktor LNP (Thrust washer) Vergleichswert			
Statische Reibungszahl			
Dynamische Reibungszahl	(p·v= N/mm^2 ·		m/min)
Zulässiger p · v Wert	N/mm^2 · (m/min)	v=	m/min
		v=	m/min

Thermische Eigenschaften

Formbeständigkeit in der Wärme	*Verfahren* A		70 °C
	Verfahren		°C
Vicat Erweichungstemperatur (VST)	*Verfahren* B/50		79 °C
	Verfahren		°C
Kristallit-Schmelzpunkt	*Verfahren*		
Längenausdehnungskoeffizient	*Bereich*	°C	$\cdot 10^{-4} K^{-1}$
	Temperatur 23 °C		$0.8 \cdot 10^{-4} K^{-1}$
Wärmeleitfähigkeit	*Verfahren*		W/(K · m)
Spezifische Wärmekapazität	*Verfahren*		J/(K · g)
Glasumwandlungstemperatur	*Torsionsschwingungsversuch*	°C	
	Differentialkalorimetrie	°C	

Brandverhalten

UL-Test vertikal	Dicke	mm, Wert
	Dicke	mm, Wert

	Norm	*Bewertung*	*Abmessungen*
Sauerstoff-Index	ASTM D 2863		
Glühstab-Verfahren			
Brandverhalten	DIN 4102		
MVSS			
FAR			

Elektrische Eigenschaften

		Hz	°C		*Probekörper, Form*
Dielektrizitätszahl		50			
		10^3			
		10^6			
Dielektrischer Verlustfaktor tan δ		50			
		10^3			
		10^6			
Spezifischer Durchgangswiderstand	Ohm · cm				
Durchschlagfestigkeit	kV/mm				mm dick
Oberflächenwiderstand	Ohm				
Kriechstromfestigkeit		KC	KB	KA	
Elektrolytische Korrosionswirkung					
Lichtbogenfestigkeit nach DIN					
nach ASTM	s				

Beständigkeit *(Chemische Beständigkeit siehe Anhang)*

Wasseraufnahme ISO 62	1 d	0.07 %	
Feuchtigkeitsaufnahme Normalklima			%
Wetterbeständigkeit			
Spannungskorrosion			

Optische Eigenschaften

Brechungszahl n_D		
Transmissionsgrad τ_c	%	mm dick
Lichtdurchlässigkeit		

SB

Produkt	Polystyrol schlagfest		
Handelsname	**BP Polystyrol 4300**		
Hersteller	BP		
DIN-Bez 1	16771-SB,MGS,088-03-15		
DIN-Bez 2			
Zusätze		*Füllstoffe/ Verstärkung*	
Bevorzugte Verarbeitung	Spritzgiessen; Extrudieren	*Lieferform*	Granulat mit und ohne Schmierung
		Farben	Natur; Standard
Besondere Merkmale	Hart; Steif; Gute Schlagzaehigkeit auch in der Kaelte; Opak; Wasseraufnahme hoeher als bei PS; Ausgewogenes Verhaeltnis von Schlagzaehigkeit und Festigkeit; Gute Verarbeitbarkeit	*Bevorzugte Anwendungen*	Gehaeuse von Fernsehern und Haushaltsgeraet; Tiefziehverpackung; Kuehlschranktuerinnenauskleidung; Tiefziehformteil

Dichte	g/cm³	1.05	*Schmelzindex*	g/10 min	3.3:	200/5
Schüttdichte	g/cm³		*Volumenfließindex*	cm³/10 min	:	
Viskositätszahl	ml/g					

Verarbeitungsbedingungen für Spritzgießen

Massetemp.	°C	210–250	*Schwindung*	%	lgs 0.4–0.6, quer 0.4–0.6
Werkzeugtemp.	°C	40–60	*Bemerkungen*		
Spritzdruck	bar				

Zugversuch 23 °C DIN 53455; DIN 53457

Probekörper: *Form* / *Zustand* — *Herstellung* Spritzgiessen; *Vorbehandlung* Normalklima

Streckspannung	N/mm²	25	*Dehnung bei Streckspannung*	%	
Zugfestigkeit	N/mm²		*Reißdehnung*	%	43
Reißfestigkeit	N/mm²		*% Dehnspannung*	N/mm²	
E-Modul	N/mm²	2200	*Dehnung bei % Dehnspg.*	%	

Kriechmoduln und Zeitstandwerte 23 °C

Probekörper: *Form* / *Zustand* — *Herstellung* / *Vorbehandlung*

Kriechmodul	*1 min* N/mm²		*Zeitstandzugfestigkeit*	h	N/mm²
Kriechmodul	*1000 h* N/mm²		*Zeitdehnspg. %*	h	N/mm²
bei Spannung	N/mm²				

Biegeversuch 23 °C ISO 178;

Probekörper: *Form* 80x10x4 mm / *Zustand* — *Herstellung* Spritzgiessen; *Vorbehandlung* Normalklima

Biegefestigkeit	N/mm²		*E-Modul*	N/mm²	2200
3,5% *Biegespannung*	N/mm²				

Härte 23 °C *Probekörper:* *Zustand* — *Herstellung* Spritzgiessen; *Vorbehandlung* Normalklima

Kugeldruckhärte	N/mm² 95	bei N, 30 s	*Shore-Härte*	A
Rockwellhärte			*Shore-Härte*	D

Schlagversuch *Probekörper:* *(1)* U-Kerbe; *(2)* V-Kerbe; *Zustand* — *Herstellung* Spritzgiessen; *Vorbehandlung* Normalklima

		°C		°C		°C		*Probekörper-Form*
Schlagzähigkeit	kJ/m²	23	o.B.					NKS
Kerbschlagzähigkeit (1)	kJ/m²	23	8.5					NKS
IZOD-Kerbschlagzähigkeit (2)	J/m	23	90					63.5x12.7x12.7 mm
Kerbschlagzugzähigkeit	kJ/m²							

Abrieb und Reibung

Taber-Abrieb (Reibradverfahren)	mm^3/100 U		
Abriebfaktor LNP (Thrust washer) Vergleichswert			
Statische Reibungszahl			
Dynamische Reibungszahl	(p · v =	N/mm^2 ·	m/min)
Zulässiger p · v Wert	N/mm^2 · (m/min)	v =	m/min
		v =	m/min

Thermische Eigenschaften

Formbeständigkeit in der Wärme	*Verfahren* A		79 °C
	Verfahren		°C
Vicat Erweichungstemperatur (VST)	*Verfahren* B/50		88 °C
	Verfahren		°C
Kristallit-Schmelzpunkt	*Verfahren*		
Längenausdehnungskoeffizient	*Bereich*	°C	$\cdot 10^{-4}K^{-1}$
	Temperatur 23 °C		$0.8 \cdot 10^{-4}K^{-1}$
Wärmeleitfähigkeit	*Verfahren*		W/(K · m)
Spezifische Wärmekapazität	*Verfahren*		J/(K · g)
Glasumwandlungstemperatur	*Torsionsschwingungsversuch*	°C	
	Differentialkalorimetrie	°C	

Brandverhalten

UL-Test vertikal		Dicke mm, Wert	
		Dicke mm, Wert	
	Norm	*Bewertung*	*Abmessungen*
Sauerstoff-Index	ASTM D 2863		
Glühstab-Verfahren			
Brandverhalten	DIN 4102		
MVSS			
FAR			

Elektrische Eigenschaften

		Hz	°C		Probekörper, Form
Dielektrizitätszahl		50			
		10^3			
		10^6			
Dielektrischer Verlustfaktor tan δ		50			
		10^3			
		10^6			
Spezifischer Durchgangswiderstand	Ohm · cm				
Durchschlagfestigkeit	kV/mm				mm dick
Oberflächenwiderstand	Ohm				
Kriechstromfestigkeit		KC	KB	KA	
Elektrolytische Korrosionswirkung					
Lichtbogenfestigkeit nach DIN					
nach ASTM	s				

Beständigkeit *(Chemische Beständigkeit siehe Anhang)*

Wasseraufnahme ISO 62	1 d	0.07 %	
Feuchtigkeitsaufnahme Normalklima			%
Wetterbeständigkeit			
Spannungskorrosion			

Optische Eigenschaften

Brechungszahl n_D		
Transmissionsgrad τ_c	%	mm dick
Lichtdurchlässigkeit		

Produkt	Polyamid 66		**PA**
Handelsname	**Luvocom 1/CF/5/TF/20/HS/BK 100**		
Hersteller	LUV		
DIN-Bez 1			
DIN-Bez 2			
Zusätze	20.0% PTFE	*Füllstoffe/ Verstärkung*	5.0% Kohlefaser
Bevorzugte Verarbeitung	Spritzgiessen	*Lieferform*	Granulat
		Farben	Schwarz
Besondere Merkmale	Hitzestabilisiert; Gutes Gleitverhalten; Gute Verschleissfestigkeit; Geringer elektrischer Widerstand	*Bevorzugte Anwendungen*	Technisches Formteil; Maschinenelement

Dichte	g/cm³	1.29	*Schmelzindex*	g/10 min	:
Schüttdichte	g/cm³	0.72–0.77	*Volumenfließindex*	cm³/10 min	:
Viskositätszahl	ml/g				

Verarbeitungsbedingungen für Spritzgießen

Massetemp.	°C	275–290	*Schwindung*	% lgs 0.7–0.8, quer
Werkzeugtemp.	°C	70–90	*Bemerkungen*	Vortrocknen empfohlen: 6h/75 C; 3h/105C
Spritzdruck	bar			

Zugversuch 23 °C DIN 53455; DIN 53457

Probekörper: *Form* Nr.3 — *Herstellung* Spritzgiessen
Zustand Luftfeucht — *Vorbehandlung* 1 d bei 23 C/50 %

Streckspannung	N/mm²		*Dehnung bei Streckspannung*	%	
Zugfestigkeit	N/mm²		*Reißdehnung*	%	3
Reißfestigkeit	N/mm²	105	*% Dehnspannung*	N/mm²	
E-Modul	N/mm²	5800	*Dehnung bei % Dehnspg.*	%	

Kriechmoduln und Zeitstandwerte 23 °C

Probekörper: *Form* — *Herstellung*
Zustand — *Vorbehandlung*

Kriechmodul	*1 min* N/mm²	*Zeitstandzugfestigkeit*	h	N/mm²
Kriechmodul	*1000 h* N/mm²	*Zeitdehnspg.* %	h	N/mm²
bei Spannung	N/mm²			

Biegeversuch 23 °C DIN 53452;

Probekörper: *Form* 80x10x4 mm — *Herstellung* Spritzgiessen
Zustand Luftfeucht — *Vorbehandlung* 1 d bei 23 C/50 %

Biegefestigkeit	N/mm²	135	*E-Modul*	N/mm²
3,5% *Biegespannung*	N/mm²			

Härte 23 °C *Probekörper:* *Zustand* Luftfeucht — *Herstellung* Spritzgiessen
Vorbehandlung 1 d bei 23 C/50 %

Kugeldruckhärte	N/mm² 110 bei N, 30 s	*Shore-Härte*	A
Rockwellhärte		*Shore-Härte*	D

Schlagversuch *Probekörper:* (1)
(2) — *Herstellung* Spritzgiessen
Zustand Luftfeucht — *Vorbehandlung* 1 d bei 23 C/50 %

		°C	°C	°C	*Probekörper-Form*
Schlagzähigkeit	kJ/m²	23 25			NKS
Kerbschlagzähigkeit (1)	kJ/m²				
IZOD-Kerbschlagzähigkeit (2)	J/m				
Kerbschlagzugzähigkeit	kJ/m²				

Abrieb und Reibung

Taber-Abrieb (Reibradverfahren) mm³/100 U
Abriebfaktor LNP (Thrust washer) Vergleichswert
Statische Reibungszahl
Dynamische Reibungszahl (p·v= N/mm²· m/min)
Zulässiger p·v Wert N/mm²·(m/min) v= m/min
v= m/min

Thermische Eigenschaften

Formbeständigkeit in der Wärme	*Verfahren*		°C
	Verfahren		°C
Vicat Erweichungstemperatur (VST)	*Verfahren*	B/50	210 °C
	Verfahren		°C
Kristallit-Schmelzpunkt	*Verfahren*		
Längenausdehnungskoeffizient	*Bereich*	°C	$\cdot 10^{-4} K^{-1}$
	Temperatur		$\cdot 10^{-4} K^{-1}$
Wärmeleitfähigkeit	*Verfahren*		W/(K·m)
Spezifische Wärmekapazität	*Verfahren*		J/(K·g)
Glasumwandlungstemperatur	*Torsionsschwingungsversuch*	°C	
	Differentialkalorimetrie	°C	

Brandverhalten

UL-Test vertikal Dicke mm, Wert
Dicke mm, Wert

	Norm	*Bewertung*	*Abmessungen*
Sauerstoff-Index	ASTM D 2863		
Glühstab-Verfahren			
Brandverhalten	DIN 4102		
MVSS			
FAR			

Elektrische Eigenschaften

		Hz	°C			*Probekörper, Form*
Dielektrizitätszahl		50				
		10^3				
		10^6				
Dielektrischer Verlustfaktor tan δ		50				
		10^3				
		10^6				
Spezifischer Durchgangswiderstand	Ohm·cm					
Durchschlagfestigkeit	kV/mm					mm dick
Oberflächenwiderstand	Ohm		23	≦1.0*10**10		
Kriechstromfestigkeit		KC		KB	KA	
Elektrolytische Korrosionswirkung						
Lichtbogenfestigkeit nach DIN						
nach ASTM	s					

Beständigkeit *(Chemische Beständigkeit siehe Anhang)*

Wasseraufnahme

Feuchtigkeitsaufnahme Normalklima %
Wetterbeständigkeit

Spannungskorrosion

Optische Eigenschaften

Brechungszahl n_D
Transmissionsgrad τ_c % mm dick
Lichtdurchlässigkeit

Produkt	Polyamid 66		**PA**
Handelsname	**Luvocom 1/CF/15/HS**		
Hersteller	LUV		
DIN-Bez 1			
DIN-Bez 2			
Zusätze		*Füllstoffe/ Verstärkung*	15.0% Kohlefaser
Bevorzugte Verarbeitung	Spritzgiessen	*Lieferform*	Granulat
		Farben	Schwarz
Besondere Merkmale	Hitzestabilisiert; Sehr hoher Modul; Hohe Festigkeit; Geringer elektrischer Widerstand	*Bevorzugte Anwendungen*	Technisches Formteil; Maschinenelement; Kfz-Bau

Dichte	g/cm³	1.17	*Schmelzindex*	g/10 min	:
Schüttdichte	g/cm³	0.60–0.65	*Volumenfließindex*	cm³/10 min	:
Viskositätszahl	ml/g				

Verarbeitungsbedingungen für Spritzgießen

Massetemp.	°C	280–300	*Schwindung*	% lgs 0.4–0.5, quer
Werkzeugtemp.	°C	60–90	*Bemerkungen*	Vortrocknen empfohlen: 6h/75 C; 3h/ 105C
Spritzdruck	bar			

Zugversuch 23 °C DIN 53455; DIN 53457

Probekörper: *Form* Nr.3 — *Herstellung* Spritzgiessen
Zustand Luftfeucht — *Vorbehandlung* 1 d bei 23 C/50 %

Streckspannung	N/mm²		*Dehnung bei Streckspannung*	%	
Zugfestigkeit	N/mm²		*Reißdehnung*	%	2.1
Reißfestigkeit	N/mm²	175	*% Dehnspannung*	N/mm²	
E-Modul	N/mm²	11000	*Dehnung bei % Dehnspg.*	%	

Kriechmoduln und Zeitstandwerte 23 °C

Probekörper: *Form* — *Herstellung*
Zustand — *Vorbehandlung*

Kriechmodul	*1 min*	N/mm²	*Zeitstandzugfestigkeit*	h	N/mm²
Kriechmodul	*1000 h*	N/mm²	*Zeitdehnspg. %*	h	N/mm²
bei Spannung		N/mm²			

Biegeversuch 23 °C DIN 53452;

Probekörper: *Form* 80x10x4 mm — *Herstellung* Spritzgiessen
Zustand Luftfeucht — *Vorbehandlung* 1 d bei 23 C/50 %

Biegefestigkeit	N/mm²	220	*E-Modul*	N/mm²
3,5% *Biegespannung*	N/mm²	200		

Härte 23 °C *Probekörper:* *Zustand* Luftfeucht — *Herstellung* Spritzgiessen
Vorbehandlung 1 d bei 23 C/50 %

Kugeldruckhärte	N/mm² 150	bei N, 30 s	*Shore-Härte*	A
Rockwellhärte			*Shore-Härte*	D

Schlagversuch *Probekörper:* *(1)*
(2) — *Herstellung* Spritzgiessen
Zustand Luftfeucht — *Vorbehandlung* 1 d bei 23 C/50 %

		°C	°C	°C	*Probekörper-Form*
Schlagzähigkeit	kJ/m²	23 25			NKS
Kerbschlagzähigkeit (1)	kJ/m²				
IZOD-Kerbschlagzähigkeit (2)	J/m				
Kerbschlagzugzähigkeit	kJ/m²				

Abrieb und Reibung

Taber-Abrieb (Reibradverfahren)	mm³/100 U		
Abriebfaktor LNP (Thrust washer) Vergleichswert			
Statische Reibungszahl			
Dynamische Reibungszahl	(p·v=	N/mm²·	m/min)
Zulässiger p·v Wert	N/mm²·(m/min)	v=	m/min
		v=	m/min

Thermische Eigenschaften

Formbeständigkeit in der Wärme	Verfahren		°C
	Verfahren		°C
Vicat Erweichungstemperatur (VST)	Verfahren B/50		250 °C
	Verfahren		°C
Kristallit-Schmelzpunkt	Verfahren		
Längenausdehnungskoeffizient	Bereich	°C	$\cdot 10^{-4}K^{-1}$
	Temperatur		$\cdot 10^{-4}K^{-1}$
Wärmeleitfähigkeit	Verfahren		W/(K·m)
Spezifische Wärmekapazität	Verfahren		J/(K·g)
Glasumwandlungstemperatur	Torsionsschwingungsversuch	°C	
	Differentialkalorimetrie	°C	

Brandverhalten

UL-Test vertikal	Dicke mm, Wert	
	Dicke mm, Wert	

	Norm	Bewertung	Abmessungen
Sauerstoff-Index	ASTM D 2863		
Glühstab-Verfahren			
Brandverhalten	DIN 4102		
MVSS			
FAR			

Elektrische Eigenschaften

		Hz	°C		Probekörper, Form
Dielektrizitätszahl		50			
		10^3			
		10^6			
Dielektrischer Verlustfaktor tan δ		50			
		10^3			
		10^6			
Spezifischer Durchgangs-widerstand	Ohm·cm		23	≦1.0*10**3	
Durchschlagfestigkeit	kV/mm				mm dick
Oberflächenwiderstand	Ohm		23	≦1.0*10**3	
Kriechstromfestigkeit		KC	KB	KA	
Elektrolytische Korrosionswirkung					
Lichtbogenfestigkeit nach DIN					
nach ASTM	s				

Beständigkeit *(Chemische Beständigkeit siehe Anhang)*

Wasseraufnahme	
Feuchtigkeitsaufnahme Normalklima	%
Wetterbeständigkeit	
Spannungskorrosion	

Optische Eigenschaften

Brechungszahl n_D		
Transmissionsgrad τ_c	%	mm dick
Lichtdurchlässigkeit		

Produkt	Polyamid 66		**PA**
Handelsname	**Luvocom 1/CF/20**		
Hersteller	LUV		
DIN-Bez 1			
DIN-Bez 2			
Zusätze		*Füllstoffe/ Verstärkung*	20.0% Kohlefaser
Bevorzugte Verarbeitung	Spritzgiessen	*Lieferform*	Granulat
		Farben	Schwarz
Besondere Merkmale	Sehr hoher Modul; Sehr hohe Festigkeit; Geringer elektrischer Widerstand	*Bevorzugte Anwendungen*	Technisches Formteil; Pumpenteil; Kolben; Buchse; Zahnrad; Abdeckkappe; Getriebeteil fuer EDV-Geraet; Gehaeuseteil fuer Med-Geraete; Sportartikel; Teil fuer Textilmaschine

Dichte	g/cm^3	1.23	*Schmelzindex*	g/10 min	:
Schüttdichte	g/cm^3	0.66	*Volumenfließindex*	$cm^3/10$ min	:
Viskositätszahl	ml/g				

Verarbeitungsbedingungen für Spritzgießen

Massetemp.	°C	270–300	*Schwindung*	% lgs 0.4, quer
Werkzeugtemp.	°C	55–90	*Bemerkungen*	Vortrocknen empfohlen: 16h/75 C; 2h/105C
Spritzdruck	bar			

Zugversuch 23 °C DIN 53455; DIN 53457

Probekörper: *Form* Nr.3 — *Herstellung* Spritzgiessen
Zustand Luftfeucht — *Vorbehandlung* 1 d bei 23 C/50 %

Streckspannung	N/mm^2		*Dehnung bei Streckspannung*	%	
Zugfestigkeit	N/mm^2		*Reißdehnung*	%	2.7
Reißfestigkeit	N/mm^2	194	*% Dehnspannung*	N/mm^2	
E-Modul	N/mm^2	15000	*Dehnung bei % Dehnspg.*	%	

Kriechmoduln und Zeitstandwerte 23 °C

Probekörper: *Form* — *Herstellung*
Zustand — *Vorbehandlung*

Kriechmodul	*1 min* N/mm^2	*Zeitstandzugfestigkeit*	h	N/mm^2
Kriechmodul	*1000 h* N/mm^2	*Zeitdehnspg. %*	h	N/mm^2
bei Spannung	N/mm^2			

Biegeversuch 23 °C DIN 53452;

Probekörper: *Form* 80x10x4 mm — *Herstellung* Spritzgiessen
Zustand Luftfeucht — *Vorbehandlung* 1 d bei 23 C/50 %

Biegefestigkeit	N/mm^2	275	*E-Modul*	N/mm^2
3,5% *Biegespannung*	N/mm^2			

Härte 23 °C *Probekörper:* *Zustand* Luftfeucht — *Herstellung* Spritzgiessen
Vorbehandlung 1 d bei 23 C/50 %

Kugeldruckhärte	N/mm^2 155 bei N, 30 s	*Shore-Härte*	A
Rockwellhärte		*Shore-Härte*	D

Schlagversuch *Probekörper:* *(1)*
(2) — *Herstellung* Spritzgiessen
Zustand Luftfeucht — *Vorbehandlung* 1 d bei 23 C/50 %

		°C	°C	°C	*Probekörper-Form*
Schlagzähigkeit	kJ/m^2	23 30			NKS
Kerbschlagzähigkeit (1)	kJ/m^2				
IZOD-Kerbschlagzähigkeit (2)	J/m				
Kerbschlagzugzähigkeit	kJ/m^2				

Abrieb und Reibung

Taber-Abrieb (Reibradverfahren)	mm^3/100 U		
Abriebfaktor LNP (Thrust washer) Vergleichswert			
Statische Reibungszahl			
Dynamische Reibungszahl	(p·v=	N/mm^2 ·	m/min)
Zulässiger p · v Wert	N/mm^2 · (m/min)	v=	m/min
		v=	m/min

Thermische Eigenschaften

Formbeständigkeit in der Wärme	*Verfahren*			°C
	Verfahren			°C
Vicat Erweichungstemperatur (VST)	*Verfahren*	B/50		251 °C
	Verfahren			°C
Kristallit-Schmelzpunkt	*Verfahren*			
Längenausdehnungskoeffizient	*Bereich*		°C	$\cdot 10^{-4}K^{-1}$
	Temperatur			$\cdot 10^{-4}K^{-1}$
Wärmeleitfähigkeit	*Verfahren*			W/(K · m)
Spezifische Wärmekapazität	*Verfahren*			J/(K · g)
Glasumwandlungstemperatur	*Torsionsschwingungsversuch*		°C	
	Differentialkalorimetrie		°C	

Brandverhalten

UL-Test vertikal	Dicke	mm, Wert	
	Dicke	mm, Wert	

	Norm	*Bewertung*	*Abmessungen*
Sauerstoff-Index	ASTM D 2863		
Glühstab-Verfahren			
Brandverhalten	DIN 4102		
MVSS			
FAR			

Elektrische Eigenschaften

		Hz	°C			*Probekörper, Form*
Dielektrizitätszahl		50				
		10^3				
		10^6				
Dielektrischer Verlustfaktor tan δ		50				
		10^3				
		10^6				
Spezifischer Durchgangs-widerstand	Ohm · cm		23	1.0*10**3		
Durchschlagfestigkeit	kV/mm					mm dick
Oberflächenwiderstand	Ohm		23	1.0*10**2		
Kriechstromfestigkeit		KC		KB	KA	
Elektrolytische Korrosionswirkung						
Lichtbogenfestigkeit nach DIN						
nach ASTM	s					

Beständigkeit *(Chemische Beständigkeit siehe Anhang)*

Wasseraufnahme 23 C	1 d	1 %	
Feuchtigkeitsaufnahme Normalklima			%
Wetterbeständigkeit			
Spannungskorrosion			

Optische Eigenschaften

Brechungszahl n_D		
Transmissionsgrad τ_c	%	mm dick
Lichtdurchlässigkeit		

Produkt	Polyamid 66		**PA**
Handelsname	**Luvocom 1/CF/20/HS**		
Hersteller	LUV		
DIN-Bez 1			
DIN-Bez 2			
Zusätze		*Füllstoffe/ Verstärkung*	20.0% Kohlefaser
Bevorzugte Verarbeitung	Spritzgiessen	*Lieferform*	Granulat
		Farben	Schwarz
Besondere Merkmale	Hitzestabilisiert; Sehr hoher Modul; Sehr hohe Festigkeit; Geringer elektrischer Widerstand	*Bevorzugte Anwendungen*	Technisches Formteil; Maschinenelement; Kfz-Bau

Dichte	g/cm³	1.23	*Schmelzindex*	g/10 min		:
Schüttdichte	g/cm³	0.63–0.67	*Volumenfließindex*	cm³/10 min		:
Viskositätszahl	ml/g					

Verarbeitungsbedingungen für Spritzgießen

Massetemp.	°C	270–290	*Schwindung*	% lgs 0.3–0.4, quer
Werkzeugtemp.	°C	60–90	*Bemerkungen*	Vortrocknen empfohlen: 6h/75 C; 3h/105C
Spritzdruck	bar			

Zugversuch 23 °C DIN 53455; DIN 53457

Probekörper: *Form* Nr.3 — *Zustand* Luftfeucht — *Herstellung* Spritzgiessen — *Vorbehandlung* 1 d bei 23 C/50 %

Streckspannung	N/mm²		*Dehnung bei Streckspannung*	%	
Zugfestigkeit	N/mm²		*Reißdehnung*	%	2
Reißfestigkeit	N/mm²	230	*% Dehnspannung*	N/mm²	
E-Modul	N/mm²	19000	*Dehnung bei % Dehnspg.*	%	

Kriechmoduln und Zeitstandwerte 23 °C

Probekörper: *Form* — *Zustand* — *Herstellung* — *Vorbehandlung*

Kriechmodul	*1 min* N/mm²		*Zeitstandzugfestigkeit*	h	N/mm²
Kriechmodul	*1000 h* N/mm²		*Zeitdehnspg.* %	h	N/mm²
bei Spannung	N/mm²				

Biegeversuch 23 °C DIN 53452;

Probekörper: *Form* 80x10x4 mm — *Zustand* Luftfeucht — *Herstellung* Spritzgiessen — *Vorbehandlung* 1 d bei 23 C/50 %

Biegefestigkeit	N/mm²	270	*E-Modul*	N/mm²
3,5% *Biegespannung*	N/mm²			

Härte 23 °C *Probekörper:* *Zustand* Luftfeucht — *Herstellung* Spritzgiessen — *Vorbehandlung* 1 d bei 23 C/50 %

Kugeldruckhärte	N/mm² 190	bei N, 30 s	*Shore-Härte*	A
Rockwellhärte			*Shore-Härte*	D

Schlagversuch *Probekörper:* *(1)* *(2)* *Zustand* Luftfeucht — *Herstellung* Spritzgiessen — *Vorbehandlung* 1 d bei 23 C/50 %

		°C	°C	°C	*Probekörper-Form*
Schlagzähigkeit	kJ/m²	23 30			NKS
Kerbschlagzähigkeit (1)	kJ/m²				
IZOD-Kerbschlagzähigkeit (2)	J/m				
Kerbschlagzugzähigkeit	kJ/m²				

Abrieb und Reibung

Taber-Abrieb (Reibradverfahren)	mm^3/100 U
Abriebfaktor LNP (Thrust washer) Vergleichswert	
Statische Reibungszahl	
Dynamische Reibungszahl	(p·v= N/mm^2· m/min)
Zulässiger p · v Wert	N/mm^2·(m/min) v= m/min
	v= m/min

Thermische Eigenschaften

Formbeständigkeit in der Wärme	*Verfahren* A		245 °C
	Verfahren		°C
Vicat Erweichungstemperatur (VST)	*Verfahren* B/50		255 °C
	Verfahren		°C
Kristallit-Schmelzpunkt	*Verfahren*		
Längenausdehnungskoeffizient	*Bereich*	°C	$\cdot 10^{-4}K^{-1}$
	Temperatur		$\cdot 10^{-4}K^{-1}$
Wärmeleitfähigkeit	*Verfahren*		W/(K · m)
Spezifische Wärmekapazität	*Verfahren*		J/(K · g)
Glasumwandlungstemperatur	*Torsionsschwingungsversuch*	°C	
	Differentialkalorimetrie	°C	

Brandverhalten

UL-Test vertikal Dicke mm, Wert
Dicke mm, Wert

	Norm	*Bewertung*	*Abmessungen*
Sauerstoff-Index	ASTM D 2863		
Glühstab-Verfahren			
Brandverhalten	DIN 4102		
MVSS			
FAR			

Elektrische Eigenschaften

		Hz	°C		*Probekörper, Form*
Dielektrizitätszahl		50			
		10^3			
		10^6			
Dielektrischer Verlustfaktor tan δ		50			
		10^3			
		10^6			
Spezifischer Durchgangs-widerstand	Ohm · cm		23	≦1.0*10**3	
Durchschlagfestigkeit	kV/mm				mm dick
Oberflächenwiderstand	Ohm		23	≦1.0*10**2	
Kriechstromfestigkeit		KC	KB	KA	
Elektrolytische Korrosionswirkung					
Lichtbogenfestigkeit nach DIN					
nach ASTM	s				

Beständigkeit *(Chemische Beständigkeit siehe Anhang)*

Wasseraufnahme

Feuchtigkeitsaufnahme Normalklima %

Wetterbeständigkeit

Spannungskorrosion

Optische Eigenschaften

Brechungszahl n_D

Transmissionsgrad τ_c % mm dick

Lichtdurchlässigkeit

Produkt	Polyamid 66		**PA**
Handelsname	**Luvocom 1/CF/20/TF/10/HS/BK 100**		
Hersteller	LUV		
DIN-Bez 1 *DIN-Bez 2*			
Zusätze	10.0% PTFE	*Füllstoffe/ Verstärkung*	20.0% Kohlefaser
Bevorzugte Verarbeitung	Spritzgiessen	*Lieferform*	Granulat
		Farben	Schwarz
Besondere Merkmale	Hitzestabilisiert; Sehr hoher Modul; Sehr hohe Festigkeit; Gutes Gleitverhalten; Geringer Verschleiss; Geringer elektrischer Widerstand	*Bevorzugte Anwendungen*	Technisches Formteil; Maschinenelement; Kfz-Bau

Dichte	g/cm³	1.25	*Schmelzindex*	g/10 min	:
Schüttdichte	g/cm³	0.65–0.70	*Volumenfließindex*	cm³/10 min	:
Viskositätszahl	ml/g				

Verarbeitungsbedingungen für Spritzgießen

Massetemp.	°C	270–300	*Schwindung*	% lgs 0.2–0.3, quer
Werkzeugtemp.	°C	60–90	*Bemerkungen*	Vortrocknen empfohlen: 6h/75 C; 3h/ 105C
Spritzdruck	bar			

Zugversuch 23 °C DIN 53455; DIN 53457

Probekörper: *Form* Nr.3 — *Herstellung* Spritzgiessen
Zustand Luftfeucht — *Vorbehandlung* 1 d bei 23 C/50 %

Streckspannung	N/mm²		*Dehnung bei Streckspannung*	%	
Zugfestigkeit	N/mm²		*Reißdehnung*	%	2.2
Reißfestigkeit	N/mm²	205	*% Dehnspannung*	N/mm²	
E-Modul	N/mm²	17000	*Dehnung bei % Dehnspg.*	%	

Kriechmoduln und Zeitstandwerte 23 °C

Probekörper: *Form* — *Herstellung*
Zustand — *Vorbehandlung*

Kriechmodul	*1 min* N/mm²		*Zeitstandzugfestigkeit*	h	N/mm²
Kriechmodul	*1000 h* N/mm²		*Zeitdehnspg. %*	h	N/mm²
bei Spannung	N/mm²				

Biegeversuch 23 °C DIN 53452;

Probekörper: *Form* 80x10x4 mm — *Herstellung* Spritzgiessen
Zustand Luftfeucht — *Vorbehandlung* 1 d bei 23 C/50 %

Biegefestigkeit	N/mm²	260	*E-Modul*	N/mm²
3,5% *Biegespannung*	N/mm²			

Härte 23 °C *Probekörper:* *Zustand* Luftfeucht — *Herstellung* Spritzgiessen
Vorbehandlung 1 d bei 23 C/50 %

Kugeldruckhärte	N/mm² 140 bei N, 30 s	*Shore-Härte* A	
Rockwellhärte		*Shore-Härte* D	

Schlagversuch *Probekörper:* *(1)*
(2) — *Herstellung* Spritzgiessen
Zustand Luftfeucht — *Vorbehandlung* 1 d bei 23 C/50 %

		°C		°C	°C	*Probekörper-Form*
Schlagzähigkeit	kJ/m²	23	30			NKS
Kerbschlagzähigkeit (1)	kJ/m²					
IZOD-Kerbschlagzähigkeit (2)	J/m					
Kerbschlagzugzähigkeit	kJ/m²					

Abrieb und Reibung

Taber-Abrieb (Reibradverfahren)	mm^3/100 U		
Abriebfaktor LNP (Thrust washer) Vergleichswert			
Statische Reibungszahl			
Dynamische Reibungszahl	(p·v= N/mm²·		m/min)
Zulässiger p · v Wert	N/mm²·(m/min)	v=	m/min
		v=	m/min

Thermische Eigenschaften

Formbeständigkeit in der Wärme	*Verfahren*		°C
	Verfahren		°C
Vicat Erweichungstemperatur (VST)	*Verfahren*	B/50	245 °C
	Verfahren		°C
Kristallit-Schmelzpunkt	*Verfahren*		
Längenausdehnungskoeffizient	*Bereich*	°C	$\cdot 10^{-4} K^{-1}$
	Temperatur		$\cdot 10^{-4} K^{-1}$
Wärmeleitfähigkeit	*Verfahren*		W/(K · m)
Spezifische Wärmekapazität	*Verfahren*		J/(K · g)
Glasumwandlungstemperatur	*Torsionsschwingungsversuch*	°C	
	Differentialkalorimetrie	°C	

Brandverhalten

UL-Test vertikal	Dicke	mm, Wert
	Dicke	mm, Wert

	Norm	*Bewertung*	*Abmessungen*
Sauerstoff-Index	ASTM D 2863		
Glühstab-Verfahren			
Brandverhalten	DIN 4102		
MVSS			
FAR			

Elektrische Eigenschaften

		Hz	°C			*Probekörper, Form*
Dielektrizitätszahl		50				
		10^3				
		10^6				
Dielektrischer Verlustfaktor tan δ		50				
		10^3				
		10^6				
Spezifischer Durchgangswiderstand	Ohm · cm		23	≦1.0*10**3		
Durchschlagfestigkeit	kV/mm					mm dick
Oberflächenwiderstand	Ohm		23	≦1.0*10**3		
Kriechstromfestigkeit		KC		KB	KA	
Elektrolytische Korrosionswirkung						
Lichtbogenfestigkeit nach DIN						
nach ASTM	s					

Beständigkeit *(Chemische Beständigkeit siehe Anhang)*

Wasseraufnahme	
Feuchtigkeitsaufnahme Normalklima	%
Wetterbeständigkeit	
Spannungskorrosion	

Optische Eigenschaften

Brechungszahl n_D		
Transmissionsgrad τ_c	%	mm dick
Lichtdurchlässigkeit		

Produkt	Polyamid 66		**PA**
Handelsname	**Luvocom 1/CF/20/TF/5**		
Hersteller	LUV		
DIN-Bez 1			
DIN-Bez 2			
Zusätze	5.0% PTFE	*Füllstoffe/ Verstärkung*	20.0% Kohlefaser
Bevorzugte Verarbeitung	Spritzgiessen	*Lieferform*	Granulat
		Farben	Schwarz
Besondere Merkmale	Sehr hoher Modul; Sehr hohe Festigkeit; Gutes Gleitverhalten; Geringer Verschleiss; Geringer elektrischer Widerstand	*Bevorzugte Anwendungen*	Technisches Formteil; Maschinenelement; Kfz-Bau

Dichte	g/cm^3	1.23	*Schmelzindex*	g/10 min		:
Schüttdichte	g/cm^3	0.65–0.70	*Volumenfließindex*	$cm^3/10$ min		:
Viskositätszahl	ml/g					

Verarbeitungsbedingungen für Spritzgießen

Massetemp.	°C	280–300	*Schwindung*	% lgs 0.2–0.3, quer
Werkzeugtemp.	°C	60–90	*Bemerkungen*	Vortrocknen empfohlen: 6h/75 C; 3h/105C
Spritzdruck	bar			

Zugversuch 23 °C DIN 53455; DIN 53457

Probekörper: *Form* Nr.3 — *Zustand* Luftfeucht — *Herstellung* Spritzgiessen — *Vorbehandlung* 1 d bei 23 C/50 %

Streckspannung	N/mm^2		*Dehnung bei Streckspannung*	%	
Zugfestigkeit	N/mm^2		*Reißdehnung*	%	2.1
Reißfestigkeit	N/mm^2	210	*% Dehnspannung*	N/mm^2	
E-Modul	N/mm^2	16000	*Dehnung bei % Dehnspg.*	%	

Kriechmoduln und Zeitstandwerte 23 °C

Probekörper: *Form* — *Zustand* — *Herstellung* — *Vorbehandlung*

Kriechmodul	*1 min*	N/mm^2	*Zeitstandzugfestigkeit*	h	N/mm^2
Kriechmodul	*1000 h*	N/mm^2	*Zeitdehnspg.* %	h	N/mm^2
bei Spannung		N/mm^2			

Biegeversuch 23 °C DIN 53452;

Probekörper: *Form* 80x10x4 mm — *Zustand* Luftfeucht — *Herstellung* Spritzgiessen — *Vorbehandlung* 1 d bei 23 C/50 %

Biegefestigkeit	N/mm^2	250	*E-Modul*	N/mm^2
3,5% *Biegespannung*	N/mm^2			

Härte 23 °C *Probekörper:* *Zustand* Luftfeucht — *Herstellung* Spritzgiessen — *Vorbehandlung* 1 d bei 23 C/50 %

Kugeldruckhärte	N/mm^2 185	bei N, 30 s	*Shore-Härte*	A
Rockwellhärte			*Shore-Härte*	D

Schlagversuch *Probekörper:* *(1)* *(2)* *Zustand* Luftfeucht — *Herstellung* Spritzgiessen — *Vorbehandlung* 1 d bei 23 C/50 %

		°C	°C	°C	*Probekörper-Form*
Schlagzähigkeit	kJ/m^2	23 25			NKS
Kerbschlagzähigkeit (1)	kJ/m^2				
IZOD-Kerbschlagzähigkeit (2)	J/m				
Kerbschlagzugzähigkeit	kJ/m^2				

Abrieb und Reibung

Taber-Abrieb (Reibradverfahren) $mm^3/100$ U
Abriebfaktor LNP (Thrust washer) Vergleichswert
Statische Reibungszahl
Dynamische Reibungszahl (p · v = N/mm² · m/min)
Zulässiger p · v Wert N/mm² · (m/min) v = m/min
v = m/min

Thermische Eigenschaften

Formbeständigkeit in der Wärme	Verfahren A		230 °C
	Verfahren		°C
Vicat Erweichungstemperatur (VST)	Verfahren B/50		240 °C
	Verfahren		°C
Kristallit-Schmelzpunkt	Verfahren		
Längenausdehnungskoeffizient	Bereich	°C	$\cdot 10^{-4}K^{-1}$
	Temperatur		$\cdot 10^{-4}K^{-1}$
Wärmeleitfähigkeit	Verfahren		W/(K · m)
Spezifische Wärmekapazität	Verfahren		J/(K · g)
Glasumwandlungstemperatur	Torsionsschwingungsversuch	°C	
	Differentialkalorimetrie	°C	

Brandverhalten

UL-Test vertikal Dicke mm, Wert
Dicke mm, Wert

	Norm	Bewertung	Abmessungen
Sauerstoff-Index	ASTM D 2863		
Glühstab-Verfahren			
Brandverhalten	DIN 4102		
MVSS			
FAR			

Elektrische Eigenschaften

		Hz	°C		Probekörper, Form
Dielektrizitätszahl		50			
		10^3			
		10^6			
Dielektrischer Verlustfaktor tan δ		50			
		10^3			
		10^6			
Spezifischer Durchgangswiderstand	Ohm · cm		23	≦1.0*10**2	
Durchschlagfestigkeit	kV/mm				mm dick
Oberflächenwiderstand	Ohm		23	≦1.0*10**2	

Kriechstromfestigkeit KC KB KA
Elektrolytische Korrosionswirkung
Lichtbogenfestigkeit nach DIN
nach ASTM s

Beständigkeit *(Chemische Beständigkeit siehe Anhang)*

Wasseraufnahme

Feuchtigkeitsaufnahme Normalklima %
Wetterbeständigkeit

Spannungskorrosion

Optische Eigenschaften

Brechungszahl n_D
Transmissionsgrad τ_c % mm dick
Lichtdurchlässigkeit

Produkt	Polyamid 66		**PA**
Handelsname	**Luvocom 1/CF/30**		
Hersteller	LUV		
DIN-Bez 1			
DIN-Bez 2			
Zusätze		*Füllstoffe/ Verstärkung*	30.0% Kohlefaser
Bevorzugte Verarbeitung	Spritzgiessen	*Lieferform*	Granulat
		Farben	Schwarz
Besondere Merkmale	Extrem hoher Zug-E-Mdul; Sehr hohe Festigkeit; Sehr hohe Waermeformbestaendigkeit; Geringer elektrischer Widerstand	*Bevorzugte Anwendungen*	Technisches Formteil; Maschinenelement; Kfz-Bau

Dichte	g/cm^3	1.25	*Schmelzindex*	g/10 min	:
Schüttdichte	g/cm^3	0.60–0.65	*Volumenfließindex*	$cm^3/10$ min	:
Viskositätszahl	ml/g				

Verarbeitungsbedingungen für Spritzgießen

Massetemp.	°C	290–310	*Schwindung*	% lgs 0.1–0.2, quer
Werkzeugtemp.	°C	70–120	*Bemerkungen*	Vortrocknen empfohlen: 6h/75 C; 3h/105C
Spritzdruck	bar			

Zugversuch 23 °C DIN 53455; DIN 53457

Probekörper: *Form* Nr.3 — *Herstellung* Spritzgiessen
Zustand Luftfeucht — *Vorbehandlung* 1 d bei 23 C/50 %

Streckspannung	N/mm^2		*Dehnung bei Streckspannung*	%	
Zugfestigkeit	N/mm^2		*Reißdehnung*	%	2
Reißfestigkeit	N/mm^2	260	*% Dehnspannung*	N/mm^2	
E-Modul	N/mm^2	25000	*Dehnung bei % Dehnspg.*	%	

Kriechmoduln und Zeitstandwerte 23 °C

Probekörper: *Form* — *Herstellung*
Zustand — *Vorbehandlung*

Kriechmodul	*1 min*	N/mm^2	*Zeitstandzugfestigkeit*	h	N/mm^2
Kriechmodul	*1000 h*	N/mm^2	*Zeitdehnspg. %*	h	N/mm^2
bei Spannung		N/mm^2			

Biegeversuch 23 °C DIN 53452;

Probekörper: *Form* 80x10x4 mm — *Herstellung* Spritzgiessen
Zustand Luftfeucht — *Vorbehandlung* 1 d bei 23 C/50 %

Biegefestigkeit	N/mm^2	340	*E-Modul*	N/mm^2
3,5% *Biegespannung*	N/mm^2			

Härte 23 °C *Probekörper:* *Zustand* Luftfeucht — *Herstellung* Spritzgiessen
Vorbehandlung 1 d bei 23 C/50 %

Kugeldruckhärte	N/mm^2 220 bei N, 30 s	*Shore-Härte*	A
Rockwellhärte		*Shore-Härte*	D

Schlagversuch *Probekörper:* *(1)*
(2) — *Herstellung* Spritzgiessen
Zustand Luftfeucht — *Vorbehandlung* 1 d bei 23 C/50 %

		°C	°C	°C	*Probekörper-Form*
Schlagzähigkeit	kJ/m^2	23 30			NKS
Kerbschlagzähigkeit (1)	kJ/m^2				
IZOD-Kerbschlagzähigkeit (2)	J/m				
Kerbschlagzugzähigkeit	kJ/m^2				

Abrieb und Reibung

Taber-Abrieb (Reibradverfahren)	mm^3/100 U		
Abriebfaktor LNP (Thrust washer) Vergleichswert			
Statische Reibungszahl			
Dynamische Reibungszahl	(p · v=	N/mm² ·	m/min)
Zulässiger p · v Wert	N/mm² · (m/min)	v=	m/min
		v=	m/min

Thermische Eigenschaften

Formbeständigkeit in der Wärme	*Verfahren* A		250 °C
	Verfahren		°C
Vicat Erweichungstemperatur (VST)	*Verfahren*		°C
	Verfahren		°C
Kristallit-Schmelzpunkt	*Verfahren*		
Längenausdehnungskoeffizient	*Bereich*	°C	$\cdot 10^{-4}K^{-1}$
	Temperatur		$\cdot 10^{-4}K^{-1}$
Wärmeleitfähigkeit	*Verfahren*		W/(K · m)
Spezifische Wärmekapazität	*Verfahren*		J/(K · g)
Glasumwandlungstemperatur	*Torsionsschwingungsversuch*	°C	
	Differentialkalorimetrie	°C	

Brandverhalten

UL-Test vertikal Dicke mm, Wert
Dicke mm, Wert

	Norm	*Bewertung*	*Abmessungen*
Sauerstoff-Index	ASTM D 2863		
Glühstab-Verfahren			
Brandverhalten	DIN 4102		
MVSS			
FAR			

Elektrische Eigenschaften

		Hz	°C			*Probekörper, Form*
Dielektrizitätszahl		50				
		10^3				
		10^6				
Dielektrischer Verlustfaktor tan δ		50				
		10^3				
		10^6				
Spezifischer Durchgangswiderstand	Ohm · cm		23	≦1.0*10**2		
Durchschlagfestigkeit	kV/mm					mm dick
Oberflächenwiderstand	Ohm		23	≦1.0*10**2		
Kriechstromfestigkeit		KC		KB	KA	
Elektrolytische Korrosionswirkung						
Lichtbogenfestigkeit nach DIN						
nach ASTM	s					

Beständigkeit *(Chemische Beständigkeit siehe Anhang)*

Wasseraufnahme

Feuchtigkeitsaufnahme Normalklima %
Wetterbeständigkeit

Spannungskorrosion

Optische Eigenschaften

Brechungszahl n_D
Transmissionsgrad τ_c % mm dick
Lichtdurchlässigkeit

Produkt	Polyamid 66		**PA**
Handelsname	**Luvocom 1/CF/30/TF/13/SI/2**		
Hersteller	LUV		
DIN-Bez 1			
DIN-Bez 2			
Zusätze	15.0% PTFE (13); Silikon (2); Entformungshilfe	*Füllstoffe/ Verstärkung*	30.0% Kohlefaser
Bevorzugte Verarbeitung	Spritzgiessen	*Lieferform*	Granulat
		Farben	Schwarz
Besondere Merkmale	Extrem hoher Modul; Sehr hohe Festigkeit; Geringer elektrischer Widerstand; Verbessertes Gleitverhalten	*Bevorzugte Anwendungen*	Technisches Formteil; Maschinenelement; Teil fuer Datenverarbeitungsgeraet; Textilmaschinensektor; Pumpen-Industrie; Teil fuer medizinisches Geraet

Dichte	g/cm^3	1.36	*Schmelzindex*	g/10 min	:
Schüttdichte	g/cm^3	0.70	*Volumenfließindex*	$cm^3/10$ min	:
Viskositätszahl	ml/g				

Verarbeitungsbedingungen für Spritzgießen

Massetemp.	°C	270–300	*Schwindung*	% lgs 0.15, quer
Werkzeugtemp.	°C	55–90	*Bemerkungen*	Vortrocknen empfohlen: 16h/75 C; 2h/105C
Spritzdruck	bar			

Zugversuch 23 °C DIN 53455; DIN 53457

Probekörper: *Form* Nr.3 — *Herstellung* Spritzgiessen
Zustand Luftfeucht — *Vorbehandlung* 1 d bei 23 C/50 %

Streckspannung	N/mm^2		*Dehnung bei Streckspannung*	%	
Zugfestigkeit	N/mm^2		*Reißdehnung*	%	2.3
Reißfestigkeit	N/mm^2	218	% *Dehnspannung*	N/mm^2	
E-Modul	N/mm^2	26000	*Dehnung bei* % *Dehnspg.*	%	

Kriechmoduln und Zeitstandwerte 23 °C

Probekörper: *Form* — *Herstellung*
Zustand — *Vorbehandlung*

Kriechmodul	*1 min* N/mm^2	*Zeitstandzugfestigkeit*	h	N/mm^2
Kriechmodul	*1000 h* N/mm^2	*Zeitdehnspg.* %	h	N/mm^2
bei Spannung	N/mm^2			

Biegeversuch 23 °C DIN 53452;

Probekörper: *Form* 80x10x4 mm — *Herstellung* Spritzgiessen
Zustand Luftfeucht — *Vorbehandlung* 1 d bei 23 C/50 %

Biegefestigkeit	N/mm^2	300	*E-Modul*	N/mm^2
3,5% *Biegespannung*	N/mm^2			

Härte 23 °C *Probekörper:* *Zustand* Luftfeucht — *Herstellung* Spritzgiessen
Vorbehandlung 1 d bei 23 C/50 %

Kugeldruckhärte	N/mm^2 180	bei N, 30 s	*Shore-Härte* A
Rockwellhärte			*Shore-Härte* D

Schlagversuch *Probekörper:* *(1)*
(2) — *Herstellung* Spritzgiessen
Zustand Luftfeucht — *Vorbehandlung* 1 d bei 23 C/50 %

		°C	°C	°C	*Probekörper-Form*
Schlagzähigkeit	kJ/m^2	23 32			NKS
Kerbschlagzähigkeit (1)	kJ/m^2				
IZOD-Kerbschlagzähigkeit (2)	J/m				
Kerbschlagzugzähigkeit	kJ/m^2				

Abrieb und Reibung

Taber-Abrieb (Reibradverfahren)	mm^3/100 U		
Abriebfaktor LNP (Thrust washer) Vergleichswert			
Statische Reibungszahl			
Dynamische Reibungszahl	(p·v=	N/mm^2 ·	m/min)
Zulässiger p · v Wert	N/mm^2 · (m/min)	v=	m/min
		v=	m/min

Thermische Eigenschaften

Formbeständigkeit in der Wärme	*Verfahren*			°C
	Verfahren			°C
Vicat Erweichungstemperatur (VST)	*Verfahren*	B/50		220 °C
	Verfahren			°C
Kristallit-Schmelzpunkt	*Verfahren*			
Längenausdehnungskoeffizient	*Bereich*	°C		$\cdot 10^{-4}K^{-1}$
	Temperatur			$\cdot 10^{-4}K^{-1}$
Wärmeleitfähigkeit	*Verfahren*			W/(K · m)
Spezifische Wärmekapazität	*Verfahren*			J/(K · g)
Glasumwandlungstemperatur	*Torsionsschwingungsversuch*		°C	
	Differentialkalorimetrie		°C	

Brandverhalten

UL-Test vertikal	Dicke	mm, Wert
	Dicke	mm, Wert

	Norm	*Bewertung*	*Abmessungen*
Sauerstoff-Index	ASTM D 2863		
Glühstab-Verfahren			
Brandverhalten	DIN 4102		
MVSS			
FAR			

Elektrische Eigenschaften

		Hz	°C			*Probekörper, Form*
Dielektrizitätszahl		50				
		10^3				
		10^6				
Dielektrischer Verlustfaktor tan δ		50				
		10^3				
		10^6				
Spezifischer Durchgangs-widerstand	Ohm · cm		23	1.0*10**3		
Durchschlagfestigkeit	kV/mm					mm dick
Oberflächenwiderstand	Ohm		23	1.0*10**2		
Kriechstromfestigkeit		KC		KB	KA	
Elektrolytische Korrosionswirkung						
Lichtbogenfestigkeit nach DIN						
nach ASTM	s					

Beständigkeit *(Chemische Beständigkeit siehe Anhang)*

Wasseraufnahme 23 C	1 d	0.5 %	
Feuchtigkeitsaufnahme Normalklima			%
Wetterbeständigkeit			
Spannungskorrosion			

Optische Eigenschaften

Brechungszahl n_D		
Transmissionsgrad τ_c	%	mm dick
Lichtdurchlässigkeit		

Produkt	Polyamid 66		**PA**
Handelsname	**Luvocom 1/CF/30/TF/15**		
Hersteller	LUV		
DIN-Bez 1			
DIN-Bez 2			
Zusätze	15.0% PTFE	*Füllstoffe/ Verstärkung*	30.0% Kohlefaser
Bevorzugte Verarbeitung	Spritzgiessen	*Lieferform*	Granulat
		Farben	Schwarz
Besondere Merkmale	Extrem hoher Modul; Sehr hohe Festigkeit; Geringer elektrischer Widerstand; Verbessertes Gleitverhalten	*Bevorzugte Anwendungen*	Technisches Formteil; Getriebeteil fuer Kfz-Sektor; Lager; Buchse; Greifer; Zahnrad; Teil fuer Textilmaschinen; Pumpen-Industrie; Teil fuer Datenverarbeitungsgeraet

Dichte	g/cm³	1.38	*Schmelzindex*	g/10 min	:
Schüttdichte	g/cm³	0.75	*Volumenfließindex*	cm³/10 min	:
Viskositätszahl	ml/g				

Verarbeitungsbedingungen für Spritzgießen

Massetemp.	°C	270–300	*Schwindung*	% lgs 0.15, quer
Werkzeugtemp.	°C	55–90	*Bemerkungen*	Vortrocknen empfohlen: 16h/75 C; 2h/105C
Spritzdruck	bar			

Zugversuch 23 °C DIN 53455; DIN 53457

Probekörper: *Form* Nr.3 — *Herstellung* Spritzgiessen
Zustand Luftfeucht — *Vorbehandlung* 1 d bei 23 C/50 %

Streckspannung	N/mm²		*Dehnung bei Streckspannung*	%	
Zugfestigkeit	N/mm²		*Reißdehnung*	%	2.2
Reißfestigkeit	N/mm²	220	*% Dehnspannung*	N/mm²	
E-Modul	N/mm²	26500	*Dehnung bei % Dehnspg.*	%	

Kriechmoduln und Zeitstandwerte 23 °C

Probekörper: *Form* — *Herstellung*
Zustand — *Vorbehandlung*

Kriechmodul	*1 min*	N/mm²	*Zeitstandzugfestigkeit*	h	N/mm²
Kriechmodul	*1000 h*	N/mm²	*Zeitdehnspg. %*	h	N/mm²
bei Spannung		N/mm²			

Biegeversuch 23 °C DIN 53452;

Probekörper: *Form* 80x10x4 mm — *Herstellung* Spritzgiessen
Zustand Luftfeucht — *Vorbehandlung* 1 d bei 23 C/50 %

Biegefestigkeit	N/mm²	300	*E-Modul*	N/mm²
3,5% *Biegespannung*	N/mm²			

Härte 23 °C *Probekörper:* *Zustand* Luftfeucht — *Herstellung* Spritzgiessen
Vorbehandlung 1 d bei 23 C/50 %

Kugeldruckhärte	N/mm² 190 bei N, 30 s	*Shore-Härte*	A
Rockwellhärte		*Shore-Härte*	D

Schlagversuch *Probekörper:* *(1)*
(2) — *Herstellung* Spritzgiessen
Zustand Luftfeucht — *Vorbehandlung* 1 d bei 23 C/50 %

		°C	°C	°C	*Probekörper-Form*
Schlagzähigkeit	kJ/m²	23 30			NKS
Kerbschlagzähigkeit (1)	kJ/m²				
IZOD-Kerbschlagzähigkeit (2)	J/m				
Kerbschlagzugzähigkeit	kJ/m²				

Abrieb und Reibung

Taber-Abrieb (Reibradverfahren)	mm^3/100 U		
Abriebfaktor LNP (Thrust washer) Vergleichswert			
Statische Reibungszahl			
Dynamische Reibungszahl	(p·v=	N/mm²·	m/min)
Zulässiger p · v Wert	N/mm²·(m/min)	v=	m/min
		v=	m/min

Thermische Eigenschaften

Formbeständigkeit in der Wärme	*Verfahren*			°C
	Verfahren			°C
Vicat Erweichungstemperatur (VST)	*Verfahren*	B/50		220 °C
	Verfahren			°C
Kristallit-Schmelzpunkt	*Verfahren*			
Längenausdehnungskoeffizient	*Bereich*	°C		$\cdot 10^{-4}K^{-1}$
	Temperatur			$\cdot 10^{-4}K^{-1}$
Wärmeleitfähigkeit	*Verfahren*			W/(K · m)
Spezifische Wärmekapazität	*Verfahren*			J/(K · g)
Glasumwandlungstemperatur	*Torsionsschwingungsversuch*		°C	
	Differentialkalorimetrie		°C	

Brandverhalten

UL-Test vertikal		Dicke mm, Wert	
		Dicke mm, Wert	
	Norm	*Bewertung*	*Abmessungen*
Sauerstoff-Index	ASTM D 2863		
Glühstab-Verfahren			
Brandverhalten	DIN 4102		
MVSS			
FAR			

Elektrische Eigenschaften

		Hz	°C			*Probekörper, Form*
Dielektrizitätszahl		50				
		10^3				
		10^6				
Dielektrischer Verlustfaktor tan δ		50				
		10^3				
		10^6				
Spezifischer Durchgangswiderstand	Ohm · cm		23	1.0*10**3		
Durchschlagfestigkeit	kV/mm					mm dick
Oberflächenwiderstand	Ohm			1.0*10**2		
Kriechstromfestigkeit		KC		KB	KA	
Elektrolytische Korrosionswirkung						
Lichtbogenfestigkeit nach DIN						
nach ASTM	s					

Beständigkeit *(Chemische Beständigkeit siehe Anhang)*

Wasseraufnahme 23 C	1 d	0.6 %	
Feuchtigkeitsaufnahme Normalklima			%
Wetterbeständigkeit			
Spannungskorrosion			

Optische Eigenschaften

Brechungszahl n_D		
Transmissionsgrad τ_c	%	mm dick
Lichtdurchlässigkeit		

Produkt	Polyamid 12		**PA**
Handelsname	**Luvocom 6/CF/30**		
Hersteller	LUV		
DIN-Bez 1			
DIN-Bez 2			
Zusätze		*Füllstoffe/ Verstärkung*	30.0% Kohlefaser
Bevorzugte Verarbeitung	Spritzgiessen	*Lieferform*	Granulat
		Farben	Schwarz
Besondere Merkmale	Sehr hoher Modul; Hohe Festigkeit; Geringer elektrischer Widerstand; Geringere Wasseraufnahme als andere Polyamide; Bestaendiger gegen Spannungskorrosion als andere Polyamide	*Bevorzugte Anwendungen*	Technisches Formteil; Maschinenelement; Bueromaschinenbau; Feinwerktechnik

Dichte	g/cm^3	1.16	*Schmelzindex*	g/10 min	:
Schüttdichte	g/cm^3	0.55–0.60	*Volumenfließindex*	cm^3/10 min	:
Viskositätszahl	ml/g				

Verarbeitungsbedingungen für Spritzgießen

Massetemp.	°C	270–280	*Schwindung*	% lgs 0.2–0.4, quer
Werkzeugtemp.	°C	60	*Bemerkungen*	Vortrocknen empfohlen: 6h/75 C; 3h/ 105C
Spritzdruck	bar			

Zugversuch 23 °C DIN 53455; DIN 53457

Probekörper: *Form* Nr.3 — *Zustand* Luftfeucht — *Herstellung* Spritzgiessen — *Vorbehandlung* 1 d bei 23 C/50 %

Streckspannung	N/mm^2		*Dehnung bei Streckspannung*	%	
Zugfestigkeit	N/mm^2		*Reißdehnung*	%	2.3
Reißfestigkeit	N/mm^2	170	*% Dehnspannung*	N/mm^2	
E-Modul	N/mm^2	16000	*Dehnung bei % Dehnspg.*	%	

Kriechmoduln und Zeitstandwerte 23 °C

Probekörper: *Form* — *Zustand* — *Herstellung* — *Vorbehandlung*

Kriechmodul	*1 min*	N/mm^2	*Zeitstandzugfestigkeit*	h	N/mm^2
Kriechmodul	*1000 h*	N/mm^2	*Zeitdehnspg. %*	h	N/mm^2
bei Spannung		N/mm^2			

Biegeversuch 23 °C DIN 53452;

Probekörper: *Form* 80x10x4 mm — *Zustand* Luftfeucht — *Herstellung* Spritzgiessen — *Vorbehandlung* 1 d bei 23 C/50 %

Biegefestigkeit	N/mm^2	220	*E-Modul*	N/mm^2
3,5% *Biegespannung*	N/mm^2			

Härte 23 °C *Probekörper:* *Zustand* Luftfeucht — *Herstellung* Spritzgiessen — *Vorbehandlung* 1 d bei 23 C/50 %

Kugeldruckhärte	N/mm^2 110 bei N, 30 s	*Shore-Härte* A	
Rockwellhärte		*Shore-Härte* D	

Schlagversuch *Probekörper:* *(1)* *(2)* *Zustand* Luftfeucht — *Herstellung* Spritzgiessen — *Vorbehandlung* 1 d bei 23 C/50 %

		°C	°C	°C	*Probekörper-Form*
Schlagzähigkeit	kJ/m^2	23 35			NKS
Kerbschlagzähigkeit (1)	kJ/m^2				
IZOD-Kerbschlagzähigkeit (2)	J/m				
Kerbschlagzugzähigkeit	kJ/m^2				

Abrieb und Reibung

Taber-Abrieb (Reibradverfahren)	$mm^3/100$ U		
Abriebfaktor LNP (Thrust washer) Vergleichswert			
Statische Reibungszahl			
Dynamische Reibungszahl	(p·v=	N/mm²·	m/min)
Zulässiger p·v Wert	N/mm²·(m/min)	v=	m/min
		v=	m/min

Thermische Eigenschaften

Formbeständigkeit in der Wärme	*Verfahren*		°C
	Verfahren		°C
Vicat Erweichungstemperatur (VST)	*Verfahren*	B/50	170 °C
	Verfahren		°C
Kristallit-Schmelzpunkt	*Verfahren*		
Längenausdehnungskoeffizient	*Bereich*	°C	$\cdot 10^{-4}K^{-1}$
	Temperatur		$\cdot 10^{-4}K^{-1}$
Wärmeleitfähigkeit	*Verfahren*		W/(K·m)
Spezifische Wärmekapazität	*Verfahren*		J/(K·g)
Glasumwandlungstemperatur	*Torsionsschwingungsversuch*		°C
	Differentialkalorimetrie		°C

Brandverhalten

UL-Test vertikal	Dicke	mm, Wert
	Dicke	mm, Wert

	Norm	*Bewertung*	*Abmessungen*
Sauerstoff-Index	ASTM D 2863		
Glühstab-Verfahren			
Brandverhalten	DIN 4102		
MVSS			
FAR			

Elektrische Eigenschaften

		Hz	°C			*Probekörper, Form*
Dielektrizitätszahl		50				
		10^3				
		10^6				
Dielektrischer Verlustfaktor tan δ		50				
		10^3				
		10^6				
Spezifischer Durchgangs-widerstand	Ohm·cm		23	≦1.0*10**2		
Durchschlagfestigkeit	kV/mm					mm dick
Oberflächenwiderstand	Ohm		23	≦1.0*10**2		
Kriechstromfestigkeit		KC		KB	KA	
Elektrolytische Korrosionswirkung						
Lichtbogenfestigkeit nach DIN						
nach ASTM	s					

Beständigkeit *(Chemische Beständigkeit siehe Anhang)*

Wasseraufnahme

Feuchtigkeitsaufnahme Normalklima %

Wetterbeständigkeit

Spannungskorrosion

Optische Eigenschaften

Brechungszahl n_D

Transmissionsgrad τ_c % mm dick

Lichtdurchlässigkeit

Produkt	Polyamid 66		**PA**
Handelsname	**Luvocom 8/CF/30/HS**		
Hersteller	LUV		
DIN-Bez 1			
DIN-Bez 2			
Zusätze		*Füllstoffe/ Verstärkung*	30.0% Kohlefaser
Bevorzugte Verarbeitung	Spritzgiessen	*Lieferform*	Granulat
		Farben	Schwarz
Besondere Merkmale	Hitzestabilisiert; Trockenschlagzaeh; Sehr hoher Modul; Hohe Festigkeit; Geringer elektrischer Widerstand	*Bevorzugte Anwendungen*	Technisches Formteil; Maschinenelement; Bauteil fuer Textilmaschinen; Kfz-Bau

Dichte	g/cm³	1.20	*Schmelzindex*	g/10 min	:
Schüttdichte	g/cm³	0.58–0.64	*Volumenfließindex*	cm³/10 min	:
Viskositätszahl	ml/g				

Verarbeitungsbedingungen für Spritzgießen

Massetemp.	°C	260–290	*Schwindung*	%	lgs 0.2–0.3, quer
Werkzeugtemp.	°C	70–100	*Bemerkungen*	Vortrocknen empfohlen: 6h/75 C; 3h/ 105C	
Spritzdruck	bar				

Zugversuch 23 °C DIN 53455; DIN 53457

Probekörper: *Form* Nr.3 — *Herstellung* Spritzgiessen
Zustand Luftfeucht — *Vorbehandlung* 1 d bei 23 C/50 %

Streckspannung	N/mm²		*Dehnung bei Streckspannung*	%	
Zugfestigkeit	N/mm²		*Reißdehnung*	%	3.0
Reißfestigkeit	N/mm²	190	*% Dehnspannung*	N/mm²	
E-Modul	N/mm²	17000	*Dehnung bei % Dehnspg.*	%	

Kriechmoduln und Zeitstandwerte 23 °C

Probekörper: *Form* — *Herstellung*
Zustand — *Vorbehandlung*

Kriechmodul	*1 min*	N/mm²	*Zeitstandzugfestigkeit*	h	N/mm²
Kriechmodul	*1000 h*	N/mm²	*Zeitdehnspg.* %	h	N/mm²
bei Spannung		N/mm²			

Biegeversuch 23 °C DIN 53452;

Probekörper: *Form* 80x10x4 mm — *Herstellung* Spritzgiessen
Zustand Luftfeucht — *Vorbehandlung* 1 d bei 23 C/50 %

Biegefestigkeit	N/mm²	260	*E-Modul*	N/mm²
3,5% *Biegespannung*	N/mm²			

Härte 23 °C *Probekörper:* *Zustand* Luftfeucht — *Herstellung* Spritzgiessen
Vorbehandlung 1 d bei 23 C/50 %

Kugeldruckhärte	N/mm² 130	bei N, 30 s	*Shore-Härte* A	
Rockwellhärte			*Shore-Härte* D	

Schlagversuch *Probekörper:* *(1)*
(2) — *Herstellung* Spritzgiessen
Zustand Luftfeucht — *Vorbehandlung* 1 d bei 23 C/50 %

		°C	°C	°C	*Probekörper-Form*
Schlagzähigkeit	kJ/m²	23 35			NKS
Kerbschlagzähigkeit (1)	kJ/m²				
IZOD-Kerbschlagzähigkeit (2)	J/m				
Kerbschlagzugzähigkeit	kJ/m²				

Abrieb und Reibung

Taber-Abrieb (Reibradverfahren)	mm³/100 U		
Abriebfaktor LNP (Thrust washer) Vergleichswert			
Statische Reibungszahl			
Dynamische Reibungszahl	(p·v=	N/mm²·	m/min)
Zulässiger p·v Wert	N/mm²·(m/min)	v=	m/min
		v=	m/min

Thermische Eigenschaften

Formbeständigkeit in der Wärme	*Verfahren*		°C
	Verfahren		°C
Vicat Erweichungstemperatur (VST)	*Verfahren*	B/50	250 °C
	Verfahren		°C
Kristallit-Schmelzpunkt	*Verfahren*		
Längenausdehnungskoeffizient	*Bereich*	°C	$\cdot 10^{-4}K^{-1}$
	Temperatur		$\cdot 10^{-4}K^{-1}$
Wärmeleitfähigkeit	*Verfahren*		W/(K·m)
Spezifische Wärmekapazität	*Verfahren*		J/(K·g)
Glasumwandlungstemperatur	*Torsionsschwingungsversuch*	°C	
	Differentialkalorimetrie	°C	

Brandverhalten

UL-Test vertikal		Dicke mm, Wert	
		Dicke mm, Wert	
	Norm	*Bewertung*	*Abmessungen*
Sauerstoff-Index	ASTM D 2863		
Glühstab-Verfahren			
Brandverhalten	DIN 4102		
MVSS			
FAR			

Elektrische Eigenschaften

		Hz	°C		Probekörper, Form
Dielektrizitätszahl		50			
		10^3			
		10^6			
Dielektrischer Verlustfaktor tan δ		50			
		10^3			
		10^6			
Spezifischer Durchgangswiderstand	Ohm·cm		23	≦1.0*10**2	
Durchschlagfestigkeit	kV/mm				mm dick
Oberflächenwiderstand	Ohm		23	≦1.0*10**2	
Kriechstromfestigkeit		KC	KB	KA	
Elektrolytische Korrosionswirkung					
Lichtbogenfestigkeit nach DIN					
nach ASTM	s				

Beständigkeit *(Chemische Beständigkeit siehe Anhang)*

Wasseraufnahme	
Feuchtigkeitsaufnahme Normalklima	%
Wetterbeständigkeit	
Spannungskorrosion	

Optische Eigenschaften

Brechungszahl n_D		
Transmissionsgrad τ_c	%	mm dick
Lichtdurchlässigkeit		

PA

Produkt	Polyamid 66
Handelsname	**Luvocom 1/GF/12/TF/15/MS/HS**
Hersteller	LUV
DIN-Bez 1	
DIN-Bez 2	

Zusätze	17.0% PTFE (15); Silikon (2); Molybdaendisulfid	*Füllstoffe/ Verstärkung*	12.0% Glasfaser
Bevorzugte Verarbeitung	Spritzgiessen	*Lieferform*	Granulat
		Farben	Natur
Besondere Merkmale	Hitzestabilisiert; Gutes Gleitverhalten; Gute Verschleissfestigkeit; Geringer elektrischer Widerstand	*Bevorzugte Anwendungen*	Technisches Formteil; Zahnrad; Zahnriemenrad; Steuerscheibe; Gleitelement; Teil fuer Bueromaschinen; Teil fuer Haushaltsgeraet

Dichte	g/cm³	1.31	*Schmelzindex*	g/10 min	:
Schüttdichte	g/cm³	0.70–0.75	*Volumenfließindex*	cm³/10 min	:
Viskositätszahl	ml/g				

Verarbeitungsbedingungen für Spritzgießen

Massetemp.	°C	270–290	*Schwindung*	% lgs 0.6–0.7, quer
Werkzeugtemp.	°C	60–90	*Bemerkungen*	Vortrocknen empfohlen: 6h/75 C; 3h/105C
Spritzdruck	bar			

Zugversuch 23 °C DIN 53455; DIN 53457

Probekörper: *Form* Nr.3 — *Herstellung* Spritzgiessen
Zustand Luftfeucht — *Vorbehandlung* 1 d bei 23 C/50 %

Streckspannung	N/mm²		*Dehnung bei Streckspannung*	%	
Zugfestigkeit	N/mm²		*Reißdehnung*	%	3.5
Reißfestigkeit	N/mm²	100	*% Dehnspannung*	N/mm²	
E-Modul	N/mm²	5000	*Dehnung bei % Dehnspg.*	%	

Kriechmoduln und Zeitstandwerte 23 °C

Probekörper: *Form* — *Herstellung*
Zustand — *Vorbehandlung*

Kriechmodul	*1 min*	N/mm²	*Zeitstandzugfestigkeit*	h	N/mm²
Kriechmodul	*1000 h*	N/mm²	*Zeitdehnspg. %*	h	N/mm²
bei Spannung		N/mm²			

Biegeversuch 23 °C DIN 53452;

Probekörper: *Form* 80x10x4 mm — *Herstellung* Spritzgiessen
Zustand Luftfeucht — *Vorbehandlung* 1 d bei 23 C/50 %

Biegefestigkeit	N/mm²	130	*E-Modul*	N/mm²
3,5% *Biegespannung*	N/mm²	105		

Härte 23 °C *Probekörper:* *Zustand* Luftfeucht — *Herstellung* Spritzgiessen
Vorbehandlung 1 d bei 23 C/50 %

Kugeldruckhärte	N/mm² 120 bei N, 30 s	*Shore-Härte*	A
Rockwellhärte		*Shore-Härte*	D

Schlagversuch *Probekörper:* *(1)*
(2) — *Herstellung* Spritzgiessen
Zustand Luftfeucht — *Vorbehandlung* 1 d bei 23 C/50 %

		°C	°C	°C	*Probekörper-Form*
Schlagzähigkeit	kJ/m²	23 25			NKS
Kerbschlagzähigkeit (1)	kJ/m²				
IZOD-Kerbschlagzähigkeit (2)	J/m				
Kerbschlagzugzähigkeit	kJ/m²				

Abrieb und Reibung

Taber-Abrieb (Reibradverfahren) mm³/100 U
Abriebfaktor LNP (Thrust washer) Vergleichswert
Statische Reibungszahl
Dynamische Reibungszahl (p·v= N/mm²· m/min)
Zulässiger p · v Wert N/mm² · (m/min) v= m/min
v= m/min

Thermische Eigenschaften

Formbeständigkeit in der Wärme	*Verfahren*		°C
	Verfahren		°C
Vicat Erweichungstemperatur (VST)	*Verfahren* B/50		215 °C
	Verfahren		°C
Kristallit-Schmelzpunkt	*Verfahren*		
Längenausdehnungskoeffizient	*Bereich*	°C	$\cdot 10^{-4}K^{-1}$
	Temperatur		$\cdot 10^{-4}K^{-1}$
Wärmeleitfähigkeit	*Verfahren*		W/(K · m)
Spezifische Wärmekapazität	*Verfahren*		J/(K · g)
Glasumwandlungstemperatur	*Torsionsschwingungsversuch*	°C	
	Differentialkalorimetrie	°C	

Brandverhalten

UL-Test vertikal Dicke mm, Wert
Dicke mm, Wert

	Norm	*Bewertung*	*Abmessungen*
Sauerstoff-Index	ASTM D 2863		
Glühstab-Verfahren			
Brandverhalten	DIN 4102		
MVSS			
FAR			

Elektrische Eigenschaften

		Hz	°C			*Probekörper, Form*
Dielektrizitätszahl		50				
		10^3				
		10^6				
Dielektrischer Verlustfaktor tan δ		50				
		10^3				
		10^6				
Spezifischer Durchgangs-widerstand	Ohm · cm					
Durchschlagfestigkeit	kV/mm					mm dick
Oberflächenwiderstand	Ohm					
Kriechstromfestigkeit		KC		KB	KA	
Elektrolytische Korrosionswirkung						
Lichtbogenfestigkeit nach DIN						
nach ASTM	s					

Beständigkeit *(Chemische Beständigkeit siehe Anhang)*

Wasseraufnahme

Feuchtigkeitsaufnahme Normalklima %
Wetterbeständigkeit

Spannungskorrosion

Optische Eigenschaften

Brechungszahl n_D
Transmissionsgrad τ_c % mm dick
Lichtdurchlässigkeit

Produkt	Polyamid 66		**PA**
Handelsname	**Luvocom 1/GF/20/TF/10/SI/2**		
Hersteller	LUV		
DIN-Bez 1			
DIN-Bez 2			
Zusätze	12.0% PTFE (10); Silikon (2)	*Füllstoffe/ Verstärkung*	20.0% Glasfaser
Bevorzugte Verarbeitung	Spritzgiessen	*Lieferform*	Granulat
		Farben	Natur
Besondere Merkmale	Ausgewogene Eigenschaften; Gutes Gleitverhalten; Gute Verschleissfestigkeit	*Bevorzugte Anwendungen*	Technisches Formteil; Zahnrad; Zahnriemenrad; Steuerscheibe; Steuernokke; Teil fuer Bueromaschine; Teil fuer Haushaltsgeraet

Dichte	g/cm³	1.34	*Schmelzindex*	g/10 min	:
Schüttdichte	g/cm³	0.70–0.75	*Volumenfließindex*	cm³/10 min	:
Viskositätszahl	ml/g				

Verarbeitungsbedingungen für Spritzgießen

Massetemp.	°C	280–300	*Schwindung*	% lgs 0.6–0.7, quer
Werkzeugtemp.	°C	70–100	*Bemerkungen*	Vortrocknen empfohlen: 6h/75 C; 3h/105C
Spritzdruck	bar			

Zugversuch 23 °C DIN 53455; DIN 53457

Probekörper: *Form* Nr.3 — *Herstellung* Spritzgiessen
Zustand Luftfeucht — *Vorbehandlung* 1 d bei 23 C/50 %

Streckspannung	N/mm²		*Dehnung bei Streckspannung*	%	
Zugfestigkeit	N/mm²		*Reißdehnung*	%	3.7
Reißfestigkeit	N/mm²	125	*% Dehnspannung*	N/mm²	
E-Modul	N/mm²	5500	*Dehnung bei % Dehnspg.*	%	

Kriechmoduln und Zeitstandwerte 23 °C

Probekörper: *Form* — *Herstellung*
Zustand — *Vorbehandlung*

Kriechmodul	*1 min* N/mm²	*Zeitstandzugfestigkeit*	h	N/mm²
Kriechmodul	*1000 h* N/mm²	*Zeitdehnspg. %*	h	N/mm²
bei Spannung	N/mm²			

Biegeversuch 23 °C DIN 53452;

Probekörper: *Form* 80x10x4 mm — *Herstellung* Spritzgiessen
Zustand Luftfeucht — *Vorbehandlung* 1 d bei 23 C/50 %

Biegefestigkeit	N/mm²	170	*E-Modul*	N/mm²
3,5% *Biegespannung*	N/mm²	135		

Härte 23 °C *Probekörper:* *Zustand* — *Herstellung*
Vorbehandlung

Kugeldruckhärte	N/mm² bei N, s	*Shore-Härte*	A
Rockwellhärte		*Shore-Härte*	D

Schlagversuch *Probekörper:* *(1)*
(2) — *Herstellung* Spritzgiessen
Zustand Luftfeucht — *Vorbehandlung* 1 d bei 23 C/50 %

		°C	°C	°C	*Probekörper-Form*
Schlagzähigkeit	kJ/m²	23 30			NKS
Kerbschlagzähigkeit (1)	kJ/m²				
IZOD-Kerbschlagzähigkeit (2)	J/m				
Kerbschlagzugzähigkeit	kJ/m²				

Abrieb und Reibung

Taber-Abrieb (Reibradverfahren)	$mm^3/100$ U		
Abriebfaktor LNP (Thrust washer) Vergleichswert			
Statische Reibungszahl			
Dynamische Reibungszahl	$(p \cdot v=$	$N/mm^2 \cdot$	m/min)
Zulässiger p · v Wert	$N/mm^2 \cdot$ (m/min)	v=	m/min
		v=	m/min

Thermische Eigenschaften

Formbeständigkeit in der Wärme	*Verfahren*			°C
	Verfahren			°C
Vicat Erweichungstemperatur (VST)	*Verfahren*	B/50		235 °C
	Verfahren			°C
Kristallit-Schmelzpunkt	*Verfahren*			
Längenausdehnungskoeffizient	*Bereich*	°C		$\cdot 10^{-4} K^{-1}$
	Temperatur			$\cdot 10^{-4} K^{-1}$
Wärmeleitfähigkeit	*Verfahren*			W/(K · m)
Spezifische Wärmekapazität	*Verfahren*			J/(K · g)
Glasumwandlungstemperatur	*Torsionsschwingungsversuch*		°C	
	Differentialkalorimetrie		°C	

Brandverhalten

UL-Test vertikal Dicke mm, Wert
Dicke mm, Wert

	Norm	*Bewertung*	*Abmessungen*
Sauerstoff-Index	ASTM D 2863		
Glühstab-Verfahren			
Brandverhalten	DIN 4102		
MVSS			
FAR			

Elektrische Eigenschaften

	Hz	°C			*Probekörper, Form*
Dielektrizitätszahl	50				
	10^3				
	10^6				
Dielektrischer Verlustfaktor tan δ	50				
	10^3				
	10^6				
Spezifischer Durchgangswiderstand Ohm · cm					
Durchschlagfestigkeit kV/mm					mm dick
Oberflächenwiderstand Ohm					
Kriechstromfestigkeit	KC		KB	KA	
Elektrolytische Korrosionswirkung					
Lichtbogenfestigkeit nach DIN					
nach ASTM s					

Beständigkeit *(Chemische Beständigkeit siehe Anhang)*

Wasseraufnahme

Feuchtigkeitsaufnahme Normalklima %

Wetterbeständigkeit

Spannungskorrosion

Optische Eigenschaften

Brechungszahl n_D

Transmissionsgrad τ_c % mm dick

Lichtdurchlässigkeit

Datenbank-Nr. **T06104** *Merkblatt-Nr.* **3444**

Produkt	Polyamid 66		**PA**
Handelsname	**Luvocom 1/GF/30/MS/3/HS**		
Hersteller	LUV		
DIN-Bez 1			
DIN-Bez 2			
Zusätze	3.0% Molybdaendisulfid	*Füllstoffe/ Verstärkung*	30.0% Glasfaser
Bevorzugte Verarbeitung	Spritzgiessen	*Lieferform*	Granulat
		Farben	Natur
Besondere Merkmale	Gute mechanische Eigenschaften; Gutes Gleitverhalten; Gute Verschleissfestigkeit; Hitzestabilisiert	*Bevorzugte Anwendungen*	Technisches Formteil; Zahnrad; Zahnriemenrad; Steuerscheibe; Steuernokke; Teil fuer Bueromaschine; Teil fuer Haushaltsgeraet; Gleitelement; Feinwerktechnik

Dichte	g/cm^3	1.40	*Schmelzindex*	g/10 min	:
Schüttdichte	g/cm^3	0.65–0.70	*Volumenfließindex*	$cm^3/10$ min	:
Viskositätszahl	ml/g				

Verarbeitungsbedingungen für Spritzgießen

Massetemp.	°C	270–300	*Schwindung*	% lgs 0.6–0.8, quer
Werkzeugtemp.	°C	60–90	*Bemerkungen*	Vortrocknen empfohlen: 6h/75 C; 3h/105C
Spritzdruck	bar			

Zugversuch 23 °C DIN 53455; DIN 53457

Probekörper: *Form* Nr.3 — *Herstellung* Spritzgiessen
Zustand Luftfeucht — *Vorbehandlung* 1 d bei 23 C/50 %

Streckspannung	N/mm^2		*Dehnung bei Streckspannung*	%	
Zugfestigkeit	N/mm^2		*Reißdehnung*	%	2.2
Reißfestigkeit	N/mm^2	160	*% Dehnspannung*	N/mm^2	
E-Modul	N/mm^2	6800	*Dehnung bei % Dehnspg.*	%	

Kriechmoduln und Zeitstandwerte 23 °C

Probekörper: *Form* — *Herstellung*
Zustand — *Vorbehandlung*

Kriechmodul	*1 min*	N/mm^2	*Zeitstandzugfestigkeit*	h	N/mm^2
Kriechmodul	*1000 h*	N/mm^2	*Zeitdehnspg. %*	h	N/mm^2
bei Spannung		N/mm^2			

Biegeversuch 23 °C DIN 53452;

Probekörper: *Form* 80x10x4 mm — *Herstellung* Spritzgiessen
Zustand Luftfeucht — *Vorbehandlung* 1 d bei 23 C/50 %

Biegefestigkeit	N/mm^2	220	*E-Modul*	N/mm^2
3,5% *Biegespannung*	N/mm^2			

Härte 23 °C *Probekörper:* *Zustand* Luftfeucht — *Herstellung* Spritzgiessen
Vorbehandlung 1 d bei 23 C/50 %

Kugeldruckhärte	N/mm^2 200	bei N, 30 s	*Shore-Härte*	A
Rockwellhärte			*Shore-Härte*	D

Schlagversuch *Probekörper:* *(1)*
(2) — *Herstellung* Spritzgiessen
Zustand Luftfeucht — *Vorbehandlung* 1 d bei 23 C/50 %

		°C		°C	°C	*Probekörper-Form*
Schlagzähigkeit	kJ/m^2	23	20			NKS
Kerbschlagzähigkeit (1)	kJ/m^2					
IZOD-Kerbschlagzähigkeit (2)	J/m					
Kerbschlagzugzähigkeit	kJ/m^2					

Abrieb und Reibung

Taber-Abrieb (Reibradverfahren)	mm^3/100 U		
Abriebfaktor LNP (Thrust washer) Vergleichswert			
Statische Reibungszahl			
Dynamische Reibungszahl	(p·v=	N/mm^2 ·	m/min)
Zulässiger p · v Wert	N/mm^2 · (m/min)	v=	m/min
		v=	m/min

Thermische Eigenschaften

Formbeständigkeit in der Wärme	*Verfahren*		°C	
	Verfahren		°C	
Vicat Erweichungstemperatur (VST)	*Verfahren* B/50		245 °C	
	Verfahren		°C	
Kristallit-Schmelzpunkt	*Verfahren*			
Längenausdehnungskoeffizient	*Bereich*	°C		$\cdot 10^{-4} K^{-1}$
	Temperatur			$\cdot 10^{-4} K^{-1}$
Wärmeleitfähigkeit	*Verfahren*			W/(K · m)
Spezifische Wärmekapazität	*Verfahren*			J/(K · g)
Glasumwandlungstemperatur	*Torsionsschwingungsversuch*		°C	
	Differentialkalorimetrie		°C	

Brandverhalten

UL-Test vertikal		Dicke mm, Wert	
		Dicke mm, Wert	
	Norm	*Bewertung*	*Abmessungen*
Sauerstoff-Index	ASTM D 2863		
Glühstab-Verfahren			
Brandverhalten	DIN 4102		
MVSS			
FAR			

Elektrische Eigenschaften

		Hz	°C			*Probekörper, Form*
Dielektrizitätszahl		50				
		10^3				
		10^6				
Dielektrischer Verlustfaktor tan δ		50				
		10^3				
		10^6				
Spezifischer Durchgangswiderstand	Ohm · cm					
Durchschlagfestigkeit	kV/mm					mm dick
Oberflächenwiderstand	Ohm					
Kriechstromfestigkeit		KC		KB	KA	
Elektrolytische Korrosionswirkung						
Lichtbogenfestigkeit nach DIN						
nach ASTM	s					

Beständigkeit *(Chemische Beständigkeit siehe Anhang)*

Wasseraufnahme

Feuchtigkeitsaufnahme Normalklima %

Wetterbeständigkeit

Spannungskorrosion

Optische Eigenschaften

Brechungszahl n_D

Transmissionsgrad τ_c % mm dick

Lichtdurchlässigkeit

Produkt	Polyamid 66		**PA**
Handelsname	**Luvocom 1/GF/35/MS/3/HS**		
Hersteller	LUV		
DIN-Bez 1 *DIN-Bez 2*			
Zusätze	3.0% Molybdaendisulfid	*Füllstoffe/ Verstärkung*	35.0% Glasfaser
Bevorzugte Verarbeitung	Spritzgiessen	*Lieferform*	Granulat
		Farben	Natur
Besondere Merkmale	Sehr hoher Modul; Hohe Festigkeit; Gutes Gleitverhalten; Gute Verschleissfestigkeit; Hitzestabilisiert	*Bevorzugte Anwendungen*	Technisches Formteil; Zahnrad; Zahnriemenrad; Steuerscheibe; Steuernokke; Teil fuer Bueromaschine; Teil fuer Haushaltsgeraet

Dichte	g/cm³	1.40	*Schmelzindex*	g/10 min	:
Schüttdichte	g/cm³	0.75–0.80	*Volumenfließindex*	cm³/10 min	:
Viskositätszahl	ml/g				

Verarbeitungsbedingungen für Spritzgießen

Massetemp.	°C	270–300	*Schwindung*	% lgs 0.5–0.6, quer
Werkzeugtemp.	°C	60–90	*Bemerkungen*	Vortrocknen empfohlen: 6h/75 C; 3h/105C
Spritzdruck	bar			

Zugversuch 23 °C DIN 53455; DIN 53457

Probekörper: *Form* Nr.3; *Zustand* Luftfeucht — *Herstellung* Spritzgiessen; *Vorbehandlung* 1 d bei 23 C/50 %

Streckspannung	N/mm²		*Dehnung bei Streckspannung*	%	
Zugfestigkeit	N/mm²		*Reißdehnung*	%	2.5
Reißfestigkeit	N/mm²	190	*% Dehnspannung*	N/mm²	
E-Modul	N/mm²	11000	*Dehnung bei % Dehnspg.*	%	

Kriechmoduln und Zeitstandwerte 23 °C

Probekörper: *Form*; *Zustand* — *Herstellung*; *Vorbehandlung*

Kriechmodul	*1 min*	N/mm²	*Zeitstandzugfestigkeit*	h	N/mm²
Kriechmodul	*1000 h*	N/mm²	*Zeitdehnspg. %*	h	N/mm²
bei Spannung		N/mm²			

Biegeversuch 23 °C DIN 53452;

Probekörper: *Form* 80x10x4 mm; *Zustand* Luftfeucht — *Herstellung* Spritzgiessen; *Vorbehandlung* 1 d bei 23 C/50 %

Biegefestigkeit	N/mm²	240	*E-Modul*	N/mm²
3,5% Biegespannung	N/mm²	220		

Härte 23 °C *Probekörper:* *Zustand* Luftfeucht — *Herstellung* Spritzgiessen; *Vorbehandlung* 1 d bei 23 C/50 %

Kugeldruckhärte	N/mm² 175	bei N, 30 s	*Shore-Härte* A	
Rockwellhärte			*Shore-Härte* D	

Schlagversuch *Probekörper:* *(1)* *(2)* *Zustand* Luftfeucht — *Herstellung* Spritzgiessen; *Vorbehandlung* 1 d bei 23 C/50 %

		°C	°C	°C	*Probekörper-Form*
Schlagzähigkeit	kJ/m²	23 30			NKS
Kerbschlagzähigkeit (1)	kJ/m²				
IZOD-Kerbschlagzähigkeit (2)	J/m				
Kerbschlagzugzähigkeit	kJ/m²				

Abrieb und Reibung

Taber-Abrieb (Reibradverfahren)	mm^3/100 U		
Abriebfaktor LNP (Thrust washer) Vergleichswert			
Statische Reibungszahl			
Dynamische Reibungszahl	(p·v=	N/mm^2·	m/min)
Zulässiger p·v Wert	N/mm^2·(m/min)	v=	m/min
		v=	m/min

Thermische Eigenschaften

Formbeständigkeit in der Wärme	Verfahren			°C
	Verfahren			°C
Vicat Erweichungstemperatur (VST)	Verfahren	B/50		245 °C
	Verfahren			°C
Kristallit-Schmelzpunkt	Verfahren			
Längenausdehnungskoeffizient	Bereich		°C	$\cdot 10^{-4}K^{-1}$
	Temperatur			$\cdot 10^{-4}K^{-1}$
Wärmeleitfähigkeit	Verfahren			W/(K·m)
Spezifische Wärmekapazität	Verfahren			J/(K·g)
Glasumwandlungstemperatur	Torsionsschwingungsversuch		°C	
	Differentialkalorimetrie		°C	

Brandverhalten

UL-Test vertikal		Dicke mm, Wert	
		Dicke mm, Wert	
	Norm	Bewertung	Abmessungen
Sauerstoff-Index	ASTM D 2863		
Glühstab-Verfahren			
Brandverhalten	DIN 4102		
MVSS			
FAR			

Elektrische Eigenschaften

		Hz	°C	Probekörper, Form
Dielektrizitätszahl		50		
		10^3		
		10^6		
Dielektrischer Verlustfaktor tan δ		50		
		10^3		
		10^6		
Spezifischer Durchgangswiderstand	Ohm·cm			
Durchschlagfestigkeit	kV/mm			mm dick
Oberflächenwiderstand	Ohm			
Kriechstromfestigkeit		KC	KB	KA
Elektrolytische Korrosionswirkung				
Lichtbogenfestigkeit nach DIN				
nach ASTM	s			

Beständigkeit *(Chemische Beständigkeit siehe Anhang)*

Wasseraufnahme

Feuchtigkeitsaufnahme Normalklima %

Wetterbeständigkeit

Spannungskorrosion

Optische Eigenschaften

Brechungszahl n_D		
Transmissionsgrad τ_c	%	mm dick
Lichtdurchlässigkeit		

PA

Produkt	Polyamid 66		
Handelsname	**Luvocom 1/GF/40/MS/3/HS**		
Hersteller	LUV		
DIN-Bez 1			
DIN-Bez 2			
Zusätze	3.0% Molybdaendisulfid	*Füllstoffe/ Verstärkung*	40.0% Glasfaser
Bevorzugte Verarbeitung	Spritzgiessen	*Lieferform*	Granulat
		Farben	Natur
Besondere Merkmale	Sehr hoher Modul; Hohe Festigkeit; Verbessertes Gleitverhalten; Gute Verschleissfestigkeit; Hitzestabilisiert	*Bevorzugte Anwendungen*	Technisches Formteil; Zahnrad; Zahnriemenrad; Steuerscheibe; Steuernokke; Teil fuer Bueromaschine; Feinwerktechnik

Dichte	g/cm³	1.49	*Schmelzindex*	g/10 min	:
Schüttdichte	g/cm³		*Volumenfließindex*	cm³/10 min	:
Viskositätszahl	ml/g				

Verarbeitungsbedingungen für Spritzgießen

Massetemp.	°C	280–310	*Schwindung*	% lgs 0.5–0.7, quer
Werkzeugtemp.	°C	60–90	*Bemerkungen*	Vortrocknen empfohlen: 6h/75 C; 3h/ 105C
Spritzdruck	bar			

Zugversuch 23 °C DIN 53455; DIN 53457

Probekörper: *Form* Nr.3 — *Herstellung* Spritzgiessen
Zustand Luftfeucht — *Vorbehandlung* 1 d bei 23 C/50 %

Streckspannung	N/mm²		*Dehnung bei Streckspannung*	%	
Zugfestigkeit	N/mm²		*Reißdehnung*	%	1.5
Reißfestigkeit	N/mm²	180	*% Dehnspannung*	N/mm²	
E-Modul	N/mm²	18000	*Dehnung bei % Dehnspg.*	%	

Kriechmoduln und Zeitstandwerte 23 °C

Probekörper: *Form* — *Herstellung*
Zustand — *Vorbehandlung*

Kriechmodul	*1 min*	N/mm²	*Zeitstandzugfestigkeit*	h	N/mm²
Kriechmodul	*1000 h*	N/mm²	*Zeitdehnspg.* %	h	N/mm²
bei Spannung		N/mm²			

Biegeversuch 23 °C DIN 53452;

Probekörper: *Form* 80x10x4 mm — *Herstellung* Spritzgiessen
Zustand Luftfeucht — *Vorbehandlung* 1 d bei 23 C/50 %

Biegefestigkeit	N/mm²	260	*E-Modul*	N/mm²
3,5% *Biegespannung*	N/mm²			

Härte 23 °C *Probekörper:* *Zustand* Luftfeucht — *Herstellung* Spritzgiessen
Vorbehandlung 1 d bei 23 C/50 %

Kugeldruckhärte	N/mm² 210 bei N, 30 s	*Shore-Härte* A	
Rockwellhärte		*Shore-Härte* D	

Schlagversuch *Probekörper:* *(1)*
(2) — *Herstellung* Spritzgiessen
Zustand Luftfeucht — *Vorbehandlung* 1 d bei 23 C/50 %

		°C	°C	°C	*Probekörper-Form*
Schlagzähigkeit	kJ/m²	23 35			NKS
Kerbschlagzähigkeit (1)	kJ/m²				
IZOD-Kerbschlagzähigkeit (2)	J/m				
Kerbschlagzugzähigkeit	kJ/m²				

Abrieb und Reibung

Taber-Abrieb (Reibradverfahren) mm³/100 U
Abriebfaktor LNP (Thrust washer) Vergleichswert
Statische Reibungszahl
Dynamische Reibungszahl (p·v= N/mm²· m/min)
Zulässiger p·v Wert N/mm²·(m/min) v= m/min
v= m/min

Thermische Eigenschaften

Formbeständigkeit in der Wärme	*Verfahren*		°C
	Verfahren		°C
Vicat Erweichungstemperatur (VST)	*Verfahren*	B/50	250 °C
	Verfahren		°C
Kristallit-Schmelzpunkt	*Verfahren*		
Längenausdehnungskoeffizient	*Bereich*	°C	$\cdot 10^{-4}K^{-1}$
	Temperatur		$\cdot 10^{-4}K^{-1}$
Wärmeleitfähigkeit	*Verfahren*		W/(K·m)
Spezifische Wärmekapazität	*Verfahren*		J/(K·g)
Glasumwandlungstemperatur	*Torsionsschwingungsversuch*		°C
	Differentialkalorimetrie		°C

Brandverhalten

UL-Test vertikal Dicke mm, Wert
Dicke mm, Wert

	Norm	*Bewertung*	*Abmessungen*
Sauerstoff-Index	ASTM D 2863		
Glühstab-Verfahren			
Brandverhalten	DIN 4102		
MVSS			
FAR			

Elektrische Eigenschaften

		Hz	°C	*Probekörper, Form*
Dielektrizitätszahl		50		
		10^3		
		10^6		
Dielektrischer Verlustfaktor tan δ		50		
		10^3		
		10^6		
Spezifischer Durchgangswiderstand	Ohm·cm			
Durchschlagfestigkeit	kV/mm			mm dick
Oberflächenwiderstand	Ohm			

Kriechstromfestigkeit KC KB KA
Elektrolytische Korrosionswirkung
Lichtbogenfestigkeit nach DIN
nach ASTM s

Beständigkeit *(Chemische Beständigkeit siehe Anhang)*

Wasseraufnahme

Feuchtigkeitsaufnahme Normalklima %
Wetterbeständigkeit

Spannungskorrosion

Optische Eigenschaften

Brechungszahl n_D
Transmissionsgrad τ_c % mm dick
Lichtdurchlässigkeit

Produkt	Polyamid 66		**PA**
Handelsname	**Luvocom 1/GF/40/TF/13**		
Hersteller	LUV		
DIN-Bez 1 *DIN-Bez 2*			
Zusätze	13.0% PTFE	*Füllstoffe/ Verstärkung*	40.0% Glasfaser
Bevorzugte Verarbeitung	Spritzgiessen	*Lieferform*	Granulat
		Farben	Natur
Besondere Merkmale	Ausgewogene Eigenschaften; Gutes Gleitverhalten; Gute Verschleissfestigkeit	*Bevorzugte Anwendungen*	Technisches Formteil

Dichte	g/cm³	1.57	*Schmelzindex*	g/10 min	:
Schüttdichte	g/cm³	0.70–0.75	*Volumenfließindex*	cm³/10 min	:
Viskositätszahl	ml/g				

Verarbeitungsbedingungen für Spritzgießen

Massetemp.	°C	280–310	*Schwindung*	% lgs 0.3–0.4, quer
Werkzeugtemp.	°C	70–120	*Bemerkungen*	Vortrocknen empfohlen: 6h/75 C; 3h/105C
Spritzdruck	bar			

Zugversuch 23 °C DIN 53455; DIN 53457

Probekörper: *Form* Nr.3 — *Herstellung* Spritzgiessen
Zustand Luftfeucht — *Vorbehandlung* 1 d bei 23 C/50 %

Streckspannung	N/mm²		*Dehnung bei Streckspannung*	%	
Zugfestigkeit	N/mm²		*Reißdehnung*	%	2.5
Reißfestigkeit	N/mm²	175	*% Dehnspannung*	N/mm²	
E-Modul	N/mm²	11500	*Dehnung bei % Dehnspg.*	%	

Kriechmoduln und Zeitstandwerte 23 °C

Probekörper: *Form* — *Herstellung*
Zustand — *Vorbehandlung*

Kriechmodul	*1 min*	N/mm²	*Zeitstandzugfestigkeit*	h	N/mm²
Kriechmodul	*1000 h*	N/mm²	*Zeitdehnspg. %*	h	N/mm²
bei Spannung		N/mm²			

Biegeversuch 23 °C DIN 53452;

Probekörper: *Form* 80x10x4 mm — *Herstellung* Spritzgiessen
Zustand Luftfeucht — *Vorbehandlung* 1 d bei 23 C/50 %

Biegefestigkeit	N/mm²	255	*E-Modul*	N/mm²
3,5% *Biegespannung*	N/mm²	235		

Härte 23 °C *Probekörper:* *Zustand* Luftfeucht — *Herstellung* Spritzgiessen
Vorbehandlung 1 d bei 23 C/50 %

Kugeldruckhärte	N/mm² 180 bei N, 30 s	*Shore-Härte*	A
Rockwellhärte		*Shore-Härte*	D

Schlagversuch *Probekörper:* *(1)*
(2) — *Herstellung* Spritzgiessen
Zustand Luftfeucht — *Vorbehandlung* 1 d bei 23 C/50 %

		°C	°C	°C	*Probekörper-Form*
Schlagzähigkeit	kJ/m²	23 35			NKS
Kerbschlagzähigkeit (1)	kJ/m²				
IZOD-Kerbschlagzähigkeit (2)	J/m				
Kerbschlagzugzähigkeit	kJ/m²				

Abrieb und Reibung

Taber-Abrieb (Reibradverfahren)	mm^3/100 U		
Abriebfaktor LNP (Thrust washer) Vergleichswert			
Statische Reibungszahl			
Dynamische Reibungszahl	(p·v=	N/mm²·	m/min)
Zulässiger p·v Wert	N/mm²·(m/min)	v=	m/min
		v=	m/min

Thermische Eigenschaften

Formbeständigkeit in der Wärme	*Verfahren*		°C
	Verfahren		°C
Vicat Erweichungstemperatur (VST)	*Verfahren*	B/50	220 °C
	Verfahren		°C
Kristallit-Schmelzpunkt	*Verfahren*		
Längenausdehnungskoeffizient	*Bereich*	°C	$\cdot 10^{-4}K^{-1}$
	Temperatur		$\cdot 10^{-4}K^{-1}$
Wärmeleitfähigkeit	*Verfahren*		W/(K·m)
Spezifische Wärmekapazität	*Verfahren*		J/(K·g)
Glasumwandlungstemperatur	*Torsionsschwingungsversuch*		°C
	Differentialkalorimetrie		°C

Brandverhalten

UL-Test vertikal Dicke mm, Wert
Dicke mm, Wert

	Norm	*Bewertung*	*Abmessungen*
Sauerstoff-Index	ASTM D 2863		
Glühstab-Verfahren			
Brandverhalten	DIN 4102		
MVSS			
FAR			

Elektrische Eigenschaften

		Hz	°C	*Probekörper, Form*
Dielektrizitätszahl		50		
		10^3		
		10^6		
Dielektrischer Verlustfaktor tan δ		50		
		10^3		
		10^6		
Spezifischer Durchgangswiderstand	Ohm·cm			
Durchschlagfestigkeit	kV/mm			mm dick
Oberflächenwiderstand	Ohm			

Kriechstromfestigkeit KC KB KA
Elektrolytische Korrosionswirkung
Lichtbogenfestigkeit nach DIN
nach ASTM s

Beständigkeit *(Chemische Beständigkeit siehe Anhang)*

Wasseraufnahme

Feuchtigkeitsaufnahme Normalklima %
Wetterbeständigkeit

Spannungskorrosion

Optische Eigenschaften

Brechungszahl n_D
Transmissionsgrad τ_c % mm dick
Lichtdurchlässigkeit

Datenbank-Nr. **T06108** Merkblatt-Nr. **3448**

Produkt	Polyamid 66		**PA**
Handelsname	**Luvocom 1/GF/30/TF/15/SI/2**		
Hersteller	LUV		
DIN-Bez 1			
DIN-Bez 2			
Zusätze	17.0% PTFE (15); Silikon (2)	*Füllstoffe/ Verstärkung*	30.0% Glasfaser
Bevorzugte Verarbeitung	Spritzgiessen	*Lieferform*	Granulat
		Farben	Natur
Besondere Merkmale	Sehr hoher Modul; Hohe Festigkeit; Verbessertes Gleitverhalten; Gute Verschleissfestigkeit	*Bevorzugte Anwendungen*	Technisches Formteil; Zahnrad; Zahnriemenrad; Steuerscheibe; Steuernokke; Teil fuer Bueromaschine; Spulenkoerper

Dichte	g/cm^3	1.50	*Schmelzindex*	g/10 min	:
Schüttdichte	g/cm^3	0.73	*Volumenfließindex*	cm^3/10 min	:
Viskositätszahl	ml/g				

Verarbeitungsbedingungen für Spritzgießen

Massetemp.	°C	270–300	*Schwindung*	% lgs 0.40, quer
Werkzeugtemp.	°C	55–90	*Bemerkungen*	Vortrocknen empfohlen: 16h/75 C; 2h/105C
Spritzdruck	bar			

Zugversuch 23 °C DIN 53455; DIN 53457

Probekörper: *Form* Nr.3 — *Herstellung* Spritzgiessen
Zustand Luftfeucht — *Vorbehandlung* 1 d bei 23 C/50 %

Streckspannung	N/mm^2		*Dehnung bei Streckspannung*	%	
Zugfestigkeit	N/mm^2		*Reißdehnung*	%	3.1
Reißfestigkeit	N/mm^2	153	*% Dehnspannung*	N/mm^2	
E-Modul	N/mm^2	10000	*Dehnung bei % Dehnspg.*	%	

Kriechmoduln und Zeitstandwerte 23 °C

Probekörper: *Form* — *Herstellung*
Zustand — *Vorbehandlung*

Kriechmodul	*1 min* N/mm^2	*Zeitstandzugfestigkeit*	h	N/mm^2
Kriechmodul	*1000 h* N/mm^2	*Zeitdehnspg.* %	h	N/mm^2
bei Spannung	N/mm^2			

Biegeversuch 23 °C DIN 53452;

Probekörper: *Form* 80x10x4 mm — *Herstellung* Spritzgiessen
Zustand Luftfeucht — *Vorbehandlung* 1 d bei 23 C/50 %

Biegefestigkeit	N/mm^2	205	*E-Modul*	N/mm^2
3,5% *Biegespannung*	N/mm^2			

Härte 23 °C *Probekörper:* *Zustand* Luftfeucht — *Herstellung* Spritzgiessen
Vorbehandlung 1 d bei 23 C/50 %

Kugeldruckhärte	N/mm^2 140 bei N, 30 s	*Shore-Härte* A	
Rockwellhärte		*Shore-Härte* D	

Schlagversuch *Probekörper:* *(1)*
(2) — *Herstellung* Spritzgiessen
Zustand Luftfeucht — *Vorbehandlung* 1 d bei 23 C/50 %

		°C	°C	°C	*Probekörper-Form*
Schlagzähigkeit	kJ/m^2	23 35			NKS
Kerbschlagzähigkeit (1)	kJ/m^2				
IZOD-Kerbschlagzähigkeit (2)	J/m				
Kerbschlagzugzähigkeit	kJ/m^2				

Abrieb und Reibung

Taber-Abrieb (Reibradverfahren)	mm^3/100 U		
Abriebfaktor LNP (Thrust washer) Vergleichswert			
Statische Reibungszahl			
Dynamische Reibungszahl	(p·v=	N/mm^2 ·	m/min)
Zulässiger p · v Wert	N/mm^2 · (m/min)	v=	m/min
		v=	m/min

Thermische Eigenschaften

Formbeständigkeit in der Wärme	*Verfahren*			°C
	Verfahren			°C
Vicat Erweichungstemperatur (VST)	*Verfahren*	B/50		220 °C
	Verfahren			°C
Kristallit-Schmelzpunkt	*Verfahren*			
Längenausdehnungskoeffizient	*Bereich*	°C		$\cdot 10^{-4}K^{-1}$
	Temperatur			$\cdot 10^{-4}K^{-1}$
Wärmeleitfähigkeit	*Verfahren*			W/(K · m)
Spezifische Wärmekapazität	*Verfahren*			J/(K · g)
Glasumwandlungstemperatur	*Torsionsschwingungsversuch*		°C	
	Differentialkalorimetrie		°C	

Brandverhalten

UL-Test vertikal	Dicke	mm, Wert
	Dicke	mm, Wert

	Norm	*Bewertung*	*Abmessungen*
Sauerstoff-Index	ASTM D 2863		
Glühstab-Verfahren			
Brandverhalten	DIN 4102		
MVSS			
FAR			

Elektrische Eigenschaften

		Hz	°C		*Probekörper, Form*
Dielektrizitätszahl		50			
		10^3			
		10^6			
Dielektrischer Verlustfaktor tan δ		50			
		10^3			
		10^6			
Spezifischer Durchgangswiderstand	Ohm · cm				
Durchschlagfestigkeit	kV/mm				mm dick
Oberflächenwiderstand	Ohm				
Kriechstromfestigkeit		KC	KB	KA	
Elektrolytische Korrosionswirkung					
Lichtbogenfestigkeit nach DIN					
nach ASTM	s				

Beständigkeit *(Chemische Beständigkeit siehe Anhang)*

Wasseraufnahme 23 C	1 d	0.5 %	
Feuchtigkeitsaufnahme Normalklima			%
Wetterbeständigkeit			
Spannungskorrosion			

Optische Eigenschaften

Brechungszahl n_D		
Transmissionsgrad τ_c	%	mm dick
Lichtdurchlässigkeit		

Datenbank-Nr.	**T06109**		*Merkblatt-Nr.* **3449**
Produkt	Polyamid 66		**PA**
Handelsname	**Luvocom 1/GF/30/TF/15/HS**		
Hersteller	LUV		
DIN-Bez 1			
DIN-Bez 2			
Zusätze	15.0% PTFE	*Füllstoffe/ Verstärkung*	30.0% Glasfaser
Bevorzugte Verarbeitung	Spritzgiessen	*Lieferform*	Granulat
		Farben	Natur
Besondere Merkmale	Sehr hoher Modul; Hohe Festigkeit; Verbessertes Gleitverhalten; Gute Verschleissfestigkeit; Hitzestabilisiert	*Bevorzugte Anwendungen*	Technisches Formteil; Zahnrad; Zahnriemenrad; Steuerscheibe; Steuernokke; Teil fuer Bueromaschine; Spulenkoerper; Funktionsteil fuer Maschinenbau; Kfz-Bau

Dichte	g/cm^3	1.48	*Schmelzindex*	g/10 min	:
Schüttdichte	g/cm^3	0.75–0.80	*Volumenfließindex*	cm^3/10 min	:
Viskositätszahl	ml/g				

Verarbeitungsbedingungen für Spritzgießen

Massetemp.	°C	270–300	*Schwindung*	% lgs 0.4–0.5, quer
Werkzeugtemp.	°C	60–90	*Bemerkungen*	Vortrocknen empfohlen: 6h/75 C; 3h/105C
Spritzdruck	bar			

Zugversuch 23 °C DIN 53455; DIN 53457

Probekörper: *Form* Nr.3 — *Zustand* Luftfeucht — *Herstellung* Spritzgiessen — *Vorbehandlung* 1 d bei 23 C/50 %

Streckspannung	N/mm^2		*Dehnung bei Streckspannung*	%	
Zugfestigkeit	N/mm^2		*Reißdehnung*	%	3.2
Reißfestigkeit	N/mm^2	160	*% Dehnspannung*	N/mm^2	
E-Modul	N/mm^2	9000	*Dehnung bei % Dehnspg.*	%	

Kriechmoduln und Zeitstandwerte 23 °C

Probekörper: *Form* — *Zustand* — *Herstellung* — *Vorbehandlung*

Kriechmodul	*1 min*	N/mm^2	*Zeitstandzugfestigkeit*	h	N/mm^2
Kriechmodul	*1000 h*	N/mm^2	*Zeitdehnspg. %*	h	N/mm^2
bei Spannung		N/mm^2			

Biegeversuch 23 °C DIN 53452;

Probekörper: *Form* 80x10x4 mm — *Zustand* Luftfeucht — *Herstellung* Spritzgiessen — *Vorbehandlung* 1 d bei 23 C/50 %

Biegefestigkeit	N/mm^2	220	*E-Modul*	N/mm^2
3,5% Biegespannung	N/mm^2	190		

Härte 23 °C *Probekörper:* *Zustand* Luftfeucht — *Herstellung* Spritzgiessen — *Vorbehandlung* 1 d bei 23 C/50 %

Kugeldruckhärte	N/mm^2 160 bei N, 30 s	*Shore-Härte* A	
Rockwellhärte		*Shore-Härte* D	

Schlagversuch *Probekörper:* *(1)* *(2)* *Zustand* Luftfeucht — *Herstellung* Spritzgiessen — *Vorbehandlung* 1 d bei 23 C/50 %

		°C	°C	°C	*Probekörper-Form*
Schlagzähigkeit	kJ/m^2	23 35			NKS
Kerbschlagzähigkeit (1)	kJ/m^2				
IZOD-Kerbschlagzähigkeit (2)	J/m				
Kerbschlagzugzähigkeit	kJ/m^2				

Abrieb und Reibung

Taber-Abrieb (Reibradverfahren)	mm^3/100 U		
Abriebfaktor LNP (Thrust washer) Vergleichswert			
Statische Reibungszahl			
Dynamische Reibungszahl	(p·v=	N/mm^2 ·	m/min)
Zulässiger p · v Wert	N/mm^2 · (m/min)	v=	m/min
		v=	m/min

Thermische Eigenschaften

Formbeständigkeit in der Wärme	Verfahren			°C
	Verfahren			°C
Vicat Erweichungstemperatur (VST)	Verfahren	B/50		220 °C
	Verfahren			°C
Kristallit-Schmelzpunkt	Verfahren			
Längenausdehnungskoeffizient	Bereich		°C	$\cdot 10^{-4}K^{-1}$
	Temperatur			$\cdot 10^{-4}K^{-1}$
Wärmeleitfähigkeit	Verfahren			W/(K · m)
Spezifische Wärmekapazität	Verfahren			J/(K · g)
Glasumwandlungstemperatur	Torsionsschwingungsversuch			°C
	Differentialkalorimetrie			°C

Brandverhalten

UL-Test vertikal	Dicke	mm, Wert	
	Dicke	mm, Wert	

	Norm	Bewertung	Abmessungen
Sauerstoff-Index	ASTM D 2863		
Glühstab-Verfahren			
Brandverhalten	DIN 4102		
MVSS			
FAR			

Elektrische Eigenschaften

		Hz	°C	Probekörper, Form
Dielektrizitätszahl		50		
		10^3		
		10^6		
Dielektrischer Verlustfaktor tan δ		50		
		10^3		
		10^6		
Spezifischer Durchgangswiderstand	Ohm · cm			
Durchschlagfestigkeit	kV/mm			mm dick
Oberflächenwiderstand	Ohm			
Kriechstromfestigkeit		KC	KB	KA
Elektrolytische Korrosionswirkung				
Lichtbogenfestigkeit nach DIN				
nach ASTM	s			

Beständigkeit (Chemische Beständigkeit siehe Anhang)

Wasseraufnahme

Feuchtigkeitsaufnahme Normalklima %

Wetterbeständigkeit

Spannungskorrosion

Optische Eigenschaften

Brechungszahl n_D		
Transmissionsgrad τ_c	%	mm dick
Lichtdurchlässigkeit		

Datenbank-Nr. **T06110** Merkblatt-Nr. **3450**

PA

Produkt	Polyamid 66		
Handelsname	**Luvocom 8/MS/2/HS**		
Hersteller	LUV		
DIN-Bez 1			
DIN-Bez 2			
Zusätze	2.0% Molybdaendisulfid	*Füllstoffe/ Verstärkung*	
Bevorzugte Verarbeitung	Spritzgiessen	*Lieferform*	Granulat
		Farben	Natur
Besondere Merkmale	Trockenschlagzaeh; Hitzestabilisiert	*Bevorzugte Anwendungen*	Technisches Formteil mit feinkristallinem Gefuege; Maschinenelement fuer Feinwerktechnik; Bueromaschinenteil

Dichte	g/cm^3	1.10	*Schmelzindex*	g/10 min	:
Schüttdichte	g/cm^3	0.62–0.67	*Volumenfließindex*	$cm^3/10$ min	:
Viskositätszahl	ml/g				

Verarbeitungsbedingungen für Spritzgießen

Massetemp.	°C	260–290	*Schwindung*	%	lgs 2.0–2.5, quer
Werkzeugtemp.	°C	60–90	*Bemerkungen*	Vortrocknen empfohlen: 6h/75 C; 3h/ 105C	
Spritzdruck	bar				

Zugversuch 23 °C DIN 53455; DIN 53457

Probekörper: *Form* Nr.3 — *Herstellung* Spritzgiessen
Zustand Luftfeucht — *Vorbehandlung* 1 d bei 23 C/50 %

Streckspannung	N/mm^2		*Dehnung bei Streckspannung*	%	
Zugfestigkeit	N/mm^2	50	*Reißdehnung*	%	30
Reißfestigkeit	N/mm^2	40	*% Dehnspannung*	N/mm^2	
E-Modul	N/mm^2	1900	*Dehnung bei % Dehnspg.*	%	

Kriechmoduln und Zeitstandwerte 23 °C

Probekörper: *Form* — *Herstellung*
Zustand — *Vorbehandlung*

Kriechmodul	*1 min*	N/mm^2	*Zeitstandzugfestigkeit*	h	N/mm^2
Kriechmodul	*1000 h*	N/mm^2	*Zeitdehnspg. %*	h	N/mm^2
bei Spannung		N/mm^2			

Biegeversuch 23 °C DIN 53452;

Probekörper: *Form* 80x10x4 mm — *Herstellung* Spritzgiessen
Zustand Luftfeucht — *Vorbehandlung* 1 d bei 23 C/50 %

Biegefestigkeit	N/mm^2	65	*E-Modul*	N/mm^2
3,5% *Biegespannung*	N/mm^2			

Härte 23 °C *Probekörper:* *Zustand* Luftfeucht — *Herstellung* Spritzgiessen
Vorbehandlung 1 d bei 23 C/50 %

Kugeldruckhärte	N/mm^2 90	bei N, 30 s	*Shore-Härte* A	
Rockwellhärte			*Shore-Härte* D	

Schlagversuch *Probekörper:* *(1)*
(2) — *Herstellung* Spritzgiessen
Zustand Luftfeucht — *Vorbehandlung* 1 d bei 23 C/50 %

		°C		°C	°C	*Probekörper-Form*
Schlagzähigkeit	kJ/m^2	23	55			NKS
Kerbschlagzähigkeit (1)	kJ/m^2					
IZOD-Kerbschlagzähigkeit (2)	J/m					
Kerbschlagzugzähigkeit	kJ/m^2					

Abrieb und Reibung

Taber-Abrieb (Reibradverfahren) mm³/100 U
Abriebfaktor LNP (Thrust washer) Vergleichswert
Statische Reibungszahl
Dynamische Reibungszahl (p·v= N/mm²· m/min)
Zulässiger p · v Wert N/mm² · (m/min) v= m/min
v= m/min

Thermische Eigenschaften

Formbeständigkeit in der Wärme *Verfahren* °C
Verfahren °C
Vicat Erweichungstemperatur (VST) *Verfahren* B/50 200 °C
Verfahren °C
Kristallit-Schmelzpunkt *Verfahren*

Längenausdehnungskoeffizient *Bereich* °C $\cdot 10^{-4}K^{-1}$
Temperatur $\cdot 10^{-4}K^{-1}$
Wärmeleitfähigkeit *Verfahren* W/(K · m)

Spezifische Wärmekapazität *Verfahren* J/(K · g)

Glasumwandlungstemperatur *Torsionsschwingungsversuch* °C
Differentialkalorimetrie °C

Brandverhalten

UL-Test vertikal Dicke mm, Wert
Dicke mm, Wert

	Norm	*Bewertung*	*Abmessungen*
Sauerstoff-Index	ASTM D 2863		
Glühstab-Verfahren			
Brandverhalten	DIN 4102		
MVSS			
FAR			

Elektrische Eigenschaften

	Hz	°C	*Probekörper, Form*
Dielektrizitätszahl	50		
	10^3		
	10^6		
Dielektrischer Verlustfaktor tan δ	50		
	10^3		
	10^6		

Spezifischer Durchgangs-widerstand Ohm · cm
Durchschlagfestigkeit kV/mm mm dick
Oberflächenwiderstand Ohm

Kriechstromfestigkeit KC KB KA
Elektrolytische Korrosionswirkung
Lichtbogenfestigkeit nach DIN
nach ASTM s

Beständigkeit *(Chemische Beständigkeit siehe Anhang)*

Wasseraufnahme

Feuchtigkeitsaufnahme Normalklima %
Wetterbeständigkeit

Spannungskorrosion

Optische Eigenschaften

Brechungszahl n_D
Transmissionsgrad τ_c % mm dick
Lichtdurchlässigkeit

Produkt	Polyamid 66		**PA**
Handelsname	**Luvocom 1/GK/30/TF/13/SI/2**		
Hersteller	LUV		
DIN-Bez 1			
DIN-Bez 2			
Zusätze	15.0% PTFE (13); Silikon (2)	*Füllstoffe/ Verstärkung*	30.0% Glaskugel
Bevorzugte Verarbeitung	Spritzgiessen	*Lieferform*	Granulat
		Farben	Natur
Besondere Merkmale	Verzugsarm; Verbessertes Gleitverhalten; Gute Verschleissfestigkeit	*Bevorzugte Anwendungen*	Gleitelement

Dichte	g/cm³	1.45	*Schmelzindex*	g/10 min	:
Schüttdichte	g/cm³	0.80–0.85	*Volumenfließindex*	cm³/10 min	:
Viskositätszahl	ml/g				

Verarbeitungsbedingungen für Spritzgießen

Massetemp.	°C	270–300	*Schwindung*	% lgs 1.1–1.5, quer 1.1–1.5
Werkzeugtemp.	°C	70–120	*Bemerkungen*	Vortrocknen empfohlen: 6h/75 C; 3h/105C
Spritzdruck	bar			

Zugversuch 23 °C DIN 53455; DIN 53457

Probekörper: *Form* Nr.3 — *Zustand* Luftfeucht — *Herstellung* Spritzgiessen — *Vorbehandlung* 1 d bei 23 C/50 %

Streckspannung	N/mm²		*Dehnung bei Streckspannung*	%	
Zugfestigkeit	N/mm²	58	*Reißdehnung*	%	4
Reißfestigkeit	N/mm²	55	*% Dehnspannung*	N/mm²	
E-Modul	N/mm²	3500	*Dehnung bei % Dehnspg.*	%	

Kriechmoduln und Zeitstandwerte 23 °C

Probekörper: *Form* — *Zustand* — *Herstellung* — *Vorbehandlung*

Kriechmodul	*1 min* N/mm²		*Zeitstandzugfestigkeit*	h	N/mm²
Kriechmodul	*1000 h* N/mm²		*Zeitdehnspg. %*	h	N/mm²
bei Spannung	N/mm²				

Biegeversuch 23 °C DIN 53452;

Probekörper: *Form* 80x10x4 mm — *Zustand* Luftfeucht — *Herstellung* Spritzgiessen — *Vorbehandlung* 1 d bei 23 C/50 %

Biegefestigkeit	N/mm²	90	*E-Modul*	N/mm²
3,5% *Biegespannung*	N/mm²			

Härte 23 °C *Probekörper:* *Zustand* Luftfeucht — *Herstellung* Spritzgiessen — *Vorbehandlung* 1 d bei 23 C/50 %

Kugeldruckhärte	N/mm² 150 bei N, 30 s	*Shore-Härte* A	
Rockwellhärte		*Shore-Härte* D	

Schlagversuch *Probekörper:* *(1)* *(2)* *Zustand* Luftfeucht — *Herstellung* Spritzgiessen — *Vorbehandlung* 1 d bei 23 C/50 %

		°C	°C	°C	*Probekörper-Form*
Schlagzähigkeit	kJ/m²	23 15			NKS
Kerbschlagzähigkeit (1)	kJ/m²				
IZOD-Kerbschlagzähigkeit (2)	J/m				
Kerbschlagzugzähigkeit	kJ/m²				

Abrieb und Reibung

Taber-Abrieb (Reibradverfahren)	mm^3/100 U		
Abriebfaktor LNP (Thrust washer) Vergleichswert			
Statische Reibungszahl			
Dynamische Reibungszahl	(p · v = N/mm^2 ·		m/min)
Zulässiger p · v Wert	N/mm^2 · (m/min)	v =	m/min
		v =	m/min

Thermische Eigenschaften

Formbeständigkeit in der Wärme	*Verfahren*		°C	
	Verfahren		°C	
Vicat Erweichungstemperatur (VST)	*Verfahren*	B/50	205 °C	
	Verfahren		°C	
Kristallit-Schmelzpunkt	*Verfahren*			
Längenausdehnungskoeffizient	*Bereich*	°C		$\cdot 10^{-4} K^{-1}$
	Temperatur			$\cdot 10^{-4} K^{-1}$
Wärmeleitfähigkeit	*Verfahren*			W/(K · m)
Spezifische Wärmekapazität	*Verfahren*			J/(K · g)
Glasumwandlungstemperatur	*Torsionsschwingungsversuch*		°C	
	Differentialkalorimetrie		°C	

Brandverhalten

UL-Test vertikal Dicke mm, Wert
Dicke mm, Wert

	Norm	*Bewertung*	*Abmessungen*
Sauerstoff-Index	ASTM D 2863		
Glühstab-Verfahren			
Brandverhalten	DIN 4102		
MVSS			
FAR			

Elektrische Eigenschaften

		Hz	°C	*Probekörper, Form*
Dielektrizitätszahl		50		
		10^3		
		10^6		
Dielektrischer Verlustfaktor tan δ		50		
		10^3		
		10^6		
Spezifischer Durchgangswiderstand	Ohm · cm			
Durchschlagfestigkeit	kV/mm			mm dick
Oberflächenwiderstand	Ohm			

Kriechstromfestigkeit	KC	KB	KA
Elektrolytische Korrosionswirkung			
Lichtbogenfestigkeit nach DIN			
nach ASTM s			

Beständigkeit *(Chemische Beständigkeit siehe Anhang)*

Wasseraufnahme

Feuchtigkeitsaufnahme Normalklima %

Wetterbeständigkeit

Spannungskorrosion

Optische Eigenschaften

Brechungszahl n_D

Transmissionsgrad τ_c % mm dick

Lichtdurchlässigkeit

PA

Produkt	Polyamid 66		
Handelsname	**Luvocom 1/TF/18/SI/2**		
Hersteller	LUV		
DIN-Bez 1			
DIN-Bez 2			
Zusätze	20.0% PTFE (18); Silikon (2)	*Füllstoffe/ Verstärkung*	
Bevorzugte Verarbeitung	Spritzgiessen	*Lieferform*	Granulat
		Farben	Natur
Besondere Merkmale	Verbessertes Gleitverhalten; Gute Verschleissfestigkeit	*Bevorzugte Anwendungen*	Technisches Formteil; Lager; Gleitelement

Dichte	g/cm^3	1.25	*Schmelzindex*	g/10 min	:
Schüttdichte	g/cm^3	0.70–0.75	*Volumenfließindex*	cm^3/10 min	:
Viskositätszahl	ml/g				

Verarbeitungsbedingungen für Spritzgießen

Massetemp.	°C	260–280	*Schwindung*	%	lgs 1.6–1.7, quer 1.6–1.7
Werkzeugtemp.	°C	60–80	*Bemerkungen*	Vortrocknen empfohlen: 4h/105C	
Spritzdruck	bar				

Zugversuch 23 °C DIN 53455; DIN 53457

Probekörper: *Form* Nr.3 — *Zustand* Luftfeucht — *Herstellung* Spritzgiessen — *Vorbehandlung* 1 d bei 23 C/50 %

Streckspannung	N/mm^2		*Dehnung bei Streckspannung*	%	
Zugfestigkeit	N/mm^2	55	*Reißdehnung*	%	15
Reißfestigkeit	N/mm^2	53	*% Dehnspannung*	N/mm^2	
E-Modul	N/mm^2	2100	*Dehnung bei % Dehnspg.*	%	

Kriechmoduln und Zeitstandwerte 23 °C

Probekörper: *Form* — *Zustand* — *Herstellung* — *Vorbehandlung*

Kriechmodul	*1 min*	N/mm^2	*Zeitstandzugfestigkeit*	h	N/mm^2
Kriechmodul	*1000 h*	N/mm^2	*Zeitdehnspg. %*	h	N/mm^2
bei Spannung		N/mm^2			

Biegeversuch 23 °C DIN 53452;

Probekörper: *Form* 80x10x4 mm — *Zustand* Luftfeucht — *Herstellung* Spritzgiessen — *Vorbehandlung* 1 d bei 23 C/50 %

Biegefestigkeit	N/mm^2	75	*E-Modul*	N/mm^2
3,5% *Biegespannung*	N/mm^2	55		

Härte 23 °C *Probekörper:* *Zustand* Luftfeucht — *Herstellung* Spritzgiessen — *Vorbehandlung* 1 d bei 23 C/50 %

Kugeldruckhärte	N/mm^2 120	bei N, 30 s	*Shore-Härte* A	
Rockwellhärte			*Shore-Härte* D	

Schlagversuch *Probekörper:* *(1)* *(2)* *Zustand* Luftfeucht — *Herstellung* Spritzgiessen — *Vorbehandlung* 1 d bei 23 C/50 %

		°C	°C	°C	*Probekörper-Form*
Schlagzähigkeit	kJ/m^2	23 30			NKS
Kerbschlagzähigkeit (1)	kJ/m^2				
IZOD-Kerbschlagzähigkeit (2)	J/m				
Kerbschlagzugzähigkeit	kJ/m^2				

Abrieb und Reibung

Taber-Abrieb (Reibradverfahren)	mm^3/100 U		
Abriebfaktor LNP (Thrust washer) Vergleichswert			
Statische Reibungszahl			
Dynamische Reibungszahl	(p·v=	N/mm^2·	m/min)
Zulässiger p · v Wert	N/mm^2·(m/min)	v=	m/min
		v=	m/min

Thermische Eigenschaften

Formbeständigkeit in der Wärme	*Verfahren*			°C
	Verfahren			°C
Vicat Erweichungstemperatur (VST)	*Verfahren*	B/50		200 °C
	Verfahren			°C
Kristallit-Schmelzpunkt	*Verfahren*			
Längenausdehnungskoeffizient	*Bereich*	°C		$\cdot 10^{-4}K^{-1}$
	Temperatur			$\cdot 10^{-4}K^{-1}$
Wärmeleitfähigkeit	*Verfahren*			W/(K · m)
Spezifische Wärmekapazität	*Verfahren*			J/(K · g)
Glasumwandlungstemperatur	*Torsionsschwingungsversuch*		°C	
	Differentialkalorimetrie		°C	

Brandverhalten

UL-Test vertikal	Dicke	mm, Wert
	Dicke	mm, Wert

	Norm	*Bewertung*	*Abmessungen*
Sauerstoff-Index	ASTM D 2863		
Glühstab-Verfahren			
Brandverhalten	DIN 4102		
MVSS			
FAR			

Elektrische Eigenschaften

		Hz	°C		*Probekörper, Form*
Dielektrizitätszahl		50			
		10^3			
		10^6			
Dielektrischer Verlustfaktor tan δ		50			
		10^3			
		10^6			
Spezifischer Durchgangs-widerstand	Ohm · cm				
Durchschlagfestigkeit	kV/mm				mm dick
Oberflächenwiderstand	Ohm				
Kriechstromfestigkeit		KC	KB	KA	
Elektrolytische Korrosionswirkung					
Lichtbogenfestigkeit nach DIN					
nach ASTM	s				

Beständigkeit *(Chemische Beständigkeit siehe Anhang)*

Wasseraufnahme	
Feuchtigkeitsaufnahme Normalklima	%
Wetterbeständigkeit	
Spannungskorrosion	

Optische Eigenschaften

Brechungszahl n_D		
Transmissionsgrad τ_c	%	mm dick
Lichtdurchlässigkeit		

Produkt	Polyamid 66		**PA**
Handelsname	**Luvocom 1/TF/18/SI/2/HS/EG**		
Hersteller	LUV		
DIN-Bez 1			
DIN-Bez 2			
Zusätze	20.0% PTFE (18); Silikon (2)	*Füllstoffe/ Verstärkung*	
Bevorzugte Verarbeitung	Extrudieren; Spritzgiessen	*Lieferform*	Granulat
		Farben	Natur
Besondere Merkmale	Hitzestabilisiert; Verbessertes Gleitverhalten; Gute Verschleissfestigkeit	*Bevorzugte Anwendungen*	Halbzeug; Rohr; Profil; Platte

Dichte	g/cm³	1.23	*Schmelzindex*	g/10 min	:
Schüttdichte	g/cm³	0.72–0.77	*Volumenfließindex*	cm³/10 min	:
Viskositätszahl	ml/g				

Verarbeitungsbedingungen für Spritzgießen

Massetemp.	°C	260–300	*Schwindung*	% lgs 1.7–1.9, quer
Werkzeugtemp.	°C	60–90	*Bemerkungen*	Vortrocknen empfohlen: 6h/75 C; 3h/105C
Spritzdruck	bar			

Zugversuch 23 °C DIN 53455; DIN 53457

Probekörper: *Form* Nr.3 — *Herstellung* Spritzgiessen
Zustand Luftfeucht — *Vorbehandlung* 1 d bei 23 C/50 %

Streckspannung	N/mm²		*Dehnung bei Streckspannung*	%	
Zugfestigkeit	N/mm²	65	*Reißdehnung*	%	10
Reißfestigkeit	N/mm²	60	*% Dehnspannung*	N/mm²	
E-Modul	N/mm²	2500	*Dehnung bei % Dehnspg.*	%	

Kriechmoduln und Zeitstandwerte 23 °C

Probekörper: *Form* — *Herstellung*
Zustand — *Vorbehandlung*

Kriechmodul	*1 min* N/mm²	*Zeitstandzugfestigkeit*	h N/mm²
Kriechmodul	*1000 h* N/mm²	*Zeitdehnspg. %*	h N/mm²
bei Spannung	N/mm²		

Biegeversuch 23 °C DIN 53452;

Probekörper: *Form* 80x10x4 mm — *Herstellung* Spritzgiessen
Zustand Luftfeucht — *Vorbehandlung* 1 d bei 23 C/50 %

Biegefestigkeit	N/mm²	85	*E-Modul*	N/mm²
3,5% *Biegespannung*	N/mm²			

Härte 23 °C *Probekörper:* *Zustand* Luftfeucht — *Herstellung* Spritzgiessen
Vorbehandlung 1 d bei 23 C/50 %

Kugeldruckhärte	N/mm² 120 bei N, 30 s	*Shore-Härte*	A
Rockwellhärte		*Shore-Härte*	D

Schlagversuch *Probekörper:* *(1)*
(2) — *Herstellung* Spritzgiessen
Zustand Luftfeucht — *Vorbehandlung* 1 d bei 23 C/50 %

		°C	°C	°C	*Probekörper-Form*
Schlagzähigkeit	kJ/m²	23 50			NKS
Kerbschlagzähigkeit (1)	kJ/m²				
IZOD-Kerbschlagzähigkeit (2)	J/m				
Kerbschlagzugzähigkeit	kJ/m²				

Abrieb und Reibung

Taber-Abrieb (Reibradverfahren)	mm³/100 U		
Abriebfaktor LNP (Thrust washer) Vergleichswert			
Statische Reibungszahl			
Dynamische Reibungszahl	(p·v=	N/mm²·	m/min)
Zulässiger p·v Wert	N/mm²·(m/min)	v=	m/min
		v=	m/min

Thermische Eigenschaften

Formbeständigkeit in der Wärme	*Verfahren*		°C
	Verfahren		°C
Vicat Erweichungstemperatur (VST)	*Verfahren*	B/50	225 °C
	Verfahren		°C
Kristallit-Schmelzpunkt	*Verfahren*		
Längenausdehnungskoeffizient	*Bereich*	°C	$\cdot 10^{-4}K^{-1}$
	Temperatur		$\cdot 10^{-4}K^{-1}$
Wärmeleitfähigkeit	*Verfahren*		W/(K·m)
Spezifische Wärmekapazität	*Verfahren*		J/(K·g)
Glasumwandlungstemperatur	*Torsionsschwingungsversuch*	°C	
	Differentialkalorimetrie	°C	

Brandverhalten

UL-Test vertikal	Dicke	mm, Wert
	Dicke	mm, Wert

	Norm	*Bewertung*	*Abmessungen*
Sauerstoff-Index	ASTM D 2863		
Glühstab-Verfahren			
Brandverhalten	DIN 4102		
MVSS			
FAR			

Elektrische Eigenschaften

		Hz	°C			*Probekörper, Form*
Dielektrizitätszahl		50				
		10^3				
		10^6				
Dielektrischer Verlustfaktor tan δ		50				
		10^3				
		10^6				
Spezifischer Durchgangswiderstand	Ohm·cm					
Durchschlagfestigkeit	kV/mm					mm dick
Oberflächenwiderstand	Ohm					
Kriechstromfestigkeit		KC		KB	KA	
Elektrolytische Korrosionswirkung						
Lichtbogenfestigkeit nach DIN						
nach ASTM	s					

Beständigkeit *(Chemische Beständigkeit siehe Anhang)*

Wasseraufnahme

Feuchtigkeitsaufnahme Normalklima %

Wetterbeständigkeit

Spannungskorrosion

Optische Eigenschaften

Brechungszahl n_D		
Transmissionsgrad τ_c	%	mm dick
Lichtdurchlässigkeit		

Produkt	Polyamid 66		**PA**
Handelsname	**Luvocom 1/TF/18/SI/2/MS/2/HS/EG**		
Hersteller	LUV		
DIN-Bez 1			
DIN-Bez 2			
Zusätze	22.0% PTFE (18); Silikon (2); Molybdaendisulfid (2)	*Füllstoffe/ Verstärkung*	
Bevorzugte Verarbeitung	Extrudieren; Spritzgiessen	*Lieferform*	Granulat
		Farben	Natur
Besondere Merkmale	Hitzestabilisiert; Verbessertes Gleitverhalten; Gute Verschleissfestigkeit	*Bevorzugte Anwendungen*	Halbzeug; Dickwandiges Spritzgiessteil

Dichte	g/cm³	1.23	*Schmelzindex*	g/10 min	:
Schüttdichte	g/cm³	0.70–0.75	*Volumenfließindex*	cm³/10 min	:
Viskositätszahl	ml/g				

Verarbeitungsbedingungen für Spritzgießen

Massetemp.	°C	270–320	*Schwindung*	%	lgs 1.5–1.7, quer
Werkzeugtemp.	°C	60–90	*Bemerkungen*	Vortrocknen empfohlen: 3h/105C; 8h/75C	
Spritzdruck	bar				

Zugversuch 23 °C DIN 53455; DIN 53457

Probekörper: *Form* Nr.3 — *Herstellung* Spritzgiessen
Zustand Luftfeucht — *Vorbehandlung* 1 d bei 23 C/50 %

Streckspannung	N/mm²		*Dehnung bei Streckspannung*	%	
Zugfestigkeit	N/mm²	65	*Reißdehnung*	%	10
Reißfestigkeit	N/mm²	60	% *Dehnspannung*	N/mm²	
E-Modul	N/mm²	2500	*Dehnung bei* % *Dehnspg.*	%	

Kriechmoduln und Zeitstandwerte 23 °C

Probekörper: *Form* — *Herstellung*
Zustand — *Vorbehandlung*

Kriechmodul	*1 min*	N/mm²	*Zeitstandzugfestigkeit*	h	N/mm²
Kriechmodul	*1000 h*	N/mm²	*Zeitdehnspg.* %	h	N/mm²
bei Spannung		N/mm²			

Biegeversuch 23 °C DIN 53452;

Probekörper: *Form* 80x10x4 mm — *Herstellung* Spritzgiessen
Zustand Luftfeucht — *Vorbehandlung* 1 d bei 23 C/50 %

Biegefestigkeit	N/mm²	85	*E-Modul*	N/mm²
3,5% *Biegespannung*	N/mm²			

Härte 23 °C *Probekörper:* *Zustand* Luftfeucht — *Herstellung* Spritzgiessen
Vorbehandlung 1 d bei 23 C/50 %

Kugeldruckhärte	N/mm² 120	bei N, 30 s	*Shore-Härte* A	
Rockwellhärte			*Shore-Härte* D	

Schlagversuch *Probekörper:* *(1)*
(2) — *Herstellung* Spritzgiessen
Zustand Luftfeucht — *Vorbehandlung* 1 d bei 23 C/50 %

		°C	°C	°C	*Probekörper-Form*
Schlagzähigkeit	kJ/m²	23 50			NKS
Kerbschlagzähigkeit (1)	kJ/m²				
IZOD-Kerbschlagzähigkeit (2)	J/m				
Kerbschlagzugzähigkeit	kJ/m²				

Abrieb und Reibung

Taber-Abrieb (Reibradverfahren)	mm^3/100 U
Abriebfaktor LNP (Thrust washer) Vergleichswert	
Statische Reibungszahl	
Dynamische Reibungszahl	(p · v = N/mm^2 · m/min)
Zulässiger p · v Wert	N/mm^2 · (m/min) v = m/min
	v = m/min

Thermische Eigenschaften

Formbeständigkeit in der Wärme	*Verfahren*		°C
	Verfahren		°C
Vicat Erweichungstemperatur (VST)	*Verfahren*	B/50	225 °C
	Verfahren		°C
Kristallit-Schmelzpunkt	*Verfahren*		
Längenausdehnungskoeffizient	*Bereich*	°C	$\cdot 10^{-4}K^{-1}$
	Temperatur		$\cdot 10^{-4}K^{-1}$
Wärmeleitfähigkeit	*Verfahren*		W/(K · m)
Spezifische Wärmekapazität	*Verfahren*		J/(K · g)
Glasumwandlungstemperatur	*Torsionsschwingungsversuch*	°C	
	Differentialkalorimetrie	°C	

Brandverhalten

UL-Test vertikal	Dicke mm, Wert
	Dicke mm, Wert

	Norm	*Bewertung*	*Abmessungen*
Sauerstoff-Index	ASTM D 2863		
Glühstab-Verfahren			
Brandverhalten	DIN 4102		
MVSS			
FAR			

Elektrische Eigenschaften

		Hz	°C	*Probekörper, Form*
Dielektrizitätszahl		50		
		10^3		
		10^6		
Dielektrischer Verlustfaktor tan δ		50		
		10^3		
		10^6		
Spezifischer Durchgangswiderstand	Ohm · cm			
Durchschlagfestigkeit	kV/mm			mm dick
Oberflächenwiderstand	Ohm			

Kriechstromfestigkeit	KC	KB	KA
Elektrolytische Korrosionswirkung			
Lichtbogenfestigkeit nach DIN			
nach ASTM s			

Beständigkeit *(Chemische Beständigkeit siehe Anhang)*

Wasseraufnahme

Feuchtigkeitsaufnahme Normalklima %

Wetterbeständigkeit

Spannungskorrosion

Optische Eigenschaften

Brechungszahl n_D

Transmissionsgrad τ_c % mm dick

Lichtdurchlässigkeit

Produkt	Polyamid 6		**PA**
Handelsname	**Luvocom 3/GF/15/MD/25/BK 100**		
Hersteller	LUV		
DIN-Bez 1			
DIN-Bez 2			
Zusätze		*Füllstoffe/ Verstärkung*	40.0% Glasfaser (15); Mineral (25)
Bevorzugte Verarbeitung	Spritzgiessen	*Lieferform*	Granulat
		Farben	Schwarz
Besondere Merkmale	Sehr hoher Modul; Hohe Festigkeit; Geringe Verzugsneigung; Dimensionsstabil	*Bevorzugte Anwendungen*	Technisches Formteil; Abdeckkappe; Gehaeuse; Bodenplatte; Rahmen; Gitter; Teil fuer Feinwerktechnik; Elektrotechnik; Maschinenbau

Dichte	g/cm^3	1.47	*Schmelzindex*	g/10 min	:
Schüttdichte	g/cm^3	0.78	*Volumenfließindex*	cm^3/10 min	:
Viskositätszahl	ml/g				

Verarbeitungsbedingungen für Spritzgießen

Massetemp.	°C	260–290	*Schwindung*	% lgs 0.60, quer
Werkzeugtemp.	°C	55–80	*Bemerkungen*	Vortrocknen empfohlen: 16h/75 C; 2h/105C
Spritzdruck	bar			

Zugversuch 23 °C DIN 53455; DIN 53457

Probekörper: *Form* Nr.3 — *Herstellung* Spritzgiessen
Zustand Luftfeucht — *Vorbehandlung* 1 d bei 23 C/50 %

Streckspannung	N/mm^2		*Dehnung bei Streckspannung*	%	
Zugfestigkeit	N/mm^2		*Reißdehnung*	%	3.0
Reißfestigkeit	N/mm^2	120	*% Dehnspannung*	N/mm^2	
E-Modul	N/mm^2	8500	*Dehnung bei % Dehnspg.*	%	

Kriechmoduln und Zeitstandwerte 23 °C

Probekörper: *Form* — *Herstellung*
Zustand — *Vorbehandlung*

Kriechmodul	*1 min* N/mm^2	*Zeitstandzugfestigkeit*	h	N/mm^2
Kriechmodul	*1000 h* N/mm^2	*Zeitdehnspg. %*	h	N/mm^2
bei Spannung	N/mm^2			

Biegeversuch 23 °C DIN 53452;

Probekörper: *Form* 80x10x4 mm — *Herstellung* Spritzgiessen
Zustand Luftfeucht — *Vorbehandlung* 1 d bei 23 C/50 %

Biegefestigkeit	N/mm^2	175	*E-Modul*	N/mm^2
3,5% *Biegespannung*	N/mm^2			

Härte 23 °C *Probekörper:* *Zustand* Luftfeucht — *Herstellung* Spritzgiessen
Vorbehandlung 1 d bei 23 C/50 %

Kugeldruckhärte	N/mm^2 bei N, s	*Shore-Härte* A	
Rockwellhärte		*Shore-Härte* D	

Schlagversuch *Probekörper:* *(1)*
(2) — *Herstellung* Spritzgiessen
Zustand Luftfeucht — *Vorbehandlung* 1 d bei 23 C/50 %

		°C	°C	°C	*Probekörper-Form*
Schlagzähigkeit	kJ/m^2	23 33			NKS
Kerbschlagzähigkeit (1)	kJ/m^2				
IZOD-Kerbschlagzähigkeit (2)	J/m				
Kerbschlagzugzähigkeit	kJ/m^2				

Abrieb und Reibung

Taber-Abrieb (Reibradverfahren)	mm^3/100 U		
Abriebfaktor LNP (Thrust washer) Vergleichswert			
Statische Reibungszahl			
Dynamische Reibungszahl	(p·v= N/mm^2·		m/min)
Zulässiger p · v Wert	N/mm^2 · (m/min)	v=	m/min
		v=	m/min

Thermische Eigenschaften

Formbeständigkeit in der Wärme	Verfahren A		210 °C
	Verfahren		°C
Vicat Erweichungstemperatur (VST)	Verfahren		°C
	Verfahren		°C
Kristallit-Schmelzpunkt	Verfahren		
Längenausdehnungskoeffizient	Bereich	°C	$\cdot 10^{-4}K^{-1}$
	Temperatur		$\cdot 10^{-4}K^{-1}$
Wärmeleitfähigkeit	Verfahren		W/(K · m)
Spezifische Wärmekapazität	Verfahren		J/(K · g)
Glasumwandlungstemperatur	Torsionsschwingungsversuch	°C	
	Differentialkalorimetrie	°C	

Brandverhalten

UL-Test vertikal	Dicke	mm, Wert
	Dicke	mm, Wert

	Norm	Bewertung	Abmessungen
Sauerstoff-Index	ASTM D 2863		
Glühstab-Verfahren			
Brandverhalten	DIN 4102		
MVSS			
FAR			

Elektrische Eigenschaften

		Hz	°C	Probekörper, Form
Dielektrizitätszahl		50		
		10^3		
		10^6		
Dielektrischer Verlustfaktor tan δ		50		
		10^3		
		10^6		
Spezifischer Durchgangswiderstand	Ohm · cm			
Durchschlagfestigkeit	kV/mm			mm dick
Oberflächenwiderstand	Ohm			

Kriechstromfestigkeit	KC	KB	KA
Elektrolytische Korrosionswirkung			
Lichtbogenfestigkeit nach DIN			
nach ASTM	s		

Beständigkeit *(Chemische Beständigkeit siehe Anhang)*

Wasseraufnahme	
Feuchtigkeitsaufnahme Normalklima	%
Wetterbeständigkeit	
Spannungskorrosion	

Optische Eigenschaften

Brechungszahl n_D		
Transmissionsgrad τ_c	%	mm dick
Lichtdurchlässigkeit		

Produkt	Polyamid 6		**PA**
Handelsname	**Luvocom 3/GF/30/TF/10**		
Hersteller	LUV		
DIN-Bez 1			
DIN-Bez 2			
Zusätze	10.0% PTFE	*Füllstoffe/ Verstärkung*	30.0% Glasfaser
Bevorzugte Verarbeitung	Spritzgiessen	*Lieferform*	Granulat
		Farben	Natur
Besondere Merkmale	Sehr hoher Modul; Hohe Festigkeit; Verbessertes Gleitverhalten; Gute Verschleissfestigkeit	*Bevorzugte Anwendungen*	Technisches Formteil; Lagerbuchse; Antriebszahnrad; Betaetigungshebel; Fuehrungsbuchse; Schnappelement; Federelement; Spulenkoerper; Kupplungsteil; Pneumatisches Bauteil; Steuer-Nocken

Dichte	g/cm³	1.44	*Schmelzindex*	g/10 min	:
Schüttdichte	g/cm³	0.70	*Volumenfließindex*	cm³/10 min	:
Viskositätszahl	ml/g				

Verarbeitungsbedingungen für Spritzgießen

Massetemp.	°C	260–290	*Schwindung*	% lgs 0.40, quer
Werkzeugtemp.	°C	59–80	*Bemerkungen*	Vortrocknen empfohlen: 16h/75 C; 2h/105C
Spritzdruck	bar			

Zugversuch 23 °C DIN 53455; DIN 53457

Probekörper: *Form* Nr.3 — *Zustand* Luftfeucht — *Herstellung* Spritzgiessen — *Vorbehandlung* 1 d bei 23 C/50 %

Streckspannung	N/mm²		*Dehnung bei Streckspannung*	%	
Zugfestigkeit	N/mm²		*Reißdehnung*	%	3.5
Reißfestigkeit	N/mm²	157	*% Dehnspannung*	N/mm²	
E-Modul	N/mm²	9000	*Dehnung bei % Dehnspg.*	%	

Kriechmoduln und Zeitstandwerte 23 °C

Probekörper: *Form* — *Zustand* — *Herstellung* — *Vorbehandlung*

Kriechmodul	*1 min*	N/mm²	*Zeitstandzugfestigkeit*	h	N/mm²
Kriechmodul	*1000 h*	N/mm²	*Zeitdehnspg. %*	h	N/mm²
bei Spannung		N/mm²			

Biegeversuch 23 °C DIN 53452;

Probekörper: *Form* 80x10x4 mm — *Zustand* Luftfeucht — *Herstellung* Spritzgiessen — *Vorbehandlung* 1 d bei 23 C/50 %

Biegefestigkeit	N/mm²	210	*E-Modul*	N/mm²
3,5% *Biegespannung*	N/mm²			

Härte 23 °C *Probekörper:* *Zustand* Luftfeucht — *Herstellung* Spritzgiessen — *Vorbehandlung* 1 d bei 23 C/50 %

Kugeldruckhärte	N/mm² 120	bei N, 30 s	*Shore-Härte*	A
Rockwellhärte			*Shore-Härte*	D

Schlagversuch *Probekörper:* *(1)* *(2)* *Zustand* Luftfeucht — *Herstellung* Spritzgiessen — *Vorbehandlung* 1 d bei 23 C/50 %

		°C	°C	°C	*Probekörper-Form*
Schlagzähigkeit	kJ/m²	23 40			NKS
Kerbschlagzähigkeit (1)	kJ/m²				
IZOD-Kerbschlagzähigkeit (2)	J/m				
Kerbschlagzugzähigkeit	kJ/m²				

Abrieb und Reibung

Taber-Abrieb (Reibradverfahren)	mm^3/100 U		
Abriebfaktor LNP (Thrust washer) Vergleichswert			
Statische Reibungszahl			
Dynamische Reibungszahl	(p·v=	N/mm^2·	m/min)
Zulässiger p·v Wert	N/mm^2·(m/min)	v=	m/min
		v=	m/min

Thermische Eigenschaften

Formbeständigkeit in der Wärme	*Verfahren*			°C
	Verfahren			°C
Vicat Erweichungstemperatur (VST)	*Verfahren*	B/50		215 °C
	Verfahren			°C
Kristallit-Schmelzpunkt	*Verfahren*			
Längenausdehnungskoeffizient	*Bereich*	°C		$\cdot 10^{-4}K^{-1}$
	Temperatur			$\cdot 10^{-4}K^{-1}$
Wärmeleitfähigkeit	*Verfahren*			W/(K·m)
Spezifische Wärmekapazität	*Verfahren*			J/(K·g)
Glasumwandlungstemperatur	*Torsionsschwingungsversuch*		°C	
	Differentialkalorimetrie		°C	

Brandverhalten

UL-Test vertikal	Dicke	mm, Wert
	Dicke	mm, Wert

	Norm	*Bewertung*	*Abmessungen*
Sauerstoff-Index	ASTM D 2863		
Glühstab-Verfahren			
Brandverhalten	DIN 4102		
MVSS			
FAR			

Elektrische Eigenschaften

		Hz	°C		*Probekörper, Form*
Dielektrizitätszahl		50			
		10^3			
		10^6			
Dielektrischer Verlustfaktor tan δ		50			
		10^3			
		10^6			
Spezifischer Durchgangswiderstand	Ohm·cm				
Durchschlagfestigkeit	kV/mm				mm dick
Oberflächenwiderstand	Ohm				
Kriechstromfestigkeit		KC	KB	KA	
Elektrolytische Korrosionswirkung					
Lichtbogenfestigkeit nach DIN					
nach ASTM	s				

Beständigkeit *(Chemische Beständigkeit siehe Anhang)*

Wasseraufnahme 23 C	1 d	1 %	
Feuchtigkeitsaufnahme Normalklima			%
Wetterbeständigkeit			
Spannungskorrosion			

Optische Eigenschaften

Brechungszahl n_D		
Transmissionsgrad τ_c	%	mm dick
Lichtdurchlässigkeit		

Produkt	Polyamid 6		**PA**
Handelsname	**Luvocom 3/GF/30/MS/2**		
Hersteller	LUV		
DIN-Bez 1			
DIN-Bez 2			
Zusätze	2.0% Molybdaendisulfid	*Füllstoffe/ Verstärkung*	30.0% Glasfaser
Bevorzugte Verarbeitung	Spritzgiessen	*Lieferform*	Granulat
		Farben	Natur
Besondere Merkmale	Sehr hoher Modul; Hohe Festigkeit; Verbessertes Gleitverhalten; Gute Verschleissfestigkeit	*Bevorzugte Anwendungen*	Lagerbuchse; Fuehrungsbuchse; Zahnrad; Steuerscheibe; Kupplungsteil; Ventilkoerper; Kleinstgetriebe; Bueromaschinenteil

Dichte	g/cm^3	1.37	*Schmelzindex*	g/10 min	:
Schüttdichte	g/cm^3	0.74	*Volumenfließindex*	$cm^3/10$ min	:
Viskositätszahl	ml/g				

Verarbeitungsbedingungen für Spritzgießen

Massetemp.	°C	260–290	*Schwindung*	% lgs 0.50, quer
Werkzeugtemp.	°C	55–80	*Bemerkungen*	Vortrocknen empfohlen: 16h/75 C; 2h/105C
Spritzdruck	bar			

Zugversuch 23 °C DIN 53455; DIN 53457

Probekörper: *Form* Nr.3 — *Herstellung* Spritzgiessen
Zustand Luftfeucht — *Vorbehandlung* 1 d bei 23 C/50 %

Streckspannung	N/mm^2		*Dehnung bei Streckspannung*	%	
Zugfestigkeit	N/mm^2		*Reißdehnung*	%	3.1
Reißfestigkeit	N/mm^2	164	*% Dehnspannung*	N/mm^2	
E-Modul	N/mm^2	10500	*Dehnung bei % Dehnspg.*	%	

Kriechmoduln und Zeitstandwerte 23 °C

Probekörper: *Form* — *Herstellung*
Zustand — *Vorbehandlung*

Kriechmodul	*1 min*	N/mm^2	*Zeitstandzugfestigkeit*	h	N/mm^2
Kriechmodul	*1000 h*	N/mm^2	*Zeitdehnspg. %*	h	N/mm^2
bei Spannung		N/mm^2			

Biegeversuch 23 °C DIN 53452;

Probekörper: *Form* 80x10x4 mm — *Herstellung* Spritzgiessen
Zustand Luftfeucht — *Vorbehandlung* 1 d bei 23 C/50 %

Biegefestigkeit	N/mm^2	217	*E-Modul*	N/mm^2
3,5% *Biegespannung*	N/mm^2			

Härte 23 °C *Probekörper:* *Zustand* Luftfeucht — *Herstellung* Spritzgiessen
Vorbehandlung 1 d bei 23 C/50 %

Kugeldruckhärte	N/mm^2 150 bei N, 30 s	*Shore-Härte* A	
Rockwellhärte		*Shore-Härte* D	

Schlagversuch *Probekörper:* *(1)*
(2) — *Herstellung* Spritzgiessen
Zustand Luftfeucht — *Vorbehandlung* 1 d bei 23 C/50 %

		°C	°C	°C	*Probekörper-Form*
Schlagzähigkeit	kJ/m^2	23 40			NKS
Kerbschlagzähigkeit (1)	kJ/m^2				
IZOD-Kerbschlagzähigkeit (2)	J/m				
Kerbschlagzugzähigkeit	kJ/m^2				

Abrieb und Reibung

Taber-Abrieb (Reibradverfahren) mm^3/100 U
Abriebfaktor LNP (Thrust washer) Vergleichswert
Statische Reibungszahl
Dynamische Reibungszahl (p·v= N/mm^2· m/min)
Zulässiger p · v Wert N/mm^2· (m/min) v= m/min
v= m/min

Thermische Eigenschaften

Formbeständigkeit in der Wärme	*Verfahren*		°C
	Verfahren		°C
Vicat Erweichungstemperatur (VST)	*Verfahren*	B/50	215 °C
	Verfahren		°C
Kristallit-Schmelzpunkt	*Verfahren*		
Längenausdehnungskoeffizient	*Bereich*	°C	$\cdot 10^{-4}K^{-1}$
	Temperatur		$\cdot 10^{-4}K^{-1}$
Wärmeleitfähigkeit	*Verfahren*		W/(K · m)
Spezifische Wärmekapazität	*Verfahren*		J/(K · g)
Glasumwandlungstemperatur	*Torsionsschwingungsversuch*		°C
	Differentialkalorimetrie		°C

Brandverhalten

UL-Test vertikal Dicke mm, Wert
Dicke mm, Wert

	Norm	*Bewertung*	*Abmessungen*
Sauerstoff-Index	ASTM D 2863		
Glühstab-Verfahren			
Brandverhalten	DIN 4102		
MVSS			
FAR			

Elektrische Eigenschaften

		Hz	°C	*Probekörper, Form*
Dielektrizitätszahl		50		
		10^3		
		10^6		
Dielektrischer Verlustfaktor tan δ		50		
		10^3		
		10^6		
Spezifischer Durchgangswiderstand	Ohm · cm			
Durchschlagfestigkeit	kV/mm			mm dick
Oberflächenwiderstand	Ohm			

Kriechstromfestigkeit KC KB KA
Elektrolytische Korrosionswirkung
Lichtbogenfestigkeit nach DIN
nach ASTM s

Beständigkeit *(Chemische Beständigkeit siehe Anhang)*

Wasseraufnahme 23 C 1 d 1.2 %

Feuchtigkeitsaufnahme Normalklima %
Wetterbeständigkeit

Spannungskorrosion

Optische Eigenschaften

Brechungszahl n_D
Transmissionsgrad τ_c % mm dick
Lichtdurchlässigkeit

PA

Produkt	Polyamid 12		
Handelsname	**Luvocom 6/GF/30/TF/15**		
Hersteller	LUV		
DIN-Bez 1			
DIN-Bez 2			
Zusätze	15.0% PTFE	*Füllstoffe/ Verstärkung*	30.0% Glasfaser
Bevorzugte Verarbeitung	Spritzgiessen	*Lieferform*	Granulat
		Farben	Natur
Besondere Merkmale	Hoher Modul; Gute Festigkeit; Verbessertes Gleitverhalten; Gute Verschleissfestigkeit; Dimensionsstabil	*Bevorzugte Anwendungen*	Technisches Formteil; Praezisionsformteil; Feinwerktechnik; Elektrotechnik; Haushaltsgeraet; Pumpenindustrie

Dichte	g/cm^3	1.38	*Schmelzindex*	g/10 min	:
Schüttdichte	g/cm^3	0.70	*Volumenfließindex*	cm^3/10 min	:
Viskositätszahl	ml/g				

Verarbeitungsbedingungen für Spritzgießen

Massetemp.	°C	250–280	*Schwindung*	% lgs 0.55, quer
Werkzeugtemp.	°C	55–80	*Bemerkungen*	Vortrocknen empfohlen: 16h/75 C; 2h/105C
Spritzdruck	bar			

Zugversuch 23 °C DIN 53455; DIN 53457

Probekörper: *Form* Nr.3 — *Zustand* Luftfeucht — *Herstellung* Spritzgiessen — *Vorbehandlung* 1 d bei 23 C/50 %

Streckspannung	N/mm^2		*Dehnung bei Streckspannung*	%	
Zugfestigkeit	N/mm^2	105	*Reißdehnung*	%	4.2
Reißfestigkeit	N/mm^2	99	*% Dehnspannung*	N/mm^2	
E-Modul	N/mm^2	6500	*Dehnung bei % Dehnspg.*	%	

Kriechmoduln und Zeitstandwerte 23 °C

Probekörper: *Form* — *Zustand* — *Herstellung* — *Vorbehandlung*

Kriechmodul	*1 min* N/mm^2		*Zeitstandzugfestigkeit*	h N/mm^2
Kriechmodul	*1000 h* N/mm^2		*Zeitdehnspg. %*	h N/mm^2
bei Spannung	N/mm^2			

Biegeversuch 23 °C DIN 53452;

Probekörper: *Form* 80x10x4 mm — *Zustand* Luftfeucht — *Herstellung* Spritzgiessen — *Vorbehandlung* 1 d bei 23 C/50 %

Biegefestigkeit	N/mm^2	140	*E-Modul*	N/mm^2
3,5% *Biegespannung*	N/mm^2			

Härte 23 °C *Probekörper:* *Zustand* — *Herstellung* — *Vorbehandlung*

Kugeldruckhärte	N/mm^2 bei N, s	*Shore-Härte*	A
Rockwellhärte		*Shore-Härte*	D

Schlagversuch *Probekörper:* *(1)* *(2)* — *Zustand* Luftfeucht — *Herstellung* Spritzgiessen — *Vorbehandlung* 1 d bei 23 C/50 %

		°C	°C	°C	*Probekörper-Form*
Schlagzähigkeit	kJ/m^2	23 45			NKS
Kerbschlagzähigkeit (1)	kJ/m^2				
IZOD-Kerbschlagzähigkeit (2)	J/m				
Kerbschlagzugzähigkeit	kJ/m^2				

Abrieb und Reibung

Taber-Abrieb (Reibradverfahren) mm^3/100 U
Abriebfaktor LNP (Thrust washer) Vergleichswert
Statische Reibungszahl
Dynamische Reibungszahl (p · v = N/mm^2 · m/min)
Zulässiger p · v Wert N/mm^2 · (m/min) v = m/min
v = m/min

Thermische Eigenschaften

Formbeständigkeit in der Wärme	*Verfahren*		°C
	Verfahren		°C
Vicat Erweichungstemperatur (VST)	*Verfahren*	B/50	170 °C
	Verfahren		°C
Kristallit-Schmelzpunkt	*Verfahren*		
Längenausdehnungskoeffizient	*Bereich*	°C	$\cdot 10^{-4} K^{-1}$
	Temperatur		$\cdot 10^{-4} K^{-1}$
Wärmeleitfähigkeit	*Verfahren*		W/(K · m)
Spezifische Wärmekapazität	*Verfahren*		J/(K · g)
Glasumwandlungstemperatur	*Torsionsschwingungsversuch*		°C
	Differentialkalorimetrie		°C

Brandverhalten

UL-Test vertikal Dicke mm, Wert
Dicke mm, Wert

	Norm	*Bewertung*	*Abmessungen*
Sauerstoff-Index	ASTM D 2863		
Glühstab-Verfahren			
Brandverhalten	DIN 4102		
MVSS			
FAR			

Elektrische Eigenschaften

	Hz	°C	*Probekörper, Form*
Dielektrizitätszahl	50		
	10^3		
	10^6		
Dielektrischer Verlustfaktor tan δ	50		
	10^3		
	10^6		

Spezifischer Durchgangswiderstand Ohm · cm
Durchschlagfestigkeit kV/mm mm dick
Oberflächenwiderstand Ohm

Kriechstromfestigkeit KC KB KA
Elektrolytische Korrosionswirkung
Lichtbogenfestigkeit nach DIN
nach ASTM s

Beständigkeit *(Chemische Beständigkeit siehe Anhang)*

Wasseraufnahme

Feuchtigkeitsaufnahme Normalklima %
Wetterbeständigkeit

Spannungskorrosion

Optische Eigenschaften

Brechungszahl n_D
Transmissionsgrad τ_c % mm dick
Lichtdurchlässigkeit

Produkt	Polyamid 66		**PA**
Handelsname	**Luvocom 8/CF/20/HS**		
Hersteller	LUV		
DIN-Bez 1			
DIN-Bez 2			
Zusätze		*Füllstoffe/ Verstärkung*	20.0% Kohlefaser
Bevorzugte Verarbeitung	Spritzgiessen	*Lieferform*	Granulat
		Farben	Natur
Besondere Merkmale	Hitzestabilisiert; Trockenschlagzaeh; Geringer elektrischer Widerstand	*Bevorzugte Anwendungen*	Technisches Formteil; Textilmaschinenbauteil; Kfz-Bau

Dichte	g/cm^3	1.13	*Schmelzindex*	g/10 min	:
Schüttdichte	g/cm^3	0.58–0.64	*Volumenfließindex*	cm^3/10 min	:
Viskositätszahl	ml/g				

Verarbeitungsbedingungen für Spritzgießen

Massetemp.	°C	260–290	*Schwindung*	% lgs 0.2–0.3, quer
Werkzeugtemp.	°C	70–100	*Bemerkungen*	Vortrocknen empfohlen: 6h/75 C; 3h/105C
Spritzdruck	bar			

Zugversuch 23 °C DIN 53455; DIN 53457

Probekörper: *Form* Nr.3 — *Herstellung* Spritzgiessen
Zustand Luftfeucht — *Vorbehandlung* 1 d bei 23 C/50 %

Streckspannung	N/mm^2		*Dehnung bei Streckspannung*	%	
Zugfestigkeit	N/mm^2		*Reißdehnung*	%	3.2
Reißfestigkeit	N/mm^2	160	*% Dehnspannung*	N/mm^2	
E-Modul	N/mm^2	12500	*Dehnung bei % Dehnspg.*	%	

Kriechmoduln und Zeitstandwerte 23 °C

Probekörper: *Form* — *Herstellung*
Zustand — *Vorbehandlung*

Kriechmodul	*1 min* N/mm^2	*Zeitstandzugfestigkeit*	h	N/mm^2
Kriechmodul	*1000 h* N/mm^2	*Zeitdehnspg. %*	h	N/mm^2
bei Spannung	N/mm^2			

Biegeversuch 23 °C DIN 53452;

Probekörper: *Form* 80x10x4 mm — *Herstellung* Spritzgiessen
Zustand Luftfeucht — *Vorbehandlung* 1 d bei 23 C/50 %

Biegefestigkeit	N/mm^2	205	*E-Modul*	N/mm^2
3,5% *Biegespannung*	N/mm^2	190		

Härte 23 °C *Probekörper:* *Zustand* Luftfeucht — *Herstellung* Spritzgiessen
Vorbehandlung 1 d bei 23 C/50 %

Kugeldruckhärte	N/mm^2 110 bei N, 30 s	*Shore-Härte*	A
Rockwellhärte		*Shore-Härte*	D

Schlagversuch *Probekörper:* *(1)*
(2) — *Herstellung* Spritzgiessen
Zustand Luftfeucht — *Vorbehandlung* 1 d bei 23 C/50 %

		°C	°C	°C	*Probekörper-Form*
Schlagzähigkeit	kJ/m^2	23 35			NKS
Kerbschlagzähigkeit (1)	kJ/m^2				
IZOD-Kerbschlagzähigkeit (2)	J/m				
Kerbschlagzugzähigkeit	kJ/m^2				

Abrieb und Reibung

Taber-Abrieb (Reibradverfahren) mm^3/100 U
Abriebfaktor LNP (Thrust washer) Vergleichswert
Statische Reibungszahl
Dynamische Reibungszahl (p·v= N/mm^2· m/min)
Zulässiger p · v Wert N/mm^2 · (m/min) v= m/min
v= m/min

Thermische Eigenschaften

Formbeständigkeit in der Wärme	*Verfahren*		°C
	Verfahren		°C
Vicat Erweichungstemperatur (VST)	*Verfahren*	B/50	245 °C
	Verfahren		°C
Kristallit-Schmelzpunkt	*Verfahren*		
Längenausdehnungskoeffizient	*Bereich*	°C	$\cdot 10^{-4}K^{-1}$
	Temperatur		$\cdot 10^{-4}K^{-1}$
Wärmeleitfähigkeit	*Verfahren*		W/(K · m)
Spezifische Wärmekapazität	*Verfahren*		J/(K · g)
Glasumwandlungstemperatur	*Torsionsschwingungsversuch*	°C	
	Differentialkalorimetrie	°C	

Brandverhalten

UL-Test vertikal Dicke mm, Wert
Dicke mm, Wert

	Norm	*Bewertung*	*Abmessungen*
Sauerstoff-Index	ASTM D 2863		
Glühstab-Verfahren			
Brandverhalten	DIN 4102		
MVSS			
FAR			

Elektrische Eigenschaften

		Hz	°C		*Probekörper, Form*
Dielektrizitätszahl		50			
		10^3			
		10^6			
Dielektrischer Verlustfaktor tan δ		50			
		10^3			
		10^6			
Spezifischer Durchgangswiderstand	Ohm · cm		23	≦1.0*10**3	
Durchschlagfestigkeit	kV/mm				mm dick
Oberflächenwiderstand	Ohm		23	≦1.0*10**2	

Kriechstromfestigkeit KC KB KA
Elektrolytische Korrosionswirkung
Lichtbogenfestigkeit nach DIN
nach ASTM s

Beständigkeit *(Chemische Beständigkeit siehe Anhang)*

Wasseraufnahme

Feuchtigkeitsaufnahme Normalklima %
Wetterbeständigkeit

Spannungskorrosion

Optische Eigenschaften

Brechungszahl n_D
Transmissionsgrad τ_c % mm dick
Lichtdurchlässigkeit

Datenbank-Nr.	**T06120**		Merkblatt-Nr. **3460**

Produkt	Polyamid 66		**PA**
Handelsname	**Luvocom 8/EC/1**		
Hersteller	LUV		
DIN-Bez 1			
DIN-Bez 2			
Zusätze	1.0% Russ	*Füllstoffe/ Verstärkung*	
Bevorzugte Verarbeitung	Spritzgiessen	*Lieferform*	Granulat
		Farben	Natur
Besondere Merkmale	Gutes Schlagverhalten; Geringer elektrischer Widerstand	*Bevorzugte Anwendungen*	Technisches Formteil; Abdeckkappe; Gehaeuse; Behaelter fuer Kfz-Bau; Elektrotechnik; Bergbau; Medizinisches Geraet

Dichte	g/cm^3	1.14	*Schmelzindex*	g/10 min		:
Schüttdichte	g/cm^3	0.67	*Volumenfließindex*	cm^3/10 min		:
Viskositätszahl	ml/g					

Verarbeitungsbedingungen für Spritzgießen

Massetemp.	°C	260–290	*Schwindung*	%	lgs	2.5, quer
Werkzeugtemp.	°C	55–80	*Bemerkungen*	Vortrocknen empfohlen: 16h/75 C; 2h/105C		
Spritzdruck	bar					

Zugversuch 23 °C DIN 53455; DIN 53457

Probekörper:	*Form*	Nr.3	*Herstellung*	Spritzgiessen
	Zustand	Luftfeucht	*Vorbehandlung*	1 d bei 23 C/50 %

Streckspannung	N/mm^2		*Dehnung bei Streckspannung*	%	
Zugfestigkeit	N/mm^2		*Reißdehnung*	%	4.2
Reißfestigkeit	N/mm^2	51	*% Dehnspannung*	N/mm^2	
E-Modul	N/mm^2	2500	*Dehnung bei % Dehnspg.*	%	

Kriechmoduln und Zeitstandwerte 23 °C

Probekörper:	*Form*	*Herstellung*	
	Zustand	*Vorbehandlung*	

Kriechmodul	*1 min*	N/mm^2	*Zeitstandzugfestigkeit*	h	N/mm^2
Kriechmodul	*1000 h*	N/mm^2	*Zeitdehnspg. %*	h	N/mm^2
bei Spannung		N/mm^2			

Biegeversuch 23 °C DIN 53452;

Probekörper:	*Form*	80x10x4 mm	*Herstellung*	Spritzgiessen
	Zustand	Luftfeucht	*Vorbehandlung*	1 d bei 23 C/50 %

Biegefestigkeit	N/mm^2	76	*E-Modul*	N/mm^2
3,5% *Biegespannung*	N/mm^2			

Härte 23 °C

Probekörper:	*Zustand*	Luftfeucht	*Herstellung*	Spritzgiessen
			Vorbehandlung	1 d bei 23 C/50 %

Kugeldruckhärte	N/mm^2 96	bei N, 30 s	*Shore-Härte* A	
Rockwellhärte			*Shore-Härte* D	

Schlagversuch

Probekörper:	*(1)*			
	(2)		*Herstellung*	Spritzgiessen
	Zustand	Luftfeucht	*Vorbehandlung*	1 d bei 23 C/50 %

		°C	°C	°C	*Probekörper-Form*
Schlagzähigkeit	kJ/m^2	23 45			NKS
Kerbschlagzähigkeit (1)	kJ/m^2				
IZOD-Kerbschlagzähigkeit (2)	J/m				
Kerbschlagzugzähigkeit	kJ/m^2				

Abrieb und Reibung

Taber-Abrieb (Reibradverfahren) mm³/100 U
Abriebfaktor LNP (Thrust washer) Vergleichswert
Statische Reibungszahl
Dynamische Reibungszahl (p·v= N/mm²· m/min)
Zulässiger p·v Wert N/mm²·(m/min) v= m/min
v= m/min

Thermische Eigenschaften

Formbeständigkeit in der Wärme *Verfahren* °C
Verfahren °C
Vicat Erweichungstemperatur (VST) *Verfahren* B/50 195 °C
Verfahren °C
Kristallit-Schmelzpunkt *Verfahren*

Längenausdehnungskoeffizient *Bereich* °C $\cdot 10^{-4}K^{-1}$
Temperatur $\cdot 10^{-4}K^{-1}$
Wärmeleitfähigkeit *Verfahren* W/(K·m)

Spezifische Wärmekapazität *Verfahren* J/(K·g)

Glasumwandlungstemperatur *Torsionsschwingungsversuch* °C
Differentialkalorimetrie °C

Brandverhalten

UL-Test vertikal Dicke mm, Wert
Dicke mm, Wert

	Norm	*Bewertung*	*Abmessungen*
Sauerstoff-Index	ASTM D 2863		
Glühstab-Verfahren			
Brandverhalten	DIN 4102		
MVSS			
FAR			

Elektrische Eigenschaften

		Hz	°C		*Probekörper, Form*
Dielektrizitätszahl		50			
		10^3			
		10^6			
Dielektrischer Verlustfaktor tan δ		50			
		10^3			
		10^6			
Spezifischer Durchgangs-widerstand	Ohm · cm		23	1.0*10**4	
Durchschlagfestigkeit	kV/mm				mm dick
Oberflächenwiderstand	Ohm		23	1.0*10**4	

Kriechstromfestigkeit KC KB KA
Elektrolytische Korrosionswirkung
Lichtbogenfestigkeit nach DIN
nach ASTM s

Beständigkeit *(Chemische Beständigkeit siehe Anhang)*

Wasseraufnahme

Feuchtigkeitsaufnahme Normalklima %
Wetterbeständigkeit

Spannungskorrosion

Optische Eigenschaften

Brechungszahl n_D
Transmissionsgrad τ_c % mm dick
Lichtdurchlässigkeit

Produkt	Polystyrol		**PS**
Handelsname	**BP Polystyrol QE485**		
Hersteller	BP		
DIN-Bez 1	PS,EG,085-12		
DIN-Bez 2			
Zusätze	Antistatikum	*Füllstoffe/ Verstärkung*	
Bevorzugte Verarbeitung	Coextrudieren	*Lieferform*	Granulat
		Farben	Natur; Standard
Besondere Merkmale	Transluzent; Hart	*Bevorzugte Anwendungen*	Automatenbecher

Dichte	g/cm³	1.05	*Schmelzindex*	g/10 min	11 :	200/5.00
Schüttdichte	g/cm³		*Volumenfließindex*	cm³/10 min	:	
Viskositätszahl	ml/g					

Verarbeitungsbedingungen für Spritzgießen

Massetemp.	°C	*Schwindung*	% lgs , quer
Werkzeugtemp.	°C	*Bemerkungen*	
Spritzdruck	bar		

Zugversuch 23 °C ISO 527;

Probekörper: *Form* — *Zustand* — *Herstellung* Spritzgiessen — *Vorbehandlung* Normalklima

Streckspannung	N/mm² 40	*Dehnung bei Streckspannung*	%	
Zugfestigkeit	N/mm²	*Reißdehnung*	%	1.9
Reißfestigkeit	N/mm²	*% Dehnspannung*	N/mm²	
E-Modul	N/mm²	*Dehnung bei % Dehnspg.*	%	

Kriechmoduln und Zeitstandwerte 23 °C

Probekörper: *Form* — *Zustand* — *Herstellung* — *Vorbehandlung*

Kriechmodul	*1 min* N/mm²	*Zeitstandzugfestigkeit*	h N/mm²
Kriechmodul	*1000 h* N/mm²	*Zeitdehnspg. %*	h N/mm²
bei Spannung	N/mm²		

Biegeversuch 23 °C ISO 178;

Probekörper: *Form* 80x10x4 mm — *Zustand* — *Herstellung* Spritzgiessen — *Vorbehandlung* Normalklima

Biegefestigkeit	N/mm²	*E-Modul*	N/mm² 3100
3,5% *Biegespannung*	N/mm²		

Härte 23 °C *Probekörper:* *Zustand* — *Herstellung* — *Vorbehandlung*

Kugeldruckhärte	N/mm² bei N, s	*Shore-Härte* A
Rockwellhärte		*Shore-Härte* D

Schlagversuch *Probekörper:* *(1)* *(2)* *Zustand* — *Herstellung* Spritzgiessen — *Vorbehandlung* Normalklima

		°C	°C	°C	*Probekörper-Form*
Schlagzähigkeit	kJ/m²	23 22			NKS
Kerbschlagzähigkeit (1)	kJ/m²				
IZOD-Kerbschlagzähigkeit (2)	J/m				
Kerbschlagzugzähigkeit	kJ/m²				

Abrieb und Reibung

Taber-Abrieb (Reibradverfahren)	mm^3/100 U		
Abriebfaktor LNP (Thrust washer) Vergleichswert			
Statische Reibungszahl			
Dynamische Reibungszahl	(p·v=	N/mm^2 ·	m/min)
Zulässiger p · v Wert	N/mm^2 · (m/min)	v=	m/min
		v=	m/min

Thermische Eigenschaften

Formbeständigkeit in der Wärme	*Verfahren*		°C
	Verfahren		°C
Vicat Erweichungstemperatur (VST)	*Verfahren*	B/50	86 °C
	Verfahren		°C
Kristallit-Schmelzpunkt	*Verfahren*		
Längenausdehnungskoeffizient	*Bereich*	°C	$\cdot 10^{-4} K^{-1}$
	Temperatur		$\cdot 10^{-4} K^{-1}$
Wärmeleitfähigkeit	*Verfahren*		W/(K · m)
Spezifische Wärmekapazität	*Verfahren*		J/(K · g)
Glasumwandlungstemperatur	*Torsionsschwingungsversuch*	°C	
	Differentialkalorimetrie	°C	

Brandverhalten

UL-Test vertikal Dicke mm, Wert

Dicke mm, Wert

	Norm	*Bewertung*	*Abmessungen*
Sauerstoff-Index	ASTM D 2863		
Glühstab-Verfahren			
Brandverhalten	DIN 4102		
MVSS			
FAR			

Elektrische Eigenschaften

	Hz	°C	*Probekörper, Form*
Dielektrizitätszahl	50		
	10^3		
	10^6		
Dielektrischer Verlustfaktor tan δ	50		
	10^3		
	10^6		

Spezifischer Durchgangswiderstand	Ohm · cm	
Durchschlagfestigkeit	kV/mm	mm dick
Oberflächenwiderstand	Ohm	

Kriechstromfestigkeit	KC	KB	KA
Elektrolytische Korrosionswirkung			
Lichtbogenfestigkeit nach DIN			
nach ASTM s			

Beständigkeit *(Chemische Beständigkeit siehe Anhang)*

Wasseraufnahme

Feuchtigkeitsaufnahme Normalklima %

Wetterbeständigkeit

Spannungskorrosion

Optische Eigenschaften

Brechungszahl n_D

Transmissionsgrad τ_c % mm dick

Lichtdurchlässigkeit

Produkt	Polystyrol schlagfest		**SB**
Handelsname	**BP Polystyrol 253**		
Hersteller	BP		
DIN-Bez 1	16771-SB,MG,083-12-04		
DIN-Bez 2			
Zusätze		*Füllstoffe/ Verstärkung*	
Bevorzugte Verarbeitung	Spritzgiessen	*Lieferform*	Granulat
		Farben	Natur; Standard
Besondere Merkmale	Gute Schlagzaehigkeit auch in der Kaelte; Opak; Wasseraufnahme hoeher als bei PS; Spannungsrissempfindlich; Hart; Steif	*Bevorzugte Anwendungen*	Verpackung; Einweggeschirr; Schublade; Moebel; Gehaeuse; Spule; Kassette; Kuehlschrankablage; Badezimmereinrichtung; Toilettenartikel; Spielzeugteil; Kfz-Innenteil

Dichte	g/cm^3	1.05	*Schmelzindex*	g/10 min	9:	200/5
Schüttdichte	g/cm^3		*Volumenfließindex*	cm^3/10 min	:	
Viskositätszahl	ml/g					

Verarbeitungsbedingungen für Spritzgießen

Massetemp.	°C	190–230	*Schwindung*	%	lgs 0.4–0.6, quer
Werkzeugtemp.	°C	40–60	*Bemerkungen*		
Spritzdruck	bar				

Zugversuch 23 °C ISO 527;
Probekörper: *Form* / *Zustand* — *Herstellung* Spritzgiessen; *Vorbehandlung* Normalklima

Streckspannung	N/mm^2	34	*Dehnung bei Streckspannung*	%	
Zugfestigkeit	N/mm^2		*Reißdehnung*	%	16
Reißfestigkeit	N/mm^2		% *Dehnspannung*	N/mm^2	
E-Modul	N/mm^2		*Dehnung bei* % *Dehnspg.*	%	

Kriechmoduln und Zeitstandwerte 23 °C
Probekörper: *Form* / *Zustand* — *Herstellung* / *Vorbehandlung*

Kriechmodul	*1 min* N/mm^2	*Zeitstandzugfestigkeit*	h	N/mm^2
Kriechmodul	*1000 h* N/mm^2	*Zeitdehnspg.* %	h	N/mm^2
bei Spannung	N/mm^2			

Biegeversuch 23 °C ISO 178;
Probekörper: *Form* 80x10x4 mm / *Zustand* — *Herstellung* Spritzgiessen; *Vorbehandlung* Normalklima

Biegefestigkeit	N/mm^2	*E-Modul*	N/mm^2	2900
3,5% *Biegespannung*	N/mm^2			

Härte 23 °C *Probekörper:* *Zustand* — *Herstellung* / *Vorbehandlung*

Kugeldruckhärte	N/mm^2 bei N, s	*Shore-Härte* A	
Rockwellhärte		*Shore-Härte* D	

Schlagversuch *Probekörper:* *(1)* U-Kerbe / *(2)* / *Zustand* — *Herstellung* Spritzgiessen; *Vorbehandlung* Normalklima

		°C		°C	°C	*Probekörper-Form*
Schlagzähigkeit	kJ/m^2	23	30			NKS
Kerbschlagzähigkeit (1)	kJ/m^2	23	2.9			NKS
IZOD-Kerbschlagzähigkeit (2)	J/m					
Kerbschlagzugzähigkeit	kJ/m^2					

Abrieb und Reibung

Taber-Abrieb (Reibradverfahren) mm³/100 U
Abriebfaktor LNP (Thrust washer) Vergleichswert
Statische Reibungszahl
Dynamische Reibungszahl (p · v = N/mm² · m/min)
Zulässiger p · v Wert N/mm² · (m/min) v = m/min
v = m/min

Thermische Eigenschaften

Formbeständigkeit in der Wärme	*Verfahren*		°C
	Verfahren		°C
Vicat Erweichungstemperatur (VST)	*Verfahren*	B/50	85 °C
	Verfahren		°C
Kristallit-Schmelzpunkt	*Verfahren*		
Längenausdehnungskoeffizient	*Bereich*	°C	$\cdot 10^{-4} K^{-1}$
	Temperatur		$\cdot 10^{-4} K^{-1}$
Wärmeleitfähigkeit	*Verfahren*		W/(K · m)
Spezifische Wärmekapazität	*Verfahren*		J/(K · g)
Glasumwandlungstemperatur	*Torsionsschwingungsversuch*	°C	
	Differentialkalorimetrie	°C	

Brandverhalten

UL-Test vertikal Dicke mm, Wert
Dicke mm, Wert

	Norm	*Bewertung*	*Abmessungen*
Sauerstoff-Index	ASTM D 2863		
Glühstab-Verfahren			
Brandverhalten	DIN 4102		
MVSS			
FAR			

Elektrische Eigenschaften

		Hz	°C		*Probekörper, Form*
Dielektrizitätszahl		50			
		10^3			
		10^6			
Dielektrischer Verlustfaktor tan δ		50			
		10^3			
		10^6			
Spezifischer Durchgangs-widerstand	Ohm · cm				
Durchschlagfestigkeit	kV/mm				mm dick
Oberflächenwiderstand	Ohm				
Kriechstromfestigkeit		KC	KB	KA	
Elektrolytische Korrosionswirkung					
Lichtbogenfestigkeit nach DIN					
nach ASTM	s				

Beständigkeit *(Chemische Beständigkeit siehe Anhang)*

Wasseraufnahme

Feuchtigkeitsaufnahme Normalklima %
Wetterbeständigkeit

Spannungskorrosion

Optische Eigenschaften

Brechungszahl n_D
Transmissionsgrad τ_c % mm dick
Lichtdurchlässigkeit

Produkt	Polystyrol schlagfest		**SB**
Handelsname	**BP Polystyrol 848**		
Hersteller	BP		
DIN-Bez 1 *DIN-Bez 2*	16771-SB,MG,083-12-07		
Zusätze		*Füllstoffe/ Verstärkung*	
Bevorzugte Verarbeitung	Spritzgiessen	*Lieferform*	Granulat
		Farben	Natur; Standard
Besondere Merkmale	Gute Schlagzaehigkeit auch in der Kaelte; Opak; Wasseraufnahme hoeher als bei PS; Spannungsrissempfindlich; Hart; Steif	*Bevorzugte Anwendungen*	Verpackung; Einweggeschirr; Schublade; Moebel; Gehaeuse; Spule; Kassette; Kuehlschrankablage; Badezimmereinrichtung; Toilettenartikel; Spielzeugteil; Kfz-Innenteil

Dichte	g/cm³	1.05	*Schmelzindex*	g/10 min	14:	200/5
Schüttdichte	g/cm³		*Volumenfließindex*	cm³/10 min	:	
Viskositätszahl	ml/g					

Verarbeitungsbedingungen für Spritzgießen

Massetemp.	°C	190–230	*Schwindung*	%	lgs 0.4–0.6, quer
Werkzeugtemp.	°C	40–60	*Bemerkungen*		
Spritzdruck	bar				

Zugversuch 23 °C ISO 527;

Probekörper: *Form* — *Zustand* — *Herstellung* Spritzgiessen — *Vorbehandlung* Normalklima

Streckspannung	N/mm²	29	*Dehnung bei Streckspannung*	%	
Zugfestigkeit	N/mm²		*Reißdehnung*	%	20
Reißfestigkeit	N/mm²		*% Dehnspannung*	N/mm²	
E-Modul	N/mm²		*Dehnung bei % Dehnspg.*	%	

Kriechmoduln und Zeitstandwerte 23 °C

Probekörper: *Form* — *Zustand* — *Herstellung* — *Vorbehandlung*

Kriechmodul	*1 min*	N/mm²	*Zeitstandzugfestigkeit*	h	N/mm²
Kriechmodul	*1000 h*	N/mm²	*Zeitdehnspg. %*	h	N/mm²
bei Spannung		N/mm²			

Biegeversuch 23 °C ISO 178;

Probekörper: *Form* 80x10x4 mm — *Zustand* — *Herstellung* Spritzgiessen — *Vorbehandlung* Normalklima

Biegefestigkeit	N/mm²	*E-Modul*	N/mm²	2700
3,5% *Biegespannung*	N/mm²			

Härte 23 °C *Probekörper:* *Zustand* — *Herstellung* — *Vorbehandlung*

Kugeldruckhärte	N/mm²	bei N, s	*Shore-Härte* A	
Rockwellhärte			*Shore-Härte* D	

Schlagversuch *Probekörper:* *(1)* U-Kerbe — *(2)* — *Zustand* — *Herstellung* Spritzgiessen — *Vorbehandlung* Normalklima

		°C		°C		°C		*Probekörper-Form*
Schlagzähigkeit	kJ/m²	23	40					NKS
Kerbschlagzähigkeit (1)	kJ/m²	23	3.6					NKS
IZOD-Kerbschlagzähigkeit (2)	J/m							
Kerbschlagzugzähigkeit	kJ/m²							

Abrieb und Reibung

Taber-Abrieb (Reibradverfahren)	mm^3/100 U		
Abriebfaktor LNP (Thrust washer) Vergleichswert			
Statische Reibungszahl			
Dynamische Reibungszahl	(p·v=	N/mm^2·	m/min)
Zulässiger p·v Wert	N/mm^2·(m/min)	v=	m/min
		v=	m/min

Thermische Eigenschaften

Formbeständigkeit in der Wärme	*Verfahren*			°C
	Verfahren			°C
Vicat Erweichungstemperatur (VST)	*Verfahren*	B/50		81 °C
	Verfahren			°C
Kristallit-Schmelzpunkt	*Verfahren*			
Längenausdehnungskoeffizient	*Bereich*	°C		$\cdot 10^{-4}K^{-1}$
	Temperatur			$\cdot 10^{-4}K^{-1}$
Wärmeleitfähigkeit	*Verfahren*			W/(K·m)
Spezifische Wärmekapazität	*Verfahren*			J/(K·g)
Glasumwandlungstemperatur	*Torsionsschwingungsversuch*		°C	
	Differentialkalorimetrie		°C	

Brandverhalten

UL-Test vertikal Dicke mm, Wert
Dicke mm, Wert

	Norm	*Bewertung*	*Abmessungen*
Sauerstoff-Index	ASTM D 2863		
Glühstab-Verfahren			
Brandverhalten	DIN 4102		
MVSS			
FAR			

Elektrische Eigenschaften

		Hz	°C	*Probekörper, Form*
Dielektrizitätszahl		50		
		10^3		
		10^6		
Dielektrischer Verlustfaktor tan δ		50		
		10^3		
		10^6		
Spezifischer Durchgangswiderstand	Ohm·cm			
Durchschlagfestigkeit	kV/mm			mm dick
Oberflächenwiderstand	Ohm			

Kriechstromfestigkeit KC KB KA
Elektrolytische Korrosionswirkung
Lichtbogenfestigkeit nach DIN
nach ASTM s

Beständigkeit *(Chemische Beständigkeit siehe Anhang)*

Wasseraufnahme

Feuchtigkeitsaufnahme Normalklima %

Wetterbeständigkeit

Spannungskorrosion

Optische Eigenschaften

Brechungszahl n_D
Transmissionsgrad τ_c % mm dick
Lichtdurchlässigkeit

SB

Produkt	Polystyrol schlagfest		
Handelsname	**BP Polystyrol 670**		
Hersteller	BP		
DIN-Bez 1	16771-SB,MG,093-06-07		
DIN-Bez 2			
Zusätze		*Füllstoffe/ Verstärkung*	
Bevorzugte Verarbeitung	Extrudieren; Spritzgiessen	*Lieferform*	Granulat
		Farben	Natur; Standard
Besondere Merkmale	Gute Schlagzaehigkeit auch in der Kaelte; Opak; Wasseraufnahme hoeher als bei PS; Spannungsrissempfindlich; Hart; Steif	*Bevorzugte Anwendungen*	Verpackung; Einweggeschirr; Schublade; Moebel; Gehaeuse; Spule; Kassette; Kuehlschrankablage; Badezimmereinrichtung; Toilettenartikel; Folie und Tafel fuer Tiefziehverarbeitung

Dichte	g/cm^3	1.05	*Schmelzindex*	g/10 min	3.3:	200/5
Schüttdichte	g/cm^3		*Volumenfließindex*	cm^3/10 min	:	
Viskositätszahl	ml/g					

Verarbeitungsbedingungen für Spritzgießen

Massetemp.	°C	210–250	*Schwindung*	%	lgs 0.4–0.6, quer
Werkzeugtemp.	°C	40–60	*Bemerkungen*		
Spritzdruck	bar				

Zugversuch 23 °C ISO 527;
Probekörper: *Form* / *Zustand* — *Herstellung* Spritzgiessen, *Vorbehandlung* Normalklima

Streckspannung	N/mm^2	42	*Dehnung bei Streckspannung*	%	
Zugfestigkeit	N/mm^2		*Reißdehnung*	%	20
Reißfestigkeit	N/mm^2		*% Dehnspannung*	N/mm^2	
E-Modul	N/mm^2		*Dehnung bei % Dehnspg.*	%	

Kriechmoduln und Zeitstandwerte 23 °C
Probekörper: *Form* / *Zustand* — *Herstellung* / *Vorbehandlung*

Kriechmodul	*1 min*	N/mm^2	*Zeitstandzugfestigkeit*	h	N/mm^2
Kriechmodul	*1000 h*	N/mm^2	*Zeitdehnspg. %*	h	N/mm^2
bei Spannung		N/mm^2			

Biegeversuch 23 °C ISO 178;
Probekörper: *Form* 80x10x4 mm / *Zustand* — *Herstellung* Spritzgiessen, *Vorbehandlung* Normalklima

Biegefestigkeit	N/mm^2	*E-Modul*	N/mm^2	2900
3,5% *Biegespannung*	N/mm^2			

Härte 23 °C *Probekörper:* *Zustand* — *Herstellung* / *Vorbehandlung*

Kugeldruckhärte	N/mm^2	bei N, s	*Shore-Härte*	A
Rockwellhärte			*Shore-Härte*	D

Schlagversuch *Probekörper:* *(1)* U-Kerbe / *(2)* / *Zustand* — *Herstellung* Spritzgiessen, *Vorbehandlung* Normalklima

		°C		°C	°C	*Probekörper-Form*
Schlagzähigkeit	kJ/m^2	23	45			NKS
Kerbschlagzähigkeit (1)	kJ/m^2	23	3.9			NKS
IZOD-Kerbschlagzähigkeit (2)	J/m					
Kerbschlagzugzähigkeit	kJ/m^2					

Abrieb und Reibung

Taber-Abrieb (Reibradverfahren)	$mm^3/100$ U		
Abriebfaktor LNP (Thrust washer) Vergleichswert			
Statische Reibungszahl			
Dynamische Reibungszahl	(p·v=	N/mm²·	m/min)
Zulässiger p · v Wert	N/mm²·(m/min)	v=	m/min
		v=	m/min

Thermische Eigenschaften

Formbeständigkeit in der Wärme	*Verfahren*			°C
	Verfahren			°C
Vicat Erweichungstemperatur (VST)	*Verfahren*	B/50		94 °C
	Verfahren			°C
Kristallit-Schmelzpunkt	*Verfahren*			
Längenausdehnungskoeffizient	*Bereich*	°C		$\cdot 10^{-4}K^{-1}$
	Temperatur			$\cdot 10^{-4}K^{-1}$
Wärmeleitfähigkeit	*Verfahren*			W/(K · m)
Spezifische Wärmekapazität	*Verfahren*			J/(K · g)
Glasumwandlungstemperatur	*Torsionsschwingungsversuch*		°C	
	Differentialkalorimetrie		°C	

Brandverhalten

UL-Test vertikal	Dicke	mm, Wert
	Dicke	mm, Wert

	Norm	*Bewertung*	*Abmessungen*
Sauerstoff-Index	ASTM D 2863		
Glühstab-Verfahren			
Brandverhalten	DIN 4102		
MVSS			
FAR			

Elektrische Eigenschaften

		Hz	°C		*Probekörper, Form*
Dielektrizitätszahl		50			
		10^3			
		10^6			
Dielektrischer Verlustfaktor tan δ		50			
		10^3			
		10^6			
Spezifischer Durchgangswiderstand	Ohm · cm				
Durchschlagfestigkeit	kV/mm				mm dick
Oberflächenwiderstand	Ohm				
Kriechstromfestigkeit		KC	KB	KA	
Elektrolytische Korrosionswirkung					
Lichtbogenfestigkeit nach DIN					
nach ASTM	s				

Beständigkeit *(Chemische Beständigkeit siehe Anhang)*

Wasseraufnahme	
Feuchtigkeitsaufnahme Normalklima	%
Wetterbeständigkeit	
Spannungskorrosion	

Optische Eigenschaften

Brechungszahl n_D		
Transmissionsgrad τ_c	%	mm dick
Lichtdurchlässigkeit		

Produkt	Polystyrol schlagfest		**SB**
Handelsname	**BP Polystyrol 3240**		
Hersteller	BP		
DIN-Bez 1	16771-SB,MG,088-06-10		
DIN-Bez 2			
Zusätze		*Füllstoffe/ Verstärkung*	
Bevorzugte Verarbeitung	Spritzgiessen; Extrudieren	*Lieferform*	Granulat
		Farben	Natur; Standard
Besondere Merkmale	Gute Schlagzaehigkeit auch in der Kaelte; Opak; Wasseraufnahme hoeher als bei PS; Spannungsrissempfindlich; Hart; Steif	*Bevorzugte Anwendungen*	Verpackung; Einweggeschirr; Schublade; Moebel; Gehaeuse; Spule; Kassette; Kuehlschrankablage; Badezimmereinrichtung; Toilettenartikel; Folie und Tafel fuer Tiefziehverarbeitung

Dichte	g/cm³	1.05	*Schmelzindex*	g/10 min	5.8:	200/5
Schüttdichte	g/cm³		*Volumenfließindex*	cm³/10 min	:	
Viskositätszahl	ml/g					

Verarbeitungsbedingungen für Spritzgießen

Massetemp.	°C	200–240	*Schwindung*	%	lgs 0.4–0.6, quer
Werkzeugtemp.	°C	40–60	*Bemerkungen*		
Spritzdruck	bar				

Zugversuch 23 °C ISO 527;

Probekörper:	*Form*		*Herstellung*	Spritzgiessen
	Zustand		*Vorbehandlung*	Normalklima

Streckspannung	N/mm²	30	*Dehnung bei Streckspannung*	%	
Zugfestigkeit	N/mm²		*Reißdehnung*	%	30
Reißfestigkeit	N/mm²		*% Dehnspannung*	N/mm²	
E-Modul	N/mm²		*Dehnung bei % Dehnspg.*	%	

Kriechmoduln und Zeitstandwerte 23 °C

Probekörper:	*Form*	*Herstellung*	
	Zustand	*Vorbehandlung*	

Kriechmodul	*1 min*	N/mm²	*Zeitstandzugfestigkeit*	h	N/mm²
Kriechmodul	*1000 h*	N/mm²	*Zeitdehnspg. %*	h	N/mm²
bei Spannung		N/mm²			

Biegeversuch 23 °C ISO 178;

Probekörper:	*Form*	80x10x4 mm	*Herstellung*	Spritzgiessen
	Zustand		*Vorbehandlung*	Normalklima

Biegefestigkeit	N/mm²	*E-Modul*	N/mm²	2500
3,5% *Biegespannung*	N/mm²			

Härte 23 °C

Probekörper:	*Zustand*	*Herstellung*	
		Vorbehandlung	
Kugeldruckhärte	N/mm² bei N, s	*Shore-Härte* A	
Rockwellhärte		*Shore-Härte* D	

Schlagversuch

Probekörper:	*(1)* U-Kerbe		
	(2)	*Herstellung*	Spritzgiessen
	Zustand	*Vorbehandlung*	Normalklima

		°C		°C		°C		*Probekörper-Form*
Schlagzähigkeit	kJ/m²	23	60					NKS
Kerbschlagzähigkeit (1)	kJ/m²	23	5.3					NKS
IZOD-Kerbschlagzähigkeit (2)	J/m							
Kerbschlagzugzähigkeit	kJ/m²							

Abrieb und Reibung

Taber-Abrieb (Reibradverfahren)	mm³/100 U		
Abriebfaktor LNP (Thrust washer) Vergleichswert			
Statische Reibungszahl			
Dynamische Reibungszahl	(p · v=	N/mm² ·	m/min)
Zulässiger p · v Wert	N/mm² · (m/min)	v=	m/min
		v=	m/min

Thermische Eigenschaften

Formbeständigkeit in der Wärme	*Verfahren*		°C	
	Verfahren		°C	
Vicat Erweichungstemperatur (VST)	*Verfahren*	B/50	87 °C	
	Verfahren		°C	
Kristallit-Schmelzpunkt	*Verfahren*			
Längenausdehnungskoeffizient	*Bereich*	°C		$\cdot 10^{-4} K^{-1}$
	Temperatur			$\cdot 10^{-4} K^{-1}$
Wärmeleitfähigkeit	*Verfahren*			W/(K · m)
Spezifische Wärmekapazität	*Verfahren*			J/(K · g)
Glasumwandlungstemperatur	*Torsionsschwingungsversuch*	°C		
	Differentialkalorimetrie	°C		

Brandverhalten

UL-Test vertikal	Dicke	mm, Wert
	Dicke	mm, Wert

	Norm	*Bewertung*	*Abmessungen*
Sauerstoff-Index	ASTM D 2863		
Glühstab-Verfahren			
Brandverhalten	DIN 4102		
MVSS			
FAR			

Elektrische Eigenschaften

		Hz	°C		*Probekörper, Form*
Dielektrizitätszahl		50			
		10^3			
		10^6			
Dielektrischer Verlustfaktor tan δ		50			
		10^3			
		10^6			
Spezifischer Durchgangs-widerstand	Ohm · cm				
Durchschlagfestigkeit	kV/mm				mm dick
Oberflächenwiderstand	Ohm				
Kriechstromfestigkeit		KC	KB	KA	
Elektrolytische Korrosionswirkung					
Lichtbogenfestigkeit nach DIN					
nach ASTM	s				

Beständigkeit *(Chemische Beständigkeit siehe Anhang)*

Wasseraufnahme	
Feuchtigkeitsaufnahme Normalklima	%
Wetterbeständigkeit	
Spannungskorrosion	

Optische Eigenschaften

Brechungszahl n_D		
Transmissionsgrad τ_c	%	mm dick
Lichtdurchlässigkeit		

Produkt	Polystyrol schlagfest		**SB**
Handelsname	**BP Polystyrol 702**		
Hersteller	BP		
DIN-Bez 1	16771-SB,MG,083-06-10		
DIN-Bez 2			
Zusätze		*Füllstoffe/ Verstärkung*	
Bevorzugte Verarbeitung	Spritzgiessen; Extrudieren	*Lieferform*	Granulat
		Farben	Natur; Standard
Besondere Merkmale	Gute Schlagzaehigkeit auch in der Kaelte; Opak; Wasseraufnahme hoeher als bei PS; Spannungsrissempfindlich; Hart; Steif	*Bevorzugte Anwendungen*	Verpackung; Einweggeschirr; Schublade; Moebel; Gehaeuse; Spule; Kassette; Kuehlschrankablage; Badezimmereinrichtung; Toilettenartikel; Folie und Tafel fuer Tiefziehverarbeitung

Dichte	g/cm³	1.05	*Schmelzindex*	g/10 min	6.5:	200/5
Schüttdichte	g/cm³		*Volumenfließindex*	cm³/10 min	:	
Viskositätszahl	ml/g					

Verarbeitungsbedingungen für Spritzgießen

Massetemp.	°C	200–240	*Schwindung*	%	lgs 0.4–0.6, quer
Werkzeugtemp.	°C	40–60	*Bemerkungen*		
Spritzdruck	bar				

Zugversuch 23 °C ISO 527;

Probekörper: *Form* — *Herstellung* Spritzgiessen
Zustand — *Vorbehandlung* Normalklima

Streckspannung	N/mm²	29	*Dehnung bei Streckspannung*	%	
Zugfestigkeit	N/mm²		*Reißdehnung*	%	40
Reißfestigkeit	N/mm²		% *Dehnspannung*	N/mm²	
E-Modul	N/mm²		*Dehnung bei* % *Dehnspg.*	%	

Kriechmoduln und Zeitstandwerte 23 °C

Probekörper: *Form* — *Herstellung*
Zustand — *Vorbehandlung*

Kriechmodul	*1 min*	N/mm²	*Zeitstandzugfestigkeit*	h	N/mm²
Kriechmodul	*1000 h*	N/mm²	*Zeitdehnspg.* %	h	N/mm²
bei Spannung		N/mm²			

Biegeversuch 23 °C ISO 178;

Probekörper: *Form* 80x10x4 mm — *Herstellung* Spritzgiessen
Zustand — *Vorbehandlung* Normalklima

Biegefestigkeit	N/mm²	*E-Modul*	N/mm²	2500
3,5% *Biegespannung*	N/mm²			

Härte 23 °C *Probekörper:* *Zustand* — *Herstellung*
Vorbehandlung

Kugeldruckhärte	N/mm²	bei N, s	*Shore-Härte*	A
Rockwellhärte			*Shore-Härte*	D

Schlagversuch *Probekörper:* *(1)* U-Kerbe
(2) — *Herstellung* Spritzgiessen
Zustand — *Vorbehandlung* Normalklima

		°C		°C		°C		*Probekörper-Form*
Schlagzähigkeit	kJ/m²	23	75					NKS
Kerbschlagzähigkeit (1)	kJ/m²	23	6.3					NKS
IZOD-Kerbschlagzähigkeit (2)	J/m							
Kerbschlagzugzähigkeit	kJ/m²							

Abrieb und Reibung

Taber-Abrieb (Reibradverfahren) mm³/100 U
Abriebfaktor LNP (Thrust washer) Vergleichswert
Statische Reibungszahl
Dynamische Reibungszahl (p·v= N/mm²· m/min)
Zulässiger p·v Wert N/mm²·(m/min) v= m/min
v= m/min

Thermische Eigenschaften

Formbeständigkeit in der Wärme	*Verfahren*		°C
	Verfahren		°C
Vicat Erweichungstemperatur (VST)	*Verfahren*	B/50	85 °C
	Verfahren		°C
Kristallit-Schmelzpunkt	*Verfahren*		
Längenausdehnungskoeffizient	*Bereich*	°C	$\cdot 10^{-4} K^{-1}$
	Temperatur		$\cdot 10^{-4} K^{-1}$
Wärmeleitfähigkeit	*Verfahren*		W/(K·m)
Spezifische Wärmekapazität	*Verfahren*		J/(K·g)
Glasumwandlungstemperatur	*Torsionsschwingungsversuch*		°C
	Differentialkalorimetrie		°C

Brandverhalten

UL-Test vertikal Dicke mm, Wert
Dicke mm, Wert

	Norm	*Bewertung*	*Abmessungen*
Sauerstoff-Index	ASTM D 2863		
Glühstab-Verfahren			
Brandverhalten	DIN 4102		
MVSS			
FAR			

Elektrische Eigenschaften

	Hz	°C	*Probekörper, Form*
Dielektrizitätszahl	50		
	10^3		
	10^6		
Dielektrischer Verlustfaktor tan δ	50		
	10^3		
	10^6		

Spezifischer Durchgangs-widerstand Ohm·cm
Durchschlagfestigkeit kV/mm mm dick
Oberflächenwiderstand Ohm

Kriechstromfestigkeit KC KB KA
Elektrolytische Korrosionswirkung
Lichtbogenfestigkeit nach DIN
nach ASTM s

Beständigkeit *(Chemische Beständigkeit siehe Anhang)*

Wasseraufnahme

Feuchtigkeitsaufnahme Normalklima %
Wetterbeständigkeit

Spannungskorrosion

Optische Eigenschaften

Brechungszahl n_D
Transmissionsgrad τ_c % mm dick
Lichtdurchlässigkeit

Produkt	Polystyrol schlagfest		**SB**
Handelsname	**BP Polystyrol 650**		
Hersteller	BP		
DIN-Bez 1	16771-SB,MG,088-03-10		
DIN-Bez 2			
Zusätze		*Füllstoffe/ Verstärkung*	
Bevorzugte Verarbeitung	Extrudieren; Spritzgiessen	*Lieferform*	Granulat
		Farben	Natur; Standard
Besondere Merkmale	Gute Schlagzaehigkeit auch in der Kaelte; Opak; Wasseraufnahme hoeher als bei PS; Spannungsrissempfindlich; Hart; Steif	*Bevorzugte Anwendungen*	Verpackung; Einweggeschirr; Schublade; Moebel; Gehaeuse; Spule; Kassette; Kuehlschrankablage; Badezimmereinrichtung; Toilettenartikel; Folie und Tafel fuer Tiefziehverarbeitung

Dichte	g/cm^3	1.05	*Schmelzindex*	g/10 min	3.6:	200/5
Schüttdichte	g/cm^3		*Volumenfließindex*	cm^3/10 min	:	
Viskositätszahl	ml/g					

Verarbeitungsbedingungen für Spritzgießen

Massetemp.	°C	210–250	*Schwindung*	%	lgs 0.4–0.6, quer
Werkzeugtemp.	°C	40–60	*Bemerkungen*		
Spritzdruck	bar				

Zugversuch 23 °C ISO 527;

Probekörper: *Form* / *Zustand* — *Herstellung* Spritzgiessen, *Vorbehandlung* Normalklima

Streckspannung	N/mm^2	32	*Dehnung bei Streckspannung*	%	
Zugfestigkeit	N/mm^2		*Reißdehnung*	%	35
Reißfestigkeit	N/mm^2		*% Dehnspannung*	N/mm^2	
E-Modul	N/mm^2		*Dehnung bei % Dehnspg.*	%	

Kriechmoduln und Zeitstandwerte 23 °C

Probekörper: *Form* / *Zustand* — *Herstellung* / *Vorbehandlung*

Kriechmodul	*1 min*	N/mm^2	*Zeitstandzugfestigkeit*	h	N/mm^2
Kriechmodul	*1000 h*	N/mm^2	*Zeitdehnspg. %*	h	N/mm^2
bei Spannung		N/mm^2			

Biegeversuch 23 °C ISO 178;

Probekörper: *Form* 80x10x4 mm / *Zustand* — *Herstellung* Spritzgiessen, *Vorbehandlung* Normalklima

Biegefestigkeit	N/mm^2	*E-Modul*	N/mm^2	2400
3,5% Biegespannung	N/mm^2			

Härte 23 °C *Probekörper:* *Zustand* — *Herstellung* / *Vorbehandlung*

Kugeldruckhärte	N/mm^2 bei N, s	*Shore-Härte* A	
Rockwellhärte		*Shore-Härte* D	

Schlagversuch *Probekörper:* *(1)* U-Kerbe, *(2)*, *Zustand* — *Herstellung* Spritzgiessen, *Vorbehandlung* Normalklima

		°C		°C		°C		*Probekörper-Form*
Schlagzähigkeit	kJ/m^2	23	75					NKS
Kerbschlagzähigkeit (1)	kJ/m^2	23	6.5					NKS
IZOD-Kerbschlagzähigkeit (2)	J/m							
Kerbschlagzugzähigkeit	kJ/m^2							

Abrieb und Reibung

Taber-Abrieb (Reibradverfahren)	mm^3/100 U		
Abriebfaktor LNP (Thrust washer) Vergleichswert			
Statische Reibungszahl			
Dynamische Reibungszahl	(p·v=	N/mm^2·	m/min)
Zulässiger p · v Wert	N/mm^2 · (m/min)	v=	m/min
		v=	m/min

Thermische Eigenschaften

Formbeständigkeit in der Wärme	*Verfahren*			°C
	Verfahren			°C
Vicat Erweichungstemperatur (VST)	*Verfahren*	B/50		89 °C
	Verfahren			°C
Kristallit-Schmelzpunkt	*Verfahren*			
Längenausdehnungskoeffizient	*Bereich*		°C	$\cdot 10^{-4} K^{-1}$
	Temperatur			$\cdot 10^{-4} K^{-1}$
Wärmeleitfähigkeit	*Verfahren*			W/(K · m)
Spezifische Wärmekapazität	*Verfahren*			J/(K · g)
Glasumwandlungstemperatur	*Torsionsschwingungsversuch*		°C	
	Differentialkalorimetrie		°C	

Brandverhalten

UL-Test vertikal	Dicke	mm, Wert
	Dicke	mm, Wert

	Norm	*Bewertung*	*Abmessungen*
Sauerstoff-Index	ASTM D 2863		
Glühstab-Verfahren			
Brandverhalten	DIN 4102		
MVSS			
FAR			

Elektrische Eigenschaften

		Hz	°C	*Probekörper, Form*
Dielektrizitätszahl		50		
		10^3		
		10^6		
Dielektrischer Verlustfaktor tan δ		50		
		10^3		
		10^6		
Spezifischer Durchgangs-widerstand	Ohm · cm			
Durchschlagfestigkeit	kV/mm			mm dick
Oberflächenwiderstand	Ohm			

Kriechstromfestigkeit	KC	KB	KA
Elektrolytische Korrosionswirkung			
Lichtbogenfestigkeit nach DIN			
nach ASTM	s		

Beständigkeit *(Chemische Beständigkeit siehe Anhang)*

Wasseraufnahme

Feuchtigkeitsaufnahme Normalklima %

Wetterbeständigkeit

Spannungskorrosion

Optische Eigenschaften

Brechungszahl n_D		
Transmissionsgrad τ_c	%	mm dick
Lichtdurchlässigkeit		

Produkt	Polystyrol schlagfest		**SB**
Handelsname	**BP Polystyrol 3400**		
Hersteller	BP		
DIN-Bez 1	16771-SB,MG,093-03-10		
DIN-Bez 2			
Zusätze		*Füllstoffe/ Verstärkung*	
Bevorzugte Verarbeitung	Extrudieren; Spritzgiessen	*Lieferform*	Granulat
		Farben	Natur; Standard
Besondere Merkmale	Gute Schlagzaehigkeit auch in der Kaelte; Opak; Wasseraufnahme hoeher als bei PS; Spannungsrissempfindlich; Hart; Steif	*Bevorzugte Anwendungen*	Verpackung; Einweggeschirr; Schublade; Moebel; Gehaeuse; Spule; Kassette; Kuehlschrankablage; Badezimmereinrichtung; Toilettenartikel; Folie und Tafel fuer Tiefziehverarbeitung

Dichte	g/cm^3	1.05	*Schmelzindex*	g/10 min	2.7 :	200/5
Schüttdichte	g/cm^3		*Volumenfließindex*	cm^3/10 min	:	
Viskositätszahl	ml/g					

Verarbeitungsbedingungen für Spritzgießen

Massetemp.	°C	220–260	*Schwindung*	%	lgs 0.4–0.6, quer
Werkzeugtemp.	°C	40–60	*Bemerkungen*		
Spritzdruck	bar				

Zugversuch 23 °C ISO 527;

Probekörper: *Form* — *Zustand* — *Herstellung* Spritzgiessen — *Vorbehandlung* Normalklima

Streckspannung	N/mm^2	34	*Dehnung bei Streckspannung*	%	
Zugfestigkeit	N/mm^2		*Reißdehnung*	%	28
Reißfestigkeit	N/mm^2		*% Dehnspannung*	N/mm^2	
E-Modul	N/mm^2		*Dehnung bei % Dehnspg.*	%	

Kriechmoduln und Zeitstandwerte 23 °C

Probekörper: *Form* — *Zustand* — *Herstellung* — *Vorbehandlung*

Kriechmodul	*1 min*	N/mm^2	*Zeitstandzugfestigkeit*	h	N/mm^2
Kriechmodul	*1000 h*	N/mm^2	*Zeitdehnspg. %*	h	N/mm^2
bei Spannung		N/mm^2			

Biegeversuch 23 °C ISO 178;

Probekörper: *Form* 80x10x4 mm — *Zustand* — *Herstellung* Spritzgiessen — *Vorbehandlung* Normalklima

Biegefestigkeit	N/mm^2	*E-Modul*	N/mm^2	2400
3,5% *Biegespannung*	N/mm^2			

Härte 23 °C

Probekörper: *Zustand* — *Herstellung* — *Vorbehandlung*

Kugeldruckhärte	N/mm^2 bei N, s	*Shore-Härte*	A
Rockwellhärte		*Shore-Härte*	D

Schlagversuch

Probekörper: *(1)* U-Kerbe — *(2)* — *Zustand* — *Herstellung* Spritzgiessen — *Vorbehandlung* Normalklima

		°C		°C		°C		*Probekörper-Form*
Schlagzähigkeit	kJ/m^2	23	70					NKS
Kerbschlagzähigkeit (1)	kJ/m^2	23	6.0					NKS
IZOD-Kerbschlagzähigkeit (2)	J/m							
Kerbschlagzugzähigkeit	kJ/m^2							

Abrieb und Reibung

Taber-Abrieb (Reibradverfahren)	mm^3/100 U		
Abriebfaktor LNP (Thrust washer) Vergleichswert			
Statische Reibungszahl			
Dynamische Reibungszahl	(p · v=	N/mm² ·	m/min)
Zulässiger p · v Wert	N/mm² · (m/min)	v=	m/min
		v=	m/min

Thermische Eigenschaften

Formbeständigkeit in der Wärme	*Verfahren*		°C
	Verfahren		°C
Vicat Erweichungstemperatur (VST)	*Verfahren*	B/50	95 °C
	Verfahren		°C
Kristallit-Schmelzpunkt	*Verfahren*		
Längenausdehnungskoeffizient	*Bereich*	°C	$\cdot 10^{-4} K^{-1}$
	Temperatur		$\cdot 10^{-4} K^{-1}$
Wärmeleitfähigkeit	*Verfahren*		W/(K · m)
Spezifische Wärmekapazität	*Verfahren*		J/(K · g)
Glasumwandlungstemperatur	*Torsionsschwingungsversuch*		°C
	Differentialkalorimetrie		°C

Brandverhalten

UL-Test vertikal	Dicke	mm, Wert
	Dicke	mm, Wert

	Norm	*Bewertung*	*Abmessungen*
Sauerstoff-Index	ASTM D 2863		
Glühstab-Verfahren			
Brandverhalten	DIN 4102		
MVSS			
FAR			

Elektrische Eigenschaften

		Hz	°C		*Probekörper, Form*
Dielektrizitätszahl		50			
		10^3			
		10^6			
Dielektrischer Verlustfaktor tan δ		50			
		10^3			
		10^6			
Spezifischer Durchgangs-widerstand	Ohm · cm				
Durchschlagfestigkeit	kV/mm				mm dick
Oberflächenwiderstand	Ohm				
Kriechstromfestigkeit		KC	KB	KA	
Elektrolytische Korrosionswirkung					
Lichtbogenfestigkeit nach DIN					
nach ASTM	s				

Beständigkeit *(Chemische Beständigkeit siehe Anhang)*

Wasseraufnahme	
Feuchtigkeitsaufnahme Normalklima	%
Wetterbeständigkeit	
Spannungskorrosion	

Optische Eigenschaften

Brechungszahl n_D		
Transmissionsgrad τ_c	%	mm dick
Lichtdurchlässigkeit		

Produkt	Polystyrol schlagfest		**SB**
Handelsname	**BP Polystyrol 201**		
Hersteller	BP		
DIN-Bez 1	16771-SB,MG,078-12-10		
DIN-Bez 2			
Zusätze		*Füllstoffe/ Verstärkung*	
Bevorzugte Verarbeitung	Spritzgiessen	*Lieferform*	Granulat
		Farben	Natur; Standard
Besondere Merkmale	Gute Schlagzaehigkeit auch in der Kaelte; Opak; Wasseraufnahme hoeher als bei PS; Spannungsrissempfindlich; Hart; Steif	*Bevorzugte Anwendungen*	Verpackung; Einweggeschirr; Schublade; Moebel; Gehaeuse; Spule; Kassette; Kuehlschrankablage; Badezimmereinrichtung; Toilettenartikel; Formteil fuer Kfz-Innenraum; Spielzeug

Dichte	g/cm^3	1.05	*Schmelzindex*	g/10 min	10:	200/5
Schüttdichte	g/cm^3		*Volumenfließindex*	$cm^3/10$ min	:	
Viskositätszahl	ml/g					

Verarbeitungsbedingungen für Spritzgießen

Massetemp.	°C	190–230	*Schwindung*	%	lgs 0.4–0.6, quer
Werkzeugtemp.	°C	40–60	*Bemerkungen*		
Spritzdruck	bar				

Zugversuch 23 °C ISO 527;

Probekörper: *Form* — *Herstellung* Spritzgiessen; *Zustand* — *Vorbehandlung* Normalklima

Streckspannung	N/mm^2	21	*Dehnung bei Streckspannung*	%	
Zugfestigkeit	N/mm^2		*Reißdehnung*	%	40
Reißfestigkeit	N/mm^2		*% Dehnspannung*	N/mm^2	
E-Modul	N/mm^2		*Dehnung bei % Dehnspg.*	%	

Kriechmoduln und Zeitstandwerte 23 °C

Probekörper: *Form* — *Herstellung*; *Zustand* — *Vorbehandlung*

Kriechmodul	*1 min*	N/mm^2	*Zeitstandzugfestigkeit*	h	N/mm^2
Kriechmodul	*1000 h*	N/mm^2	*Zeitdehnspg. %*	h	N/mm^2
bei Spannung		N/mm^2			

Biegeversuch 23 °C ISO 178;

Probekörper: *Form* 80x10x4 mm — *Herstellung* Spritzgiessen; *Zustand* — *Vorbehandlung* Normalklima

Biegefestigkeit	N/mm^2	*E-Modul*	N/mm^2	2500
3,5% *Biegespannung*	N/mm^2			

Härte 23 °C *Probekörper:* *Zustand* — *Herstellung*; *Vorbehandlung*

Kugeldruckhärte	N/mm^2 bei N, s	*Shore-Härte*	A
Rockwellhärte		*Shore-Härte*	D

Schlagversuch *Probekörper:* *(1)* U-Kerbe; *(2)*; *Zustand* — *Herstellung* Spritzgiessen; *Vorbehandlung* Normalklima

		°C		°C		°C		*Probekörper-Form*
Schlagzähigkeit	kJ/m^2	23	80					NKS
Kerbschlagzähigkeit (1)	kJ/m^2	23	6.5					NKS
IZOD-Kerbschlagzähigkeit (2)	J/m							
Kerbschlagzugzähigkeit	kJ/m^2							

Abrieb und Reibung

Taber-Abrieb (Reibradverfahren)	mm^3/100 U		
Abriebfaktor LNP (Thrust washer) Vergleichswert			
Statische Reibungszahl			
Dynamische Reibungszahl	(p · v = N/mm^2 ·		m/min)
Zulässiger p · v Wert	N/mm^2 · (m/min)	v =	m/min
		v =	m/min

Thermische Eigenschaften

Formbeständigkeit in der Wärme	*Verfahren*			°C
	Verfahren			°C
Vicat Erweichungstemperatur (VST)	*Verfahren*	B/50		73 °C
	Verfahren			°C
Kristallit-Schmelzpunkt	*Verfahren*			
Längenausdehnungskoeffizient	*Bereich*	°C		$\cdot 10^{-4}K^{-1}$
	Temperatur			$\cdot 10^{-4}K^{-1}$
Wärmeleitfähigkeit	*Verfahren*			W/(K · m)
Spezifische Wärmekapazität	*Verfahren*			J/(K · g)
Glasumwandlungstemperatur	*Torsionsschwingungsversuch*		°C	
	Differentialkalorimetrie		°C	

Brandverhalten

UL-Test vertikal	Dicke	mm, Wert
	Dicke	mm, Wert

	Norm	*Bewertung*	*Abmessungen*
Sauerstoff-Index	ASTM D 2863		
Glühstab-Verfahren			
Brandverhalten	DIN 4102		
MVSS			
FAR			

Elektrische Eigenschaften

		Hz	°C			*Probekörper, Form*
Dielektrizitätszahl		50				
		10^3				
		10^6				
Dielektrischer Verlustfaktor tan δ		50				
		10^3				
		10^6				
Spezifischer Durchgangs-widerstand	Ohm · cm					
Durchschlagfestigkeit	kV/mm					mm dick
Oberflächenwiderstand	Ohm					
Kriechstromfestigkeit		KC		KB	KA	
Elektrolytische Korrosionswirkung						
Lichtbogenfestigkeit nach DIN						
nach ASTM	s					

Beständigkeit *(Chemische Beständigkeit siehe Anhang)*

Wasseraufnahme	
Feuchtigkeitsaufnahme Normalklima	%
Wetterbeständigkeit	
Spannungskorrosion	

Optische Eigenschaften

Brechungszahl n_D		
Transmissionsgrad τ_c	%	mm dick
Lichtdurchlässigkeit		

Datenbank-Nr.	**T06135**	Merkblatt-Nr. **3470**

Produkt	Polystyrol schlagfest		**SB**
Handelsname	**BP Polystyrol 884**		
Hersteller	BP		
DIN-Bez 1	16771-SB,MG,078-12-10		
DIN-Bez 2			
Zusätze		*Füllstoffe/ Verstärkung*	
Bevorzugte Verarbeitung	Spritzgiessen	*Lieferform*	Granulat
		Farben	Natur; Standard
Besondere Merkmale	Gute Schlagzaehigkeit auch in der Kaelte; Opak; Wasseraufnahme hoeher als bei PS; Spannungsrissempfindlich; Hart; Steif	*Bevorzugte Anwendungen*	Verpackung; Einweggeschirr; Schublade; Moebel; Gehaeuse; Spule; Kassette; Kuehlschrankablage; Badezimmereinrichtung; Toilettenartikel; Formteil fuer Kfz-Innenraum; Spielzeug

Dichte	g/cm^3	1.05	*Schmelzindex*	g/10 min	11.5:	200/5
Schüttdichte	g/cm^3		*Volumenfließindex*	cm^3/10 min	:	
Viskositätszahl	ml/g					

Verarbeitungsbedingungen für Spritzgießen

Massetemp.	°C	190–230	*Schwindung*	%	lgs 0.4–0.6, quer
Werkzeugtemp.	°C	40–60	*Bemerkungen*		
Spritzdruck	bar				

Zugversuch 23 °C ISO 527;

Probekörper: *Form* / *Zustand* — *Herstellung* Spritzgiessen, *Vorbehandlung* Normalklima

Streckspannung	N/mm^2	24	*Dehnung bei Streckspannung*	%	
Zugfestigkeit	N/mm^2		*Reißdehnung*	%	45
Reißfestigkeit	N/mm^2		*% Dehnspannung*	N/mm^2	
E-Modul	N/mm^2		*Dehnung bei % Dehnspg.*	%	

Kriechmoduln und Zeitstandwerte 23 °C

Probekörper: *Form* / *Zustand* — *Herstellung* / *Vorbehandlung*

Kriechmodul	*1 min* N/mm^2	*Zeitstandzugfestigkeit*	h	N/mm^2
Kriechmodul	*1000 h* N/mm^2	*Zeitdehnspg. %*	h	N/mm^2
bei Spannung	N/mm^2			

Biegeversuch 23 °C ISO 178;

Probekörper: *Form* 80x10x4 mm / *Zustand* — *Herstellung* Spritzgiessen, *Vorbehandlung* Normalklima

Biegefestigkeit	N/mm^2	*E-Modul*	N/mm^2	2500
3,5% Biegespannung	N/mm^2			

Härte 23 °C *Probekörper:* *Zustand* — *Herstellung* / *Vorbehandlung*

Kugeldruckhärte	N/mm^2 bei N, s	*Shore-Härte*	A
Rockwellhärte		*Shore-Härte*	D

Schlagversuch *Probekörper:* *(1)* U-Kerbe, *(2)*, *Zustand* — *Herstellung* Spritzgiessen, *Vorbehandlung* Normalklima

		°C		°C		°C		*Probekörper-Form*
Schlagzähigkeit	kJ/m^2	23	75					NKS
Kerbschlagzähigkeit (1)	kJ/m^2	23	6.5					NKS
IZOD-Kerbschlagzähigkeit (2)	J/m							
Kerbschlagzugzähigkeit	kJ/m^2							

Abrieb und Reibung

Taber-Abrieb (Reibradverfahren)	mm^3/100 U		
Abriebfaktor LNP (Thrust washer) Vergleichswert			
Statische Reibungszahl			
Dynamische Reibungszahl	(p · v =	N/mm^2 ·	m/min)
Zulässiger p · v Wert	N/mm^2 · (m/min)	v =	m/min
		v =	m/min

Thermische Eigenschaften

Formbeständigkeit in der Wärme	*Verfahren*		°C
	Verfahren		°C
Vicat Erweichungstemperatur (VST)	*Verfahren*	B/50	78 °C
	Verfahren		°C
Kristallit-Schmelzpunkt	*Verfahren*		
Längenausdehnungskoeffizient	*Bereich*	°C	$\cdot 10^{-4}K^{-1}$
	Temperatur		$\cdot 10^{-4}K^{-1}$
Wärmeleitfähigkeit	*Verfahren*		W/(K · m)
Spezifische Wärmekapazität	*Verfahren*		J/(K · g)
Glasumwandlungstemperatur	*Torsionsschwingungsversuch*		°C
	Differentialkalorimetrie		°C

Brandverhalten

UL-Test vertikal — Dicke mm, Wert

Dicke mm, Wert

	Norm	*Bewertung*	*Abmessungen*
Sauerstoff-Index	ASTM D 2863		
Glühstab-Verfahren			
Brandverhalten	DIN 4102		
MVSS			
FAR			

Elektrische Eigenschaften

	Hz	°C			*Probekörper, Form*
Dielektrizitätszahl	50				
	10^3				
	10^6				
Dielektrischer Verlustfaktor tan δ	50				
	10^3				
	10^6				
Spezifischer Durchgangswiderstand Ohm · cm					
Durchschlagfestigkeit kV/mm					mm dick
Oberflächenwiderstand Ohm					
Kriechstromfestigkeit	KC		KB	KA	
Elektrolytische Korrosionswirkung					
Lichtbogenfestigkeit nach DIN					
nach ASTM s					

Beständigkeit *(Chemische Beständigkeit siehe Anhang)*

Wasseraufnahme

Feuchtigkeitsaufnahme Normalklima %

Wetterbeständigkeit

Spannungskorrosion

Optische Eigenschaften

Brechungszahl n_D

Transmissionsgrad τ_c % mm dick

Lichtdurchlässigkeit

Produkt	Polystyrol schlagfest		**SB**
Handelsname	**BP Polystyrol 4230**		
Hersteller	BP		
DIN-Bez 1	16771-SB,MG,078-12-15		
DIN-Bez 2			
Zusätze		*Füllstoffe/ Verstärkung*	
Bevorzugte Verarbeitung	Spritzgiessen	*Lieferform*	Granulat
		Farben	Natur; Standard
Besondere Merkmale	Gute Schlagzaehigkeit auch in der Kaelte; Opak; Wasseraufnahme hoeher als bei PS; Spannungsrissempfindlich; Hart; Steif	*Bevorzugte Anwendungen*	Verpackung; Einweggeschirr; Schublade; Moebel; Gehaeuse; Spule; Kassette; Kuehlschrankablage; Badezimmereinrichtung; Toilettenartikel; Formteil fuer Kfz-Innenraum; Spielzeug

Dichte	g/cm^3	1.05	*Schmelzindex*	g/10 min	9:	200/5
Schüttdichte	g/cm^3		*Volumenfließindex*	cm^3/10 min	:	
Viskositätszahl	ml/g					

Verarbeitungsbedingungen für Spritzgießen

Massetemp.	°C	190–230	*Schwindung*	%	lgs 0.4–0.6, quer
Werkzeugtemp.	°C	40–60	*Bemerkungen*		
Spritzdruck	bar				

Zugversuch 23 °C ISO 527;
Probekörper: *Form* — *Zustand* — *Herstellung* Spritzgiessen — *Vorbehandlung* Normalklima

Streckspannung	N/mm^2	21	*Dehnung bei Streckspannung*	%	
Zugfestigkeit	N/mm^2		*Reißdehnung*	%	46
Reißfestigkeit	N/mm^2		*% Dehnspannung*	N/mm^2	
E-Modul	N/mm^2		*Dehnung bei % Dehnspg.*	%	

Kriechmoduln und Zeitstandwerte 23 °C
Probekörper: *Form* — *Zustand* — *Herstellung* — *Vorbehandlung*

Kriechmodul	*1 min*	N/mm^2	*Zeitstandzugfestigkeit*	h	N/mm^2
Kriechmodul	*1000 h*	N/mm^2	*Zeitdehnspg. %*	h	N/mm^2
bei Spannung		N/mm^2			

Biegeversuch 23 °C ISO 178;
Probekörper: *Form* 80x10x4 mm — *Zustand* — *Herstellung* Spritzgiessen — *Vorbehandlung* Normalklima

Biegefestigkeit	N/mm^2	*E-Modul*	N/mm^2	2100
3,5% *Biegespannung*	N/mm^2			

Härte 23 °C *Probekörper:* *Zustand* — *Herstellung* — *Vorbehandlung*

Kugeldruckhärte	N/mm^2 bei N, s	*Shore-Härte* A	
Rockwellhärte		*Shore-Härte* D	

Schlagversuch *Probekörper:* *(1)* U-Kerbe *(2)* *Zustand* — *Herstellung* Spritzgiessen — *Vorbehandlung* Normalklima

		°C	°C	°C	*Probekörper-Form*
Schlagzähigkeit	kJ/m^2	23 o.B.			NKS
Kerbschlagzähigkeit (1)	kJ/m^2	23 8.5			NKS
IZOD-Kerbschlagzähigkeit (2)	J/m				
Kerbschlagzugzähigkeit	kJ/m^2				

Abrieb und Reibung

Taber-Abrieb (Reibradverfahren) mm³/100 U
Abriebfaktor LNP (Thrust washer) Vergleichswert
Statische Reibungszahl
Dynamische Reibungszahl (p·v= N/mm²· m/min)
Zulässiger p · v Wert N/mm² · (m/min) v= m/min
v= m/min

Thermische Eigenschaften

Formbeständigkeit in der Wärme	*Verfahren*	°C
	Verfahren	°C
Vicat Erweichungstemperatur (VST)	*Verfahren* B/50	79 °C
	Verfahren	°C
Kristallit-Schmelzpunkt	*Verfahren*	
Längenausdehnungskoeffizient	*Bereich* °C	$\cdot 10^{-4}K^{-1}$
	Temperatur	$\cdot 10^{-4}K^{-1}$
Wärmeleitfähigkeit	*Verfahren*	W/(K · m)
Spezifische Wärmekapazität	*Verfahren*	J/(K · g)
Glasumwandlungstemperatur	*Torsionsschwingungsversuch*	°C
	Differentialkalorimetrie	°C

Brandverhalten

UL-Test vertikal Dicke mm, Wert
Dicke mm, Wert

	Norm	*Bewertung*	*Abmessungen*
Sauerstoff-Index	ASTM D 2863		
Glühstab-Verfahren			
Brandverhalten	DIN 4102		
MVSS			
FAR			

Elektrische Eigenschaften

		Hz	°C	*Probekörper, Form*
Dielektrizitätszahl		50		
		10^3		
		10^6		
Dielektrischer Verlustfaktor tan δ		50		
		10^3		
		10^6		
Spezifischer Durchgangswiderstand	Ohm · cm			
Durchschlagfestigkeit	kV/mm			mm dick
Oberflächenwiderstand	Ohm			

Kriechstromfestigkeit KC KB KA
Elektrolytische Korrosionswirkung
Lichtbogenfestigkeit nach DIN
nach ASTM s

Beständigkeit *(Chemische Beständigkeit siehe Anhang)*

Wasseraufnahme

Feuchtigkeitsaufnahme Normalklima %
Wetterbeständigkeit

Spannungskorrosion

Optische Eigenschaften

Brechungszahl n_D
Transmissionsgrad τ_c % mm dick
Lichtdurchlässigkeit

Produkt	Polystyrol schlagfest		**SB**
Handelsname	**BP Polystyrol 662**		
Hersteller	BP		
DIN-Bez 1	16771-SB,MG,088-06-04		
DIN-Bez 2			
Zusätze		*Füllstoffe/ Verstärkung*	
Bevorzugte Verarbeitung	Spritzgiessen; Extrudieren	*Lieferform*	Granulat
		Farben	Natur; Standard
Besondere Merkmale	Gute Schlagzaehigkeit auch in der Kaelte; Opak; Wasseraufnahme hoeher als bei PS; Spannungsrissempfindlich; Hart; Steif; Gute Balance zwischen Schlagzaehigkeit u. Transluzenz	*Bevorzugte Anwendungen*	Verpackung; Einweggeschirr; Schublade; Moebel; Gehaeuse; Spule; Kassette; Kuehlschrankablage; Badezimmereinrichtung; Toilettenartikel; Formteil fuer Kfz-Innenraum; Spielzeug

Dichte	g/cm^3	1.05	*Schmelzindex*	g/10 min	5.9:	200/5
Schüttdichte	g/cm^3		*Volumenfließindex*	cm^3/10 min	:	
Viskositätszahl	ml/g					

Verarbeitungsbedingungen für Spritzgießen

Massetemp.	°C	200–240	*Schwindung*	%	lgs 0.4–0.6, quer
Werkzeugtemp.	°C	40–60	*Bemerkungen*		
Spritzdruck	bar				

Zugversuch 23 °C ISO 527;
Probekörper: *Form* — *Herstellung* Spritzgiessen
Zustand — *Vorbehandlung* Normalklima

Streckspannung	N/mm^2	38	*Dehnung bei Streckspannung*	%	
Zugfestigkeit	N/mm^2		*Reißdehnung*	%	20
Reißfestigkeit	N/mm^2		*% Dehnspannung*	N/mm^2	
E-Modul	N/mm^2		*Dehnung bei % Dehnspg.*	%	

Kriechmoduln und Zeitstandwerte 23 °C
Probekörper: *Form* — *Herstellung*
Zustand — *Vorbehandlung*

Kriechmodul	*1 min* N/mm^2		*Zeitstandzugfestigkeit*	h	N/mm^2
Kriechmodul	*1000 h* N/mm^2		*Zeitdehnspg.* %	h	N/mm^2
bei Spannung	N/mm^2				

Biegeversuch 23 °C ISO 178;
Probekörper: *Form* 80x10x4 mm — *Herstellung* Spritzgiessen
Zustand — *Vorbehandlung* Normalklima

Biegefestigkeit	N/mm^2	*E-Modul*	N/mm^2	2800
3,5% *Biegespannung*	N/mm^2			

Härte 23 °C *Probekörper:* *Zustand* — *Herstellung*
Vorbehandlung

Kugeldruckhärte	N/mm^2 bei N, s	*Shore-Härte* A	
Rockwellhärte		*Shore-Härte* D	

Schlagversuch *Probekörper:* *(1)* U-Kerbe
(2) — *Herstellung* Spritzgiessen
Zustand — *Vorbehandlung* Normalklima

		°C		°C		°C		*Probekörper-Form*
Schlagzähigkeit	kJ/m^2	23	35					NKS
Kerbschlagzähigkeit (1)	kJ/m^2	23	2.8					NKS
IZOD-Kerbschlagzähigkeit (2)	J/m							
Kerbschlagzugzähigkeit	kJ/m^2							

Abrieb und Reibung

Taber-Abrieb (Reibradverfahren) mm^3/100 U
Abriebfaktor LNP (Thrust washer) Vergleichswert
Statische Reibungszahl
Dynamische Reibungszahl (p·v= N/mm^2· m/min)
Zulässiger p·v Wert N/mm^2·(m/min) v= m/min
v= m/min

Thermische Eigenschaften

Formbeständigkeit in der Wärme	*Verfahren*		°C
	Verfahren		°C
Vicat Erweichungstemperatur (VST)	*Verfahren* B/50		88 °C
	Verfahren		°C
Kristallit-Schmelzpunkt	*Verfahren*		
Längenausdehnungskoeffizient	*Bereich*	°C	$\cdot 10^{-4} K^{-1}$
	Temperatur		$\cdot 10^{-4} K^{-1}$
Wärmeleitfähigkeit	*Verfahren*		W/(K·m)
Spezifische Wärmekapazität	*Verfahren*		J/(K·g)
Glasumwandlungstemperatur	*Torsionsschwingungsversuch*	°C	
	Differentialkalorimetrie	°C	

Brandverhalten

UL-Test vertikal Dicke mm, Wert
Dicke mm, Wert

	Norm	*Bewertung*	*Abmessungen*
Sauerstoff-Index	ASTM D 2863		
Glühstab-Verfahren			
Brandverhalten	DIN 4102		
MVSS			
FAR			

Elektrische Eigenschaften

		Hz	°C	*Probekörper, Form*
Dielektrizitätszahl		50		
		10^3		
		10^6		
Dielektrischer Verlustfaktor tan δ		50		
		10^3		
		10^6		
Spezifischer Durchgangswiderstand	Ohm·cm			
Durchschlagfestigkeit	kV/mm			mm dick
Oberflächenwiderstand	Ohm			

Kriechstromfestigkeit KC KB KA
Elektrolytische Korrosionswirkung
Lichtbogenfestigkeit nach DIN
nach ASTM s

Beständigkeit *(Chemische Beständigkeit siehe Anhang)*

Wasseraufnahme

Feuchtigkeitsaufnahme Normalklima %
Wetterbeständigkeit

Spannungskorrosion

Optische Eigenschaften

Brechungszahl n_D
Transmissionsgrad τ_c % mm dick
Lichtdurchlässigkeit

Produkt	Polystyrol schlagfest		**SB**
Handelsname	**BP Polystyrol 698**		
Hersteller	BP		
DIN-Bez 1	16771-SB,MG,078-20-04		
DIN-Bez 2			
Zusätze	Antistatikum	*Füllstoffe/ Verstärkung*	
Bevorzugte Verarbeitung	Spritzgiessen	*Lieferform*	Granulat
		Farben	Natur; Standard
Besondere Merkmale	Gute Schlagzaehigkeit auch in der Kaelte; Opak; Wasseraufnahme hoeher als bei PS; Spannungsrissempfindlich; Hart; Steif	*Bevorzugte Anwendungen*	Verpackung; Einweggeschirr; Schublade; Moebel; Gehaeuse; Spule; Kassette; Kuehlschrankablage; Badezimmereinrichtung; Toilettenartikel; Formteil fuer Kfz-Innenraum; Spielzeug

Dichte	g/cm³	1.05	*Schmelzindex*	g/10 min	21 : 200/5.00
Schüttdichte	g/cm³		*Volumenfließindex*	cm³/10 min	:
Viskositätszahl	ml/g				

Verarbeitungsbedingungen für Spritzgießen

Massetemp.	°C	*Schwindung*	% lgs , quer
Werkzeugtemp.	°C	*Bemerkungen*	
Spritzdruck	bar		

Zugversuch 23 °C ISO 527;

Probekörper: *Form* / *Zustand* — *Herstellung* Spritzgiessen, *Vorbehandlung* Normalklima

Streckspannung	N/mm²	24	*Dehnung bei Streckspannung*	%	
Zugfestigkeit	N/mm²		*Reißdehnung*	%	22
Reißfestigkeit	N/mm²		*% Dehnspannung*	N/mm²	
E-Modul	N/mm²		*Dehnung bei % Dehnspg.*	%	

Kriechmoduln und Zeitstandwerte 23 °C

Probekörper: *Form* / *Zustand* — *Herstellung*, *Vorbehandlung*

Kriechmodul	*1 min*	N/mm²	*Zeitstandzugfestigkeit*	h	N/mm²
Kriechmodul	*1000 h*	N/mm²	*Zeitdehnspg. %*	h	N/mm²
bei Spannung		N/mm²			

Biegeversuch 23 °C ISO 178;

Probekörper: *Form* 80x10x4 mm / *Zustand* — *Herstellung* Spritzgiessen, *Vorbehandlung* Normalklima

Biegefestigkeit	N/mm²	*E-Modul*	N/mm²	2800
3,5% *Biegespannung*	N/mm²			

Härte 23 °C *Probekörper:* *Zustand* — *Herstellung*, *Vorbehandlung*

Kugeldruckhärte	N/mm² bei N, s	*Shore-Härte* A	
Rockwellhärte		*Shore-Härte* D	

Schlagversuch *Probekörper:* *(1)* U-Kerbe, *(2)*, *Zustand* — *Herstellung* Spritzgiessen, *Vorbehandlung* Normalklima

		°C		°C	°C	*Probekörper-Form*
Schlagzähigkeit	kJ/m²	23	40			NKS
Kerbschlagzähigkeit (1)	kJ/m²	23	3.0			NKS
IZOD-Kerbschlagzähigkeit (2)	J/m					
Kerbschlagzugzähigkeit	kJ/m²					

Abrieb und Reibung

Taber-Abrieb (Reibradverfahren) mm³/100 U
Abriebfaktor LNP (Thrust washer) Vergleichswert
Statische Reibungszahl
Dynamische Reibungszahl (p·v= N/mm²· m/min)
Zulässiger p·v Wert N/mm²·(m/min) v= m/min
v= m/min

Thermische Eigenschaften

Formbeständigkeit in der Wärme *Verfahren* °C
Verfahren °C
Vicat Erweichungstemperatur (VST) *Verfahren* B/50 76 °C
Verfahren °C
Kristallit-Schmelzpunkt *Verfahren*

Längenausdehnungskoeffizient *Bereich* °C $\cdot 10^{-4}K^{-1}$
Temperatur $\cdot 10^{-4}K^{-1}$
Wärmeleitfähigkeit *Verfahren* W/(K·m)

Spezifische Wärmekapazität *Verfahren* J/(K·g)

Glasumwandlungstemperatur *Torsionsschwingungsversuch* °C
Differentialkalorimetrie °C

Brandverhalten

UL-Test vertikal Dicke mm, Wert
Dicke mm, Wert

	Norm	*Bewertung*	*Abmessungen*
Sauerstoff-Index	ASTM D 2863		
Glühstab-Verfahren			
Brandverhalten	DIN 4102		
MVSS			
FAR			

Elektrische Eigenschaften

	Hz	°C	*Probekörper, Form*
Dielektrizitätszahl	50		
	10^3		
	10^6		
Dielektrischer Verlustfaktor tan δ	50		
	10^3		
	10^6		

Spezifischer Durchgangswiderstand Ohm·cm
Durchschlagfestigkeit kV/mm mm dick
Oberflächenwiderstand Ohm

Kriechstromfestigkeit KC KB KA
Elektrolytische Korrosionswirkung
Lichtbogenfestigkeit nach DIN
nach ASTM s

Beständigkeit *(Chemische Beständigkeit siehe Anhang)*

Wasseraufnahme

Feuchtigkeitsaufnahme Normalklima %
Wetterbeständigkeit

Spannungskorrosion

Optische Eigenschaften

Brechungszahl n_D
Transmissionsgrad τ_c % mm dick
Lichtdurchlässigkeit

Datenbank-Nr.	**T06139**		Merkblatt-Nr. **3474**

Produkt	Polystyrol schlagfest		**SB**
Handelsname	**BP Polystyrol 848AS**		
Hersteller	BP		
DIN-Bez 1	16771-SB,MG,078-12-07		
DIN-Bez 2			
Zusätze	Antistatikum	*Füllstoffe/ Verstärkung*	
Bevorzugte Verarbeitung	Spritzgiessen	*Lieferform*	Granulat
		Farben	Natur; Standard
Besondere Merkmale	Gute Schlagzaehigkeit auch in der Kaelte; Opak; Wasseraufnahme hoeher als bei PS; Spannungsrissempfindlich; Hart; Steif	*Bevorzugte Anwendungen*	Verpackung; Toilettenartikel; Schublade; Moebel; Gehaeuse; Spule; Kassette; Badezimmereinrichtung

Dichte	g/cm^3	1.05	*Schmelzindex*	g/10 min	14:	200/5.00
Schüttdichte	g/cm^3		*Volumenfließindex*	cm^3/10 min	:	
Viskositätszahl	ml/g					

Verarbeitungsbedingungen für Spritzgießen

Massetemp.	°C	*Schwindung*	% lgs , quer
Werkzeugtemp.	°C	*Bemerkungen*	
Spritzdruck	bar		

Zugversuch 23 °C ISO 527;

Probekörper:	*Form*	*Herstellung*	Spritzgiessen
	Zustand	*Vorbehandlung*	Normalklima

Streckspannung	N/mm^2	26	*Dehnung bei Streckspannung*	%	
Zugfestigkeit	N/mm^2		*Reißdehnung*	%	25
Reißfestigkeit	N/mm^2		*% Dehnspannung*	N/mm^2	
E-Modul	N/mm^2		*Dehnung bei % Dehnspg.*	%	

Kriechmoduln und Zeitstandwerte 23 °C

Probekörper:	*Form*	*Herstellung*	
	Zustand	*Vorbehandlung*	

Kriechmodul	*1 min* N/mm^2	*Zeitstandzugfestigkeit*	h	N/mm^2
Kriechmodul	*1000 h* N/mm^2	*Zeitdehnspg. %*	h	N/mm^2
bei Spannung	N/mm^2			

Biegeversuch 23 °C ISO 178;

Probekörper:	*Form*	80x10x4 mm	*Herstellung*	Spritzgiessen
	Zustand		*Vorbehandlung*	Normalklima

Biegefestigkeit	N/mm^2	*E-Modul*	N/mm^2	2600
3,5% *Biegespannung*	N/mm^2			

Härte 23 °C

Probekörper:	*Zustand*	*Herstellung*	
		Vorbehandlung	
Kugeldruckhärte	N/mm^2 bei N, s	*Shore-Härte* A	
Rockwellhärte		*Shore-Härte* D	

Schlagversuch

Probekörper:	*(1)* U-Kerbe		
	(2)	*Herstellung*	Spritzgiessen
	Zustand	*Vorbehandlung*	Normalklima

		°C		°C	°C	*Probekörper-Form*
Schlagzähigkeit	kJ/m^2	23	45			NKS
Kerbschlagzähigkeit (1)	kJ/m^2	23	3.7			NKS
IZOD-Kerbschlagzähigkeit (2)	J/m					
Kerbschlagzugzähigkeit	kJ/m^2					

Abrieb und Reibung

Taber-Abrieb (Reibradverfahren) mm^3/100 U
Abriebfaktor LNP (Thrust washer) Vergleichswert
Statische Reibungszahl
Dynamische Reibungszahl (p·v= N/mm^2· m/min)
Zulässiger p·v Wert N/mm^2·(m/min) v= m/min
v= m/min

Thermische Eigenschaften

Formbeständigkeit in der Wärme	*Verfahren*		°C
	Verfahren		°C
Vicat Erweichungstemperatur (VST)	*Verfahren*	B/50	77 °C
	Verfahren		°C
Kristallit-Schmelzpunkt	*Verfahren*		
Längenausdehnungskoeffizient	*Bereich*	°C	$\cdot 10^{-4}K^{-1}$
	Temperatur		$\cdot 10^{-4}K^{-1}$
Wärmeleitfähigkeit	*Verfahren*		W/(K·m)
Spezifische Wärmekapazität	*Verfahren*		J/(K·g)
Glasumwandlungstemperatur	*Torsionsschwingungsversuch*	°C	
	Differentialkalorimetrie	°C	

Brandverhalten

UL-Test vertikal Dicke mm, Wert
Dicke mm, Wert

	Norm	*Bewertung*	*Abmessungen*
Sauerstoff-Index	ASTM D 2863		
Glühstab-Verfahren			
Brandverhalten	DIN 4102		
MVSS			
FAR			

Elektrische Eigenschaften

	Hz	°C	*Probekörper, Form*
Dielektrizitätszahl	50		
	10^3		
	10^6		
Dielektrischer Verlustfaktor tan δ	50		
	10^3		
	10^6		

Spezifischer Durchgangs-widerstand Ohm·cm
Durchschlagfestigkeit kV/mm mm dick
Oberflächenwiderstand Ohm

Kriechstromfestigkeit KC KB KA
Elektrolytische Korrosionswirkung
Lichtbogenfestigkeit nach DIN
nach ASTM s

Beständigkeit *(Chemische Beständigkeit siehe Anhang)*

Wasseraufnahme

Feuchtigkeitsaufnahme Normalklima %
Wetterbeständigkeit

Spannungskorrosion

Optische Eigenschaften

Brechungszahl n_D
Transmissionsgrad τ_c % mm dick
Lichtdurchlässigkeit

Produkt	Polystyrol schlagfest		**SB**
Handelsname	**BP Polystyrol 2220AS**		
Hersteller	BP		
DIN-Bez 1	16771-SB,MG,078-20-07		
DIN-Bez 2			
Zusätze	Antistatikum	*Füllstoffe/ Verstärkung*	
Bevorzugte Verarbeitung	Spritzgiessen	*Lieferform*	Granulat
		Farben	Natur; Standard
Besondere Merkmale	Gute Schlagzaehigkeit auch in der Kaelte; Opak; Wasseraufnahme hoeher als bei PS; Spannungsrissempfindlich; Hart; Steif	*Bevorzugte Anwendungen*	Verpackung; Bedarfsartiel; Schublade; Moebel; Gehaeuse; Spule; Kassette; Toilettenartikel; Badezimmereinrichtung

Dichte	g/cm^3	1.05	*Schmelzindex*	g/10 min	22:	200/5.00
Schüttdichte	g/cm^3		*Volumenfließindex*	$cm^3/10$ min	:	
Viskositätszahl	ml/g					

Verarbeitungsbedingungen für Spritzgießen

Massetemp.	°C	*Schwindung*	% lgs , quer
Werkzeugtemp.	°C	*Bemerkungen*	
Spritzdruck	bar		

Zugversuch 23 °C ISO 527;

Probekörper:	*Form*	*Herstellung*	Spritzgiessen
	Zustand	*Vorbehandlung*	Normalklima

Streckspannung	N/mm^2	21	*Dehnung bei Streckspannung*	%	
Zugfestigkeit	N/mm^2		*Reißdehnung*	%	45
Reißfestigkeit	N/mm^2		*% Dehnspannung*	N/mm^2	
E-Modul	N/mm^2		*Dehnung bei % Dehnspg.*	%	

Kriechmoduln und Zeitstandwerte 23 °C

Probekörper:	*Form*	*Herstellung*	
	Zustand	*Vorbehandlung*	

Kriechmodul	*1 min* N/mm^2	*Zeitstandzugfestigkeit*	h	N/mm^2
Kriechmodul	*1000 h* N/mm^2	*Zeitdehnspg.* %	h	N/mm^2
bei Spannung	N/mm^2			

Biegeversuch 23 °C ISO 178;

Probekörper:	*Form*	80x10x4 mm	*Herstellung*	Spritzgiessen
	Zustand		*Vorbehandlung*	Normalklima

Biegefestigkeit	N/mm^2	*E-Modul*	N/mm^2	2600
3,5% *Biegespannung*	N/mm^2			

Härte 23 °C

Probekörper:	*Zustand*	*Herstellung*	
		Vorbehandlung	

Kugeldruckhärte	N/mm^2 bei N, s	*Shore-Härte* A	
Rockwellhärte		*Shore-Härte* D	

Schlagversuch

Probekörper:	*(1)* U-Kerbe		
	(2)	*Herstellung*	Spritzgiessen
	Zustand	*Vorbehandlung*	Normalklima

		°C	°C	°C	*Probekörper-Form*
Schlagzähigkeit	kJ/m^2	23 55			NKS
Kerbschlagzähigkeit (1)	kJ/m^2	23 4.7			NKS
IZOD-Kerbschlagzähigkeit (2)	J/m				
Kerbschlagzugzähigkeit	kJ/m^2				

Abrieb und Reibung

Taber-Abrieb (Reibradverfahren) mm^3/100 U
Abriebfaktor LNP (Thrust washer) Vergleichswert
Statische Reibungszahl
Dynamische Reibungszahl (p·v= N/mm^2· m/min)
Zulässiger p · v Wert N/mm^2 · (m/min) v= m/min
v= m/min

Thermische Eigenschaften

Formbeständigkeit in der Wärme	*Verfahren*		°C
	Verfahren		°C
Vicat Erweichungstemperatur (VST)	*Verfahren*	B/50	72 °C
	Verfahren		°C
Kristallit-Schmelzpunkt	*Verfahren*		
Längenausdehnungskoeffizient	*Bereich*	°C	$\cdot 10^{-4}K^{-1}$
	Temperatur		$\cdot 10^{-4}K^{-1}$
Wärmeleitfähigkeit	*Verfahren*		W/(K · m)
Spezifische Wärmekapazität	*Verfahren*		J/(K · g)
Glasumwandlungstemperatur	*Torsionsschwingungsversuch*	°C	
	Differentialkalorimetrie	°C	

Brandverhalten

UL-Test vertikal Dicke mm, Wert
Dicke mm, Wert

	Norm	*Bewertung*	*Abmessungen*
Sauerstoff-Index	ASTM D 2863		
Glühstab-Verfahren			
Brandverhalten	DIN 4102		
MVSS			
FAR			

Elektrische Eigenschaften

		Hz	°C	*Probekörper, Form*
Dielektrizitätszahl		50		
		10^3		
		10^6		
Dielektrischer Verlustfaktor tan δ		50		
		10^3		
		10^6		
Spezifischer Durchgangswiderstand	Ohm · cm			
Durchschlagfestigkeit	kV/mm			mm dick
Oberflächenwiderstand	Ohm			

Kriechstromfestigkeit KC KB KA
Elektrolytische Korrosionswirkung
Lichtbogenfestigkeit nach DIN
nach ASTM s

Beständigkeit *(Chemische Beständigkeit siehe Anhang)*

Wasseraufnahme

Feuchtigkeitsaufnahme Normalklima %
Wetterbeständigkeit

Spannungskorrosion

Optische Eigenschaften

Brechungszahl n_D
Transmissionsgrad τ_c % mm dick
Lichtdurchlässigkeit

Produkt	Polystyrol schlagfest		**SB**
Handelsname	**BP Polystyrol 642**		
Hersteller	BP		
DIN-Bez 1	16771-SB,MG,083-12-10		
DIN-Bez 2			
Zusätze	Antistatikum	*Füllstoffe/ Verstärkung*	
Bevorzugte Verarbeitung	Spritzgiessen	*Lieferform*	Granulat
		Farben	Natur; Standard
Besondere Merkmale	Gute Schlagzaehigkeit auch in der Kaelte; Opak; Wasseraufnahme hoeher als bei PS; Spannungsrissempfindlich; Hart; Steif	*Bevorzugte Anwendungen*	Verpackung; Gehaeuse; Bedarfsartikel

Dichte	g/cm^3	1.05	*Schmelzindex*	g/10 min	10.5:	200/5.00
Schüttdichte	g/cm^3		*Volumenfließindex*	cm^3/10 min	:	
Viskositätszahl	ml/g					

Verarbeitungsbedingungen für Spritzgießen

Massetemp.	°C	*Schwindung*	% lgs , quer
Werkzeugtemp.	°C	*Bemerkungen*	
Spritzdruck	bar		

Zugversuch 23 °C ISO 527;

Probekörper: *Form* *Zustand* — *Herstellung* Spritzgiessen; *Vorbehandlung* Normalklima

Streckspannung	N/mm^2	27	*Dehnung bei Streckspannung*	%	
Zugfestigkeit	N/mm^2		*Reißdehnung*	%	40
Reißfestigkeit	N/mm^2		*% Dehnspannung*	N/mm^2	
E-Modul	N/mm^2		*Dehnung bei % Dehnspg.*	%	

Kriechmoduln und Zeitstandwerte 23 °C

Probekörper: *Form* *Zustand* — *Herstellung* *Vorbehandlung*

Kriechmodul	*1 min* N/mm^2	*Zeitstandzugfestigkeit*	h N/mm^2
Kriechmodul	*1000 h* N/mm^2	*Zeitdehnspg. %*	h N/mm^2
bei Spannung	N/mm^2		

Biegeversuch 23 °C ISO 178;

Probekörper: *Form* 80x10x4 mm *Zustand* — *Herstellung* Spritzgiessen; *Vorbehandlung* Normalklima

Biegefestigkeit	N/mm^2	*E-Modul*	N/mm^2 2500
3,5% *Biegespannung*	N/mm^2		

Härte 23 °C *Probekörper:* *Zustand* — *Herstellung* *Vorbehandlung*

Kugeldruckhärte	N/mm^2 bei N, s	*Shore-Härte* A
Rockwellhärte		*Shore-Härte* D

Schlagversuch *Probekörper:* *(1)* U-Kerbe *(2)* *Zustand* — *Herstellung* Spritzgiessen; *Vorbehandlung* Normalklima

		°C		°C	°C	*Probekörper-Form*
Schlagzähigkeit	kJ/m^2	23	65			NKS
Kerbschlagzähigkeit (1)	kJ/m^2	23	5.2			NKS
IZOD-Kerbschlagzähigkeit (2)	J/m					
Kerbschlagzugzähigkeit	kJ/m^2					

Abrieb und Reibung

Taber-Abrieb (Reibradverfahren) mm^3/100 U
Abriebfaktor LNP (Thrust washer) Vergleichswert
Statische Reibungszahl
Dynamische Reibungszahl (p·v= N/mm^2· m/min)
Zulässiger p·v Wert N/mm^2·(m/min) v= m/min
v= m/min

Thermische Eigenschaften

Formbeständigkeit in der Wärme *Verfahren* °C
Verfahren °C
Vicat Erweichungstemperatur (VST) *Verfahren* B/50 82 °C
Verfahren °C
Kristallit-Schmelzpunkt *Verfahren*

Längenausdehnungskoeffizient *Bereich* °C $\cdot 10^{-4} K^{-1}$
Temperatur $\cdot 10^{-4} K^{-1}$
Wärmeleitfähigkeit *Verfahren* W/(K·m)

Spezifische Wärmekapazität *Verfahren* J/(K·g)

Glasumwandlungstemperatur *Torsionsschwingungsversuch* °C
Differentialkalorimetrie °C

Brandverhalten

UL-Test vertikal Dicke mm, Wert
Dicke mm, Wert

	Norm	*Bewertung*	*Abmessungen*
Sauerstoff-Index	ASTM D 2863		
Glühstab-Verfahren			
Brandverhalten	DIN 4102		
MVSS			
FAR			

Elektrische Eigenschaften

		Hz	°C	*Probekörper, Form*
Dielektrizitätszahl		50		
		10^3		
		10^6		
Dielektrischer Verlustfaktor tan δ		50		
		10^3		
		10^6		
Spezifischer Durchgangswiderstand	Ohm·cm			
Durchschlagfestigkeit	kV/mm			mm dick
Oberflächenwiderstand	Ohm			

Kriechstromfestigkeit KC KB KA
Elektrolytische Korrosionswirkung
Lichtbogenfestigkeit nach DIN
nach ASTM s

Beständigkeit *(Chemische Beständigkeit siehe Anhang)*

Wasseraufnahme

Feuchtigkeitsaufnahme Normalklima %
Wetterbeständigkeit

Spannungskorrosion

Optische Eigenschaften

Brechungszahl n_D
Transmissionsgrad τ_c % mm dick
Lichtdurchlässigkeit

Datenbank-Nr.	**T06142**		Merkblatt-Nr. **3477**

Produkt	Polystyrol schlagfest		**SB**
Handelsname	**BP Polystyrol 3400 AS**		
Hersteller	BP		
DIN-Bez 1	16771-SB,MG,078-12-10		
DIN-Bez 2			
Zusätze	Antistatikum	*Füllstoffe/ Verstärkung*	
Bevorzugte Verarbeitung	Spritzgiessen	*Lieferform*	Granulat
		Farben	Natur; Standard
Besondere Merkmale	Gute Schlagzaehigkeit auch in der Kaelte; Opak; Wasseraufnahme hoeher als bei PS; Spannungsrissempfindlich; Hart; Steif	*Bevorzugte Anwendungen*	Verpackung; Gehaeuse; Bedarfsartikel

Dichte	g/cm³	1.05	*Schmelzindex*	g/10 min	10:	200/5.00
Schüttdichte	g/cm³		*Volumenfließindex*	cm³/10 min	:	
Viskositätszahl	ml/g					

Verarbeitungsbedingungen für Spritzgießen

Massetemp.	°C	*Schwindung*	%	lgs , quer
Werkzeugtemp.	°C	*Bemerkungen*		
Spritzdruck	bar			

Zugversuch 23 °C ISO 527;
Probekörper: *Form* / *Zustand* — *Herstellung* Spritzgiessen / *Vorbehandlung* Normalklima

Streckspannung	N/mm²	26	*Dehnung bei Streckspannung*	%	
Zugfestigkeit	N/mm²		*Reißdehnung*	%	40
Reißfestigkeit	N/mm²		*% Dehnspannung*	N/mm²	
E-Modul	N/mm²		*Dehnung bei % Dehnspg.*	%	

Kriechmoduln und Zeitstandwerte 23 °C
Probekörper: *Form* / *Zustand* — *Herstellung* / *Vorbehandlung*

Kriechmodul	*1 min* N/mm²	*Zeitstandzugfestigkeit*	h	N/mm²
Kriechmodul	*1000 h* N/mm²	*Zeitdehnspg.* %	h	N/mm²
bei Spannung	N/mm²			

Biegeversuch 23 °C ISO 178;
Probekörper: *Form* 80x10x4 mm / *Zustand* — *Herstellung* Spritzgiessen / *Vorbehandlung* Normalklima

Biegefestigkeit	N/mm²	*E-Modul*	N/mm²	2550
3,5% *Biegespannung*	N/mm²			

Härte 23 °C *Probekörper:* *Zustand* — *Herstellung* / *Vorbehandlung*

Kugeldruckhärte	N/mm² bei N, s	*Shore-Härte* A	
Rockwellhärte		*Shore-Härte* D	

Schlagversuch *Probekörper:* *(1)* U-Kerbe / *(2)* / *Zustand* — *Herstellung* Spritzgiessen / *Vorbehandlung* Normalklima

		°C		°C	°C	*Probekörper-Form*
Schlagzähigkeit	kJ/m²	23	70			NKS
Kerbschlagzähigkeit (1)	kJ/m²	23	5.7			NKS
IZOD-Kerbschlagzähigkeit (2)	J/m					
Kerbschlagzugzähigkeit	kJ/m²					

Abrieb und Reibung

Taber-Abrieb (Reibradverfahren) mm³/100 U
Abriebfaktor LNP (Thrust washer) Vergleichswert
Statische Reibungszahl
Dynamische Reibungszahl (p·v= N/mm²· m/min)
Zulässiger p·v Wert N/mm²·(m/min) v= m/min
v= m/min

Thermische Eigenschaften

Formbeständigkeit in der Wärme	*Verfahren*		°C
	Verfahren		°C
Vicat Erweichungstemperatur (VST)	*Verfahren*	B/50	80 °C
	Verfahren		°C
Kristallit-Schmelzpunkt	*Verfahren*		
Längenausdehnungskoeffizient	*Bereich*	°C	$\cdot 10^{-4} K^{-1}$
	Temperatur		$\cdot 10^{-4} K^{-1}$
Wärmeleitfähigkeit	*Verfahren*		W/(K · m)
Spezifische Wärmekapazität	*Verfahren*		J/(K · g)
Glasumwandlungstemperatur	*Torsionsschwingungsversuch*	°C	
	Differentialkalorimetrie	°C	

Brandverhalten

UL-Test vertikal Dicke mm, Wert
Dicke mm, Wert

	Norm	*Bewertung*	*Abmessungen*
Sauerstoff-Index	ASTM D 2863		
Glühstab-Verfahren			
Brandverhalten	DIN 4102		
MVSS			
FAR			

Elektrische Eigenschaften

		Hz	°C			*Probekörper, Form*
Dielektrizitätszahl		50				
		10^3				
		10^6				
Dielektrischer Verlustfaktor tan δ		50				
		10^3				
		10^6				
Spezifischer Durchgangswiderstand	Ohm · cm					
Durchschlagfestigkeit	kV/mm					mm dick
Oberflächenwiderstand	Ohm					
Kriechstromfestigkeit		KC		KB	KA	
Elektrolytische Korrosionswirkung						
Lichtbogenfestigkeit nach DIN						
nach ASTM	s					

Beständigkeit *(Chemische Beständigkeit siehe Anhang)*

Wasseraufnahme

Feuchtigkeitsaufnahme Normalklima %
Wetterbeständigkeit

Spannungskorrosion

Optische Eigenschaften

Brechungszahl n_D
Transmissionsgrad τ_c % mm dick
Lichtdurchlässigkeit

Produkt	Polystyrol schlagfest		**SB**
Handelsname	**BP Polystyrol 3240 AS**		
Hersteller	BP		
DIN-Bez 1 *DIN-Bez 2*	16771-SB,MG,088-06-10		
Zusätze	Antistatikum	*Füllstoffe/ Verstärkung*	
Bevorzugte Verarbeitung	Extrudieren; Spritzgiessen	*Lieferform*	Granulat
		Farben	Natur; Standard
Besondere Merkmale	Gute Schlagzaehigkeit auch in der Kaelte; Opak; Wasseraufnahme hoeher als bei PS; Spannungsrissempfindlich; Hart; Steif	*Bevorzugte Anwendungen*	Verpackung; Bedarfsartikel; Tafel; Tiefziehformteil

Dichte	g/cm³	1.05	*Schmelzindex*	g/10 min	5.5:	200/5.00
Schüttdichte	g/cm³		*Volumenfließindex*	cm³/10 min	:	
Viskositätszahl	ml/g					

Verarbeitungsbedingungen für Spritzgießen

Massetemp.	°C	*Schwindung*	% lgs , quer
Werkzeugtemp.	°C	*Bemerkungen*	
Spritzdruck	bar		

Zugversuch 23 °C ISO 527;

Probekörper: *Form* — *Herstellung* Spritzgiessen
Zustand — *Vorbehandlung* Normalklima

Streckspannung	N/mm²	30	*Dehnung bei Streckspannung*	%	
Zugfestigkeit	N/mm²		*Reißdehnung*	%	35
Reißfestigkeit	N/mm²		% *Dehnspannung*	N/mm²	
E-Modul	N/mm²		*Dehnung bei* % *Dehnspg.*	%	

Kriechmoduln und Zeitstandwerte 23 °C

Probekörper: *Form* — *Herstellung*
Zustand — *Vorbehandlung*

Kriechmodul	*1 min* N/mm²	*Zeitstandzugfestigkeit*	h	N/mm²
Kriechmodul	*1000 h* N/mm²	*Zeitdehnspg.* %	h	N/mm²
bei Spannung	N/mm²			

Biegeversuch 23 °C ISO 178;

Probekörper: *Form* 80x10x4 mm — *Herstellung* Spritzgiessen
Zustand — *Vorbehandlung* Normalklima

Biegefestigkeit	N/mm²	*E-Modul*	N/mm² 2400
3,5% *Biegespannung*	N/mm²		

Härte 23 °C *Probekörper:* *Zustand* — *Herstellung*
Vorbehandlung

Kugeldruckhärte	N/mm² bei N, s	*Shore-Härte* A
Rockwellhärte		*Shore-Härte* D

Schlagversuch *Probekörper:* *(1)* U-Kerbe
(2)
Zustand — *Herstellung* Spritzgiessen; *Vorbehandlung* Normalklima

		°C		°C	°C	*Probekörper-Form*
Schlagzähigkeit	kJ/m²	23	70			NKS
Kerbschlagzähigkeit (1)	kJ/m²	23	6.0			NKS
IZOD-Kerbschlagzähigkeit (2)	J/m					
Kerbschlagzugzähigkeit	kJ/m²					

Abrieb und Reibung

Taber-Abrieb (Reibradverfahren)	mm^3/100 U		
Abriebfaktor LNP (Thrust washer) Vergleichswert			
Statische Reibungszahl			
Dynamische Reibungszahl	(p·v=	N/mm^2·	m/min)
Zulässiger p · v Wert	N/mm^2 · (m/min)	v=	m/min
		v=	m/min

Thermische Eigenschaften

Formbeständigkeit in der Wärme	*Verfahren*			°C
	Verfahren			°C
Vicat Erweichungstemperatur (VST)	*Verfahren*	B/50		86 °C
	Verfahren			°C
Kristallit-Schmelzpunkt	*Verfahren*			
Längenausdehnungskoeffizient	*Bereich*	°C		$\cdot 10^{-4}K^{-1}$
	Temperatur			$\cdot 10^{-4}K^{-1}$
Wärmeleitfähigkeit	*Verfahren*			W/(K · m)
Spezifische Wärmekapazität	*Verfahren*			J/(K · g)
Glasumwandlungstemperatur	*Torsionsschwingungsversuch*		°C	
	Differentialkalorimetrie		°C	

Brandverhalten

UL-Test vertikal		Dicke	mm, Wert
		Dicke	mm, Wert

	Norm	*Bewertung*	*Abmessungen*
Sauerstoff-Index	ASTM D 2863		
Glühstab-Verfahren			
Brandverhalten	DIN 4102		
MVSS			
FAR			

Elektrische Eigenschaften

		Hz	°C			*Probekörper, Form*
Dielektrizitätszahl		50				
		10^3				
		10^6				
Dielektrischer Verlustfaktor tan δ		50				
		10^3				
		10^6				
Spezifischer Durchgangs-widerstand	Ohm · cm					
Durchschlagfestigkeit	kV/mm					mm dick
Oberflächenwiderstand	Ohm					
Kriechstromfestigkeit		KC		KB	KA	
Elektrolytische Korrosionswirkung						
Lichtbogenfestigkeit nach DIN						
nach ASTM	s					

Beständigkeit *(Chemische Beständigkeit siehe Anhang)*

Wasseraufnahme

Feuchtigkeitsaufnahme Normalklima %

Wetterbeständigkeit

Spannungskorrosion

Optische Eigenschaften

Brechungszahl n_D		
Transmissionsgrad τ_c	%	mm dick
Lichtdurchlässigkeit		

Produkt	Polystyrol schlagfest		**SB**
Handelsname	**BP Polystyrol 4230 AS**		
Hersteller	BP		
DIN-Bez 1	16771-SB,MG,078-12-15		
DIN-Bez 2			
Zusätze	Antistatikum	*Füllstoffe/ Verstärkung*	
Bevorzugte Verarbeitung	Spritzgiessen	*Lieferform*	Granulat
		Farben	Natur; Standard
Besondere Merkmale	Gute Schlagzaehigkeit auch in der Kaelte; Opak; Wasseraufnahme hoeher als bei PS; Spannungsrissempfindlich; Hart; Steif	*Bevorzugte Anwendungen*	Verpackung; Bedarfsartikel; Gehaeuse

Dichte	g/cm^3	1.05	*Schmelzindex*	g/10 min	15:	200/5.00
Schüttdichte	g/cm^3		*Volumenfließindex*	$cm^3/10$ min	:	
Viskositätszahl	ml/g					

Verarbeitungsbedingungen für Spritzgießen

Massetemp.	°C	*Schwindung*	% lgs , quer
Werkzeugtemp.	°C	*Bemerkungen*	
Spritzdruck	bar		

Zugversuch 23 °C ISO 527;
Probekörper: *Form* — *Herstellung* Spritzgiessen
Zustand — *Vorbehandlung* Normalklima

Streckspannung	N/mm^2	19	*Dehnung bei Streckspannung*	%	
Zugfestigkeit	N/mm^2		*Reißdehnung*	%	50
Reißfestigkeit	N/mm^2		*% Dehnspannung*	N/mm^2	
E-Modul	N/mm^2		*Dehnung bei % Dehnspg.*	%	

Kriechmoduln und Zeitstandwerte 23 °C
Probekörper: *Form* — *Herstellung*
Zustand — *Vorbehandlung*

Kriechmodul	*1 min* N/mm^2	*Zeitstandzugfestigkeit*	h	N/mm^2
Kriechmodul	*1000 h* N/mm^2	*Zeitdehnspg.* %	h	N/mm^2
bei Spannung	N/mm^2			

Biegeversuch 23 °C ISO 178;
Probekörper: *Form* 80x10x4 mm — *Herstellung* Spritzgiessen
Zustand — *Vorbehandlung* Normalklima

Biegefestigkeit	N/mm^2	*E-Modul*	N/mm^2	2100
3,5% *Biegespannung*	N/mm^2			

Härte 23 °C *Probekörper:* *Zustand* — *Herstellung*
Vorbehandlung

Kugeldruckhärte	N/mm^2 bei N, s	*Shore-Härte* A	
Rockwellhärte		*Shore-Härte* D	

Schlagversuch *Probekörper:* *(1)* U-Kerbe
(2) — *Herstellung* Spritzgiessen
Zustand — *Vorbehandlung* Normalklima

		°C	°C	°C	*Probekörper-Form*
Schlagzähigkeit	kJ/m^2	23 o.B.			NKS
Kerbschlagzähigkeit (1)	kJ/m^2	23 8.5			NKS
IZOD-Kerbschlagzähigkeit (2)	J/m				
Kerbschlagzugzähigkeit	kJ/m^2				

Abrieb und Reibung

Taber-Abrieb (Reibradverfahren) mm^3/100 U
Abriebfaktor LNP (Thrust washer) Vergleichswert
Statische Reibungszahl
Dynamische Reibungszahl (p·v= N/mm^2· m/min)
Zulässiger p · v Wert N/mm^2 · (m/min) v= m/min
v= m/min

Thermische Eigenschaften

Formbeständigkeit in der Wärme	*Verfahren*		°C
	Verfahren		°C
Vicat Erweichungstemperatur (VST)	*Verfahren* B/50		71 °C
	Verfahren		°C
Kristallit-Schmelzpunkt	*Verfahren*		
Längenausdehnungskoeffizient	*Bereich*	°C	$\cdot 10^{-4}K^{-1}$
	Temperatur		$\cdot 10^{-4}K^{-1}$
Wärmeleitfähigkeit	*Verfahren*		W/(K · m)
Spezifische Wärmekapazität	*Verfahren*		J/(K · g)
Glasumwandlungstemperatur	*Torsionsschwingungsversuch*	°C	
	Differentialkalorimetrie	°C	

Brandverhalten

UL-Test vertikal Dicke mm, Wert
Dicke mm, Wert

	Norm	*Bewertung*	*Abmessungen*
Sauerstoff-Index	ASTM D 2863		
Glühstab-Verfahren			
Brandverhalten	DIN 4102		
MVSS			
FAR			

Elektrische Eigenschaften

		Hz	°C	*Probekörper, Form*
Dielektrizitätszahl		50		
		10^3		
		10^6		
Dielektrischer Verlustfaktor tan δ		50		
		10^3		
		10^6		
Spezifischer Durchgangswiderstand	Ohm · cm			
Durchschlagfestigkeit	kV/mm			mm dick
Oberflächenwiderstand	Ohm			

Kriechstromfestigkeit KC KB KA
Elektrolytische Korrosionswirkung
Lichtbogenfestigkeit nach DIN
nach ASTM s

Beständigkeit *(Chemische Beständigkeit siehe Anhang)*

Wasseraufnahme

Feuchtigkeitsaufnahme Normalklima %
Wetterbeständigkeit

Spannungskorrosion

Optische Eigenschaften

Brechungszahl n_D
Transmissionsgrad τ_c % mm dick
Lichtdurchlässigkeit

Datenbank-Nr. **T06259** Merkblatt-Nr. **3480**

Produkt	Acetalcopolymerisat		**POM**
Handelsname	**Luvocom 80/CF/10/TF/10**		
Hersteller	LUV		
DIN-Bez 1			
DIN-Bez 2			
Zusätze	10.0% PTFE	*Füllstoffe/ Verstärkung*	10.0% Kohlefaser
Bevorzugte Verarbeitung	Spritzgiessen	*Lieferform*	Granulat
		Farben	Schwarz
Besondere Merkmale	Sehr gute mechanische Eigenschaften; Verbessertes Gleitverhalten; Gute Verschleissfestigkeit; Geringer elektrischer Widerstand	*Bevorzugte Anwendungen*	Technisches Formteil; Lagerelement

Dichte	g/cm^3	1.46	*Schmelzindex*	g/10 min	:
Schüttdichte	g/cm^3	0.75–0.80	*Volumenfließindex*	cm^3/10 min	:
Viskositätszahl	ml/g				

Verarbeitungsbedingungen für Spritzgießen

Massetemp.	°C	180–190	*Schwindung*	% lgs 0.8–1.0, quer
Werkzeugtemp.	°C	80–120	*Bemerkungen*	Vortrocknen empfohlen: 2 bis 4h/70C
Spritzdruck	bar			

Zugversuch 23 °C DIN 53455; DIN 53457

Probekörper: *Form* Nr.3; *Zustand* — *Herstellung* Spritzgiessen; *Vorbehandlung* 1d bei 23 C/50%

Streckspannung	N/mm^2		*Dehnung bei Streckspannung*	%
Zugfestigkeit	N/mm^2	65	*Reißdehnung*	%
Reißfestigkeit	N/mm^2		*% Dehnspannung*	N/mm^2
E-Modul	N/mm^2	8500	*Dehnung bei % Dehnspg.*	%

Kriechmoduln und Zeitstandwerte 23 °C

Probekörper: *Form*; *Zustand* — *Herstellung*; *Vorbehandlung*

Kriechmodul	*1 min* N/mm^2	*Zeitstandzugfestigkeit*	h	N/mm^2
Kriechmodul	*1000 h* N/mm^2	*Zeitdehnspg.* %	h	N/mm^2
bei Spannung	N/mm^2			

Biegeversuch 23 °C DIN 53452;

Probekörper: *Form* 80x10x4 mm; *Zustand* — *Herstellung* Spritzgiessen; *Vorbehandlung* 1d bei 23 C/50%

Biegefestigkeit	N/mm^2	95	*E-Modul*	N/mm^2
3,5% *Biegespannung*	N/mm^2			

Härte 23 °C

Probekörper: *Zustand* — *Herstellung* Spritzgiessen; *Vorbehandlung* 1 d bei 23 C/50 %

Kugeldruckhärte	N/mm^2 165	bei N, 30 s	*Shore-Härte*	A
Rockwellhärte			*Shore-Härte*	D

Schlagversuch

Probekörper: *(1)*; *(2)*; *Zustand* — *Herstellung* Spritzgiessen; *Vorbehandlung* 1 d bei 23 C/50 %

		°C	°C	°C	*Probekörper-Form*
Schlagzähigkeit	kJ/m^2	23 10			NKS
Kerbschlagzähigkeit (1)	kJ/m^2				
IZOD-Kerbschlagzähigkeit (2)	J/m				
Kerbschlagzugzähigkeit	kJ/m^2				

Abrieb und Reibung

Taber-Abrieb (Reibradverfahren)	mm³/100 U		
Abriebfaktor LNP (Thrust washer) Vergleichswert			
Statische Reibungszahl			
Dynamische Reibungszahl	(p·v=	N/mm²·	m/min)
Zulässiger p·v Wert	N/mm²·(m/min)	v=	m/min
		v=	m/min

Thermische Eigenschaften

Formbeständigkeit in der Wärme	*Verfahren*		°C
	Verfahren		°C
Vicat Erweichungstemperatur (VST)	*Verfahren*	A/50	165 °C
	Verfahren		°C
Kristallit-Schmelzpunkt	*Verfahren*		
Längenausdehnungskoeffizient	*Bereich*	°C	$\cdot 10^{-4}K^{-1}$
	Temperatur		$\cdot 10^{-4}K^{-1}$
Wärmeleitfähigkeit	*Verfahren*		W/(K·m)
Spezifische Wärmekapazität	*Verfahren*		J/(K·g)
Glasumwandlungstemperatur	*Torsionsschwingungsversuch*	°C	
	Differentialkalorimetrie	°C	

Brandverhalten

UL-Test vertikal	Dicke	mm, Wert
	Dicke	mm, Wert

	Norm	*Bewertung*	*Abmessungen*
Sauerstoff-Index	ASTM D 2863		
Glühstab-Verfahren			
Brandverhalten	DIN 4102		
MVSS			
FAR			

Elektrische Eigenschaften

		Hz	°C		*Probekörper, Form*
Dielektrizitätszahl		50			
		10^3			
		10^6			
Dielektrischer Verlustfaktor tan δ		50			
		10^3			
		10^6			
Spezifischer Durchgangswiderstand	Ohm·cm		23	≦1.0*10**3	
Durchschlagfestigkeit	kV/mm				mm dick
Oberflächenwiderstand	Ohm		23	≦1.0*10**2	
Kriechstromfestigkeit		KC	KB	KA	
Elektrolytische Korrosionswirkung					
Lichtbogenfestigkeit nach DIN					
nach ASTM	s				

Beständigkeit *(Chemische Beständigkeit siehe Anhang)*

Wasseraufnahme

Feuchtigkeitsaufnahme Normalklima %

Wetterbeständigkeit

Spannungskorrosion

Optische Eigenschaften

Brechungszahl n_D		
Transmissionsgrad τ_c	%	mm dick
Lichtdurchlässigkeit		

Produkt	Acetalcopolymerisat		**POM**
Handelsname	**Luvocom 80/CF/10**		
Hersteller	LUV		
DIN-Bez 1			
DIN-Bez 2			
Zusätze		*Füllstoffe/ Verstärkung*	10.0% Kohlefaser
Bevorzugte Verarbeitung	Spritzgiessen	*Lieferform*	Granulat
		Farben	Schwarz
Besondere Merkmale	Sehr gute mechanische Eigenschaften; Geringer elektrischer Widerstand	*Bevorzugte Anwendungen*	Technisches Formteil; Lagerelement; Gleitelement

Dichte	g/cm^3	1.40	*Schmelzindex*	g/10 min	:
Schüttdichte	g/cm^3	0.75–0.80	*Volumenfließindex*	$cm^3/10$ min	:
Viskositätszahl	ml/g				

Verarbeitungsbedingungen für Spritzgießen

Massetemp.	°C	180–190	*Schwindung*	% lgs 1.1–1.3, quer
Werkzeugtemp.	°C	80–120	*Bemerkungen*	Vortrocknen empfohlen: 2 bis 4h/70C
Spritzdruck	bar			

Zugversuch 23 °C DIN 53455; DIN 53457

Probekörper: *Form* Nr.3 — *Zustand* — *Herstellung* Spritzgiessen — *Vorbehandlung* 1d bei 23 C/50%

Streckspannung	N/mm^2		*Dehnung bei Streckspannung*	%	
Zugfestigkeit	N/mm^2	70	*Reißdehnung*	%	1.7
Reißfestigkeit	N/mm^2	65	*% Dehnspannung*	N/mm^2	
E-Modul	N/mm^2	8500	*Dehnung bei % Dehnspg.*	%	

Kriechmoduln und Zeitstandwerte 23 °C

Probekörper: *Form* — *Zustand* — *Herstellung* — *Vorbehandlung*

Kriechmodul	*1 min* N/mm^2	*Zeitstandzugfestigkeit*	h	N/mm^2
Kriechmodul	*1000 h* N/mm^2	*Zeitdehnspg.* %	h	N/mm^2
bei Spannung	N/mm^2			

Biegeversuch 23 °C DIN 53452;

Probekörper: *Form* 80x10x4 mm — *Zustand* — *Herstellung* Spritzgiessen — *Vorbehandlung* 1 d bei 23 C

Biegefestigkeit	N/mm^2	95	*E-Modul*	N/mm^2
3,5% *Biegespannung*	N/mm^2			

Härte 23 °C *Probekörper:* *Zustand* — *Herstellung* Spritzgiessen — *Vorbehandlung* 1 d bei 23 C/50 %

Kugeldruckhärte	N/mm^2 165	bei N, 30 s	*Shore-Härte* A
Rockwellhärte			*Shore-Härte* D

Schlagversuch *Probekörper:* *(1)* *(2)* *Zustand* — *Herstellung* Spritzgiessen — *Vorbehandlung* 1 d bei 23 C/50 %

		°C	°C	°C	*Probekörper-Form*
Schlagzähigkeit	kJ/m^2	23 15			NKS
Kerbschlagzähigkeit (1)	kJ/m^2				
IZOD-Kerbschlagzähigkeit (2)	J/m				
Kerbschlagzugzähigkeit	kJ/m^2				

Abrieb und Reibung

Taber-Abrieb (Reibradverfahren)	mm³/100 U		
Abriebfaktor LNP (Thrust washer) Vergleichswert			
Statische Reibungszahl			
Dynamische Reibungszahl	(p·v=	N/mm²·	m/min)
Zulässiger p · v Wert	N/mm² · (m/min)	v=	m/min
		v=	m/min

Thermische Eigenschaften

Formbeständigkeit in der Wärme	*Verfahren*			°C
	Verfahren			°C
Vicat Erweichungstemperatur (VST)	*Verfahren*	A/50		165 °C
	Verfahren			°C
Kristallit-Schmelzpunkt	*Verfahren*			
Längenausdehnungskoeffizient	*Bereich*	°C		$\cdot 10^{-4}K^{-1}$
	Temperatur			$\cdot 10^{-4}K^{-1}$
Wärmeleitfähigkeit	*Verfahren*			W/(K · m)
Spezifische Wärmekapazität	*Verfahren*			J/(K · g)
Glasumwandlungstemperatur	*Torsionsschwingungsversuch*		°C	
	Differentialkalorimetrie		°C	

Brandverhalten

UL-Test vertikal	Dicke	mm, Wert
	Dicke	mm, Wert

	Norm	*Bewertung*	*Abmessungen*
Sauerstoff-Index	ASTM D 2863		
Glühstab-Verfahren			
Brandverhalten	DIN 4102		
MVSS			
FAR			

Elektrische Eigenschaften

		Hz	°C		*Probekörper, Form*
Dielektrizitätszahl		50			
		10^3			
		10^6			
Dielektrischer Verlustfaktor tan δ		50			
		10^3			
		10^6			
Spezifischer Durchgangs-widerstand	Ohm · cm		23	≦1.0*10**3	
Durchschlagfestigkeit	kV/mm				mm dick
Oberflächenwiderstand	Ohm		23	≦1.0*10**3	

Kriechstromfestigkeit	KC	KB	KA
Elektrolytische Korrosionswirkung			
Lichtbogenfestigkeit nach DIN			
nach ASTM s			

Beständigkeit *(Chemische Beständigkeit siehe Anhang)*

Wasseraufnahme

Feuchtigkeitsaufnahme Normalklima %

Wetterbeständigkeit

Spannungskorrosion

Optische Eigenschaften

Brechungszahl n_D

Transmissionsgrad τ_c % mm dick

Lichtdurchlässigkeit

Produkt	Acetalcopolymerisat		**POM**
Handelsname	**Luvocom 80/GF/30/TF/15**		
Hersteller	LUV		
DIN-Bez 1			
DIN-Bez 2			
Zusätze	15.0% PTFE	*Füllstoffe/ Verstärkung*	30.0% Glasfaser
Bevorzugte Verarbeitung	Spritzgiessen	*Lieferform*	Granulat
		Farben	Natur
Besondere Merkmale	Sehr hoher Modul; Hohe Festigkeit; Verbessertes Gleitverhalten; Gute Verschleissfestigkeit	*Bevorzugte Anwendungen*	Technisches Formteil; Lagerelement; Gleitelement; Zahnrad; Steuerscheibe; Steuernocke; Ventilkoerper; Teil fuer Film- und Fotogeraet; Bueromaschinenteil

Dichte	g/cm³	1.71	*Schmelzindex*	g/10 min	:
Schüttdichte	g/cm³	0.82	*Volumenfließindex*	cm³/10 min	:
Viskositätszahl	ml/g				

Verarbeitungsbedingungen für Spritzgießen

Massetemp.	°C	175–205	*Schwindung*	%	lgs 0.55, quer
Werkzeugtemp.	°C	80–120	*Bemerkungen*		
Spritzdruck	bar				

Zugversuch 23 °C DIN 53455; DIN 53457

Probekörper: *Form* Nr.3; *Zustand*
Herstellung Spritzgiessen
Vorbehandlung 1d bei 23 C/50%

Streckspannung	N/mm²		*Dehnung bei Streckspannung*	%	
Zugfestigkeit	N/mm²	90	*Reißdehnung*	%	1.1
Reißfestigkeit	N/mm²	89	*% Dehnspannung*	N/mm²	
E-Modul	N/mm²	12000	*Dehnung bei % Dehnspg.*	%	

Kriechmoduln und Zeitstandwerte 23 °C

Probekörper: *Form*; *Zustand*
Herstellung
Vorbehandlung

Kriechmodul	*1 min*	N/mm²	*Zeitstandzugfestigkeit*	h	N/mm²
Kriechmodul	*1000 h*	N/mm²	*Zeitdehnspg. %*	h	N/mm²
bei Spannung		N/mm²			

Biegeversuch 23 °C DIN 53452;

Probekörper: *Form* 80x10x4 mm; *Zustand*
Herstellung Spritzgiessen
Vorbehandlung 1 d bei 23 C

Biegefestigkeit	N/mm²	125	*E-Modul*	N/mm²
3,5% *Biegespannung*	N/mm²			

Härte 23 °C

Probekörper: *Zustand*
Herstellung Spritzgiessen
Vorbehandlung 1 d bei 23 C/50 %

Kugeldruckhärte	N/mm² 150	bei N, 30 s	*Shore-Härte*	A
Rockwellhärte			*Shore-Härte*	D

Schlagversuch

Probekörper: *(1)*; *(2)*; *Zustand*
Herstellung Spritzgiessen
Vorbehandlung 1 d bei 23 C/50 %

		°C	°C	°C	*Probekörper-Form*
Schlagzähigkeit	kJ/m²	23 10			NKS
Kerbschlagzähigkeit (1)	kJ/m²				
IZOD-Kerbschlagzähigkeit (2)	J/m				
Kerbschlagzugzähigkeit	kJ/m²				

Abrieb und Reibung

Taber-Abrieb (Reibradverfahren) mm³/100 U
Abriebfaktor LNP (Thrust washer) Vergleichswert
Statische Reibungszahl
Dynamische Reibungszahl (p·v= N/mm²· m/min)
Zulässiger p · v Wert N/mm² · (m/min) v= m/min
v= m/min

Thermische Eigenschaften

Formbeständigkeit in der Wärme	*Verfahren*		°C
	Verfahren		°C
Vicat Erweichungstemperatur (VST)	*Verfahren*	B/50	165 °C
	Verfahren		°C
Kristallit-Schmelzpunkt	*Verfahren*		
Längenausdehnungskoeffizient	*Bereich*	°C	$\cdot 10^{-4} K^{-1}$
	Temperatur		$\cdot 10^{-4} K^{-1}$
Wärmeleitfähigkeit	*Verfahren*		W/(K · m)
Spezifische Wärmekapazität	*Verfahren*		J/(K · g)
Glasumwandlungstemperatur	*Torsionsschwingungsversuch*	°C	
	Differentialkalorimetrie	°C	

Brandverhalten

UL-Test vertikal Dicke mm, Wert
Dicke mm, Wert

	Norm	*Bewertung*	*Abmessungen*
Sauerstoff-Index	ASTM D 2863		
Glühstab-Verfahren			
Brandverhalten	DIN 4102		
MVSS			
FAR			

Elektrische Eigenschaften

		Hz	°C		*Probekörper, Form*
Dielektrizitätszahl		50			
		10^3			
		10^6			
Dielektrischer Verlustfaktor tan δ		50			
		10^3			
		10^6			
Spezifischer Durchgangs-widerstand	Ohm · cm				
Durchschlagfestigkeit	kV/mm				mm dick
Oberflächenwiderstand	Ohm				
Kriechstromfestigkeit		KC	KB	KA	
Elektrolytische Korrosionswirkung					
Lichtbogenfestigkeit nach DIN					
nach ASTM	s				

Beständigkeit *(Chemische Beständigkeit siehe Anhang)*

Wasseraufnahme 23 C 1 d 0.27 %

Feuchtigkeitsaufnahme Normalklima %
Wetterbeständigkeit

Spannungskorrosion

Optische Eigenschaften

Brechungszahl n_D
Transmissionsgrad τ_c % mm dick
Lichtdurchlässigkeit

Produkt	Acetalcopolymerisat		**POM**
Handelsname	**Luvocom 80/TF/15**		
Hersteller	LUV		
DIN-Bez 1			
DIN-Bez 2			
Zusätze	15.0% PTFE	*Füllstoffe/ Verstärkung*	
Bevorzugte Verarbeitung	Spritzgiessen	*Lieferform*	Granulat
		Farben	Natur
Besondere Merkmale	Gute mechanische Eigenschaften; Verbessertes Gleitverhalten; Gute Verschleissfestigkeit	*Bevorzugte Anwendungen*	Technisches Formteil; Bueromaschinenteil; Teil fuer Datenverarbeitungsgeraet; Feinmechanik; Lagerelement; Gleitelement; Zahnrad

Dichte	g/cm³	1.50	*Schmelzindex*	g/10 min	:
Schüttdichte	g/cm³	0.85–0.90	*Volumenfließindex*	cm³/10 min	:
Viskositätszahl	ml/g				

Verarbeitungsbedingungen für Spritzgießen

Massetemp.	°C	180–195	*Schwindung*	%	lgs 2.1–2.4, quer
Werkzeugtemp.	°C	80–120	*Bemerkungen*	Vortrocknen empfohlen: 2 bis 8h/75C	
Spritzdruck	bar				

Zugversuch 23 °C DIN 53455; DIN 53457

Probekörper: *Form* Nr.3 — *Herstellung* Spritzgiessen
Zustand — *Vorbehandlung* 1d bei 23 C/50%

Streckspannung	N/mm²		*Dehnung bei Streckspannung*	%	
Zugfestigkeit	N/mm²	50	*Reißdehnung*	%	10
Reißfestigkeit	N/mm²	45	*% Dehnspannung*	N/mm²	
E-Modul	N/mm²	2000	*Dehnung bei % Dehnspg.*	%	

Kriechmoduln und Zeitstandwerte 23 °C

Probekörper: *Form* — *Herstellung*
Zustand — *Vorbehandlung*

Kriechmodul	*1 min*	N/mm²	*Zeitstandzugfestigkeit*	h	N/mm²
Kriechmodul	*1000 h*	N/mm²	*Zeitdehnspg. %*	h	N/mm²
bei Spannung		N/mm²			

Biegeversuch 23 °C DIN 53452;

Probekörper: *Form* 80x10x4 mm — *Herstellung* Spritzgiessen
Zustand — *Vorbehandlung* 1 d bei 23 C

Biegefestigkeit	N/mm²	65	*E-Modul*	N/mm²
3,5% *Biegespannung*	N/mm²	55		

Härte 23 °C *Probekörper:* *Zustand* — *Herstellung* Spritzgiessen
Vorbehandlung 1 d bei 23 C/50 %

Kugeldruckhärte	N/mm² 110	bei N, 30 s	*Shore-Härte* A
Rockwellhärte			*Shore-Härte* D

Schlagversuch *Probekörper:* *(1)*
(2) — *Herstellung* Spritzgiessen
Zustand — *Vorbehandlung* 1 d bei 23 C/50 %

		°C	°C	°C	*Probekörper-Form*
Schlagzähigkeit	kJ/m²	23 30			NKS
Kerbschlagzähigkeit (1)	kJ/m²				
IZOD-Kerbschlagzähigkeit (2)	J/m				
Kerbschlagzugzähigkeit	kJ/m²				

Abrieb und Reibung

Taber-Abrieb (Reibradverfahren) mm^3/100 U
Abriebfaktor LNP (Thrust washer) Vergleichswert
Statische Reibungszahl
Dynamische Reibungszahl (p·v= N/mm^2· m/min)
Zulässiger p·v Wert N/mm^2·(m/min) v= m/min
v= m/min

Thermische Eigenschaften

Formbeständigkeit in der Wärme	*Verfahren* A		100 °C
	Verfahren		°C
Vicat Erweichungstemperatur (VST)	*Verfahren* A/50		165 °C
	Verfahren		°C
Kristallit-Schmelzpunkt	*Verfahren*		
Längenausdehnungskoeffizient	*Bereich*	°C	$\cdot 10^{-4}K^{-1}$
	Temperatur		$\cdot 10^{-4}K^{-1}$
Wärmeleitfähigkeit	*Verfahren*		W/(K·m)
Spezifische Wärmekapazität	*Verfahren*		J/(K·g)
Glasumwandlungstemperatur	*Torsionsschwingungsversuch*	°C	
	Differentialkalorimetrie	°C	

Brandverhalten

UL-Test vertikal Dicke mm, Wert
Dicke mm, Wert

	Norm	*Bewertung*	*Abmessungen*
Sauerstoff-Index	ASTM D 2863		
Glühstab-Verfahren			
Brandverhalten	DIN 4102		
MVSS			
FAR			

Elektrische Eigenschaften

		Hz	°C	*Probekörper, Form*
Dielektrizitätszahl		50		
		10^3		
		10^6		
Dielektrischer Verlustfaktor tan δ		50		
		10^3		
		10^6		
Spezifischer Durchgangs-widerstand	Ohm·cm			
Durchschlagfestigkeit	kV/mm			mm dick
Oberflächenwiderstand	Ohm			

Kriechstromfestigkeit KC KB KA
Elektrolytische Korrosionswirkung
Lichtbogenfestigkeit nach DIN
nach ASTM s

Beständigkeit *(Chemische Beständigkeit siehe Anhang)*

Wasseraufnahme

Feuchtigkeitsaufnahme Normalklima %
Wetterbeständigkeit

Spannungskorrosion

Optische Eigenschaften

Brechungszahl n_D
Transmissionsgrad τ_c % mm dick
Lichtdurchlässigkeit

Produkt	Acetalhomopolymerisat		**POM**
Handelsname	**Luvocom 81/TF/18/SI/2**		
Hersteller	LUV		
DIN-Bez 1			
DIN-Bez 2			
Zusätze	20.0% PTFE (18); Silikon (2)	*Füllstoffe/ Verstärkung*	
Bevorzugte Verarbeitung	Spritzgiessen	*Lieferform*	Granulat
		Farben	Natur
Besondere Merkmale	Gute mechanische Eigenschaften; Verbessertes Gleitverhalten; Gute Verschleissfestigkeit	*Bevorzugte Anwendungen*	Technisches Formteil; Bueromaschinenteil; Teil fuer Datenverarbeitungsgeraet; Feinmechanik; Zahnrad; Steuerscheibe; Steuernocke; Kfz-Bau

Dichte	g/cm³	1.49	*Schmelzindex*	g/10 min	:
Schüttdichte	g/cm³	0.90	*Volumenfließindex*	cm³/10 min	:
Viskositätszahl	ml/g				

Verarbeitungsbedingungen für Spritzgießen

Massetemp.	°C	175–190	*Schwindung*	% lgs 2.3–2.7, quer
Werkzeugtemp.	°C	80–120	*Bemerkungen*	Vortrocknen empfohlen: 2h/60C
Spritzdruck	bar			

Zugversuch 23 °C DIN 53455; DIN 53457

Probekörper: *Form* Nr.3 — *Zustand*

Herstellung Spritzgiessen — *Vorbehandlung* 1d bei 23 C/50%

Streckspannung	N/mm²		*Dehnung bei Streckspannung*	%
Zugfestigkeit	N/mm²	50	*Reißdehnung*	%
Reißfestigkeit	N/mm²		*% Dehnspannung*	N/mm²
E-Modul	N/mm²	2300	*Dehnung bei % Dehnspg.*	%

Kriechmoduln und Zeitstandwerte 23 °C

Probekörper: *Form* — *Zustand*

Herstellung — *Vorbehandlung*

Kriechmodul	*1 min*	N/mm²	*Zeitstandzugfestigkeit*	h	N/mm²
Kriechmodul	*1000 h*	N/mm²	*Zeitdehnspg.* %	h	N/mm²
bei Spannung		N/mm²			

Biegeversuch 23 °C DIN 53452;

Probekörper: *Form* 80x10x4 mm — *Zustand*

Herstellung Spritzgiessen — *Vorbehandlung* 1d bei 23 C/50%

Biegefestigkeit	N/mm²	60	*E-Modul*	N/mm²
3,5% *Biegespannung*	N/mm²	45		

Härte 23 °C *Probekörper:* *Zustand*

Herstellung Spritzgiessen — *Vorbehandlung* 1 d bei 23 C/50 %

Kugeldruckhärte	N/mm² 100	bei N, 30 s	*Shore-Härte* A	
Rockwellhärte			*Shore-Härte* D	

Schlagversuch *Probekörper:* *(1)* *(2)* *Zustand*

Herstellung Spritzgiessen — *Vorbehandlung* 1 d bei 23 C/50 %

		°C	°C	°C	*Probekörper-Form*
Schlagzähigkeit	kJ/m²	23 30			NKS
Kerbschlagzähigkeit (1)	kJ/m²				
IZOD-Kerbschlagzähigkeit (2)	J/m				
Kerbschlagzugzähigkeit	kJ/m²				

Abrieb und Reibung

Taber-Abrieb (Reibradverfahren)	mm^3/100 U		
Abriebfaktor LNP (Thrust washer) Vergleichswert			
Statische Reibungszahl			
Dynamische Reibungszahl	(p·v=	N/mm^2·	m/min)
Zulässiger p · v Wert	N/mm^2·(m/min)	v=	m/min
		v=	m/min

Thermische Eigenschaften

Formbeständigkeit in der Wärme	*Verfahren*		°C
	Verfahren		°C
Vicat Erweichungstemperatur (VST)	*Verfahren*	A/50	175 °C
	Verfahren		°C
Kristallit-Schmelzpunkt	*Verfahren*		
Längenausdehnungskoeffizient	*Bereich*	°C	$\cdot 10^{-4}K^{-1}$
	Temperatur		$\cdot 10^{-4}K^{-1}$
Wärmeleitfähigkeit	*Verfahren*		W/(K · m)
Spezifische Wärmekapazität	*Verfahren*		J/(K · g)
Glasumwandlungstemperatur	*Torsionsschwingungsversuch*	°C	
	Differentialkalorimetrie	°C	

Brandverhalten

UL-Test vertikal	Dicke	mm, Wert
	Dicke	mm, Wert

	Norm	*Bewertung*	*Abmessungen*
Sauerstoff-Index	ASTM D 2863		
Glühstab-Verfahren			
Brandverhalten	DIN 4102		
MVSS			
FAR			

Elektrische Eigenschaften

	Hz	°C	*Probekörper, Form*
Dielektrizitätszahl	50		
	10^3		
	10^6		
Dielektrischer Verlustfaktor tan δ	50		
	10^3		
	10^6		
Spezifischer Durchgangswiderstand Ohm · cm			
Durchschlagfestigkeit kV/mm			mm dick
Oberflächenwiderstand Ohm			

Kriechstromfestigkeit	KC	KB	KA
Elektrolytische Korrosionswirkung			
Lichtbogenfestigkeit nach DIN			
nach ASTM s			

Beständigkeit *(Chemische Beständigkeit siehe Anhang)*

Wasseraufnahme

Feuchtigkeitsaufnahme Normalklima %

Wetterbeständigkeit

Spannungskorrosion

Optische Eigenschaften

Brechungszahl n_D

Transmissionsgrad τ_c % mm dick

Lichtdurchlässigkeit

Datenbank-Nr. **T06264** *Merkblatt-Nr.* **3485**

Produkt	Polybutylenterephthalat		**PBT**
Handelsname	**Luvocom 1850/CF/10/GF/10/GK/10/GS/5/FR/BK**		
Hersteller	LUV		
DIN-Bez 1 *DIN-Bez 2*			
Zusätze	Brandschutzmittel	*Füllstoffe/ Verstärkung*	35.0% Kohlef.(10); Glasf.(10); Glask.(10); Glassplitter(5)
Bevorzugte Verarbeitung	Spritzgiessen	*Lieferform*	Granulat
		Farben	Schwarz
Besondere Merkmale	Sehr hoher Modul; Hohe Festigkeit; Geringer elektrischer Widerstand; Verzugsarm	*Bevorzugte Anwendungen*	Technisches Formteil; Bueromaschinenteil; Teil fuer Datenverarbeitungsgeraet; Teil fuer Kopierer

Dichte	g/cm^3	1.49	*Schmelzindex*	g/10 min	:
Schüttdichte	g/cm^3	0.53	*Volumenfließindex*	cm^3/10 min	:
Viskositätszahl	ml/g				

Verarbeitungsbedingungen für Spritzgießen

Massetemp.	°C	220–240	*Schwindung*	% lgs 0.1–0.2, quer
Werkzeugtemp.	°C	80–110	*Bemerkungen*	Vortrocknen empfohlen: 2 bis 4h/120C
Spritzdruck	bar			

Zugversuch 23 °C DIN 53455; DIN 53457

Probekörper: *Form* Nr.3 — *Zustand*
Herstellung Spritzgiessen — *Vorbehandlung* 1d bei 23 C/50%

Streckspannung	N/mm^2		*Dehnung bei Streckspannung*	%	
Zugfestigkeit	N/mm^2		*Reißdehnung*	%	2.5
Reißfestigkeit	N/mm^2	105	*% Dehnspannung*	N/mm^2	
E-Modul	N/mm^2	10000	*Dehnung bei % Dehnspg.*	%	

Kriechmoduln und Zeitstandwerte 23 °C

Probekörper: *Form* — *Zustand*
Herstellung — *Vorbehandlung*

Kriechmodul	*1 min*	N/mm^2	*Zeitstandzugfestigkeit*	h	N/mm^2
Kriechmodul	*1000 h*	N/mm^2	*Zeitdehnspg. %*	h	N/mm^2
bei Spannung		N/mm^2			

Biegeversuch 23 °C DIN 53452;

Probekörper: *Form* 80x10x4 mm — *Zustand*
Herstellung Spritzgiessen — *Vorbehandlung* 1 d bei 23 C

Biegefestigkeit	N/mm^2	155	*E-Modul*	N/mm^2
3,5% *Biegespannung*	N/mm^2			

Härte 23 °C *Probekörper:* *Zustand*
Herstellung Spritzgiessen — *Vorbehandlung* 1 d bei 23 C/50 %

Kugeldruckhärte	N/mm^2 150	bei N, 30 s	*Shore-Härte*	A
Rockwellhärte			*Shore-Härte*	D

Schlagversuch *Probekörper:* *(1)* *(2)* *Zustand*
Herstellung Spritzgiessen — *Vorbehandlung* 1 d bei 23 C/50 %

		°C	°C	°C	*Probekörper-Form*
Schlagzähigkeit	kJ/m^2	23 25			NKS
Kerbschlagzähigkeit (1)	kJ/m^2				
IZOD-Kerbschlagzähigkeit (2)	J/m				
Kerbschlagzugzähigkeit	kJ/m^2				

Abrieb und Reibung

Taber-Abrieb (Reibradverfahren) mm³/100 U
Abriebfaktor LNP (Thrust washer) Vergleichswert
Statische Reibungszahl
Dynamische Reibungszahl (p·v= N/mm²· m/min)
Zulässiger p·v Wert N/mm²·(m/min) v= m/min
v= m/min

Thermische Eigenschaften

Formbeständigkeit in der Wärme	*Verfahren* A		73 °C
	Verfahren		°C
Vicat Erweichungstemperatur (VST)	*Verfahren*		°C
	Verfahren		°C
Kristallit-Schmelzpunkt	*Verfahren*		
Längenausdehnungskoeffizient	*Bereich*	°C	$\cdot 10^{-4}K^{-1}$
	Temperatur		$\cdot 10^{-4}K^{-1}$
Wärmeleitfähigkeit	*Verfahren*		W/(K·m)
Spezifische Wärmekapazität	*Verfahren*		J/(K·g)
Glasumwandlungstemperatur	*Torsionsschwingungsversuch*	°C	
	Differentialkalorimetrie	°C	

Brandverhalten

UL-Test vertikal Dicke 1.5 mm, Wert V-0
Dicke mm, Wert

	Norm	*Bewertung*	*Abmessungen*
Sauerstoff-Index	ASTM D 2863		
Glühstab-Verfahren			
Brandverhalten	DIN 4102		
MVSS			
FAR			

Elektrische Eigenschaften

		Hz	°C		*Probekörper, Form*
Dielektrizitätszahl		50			
		10^3			
		10^6			
Dielektrischer Verlustfaktor tan δ		50			
		10^3			
		10^6			
Spezifischer Durchgangs-widerstand	Ohm·cm		23	≦1.0*10**6	
Durchschlagfestigkeit	kV/mm				mm dick
Oberflächenwiderstand	Ohm		23	≦1.0*10**4	

Kriechstromfestigkeit KC KB KA
Elektrolytische Korrosionswirkung
Lichtbogenfestigkeit nach DIN
nach ASTM s

Beständigkeit *(Chemische Beständigkeit siehe Anhang)*

Wasseraufnahme

Feuchtigkeitsaufnahme Normalklima %
Wetterbeständigkeit

Spannungskorrosion

Optische Eigenschaften

Brechungszahl n_D
Transmissionsgrad τ_c % mm dick
Lichtdurchlässigkeit

Datenbank-Nr. **T06265** *Merkblatt-Nr.* **3486**

Produkt	Polybutylenterephthalat		**PBT**
Handelsname	**Luvocom 1850/CF/FR/WT200**		
Hersteller	LUV		
DIN-Bez 1			
DIN-Bez 2			
Zusätze	Brandschutzmittel	*Füllstoffe/ Verstärkung*	20.0% Kohlefaser
Bevorzugte Verarbeitung	Spritzgiessen	*Lieferform*	Granulat
		Farben	Schwarz
Besondere Merkmale	Sehr hoher Modul; Hohe Festigkeit; Geringer elektrischer Widerstand	*Bevorzugte Anwendungen*	Technisches Formteil; Spulenkoerper; Steckverbinder; Steckerleiste; Schalter; Relais; Autoelektrik; Elektromotorenteil

Dichte	g/cm^3	1.42	*Schmelzindex*	g/10 min	:
Schüttdichte	g/cm^3	0.52	*Volumenfließindex*	$cm^3/10$ min	:
Viskositätszahl	ml/g				

Verarbeitungsbedingungen für Spritzgießen

Massetemp.	°C	200–240	*Schwindung*	% lgs 0.20, quer
Werkzeugtemp.	°C	40–80	*Bemerkungen*	Vortrocknen empfohlen: 16h/105C; 2h/120C
Spritzdruck	bar			

Zugversuch 23 °C DIN 53455; DIN 53457

Probekörper: *Form* Nr.3 — *Herstellung* Spritzgiessen

Zustand — *Vorbehandlung* 1d bei 23 C/50%

Streckspannung	N/mm^2		*Dehnung bei Streckspannung*	%	
Zugfestigkeit	N/mm^2	110	*Reißdehnung*	%	3.0
Reißfestigkeit	N/mm^2	109	*% Dehnspannung*	N/mm^2	
E-Modul	N/mm^2	10000	*Dehnung bei % Dehnspg.*	%	

Kriechmoduln und Zeitstandwerte 23 °C

Probekörper: *Form* — *Herstellung*

Zustand — *Vorbehandlung*

Kriechmodul	*1 min*	N/mm^2	*Zeitstandzugfestigkeit*	h	N/mm^2
Kriechmodul	*1000 h*	N/mm^2	*Zeitdehnspg.* %	h	N/mm^2
bei Spannung		N/mm^2			

Biegeversuch 23 °C DIN 53452;

Probekörper: *Form* 80x10x4 mm — *Herstellung* Spritzgiessen

Zustand — *Vorbehandlung* 1d bei 23 C/50%

Biegefestigkeit	N/mm^2	160	*E-Modul*	N/mm^2
3,5% *Biegespannung*	N/mm^2			

Härte 23 °C *Probekörper:* *Zustand* — *Herstellung* Spritzgiessen

Vorbehandlung 1 d bei 23 C/50 %

Kugeldruckhärte	N/mm^2 135	bei N, 30 s	*Shore-Härte*	A
Rockwellhärte			*Shore-Härte*	D

Schlagversuch *Probekörper:* *(1)*

(2) — *Herstellung* Spritzgiessen

Zustand — *Vorbehandlung* 1 d bei 23 C/50 %

		°C	°C	°C	*Probekörper-Form*
Schlagzähigkeit	kJ/m^2	23 25			NKS
Kerbschlagzähigkeit (1)	kJ/m^2				
IZOD-Kerbschlagzähigkeit (2)	J/m				
Kerbschlagzugzähigkeit	kJ/m^2				

Abrieb und Reibung

Taber-Abrieb (Reibradverfahren) mm^3/100 U
Abriebfaktor LNP (Thrust washer) Vergleichswert
Statische Reibungszahl
Dynamische Reibungszahl (p · v = N/mm^2 · m/min)
Zulässiger p · v Wert N/mm^2 · (m/min) v = m/min
v = m/min

Thermische Eigenschaften

Formbeständigkeit in der Wärme	*Verfahren*		°C
	Verfahren		°C
Vicat Erweichungstemperatur (VST)	*Verfahren* B/50		130 °C
	Verfahren		°C
Kristallit-Schmelzpunkt	*Verfahren*		
Längenausdehnungskoeffizient	*Bereich*	°C	$\cdot 10^{-4}K^{-1}$
	Temperatur		$\cdot 10^{-4}K^{-1}$
Wärmeleitfähigkeit	*Verfahren*		W/(K · m)
Spezifische Wärmekapazität	*Verfahren*		J/(K · g)
Glasumwandlungstemperatur	*Torsionsschwingungsversuch*	°C	
	Differentialkalorimetrie	°C	

Brandverhalten

UL-Test vertikal Dicke 1.6 mm, Wert V-0
Dicke mm, Wert

	Norm	*Bewertung*	*Abmessungen*
Sauerstoff-Index	ASTM D 2863		
Glühstab-Verfahren			
Brandverhalten	DIN 4102		
MVSS			
FAR			

Elektrische Eigenschaften

		Hz	°C		*Probekörper, Form*
Dielektrizitätszahl		50			
		10^3			
		10^6			
Dielektrischer Verlustfaktor tan δ		50			
		10^3			
		10^6			
Spezifischer Durchgangswiderstand	Ohm · cm		23	1.0*10**4	
Durchschlagfestigkeit	kV/mm				mm dick
Oberflächenwiderstand	Ohm		23	1.0*10**3	

Kriechstromfestigkeit KC KB KA
Elektrolytische Korrosionswirkung
Lichtbogenfestigkeit nach DIN
nach ASTM s

Beständigkeit *(Chemische Beständigkeit siehe Anhang)*

Wasseraufnahme

Feuchtigkeitsaufnahme Normalklima %
Wetterbeständigkeit

Spannungskorrosion

Optische Eigenschaften

Brechungszahl n_D
Transmissionsgrad τ_c % mm dick
Lichtdurchlässigkeit

Datenbank-Nr.	**T06266**		*Merkblatt-Nr.* **3487**

Produkt	Polybutylenterephthalat		**PBT**
Handelsname	**Luvocom 1850/CF/30/FR/BK100**		
Hersteller	LUV		
DIN-Bez 1			
DIN-Bez 2			
Zusätze	Brandschutzmittel	*Füllstoffe/ Verstärkung*	30.0% Kohlefaser
Bevorzugte Verarbeitung	Spritzgiessen	*Lieferform*	Granulat
		Farben	Schwarz
Besondere Merkmale	Sehr hoher Modul; Sehr hohe Festigkeit; Geringer elektrischer Widerstand	*Bevorzugte Anwendungen*	Technisches Formteil; Steckverbinder; Steckerleiste; Spulenkoerper; Schaltergehaeuse; Mikroschalter; Sicherungsgehaeuse; Relaisfassung; Lampenfassung

Dichte	g/cm^3	1.45	*Schmelzindex*	g/10 min		:
Schüttdichte	g/cm^3	0.42	*Volumenfließindex*	$cm^3/10$ min		:
Viskositätszahl	ml/g					

Verarbeitungsbedingungen für Spritzgießen

Massetemp.	°C	210–250	*Schwindung*	% lgs 0.10, quer
Werkzeugtemp.	°C	40–80	*Bemerkungen*	Vortrocknen empfohlen: 16h/105C; 2h/120C
Spritzdruck	bar			

Zugversuch 23 °C DIN 53455; DIN 53457

Probekörper: *Form*	Nr.3	*Herstellung*	Spritzgiessen
Zustand		*Vorbehandlung*	1d bei 23 C/50%

Streckspannung	N/mm^2		*Dehnung bei Streckspannung*	%	
Zugfestigkeit	N/mm^2	130	*Reißdehnung*	%	2.0
Reißfestigkeit	N/mm^2	129	*% Dehnspannung*	N/mm^2	
E-Modul	N/mm^2	15000	*Dehnung bei % Dehnspg.*	%	

Kriechmoduln und Zeitstandwerte 23 °C

Probekörper: *Form*		*Herstellung*	
Zustand		*Vorbehandlung*	

Kriechmodul	*1 min*	N/mm^2	*Zeitstandzugfestigkeit*	h	N/mm^2
Kriechmodul	*1000 h*	N/mm^2	*Zeitdehnspg. %*	h	N/mm^2
bei Spannung		N/mm^2			

Biegeversuch 23 °C DIN 53452;

Probekörper: *Form*	80x10x4 mm	*Herstellung*	Spritzgiessen
Zustand		*Vorbehandlung*	1 d bei 23 C/50 %

Biegefestigkeit	N/mm^2	180	*E-Modul*	N/mm^2
3,5% *Biegespannung*	N/mm^2			

Härte 23 °C

Probekörper: *Zustand*		*Herstellung*	Spritzgiessen
		Vorbehandlung	1 d bei 23 C/50 %
Kugeldruckhärte	N/mm^2 155 bei N, 30 s	*Shore-Härte* A	
Rockwellhärte		*Shore-Härte* D	

Schlagversuch

Probekörper: *(1)*			
(2)		*Herstellung*	Spritzgiessen
Zustand		*Vorbehandlung*	1 d bei 23 C/50 %

		°C	°C	°C	*Probekörper-Form*
Schlagzähigkeit	kJ/m^2	23 23			NKS
Kerbschlagzähigkeit (1)	kJ/m^2				
IZOD-Kerbschlagzähigkeit (2)	J/m				
Kerbschlagzugzähigkeit	kJ/m^2				

Abrieb und Reibung

Taber-Abrieb (Reibradverfahren)	$mm^3/100$ U		
Abriebfaktor LNP (Thrust washer) Vergleichswert			
Statische Reibungszahl			
Dynamische Reibungszahl	(p·v=	N/mm²·	m/min)
Zulässiger p · v Wert	N/mm² · (m/min)	v=	m/min
		v=	m/min

Thermische Eigenschaften

Formbeständigkeit in der Wärme	*Verfahren*			°C
	Verfahren			°C
Vicat Erweichungstemperatur (VST)	*Verfahren*	B/50		145 °C
	Verfahren			°C
Kristallit-Schmelzpunkt	*Verfahren*			
Längenausdehnungskoeffizient	*Bereich*	°C		$\cdot 10^{-4}K^{-1}$
	Temperatur			$\cdot 10^{-4}K^{-1}$
Wärmeleitfähigkeit	*Verfahren*			W/(K · m)
Spezifische Wärmekapazität	*Verfahren*			J/(K · g)
Glasumwandlungstemperatur	*Torsionsschwingungsversuch*		°C	
	Differentialkalorimetrie		°C	

Brandverhalten

UL-Test vertikal	Dicke 1.6	mm, Wert V-0
	Dicke	mm, Wert

	Norm	*Bewertung*	*Abmessungen*
Sauerstoff-Index	ASTM D 2863		
Glühstab-Verfahren			
Brandverhalten	DIN 4102		
MVSS			
FAR			

Elektrische Eigenschaften

		Hz	°C		*Probekörper, Form*
Dielektrizitätszahl		50			
		10^3			
		10^6			
Dielektrischer Verlustfaktor tan δ		50			
		10^3			
		10^6			
Spezifischer Durchgangswiderstand	Ohm · cm		23	1.0*10**3	
Durchschlagfestigkeit	kV/mm				mm dick
Oberflächenwiderstand	Ohm		23	1.0*10**2	

Kriechstromfestigkeit	KC	KB	KA
Elektrolytische Korrosionswirkung			
Lichtbogenfestigkeit nach DIN			
nach ASTM	s		

Beständigkeit *(Chemische Beständigkeit siehe Anhang)*

Wasseraufnahme

Feuchtigkeitsaufnahme Normalklima %

Wetterbeständigkeit

Spannungskorrosion

Optische Eigenschaften

Brechungszahl n_D		
Transmissionsgrad τ_c	%	mm dick
Lichtdurchlässigkeit		

Datenbank-Nr.	**T06267**		*Merkblatt-Nr.* **3488**

Produkt	Polybutylenterephthalat		**PBT**
Handelsname	**Luvocom 1850/GF/5/GK/10/TC/10**		
Hersteller	LUV		
DIN-Bez 1			
DIN-Bez 2			
Zusätze		*Füllstoffe/ Verstärkung*	25.0% Glasfaser (5); Glaskugel (10); Talkum (10)
Bevorzugte Verarbeitung	Spritzgiessen	*Lieferform*	Granulat
		Farben	Natur
Besondere Merkmale	Ausgewogene mechanische Eigenschaften; Verzugsarm	*Bevorzugte Anwendungen*	Technisches Formteil; Bueromaschinenteil; Teil fuer Datenverarbeitungsgeraet; Feinmechanik; Kfz-Bau; Haushaltsgeraet

Dichte	g/cm^3	1.49	*Schmelzindex*	g/10 min	:
Schüttdichte	g/cm^3		*Volumenfließindex*	$cm^3/10$ min	:
Viskositätszahl	ml/g				

Verarbeitungsbedingungen für Spritzgießen

Massetemp.	°C	230–260	*Schwindung*	% lgs 0.7–1.0, quer
Werkzeugtemp.	°C	80–120	*Bemerkungen*	Vortrocknen empfohlen: 3h/120C
Spritzdruck	bar			

Zugversuch 23 °C DIN 53455; DIN 53457

Probekörper: *Form*	Nr.3	*Herstellung*	Spritzgiessen
Zustand		*Vorbehandlung*	1d bei 23 C/50%

Streckspannung	N/mm^2		*Dehnung bei Streckspannung*	%	
Zugfestigkeit	N/mm^2		*Reißdehnung*	%	3.1
Reißfestigkeit	N/mm^2	65	*% Dehnspannung*	N/mm^2	
E-Modul	N/mm^2	4000	*Dehnung bei % Dehnspg.*	%	

Kriechmoduln und Zeitstandwerte 23 °C

Probekörper: *Form*	*Herstellung*
Zustand	*Vorbehandlung*

Kriechmodul	*1 min*	N/mm^2	*Zeitstandzugfestigkeit*	h	N/mm^2
Kriechmodul	*1000 h*	N/mm^2	*Zeitdehnspg. %*	h	N/mm^2
bei Spannung		N/mm^2			

Biegeversuch 23 °C DIN 53452;

Probekörper: *Form*	80x10x4 mm	*Herstellung*	Spritzgiessen
Zustand		*Vorbehandlung*	1 d bei 23 C/50 %

Biegefestigkeit	N/mm^2	95	*E-Modul*	N/mm^2
3,5% *Biegespannung*	N/mm^2	90		

Härte 23 °C *Probekörper:* *Zustand*

		Herstellung	Spritzgiessen
		Vorbehandlung	1 d bei 23 C/50 %
Kugeldruckhärte	N/mm^2 135 bei N, 30 s	*Shore-Härte*	A
Rockwellhärte		*Shore-Härte*	D

Schlagversuch *Probekörper:* *(1)* *(2)* *Zustand*

Herstellung	Spritzgiessen
Vorbehandlung	1 d bei 23 C/50 %

		°C	°C	°C	*Probekörper-Form*
Schlagzähigkeit	kJ/m^2	23 20			NKS
Kerbschlagzähigkeit (1)	kJ/m^2				
IZOD-Kerbschlagzähigkeit (2)	J/m				
Kerbschlagzugzähigkeit	kJ/m^2				

Abrieb und Reibung

Taber-Abrieb (Reibradverfahren)	mm³/100 U		
Abriebfaktor LNP (Thrust washer) Vergleichswert			
Statische Reibungszahl			
Dynamische Reibungszahl	(p·v=	N/mm²·	m/min)
Zulässiger p·v Wert	N/mm²·(m/min)	v=	m/min
		v=	m/min

Thermische Eigenschaften

Formbeständigkeit in der Wärme	*Verfahren*		°C
	Verfahren		°C
Vicat Erweichungstemperatur (VST)	*Verfahren*	B/50	195 °C
	Verfahren		°C
Kristallit-Schmelzpunkt	*Verfahren*		
Längenausdehnungskoeffizient	*Bereich*	°C	$\cdot 10^{-4}K^{-1}$
	Temperatur		$\cdot 10^{-4}K^{-1}$
Wärmeleitfähigkeit	*Verfahren*		W/(K·m)
Spezifische Wärmekapazität	*Verfahren*		J/(K·g)
Glasumwandlungstemperatur	*Torsionsschwingungsversuch*	°C	
	Differentialkalorimetrie	°C	

Brandverhalten

UL-Test vertikal	Dicke	mm, Wert
	Dicke	mm, Wert

	Norm	*Bewertung*	*Abmessungen*
Sauerstoff-Index	ASTM D 2863		
Glühstab-Verfahren			
Brandverhalten	DIN 4102		
MVSS			
FAR			

Elektrische Eigenschaften

		Hz	°C	*Probekörper, Form*
Dielektrizitätszahl		50		
		10^3		
		10^6		
Dielektrischer Verlustfaktor tan δ		50		
		10^3		
		10^6		
Spezifischer Durchgangswiderstand	Ohm·cm			
Durchschlagfestigkeit	kV/mm			mm dick
Oberflächenwiderstand	Ohm			

Kriechstromfestigkeit	KC	KB	KA
Elektrolytische Korrosionswirkung			
Lichtbogenfestigkeit nach DIN			
nach ASTM	s		

Beständigkeit *(Chemische Beständigkeit siehe Anhang)*

Wasseraufnahme

Feuchtigkeitsaufnahme Normalklima %

Wetterbeständigkeit

Spannungskorrosion

Optische Eigenschaften

Brechungszahl n_D		
Transmissionsgrad τ_c	%	mm dick
Lichtdurchlässigkeit		

Produkt	Polybutylenterephthalat		**PBT**
Handelsname	**Luvocom 1850/GF/30/TF/13/SI/2/FR**		
Hersteller	LUV		
DIN-Bez 1 *DIN-Bez 2*			
Zusätze	15.0% PTFE (13); Silikon (2); Brandschutzmittel	*Füllstoffe/ Verstärkung*	30.0% Glasfaser
Bevorzugte Verarbeitung	Spritzgiessen	*Lieferform*	Granulat
		Farben	Natur
Besondere Merkmale	Sehr gute mechanische Eigenschaften; Verbessertes Gleitverhalten; Gute Verschleissfestigkeit	*Bevorzugte Anwendungen*	Technisches Formteil; Schalterteil; Steckerteil

---

Dichte	g/cm^3	1.61	*Schmelzindex*	g/10 min	:
Schüttdichte	g/cm^3	0.65–0.70	*Volumenfließindex*	cm^3/10 min	:
Viskositätszahl	ml/g				

Verarbeitungsbedingungen für Spritzgießen

Massetemp.	°C	230–260	*Schwindung*	% lgs 0.2–0.3, quer
Werkzeugtemp.	°C	80–120	*Bemerkungen*	Vortrocknen empfohlen: 3h/120C
Spritzdruck	bar			

Zugversuch 23 °C DIN 53455; DIN 53457

Probekörper: *Form* Nr.3 — *Zustand*
Herstellung Spritzgiessen — *Vorbehandlung* 1d bei 23 C/50%

Streckspannung	N/mm^2		*Dehnung bei Streckspannung*	%	
Zugfestigkeit	N/mm^2		*Reißdehnung*	%	2
Reißfestigkeit	N/mm^2	100	% *Dehnspannung*	N/mm^2	
E-Modul	N/mm^2	8500	*Dehnung bei % Dehnspg.*	%	

Kriechmoduln und Zeitstandwerte 23 °C

Probekörper: *Form* — *Zustand*
Herstellung — *Vorbehandlung*

Kriechmodul	*1 min*	N/mm^2	*Zeitstandzugfestigkeit*	h	N/mm^2
Kriechmodul	*1000 h*	N/mm^2	*Zeitdehnspg.* %	h	N/mm^2
bei Spannung		N/mm^2			

Biegeversuch 23 °C DIN 53452;

Probekörper: *Form* 80x10x4 mm — *Zustand*
Herstellung Spritzgiessen — *Vorbehandlung* 1 d bei 23 C/50 %

Biegefestigkeit	N/mm^2	130	*E-Modul*	N/mm^2
3,5% *Biegespannung*	N/mm^2	125		

Härte 23 °C *Probekörper:* *Zustand*
Herstellung Spritzgiessen — *Vorbehandlung* 1 d bei 23 C/50 %

Kugeldruckhärte	N/mm^2 125 bei N, 30 s	*Shore-Härte* A	
Rockwellhärte		*Shore-Härte* D	

Schlagversuch *Probekörper:* *(1)* *(2)* *Zustand*
Herstellung Spritzgiessen — *Vorbehandlung* 1 d bei 23 C/50 %

		°C	°C	°C	*Probekörper-Form*
Schlagzähigkeit	kJ/m^2	23 25			NKS
Kerbschlagzähigkeit (1)	kJ/m^2				
IZOD-Kerbschlagzähigkeit (2)	J/m				
Kerbschlagzugzähigkeit	kJ/m^2				

Abrieb und Reibung

Taber-Abrieb (Reibradverfahren)	$mm^3/100$ U
Abriebfaktor LNP (Thrust washer) Vergleichswert	
Statische Reibungszahl	
Dynamische Reibungszahl	(p·v= N/mm^2· m/min)
Zulässiger p·v Wert	N/mm^2·(m/min) v= m/min
	v= m/min

Thermische Eigenschaften

Formbeständigkeit in der Wärme	Verfahren	A	110 °C
	Verfahren		°C
Vicat Erweichungstemperatur (VST)	Verfahren		°C
	Verfahren		°C
Kristallit-Schmelzpunkt	Verfahren		
Längenausdehnungskoeffizient	Bereich	°C	$\cdot 10^{-4}K^{-1}$
	Temperatur		$\cdot 10^{-4}K^{-1}$
Wärmeleitfähigkeit	Verfahren		W/(K·m)
Spezifische Wärmekapazität	Verfahren		J/(K·g)
Glasumwandlungstemperatur	Torsionsschwingungsversuch	°C	
	Differentialkalorimetrie	°C	

Brandverhalten

UL-Test vertikal	Dicke 1.5 mm, Wert V-0
	Dicke mm, Wert

	Norm	Bewertung	Abmessungen
Sauerstoff-Index	ASTM D 2863		
Glühstab-Verfahren			
Brandverhalten	DIN 4102		
MVSS			
FAR			

Elektrische Eigenschaften

		Hz	°C	Probekörper, Form
Dielektrizitätszahl		50		
		10^3		
		10^6		
Dielektrischer Verlustfaktor tan δ		50		
		10^3		
		10^6		
Spezifischer Durchgangswiderstand	Ohm·cm			
Durchschlagfestigkeit	kV/mm			mm dick
Oberflächenwiderstand	Ohm			

Kriechstromfestigkeit	KC	KB	KA
Elektrolytische Korrosionswirkung			
Lichtbogenfestigkeit nach DIN			
nach ASTM	s		

Beständigkeit *(Chemische Beständigkeit siehe Anhang)*

Wasseraufnahme

Feuchtigkeitsaufnahme Normalklima %

Wetterbeständigkeit

Spannungskorrosion

Optische Eigenschaften

Brechungszahl n_D		
Transmissionsgrad τ_c	%	mm dick
Lichtdurchlässigkeit		

Datenbank-Nr. **T06269** Merkblatt-Nr. **3490**

PP

Produkt	Polypropylen		
Handelsname	**Luvocom 60/EC1**		
Hersteller	LUV		
DIN-Bez 1	16774-PP-H,MGY,XX-V090		
DIN-Bez 2			
Zusätze	Russ	*Füllstoffe/ Verstärkung*	
Bevorzugte Verarbeitung	Spritzgiessen	*Lieferform*	Granulat
		Farben	Schwarz
Besondere Merkmale	Geringer elektrischer Widerstand	*Bevorzugte Anwendungen*	Behaelter fuer den Transport elektronischer Bauelemente und elektrostatisch empfindlicher Gueter

Dichte	g/cm^3	1.11	*Schmelzindex*	g/10 min	:
Schüttdichte	g/cm^3	0.62	*Volumenfließindex*	cm^3/10 min	:
Viskositätszahl	ml/g				

Verarbeitungsbedingungen für Spritzgießen

Massetemp.	°C	180–230	*Schwindung*	% lgs 1.0–1.2, quer
Werkzeugtemp.	°C	60	*Bemerkungen*	Vortrocknen empfohlen: 2h/60C
Spritzdruck	bar			

Zugversuch 23 °C DIN 53455; DIN 53457

Probekörper: *Form* Nr.3 — *Zustand*

Herstellung Spritzgiessen

Vorbehandlung 1d bei 23 C/50%

Streckspannung	N/mm^2		*Dehnung bei Streckspannung*	%	
Zugfestigkeit	N/mm^2	30	*Reißdehnung*	%	5
Reißfestigkeit	N/mm^2	25	*% Dehnspannung*	N/mm^2	
E-Modul	N/mm^2	3000	*Dehnung bei % Dehnspg.*	%	

Kriechmoduln und Zeitstandwerte 23 °C

Probekörper: *Form* — *Zustand*

Herstellung

Vorbehandlung

Kriechmodul	*1 min* N/mm^2	*Zeitstandzugfestigkeit*	h	N/mm^2
Kriechmodul	*1000 h* N/mm^2	*Zeitdehnspg. %*	h	N/mm^2
bei Spannung	N/mm^2			

Biegeversuch 23 °C

Probekörper: *Form* — *Zustand*

Herstellung

Vorbehandlung

Biegefestigkeit	N/mm^2	*E-Modul*	N/mm^2
3,5% *Biegespannung*	N/mm^2		

Härte 23 °C *Probekörper:* *Zustand*

Herstellung

Vorbehandlung

Kugeldruckhärte	N/mm^2 bei N, s	*Shore-Härte* A	
Rockwellhärte		*Shore-Härte* D	

Schlagversuch *Probekörper:* *(1)* *(2)* *Zustand*

Herstellung Spritzgiessen

Vorbehandlung 1 d bei 23 C/50 %

		°C	°C	°C	*Probekörper-Form*
Schlagzähigkeit	kJ/m^2	23 15			NKS
Kerbschlagzähigkeit (1)	kJ/m^2				
IZOD-Kerbschlagzähigkeit (2)	J/m				
Kerbschlagzugzähigkeit	kJ/m^2				

Abrieb und Reibung

Taber-Abrieb (Reibradverfahren)	mm^3/100 U		
Abriebfaktor LNP (Thrust washer) Vergleichswert			
Statische Reibungszahl			
Dynamische Reibungszahl	(p·v=	N/mm^2·	m/min)
Zulässiger p·v Wert	N/mm^2·(m/min)	v=	m/min
		v=	m/min

Thermische Eigenschaften

Formbeständigkeit in der Wärme	*Verfahren*			°C
	Verfahren			°C
Vicat Erweichungstemperatur (VST)	*Verfahren*	A/50		155 °C
	Verfahren			°C
Kristallit-Schmelzpunkt	*Verfahren*			
Längenausdehnungskoeffizient	*Bereich*	°C		$\cdot 10^{-4}K^{-1}$
	Temperatur			$\cdot 10^{-4}K^{-1}$
Wärmeleitfähigkeit	*Verfahren*			W/(K·m)
Spezifische Wärmekapazität	*Verfahren*			J/(K·g)
Glasumwandlungstemperatur	*Torsionsschwingungsversuch*		°C	
	Differentialkalorimetrie		°C	

Brandverhalten

UL-Test vertikal	Dicke	mm, Wert
	Dicke	mm, Wert

	Norm	*Bewertung*	*Abmessungen*
Sauerstoff-Index	ASTM D 2863		
Glühstab-Verfahren			
Brandverhalten	DIN 4102		
MVSS			
FAR			

Elektrische Eigenschaften

		Hz	°C		*Probekörper, Form*
Dielektrizitätszahl		50			
		10^3			
		10^6			
Dielektrischer Verlustfaktor tan δ		50			
		10^3			
		10^6			
Spezifischer Durchgangswiderstand	Ohm·cm		23	≦1.0*10**3	
Durchschlagfestigkeit	kV/mm				mm dick
Oberflächenwiderstand	Ohm		23	≦1.0*10**3	

Kriechstromfestigkeit	KC	KB	KA
Elektrolytische Korrosionswirkung			
Lichtbogenfestigkeit nach DIN			
nach ASTM	s		

Beständigkeit *(Chemische Beständigkeit siehe Anhang)*

Wasseraufnahme

Feuchtigkeitsaufnahme Normalklima %

Wetterbeständigkeit

Spannungskorrosion

Optische Eigenschaften

Brechungszahl n_D

Transmissionsgrad τ_c % mm dick

Lichtdurchlässigkeit

Produkt	Polypropylen		**PP**
Handelsname	**Luvocom 60/GF/20/E4**		
Hersteller	LUV		
DIN-Bez 1			
DIN-Bez 2			
Zusätze		*Füllstoffe/ Verstärkung*	20.0% Glasfaser, chemisch gekoppelt
Bevorzugte Verarbeitung	Spritzgiessen	*Lieferform*	Granulat
		Farben	Natur
Besondere Merkmale	Gute mechanische Eigenschaften	*Bevorzugte Anwendungen*	Technisches Formteil; Maschinenbau; Apparatebau; Kfz-Bau; Pumpenteil

Dichte	g/cm^3	1.04	*Schmelzindex*	g/10 min	:
Schüttdichte	g/cm^3	0.45–0.50	*Volumenfließindex*	cm^3/10 min	:
Viskositätszahl	ml/g				

Verarbeitungsbedingungen für Spritzgießen

Massetemp.	°C	190–220	*Schwindung*	% lgs 0.4–0.5, quer
Werkzeugtemp.	°C	40–70	*Bemerkungen*	Vortrocknen empfohlen: 3h/75C
Spritzdruck	bar			

Zugversuch 23 °C DIN 53455; DIN 53457

Probekörper: *Form* Nr.3 — *Zustand*
Herstellung Spritzgiessen
Vorbehandlung 1d bei 23 C/50%

Streckspannung	N/mm^2		*Dehnung bei Streckspannung*	%
Zugfestigkeit	N/mm^2	75	*Reißdehnung*	%
Reißfestigkeit	N/mm^2		*% Dehnspannung*	N/mm^2
E-Modul	N/mm^2	4000	*Dehnung bei % Dehnspg.*	%

Kriechmoduln und Zeitstandwerte 23 °C

Probekörper: *Form* — *Zustand*
Herstellung
Vorbehandlung

Kriechmodul	*1 min*	N/mm^2	*Zeitstandzugfestigkeit*	h	N/mm^2
Kriechmodul	*1000 h*	N/mm^2	*Zeitdehnspg. %*	h	N/mm^2
bei Spannung		N/mm^2			

Biegeversuch 23 °C DIN 53452;

Probekörper: *Form* 80x10x4 mm — *Zustand*
Herstellung Spritzgiessen
Vorbehandlung 1d bei 23 C/50%

Biegefestigkeit	N/mm^2	95	*E-Modul*	N/mm^2
3,5% *Biegespannung*	N/mm^2			

Härte 23 °C *Probekörper:* *Zustand*
Herstellung Spritzgiessen
Vorbehandlung 1 d bei 23 C/50 %

Kugeldruckhärte	N/mm^2	25	bei N, 30 s	*Shore-Härte* A
Rockwellhärte				*Shore-Härte* D

Schlagversuch *Probekörper:* *(1)* *(2)* *Zustand*
Herstellung Spritzgiessen
Vorbehandlung 1 d bei 23 C/50 %

		°C	°C	°C	*Probekörper-Form*
Schlagzähigkeit	kJ/m^2	23 35			NKS
Kerbschlagzähigkeit (1)	kJ/m^2				
IZOD-Kerbschlagzähigkeit (2)	J/m				
Kerbschlagzugzähigkeit	kJ/m^2				

Abrieb und Reibung

Taber-Abrieb (Reibradverfahren)	mm^3/100 U		
Abriebfaktor LNP (Thrust washer) Vergleichswert			
Statische Reibungszahl			
Dynamische Reibungszahl	(p·v=	N/mm^2·	m/min)
Zulässiger p · v Wert	N/mm^2 · (m/min)	v=	m/min
		v=	m/min

Thermische Eigenschaften

Formbeständigkeit in der Wärme	*Verfahren*	A		145 °C
	Verfahren			°C
Vicat Erweichungstemperatur (VST)	*Verfahren*	A/50		160 °C
	Verfahren			°C
Kristallit-Schmelzpunkt	*Verfahren*			
Längenausdehnungskoeffizient	*Bereich*		°C	· $10^{-4}K^{-1}$
	Temperatur			· $10^{-4}K^{-1}$
Wärmeleitfähigkeit	*Verfahren*			W/(K · m)
Spezifische Wärmekapazität	*Verfahren*			J/(K · g)
Glasumwandlungstemperatur	*Torsionsschwingungsversuch*		°C	
	Differentialkalorimetrie		°C	

Brandverhalten

UL-Test vertikal		Dicke mm, Wert	
		Dicke mm, Wert	
	Norm	*Bewertung*	*Abmessungen*
Sauerstoff-Index	ASTM D 2863		
Glühstab-Verfahren			
Brandverhalten	DIN 4102		
MVSS			
FAR			

Elektrische Eigenschaften

		Hz	°C		*Probekörper, Form*
Dielektrizitätszahl		50			
		10^3			
		10^6			
Dielektrischer Verlustfaktor tan δ		50			
		10^3			
		10^6			
Spezifischer Durchgangswiderstand	Ohm · cm				
Durchschlagfestigkeit	kV/mm				mm dick
Oberflächenwiderstand	Ohm				
Kriechstromfestigkeit		KC	KB	KA	
Elektrolytische Korrosionswirkung					
Lichtbogenfestigkeit nach DIN					
nach ASTM	s				

Beständigkeit *(Chemische Beständigkeit siehe Anhang)*

Wasseraufnahme	
Feuchtigkeitsaufnahme Normalklima	%
Wetterbeständigkeit	
Spannungskorrosion	

Optische Eigenschaften

Brechungszahl n_D		
Transmissionsgrad τ_c	%	mm dick
Lichtdurchlässigkeit		

Produkt	Polypropylen		**PP**
Handelsname	**Luvocom 60/GF/30/E4**		
Hersteller	LUV		
DIN-Bez 1			
DIN-Bez 2			
Zusätze		*Füllstoffe/ Verstärkung*	30.0% Glasfaser, chemisch gekoppelt
Bevorzugte Verarbeitung	Spritzgiessen	*Lieferform*	Granulat
		Farben	Natur
Besondere Merkmale	Gute mechanische Eigenschaften	*Bevorzugte Anwendungen*	Technisches Formteil; Maschinenbau; Apparatebau; Kfz-Bau; Pumpenteil

Dichte	g/cm^3	1.13	*Schmelzindex*	g/10 min	:
Schüttdichte	g/cm^3	0.47–0.53	*Volumenfließindex*	cm^3/10 min	:
Viskositätszahl	ml/g				

Verarbeitungsbedingungen für Spritzgießen

Massetemp.	°C	220	*Schwindung*	%	lgs 0.2–0.4, quer
Werkzeugtemp.	°C	40–70	*Bemerkungen*	Vortrocknen empfohlen: 3h/75C	
Spritzdruck	bar				

Zugversuch 23 °C DIN 53455; DIN 53457

Probekörper: *Form* Nr.3 — *Zustand* — *Herstellung* Spritzgiessen — *Vorbehandlung* 1d bei 23 C/50%

Streckspannung	N/mm^2		*Dehnung bei Streckspannung*	%
Zugfestigkeit	N/mm^2	90	*Reißdehnung*	%
Reißfestigkeit	N/mm^2		*% Dehnspannung*	N/mm^2
E-Modul	N/mm^2	5500	*Dehnung bei % Dehnspg.*	%

Kriechmoduln und Zeitstandwerte 23 °C

Probekörper: *Form* — *Zustand* — *Herstellung* — *Vorbehandlung*

Kriechmodul	*1 min*	N/mm^2	*Zeitstandzugfestigkeit*	h	N/mm^2
Kriechmodul	*1000 h*	N/mm^2	*Zeitdehnspg.* %	h	N/mm^2
bei Spannung		N/mm^2			

Biegeversuch 23 °C DIN 53452;

Probekörper: *Form* 80x10x4 mm — *Zustand* — *Herstellung* Spritzgiessen — *Vorbehandlung* 1d bei 23 C/50%

Biegefestigkeit	N/mm^2	115	*E-Modul*	N/mm^2
3,5% *Biegespannung*	N/mm^2			

Härte 23 °C *Probekörper:* *Zustand* — *Herstellung* Spritzgiessen — *Vorbehandlung* 1 d bei 23 C/50 %

Kugeldruckhärte	N/mm^2 75	bei N, 30 s	*Shore-Härte*	A
Rockwellhärte			*Shore-Härte*	D

Schlagversuch *Probekörper:* *(1)* *(2)* *Zustand* — *Herstellung* Spritzgiessen — *Vorbehandlung* 1 d bei 23 C/50 %

		°C	°C	°C	*Probekörper-Form*
Schlagzähigkeit	kJ/m^2	23 30			NKS
Kerbschlagzähigkeit (1)	kJ/m^2				
IZOD-Kerbschlagzähigkeit (2)	J/m				
Kerbschlagzugzähigkeit	kJ/m^2				

Abrieb und Reibung

Taber-Abrieb (Reibradverfahren)	$mm^3/100$ U		
Abriebfaktor LNP (Thrust washer) Vergleichswert			
Statische Reibungszahl			
Dynamische Reibungszahl	(p·v=	N/mm^2 ·	m/min)
Zulässiger p · v Wert	N/mm^2 · (m/min)	v=	m/min
		v=	m/min

Thermische Eigenschaften

Formbeständigkeit in der Wärme	*Verfahren*	A		150 °C
	Verfahren			°C
Vicat Erweichungstemperatur (VST)	*Verfahren*	A/50		165 °C
	Verfahren			°C
Kristallit-Schmelzpunkt	*Verfahren*			
Längenausdehnungskoeffizient	*Bereich*	°C		$\cdot 10^{-4}K^{-1}$
	Temperatur			$\cdot 10^{-4}K^{-1}$
Wärmeleitfähigkeit	*Verfahren*			W/(K · m)
Spezifische Wärmekapazität	*Verfahren*			J/(K · g)
Glasumwandlungstemperatur	*Torsionsschwingungsversuch*		°C	
	Differentialkalorimetrie		°C	

Brandverhalten

UL-Test vertikal	Dicke	mm, Wert
	Dicke	mm, Wert

	Norm	*Bewertung*	*Abmessungen*
Sauerstoff-Index	ASTM D 2863		
Glühstab-Verfahren			
Brandverhalten	DIN 4102		
MVSS			
FAR			

Elektrische Eigenschaften

		Hz	°C			*Probekörper, Form*
Dielektrizitätszahl		50				
		10^3				
		10^6				
Dielektrischer Verlustfaktor tan δ		50				
		10^3				
		10^6				
Spezifischer Durchgangs-widerstand	Ohm · cm					
Durchschlagfestigkeit	kV/mm					mm dick
Oberflächenwiderstand	Ohm					
Kriechstromfestigkeit		KC		KB	KA	
Elektrolytische Korrosionswirkung						
Lichtbogenfestigkeit nach DIN						
nach ASTM	s					

Beständigkeit *(Chemische Beständigkeit siehe Anhang)*

Wasseraufnahme

Feuchtigkeitsaufnahme Normalklima %

Wetterbeständigkeit

Spannungskorrosion

Optische Eigenschaften

Brechungszahl n_D		
Transmissionsgrad τ_c	%	mm dick
Lichtdurchlässigkeit		

Produkt	Polypropylen		**PP**
Handelsname	**Luvocom 60/GF/40/E4**		
Hersteller	LUV		
DIN-Bez 1			
DIN-Bez 2			
Zusätze		*Füllstoffe/ Verstärkung*	40.0% Glasfaser, chemisch gekoppelt
Bevorzugte Verarbeitung	Spritzgiessen	*Lieferform*	Granulat
		Farben	Natur
Besondere Merkmale	Sehr gute mechanische Eigenschaften	*Bevorzugte Anwendungen*	Technisches Formteil; Maschinenbau; Apparatebau; Kfz-Bau; Pumpenteil

Dichte	g/cm^3	1.21	*Schmelzindex*	g/10 min		:
Schüttdichte	g/cm^3	0.50–0.55	*Volumenfließindex*	cm^3/10 min		:
Viskositätszahl	ml/g					

Verarbeitungsbedingungen für Spritzgießen

Massetemp.	°C	190–220	*Schwindung*	%	lgs 0.3–0.4, quer
Werkzeugtemp.	°C	40–70	*Bemerkungen*	Vortrocknen empfohlen: 3h/75C	
Spritzdruck	bar				

Zugversuch 23 °C DIN 53455; DIN 53457

Probekörper: *Form* Nr.3 — *Herstellung* Spritzgiessen
Zustand — *Vorbehandlung* 1d bei 23 C/50%

Streckspannung	N/mm^2		*Dehnung bei Streckspannung*	%
Zugfestigkeit	N/mm^2	105	*Reißdehnung*	%
Reißfestigkeit	N/mm^2		*% Dehnspannung*	N/mm^2
E-Modul	N/mm^2	9000	*Dehnung bei % Dehnspg.*	%

Kriechmoduln und Zeitstandwerte 23 °C

Probekörper: *Form* — *Herstellung*
Zustand — *Vorbehandlung*

Kriechmodul	*1 min*	N/mm^2	*Zeitstandzugfestigkeit*	h	N/mm^2
Kriechmodul	*1000 h*	N/mm^2	*Zeitdehnspg. %*	h	N/mm^2
bei Spannung		N/mm^2			

Biegeversuch 23 °C DIN 53452;

Probekörper: *Form* 80x10x4 mm — *Herstellung* Spritzgiessen
Zustand — *Vorbehandlung* 1d bei 23 C/50%

Biegefestigkeit	N/mm^2	130	*E-Modul*	N/mm^2
3,5% *Biegespannung*	N/mm^2			

Härte 23 °C *Probekörper:* *Zustand* — *Herstellung*
Vorbehandlung

Kugeldruckhärte	N/mm^2	bei N, s	*Shore-Härte* A
Rockwellhärte			*Shore-Härte* D

Schlagversuch *Probekörper:* *(1)*
(2) — *Herstellung* Spritzgiessen
Zustand — *Vorbehandlung* 1 d bei 23 C/50 %

		°C	°C	°C	*Probekörper-Form*
Schlagzähigkeit	kJ/m^2	23 25			NKS
Kerbschlagzähigkeit (1)	kJ/m^2				
IZOD-Kerbschlagzähigkeit (2)	J/m				
Kerbschlagzugzähigkeit	kJ/m^2				

Abrieb und Reibung

Taber-Abrieb (Reibradverfahren)	$mm^3/100$ U		
Abriebfaktor LNP (Thrust washer) Vergleichswert			
Statische Reibungszahl			
Dynamische Reibungszahl	(p · v=	N/mm^2 ·	m/min)
Zulässiger p · v Wert	N/mm^2 · (m/min)	v=	m/min
		v=	m/min

Thermische Eigenschaften

Formbeständigkeit in der Wärme	*Verfahren*	A		150 °C
	Verfahren			°C
Vicat Erweichungstemperatur (VST)	*Verfahren*	A/50		165 °C
	Verfahren			°C
Kristallit-Schmelzpunkt	*Verfahren*			
Längenausdehnungskoeffizient	*Bereich*	°C		$\cdot 10^{-4}K^{-1}$
	Temperatur			$\cdot 10^{-4}K^{-1}$
Wärmeleitfähigkeit	*Verfahren*			W/(K · m)
Spezifische Wärmekapazität	*Verfahren*			J/(K · g)
Glasumwandlungstemperatur	*Torsionsschwingungsversuch*		°C	
	Differentialkalorimetrie		°C	

Brandverhalten

UL-Test vertikal	Dicke mm, Wert
	Dicke mm, Wert

	Norm	*Bewertung*	*Abmessungen*
Sauerstoff-Index	ASTM D 2863		
Glühstab-Verfahren			
Brandverhalten	DIN 4102		
MVSS			
FAR			

Elektrische Eigenschaften

		Hz	°C		*Probekörper, Form*
Dielektrizitätszahl		50			
		10^3			
		10^6			
Dielektrischer Verlustfaktor tan δ		50			
		10^3			
		10^6			
Spezifischer Durchgangs-widerstand	Ohm · cm				
Durchschlagfestigkeit	kV/mm				mm dick
Oberflächenwiderstand	Ohm				
Kriechstromfestigkeit		KC	KB	KA	
Elektrolytische Korrosionswirkung					
Lichtbogenfestigkeit nach DIN					
nach ASTM	s				

Beständigkeit *(Chemische Beständigkeit siehe Anhang)*

Wasseraufnahme

Feuchtigkeitsaufnahme Normalklima %

Wetterbeständigkeit

Spannungskorrosion

Optische Eigenschaften

Brechungszahl n_D		
Transmissionsgrad τ_c	%	mm dick
Lichtdurchlässigkeit		

PP

Produkt	Polypropylen		
Handelsname	**Luvocom 65/BS/75**		
Hersteller	LUV		
DIN-Bez 1	16774-PP-H,MG,XX-V090		
DIN-Bez 2			
Zusätze		*Füllstoffe/ Verstärkung*	75.0% Bariumsulfat
Bevorzugte Verarbeitung	Spritzgiessen	*Lieferform*	Granulat
		Farben	Natur
Besondere Merkmale	Hohe Dichte	*Bevorzugte Anwendungen*	Beschwerungsplatte

Dichte	g/cm³	2.15	*Schmelzindex*	g/10 min	:
Schüttdichte	g/cm³	1.10	*Volumenfließindex*	cm³/10 min	:
Viskositätszahl	ml/g				

Verarbeitungsbedingungen für Spritzgießen

Massetemp.	°C	190–230	*Schwindung*	%	lgs	1.0, quer
Werkzeugtemp.	°C	50–70	*Bemerkungen*			
Spritzdruck	bar					

Zugversuch 23 °C DIN 53455; DIN 53457

Probekörper: *Form* Nr.3 *Zustand* — *Herstellung* Spritzgiessen; *Vorbehandlung* 1d bei 23 C/50%

Streckspannung	N/mm²		*Dehnung bei Streckspannung*	%	
Zugfestigkeit	N/mm²	11	*Reißdehnung*	%	20.0
Reißfestigkeit	N/mm²	9	*% Dehnspannung*	N/mm²	
E-Modul	N/mm²	1500	*Dehnung bei % Dehnspg.*	%	

Kriechmoduln und Zeitstandwerte 23 °C

Probekörper: *Form* *Zustand* — *Herstellung* *Vorbehandlung*

Kriechmodul	*1 min*	N/mm²	*Zeitstandzugfestigkeit*	h	N/mm²
Kriechmodul	*1000 h*	N/mm²	*Zeitdehnspg. %*	h	N/mm²
bei Spannung		N/mm²			

Biegeversuch 23 °C

Probekörper: *Form* *Zustand* — *Herstellung* *Vorbehandlung*

Biegefestigkeit	N/mm²	*E-Modul*	N/mm²
3,5% *Biegespannung*	N/mm²		

Härte 23 °C *Probekörper:* *Zustand* — *Herstellung* Spritzgiessen; *Vorbehandlung* 1 d bei 23 C/50 %

Kugeldruckhärte	N/mm² 50 bei N, 30 s	*Shore-Härte*	A
Rockwellhärte		*Shore-Härte*	D

Schlagversuch *Probekörper:* *(1)* *(2)* *Zustand* — *Herstellung* Spritzgiessen; *Vorbehandlung* 1 d bei 23 C/50 %

		°C	°C	°C	*Probekörper-Form*
Schlagzähigkeit	kJ/m²	23 25			NKS
Kerbschlagzähigkeit (1)	kJ/m²				
IZOD-Kerbschlagzähigkeit (2)	J/m				
Kerbschlagzugzähigkeit	kJ/m²				

Abrieb und Reibung

Taber-Abrieb (Reibradverfahren)	mm^3/100 U		
Abriebfaktor LNP (Thrust washer) Vergleichswert			
Statische Reibungszahl			
Dynamische Reibungszahl	(p·v=	N/mm^2·	m/min)
Zulässiger p · v Wert	N/mm^2·(m/min)	v=	m/min
		v=	m/min

Thermische Eigenschaften

Formbeständigkeit in der Wärme	Verfahren		°C
	Verfahren		°C
Vicat Erweichungstemperatur (VST)	Verfahren B/50		133 °C
	Verfahren		°C
Kristallit-Schmelzpunkt	Verfahren		
Längenausdehnungskoeffizient	Bereich	°C	$\cdot 10^{-4}K^{-1}$
	Temperatur		$\cdot 10^{-4}K^{-1}$
Wärmeleitfähigkeit	Verfahren		W/(K · m)
Spezifische Wärmekapazität	Verfahren		J/(K · g)
Glasumwandlungstemperatur	Torsionsschwingungsversuch	°C	
	Differentialkalorimetrie	°C	

Brandverhalten

UL-Test vertikal — Dicke mm, Wert
Dicke mm, Wert

	Norm	Bewertung	Abmessungen
Sauerstoff-Index	ASTM D 2863		
Glühstab-Verfahren			
Brandverhalten	DIN 4102		
MVSS			
FAR			

Elektrische Eigenschaften

	Hz	°C	Probekörper, Form
Dielektrizitätszahl	50		
	10^3		
	10^6		
Dielektrischer Verlustfaktor tan δ	50		
	10^3		
	10^6		

Spezifischer Durchgangswiderstand	Ohm · cm			
Durchschlagfestigkeit	kV/mm			mm dick
Oberflächenwiderstand	Ohm			
Kriechstromfestigkeit	KC	KB	KA	
Elektrolytische Korrosionswirkung				
Lichtbogenfestigkeit nach DIN				
nach ASTM	s			

Beständigkeit *(Chemische Beständigkeit siehe Anhang)*

Wasseraufnahme

Feuchtigkeitsaufnahme Normalklima %

Wetterbeständigkeit

Spannungskorrosion

Optische Eigenschaften

Brechungszahl n_D		
Transmissionsgrad τ_c	%	mm dick
Lichtdurchlässigkeit		

Produkt	Polypropylen		**PP**
Handelsname	**Luvocom 65/EC2**		
Hersteller	LUV		
DIN-Bez 1 *DIN-Bez 2*	16774-PP-B,MGY,XX-V-090		
Zusätze	Russ	*Füllstoffe/ Verstärkung*	
Bevorzugte Verarbeitung	Spritzgiessen	*Lieferform*	Granulat
		Farben	Schwarz
Besondere Merkmale	Geringer elektrischer Widerstand	*Bevorzugte Anwendungen*	Technisches Formteil; Behaelter oder Bauteil fuer den Transport elektronischer Bauelemente und elektrostatisch empfindlicher Gueter

Dichte	g/cm³	1.02	*Schmelzindex*	g/10 min	:
Schüttdichte	g/cm³	0.60–0.65	*Volumenfließindex*	cm³/10 min	:
Viskositätszahl	ml/g				

Verarbeitungsbedingungen für Spritzgießen

Massetemp.	°C	180–240	*Schwindung*	% lgs 1.2–1.3, quer
Werkzeugtemp.	°C	40–60	*Bemerkungen*	Vortrocknen empfohlen: 2h/60C
Spritzdruck	bar			

Zugversuch 23 °C DIN 53455; DIN 53457

Probekörper: *Form* Nr.3 — *Herstellung* Spritzgiessen
Zustand — *Vorbehandlung* 1d bei 23 C/50%

Streckspannung	N/mm²		*Dehnung bei Streckspannung*	%	
Zugfestigkeit	N/mm²	25	*Reißdehnung*	%	10
Reißfestigkeit	N/mm²	20	*% Dehnspannung*	N/mm²	
E-Modul	N/mm²	1500	*Dehnung bei % Dehnspg.*	%	

Kriechmoduln und Zeitstandwerte 23 °C

Probekörper: *Form* — *Herstellung*
Zustand — *Vorbehandlung*

Kriechmodul	*1 min*	N/mm²	*Zeitstandzugfestigkeit*	h	N/mm²
Kriechmodul	*1000 h*	N/mm²	*Zeitdehnspg. %*	h	N/mm²
bei Spannung		N/mm²			

Biegeversuch 23 °C

Probekörper: *Form* — *Herstellung*
Zustand — *Vorbehandlung*

Biegefestigkeit	N/mm²	*E-Modul*	N/mm²
3,5% *Biegespannung*	N/mm²		

Härte 23 °C *Probekörper:* *Zustand* — *Herstellung* Spritzgiessen
Vorbehandlung 1 d bei 23 C/50 %

Kugeldruckhärte	N/mm² 50 bei N, 30 s	*Shore-Härte* A	
Rockwellhärte		*Shore-Härte* D	

Schlagversuch *Probekörper:* *(1)*
(2) — *Herstellung* Spritzgiessen
Zustand — *Vorbehandlung* 1 d bei 23 C/50 %

		°C	°C	°C	*Probekörper-Form*
Schlagzähigkeit	kJ/m²	23 60–o.B.			NKS
Kerbschlagzähigkeit (1)	kJ/m²				
IZOD-Kerbschlagzähigkeit (2)	J/m				
Kerbschlagzugzähigkeit	kJ/m²				

Abrieb und Reibung

Taber-Abrieb (Reibradverfahren)	mm^3/100 U		
Abriebfaktor LNP (Thrust washer) Vergleichswert			
Statische Reibungszahl			
Dynamische Reibungszahl	(p·v= N/mm^2·		m/min)
Zulässiger p·v Wert	N/mm^2·(m/min)	v=	m/min
		v=	m/min

Thermische Eigenschaften

Formbeständigkeit in der Wärme	*Verfahren*			°C
	Verfahren			°C
Vicat Erweichungstemperatur (VST)	*Verfahren*	B/50		145 °C
	Verfahren			°C
Kristallit-Schmelzpunkt	*Verfahren*			
Längenausdehnungskoeffizient	*Bereich*	°C		$\cdot 10^{-4}K^{-1}$
	Temperatur			$\cdot 10^{-4}K^{-1}$
Wärmeleitfähigkeit	*Verfahren*			W/(K·m)
Spezifische Wärmekapazität	*Verfahren*			J/(K·g)
Glasumwandlungstemperatur	*Torsionsschwingungsversuch*		°C	
	Differentialkalorimetrie		°C	

Brandverhalten

UL-Test vertikal Dicke mm, Wert
Dicke mm, Wert

	Norm	*Bewertung*	*Abmessungen*
Sauerstoff-Index	ASTM D 2863		
Glühstab-Verfahren			
Brandverhalten	DIN 4102		
MVSS			
FAR			

Elektrische Eigenschaften

		Hz	°C		*Probekörper, Form*
Dielektrizitätszahl		50			
		10^3			
		10^6			
Dielektrischer Verlustfaktor tan δ		50			
		10^3			
		10^6			
Spezifischer Durchgangs-widerstand	Ohm·cm		23	≦5.0*10**2	
Durchschlagfestigkeit	kV/mm				mm dick
Oberflächenwiderstand	Ohm		23	≦2.5*10**2	

Kriechstromfestigkeit KC KB KA
Elektrolytische Korrosionswirkung
Lichtbogenfestigkeit nach DIN
nach ASTM s

Beständigkeit *(Chemische Beständigkeit siehe Anhang)*

Wasseraufnahme

Feuchtigkeitsaufnahme Normalklima %

Wetterbeständigkeit

Spannungskorrosion

Optische Eigenschaften

Brechungszahl n_D
Transmissionsgrad τ_c % mm dick
Lichtdurchlässigkeit

Produkt	Polypropylen		**PP**
Handelsname	**Luvocom 65/EC/3**		
Hersteller	LUV		
DIN-Bez 1			
DIN-Bez 2			
Zusätze	Russ	*Füllstoffe/ Verstärkung*	
Bevorzugte Verarbeitung	Spritzgiessen	*Lieferform*	Granulat
		Farben	Schwarz
Besondere Merkmale	Schlagzaeh; Geringer elektrischer Widerstand	*Bevorzugte Anwendungen*	Behaelter und Kasten fuer Transport und Lagerung elektronischer Bauteile; Ex-geschuetzter Lagerkasten; Batteriekasten

Dichte	g/cm^3	1.02	*Schmelzindex*	g/10 min	:
Schüttdichte	g/cm^3	0.60	*Volumenfließindex*	cm^3/10 min	:
Viskositätszahl	ml/g				

Verarbeitungsbedingungen für Spritzgießen

Massetemp.	°C	250–280	*Schwindung*	% lgs 1.40, quer
Werkzeugtemp.	°C	50–70	*Bemerkungen*	Vortrocknen empfohlen: 3 bis 4h/50 bis 65C
Spritzdruck	bar			

Zugversuch 23 °C DIN 53455; DIN 53457

Probekörper: *Form* Nr.3 — *Herstellung* Spritzgiessen
Zustand — *Vorbehandlung* 1d bei 23 C/50%

Streckspannung	N/mm^2		*Dehnung bei Streckspannung*	%	
Zugfestigkeit	N/mm^2	23	*Reißdehnung*	%	10
Reißfestigkeit	N/mm^2	19	*% Dehnspannung*	N/mm^2	
E-Modul	N/mm^2	1300	*Dehnung bei % Dehnspg.*	%	

Kriechmoduln und Zeitstandwerte 23 °C

Probekörper: *Form* — *Herstellung*
Zustand — *Vorbehandlung*

Kriechmodul	*1 min*	N/mm^2	*Zeitstandzugfestigkeit*	h	N/mm^2
Kriechmodul	*1000 h*	N/mm^2	*Zeitdehnspg. %*	h	N/mm^2
bei Spannung		N/mm^2			

Biegeversuch 23 °C

Probekörper: *Form* — *Herstellung*
Zustand — *Vorbehandlung*

Biegefestigkeit	N/mm^2	*E-Modul*	N/mm^2
3,5% *Biegespannung*	N/mm^2		

Härte 23 °C *Probekörper:* *Zustand* — *Herstellung* Spritzgiessen
Vorbehandlung 1 d bei 23 C/50 %

Kugeldruckhärte	N/mm^2 50	bei N, 30 s	*Shore-Härte*	A
Rockwellhärte			*Shore-Härte*	D

Schlagversuch *Probekörper:* *(1)*
(2) — *Herstellung* Spritzgiessen
Zustand — *Vorbehandlung* 1 d bei 23 C/50 %

		°C		°C	°C	*Probekörper-Form*
Schlagzähigkeit	kJ/m^2	23	≧50			NKS
Kerbschlagzähigkeit (1)	kJ/m^2					
IZOD-Kerbschlagzähigkeit (2)	J/m					
Kerbschlagzugzähigkeit	kJ/m^2					

Abrieb und Reibung

Taber-Abrieb (Reibradverfahren)	$mm^3/100$ U		
Abriebfaktor LNP (Thrust washer) Vergleichswert			
Statische Reibungszahl			
Dynamische Reibungszahl	(p · v=	N/mm^2 ·	m/min)
Zulässiger p · v Wert	N/mm^2 · (m/min)	v=	m/min
		v=	m/min

Thermische Eigenschaften

Formbeständigkeit in der Wärme	*Verfahren*		°C
	Verfahren		°C
Vicat Erweichungstemperatur (VST)	*Verfahren* B/50		147 °C
	Verfahren		°C
Kristallit-Schmelzpunkt	*Verfahren*		
Längenausdehnungskoeffizient	*Bereich*	°C	$\cdot 10^{-4} K^{-1}$
	Temperatur		$\cdot 10^{-4} K^{-1}$
Wärmeleitfähigkeit	*Verfahren*		W/(K · m)
Spezifische Wärmekapazität	*Verfahren*		J/(K · g)
Glasumwandlungstemperatur	*Torsionsschwingungsversuch*	°C	
	Differentialkalorimetrie	°C	

Brandverhalten

UL-Test vertikal	Dicke	mm, Wert
	Dicke	mm, Wert

	Norm	*Bewertung*	*Abmessungen*
Sauerstoff-Index	ASTM D 2863		
Glühstab-Verfahren			
Brandverhalten	DIN 4102		
MVSS			
FAR			

Elektrische Eigenschaften

		Hz	°C			*Probekörper, Form*
Dielektrizitätszahl		50				
		10^3				
		10^6				
Dielektrischer Verlustfaktor tan δ		50				
		10^3				
		10^6				
Spezifischer Durchgangs-widerstand	Ohm · cm		23	1.0*10**1		
Durchschlagfestigkeit	kV/mm					mm dick
Oberflächenwiderstand	Ohm		23	5.0*10**0		
Kriechstromfestigkeit		KC		KB	KA	
Elektrolytische Korrosionswirkung						
Lichtbogenfestigkeit nach DIN						
nach ASTM	s					

Beständigkeit *(Chemische Beständigkeit siehe Anhang)*

Wasseraufnahme

Feuchtigkeitsaufnahme Normalklima %

Wetterbeständigkeit

Spannungskorrosion

Optische Eigenschaften

Brechungszahl n_D

Transmissionsgrad τ_c % mm dick

Lichtdurchlässigkeit

Produkt	Polystyrol schlagfest		**SB**
Handelsname	**Luvocom 30/EC2**		
Hersteller	LUV		
DIN-Bez 1 *DIN-Bez 2*			
Zusätze	Russ	*Füllstoffe/ Verstärkung*	
Bevorzugte Verarbeitung	Spritzgiessen	*Lieferform*	Granulat
		Farben	Schwarz
Besondere Merkmale	Schlagzaeh; Geringer elektrischer Widerstand	*Bevorzugte Anwendungen*	Behaelter und Transportsystem fuer elektrische Bauelemente und elektrostatisch empfindliche Gueter

Dichte	g/cm^3	1.05	*Schmelzindex*	g/10 min	:
Schüttdichte	g/cm^3	0.63	*Volumenfließindex*	$cm^3/10$ min	:
Viskositätszahl	ml/g				

Verarbeitungsbedingungen für Spritzgießen

Massetemp.	°C	190–230	*Schwindung*	% lgs 0.3–0.4, quer
Werkzeugtemp.	°C	40–50	*Bemerkungen*	Vortrocknen empfohlen: 2h/60C
Spritzdruck	bar			

Zugversuch 23 °C DIN 53455; DIN 53457

Probekörper: *Form* Nr.3 — *Herstellung* Spritzgiessen
Zustand — *Vorbehandlung* 1d bei 23 C/50%

Streckspannung	N/mm^2		*Dehnung bei Streckspannung*	%	
Zugfestigkeit	N/mm^2	25	*Reißdehnung*	%	10
Reißfestigkeit	N/mm^2	20	*% Dehnspannung*	N/mm^2	
E-Modul	N/mm^2	2300	*Dehnung bei % Dehnspg.*	%	

Kriechmoduln und Zeitstandwerte 23 °C

Probekörper: *Form* — *Herstellung*
Zustand — *Vorbehandlung*

Kriechmodul	*1 min* N/mm^2	*Zeitstandzugfestigkeit*	h N/mm^2
Kriechmodul	*1000 h* N/mm^2	*Zeitdehnspg. %*	h N/mm^2
bei Spannung	N/mm^2		

Biegeversuch 23 °C

Probekörper: *Form* — *Herstellung*
Zustand — *Vorbehandlung*

Biegefestigkeit	N/mm^2	*E-Modul*	N/mm^2
3,5% *Biegespannung*	N/mm^2		

Härte 23 °C *Probekörper:* *Zustand* — *Herstellung*
Vorbehandlung

Kugeldruckhärte	N/mm^2 bei N, s	*Shore-Härte*	A
Rockwellhärte		*Shore-Härte*	D

Schlagversuch *Probekörper:* *(1)*
(2) — *Herstellung* Spritzgiessen
Zustand — *Vorbehandlung* 1 d bei 23 C/50 %

		°C	°C	°C	*Probekörper-Form*
Schlagzähigkeit	kJ/m^2	23 25			NKS
Kerbschlagzähigkeit (1)	kJ/m^2				
IZOD-Kerbschlagzähigkeit (2)	J/m				
Kerbschlagzugzähigkeit	kJ/m^2				

Abrieb und Reibung

Taber-Abrieb (Reibradverfahren)	$mm^3/100$ U		
Abriebfaktor LNP (Thrust washer) Vergleichswert			
Statische Reibungszahl			
Dynamische Reibungszahl	(p·v= N/mm²·		m/min)
Zulässiger p · v Wert	N/mm² · (m/min)	v=	m/min
		v=	m/min

Thermische Eigenschaften

Formbeständigkeit in der Wärme	*Verfahren*		°C
	Verfahren		°C
Vicat Erweichungstemperatur (VST)	*Verfahren*	B/50	85 °C
	Verfahren		°C
Kristallit-Schmelzpunkt	*Verfahren*		
Längenausdehnungskoeffizient	*Bereich*	°C	$\cdot 10^{-4} K^{-1}$
	Temperatur		$\cdot 10^{-4} K^{-1}$
Wärmeleitfähigkeit	*Verfahren*		W/(K · m)
Spezifische Wärmekapazität	*Verfahren*		J/(K · g)
Glasumwandlungstemperatur	*Torsionsschwingungsversuch*		°C
	Differentialkalorimetrie		°C

Brandverhalten

UL-Test vertikal	Dicke mm, Wert	
	Dicke mm, Wert	

	Norm	*Bewertung*	*Abmessungen*
Sauerstoff-Index	ASTM D 2863		
Glühstab-Verfahren			
Brandverhalten	DIN 4102		
MVSS			
FAR			

Elektrische Eigenschaften

		Hz	°C		*Probekörper, Form*
Dielektrizitätszahl		50			
		10^3			
		10^6			
Dielektrischer Verlustfaktor tan δ		50			
		10^3			
		10^6			
Spezifischer Durchgangs-widerstand	Ohm · cm		23	≦1.0*10**5	
Durchschlagfestigkeit	kV/mm				mm dick
Oberflächenwiderstand	Ohm		23	≦1.0*10**5	

Kriechstromfestigkeit	KC	KB	KA
Elektrolytische Korrosionswirkung			
Lichtbogenfestigkeit nach DIN			
nach ASTM s			

Beständigkeit *(Chemische Beständigkeit siehe Anhang)*

Wasseraufnahme	
Feuchtigkeitsaufnahme Normalklima	%
Wetterbeständigkeit	
Spannungskorrosion	

Optische Eigenschaften

Brechungszahl n_D		
Transmissionsgrad τ_c	%	mm dick
Lichtdurchlässigkeit		

PS

Produkt	Polystyrol		
Handelsname	**Luvocom 30/GF/15/GK/20**		
Hersteller	LUV		
DIN-Bez 1			
DIN-Bez 2			
Zusätze		*Füllstoffe/ Verstärkung*	35.0% Glasfaser (15); Glaskugel (20)
Bevorzugte Verarbeitung	Spritzgiessen	*Lieferform*	Granulat
		Farben	Natur
Besondere Merkmale	Gute mechanische Eigenschaften; Geringe Schwindung; Verzugsarm	*Bevorzugte Anwendungen*	Technisches Formteil; Rotationskoerper; Spulenkern fuer Magnetbaender; Zentrierhuelse in Schleifscheiben

Dichte	g/cm³	1.30	*Schmelzindex*	g/10 min	:
Schüttdichte	g/cm³	0.65–0.75	*Volumenfließindex*	cm³/10 min	:
Viskositätszahl	ml/g				

Verarbeitungsbedingungen für Spritzgießen

Massetemp.	°C	200–230	*Schwindung*	% lgs 0.1–0.2, quer
Werkzeugtemp.	°C	60–80	*Bemerkungen*	Vortrocknen empfohlen: 3h/60C
Spritzdruck	bar			

Zugversuch 23 °C DIN 53455; DIN 53457

Probekörper: *Form* Nr.3 *Zustand*
Herstellung Spritzgiessen
Vorbehandlung 1d bei 23 C/50%

Streckspannung	N/mm²		*Dehnung bei Streckspannung*	%	
Zugfestigkeit	N/mm²		*Reißdehnung*	%	1.3
Reißfestigkeit	N/mm²	65	*% Dehnspannung*	N/mm²	
E-Modul	N/mm²	6000	*Dehnung bei % Dehnspg.*	%	

Kriechmoduln und Zeitstandwerte 23 °C

Probekörper: *Form* *Zustand*
Herstellung
Vorbehandlung

Kriechmodul	*1 min*	N/mm²	*Zeitstandzugfestigkeit*	h	N/mm²
Kriechmodul	*1000 h*	N/mm²	*Zeitdehnspg. %*	h	N/mm²
bei Spannung		N/mm²			

Biegeversuch 23 °C DIN 53452;

Probekörper: *Form* 80x10x4 mm *Zustand*
Herstellung Spritzgiessen
Vorbehandlung 1 d bei 23 C/50 %

Biegefestigkeit	N/mm²	90	*E-Modul*	N/mm²
3,5% *Biegespannung*	N/mm²			

Härte 23 °C *Probekörper:* *Zustand*
Herstellung Spritzgiessen
Vorbehandlung 1 d bei 23 C/50 %

Kugeldruckhärte	N/mm² 180 bei N, 30 s	*Shore-Härte*	A
Rockwellhärte		*Shore-Härte*	D

Schlagversuch *Probekörper:* *(1)* *(2)* *Zustand*
Herstellung Spritzgiessen
Vorbehandlung 1 d bei 23 C/50 %

		°C	°C	°C	*Probekörper-Form*
Schlagzähigkeit	kJ/m²	23 8			NKS
Kerbschlagzähigkeit (1)	kJ/m²				
IZOD-Kerbschlagzähigkeit (2)	J/m				
Kerbschlagzugzähigkeit	kJ/m²				

Abrieb und Reibung

Taber-Abrieb (Reibradverfahren) mm³/100 U
Abriebfaktor LNP (Thrust washer) Vergleichswert
Statische Reibungszahl
Dynamische Reibungszahl (p · v = N/mm² · m/min)
Zulässiger p · v Wert N/mm² · (m/min) v = m/min
v = m/min

Thermische Eigenschaften

Formbeständigkeit in der Wärme	*Verfahren*		°C
	Verfahren		°C
Vicat Erweichungstemperatur (VST)	*Verfahren*	A/50	110 °C
	Verfahren		°C
Kristallit-Schmelzpunkt	*Verfahren*		
Längenausdehnungskoeffizient	*Bereich*	°C	· $10^{-4} K^{-1}$
	Temperatur		· $10^{-4} K^{-1}$
Wärmeleitfähigkeit	*Verfahren*		W/(K · m)
Spezifische Wärmekapazität	*Verfahren*		J/(K · g)
Glasumwandlungstemperatur	*Torsionsschwingungsversuch*		°C
	Differentialkalorimetrie		°C

Brandverhalten

UL-Test vertikal Dicke mm, Wert
Dicke mm, Wert

	Norm	*Bewertung*	*Abmessungen*
Sauerstoff-Index	ASTM D 2863		
Glühstab-Verfahren			
Brandverhalten	DIN 4102		
MVSS			
FAR			

Elektrische Eigenschaften

		Hz	°C	*Probekörper, Form*
Dielektrizitätszahl		50		
		10^3		
		10^6		
Dielektrischer Verlustfaktor tan δ		50		
		10^3		
		10^6		
Spezifischer Durchgangswiderstand	Ohm · cm			
Durchschlagfestigkeit	kV/mm			mm dick
Oberflächenwiderstand	Ohm			

Kriechstromfestigkeit KC KB KA
Elektrolytische Korrosionswirkung
Lichtbogenfestigkeit nach DIN
nach ASTM s

Beständigkeit *(Chemische Beständigkeit siehe Anhang)*

Wasseraufnahme

Feuchtigkeitsaufnahme Normalklima %
Wetterbeständigkeit

Spannungskorrosion

Optische Eigenschaften

Brechungszahl n_D
Transmissionsgrad τ_c % mm dick
Lichtdurchlässigkeit

Produkt	Polyethylen niedriger Dichte			**PE**
Handelsname	**Eraclear 8107 GUV 8D**			
Hersteller	ENICHEM			
DIN-Bez 1	16776-PE,RDL,25-D045			
DIN-Bez 2				
Zusätze	UV-Stabilisator	*Füllstoffe/ Verstärkung*		
Bevorzugte Verarbeitung	Rotationsformen	*Lieferform*	Pulver	
		Farben	Natur	
Besondere Merkmale	Gute Verarbeitbarkeit; Zaeh; Ausgezeichnete Wetterbestaendigkeit	*Bevorzugte Anwendungen*	Tank fuer die Landwirtschaft	

Dichte	g/cm^3 0.924	*Schmelzindex*	g/10 min	:	
Schüttdichte	g/cm^3	*Volumenfließindex*	cm^3/10 min	:	
Viskositätszahl	ml/g				

Verarbeitungsbedingungen für Spritzgießen

Massetemp.	°C	*Schwindung*	%	lgs	, quer
Werkzeugtemp.	°C	*Bemerkungen*			
Spritzdruck	bar				

Zugversuch 23 °C

Probekörper: *Form* *Zustand* — *Herstellung* *Vorbehandlung*

Streckspannung	N/mm^2	*Dehnung bei Streckspannung*	%
Zugfestigkeit	N/mm^2	*Reißdehnung*	%
Reißfestigkeit	N/mm^2	*% Dehnspannung*	N/mm^2
E-Modul	N/mm^2	*Dehnung bei % Dehnspg.*	%

Kriechmoduln und Zeitstandwerte 23 °C

Probekörper: *Form* *Zustand* — *Herstellung* *Vorbehandlung*

Kriechmodul	*1 min* N/mm^2	*Zeitstandzugfestigkeit*	h N/mm^2
Kriechmodul	*1000 h* N/mm^2	*Zeitdehnspg.* %	h N/mm^2
bei Spannung	N/mm^2		

Biegeversuch 23 °C

Probekörper: *Form* *Zustand* — *Herstellung* *Vorbehandlung*

Biegefestigkeit	N/mm^2	*E-Modul*	N/mm^2
3,5% *Biegespannung*	N/mm^2		

Härte 23 °C *Probekörper:* *Zustand* — *Herstellung* *Vorbehandlung*

Kugeldruckhärte	N/mm^2 bei N, s	*Shore-Härte*	A
Rockwellhärte		*Shore-Härte*	D

Schlagversuch *Probekörper:* *(1)* *(2)* *Zustand* — *Herstellung* *Vorbehandlung*

	°C	°C	°C	*Probekörper-Form*
Schlagzähigkeit kJ/m^2				
Kerbschlagzähigkeit (1) kJ/m^2				
IZOD-Kerbschlagzähigkeit (2) J/m				
Kerbschlagzugzähigkeit kJ/m^2				

Abrieb und Reibung

Taber-Abrieb (Reibradverfahren)	mm^3/100 U		
Abriebfaktor LNP (Thrust washer) Vergleichswert			
Statische Reibungszahl			
Dynamische Reibungszahl	(p·v= N/mm^2·		m/min)
Zulässiger p·v Wert	N/mm^2·(m/min)	v=	m/min
		v=	m/min

Thermische Eigenschaften

Formbeständigkeit in der Wärme	*Verfahren*			°C
	Verfahren			°C
Vicat Erweichungstemperatur (VST)	*Verfahren*			°C
	Verfahren			°C
Kristallit-Schmelzpunkt	*Verfahren*			
Längenausdehnungskoeffizient	*Bereich*	°C		$\cdot 10^{-4}K^{-1}$
	Temperatur			$\cdot 10^{-4}K^{-1}$
Wärmeleitfähigkeit	*Verfahren*			W/(K·m)
Spezifische Wärmekapazität	*Verfahren*			J/(K·g)
Glasumwandlungstemperatur	*Torsionsschwingungsversuch*		°C	
	Differentialkalorimetrie		°C	

Brandverhalten

UL-Test vertikal Dicke mm, Wert
Dicke mm, Wert

	Norm	*Bewertung*	*Abmessungen*
Sauerstoff-Index	ASTM D 2863		
Glühstab-Verfahren			
Brandverhalten	DIN 4102		
MVSS			
FAR			

Elektrische Eigenschaften

		Hz	°C			*Probekörper, Form*
Dielektrizitätszahl		50				
		10^3				
		10^6				
Dielektrischer Verlustfaktor tan δ		50				
		10^3				
		10^6				
Spezifischer Durchgangswiderstand	Ohm·cm					
Durchschlagfestigkeit	kV/mm					mm dick
Oberflächenwiderstand	Ohm					
Kriechstromfestigkeit		KC		KB	KA	
Elektrolytische Korrosionswirkung						
Lichtbogenfestigkeit nach DIN						
nach ASTM	s					

Beständigkeit *(Chemische Beständigkeit siehe Anhang)*

Wasseraufnahme

Feuchtigkeitsaufnahme Normalklima %

Wetterbeständigkeit

Spannungskorrosion

Optische Eigenschaften

Brechungszahl n_D		
Transmissionsgrad τ_c	%	mm dick
Lichtdurchlässigkeit		

Datenbank-Nr. **T06279** Merkblatt-Nr. **3500**

Produkt	Polyethylen mittlerer Dichte		**PE**
Handelsname	**Eraclear 8307 GUV 8D**		
Hersteller	ENICHEM		
DIN-Bez 1	16776-PE,RDL,30-D045		
DIN-Bez 2			
Zusätze	UV-Stabilisator	*Füllstoffe/ Verstärkung*	
Bevorzugte Verarbeitung	Rotationsformen	*Lieferform*	Pulver
		Farben	Natur
Besondere Merkmale	Standardtyp; Witterungsbestaendig	*Bevorzugte Anwendungen*	Tank fuer Chemikalien

Dichte	g/cm^3	0.930	*Schmelzindex*	g/10 min	:
Schüttdichte	g/cm^3		*Volumenfließindex*	$cm^3/10$ min	:
Viskositätszahl	ml/g				

Verarbeitungsbedingungen für Spritzgießen

Massetemp.	°C	*Schwindung*	% lgs , quer
Werkzeugtemp.	°C	*Bemerkungen*	
Spritzdruck	bar		

Zugversuch 23 °C

Probekörper: *Form* *Herstellung*
Zustand *Vorbehandlung*

Streckspannung	N/mm^2	*Dehnung bei Streckspannung*	%
Zugfestigkeit	N/mm^2	*Reißdehnung*	%
Reißfestigkeit	N/mm^2	*% Dehnspannung*	N/mm^2
E-Modul	N/mm^2	*Dehnung bei % Dehnspg.*	%

Kriechmoduln und Zeitstandwerte 23 °C

Probekörper: *Form* *Herstellung*
Zustand *Vorbehandlung*

Kriechmodul	*1 min* N/mm^2	*Zeitstandzugfestigkeit*	h N/mm^2
Kriechmodul	*1000 h* N/mm^2	*Zeitdehnspg.* %	h N/mm^2
bei Spannung	N/mm^2		

Biegeversuch 23 °C

Probekörper: *Form* *Herstellung*
Zustand *Vorbehandlung*

Biegefestigkeit	N/mm^2	*E-Modul*	N/mm^2
3,5% *Biegespannung*	N/mm^2		

Härte 23 °C *Probekörper:* *Zustand* *Herstellung*
Vorbehandlung

Kugeldruckhärte	N/mm^2 bei N, s	*Shore-Härte* A
Rockwellhärte		*Shore-Härte* D

Schlagversuch *Probekörper:* *(1)*
(2) *Herstellung*
Zustand *Vorbehandlung*

	°C	°C	°C	*Probekörper-Form*
Schlagzähigkeit kJ/m^2				
Kerbschlagzähigkeit (1) kJ/m^2				
IZOD-Kerbschlagzähigkeit (2) J/m				
Kerbschlagzugzähigkeit kJ/m^2				

Abrieb und Reibung

Taber-Abrieb (Reibradverfahren) mm³/100 U
Abriebfaktor LNP (Thrust washer) Vergleichswert
Statische Reibungszahl
Dynamische Reibungszahl (p·v= N/mm²· m/min)
Zulässiger p·v Wert N/mm²·(m/min) v= m/min
v= m/min

Thermische Eigenschaften

Formbeständigkeit in der Wärme	*Verfahren*		°C
	Verfahren		°C
Vicat Erweichungstemperatur (VST)	*Verfahren*		°C
	Verfahren		°C
Kristallit-Schmelzpunkt	*Verfahren*		
Längenausdehnungskoeffizient	*Bereich*	°C	$\cdot 10^{-4} K^{-1}$
	Temperatur		$\cdot 10^{-4} K^{-1}$
Wärmeleitfähigkeit	*Verfahren*		W/(K·m)
Spezifische Wärmekapazität	*Verfahren*		J/(K·g)
Glasumwandlungstemperatur	*Torsionsschwingungsversuch*	°C	
	Differentialkalorimetrie	°C	

Brandverhalten

UL-Test vertikal Dicke mm, Wert
Dicke mm, Wert

	Norm	*Bewertung*	*Abmessungen*
Sauerstoff-Index	ASTM D 2863		
Glühstab-Verfahren			
Brandverhalten	DIN 4102		
MVSS			
FAR			

Elektrische Eigenschaften

		Hz	°C	*Probekörper, Form*
Dielektrizitätszahl		50		
		10^3		
		10^6		
Dielektrischer Verlustfaktor tan δ		50		
		10^3		
		10^6		
Spezifischer Durchgangswiderstand	Ohm·cm			
Durchschlagfestigkeit	kV/mm			mm dick
Oberflächenwiderstand	Ohm			

Kriechstromfestigkeit KC KB KA
Elektrolytische Korrosionswirkung
Lichtbogenfestigkeit nach DIN
nach ASTM s

Beständigkeit *(Chemische Beständigkeit siehe Anhang)*

Wasseraufnahme

Feuchtigkeitsaufnahme Normalklima %
Wetterbeständigkeit

Spannungskorrosion

Optische Eigenschaften

Brechungszahl n_D
Transmissionsgrad τ_c % mm dick
Lichtdurchlässigkeit

Produkt	Polyethylen mittlerer Dichte		**PE**
Handelsname	**Eraclear 8305 GUV 8D**		
Hersteller	ENICHEM		
DIN-Bez 1	16776-PE,RDL,30-D045		
DIN-Bez 2			
Zusätze	UV-Stabilisator	*Füllstoffe/ Verstärkung*	
Bevorzugte Verarbeitung	Rotationsformen	*Lieferform*	Pulver
		Farben	Natur
Besondere Merkmale	Standardtyp; Sehr gute Witterungsbestaendigkeit	*Bevorzugte Anwendungen*	Tank fuer Chemikalien; Boot

Dichte	g/cm³	0.932	*Schmelzindex*	g/10 min	:
Schüttdichte	g/cm³		*Volumenfließindex*	cm³/10 min	:
Viskositätszahl	ml/g				

Verarbeitungsbedingungen für Spritzgießen

Massetemp.	°C	*Schwindung*	% lgs , quer
Werkzeugtemp.	°C	*Bemerkungen*	
Spritzdruck	bar		

Zugversuch 23 °C

Probekörper: *Form* *Zustand* — *Herstellung* *Vorbehandlung*

Streckspannung	N/mm²	*Dehnung bei Streckspannung*	%
Zugfestigkeit	N/mm²	*Reißdehnung*	%
Reißfestigkeit	N/mm²	*% Dehnspannung*	N/mm²
E-Modul	N/mm²	*Dehnung bei % Dehnspg.*	%

Kriechmoduln und Zeitstandwerte 23 °C

Probekörper: *Form* *Zustand* — *Herstellung* *Vorbehandlung*

Kriechmodul	*1 min* N/mm²	*Zeitstandzugfestigkeit*	h N/mm²
Kriechmodul	*1000 h* N/mm²	*Zeitdehnspg. %*	h N/mm²
bei Spannung	N/mm²		

Biegeversuch 23 °C

Probekörper: *Form* *Zustand* — *Herstellung* *Vorbehandlung*

Biegefestigkeit	N/mm²	*E-Modul*	N/mm²
3,5% Biegespannung	N/mm²		

Härte 23 °C *Probekörper:* *Zustand* — *Herstellung* *Vorbehandlung*

Kugeldruckhärte	N/mm² bei N, s	*Shore-Härte*	A
Rockwellhärte		*Shore-Härte*	D

Schlagversuch *Probekörper:* *(1)* *(2)* *Zustand* — *Herstellung* *Vorbehandlung*

		°C	°C	°C	*Probekörper-Form*
Schlagzähigkeit	kJ/m²				
Kerbschlagzähigkeit (1)	kJ/m²				
IZOD-Kerbschlagzähigkeit (2)	J/m				
Kerbschlagzugzähigkeit	kJ/m²				

Abrieb und Reibung

Taber-Abrieb (Reibradverfahren) mm³/100 U
Abriebfaktor LNP (Thrust washer) Vergleichswert
Statische Reibungszahl
Dynamische Reibungszahl (p·v= N/mm²· m/min)
Zulässiger p·v Wert N/mm²·(m/min) v= m/min
v= m/min

Thermische Eigenschaften

Formbeständigkeit in der Wärme	*Verfahren*		°C
	Verfahren		°C
Vicat Erweichungstemperatur (VST)	*Verfahren*		°C
	Verfahren		°C
Kristallit-Schmelzpunkt	*Verfahren*		
Längenausdehnungskoeffizient	*Bereich*	°C	$\cdot 10^{-4} K^{-1}$
	Temperatur		$\cdot 10^{-4} K^{-1}$
Wärmeleitfähigkeit	*Verfahren*		W/(K·m)
Spezifische Wärmekapazität	*Verfahren*		J/(K·g)
Glasumwandlungstemperatur	*Torsionsschwingungsversuch*	°C	
	Differentialkalorimetrie	°C	

Brandverhalten

UL-Test vertikal Dicke mm, Wert
Dicke mm, Wert

	Norm	*Bewertung*	*Abmessungen*
Sauerstoff-Index	ASTM D 2863		
Glühstab-Verfahren			
Brandverhalten	DIN 4102		
MVSS			
FAR			

Elektrische Eigenschaften

		Hz	°C			*Probekörper, Form*
Dielektrizitätszahl		50				
		10^3				
		10^6				
Dielektrischer Verlustfaktor tan δ		50				
		10^3				
		10^6				
Spezifischer Durchgangswiderstand	Ohm·cm					
Durchschlagfestigkeit	kV/mm					mm dick
Oberflächenwiderstand	Ohm					
Kriechstromfestigkeit		KC		KB	KA	
Elektrolytische Korrosionswirkung						
Lichtbogenfestigkeit nach DIN						
nach ASTM	s					

Beständigkeit *(Chemische Beständigkeit siehe Anhang)*

Wasseraufnahme

Feuchtigkeitsaufnahme Normalklima %
Wetterbeständigkeit

Spannungskorrosion

Optische Eigenschaften

Brechungszahl n_D
Transmissionsgrad τ_c % mm dick
Lichtdurchlässigkeit

Produkt	Polyethylen mittlerer Dichte		**PE**
Handelsname	**Eraclear 8405 GUV 8A**		
Hersteller	ENICHEM		
DIN-Bez 1	16776-PE,RDL,35-D045		
DIN-Bez 2			
Zusätze	UV-Stabilisator	*Füllstoffe/ Verstärkung*	
Bevorzugte Verarbeitung	Rotationsformen	*Lieferform*	Pulver
		Farben	Natur
Besondere Merkmale	Gute Ausgeglichenheit zwischen Steifheit und Zaehigkeit	*Bevorzugte Anwendungen*	Grosser Tank

Dichte	g/cm³ 0.937	*Schmelzindex*	g/10 min	:
Schüttdichte	g/cm³	*Volumenfließindex*	cm³/10 min	:
Viskositätszahl	ml/g			

Verarbeitungsbedingungen für Spritzgießen

Massetemp.	°C	*Schwindung*	% lgs , quer
Werkzeugtemp.	°C	*Bemerkungen*	
Spritzdruck	bar		

Zugversuch 23 °C

Probekörper: *Form* *Zustand* — *Herstellung* *Vorbehandlung*

Streckspannung	N/mm²	*Dehnung bei Streckspannung*	%
Zugfestigkeit	N/mm²	*Reißdehnung*	%
Reißfestigkeit	N/mm²	*% Dehnspannung*	N/mm²
E-Modul	N/mm²	*Dehnung bei % Dehnspg.*	%

Kriechmoduln und Zeitstandwerte 23 °C

Probekörper: *Form* *Zustand* — *Herstellung* *Vorbehandlung*

Kriechmodul	*1 min* N/mm²	*Zeitstandzugfestigkeit*	h N/mm²
Kriechmodul	*1000 h* N/mm²	*Zeitdehnspg.* %	h N/mm²
bei Spannung	N/mm²		

Biegeversuch 23 °C

Probekörper: *Form* *Zustand* — *Herstellung* *Vorbehandlung*

Biegefestigkeit	N/mm²	*E-Modul*	N/mm²
3,5% *Biegespannung*	N/mm²		

Härte 23 °C *Probekörper:* *Zustand* — *Herstellung* *Vorbehandlung*

Kugeldruckhärte	N/mm² bei N, s	*Shore-Härte* A
Rockwellhärte		*Shore-Härte* D

Schlagversuch *Probekörper:* *(1)* *(2)* *Zustand* — *Herstellung* *Vorbehandlung*

	°C	°C	°C	*Probekörper-Form*
Schlagzähigkeit kJ/m²				
Kerbschlagzähigkeit (1) kJ/m²				
IZOD-Kerbschlagzähigkeit (2) J/m				
Kerbschlagzugzähigkeit kJ/m²				

Abrieb und Reibung

Taber-Abrieb (Reibradverfahren)	mm³/100 U		
Abriebfaktor LNP (Thrust washer) Vergleichswert			
Statische Reibungszahl			
Dynamische Reibungszahl	(p·v=	N/mm²·	m/min)
Zulässiger p · v Wert	N/mm² · (m/min)	v=	m/min
		v=	m/min

Thermische Eigenschaften

Formbeständigkeit in der Wärme	*Verfahren*		°C
	Verfahren		°C
Vicat Erweichungstemperatur (VST)	*Verfahren*		°C
	Verfahren		°C
Kristallit-Schmelzpunkt	*Verfahren*		
Längenausdehnungskoeffizient	*Bereich*	°C	$\cdot 10^{-4}K^{-1}$
	Temperatur		$\cdot 10^{-4}K^{-1}$
Wärmeleitfähigkeit	*Verfahren*		W/(K · m)
Spezifische Wärmekapazität	*Verfahren*		J/(K · g)
Glasumwandlungstemperatur	*Torsionsschwingungsversuch*	°C	
	Differentialkalorimetrie	°C	

Brandverhalten

UL-Test vertikal	Dicke	mm, Wert
	Dicke	mm, Wert

	Norm	*Bewertung*	*Abmessungen*
Sauerstoff-Index	ASTM D 2863		
Glühstab-Verfahren			
Brandverhalten	DIN 4102		
MVSS			
FAR			

Elektrische Eigenschaften

		Hz	°C		*Probekörper, Form*
Dielektrizitätszahl		50			
		10^3			
		10^6			
Dielektrischer Verlustfaktor tan δ		50			
		10^3			
		10^6			
Spezifischer Durchgangswiderstand	Ohm · cm				
Durchschlagfestigkeit	kV/mm				mm dick
Oberflächenwiderstand	Ohm				
Kriechstromfestigkeit		KC	KB	KA	
Elektrolytische Korrosionswirkung					
Lichtbogenfestigkeit nach DIN					
nach ASTM	s				

Beständigkeit *(Chemische Beständigkeit siehe Anhang)*

Wasseraufnahme

Feuchtigkeitsaufnahme Normalklima %

Wetterbeständigkeit

Spannungskorrosion

Optische Eigenschaften

Brechungszahl n_D		
Transmissionsgrad τ_c	%	mm dick
Lichtdurchlässigkeit		

Produkt	Polyethylen mittlerer Dichte		**PE**
Handelsname	**Eraclear 8405 GUV 8D**		
Hersteller	ENICHEM		
DIN-Bez 1	16776-PE,RDL,35-D022		
DIN-Bez 2			
Zusätze	UV-Stabilisator	*Füllstoffe/ Verstärkung*	
Bevorzugte Verarbeitung	Rotationsformen	*Lieferform*	Pulver
		Farben	Natur
Besondere Merkmale	Sehr gute Witterungsbestaendigkeit; Kein Lebensmittelkontakt	*Bevorzugte Anwendungen*	Grosser Tank

Dichte	g/cm³	0.937	*Schmelzindex*	g/10 min	:
Schüttdichte	g/cm³		*Volumenfließindex*	cm³/10 min	:
Viskositätszahl	ml/g				

Verarbeitungsbedingungen für Spritzgießen

Massetemp.	°C	*Schwindung*	% lgs , quer
Werkzeugtemp.	°C	*Bemerkungen*	
Spritzdruck	bar		

Zugversuch 23 °C

Probekörper: *Form* *Herstellung*
Zustand *Vorbehandlung*

Streckspannung	N/mm²	*Dehnung bei Streckspannung*	%
Zugfestigkeit	N/mm²	*Reißdehnung*	%
Reißfestigkeit	N/mm²	*% Dehnspannung*	N/mm²
E-Modul	N/mm²	*Dehnung bei % Dehnspg.*	%

Kriechmoduln und Zeitstandwerte 23 °C

Probekörper: *Form* *Herstellung*
Zustand *Vorbehandlung*

Kriechmodul	*1 min* N/mm²	*Zeitstandzugfestigkeit*	h	N/mm²
Kriechmodul	*1000 h* N/mm²	*Zeitdehnspg. %*	h	N/mm²
bei Spannung	N/mm²			

Biegeversuch 23 °C

Probekörper: *Form* *Herstellung*
Zustand *Vorbehandlung*

Biegefestigkeit	N/mm²	*E-Modul*	N/mm²
3,5% *Biegespannung*	N/mm²		

Härte 23 °C *Probekörper:* *Zustand* *Herstellung*
Vorbehandlung

Kugeldruckhärte	N/mm² bei N, s	*Shore-Härte*	A
Rockwellhärte		*Shore-Härte*	D

Schlagversuch *Probekörper:* *(1)*
(2) *Herstellung*
Zustand *Vorbehandlung*

	°C	°C	°C	*Probekörper-Form*
Schlagzähigkeit kJ/m²				
Kerbschlagzähigkeit (1) kJ/m²				
IZOD-Kerbschlagzähigkeit (2) J/m				
Kerbschlagzugzähigkeit kJ/m²				

Abrieb und Reibung

Taber-Abrieb (Reibradverfahren)	mm³/100 U
Abriebfaktor LNP (Thrust washer) Vergleichswert	
Statische Reibungszahl	
Dynamische Reibungszahl	(p·v= N/mm²· m/min)
Zulässiger p · v Wert	N/mm² · (m/min) v= m/min
	v= m/min

Thermische Eigenschaften

Formbeständigkeit in der Wärme	*Verfahren*		°C
	Verfahren		°C
Vicat Erweichungstemperatur (VST)	*Verfahren*		°C
	Verfahren		°C
Kristallit-Schmelzpunkt	*Verfahren*		
Längenausdehnungskoeffizient	*Bereich*	°C	$\cdot 10^{-4}K^{-1}$
	Temperatur		$\cdot 10^{-4}K^{-1}$
Wärmeleitfähigkeit	*Verfahren*		W/(K · m)
Spezifische Wärmekapazität	*Verfahren*		J/(K · g)
Glasumwandlungstemperatur	*Torsionsschwingungsversuch*	°C	
	Differentialkalorimetrie	°C	

Brandverhalten

UL-Test vertikal Dicke mm, Wert
Dicke mm, Wert

	Norm	*Bewertung*	*Abmessungen*
Sauerstoff-Index	ASTM D 2863		
Glühstab-Verfahren			
Brandverhalten	DIN 4102		
MVSS			
FAR			

Elektrische Eigenschaften

		Hz	°C			*Probekörper, Form*
Dielektrizitätszahl		50				
		10^3				
		10^6				
Dielektrischer Verlustfaktor tan δ		50				
		10^3				
		10^6				
Spezifischer Durchgangswiderstand	Ohm · cm					
Durchschlagfestigkeit	kV/mm					mm dick
Oberflächenwiderstand	Ohm					
Kriechstromfestigkeit		KC		KB	KA	
Elektrolytische Korrosionswirkung						
Lichtbogenfestigkeit nach DIN						
nach ASTM	s					

Beständigkeit *(Chemische Beständigkeit siehe Anhang)*

Wasseraufnahme

Feuchtigkeitsaufnahme Normalklima %

Wetterbeständigkeit

Spannungskorrosion

Optische Eigenschaften

Brechungszahl n_D

Transmissionsgrad τ_c % mm dick

Lichtdurchlässigkeit

Datenbank-Nr. **T06283** Merkblatt-Nr. **3504**

Produkt	Polyethylen mittlerer Dichte		**PE**
Handelsname	**Eraclear 8407 GUV 8D**		
Hersteller	ENICHEM		
DIN-Bez 1	16776-PE,RDL,35-D045		
DIN-Bez 2			
Zusätze	UV-Stabilisator	*Füllstoffe/ Verstärkung*	
Bevorzugte Verarbeitung	Rotationsformen	*Lieferform*	Pulver
		Farben	Natur
Besondere Merkmale	Gute Verarbeitbarkeit; Sehr gute Witterungsbestaendigkeit	*Bevorzugte Anwendungen*	Grosser Abfallbehaelter

Dichte	g/cm^3 0.937	*Schmelzindex*	g/10 min	:
Schüttdichte	g/cm^3	*Volumenfließindex*	$cm^3/10$ min	:
Viskositätszahl	ml/g			

Verarbeitungsbedingungen für Spritzgießen

Massetemp.	°C	*Schwindung*	% lgs , quer
Werkzeugtemp.	°C	*Bemerkungen*	
Spritzdruck	bar		

Zugversuch 23 °C

Probekörper: *Form* *Herstellung*
Zustand *Vorbehandlung*

Streckspannung	N/mm^2	*Dehnung bei Streckspannung*	%
Zugfestigkeit	N/mm^2	*Reißdehnung*	%
Reißfestigkeit	N/mm^2	*% Dehnspannung*	N/mm^2
E-Modul	N/mm^2	*Dehnung bei % Dehnspg.*	%

Kriechmoduln und Zeitstandwerte 23 °C

Probekörper: *Form* *Herstellung*
Zustand *Vorbehandlung*

Kriechmodul	*1 min* N/mm^2	*Zeitstandzugfestigkeit*	h N/mm^2
Kriechmodul	*1000 h* N/mm^2	*Zeitdehnspg.* %	h N/mm^2
bei Spannung	N/mm^2		

Biegeversuch 23 °C

Probekörper: *Form* *Herstellung*
Zustand *Vorbehandlung*

Biegefestigkeit	N/mm^2	*E-Modul*	N/mm^2
3,5% *Biegespannung*	N/mm^2		

Härte 23 °C *Probekörper:* *Zustand* *Herstellung*
Vorbehandlung

Kugeldruckhärte	N/mm^2 bei N, s	*Shore-Härte* A
Rockwellhärte		*Shore-Härte* D

Schlagversuch *Probekörper:* *(1)*
(2) *Herstellung*
Zustand *Vorbehandlung*

	°C	°C	°C	*Probekörper-Form*
Schlagzähigkeit kJ/m^2				
Kerbschlagzähigkeit (1) kJ/m^2				
IZOD-Kerbschlagzähigkeit (2) J/m				
Kerbschlagzugzähigkeit kJ/m^2				

Abrieb und Reibung

Taber-Abrieb (Reibradverfahren) $mm^3/100$ U
Abriebfaktor LNP (Thrust washer) Vergleichswert
Statische Reibungszahl
Dynamische Reibungszahl (p · v= N/mm² · m/min)
Zulässiger p · v Wert N/mm² · (m/min) v= m/min
v= m/min

Thermische Eigenschaften

Formbeständigkeit in der Wärme	*Verfahren*		°C
	Verfahren		°C
Vicat Erweichungstemperatur (VST)	*Verfahren*		°C
	Verfahren		°C
Kristallit-Schmelzpunkt	*Verfahren*		
Längenausdehnungskoeffizient	*Bereich*	°C	$\cdot 10^{-4}K^{-1}$
	Temperatur		$\cdot 10^{-4}K^{-1}$
Wärmeleitfähigkeit	*Verfahren*		W/(K · m)
Spezifische Wärmekapazität	*Verfahren*		J/(K · g)
Glasumwandlungstemperatur	*Torsionsschwingungsversuch*	°C	
	Differentialkalorimetrie	°C	

Brandverhalten

UL-Test vertikal Dicke mm, Wert
Dicke mm, Wert

	Norm	*Bewertung*	*Abmessungen*
Sauerstoff-Index	ASTM D 2863		
Glühstab-Verfahren			
Brandverhalten	DIN 4102		
MVSS			
FAR			

Elektrische Eigenschaften

	Hz	°C	*Probekörper, Form*
Dielektrizitätszahl	50		
	10^3		
	10^6		
Dielektrischer Verlustfaktor tan δ	50		
	10^3		
	10^6		

Spezifischer Durchgangs-
widerstand Ohm · cm
Durchschlagfestigkeit kV/mm mm dick
Oberflächenwiderstand Ohm

Kriechstromfestigkeit KC KB KA
Elektrolytische Korrosionswirkung
Lichtbogenfestigkeit nach DIN
nach ASTM s

Beständigkeit *(Chemische Beständigkeit siehe Anhang)*

Wasseraufnahme

Feuchtigkeitsaufnahme Normalklima %
Wetterbeständigkeit

Spannungskorrosion

Optische Eigenschaften

Brechungszahl n_D
Transmissionsgrad τ_c % mm dick
Lichtdurchlässigkeit

Produkt	Polyethylen mittlerer Dichte		**PE**
Handelsname	**Eraclear 8504 GUV 8D**		
Hersteller	ENICHEM		
DIN-Bez 1	16776-PE,RDL,35-D022		
DIN-Bez 2			
Zusätze	UV-Stabilisator	*Füllstoffe/ Verstärkung*	
Bevorzugte Verarbeitung	Rotationsformen	*Lieferform*	Pulver
		Farben	Natur
Besondere Merkmale	Steif; Zaeh; Sehr gute Witterungsbestaendigkeit	*Bevorzugte Anwendungen*	Chemikalientank fuer die Landwirtschaft

Dichte	g/cm^3	0.937	*Schmelzindex*	g/10 min	:
Schüttdichte	g/cm^3		*Volumenfließindex*	cm^3/10 min	:
Viskositätszahl	ml/g				

Verarbeitungsbedingungen für Spritzgießen

Massetemp.	°C	*Schwindung*	% lgs , quer
Werkzeugtemp.	°C	*Bemerkungen*	
Spritzdruck	bar		

Zugversuch 23 °C

Probekörper: *Form* *Zustand* *Herstellung* *Vorbehandlung*

Streckspannung	N/mm^2	*Dehnung bei Streckspannung*	%
Zugfestigkeit	N/mm^2	*Reißdehnung*	%
Reißfestigkeit	N/mm^2	*% Dehnspannung*	N/mm^2
E-Modul	N/mm^2	*Dehnung bei % Dehnspg.*	%

Kriechmoduln und Zeitstandwerte 23 °C

Probekörper: *Form* *Zustand* *Herstellung* *Vorbehandlung*

Kriechmodul	*1 min* N/mm^2	*Zeitstandzugfestigkeit*	h N/mm^2
Kriechmodul	*1000 h* N/mm^2	*Zeitdehnspg. %*	h N/mm^2
bei Spannung	N/mm^2		

Biegeversuch 23 °C

Probekörper: *Form* *Zustand* *Herstellung* *Vorbehandlung*

Biegefestigkeit	N/mm^2	*E-Modul*	N/mm^2
3,5% *Biegespannung*	N/mm^2		

Härte 23 °C *Probekörper:* *Zustand* *Herstellung* *Vorbehandlung*

Kugeldruckhärte	N/mm^2 bei N, s	*Shore-Härte* A
Rockwellhärte		*Shore-Härte* D

Schlagversuch *Probekörper:* *(1)* *(2)* *Zustand* *Herstellung* *Vorbehandlung*

		°C	°C	°C	*Probekörper-Form*
Schlagzähigkeit	kJ/m^2				
Kerbschlagzähigkeit (1)	kJ/m^2				
IZOD-Kerbschlagzähigkeit (2)	J/m				
Kerbschlagzugzähigkeit	kJ/m^2				

Abrieb und Reibung

Taber-Abrieb (Reibradverfahren) mm³/100 U
Abriebfaktor LNP (Thrust washer) Vergleichswert
Statische Reibungszahl
Dynamische Reibungszahl (p·v= N/mm²· m/min)
Zulässiger p · v Wert N/mm²·(m/min) v= m/min
v= m/min

Thermische Eigenschaften

Formbeständigkeit in der Wärme *Verfahren* °C
Verfahren °C
Vicat Erweichungstemperatur (VST) *Verfahren* °C
Verfahren °C
Kristallit-Schmelzpunkt *Verfahren*

Längenausdehnungskoeffizient *Bereich* °C $\cdot 10^{-4}K^{-1}$
Temperatur $\cdot 10^{-4}K^{-1}$
Wärmeleitfähigkeit *Verfahren* W/(K · m)

Spezifische Wärmekapazität *Verfahren* J/(K · g)

Glasumwandlungstemperatur *Torsionsschwingungsversuch* °C
Differentialkalorimetrie °C

Brandverhalten

UL-Test vertikal Dicke mm, Wert
Dicke mm, Wert

	Norm	*Bewertung*	*Abmessungen*
Sauerstoff-Index	ASTM D 2863		
Glühstab-Verfahren			
Brandverhalten	DIN 4102		
MVSS			
FAR			

Elektrische Eigenschaften

	Hz	°C	*Probekörper, Form*
Dielektrizitätszahl	50		
	10^3		
	10^6		
Dielektrischer Verlustfaktor tan δ	50		
	10^3		
	10^6		

Spezifischer Durchgangswiderstand Ohm · cm
Durchschlagfestigkeit kV/mm mm dick
Oberflächenwiderstand Ohm
Kriechstromfestigkeit KC KB KA
Elektrolytische Korrosionswirkung
Lichtbogenfestigkeit nach DIN
nach ASTM s

Beständigkeit *(Chemische Beständigkeit siehe Anhang)*

Wasseraufnahme

Feuchtigkeitsaufnahme Normalklima %
Wetterbeständigkeit

Spannungskorrosion

Optische Eigenschaften

Brechungszahl n_D
Transmissionsgrad τ_c % mm dick
Lichtdurchlässigkeit

Datenbank-Nr.	**T06285**		Merkblatt-Nr. **3506**
Produkt	Polyethylen hoher Dichte		**PE**
Handelsname	**Eraclear 8506 GUV 8D**		
Hersteller	ENICHEM		
DIN-Bez 1	16776-PE,RDL,40-D045		
DIN-Bez 2			
Zusätze	UV-Stabilisator	*Füllstoffe/ Verstärkung*	
Bevorzugte Verarbeitung	Rotationsformen	*Lieferform*	Pulver
		Farben	Natur
Besondere Merkmale	Steif; Atoxisch	*Bevorzugte Anwendungen*	Wassertank

Dichte	g/cm^3	0.940	*Schmelzindex*	g/10 min :
Schüttdichte	g/cm^3		*Volumenfließindex*	cm^3/10 min :
Viskositätszahl	ml/g			

Verarbeitungsbedingungen für Spritzgießen

Massetemp.	°C	*Schwindung*	% lgs , quer
Werkzeugtemp.	°C	*Bemerkungen*	
Spritzdruck	bar		

Zugversuch 23 °C

Probekörper: *Form* / *Zustand* — *Herstellung* / *Vorbehandlung*

Streckspannung	N/mm^2	*Dehnung bei Streckspannung*	%
Zugfestigkeit	N/mm^2	*Reißdehnung*	%
Reißfestigkeit	N/mm^2	*% Dehnspannung*	N/mm^2
E-Modul	N/mm^2	*Dehnung bei % Dehnspg.*	%

Kriechmoduln und Zeitstandwerte 23 °C

Probekörper: *Form* / *Zustand* — *Herstellung* / *Vorbehandlung*

Kriechmodul	*1 min* N/mm^2	*Zeitstandzugfestigkeit*	h N/mm^2
Kriechmodul	*1000 h* N/mm^2	*Zeitdehnspg.* %	h N/mm^2
bei Spannung	N/mm^2		

Biegeversuch 23 °C

Probekörper: *Form* / *Zustand* — *Herstellung* / *Vorbehandlung*

Biegefestigkeit	N/mm^2	*E-Modul*	N/mm^2
3,5% *Biegespannung*	N/mm^2		

Härte 23 °C *Probekörper:* *Zustand* — *Herstellung* / *Vorbehandlung*

Kugeldruckhärte	N/mm^2 bei N, s	*Shore-Härte*	A
Rockwellhärte		*Shore-Härte*	D

Schlagversuch *Probekörper:* *(1)* / *(2)* / *Zustand* — *Herstellung* / *Vorbehandlung*

		°C	°C	°C	*Probekörper-Form*
Schlagzähigkeit	kJ/m^2				
Kerbschlagzähigkeit (1)	kJ/m^2				
IZOD-Kerbschlagzähigkeit (2)	J/m				
Kerbschlagzugzähigkeit	kJ/m^2				

Abrieb und Reibung

Taber-Abrieb (Reibradverfahren)	mm^3/100 U		
Abriebfaktor LNP (Thrust washer) Vergleichswert			
Statische Reibungszahl			
Dynamische Reibungszahl	(p·v=	N/mm^2·	m/min)
Zulässiger p·v Wert	N/mm^2·(m/min)	v=	m/min
		v=	m/min

Thermische Eigenschaften

Formbeständigkeit in der Wärme	*Verfahren*			°C
	Verfahren			°C
Vicat Erweichungstemperatur (VST)	*Verfahren*			°C
	Verfahren			°C
Kristallit-Schmelzpunkt	*Verfahren*			
Längenausdehnungskoeffizient	*Bereich*	°C		$\cdot 10^{-4}K^{-1}$
	Temperatur			$\cdot 10^{-4}K^{-1}$
Wärmeleitfähigkeit	*Verfahren*			W/(K·m)
Spezifische Wärmekapazität	*Verfahren*			J/(K·g)
Glasumwandlungstemperatur	*Torsionsschwingungsversuch*		°C	
	Differentialkalorimetrie		°C	

Brandverhalten

UL-Test vertikal	Dicke	mm, Wert
	Dicke	mm, Wert

	Norm	*Bewertung*	*Abmessungen*
Sauerstoff-Index	ASTM D 2863		
Glühstab-Verfahren			
Brandverhalten	DIN 4102		
MVSS			
FAR			

Elektrische Eigenschaften

		Hz	°C	*Probekörper, Form*
Dielektrizitätszahl		50		
		10^3		
		10^6		
Dielektrischer Verlustfaktor tan δ		50		
		10^3		
		10^6		
Spezifischer Durchgangswiderstand	Ohm·cm			
Durchschlagfestigkeit	kV/mm			mm dick
Oberflächenwiderstand	Ohm			

Kriechstromfestigkeit	KC	KB	KA
Elektrolytische Korrosionswirkung			
Lichtbogenfestigkeit nach DIN			
nach ASTM	s		

Beständigkeit *(Chemische Beständigkeit siehe Anhang)*

Wasseraufnahme

Feuchtigkeitsaufnahme Normalklima %

Wetterbeständigkeit

Spannungskorrosion

Optische Eigenschaften

Brechungszahl n_D		
Transmissionsgrad τ_c	%	mm dick
Lichtdurchlässigkeit		

PE

Produkt	Polyethylen hoher Dichte		
Handelsname	**Eraclear 8507 GUV 8A**		
Hersteller	ENICHEM		
DIN-Bez 1	16776-PE,RDL,40-D045		
DIN-Bez 2			
Zusätze	UV-Stabilisator	*Füllstoffe/ Verstärkung*	
Bevorzugte Verarbeitung	Rotationsformen	*Lieferform*	Pulver
		Farben	Natur
Besondere Merkmale	Steif; Zaeh	*Bevorzugte Anwendungen*	Transportkasten

Dichte	g/cm³	0.940	*Schmelzindex*	g/10 min	:
Schüttdichte	g/cm³		*Volumenfließindex*	cm³/10 min	:
Viskositätszahl	ml/g				

Verarbeitungsbedingungen für Spritzgießen

Massetemp.	°C	*Schwindung*	% lgs , quer
Werkzeugtemp.	°C	*Bemerkungen*	
Spritzdruck	bar		

Zugversuch 23 °C

Probekörper: *Form* *Herstellung*
Zustand *Vorbehandlung*

Streckspannung	N/mm²	*Dehnung bei Streckspannung*	%
Zugfestigkeit	N/mm²	*Reißdehnung*	%
Reißfestigkeit	N/mm²	*% Dehnspannung*	N/mm²
E-Modul	N/mm²	*Dehnung bei % Dehnspg.*	%

Kriechmoduln und Zeitstandwerte 23 °C

Probekörper: *Form* *Herstellung*
Zustand *Vorbehandlung*

Kriechmodul	*1 min* N/mm²	*Zeitstandzugfestigkeit*	h	N/mm²
Kriechmodul	*1000 h* N/mm²	*Zeitdehnspg. %*	h	N/mm²
bei Spannung	N/mm²			

Biegeversuch 23 °C

Probekörper: *Form* *Herstellung*
Zustand *Vorbehandlung*

Biegefestigkeit	N/mm²	*E-Modul*	N/mm²
3,5% *Biegespannung*	N/mm²		

Härte 23 °C *Probekörper:* *Zustand* *Herstellung*
Vorbehandlung

Kugeldruckhärte	N/mm² bei N, s	*Shore-Härte*	A
Rockwellhärte		*Shore-Härte*	D

Schlagversuch *Probekörper:* *(1)*
(2) *Herstellung*
Zustand *Vorbehandlung*

	°C	°C	°C	*Probekörper-Form*
Schlagzähigkeit kJ/m²				
Kerbschlagzähigkeit (1) kJ/m²				
IZOD-Kerbschlagzähigkeit (2) J/m				
Kerbschlagzugzähigkeit kJ/m²				

Abrieb und Reibung

Taber-Abrieb (Reibradverfahren) mm³/100 U
Abriebfaktor LNP (Thrust washer) Vergleichswert
Statische Reibungszahl
Dynamische Reibungszahl (p·v= N/mm²· m/min)
Zulässiger p·v Wert N/mm²·(m/min) v= m/min
v= m/min

Thermische Eigenschaften

Formbeständigkeit in der Wärme *Verfahren* °C
Verfahren °C
Vicat Erweichungstemperatur (VST) *Verfahren* °C
Verfahren °C
Kristallit-Schmelzpunkt *Verfahren*

Längenausdehnungskoeffizient *Bereich* °C $\cdot 10^{-4}K^{-1}$
Temperatur $\cdot 10^{-4}K^{-1}$
Wärmeleitfähigkeit *Verfahren* W/(K·m)

Spezifische Wärmekapazität *Verfahren* J/(K·g)

Glasumwandlungstemperatur *Torsionsschwingungsversuch* °C
Differentialkalorimetrie °C

Brandverhalten

UL-Test vertikal Dicke mm, Wert
Dicke mm, Wert

	Norm	*Bewertung*	*Abmessungen*
Sauerstoff-Index	ASTM D 2863		
Glühstab-Verfahren			
Brandverhalten	DIN 4102		
MVSS			
FAR			

Elektrische Eigenschaften

	Hz	°C	*Probekörper, Form*
Dielektrizitätszahl	50		
	10^3		
	10^6		
Dielektrischer Verlustfaktor tan δ	50		
	10^3		
	10^6		

Spezifischer Durchgangs-
widerstand Ohm·cm
Durchschlagfestigkeit kV/mm mm dick
Oberflächenwiderstand Ohm

Kriechstromfestigkeit KC KB KA
Elektrolytische Korrosionswirkung
Lichtbogenfestigkeit nach DIN
nach ASTM s

Beständigkeit *(Chemische Beständigkeit siehe Anhang)*

Wasseraufnahme

Feuchtigkeitsaufnahme Normalklima %
Wetterbeständigkeit

Spannungskorrosion

Optische Eigenschaften

Brechungszahl n_D
Transmissionsgrad τ_c % mm dick
Lichtdurchlässigkeit

Datenbank-Nr. **T06287** Merkblatt-Nr. **3508**

Produkt	Polyethylen hoher Dichte		**PE**
Handelsname	**Eraclear 8507 GUV 8D**		
Hersteller	ENICHEM		
DIN-Bez 1	16776-PE,RDL,40-D045		
DIN-Bez 2			
Zusätze	UV-Stabilisator	*Füllstoffe/ Verstärkung*	
Bevorzugte Verarbeitung	Rotationsformen	*Lieferform*	Pulver
		Farben	Natur
Besondere Merkmale	Steif; Zaeh; Sehr gute Witterungsbestaendigkeit	*Bevorzugte Anwendungen*	Transportkasten

Dichte	g/cm³	0.940	*Schmelzindex*	g/10 min	:
Schüttdichte	g/cm³		*Volumenfließindex*	cm³/10 min	:
Viskositätszahl	ml/g				

Verarbeitungsbedingungen für Spritzgießen

Massetemp.	°C	*Schwindung*	% lgs , quer
Werkzeugtemp.	°C	*Bemerkungen*	
Spritzdruck	bar		

Zugversuch 23 °C

Probekörper: *Form* / *Zustand* — *Herstellung* / *Vorbehandlung*

Streckspannung	N/mm²	*Dehnung bei Streckspannung*	%
Zugfestigkeit	N/mm²	*Reißdehnung*	%
Reißfestigkeit	N/mm²	% *Dehnspannung*	N/mm²
E-Modul	N/mm²	*Dehnung bei* % *Dehnspg.*	%

Kriechmoduln und Zeitstandwerte 23 °C

Probekörper: *Form* / *Zustand* — *Herstellung* / *Vorbehandlung*

Kriechmodul	*1 min* N/mm²	*Zeitstandzugfestigkeit*	h	N/mm²
Kriechmodul	*1000 h* N/mm²	*Zeitdehnspg.* %	h	N/mm²
bei Spannung	N/mm²			

Biegeversuch 23 °C

Probekörper: *Form* / *Zustand* — *Herstellung* / *Vorbehandlung*

Biegefestigkeit	N/mm²	*E-Modul*	N/mm²
3,5% *Biegespannung*	N/mm²		

Härte 23 °C *Probekörper:* *Zustand* — *Herstellung* / *Vorbehandlung*

Kugeldruckhärte	N/mm² bei N, s	*Shore-Härte*	A
Rockwellhärte		*Shore-Härte*	D

Schlagversuch *Probekörper:* *(1)* / *(2)* / *Zustand* — *Herstellung* / *Vorbehandlung*

		°C	°C	°C	*Probekörper-Form*
Schlagzähigkeit	kJ/m²				
Kerbschlagzähigkeit (1)	kJ/m²				
IZOD-Kerbschlagzähigkeit (2)	J/m				
Kerbschlagzugzähigkeit	kJ/m²				

Abrieb und Reibung

Taber-Abrieb (Reibradverfahren) $mm^3/100$ U
Abriebfaktor LNP (Thrust washer) Vergleichswert
Statische Reibungszahl
Dynamische Reibungszahl (p·v= N/mm²· m/min)
Zulässiger p·v Wert N/mm²·(m/min) v= m/min
v= m/min

Thermische Eigenschaften

Formbeständigkeit in der Wärme	*Verfahren*		°C
	Verfahren		°C
Vicat Erweichungstemperatur (VST)	*Verfahren*		°C
	Verfahren		°C
Kristallit-Schmelzpunkt	*Verfahren*		
Längenausdehnungskoeffizient	*Bereich*	°C	$\cdot 10^{-4}K^{-1}$
	Temperatur		$\cdot 10^{-4}K^{-1}$
Wärmeleitfähigkeit	*Verfahren*		W/(K·m)
Spezifische Wärmekapazität	*Verfahren*		J/(K·g)
Glasumwandlungstemperatur	*Torsionsschwingungsversuch*	°C	
	Differentialkalorimetrie	°C	

Brandverhalten

UL-Test vertikal Dicke mm, Wert
Dicke mm, Wert

	Norm	*Bewertung*	*Abmessungen*
Sauerstoff-Index	ASTM D 2863		
Glühstab-Verfahren			
Brandverhalten	DIN 4102		
MVSS			
FAR			

Elektrische Eigenschaften

		Hz	°C		*Probekörper, Form*
Dielektrizitätszahl		50			
		10^3			
		10^6			
Dielektrischer Verlustfaktor tan δ		50			
		10^3			
		10^6			
Spezifischer Durchgangs-widerstand	Ohm·cm				
Durchschlagfestigkeit	kV/mm				mm dick
Oberflächenwiderstand	Ohm				
Kriechstromfestigkeit		KC	KB	KA	
Elektrolytische Korrosionswirkung					
Lichtbogenfestigkeit nach DIN					
nach ASTM	s				

Beständigkeit *(Chemische Beständigkeit siehe Anhang)*

Wasseraufnahme

Feuchtigkeitsaufnahme Normalklima %
Wetterbeständigkeit

Spannungskorrosion

Optische Eigenschaften

Brechungszahl n_D
Transmissionsgrad τ_c % mm dick
Lichtdurchlässigkeit

Datenbank-Nr. **T06288** *Merkblatt-Nr.* **3509**

Produkt	Polyethylen hoher Dichte		**PE**
Handelsname	**Eraclear 8705 GUV 8A DE**		
Hersteller	ENICHEM		
DIN-Bez 1	16776-PE,RDL,50-D022		
DIN-Bez 2			
Zusätze	UV-Stabilisator	*Füllstoffe/ Verstärkung*	
Bevorzugte Verarbeitung	Rotationsformen	*Lieferform*	Pulver
		Farben	Natur
Besondere Merkmale	Sehr gute Steifheit; Gute Festigkeit	*Bevorzugte Anwendungen*	Vorratsbehaelter

Dichte	g/cm^3	0.949	*Schmelzindex*	g/10 min	:
Schüttdichte	g/cm^3		*Volumenfließindex*	$cm^3/10$ min	:
Viskositätszahl	ml/g				

Verarbeitungsbedingungen für Spritzgießen

Massetemp.	°C	*Schwindung*	% lgs , quer
Werkzeugtemp.	°C	*Bemerkungen*	
Spritzdruck	bar		

Zugversuch 23 °C

Probekörper: *Form* *Herstellung*
Zustand *Vorbehandlung*

Streckspannung	N/mm^2	*Dehnung bei Streckspannung*	%
Zugfestigkeit	N/mm^2	*Reißdehnung*	%
Reißfestigkeit	N/mm^2	*% Dehnspannung*	N/mm^2
E-Modul	N/mm^2	*Dehnung bei % Dehnspg.*	%

Kriechmoduln und Zeitstandwerte 23 °C

Probekörper: *Form* *Herstellung*
Zustand *Vorbehandlung*

Kriechmodul	*1 min* N/mm^2	*Zeitstandzugfestigkeit*	h N/mm^2
Kriechmodul	*1000 h* N/mm^2	*Zeitdehnspg. %*	h N/mm^2
bei Spannung	N/mm^2		

Biegeversuch 23 °C

Probekörper: *Form* *Herstellung*
Zustand *Vorbehandlung*

Biegefestigkeit	N/mm^2	*E-Modul*	N/mm^2
3,5% *Biegespannung*	N/mm^2		

Härte 23 °C *Probekörper:* *Zustand* *Herstellung*
Vorbehandlung

Kugeldruckhärte	N/mm^2 bei N, s	*Shore-Härte* A
Rockwellhärte		*Shore-Härte* D

Schlagversuch *Probekörper:* *(1)*
(2) *Herstellung*
Zustand *Vorbehandlung*

°C °C °C *Probekörper-Form*

Schlagzähigkeit	kJ/m^2
Kerbschlagzähigkeit (1)	kJ/m^2
IZOD-Kerbschlagzähigkeit (2)	J/m
Kerbschlagzugzähigkeit	kJ/m^2

Abrieb und Reibung

Taber-Abrieb (Reibradverfahren)	$mm^3/100$ U		
Abriebfaktor LNP (Thrust washer) Vergleichswert			
Statische Reibungszahl			
Dynamische Reibungszahl	(p·v=	N/mm^2 ·	m/min)
Zulässiger p · v Wert	N/mm^2 · (m/min)	v=	m/min
		v=	m/min

Thermische Eigenschaften

Formbeständigkeit in der Wärme	*Verfahren*		°C
	Verfahren		°C
Vicat Erweichungstemperatur (VST)	*Verfahren*		°C
	Verfahren		°C
Kristallit-Schmelzpunkt	*Verfahren*		
Längenausdehnungskoeffizient	*Bereich*	°C	$\cdot 10^{-4} K^{-1}$
	Temperatur		$\cdot 10^{-4} K^{-1}$
Wärmeleitfähigkeit	*Verfahren*		W/(K · m)
Spezifische Wärmekapazität	*Verfahren*		J/(K · g)
Glasumwandlungstemperatur	*Torsionsschwingungsversuch*	°C	
	Differentialkalorimetrie	°C	

Brandverhalten

UL-Test vertikal — Dicke mm, Wert
Dicke mm, Wert

	Norm	*Bewertung*	*Abmessungen*
Sauerstoff-Index	ASTM D 2863		
Glühstab-Verfahren			
Brandverhalten	DIN 4102		
MVSS			
FAR			

Elektrische Eigenschaften

	Hz	°C		*Probekörper, Form*
Dielektrizitätszahl	50			
	10^3			
	10^6			
Dielektrischer Verlustfaktor tan δ	50			
	10^3			
	10^6			
Spezifischer Durchgangswiderstand Ohm · cm				
Durchschlagfestigkeit kV/mm				mm dick
Oberflächenwiderstand Ohm				
Kriechstromfestigkeit	KC	KB	KA	
Elektrolytische Korrosionswirkung				
Lichtbogenfestigkeit nach DIN				
nach ASTM s				

Beständigkeit *(Chemische Beständigkeit siehe Anhang)*

Wasseraufnahme

Feuchtigkeitsaufnahme Normalklima %

Wetterbeständigkeit

Spannungskorrosion

Optische Eigenschaften

Brechungszahl n_D

Transmissionsgrad τ_c % mm dick

Lichtdurchlässigkeit

Produkt	Polyethylen niedriger Dichte		**PE**
Handelsname	**Eraclear G 8111**		
Hersteller	ENICHEM		
DIN-Bez 1	16776-PE,RD,25-D200		
DIN-Bez 2			
Zusätze		*Füllstoffe/ Verstärkung*	
Bevorzugte Verarbeitung	Rotationsformen	*Lieferform*	Pulver
		Farben	Natur
Besondere Merkmale	Zaeh; Flexibel; Leichte Verarbeitbarkeit	*Bevorzugte Anwendungen*	Spielzeug; Moebel

Dichte g/cm³ 0.924 — *Schmelzindex* g/10 min :
Schüttdichte g/cm³ — *Volumenfließindex* cm³/10 min :
Viskositätszahl ml/g

Verarbeitungsbedingungen für Spritzgießen

Massetemp. °C — *Schwindung* % lgs , quer
Werkzeugtemp. °C — *Bemerkungen*
Spritzdruck bar

Zugversuch 23 °C

Probekörper: *Form* / *Zustand* — *Herstellung* / *Vorbehandlung*

Streckspannung N/mm² — *Dehnung bei Streckspannung* %
Zugfestigkeit N/mm² — *Reißdehnung* %
Reißfestigkeit N/mm² — *% Dehnspannung* N/mm²
E-Modul N/mm² — *Dehnung bei % Dehnspg.* %

Kriechmoduln und Zeitstandwerte 23 °C

Probekörper: *Form* / *Zustand* — *Herstellung* / *Vorbehandlung*

Kriechmodul *1 min* N/mm² — *Zeitstandzugfestigkeit* h N/mm²
Kriechmodul *1000 h* N/mm² — *Zeitdehnspg. %* h N/mm²
bei Spannung N/mm²

Biegeversuch 23 °C

Probekörper: *Form* / *Zustand* — *Herstellung* / *Vorbehandlung*

Biegefestigkeit N/mm² — *E-Modul* N/mm²
3,5% *Biegespannung* N/mm²

Härte 23 °C *Probekörper:* *Zustand* — *Herstellung* / *Vorbehandlung*

Kugeldruckhärte N/mm² bei N, s — *Shore-Härte* A
Rockwellhärte — *Shore-Härte* D

Schlagversuch *Probekörper:* *(1)* / *(2)* / *Zustand* — *Herstellung* / *Vorbehandlung*

		°C	°C	°C	*Probekörper-Form*
Schlagzähigkeit	kJ/m²				
Kerbschlagzähigkeit (1)	kJ/m²				
IZOD-Kerbschlagzähigkeit (2)	J/m				
Kerbschlagzugzähigkeit	kJ/m²				

Abrieb und Reibung

Taber-Abrieb (Reibradverfahren)	mm^3/100 U		
Abriebfaktor LNP (Thrust washer) Vergleichswert			
Statische Reibungszahl			
Dynamische Reibungszahl	(p · v=	N/mm^2 ·	m/min)
Zulässiger p · v Wert	N/mm^2 · (m/min)	v=	m/min
		v=	m/min

Thermische Eigenschaften

Formbeständigkeit in der Wärme	*Verfahren*		°C
	Verfahren		°C
Vicat Erweichungstemperatur (VST)	*Verfahren*		°C
	Verfahren		°C
Kristallit-Schmelzpunkt	*Verfahren*		
Längenausdehnungskoeffizient	*Bereich*	°C	$\cdot 10^{-4}K^{-1}$
	Temperatur		$\cdot 10^{-4}K^{-1}$
Wärmeleitfähigkeit	*Verfahren*		W/(K · m)
Spezifische Wärmekapazität	*Verfahren*		J/(K · g)
Glasumwandlungstemperatur	*Torsionsschwingungsversuch*	°C	
	Differentialkalorimetrie	°C	

Brandverhalten

UL-Test vertikal	Dicke	mm, Wert
	Dicke	mm, Wert

	Norm	*Bewertung*	*Abmessungen*
Sauerstoff-Index	ASTM D 2863		
Glühstab-Verfahren			
Brandverhalten	DIN 4102		
MVSS			
FAR			

Elektrische Eigenschaften

		Hz	°C		*Probekörper, Form*
Dielektrizitätszahl		50			
		10^3			
		10^6			
Dielektrischer Verlustfaktor tan δ		50			
		10^3			
		10^6			
Spezifischer Durchgangs-widerstand	Ohm · cm				
Durchschlagfestigkeit	kV/mm				mm dick
Oberflächenwiderstand	Ohm				
Kriechstromfestigkeit		KC	KB	KA	
Elektrolytische Korrosionswirkung					
Lichtbogenfestigkeit nach DIN					
nach ASTM	s				

Beständigkeit *(Chemische Beständigkeit siehe Anhang)*

Wasseraufnahme

Feuchtigkeitsaufnahme Normalklima %

Wetterbeständigkeit

Spannungskorrosion

Optische Eigenschaften

Brechungszahl n_D		
Transmissionsgrad τ_c	%	mm dick
Lichtdurchlässigkeit		

Produkt	Polyethylen mittlerer Dichte		**PE**
Handelsname	**Eraclear 8405 GUV 8A**		
Hersteller	ENICHEM		
DIN-Bez 1	16776-PE,RDL,35-D022		
DIN-Bez 2			
Zusätze	UV-Stabilisator	*Füllstoffe/ Verstärkung*	
Bevorzugte Verarbeitung	Rotationsformen	*Lieferform*	Pulver
		Farben	Natur
Besondere Merkmale	Leichte Verarbeitbarkeit; Standardtyp; Witterungsbestaendig	*Bevorzugte Anwendungen*	Verpackung fuer Nahrungsmittel

Dichte	g/cm^3	0.937	*Schmelzindex*	g/10 min	:
Schüttdichte	g/cm^3		*Volumenfließindex*	$cm^3/10$ min	:
Viskositätszahl	ml/g				

Verarbeitungsbedingungen für Spritzgießen

Massetemp.	°C	*Schwindung*	% lgs , quer
Werkzeugtemp.	°C	*Bemerkungen*	
Spritzdruck	bar		

Zugversuch 23 °C

Probekörper: *Form* *Zustand* — *Herstellung* *Vorbehandlung*

Streckspannung	N/mm^2	*Dehnung bei Streckspannung*	%
Zugfestigkeit	N/mm^2	*Reißdehnung*	%
Reißfestigkeit	N/mm^2	*% Dehnspannung*	N/mm^2
E-Modul	N/mm^2	*Dehnung bei % Dehnspg.*	%

Kriechmoduln und Zeitstandwerte 23 °C

Probekörper: *Form* *Zustand* — *Herstellung* *Vorbehandlung*

Kriechmodul	*1 min* N/mm^2	*Zeitstandzugfestigkeit*	h	N/mm^2
Kriechmodul	*1000 h* N/mm^2	*Zeitdehnspg.* %	h	N/mm^2
bei Spannung	N/mm^2			

Biegeversuch 23 °C

Probekörper: *Form* *Zustand* — *Herstellung* *Vorbehandlung*

Biegefestigkeit	N/mm^2	*E-Modul*	N/mm^2
3,5% *Biegespannung*	N/mm^2		

Härte 23 °C *Probekörper:* *Zustand* — *Herstellung* *Vorbehandlung*

Kugeldruckhärte	N/mm^2 bei N, s	*Shore-Härte*	A
Rockwellhärte		*Shore-Härte*	D

Schlagversuch *Probekörper:* *(1)* *(2)* *Zustand* — *Herstellung* *Vorbehandlung*

		°C	°C	°C	*Probekörper-Form*
Schlagzähigkeit	kJ/m^2				
Kerbschlagzähigkeit (1)	kJ/m^2				
IZOD-Kerbschlagzähigkeit (2)	J/m				
Kerbschlagzugzähigkeit	kJ/m^2				

Abrieb und Reibung

Taber-Abrieb (Reibradverfahren) mm³/100 U
Abriebfaktor LNP (Thrust washer) Vergleichswert
Statische Reibungszahl
Dynamische Reibungszahl (p·v= N/mm²· m/min)
Zulässiger p·v Wert N/mm²·(m/min) v= m/min
v= m/min

Thermische Eigenschaften

Formbeständigkeit in der Wärme *Verfahren* °C
Verfahren °C
Vicat Erweichungstemperatur (VST) *Verfahren* °C
Verfahren °C
Kristallit-Schmelzpunkt *Verfahren*

Längenausdehnungskoeffizient *Bereich* °C $\cdot 10^{-4}K^{-1}$
Temperatur $\cdot 10^{-4}K^{-1}$
Wärmeleitfähigkeit *Verfahren* W/(K·m)

Spezifische Wärmekapazität *Verfahren* J/(K·g)

Glasumwandlungstemperatur *Torsionsschwingungsversuch* °C
Differentialkalorimetrie °C

Brandverhalten

UL-Test vertikal Dicke mm, Wert
Dicke mm, Wert

	Norm	*Bewertung*	*Abmessungen*
Sauerstoff-Index	ASTM D 2863		
Glühstab-Verfahren			
Brandverhalten	DIN 4102		
MVSS			
FAR			

Elektrische Eigenschaften

		Hz	°C	*Probekörper, Form*
Dielektrizitätszahl		50		
		10^3		
		10^6		
Dielektrischer Verlustfaktor tan δ		50		
		10^3		
		10^6		
Spezifischer Durchgangswiderstand	Ohm·cm			
Durchschlagfestigkeit	kV/mm			mm dick
Oberflächenwiderstand	Ohm			

Kriechstromfestigkeit KC KB KA
Elektrolytische Korrosionswirkung
Lichtbogenfestigkeit nach DIN
nach ASTM s

Beständigkeit *(Chemische Beständigkeit siehe Anhang)*

Wasseraufnahme

Feuchtigkeitsaufnahme Normalklima %
Wetterbeständigkeit

Spannungskorrosion

Optische Eigenschaften

Brechungszahl n_D
Transmissionsgrad τ_c % mm dick
Lichtdurchlässigkeit

Produkt	Polyethylen mittlerer Dichte		**PE**
Handelsname	**Eraclear 8409 GUV 8D**		
Hersteller	ENICHEM		
DIN-Bez 1	16776-PE,RDL,35-D200		
DIN-Bez 2			
Zusätze	UV-Stabilisator	*Füllstoffe/ Verstärkung*	
Bevorzugte Verarbeitung	Rotationsformen	*Lieferform*	Pulver
		Farben	Natur
Besondere Merkmale	Leichte Verarbeitbarkeit; Steif; Gute Witterungsbestaendigkeit	*Bevorzugte Anwendungen*	Bedarfsartikel

Dichte	g/cm^3	0.937	*Schmelzindex*	g/10 min	:
Schüttdichte	g/cm^3		*Volumenfließindex*	cm^3/10 min	:
Viskositätszahl	ml/g				

Verarbeitungsbedingungen für Spritzgießen

Massetemp.	°C	*Schwindung*	% lgs , quer
Werkzeugtemp.	°C	*Bemerkungen*	
Spritzdruck	bar		

Zugversuch 23 °C

Probekörper: *Form* *Zustand* *Herstellung* *Vorbehandlung*

Streckspannung	N/mm^2	*Dehnung bei Streckspannung*	%
Zugfestigkeit	N/mm^2	*Reißdehnung*	%
Reißfestigkeit	N/mm^2	*% Dehnspannung*	N/mm^2
E-Modul	N/mm^2	*Dehnung bei % Dehnspg.*	%

Kriechmoduln und Zeitstandwerte 23 °C

Probekörper: *Form* *Zustand* *Herstellung* *Vorbehandlung*

Kriechmodul	*1 min* N/mm^2	*Zeitstandzugfestigkeit*	h N/mm^2
Kriechmodul	*1000 h* N/mm^2	*Zeitdehnspg.* %	h N/mm^2
bei Spannung	N/mm^2		

Biegeversuch 23 °C

Probekörper: *Form* *Zustand* *Herstellung* *Vorbehandlung*

Biegefestigkeit	N/mm^2	*E-Modul*	N/mm^2
3,5% *Biegespannung*	N/mm^2		

Härte 23 °C *Probekörper:* *Zustand* *Herstellung* *Vorbehandlung*

Kugeldruckhärte	N/mm^2 bei N, s	*Shore-Härte*	A
Rockwellhärte		*Shore-Härte*	D

Schlagversuch *Probekörper:* *(1)* *(2)* *Zustand* *Herstellung* *Vorbehandlung*

		°C	°C	°C	*Probekörper-Form*
Schlagzähigkeit	kJ/m^2				
Kerbschlagzähigkeit (1)	kJ/m^2				
IZOD-Kerbschlagzähigkeit (2)	J/m				
Kerbschlagzugzähigkeit	kJ/m^2				

Abrieb und Reibung

Taber-Abrieb (Reibradverfahren)	$mm^3/100$ U		
Abriebfaktor LNP (Thrust washer) Vergleichswert			
Statische Reibungszahl			
Dynamische Reibungszahl	(p·v=	N/mm^2 ·	m/min)
Zulässiger p · v Wert	N/mm^2 · (m/min)	v=	m/min
		v=	m/min

Thermische Eigenschaften

Formbeständigkeit in der Wärme	*Verfahren*		°C
	Verfahren		°C
Vicat Erweichungstemperatur (VST)	*Verfahren*		°C
	Verfahren		°C
Kristallit-Schmelzpunkt	*Verfahren*		
Längenausdehnungskoeffizient	*Bereich*	°C	$\cdot 10^{-4}K^{-1}$
	Temperatur		$\cdot 10^{-4}K^{-1}$
Wärmeleitfähigkeit	*Verfahren*		W/(K · m)
Spezifische Wärmekapazität	*Verfahren*		J/(K · g)
Glasumwandlungstemperatur	*Torsionsschwingungsversuch*	°C	
	Differentialkalorimetrie	°C	

Brandverhalten

UL-Test vertikal Dicke mm, Wert
Dicke mm, Wert

	Norm	*Bewertung*	*Abmessungen*
Sauerstoff-Index	ASTM D 2863		
Glühstab-Verfahren			
Brandverhalten	DIN 4102		
MVSS			
FAR			

Elektrische Eigenschaften

	Hz	°C	*Probekörper, Form*
Dielektrizitätszahl	50		
	10^3		
	10^6		
Dielektrischer Verlustfaktor tan δ	50		
	10^3		
	10^6		

Spezifischer Durchgangswiderstand	Ohm · cm	
Durchschlagfestigkeit	kV/mm	mm dick
Oberflächenwiderstand	Ohm	

Kriechstromfestigkeit KC KB KA
Elektrolytische Korrosionswirkung
Lichtbogenfestigkeit nach DIN
nach ASTM s

Beständigkeit *(Chemische Beständigkeit siehe Anhang)*

Wasseraufnahme

Feuchtigkeitsaufnahme Normalklima %
Wetterbeständigkeit

Spannungskorrosion

Optische Eigenschaften

Brechungszahl n_D
Transmissionsgrad τ_c % mm dick
Lichtdurchlässigkeit

Produkt	Polyethylen niedriger Dichte		**PE**
Handelsname	**Eraclear 8107 G 8D**		
Hersteller	ENICHEM		
DIN-Bez 1	16776-PE,RD,25-D045		
DIN-Bez 2			
Zusätze		*Füllstoffe/ Verstärkung*	
Bevorzugte Verarbeitung	Rotationsformen	*Lieferform*	Pulver
		Farben	Natur
Besondere Merkmale	Gute Verarbeitbarkeit; Zaeh	*Bevorzugte Anwendungen*	Tank fuer die Landwirtschaft

Dichte	g/cm^3	0.924	*Schmelzindex*	g/10 min	:
Schüttdichte	g/cm^3		*Volumenfließindex*	cm^3/10 min	:
Viskositätszahl	ml/g				

Verarbeitungsbedingungen für Spritzgießen

Massetemp.	°C	*Schwindung*	% lgs , quer
Werkzeugtemp.	°C	*Bemerkungen*	
Spritzdruck	bar		

Zugversuch 23 °C

Probekörper: *Form* *Zustand* — *Herstellung* *Vorbehandlung*

Streckspannung	N/mm^2	*Dehnung bei Streckspannung*	%
Zugfestigkeit	N/mm^2	*Reißdehnung*	%
Reißfestigkeit	N/mm^2	*% Dehnspannung*	N/mm^2
E-Modul	N/mm^2	*Dehnung bei % Dehnspg.*	%

Kriechmoduln und Zeitstandwerte 23 °C

Probekörper: *Form* *Zustand* — *Herstellung* *Vorbehandlung*

Kriechmodul	*1 min* N/mm^2	*Zeitstandzugfestigkeit*	h N/mm^2
Kriechmodul	*1000 h* N/mm^2	*Zeitdehnspg. %*	h N/mm^2
bei Spannung	N/mm^2		

Biegeversuch 23 °C

Probekörper: *Form* *Zustand* — *Herstellung* *Vorbehandlung*

Biegefestigkeit	N/mm^2	*E-Modul*	N/mm^2
3,5% *Biegespannung*	N/mm^2		

Härte 23 °C *Probekörper:* *Zustand* — *Herstellung* *Vorbehandlung*

Kugeldruckhärte	N/mm^2 bei N, s	*Shore-Härte* A
Rockwellhärte		*Shore-Härte* D

Schlagversuch *Probekörper:* *(1)* *(2)* *Zustand* — *Herstellung* *Vorbehandlung*

	°C	°C	°C	*Probekörper-Form*
Schlagzähigkeit kJ/m^2				
Kerbschlagzähigkeit (1) kJ/m^2				
IZOD-Kerbschlagzähigkeit (2) J/m				
Kerbschlagzugzähigkeit kJ/m^2				

Abrieb und Reibung

Taber-Abrieb (Reibradverfahren)	mm^3/100 U		
Abriebfaktor LNP (Thrust washer) Vergleichswert			
Statische Reibungszahl			
Dynamische Reibungszahl	(p·v=	N/mm²·	m/min)
Zulässiger p·v Wert	N/mm²·(m/min)	v=	m/min
		v=	m/min

Thermische Eigenschaften

Formbeständigkeit in der Wärme	*Verfahren*		°C
	Verfahren		°C
Vicat Erweichungstemperatur (VST)	*Verfahren*		°C
	Verfahren		°C
Kristallit-Schmelzpunkt	*Verfahren*		
Längenausdehnungskoeffizient	*Bereich*	°C	$\cdot 10^{-4}K^{-1}$
	Temperatur		$\cdot 10^{-4}K^{-1}$
Wärmeleitfähigkeit	*Verfahren*		W/(K·m)
Spezifische Wärmekapazität	*Verfahren*		J/(K·g)
Glasumwandlungstemperatur	*Torsionsschwingungsversuch*	°C	
	Differentialkalorimetrie	°C	

Brandverhalten

UL-Test vertikal		Dicke mm, Wert	
		Dicke mm, Wert	
	Norm	*Bewertung*	*Abmessungen*
Sauerstoff-Index	ASTM D 2863		
Glühstab-Verfahren			
Brandverhalten	DIN 4102		
MVSS			
FAR			

Elektrische Eigenschaften

		Hz	°C		*Probekörper, Form*
Dielektrizitätszahl		50			
		10^3			
		10^6			
Dielektrischer Verlustfaktor tan δ		50			
		10^3			
		10^6			
Spezifischer Durchgangswiderstand	Ohm·cm				
Durchschlagfestigkeit	kV/mm				mm dick
Oberflächenwiderstand	Ohm				
Kriechstromfestigkeit		KC	KB	KA	
Elektrolytische Korrosionswirkung					
Lichtbogenfestigkeit nach DIN					
nach ASTM	s				

Beständigkeit *(Chemische Beständigkeit siehe Anhang)*

Wasseraufnahme

Feuchtigkeitsaufnahme Normalklima %

Wetterbeständigkeit

Spannungskorrosion

Optische Eigenschaften

Brechungszahl n_D

Transmissionsgrad τ_c % mm dick

Lichtdurchlässigkeit

PE

Produkt	Polyethylen mittlerer Dichte
Handelsname	**Eraclear 8405 G 8A**
Hersteller	ENICHEM
DIN-Bez 1	16776-PE,RD,35-D022
DIN-Bez 2	

Zusätze		*Füllstoffe/ Verstärkung*	
Bevorzugte Verarbeitung	Rotationsformen	*Lieferform*	Pulver
		Farben	Natur
Besondere Merkmale	Gute Ausgeglichenheit zwischen Steifheit und Zaehigkeit	*Bevorzugte Anwendungen*	Grosser Tank

Dichte	g/cm³	0.937	*Schmelzindex*	g/10 min	:
Schüttdichte	g/cm³		*Volumenfließindex*	cm³/10 min	:
Viskositätszahl	ml/g				

Verarbeitungsbedingungen für Spritzgießen

Massetemp.	°C	*Schwindung*	% lgs , quer
Werkzeugtemp.	°C	*Bemerkungen*	
Spritzdruck	bar		

Zugversuch 23 °C

Probekörper: *Form* / *Zustand* — *Herstellung* / *Vorbehandlung*

Streckspannung	N/mm²	*Dehnung bei Streckspannung*	%
Zugfestigkeit	N/mm²	*Reißdehnung*	%
Reißfestigkeit	N/mm²	% *Dehnspannung*	N/mm²
E-Modul	N/mm²	*Dehnung bei* % *Dehnspg.*	%

Kriechmoduln und Zeitstandwerte 23 °C

Probekörper: *Form* / *Zustand* — *Herstellung* / *Vorbehandlung*

Kriechmodul	*1 min* N/mm²	*Zeitstandzugfestigkeit*	h N/mm²
Kriechmodul	*1000 h* N/mm²	*Zeitdehnspg.* %	h N/mm²
bei Spannung	N/mm²		

Biegeversuch 23 °C

Probekörper: *Form* / *Zustand* — *Herstellung* / *Vorbehandlung*

Biegefestigkeit	N/mm²	*E-Modul*	N/mm²
3,5% *Biegespannung*	N/mm²		

Härte 23 °C *Probekörper:* *Zustand* — *Herstellung* / *Vorbehandlung*

Kugeldruckhärte	N/mm² bei N, s	*Shore-Härte*	A
Rockwellhärte		*Shore-Härte*	D

Schlagversuch *Probekörper:* *(1)* / *(2)* / *Zustand* — *Herstellung* / *Vorbehandlung*

		°C	°C	°C	*Probekörper-Form*
Schlagzähigkeit	kJ/m²				
Kerbschlagzähigkeit (1)	kJ/m²				
IZOD-Kerbschlagzähigkeit (2)	J/m				
Kerbschlagzugzähigkeit	kJ/m²				

Abrieb und Reibung

Taber-Abrieb (Reibradverfahren) mm^3/100 U
Abriebfaktor LNP (Thrust washer) Vergleichswert
Statische Reibungszahl
Dynamische Reibungszahl (p · v = N/mm^2 · m/min)
Zulässiger p · v Wert N/mm^2 · (m/min) v = m/min
v = m/min

Thermische Eigenschaften

Formbeständigkeit in der Wärme *Verfahren* °C
Verfahren °C
Vicat Erweichungstemperatur (VST) *Verfahren* °C
Verfahren °C
Kristallit-Schmelzpunkt *Verfahren*

Längenausdehnungskoeffizient *Bereich* °C · $10^{-4}K^{-1}$
Temperatur · $10^{-4}K^{-1}$
Wärmeleitfähigkeit *Verfahren* W/(K · m)

Spezifische Wärmekapazität *Verfahren* J/(K · g)

Glasumwandlungstemperatur *Torsionsschwingungsversuch* °C
Differentialkalorimetrie °C

Brandverhalten

UL-Test vertikal Dicke mm, Wert
Dicke mm, Wert

	Norm	*Bewertung*	*Abmessungen*
Sauerstoff-Index	ASTM D 2863		
Glühstab-Verfahren			
Brandverhalten	DIN 4102		
MVSS			
FAR			

Elektrische Eigenschaften

	Hz	°C	*Probekörper, Form*
Dielektrizitätszahl	50		
	10^3		
	10^6		
Dielektrischer Verlustfaktor tan δ	50		
	10^3		
	10^6		

Spezifischer Durchgangs-widerstand Ohm · cm
Durchschlagfestigkeit kV/mm mm dick
Oberflächenwiderstand Ohm

Kriechstromfestigkeit KC KB KA
Elektrolytische Korrosionswirkung
Lichtbogenfestigkeit nach DIN
nach ASTM s

Beständigkeit *(Chemische Beständigkeit siehe Anhang)*

Wasseraufnahme

Feuchtigkeitsaufnahme Normalklima %
Wetterbeständigkeit

Spannungskorrosion

Optische Eigenschaften

Brechungszahl n_D
Transmissionsgrad τ_c % mm dick
Lichtdurchlässigkeit

PE

Produkt	Polyethylen mittlerer Dichte		
Handelsname	**Eraclear 8405 G 8D**		
Hersteller	ENICHEM		
DIN-Bez 1	16776-PE,RD,35-D022		
DIN-Bez 2			
Zusätze		*Füllstoffe/ Verstärkung*	
Bevorzugte Verarbeitung	Rotationsformen	*Lieferform*	Pulver
		Farben	Natur
Besondere Merkmale	Nicht fuer Lebensmittelkontakt	*Bevorzugte Anwendungen*	Grosser Tank

Dichte	g/cm^3	0.937	*Schmelzindex*	g/10 min	:
Schüttdichte	g/cm^3		*Volumenfließindex*	cm^3/10 min	:
Viskositätszahl	ml/g				

Verarbeitungsbedingungen für Spritzgießen

Massetemp.	°C	*Schwindung*	% lgs , quer
Werkzeugtemp.	°C	*Bemerkungen*	
Spritzdruck	bar		

Zugversuch 23 °C

Probekörper: *Form* *Zustand* *Herstellung* *Vorbehandlung*

Streckspannung	N/mm^2	*Dehnung bei Streckspannung*	%
Zugfestigkeit	N/mm^2	*Reißdehnung*	%
Reißfestigkeit	N/mm^2	*% Dehnspannung*	N/mm^2
E-Modul	N/mm^2	*Dehnung bei % Dehnspg.*	%

Kriechmoduln und Zeitstandwerte 23 °C

Probekörper: *Form* *Zustand* *Herstellung* *Vorbehandlung*

Kriechmodul	*1 min* N/mm^2	*Zeitstandzugfestigkeit*	h N/mm^2
Kriechmodul	*1000 h* N/mm^2	*Zeitdehnspg. %*	h N/mm^2
bei Spannung	N/mm^2		

Biegeversuch 23 °C

Probekörper: *Form* *Zustand* *Herstellung* *Vorbehandlung*

Biegefestigkeit	N/mm^2	*E-Modul*	N/mm^2
3,5% *Biegespannung*	N/mm^2		

Härte 23 °C *Probekörper:* *Zustand* *Herstellung* *Vorbehandlung*

Kugeldruckhärte	N/mm^2 bei N, s	*Shore-Härte* A
Rockwellhärte		*Shore-Härte* D

Schlagversuch *Probekörper:* *(1)* *(2)* *Zustand* *Herstellung* *Vorbehandlung*

	°C	°C	°C	*Probekörper-Form*
Schlagzähigkeit kJ/m^2				
Kerbschlagzähigkeit (1) kJ/m^2				
IZOD-Kerbschlagzähigkeit (2) J/m				
Kerbschlagzugzähigkeit kJ/m^2				

Abrieb und Reibung

Taber-Abrieb (Reibradverfahren) mm³/100 U
Abriebfaktor LNP (Thrust washer) Vergleichswert
Statische Reibungszahl
Dynamische Reibungszahl (p·v= N/mm²· m/min)
Zulässiger p·v Wert N/mm²·(m/min) v= m/min
v= m/min

Thermische Eigenschaften

Formbeständigkeit in der Wärme *Verfahren* °C
Verfahren °C
Vicat Erweichungstemperatur (VST) *Verfahren* °C
Verfahren °C
Kristallit-Schmelzpunkt *Verfahren*

Längenausdehnungskoeffizient *Bereich* °C $\cdot 10^{-4}K^{-1}$
Temperatur $\cdot 10^{-4}K^{-1}$
Wärmeleitfähigkeit *Verfahren* W/(K·m)

Spezifische Wärmekapazität *Verfahren* J/(K·g)

Glasumwandlungstemperatur *Torsionsschwingungsversuch* °C
Differentialkalorimetrie °C

Brandverhalten

UL-Test vertikal Dicke mm, Wert
Dicke mm, Wert

	Norm	*Bewertung*	*Abmessungen*
Sauerstoff-Index	ASTM D 2863		
Glühstab-Verfahren			
Brandverhalten	DIN 4102		
MVSS			
FAR			

Elektrische Eigenschaften

	Hz	°C	*Probekörper, Form*
Dielektrizitätszahl	50		
	10^3		
	10^6		
Dielektrischer Verlustfaktor tan δ	50		
	10^3		
	10^6		

Spezifischer Durchgangs-widerstand Ohm·cm
Durchschlagfestigkeit kV/mm mm dick
Oberflächenwiderstand Ohm

Kriechstromfestigkeit KC KB KA
Elektrolytische Korrosionswirkung
Lichtbogenfestigkeit nach DIN
nach ASTM s

Beständigkeit *(Chemische Beständigkeit siehe Anhang)*

Wasseraufnahme

Feuchtigkeitsaufnahme Normalklima %
Wetterbeständigkeit

Spannungskorrosion

Optische Eigenschaften

Brechungszahl n_D
Transmissionsgrad τ_c % mm dick
Lichtdurchlässigkeit

Datenbank-Nr.	**T06295**	*Merkblatt-Nr.* **3516**

Produkt	Polyphenylenoxid modifiziert		**PPO**
Handelsname	**Prevex PMA**		
Hersteller	BORGWARNER		
DIN-Bez 1			
DIN-Bez 2			
Zusätze		*Füllstoffe/ Verstärkung*	
Bevorzugte Verarbeitung	Spritzgiessen	*Lieferform*	Granulat
		Farben	Natur
Besondere Merkmale	Geringe Wasseraufnahme; Gute mechanische Eigenschaften ueber einen weiten Temperaturbereich; Gute Hydrolysefestigkeit; Opak; Geringe Schwindung; Sterilisierbar; Universaltyp	*Bevorzugte Anwendungen*	Armaturenindustrie; Bueromaschinenteil; Phono- und Fernsehindustrie; Elektromotorenteil; Haushaltsgeraeteteil; Medizinisches Instrument; Kamerateil; Projektorteil

Dichte	g/cm³	1.06	*Schmelzindex*	g/10 min	:
Schüttdichte	g/cm³		*Volumenfließindex*	cm³/10 min	:
Viskositätszahl	ml/g				

Verarbeitungsbedingungen für Spritzgießen

Massetemp.	°C	≧260	*Schwindung*	% lgs 0.6–0.7, quer 0.6–0.7
Werkzeugtemp.	°C	110–120	*Bemerkungen*	Vortrocknen empfohlen 1 bis 2 h bei 110 C
Spritzdruck	bar	≧1000		

Zugversuch 23 °C ASTM D 638;
Probekörper: *Form* 3.2 mm dick; *Zustand*; *Herstellung* Spritzgiessen; *Vorbehandlung* Normalklima

Streckspannung	N/mm²		*Dehnung bei Streckspannung*	%
Zugfestigkeit	N/mm²	50	*Reißdehnung*	%
Reißfestigkeit	N/mm²		*% Dehnspannung*	N/mm²
E-Modul	N/mm²	2400	*Dehnung bei % Dehnspg.*	%

Kriechmoduln und Zeitstandwerte 23 °C
Probekörper: *Form*; *Zustand*; *Herstellung*; *Vorbehandlung*

Kriechmodul	*1 min*	N/mm²	*Zeitstandzugfestigkeit*	h	N/mm²
Kriechmodul	*1000 h*	N/mm²	*Zeitdehnspg.* %	h	N/mm²
bei Spannung		N/mm²			

Biegeversuch 23 °C ASTM D 790;
Probekörper: *Form* 3.2mm x 13mm x 130mm; *Zustand*; *Herstellung* Spritzgiessen; *Vorbehandlung* Normalklima

Biegefestigkeit	N/mm²	83	*E-Modul*	N/mm²	2500
3,5% *Biegespannung*	N/mm²				

Härte 23 °C *Probekörper:* *Zustand*; *Herstellung* Spritzgiessen; *Vorbehandlung* Normalklima

Kugeldruckhärte	N/mm² bei N, s	*Shore-Härte*	A
Rockwellhärte	R 114	*Shore-Härte*	D

Schlagversuch *Probekörper:* *(1)*; *(2)* V-Kerbe; *Zustand*; *Herstellung* Spritzgiessen; *Vorbehandlung* Normalklima

		°C	°C	°C	*Probekörper-Form*
Schlagzähigkeit	kJ/m²				
Kerbschlagzähigkeit (1)	kJ/m²				
IZOD-Kerbschlagzähigkeit (2)	J/m	23 270			3.2 mm dick
Kerbschlagzugzähigkeit	kJ/m²				

Abrieb und Reibung

Taber-Abrieb (Reibradverfahren) mm^3/100 U
Abriebfaktor LNP (Thrust washer) Vergleichswert
Statische Reibungszahl
Dynamische Reibungszahl (p · v = N/mm^2 · m/min)
Zulässiger p · v Wert N/mm^2 · (m/min) v = m/min
v = m/min

Thermische Eigenschaften

Formbeständigkeit in der Wärme	*Verfahren* A		118 °C
	Verfahren		°C
Vicat Erweichungstemperatur (VST)	*Verfahren* B/50		136 °C
	Verfahren		°C
Kristallit-Schmelzpunkt	*Verfahren*		
Längenausdehnungskoeffizient	*Bereich* -30–30 °C		0.77 · $10^{-4}K^{-1}$
	Temperatur °C		· $10^{-4}K^{-1}$
Wärmeleitfähigkeit	*Verfahren*		W/(K · m)
Spezifische Wärmekapazität	*Verfahren*		J/(K · g)
Glasumwandlungstemperatur	*Torsionsschwingungsversuch*	°C	
	Differentialkalorimetrie	°C	

Brandverhalten

UL-Test vertikal Dicke 3.2 mm, Wert HB
Dicke mm, Wert

	Norm	*Bewertung*	*Abmessungen*
Sauerstoff-Index	ASTM D 2863		
Glühstab-Verfahren			
Brandverhalten	DIN 4102		
MVSS			
FAR			

Elektrische Eigenschaften

	Hz	°C	*Probekörper, Form*
Dielektrizitätszahl	50		
	10^3		
	10^6		
Dielektrischer Verlustfaktor tan δ	50		
	10^3		
	10^6		

Spezifischer Durchgangswiderstand Ohm · cm
Durchschlagfestigkeit kV/mm mm dick
Oberflächenwiderstand Ohm

Kriechstromfestigkeit KC KB KA
Elektrolytische Korrosionswirkung
Lichtbogenfestigkeit nach DIN
nach ASTM s

Beständigkeit *(Chemische Beständigkeit siehe Anhang)*

Wasseraufnahme 23 C 1 d 0.07 %

Feuchtigkeitsaufnahme Normalklima %
Wetterbeständigkeit

Spannungskorrosion

Optische Eigenschaften

Brechungszahl n_D
Transmissionsgrad τ_c % mm dick
Lichtdurchlässigkeit

Produkt	Polyphenylenoxid modifiziert		**PPO**
Handelsname	**Prevex PQA**		
Hersteller	BORGWARNER		
DIN-Bez 1			
DIN-Bez 2			
Zusätze		*Füllstoffe/ Verstärkung*	
Bevorzugte Verarbeitung	Spritzgiessen	*Lieferform*	Granulat
		Farben	Natur
Besondere Merkmale	Geringe Wasseraufnahme; Gute mechanische Eigenschaften ueber einen weiten Temperaturbereich; Gute Hydrolysefestigkeit; Opak; Geringe Schwindung; Sterilisierbar; Universaltyp	*Bevorzugte Anwendungen*	Armaturenindustrie; Bueromaschinenteil; Phono- und Fernsehindustrie; Elektromotorenteil; Haushaltsgeraeteteil; Medizinisches Instrument; Kamerateil; Projektorteil

Dichte	g/cm^3 1.06	*Schmelzindex*	g/10 min	:
Schüttdichte	g/cm^3	*Volumenfließindex*	cm^3/10 min	:
Viskositätszahl	ml/g			

Verarbeitungsbedingungen für Spritzgießen

Massetemp.	°C	≧260	*Schwindung*	% lgs 0.6–0.7, quer 0.6–0.7
Werkzeugtemp.	°C	110–120	*Bemerkungen*	Vortrocknen empfohlen 1 bis 2 h bei 110 C
Spritzdruck	bar	≧1000		

Zugversuch 23 °C ASTM D 638;
Probekörper: *Form* 3.2 mm dick — *Herstellung* Spritzgiessen
Zustand — *Vorbehandlung* Normalklima

Streckspannung	N/mm^2	*Dehnung bei Streckspannung*	%
Zugfestigkeit	N/mm^2 58	*Reißdehnung*	%
Reißfestigkeit	N/mm^2	*% Dehnspannung*	N/mm^2
E-Modul	N/mm^2 2500	*Dehnung bei % Dehnspg.*	%

Kriechmoduln und Zeitstandwerte 23 °C
Probekörper: *Form* — *Herstellung*
Zustand — *Vorbehandlung*

Kriechmodul	*1 min* N/mm^2	*Zeitstandzugfestigkeit*	h	N/mm^2
Kriechmodul	*1000 h* N/mm^2	*Zeitdehnspg. %*	h	N/mm^2
bei Spannung	N/mm^2			

Biegeversuch 23 °C ASTM D 790;
Probekörper: *Form* 3.2mm x 13mm x 130mm — *Herstellung* Spritzgiessen
Zustand — *Vorbehandlung* Normalklima

Biegefestigkeit	N/mm^2 86	*E-Modul*	N/mm^2 2500
3,5% *Biegespannung*	N/mm^2		

Härte 23 °C *Probekörper:* *Zustand* — *Herstellung* Pressen
Vorbehandlung Normalklima

Kugeldruckhärte	N/mm^2 bei N, s	*Shore-Härte* A	
Rockwellhärte	R 115	*Shore-Härte* D	

Schlagversuch *Probekörper:* *(1)*
(2) V-Kerbe — *Herstellung* Spritzgiessen
Zustand — *Vorbehandlung* Normalklima

		°C	°C	°C	*Probekörper-Form*
Schlagzähigkeit	kJ/m^2				
Kerbschlagzähigkeit (1)	kJ/m^2				
IZOD-Kerbschlagzähigkeit (2)	J/m	23 270			3.2 mm dick
Kerbschlagzugzähigkeit	kJ/m^2				

Abrieb und Reibung

Taber-Abrieb (Reibradverfahren)	$mm^3/100$ U		
Abriebfaktor LNP (Thrust washer) Vergleichswert			
Statische Reibungszahl			
Dynamische Reibungszahl	(p·v= N/mm²·		m/min)
Zulässiger p·v Wert	N/mm²·(m/min)	v=	m/min
		v=	m/min

Thermische Eigenschaften

Formbeständigkeit in der Wärme	*Verfahren*	A		129 °C
	Verfahren			°C
Vicat Erweichungstemperatur (VST)	*Verfahren*	B/50		150 °C
	Verfahren			°C
Kristallit-Schmelzpunkt	*Verfahren*			
Längenausdehnungskoeffizient	*Bereich*	-30–30	°C	$0.66 \cdot 10^{-4} K^{-1}$
	Temperatur			$\cdot 10^{-4} K^{-1}$
Wärmeleitfähigkeit	*Verfahren*			W/(K·m)
Spezifische Wärmekapazität	*Verfahren*			J/(K·g)
Glasumwandlungstemperatur	*Torsionsschwingungsversuch*		°C	
	Differentialkalorimetrie		°C	

Brandverhalten

UL-Test vertikal Dicke 1.6 mm, Wert HB
Dicke mm, Wert

	Norm	*Bewertung*	*Abmessungen*
Sauerstoff-Index	ASTM D 2863		
Glühstab-Verfahren			
Brandverhalten	DIN 4102		
MVSS			
FAR			

Elektrische Eigenschaften

		Hz	°C		*Probekörper, Form*
Dielektrizitätszahl		50			
		10^3			
		10^6			
Dielektrischer Verlustfaktor tan δ		50			
		10^3			
		10^6			
Spezifischer Durchgangswiderstand	Ohm·cm				
Durchschlagfestigkeit	kV/mm				mm dick
Oberflächenwiderstand	Ohm				
Kriechstromfestigkeit		KC	KB	KA	
Elektrolytische Korrosionswirkung					
Lichtbogenfestigkeit nach DIN					
nach ASTM	s				

Beständigkeit *(Chemische Beständigkeit siehe Anhang)*

Wasseraufnahme 23 C	1 d	0.07 %	
Feuchtigkeitsaufnahme Normalklima			%
Wetterbeständigkeit			
Spannungskorrosion			

Optische Eigenschaften

Brechungszahl n_D		
Transmissionsgrad τ_c	%	mm dick
Lichtdurchlässigkeit		

Produkt	Polyphenylenoxid modifiziert		**PPO**
Handelsname	**Prevex W20**		
Hersteller	BORGWARNER		
DIN-Bez 1			
DIN-Bez 2			
Zusätze		*Füllstoffe/ Verstärkung*	
Bevorzugte Verarbeitung	Spritzgiessen	*Lieferform*	Granulat
		Farben	Natur; Schwarz; Standard
Besondere Merkmale	Automobiltyp; Gute mechanische Eigenschaften ueber einen weiten Temperaturbereich; Gute Hydrolysefestigkeit; Opak; Geringe Schwindung; Hohe Massbestaendigkeit	*Bevorzugte Anwendungen*	Kfz-Bau; Metallisiertes Formteil; Teil fuer Luftfuehrungssystem; Grill; Radkappe; Armaturenbrett; Instrumentengehaeuse; Lampengehaeuse; Schlossteil

Dichte	g/cm^3	1.06	*Schmelzindex*	g/10 min	:
Schüttdichte	g/cm^3		*Volumenfließindex*	cm^3/10 min	:
Viskositätszahl	ml/g				

Verarbeitungsbedingungen für Spritzgießen

Massetemp.	°C	≧260	*Schwindung*	%	lgs 0.6–0.7, quer 0.6–0.7
Werkzeugtemp.	°C	110–120	*Bemerkungen*	Vortrocknen empfohlen 1 bis 2 h bei 110 C	
Spritzdruck	bar	≧1000			

Zugversuch 23 °C ASTM D 638;

Probekörper: *Form* 3.2 mm dick; *Zustand* — *Herstellung* Spritzgiessen; *Vorbehandlung* Normalklima

Streckspannung	N/mm^2		*Dehnung bei Streckspannung*	%
Zugfestigkeit	N/mm^2	39	*Reißdehnung*	%
Reißfestigkeit	N/mm^2		*% Dehnspannung*	N/mm^2
E-Modul	N/mm^2	1900	*Dehnung bei % Dehnspg.*	%

Kriechmoduln und Zeitstandwerte 23 °C

Probekörper: *Form*; *Zustand* — *Herstellung*; *Vorbehandlung*

Kriechmodul	*1 min*	N/mm^2	*Zeitstandzugfestigkeit*	h	N/mm^2
Kriechmodul	*1000 h*	N/mm^2	*Zeitdehnspg. %*	h	N/mm^2
bei Spannung		N/mm^2			

Biegeversuch 23 °C ASTM D 790;

Probekörper: *Form* 3.2mm x 13mm x 130mm; *Zustand* — *Herstellung* Spritzgiessen; *Vorbehandlung* Normalklima

Biegefestigkeit	N/mm^2	65	*E-Modul*	N/mm^2 2000
3,5% *Biegespannung*	N/mm^2			

Härte 23 °C *Probekörper:* *Zustand* — *Herstellung* Pressen; *Vorbehandlung* Normalklima

Kugeldruckhärte	N/mm^2	bei N, s	*Shore-Härte* A	
Rockwellhärte	R 103		*Shore-Härte* D	

Schlagversuch *Probekörper:* *(1)*; *(2)* V-Kerbe; *Zustand* — *Herstellung* Spritzgiessen; *Vorbehandlung* Normalklima

		°C		°C		°C		*Probekörper-Form*
Schlagzähigkeit	kJ/m^2							
Kerbschlagzähigkeit (1)	kJ/m^2							
IZOD-Kerbschlagzähigkeit (2)	J/m	23	347	-29	213	-40	160	3.2 mm dick
Kerbschlagzugzähigkeit	kJ/m^2							

Abrieb und Reibung

Taber-Abrieb (Reibradverfahren)	mm^3/100 U		
Abriebfaktor LNP (Thrust washer) Vergleichswert			
Statische Reibungszahl			
Dynamische Reibungszahl	(p · v=	N/mm² ·	m/min)
Zulässiger p · v Wert	N/mm² · (m/min)	v=	m/min
		v=	m/min

Thermische Eigenschaften

Formbeständigkeit in der Wärme	*Verfahren*	A		99 °C
	Verfahren			°C
Vicat Erweichungstemperatur (VST)	*Verfahren*			°C
	Verfahren			°C
Kristallit-Schmelzpunkt	*Verfahren*			
Längenausdehnungskoeffizient	*Bereich*	-30–30	°C	$0.79 \cdot 10^{-4} K^{-1}$
	Temperatur			$\cdot 10^{-4} K^{-1}$
Wärmeleitfähigkeit	*Verfahren*			W/(K · m)
Spezifische Wärmekapazität	*Verfahren*			J/(K · g)
Glasumwandlungstemperatur	*Torsionsschwingungsversuch*		°C	
	Differentialkalorimetrie		°C	

Brandverhalten

UL-Test vertikal	Dicke	mm, Wert
	Dicke	mm, Wert

	Norm	*Bewertung*	*Abmessungen*
Sauerstoff-Index	ASTM D 2863		
Glühstab-Verfahren			
Brandverhalten	DIN 4102		
MVSS			
FAR			

Elektrische Eigenschaften

		Hz	°C		*Probekörper, Form*
Dielektrizitätszahl		50			
		10^3			
		10^6			
Dielektrischer Verlustfaktor tan δ		50			
		10^3			
		10^6			
Spezifischer Durchgangs-widerstand	Ohm · cm				
Durchschlagfestigkeit	kV/mm				mm dick
Oberflächenwiderstand	Ohm				
Kriechstromfestigkeit		KC	KB	KA	
Elektrolytische Korrosionswirkung					
Lichtbogenfestigkeit nach DIN					
nach ASTM	s				

Beständigkeit *(Chemische Beständigkeit siehe Anhang)*

Wasseraufnahme 23 C	1 d	0.07 %	
Feuchtigkeitsaufnahme Normalklima			%
Wetterbeständigkeit			
Spannungskorrosion			

Optische Eigenschaften

Brechungszahl n_D		
Transmissionsgrad τ_c	%	mm dick
Lichtdurchlässigkeit		

Produkt	Polyphenylenoxid modifiziert		**PPO**
Handelsname	**Prevex W30**		
Hersteller	BORGWARNER		
DIN-Bez 1			
DIN-Bez 2			
Zusätze		*Füllstoffe/ Verstärkung*	
Bevorzugte Verarbeitung	Spritzgiessen	*Lieferform*	Granulat
		Farben	Natur; Schwarz; Standard
Besondere Merkmale	Automobiltyp; Gute mechanische Eigenschaften ueber einen weiten Temperaturbereich; Gute Hydrolysefestigkeit; Opak; Geringe Schwindung; Hohe Massbestaendigkeit	*Bevorzugte Anwendungen*	Kfz-Bau; Metallisiertes Formteil; Teil fuer Luftfuehrungssystem; Grill; Radkappe; Armaturenbrett; Instrumentengehaeuse; Lampengehaeuse; Schlossteil

Dichte	g/cm^3	1.06	*Schmelzindex*	g/10 min	:
Schüttdichte	g/cm^3		*Volumenfließindex*	$cm^3/10$ min	:
Viskositätszahl	ml/g				

Verarbeitungsbedingungen für Spritzgießen

Massetemp.	°C	≧260	*Schwindung*	% lgs 0.6–0.7, quer 0.6–0.7
Werkzeugtemp.	°C	110–120	*Bemerkungen*	Vortrocknen empfohlen 1 bis 2 h bei 110 C
Spritzdruck	bar	≧1000		

Zugversuch 23 °C ASTM D 638;

Probekörper: *Form* 3.2 mm dick *Herstellung* Spritzgiessen
Zustand *Vorbehandlung* Normalklima

Streckspannung	N/mm^2		*Dehnung bei Streckspannung*	%	
Zugfestigkeit	N/mm^2	48	*Reißdehnung*	%	70
Reißfestigkeit	N/mm^2		*% Dehnspannung*	N/mm^2	
E-Modul	N/mm^2	2400	*Dehnung bei % Dehnspg.*	%	

Kriechmoduln und Zeitstandwerte 23 °C

Probekörper: *Form* *Herstellung*
Zustand *Vorbehandlung*

Kriechmodul	*1 min* N/mm^2	*Zeitstandzugfestigkeit*	h	N/mm^2
Kriechmodul	*1000 h* N/mm^2	*Zeitdehnspg. %*	h	N/mm^2
bei Spannung	N/mm^2			

Biegeversuch 23 °C ASTM D 790;

Probekörper: *Form* 3.2mm x 13mm x 130mm *Herstellung* Spritzgiessen
Zustand *Vorbehandlung* Normalklima

Biegefestigkeit	N/mm^2	72	*E-Modul*	N/mm^2	2500
3,5% *Biegespannung*	N/mm^2				

Härte 23 °C *Probekörper:* *Zustand* *Herstellung* Pressen
Vorbehandlung Normalklima

Kugeldruckhärte	N/mm^2 bei N, s	*Shore-Härte*	A
Rockwellhärte	R 113	*Shore-Härte*	D

Schlagversuch *Probekörper:* *(1)*
(2) V-Kerbe *Herstellung* Spritzgiessen
Zustand *Vorbehandlung* Normalklima

		°C		°C		°C		*Probekörper-Form*
Schlagzähigkeit	kJ/m^2							
Kerbschlagzähigkeit (1)	kJ/m^2							
IZOD-Kerbschlagzähigkeit (2)	J/m	23	270	-29	150	-40	130	3.2 mm dick
Kerbschlagzugzähigkeit	kJ/m^2							

Abrieb und Reibung

Taber-Abrieb (Reibradverfahren) $mm^3/100$ U
Abriebfaktor LNP (Thrust washer) Vergleichswert
Statische Reibungszahl
Dynamische Reibungszahl (p·v= N/mm^2· m/min)
Zulässiger p · v Wert N/mm^2·(m/min) v= m/min
v= m/min

Thermische Eigenschaften

Formbeständigkeit in der Wärme	*Verfahren* A		113 °C
	Verfahren		°C
Vicat Erweichungstemperatur (VST)	*Verfahren*		°C
	Verfahren		°C
Kristallit-Schmelzpunkt	*Verfahren*		
Längenausdehnungskoeffizient	*Bereich*	-30–30 °C	$0.79 \cdot 10^{-4} K^{-1}$
	Temperatur		$\cdot 10^{-4} K^{-1}$
Wärmeleitfähigkeit	*Verfahren*		W/(K · m)
Spezifische Wärmekapazität	*Verfahren*		J/(K · g)
Glasumwandlungstemperatur	*Torsionsschwingungsversuch*	°C	
	Differentialkalorimetrie	°C	

Brandverhalten

UL-Test vertikal Dicke mm, Wert
Dicke mm, Wert

	Norm	*Bewertung*	*Abmessungen*
Sauerstoff-Index	ASTM D 2863		
Glühstab-Verfahren			
Brandverhalten	DIN 4102		
MVSS			
FAR			

Elektrische Eigenschaften

		Hz	°C	*Probekörper, Form*
Dielektrizitätszahl		50		
		10^3		
		10^6		
Dielektrischer Verlustfaktor tan δ		50		
		10^3		
		10^6		
Spezifischer Durchgangswiderstand	Ohm · cm			
Durchschlagfestigkeit	kV/mm			mm dick
Oberflächenwiderstand	Ohm			

Kriechstromfestigkeit KC KB KA
Elektrolytische Korrosionswirkung
Lichtbogenfestigkeit nach DIN
nach ASTM s

Beständigkeit *(Chemische Beständigkeit siehe Anhang)*

Wasseraufnahme 23 C 1 d 0.07 %

Feuchtigkeitsaufnahme Normalklima %
Wetterbeständigkeit

Spannungskorrosion

Optische Eigenschaften

Brechungszahl n_D
Transmissionsgrad τ_c % mm dick
Lichtdurchlässigkeit

Produkt	Polyphenylenoxid modifiziert		**PPO**
Handelsname	**Prevex W40**		
Hersteller	BORGWARNER		
DIN-Bez 1			
DIN-Bez 2			
Zusätze		*Füllstoffe/ Verstärkung*	
Bevorzugte Verarbeitung	Spritzgiessen	*Lieferform*	Granulat
		Farben	Natur; Schwarz; Standard
Besondere Merkmale	Automobiltyp; Gute mechanische Eigenschaften ueber einen weiten Temperaturbereich; Gute Hydrolysefestigkeit; Opak; Geringe Schwindung; Hohe Massbestaendigkeit	*Bevorzugte Anwendungen*	Kfz-Bau; Metallisiertes Formteil; Teil fuer Luftfuehrungssystem; Grill; Radkappe; Armaturenbrett; Instrumentengehaeuse; Lampengehaeuse; Schlossteil

Dichte	g/cm^3	1.06	*Schmelzindex*	g/10 min	:
Schüttdichte	g/cm^3		*Volumenfließindex*	$cm^3/10$ min	:
Viskositätszahl	ml/g				

Verarbeitungsbedingungen für Spritzgießen

Massetemp.	°C	≧260	*Schwindung*	% lgs 0.6–0.7, quer 0.6–0.7
Werkzeugtemp.	°C	110–120	*Bemerkungen*	Vortrocknen empfohlen 1 bis 2 h bei 110 C
Spritzdruck	bar	≧1000		

Zugversuch 23 °C ASTM D 638;

Probekörper: *Form* 3.2 mm dick — *Herstellung* Spritzgiessen
Zustand — *Vorbehandlung* Normalklima

Streckspannung	N/mm^2		*Dehnung bei Streckspannung*	%	
Zugfestigkeit	N/mm^2	45	*Reißdehnung*	%	75
Reißfestigkeit	N/mm^2		*% Dehnspannung*	N/mm^2	
E-Modul	N/mm^2	2100	*Dehnung bei % Dehnspg.*	%	

Kriechmoduln und Zeitstandwerte 23 °C

Probekörper: *Form* — *Herstellung*
Zustand — *Vorbehandlung*

Kriechmodul	*1 min* N/mm^2	*Zeitstandzugfestigkeit*	h	N/mm^2
Kriechmodul	*1000 h* N/mm^2	*Zeitdehnspg.* %	h	N/mm^2
bei Spannung	N/mm^2			

Biegeversuch 23 °C ASTM D 790;

Probekörper: *Form* 3.2mm x 13mm x 130mm — *Herstellung* Spritzgiessen
Zustand — *Vorbehandlung* Normalklima

Biegefestigkeit	N/mm^2	65	*E-Modul*	N/mm^2	2200
3,5% *Biegespannung*	N/mm^2				

Härte 23 °C *Probekörper:* *Zustand* — *Herstellung* Pressen
Vorbehandlung Normalklima

Kugeldruckhärte	N/mm^2 bei N, s	*Shore-Härte*	A
Rockwellhärte	R 107	*Shore-Härte*	D

Schlagversuch *Probekörper:* *(1)*
(2) V-Kerbe — *Herstellung* Spritzgiessen
Zustand — *Vorbehandlung* Normalklima

		°C		°C		°C		*Probekörper-Form*
Schlagzähigkeit	kJ/m^2							
Kerbschlagzähigkeit (1)	kJ/m^2							
IZOD-Kerbschlagzähigkeit (2)	J/m	23	350	-29	210	-40	190	3.2 mm dick
Kerbschlagzugzähigkeit	kJ/m^2							

Abrieb und Reibung

Taber-Abrieb (Reibradverfahren)	$mm^3/100$ U		
Abriebfaktor LNP (Thrust washer) Vergleichswert			
Statische Reibungszahl			
Dynamische Reibungszahl	(p · v=	N/mm² ·	m/min)
Zulässiger p · v Wert	N/mm² · (m/min)	v=	m/min
		v=	m/min

Thermische Eigenschaften

Formbeständigkeit in der Wärme	Verfahren	A		116 °C
	Verfahren			°C
Vicat Erweichungstemperatur (VST)	Verfahren			°C
	Verfahren			°C
Kristallit-Schmelzpunkt	Verfahren			
Längenausdehnungskoeffizient	Bereich	-30–30	°C	$0.72 \cdot 10^{-4} K^{-1}$
	Temperatur			$\cdot 10^{-4} K^{-1}$
Wärmeleitfähigkeit	Verfahren			W/(K · m)
Spezifische Wärmekapazität	Verfahren			J/(K · g)
Glasumwandlungstemperatur	Torsionsschwingungsversuch		°C	
	Differentialkalorimetrie		°C	

Brandverhalten

UL-Test vertikal		Dicke mm, Wert	
		Dicke mm, Wert	
	Norm	Bewertung	Abmessungen
Sauerstoff-Index	ASTM D 2863		
Glühstab-Verfahren			
Brandverhalten	DIN 4102		
MVSS			
FAR			

Elektrische Eigenschaften

		Hz	°C			Probekörper, Form
Dielektrizitätszahl		50				
		10^3				
		10^6				
Dielektrischer Verlustfaktor tan δ		50				
		10^3				
		10^6				
Spezifischer Durchgangswiderstand	Ohm · cm					
Durchschlagfestigkeit	kV/mm					mm dick
Oberflächenwiderstand	Ohm					
Kriechstromfestigkeit		KC		KB	KA	
Elektrolytische Korrosionswirkung						
Lichtbogenfestigkeit nach DIN						
nach ASTM	s					

Beständigkeit *(Chemische Beständigkeit siehe Anhang)*

Wasseraufnahme 23 C	1 d	0.07 %	
Feuchtigkeitsaufnahme Normalklima			%
Wetterbeständigkeit			
Spannungskorrosion			

Optische Eigenschaften

Brechungszahl n_D		
Transmissionsgrad τ_c	%	mm dick
Lichtdurchlässigkeit		

Produkt	Polyphenylenoxid modifiziert		**PPO**
Handelsname	**Prevex W50**		
Hersteller	BORGWARNER		
DIN-Bez 1			
DIN-Bez 2			
Zusätze		*Füllstoffe/ Verstärkung*	
Bevorzugte Verarbeitung	Spritzgiessen	*Lieferform*	Granulat
		Farben	Natur; Schwarz; Standard
Besondere Merkmale	Automobiltyp; Gute mechanische Eigenschaften ueber einen weiten Temperaturbereich; Gute Hydrolysefestigkeit; Opak; Geringe Schwindung; Hohe Massbestaendigkeit	*Bevorzugte Anwendungen*	Kfz-Bau; Metallisiertes Formteil; Teil fuer Luftfuehrungssystem; Grill; Radkappe; Armaturenbrett; Instrumentengehaeuse; Lampengehaeuse; Schlossteil

Dichte	g/cm^3	1.06	*Schmelzindex*	g/10 min	:
Schüttdichte	g/cm^3		*Volumenfließindex*	cm^3/10 min	:
Viskositätszahl	ml/g				

Verarbeitungsbedingungen für Spritzgießen

Massetemp.	°C	≧260	*Schwindung*	% lgs 0.6–0.7, quer 0.6–0.7
Werkzeugtemp.	°C	110–120	*Bemerkungen*	Vortrocknen empfohlen 1 bis 2 h bei 110 C
Spritzdruck	bar	≧1000		

Zugversuch 23 °C ASTM D 638;
Probekörper: *Form* 3.2 mm dick *Herstellung* Spritzgiessen
Zustand *Vorbehandlung* Normalklima

Streckspannung	N/mm^2		*Dehnung bei Streckspannung*	%	
Zugfestigkeit	N/mm^2	50	*Reißdehnung*	%	60
Reißfestigkeit	N/mm^2		*% Dehnspannung*	N/mm^2	
E-Modul	N/mm^2	2300	*Dehnung bei % Dehnspg.*	%	

Kriechmoduln und Zeitstandwerte 23 °C
Probekörper: *Form* *Herstellung*
Zustand *Vorbehandlung*

Kriechmodul	*1 min* N/mm^2	*Zeitstandzugfestigkeit*	h	N/mm^2
Kriechmodul	*1000 h* N/mm^2	*Zeitdehnspg. %*	h	N/mm^2
bei Spannung	N/mm^2			

Biegeversuch 23 °C ASTM D 790;
Probekörper: *Form* 3.2mm x 13mm x 130mm *Herstellung* Spritzgiessen
Zustand *Vorbehandlung* Normalklima

Biegefestigkeit	N/mm^2	83	*E-Modul*	N/mm^2 2500
3,5% *Biegespannung*	N/mm^2			

Härte 23 °C *Probekörper:* *Zustand* *Herstellung* Pressen
Vorbehandlung Normalklima

Kugeldruckhärte	N/mm^2 bei N, s	*Shore-Härte*	A
Rockwellhärte	R 114	*Shore-Härte*	D

Schlagversuch *Probekörper:* *(1)*
(2) V-Kerbe *Herstellung* Spritzgiessen
Zustand *Vorbehandlung* Normalklima

		°C		°C		°C		*Probekörper-Form*
Schlagzähigkeit	kJ/m^2							
Kerbschlagzähigkeit (1)	kJ/m^2							
IZOD-Kerbschlagzähigkeit (2)	J/m	23	270	-29	130	-40	110	3.2 mm dick
Kerbschlagzugzähigkeit	kJ/m^2							

Abrieb und Reibung

Taber-Abrieb (Reibradverfahren)	mm^3/100 U		
Abriebfaktor LNP (Thrust washer) Vergleichswert			
Statische Reibungszahl			
Dynamische Reibungszahl	(p · v=	N/mm² ·	m/min)
Zulässiger p · v Wert	N/mm² · (m/min)	v=	m/min
		v=	m/min

Thermische Eigenschaften

Formbeständigkeit in der Wärme	*Verfahren*	A		121 °C
	Verfahren			°C
Vicat Erweichungstemperatur (VST)	*Verfahren*			°C
	Verfahren			°C
Kristallit-Schmelzpunkt	*Verfahren*			
Längenausdehnungskoeffizient	*Bereich*	-30–30	°C	$0.77 \cdot 10^{-4} K^{-1}$
	Temperatur			$\cdot 10^{-4} K^{-1}$
Wärmeleitfähigkeit	*Verfahren*			W/(K · m)
Spezifische Wärmekapazität	*Verfahren*			J/(K · g)
Glasumwandlungstemperatur	*Torsionsschwingungsversuch*		°C	
	Differentialkalorimetrie		°C	

Brandverhalten

UL-Test vertikal	Dicke mm, Wert	
	Dicke mm, Wert	

	Norm	*Bewertung*	*Abmessungen*
Sauerstoff-Index	ASTM D 2863		
Glühstab-Verfahren			
Brandverhalten	DIN 4102		
MVSS			
FAR			

Elektrische Eigenschaften

		Hz	°C			*Probekörper, Form*
Dielektrizitätszahl		50				
		10^3				
		10^6				
Dielektrischer Verlustfaktor tan δ		50				
		10^3				
		10^6				
Spezifischer Durchgangs-widerstand	Ohm · cm					
Durchschlagfestigkeit	kV/mm					mm dick
Oberflächenwiderstand	Ohm					
Kriechstromfestigkeit		KC		KB	KA	
Elektrolytische Korrosionswirkung						
Lichtbogenfestigkeit nach DIN						
nach ASTM	s					

Beständigkeit *(Chemische Beständigkeit siehe Anhang)*

Wasseraufnahme 23 C	1 d	0.07 %	
Feuchtigkeitsaufnahme Normalklima			%
Wetterbeständigkeit			
Spannungskorrosion			

Optische Eigenschaften

Brechungszahl n_D		
Transmissionsgrad τ_c	%	mm dick
Lichtdurchlässigkeit		

Produkt	Polyphenylenoxid modifiziert		**PPO**
Handelsname	**Prevex W70**		
Hersteller	BORGWARNER		
DIN-Bez 1			
DIN-Bez 2			
Zusätze		*Füllstoffe/ Verstärkung*	
Bevorzugte Verarbeitung	Spritzgiessen	*Lieferform*	Granulat
		Farben	Natur; Schwarz; Standard
Besondere Merkmale	Automobiltyp; Gute mechanische Eigenschaften ueber einen weiten Temperaturbereich; Gute Hydrolysefestigkeit; Opak; Geringe Schwindung; Hohe Massbestaendigkeit	*Bevorzugte Anwendungen*	Kfz-Bau; Metallisiertes Formteil; Teil fuer Luftfuehrungssystem; Grill; Radkappe; Armaturenbrett; Instrumentengehaeuse; Lampengehaeuse; Schlossteil

Dichte	g/cm^3	1.06	*Schmelzindex*	g/10 min	:
Schüttdichte	g/cm^3		*Volumenfließindex*	$cm^3/10$ min	:
Viskositätszahl	ml/g				

Verarbeitungsbedingungen für Spritzgießen

Massetemp.	°C	≧260	*Schwindung*	% lgs 0.6–0.7, quer 0.6–0.7
Werkzeugtemp.	°C	110–120	*Bemerkungen*	Vortrocknen empfohlen 1 bis 2 h bei 110 C
Spritzdruck	bar	≧1000		

Zugversuch 23 °C ASTM D 638;
Probekörper: *Form* 3.2 mm dick; *Zustand* — *Herstellung* Spritzgiessen; *Vorbehandlung* Normalklima

Streckspannung	N/mm^2		*Dehnung bei Streckspannung*	%	
Zugfestigkeit	N/mm^2	55	*Reißdehnung*	%	60
Reißfestigkeit	N/mm^2		% *Dehnspannung*	N/mm^2	
E-Modul	N/mm^2	2500	*Dehnung bei* % *Dehnspg.*	%	

Kriechmoduln und Zeitstandwerte 23 °C
Probekörper: *Form*; *Zustand* — *Herstellung*; *Vorbehandlung*

Kriechmodul	*1 min* N/mm^2	*Zeitstandzugfestigkeit*	h	N/mm^2
Kriechmodul	*1000 h* N/mm^2	*Zeitdehnspg.* %	h	N/mm^2
bei Spannung	N/mm^2			

Biegeversuch 23 °C ASTM D 790;
Probekörper: *Form* 3.2mm x 13mm x 130mm; *Zustand* — *Herstellung* Spritzgiessen; *Vorbehandlung* Normalklima

Biegefestigkeit	N/mm^2	86	*E-Modul*	N/mm^2	2500
3,5% *Biegespannung*	N/mm^2				

Härte 23 °C *Probekörper:* *Zustand* — *Herstellung* Pressen; *Vorbehandlung* Normalklima

Kugeldruckhärte	N/mm^2	bei N, s	*Shore-Härte* A	
Rockwellhärte	R 116		*Shore-Härte* D	

Schlagversuch *Probekörper:* *(1)*; *(2)* V-Kerbe; *Zustand* — *Herstellung* Spritzgiessen; *Vorbehandlung* Normalklima

		°C		°C		°C		*Probekörper-Form*
Schlagzähigkeit	kJ/m^2							
Kerbschlagzähigkeit (1)	kJ/m^2							
IZOD-Kerbschlagzähigkeit (2)	J/m	23	270	-29	160	-40	140	3.2 mm dick
Kerbschlagzugzähigkeit	kJ/m^2							

Abrieb und Reibung

Taber-Abrieb (Reibradverfahren) mm^3/100 U
Abriebfaktor LNP (Thrust washer) Vergleichswert
Statische Reibungszahl
Dynamische Reibungszahl (p · v = N/mm^2 · m/min)
Zulässiger p · v Wert N/mm^2 · (m/min) v = m/min
v = m/min

Thermische Eigenschaften

Formbeständigkeit in der Wärme	*Verfahren* A		130 °C
	Verfahren		°C
Vicat Erweichungstemperatur (VST)	*Verfahren*		°C
	Verfahren		°C
Kristallit-Schmelzpunkt	*Verfahren*		
Längenausdehnungskoeffizient	*Bereich* -30–30 °C		0.66 · $10^{-4}K^{-1}$
	Temperatur		· $10^{-4}K^{-1}$
Wärmeleitfähigkeit	*Verfahren*		W/(K · m)
Spezifische Wärmekapazität	*Verfahren*		J/(K · g)
Glasumwandlungstemperatur	*Torsionsschwingungsversuch*	°C	
	Differentialkalorimetrie	°C	

Brandverhalten

UL-Test vertikal Dicke mm, Wert
Dicke mm, Wert

	Norm	*Bewertung*	*Abmessungen*
Sauerstoff-Index	ASTM D 2863		
Glühstab-Verfahren			
Brandverhalten	DIN 4102		
MVSS			
FAR			

Elektrische Eigenschaften

	Hz	°C		*Probekörper, Form*
Dielektrizitätszahl	50			
	10^3			
	10^6			
Dielektrischer Verlustfaktor tan δ	50			
	10^3			
	10^6			
Spezifischer Durchgangswiderstand Ohm · cm				
Durchschlagfestigkeit kV/mm				mm dick
Oberflächenwiderstand Ohm				
Kriechstromfestigkeit	KC	KB	KA	
Elektrolytische Korrosionswirkung				
Lichtbogenfestigkeit nach DIN				
nach ASTM s				

Beständigkeit *(Chemische Beständigkeit siehe Anhang)*

Wasseraufnahme 23 C 1 d 0.07 %

Feuchtigkeitsaufnahme Normalklima %
Wetterbeständigkeit

Spannungskorrosion

Optische Eigenschaften

Brechungszahl n_D
Transmissionsgrad τ_c % mm dick
Lichtdurchlässigkeit

Produkt	Polyphenylenoxid modifiziert		**PPO**
Handelsname	**Prevex VGA**		
Hersteller	BORGWARNER		
DIN-Bez 1			
DIN-Bez 2			
Zusätze	Brandschutzmittel	*Füllstoffe/ Verstärkung*	
Bevorzugte Verarbeitung	Spritzgiessen	*Lieferform*	Granulat
		Farben	Natur; Schwarz; Standard
Besondere Merkmale	Gute Schlagzaehigkeit; Gute Dimensionsstabilitaet	*Bevorzugte Anwendungen*	Technisches Formteil; Gehaeuse; Bueromaschinengehaeuse

Dichte	g/cm³	1.06	*Schmelzindex*	g/10 min	:
Schüttdichte	g/cm³		*Volumenfließindex*	cm³/10 min	:
Viskositätszahl	ml/g				

Verarbeitungsbedingungen für Spritzgießen

Massetemp.	°C	≧260	*Schwindung*	% lgs 0.6–0.7, quer 0.6–0.7
Werkzeugtemp.	°C	110–120	*Bemerkungen*	Vortrocknen empfohlen 1 bis 2 h bei 110 C
Spritzdruck	bar	≧1000		

Zugversuch 23 °C ASTM D 638;
Probekörper: *Form* 3.2 mm dick — *Herstellung* Spritzgiessen
Zustand — *Vorbehandlung* Normalklima

Streckspannung	N/mm²		*Dehnung bei Streckspannung*	%
Zugfestigkeit	N/mm²	43	*Reißdehnung*	%
Reißfestigkeit	N/mm²		*% Dehnspannung*	N/mm²
E-Modul	N/mm²	2300	*Dehnung bei % Dehnspg.*	%

Kriechmoduln und Zeitstandwerte 23 °C
Probekörper: *Form* — *Herstellung*
Zustand — *Vorbehandlung*

Kriechmodul	*1 min* N/mm²		*Zeitstandzugfestigkeit*	h N/mm²
Kriechmodul	*1000 h* N/mm²		*Zeitdehnspg. %*	h N/mm²
bei Spannung	N/mm²			

Biegeversuch 23 °C ASTM D 790;
Probekörper: *Form* 3.2mm x 13mm x 130mm — *Herstellung* Spritzgiessen
Zustand — *Vorbehandlung* Normalklima

Biegefestigkeit	N/mm²	69	*E-Modul*	N/mm² 2300
3,5% *Biegespannung*	N/mm²			

Härte 23 °C *Probekörper:* *Zustand* — *Herstellung* Pressen
Vorbehandlung Normalklima

Kugeldruckhärte	N/mm²	bei N, s	*Shore-Härte* A
Rockwellhärte	R 112		*Shore-Härte* D

Schlagversuch *Probekörper:* *(1)*
(2) V-Kerbe — *Herstellung* Spritzgiessen
Zustand — *Vorbehandlung* Normalklima

		°C	°C	°C	*Probekörper-Form*
Schlagzähigkeit	kJ/m²				
Kerbschlagzähigkeit (1)	kJ/m²				
IZOD-Kerbschlagzähigkeit (2)	J/m	23 350			3.2 mm dick
Kerbschlagzugzähigkeit	kJ/m²				

Abrieb und Reibung

Taber-Abrieb (Reibradverfahren) mm³/100 U
Abriebfaktor LNP (Thrust washer) Vergleichswert
Statische Reibungszahl
Dynamische Reibungszahl (p · v= N/mm² · m/min)
Zulässiger p · v Wert N/mm² · (m/min) v= m/min
v= m/min

Thermische Eigenschaften

Formbeständigkeit in der Wärme	*Verfahren*	A		88 °C
	Verfahren			°C
Vicat Erweichungstemperatur (VST)	*Verfahren*			°C
	Verfahren			°C
Kristallit-Schmelzpunkt	*Verfahren*			
Längenausdehnungskoeffizient	*Bereich*	-30–30	°C	$0.77 \cdot 10^{-4} K^{-1}$
	Temperatur			$\cdot 10^{-4} K^{-1}$
Wärmeleitfähigkeit	*Verfahren*			W/(K · m)
Spezifische Wärmekapazität	*Verfahren*			J/(K · g)
Glasumwandlungstemperatur	*Torsionsschwingungsversuch*		°C	
	Differentialkalorimetrie		°C	

Brandverhalten

UL-Test vertikal Dicke 1.57 mm, Wert V-0
Dicke mm, Wert

	Norm	*Bewertung*	*Abmessungen*
Sauerstoff-Index	ASTM D 2863		
Glühstab-Verfahren			
Brandverhalten	DIN 4102		
MVSS			
FAR			

Elektrische Eigenschaften

		Hz	°C		*Probekörper, Form*
Dielektrizitätszahl		50			
		10^3			
		10^6			
Dielektrischer Verlustfaktor tan δ		50			
		10^3			
		10^6			
Spezifischer Durchgangswiderstand	Ohm · cm				
Durchschlagfestigkeit	kV/mm				mm dick
Oberflächenwiderstand	Ohm				
Kriechstromfestigkeit		KC	KB	KA	
Elektrolytische Korrosionswirkung					
Lichtbogenfestigkeit nach DIN					
nach ASTM	s	61			

Beständigkeit *(Chemische Beständigkeit siehe Anhang)*

Wasseraufnahme 23 C 1 d 0.06 %

Feuchtigkeitsaufnahme Normalklima %
Wetterbeständigkeit

Spannungskorrosion

Optische Eigenschaften

Brechungszahl n_D
Transmissionsgrad τ_c % mm dick
Lichtdurchlässigkeit

Datenbank-Nr. **T06303** *Merkblatt-Nr.* **3524**

Produkt	Polyphenylenoxid modifiziert		**PPO**
Handelsname	**Prevex VJA**		
Hersteller	BORGWARNER		
DIN-Bez 1			
DIN-Bez 2			
Zusätze	Brandschutzmittel	*Füllstoffe/ Verstärkung*	
Bevorzugte Verarbeitung	Spritzgiessen	*Lieferform*	Granulat
		Farben	Natur; Schwarz; Standard
Besondere Merkmale	Gute Kombination von Schlagzaehigkeit und Waermeformbestaendigkeit	*Bevorzugte Anwendungen*	Technisches Formteil; Gehaeuse; Bueromaschinengehaeuse

Dichte	g/cm^3	1.10	*Schmelzindex*	g/10 min	:
Schüttdichte	g/cm^3		*Volumenfließindex*	$cm^3/10$ min	:
Viskositätszahl	ml/g				

Verarbeitungsbedingungen für Spritzgießen

Massetemp.	°C	≧260	*Schwindung*	% lgs 0.5–0.7, quer 0.5–0.7
Werkzeugtemp.	°C	110–120	*Bemerkungen*	Vortrocknen empfohlen 1 bis 2 h bei 110 C
Spritzdruck	bar	≧1000		

Zugversuch 23 °C ASTM D 638;
Probekörper: *Form* 3.2 mm dick; *Zustand* — *Herstellung* Spritzgiessen; *Vorbehandlung* Normalklima

Streckspannung	N/mm^2		*Dehnung bei Streckspannung*	%	
Zugfestigkeit	N/mm^2	54	*Reißdehnung*	%	
Reißfestigkeit	N/mm^2		*% Dehnspannung*	N/mm^2	
E-Modul	N/mm^2	2500	*Dehnung bei % Dehnspg.*	%	

Kriechmoduln und Zeitstandwerte 23 °C
Probekörper: *Form*; *Zustand* — *Herstellung*; *Vorbehandlung*

Kriechmodul	*1 min* N/mm^2		*Zeitstandzugfestigkeit*	h N/mm^2
Kriechmodul	*1000 h* N/mm^2		*Zeitdehnspg. %*	h N/mm^2
bei Spannung	N/mm^2			

Biegeversuch 23 °C ASTM D 790;
Probekörper: *Form* 3.2mm x 25mm x 130mm; *Zustand* — *Herstellung* Spritzgiessen; *Vorbehandlung* Normalklima

Biegefestigkeit	N/mm^2	79	*E-Modul*	N/mm^2	2500
3,5% *Biegespannung*	N/mm^2				

Härte 23 °C *Probekörper:* *Zustand* — *Herstellung* Spritzgiessen; *Vorbehandlung* Normalklima

Kugeldruckhärte	N/mm^2	bei N, s	*Shore-Härte* A	
Rockwellhärte	R 116		*Shore-Härte* D	

Schlagversuch *Probekörper:* *(1)*; *(2)* V-Kerbe; *Zustand* — *Herstellung* Spritzgiessen; *Vorbehandlung* Normalklima

		°C	°C	°C	*Probekörper-Form*
Schlagzähigkeit	kJ/m^2				
Kerbschlagzähigkeit (1)	kJ/m^2				
IZOD-Kerbschlagzähigkeit (2)	J/m	23 320			3.2 mm dick
Kerbschlagzugzähigkeit	kJ/m^2				

Abrieb und Reibung

Taber-Abrieb (Reibradverfahren)	mm^3/100 U		
Abriebfaktor LNP (Thrust washer) Vergleichswert			
Statische Reibungszahl			
Dynamische Reibungszahl	(p·v=	N/mm^2·	m/min)
Zulässiger p·v Wert	N/mm^2·(m/min)	v=	m/min
		v=	m/min

Thermische Eigenschaften

Formbeständigkeit in der Wärme	Verfahren	A		102 °C
	Verfahren			°C
Vicat Erweichungstemperatur (VST)	Verfahren			°C
	Verfahren			°C
Kristallit-Schmelzpunkt	Verfahren			
Längenausdehnungskoeffizient	Bereich	-30–30	°C	0.77 · $10^{-4}K^{-1}$
	Temperatur			· $10^{-4}K^{-1}$
Wärmeleitfähigkeit	Verfahren			W/(K · m)
Spezifische Wärmekapazität	Verfahren			J/(K · g)
Glasumwandlungstemperatur	Torsionsschwingungsversuch		°C	
	Differentialkalorimetrie		°C	

Brandverhalten

UL-Test vertikal	Dicke 1.57	mm, Wert V-1
	Dicke	mm, Wert

	Norm	Bewertung	Abmessungen
Sauerstoff-Index	ASTM D 2863		
Glühstab-Verfahren			
Brandverhalten	DIN 4102		
MVSS			
FAR			

Elektrische Eigenschaften

		Hz	°C			Probekörper, Form
Dielektrizitätszahl		50				
		10^3				
		10^6				
Dielektrischer Verlustfaktor tan δ		50				
		10^3	23	0.005		
		10^6	23	0.006		
Spezifischer Durchgangswiderstand	Ohm · cm					
Durchschlagfestigkeit	kV/mm		23	37		1.6 mm dick
Oberflächenwiderstand	Ohm					
Kriechstromfestigkeit		KC		KB	KA	
Elektrolytische Korrosionswirkung						
Lichtbogenfestigkeit nach DIN						
nach ASTM	s	123				

Beständigkeit *(Chemische Beständigkeit siehe Anhang)*

Wasseraufnahme	
Feuchtigkeitsaufnahme Normalklima	%
Wetterbeständigkeit	
Spannungskorrosion	

Optische Eigenschaften

Brechungszahl n_D		
Transmissionsgrad τ_c	%	mm dick
Lichtdurchlässigkeit		

Produkt	Polyphenylenoxid modifiziert		**PPO**
Handelsname	**Prevex VKA**		
Hersteller	BORGWARNER		
DIN-Bez 1			
DIN-Bez 2			
Zusätze	Brandschutzmittel	*Füllstoffe/ Verstärkung*	
Bevorzugte Verarbeitung	Spritzgiessen	*Lieferform*	Granulat
		Farben	Natur; Schwarz; Standard
Besondere Merkmale	Gute Schlagzaehigkeit; Gute Dimensionsstabilitaet	*Bevorzugte Anwendungen*	Technisches Formteil; Gehaeuse; Bueromaschinengehaeuse

Dichte	g/cm³	1.09	*Schmelzindex*	g/10 min	:
Schüttdichte	g/cm³		*Volumenfließindex*	cm³/10 min	:
Viskositätszahl	ml/g				

Verarbeitungsbedingungen für Spritzgießen

Massetemp.	°C	≧260	*Schwindung*	% lgs 0.6–0.7, quer 0.6–0.7
Werkzeugtemp.	°C	110–120	*Bemerkungen*	Vortrocknen empfohlen 1 bis 2 h bei 110 C
Spritzdruck	bar	≧1000		

Zugversuch 23 °C ASTM D 638;
Probekörper: *Form* 3.2 mm dick *Zustand* — *Herstellung* Spritzgiessen, *Vorbehandlung* Normalklima

Streckspannung	N/mm²		*Dehnung bei Streckspannung*	%
Zugfestigkeit	N/mm²	55	*Reißdehnung*	%
Reißfestigkeit	N/mm²		*% Dehnspannung*	N/mm²
E-Modul	N/mm²	2500	*Dehnung bei % Dehnspg.*	%

Kriechmoduln und Zeitstandwerte 23 °C
Probekörper: *Form* *Zustand* — *Herstellung* *Vorbehandlung*

Kriechmodul	*1 min*	N/mm²	*Zeitstandzugfestigkeit*	h	N/mm²
Kriechmodul	*1000 h*	N/mm²	*Zeitdehnspg. %*	h	N/mm²
bei Spannung		N/mm²			

Biegeversuch 23 °C ASTM D 790;
Probekörper: *Form* 3.2mm x 13mm x 130mm *Zustand* — *Herstellung* Spritzgiessen, *Vorbehandlung* Normalklima

Biegefestigkeit	N/mm²	94	*E-Modul*	N/mm² 2500
3,5% Biegespannung	N/mm²			

Härte 23 °C *Probekörper:* *Zustand* — *Herstellung* Pressen, *Vorbehandlung* Normalklima

Kugeldruckhärte	N/mm²	bei N, s	*Shore-Härte*	A
Rockwellhärte	R 120		*Shore-Härte*	D

Schlagversuch *Probekörper:* *(1)* *(2)* V-Kerbe *Zustand* — *Herstellung* Spritzgiessen, *Vorbehandlung* Normalklima

		°C	°C	°C	*Probekörper-Form*
Schlagzähigkeit	kJ/m²				
Kerbschlagzähigkeit (1)	kJ/m²				
IZOD-Kerbschlagzähigkeit (2)	J/m	23 290			3.2 mm dick
Kerbschlagzugzähigkeit	kJ/m²				

Abrieb und Reibung

Taber-Abrieb (Reibradverfahren)	mm^3/100 U		
Abriebfaktor LNP (Thrust washer) Vergleichswert			
Statische Reibungszahl			
Dynamische Reibungszahl	(p·v= N/mm²·		m/min)
Zulässiger p · v Wert	N/mm²· (m/min)	v=	m/min
		v=	m/min

Thermische Eigenschaften

Formbeständigkeit in der Wärme	*Verfahren*	A		107 °C
	Verfahren			°C
Vicat Erweichungstemperatur (VST)	*Verfahren*	B/50		121 °C
	Verfahren			°C
Kristallit-Schmelzpunkt	*Verfahren*			
Längenausdehnungskoeffizient	*Bereich*	-30–30	°C	$0.68 \cdot 10^{-4} K^{-1}$
	Temperatur			$\cdot 10^{-4} K^{-1}$
Wärmeleitfähigkeit	*Verfahren*			W/(K · m)
Spezifische Wärmekapazität	*Verfahren*			J/(K · g)
Glasumwandlungstemperatur	*Torsionsschwingungsversuch*		°C	
	Differentialkalorimetrie		°C	

Brandverhalten

UL-Test vertikal		Dicke 1.57 mm, Wert V-0	
		Dicke mm, Wert	
	Norm	*Bewertung*	*Abmessungen*
Sauerstoff-Index	ASTM D 2863		
Glühstab-Verfahren			
Brandverhalten	DIN 4102		
MVSS			
FAR			

Elektrische Eigenschaften

		Hz	°C			*Probekörper, Form*
Dielektrizitätszahl		50				
		10^3				
		10^6				
Dielektrischer Verlustfaktor tan δ		50				
		10^3				
		10^6				
Spezifischer Durchgangs-widerstand	Ohm · cm					
Durchschlagfestigkeit	kV/mm					mm dick
Oberflächenwiderstand	Ohm					
Kriechstromfestigkeit		KC		KB	KA	
Elektrolytische Korrosionswirkung						
Lichtbogenfestigkeit nach DIN						
nach ASTM	s	63				

Beständigkeit *(Chemische Beständigkeit siehe Anhang)*

Wasseraufnahme 23 C	1 d	0.06 %	
Feuchtigkeitsaufnahme Normalklima			%
Wetterbeständigkeit			
Spannungskorrosion			

Optische Eigenschaften

Brechungszahl n_D		
Transmissionsgrad τ_c	%	mm dick
Lichtdurchlässigkeit		

Produkt	Polyphenylenoxid modifiziert		**PPO**
Handelsname	**Prevex VQA**		
Hersteller	BORGWARNER		
DIN-Bez 1			
DIN-Bez 2			
Zusätze	Brandschutzmittel	*Füllstoffe/ Verstärkung*	
Bevorzugte Verarbeitung	Spritzgiessen	*Lieferform*	Granulat
		Farben	Natur; Schwarz; Standard
Besondere Merkmale	Gute Schlagzaehigkeit; Gute Dimensionsstabilitaet	*Bevorzugte Anwendungen*	Technisches Formteil; Gehaeuse; Bueromaschinengehaeuse

Dichte	g/cm^3	1.06	*Schmelzindex*	g/10 min	:
Schüttdichte	g/cm^3		*Volumenfließindex*	$cm^3/10$ min	:
Viskositätszahl	ml/g				

Verarbeitungsbedingungen für Spritzgießen

Massetemp.	°C	≧260	*Schwindung*	% lgs 0.6–0.8, quer 0.6–0.8
Werkzeugtemp.	°C	110–120	*Bemerkungen*	Vortrocknen empfohlen 1 bis 2 h bei 110 C
Spritzdruck	bar	≧1000		

Zugversuch 23 °C ASTM D 638;
Probekörper: *Form* 3.2 mm dick; *Zustand* — *Herstellung* Spritzgiessen; *Vorbehandlung* Normalklima

Streckspannung	N/mm^2		*Dehnung bei Streckspannung*	%
Zugfestigkeit	N/mm^2	61	*Reißdehnung*	%
Reißfestigkeit	N/mm^2		% *Dehnspannung*	N/mm^2
E-Modul	N/mm^2	2700	*Dehnung bei* % *Dehnspg.*	%

Kriechmoduln und Zeitstandwerte 23 °C
Probekörper: *Form*; *Zustand* — *Herstellung*; *Vorbehandlung*

Kriechmodul	*1 min*	N/mm^2	*Zeitstandzugfestigkeit*	h	N/mm^2
Kriechmodul	*1000 h*	N/mm^2	*Zeitdehnspg.* %	h	N/mm^2
bei Spannung		N/mm^2			

Biegeversuch 23 °C ASTM D 790;
Probekörper: *Form* 3.2mm x 13mm x 130mm; *Zustand* — *Herstellung* Spritzgiessen; *Vorbehandlung* Normalklima

Biegefestigkeit	N/mm^2	96	*E-Modul*	N/mm^2 2600
3,5% *Biegespannung*	N/mm^2			

Härte 23 °C *Probekörper:* *Zustand* — *Herstellung* Pressen; *Vorbehandlung* Normalklima

Kugeldruckhärte	N/mm^2	bei N, s	*Shore-Härte*	A
Rockwellhärte	R 120		*Shore-Härte*	D

Schlagversuch *Probekörper:* *(1)*; *(2)* V-Kerbe; *Zustand* — *Herstellung* Spritzgiessen; *Vorbehandlung* Normalklima

		°C	°C	°C	*Probekörper-Form*
Schlagzähigkeit	kJ/m^2				
Kerbschlagzähigkeit (1)	kJ/m^2				
IZOD-Kerbschlagzähigkeit (2)	J/m	23 270			3.2 mm dick
Kerbschlagzugzähigkeit	kJ/m^2				

Abrieb und Reibung

Taber-Abrieb (Reibradverfahren)	mm^3/100 U		
Abriebfaktor LNP (Thrust washer) Vergleichswert			
Statische Reibungszahl			
Dynamische Reibungszahl	(p · v=	N/mm^2 ·	m/min)
Zulässiger p · v Wert	N/mm^2 · (m/min)	v=	m/min
		v=	m/min

Thermische Eigenschaften

Formbeständigkeit in der Wärme	*Verfahren*	A		129 °C
	Verfahren			°C
Vicat Erweichungstemperatur (VST)	*Verfahren*	B/50		149 °C
	Verfahren			°C
Kristallit-Schmelzpunkt	*Verfahren*			
Längenausdehnungskoeffizient	*Bereich*	-30–30	°C	$0.64 \cdot 10^{-4} K^{-1}$
	Temperatur			$\cdot 10^{-4} K^{-1}$
Wärmeleitfähigkeit	*Verfahren*			W/(K · m)
Spezifische Wärmekapazität	*Verfahren*			J/(K · g)
Glasumwandlungstemperatur	*Torsionsschwingungsversuch*		°C	
	Differentialkalorimetrie		°C	

Brandverhalten

UL-Test vertikal	Dicke 1.57 mm, Wert V-1
	Dicke mm, Wert

	Norm	*Bewertung*	*Abmessungen*
Sauerstoff-Index	ASTM D 2863		
Glühstab-Verfahren			
Brandverhalten	DIN 4102		
MVSS			
FAR			

Elektrische Eigenschaften

		Hz	°C	*Probekörper, Form*
Dielektrizitätszahl		50		
		10^3		
		10^6		
Dielektrischer Verlustfaktor tan δ		50		
		10^3		
		10^6		
Spezifischer Durchgangswiderstand	Ohm · cm			
Durchschlagfestigkeit	kV/mm			mm dick
Oberflächenwiderstand	Ohm			

Kriechstromfestigkeit	KC	KB	KA
Elektrolytische Korrosionswirkung			
Lichtbogenfestigkeit nach DIN			
nach ASTM s	66		

Beständigkeit *(Chemische Beständigkeit siehe Anhang)*

Wasseraufnahme 23 C	1 d	0.06 %	
Feuchtigkeitsaufnahme Normalklima			%
Wetterbeständigkeit			
Spannungskorrosion			

Optische Eigenschaften

Brechungszahl n_D		
Transmissionsgrad τ_c	%	mm dick
Lichtdurchlässigkeit		

Produkt	Polyphenylenoxid modifiziert		**PPO**
Handelsname	**Prevex P2A**		
Hersteller	BORGWARNER		
DIN-Bez 1			
DIN-Bez 2			
Zusätze		*Füllstoffe/ Verstärkung*	20.0% Glasfaser
Bevorzugte Verarbeitung	Spritzgiessen	*Lieferform*	Granulat
		Farben	Natur; Schwarz; Standard
Besondere Merkmale	Hoher Modul; Hohe Festigkeit; Geringe Schwindung	*Bevorzugte Anwendungen*	Technisches Formteil; Armaturenindustrie; Fluessigkeitszaehlerteil; Pumpenteil

Dichte	g/cm³	1.22	*Schmelzindex*	g/10 min	:
Schüttdichte	g/cm³		*Volumenfließindex*	cm³/10 min	:
Viskositätszahl	ml/g				

Verarbeitungsbedingungen für Spritzgießen

Massetemp.	°C	≧260	*Schwindung*	% lgs 0.2–0.4, quer
Werkzeugtemp.	°C	110–120	*Bemerkungen*	Vortrocknen empfohlen 1 bis 2 h bei 110 C
Spritzdruck	bar	≧1000		

Zugversuch 23 °C ASTM D 638;
Probekörper: *Form* 3.2 mm dick — *Herstellung* Spritzgiessen
Zustand — *Vorbehandlung* Normalklima

Streckspannung	N/mm²		*Dehnung bei Streckspannung*	%	
Zugfestigkeit	N/mm²	93	*Reißdehnung*	%	
Reißfestigkeit	N/mm²		*% Dehnspannung*	N/mm²	
E-Modul	N/mm²	4800	*Dehnung bei % Dehnspg.*	%	

Kriechmoduln und Zeitstandwerte 23 °C
Probekörper: *Form* — *Herstellung*
Zustand — *Vorbehandlung*

Kriechmodul	*1 min* N/mm²		*Zeitstandzugfestigkeit*	h	N/mm²
Kriechmodul	*1000 h* N/mm²		*Zeitdehnspg.* %	h	N/mm²
bei Spannung	N/mm²				

Biegeversuch 23 °C ASTM D 790;
Probekörper: *Form* 3.2mm x 25mm x 130mm — *Herstellung* Spritzgiessen
Zustand — *Vorbehandlung* Normalklima

Biegefestigkeit	N/mm²	138	*E-Modul*	N/mm²	5200
3,5% *Biegespannung*	N/mm²				

Härte 23 °C *Probekörper:* *Zustand* — *Herstellung*
Vorbehandlung

Kugeldruckhärte	N/mm²	bei N, s	*Shore-Härte* A
Rockwellhärte			*Shore-Härte* D

Schlagversuch *Probekörper:* *(1)*
(2) V-Kerbe — *Herstellung* Spritzgiessen
Zustand — *Vorbehandlung* Normalklima

		°C	°C	°C	*Probekörper-Form*
Schlagzähigkeit	kJ/m²				
Kerbschlagzähigkeit (1)	kJ/m²				
IZOD-Kerbschlagzähigkeit (2)	J/m	23 96			3.2 mm dick
Kerbschlagzugzähigkeit	kJ/m²				

Abrieb und Reibung

Taber-Abrieb (Reibradverfahren)	mm^3/100 U		
Abriebfaktor LNP (Thrust washer) Vergleichswert			
Statische Reibungszahl			
Dynamische Reibungszahl	(p·v=	N/mm²·	m/min)
Zulässiger p·v Wert	N/mm²·(m/min)	v=	m/min
		v=	m/min

Thermische Eigenschaften

Formbeständigkeit in der Wärme	Verfahren A		143 °C
	Verfahren		°C
Vicat Erweichungstemperatur (VST)	Verfahren		°C
	Verfahren		°C
Kristallit-Schmelzpunkt	Verfahren		
Längenausdehnungskoeffizient	Bereich	°C	$\cdot 10^{-4}K^{-1}$
	Temperatur		$\cdot 10^{-4}K^{-1}$
Wärmeleitfähigkeit	Verfahren		W/(K·m)
Spezifische Wärmekapazität	Verfahren		J/(K·g)
Glasumwandlungstemperatur	Torsionsschwingungsversuch	°C	
	Differentialkalorimetrie	°C	

Brandverhalten

UL-Test vertikal	Dicke 1.57 mm, Wert HB	
	Dicke mm, Wert	

	Norm	Bewertung	Abmessungen
Sauerstoff-Index	ASTM D 2863		
Glühstab-Verfahren			
Brandverhalten	DIN 4102		
MVSS			
FAR			

Elektrische Eigenschaften

		Hz	°C		Probekörper, Form
Dielektrizitätszahl		50			
		10^3			
		10^6			
Dielektrischer Verlustfaktor tan δ		50			
		10^3			
		10^6			
Spezifischer Durchgangswiderstand	Ohm·cm		23	7.0*10**16	
Durchschlagfestigkeit	kV/mm		23	35	1.6 mm dick
Oberflächenwiderstand	Ohm				
Kriechstromfestigkeit		KC	KB	KA	
Elektrolytische Korrosionswirkung					
Lichtbogenfestigkeit nach DIN					
nach ASTM	s	75			

Beständigkeit *(Chemische Beständigkeit siehe Anhang)*

Wasseraufnahme	
Feuchtigkeitsaufnahme Normalklima	%
Wetterbeständigkeit	
Spannungskorrosion	

Optische Eigenschaften

Brechungszahl n_D		
Transmissionsgrad τ_c	%	mm dick
Lichtdurchlässigkeit		

Datenbank-Nr. **T06307** Merkblatt-Nr. **3528**

Produkt	Polyphenylenoxid modifiziert		**PPO**
Handelsname	**Prevex P3A**		
Hersteller	BORGWARNER		
DIN-Bez 1			
DIN-Bez 2			
Zusätze		*Füllstoffe/ Verstärkung*	30.0% Glasfaser
Bevorzugte Verarbeitung	Spritzgiessen	*Lieferform*	Granulat
		Farben	Natur; Schwarz; Standard
Besondere Merkmale	Hoher Modul; Hohe Festigkeit; Geringe Schwindung	*Bevorzugte Anwendungen*	Technisches Formteil; Armaturenindustrie; Fluessigkeitszaehlerteil; Pumpenteil

Dichte	g/cm^3	1.27	*Schmelzindex*	g/10 min	:
Schüttdichte	g/cm^3		*Volumenfließindex*	$cm^3/10$ min	:
Viskositätszahl	ml/g				

Verarbeitungsbedingungen für Spritzgießen

Massetemp.	°C	≧260	*Schwindung*	% lgs 0.1–0.3, quer
Werkzeugtemp.	°C	110–120	*Bemerkungen*	Vortrocknen empfohlen 1 bis 2 h bei 110 C
Spritzdruck	bar	≧1000		

Zugversuch 23 °C ASTM D 638;
Probekörper: *Form* 3.2 mm dick — *Herstellung* Spritzgiessen
Zustand — *Vorbehandlung* Normalklima

Streckspannung	N/mm^2		*Dehnung bei Streckspannung*	%
Zugfestigkeit	N/mm^2	93	*Reißdehnung*	%
Reißfestigkeit	N/mm^2		*% Dehnspannung*	N/mm^2
E-Modul	N/mm^2	4800	*Dehnung bei % Dehnspg.*	%

Kriechmoduln und Zeitstandwerte 23 °C
Probekörper: *Form* — *Herstellung*
Zustand — *Vorbehandlung*

Kriechmodul	*1 min* N/mm^2		*Zeitstandzugfestigkeit*	h N/mm^2
Kriechmodul	*1000 h* N/mm^2		*Zeitdehnspg.* %	h N/mm^2
bei Spannung	N/mm^2			

Biegeversuch 23 °C ASTM D 790;
Probekörper: *Form* 3.2mm x 13mm x 130mm — *Herstellung* Spritzgiessen
Zustand — *Vorbehandlung* Normalklima

Biegefestigkeit	N/mm^2	151	*E-Modul*	N/mm^2 7600
3,5% *Biegespannung*	N/mm^2			

Härte 23 °C *Probekörper:* *Zustand* — *Herstellung*
Vorbehandlung

Kugeldruckhärte	N/mm^2 bei N, s	*Shore-Härte*	A
Rockwellhärte		*Shore-Härte*	D

Schlagversuch *Probekörper:* *(1)*
(2) V-Kerbe — *Herstellung* Spritzgiessen
Zustand — *Vorbehandlung* Normalklima

		°C	°C	°C	*Probekörper-Form*
Schlagzähigkeit	kJ/m^2				
Kerbschlagzähigkeit (1)	kJ/m^2				
IZOD-Kerbschlagzähigkeit (2)	J/m	23 96			3.2 mm dick
Kerbschlagzugzähigkeit	kJ/m^2				

Abrieb und Reibung

Taber-Abrieb (Reibradverfahren)	$mm^3/100$ U		
Abriebfaktor LNP (Thrust washer) Vergleichswert			
Statische Reibungszahl			
Dynamische Reibungszahl	(p · v=	N/mm² ·	m/min)
Zulässiger p · v Wert	N/mm² · (m/min)	v=	m/min
		v=	m/min

Thermische Eigenschaften

Formbeständigkeit in der Wärme	*Verfahren* A		135 °C
	Verfahren		°C
Vicat Erweichungstemperatur (VST)	*Verfahren*		°C
	Verfahren		°C
Kristallit-Schmelzpunkt	*Verfahren*		
Längenausdehnungskoeffizient	*Bereich*	°C	$\cdot 10^{-4} K^{-1}$
	Temperatur		$\cdot 10^{-4} K^{-1}$
Wärmeleitfähigkeit	*Verfahren*		W/(K · m)
Spezifische Wärmekapazität	*Verfahren*		J/(K · g)
Glasumwandlungstemperatur	*Torsionsschwingungsversuch*	°C	
	Differentialkalorimetrie	°C	

Brandverhalten

UL-Test vertikal	Dicke 1.57 mm, Wert HB
	Dicke mm, Wert

	Norm	*Bewertung*	*Abmessungen*
Sauerstoff-Index	ASTM D 2863		
Glühstab-Verfahren			
Brandverhalten	DIN 4102		
MVSS			
FAR			

Elektrische Eigenschaften

		Hz	°C		*Probekörper, Form*
Dielektrizitätszahl		50			
		10^3			
		10^6			
Dielektrischer Verlustfaktor tan δ		50			
		10^3			
		10^6			
Spezifischer Durchgangs-widerstand	Ohm · cm		23	4.8*10**16	
Durchschlagfestigkeit	kV/mm		23	42	1.6 mm dick
Oberflächenwiderstand	Ohm				
Kriechstromfestigkeit		KC	KB		KA
Elektrolytische Korrosionswirkung					
Lichtbogenfestigkeit nach DIN					
nach ASTM	s	84			

Beständigkeit *(Chemische Beständigkeit siehe Anhang)*

Wasseraufnahme	
Feuchtigkeitsaufnahme Normalklima	%
Wetterbeständigkeit	
Spannungskorrosion	

Optische Eigenschaften

Brechungszahl n_D		
Transmissionsgrad τ_c	%	mm dick
Lichtdurchlässigkeit		

Produkt	Polyphenylenoxid modifiziert		**PPO**
Handelsname	**Prevex V2A**		
Hersteller	BORGWARNER		
DIN-Bez 1			
DIN-Bez 2			
Zusätze	Brandschutzmittel	*Füllstoffe/ Verstärkung*	20.0% Glasfaser
Bevorzugte Verarbeitung	Spritzgiessen	*Lieferform*	Granulat
		Farben	Natur; Schwarz; Standard
Besondere Merkmale	Hoher Modul; Hohe Festigkeit; Geringe Schwindung	*Bevorzugte Anwendungen*	Technisches Formteil; Elektroindustrie

Dichte	g/cm³	1.30	*Schmelzindex*	g/10 min	:
Schüttdichte	g/cm³		*Volumenfließindex*	cm³/10 min	:
Viskositätszahl	ml/g				

Verarbeitungsbedingungen für Spritzgießen

Massetemp.	°C	≧260	*Schwindung*	% lgs 0.2–0.4, quer
Werkzeugtemp.	°C	110–120	*Bemerkungen*	Vortrocknen empfohlen 1 bis 2 h bei 110 C
Spritzdruck	bar	≧1000		

Zugversuch 23 °C ASTM D 638;
Probekörper: *Form* 3.2 mm dick — *Herstellung* Spritzgiessen
Zustand — *Vorbehandlung* Normalklima

Streckspannung	N/mm²		*Dehnung bei Streckspannung*	%
Zugfestigkeit	N/mm²	96	*Reißdehnung*	%
Reißfestigkeit	N/mm²		% *Dehnspannung*	N/mm²
E-Modul	N/mm²	4800	*Dehnung bei* % *Dehnspg.*	%

Kriechmoduln und Zeitstandwerte 23 °C
Probekörper: *Form* — *Herstellung*
Zustand — *Vorbehandlung*

Kriechmodul	*1 min* N/mm²	*Zeitstandzugfestigkeit*	h	N/mm²
Kriechmodul	*1000 h* N/mm²	*Zeitdehnspg.* %	h	N/mm²
bei Spannung	N/mm²			

Biegeversuch 23 °C ASTM D 790;
Probekörper: *Form* 3.2mm x 25mm x 130mm — *Herstellung* Spritzgiessen
Zustand — *Vorbehandlung* Normalklima

Biegefestigkeit	N/mm²	145	*E-Modul*	N/mm² 5200
3,5% *Biegespannung*	N/mm²			

Härte 23 °C *Probekörper:* *Zustand* — *Herstellung*
Vorbehandlung

Kugeldruckhärte	N/mm² bei N, s	*Shore-Härte*	A
Rockwellhärte		*Shore-Härte*	D

Schlagversuch *Probekörper:* *(1)*
(2) V-Kerbe — *Herstellung* Spritzgiessen
Zustand — *Vorbehandlung* Normalklima

		°C	°C	°C	*Probekörper-Form*
Schlagzähigkeit	kJ/m²				
Kerbschlagzähigkeit (1)	kJ/m²				
IZOD-Kerbschlagzähigkeit (2)	J/m	23 96			3.2 mm dick
Kerbschlagzugzähigkeit	kJ/m²				

Abrieb und Reibung

Taber-Abrieb (Reibradverfahren)	mm^3/100 U		
Abriebfaktor LNP (Thrust washer) Vergleichswert			
Statische Reibungszahl			
Dynamische Reibungszahl	(p·v=	N/mm²·	m/min)
Zulässiger p · v Wert	N/mm²·(m/min)	v=	m/min
		v=	m/min

Thermische Eigenschaften

Formbeständigkeit in der Wärme	*Verfahren*	A	138 °C	
	Verfahren		°C	
Vicat Erweichungstemperatur (VST)	*Verfahren*		°C	
	Verfahren		°C	
Kristallit-Schmelzpunkt	*Verfahren*			
Längenausdehnungskoeffizient	*Bereich*	°C		$\cdot 10^{-4}K^{-1}$
	Temperatur			$\cdot 10^{-4}K^{-1}$
Wärmeleitfähigkeit	*Verfahren*			W/(K · m)
Spezifische Wärmekapazität	*Verfahren*			J/(K · g)
Glasumwandlungstemperatur	*Torsionsschwingungsversuch*		°C	
	Differentialkalorimetrie		°C	

Brandverhalten

UL-Test vertikal	Dicke 1.57 mm, Wert V-1	
	Dicke mm, Wert	

	Norm	*Bewertung*	*Abmessungen*
Sauerstoff-Index	ASTM D 2863		
Glühstab-Verfahren			
Brandverhalten	DIN 4102		
MVSS			
FAR			

Elektrische Eigenschaften

		Hz	°C		*Probekörper, Form*
Dielektrizitätszahl		50			
		10^3			
		10^6			
Dielektrischer Verlustfaktor tan δ		50			
		10^3			
		10^6			
Spezifischer Durchgangs-widerstand	Ohm · cm		23	3.6*10**16	
Durchschlagfestigkeit	kV/mm		23	42	1.6 mm dick
Oberflächenwiderstand	Ohm				

Kriechstromfestigkeit	KC	KB	KA
Elektrolytische Korrosionswirkung			
Lichtbogenfestigkeit nach DIN			
nach ASTM s	62		

Beständigkeit *(Chemische Beständigkeit siehe Anhang)*

Wasseraufnahme

Feuchtigkeitsaufnahme Normalklima %

Wetterbeständigkeit

Spannungskorrosion

Optische Eigenschaften

Brechungszahl n_D

Transmissionsgrad τ_c % mm dick

Lichtdurchlässigkeit

Datenbank-Nr. **T06309** *Merkblatt-Nr.* **3530**

Produkt	Polyphenylenoxid modifiziert		**PPO**
Handelsname	**Prevex V3A**		
Hersteller	BORGWARNER		
DIN-Bez 1 *DIN-Bez 2*			
Zusätze	Brandschutzmittel	*Füllstoffe/ Verstärkung*	30.0% Glasfaser
Bevorzugte Verarbeitung	Spritzgiessen	*Lieferform*	Granulat
		Farben	Natur; Schwarz; Standard
Besondere Merkmale	Hoher Modul; Hohe Festigkeit; Geringe Schwindung	*Bevorzugte Anwendungen*	Technisches Formteil; Elektroindustrie

Dichte	g/cm³	1.36	*Schmelzindex*	g/10 min	:
Schüttdichte	g/cm³		*Volumenfließindex*	cm³/10 min	:
Viskositätszahl	ml/g				

Verarbeitungsbedingungen für Spritzgießen

Massetemp.	°C	≧260	*Schwindung*	% lgs 0.1–0.3, quer
Werkzeugtemp.	°C	110–120	*Bemerkungen*	Vortrocknen empfohlen 1 bis 2 h bei 110 C
Spritzdruck	bar	≧1000		

Zugversuch 23 °C ASTM D 638;
Probekörper: *Form* 3.2 mm dick — *Herstellung* Spritzgiessen
Zustand — *Vorbehandlung* Normalklima

Streckspannung	N/mm²		*Dehnung bei Streckspannung*	%	
Zugfestigkeit	N/mm²	110	*Reißdehnung*	%	
Reißfestigkeit	N/mm²		% *Dehnspannung*	N/mm²	
E-Modul	N/mm²	6900	*Dehnung bei* % *Dehnspg.*	%	

Kriechmoduln und Zeitstandwerte 23 °C
Probekörper: *Form* — *Herstellung*
Zustand — *Vorbehandlung*

Kriechmodul	*1 min*	N/mm²	*Zeitstandzugfestigkeit*	h	N/mm²
Kriechmodul	*1000 h*	N/mm²	*Zeitdehnspg.* %	h	N/mm²
bei Spannung		N/mm²			

Biegeversuch 23 °C ASTM D 790;
Probekörper: *Form* 3.2mm x 25mm x 130mm — *Herstellung* Spritzgiessen
Zustand — *Vorbehandlung* Normalklima

Biegefestigkeit	N/mm²	158	*E-Modul*	N/mm²	7600
3,5% *Biegespannung*	N/mm²				

Härte 23 °C *Probekörper:* *Zustand* — *Herstellung*
Vorbehandlung

Kugeldruckhärte	N/mm² bei N, s	*Shore-Härte*	A
Rockwellhärte		*Shore-Härte*	D

Schlagversuch *Probekörper:* *(1)*
(2) V-Kerbe — *Herstellung* Spritzgiessen
Zustand — *Vorbehandlung* Normalklima

		°C	°C	°C	*Probekörper-Form*
Schlagzähigkeit	kJ/m²				
Kerbschlagzähigkeit (1)	kJ/m²				
IZOD-Kerbschlagzähigkeit (2)	J/m	23 96			3.2 mm dick
Kerbschlagzugzähigkeit	kJ/m²				

Abrieb und Reibung

Taber-Abrieb (Reibradverfahren)	$mm^3/100$ U		
Abriebfaktor LNP (Thrust washer) Vergleichswert			
Statische Reibungszahl			
Dynamische Reibungszahl	(p·v=	N/mm^2 ·	m/min)
Zulässiger p · v Wert	N/mm^2 · (m/min)	v=	m/min
		v=	m/min

Thermische Eigenschaften

Formbeständigkeit in der Wärme	*Verfahren* A		141 °C
	Verfahren		°C
Vicat Erweichungstemperatur (VST)	*Verfahren*		°C
	Verfahren		°C
Kristallit-Schmelzpunkt	*Verfahren*		
Längenausdehnungskoeffizient	*Bereich*	°C	$\cdot 10^{-4}K^{-1}$
	Temperatur		$\cdot 10^{-4}K^{-1}$
Wärmeleitfähigkeit	*Verfahren*		W/(K · m)
Spezifische Wärmekapazität	*Verfahren*		J/(K · g)
Glasumwandlungstemperatur	*Torsionsschwingungsversuch*	°C	
	Differentialkalorimetrie	°C	

Brandverhalten

UL-Test vertikal	Dicke 1.57 mm, Wert V-1
	Dicke mm, Wert

	Norm	*Bewertung*	*Abmessungen*
Sauerstoff-Index	ASTM D 2863		
Glühstab-Verfahren			
Brandverhalten	DIN 4102		
MVSS			
FAR			

Elektrische Eigenschaften

		Hz	°C		*Probekörper, Form*
Dielektrizitätszahl		50			
		10^3			
		10^6			
Dielektrischer Verlustfaktor tan δ		50			
		10^3			
		10^6			
Spezifischer Durchgangs-widerstand	Ohm · cm		23	5.3*10**16	
Durchschlagfestigkeit	kV/mm		23	44	1.6 mm dick
Oberflächenwiderstand	Ohm				

Kriechstromfestigkeit		KC	KB	KA
Elektrolytische Korrosionswirkung				
Lichtbogenfestigkeit nach DIN				
nach ASTM	s	66		

Beständigkeit *(Chemische Beständigkeit siehe Anhang)*

Wasseraufnahme

Feuchtigkeitsaufnahme Normalklima %

Wetterbeständigkeit

Spannungskorrosion

Optische Eigenschaften

Brechungszahl n_D		
Transmissionsgrad τ_c	%	mm dick
Lichtdurchlässigkeit		

Produkt	Polyphenylenoxid modifiziert		**PPO**
Handelsname	**Prevex VF1**		
Hersteller	BORGWARNER		
DIN-Bez 1			
DIN-Bez 2			
Zusätze	Brandschutzmittel	*Füllstoffe/ Verstärkung*	
Bevorzugte Verarbeitung	Extrudieren	*Lieferform*	Granulat
		Farben	Natur; Schwarz; Standard
Besondere Merkmale	Hohe Schlagzaehigkeit	*Bevorzugte Anwendungen*	Halbzeug; Profil; Platte

Dichte	g/cm³	1.06	*Schmelzindex*	g/10 min	:
Schüttdichte	g/cm³		*Volumenfließindex*	cm³/10 min	:
Viskositätszahl	ml/g				

Verarbeitungsbedingungen für Spritzgießen

Massetemp.	°C	*Schwindung*	% lgs , quer
Werkzeugtemp.	°C	*Bemerkungen*	
Spritzdruck	bar		

Zugversuch 23 °C ASTM D 638;

Probekörper: *Form* 3.2 mm dick — *Herstellung* Spritzgiessen
Zustand — *Vorbehandlung* Normalklima

Streckspannung	N/mm²		*Dehnung bei Streckspannung*	%
Zugfestigkeit	N/mm²	45	*Reißdehnung*	%
Reißfestigkeit	N/mm²		*% Dehnspannung*	N/mm²
E-Modul	N/mm²	2300	*Dehnung bei % Dehnspg.*	%

Kriechmoduln und Zeitstandwerte 23 °C

Probekörper: *Form* — *Herstellung*
Zustand — *Vorbehandlung*

Kriechmodul	*1 min* N/mm²	*Zeitstandzugfestigkeit*	h N/mm²
Kriechmodul	*1000 h* N/mm²	*Zeitdehnspg. %*	h N/mm²
bei Spannung	N/mm²		

Biegeversuch 23 °C ASTM D 790;

Probekörper: *Form* 3.2mm x 25mm x 130mm — *Herstellung* Spritzgiessen
Zustand — *Vorbehandlung* Normalklima

Biegefestigkeit	N/mm² 76	*E-Modul*	N/mm²	2300
3,5% *Biegespannung*	N/mm²			

Härte 23 °C

Probekörper: *Zustand* — *Herstellung* Pressen
Vorbehandlung Normalklima

Kugeldruckhärte	N/mm² bei N, s	*Shore-Härte*	A
Rockwellhärte	R 110	*Shore-Härte*	D

Schlagversuch

Probekörper: *(1)*
(2) V-Kerbe — *Herstellung* Spritzgiessen
Zustand — *Vorbehandlung* Normalklima

		°C	°C	°C	*Probekörper-Form*
Schlagzähigkeit	kJ/m²				
Kerbschlagzähigkeit (1)	kJ/m²				
IZOD-Kerbschlagzähigkeit (2)	J/m	23 373			3.2 mm dick
Kerbschlagzugzähigkeit	kJ/m²				

Abrieb und Reibung

Taber-Abrieb (Reibradverfahren)	$mm^3/100$ U		
Abriebfaktor LNP (Thrust washer) Vergleichswert			
Statische Reibungszahl			
Dynamische Reibungszahl	(p · v=	N/mm^2 ·	m/min)
Zulässiger p · v Wert	N/mm^2 · (m/min)	v=	m/min
		v=	m/min

Thermische Eigenschaften

Formbeständigkeit in der Wärme	*Verfahren*	A		85 °C
	Verfahren			°C
Vicat Erweichungstemperatur (VST)	*Verfahren*			°C
	Verfahren			°C
Kristallit-Schmelzpunkt	*Verfahren*			
Längenausdehnungskoeffizient	*Bereich*	-30–30	°C	$0.74 \cdot 10^{-4} K^{-1}$
	Temperatur			$\cdot 10^{-4} K^{-1}$
Wärmeleitfähigkeit	*Verfahren*			W/(K · m)
Spezifische Wärmekapazität	*Verfahren*			J/(K · g)
Glasumwandlungstemperatur	*Torsionsschwingungsversuch*		°C	
	Differentialkalorimetrie		°C	

Brandverhalten

UL-Test vertikal	Dicke 1.57 mm, Wert V-0
	Dicke mm, Wert

	Norm	*Bewertung*	*Abmessungen*
Sauerstoff-Index	ASTM D 2863		
Glühstab-Verfahren			
Brandverhalten	DIN 4102		
MVSS			
FAR			

Elektrische Eigenschaften

		Hz	°C			*Probekörper, Form*
Dielektrizitätszahl		50				
		10^3				
		10^6				
Dielektrischer Verlustfaktor tan δ		50				
		10^3				
		10^6				
Spezifischer Durchgangs-widerstand	Ohm · cm		23	2.3*10**15		
Durchschlagfestigkeit	kV/mm					mm dick
Oberflächenwiderstand	Ohm					
Kriechstromfestigkeit		KC	KB		KA	
Elektrolytische Korrosionswirkung						
Lichtbogenfestigkeit nach DIN						
nach ASTM	s	61				

Beständigkeit *(Chemische Beständigkeit siehe Anhang)*

Wasseraufnahme 23 C	1 d	0.06 %	
Feuchtigkeitsaufnahme Normalklima			%
Wetterbeständigkeit			
Spannungskorrosion			

Optische Eigenschaften

Brechungszahl n_D		
Transmissionsgrad τ_c	%	mm dick
Lichtdurchlässigkeit		

Datenbank-Nr.	**T06311**		Merkblatt-Nr. **3532**
Produkt	Polyphenylenoxid modifiziert		**PPO**
Handelsname	**Prevex VQ1**		
Hersteller	BORGWARNER		
DIN-Bez 1			
DIN-Bez 2			
Zusätze	Brandschutzmittel	Füllstoffe/ Verstärkung	
Bevorzugte Verarbeitung	Extrudieren	Lieferform	Granulat
		Farben	Natur; Schwarz; Standard
Besondere Merkmale	Gute elektrische Eigenschaften	Bevorzugte Anwendungen	Technisches Formteil; Elektroindustrie

Dichte	g/cm^3	1.06	Schmelzindex	g/10 min :
Schüttdichte	g/cm^3		Volumenfließindex	cm^3/10 min :
Viskositätszahl	ml/g			

Verarbeitungsbedingungen für Spritzgießen

Massetemp.	°C	Schwindung	% lgs , quer
Werkzeugtemp.	°C	Bemerkungen	
Spritzdruck	bar		

Zugversuch 23 °C ASTM D 638;

Probekörper:	Form	3.2 mm dick	Herstellung	Spritzgiessen
	Zustand		Vorbehandlung	Normalklima

Streckspannung	N/mm^2		Dehnung bei Streckspannung	%
Zugfestigkeit	N/mm^2	62	Reißdehnung	%
Reißfestigkeit	N/mm^2		% Dehnspannung	N/mm^2
E-Modul	N/mm^2	2500	Dehnung bei % Dehnspg.	%

Kriechmoduln und Zeitstandwerte 23 °C

Probekörper:	Form	Herstellung	
	Zustand	Vorbehandlung	

Kriechmodul	1 min N/mm^2	Zeitstandzugfestigkeit	h N/mm^2
Kriechmodul	1000 h N/mm^2	Zeitdehnspg. %	h N/mm^2
bei Spannung	N/mm^2		

Biegeversuch 23 °C ASTM D 790;

Probekörper:	Form	3.2mm x 25mm x 130mm	Herstellung	Spritzgiessen
	Zustand		Vorbehandlung	Normalklima

Biegefestigkeit	N/mm^2	96	E-Modul	N/mm^2 2600
3,5% Biegespannung	N/mm^2			

Härte 23 °C

Probekörper:	Zustand	Herstellung	Pressen
		Vorbehandlung	Normalklima

Kugeldruckhärte	N/mm^2 bei N, s	Shore-Härte	A
Rockwellhärte	R 120	Shore-Härte	D

Schlagversuch

Probekörper:	(1)		
	(2) V-Kerbe	Herstellung	Spritzgiessen
	Zustand	Vorbehandlung	Normalklima

		°C	°C	°C	Probekörper-Form
Schlagzähigkeit	kJ/m^2				
Kerbschlagzähigkeit (1)	kJ/m^2				
IZOD-Kerbschlagzähigkeit (2)	J/m	23 270			3.2 mm dick
Kerbschlagzugzähigkeit	kJ/m^2				

Abrieb und Reibung

Taber-Abrieb (Reibradverfahren)	mm^3/100 U		
Abriebfaktor LNP (Thrust washer) Vergleichswert			
Statische Reibungszahl			
Dynamische Reibungszahl	(p · v=	N/mm^2 ·	m/min)
Zulässiger p · v Wert	N/mm^2 · (m/min)	v=	m/min
		v=	m/min

Thermische Eigenschaften

Formbeständigkeit in der Wärme	*Verfahren* A		129 °C
	Verfahren		°C
Vicat Erweichungstemperatur (VST)	*Verfahren*		°C
	Verfahren		°C
Kristallit-Schmelzpunkt	*Verfahren*		
Längenausdehnungskoeffizient	*Bereich* -30–30 °C		0.59 · $10^{-4}K^{-1}$
	Temperatur		· $10^{-4}K^{-1}$
Wärmeleitfähigkeit	*Verfahren*		W/(K · m)
Spezifische Wärmekapazität	*Verfahren*		J/(K · g)
Glasumwandlungstemperatur	*Torsionsschwingungsversuch*	°C	
	Differentialkalorimetrie	°C	

Brandverhalten

UL-Test vertikal	Dicke 1.57 mm, Wert V-1
	Dicke mm, Wert

	Norm	*Bewertung*	*Abmessungen*
Sauerstoff-Index	ASTM D 2863		
Glühstab-Verfahren			
Brandverhalten	DIN 4102		
MVSS			
FAR			

Elektrische Eigenschaften

		Hz	°C			*Probekörper, Form*
Dielektrizitätszahl		50				
		10^3				
		10^6				
Dielektrischer Verlustfaktor tan δ		50				
		10^3				
		10^6				
Spezifischer Durchgangswiderstand	Ohm · cm					
Durchschlagfestigkeit	kV/mm					mm dick
Oberflächenwiderstand	Ohm					
Kriechstromfestigkeit		KC		KB	KA	
Elektrolytische Korrosionswirkung						
Lichtbogenfestigkeit nach DIN						
nach ASTM	s	66				

Beständigkeit *(Chemische Beständigkeit siehe Anhang)*

Wasseraufnahme 23 C	1 d	0.11 %	
Feuchtigkeitsaufnahme Normalklima			%
Wetterbeständigkeit			
Spannungskorrosion			

Optische Eigenschaften

Brechungszahl n_D		
Transmissionsgrad τ_c	%	mm dick
Lichtdurchlässigkeit		

Produkt	Polyphenylenoxid modifiziert		**PPO**
Handelsname	**Prevex BJA**		
Hersteller	BORGWARNER		
DIN-Bez 1			
DIN-Bez 2			
Zusätze	Brandschutzmittel	*Füllstoffe/ Verstärkung*	
Bevorzugte Verarbeitung	Schaeumen	*Lieferform*	Granulat
		Farben	Natur
Besondere Merkmale	Strukturschaumtype	*Bevorzugte Anwendungen*	Strukturschaumformteil

Dichte	g/cm^3	0.86–0.95	*Schmelzindex*	g/10 min :
Schüttdichte	g/cm^3		*Volumenfließindex*	cm^3/10 min :
Viskositätszahl	ml/g			

Verarbeitungsbedingungen für Spritzgießen

Massetemp.	°C	*Schwindung*	% lgs 0.5–0.7, quer 0.5–0.7
Werkzeugtemp.	°C	*Bemerkungen*	Vortrocknen empfohlen 1 bis 2 h bei 110 C
Spritzdruck	bar		

Zugversuch 23 °C ASTM D 638;
Probekörper: *Form* Schaum Dichte 0.95 *Herstellung* Spritzgiessen
Zustand *Vorbehandlung* Normalklima

Streckspannung	N/mm^2		*Dehnung bei Streckspannung*	%
Zugfestigkeit	N/mm^2	30	*Reißdehnung*	%
Reißfestigkeit	N/mm^2		*% Dehnspannung*	N/mm^2
E-Modul	N/mm^2	2100	*Dehnung bei % Dehnspg.*	%

Kriechmoduln und Zeitstandwerte 23 °C
Probekörper: *Form* *Herstellung*
Zustand *Vorbehandlung*

Kriechmodul	*1 min*	N/mm^2	*Zeitstandzugfestigkeit*	h N/mm^2
Kriechmodul	*1000 h*	N/mm^2	*Zeitdehnspg. %*	h N/mm^2
bei Spannung		N/mm^2		

Biegeversuch 23 °C ASTM D 790;
Probekörper: *Form* Schaum Dichte 0.95 *Herstellung* Spritzgiessen
Zustand *Vorbehandlung* Normalklima

Biegefestigkeit	N/mm^2	66	*E-Modul*	N/mm^2 2300
3,5% *Biegespannung*	N/mm^2			

Härte 23 °C *Probekörper:* *Zustand* *Herstellung*
Vorbehandlung

Kugeldruckhärte	N/mm^2 bei N, s	*Shore-Härte*	A
Rockwellhärte		*Shore-Härte*	D

Schlagversuch *Probekörper:* *(1)*
(2) *Herstellung*
Zustand *Vorbehandlung*

	°C	°C	°C	*Probekörper-Form*
Schlagzähigkeit	kJ/m^2			
Kerbschlagzähigkeit (1)	kJ/m^2			
IZOD-Kerbschlagzähigkeit (2)	J/m			
Kerbschlagzugzähigkeit	kJ/m^2			

Abrieb und Reibung

Taber-Abrieb (Reibradverfahren)	mm^3/100 U		
Abriebfaktor LNP (Thrust washer) Vergleichswert			
Statische Reibungszahl			
Dynamische Reibungszahl	(p · v =	N/mm² ·	m/min)
Zulässiger p · v Wert	N/mm² · (m/min)	v =	m/min
		v =	m/min

Thermische Eigenschaften

Formbeständigkeit in der Wärme	*Verfahren*	A	77 °C
	Verfahren		°C
Vicat Erweichungstemperatur (VST)	*Verfahren*		°C
	Verfahren		°C
Kristallit-Schmelzpunkt	*Verfahren*		
Längenausdehnungskoeffizient	*Bereich*	-30–30 °C	$0.72 \cdot 10^{-4} K^{-1}$
	Temperatur		$\cdot 10^{-4} K^{-1}$
Wärmeleitfähigkeit	*Verfahren*		W/(K · m)
Spezifische Wärmekapazität	*Verfahren*		J/(K · g)
Glasumwandlungstemperatur	*Torsionsschwingungsversuch*	°C	
	Differentialkalorimetrie	°C	

Brandverhalten

UL-Test vertikal	Dicke 3.2 mm,	Wert V-0
	Dicke mm,	Wert

	Norm	*Bewertung*	*Abmessungen*
Sauerstoff-Index	ASTM D 2863		
Glühstab-Verfahren			
Brandverhalten	DIN 4102		
MVSS			
FAR			

Elektrische Eigenschaften

		Hz	°C	*Probekörper, Form*
Dielektrizitätszahl		50		
		10^3		
		10^6		
Dielektrischer Verlustfaktor tan δ		50		
		10^3		
		10^6		
Spezifischer Durchgangs- widerstand	Ohm · cm			
Durchschlagfestigkeit	kV/mm			mm dick
Oberflächenwiderstand	Ohm			

Kriechstromfestigkeit	KC	KB	KA
Elektrolytische Korrosionswirkung			
Lichtbogenfestigkeit nach DIN			
nach ASTM s			

Beständigkeit *(Chemische Beständigkeit siehe Anhang)*

Wasseraufnahme 23 C	1 d	0.06 %
Feuchtigkeitsaufnahme Normalklima		%
Wetterbeständigkeit		
Spannungskorrosion		

Optische Eigenschaften

Brechungszahl n_D		
Transmissionsgrad τ_c	%	mm dick
Lichtdurchlässigkeit		

PPO

Produkt	Polyphenylenoxid modifiziert
Handelsname	**Prevex MPR**
Hersteller	BORGWARNER
DIN-Bez 1	
DIN-Bez 2	
Zusätze	
Füllstoffe/ Verstärkung	
Bevorzugte Verarbeitung	Blasformen
Lieferform	Granulat
Farben	Natur; Schwarz; Standard
Besondere Merkmale	Gute Zaehigkeit; Gute Dimensionsstabilitaet; Gute Schmelzenfestigkeit
Bevorzugte Anwendungen	Hohlkoerper

Dichte	g/cm³ 1.06		*Schmelzindex*	g/10 min	:
Schüttdichte	g/cm³		*Volumenfließindex*	cm³/10 min	:
Viskositätszahl	ml/g				

Verarbeitungsbedingungen für Spritzgießen

Massetemp.	°C	*Schwindung*	% lgs , quer
Werkzeugtemp.	°C	*Bemerkungen*	
Spritzdruck	bar		

Zugversuch 23 °C ASTM D 638;
Probekörper: *Form* 3.2 mm dick; *Zustand*
Herstellung Spritzgiessen; *Vorbehandlung* Normalklima

Streckspannung	N/mm²		*Dehnung bei Streckspannung*	%
Zugfestigkeit	N/mm²	48	*Reißdehnung*	%
Reißfestigkeit	N/mm²		% *Dehnspannung*	N/mm²
E-Modul	N/mm²	2300	*Dehnung bei* % *Dehnspg.*	%

Kriechmoduln und Zeitstandwerte 23 °C
Probekörper: *Form*; *Zustand*
Herstellung; *Vorbehandlung*

Kriechmodul	*1 min* N/mm²	*Zeitstandzugfestigkeit*	h	N/mm²
Kriechmodul	*1000 h* N/mm²	*Zeitdehnspg.* %	h	N/mm²
bei Spannung	N/mm²			

Biegeversuch 23 °C ASTM D 790;
Probekörper: *Form* 3.2mm x 13mm x 130mm; *Zustand*
Herstellung Spritzgiessen; *Vorbehandlung* Normalklima

Biegefestigkeit	N/mm²	90	*E-Modul*	N/mm² 2400
3,5% *Biegespannung*	N/mm²			

Härte 23 °C *Probekörper:* *Zustand*
Herstellung Spritzgiessen; *Vorbehandlung* Normalklima

Kugeldruckhärte	N/mm²	bei N, s	*Shore-Härte*	A
Rockwellhärte	R 114		*Shore-Härte*	D

Schlagversuch *Probekörper:* *(1)*; *(2)* V-Kerbe; *Zustand*
Herstellung Spritzgiessen; *Vorbehandlung* Normalklima

		°C		°C	°C	*Probekörper-Form*
Schlagzähigkeit	kJ/m²					
Kerbschlagzähigkeit (1)	kJ/m²					
IZOD-Kerbschlagzähigkeit (2)	J/m	23	270			3.2 mm dick
Kerbschlagzugzähigkeit	kJ/m²					

Abrieb und Reibung

Taber-Abrieb (Reibradverfahren)	mm^3/100 U		
Abriebfaktor LNP (Thrust washer) Vergleichswert			
Statische Reibungszahl			
Dynamische Reibungszahl	(p · v =	N/mm^2 ·	m/min)
Zulässiger p · v Wert	N/mm^2 · (m/min)	v =	m/min
		v =	m/min

Thermische Eigenschaften

Formbeständigkeit in der Wärme	*Verfahren* A	118 °C	
	Verfahren	°C	
Vicat Erweichungstemperatur (VST)	*Verfahren*	°C	
	Verfahren	°C	
Kristallit-Schmelzpunkt	*Verfahren*		
Längenausdehnungskoeffizient	*Bereich* °C		$\cdot 10^{-4}K^{-1}$
	Temperatur		$\cdot 10^{-4}K^{-1}$
Wärmeleitfähigkeit	*Verfahren*		W/(K · m)
Spezifische Wärmekapazität	*Verfahren*		J/(K · g)
Glasumwandlungstemperatur	*Torsionsschwingungsversuch*	°C	
	Differentialkalorimetrie	°C	

Brandverhalten

UL-Test vertikal Dicke mm, Wert
Dicke mm, Wert

	Norm	*Bewertung*	*Abmessungen*
Sauerstoff-Index	ASTM D 2863		
Glühstab-Verfahren			
Brandverhalten	DIN 4102		
MVSS			
FAR			

Elektrische Eigenschaften

		Hz	°C		*Probekörper, Form*
Dielektrizitätszahl		50			
		10^3			
		10^6			
Dielektrischer Verlustfaktor tan δ		50			
		10^3			
		10^6			
Spezifischer Durchgangswiderstand	Ohm · cm				
Durchschlagfestigkeit	kV/mm				mm dick
Oberflächenwiderstand	Ohm				
Kriechstromfestigkeit		KC	KB	KA	
Elektrolytische Korrosionswirkung					
Lichtbogenfestigkeit nach DIN					
nach ASTM	s				

Beständigkeit *(Chemische Beständigkeit siehe Anhang)*

Wasseraufnahme

Feuchtigkeitsaufnahme Normalklima %

Wetterbeständigkeit

Spannungskorrosion

Optische Eigenschaften

Brechungszahl n_D

Transmissionsgrad τ_c % mm dick

Lichtdurchlässigkeit

Produkt	Polyphenylenoxid modifiziert		**PPO**
Handelsname	**Prevex MPF**		
Hersteller	BORGWARNER		
DIN-Bez 1			
DIN-Bez 2			
Zusätze		*Füllstoffe/ Verstärkung*	
Bevorzugte Verarbeitung	Blasformen	*Lieferform*	Granulat
		Farben	Natur; Schwarz; Standard
Besondere Merkmale	Gute Zaehigkeit; Gute Dimensionsstabilitaet; Gute Schmelzenfestigkeit	*Bevorzugte Anwendungen*	Hohlkoerper

Dichte	g/cm^3	1.06	*Schmelzindex*	g/10 min	:
Schüttdichte	g/cm^3		*Volumenfließindex*	cm^3/10 min	:
Viskositätszahl	ml/g				

Verarbeitungsbedingungen für Spritzgießen

Massetemp.	°C	*Schwindung*	% lgs , quer
Werkzeugtemp.	°C	*Bemerkungen*	
Spritzdruck	bar		

Zugversuch 23 °C ASTM D 638;
Probekörper: *Form* 3.2 mm dick; *Zustand* — *Herstellung* Spritzgiessen; *Vorbehandlung* Normalklima

Streckspannung	N/mm^2		*Dehnung bei Streckspannung*	%
Zugfestigkeit	N/mm^2	41	*Reißdehnung*	%
Reißfestigkeit	N/mm^2		*% Dehnspannung*	N/mm^2
E-Modul	N/mm^2	2300	*Dehnung bei % Dehnspg.*	%

Kriechmoduln und Zeitstandwerte 23 °C
Probekörper: *Form*; *Zustand* — *Herstellung*; *Vorbehandlung*

Kriechmodul	*1 min* N/mm^2	*Zeitstandzugfestigkeit*	h	N/mm^2
Kriechmodul	*1000 h* N/mm^2	*Zeitdehnspg. %*	h	N/mm^2
bei Spannung	N/mm^2			

Biegeversuch 23 °C ASTM D 790;
Probekörper: *Form* 3.2mm x 13mm x 130mm; *Zustand* — *Herstellung* Spritzgiessen; *Vorbehandlung* Normalklima

Biegefestigkeit	N/mm^2	70	*E-Modul*	N/mm^2	2300
3,5% Biegespannung	N/mm^2				

Härte 23 °C *Probekörper:* *Zustand* — *Herstellung* Spritzgiessen; *Vorbehandlung* Normalklima

Kugeldruckhärte	N/mm^2 bei N, s	*Shore-Härte*	A
Rockwellhärte	R 104	*Shore-Härte*	D

Schlagversuch *Probekörper:* *(1)*; *(2)* V-Kerbe; *Zustand* — *Herstellung* Spritzgiessen; *Vorbehandlung* Normalklima

		°C	°C	°C	*Probekörper-Form*
Schlagzähigkeit	kJ/m^2				
Kerbschlagzähigkeit (1)	kJ/m^2				
IZOD-Kerbschlagzähigkeit (2)	J/m	23 270			3.2 mm dick
Kerbschlagzugzähigkeit	kJ/m^2				

Abrieb und Reibung

Taber-Abrieb (Reibradverfahren)	mm^3/100 U		
Abriebfaktor LNP (Thrust washer) Vergleichswert			
Statische Reibungszahl			
Dynamische Reibungszahl	(p · v=	N/mm² ·	m/min)
Zulässiger p · v Wert	N/mm² · (m/min)	v=	m/min
		v=	m/min

Thermische Eigenschaften

Formbeständigkeit in der Wärme	*Verfahren* A		102 °C
	Verfahren		°C
Vicat Erweichungstemperatur (VST)	*Verfahren*		°C
	Verfahren		°C
Kristallit-Schmelzpunkt	*Verfahren*		
Längenausdehnungskoeffizient	*Bereich*	°C	$\cdot 10^{-4}K^{-1}$
	Temperatur		$\cdot 10^{-4}K^{-1}$
Wärmeleitfähigkeit	*Verfahren*		W/(K · m)
Spezifische Wärmekapazität	*Verfahren*		J/(K · g)
Glasumwandlungstemperatur	*Torsionsschwingungsversuch*	°C	
	Differentialkalorimetrie	°C	

Brandverhalten

UL-Test vertikal Dicke mm, Wert
Dicke mm, Wert

	Norm	*Bewertung*	*Abmessungen*
Sauerstoff-Index	ASTM D 2863		
Glühstab-Verfahren			
Brandverhalten	DIN 4102		
MVSS			
FAR			

Elektrische Eigenschaften

		Hz	°C	*Probekörper, Form*
Dielektrizitätszahl		50		
		10^3		
		10^6		
Dielektrischer Verlustfaktor tan δ		50		
		10^3		
		10^6		
Spezifischer Durchgangswiderstand	Ohm · cm			
Durchschlagfestigkeit	kV/mm			mm dick
Oberflächenwiderstand	Ohm			

Kriechstromfestigkeit KC KB KA
Elektrolytische Korrosionswirkung
Lichtbogenfestigkeit nach DIN
nach ASTM s

Beständigkeit *(Chemische Beständigkeit siehe Anhang)*

Wasseraufnahme

Feuchtigkeitsaufnahme Normalklima %
Wetterbeständigkeit

Spannungskorrosion

Optische Eigenschaften

Brechungszahl n_D
Transmissionsgrad τ_c % mm dick
Lichtdurchlässigkeit

Datenbank-Nr. **T06315** *Merkblatt-Nr.* **3536**

Produkt	Polyphenylenoxid modifiziert		**PPO**
Handelsname	**Prevex MVF**		
Hersteller	BORGWARNER		
DIN-Bez 1			
DIN-Bez 2			
Zusätze	Brandschutzmittel	*Füllstoffe/ Verstärkung*	
Bevorzugte Verarbeitung	Blasformen	*Lieferform*	Granulat
		Farben	Natur; Schwarz; Standard
Besondere Merkmale	Gute Zaehigkeit; Gute Dimensionsstabilitaet; Gute Schmelzenfestigkeit	*Bevorzugte Anwendungen*	Hohlkoerper; Bueromaschinengehaeuse; Moebelteil

Dichte	g/cm^3	1.06	*Schmelzindex*	g/10 min	:
Schüttdichte	g/cm^3		*Volumenfließindex*	$cm^3/10$ min	:
Viskositätszahl	ml/g				

Verarbeitungsbedingungen für Spritzgießen

Massetemp.	°C	*Schwindung*	% lgs , quer
Werkzeugtemp.	°C	*Bemerkungen*	
Spritzdruck	bar		

Zugversuch 23 °C ASTM D 638;
Probekörper: *Form* 3.2 mm dick; *Zustand*; *Herstellung* Spritzgiessen; *Vorbehandlung* Normalklima

Streckspannung	N/mm^2		*Dehnung bei Streckspannung*	%
Zugfestigkeit	N/mm^2	45	*Reißdehnung*	%
Reißfestigkeit	N/mm^2		*% Dehnspannung*	N/mm^2
E-Modul	N/mm^2	2300	*Dehnung bei % Dehnspg.*	%

Kriechmoduln und Zeitstandwerte 23 °C
Probekörper: *Form*; *Zustand*; *Herstellung*; *Vorbehandlung*

Kriechmodul	*1 min* N/mm^2		*Zeitstandzugfestigkeit*	h N/mm^2
Kriechmodul	*1000 h* N/mm^2		*Zeitdehnspg.* %	h N/mm^2
bei Spannung	N/mm^2			

Biegeversuch 23 °C ASTM D 790;
Probekörper: *Form* 3.2mm x 13mm x 130mm; *Zustand*; *Herstellung* Spritzgiessen; *Vorbehandlung* Normalklima

Biegefestigkeit	N/mm^2	76	*E-Modul*	N/mm^2	2300
3,5% *Biegespannung*	N/mm^2				

Härte 23 °C *Probekörper:* *Zustand*; *Herstellung* Spritzgiessen; *Vorbehandlung* Normalklima

Kugeldruckhärte	N/mm^2 bei N, s	*Shore-Härte* A	
Rockwellhärte	R 114	*Shore-Härte* D	

Schlagversuch *Probekörper:* *(1)*; *(2)* V-Kerbe; *Zustand*; *Herstellung* Spritzgiessen; *Vorbehandlung* Normalklima

		°C	°C	°C	*Probekörper-Form*
Schlagzähigkeit	kJ/m^2				
Kerbschlagzähigkeit (1)	kJ/m^2				
IZOD-Kerbschlagzähigkeit (2)	J/m	23 270			3.2 mm dick
Kerbschlagzugzähigkeit	kJ/m^2				

Abrieb und Reibung

Taber-Abrieb (Reibradverfahren) mm³/100 U
Abriebfaktor LNP (Thrust washer) Vergleichswert
Statische Reibungszahl
Dynamische Reibungszahl (p·v= N/mm²· m/min)
Zulässiger p·v Wert N/mm²·(m/min) v= m/min
v= m/min

Thermische Eigenschaften

Formbeständigkeit in der Wärme	*Verfahren* A		93 °C
	Verfahren		°C
Vicat Erweichungstemperatur (VST)	*Verfahren*		°C
	Verfahren		°C
Kristallit-Schmelzpunkt	*Verfahren*		
Längenausdehnungskoeffizient	*Bereich*	°C	$\cdot 10^{-4} K^{-1}$
	Temperatur		$\cdot 10^{-4} K^{-1}$
Wärmeleitfähigkeit	*Verfahren*		W/(K · m)
Spezifische Wärmekapazität	*Verfahren*		J/(K · g)
Glasumwandlungstemperatur	*Torsionsschwingungsversuch*	°C	
	Differentialkalorimetrie	°C	

Brandverhalten

UL-Test vertikal Dicke 1.57 mm, Wert V-1
Dicke mm, Wert

	Norm	*Bewertung*	*Abmessungen*
Sauerstoff-Index	ASTM D 2863		
Glühstab-Verfahren			
Brandverhalten	DIN 4102		
MVSS			
FAR			

Elektrische Eigenschaften

		Hz	°C	*Probekörper, Form*
Dielektrizitätszahl		50		
		10^3		
		10^6		
Dielektrischer Verlustfaktor tan δ		50		
		10^3		
		10^6		
Spezifischer Durchgangswiderstand	Ohm · cm			
Durchschlagfestigkeit	kV/mm			mm dick
Oberflächenwiderstand	Ohm			

Kriechstromfestigkeit KC KB KA
Elektrolytische Korrosionswirkung
Lichtbogenfestigkeit nach DIN
nach ASTM s

Beständigkeit *(Chemische Beständigkeit siehe Anhang)*

Wasseraufnahme

Feuchtigkeitsaufnahme Normalklima %
Wetterbeständigkeit

Spannungskorrosion

Optische Eigenschaften

Brechungszahl n_D
Transmissionsgrad τ_c % mm dick
Lichtdurchlässigkeit

Produkt	Polyphenylenoxid modifiziert		**PPO**
Handelsname	**Prevex MVP**		
Hersteller	BORGWARNER		
DIN-Bez 1			
DIN-Bez 2			
Zusätze	Brandschutzmittel	*Füllstoffe/ Verstärkung*	
Bevorzugte Verarbeitung	Blasformen	*Lieferform*	Granulat
		Farben	Natur; Schwarz; Standard
Besondere Merkmale	Hohe Zaehigkeit; Hohe Dimensionsstabilitaet auch bei hoeheren Temperaturen	*Bevorzugte Anwendungen*	Hohlkoerper

Dichte	g/cm^3	1.08	*Schmelzindex*	g/10 min	:
Schüttdichte	g/cm^3		*Volumenfließindex*	$cm^3/10$ min	:
Viskositätszahl	ml/g				

Verarbeitungsbedingungen für Spritzgießen

Massetemp.	°C	*Schwindung*	% lgs , quer
Werkzeugtemp.	°C	*Bemerkungen*	
Spritzdruck	bar		

Zugversuch 23 °C ASTM D 638;

Probekörper: *Form* 3.2 mm dick; *Zustand* — *Herstellung* Spritzgiessen; *Vorbehandlung* Normalklima

Streckspannung	N/mm^2		*Dehnung bei Streckspannung*	%
Zugfestigkeit	N/mm^2	52	*Reißdehnung*	%
Reißfestigkeit	N/mm^2		*% Dehnspannung*	N/mm^2
E-Modul	N/mm^2	2300	*Dehnung bei % Dehnspg.*	%

Kriechmoduln und Zeitstandwerte 23 °C

Probekörper: *Form*; *Zustand* — *Herstellung*; *Vorbehandlung*

Kriechmodul	*1 min*	N/mm^2	*Zeitstandzugfestigkeit*	h	N/mm^2
Kriechmodul	*1000 h*	N/mm^2	*Zeitdehnspg. %*	h	N/mm^2
bei Spannung		N/mm^2			

Biegeversuch 23 °C ASTM D 790;

Probekörper: *Form* 3.2mm x 13mm x 130mm; *Zustand* — *Herstellung* Spritzgiessen; *Vorbehandlung* Normalklima

Biegefestigkeit	N/mm^2	96	*E-Modul*	N/mm^2	2500
3,5% *Biegespannung*	N/mm^2				

Härte 23 °C

Probekörper: *Zustand* — *Herstellung* Spritzgiessen; *Vorbehandlung* Normalklima

Kugeldruckhärte	N/mm^2		bei N, s	*Shore-Härte* A
Rockwellhärte		R 117		*Shore-Härte* D

Schlagversuch

Probekörper: *(1)*; *(2)* V-Kerbe; *Zustand* — *Herstellung* Spritzgiessen; *Vorbehandlung* Normalklima

		°C	°C	°C	*Probekörper-Form*
Schlagzähigkeit	kJ/m^2				
Kerbschlagzähigkeit (1)	kJ/m^2				
IZOD-Kerbschlagzähigkeit (2)	J/m	23 270			3.2 mm dick
Kerbschlagzugzähigkeit	kJ/m^2				

Abrieb und Reibung

Taber-Abrieb (Reibradverfahren)	mm^3/100 U		
Abriebfaktor LNP (Thrust washer) Vergleichswert			
Statische Reibungszahl			
Dynamische Reibungszahl	(p · v =	N/mm^2 ·	m/min)
Zulässiger p · v Wert	N/mm^2 · (m/min)	v =	m/min
		v =	m/min

Thermische Eigenschaften

Formbeständigkeit in der Wärme	*Verfahren* A		116 °C
	Verfahren		°C
Vicat Erweichungstemperatur (VST)	*Verfahren*		°C
	Verfahren		°C
Kristallit-Schmelzpunkt	*Verfahren*		
Längenausdehnungskoeffizient	*Bereich*	°C	$\cdot 10^{-4}K^{-1}$
	Temperatur		$\cdot 10^{-4}K^{-1}$
Wärmeleitfähigkeit	*Verfahren*		W/(K · m)
Spezifische Wärmekapazität	*Verfahren*		J/(K · g)
Glasumwandlungstemperatur	*Torsionsschwingungsversuch*	°C	
	Differentialkalorimetrie	°C	

Brandverhalten

UL-Test vertikal Dicke 1.57 mm, Wert V-1
Dicke mm, Wert

	Norm	*Bewertung*	*Abmessungen*
Sauerstoff-Index	ASTM D 2863		
Glühstab-Verfahren			
Brandverhalten	DIN 4102		
MVSS			
FAR			

Elektrische Eigenschaften

	Hz	°C	*Probekörper, Form*
Dielektrizitätszahl	50		
	10^3		
	10^6		
Dielektrischer Verlustfaktor tan δ	50		
	10^3		
	10^6		

Spezifischer Durchgangswiderstand	Ohm · cm	
Durchschlagfestigkeit	kV/mm	mm dick
Oberflächenwiderstand	Ohm	

Kriechstromfestigkeit	KC	KB	KA
Elektrolytische Korrosionswirkung			
Lichtbogenfestigkeit nach DIN			
nach ASTM s			

Beständigkeit *(Chemische Beständigkeit siehe Anhang)*

Wasseraufnahme

Feuchtigkeitsaufnahme Normalklima %

Wetterbeständigkeit

Spannungskorrosion

Optische Eigenschaften

Brechungszahl n_D

Transmissionsgrad τ_c % mm dick

Lichtdurchlässigkeit

Datenbank-Nr. **T06320** *Merkblatt-Nr.* **3538**

Produkt	Polyphenylenoxid modifiziert		**PPO**
Handelsname	**Asahi Chemical M-PPE 100 V**		
Hersteller	ASAHI		
DIN-Bez 1			
DIN-Bez 2			
Zusätze		*Füllstoffe/ Verstärkung*	
Bevorzugte Verarbeitung	Spritzgiessen; Extrudieren	*Lieferform*	Granulat
		Farben	Natur; Standard
Besondere Merkmale	Geringe Wasseraufnahme; Gute mechanische Eigenschaften ueber einen weiten Temperaturbereich; Gute Hydrolysefestigkeit; Opak; Geringe Schwindung; Standardtyp	*Bevorzugte Anwendungen*	Armaturenindustrie; Bueromaschinenteil; Phonoindustrie; Fernsehindustrie; Haushaltsgeraeteteil; Technisches Formteil

Dichte	g/cm³	1.10	*Schmelzindex*	g/10 min	:
Schüttdichte	g/cm³		*Volumenfließindex*	cm³/10 min	:
Viskositätszahl	ml/g				

Verarbeitungsbedingungen für Spritzgießen

Massetemp.	°C	220–260	*Schwindung*	%	lgs 0.5–0.7, quer 0.5–0.7
Werkzeugtemp.	°C	50–70	*Bemerkungen*	Vortrocknen empfohlen mindestens 2h bei 70 bis 80C	
Spritzdruck	bar	≧1000			

Zugversuch 23 °C DIN 53455;

Probekörper: *Form* / *Zustand* — *Herstellung* Spritzgiessen; *Vorbehandlung* Normalklima

Streckspannung	N/mm²		*Dehnung bei Streckspannung*	%	
Zugfestigkeit	N/mm²	35	*Reißdehnung*	%	40
Reißfestigkeit	N/mm²		*% Dehnspannung*	N/mm²	
E-Modul	N/mm²		*Dehnung bei % Dehnspg.*	%	

Kriechmoduln und Zeitstandwerte 23 °C

Probekörper: *Form* / *Zustand* — *Herstellung* / *Vorbehandlung*

Kriechmodul	*1 min*	N/mm²	*Zeitstandzugfestigkeit*	h	N/mm²
Kriechmodul	*1000 h*	N/mm²	*Zeitdehnspg.* %	h	N/mm²
bei Spannung		N/mm²			

Biegeversuch 23 °C DIN 53452; DIN 53457

Probekörper: *Form* / *Zustand* — *Herstellung* Spritzgiessen; *Vorbehandlung* Normalklima

Biegefestigkeit	N/mm²	57	*E-Modul*	N/mm²	2200
3,5% *Biegespannung*	N/mm²				

Härte 23 °C *Probekörper:* *Zustand* — *Herstellung* / *Vorbehandlung*

Kugeldruckhärte	N/mm² bei N, s	*Shore-Härte* A	
Rockwellhärte		*Shore-Härte* D	

Schlagversuch *Probekörper:* *(1)* / *(2)* V-Kerbe / *Zustand* — *Herstellung* Spritzgiessen; *Vorbehandlung* Normalklima

		°C	°C	°C	*Probekörper-Form*
Schlagzähigkeit	kJ/m²				
Kerbschlagzähigkeit (1)	kJ/m²				
IZOD-Kerbschlagzähigkeit (2)	J/m	23 150			
Kerbschlagzugzähigkeit	kJ/m²				

Abrieb und Reibung

Taber-Abrieb (Reibradverfahren)	mm^3/100 U		
Abriebfaktor LNP (Thrust washer) Vergleichswert			
Statische Reibungszahl			
Dynamische Reibungszahl	(p·v=	N/mm²·	m/min)
Zulässiger p · v Wert	N/mm²·(m/min)	v=	m/min
		v=	m/min

Thermische Eigenschaften

Formbeständigkeit in der Wärme	*Verfahren* A		85 °C
	Verfahren		°C
Vicat Erweichungstemperatur (VST)	*Verfahren*		°C
	Verfahren		°C
Kristallit-Schmelzpunkt	*Verfahren*		
Längenausdehnungskoeffizient	*Bereich*	°C	$\cdot 10^{-4} K^{-1}$
	Temperatur 23 °C		$0.75 \cdot 10^{-4} K^{-1}$
Wärmeleitfähigkeit	*Verfahren*		W/(K · m)
Spezifische Wärmekapazität	*Verfahren*		J/(K · g)
Glasumwandlungstemperatur	*Torsionsschwingungsversuch*	°C	
	Differentialkalorimetrie	°C	

Brandverhalten

UL-Test vertikal	Dicke 3.2 mm, Wert V-1	
	Dicke mm, Wert	

	Norm	*Bewertung*	*Abmessungen*
Sauerstoff-Index	ASTM D 2863		
Glühstab-Verfahren			
Brandverhalten	DIN 4102		
MVSS			
FAR			

Elektrische Eigenschaften

		Hz	°C		*Probekörper, Form*
Dielektrizitätszahl		50			
		10^3			
		10^6			
Dielektrischer Verlustfaktor tan δ		50			
		10^3			
		10^6			
Spezifischer Durchgangswiderstand	Ohm · cm				
Durchschlagfestigkeit	kV/mm				mm dick
Oberflächenwiderstand	Ohm				
Kriechstromfestigkeit		KC	KB	KA	
Elektrolytische Korrosionswirkung					
Lichtbogenfestigkeit nach DIN					
nach ASTM	s				

Beständigkeit *(Chemische Beständigkeit siehe Anhang)*

Wasseraufnahme 23 C	1 d	0.10 %	
Feuchtigkeitsaufnahme Normalklima			%
Wetterbeständigkeit			
Spannungskorrosion			

Optische Eigenschaften

Brechungszahl n_D		
Transmissionsgrad τ_c	%	mm dick
Lichtdurchlässigkeit		

Produkt	Polyphenylenoxid modifiziert		**PPO**
Handelsname	**Asahi Chemical M-PPE 100 Z**		
Hersteller	ASAHI		
DIN-Bez 1			
DIN-Bez 2			
Zusätze		*Füllstoffe/ Verstärkung*	
Bevorzugte Verarbeitung	Spritzgiessen; Extrudieren	*Lieferform*	Granulat
		Farben	Natur; Standard
Besondere Merkmale	Geringe Wasseraufnahme; Gute mechanische Eigenschaften ueber einen weiten Temperaturbereich; Gute Hydrolysefestigkeit; Opak; Geringe Schwindung; Standardtyp	*Bevorzugte Anwendungen*	Armaturenindustrie; Bueromaschinenteil; Phonoindustrie; Fernsehindustrie; Haushaltsgeraeteteil; Technisches Formteil

Dichte	g/cm^3	1.10	*Schmelzindex*	g/10 min	:
Schüttdichte	g/cm^3		*Volumenfließindex*	cm^3/10 min	:
Viskositätszahl	ml/g				

Verarbeitungsbedingungen für Spritzgießen

Massetemp.	°C	220–260	*Schwindung*	% lgs 0.5–0.7, quer 0.5–0.7
Werkzeugtemp.	°C	50–70	*Bemerkungen*	Vortrocknen empfohlen mindestens 2h bei 70 bis 80C
Spritzdruck	bar	≧1000		

Zugversuch 23 °C DIN 53455;
Probekörper: *Form* — *Herstellung* Spritzgiessen
Zustand — *Vorbehandlung* Normalklima

Streckspannung	N/mm^2		*Dehnung bei Streckspannung*	%	
Zugfestigkeit	N/mm^2	37	*Reißdehnung*	%	40
Reißfestigkeit	N/mm^2		*% Dehnspannung*	N/mm^2	
E-Modul	N/mm^2		*Dehnung bei % Dehnspg.*	%	

Kriechmoduln und Zeitstandwerte 23 °C
Probekörper: *Form* — *Herstellung*
Zustand — *Vorbehandlung*

Kriechmodul	*1 min* N/mm^2	*Zeitstandzugfestigkeit*	h	N/mm^2
Kriechmodul	*1000 h* N/mm^2	*Zeitdehnspg. %*	h	N/mm^2
bei Spannung	N/mm^2			

Biegeversuch 23 °C DIN 53452; DIN 53457
Probekörper: *Form* — *Herstellung* Spritzgiessen
Zustand — *Vorbehandlung* Normalklima

Biegefestigkeit	N/mm^2	60	*E-Modul*	N/mm^2	2300
3,5% *Biegespannung*	N/mm^2				

Härte 23 °C *Probekörper:* *Zustand* — *Herstellung*
Vorbehandlung

Kugeldruckhärte	N/mm^2 bei N, s	*Shore-Härte* A	
Rockwellhärte		*Shore-Härte* D	

Schlagversuch *Probekörper:* *(1)*
(2) V-Kerbe — *Herstellung* Spritzgiessen
Zustand — *Vorbehandlung* Normalklima

		°C	°C	°C	*Probekörper-Form*
Schlagzähigkeit	kJ/m^2				
Kerbschlagzähigkeit (1)	kJ/m^2				
IZOD-Kerbschlagzähigkeit (2)	J/m	23 150			
Kerbschlagzugzähigkeit	kJ/m^2				

Abrieb und Reibung

Taber-Abrieb (Reibradverfahren)	mm^3/100 U
Abriebfaktor LNP (Thrust washer) Vergleichswert	
Statische Reibungszahl	
Dynamische Reibungszahl	(p·v= N/mm^2· m/min)
Zulässiger p · v Wert	N/mm^2·(m/min) v= m/min
	v= m/min

Thermische Eigenschaften

Formbeständigkeit in der Wärme	*Verfahren* A		85 °C
	Verfahren		°C
Vicat Erweichungstemperatur (VST)	*Verfahren*		°C
	Verfahren		°C
Kristallit-Schmelzpunkt	*Verfahren*		
Längenausdehnungskoeffizient	*Bereich*	°C	$\cdot 10^{-4}K^{-1}$
	Temperatur 23 °C		$0.75 \cdot 10^{-4}K^{-1}$
Wärmeleitfähigkeit	*Verfahren*		W/(K · m)
Spezifische Wärmekapazität	*Verfahren*		J/(K · g)
Glasumwandlungstemperatur	*Torsionsschwingungsversuch*	°C	
	Differentialkalorimetrie	°C	

Brandverhalten

UL-Test vertikal	Dicke 3.2 mm, Wert V-0
	Dicke mm, Wert

	Norm	*Bewertung*	*Abmessungen*
Sauerstoff-Index	ASTM D 2863		
Glühstab-Verfahren			
Brandverhalten	DIN 4102		
MVSS			
FAR			

Elektrische Eigenschaften

		Hz	°C		*Probekörper, Form*
Dielektrizitätszahl		50			
		10^3			
		10^6			
Dielektrischer Verlustfaktor tan δ		50			
		10^3			
		10^6			
Spezifischer Durchgangswiderstand	Ohm · cm				
Durchschlagfestigkeit	kV/mm				mm dick
Oberflächenwiderstand	Ohm				
Kriechstromfestigkeit		KC	KB	KA	
Elektrolytische Korrosionswirkung					
Lichtbogenfestigkeit nach DIN					
nach ASTM	s				

Beständigkeit *(Chemische Beständigkeit siehe Anhang)*

Wasseraufnahme 23 C	1 d	0.10 %	
Feuchtigkeitsaufnahme Normalklima			%
Wetterbeständigkeit			
Spannungskorrosion			

Optische Eigenschaften

Brechungszahl n_D		
Transmissionsgrad τ_c	%	mm dick
Lichtdurchlässigkeit		

Produkt	Polyphenylenoxid modifiziert		**PPO**
Handelsname	**Asahi Chemical M-PPE 201 V**		
Hersteller	ASAHI		
DIN-Bez 1			
DIN-Bez 2			
Zusätze		*Füllstoffe/ Verstärkung*	
Bevorzugte Verarbeitung	Spritzgiessen; Extrudieren	*Lieferform*	Granulat
		Farben	Natur; Standard
Besondere Merkmale	Geringe Wasseraufnahme; Gute mechanische Eigenschaften ueber einen weiten Temperaturbereich; Gute Hydrolysefestigkeit; Opak; Geringe Schwindung; Standardtyp	*Bevorzugte Anwendungen*	Armaturenindustrie; Bueromaschinenteil; Phonoindustrie; Fernsehindustrie; Haushaltsgeraeteteil; Technisches Formteil

Dichte	g/cm^3	1.10	*Schmelzindex*	g/10 min	:
Schüttdichte	g/cm^3		*Volumenfließindex*	cm^3/10 min	:
Viskositätszahl	ml/g				

Verarbeitungsbedingungen für Spritzgießen

Massetemp.	°C	240–280	*Schwindung*	% lgs 0.5–0.7, quer 0.5–0.7
Werkzeugtemp.	°C		*Bemerkungen*	Vortrocknen empfohlen mindestens 3h bei 75 bis 90C
Spritzdruck	bar	≧1000		

Zugversuch 23 °C DIN 53455;
Probekörper: *Form* *Zustand* — *Herstellung* Spritzgiessen; *Vorbehandlung* Normalklima

Streckspannung	N/mm^2		*Dehnung bei Streckspannung*	%	
Zugfestigkeit	N/mm^2	40	*Reißdehnung*	%	50
Reißfestigkeit	N/mm^2		*% Dehnspannung*	N/mm^2	
E-Modul	N/mm^2		*Dehnung bei % Dehnspg.*	%	

Kriechmoduln und Zeitstandwerte 23 °C
Probekörper: *Form* *Zustand* — *Herstellung* *Vorbehandlung*

Kriechmodul	*1 min* N/mm^2		*Zeitstandzugfestigkeit*	h	N/mm^2
Kriechmodul	*1000 h* N/mm^2		*Zeitdehnspg. %*	h	N/mm^2
bei Spannung	N/mm^2				

Biegeversuch 23 °C DIN 53452; DIN 53457
Probekörper: *Form* *Zustand* — *Herstellung* Spritzgiessen; *Vorbehandlung* Normalklima

Biegefestigkeit	N/mm^2	65	*E-Modul*	N/mm^2	2200
3,5% *Biegespannung*	N/mm^2				

Härte 23 °C *Probekörper:* *Zustand* — *Herstellung* Spritzgiessen; *Vorbehandlung* Normalklima

Kugeldruckhärte	N/mm^2	bei N, s	*Shore-Härte*	A
Rockwellhärte	R 109		*Shore-Härte*	D

Schlagversuch *Probekörper:* *(1)* *(2)* V-Kerbe *Zustand* — *Herstellung* Spritzgiessen; *Vorbehandlung* Normalklima

		°C	°C	°C	*Probekörper-Form*
Schlagzähigkeit	kJ/m^2				
Kerbschlagzähigkeit (1)	kJ/m^2				
IZOD-Kerbschlagzähigkeit (2)	J/m	23 150			
Kerbschlagzugzähigkeit	kJ/m^2				

Abrieb und Reibung

Taber-Abrieb (Reibradverfahren)	mm^3/100 U		
Abriebfaktor LNP (Thrust washer) Vergleichswert			
Statische Reibungszahl			
Dynamische Reibungszahl	(p · v=	N/mm² ·	m/min)
Zulässiger p · v Wert	N/mm² · (m/min)	v=	m/min
		v=	m/min

Thermische Eigenschaften

Formbeständigkeit in der Wärme	*Verfahren* A		90 °C
	Verfahren		°C
Vicat Erweichungstemperatur (VST)	*Verfahren*		°C
	Verfahren		°C
Kristallit-Schmelzpunkt	*Verfahren*		
Längenausdehnungskoeffizient	*Bereich*	°C	$\cdot 10^{-4}K^{-1}$
	Temperatur 23 °C		$0.8 \cdot 10^{-4}K^{-1}$
Wärmeleitfähigkeit	*Verfahren*		W/(K · m)
Spezifische Wärmekapazität	*Verfahren*		J/(K · g)
Glasumwandlungstemperatur	*Torsionsschwingungsversuch*	°C	
	Differentialkalorimetrie	°C	

Brandverhalten

UL-Test vertikal	Dicke 3.2 mm, Wert V-1
	Dicke mm, Wert

	Norm	*Bewertung*	*Abmessungen*
Sauerstoff-Index	ASTM D 2863		
Glühstab-Verfahren			
Brandverhalten	DIN 4102		
MVSS			
FAR			

Elektrische Eigenschaften

		Hz	°C			*Probekörper, Form*
Dielektrizitätszahl		50				
		10^3				
		10^6	23	2.8		
Dielektrischer Verlustfaktor tan δ		50				
		10^3				
		10^6	23	0.0023		
Spezifischer Durchgangs-widerstand	Ohm · cm		23	1.0*10**18		
Durchschlagfestigkeit	kV/mm		23	29		1 mm dick
Oberflächenwiderstand	Ohm					
Kriechstromfestigkeit		KC		KB	KA	
Elektrolytische Korrosionswirkung						
Lichtbogenfestigkeit nach DIN						
nach ASTM	s	100				

Beständigkeit *(Chemische Beständigkeit siehe Anhang)*

Wasseraufnahme 23 C	1 d	0.10 %	
Feuchtigkeitsaufnahme Normalklima			%
Wetterbeständigkeit			
Spannungskorrosion			

Optische Eigenschaften

Brechungszahl n_D		
Transmissionsgrad τ_c	%	mm dick
Lichtdurchlässigkeit		

Produkt	Polyphenylenoxid modifiziert		**PPO**
Handelsname	**Asahi Chemical M-PPE 201 Z**		
Hersteller	ASAHI		
DIN-Bez 1			
DIN-Bez 2			
Zusätze		*Füllstoffe/ Verstärkung*	
Bevorzugte Verarbeitung	Spritzgiessen; Extrudieren	*Lieferform*	Granulat
		Farben	Natur; Standard
Besondere Merkmale	Geringe Wasseraufnahme; Gute mechanische Eigenschaften ueber einen weiten Temperaturbereich; Gute Hydrolysefestigkeit; Opak; Geringe Schwindung; Standardtyp	*Bevorzugte Anwendungen*	Armaturenindustrie; Bueromaschinenteil; Phonoindustrie; Fernsehindustrie; Haushaltsgeraeteteil; Technisches Formteil

Dichte	g/cm^3	1.10	*Schmelzindex*	g/10 min	:
Schüttdichte	g/cm^3		*Volumenfließindex*	cm^3/10 min	:
Viskositätszahl	ml/g				

Verarbeitungsbedingungen für Spritzgießen

Massetemp.	°C	240–280	*Schwindung*	% lgs 0.5–0.7, quer 0.5–0.7
Werkzeugtemp.	°C	50–80	*Bemerkungen*	Vortrocknen empfohlen mindestens 3h bei 75 bis 90C
Spritzdruck	bar	≧1000		

Zugversuch 23 °C DIN 53455;
Probekörper: *Form* — *Herstellung* Spritzgiessen
Zustand — *Vorbehandlung* Normalklima

Streckspannung	N/mm^2		*Dehnung bei Streckspannung*	%	
Zugfestigkeit	N/mm^2	43	*Reißdehnung*	%	50
Reißfestigkeit	N/mm^2		*% Dehnspannung*	N/mm^2	
E-Modul	N/mm^2		*Dehnung bei % Dehnspg.*	%	

Kriechmoduln und Zeitstandwerte 23 °C
Probekörper: *Form* — *Herstellung*
Zustand — *Vorbehandlung*

Kriechmodul	*1 min* N/mm^2	*Zeitstandzugfestigkeit*	h	N/mm^2
Kriechmodul	*1000 h* N/mm^2	*Zeitdehnspg. %*	h	N/mm^2
bei Spannung	N/mm^2			

Biegeversuch 23 °C DIN 53452; DIN 53457
Probekörper: *Form* — *Herstellung* Spritzgiessen
Zustand — *Vorbehandlung* Normalklima

Biegefestigkeit	N/mm^2	70	*E-Modul*	N/mm^2	2200
3,5% *Biegespannung*	N/mm^2				

Härte 23 °C *Probekörper:* *Zustand* — *Herstellung* Spritzgiessen
Vorbehandlung Normalklima

Kugeldruckhärte	N/mm^2 bei N, s	*Shore-Härte*	A
Rockwellhärte	R 110	*Shore-Härte*	D

Schlagversuch *Probekörper:* *(1)*
(2) V-Kerbe — *Herstellung* Spritzgiessen
Zustand — *Vorbehandlung* Normalklima

		°C	°C	°C	*Probekörper-Form*
Schlagzähigkeit	kJ/m^2				
Kerbschlagzähigkeit (1)	kJ/m^2				
IZOD-Kerbschlagzähigkeit (2)	J/m	23 150			
Kerbschlagzugzähigkeit	kJ/m^2				

Abrieb und Reibung

Taber-Abrieb (Reibradverfahren)	mm³/100 U		
Abriebfaktor LNP (Thrust washer) Vergleichswert			
Statische Reibungszahl			
Dynamische Reibungszahl	(p·v= N/mm²·		m/min)
Zulässiger p·v Wert	N/mm²·(m/min)	v=	m/min
		v=	m/min

Thermische Eigenschaften

Formbeständigkeit in der Wärme	*Verfahren* A		90 °C
	Verfahren		°C
Vicat Erweichungstemperatur (VST)	*Verfahren*		°C
	Verfahren		°C
Kristallit-Schmelzpunkt	*Verfahren*		
Längenausdehnungskoeffizient	*Bereich*	°C	$\cdot 10^{-4}K^{-1}$
	Temperatur 23 °C		$0.75 \cdot 10^{-4}K^{-1}$
Wärmeleitfähigkeit	*Verfahren*		W/(K · m)
Spezifische Wärmekapazität	*Verfahren*		J/(K · g)
Glasumwandlungstemperatur	*Torsionsschwingungsversuch*	°C	
	Differentialkalorimetrie	°C	

Brandverhalten

UL-Test vertikal	Dicke 3.2 mm, Wert V-0	
	Dicke mm, Wert	

	Norm	*Bewertung*	*Abmessungen*
Sauerstoff-Index	ASTM D 2863		
Glühstab-Verfahren			
Brandverhalten	DIN 4102		
MVSS			
FAR			

Elektrische Eigenschaften

		Hz	°C			*Probekörper, Form*
Dielektrizitätszahl		50				
		10^3				
		10^6	23	2.7		
Dielektrischer Verlustfaktor tan δ		50				
		10^3				
		10^6	23	0.0015		
Spezifischer Durchgangswiderstand	Ohm · cm		23	1.0*10**18		
Durchschlagfestigkeit	kV/mm		23	29		1 mm dick
Oberflächenwiderstand	Ohm					
Kriechstromfestigkeit		KC		KB	KA	
Elektrolytische Korrosionswirkung						
Lichtbogenfestigkeit nach DIN						
nach ASTM	s	80				

Beständigkeit *(Chemische Beständigkeit siehe Anhang)*

Wasseraufnahme 23 C	1 d	0.10 %	
Feuchtigkeitsaufnahme Normalklima			%
Wetterbeständigkeit			
Spannungskorrosion			

Optische Eigenschaften

Brechungszahl n_D		
Transmissionsgrad τ_c	%	mm dick
Lichtdurchlässigkeit		

Produkt	Polyphenylenoxid modifiziert		**PPO**
Handelsname	**Asahi Chemical M-PPE 300 V**		
Hersteller	ASAHI		
DIN-Bez 1			
DIN-Bez 2			
Zusätze		*Füllstoffe/ Verstärkung*	
Bevorzugte Verarbeitung	Spritzgiessen; Extrudieren	*Lieferform*	Granulat
		Farben	Natur; Standard
Besondere Merkmale	Geringe Wasseraufnahme; Gute mechanische Eigenschaften ueber einen weiten Temperaturbereich; Gute Hydrolysefestigkeit; Opak; Geringe Schwindung; Bessere Waermeformbestaendigkeit	*Bevorzugte Anwendungen*	Armaturenindustrie; Bueromaschinenteil; Phonoindustrie; Fernsehindustrie; Haushaltsgeraeteteil; Technisches Formteil

Dichte	g/cm^3	1.09	*Schmelzindex*	g/10 min		:
Schüttdichte	g/cm^3		*Volumenfließindex*	$cm^3/10$ min		:
Viskositätszahl	ml/g					

Verarbeitungsbedingungen für Spritzgießen

Massetemp.	°C	230–280	*Schwindung*	%	lgs 0.5–0.7, quer 0.5–0.7
Werkzeugtemp.	°C	50–80	*Bemerkungen*	Vortrocknen empfohlen mindestens 2h bei 80 bis 90C	
Spritzdruck	bar				

Zugversuch 23 °C DIN 53455;
Probekörper: *Form* — *Herstellung* Spritzgiessen
Zustand — *Vorbehandlung* Normalklima

Streckspannung	N/mm^2		*Dehnung bei Streckspannung*	%	
Zugfestigkeit	N/mm^2	45	*Reißdehnung*	%	50
Reißfestigkeit	N/mm^2		*% Dehnspannung*	N/mm^2	
E-Modul	N/mm^2		*Dehnung bei % Dehnspg.*	%	

Kriechmoduln und Zeitstandwerte 23 °C
Probekörper: *Form* — *Herstellung*
Zustand — *Vorbehandlung*

Kriechmodul	*1 min*	N/mm^2	*Zeitstandzugfestigkeit*	h	N/mm^2
Kriechmodul	*1000 h*	N/mm^2	*Zeitdehnspg. %*	h	N/mm^2
bei Spannung		N/mm^2			

Biegeversuch 23 °C DIN 53452; DIN 53457
Probekörper: *Form* — *Herstellung* Spritzgiessen
Zustand — *Vorbehandlung* Normalklima

Biegefestigkeit	N/mm^2	80	*E-Modul*	N/mm^2	2400
3,5% *Biegespannung*	N/mm^2				

Härte 23 °C *Probekörper:* *Zustand* — *Herstellung* Spritzgiessen
Vorbehandlung Normalklima

Kugeldruckhärte	N/mm^2	bei N, s	*Shore-Härte* A	
Rockwellhärte	R 113		*Shore-Härte* D	

Schlagversuch *Probekörper:* *(1)*
(2) V-Kerbe — *Herstellung* Spritzgiessen
Zustand — *Vorbehandlung* Normalklima

		°C	°C	°C	*Probekörper-Form*
Schlagzähigkeit	kJ/m^2				
Kerbschlagzähigkeit (1)	kJ/m^2				
IZOD-Kerbschlagzähigkeit (2)	J/m	23 150			
Kerbschlagzugzähigkeit	kJ/m^2				

Abrieb und Reibung

Taber-Abrieb (Reibradverfahren)	mm³/100 U		
Abriebfaktor LNP (Thrust washer) Vergleichswert			
Statische Reibungszahl			
Dynamische Reibungszahl	(p·v=	N/mm²·	m/min)
Zulässiger p · v Wert	N/mm² · (m/min)	v=	m/min
		v=	m/min

Thermische Eigenschaften

Formbeständigkeit in der Wärme	*Verfahren* A		100 °C
	Verfahren		°C
Vicat Erweichungstemperatur (VST)	*Verfahren*		°C
	Verfahren		°C
Kristallit-Schmelzpunkt	*Verfahren*		
Längenausdehnungskoeffizient	*Bereich*	°C	$\cdot 10^{-4}K^{-1}$
	Temperatur 23 °C		$0.75 \cdot 10^{-4}K^{-1}$
Wärmeleitfähigkeit	*Verfahren*		W/(K · m)
Spezifische Wärmekapazität	*Verfahren*		J/(K · g)
Glasumwandlungstemperatur	*Torsionsschwingungsversuch*	°C	
	Differentialkalorimetrie	°C	

Brandverhalten

UL-Test vertikal — Dicke 3.2 mm, Wert V-1
Dicke mm, Wert

	Norm	*Bewertung*	*Abmessungen*
Sauerstoff-Index	ASTM D 2863		
Glühstab-Verfahren			
Brandverhalten	DIN 4102		
MVSS			
FAR			

Elektrische Eigenschaften

		Hz	°C		*Probekörper, Form*
Dielektrizitätszahl		50			
		10^3			
		10^6	23	2.7	
Dielektrischer Verlustfaktor tan δ		50			
		10^3			
		10^6	23	0.0018	
Spezifischer Durchgangswiderstand	Ohm · cm		23	1.0*10**18	
Durchschlagfestigkeit	kV/mm		23	29	1 mm dick
Oberflächenwiderstand	Ohm				

Kriechstromfestigkeit	KC	KB	KA
Elektrolytische Korrosionswirkung			
Lichtbogenfestigkeit nach DIN			
nach ASTM s	70		

Beständigkeit *(Chemische Beständigkeit siehe Anhang)*

Wasseraufnahme 23 C	1 d	0.10 %
Feuchtigkeitsaufnahme Normalklima		%
Wetterbeständigkeit		
Spannungskorrosion		

Optische Eigenschaften

Brechungszahl n_D
Transmissionsgrad τ_c % mm dick
Lichtdurchlässigkeit

Produkt	Polyphenylenoxid modifiziert		**PPO**
Handelsname	**Asahi Chemical M-PPE 300 Z**		
Hersteller	ASAHI		
DIN-Bez 1 *DIN-Bez 2*			
Zusätze		*Füllstoffe/ Verstärkung*	
Bevorzugte Verarbeitung	Spritzgiessen; Extrudieren	*Lieferform*	Granulat
		Farben	Natur; Standard
Besondere Merkmale	Geringe Wasseraufnahme; Gute mechanische Eigenschaften ueber einen weiten Temperaturbereich; Gute Hydrolysefestigkeit; Opak; Geringe Schwindung; Bessere Waermeformbestaendigkeit	*Bevorzugte Anwendungen*	Armaturenindustrie; Bueromaschinenteil; Phonoindustrie; Fernsehindustrie; Haushaltsgeraeteteil; Technisches Formteil

Dichte	g/cm^3	1.09	*Schmelzindex*	g/10 min	:
Schüttdichte	g/cm^3		*Volumenfließindex*	cm^3/10 min	:
Viskositätszahl	ml/g				

Verarbeitungsbedingungen für Spritzgießen

Massetemp.	°C	230–280	*Schwindung*	% lgs 0.5–0.7, quer 0.5–0.7
Werkzeugtemp.	°C	60–100	*Bemerkungen*	Vortrocknen empfohlen mindestens 2h bei 80 bis 90C
Spritzdruck	bar	≧1000		

Zugversuch 23 °C DIN 53455;
Probekörper: *Form* / *Zustand* — *Herstellung* Spritzgiessen; *Vorbehandlung* Normalklima

Streckspannung	N/mm^2		*Dehnung bei Streckspannung*	%	
Zugfestigkeit	N/mm^2	46	*Reißdehnung*	%	50
Reißfestigkeit	N/mm^2		% *Dehnspannung*	N/mm^2	
E-Modul	N/mm^2		*Dehnung bei* % *Dehnspg.*	%	

Kriechmoduln und Zeitstandwerte 23 °C
Probekörper: *Form* / *Zustand* — *Herstellung* / *Vorbehandlung*

Kriechmodul	*1 min*	N/mm^2	*Zeitstandzugfestigkeit*	h	N/mm^2
Kriechmodul	*1000 h*	N/mm^2	*Zeitdehnspg.* %	h	N/mm^2
bei Spannung		N/mm^2			

Biegeversuch 23 °C DIN 53452; DIN 53457
Probekörper: *Form* / *Zustand* — *Herstellung* Spritzgiessen; *Vorbehandlung* Normalklima

Biegefestigkeit	N/mm^2	71	*E-Modul*	N/mm^2	2420
3,5% *Biegespannung*	N/mm^2				

Härte 23 °C *Probekörper:* *Zustand* — *Herstellung* Spritzgiessen; *Vorbehandlung* Normalklima

Kugeldruckhärte	N/mm^2 bei N, s	*Shore-Härte* A	
Rockwellhärte	R 111	*Shore-Härte* D	

Schlagversuch *Probekörper:* *(1)* / *(2)* V-Kerbe / *Zustand* — *Herstellung* Spritzgiessen; *Vorbehandlung* Normalklima

		°C	°C	°C	*Probekörper-Form*
Schlagzähigkeit	kJ/m^2				
Kerbschlagzähigkeit (1)	kJ/m^2				
IZOD-Kerbschlagzähigkeit (2)	J/m	23 150			
Kerbschlagzugzähigkeit	kJ/m^2				

Abrieb und Reibung

Taber-Abrieb (Reibradverfahren)	mm^3/100 U		
Abriebfaktor LNP (Thrust washer) Vergleichswert			
Statische Reibungszahl			
Dynamische Reibungszahl	(p·v=	N/mm^2·	m/min)
Zulässiger p · v Wert	N/mm^2·(m/min)	v=	m/min
		v=	m/min

Thermische Eigenschaften

Formbeständigkeit in der Wärme	Verfahren A		100 °C
	Verfahren		°C
Vicat Erweichungstemperatur (VST)	Verfahren		°C
	Verfahren		°C
Kristallit-Schmelzpunkt	Verfahren		
Längenausdehnungskoeffizient	Bereich	°C	$\cdot 10^{-4}K^{-1}$
	Temperatur 23 °C		$0.75 \cdot 10^{-4}K^{-1}$
Wärmeleitfähigkeit	Verfahren		W/(K · m)
Spezifische Wärmekapazität	Verfahren		J/(K · g)
Glasumwandlungstemperatur	Torsionsschwingungsversuch	°C	
	Differentialkalorimetrie	°C	

Brandverhalten

UL-Test vertikal — Dicke 3.2 mm, Wert V-0
Dicke mm, Wert

	Norm	Bewertung	Abmessungen
Sauerstoff-Index	ASTM D 2863		
Glühstab-Verfahren			
Brandverhalten	DIN 4102		
MVSS			
FAR			

Elektrische Eigenschaften

		Hz	°C		Probekörper, Form
Dielektrizitätszahl		50			
		10^3			
		10^6	23	2.7	
Dielektrischer Verlustfaktor tan δ		50			
		10^3			
		10^6	23	0.0018	
Spezifischer Durchgangswiderstand	Ohm · cm		23	1.0*10**18	
Durchschlagfestigkeit	kV/mm		23	29	1 mm dick
Oberflächenwiderstand	Ohm				

Kriechstromfestigkeit	KC	KB	KA
Elektrolytische Korrosionswirkung			
Lichtbogenfestigkeit nach DIN			
nach ASTM s	70		

Beständigkeit *(Chemische Beständigkeit siehe Anhang)*

Wasseraufnahme 23 C	1 d	0.10 %
Feuchtigkeitsaufnahme Normalklima		%
Wetterbeständigkeit		
Spannungskorrosion		

Optische Eigenschaften

Brechungszahl n_D
Transmissionsgrad τ_c % mm dick
Lichtdurchlässigkeit

Datenbank-Nr.	**T06326**	*Merkblatt-Nr.*	**3544**
Produkt	Polyphenylenoxid modifiziert		**PPO**
Handelsname	**Asahi Chemical M-PPE 400 H**		
Hersteller	ASAHI		
DIN-Bez 1			
DIN-Bez 2			
Zusätze		*Füllstoffe/ Verstärkung*	
Bevorzugte Verarbeitung	Spritzgiessen; Extrudieren	*Lieferform*	Granulat
		Farben	Natur; Standard
Besondere Merkmale	Geringe Wasseraufnahme; Gute mechanische Eigenschaften ueber einen weiten Temperaturbereich; Gute Hydrolysefestigkeit; Opak; Geringe Schwindung; Bessere Waermeformbestaendigkeit	*Bevorzugte Anwendungen*	Armaturenindustrie; Bueromaschinenteil; Phonoindustrie; Fernsehindustrie; Haushaltsgeraeteteil; Technisches Formteil

Dichte	g/cm³	1.06	*Schmelzindex*	g/10 min	:
Schüttdichte	g/cm³		*Volumenfließindex*	cm³/10 min	:
Viskositätszahl	ml/g				

Verarbeitungsbedingungen für Spritzgießen

Massetemp.	°C	250–300	*Schwindung*	% lgs 0.5–0.7, quer 0.5–0.7
Werkzeugtemp.	°C	60–100	*Bemerkungen*	Vortrocknen empfohlen mindestens 2h bei 90 bis 100 C
Spritzdruck	bar	≧1000		

Zugversuch 23 °C DIN 53455;
Probekörper: *Form* — *Herstellung* Spritzgiessen
Zustand — *Vorbehandlung* Normalklima

Streckspannung	N/mm²		*Dehnung bei Streckspannung*	%	
Zugfestigkeit	N/mm²	49	*Reißdehnung*	%	45
Reißfestigkeit	N/mm²		*% Dehnspannung*	N/mm²	
E-Modul	N/mm²		*Dehnung bei % Dehnspg.*	%	

Kriechmoduln und Zeitstandwerte 23 °C
Probekörper: *Form* — *Herstellung*
Zustand — *Vorbehandlung*

Kriechmodul	*1 min* N/mm²	*Zeitstandzugfestigkeit*	h	N/mm²
Kriechmodul	*1000 h* N/mm²	*Zeitdehnspg. %*	h	N/mm²
bei Spannung	N/mm²			

Biegeversuch 23 °C DIN 53452; DIN 53457
Probekörper: *Form* — *Herstellung* Spritzgiessen
Zustand — *Vorbehandlung* Normalklima

Biegefestigkeit	N/mm² 81	*E-Modul*	N/mm²	2350
3,5% *Biegespannung*	N/mm²			

Härte 23 °C *Probekörper:* *Zustand* — *Herstellung* Spritzgiessen
Vorbehandlung Normalklima

Kugeldruckhärte	N/mm²	bei N, s	*Shore-Härte*	A
Rockwellhärte	R 114		*Shore-Härte*	D

Schlagversuch *Probekörper:* *(1)*
(2) V-Kerbe — *Herstellung* Spritzgiessen
Zustand — *Vorbehandlung* Normalklima

		°C	°C	°C	*Probekörper-Form*
Schlagzähigkeit	kJ/m²				
Kerbschlagzähigkeit (1)	kJ/m²				
IZOD-Kerbschlagzähigkeit (2)	J/m	23 150			
Kerbschlagzugzähigkeit	kJ/m²				

Abrieb und Reibung

Taber-Abrieb (Reibradverfahren)	$mm^3/100$ U		
Abriebfaktor LNP (Thrust washer) Vergleichswert			
Statische Reibungszahl			
Dynamische Reibungszahl	(p · v =	N/mm^2 ·	m/min)
Zulässiger p · v Wert	N/mm^2 · (m/min)	v =	m/min
		v =	m/min

Thermische Eigenschaften

Formbeständigkeit in der Wärme	*Verfahren* A		110 °C
	Verfahren		°C
Vicat Erweichungstemperatur (VST)	*Verfahren*		°C
	Verfahren		°C
Kristallit-Schmelzpunkt	*Verfahren*		
Längenausdehnungskoeffizient	*Bereich*	°C	$\cdot 10^{-4} K^{-1}$
	Temperatur 23 °C		$0.75 \cdot 10^{-4} K^{-1}$
Wärmeleitfähigkeit	*Verfahren*		W/(K · m)
Spezifische Wärmekapazität	*Verfahren*		J/(K · g)
Glasumwandlungstemperatur	*Torsionsschwingungsversuch*	°C	
	Differentialkalorimetrie	°C	

Brandverhalten

UL-Test vertikal	Dicke	mm, Wert
	Dicke	mm, Wert

	Norm	*Bewertung*	*Abmessungen*
Sauerstoff-Index	ASTM D 2863		
Glühstab-Verfahren			
Brandverhalten	DIN 4102		
MVSS			
FAR			

Elektrische Eigenschaften

		Hz	°C		*Probekörper, Form*
Dielektrizitätszahl		50			
		10^3			
		10^6	23	2.7	
Dielektrischer Verlustfaktor tan δ		50			
		10^3			
		10^6	23	0.0008	
Spezifischer Durchgangs-widerstand	Ohm · cm		23	1.0*10**18	
Durchschlagfestigkeit	kV/mm		23	29	1 mm dick
Oberflächenwiderstand	Ohm				

Kriechstromfestigkeit		KC	KB	KA
Elektrolytische Korrosionswirkung				
Lichtbogenfestigkeit nach DIN				
nach ASTM	s	70		

Beständigkeit *(Chemische Beständigkeit siehe Anhang)*

Wasseraufnahme 23 C	1 d	0.07 %	
Feuchtigkeitsaufnahme Normalklima			%
Wetterbeständigkeit			
Spannungskorrosion			

Optische Eigenschaften

Brechungszahl n_D		
Transmissionsgrad τ_c	%	mm dick
Lichtdurchlässigkeit		

Produkt	Polyphenylenoxid modifiziert		**PPO**
Handelsname	**Asahi Chemical M-PPE 500 H**		
Hersteller	ASAHI		
DIN-Bez 1			
DIN-Bez 2			
Zusätze		*Füllstoffe/ Verstärkung*	
Bevorzugte Verarbeitung	Spritzgiessen; Extrudieren	*Lieferform*	Granulat
		Farben	Natur; Standard
Besondere Merkmale	Geringe Wasseraufnahme; Gute mechanische Eigenschaften ueber einen weiten Temperaturbereich; Gute Hydrolysefestigkeit; Opak; Geringe Schwindung; Bessere Waermeformbestaendigkeit	*Bevorzugte Anwendungen*	Armaturenindustrie; Bueromaschinenteil; Phonoindustrie; Fernsehindustrie; Haushaltsgeraeteteil; Technisches Formteil

Dichte	g/cm^3	1.06	*Schmelzindex*	g/10 min	:
Schüttdichte	g/cm^3		*Volumenfließindex*	$cm^3/10$ min	:
Viskositätszahl	ml/g				

Verarbeitungsbedingungen für Spritzgießen

Massetemp.	°C	250–300	*Schwindung*	% lgs 0.5–0.7, quer 0.5–0.7
Werkzeugtemp.	°C	60–100	*Bemerkungen*	Vortrocknen empfohlen mindestens 2h bei 90 bis 100 C
Spritzdruck	bar	$\geqq$1000		

Zugversuch 23 °C DIN 53455;
Probekörper: *Form* / *Zustand* — *Herstellung* Spritzgiessen; *Vorbehandlung* Normalklima

Streckspannung	N/mm^2		*Dehnung bei Streckspannung*	%	
Zugfestigkeit	N/mm^2	50	*Reißdehnung*	%	40
Reißfestigkeit	N/mm^2		*% Dehnspannung*	N/mm^2	
E-Modul	N/mm^2		*Dehnung bei % Dehnspg.*	%	

Kriechmoduln und Zeitstandwerte 23 °C
Probekörper: *Form* / *Zustand* — *Herstellung* / *Vorbehandlung*

Kriechmodul	*1 min* N/mm^2	*Zeitstandzugfestigkeit*	h	N/mm^2
Kriechmodul	*1000 h* N/mm^2	*Zeitdehnspg.* %	h	N/mm^2
bei Spannung	N/mm^2			

Biegeversuch 23 °C DIN 53452; DIN 53457
Probekörper: *Form* / *Zustand* — *Herstellung* Spritzgiessen; *Vorbehandlung* Normalklima

Biegefestigkeit	N/mm^2	85	*E-Modul*	N/mm^2	2400
3,5% *Biegespannung*	N/mm^2				

Härte 23 °C *Probekörper:* *Zustand* — *Herstellung* Spritzgiessen; *Vorbehandlung* Normalklima

Kugeldruckhärte	N/mm^2	bei N, s	*Shore-Härte*	A
Rockwellhärte	R 114		*Shore-Härte*	D

Schlagversuch *Probekörper:* *(1)* / *(2)* V-Kerbe / *Zustand* — *Herstellung* Spritzgiessen; *Vorbehandlung* Normalklima

		°C		°C	°C	*Probekörper-Form*
Schlagzähigkeit	kJ/m^2					
Kerbschlagzähigkeit (1)	kJ/m^2					
IZOD-Kerbschlagzähigkeit (2)	J/m	23	150			
Kerbschlagzugzähigkeit	kJ/m^2					

Abrieb und Reibung

Taber-Abrieb (Reibradverfahren)	$mm^3/100$ U		
Abriebfaktor LNP (Thrust washer) Vergleichswert			
Statische Reibungszahl			
Dynamische Reibungszahl	(p·v=	N/mm^2·	m/min)
Zulässiger p · v Wert	N/mm^2 · (m/min)	v=	m/min
		v=	m/min

Thermische Eigenschaften

Formbeständigkeit in der Wärme	Verfahren A		120 °C
	Verfahren		°C
Vicat Erweichungstemperatur (VST)	Verfahren		°C
	Verfahren		°C
Kristallit-Schmelzpunkt	Verfahren		
Längenausdehnungskoeffizient	Bereich	°C	$\cdot 10^{-4}K^{-1}$
	Temperatur 23 °C		$0.75 \cdot 10^{-4}K^{-1}$
Wärmeleitfähigkeit	Verfahren		W/(K · m)
Spezifische Wärmekapazität	Verfahren		J/(K · g)
Glasumwandlungstemperatur	Torsionsschwingungsversuch	°C	
	Differentialkalorimetrie	°C	

Brandverhalten

UL-Test vertikal	Dicke	mm, Wert
	Dicke	mm, Wert

	Norm	Bewertung	Abmessungen
Sauerstoff-Index	ASTM D 2863		
Glühstab-Verfahren			
Brandverhalten	DIN 4102		
MVSS			
FAR			

Elektrische Eigenschaften

		Hz	°C			Probekörper, Form
Dielektrizitätszahl		50				
		10^3				
		10^6	23	2.6		
Dielektrischer Verlustfaktor tan δ		50				
		10^3				
		10^6	23	0.0008		
Spezifischer Durchgangs- widerstand	Ohm · cm		23	1.0*10**19		
Durchschlagfestigkeit	kV/mm		23	30		1 mm dick
Oberflächenwiderstand	Ohm					
Kriechstromfestigkeit		KC		KB	KA	
Elektrolytische Korrosionswirkung						
Lichtbogenfestigkeit nach DIN						
nach ASTM	s	80				

Beständigkeit *(Chemische Beständigkeit siehe Anhang)*

Wasseraufnahme 23 C	1 d	0.07 %	
Feuchtigkeitsaufnahme Normalklima			%
Wetterbeständigkeit			
Spannungskorrosion			

Optische Eigenschaften

Brechungszahl n_D		
Transmissionsgrad τ_c	%	mm dick
Lichtdurchlässigkeit		

Datenbank-Nr. **T06328** Merkblatt-Nr. **3546**

Produkt	Polyphenylenoxid modifiziert		**PPO**
Handelsname	**Asahi Chemical M-PPE 500 V**		
Hersteller	ASAHI		
DIN-Bez 1			
DIN-Bez 2			
Zusätze		*Füllstoffe/ Verstärkung*	
Bevorzugte Verarbeitung	Spritzgiessen; Extrudieren	*Lieferform*	Granulat
		Farben	Natur; Standard
Besondere Merkmale	Geringe Wasseraufnahme; Gute mechanische Eigenschaften ueber einen weiten Temperaturbereich; Gute Hydrolysefestigkeit; Opak; Geringe Schwindung; Bessere Waermeformbestaendigkeit	*Bevorzugte Anwendungen*	Armaturenindustrie; Bueromaschinenteil; Phonoindustrie; Fernsehindustrie; Haushaltsgeraeteteil; Technisches Formteil

Dichte	g/cm³	1.08	*Schmelzindex*	g/10 min	:
Schüttdichte	g/cm³		*Volumenfließindex*	cm³/10 min	:
Viskositätszahl	ml/g				

Verarbeitungsbedingungen für Spritzgießen

Massetemp.	°C	240–300	*Schwindung*	% lgs 0.5–0.7, quer 0.5–0.7
Werkzeugtemp.	°C	70–100	*Bemerkungen*	Vortrocknen empfohlen mindestens 2h bei 100 bis 110 C
Spritzdruck	bar	≧1000		

Zugversuch 23 °C DIN 53455;

Probekörper: *Form* — *Zustand* — *Herstellung* Spritzgiessen — *Vorbehandlung* Normalklima

Streckspannung	N/mm²		*Dehnung bei Streckspannung*	%	
Zugfestigkeit	N/mm²	55	*Reißdehnung*	%	40
Reißfestigkeit	N/mm²		*% Dehnspannung*	N/mm²	
E-Modul	N/mm²		*Dehnung bei % Dehnspg.*	%	

Kriechmoduln und Zeitstandwerte 23 °C

Probekörper: *Form* — *Zustand* — *Herstellung* — *Vorbehandlung*

Kriechmodul	*1 min*	N/mm²	*Zeitstandzugfestigkeit*	h	N/mm²
Kriechmodul	*1000 h*	N/mm²	*Zeitdehnspg. %*	h	N/mm²
bei Spannung		N/mm²			

Biegeversuch 23 °C DIN 53452; DIN 53457

Probekörper: *Form* — *Zustand* — *Herstellung* Spritzgiessen — *Vorbehandlung* Normalklima

Biegefestigkeit	N/mm²	95	*E-Modul*	N/mm²	2400
3,5% *Biegespannung*	N/mm²				

Härte 23 °C *Probekörper:* *Zustand* — *Herstellung* Spritzgiessen — *Vorbehandlung* Normalklima

Kugeldruckhärte	N/mm²	bei N, s	*Shore-Härte*	A
Rockwellhärte	R 116		*Shore-Härte*	D

Schlagversuch *Probekörper:* *(1)* — *(2)* V-Kerbe — *Zustand* — *Herstellung* Spritzgiessen — *Vorbehandlung* Normalklima

		°C		°C	°C	*Probekörper-Form*
Schlagzähigkeit	kJ/m²					
Kerbschlagzähigkeit (1)	kJ/m²					
IZOD-Kerbschlagzähigkeit (2)	J/m	23	150			
Kerbschlagzugzähigkeit	kJ/m²					

Abrieb und Reibung

Taber-Abrieb (Reibradverfahren)	mm^3/100 U		
Abriebfaktor LNP (Thrust washer) Vergleichswert			
Statische Reibungszahl			
Dynamische Reibungszahl	(p·v= N/mm^2·		m/min)
Zulässiger p · v Wert	N/mm^2 · (m/min)	v=	m/min
		v=	m/min

Thermische Eigenschaften

Formbeständigkeit in der Wärme	*Verfahren* A		120 °C
	Verfahren		°C
Vicat Erweichungstemperatur (VST)	*Verfahren*		°C
	Verfahren		°C
Kristallit-Schmelzpunkt	*Verfahren*		
Längenausdehnungskoeffizient	*Bereich*	°C	$\cdot 10^{-4} K^{-1}$
	Temperatur 23 °C		$0.70 \cdot 10^{-4} K^{-1}$
Wärmeleitfähigkeit	*Verfahren*		W/(K · m)
Spezifische Wärmekapazität	*Verfahren*		J/(K · g)
Glasumwandlungstemperatur	*Torsionsschwingungsversuch*	°C	
	Differentialkalorimetrie	°C	

Brandverhalten

UL-Test vertikal	Dicke 3.2 mm, Wert V-1
	Dicke mm, Wert

	Norm	*Bewertung*	*Abmessungen*
Sauerstoff-Index	ASTM D 2863		
Glühstab-Verfahren			
Brandverhalten	DIN 4102		
MVSS			
FAR			

Elektrische Eigenschaften

		Hz	°C			*Probekörper, Form*
Dielektrizitätszahl		50				
		10^3				
		10^6	23	2.7		
Dielektrischer Verlustfaktor tan δ		50				
		10^3				
		10^6	23	0.0010		
Spezifischer Durchgangswiderstand	Ohm · cm		23	1.0*10**19		
Durchschlagfestigkeit	kV/mm		23	29		1 mm dick
Oberflächenwiderstand	Ohm					
Kriechstromfestigkeit		KC		KB	KA	
Elektrolytische Korrosionswirkung						
Lichtbogenfestigkeit nach DIN						
nach ASTM	s	70				

Beständigkeit *(Chemische Beständigkeit siehe Anhang)*

Wasseraufnahme 23 C	1 d	0.10 %
Feuchtigkeitsaufnahme Normalklima		%
Wetterbeständigkeit		
Spannungskorrosion		

Optische Eigenschaften

Brechungszahl n_D		
Transmissionsgrad τ_c	%	mm dick
Lichtdurchlässigkeit		

Datenbank-Nr. **T06329** Merkblatt-Nr. **3547**

Produkt	Polyphenylenoxid modifiziert		**PPO**
Handelsname	**Asahi Chemical M-PPE 500 Z**		
Hersteller	ASAHI		
DIN-Bez 1 *DIN-Bez 2*			
Zusätze		*Füllstoffe/ Verstärkung*	
Bevorzugte Verarbeitung	Spritzgiessen; Extrudieren	*Lieferform*	Granulat
		Farben	Natur; Standard
Besondere Merkmale	Geringe Wasseraufnahme; Gute mechanische Eigenschaften ueber einen weiten Temperaturbereich; Gute Hydrolysefestigkeit; Opak; Geringe Schwindung; Bessere Waermeformbestaendigkeit	*Bevorzugte Anwendungen*	Armaturenindustrie; Bueromaschinenteil; Phonoindustrie; Fernsehindustrie; Haushaltsgeraeteteil; Technisches Formteil

Dichte	g/cm^3	1.08	*Schmelzindex*	g/10 min	:
Schüttdichte	g/cm^3		*Volumenfließindex*	$cm^3/10$ min	:
Viskositätszahl	ml/g				

Verarbeitungsbedingungen für Spritzgießen

Massetemp.	°C	240–300	*Schwindung*	% lgs 0.5–0.7, quer 0.5–0.7
Werkzeugtemp.	°C	70–100	*Bemerkungen*	Vortrocknen empfohlen mindestens 2h bei 100 bis 110 C
Spritzdruck	bar	≧1000		

Zugversuch 23 °C DIN 53455;
Probekörper: *Form* — *Herstellung* Spritzgiessen
Zustand — *Vorbehandlung* Normalklima

Streckspannung	N/mm^2		*Dehnung bei Streckspannung*	%	
Zugfestigkeit	N/mm^2	58	*Reißdehnung*	%	50
Reißfestigkeit	N/mm^2		*% Dehnspannung*	N/mm^2	
E-Modul	N/mm^2		*Dehnung bei % Dehnspg.*	%	

Kriechmoduln und Zeitstandwerte 23 °C
Probekörper: *Form* — *Herstellung*
Zustand — *Vorbehandlung*

Kriechmodul	*1 min*	N/mm^2	*Zeitstandzugfestigkeit*	h	N/mm^2
Kriechmodul	*1000 h*	N/mm^2	*Zeitdehnspg. %*	h	N/mm^2
bei Spannung		N/mm^2			

Biegeversuch 23 °C DIN 53452; DIN 53457
Probekörper: *Form* — *Herstellung* Spritzgiessen
Zustand — *Vorbehandlung* Normalklima

Biegefestigkeit	N/mm^2	90	*E-Modul*	N/mm^2	2400
3,5% *Biegespannung*	N/mm^2				

Härte 23 °C *Probekörper:* *Zustand* — *Herstellung* Spritzgiessen
Vorbehandlung Normalklima

Kugeldruckhärte	N/mm^2	bei N, s	*Shore-Härte* A	
Rockwellhärte	R 116		*Shore-Härte* D	

Schlagversuch *Probekörper:* *(1)*
(2) V-Kerbe — *Herstellung* Spritzgiessen
Zustand — *Vorbehandlung* Normalklima

		°C	°C	°C	*Probekörper-Form*
Schlagzähigkeit	kJ/m^2				
Kerbschlagzähigkeit (1)	kJ/m^2				
IZOD-Kerbschlagzähigkeit (2)	J/m	23 150			
Kerbschlagzugzähigkeit	kJ/m^2				

Abrieb und Reibung

Taber-Abrieb (Reibradverfahren)	mm^3/100 U		
Abriebfaktor LNP (Thrust washer) Vergleichswert			
Statische Reibungszahl			
Dynamische Reibungszahl	(p·v= N/mm^2·		m/min)
Zulässiger p · v Wert	N/mm^2 · (m/min)	v=	m/min
		v=	m/min

Thermische Eigenschaften

Formbeständigkeit in der Wärme	*Verfahren* A		120 °C
	Verfahren		°C
Vicat Erweichungstemperatur (VST)	*Verfahren*		°C
	Verfahren		°C
Kristallit-Schmelzpunkt	*Verfahren*		
Längenausdehnungskoeffizient	*Bereich*	°C	$\cdot 10^{-4}K^{-1}$
	Temperatur 23 °C		$0.70 \cdot 10^{-4}K^{-1}$
Wärmeleitfähigkeit	*Verfahren*		W/(K · m)
Spezifische Wärmekapazität	*Verfahren*		J/(K · g)
Glasumwandlungstemperatur	*Torsionsschwingungsversuch*	°C	
	Differentialkalorimetrie	°C	

Brandverhalten

UL-Test vertikal	Dicke 3.2 mm, Wert V-0	
	Dicke mm, Wert	

	Norm	*Bewertung*	*Abmessungen*
Sauerstoff-Index	ASTM D 2863		
Glühstab-Verfahren			
Brandverhalten	DIN 4102		
MVSS			
FAR			

Elektrische Eigenschaften

		Hz	°C			*Probekörper, Form*
Dielektrizitätszahl		50				
		10^3				
		10^6	23	2.7		
Dielektrischer Verlustfaktor tan δ		50				
		10^3				
		10^6	23	0.0010		
Spezifischer Durchgangs-widerstand	Ohm · cm		23	1.0*10**19		
Durchschlagfestigkeit	kV/mm		23	29		1 mm dick
Oberflächenwiderstand	Ohm					
Kriechstromfestigkeit		KC		KB	KA	
Elektrolytische Korrosionswirkung						
Lichtbogenfestigkeit nach DIN						
nach ASTM	s	70				

Beständigkeit *(Chemische Beständigkeit siehe Anhang)*

Wasseraufnahme 23 C	1 d	0.10 %	
Feuchtigkeitsaufnahme Normalklima			%
Wetterbeständigkeit			
Spannungskorrosion			

Optische Eigenschaften

Brechungszahl n_D		
Transmissionsgrad τ_c	%	mm dick
Lichtdurchlässigkeit		

Datenbank-Nr.	**T06330**	Merkblatt-Nr. **3548**

Produkt	Polyphenylenoxid modifiziert		**PPO**
Handelsname	**Asahi Chemical M-PPE X 2210**		
Hersteller	ASAHI		
DIN-Bez 1			
DIN-Bez 2			
Zusätze		*Füllstoffe/ Verstärkung*	10.0% Glasfaser
Bevorzugte Verarbeitung	Spritzgiessen	*Lieferform*	Granulat
		Farben	Natur; Standard
Besondere Merkmale	Geringe Wasseraufnahme; Gute mechanische Eigenschaften ueber einen weiten Temperaturbereich; Gute Hydrolysefestigkeit; Geringe Schwindung; Gute Waermeformbestaendigkeit	*Bevorzugte Anwendungen*	Armaturenindustrie; Bueromaschinenteil; Phonoindustrie; Fernsehindustrie; Haushaltsgeraeteteil; Technisches Formteil

Dichte	g/cm³	1.15	*Schmelzindex*	g/10 min	:
Schüttdichte	g/cm³		*Volumenfließindex*	cm³/10 min	:
Viskositätszahl	ml/g				

Verarbeitungsbedingungen für Spritzgießen

Massetemp.	°C	260–300	*Schwindung*	% lgs 0.3–0.5, quer
Werkzeugtemp.	°C	70–90	*Bemerkungen*	Vortrocknen empfohlen mindestens 2h bei 90 bis 100 C
Spritzdruck	bar	≧1000		

Zugversuch 23 °C DIN 53455;

Probekörper: *Form* / *Zustand* — *Herstellung* Spritzgiessen; *Vorbehandlung* Normalklima

Streckspannung	N/mm²		*Dehnung bei Streckspannung*	%	
Zugfestigkeit	N/mm²	80	*Reißdehnung*	%	5–7
Reißfestigkeit	N/mm²		*% Dehnspannung*	N/mm²	
E-Modul	N/mm²		*Dehnung bei % Dehnspg.*	%	

Kriechmoduln und Zeitstandwerte 23 °C

Probekörper: *Form* / *Zustand* — *Herstellung* / *Vorbehandlung*

Kriechmodul	*1 min*	N/mm²	*Zeitstandzugfestigkeit*	h	N/mm²
Kriechmodul	*1000 h*	N/mm²	*Zeitdehnspg. %*	h	N/mm²
bei Spannung		N/mm²			

Biegeversuch 23 °C DIN 53452; DIN 53457

Probekörper: *Form* / *Zustand* — *Herstellung* Spritzgiessen; *Vorbehandlung* Normalklima

Biegefestigkeit	N/mm²	130	*E-Modul*	N/mm²	4000
3,5% *Biegespannung*	N/mm²				

Härte 23 °C *Probekörper:* *Zustand* — *Herstellung* Spritzgiessen; *Vorbehandlung* Normalklima

Kugeldruckhärte	N/mm²	bei N, s	*Shore-Härte*	A
Rockwellhärte	R 118		*Shore-Härte*	D

Schlagversuch *Probekörper:* *(1)* / *(2)* V-Kerbe / *Zustand* — *Herstellung* Spritzgiessen; *Vorbehandlung* Normalklima

		°C	°C	°C	*Probekörper-Form*
Schlagzähigkeit	kJ/m²				
Kerbschlagzähigkeit (1)	kJ/m²				
IZOD-Kerbschlagzähigkeit (2)	J/m	23 100			
Kerbschlagzugzähigkeit	kJ/m²				

Abrieb und Reibung

Taber-Abrieb (Reibradverfahren) mm^3/100 U
Abriebfaktor LNP (Thrust washer) Vergleichswert
Statische Reibungszahl
Dynamische Reibungszahl (p·v= N/mm^2· m/min)
Zulässiger p·v Wert N/mm^2·(m/min) v= m/min
v= m/min

Thermische Eigenschaften

Formbeständigkeit in der Wärme	*Verfahren* A	130 °C
	Verfahren	°C
Vicat Erweichungstemperatur (VST)	*Verfahren*	°C
	Verfahren	°C
Kristallit-Schmelzpunkt	*Verfahren*	
Längenausdehnungskoeffizient	*Bereich* °C	$\cdot 10^{-4}K^{-1}$
	Temperatur 23 °C	$0.55 \cdot 10^{-4}K^{-1}$
Wärmeleitfähigkeit	*Verfahren*	W/(K·m)
Spezifische Wärmekapazität	*Verfahren*	J/(K·g)
Glasumwandlungstemperatur	*Torsionsschwingungsversuch*	°C
	Differentialkalorimetrie	°C

Brandverhalten

UL-Test vertikal Dicke 3.2 mm, Wert V-1
Dicke mm, Wert

	Norm	*Bewertung*	*Abmessungen*
Sauerstoff-Index	ASTM D 2863		
Glühstab-Verfahren			
Brandverhalten	DIN 4102		
MVSS			
FAR			

Elektrische Eigenschaften

		Hz	°C		*Probekörper, Form*
Dielektrizitätszahl		50			
		10^3			
		10^6	23	2.9	
Dielektrischer Verlustfaktor tan δ		50			
		10^3			
		10^6	23	0.0010	
Spezifischer Durchgangs-widerstand	Ohm·cm		23	1.0*10**19	
Durchschlagfestigkeit	kV/mm		23	41	1 mm dick
Oberflächenwiderstand	Ohm				

Kriechstromfestigkeit KC KB KA
Elektrolytische Korrosionswirkung
Lichtbogenfestigkeit nach DIN
nach ASTM s 70

Beständigkeit *(Chemische Beständigkeit siehe Anhang)*

Wasseraufnahme 23 C 1 d 0.06 %

Feuchtigkeitsaufnahme Normalklima %
Wetterbeständigkeit

Spannungskorrosion

Optische Eigenschaften

Brechungszahl n_D
Transmissionsgrad τ_c % mm dick
Lichtdurchlässigkeit

Produkt	Polyphenylenoxid modifiziert		**PPO**
Handelsname	**Asahi Chemical M-PPE G 702 H**		
Hersteller	ASAHI		
DIN-Bez 1 *DIN-Bez 2*			
Zusätze		*Füllstoffe/ Verstärkung*	20.0% Glasfaser
Bevorzugte Verarbeitung	Spritzgiessen	*Lieferform*	Granulat
		Farben	Natur; Standard
Besondere Merkmale	Geringe Wasseraufnahme; Gute mechanische Eigenschaften ueber einen weiten Temperaturbereich; Gute Hydrolysefestigkeit; Geringe Schwindung; Gute Waermeformbestaendigkeit; Hoher Modul	*Bevorzugte Anwendungen*	Armaturenindustrie; Bueromaschinenteil; Phonoindustrie; Fernsehindustrie; Haushaltsgeraeteteil; Technisches Formteil

Dichte	g/cm^3	1.20	*Schmelzindex*	g/10 min		:
Schüttdichte	g/cm^3		*Volumenfließindex*	cm^3/10 min		:
Viskositätszahl	ml/g					

Verarbeitungsbedingungen für Spritzgießen

Massetemp.	°C	250–300	*Schwindung*	% lgs 0.2–0.4, quer
Werkzeugtemp.	°C	70–90	*Bemerkungen*	Vortrocknen empfohlen mindestens 3 bis 4 h bei 90 bis 105 C
Spritzdruck	bar	≧1000		

Zugversuch 23 °C DIN 53455;
Probekörper: *Form* — *Herstellung* Spritzgiessen
Zustand — *Vorbehandlung* Normalklima

Streckspannung	N/mm^2		*Dehnung bei Streckspannung*	%	
Zugfestigkeit	N/mm^2	100	*Reißdehnung*	%	5–7
Reißfestigkeit	N/mm^2		*% Dehnspannung*	N/mm^2	
E-Modul	N/mm^2		*Dehnung bei % Dehnspg.*	%	

Kriechmoduln und Zeitstandwerte 23 °C
Probekörper: *Form* — *Herstellung*
Zustand — *Vorbehandlung*

Kriechmodul	*1 min*	N/mm^2	*Zeitstandzugfestigkeit*	h	N/mm^2
Kriechmodul	*1000 h*	N/mm^2	*Zeitdehnspg. %*	h	N/mm^2
bei Spannung		N/mm^2			

Biegeversuch 23 °C DIN 53452; DIN 53457
Probekörper: *Form* — *Herstellung* Spritzgiessen
Zustand — *Vorbehandlung* Normalklima

Biegefestigkeit	N/mm^2	140	*E-Modul*	N/mm^2	5100
3,5% *Biegespannung*	N/mm^2				

Härte 23 °C *Probekörper:* *Zustand* — *Herstellung* Spritzgiessen
Vorbehandlung Normalklima

Kugeldruckhärte	N/mm^2	bei N, s	*Shore-Härte* A	
Rockwellhärte	R 123		*Shore-Härte* D	

Schlagversuch *Probekörper:* *(1)*
(2) V-Kerbe — *Herstellung* Spritzgiessen
Zustand — *Vorbehandlung* Normalklima

		°C	°C	°C	*Probekörper-Form*
Schlagzähigkeit	kJ/m^2				
Kerbschlagzähigkeit (1)	kJ/m^2				
IZOD-Kerbschlagzähigkeit (2)	J/m	23 80			
Kerbschlagzugzähigkeit	kJ/m^2				

Abrieb und Reibung

Taber-Abrieb (Reibradverfahren)	mm³/100 U		
Abriebfaktor LNP (Thrust washer) Vergleichswert			
Statische Reibungszahl			
Dynamische Reibungszahl	(p·v=	N/mm²·	m/min)
Zulässiger p·v Wert	N/mm²·(m/min)	v=	m/min
		v=	m/min

Thermische Eigenschaften

Formbeständigkeit in der Wärme	*Verfahren* A		140 °C
	Verfahren		°C
Vicat Erweichungstemperatur (VST)	*Verfahren*		°C
	Verfahren		°C
Kristallit-Schmelzpunkt	*Verfahren*		
Längenausdehnungskoeffizient	*Bereich*	°C	$\cdot 10^{-4}K^{-1}$
	Temperatur 23 °C		$0.35 \cdot 10^{-4}K^{-1}$
Wärmeleitfähigkeit	*Verfahren*		W/(K·m)
Spezifische Wärmekapazität	*Verfahren*		J/(K·g)
Glasumwandlungstemperatur	*Torsionsschwingungsversuch*	°C	
	Differentialkalorimetrie	°C	

Brandverhalten

UL-Test vertikal	Dicke mm, Wert	
	Dicke mm, Wert	

	Norm	*Bewertung*	*Abmessungen*
Sauerstoff-Index	ASTM D 2863		
Glühstab-Verfahren			
Brandverhalten	DIN 4102		
MVSS			
FAR			

Elektrische Eigenschaften

		Hz	°C		*Probekörper, Form*
Dielektrizitätszahl		50			
		10^3			
		10^6	23	2.9	
Dielektrischer Verlustfaktor tan δ		50			
		10^3			
		10^6	23	0.0012	
Spezifischer Durchgangs-widerstand	Ohm·cm		23	1.0*10**19	
Durchschlagfestigkeit	kV/mm		23	43	1 mm dick
Oberflächenwiderstand	Ohm				

Kriechstromfestigkeit		KC	KB	KA
Elektrolytische Korrosionswirkung				
Lichtbogenfestigkeit nach DIN				
nach ASTM	s	70		

Beständigkeit *(Chemische Beständigkeit siehe Anhang)*

Wasseraufnahme 23 C	1 d	0.06 %	
Feuchtigkeitsaufnahme Normalklima			%
Wetterbeständigkeit			
Spannungskorrosion			

Optische Eigenschaften

Brechungszahl n_D		
Transmissionsgrad τ_c	%	mm dick
Lichtdurchlässigkeit		

Datenbank-Nr. **T06332** *Merkblatt-Nr.* **3550**

Produkt	Polyphenylenoxid modifiziert		**PPO**
Handelsname	**Asahi Chemical M-PPE G 702 V**		
Hersteller	ASAHI		
DIN-Bez 1			
DIN-Bez 2			
Zusätze		*Füllstoffe/ Verstärkung*	20.0% Glasfaser
Bevorzugte Verarbeitung	Spritzgiessen	*Lieferform*	Granulat
		Farben	Natur; Standard
Besondere Merkmale	Geringe Wasseraufnahme; Gute mechanische Eigenschaften ueber einen weiten Temperaturbereich; Gute Hydrolysefestigkeit; Geringe Schwindung; Gute Waermeformbestaendigkeit; Hoher Modul	*Bevorzugte Anwendungen*	Armaturenindustrie; Bueromaschinenteil; Phonoindustrie; Fernsehindustrie; Haushaltsgeraeteteil; Technisches Formteil

Dichte	g/cm^3	1.22	*Schmelzindex*	g/10 min	:
Schüttdichte	g/cm^3		*Volumenfließindex*	$cm^3/10$ min	:
Viskositätszahl	ml/g				

Verarbeitungsbedingungen für Spritzgießen

Massetemp.	°C	250–300	*Schwindung*	% lgs 0.2–0.4, quer
Werkzeugtemp.	°C	70–90	*Bemerkungen*	Vortrocknen empfohlen mindestens 3 bis 4 h bei 90 bis 105 C
Spritzdruck	bar	≧1000		

Zugversuch 23 °C DIN 53455;
Probekörper: *Form* *Zustand* — *Herstellung* Spritzgiessen; *Vorbehandlung* Normalklima

Streckspannung	N/mm^2		*Dehnung bei Streckspannung*	%	
Zugfestigkeit	N/mm^2	100	*Reißdehnung*	%	5–7
Reißfestigkeit	N/mm^2		*% Dehnspannung*	N/mm^2	
E-Modul	N/mm^2		*Dehnung bei % Dehnspg.*	%	

Kriechmoduln und Zeitstandwerte 23 °C
Probekörper: *Form* *Zustand* — *Herstellung* *Vorbehandlung*

Kriechmodul	*1 min*	N/mm^2	*Zeitstandzugfestigkeit*	h	N/mm^2
Kriechmodul	*1000 h*	N/mm^2	*Zeitdehnspg. %*	h	N/mm^2
bei Spannung		N/mm^2			

Biegeversuch 23 °C DIN 53452; DIN 53457
Probekörper: *Form* *Zustand* — *Herstellung* Spritzgiessen; *Vorbehandlung* Normalklima

Biegefestigkeit	N/mm^2	140	*E-Modul*	N/mm^2	5100
3,5% *Biegespannung*	N/mm^2				

Härte 23 °C *Probekörper:* *Zustand* — *Herstellung* Spritzgiessen; *Vorbehandlung* Normalklima

Kugeldruckhärte	N/mm^2 bei N, s	*Shore-Härte*	A
Rockwellhärte	R 123	*Shore-Härte*	D

Schlagversuch *Probekörper:* *(1)* *(2)* V-Kerbe *Zustand* — *Herstellung* Spritzgiessen; *Vorbehandlung* Normalklima

		°C	°C	°C	*Probekörper-Form*
Schlagzähigkeit	kJ/m^2				
Kerbschlagzähigkeit (1)	kJ/m^2				
IZOD-Kerbschlagzähigkeit (2)	J/m	23 80			
Kerbschlagzugzähigkeit	kJ/m^2				

Abrieb und Reibung

Taber-Abrieb (Reibradverfahren)	$mm^3/100$ U		
Abriebfaktor LNP (Thrust washer) Vergleichswert			
Statische Reibungszahl			
Dynamische Reibungszahl	(p·v=	N/mm^2 ·	m/min)
Zulässiger p · v Wert	N/mm^2 · (m/min)	v=	m/min
		v=	m/min

Thermische Eigenschaften

Formbeständigkeit in der Wärme	*Verfahren* A		140 °C
	Verfahren		°C
Vicat Erweichungstemperatur (VST)	*Verfahren*		°C
	Verfahren		°C
Kristallit-Schmelzpunkt	*Verfahren*		
Längenausdehnungskoeffizient	*Bereich*	°C	$\cdot 10^{-4}K^{-1}$
	Temperatur 23 °C		$0.35 \cdot 10^{-4}K^{-1}$
Wärmeleitfähigkeit	*Verfahren*		W/(K · m)
Spezifische Wärmekapazität	*Verfahren*		J/(K · g)
Glasumwandlungstemperatur	*Torsionsschwingungsversuch*	°C	
	Differentialkalorimetrie	°C	

Brandverhalten

UL-Test vertikal	Dicke 3.2	mm, Wert V-1
	Dicke	mm, Wert

	Norm	*Bewertung*	*Abmessungen*
Sauerstoff-Index	ASTM D 2863		
Glühstab-Verfahren			
Brandverhalten	DIN 4102		
MVSS			
FAR			

Elektrische Eigenschaften

		Hz	°C		*Probekörper, Form*
Dielektrizitätszahl		50			
		10^3			
		10^6	23	2.9	
Dielektrischer Verlustfaktor tan δ		50			
		10^3			
		10^6	23	0.0015	
Spezifischer Durchgangs-widerstand	Ohm · cm		23	1.0*10**19	
Durchschlagfestigkeit	kV/mm		23	43	1 mm dick
Oberflächenwiderstand	Ohm				

Kriechstromfestigkeit	KC	KB	KA
Elektrolytische Korrosionswirkung			
Lichtbogenfestigkeit nach DIN			
nach ASTM s	70		

Beständigkeit *(Chemische Beständigkeit siehe Anhang)*

Wasseraufnahme 23 C	1 d	0.06 %	
Feuchtigkeitsaufnahme Normalklima			%
Wetterbeständigkeit			
Spannungskorrosion			

Optische Eigenschaften

Brechungszahl n_D		
Transmissionsgrad τ_c	%	mm dick
Lichtdurchlässigkeit		

Produkt Polyphenylenoxid modifiziert **PPO**

Handelsname **Asahi Chemical M-PPE G 703 H**

Hersteller ASAHI

DIN-Bez 1
DIN-Bez 2

Zusätze

Füllstoffe/ Verstärkung 30.0% Glasfaser

Bevorzugte Verarbeitung Spritzgiessen

Lieferform Granulat

Farben Natur; Standard

Besondere Merkmale Geringe Wasseraufnahme; Gute mechanische Eigenschaften ueber einen weiten Temperaturbereich; Gute Hydrolysefestigkeit; Geringe Schwindung; Gute Waermeformbestaendigkeit; Hoher Modul

Bevorzugte Anwendungen Armaturenindustrie; Bueromaschinenteil; Phonoindustrie; Fernsehindustrie; Haushaltsgeraeteteil; Technisches Formteil

---

Dichte g/cm³ 1.30
Schüttdichte g/cm³
Viskositätszahl ml/g

Schmelzindex g/10 min :
Volumenfließindex cm³/10 min :

Verarbeitungsbedingungen für Spritzgießen

Massetemp. °C 250–300
Werkzeugtemp. °C 70–90
Spritzdruck bar ≧1000

Schwindung % lgs 0.2–0.3, quer
Bemerkungen Vortrocknen empfohlen mindestens 3 bis 4 h bei 90 bis 105 C

Zugversuch 23 °C DIN 53455;
Probekörper: *Form*
Zustand

Herstellung Spritzgiessen
Vorbehandlung Normalklima

Streckspannung N/mm²
Zugfestigkeit N/mm² 120
Reißfestigkeit N/mm²
E-Modul N/mm²

Dehnung bei Streckspannung %
Reißdehnung % 5–7
% Dehnspannung N/mm²
Dehnung bei % Dehnspg. %

Kriechmoduln und Zeitstandwerte 23 °C
Probekörper: *Form*
Zustand

Herstellung
Vorbehandlung

Kriechmodul *1 min* N/mm²
Kriechmodul *1000 h* N/mm²
bei Spannung N/mm²

Zeitstandzugfestigkeit h N/mm²
Zeitdehnspg. % h N/mm²

Biegeversuch 23 °C DIN 53452; DIN 53457
Probekörper: *Form*
Zustand

Herstellung Spritzgiessen
Vorbehandlung Normalklima

Biegefestigkeit N/mm² 150
3,5% *Biegespannung* N/mm²

E-Modul N/mm² 6800

Härte 23 °C *Probekörper:* *Zustand*

Herstellung Spritzgiessen
Vorbehandlung Normalklima

Kugeldruckhärte N/mm² bei N, s
Rockwellhärte R 126

Shore-Härte A
Shore-Härte D

Schlagversuch *Probekörper:* *(1)*
(2) V-Kerbe
Zustand

Herstellung Spritzgiessen
Vorbehandlung Normalklima

		°C	°C	°C	*Probekörper-Form*
Schlagzähigkeit	kJ/m²				
Kerbschlagzähigkeit (1)	kJ/m²				
IZOD-Kerbschlagzähigkeit (2)	J/m	23 80			
Kerbschlagzugzähigkeit	kJ/m²				

Abrieb und Reibung

Taber-Abrieb (Reibradverfahren) .	mm^3/100 U		
Abriebfaktor LNP (Thrust washer) Vergleichswert			
Statische Reibungszahl			
Dynamische Reibungszahl	(p·v=	N/mm^2·	m/min)
Zulässiger p · v Wert	N/mm^2 · (m/min)	v=	m/min
		v=	m/min

Thermische Eigenschaften

Formbeständigkeit in der Wärme	*Verfahren* A		145 °C
	Verfahren		°C
Vicat Erweichungstemperatur (VST)	*Verfahren*		°C
	Verfahren		°C
Kristallit-Schmelzpunkt	*Verfahren*		
Längenausdehnungskoeffizient	*Bereich*	°C	$\cdot 10^{-4} K^{-1}$
	Temperatur 23 °C		$0.28 \cdot 10^{-4} K^{-1}$
Wärmeleitfähigkeit	*Verfahren*		W/(K · m)
Spezifische Wärmekapazität	*Verfahren*		J/(K · g)
Glasumwandlungstemperatur	*Torsionsschwingungsversuch*	°C	
	Differentialkalorimetrie	°C	

Brandverhalten

UL-Test vertikal	Dicke	mm, Wert
	Dicke	mm, Wert

	Norm	*Bewertung*	*Abmessungen*
Sauerstoff-Index	ASTM D 2863		
Glühstab-Verfahren			
Brandverhalten	DIN 4102		
MVSS			
FAR			

Elektrische Eigenschaften

		Hz	°C			*Probekörper, Form*
Dielektrizitätszahl		50				
		10^3				
		10^6	23	2.9		
Dielektrischer Verlustfaktor tan δ		50				
		10^3				
		10^6	23	0.0012		
Spezifischer Durchgangs-widerstand	Ohm · cm		23	1.0*10**19		
Durchschlagfestigkeit	kV/mm		23	44		1 mm dick
Oberflächenwiderstand	Ohm					
Kriechstromfestigkeit		KC		KB	KA	
Elektrolytische Korrosionswirkung						
Lichtbogenfestigkeit nach DIN						
nach ASTM	s	70				

Beständigkeit *(Chemische Beständigkeit siehe Anhang)*

Wasseraufnahme 23 C	1 d	0.06 %	
Feuchtigkeitsaufnahme Normalklima			%
Wetterbeständigkeit			
Spannungskorrosion			

Optische Eigenschaften

Brechungszahl n_D		
Transmissionsgrad τ_c	%	mm dick
Lichtdurchlässigkeit		

Produkt	Polyphenylenoxid modifiziert		**PPO**
Handelsname	**Asahi Chemical M-PPE G 703 V**		
Hersteller	ASAHI		
DIN-Bez 1			
DIN-Bez 2			
Zusätze		*Füllstoffe/ Verstärkung*	30.0% Glasfaser
Bevorzugte Verarbeitung	Spritzgiessen	*Lieferform*	Granulat
		Farben	Natur; Standard
Besondere Merkmale	Geringe Wasseraufnahme; Gute mechanische Eigenschaften ueber einen weiten Temperaturbereich; Gute Hydrolysefestigkeit; Geringe Schwindung; Gute Waermeformbestaendigkeit; Hoher Modul	*Bevorzugte Anwendungen*	Armaturenindustrie; Bueromaschinenteil; Phonoindustrie; Fernsehindustrie; Haushaltsgeraeteteil; Technisches Formteil

Dichte	g/cm³	1.30	*Schmelzindex*	g/10 min	:
Schüttdichte	g/cm³		*Volumenfließindex*	cm³/10 min	:
Viskositätszahl	ml/g				

Verarbeitungsbedingungen für Spritzgießen

Massetemp.	°C	250–300	*Schwindung*	%	lgs 0.2–0.3, quer
Werkzeugtemp.	°C	70–90	*Bemerkungen*	Vortrocknen empfohlen mindestens 3 bis 4 h bei 90 bis 105 C	
Spritzdruck	bar	≧1000			

Zugversuch 23 °C DIN 53455;
Probekörper: *Form* | *Zustand* — *Herstellung* Spritzgiessen, *Vorbehandlung* Normalklima

Streckspannung	N/mm²		*Dehnung bei Streckspannung*	%	
Zugfestigkeit	N/mm²	120	*Reißdehnung*	%	5–7
Reißfestigkeit	N/mm²		*% Dehnspannung*	N/mm²	
E-Modul	N/mm²		*Dehnung bei % Dehnspg.*	%	

Kriechmoduln und Zeitstandwerte 23 °C
Probekörper: *Form* | *Zustand* — *Herstellung*, *Vorbehandlung*

Kriechmodul	*1 min*	N/mm²	*Zeitstandzugfestigkeit*	h	N/mm²
Kriechmodul	*1000 h*	N/mm²	*Zeitdehnspg. %*	h	N/mm²
bei Spannung		N/mm²			

Biegeversuch 23 °C DIN 53452; DIN 53457
Probekörper: *Form* | *Zustand* — *Herstellung* Spritzgiessen, *Vorbehandlung* Normalklima

Biegefestigkeit	N/mm²	150	*E-Modul*	N/mm²	6800
3,5% *Biegespannung*	N/mm²				

Härte 23 °C *Probekörper:* *Zustand* — *Herstellung* Spritzgiessen, *Vorbehandlung* Normalklima

Kugeldruckhärte	N/mm²	bei N, s	*Shore-Härte*	A
Rockwellhärte	R 126		*Shore-Härte*	D

Schlagversuch *Probekörper:* *(1)* | *(2)* V-Kerbe | *Zustand* — *Herstellung* Spritzgiessen, *Vorbehandlung* Normalklima

		°C	°C	°C	*Probekörper-Form*
Schlagzähigkeit	kJ/m²				
Kerbschlagzähigkeit (1)	kJ/m²				
IZOD-Kerbschlagzähigkeit (2)	J/m	23 80			
Kerbschlagzugzähigkeit	kJ/m²				

Abrieb und Reibung

Taber-Abrieb (Reibradverfahren)	mm^3/100 U		
Abriebfaktor LNP (Thrust washer) Vergleichswert			
Statische Reibungszahl			
Dynamische Reibungszahl	(p·v=	N/mm^2·	m/min)
Zulässiger p · v Wert	N/mm^2 · (m/min)	v=	m/min
		v=	m/min

Thermische Eigenschaften

Formbeständigkeit in der Wärme	*Verfahren* A		145 °C
	Verfahren		°C
Vicat Erweichungstemperatur (VST)	*Verfahren*		°C
	Verfahren		°C
Kristallit-Schmelzpunkt	*Verfahren*		
Längenausdehnungskoeffizient	*Bereich*	°C	$\cdot 10^{-4} K^{-1}$
	Temperatur 23 °C		$0.28 \cdot 10^{-4} K^{-1}$
Wärmeleitfähigkeit	*Verfahren*		W/(K · m)
Spezifische Wärmekapazität	*Verfahren*		J/(K · g)
Glasumwandlungstemperatur	*Torsionsschwingungsversuch*	°C	
	Differentialkalorimetrie	°C	

Brandverhalten

UL-Test vertikal Dicke 3.2 mm, Wert V-1

Dicke mm, Wert

	Norm	*Bewertung*	*Abmessungen*
Sauerstoff-Index	ASTM D 2863		
Glühstab-Verfahren			
Brandverhalten	DIN 4102		
MVSS			
FAR			

Elektrische Eigenschaften

		Hz	°C		*Probekörper, Form*
Dielektrizitätszahl		50			
		10^3			
		10^6	23	2.9	
Dielektrischer Verlustfaktor tan δ		50			
		10^3			
		10^6	23	0.0015	
Spezifischer Durchgangswiderstand	Ohm · cm		23	1.0*10**19	
Durchschlagfestigkeit	kV/mm		23	40	1 mm dick
Oberflächenwiderstand	Ohm				

Kriechstromfestigkeit	KC	KB	KA
Elektrolytische Korrosionswirkung			
Lichtbogenfestigkeit nach DIN			
nach ASTM s	70		

Beständigkeit *(Chemische Beständigkeit siehe Anhang)*

Wasseraufnahme 23 C	1 d	0.06 %	
Feuchtigkeitsaufnahme Normalklima			%
Wetterbeständigkeit			
Spannungskorrosion			

Optische Eigenschaften

Brechungszahl n_D

Transmissionsgrad τ_c % mm dick

Lichtdurchlässigkeit

Produkt	Polyphenylenoxid-Polyamid-Blend		**PPO**
Handelsname	**Asahi Chemical NEW M-PPE G 010 H 10**		
Hersteller	ASAHI		
DIN-Bez 1			
DIN-Bez 2			
Zusätze		*Füllstoffe/ Verstärkung*	30.0% Glasfaser
Bevorzugte Verarbeitung	Spritzgiessen	*Lieferform*	Granulat
		Farben	Natur; Standard
Besondere Merkmale	Geringe Schwindung; Hoher Modul; Hohe Festigkeit; Hohe Waermeformbestaendigkeit; Hohe Chemikalienbestaendigkeit	*Bevorzugte Anwendungen*	Armaturenindustrie; Bueromaschinenteil; Phonoindustrie; Fernsehindustrie; Haushaltsgeraeteteil; Technisches Formteil

Dichte	g/cm³	1.32	*Schmelzindex*	g/10 min	:
Schüttdichte	g/cm³		*Volumenfließindex*	cm³/10 min	:
Viskositätszahl	ml/g				

Verarbeitungsbedingungen für Spritzgießen

Massetemp.	°C	270–300	*Schwindung*	% lgs 0.4, quer
Werkzeugtemp.	°C	60–100	*Bemerkungen*	Vortrocknen empfohlen mindestens 3 h bei 100 C
Spritzdruck	bar	≧1000		

Zugversuch 23 °C DIN 53455;
Probekörper: *Form* *Zustand* — *Herstellung* Spritzgiessen; *Vorbehandlung* Normalklima

Streckspannung	N/mm²		*Dehnung bei Streckspannung*	%	
Zugfestigkeit	N/mm²	130	*Reißdehnung*	%	3
Reißfestigkeit	N/mm²		*% Dehnspannung*	N/mm²	
E-Modul	N/mm²		*Dehnung bei % Dehnspg.*	%	

Kriechmoduln und Zeitstandwerte 23 °C
Probekörper: *Form* *Zustand* — *Herstellung*; *Vorbehandlung*

Kriechmodul	*1 min*	N/mm²	*Zeitstandzugfestigkeit*	h	N/mm²
Kriechmodul	*1000 h*	N/mm²	*Zeitdehnspg. %*	h	N/mm²
bei Spannung		N/mm²			

Biegeversuch 23 °C DIN 53452; DIN 53457
Probekörper: *Form* *Zustand* — *Herstellung* Spritzgiessen; *Vorbehandlung* Normalklima

Biegefestigkeit	N/mm²	190	*E-Modul*	N/mm²	7500
3,5% Biegespannung	N/mm²				

Härte 23 °C *Probekörper:* *Zustand* — *Herstellung* Spritzgiessen; *Vorbehandlung* Normalklima

Kugeldruckhärte	N/mm²	bei N, s	*Shore-Härte*	A
Rockwellhärte		R 112	*Shore-Härte*	D

Schlagversuch *Probekörper:* *(1)* *(2)* V-Kerbe *Zustand* — *Herstellung* Spritzgiessen; *Vorbehandlung* Normalklima

		°C	°C	°C	*Probekörper-Form*
Schlagzähigkeit	kJ/m²				
Kerbschlagzähigkeit (1)	kJ/m²				
IZOD-Kerbschlagzähigkeit (2)	J/m	23 70			
Kerbschlagzugzähigkeit	kJ/m²				

Abrieb und Reibung

Taber-Abrieb (Reibradverfahren)	mm^3/100 U		
Abriebfaktor LNP (Thrust washer) Vergleichswert			
Statische Reibungszahl			
Dynamische Reibungszahl	(p · v=	N/mm^2 ·	m/min)
Zulässiger p · v Wert	N/mm^2 · (m/min)	v=	m/min
		v=	m/min

Thermische Eigenschaften

Formbeständigkeit in der Wärme	*Verfahren* A		180 °C
	Verfahren		°C
Vicat Erweichungstemperatur (VST)	*Verfahren*		°C
	Verfahren		°C
Kristallit-Schmelzpunkt	*Verfahren* DSC		225 °C
Längenausdehnungskoeffizient	*Bereich*	°C	$\cdot 10^{-4}K^{-1}$
	Temperatur 23 °C		$0.3 \cdot 10^{-4}K^{-1}$
Wärmeleitfähigkeit	*Verfahren*		W/(K · m)
Spezifische Wärmekapazität	*Verfahren*		J/(K · g)
Glasumwandlungstemperatur	*Torsionsschwingungsversuch*	°C	
	Differentialkalorimetrie	°C	

Brandverhalten

UL-Test vertikal		Dicke mm, Wert	
		Dicke mm, Wert	
	Norm	*Bewertung*	*Abmessungen*
Sauerstoff-Index	ASTM D 2863		
Glühstab-Verfahren			
Brandverhalten	DIN 4102		
MVSS			
FAR			

Elektrische Eigenschaften

		Hz	°C		Probekörper, Form
Dielektrizitätszahl		50			
		10^3			
		10^6	23	3.2	
Dielektrischer Verlustfaktor tan δ		50			
		10^3			
		10^6	23	0.01	
Spezifischer Durchgangs- widerstand	Ohm · cm		23	1.0*10**17	
Durchschlagfestigkeit	kV/mm				mm dick
Oberflächenwiderstand	Ohm				
Kriechstromfestigkeit		KC	KB	KA	
Elektrolytische Korrosionswirkung					
Lichtbogenfestigkeit nach DIN					
nach ASTM	s				

Beständigkeit *(Chemische Beständigkeit siehe Anhang)*

Wasseraufnahme 23 C	1 d	0.3 %	
Feuchtigkeitsaufnahme Normalklima			%
Wetterbeständigkeit			
Spannungskorrosion			

Optische Eigenschaften

Brechungszahl n_D		
Transmissionsgrad τ_c	%	mm dick
Lichtdurchlässigkeit		

Produkt	Polyphenylenoxid-Polyamid-Blend		**PPO**
Handelsname	**Asahi Chemical NEW M-PPE G 010 Z /10**		
Hersteller	ASAHI		
DIN-Bez 1 *DIN-Bez 2*			
Zusätze		*Füllstoffe/ Verstärkung*	10.0% Glasfaser
Bevorzugte Verarbeitung	Spritzgiessen	*Lieferform*	Granulat
		Farben	Natur; Standard
Besondere Merkmale	Geringe Schwindung; Hoher Modul; Hohe Festigkeit; Gute Waermeformbestaendigkeit; Hohe Chemikalienbestaendigkeit	*Bevorzugte Anwendungen*	Armaturenindustrie; Bueromaschinenteil; Phonoindustrie; Fernsehindustrie; Haushaltsgeraeteteil; Technisches Formteil

Dichte	g/cm^3	1.29	*Schmelzindex*	g/10 min	:
Schüttdichte	g/cm^3		*Volumenfließindex*	cm^3/10 min	:
Viskositätszahl	ml/g				

Verarbeitungsbedingungen für Spritzgießen

Massetemp.	°C	250–270	*Schwindung*	% lgs 0.9, quer
Werkzeugtemp.	°C	60–100	*Bemerkungen*	Vortrocknen empfohlen mindestens 3 h bei 100 C
Spritzdruck	bar	≧1000		

Zugversuch 23 °C DIN 53455;
Probekörper: *Form* — *Herstellung* Spritzgiessen
Zustand — *Vorbehandlung* Normalklima

Streckspannung	N/mm^2		*Dehnung bei Streckspannung*	%	
Zugfestigkeit	N/mm^2	95	*Reißdehnung*	%	4
Reißfestigkeit	N/mm^2		*% Dehnspannung*	N/mm^2	
E-Modul	N/mm^2		*Dehnung bei % Dehnspg.*	%	

Kriechmoduln und Zeitstandwerte 23 °C
Probekörper: *Form* — *Herstellung*
Zustand — *Vorbehandlung*

Kriechmodul	*1 min*	N/mm^2	*Zeitstandzugfestigkeit*	h	N/mm^2
Kriechmodul	*1000 h*	N/mm^2	*Zeitdehnspg. %*	h	N/mm^2
bei Spannung		N/mm^2			

Biegeversuch 23 °C DIN 53452; DIN 53457
Probekörper: *Form* — *Herstellung* Spritzgiessen
Zustand — *Vorbehandlung* Normalklima

Biegefestigkeit	N/mm^2	115	*E-Modul*	N/mm^2	4500
3,5% *Biegespannung*	N/mm^2				

Härte 23 °C *Probekörper:* *Zustand* — *Herstellung* Spritzgiessen
Vorbehandlung Normalklima

Kugeldruckhärte	N/mm^2	bei N, s	*Shore-Härte* A
Rockwellhärte	R 105		*Shore-Härte* D

Schlagversuch *Probekörper:* *(1)*
(2) V-Kerbe — *Herstellung* Spritzgiessen
Zustand — *Vorbehandlung* Normalklima

		°C	°C	°C	*Probekörper-Form*
Schlagzähigkeit	kJ/m^2				
Kerbschlagzähigkeit (1)	kJ/m^2				
IZOD-Kerbschlagzähigkeit (2)	J/m	23 50			
Kerbschlagzugzähigkeit	kJ/m^2				

Abrieb und Reibung

Taber-Abrieb (Reibradverfahren) mm^3/100 U
Abriebfaktor LNP (Thrust washer) Vergleichswert
Statische Reibungszahl
Dynamische Reibungszahl (p · v = N/mm^2 · m/min)
Zulässiger p · v Wert N/mm^2 · (m/min) v = m/min
v = m/min

Thermische Eigenschaften

Formbeständigkeit in der Wärme	*Verfahren* A	145 °C
	Verfahren	°C
Vicat Erweichungstemperatur (VST)	*Verfahren*	°C
	Verfahren	°C
Kristallit-Schmelzpunkt	*Verfahren* DSC	225 °C
Längenausdehnungskoeffizient	*Bereich* °C	$\cdot 10^{-4}K^{-1}$
	Temperatur 23 °C	$0.55 \cdot 10^{-4}K^{-1}$
Wärmeleitfähigkeit	*Verfahren*	W/(K · m)
Spezifische Wärmekapazität	*Verfahren*	J/(K · g)
Glasumwandlungstemperatur	*Torsionsschwingungsversuch*	°C
	Differentialkalorimetrie	°C

Brandverhalten

UL-Test vertikal Dicke 3.2 mm, Wert V-0
Dicke mm, Wert

	Norm	*Bewertung*	*Abmessungen*
Sauerstoff-Index	ASTM D 2863		
Glühstab-Verfahren			
Brandverhalten	DIN 4102		
MVSS			
FAR			

Elektrische Eigenschaften

		Hz	°C		*Probekörper, Form*
Dielektrizitätszahl		50			
		10^3			
		10^6	23	3.6	
Dielektrischer Verlustfaktor tan δ		50			
		10^3			
		10^6	23	0.007	
Spezifischer Durchgangswiderstand	Ohm · cm		23	1.0*10**17	
Durchschlagfestigkeit	kV/mm				mm dick
Oberflächenwiderstand	Ohm				

Kriechstromfestigkeit KC KB KA
Elektrolytische Korrosionswirkung
Lichtbogenfestigkeit nach DIN
nach ASTM s

Beständigkeit *(Chemische Beständigkeit siehe Anhang)*

Wasseraufnahme 23 C 1 d 0.4 %

Feuchtigkeitsaufnahme Normalklima %
Wetterbeständigkeit

Spannungskorrosion

Optische Eigenschaften

Brechungszahl n_D
Transmissionsgrad τ_c % mm dick
Lichtdurchlässigkeit

Produkt	Polyphenylenoxid-Polyamid-Blend		**PPO**
Handelsname	**Asahi Chemical NEW M-PPE G 010 Z /20**		
Hersteller	ASAHI		
DIN-Bez 1			
DIN-Bez 2			
Zusätze		*Füllstoffe/ Verstärkung*	20.0% Glasfaser
Bevorzugte Verarbeitung	Spritzgiessen	*Lieferform*	Granulat
		Farben	Natur; Standard
Besondere Merkmale	Geringe Schwindung; Hoher Modul; Hohe Festigkeit; Hohe Waermeformbestaendigkeit; Hohe Chemikalienbestaendigkeit	*Bevorzugte Anwendungen*	Armaturenindustrie; Bueromaschinenteil; Phonoindustrie; Fernsehindustrie; Haushaltsgeraeteteil; Technisches Formteil

---

Dichte	g/cm³	1.37	*Schmelzindex*	g/10 min	:
Schüttdichte	g/cm³		*Volumenfließindex*	cm³/10 min	:
Viskositätszahl	ml/g				

Verarbeitungsbedingungen für Spritzgießen

Massetemp.	°C	250–290	*Schwindung*	% lgs 0.65, quer
Werkzeugtemp.	°C	60–100	*Bemerkungen*	Vortrocknen empfohlen mindestens 3 h bei 100 C
Spritzdruck	bar	≧1000		

Zugversuch 23 °C DIN 53455;
Probekörper: *Form* *Herstellung* Spritzgiessen
Zustand *Vorbehandlung* Normalklima

Streckspannung	N/mm²		*Dehnung bei Streckspannung*	%	
Zugfestigkeit	N/mm²	105	*Reißdehnung*	%	3
Reißfestigkeit	N/mm²		*% Dehnspannung*	N/mm²	
E-Modul	N/mm²		*Dehnung bei % Dehnspg.*	%	

Kriechmoduln und Zeitstandwerte 23 °C
Probekörper: *Form* *Herstellung*
Zustand *Vorbehandlung*

Kriechmodul	*1 min*	N/mm²	*Zeitstandzugfestigkeit*	h	N/mm²
Kriechmodul	*1000 h*	N/mm²	*Zeitdehnspg. %*	h	N/mm²
bei Spannung		N/mm²			

Biegeversuch 23 °C DIN 53452; DIN 53457
Probekörper: *Form* *Herstellung* Spritzgiessen
Zustand *Vorbehandlung* Normalklima

Biegefestigkeit	N/mm²	145	*E-Modul*	N/mm²	6000
3,5% Biegespannung	N/mm²				

Härte 23 °C *Probekörper:* *Zustand* *Herstellung* Spritzgiessen
Vorbehandlung Normalklima

Kugeldruckhärte	N/mm²	bei N, s	*Shore-Härte*	A
Rockwellhärte	R 108		*Shore-Härte*	D

Schlagversuch *Probekörper:* *(1)*
(2) V-Kerbe *Herstellung* Spritzgiessen
Zustand *Vorbehandlung* Normalklima

		°C	°C	°C	*Probekörper-Form*
Schlagzähigkeit	kJ/m²				
Kerbschlagzähigkeit (1)	kJ/m²				
IZOD-Kerbschlagzähigkeit (2)	J/m	23 70			
Kerbschlagzugzähigkeit	kJ/m²				

Abrieb und Reibung

Taber-Abrieb (Reibradverfahren)	mm^3/100 U		
Abriebfaktor LNP (Thrust washer) Vergleichswert			
Statische Reibungszahl			
Dynamische Reibungszahl	(p · v=	N/mm^2 ·	m/min)
Zulässiger p · v Wert	N/mm^2 · (m/min)	v=	m/min
		v=	m/min

Thermische Eigenschaften

Formbeständigkeit in der Wärme	*Verfahren* A		160 °C
	Verfahren		°C
Vicat Erweichungstemperatur (VST)	*Verfahren*		°C
	Verfahren		°C
Kristallit-Schmelzpunkt	*Verfahren* DSC		225 °C
Längenausdehnungskoeffizient	*Bereich*	°C	$\cdot 10^{-4}K^{-1}$
	Temperatur 23 °C		$0.37 \cdot 10^{-4}K^{-1}$
Wärmeleitfähigkeit	*Verfahren*		W/(K · m)
Spezifische Wärmekapazität	*Verfahren*		J/(K · g)
Glasumwandlungstemperatur	*Torsionsschwingungsversuch*	°C	
	Differentialkalorimetrie	°C	

Brandverhalten

UL-Test vertikal	Dicke 3.2 mm, Wert V-0	
	Dicke mm, Wert	

	Norm	*Bewertung*	*Abmessungen*
Sauerstoff-Index	ASTM D 2863		
Glühstab-Verfahren			
Brandverhalten	DIN 4102		
MVSS			
FAR			

Elektrische Eigenschaften

		Hz	°C		*Probekörper, Form*
Dielektrizitätszahl		50			
		10^3			
		10^6	23	3.5	
Dielektrischer Verlustfaktor tan δ		50			
		10^3			
		10^6	23	0.007	
Spezifischer Durchgangs-widerstand	Ohm · cm		23	1.0*10**17	
Durchschlagfestigkeit	kV/mm				mm dick
Oberflächenwiderstand	Ohm				

Kriechstromfestigkeit	KC	KB	KA
Elektrolytische Korrosionswirkung			
Lichtbogenfestigkeit nach DIN			
nach ASTM s			

Beständigkeit *(Chemische Beständigkeit siehe Anhang)*

Wasseraufnahme 23 C	1 d	0.35 %
Feuchtigkeitsaufnahme Normalklima		%
Wetterbeständigkeit		
Spannungskorrosion		

Optische Eigenschaften

Brechungszahl n_D		
Transmissionsgrad τ_c	%	mm dick
Lichtdurchlässigkeit		

Datenbank-Nr.	**T06338**	Merkblatt-Nr. **3556**

Produkt	Polyphenylenoxid-Polyamid-Blend		**PPO**
Handelsname	**Asahi Chemical NEW M-PPE G 010 Z /30**		
Hersteller	ASAHI		
DIN-Bez 1			
DIN-Bez 2			
Zusätze		*Füllstoffe/ Verstärkung*	30.0% Glasfaser
Bevorzugte Verarbeitung	Spritzgiessen	*Lieferform*	Granulat
		Farben	Natur; Standard
Besondere Merkmale	Geringe Schwindung; Hoher Modul; Hohe Festigkeit; Hohe Waermeformbestaendigkeit; Hohe Chemikalienbestaendigkeit	*Bevorzugte Anwendungen*	Armaturenindustrie; Bueromaschinenteil; Phonoindustrie; Fernsehindustrie; Haushaltsgeraeteteil; Technisches Formteil

Dichte	g/cm^3	1.44	*Schmelzindex*	g/10 min	:
Schüttdichte	g/cm^3		*Volumenfließindex*	$cm^3/10$ min	:
Viskositätszahl	ml/g				

Verarbeitungsbedingungen für Spritzgießen

Massetemp.	°C	250–290	*Schwindung*	% lgs , quer
Werkzeugtemp.	°C	60–100	*Bemerkungen*	Vortrocknen empfohlen mindestens 3 h bei 100 C
Spritzdruck	bar	≧1000		

Zugversuch 23 °C DIN 53455;

Probekörper:	*Form*	*Herstellung*	Spritzgiessen
	Zustand	*Vorbehandlung*	Normalklima

Streckspannung	N/mm^2		*Dehnung bei Streckspannung*	%	
Zugfestigkeit	N/mm^2	130	*Reißdehnung*	%	3
Reißfestigkeit	N/mm^2		*% Dehnspannung*	N/mm^2	
E-Modul	N/mm^2		*Dehnung bei % Dehnspg.*	%	

Kriechmoduln und Zeitstandwerte 23 °C

Probekörper:	*Form*	*Herstellung*	
	Zustand	*Vorbehandlung*	

Kriechmodul	*1 min*	N/mm^2	*Zeitstandzugfestigkeit*	h	N/mm^2
Kriechmodul	*1000 h*	N/mm^2	*Zeitdehnspg. %*	h	N/mm^2
bei Spannung		N/mm^2			

Biegeversuch 23 °C DIN 53452; DIN 53457

Probekörper:	*Form*	*Herstellung*	Spritzgiessen
	Zustand	*Vorbehandlung*	Normalklima

Biegefestigkeit	N/mm^2	170	*E-Modul*	N/mm^2	7500
3,5% *Biegespannung*	N/mm^2				

Härte 23 °C

Probekörper:	*Zustand*	*Herstellung*	Spritzgiessen
		Vorbehandlung	Normalklima

Kugeldruckhärte	N/mm^2	bei N, s	*Shore-Härte*	A
Rockwellhärte	R 112		*Shore-Härte*	D

Schlagversuch

Probekörper:	*(1)*		
	(2) V-Kerbe	*Herstellung*	Spritzgiessen
	Zustand	*Vorbehandlung*	Normalklima

		°C	°C	°C	*Probekörper-Form*
Schlagzähigkeit	kJ/m^2				
Kerbschlagzähigkeit (1)	kJ/m^2				
IZOD-Kerbschlagzähigkeit (2)	J/m	23 80			
Kerbschlagzugzähigkeit	kJ/m^2				

Abrieb und Reibung

Taber-Abrieb (Reibradverfahren)	$mm^3/100$ U	
Abriebfaktor LNP (Thrust washer) Vergleichswert		
Statische Reibungszahl		
Dynamische Reibungszahl	($p \cdot v$= N/mm^2 ·	m/min)
Zulässiger $p \cdot v$ Wert	N/mm^2 · (m/min) v=	m/min
	v=	m/min

Thermische Eigenschaften

Formbeständigkeit in der Wärme	Verfahren A		170 °C
	Verfahren		°C
Vicat Erweichungstemperatur (VST)	Verfahren		°C
	Verfahren		°C
Kristallit-Schmelzpunkt	Verfahren DSC		225 °C
Längenausdehnungskoeffizient	Bereich	°C	$\cdot 10^{-4}K^{-1}$
	Temperatur 23 °C		$0.3 \cdot 10^{-4}K^{-1}$
Wärmeleitfähigkeit	Verfahren		W/(K · m)
Spezifische Wärmekapazität	Verfahren		J/(K · g)
Glasumwandlungstemperatur	Torsionsschwingungsversuch	°C	
	Differentialkalorimetrie	°C	

Brandverhalten

UL-Test vertikal	Dicke 3.2 mm, Wert V-0	
	Dicke mm, Wert	

	Norm	Bewertung	Abmessungen
Sauerstoff-Index	ASTM D 2863		
Glühstab-Verfahren			
Brandverhalten	DIN 4102		
MVSS			
FAR			

Elektrische Eigenschaften

		Hz	°C		Probekörper, Form
Dielektrizitätszahl		50			
		10^3			
		10^6	23	3.4	
Dielektrischer Verlustfaktor tan δ		50			
		10^3			
		10^6	23	0.007	
Spezifischer Durchgangs-widerstand	Ohm · cm		23	1.0*10**17	
Durchschlagfestigkeit	kV/mm				mm dick
Oberflächenwiderstand	Ohm				

Kriechstromfestigkeit	KC	KB	KA
Elektrolytische Korrosionswirkung			
Lichtbogenfestigkeit nach DIN			
nach ASTM s			

Beständigkeit *(Chemische Beständigkeit siehe Anhang)*

Wasseraufnahme 23 C	1 d	0.3 %	
Feuchtigkeitsaufnahme Normalklima			%
Wetterbeständigkeit			
Spannungskorrosion			

Optische Eigenschaften

Brechungszahl n_D		
Transmissionsgrad τ_c	%	mm dick
Lichtdurchlässigkeit		

Produkt	Polyphenylenoxid-Polyamid-Blend		**PPO**
Handelsname	**Asahi Chemical NEW M-PPE G 020 H /20**		
Hersteller	ASAHI		
DIN-Bez 1			
DIN-Bez 2			
Zusätze		*Füllstoffe/ Verstärkung*	20.0% Glasfaser
Bevorzugte Verarbeitung	Spritzgiessen	*Lieferform*	Granulat
		Farben	Natur; Standard
Besondere Merkmale	Geringe Schwindung; Hoher Modul; Hohe Festigkeit; Sehr hohe Waermeformbestaendigkeit; Hohe Chemikalienbestaendigkeit	*Bevorzugte Anwendungen*	Armaturenindustrie; Bueromaschinenteil; Phonoindustrie; Fernsehindustrie; Haushaltsgeraeteteil; Technisches Formteil

Dichte	g/cm^3	1.24	*Schmelzindex*	g/10 min	:
Schüttdichte	g/cm^3		*Volumenfließindex*	cm^3/10 min	:
Viskositätszahl	ml/g				

Verarbeitungsbedingungen für Spritzgießen

Massetemp.	°C	290–305	*Schwindung*	% lgs , quer
Werkzeugtemp.	°C	60–100	*Bemerkungen*	Vortrocknen empfohlen mindestens 3 h bei 100 C
Spritzdruck	bar	≧1000		

Zugversuch 23 °C DIN 53455;

Probekörper: *Form* — *Herstellung* Spritzgiessen
Zustand — *Vorbehandlung* Normalklima

Streckspannung	N/mm^2		*Dehnung bei Streckspannung*	%	
Zugfestigkeit	N/mm^2	120	*Reißdehnung*	%	4
Reißfestigkeit	N/mm^2		*% Dehnspannung*	N/mm^2	
E-Modul	N/mm^2		*Dehnung bei % Dehnspg.*	%	

Kriechmoduln und Zeitstandwerte 23 °C

Probekörper: *Form* — *Herstellung*
Zustand — *Vorbehandlung*

Kriechmodul	*1 min*	N/mm^2	*Zeitstandzugfestigkeit*	h	N/mm^2
Kriechmodul	*1000 h*	N/mm^2	*Zeitdehnspg. %*	h	N/mm^2
bei Spannung		N/mm^2			

Biegeversuch 23 °C DIN 53452; DIN 53457

Probekörper: *Form* — *Herstellung* Spritzgiessen
Zustand — *Vorbehandlung* Normalklima

Biegefestigkeit	N/mm^2	170	*E-Modul*	N/mm^2	7200
3,5% Biegespannung	N/mm^2				

Härte 23 °C *Probekörper:* *Zustand* — *Herstellung* Spritzgiessen; *Vorbehandlung* Normalklima

Kugeldruckhärte	N/mm^2	bei N, s	*Shore-Härte*	A
Rockwellhärte	R 110		*Shore-Härte*	D

Schlagversuch *Probekörper:* *(1)*
(2) V-Kerbe — *Herstellung* Spritzgiessen
Zustand — *Vorbehandlung* Normalklima

		°C		°C	°C	*Probekörper-Form*
Schlagzähigkeit	kJ/m^2					
Kerbschlagzähigkeit (1)	kJ/m^2					
IZOD-Kerbschlagzähigkeit (2)	J/m	23	50			
Kerbschlagzugzähigkeit	kJ/m^2					

Abrieb und Reibung

Taber-Abrieb (Reibradverfahren) $mm^3/100$ U
Abriebfaktor LNP (Thrust washer) Vergleichswert
Statische Reibungszahl
Dynamische Reibungszahl (p · v= N/mm² · m/min)
Zulässiger p · v Wert N/mm² · (m/min) v= m/min
v= m/min

Thermische Eigenschaften

Formbeständigkeit in der Wärme	*Verfahren*	A	205 °C
	Verfahren		°C
Vicat Erweichungstemperatur (VST)	*Verfahren*		°C
	Verfahren		°C
Kristallit-Schmelzpunkt	*Verfahren*	DSC	265 °C
Längenausdehnungskoeffizient	*Bereich*	°C	$\cdot 10^{-4} K^{-1}$
	Temperatur	23 °C	$0.37 \cdot 10^{-4} K^{-1}$
Wärmeleitfähigkeit	*Verfahren*		W/(K · m)
Spezifische Wärmekapazität	*Verfahren*		J/(K · g)
Glasumwandlungstemperatur	*Torsionsschwingungsversuch*	°C	
	Differentialkalorimetrie	°C	

Brandverhalten

UL-Test vertikal Dicke mm, Wert
Dicke mm, Wert

	Norm	*Bewertung*	*Abmessungen*
Sauerstoff-Index	ASTM D 2863		
Glühstab-Verfahren			
Brandverhalten	DIN 4102		
MVSS			
FAR			

Elektrische Eigenschaften

		Hz	°C		*Probekörper, Form*
Dielektrizitätszahl		50			
		10^3			
		10^6	23	3.2	
Dielektrischer Verlustfaktor tan δ		50			
		10^3			
		10^6	23	0.01	
Spezifischer Durchgangs-widerstand	Ohm · cm		23	1.0*10**17	
Durchschlagfestigkeit	kV/mm				mm dick
Oberflächenwiderstand	Ohm				

Kriechstromfestigkeit KC KB KA
Elektrolytische Korrosionswirkung
Lichtbogenfestigkeit nach DIN
nach ASTM s

Beständigkeit *(Chemische Beständigkeit siehe Anhang)*

Wasseraufnahme 23 C 1 d 0.35 %

Feuchtigkeitsaufnahme Normalklima %
Wetterbeständigkeit

Spannungskorrosion

Optische Eigenschaften

Brechungszahl n_D
Transmissionsgrad τ_c % mm dick
Lichtdurchlässigkeit

Produkt	Polyphenylenoxid-Polyamid-Blend		**PPO**
Handelsname	**Asahi Chemical NEW M-PPE G 020 H /30**		
Hersteller	ASAHI		
DIN-Bez 1			
DIN-Bez 2			
Zusätze		*Füllstoffe/ Verstärkung*	30.0% Glasfaser
Bevorzugte Verarbeitung	Spritzgiessen	*Lieferform*	Granulat
		Farben	Natur; Standard
Besondere Merkmale	Geringe Schwindung; Hoher Modul; Hohe Festigkeit; Sehr hohe Waermeformbestaendigkeit; Hohe Chemikalienbestaendigkeit	*Bevorzugte Anwendungen*	Armaturenindustrie; Bueromaschinenteil; Phonoindustrie; Fernsehindustrie; Haushaltsgeraeteteil; Technisches Formteil

Dichte	g/cm^3	1.32	*Schmelzindex*	g/10 min	:
Schüttdichte	g/cm^3		*Volumenfließindex*	cm^3/10 min	:
Viskositätszahl	ml/g				

Verarbeitungsbedingungen für Spritzgießen

Massetemp.	°C	290–305	*Schwindung*	% lgs 0.4, quer
Werkzeugtemp.	°C	60–100	*Bemerkungen*	Vortrocknen empfohlen mindestens 3 h bei 100 C
Spritzdruck	bar	≧1000		

Zugversuch 23 °C DIN 53455;

Probekörper: *Form* — *Herstellung* Spritzgiessen
Zustand — *Vorbehandlung* Normalklima

Streckspannung	N/mm^2		*Dehnung bei Streckspannung*	%	
Zugfestigkeit	N/mm^2	140	*Reißdehnung*	%	4
Reißfestigkeit	N/mm^2		*% Dehnspannung*	N/mm^2	
E-Modul	N/mm^2		*Dehnung bei % Dehnspg.*	%	

Kriechmoduln und Zeitstandwerte 23 °C

Probekörper: *Form* — *Herstellung*
Zustand — *Vorbehandlung*

Kriechmodul	*1 min* N/mm^2	*Zeitstandzugfestigkeit*	h	N/mm^2
Kriechmodul	*1000 h* N/mm^2	*Zeitdehnspg. %*	h	N/mm^2
bei Spannung	N/mm^2			

Biegeversuch 23 °C DIN 53452; DIN 53457

Probekörper: *Form* — *Herstellung* Spritzgiessen
Zustand — *Vorbehandlung* Normalklima

Biegefestigkeit	N/mm^2	200	*E-Modul*	N/mm^2	8000
3,5% *Biegespannung*	N/mm^2				

Härte 23 °C *Probekörper:* *Zustand* — *Herstellung* Spritzgiessen
Vorbehandlung Normalklima

Kugeldruckhärte	N/mm^2	bei N, s	*Shore-Härte*	A
Rockwellhärte	R 115		*Shore-Härte*	D

Schlagversuch *Probekörper:* *(1)*
(2) V-Kerbe — *Herstellung* Spritzgiessen
Zustand — *Vorbehandlung* Normalklima

		°C	°C	°C	*Probekörper-Form*
Schlagzähigkeit	kJ/m^2				
Kerbschlagzähigkeit (1)	kJ/m^2				
IZOD-Kerbschlagzähigkeit (2)	J/m	23 70			
Kerbschlagzugzähigkeit	kJ/m^2				

Abrieb und Reibung

Taber-Abrieb (Reibradverfahren)	mm^3/100 U		
Abriebfaktor LNP (Thrust washer) Vergleichswert			
Statische Reibungszahl			
Dynamische Reibungszahl	(p · v=	N/mm^2 ·	m/min)
Zulässiger p · v Wert	N/mm^2 · (m/min)	v=	m/min
		v=	m/min

Thermische Eigenschaften

Formbeständigkeit in der Wärme	*Verfahren* A		220 °C
	Verfahren		°C
Vicat Erweichungstemperatur (VST)	*Verfahren*		°C
	Verfahren		°C
Kristallit-Schmelzpunkt	*Verfahren* DSC		265 °C
Längenausdehnungskoeffizient	*Bereich*	°C	$\cdot 10^{-4} K^{-1}$
	Temperatur 23 °C		$0.3 \cdot 10^{-4} K^{-1}$
Wärmeleitfähigkeit	*Verfahren*		W/(K · m)
Spezifische Wärmekapazität	*Verfahren*		J/(K · g)
Glasumwandlungstemperatur	*Torsionsschwingungsversuch*	°C	
	Differentialkalorimetrie	°C	

Brandverhalten

UL-Test vertikal	Dicke	mm, Wert
	Dicke	mm, Wert

	Norm	*Bewertung*	*Abmessungen*
Sauerstoff-Index	ASTM D 2863		
Glühstab-Verfahren			
Brandverhalten	DIN 4102		
MVSS			
FAR			

Elektrische Eigenschaften

		Hz	°C		*Probekörper, Form*
Dielektrizitätszahl		50			
		10^3			
		10^6	23	3.1	
Dielektrischer Verlustfaktor tan δ		50			
		10^3			
		10^6	23	0.01	
Spezifischer Durchgangs-widerstand	Ohm · cm		23	1.0*10**17	
Durchschlagfestigkeit	kV/mm				mm dick
Oberflächenwiderstand	Ohm				

Kriechstromfestigkeit	KC	KB	KA
Elektrolytische Korrosionswirkung			
Lichtbogenfestigkeit nach DIN			
nach ASTM s			

Beständigkeit *(Chemische Beständigkeit siehe Anhang)*

Wasseraufnahme 23 C	1 d	0.3 %
Feuchtigkeitsaufnahme Normalklima		%
Wetterbeständigkeit		
Spannungskorrosion		

Optische Eigenschaften

Brechungszahl n_D		
Transmissionsgrad τ_c	%	mm dick
Lichtdurchlässigkeit		

Produkt	Polyphenylenoxid-Polyamid-Blend		**PPO**
Handelsname	**Asahi Chemical NEW M-PPE G 020 Z /30**		
Hersteller	ASAHI		
DIN-Bez 1			
DIN-Bez 2			
Zusätze		*Füllstoffe/ Verstärkung*	30.0% Glasfaser
Bevorzugte Verarbeitung	Spritzgiessen	*Lieferform*	Granulat
		Farben	Natur; Standard
Besondere Merkmale	Geringe Schwindung; Hoher Modul; Hohe Festigkeit; Sehr hohe Waermeformbestaendigkeit; Hohe Chemikalienbestaendigkeit	*Bevorzugte Anwendungen*	Armaturenindustrie; Bueromaschinenteil; Phonoindustrie; Fernsehindustrie; Haushaltsgeraeteteil; Technisches Formteil

Dichte	g/cm³	1.44	*Schmelzindex*	g/10 min	:
Schüttdichte	g/cm³		*Volumenfließindex*	cm³/10 min	:
Viskositätszahl	ml/g				

Verarbeitungsbedingungen für Spritzgießen

Massetemp.	°C	270–305	*Schwindung*	% lgs 0.5, quer
Werkzeugtemp.	°C	60–100	*Bemerkungen*	Vortrocknen empfohlen mindestens 3 h bei 100 C
Spritzdruck	bar	≧1000		

Zugversuch 23 °C DIN 53455;
Probekörper: *Form* *Zustand* — *Herstellung* Spritzgiessen; *Vorbehandlung* Normalklima

Streckspannung	N/mm²		*Dehnung bei Streckspannung*	%	
Zugfestigkeit	N/mm²	130	*Reißdehnung*	%	4
Reißfestigkeit	N/mm²		*% Dehnspannung*	N/mm²	
E-Modul	N/mm²		*Dehnung bei % Dehnspg.*	%	

Kriechmoduln und Zeitstandwerte 23 °C
Probekörper: *Form* *Zustand* — *Herstellung* *Vorbehandlung*

Kriechmodul	*1 min*	N/mm²	*Zeitstandzugfestigkeit*	h	N/mm²
Kriechmodul	*1000 h*	N/mm²	*Zeitdehnspg. %*	h	N/mm²
bei Spannung		N/mm²			

Biegeversuch 23 °C DIN 53452; DIN 53457
Probekörper: *Form* *Zustand* — *Herstellung* Spritzgiessen; *Vorbehandlung* Normalklima

Biegefestigkeit	N/mm²	170	*E-Modul*	N/mm²	7500
3,5% *Biegespannung*	N/mm²				

Härte 23 °C *Probekörper:* *Zustand* — *Herstellung* Spritzgiessen; *Vorbehandlung* Normalklima

Kugeldruckhärte	N/mm²	bei N, s	*Shore-Härte*	A
Rockwellhärte	R 112		*Shore-Härte*	D

Schlagversuch *Probekörper:* *(1)* *(2)* V-Kerbe *Zustand* — *Herstellung* Spritzgiessen; *Vorbehandlung* Normalklima

		°C	°C	°C	*Probekörper-Form*
Schlagzähigkeit	kJ/m²				
Kerbschlagzähigkeit (1)	kJ/m²				
IZOD-Kerbschlagzähigkeit (2)	J/m	23 80			
Kerbschlagzugzähigkeit	kJ/m²				

Abrieb und Reibung

Taber-Abrieb (Reibradverfahren)	$mm^3/100$ U		
Abriebfaktor LNP (Thrust washer) Vergleichswert			
Statische Reibungszahl			
Dynamische Reibungszahl	(p·v=	N/mm^2·	m/min)
Zulässiger p · v Wert	N/mm^2 · (m/min)	v=	m/min
		v=	m/min

Thermische Eigenschaften

Formbeständigkeit in der Wärme	*Verfahren* A		200 °C
	Verfahren		°C
Vicat Erweichungstemperatur (VST)	*Verfahren*		°C
	Verfahren		°C
Kristallit-Schmelzpunkt	*Verfahren* DSC		265 °C
Längenausdehnungskoeffizient	*Bereich*	°C	$\cdot 10^{-4}K^{-1}$
	Temperatur 23 °C		$0.3 \cdot 10^{-4}K^{-1}$
Wärmeleitfähigkeit	*Verfahren*		W/(K · m)
Spezifische Wärmekapazität	*Verfahren*		J/(K · g)
Glasumwandlungstemperatur	*Torsionsschwingungsversuch*	°C	
	Differentialkalorimetrie	°C	

Brandverhalten

UL-Test vertikal	Dicke 3.2 mm, Wert V-0	
	Dicke mm, Wert	

	Norm	*Bewertung*	*Abmessungen*
Sauerstoff-Index	ASTM D 2863		
Glühstab-Verfahren			
Brandverhalten	DIN 4102		
MVSS			
FAR			

Elektrische Eigenschaften

		Hz	°C		*Probekörper, Form*
Dielektrizitätszahl		50			
		10^3			
		10^6	23	3.4	
Dielektrischer Verlustfaktor tan δ		50			
		10^3			
		10^6	23	0.007	
Spezifischer Durchgangs-widerstand	Ohm · cm		23	1.0*10**17	
Durchschlagfestigkeit	kV/mm				mm dick
Oberflächenwiderstand	Ohm				

Kriechstromfestigkeit	KC	KB	KA
Elektrolytische Korrosionswirkung			
Lichtbogenfestigkeit nach DIN			
nach ASTM s			

Beständigkeit *(Chemische Beständigkeit siehe Anhang)*

Wasseraufnahme 23 C	1 d	0.3 %	
Feuchtigkeitsaufnahme Normalklima			%
Wetterbeständigkeit			
Spannungskorrosion			

Optische Eigenschaften

Brechungszahl n_D		
Transmissionsgrad τ_c	%	mm dick
Lichtdurchlässigkeit		

Produkt	Polyphenylenoxid-ABS-Blend		**PPO**
Handelsname	**Asahi Chemical NEW M-PPE L 030 H**		
Hersteller	ASAHI		
DIN-Bez 1			
DIN-Bez 2			
Zusätze		*Füllstoffe/ Verstärkung*	
Bevorzugte Verarbeitung	Spritzgiessen	*Lieferform*	Granulat
		Farben	Natur; Standard
Besondere Merkmale	Sehr guter Oberflaechenglanz; Gute mechanische Eigenschaften; Geringe Wasseraufnahme	*Bevorzugte Anwendungen*	Armaturenindustrie; Bueromaschinenteil; Phonoindustrie; Fernsehindustrie; Haushaltsgeraeteteil; Technisches Formteil

Dichte	g/cm^3	1.06	*Schmelzindex*	g/10 min	:
Schüttdichte	g/cm^3		*Volumenfließindex*	cm^3/10 min	:
Viskositätszahl	ml/g				

Verarbeitungsbedingungen für Spritzgießen

Massetemp.	°C	250–290	*Schwindung*	% lgs 0.5–0.7, quer 0.5–0.7
Werkzeugtemp.	°C	60–80	*Bemerkungen*	Vortrocknen empfohlen mindestens 3 h bei 90 C
Spritzdruck	bar	≧1000		

Zugversuch 23 °C DIN 53455;

Probekörper: *Form* — *Herstellung* Spritzgiessen
Zustand — *Vorbehandlung* Normalklima

Streckspannung	N/mm^2		*Dehnung bei Streckspannung*	%	
Zugfestigkeit	N/mm^2	45	*Reißdehnung*	%	50
Reißfestigkeit	N/mm^2		*% Dehnspannung*	N/mm^2	
E-Modul	N/mm^2		*Dehnung bei % Dehnspg.*	%	

Kriechmoduln und Zeitstandwerte 23 °C

Probekörper: *Form* — *Herstellung*
Zustand — *Vorbehandlung*

Kriechmodul	*1 min*	N/mm^2	*Zeitstandzugfestigkeit*	h	N/mm^2
Kriechmodul	*1000 h*	N/mm^2	*Zeitdehnspg. %*	h	N/mm^2
bei Spannung		N/mm^2			

Biegeversuch 23 °C DIN 53452; DIN 53457

Probekörper: *Form* — *Herstellung* Spritzgiessen
Zustand — *Vorbehandlung* Normalklima

Biegefestigkeit	N/mm^2	78	*E-Modul*	N/mm^2	2300
3,5% *Biegespannung*	N/mm^2				

Härte 23 °C *Probekörper:* *Zustand* — *Herstellung* Spritzgiessen
Vorbehandlung Normalklima

Kugeldruckhärte	N/mm^2	bei N, s	*Shore-Härte*	A
Rockwellhärte	R 113		*Shore-Härte*	D

Schlagversuch *Probekörper:* *(1)*
(2) V-Kerbe — *Herstellung* Spritzgiessen
Zustand — *Vorbehandlung* Normalklima

		°C	°C	°C	*Probekörper-Form*
Schlagzähigkeit	kJ/m^2				
Kerbschlagzähigkeit (1)	kJ/m^2				
IZOD-Kerbschlagzähigkeit (2)	J/m	23 230			
Kerbschlagzugzähigkeit	kJ/m^2				

Abrieb und Reibung

Taber-Abrieb (Reibradverfahren)	mm³/100 U		
Abriebfaktor LNP (Thrust washer) Vergleichswert			
Statische Reibungszahl			
Dynamische Reibungszahl	(p · v=	N/mm² ·	m/min)
Zulässiger p · v Wert	N/mm² · (m/min)	v=	m/min
		v=	m/min

Thermische Eigenschaften

Formbeständigkeit in der Wärme	*Verfahren* A		100 °C	
	Verfahren		°C	
Vicat Erweichungstemperatur (VST)	*Verfahren*		°C	
	Verfahren		°C	
Kristallit-Schmelzpunkt	*Verfahren*			
Längenausdehnungskoeffizient	*Bereich*	°C		$\cdot 10^{-4} K^{-1}$
	Temperatur			$\cdot 10^{-4} K^{-1}$
Wärmeleitfähigkeit	*Verfahren*			W/(K · m)
Spezifische Wärmekapazität	*Verfahren*			J/(K · g)
Glasumwandlungstemperatur	*Torsionsschwingungsversuch*	°C		
	Differentialkalorimetrie	°C		

Brandverhalten

UL-Test vertikal Dicke mm, Wert
Dicke mm, Wert

	Norm	*Bewertung*	*Abmessungen*
Sauerstoff-Index	ASTM D 2863		
Glühstab-Verfahren			
Brandverhalten	DIN 4102		
MVSS			
FAR			

Elektrische Eigenschaften

		Hz	°C	*Probekörper, Form*
Dielektrizitätszahl		50		
		10^3		
		10^6		
Dielektrischer Verlustfaktor tan δ		50		
		10^3		
		10^6		
Spezifischer Durchgangswiderstand	Ohm · cm			
Durchschlagfestigkeit	kV/mm			mm dick
Oberflächenwiderstand	Ohm			
Kriechstromfestigkeit		KC	KB	KA
Elektrolytische Korrosionswirkung				
Lichtbogenfestigkeit nach DIN				
nach ASTM	s			

Beständigkeit *(Chemische Beständigkeit siehe Anhang)*

Wasseraufnahme 23 C	1 d	0.13 %	
Feuchtigkeitsaufnahme Normalklima			%
Wetterbeständigkeit			
Spannungskorrosion			

Optische Eigenschaften

Brechungszahl n_D
Transmissionsgrad τ_c % mm dick
Lichtdurchlässigkeit

Produkt	Polyphenylenoxid-ABS-Blend		**PPO**
Handelsname	**Asahi Chemical NEW M-PPE L 030 V**		
Hersteller	ASAHI		
DIN-Bez 1			
DIN-Bez 2			
Zusätze		*Füllstoffe/ Verstärkung*	
Bevorzugte Verarbeitung	Spritzgiessen	*Lieferform*	Granulat
		Farben	Natur; Standard
Besondere Merkmale	Sehr guter Oberflaechenglanz; Geringe Wasseraufnahme; Gute mechanische Eigenschaften	*Bevorzugte Anwendungen*	Armaturenindustrie; Bueromaschinenteil; Phonoindustrie; Fernsehindustrie; Haushaltsgeraeteteil; Technisches Formteil

Dichte	g/cm³	1.09	*Schmelzindex*	g/10 min	:
Schüttdichte	g/cm³		*Volumenfließindex*	cm³/10 min	:
Viskositätszahl	ml/g				

Verarbeitungsbedingungen für Spritzgießen

Massetemp.	°C	250–290	*Schwindung*	% lgs 0.5–0.7, quer 0.5–0.7
Werkzeugtemp.	°C	60–80	*Bemerkungen*	Vortrocknen empfohlen mindestens 3 h bei 90 C
Spritzdruck	bar	≧1000		

Zugversuch 23 °C DIN 53455;
Probekörper: *Form* / *Zustand* — *Herstellung* Spritzgiessen; *Vorbehandlung* Normalklima

Streckspannung	N/mm²		*Dehnung bei Streckspannung*	%	
Zugfestigkeit	N/mm²	45	*Reißdehnung*	%	30
Reißfestigkeit	N/mm²		*% Dehnspannung*	N/mm²	
E-Modul	N/mm²		*Dehnung bei % Dehnspg.*	%	

Kriechmoduln und Zeitstandwerte 23 °C
Probekörper: *Form* / *Zustand* — *Herstellung* / *Vorbehandlung*

Kriechmodul	*1 min*	N/mm²	*Zeitstandzugfestigkeit*	h	N/mm²
Kriechmodul	*1000 h*	N/mm²	*Zeitdehnspg. %*	h	N/mm²
bei Spannung		N/mm²			

Biegeversuch 23 °C DIN 53452; DIN 53457
Probekörper: *Form* / *Zustand* — *Herstellung* Spritzgiessen; *Vorbehandlung* Normalklima

Biegefestigkeit	N/mm²	80	*E-Modul*	N/mm²	2400
3,5% *Biegespannung*	N/mm²				

Härte 23 °C *Probekörper:* *Zustand* — *Herstellung* Spritzgiessen; *Vorbehandlung* Normalklima

Kugeldruckhärte	N/mm²	bei N, s	*Shore-Härte*	A
Rockwellhärte	R 113		*Shore-Härte*	D

Schlagversuch *Probekörper:* *(1)* / *(2)* V-Kerbe / *Zustand* — *Herstellung* Spritzgiessen; *Vorbehandlung* Normalklima

		°C		°C	°C	*Probekörper-Form*
Schlagzähigkeit	kJ/m²					
Kerbschlagzähigkeit (1)	kJ/m²					
IZOD-Kerbschlagzähigkeit (2)	J/m	23	230			
Kerbschlagzugzähigkeit	kJ/m²					

Abrieb und Reibung

Taber-Abrieb (Reibradverfahren) mm³/100 U
Abriebfaktor LNP (Thrust washer) Vergleichswert
Statische Reibungszahl
Dynamische Reibungszahl (p·v= N/mm²· m/min)
Zulässiger p·v Wert N/mm²·(m/min) v= m/min
v= m/min

Thermische Eigenschaften

Formbeständigkeit in der Wärme	*Verfahren* A		100 °C
	Verfahren		°C
Vicat Erweichungstemperatur (VST)	*Verfahren*		°C
	Verfahren		°C
Kristallit-Schmelzpunkt	*Verfahren*		
Längenausdehnungskoeffizient	*Bereich*	°C	$\cdot 10^{-4}K^{-1}$
	Temperatur		$\cdot 10^{-4}K^{-1}$
Wärmeleitfähigkeit	*Verfahren*		W/(K·m)
Spezifische Wärmekapazität	*Verfahren*		J/(K·g)
Glasumwandlungstemperatur	*Torsionsschwingungsversuch*	°C	
	Differentialkalorimetrie	°C	

Brandverhalten

UL-Test vertikal Dicke 3.2 mm, Wert V-1
Dicke mm, Wert

	Norm	*Bewertung*	*Abmessungen*
Sauerstoff-Index	ASTM D 2863		
Glühstab-Verfahren			
Brandverhalten	DIN 4102		
MVSS			
FAR			

Elektrische Eigenschaften

		Hz	°C	*Probekörper, Form*
Dielektrizitätszahl		50		
		10^3		
		10^6		
Dielektrischer Verlustfaktor tan δ		50		
		10^3		
		10^6		
Spezifischer Durchgangswiderstand	Ohm·cm			
Durchschlagfestigkeit	kV/mm			mm dick
Oberflächenwiderstand	Ohm			

Kriechstromfestigkeit KC KB KA
Elektrolytische Korrosionswirkung
Lichtbogenfestigkeit nach DIN
nach ASTM s

Beständigkeit *(Chemische Beständigkeit siehe Anhang)*

Wasseraufnahme 23 C 1 d 0.13 %

Feuchtigkeitsaufnahme Normalklima %
Wetterbeständigkeit

Spannungskorrosion

Optische Eigenschaften

Brechungszahl n_D
Transmissionsgrad τ_c % mm dick
Lichtdurchlässigkeit

Produkt	Polyphenylenoxid-ABS-Blend		**PPO**
Handelsname	**Asahi Chemical NEW M-PPE L 050 H**		
Hersteller	ASAHI		
DIN-Bez 1			
DIN-Bez 2			
Zusätze		*Füllstoffe/ Verstärkung*	
Bevorzugte Verarbeitung	Spritzgiessen	*Lieferform*	Granulat
		Farben	Natur; Standard
Besondere Merkmale	Sehr guter Oberflaechenglanz; Geringe Wasseraufnahme; Gute mechanische Eigenschaften	*Bevorzugte Anwendungen*	Armaturenindustrie; Bueromaschinenteil; Phonoindustrie; Fernsehindustrie; Haushaltsgeraeteteil; Technisches Formteil

Dichte	g/cm^3	1.06	*Schmelzindex*	g/10 min	:
Schüttdichte	g/cm^3		*Volumenfließindex*	cm^3/10 min	:
Viskositätszahl	ml/g				

Verarbeitungsbedingungen für Spritzgießen

Massetemp.	°C	260–300	*Schwindung*	% lgs 0.5–0.7, quer 0.5–0.7
Werkzeugtemp.	°C	70–90	*Bemerkungen*	Vortrocknen empfohlen mindestens 3 h bei 100 C
Spritzdruck	bar	≧1000		

Zugversuch 23 °C DIN 53455;
Probekörper: *Form* *Herstellung* Spritzgiessen
Zustand *Vorbehandlung* Normalklima

Streckspannung	N/mm^2		*Dehnung bei Streckspannung*	%	
Zugfestigkeit	N/mm^2	50	*Reißdehnung*	%	40
Reißfestigkeit	N/mm^2		*% Dehnspannung*	N/mm^2	
E-Modul	N/mm^2		*Dehnung bei % Dehnspg.*	%	

Kriechmoduln und Zeitstandwerte 23 °C
Probekörper: *Form* *Herstellung*
Zustand *Vorbehandlung*

Kriechmodul	*1 min*	N/mm^2	*Zeitstandzugfestigkeit*	h	N/mm^2
Kriechmodul	*1000 h*	N/mm^2	*Zeitdehnspg. %*	h	N/mm^2
bei Spannung		N/mm^2			

Biegeversuch 23 °C DIN 53452; DIN 53457
Probekörper: *Form* *Herstellung* Spritzgiessen
Zustand *Vorbehandlung* Normalklima

Biegefestigkeit	N/mm^2	85	*E-Modul*	N/mm^2	2400
3,5% *Biegespannung*	N/mm^2				

Härte 23 °C *Probekörper:* *Zustand* *Herstellung* Spritzgiessen
Vorbehandlung Normalklima

Kugeldruckhärte	N/mm^2	bei N, s	*Shore-Härte*	A
Rockwellhärte	R 114		*Shore-Härte*	D

Schlagversuch *Probekörper:* *(1)*
(2) V-Kerbe *Herstellung* Spritzgiessen
Zustand *Vorbehandlung* Normalklima

		°C	°C	°C	*Probekörper-Form*
Schlagzähigkeit	kJ/m^2				
Kerbschlagzähigkeit (1)	kJ/m^2				
IZOD-Kerbschlagzähigkeit (2)	J/m	23 230			
Kerbschlagzugzähigkeit	kJ/m^2				

Abrieb und Reibung

Taber-Abrieb (Reibradverfahren)	mm^3/100 U
Abriebfaktor LNP (Thrust washer) Vergleichswert	
Statische Reibungszahl	
Dynamische Reibungszahl	(p·v= N/mm^2· m/min)
Zulässiger p · v Wert	N/mm^2·(m/min) v= m/min
	v= m/min

Thermische Eigenschaften

Formbeständigkeit in der Wärme	*Verfahren* A		120 °C
	Verfahren		°C
Vicat Erweichungstemperatur (VST)	*Verfahren*		°C
	Verfahren		°C
Kristallit-Schmelzpunkt	*Verfahren*		
Längenausdehnungskoeffizient	*Bereich*	°C	$\cdot 10^{-4} K^{-1}$
	Temperatur		$\cdot 10^{-4} K^{-1}$
Wärmeleitfähigkeit	*Verfahren*		W/(K · m)
Spezifische Wärmekapazität	*Verfahren*		J/(K · g)
Glasumwandlungstemperatur	*Torsionsschwingungsversuch*	°C	
	Differentialkalorimetrie	°C	

Brandverhalten

UL-Test vertikal Dicke mm, Wert
Dicke mm, Wert

	Norm	*Bewertung*	*Abmessungen*
Sauerstoff-Index	ASTM D 2863		
Glühstab-Verfahren			
Brandverhalten	DIN 4102		
MVSS			
FAR			

Elektrische Eigenschaften

	Hz	°C	*Probekörper, Form*
Dielektrizitätszahl	50		
	10^3		
	10^6		
Dielektrischer Verlustfaktor tan δ	50		
	10^3		
	10^6		

Spezifischer Durchgangs-widerstand	Ohm · cm		
Durchschlagfestigkeit	kV/mm		mm dick
Oberflächenwiderstand	Ohm		

Kriechstromfestigkeit	KC	KB	KA
Elektrolytische Korrosionswirkung			
Lichtbogenfestigkeit nach DIN			
nach ASTM s			

Beständigkeit *(Chemische Beständigkeit siehe Anhang)*

Wasseraufnahme 23 C	1 d	0.13 %	
Feuchtigkeitsaufnahme Normalklima			%
Wetterbeständigkeit			
Spannungskorrosion			

Optische Eigenschaften

Brechungszahl n_D
Transmissionsgrad τ_c % mm dick
Lichtdurchlässigkeit

Produkt	Polyphenylenoxid-ABS-Blend		**PPO**
Handelsname	**Asahi Chemical NEW M-PPE L 050 V**		
Hersteller	ASAHI		
DIN-Bez 1			
DIN-Bez 2			
Zusätze		*Füllstoffe/ Verstärkung*	
Bevorzugte Verarbeitung	Spritzgiessen	*Lieferform*	Granulat
		Farben	Natur; Standard
Besondere Merkmale	Sehr guter Oberflaechenglanz; Geringe Wasseraufnahme; Gute mechanische Eigenschaften	*Bevorzugte Anwendungen*	Armaturenindustrie; Bueromaschinenteil; Phonoindustrie; Fernsehindustrie; Haushaltsgeraeteteil; Technisches Formteil

Dichte	g/cm^3	1.08	*Schmelzindex*	g/10 min	:
Schüttdichte	g/cm^3		*Volumenfließindex*	$cm^3/10$ min	:
Viskositätszahl	ml/g				

Verarbeitungsbedingungen für Spritzgießen

Massetemp.	°C	260–300	*Schwindung*	% lgs 0.5–0.7, quer 0.5–0.7
Werkzeugtemp.	°C	70–90	*Bemerkungen*	Vortrocknen empfohlen mindestens 3 h bei 100 C
Spritzdruck	bar	≧1000		

Zugversuch 23 °C DIN 53455;
Probekörper: *Form* — *Herstellung* Spritzgiessen
Zustand — *Vorbehandlung* Normalklima

Streckspannung	N/mm^2		*Dehnung bei Streckspannung*	%	
Zugfestigkeit	N/mm^2	55	*Reißdehnung*	%	30
Reißfestigkeit	N/mm^2		*% Dehnspannung*	N/mm^2	
E-Modul	N/mm^2		*Dehnung bei % Dehnspg.*	%	

Kriechmoduln und Zeitstandwerte 23 °C
Probekörper: *Form* — *Herstellung*
Zustand — *Vorbehandlung*

Kriechmodul	*1 min*	N/mm^2	*Zeitstandzugfestigkeit*	h	N/mm^2
Kriechmodul	*1000 h*	N/mm^2	*Zeitdehnspg. %*	h	N/mm^2
bei Spannung		N/mm^2			

Biegeversuch 23 °C DIN 53452; DIN 53457
Probekörper: *Form* — *Herstellung* Spritzgiessen
Zustand — *Vorbehandlung* Normalklima

Biegefestigkeit	N/mm^2	95	*E-Modul*	N/mm^2	2400
3,5% *Biegespannung*	N/mm^2				

Härte 23 °C *Probekörper:* *Zustand* — *Herstellung* Spritzgiessen
Vorbehandlung Normalklima

Kugeldruckhärte	N/mm^2	bei N, s	*Shore-Härte*	A
Rockwellhärte	R 116		*Shore-Härte*	D

Schlagversuch *Probekörper:* *(1)*
(2) V-Kerbe — *Herstellung* Spritzgiessen
Zustand — *Vorbehandlung* Normalklima

		°C	°C	°C	*Probekörper-Form*
Schlagzähigkeit	kJ/m^2				
Kerbschlagzähigkeit (1)	kJ/m^2				
IZOD-Kerbschlagzähigkeit (2)	J/m	23 220			
Kerbschlagzugzähigkeit	kJ/m^2				

Abrieb und Reibung

Taber-Abrieb (Reibradverfahren)	mm^3/100 U		
Abriebfaktor LNP (Thrust washer) Vergleichswert			
Statische Reibungszahl			
Dynamische Reibungszahl	(p · v =	N/mm^2 ·	m/min)
Zulässiger p · v Wert	N/mm^2 · (m/min)	v =	m/min
		v =	m/min

Thermische Eigenschaften

Formbeständigkeit in der Wärme	*Verfahren* A		120 °C
	Verfahren		°C
Vicat Erweichungstemperatur (VST)	*Verfahren*		°C
	Verfahren		°C
Kristallit-Schmelzpunkt	*Verfahren*		
Längenausdehnungskoeffizient	*Bereich*	°C	$\cdot 10^{-4}K^{-1}$
	Temperatur		$\cdot 10^{-4}K^{-1}$
Wärmeleitfähigkeit	*Verfahren*		W/(K · m)
Spezifische Wärmekapazität	*Verfahren*		J/(K · g)
Glasumwandlungstemperatur	*Torsionsschwingungsversuch*	°C	
	Differentialkalorimetrie	°C	

Brandverhalten

UL-Test vertikal	Dicke 3.2 mm, Wert V-1	
	Dicke mm, Wert	

	Norm	*Bewertung*	*Abmessungen*
Sauerstoff-Index	ASTM D 2863		
Glühstab-Verfahren			
Brandverhalten	DIN 4102		
MVSS			
FAR			

Elektrische Eigenschaften

		Hz	°C		*Probekörper, Form*
Dielektrizitätszahl		50			
		10^3			
		10^6			
Dielektrischer Verlustfaktor tan δ		50			
		10^3			
		10^6			
Spezifischer Durchgangswiderstand	Ohm · cm				
Durchschlagfestigkeit	kV/mm				mm dick
Oberflächenwiderstand	Ohm				
Kriechstromfestigkeit		KC	KB	KA	
Elektrolytische Korrosionswirkung					
Lichtbogenfestigkeit nach DIN					
nach ASTM	s				

Beständigkeit *(Chemische Beständigkeit siehe Anhang)*

Wasseraufnahme 23 C	1 d	0.13 %	
Feuchtigkeitsaufnahme Normalklima			%
Wetterbeständigkeit			
Spannungskorrosion			

Optische Eigenschaften

Brechungszahl n_D		
Transmissionsgrad τ_c	%	mm dick
Lichtdurchlässigkeit		

Datenbank-Nr.	**T06346**	*Merkblatt-Nr.* **3564**

Produkt	Polyphenylenoxid-ABS-Blend		**PPO**
Handelsname	**Asahi Chemical NEW M-PPE Y 030 H**		
Hersteller	ASAHI		
DIN-Bez 1			
DIN-Bez 2			
Zusätze		*Füllstoffe/ Verstärkung*	
Bevorzugte Verarbeitung	Spritzgiessen	*Lieferform*	Granulat
		Farben	Natur; Standard
Besondere Merkmale	Sehr guter Oberflaechenglanz; Geringe Wasseraufnahme; Gute mechanische Eigenschaften; Gute Bestaendigkeit gegen Oele	*Bevorzugte Anwendungen*	Armaturenindustrie; Bueromaschinenteil; Phonoindustrie; Fernsehindustrie; Haushaltsgeraeteteil; Technisches Formteil

Dichte	g/cm³	1.06	*Schmelzindex*	g/10 min	:
Schüttdichte	g/cm³		*Volumenfließindex*	cm³/10 min	:
Viskositätszahl	ml/g				

Verarbeitungsbedingungen für Spritzgießen

Massetemp.	°C	250–290	*Schwindung*	%	lgs 0.5–0.7, quer 0.5–0.7
Werkzeugtemp.	°C	60–80	*Bemerkungen*	Vortrocknen empfohlen mindestens 3 h bei 90 C	
Spritzdruck	bar	≧1000			

Zugversuch 23 °C DIN 53455;

Probekörper: *Form* — *Herstellung* Spritzgiessen
Zustand — *Vorbehandlung* Normalklima

Streckspannung	N/mm²		*Dehnung bei Streckspannung*	%	
Zugfestigkeit	N/mm²	43	*Reißdehnung*	%	50
Reißfestigkeit	N/mm²		*% Dehnspannung*	N/mm²	
E-Modul	N/mm²		*Dehnung bei % Dehnspg.*	%	

Kriechmoduln und Zeitstandwerte 23 °C

Probekörper: *Form* — *Herstellung*
Zustand — *Vorbehandlung*

Kriechmodul	*1 min* N/mm²		*Zeitstandzugfestigkeit*	h	N/mm²
Kriechmodul	*1000 h* N/mm²		*Zeitdehnspg. %*	h	N/mm²
bei Spannung	N/mm²				

Biegeversuch 23 °C DIN 53452; DIN 53457

Probekörper: *Form* — *Herstellung* Spritzgiessen
Zustand — *Vorbehandlung* Normalklima

Biegefestigkeit	N/mm²	70	*E-Modul*	N/mm²	2200
3,5% Biegespannung	N/mm²				

Härte 23 °C *Probekörper:* *Zustand* — *Herstellung* Spritzgiessen; *Vorbehandlung* Normalklima

Kugeldruckhärte	N/mm²	bei N, s	*Shore-Härte* A	
Rockwellhärte	R 110		*Shore-Härte* D	

Schlagversuch *Probekörper:* *(1)*
(2) V-Kerbe — *Herstellung* Spritzgiessen
Zustand — *Vorbehandlung* Normalklima

		°C	°C	°C	*Probekörper-Form*
Schlagzähigkeit	kJ/m²				
Kerbschlagzähigkeit (1)	kJ/m²				
IZOD-Kerbschlagzähigkeit (2)	J/m	23 280			
Kerbschlagzugzähigkeit	kJ/m²				

Abrieb und Reibung

Taber-Abrieb (Reibradverfahren)	mm^3/100 U		
Abriebfaktor LNP (Thrust washer) Vergleichswert			
Statische Reibungszahl			
Dynamische Reibungszahl	(p·v=	N/mm^2 ·	m/min)
Zulässiger p · v Wert	N/mm^2 · (m/min)	v=	m/min
		v=	m/min

Thermische Eigenschaften

Formbeständigkeit in der Wärme	*Verfahren* A		100 °C
	Verfahren		°C
Vicat Erweichungstemperatur (VST)	*Verfahren*		°C
	Verfahren		°C
Kristallit-Schmelzpunkt	*Verfahren*		
Längenausdehnungskoeffizient	*Bereich*	°C	$\cdot 10^{-4}K^{-1}$
	Temperatur		$\cdot 10^{-4}K^{-1}$
Wärmeleitfähigkeit	*Verfahren*		W/(K · m)
Spezifische Wärmekapazität	*Verfahren*		J/(K · g)
Glasumwandlungstemperatur	*Torsionsschwingungsversuch*	°C	
	Differentialkalorimetrie	°C	

Brandverhalten

UL-Test vertikal Dicke mm, Wert
Dicke mm, Wert

	Norm	*Bewertung*	*Abmessungen*
Sauerstoff-Index	ASTM D 2863		
Glühstab-Verfahren			
Brandverhalten	DIN 4102		
MVSS			
FAR			

Elektrische Eigenschaften

		Hz	°C		*Probekörper, Form*
Dielektrizitätszahl		50			
		10^3			
		10^6			
Dielektrischer Verlustfaktor tan δ		50			
		10^3			
		10^6			
Spezifischer Durchgangswiderstand	Ohm · cm				
Durchschlagfestigkeit	kV/mm				mm dick
Oberflächenwiderstand	Ohm				
Kriechstromfestigkeit		KC	KB	KA	
Elektrolytische Korrosionswirkung					
Lichtbogenfestigkeit nach DIN					
nach ASTM	s				

Beständigkeit *(Chemische Beständigkeit siehe Anhang)*

Wasseraufnahme 23 C	1 d	0.13 %	
Feuchtigkeitsaufnahme Normalklima			%
Wetterbeständigkeit			
Spannungskorrosion			

Optische Eigenschaften

Brechungszahl n_D		
Transmissionsgrad τ_c	%	mm dick
Lichtdurchlässigkeit		

Datenbank-Nr. **T06347** *Merkblatt-Nr.* **3565**

Produkt	Polyphenylenoxid-ABS-Blend		**PPO**
Handelsname	**Asahi Chemical NEW M-PPE Y 050 H**		
Hersteller	ASAHI		
DIN-Bez 1			
DIN-Bez 2			
Zusätze		*Füllstoffe/ Verstärkung*	
Bevorzugte Verarbeitung	Spritzgiessen	*Lieferform*	Granulat
		Farben	Natur; Standard
Besondere Merkmale	Sehr guter Oberflaechenglanz; Geringe Wasseraufnahme; Gute mechanische Eigenschaften; Gute Bestaendigkeit gegen Oele	*Bevorzugte Anwendungen*	Armaturenindustrie; Bueromaschinenteil; Phonoindustrie; Fernsehindustrie; Haushaltsgeraeteteil; Technisches Formteil

Dichte	g/cm³	1.06	*Schmelzindex*	g/10 min	:
Schüttdichte	g/cm³		*Volumenfließindex*	cm³/10 min	:
Viskositätszahl	ml/g				

Verarbeitungsbedingungen für Spritzgießen

Massetemp.	°C	260–300	*Schwindung*	% lgs 0.5–0.7, quer 0.5–0.7
Werkzeugtemp.	°C	70–90	*Bemerkungen*	Vortrocknen empfohlen mindestens 3 h bei 100 C
Spritzdruck	bar	≧1000		

Zugversuch 23 °C DIN 53455;
Probekörper: *Form* — *Herstellung* Spritzgiessen
Zustand — *Vorbehandlung* Normalklima

Streckspannung	N/mm²		*Dehnung bei Streckspannung*	%
Zugfestigkeit	N/mm²	45	*Reißdehnung*	% 40
Reißfestigkeit	N/mm²		*% Dehnspannung*	N/mm²
E-Modul	N/mm²		*Dehnung bei % Dehnspg.*	%

Kriechmoduln und Zeitstandwerte 23 °C
Probekörper: *Form* — *Herstellung*
Zustand — *Vorbehandlung*

Kriechmodul	*1 min* N/mm²		*Zeitstandzugfestigkeit*	h N/mm²
Kriechmodul	*1000 h* N/mm²		*Zeitdehnspg. %*	h N/mm²
bei Spannung	N/mm²			

Biegeversuch 23 °C DIN 53452; DIN 53457
Probekörper: *Form* — *Herstellung* Spritzgiessen
Zustand — *Vorbehandlung* Normalklima

Biegefestigkeit	N/mm²	80	*E-Modul*	N/mm² 2300
3,5% *Biegespannung*	N/mm²			

Härte 23 °C *Probekörper:* *Zustand* — *Herstellung* Spritzgiessen
Vorbehandlung Normalklima

Kugeldruckhärte	N/mm² bei N, s	*Shore-Härte*	A
Rockwellhärte	R 112	*Shore-Härte*	D

Schlagversuch *Probekörper:* *(1)*
(2) V-Kerbe — *Herstellung* Spritzgiessen
Zustand — *Vorbehandlung* Normalklima

		°C	°C	°C	*Probekörper-Form*
Schlagzähigkeit	kJ/m²				
Kerbschlagzähigkeit (1)	kJ/m²				
IZOD-Kerbschlagzähigkeit (2)	J/m	23 280			
Kerbschlagzugzähigkeit	kJ/m²				

Abrieb und Reibung

Taber-Abrieb (Reibradverfahren) mm³/100 U
Abriebfaktor LNP (Thrust washer) Vergleichswert
Statische Reibungszahl
Dynamische Reibungszahl (p · v = N/mm² · m/min)
Zulässiger p · v Wert N/mm² · (m/min) v = m/min
v = m/min

Thermische Eigenschaften

Formbeständigkeit in der Wärme	*Verfahren* A		120 °C
	Verfahren		°C
Vicat Erweichungstemperatur (VST)	*Verfahren*		°C
	Verfahren		°C
Kristallit-Schmelzpunkt	*Verfahren*		
Längenausdehnungskoeffizient	*Bereich*	°C	$\cdot 10^{-4} K^{-1}$
	Temperatur		$\cdot 10^{-4} K^{-1}$
Wärmeleitfähigkeit	*Verfahren*		W/(K · m)
Spezifische Wärmekapazität	*Verfahren*		J/(K · g)
Glasumwandlungstemperatur	*Torsionsschwingungsversuch*	°C	
	Differentialkalorimetrie	°C	

Brandverhalten

UL-Test vertikal Dicke mm, Wert
Dicke mm, Wert

	Norm	*Bewertung*	*Abmessungen*
Sauerstoff-Index	ASTM D 2863		
Glühstab-Verfahren			
Brandverhalten	DIN 4102		
MVSS			
FAR			

Elektrische Eigenschaften

		Hz	°C	*Probekörper, Form*
Dielektrizitätszahl		50		
		10^3		
		10^6		
Dielektrischer Verlustfaktor tan δ		50		
		10^3		
		10^6		
Spezifischer Durchgangswiderstand	Ohm · cm			
Durchschlagfestigkeit	kV/mm			mm dick
Oberflächenwiderstand	Ohm			

Kriechstromfestigkeit KC KB KA
Elektrolytische Korrosionswirkung
Lichtbogenfestigkeit nach DIN
nach ASTM s

Beständigkeit *(Chemische Beständigkeit siehe Anhang)*

Wasseraufnahme 23 C 1 d 0.13 %

Feuchtigkeitsaufnahme Normalklima %
Wetterbeständigkeit

Spannungskorrosion

Optische Eigenschaften

Brechungszahl n_D
Transmissionsgrad τ_c % mm dick
Lichtdurchlässigkeit

Produkt	Polystyrol schlagfest		**SB**
Handelsname	**Styron 457**		
Hersteller	DOW		
DIN-Bez 1	16771-SB,EG,103-03-XX		
DIN-Bez 2			
Zusätze		*Füllstoffe/ Verstärkung*	
Bevorzugte Verarbeitung	Extrudieren	*Lieferform*	Granulat; Auch mit aeusserem Gleitmittel
		Farben	Natur; Standard
Besondere Merkmale	Ausgezeichnete Extrudierbarkeit; Gute Schlagzaehigkeit; Hohe Dehnung; Hohe Waermeformbestaendigkeit; Hervorragende Tiefziehbarkeit	*Bevorzugte Anwendungen*	Tiefgezogener Einwegbecher; Joghurtbecher; Eiscremetuete; Tuer und Innenauskleidung fuer Kuehlschraenke

Dichte	g/cm^3	1.04	*Schmelzindex*	g/10 min	3:	200/5.0
Schüttdichte	g/cm^3	0.6	*Volumenfließindex*	cm^3/10 min	:	
Viskositätszahl	ml/g					

Verarbeitungsbedingungen für Spritzgießen

Massetemp.	°C	*Schwindung*	% lgs , quer
Werkzeugtemp.	°C	*Bemerkungen*	
Spritzdruck	bar		

Zugversuch 23 °C DIN 53455; DIN 53457

Probekörper: *Form* — *Herstellung* Pressen
Zustand — *Vorbehandlung* Normalklima

Streckspannung	N/mm^2	20	*Dehnung bei Streckspannung*	%	1
Zugfestigkeit	N/mm^2	18	*Reißdehnung*	%	40
Reißfestigkeit	N/mm^2		*% Dehnspannung*	N/mm^2	
E-Modul	N/mm^2	2100	*Dehnung bei % Dehnspg.*	%	

Kriechmoduln und Zeitstandwerte 23 °C

Probekörper: *Form* — *Herstellung*
Zustand — *Vorbehandlung*

Kriechmodul	*1 min*	N/mm^2	*Zeitstandzugfestigkeit*	h	N/mm^2
Kriechmodul	*1000 h*	N/mm^2	*Zeitdehnspg. %*	h	N/mm^2
bei Spannung		N/mm^2			

Biegeversuch 23 °C

Probekörper: *Form* — *Herstellung*
Zustand — *Vorbehandlung*

Biegefestigkeit	N/mm^2	*E-Modul*	N/mm^2
3,5% *Biegespannung*	N/mm^2		

Härte 23 °C *Probekörper:* *Zustand* — *Herstellung* Pressen
Vorbehandlung Normalklima

Kugeldruckhärte	N/mm^2 bei N, s	*Shore-Härte*	A
Rockwellhärte	M 33	*Shore-Härte*	D

Schlagversuch *Probekörper:* *(1)* U-Kerbe
(2) V-Kerbe — *Herstellung* Pressen
Zustand — *Vorbehandlung* Normalklima

		°C		°C		°C		*Probekörper-Form*
Schlagzähigkeit	kJ/m^2	23	33					NKS
Kerbschlagzähigkeit (1)	kJ/m^2	23	5.5					NKS
IZOD-Kerbschlagzähigkeit (2)	J/m	23	75					
Kerbschlagzugzähigkeit	kJ/m^2							

Abrieb und Reibung

Taber-Abrieb (Reibradverfahren)	$mm^3/100$ U		
Abriebfaktor LNP (Thrust washer) Vergleichswert			
Statische Reibungszahl			
Dynamische Reibungszahl	(p · v=	N/mm² ·	m/min)
Zulässiger p · v Wert	N/mm² · (m/min)	v=	m/min
		v=	m/min

Thermische Eigenschaften

Formbeständigkeit in der Wärme	*Verfahren* A			93 °C
	Verfahren			°C
Vicat Erweichungstemperatur (VST)	*Verfahren* B/50			91 °C
	Verfahren			°C
Kristallit-Schmelzpunkt	*Verfahren*			
Längenausdehnungskoeffizient	*Bereich*	°C		$\cdot 10^{-4} K^{-1}$
	Temperatur 23 °C			$0.7 \cdot 10^{-4} K^{-1}$
Wärmeleitfähigkeit	*Verfahren*			W/(K · m)
Spezifische Wärmekapazität	*Verfahren*		23 °C	1.34 J/(K · g)
Glasumwandlungstemperatur	*Torsionsschwingungsversuch*		°C	
	Differentialkalorimetrie		°C	

Brandverhalten

UL-Test vertikal	Dicke	mm, Wert
	Dicke	mm, Wert

	Norm	*Bewertung*	*Abmessungen*
Sauerstoff-Index	ASTM D 2863		
Glühstab-Verfahren			
Brandverhalten	DIN 4102		
MVSS			
FAR			

Elektrische Eigenschaften

		Hz	°C			*Probekörper, Form*
Dielektrizitätszahl		50				
		10^3				
		10^6				
Dielektrischer Verlustfaktor tan δ		50				
		10^3				
		10^6				
Spezifischer Durchgangswiderstand	Ohm · cm					
Durchschlagfestigkeit	kV/mm					mm dick
Oberflächenwiderstand	Ohm					
Kriechstromfestigkeit		KC		KB	KA	
Elektrolytische Korrosionswirkung						
Lichtbogenfestigkeit nach DIN						
nach ASTM	s					

Beständigkeit *(Chemische Beständigkeit siehe Anhang)*

Wasseraufnahme

Feuchtigkeitsaufnahme Normalklima %

Wetterbeständigkeit

Spannungskorrosion

Optische Eigenschaften

Brechungszahl n_D		
Transmissionsgrad τ_c	%	mm dick
Lichtdurchlässigkeit		

Produkt	Polystyrol schlagfest		**SB**
Handelsname	**Styron 469**		
Hersteller	DOW		
DIN-Bez 1	16771-SB,EG,103-03-XX		
DIN-Bez 2			
Zusätze		*Füllstoffe/ Verstärkung*	
Bevorzugte Verarbeitung	Extrudieren	*Lieferform*	Granulat; Auch mit aeusserem Gleitmittel
		Farben	Natur; Standard
Besondere Merkmale	Gute Extrudierbarkeit; Hochschlagfest; Elastisch; Hitzebestaendig; Niedriger Monostyrolgehalt; Verbesserte Chemikalienbestaendigkeit	*Bevorzugte Anwendungen*	Kuehlschrankinnenbehaelter; Folie; Platte; Profil; Spritzgiessformteil; Hohlkoerper

Dichte	g/cm³	1.04	*Schmelzindex*	g/10 min	2.5:	200/5.0
Schüttdichte	g/cm³	0.6	*Volumenfließindex*	cm³/10 min	:	
Viskositätszahl	ml/g					

Verarbeitungsbedingungen für Spritzgießen

Massetemp.	°C	*Schwindung*	% lgs , quer
Werkzeugtemp.	°C	*Bemerkungen*	
Spritzdruck	bar		

Zugversuch 23 °C DIN 53455; DIN 53457

Probekörper: *Form* — *Herstellung* Pressen
Zustand — *Vorbehandlung* Normalklima

Streckspannung	N/mm²	15	*Dehnung bei Streckspannung*	%	2
Zugfestigkeit	N/mm²	18	*Reißdehnung*	%	30
Reißfestigkeit	N/mm²		*% Dehnspannung*	N/mm²	
E-Modul	N/mm²	1700	*Dehnung bei % Dehnspg.*	%	

Kriechmoduln und Zeitstandwerte 23 °C

Probekörper: *Form* — *Herstellung*
Zustand — *Vorbehandlung*

Kriechmodul	*1 min*	N/mm²	*Zeitstandzugfestigkeit*	h	N/mm²
Kriechmodul	*1000 h*	N/mm²	*Zeitdehnspg. %*	h	N/mm²
bei Spannung		N/mm²			

Biegeversuch 23 °C

Probekörper: *Form* — *Herstellung*
Zustand — *Vorbehandlung*

Biegefestigkeit	N/mm²	*E-Modul*	N/mm²
3,5% *Biegespannung*	N/mm²		

Härte 23 °C *Probekörper:* *Zustand* — *Herstellung*
Vorbehandlung

Kugeldruckhärte	N/mm² bei N, s	*Shore-Härte* A	
Rockwellhärte		*Shore-Härte* D	

Schlagversuch *Probekörper:* *(1)* U-Kerbe
(2) V-Kerbe — *Herstellung* Pressen
Zustand — *Vorbehandlung* Normalklima

		°C		°C	°C	*Probekörper-Form*
Schlagzähigkeit	kJ/m²	23	o.B.			NKS
Kerbschlagzähigkeit (1)	kJ/m²	23	7			NKS
IZOD-Kerbschlagzähigkeit (2)	J/m	23	65			
Kerbschlagzugzähigkeit	kJ/m²					

Abrieb und Reibung

Taber-Abrieb (Reibradverfahren)	mm^3/100 U		
Abriebfaktor LNP (Thrust washer) Vergleichswert			
Statische Reibungszahl			
Dynamische Reibungszahl	(p·v= N/mm^2·		m/min)
Zulässiger p · v Wert	N/mm^2 · (m/min)	v=	m/min
		v=	m/min

Thermische Eigenschaften

Formbeständigkeit in der Wärme	*Verfahren*	A		93 °C
	Verfahren			°C
Vicat Erweichungstemperatur (VST)	*Verfahren*	B/50		92 °C
	Verfahren			°C
Kristallit-Schmelzpunkt	*Verfahren*			
Längenausdehnungskoeffizient	*Bereich*	°C		$\cdot 10^{-4}K^{-1}$
	Temperatur 23 °C			$0.7 \cdot 10^{-4}K^{-1}$
Wärmeleitfähigkeit	*Verfahren*			W/(K · m)
Spezifische Wärmekapazität	*Verfahren*		23 °C	1.34 J/(K · g)
Glasumwandlungstemperatur	*Torsionsschwingungsversuch*		°C	
	Differentialkalorimetrie		°C	

Brandverhalten

UL-Test vertikal		Dicke mm, Wert	
		Dicke mm, Wert	
	Norm	*Bewertung*	*Abmessungen*
Sauerstoff-Index	ASTM D 2863		
Glühstab-Verfahren			
Brandverhalten	DIN 4102		
MVSS			
FAR			

Elektrische Eigenschaften

		Hz	°C		Probekörper, Form
Dielektrizitätszahl		50			
		10^3			
		10^6			
Dielektrischer Verlustfaktor tan δ		50			
		10^3			
		10^6			
Spezifischer Durchgangswiderstand	Ohm · cm				
Durchschlagfestigkeit	kV/mm				mm dick
Oberflächenwiderstand	Ohm				
Kriechstromfestigkeit		KC	KB	KA	
Elektrolytische Korrosionswirkung					
Lichtbogenfestigkeit nach DIN					
nach ASTM	s				

Beständigkeit *(Chemische Beständigkeit siehe Anhang)*

Wasseraufnahme

Feuchtigkeitsaufnahme Normalklima %

Wetterbeständigkeit

Spannungskorrosion Erhoeht best. gegen halogenierte KW

Optische Eigenschaften

Brechungszahl n_D

Transmissionsgrad τ_c % mm dick

Lichtdurchlässigkeit

Datenbank-Nr.	**T04841**		Merkblatt-Nr. **3568**

Produkt	Polystyrol schlagfest		**SB**
Handelsname	**Styron 472**		
Hersteller	DOW		
DIN-Bez 1	16771-SB,EG,098-03-XX		
DIN-Bez 2			
Zusätze		*Füllstoffe/ Verstärkung*	
Bevorzugte Verarbeitung	Extrudieren	*Lieferform*	Granulat; Auch mit aeusserem Gleitmittel
		Farben	Natur; Standard
Besondere Merkmale	Erhoehte Mischbarkeit mit Standard-Polystyrol; Verbesserte Kontakt-Transluzenz; Erhoehte Steifigkeit	*Bevorzugte Anwendungen*	Verpackung; Folie; Platte; Profil

Dichte	g/cm³	1.04	*Schmelzindex*	g/10 min	3.5:	200/5.0
Schüttdichte	g/cm³	0.6	*Volumenfließindex*	cm³/10 min	:	
Viskositätszahl	ml/g					

Verarbeitungsbedingungen für Spritzgießen

Massetemp.	°C	*Schwindung*	%	lgs , quer
Werkzeugtemp.	°C	*Bemerkungen*		
Spritzdruck	bar			

Zugversuch 23 °C DIN 53455; DIN 53457

Probekörper: *Form* — *Herstellung* Pressen
Zustand — *Vorbehandlung* Normalklima

Streckspannung	N/mm²	15	*Dehnung bei Streckspannung*	%	1
Zugfestigkeit	N/mm²	15	*Reißdehnung*	%	50
Reißfestigkeit	N/mm²		*% Dehnspannung*	N/mm²	
E-Modul	N/mm²	1600	*Dehnung bei % Dehnspg.*	%	

Kriechmoduln und Zeitstandwerte 23 °C

Probekörper: *Form* — *Herstellung*
Zustand — *Vorbehandlung*

Kriechmodul	*1 min*	N/mm²	*Zeitstandzugfestigkeit*	h	N/mm²
Kriechmodul	*1000 h*	N/mm²	*Zeitdehnspg. %*	h	N/mm²
bei Spannung		N/mm²			

Biegeversuch 23 °C

Probekörper: *Form* — *Herstellung*
Zustand — *Vorbehandlung*

Biegefestigkeit	N/mm²	*E-Modul*	N/mm²
3,5% *Biegespannung*	N/mm²		

Härte 23 °C *Probekörper:* *Zustand* — *Herstellung*
Vorbehandlung

Kugeldruckhärte	N/mm² bei N, s	*Shore-Härte*	A
Rockwellhärte		*Shore-Härte*	D

Schlagversuch *Probekörper:* *(1)* U-Kerbe
(2) V-Kerbe — *Herstellung* Pressen
Zustand — *Vorbehandlung* Normalklima

		°C		°C	°C	*Probekörper-Form*
Schlagzähigkeit	kJ/m²	23	o.B.			NKS
Kerbschlagzähigkeit (1)	kJ/m²	23	8.3			NKS
IZOD-Kerbschlagzähigkeit (2)	J/m	23	115			
Kerbschlagzugzähigkeit	kJ/m²					

Abrieb und Reibung

Taber-Abrieb (Reibradverfahren)	$mm^3/100$ U		
Abriebfaktor LNP (Thrust washer) Vergleichswert			
Statische Reibungszahl			
Dynamische Reibungszahl	(p·v= N/mm^2 ·		m/min)
Zulässiger p · v Wert	N/mm^2 · (m/min)	v=	m/min
		v=	m/min

Thermische Eigenschaften

Formbeständigkeit in der Wärme	*Verfahren* A			91 °C
	Verfahren			°C
Vicat Erweichungstemperatur (VST)	*Verfahren* B/50			90 °C
	Verfahren			°C
Kristallit-Schmelzpunkt	*Verfahren*			
Längenausdehnungskoeffizient	*Bereich*	°C		$\cdot 10^{-4}K^{-1}$
	Temperatur 23 °C			$0.7 \cdot 10^{-4}K^{-1}$
Wärmeleitfähigkeit	*Verfahren*			W/(K · m)
Spezifische Wärmekapazität	*Verfahren*		23 °C	1.34 J/(K · g)
Glasumwandlungstemperatur	*Torsionsschwingungsversuch*		°C	
	Differentialkalorimetrie		°C	

Brandverhalten

UL-Test vertikal	Dicke	mm, Wert
	Dicke	mm, Wert

	Norm	*Bewertung*	*Abmessungen*
Sauerstoff-Index	ASTM D 2863		
Glühstab-Verfahren			
Brandverhalten	DIN 4102		
MVSS			
FAR			

Elektrische Eigenschaften

		Hz	°C	*Probekörper, Form*
Dielektrizitätszahl		50		
		10^3		
		10^6		
Dielektrischer Verlustfaktor tan δ		50		
		10^3		
		10^6		
Spezifischer Durchgangs-widerstand	Ohm · cm			
Durchschlagfestigkeit	kV/mm			mm dick
Oberflächenwiderstand	Ohm			

Kriechstromfestigkeit	KC	KB	KA
Elektrolytische Korrosionswirkung			
Lichtbogenfestigkeit nach DIN			
nach ASTM	s		

Beständigkeit *(Chemische Beständigkeit siehe Anhang)*

Wasseraufnahme

Feuchtigkeitsaufnahme Normalklima %

Wetterbeständigkeit

Spannungskorrosion

Optische Eigenschaften

Brechungszahl n_D

Transmissionsgrad τ_c % mm dick

Lichtdurchlässigkeit

Produkt	Polystyrol		**PS**
Handelsname	**Styron 634**		
Hersteller	DOW		
DIN-Bez 1	PS,EG,105-03		
DIN-Bez 2			
Zusätze		*Füllstoffe/ Verstärkung*	
Bevorzugte Verarbeitung	Extrudieren; Spritzgiessen	*Lieferform*	Granulat; Auch mit aeusserem Gleitmittel
		Farben	Natur; Standard
Besondere Merkmale	Gute Fliessfaehigkeit; Gute Waermeformbestaendigkeit; Fuer Abmischung mit hochschlagfestem PS geeignet	*Bevorzugte Anwendungen*	Haushaltsartikel; Verpackungssektor; Laborbedarf; Abmischen in der Extrusion

Dichte	g/cm^3	1.04	*Schmelzindex*	g/10 min	3.5:	200/5.0
Schüttdichte	g/cm^3	0.6	*Volumenfließindex*	cm^3/10 min	:	
Viskositätszahl	ml/g					

Verarbeitungsbedingungen für Spritzgießen

Massetemp.	°C	*Schwindung*	% lgs , quer
Werkzeugtemp.	°C	*Bemerkungen*	
Spritzdruck	bar		

Zugversuch 23 °C DIN 53455; DIN 53457

Probekörper: *Form* / *Zustand* — *Herstellung* Pressen; *Vorbehandlung* Normalklima

Streckspannung	N/mm^2	45	*Dehnung bei Streckspannung*	%	1.2
Zugfestigkeit	N/mm^2	45	*Reißdehnung*	%	1
Reißfestigkeit	N/mm^2		*% Dehnspannung*	N/mm^2	
E-Modul	N/mm^2	3450	*Dehnung bei % Dehnspg.*	%	

Kriechmoduln und Zeitstandwerte 23 °C

Probekörper: *Form* / *Zustand* — *Herstellung*; *Vorbehandlung*

Kriechmodul	*1 min*	N/mm^2	*Zeitstandzugfestigkeit*	h	N/mm^2
Kriechmodul	*1000 h*	N/mm^2	*Zeitdehnspg. %*	h	N/mm^2
bei Spannung		N/mm^2			

Biegeversuch 23 °C

Probekörper: *Form* / *Zustand* — *Herstellung*; *Vorbehandlung*

Biegefestigkeit	N/mm^2	*E-Modul*	N/mm^2
3,5% *Biegespannung*	N/mm^2		

Härte 23 °C *Probekörper:* *Zustand* — *Herstellung* Pressen; *Vorbehandlung* Normalklima

Kugeldruckhärte	N/mm^2 bei N, s	*Shore-Härte* A	
Rockwellhärte	M 73	*Shore-Härte* D	

Schlagversuch *Probekörper:* *(1)* U-Kerbe; *(2)* V-Kerbe; *Zustand* — *Herstellung* Pressen; *Vorbehandlung* Normalklima

		°C		°C		°C		*Probekörper-Form*
Schlagzähigkeit	kJ/m^2	23	16					NKS
Kerbschlagzähigkeit (1)	kJ/m^2	23	2.9					NKS
IZOD-Kerbschlagzähigkeit (2)	J/m	23	16					
Kerbschlagzugzähigkeit	kJ/m^2							

Abrieb und Reibung

Taber-Abrieb (Reibradverfahren) mm^3/100 U
Abriebfaktor LNP (Thrust washer) Vergleichswert
Statische Reibungszahl
Dynamische Reibungszahl (p·v= N/mm^2· m/min)
Zulässiger p · v Wert N/mm^2 · (m/min) v= m/min
v= m/min

Thermische Eigenschaften

Formbeständigkeit in der Wärme	*Verfahren* A			95 °C
	Verfahren			°C
Vicat Erweichungstemperatur (VST)	*Verfahren* B/50			95 °C
	Verfahren			°C
Kristallit-Schmelzpunkt	*Verfahren*			
Längenausdehnungskoeffizient	*Bereich*	°C		$\cdot 10^{-4}K^{-1}$
	Temperatur 23 °C			$0.7 \cdot 10^{-4}K^{-1}$
Wärmeleitfähigkeit	*Verfahren*			W/(K · m)
Spezifische Wärmekapazität	*Verfahren*		23 °C	1.34 J/(K · g)
Glasumwandlungstemperatur	*Torsionsschwingungsversuch*		°C	
	Differentialkalorimetrie		°C	

Brandverhalten

UL-Test vertikal Dicke mm, Wert
Dicke mm, Wert

	Norm	*Bewertung*	*Abmessungen*
Sauerstoff-Index	ASTM D 2863		
Glühstab-Verfahren			
Brandverhalten	DIN 4102		
MVSS			
FAR			

Elektrische Eigenschaften

		Hz	°C	*Probekörper, Form*
Dielektrizitätszahl		50		
		10^3		
		10^6		
Dielektrischer Verlustfaktor tan δ		50		
		10^3		
		10^6		
Spezifischer Durchgangs-widerstand	Ohm · cm			
Durchschlagfestigkeit	kV/mm			mm dick
Oberflächenwiderstand	Ohm			

Kriechstromfestigkeit KC KB KA
Elektrolytische Korrosionswirkung
Lichtbogenfestigkeit nach DIN
nach ASTM s

Beständigkeit *(Chemische Beständigkeit siehe Anhang)*

Wasseraufnahme

Feuchtigkeitsaufnahme Normalklima %
Wetterbeständigkeit

Spannungskorrosion

Optische Eigenschaften

Brechungszahl n_D
Transmissionsgrad τ_c % mm dick
Lichtdurchlässigkeit

Datenbank-Nr. **T04843** Merkblatt-Nr. **3570**

PS

Produkt	Polystyrol		
Handelsname	**Styron 635**		
Hersteller	DOW		
DIN-Bez 1	PSMG,085-06		
DIN-Bez 2			
Zusätze		*Füllstoffe/ Verstärkung*	
Bevorzugte Verarbeitung	Extrudieren; Spritzgiessen	*Lieferform*	Granulat; Auch mit aeusserem Gleitmittel
		Farben	Natur; Standard
Besondere Merkmale	Ausgezeichnete Zaehigkeit; Mittlere Fliessfaehigkeit; Leichte Verarbeitbarkeit	*Bevorzugte Anwendungen*	Spritzgegossene Verpackung; Medizinischer Gegenstand; Abmischung mit schlagfestem PS

Dichte	g/cm³	1.04	*Schmelzindex*	g/10 min	8:	200/5.0
Schüttdichte	g/cm³	0.6	*Volumenfließindex*	cm³/10 min	:	
Viskositätszahl	ml/g					

Verarbeitungsbedingungen für Spritzgießen

Massetemp.	°C	*Schwindung*	% lgs , quer
Werkzeugtemp.	°C	*Bemerkungen*	
Spritzdruck	bar		

Zugversuch 23 °C DIN 53455; DIN 53457

Probekörper: *Form* / *Zustand* — *Herstellung* Pressen, *Vorbehandlung* Normalklima

Streckspannung	N/mm²	35	*Dehnung bei Streckspannung*	%	1.5
Zugfestigkeit	N/mm²	35	*Reißdehnung*	%	2
Reißfestigkeit	N/mm²		*% Dehnspannung*	N/mm²	
E-Modul	N/mm²	3300	*Dehnung bei % Dehnspg.*	%	

Kriechmoduln und Zeitstandwerte 23 °C

Probekörper: *Form* / *Zustand* — *Herstellung*, *Vorbehandlung*

Kriechmodul	*1 min*	N/mm²	*Zeitstandzugfestigkeit*	h	N/mm²
Kriechmodul	*1000 h*	N/mm²	*Zeitdehnspg.* %	h	N/mm²
bei Spannung		N/mm²			

Biegeversuch 23 °C

Probekörper: *Form* / *Zustand* — *Herstellung*, *Vorbehandlung*

Biegefestigkeit	N/mm²	*E-Modul*	N/mm²
3,5% *Biegespannung*	N/mm²		

Härte 23 °C *Probekörper:* *Zustand* — *Herstellung* Pressen, *Vorbehandlung* Normalklima

Kugeldruckhärte	N/mm² bei N, s	*Shore-Härte* A	
Rockwellhärte	M 71	*Shore-Härte* D	

Schlagversuch *Probekörper:* *(1)* U-Kerbe, *(2)* V-Kerbe, *Zustand* — *Herstellung* Pressen, *Vorbehandlung* Normalklima

		°C		°C		°C		*Probekörper-Form*
Schlagzähigkeit	kJ/m²	23	17					NKS
Kerbschlagzähigkeit (1)	kJ/m²	23	2.4					NKS
IZOD-Kerbschlagzähigkeit (2)	J/m	23	15					
Kerbschlagzugzähigkeit	kJ/m²							

Abrieb und Reibung

Taber-Abrieb (Reibradverfahren)	mm^3/100 U		
Abriebfaktor LNP (Thrust washer) Vergleichswert			
Statische Reibungszahl			
Dynamische Reibungszahl	(p · v =	N/mm^2 ·	m/min)
Zulässiger p · v Wert	N/mm^2 · (m/min)	v =	m/min
		v =	m/min

Thermische Eigenschaften

Formbeständigkeit in der Wärme	Verfahren A			83 °C
	Verfahren			°C
Vicat Erweichungstemperatur (VST)	Verfahren B/50			83 °C
	Verfahren			°C
Kristallit-Schmelzpunkt	Verfahren			
Längenausdehnungskoeffizient	Bereich	°C		$\cdot 10^{-4} K^{-1}$
	Temperatur 23 °C			$0.7 \cdot 10^{-4} K^{-1}$
Wärmeleitfähigkeit	Verfahren			W/(K · m)
Spezifische Wärmekapazität	Verfahren		23 °C	1.34 J/(K · g)
Glasumwandlungstemperatur	Torsionsschwingungsversuch		°C	
	Differentialkalorimetrie		°C	

Brandverhalten

UL-Test vertikal — Dicke mm, Wert
Dicke mm, Wert

	Norm	Bewertung	Abmessungen
Sauerstoff-Index	ASTM D 2863		
Glühstab-Verfahren			
Brandverhalten	DIN 4102		
MVSS			
FAR			

Elektrische Eigenschaften

		Hz	°C			Probekörper, Form
Dielektrizitätszahl		50				
		10^3				
		10^6				
Dielektrischer Verlustfaktor tan δ		50				
		10^3				
		10^6				
Spezifischer Durchgangswiderstand	Ohm · cm					
Durchschlagfestigkeit	kV/mm					mm dick
Oberflächenwiderstand	Ohm					
Kriechstromfestigkeit		KC		KB	KA	
Elektrolytische Korrosionswirkung						
Lichtbogenfestigkeit nach DIN						
nach ASTM	s					

Beständigkeit *(Chemische Beständigkeit siehe Anhang)*

Wasseraufnahme

Feuchtigkeitsaufnahme Normalklima %

Wetterbeständigkeit

Spannungskorrosion

Optische Eigenschaften

Brechungszahl n_D

Transmissionsgrad τ_c % mm dick

Lichtdurchlässigkeit

Produkt	Polystyrol		**PS**
Handelsname	**Styron 637**		
Hersteller	DOW		
DIN-Bez 1	PS,EG,085-03		
DIN-Bez 2			
Zusätze		*Füllstoffe/ Verstärkung*	
Bevorzugte Verarbeitung	Extrudieren	*Lieferform*	Granulat; Auch mit aeusserem Gleitmittel
		Farben	Natur; Standard
Besondere Merkmale	Hohe Festigkeit; Gute Klarheit; Geringer Monomergehalt; Hohe Molmasse	*Bevorzugte Anwendungen*	Extrudierter Verpackungsschaum; Spritzgegossene Verpackung; Spritzgegossener Behaelter; Folie; Platte; Profil; Abmischen im Extrusionsbereich

Dichte	g/cm^3	1.05	*Schmelzindex*	g/10 min	2.5:	200/5.0
Schüttdichte	g/cm^3	0.6	*Volumenfließindex*	cm^3/10 min	:	
Viskositätszahl	ml/g					

Verarbeitungsbedingungen für Spritzgießen

Massetemp.	°C	*Schwindung*	% lgs , quer
Werkzeugtemp.	°C	*Bemerkungen*	
Spritzdruck	bar		

Zugversuch 23 °C DIN 53455; DIN 53457

Probekörper: *Form* · *Zustand* — *Herstellung* Pressen · *Vorbehandlung* Normalklima

Streckspannung	N/mm^2	50	*Dehnung bei Streckspannung*	%	2
Zugfestigkeit	N/mm^2	50	*Reißdehnung*	%	2
Reißfestigkeit	N/mm^2		*% Dehnspannung*	N/mm^2	
E-Modul	N/mm^2	3250	*Dehnung bei % Dehnspg.*	%	

Kriechmoduln und Zeitstandwerte 23 °C

Probekörper: *Form* · *Zustand* — *Herstellung* · *Vorbehandlung*

Kriechmodul	*1 min*	N/mm^2	*Zeitstandzugfestigkeit*	h	N/mm^2
Kriechmodul	*1000 h*	N/mm^2	*Zeitdehnspg. %*	h	N/mm^2
bei Spannung		N/mm^2			

Biegeversuch 23 °C

Probekörper: *Form* · *Zustand* — *Herstellung* · *Vorbehandlung*

Biegefestigkeit	N/mm^2	*E-Modul*	N/mm^2
3,5% *Biegespannung*	N/mm^2		

Härte 23 °C *Probekörper:* *Zustand* — *Herstellung* Pressen · *Vorbehandlung* Normalklima

Kugeldruckhärte	N/mm^2 bei N, s	*Shore-Härte* A	
Rockwellhärte	M 72	*Shore-Härte* D	

Schlagversuch *Probekörper:* *(1)* U-Kerbe · *(2)* V-Kerbe · *Zustand* — *Herstellung* Pressen · *Vorbehandlung* Normalklima

		°C		°C		°C		*Probekörper-Form*
Schlagzähigkeit	kJ/m^2	23	17					NKS
Kerbschlagzähigkeit (1)	kJ/m^2	23	3					NKS
IZOD-Kerbschlagzähigkeit (2)	J/m	23	18					
Kerbschlagzugzähigkeit	kJ/m^2							

Abrieb und Reibung

Taber-Abrieb (Reibradverfahren) mm^3/100 U
Abriebfaktor LNP (Thrust washer) Vergleichswert
Statische Reibungszahl
Dynamische Reibungszahl (p·v= N/mm^2· m/min)
Zulässiger p·v Wert N/mm^2·(m/min) v= m/min
v= m/min

Thermische Eigenschaften

Formbeständigkeit in der Wärme	*Verfahren* A		87 °C
	Verfahren		°C
Vicat Erweichungstemperatur (VST)	*Verfahren* B/50		89 °C
	Verfahren		°C
Kristallit-Schmelzpunkt	*Verfahren*		
Längenausdehnungskoeffizient	*Bereich* °C		$\cdot 10^{-4}K^{-1}$
	Temperatur 23 °C		$0.7 \cdot 10^{-4}K^{-1}$
Wärmeleitfähigkeit	*Verfahren*		W/(K·m)
Spezifische Wärmekapazität	*Verfahren*	23 °C	1.34 J/(K·g)
Glasumwandlungstemperatur	*Torsionsschwingungsversuch*	°C	
	Differentialkalorimetrie	°C	

Brandverhalten

UL-Test vertikal Dicke mm, Wert
Dicke mm, Wert

	Norm	*Bewertung*	*Abmessungen*
Sauerstoff-Index	ASTM D 2863		
Glühstab-Verfahren			
Brandverhalten	DIN 4102		
MVSS			
FAR			

Elektrische Eigenschaften

	Hz	°C	*Probekörper, Form*
Dielektrizitätszahl	50		
	10^3		
	10^6		
Dielektrischer Verlustfaktor tan δ	50		
	10^3		
	10^6		

Spezifischer Durchgangs-widerstand Ohm·cm
Durchschlagfestigkeit kV/mm mm dick
Oberflächenwiderstand Ohm

Kriechstromfestigkeit KC KB KA
Elektrolytische Korrosionswirkung
Lichtbogenfestigkeit nach DIN
nach ASTM s

Beständigkeit *(Chemische Beständigkeit siehe Anhang)*

Wasseraufnahme

Feuchtigkeitsaufnahme Normalklima %
Wetterbeständigkeit

Spannungskorrosion

Optische Eigenschaften

Brechungszahl n_D
Transmissionsgrad τ_c % mm dick
Lichtdurchlässigkeit

Datenbank-Nr. **T04845** Merkblatt-Nr. **3572**

PS

Produkt	Polystyrol		
Handelsname	**Styron 638**		
Hersteller	DOW		
DIN-Bez 1	PS,MG,085-20		
DIN-Bez 2			
Zusätze		*Füllstoffe/ Verstärkung*	
Bevorzugte Verarbeitung	Spritzgiessen	*Lieferform*	Granulat; Auch mit aeusserem Gleitmittel
		Farben	Natur; Standard
Besondere Merkmale	Sehr gute Fliesseigenschaften	*Bevorzugte Anwendungen*	Duennwandiges Formteil; Behaelter fuer Molkereiprodukte; Trinkbecher

Dichte	g/cm^3	1.04	*Schmelzindex*	g/10 min	25:	200/5.0
Schüttdichte	g/cm^3	0.6	*Volumenfließindex*	$cm^3/10$ min	:	
Viskositätszahl	ml/g					

Verarbeitungsbedingungen für Spritzgießen

Massetemp.	°C	*Schwindung*	% lgs , quer
Werkzeugtemp.	°C	*Bemerkungen*	
Spritzdruck	bar		

Zugversuch 23 °C DIN 53455; DIN 53457

Probekörper: *Form* / *Zustand* — *Herstellung* Pressen, *Vorbehandlung* Normalklima

Streckspannung	N/mm^2	33	*Dehnung bei Streckspannung*	%	1
Zugfestigkeit	N/mm^2	33	*Reißdehnung*	%	1
Reißfestigkeit	N/mm^2		*% Dehnspannung*	N/mm^2	
E-Modul	N/mm^2	3000	*Dehnung bei % Dehnspg.*	%	

Kriechmoduln und Zeitstandwerte 23 °C

Probekörper: *Form* / *Zustand* — *Herstellung*, *Vorbehandlung*

Kriechmodul	*1 min* N/mm^2	*Zeitstandzugfestigkeit*	h	N/mm^2
Kriechmodul	*1000 h* N/mm^2	*Zeitdehnspg. %*	h	N/mm^2
bei Spannung	N/mm^2			

Biegeversuch 23 °C

Probekörper: *Form* / *Zustand* — *Herstellung*, *Vorbehandlung*

Biegefestigkeit	N/mm^2	*E-Modul*	N/mm^2
3,5% Biegespannung	N/mm^2		

Härte 23 °C *Probekörper:* *Zustand* — *Herstellung*, *Vorbehandlung*

Kugeldruckhärte	N/mm^2 bei N, s	*Shore-Härte* A
Rockwellhärte		*Shore-Härte* D

Schlagversuch *Probekörper:* *(1)* U-Kerbe, *(2)* V-Kerbe, *Zustand* — *Herstellung* Pressen, *Vorbehandlung* Normalklima

		°C		°C	°C	*Probekörper-Form*
Schlagzähigkeit	kJ/m^2	23	10			NKS
Kerbschlagzähigkeit (1)	kJ/m^2	23	1.5			NKS
IZOD-Kerbschlagzähigkeit (2)	J/m	23	7			
Kerbschlagzugzähigkeit	kJ/m^2					

Abrieb und Reibung

Taber-Abrieb (Reibradverfahren)	mm³/100 U		
Abriebfaktor LNP (Thrust washer) Vergleichswert			
Statische Reibungszahl			
Dynamische Reibungszahl	(p·v=	N/mm²·	m/min)
Zulässiger p · v Wert	N/mm² · (m/min)	v=	m/min
		v=	m/min

Thermische Eigenschaften

Formbeständigkeit in der Wärme	*Verfahren* A			80 °C
	Verfahren			°C
Vicat Erweichungstemperatur (VST)	*Verfahren* B/50			82 °C
	Verfahren			°C
Kristallit-Schmelzpunkt	*Verfahren*			
Längenausdehnungskoeffizient	*Bereich*	°C		$\cdot 10^{-4}K^{-1}$
	Temperatur 23 °C			$0.7 \cdot 10^{-4}K^{-1}$
Wärmeleitfähigkeit	*Verfahren*			W/(K · m)
Spezifische Wärmekapazität	*Verfahren*		23 °C	1.34 J/(K · g)
Glasumwandlungstemperatur	*Torsionsschwingungsversuch*		°C	
	Differentialkalorimetrie		°C	

Brandverhalten

UL-Test vertikal	Dicke	mm, Wert
	Dicke	mm, Wert

	Norm	*Bewertung*	*Abmessungen*
Sauerstoff-Index	ASTM D 2863		
Glühstab-Verfahren			
Brandverhalten	DIN 4102		
MVSS			
FAR			

Elektrische Eigenschaften

		Hz	°C		*Probekörper, Form*
Dielektrizitätszahl		50			
		10^3			
		10^6			
Dielektrischer Verlustfaktor tan δ		50			
		10^3			
		10^6			
Spezifischer Durchgangswiderstand	Ohm · cm				
Durchschlagfestigkeit	kV/mm				mm dick
Oberflächenwiderstand	Ohm				
Kriechstromfestigkeit		KC	KB	KA	
Elektrolytische Korrosionswirkung					
Lichtbogenfestigkeit nach DIN					
nach ASTM	s				

Beständigkeit *(Chemische Beständigkeit siehe Anhang)*

Wasseraufnahme

Feuchtigkeitsaufnahme Normalklima %

Wetterbeständigkeit

Spannungskorrosion

Optische Eigenschaften

Brechungszahl n_D		
Transmissionsgrad τ_c	%	mm dick
Lichtdurchlässigkeit		

Produkt	Polystyrol		**PS**
Handelsname	**Styron 648**		
Hersteller	DOW		
DIN-Bez 1	PS,EG,095-02		
DIN-Bez 2			
Zusätze		*Füllstoffe/ Verstärkung*	
Bevorzugte Verarbeitung	Extrudieren geschaeumter Folien	*Lieferform*	Granulat; Auch mit aeusserem Gleitmittel
		Farben	Natur; Standard
Besondere Merkmale	Waermebestaendig; Hohe Molmasse	*Bevorzugte Anwendungen*	Schaumfolie

Dichte	g/cm^3	1.04	*Schmelzindex*	g/10 min	1.3:	200/5.0
Schüttdichte	g/cm^3	0.6	*Volumenfließindex*	cm^3/10 min	:	
Viskositätszahl	ml/g					

Verarbeitungsbedingungen für Spritzgießen

Massetemp.	°C	*Schwindung*	% lgs , quer
Werkzeugtemp.	°C	*Bemerkungen*	
Spritzdruck	bar		

Zugversuch 23 °C DIN 53455; DIN 53457

Probekörper:	*Form*	*Herstellung*	Pressen
	Zustand	*Vorbehandlung*	Normalklima

Streckspannung	N/mm^2	52	*Dehnung bei Streckspannung*	%	2
Zugfestigkeit	N/mm^2	52	*Reißdehnung*	%	2
Reißfestigkeit	N/mm^2		*% Dehnspannung*	N/mm^2	
E-Modul	N/mm^2	3600	*Dehnung bei % Dehnspg.*	%	

Kriechmoduln und Zeitstandwerte 23 °C

Probekörper:	*Form*	*Herstellung*	
	Zustand	*Vorbehandlung*	

Kriechmodul	*1 min*	N/mm^2	*Zeitstandzugfestigkeit*	h	N/mm^2
Kriechmodul	*1000 h*	N/mm^2	*Zeitdehnspg. %*	h	N/mm^2
bei Spannung		N/mm^2			

Biegeversuch 23 °C

Probekörper:	*Form*	*Herstellung*	
	Zustand	*Vorbehandlung*	

Biegefestigkeit	N/mm^2	*E-Modul*	N/mm^2
3,5% *Biegespannung*	N/mm^2		

Härte 23 °C

Probekörper:	*Zustand*	*Herstellung*	Pressen
		Vorbehandlung	Normalklima

Kugeldruckhärte	N/mm^2 bei N, s	*Shore-Härte*	A
Rockwellhärte	M 73	*Shore-Härte*	D

Schlagversuch

Probekörper:	*(1)* U-Kerbe		
	(2) V-Kerbe	*Herstellung*	Pressen
	Zustand	*Vorbehandlung*	Normalklima

		°C	°C	°C	*Probekörper-Form*
Schlagzähigkeit	kJ/m^2	23 20			NKS
Kerbschlagzähigkeit (1)	kJ/m^2	23 2.9			NKS
IZOD-Kerbschlagzähigkeit (2)	J/m	23 16			
Kerbschlagzugzähigkeit	kJ/m^2				

Abrieb und Reibung

Taber-Abrieb (Reibradverfahren)	mm^3/100 U		
Abriebfaktor LNP (Thrust washer) Vergleichswert			
Statische Reibungszahl			
Dynamische Reibungszahl	(p · v=	N/mm^2 ·	m/min)
Zulässiger p · v Wert	N/mm^2 · (m/min)	v=	m/min
		v=	m/min

Thermische Eigenschaften

Formbeständigkeit in der Wärme	*Verfahren*	A		100 °C
	Verfahren			°C
Vicat Erweichungstemperatur (VST)	*Verfahren*	B/50		100 °C
	Verfahren			°C
Kristallit-Schmelzpunkt	*Verfahren*			
Längenausdehnungskoeffizient	*Bereich*	°C		· $10^{-4}K^{-1}$
	Temperatur 23 °C			0.7 · $10^{-4}K^{-1}$
Wärmeleitfähigkeit	*Verfahren*			W/(K · m)
Spezifische Wärmekapazität	*Verfahren*		23 °C	1.34 J/(K · g)
Glasumwandlungstemperatur	*Torsionsschwingungsversuch*		°C	
	Differentialkalorimetrie		°C	

Brandverhalten

UL-Test vertikal Dicke mm, Wert
Dicke mm, Wert

	Norm	*Bewertung*	*Abmessungen*
Sauerstoff-Index	ASTM D 2863		
Glühstab-Verfahren			
Brandverhalten	DIN 4102		
MVSS			
FAR			

Elektrische Eigenschaften

		Hz	°C	*Probekörper, Form*
Dielektrizitätszahl		50		
		10^3		
		10^6		
Dielektrischer Verlustfaktor tan δ		50		
		10^3		
		10^6		
Spezifischer Durchgangswiderstand	Ohm · cm			
Durchschlagfestigkeit	kV/mm			mm dick
Oberflächenwiderstand	Ohm			

Kriechstromfestigkeit KC KB KA
Elektrolytische Korrosionswirkung
Lichtbogenfestigkeit nach DIN
nach ASTM s

Beständigkeit *(Chemische Beständigkeit siehe Anhang)*

Wasseraufnahme

Feuchtigkeitsaufnahme Normalklima %
Wetterbeständigkeit

Spannungskorrosion

Optische Eigenschaften

Brechungszahl n_D
Transmissionsgrad τ_c % mm dick
Lichtdurchlässigkeit

PS

Produkt	Polystyrol		
Handelsname	**Styron 678 E**		
Hersteller	DOW		
DIN-Bez 1	PS,MG,085-12		
DIN-Bez 2			
Zusätze		*Füllstoffe/ Verstärkung*	
Bevorzugte Verarbeitung	Spritzgiessen	*Lieferform*	Granulat; Auch mit aeusserem Gleitmittel
		Farben	Natur; Standard
Besondere Merkmale	Gute Steifigkeit; Hohe Fliessfaehigkeit	*Bevorzugte Anwendungen*	Spritzgiessformteil

Dichte	g/cm^3	1.04	*Schmelzindex*	g/10 min	11:	200/5.0
Schüttdichte	g/cm^3	0.6	*Volumenfließindex*	cm^3/10 min	:	
Viskositätszahl	ml/g					

Verarbeitungsbedingungen für Spritzgießen

Massetemp.	°C	*Schwindung*	% lgs , quer
Werkzeugtemp.	°C	*Bemerkungen*	
Spritzdruck	bar		

Zugversuch 23 °C DIN 53455; DIN 53457

Probekörper: *Form* — *Zustand* — *Herstellung* Pressen — *Vorbehandlung* Normalklima

Streckspannung	N/mm^2	36	*Dehnung bei Streckspannung*	%	1
Zugfestigkeit	N/mm^2	36	*Reißdehnung*	%	1
Reißfestigkeit	N/mm^2		*% Dehnspannung*	N/mm^2	
E-Modul	N/mm^2	3200	*Dehnung bei % Dehnspg.*	%	

Kriechmoduln und Zeitstandwerte 23 °C

Probekörper: *Form* — *Zustand* — *Herstellung* — *Vorbehandlung*

Kriechmodul	*1 min* N/mm^2	*Zeitstandzugfestigkeit*	h	N/mm^2
Kriechmodul	*1000 h* N/mm^2	*Zeitdehnspg. %*	h	N/mm^2
bei Spannung	N/mm^2			

Biegeversuch 23 °C

Probekörper: *Form* — *Zustand* — *Herstellung* — *Vorbehandlung*

Biegefestigkeit	N/mm^2	*E-Modul*	N/mm^2
3,5% *Biegespannung*	N/mm^2		

Härte 23 °C *Probekörper:* *Zustand* — *Herstellung* Pressen — *Vorbehandlung* Normalklima

Kugeldruckhärte	N/mm^2 bei N, s	*Shore-Härte* A	
Rockwellhärte	M 71	*Shore-Härte* D	

Schlagversuch *Probekörper:* *(1)* U-Kerbe, *(2)* V-Kerbe, *Zustand* — *Herstellung* Pressen — *Vorbehandlung* Normalklima

		°C		°C	°C	*Probekörper-Form*
Schlagzähigkeit	kJ/m^2	23	17			NKS
Kerbschlagzähigkeit (1)	kJ/m^2	23	2.0			NKS
IZOD-Kerbschlagzähigkeit (2)	J/m	23	12			
Kerbschlagzugzähigkeit	kJ/m^2					

Abrieb und Reibung

Taber-Abrieb (Reibradverfahren)	mm^3/100 U		
Abriebfaktor LNP (Thrust washer) Vergleichswert			
Statische Reibungszahl			
Dynamische Reibungszahl	(p·v=	N/mm^2 ·	m/min)
Zulässiger p · v Wert	N/mm^2 · (m/min)	v=	m/min
		v=	m/min

Thermische Eigenschaften

Formbeständigkeit in der Wärme	*Verfahren* A			85 °C
	Verfahren			°C
Vicat Erweichungstemperatur (VST)	*Verfahren* B/50			84 °C
	Verfahren			°C
Kristallit-Schmelzpunkt	*Verfahren*			
Längenausdehnungskoeffizient	*Bereich*	°C		$\cdot 10^{-4}K^{-1}$
	Temperatur 23 °C			$0.7 \cdot 10^{-4}K^{-1}$
Wärmeleitfähigkeit	*Verfahren*			W/(K · m)
Spezifische Wärmekapazität	*Verfahren*		23 °C	1.34 J/(K · g)
Glasumwandlungstemperatur	*Torsionsschwingungsversuch*		°C	
	Differentialkalorimetrie		°C	

Brandverhalten

UL-Test vertikal	Dicke mm, Wert
	Dicke mm, Wert

	Norm	*Bewertung*	*Abmessungen*
Sauerstoff-Index	ASTM D 2863		
Glühstab-Verfahren			
Brandverhalten	DIN 4102		
MVSS			
FAR			

Elektrische Eigenschaften

		Hz	°C		*Probekörper, Form*
Dielektrizitätszahl		50			
		10^3			
		10^6			
Dielektrischer Verlustfaktor tan δ		50			
		10^3			
		10^6			
Spezifischer Durchgangswiderstand	Ohm · cm				
Durchschlagfestigkeit	kV/mm				mm dick
Oberflächenwiderstand	Ohm				
Kriechstromfestigkeit		KC	KB	KA	
Elektrolytische Korrosionswirkung					
Lichtbogenfestigkeit nach DIN					
nach ASTM	s				

Beständigkeit *(Chemische Beständigkeit siehe Anhang)*

Wasseraufnahme	
Feuchtigkeitsaufnahme Normalklima	%
Wetterbeständigkeit	
Spannungskorrosion	

Optische Eigenschaften

Brechungszahl n_D		
Transmissionsgrad τ_c	%	mm dick
Lichtdurchlässigkeit		

Datenbank-Nr. **T04848** Merkblatt-Nr. **3575**

Produkt	Polystyrol		**PS**
Handelsname	**Styron 686 E**		
Hersteller	DOW		
DIN-Bez 1	PS,MG,095-03		
DIN-Bez 2			
Zusätze		*Füllstoffe/ Verstärkung*	
Bevorzugte Verarbeitung	Extrudieren geschaeumter Folien; Extrudieren; Spritzgiessen	*Lieferform*	Granulat; Auch mit aeusserem Gleitmittel
		Farben	Natur; Standard
Besondere Merkmale	Gute Dimensionsstabilitaet; Gute Waermeformbestaendigkeit; Ausgezeichnete Klarheit	*Bevorzugte Anwendungen*	Schaum-PS-Platte fuer Verpackungen; Eierschachtel; Duennwandige Lebensmittelverpackung

Dichte	g/cm³	1.04	*Schmelzindex*	g/10 min	2.5:	200/5.0
Schüttdichte	g/cm³	0.6	*Volumenfließindex*	cm³/10 min	:	
Viskositätszahl	ml/g					

Verarbeitungsbedingungen für Spritzgießen

Massetemp.	°C	*Schwindung*	%	lgs , quer
Werkzeugtemp.	°C	*Bemerkungen*		
Spritzdruck	bar			

Zugversuch 23 °C DIN 53455; DIN 53457

Probekörper: *Form* / *Zustand* — *Herstellung* Pressen, *Vorbehandlung* Normalklima

Streckspannung	N/mm²	50	*Dehnung bei Streckspannung*	%	2
Zugfestigkeit	N/mm²	50	*Reißdehnung*	%	2
Reißfestigkeit	N/mm²		*% Dehnspannung*	N/mm²	
E-Modul	N/mm²	3600	*Dehnung bei % Dehnspg.*	%	

Kriechmoduln und Zeitstandwerte 23 °C

Probekörper: *Form* / *Zustand* — *Herstellung* / *Vorbehandlung*

Kriechmodul	*1 min*	N/mm²	*Zeitstandzugfestigkeit*	h	N/mm²
Kriechmodul	*1000 h*	N/mm²	*Zeitdehnspg. %*	h	N/mm²
bei Spannung		N/mm²			

Biegeversuch 23 °C

Probekörper: *Form* / *Zustand* — *Herstellung* / *Vorbehandlung*

Biegefestigkeit	N/mm²	*E-Modul*	N/mm²
3,5% *Biegespannung*	N/mm²		

Härte 23 °C *Probekörper:* *Zustand* — *Herstellung* Pressen, *Vorbehandlung* Normalklima

Kugeldruckhärte	N/mm² bei N, s	*Shore-Härte* A	
Rockwellhärte	M 73	*Shore-Härte* D	

Schlagversuch *Probekörper:* *(1)* U-Kerbe, *(2)* V-Kerbe, *Zustand* — *Herstellung* Pressen, *Vorbehandlung* Normalklima

		°C		°C		°C		*Probekörper-Form*
Schlagzähigkeit	kJ/m²	23	20					NKS
Kerbschlagzähigkeit (1)	kJ/m²	23	2.5					NKS
IZOD-Kerbschlagzähigkeit (2)	J/m	23	15					
Kerbschlagzugzähigkeit	kJ/m²							

Abrieb und Reibung

Taber-Abrieb (Reibradverfahren) mm³/100 U
Abriebfaktor LNP (Thrust washer) Vergleichswert
Statische Reibungszahl
Dynamische Reibungszahl (p · v= N/mm² · m/min)
Zulässiger p · v Wert N/mm² · (m/min) v= m/min
v= m/min

Thermische Eigenschaften

Formbeständigkeit in der Wärme	*Verfahren* A		100 °C
	Verfahren		°C
Vicat Erweichungstemperatur (VST)	*Verfahren* B/50		100 °C
	Verfahren		°C
Kristallit-Schmelzpunkt	*Verfahren*		
Längenausdehnungskoeffizient	*Bereich* °C		$\cdot 10^{-4} K^{-1}$
	Temperatur 23 °C		$0.7 \cdot 10^{-4} K^{-1}$
Wärmeleitfähigkeit	*Verfahren*		W/(K · m)
Spezifische Wärmekapazität	*Verfahren*	23 °C	1.34 J/(K · g)
Glasumwandlungstemperatur	*Torsionsschwingungsversuch*	°C	
	Differentialkalorimetrie	°C	

Brandverhalten

UL-Test vertikal Dicke mm, Wert
Dicke mm, Wert

	Norm	*Bewertung*	*Abmessungen*
Sauerstoff-Index	ASTM D 2863		
Glühstab-Verfahren			
Brandverhalten	DIN 4102		
MVSS			
FAR			

Elektrische Eigenschaften

	Hz	°C	*Probekörper, Form*
Dielektrizitätszahl	50		
	10^3		
	10^6		
Dielektrischer Verlustfaktor tan δ	50		
	10^3		
	10^6		
Spezifischer Durchgangswiderstand Ohm · cm			
Durchschlagfestigkeit kV/mm			mm dick
Oberflächenwiderstand Ohm			

Kriechstromfestigkeit KC KB KA
Elektrolytische Korrosionswirkung
Lichtbogenfestigkeit nach DIN
nach ASTM s

Beständigkeit *(Chemische Beständigkeit siehe Anhang)*

Wasseraufnahme

Feuchtigkeitsaufnahme Normalklima %
Wetterbeständigkeit

Spannungskorrosion

Optische Eigenschaften

Brechungszahl n_D
Transmissionsgrad τ_c % mm dick
Lichtdurchlässigkeit

				SB
Produkt	Polystyrol schlagfest			
Handelsname	**Styron XL-A**			
Hersteller	DOW			
DIN-Bez 1	16771-SB,MG,098-12-XX			
DIN-Bez 2				
Zusätze		*Füllstoffe/ Verstärkung*		
Bevorzugte Verarbeitung	Spritzgiessen	*Lieferform*	Granulat; Auch mit aeusserem Gleitmittel	
		Farben	Natur; Standard	
Besondere Merkmale	Gute mechanische Eigenschaften; Sehr guter Oberflaechenglanz	*Bevorzugte Anwendungen*	Phonoindustrie; Fernsehindustrie; Haushaltsware; Haushaltsgeraet; Bueroausstattung; Spielzeug; Kfz-Industrie	

Dichte	g/cm³	1.05	*Schmelzindex*	g/10 min	8.0: 200/5.0
Schüttdichte	g/cm³	0.6	*Volumenfließindex*	cm³/10 min	:
Viskositätszahl	ml/g				

Verarbeitungsbedingungen für Spritzgießen

Massetemp.	°C	240–250	*Schwindung*	%	lgs , quer
Werkzeugtemp.	°C	45–60	*Bemerkungen*		
Spritzdruck	bar				

Zugversuch 23 °C ASTM D 638;
Probekörper: *Form* / *Zustand* — *Herstellung* Spritzgiessen; *Vorbehandlung* Normalklima

Streckspannung	N/mm²		*Dehnung bei Streckspannung*	%	
Zugfestigkeit	N/mm²	16	*Reißdehnung*	%	40–50
Reißfestigkeit	N/mm²	19	*% Dehnspannung*	N/mm²	
E-Modul	N/mm²	2000	*Dehnung bei % Dehnspg.*	%	

Kriechmoduln und Zeitstandwerte 23 °C
Probekörper: *Form* / *Zustand* — *Herstellung* / *Vorbehandlung*

Kriechmodul	*1 min*	N/mm²	*Zeitstandzugfestigkeit*	h	N/mm²
Kriechmodul	*1000 h*	N/mm²	*Zeitdehnspg.* %	h	N/mm²
bei Spannung		N/mm²			

Biegeversuch 23 °C
Probekörper: *Form* / *Zustand* — *Herstellung* / *Vorbehandlung*

Biegefestigkeit	N/mm²	*E-Modul*	N/mm²
3,5% *Biegespannung*	N/mm²		

Härte 23 °C *Probekörper:* *Zustand* — *Herstellung* / *Vorbehandlung*

Kugeldruckhärte	N/mm² bei N, s	*Shore-Härte* A	
Rockwellhärte		*Shore-Härte* D	

Schlagversuch *Probekörper:* *(1)* U-Kerbe, *(2)* V-Kerbe, *Zustand* — *Herstellung* Spritzgiessen; *Vorbehandlung* Normalklima

		°C		°C		°C		*Probekörper-Form*
Schlagzähigkeit	kJ/m²							
Kerbschlagzähigkeit (1)	kJ/m²	23	11					NKS
IZOD-Kerbschlagzähigkeit (2)	J/m	23	145					
Kerbschlagzugzähigkeit	kJ/m²							

Abrieb und Reibung

Taber-Abrieb (Reibradverfahren)	mm^3/100 U		
Abriebfaktor LNP (Thrust washer) Vergleichswert			
Statische Reibungszahl			
Dynamische Reibungszahl	(p · v=	N/mm^2 ·	m/min)
Zulässiger p · v Wert	N/mm^2 · (m/min)	v=	m/min
		v=	m/min

Thermische Eigenschaften

Formbeständigkeit in der Wärme	Verfahren	A	86 °C	
	Verfahren		°C	
Vicat Erweichungstemperatur (VST)	Verfahren	B/50	96 °C	
	Verfahren		°C	
Kristallit-Schmelzpunkt	Verfahren			
Längenausdehnungskoeffizient	Bereich	°C		$\cdot 10^{-4} K^{-1}$
	Temperatur			$\cdot 10^{-4} K^{-1}$
Wärmeleitfähigkeit	Verfahren			W/(K · m)
Spezifische Wärmekapazität	Verfahren			J/(K · g)
Glasumwandlungstemperatur	Torsionsschwingungsversuch		°C	
	Differentialkalorimetrie		°C	

Brandverhalten

UL-Test vertikal	Dicke	mm, Wert
	Dicke	mm, Wert

	Norm	Bewertung	Abmessungen
Sauerstoff-Index	ASTM D 2863		
Glühstab-Verfahren			
Brandverhalten	DIN 4102		
MVSS			
FAR			

Elektrische Eigenschaften

		Hz	°C		Probekörper, Form
Dielektrizitätszahl		50			
		10^3			
		10^6			
Dielektrischer Verlustfaktor tan δ		50			
		10^3			
		10^6			
Spezifischer Durchgangswiderstand	Ohm · cm				
Durchschlagfestigkeit	kV/mm				mm dick
Oberflächenwiderstand	Ohm				
Kriechstromfestigkeit		KC	KB	KA	
Elektrolytische Korrosionswirkung					
Lichtbogenfestigkeit nach DIN					
nach ASTM	s				

Beständigkeit (Chemische Beständigkeit siehe Anhang)

Wasseraufnahme	
Feuchtigkeitsaufnahme Normalklima	%
Wetterbeständigkeit	
Spannungskorrosion	

Optische Eigenschaften

Brechungszahl n_D		
Transmissionsgrad τ_c	%	mm dick
Lichtdurchlässigkeit		

Produkt	Polyethylen niedriger Dichte		**PE**
Handelsname	**Dowlex 2042 E**		
Hersteller	DOW		
DIN-Bez 1	16776-PE,FG,30-D012		
DIN-Bez 2			
Zusätze		*Füllstoffe/ Verstärkung*	
Bevorzugte Verarbeitung	Extrudieren von Blasfolien	*Lieferform*	Granulat
		Farben	Natur
Besondere Merkmale	Gute Weiterreissfestigkeit; Mittlere Steifheit; Ausgezeichnete Zaehigkeit; Optimaler Dickenbereich 0.012 bis 0.075 mm	*Bevorzugte Anwendungen*	Blasfolie

Dichte	g/cm³	0.930	*Schmelzindex*	g/10 min	1:	190/2.16
Schüttdichte	g/cm³		*Volumenfließindex*	cm³/10 min	:	
Viskositätszahl	ml/g					

Verarbeitungsbedingungen für Spritzgießen

Massetemp.	°C	*Schwindung*	% lgs , quer
Werkzeugtemp.	°C	*Bemerkungen*	
Spritzdruck	bar		

Zugversuch 23 °C ASTM D-638;

Probekörper: *Form* — *Herstellung* Pressen
Zustand — *Vorbehandlung* Normalklima

Streckspannung	N/mm²	14	*Dehnung bei Streckspannung*	%	
Zugfestigkeit	N/mm²		*Reißdehnung*	%	900
Reißfestigkeit	N/mm²	33	*% Dehnspannung*	N/mm²	
E-Modul	N/mm²	337	*Dehnung bei % Dehnspg.*	%	

Kriechmoduln und Zeitstandwerte 23 °C

Probekörper: *Form* — *Herstellung*
Zustand — *Vorbehandlung*

Kriechmodul	*1 min*	N/mm²	*Zeitstandzugfestigkeit*	h	N/mm²
Kriechmodul	*1000 h*	N/mm²	*Zeitdehnspg. %*	h	N/mm²
bei Spannung		N/mm²			

Biegeversuch 23 °C

Probekörper: *Form* — *Herstellung*
Zustand — *Vorbehandlung*

Biegefestigkeit	N/mm²	*E-Modul*	N/mm²
3,5% *Biegespannung*	N/mm²		

Härte 23 °C *Probekörper:* *Zustand* — *Herstellung*
Vorbehandlung

Kugeldruckhärte	N/mm² bei N, s	*Shore-Härte* A	
Rockwellhärte		*Shore-Härte* D	

Schlagversuch *Probekörper:* *(1)*
(2) — *Herstellung*
Zustand — *Vorbehandlung*

	°C	°C	°C	*Probekörper-Form*
Schlagzähigkeit kJ/m²				
Kerbschlagzähigkeit (1) kJ/m²				
IZOD-Kerbschlagzähigkeit (2) J/m				
Kerbschlagzugzähigkeit kJ/m²				

Abrieb und Reibung

Taber-Abrieb (Reibradverfahren) $mm^3/100$ U
Abriebfaktor LNP (Thrust washer) Vergleichswert
Statische Reibungszahl
Dynamische Reibungszahl (p·v= N/mm²· m/min)
Zulässiger p·v Wert N/mm²·(m/min) v= m/min
v= m/min

Thermische Eigenschaften

Formbeständigkeit in der Wärme	*Verfahren*		°C
	Verfahren		°C
Vicat Erweichungstemperatur (VST)	*Verfahren*	A/50	118 °C
	Verfahren		°C
Kristallit-Schmelzpunkt	*Verfahren*		
Längenausdehnungskoeffizient	*Bereich*	°C	$\cdot 10^{-4}K^{-1}$
	Temperatur		$\cdot 10^{-4}K^{-1}$
Wärmeleitfähigkeit	*Verfahren*		W/(K·m)
Spezifische Wärmekapazität	*Verfahren*		J/(K·g)
Glasumwandlungstemperatur	*Torsionsschwingungsversuch*	°C	
	Differentialkalorimetrie	°C	

Brandverhalten

UL-Test vertikal Dicke mm, Wert
Dicke mm, Wert

	Norm	*Bewertung*	*Abmessungen*
Sauerstoff-Index	ASTM D 2863		
Glühstab-Verfahren			
Brandverhalten	DIN 4102		
MVSS			
FAR			

Elektrische Eigenschaften

		Hz	°C	*Probekörper, Form*
Dielektrizitätszahl		50		
		10^3		
		10^6		
Dielektrischer Verlustfaktor tan δ		50		
		10^3		
		10^6		
Spezifischer Durchgangswiderstand	Ohm·cm			
Durchschlagfestigkeit	kV/mm			mm dick
Oberflächenwiderstand	Ohm			

Kriechstromfestigkeit KC KB KA
Elektrolytische Korrosionswirkung
Lichtbogenfestigkeit nach DIN
nach ASTM s

Beständigkeit *(Chemische Beständigkeit siehe Anhang)*

Wasseraufnahme

Feuchtigkeitsaufnahme Normalklima %
Wetterbeständigkeit

Spannungskorrosion

Optische Eigenschaften

Brechungszahl n_D
Transmissionsgrad τ_c % mm dick
Lichtdurchlässigkeit

Datenbank-Nr. **T04888** Merkblatt-Nr. **3578**

Produkt	Polyethylen niedriger Dichte		**PE**
Handelsname	**Dowlex 2045 E**		
Hersteller	DOW		
DIN-Bez 1	16776-PE,FG,20-D090		
DIN-Bez 2			
Zusätze		*Füllstoffe/ Verstärkung*	
Bevorzugte Verarbeitung	Extrudieren von Blasfolien	*Lieferform*	Granulat
		Farben	Natur
Besondere Merkmale	Ausgezeichnete Weiterreissfestigkeit; Ausgezeichnete Durchstossfestigkeit; Optimaler Dickenbereich 0.012 bis 0.075 mm	*Bevorzugte Anwendungen*	Blasfolie

Dichte	g/cm^3	0.920	*Schmelzindex*	g/10 min	1:	190/2.16
Schüttdichte	g/cm^3		*Volumenfließindex*	cm^3/10 min	:	
Viskositätszahl	ml/g					

Verarbeitungsbedingungen für Spritzgießen

Massetemp.	°C	*Schwindung*	% lgs , quer
Werkzeugtemp.	°C	*Bemerkungen*	
Spritzdruck	bar		

Zugversuch 23 °C ASTM D-638;

Probekörper: *Form* — *Zustand* — *Herstellung* Pressen — *Vorbehandlung* Normalklima

Streckspannung	N/mm^2	13	*Dehnung bei Streckspannung*	%	
Zugfestigkeit	N/mm^2		*Reißdehnung*	%	1100
Reißfestigkeit	N/mm^2	25	*% Dehnspannung*	N/mm^2	
E-Modul	N/mm^2	240	*Dehnung bei % Dehnspg.*	%	

Kriechmoduln und Zeitstandwerte 23 °C

Probekörper: *Form* — *Zustand* — *Herstellung* — *Vorbehandlung*

Kriechmodul	*1 min* N/mm^2	*Zeitstandzugfestigkeit*	h	N/mm^2
Kriechmodul	*1000 h* N/mm^2	*Zeitdehnspg.* %	h	N/mm^2
bei Spannung	N/mm^2			

Biegeversuch 23 °C

Probekörper: *Form* — *Zustand* — *Herstellung* — *Vorbehandlung*

Biegefestigkeit	N/mm^2	*E-Modul*	N/mm^2
3,5% *Biegespannung*	N/mm^2		

Härte 23 °C *Probekörper:* *Zustand* — *Herstellung* — *Vorbehandlung*

Kugeldruckhärte	N/mm^2 bei N, s	*Shore-Härte* A
Rockwellhärte		*Shore-Härte* D

Schlagversuch *Probekörper:* *(1)* *(2)* *Zustand* — *Herstellung* — *Vorbehandlung*

		°C	°C	°C	*Probekörper-Form*
Schlagzähigkeit	kJ/m^2				
Kerbschlagzähigkeit (1)	kJ/m^2				
IZOD-Kerbschlagzähigkeit (2)	J/m				
Kerbschlagzugzähigkeit	kJ/m^2				

Abrieb und Reibung

Taber-Abrieb (Reibradverfahren)	$mm^3/100$ U			
Abriebfaktor LNP (Thrust washer) Vergleichswert				
Statische Reibungszahl				
Dynamische Reibungszahl	(p·v= N/mm²·		m/min)	0.67
Zulässiger p·v Wert	N/mm²·(m/min)	v=	m/min	
		v=	m/min	

Thermische Eigenschaften

Formbeständigkeit in der Wärme	*Verfahren*		°C
	Verfahren		°C
Vicat Erweichungstemperatur (VST)	*Verfahren*	A/50	103 °C
	Verfahren		°C
Kristallit-Schmelzpunkt	*Verfahren*		
Längenausdehnungskoeffizient	*Bereich*	°C	$\cdot 10^{-4}K^{-1}$
	Temperatur		$\cdot 10^{-4}K^{-1}$
Wärmeleitfähigkeit	*Verfahren*		W/(K·m)
Spezifische Wärmekapazität	*Verfahren*		J/(K·g)
Glasumwandlungstemperatur	*Torsionsschwingungsversuch*		°C
	Differentialkalorimetrie		°C

Brandverhalten

UL-Test vertikal Dicke mm, Wert
Dicke mm, Wert

	Norm	*Bewertung*	*Abmessungen*
Sauerstoff-Index	ASTM D 2863		
Glühstab-Verfahren			
Brandverhalten	DIN 4102		
MVSS			
FAR			

Elektrische Eigenschaften

		Hz	°C			*Probekörper, Form*
Dielektrizitätszahl		50				
		10^3				
		10^6				
Dielektrischer Verlustfaktor tan δ		50				
		10^3				
		10^6				
Spezifischer Durchgangswiderstand	Ohm·cm					
Durchschlagfestigkeit	kV/mm					mm dick
Oberflächenwiderstand	Ohm					
Kriechstromfestigkeit		KC		KB	KA	
Elektrolytische Korrosionswirkung						
Lichtbogenfestigkeit nach DIN						
nach ASTM	s					

Beständigkeit *(Chemische Beständigkeit siehe Anhang)*

Wasseraufnahme

Feuchtigkeitsaufnahme Normalklima %

Wetterbeständigkeit

Spannungskorrosion

Optische Eigenschaften

Brechungszahl n_D

Transmissionsgrad τ_c % mm dick

Lichtdurchlässigkeit

Produkt	Polyethylen niedriger Dichte		**PE**
Handelsname	**Dowlex 2045.01 E**		
Hersteller	DOW		
DIN-Bez 1	16776-PE,FBGS,20-D012		
DIN-Bez 2			
Zusätze	Antiblockmittel; Gleitmittel	*Füllstoffe/ Verstärkung*	
Bevorzugte Verarbeitung	Extrudieren von Blasfolien	*Lieferform*	Granulat
		Farben	Natur
Besondere Merkmale	Ausgezeichnete Weiterreissfestigkeit; Ausgezeichnete Durchstossfestigkeit; Optimaler Dickenbereich 0.012 bis 0.075 mm	*Bevorzugte Anwendungen*	Blasfolie

Dichte	g/cm³	0.920	*Schmelzindex*	g/10 min	1:	190/2.16
Schüttdichte	g/cm³		*Volumenfließindex*	cm³/10 min	:	
Viskositätszahl	ml/g					

Verarbeitungsbedingungen für Spritzgießen

Massetemp.	°C	*Schwindung*	% lgs , quer
Werkzeugtemp.	°C	*Bemerkungen*	
Spritzdruck	bar		

Zugversuch 23 °C ASTM D-638;

Probekörper: *Form* — *Herstellung* Pressen
Zustand — *Vorbehandlung* Normalklima

Streckspannung	N/mm²	13	*Dehnung bei Streckspannung*	%	
Zugfestigkeit	N/mm²		*Reißdehnung*	%	1100
Reißfestigkeit	N/mm²	25	*% Dehnspannung*	N/mm²	
E-Modul	N/mm²	240	*Dehnung bei % Dehnspg.*	%	

Kriechmoduln und Zeitstandwerte 23 °C

Probekörper: *Form* — *Herstellung*
Zustand — *Vorbehandlung*

Kriechmodul	*1 min*	N/mm²	*Zeitstandzugfestigkeit*	h	N/mm²
Kriechmodul	*1000 h*	N/mm²	*Zeitdehnspg. %*	h	N/mm²
bei Spannung		N/mm²			

Biegeversuch 23 °C

Probekörper: *Form* — *Herstellung*
Zustand — *Vorbehandlung*

Biegefestigkeit	N/mm²	*E-Modul*	N/mm²
3,5% *Biegespannung*	N/mm²		

Härte 23 °C *Probekörper:* *Zustand* — *Herstellung*
Vorbehandlung

Kugeldruckhärte	N/mm² bei N, s	*Shore-Härte*	A
Rockwellhärte		*Shore-Härte*	D

Schlagversuch *Probekörper:* *(1)*
(2) — *Herstellung*
Zustand — *Vorbehandlung*

	°C	°C	°C	*Probekörper-Form*
Schlagzähigkeit kJ/m²				
Kerbschlagzähigkeit (1) kJ/m²				
IZOD-Kerbschlagzähigkeit (2) J/m				
Kerbschlagzugzähigkeit kJ/m²				

Abrieb und Reibung

Taber-Abrieb (Reibradverfahren) mm³/100 U
Abriebfaktor LNP (Thrust washer) Vergleichswert
Statische Reibungszahl
Dynamische Reibungszahl (p·v= N/mm²· m/min) 0.19
Zulässiger p·v Wert N/mm²·(m/min) v= m/min
v= m/min

Thermische Eigenschaften

Formbeständigkeit in der Wärme	*Verfahren*		°C
	Verfahren		°C
Vicat Erweichungstemperatur (VST)	*Verfahren*	A/50	103 °C
	Verfahren		°C
Kristallit-Schmelzpunkt	*Verfahren*		
Längenausdehnungskoeffizient	*Bereich*	°C	$\cdot 10^{-4}K^{-1}$
	Temperatur		$\cdot 10^{-4}K^{-1}$
Wärmeleitfähigkeit	*Verfahren*		W/(K·m)
Spezifische Wärmekapazität	*Verfahren*		J/(K·g)
Glasumwandlungstemperatur	*Torsionsschwingungsversuch*	°C	
	Differentialkalorimetrie	°C	

Brandverhalten

UL-Test vertikal Dicke mm, Wert
Dicke mm, Wert

	Norm	*Bewertung*	*Abmessungen*
Sauerstoff-Index	ASTM D 2863		
Glühstab-Verfahren			
Brandverhalten	DIN 4102		
MVSS			
FAR			

Elektrische Eigenschaften

	Hz	°C	*Probekörper, Form*
Dielektrizitätszahl	50		
	10^3		
	10^6		
Dielektrischer Verlustfaktor tan δ	50		
	10^3		
	10^6		

Spezifischer Durchgangs-widerstand Ohm·cm
Durchschlagfestigkeit kV/mm mm dick
Oberflächenwiderstand Ohm

Kriechstromfestigkeit KC KB KA
Elektrolytische Korrosionswirkung
Lichtbogenfestigkeit nach DIN
nach ASTM s

Beständigkeit *(Chemische Beständigkeit siehe Anhang)*

Wasseraufnahme

Feuchtigkeitsaufnahme Normalklima %
Wetterbeständigkeit

Spannungskorrosion

Optische Eigenschaften

Brechungszahl n_D
Transmissionsgrad τ_c % mm dick
Lichtdurchlässigkeit

Produkt	Polyethylen niedriger Dichte			**PE**
Handelsname	**Dowlex 2049 E**			
Hersteller	DOW			
DIN-Bez 1	16776-PE,FG,25-D012			
DIN-Bez 2				
Zusätze		*Füllstoffe/ Verstärkung*		
Bevorzugte Verarbeitung	Extrudieren von Blasfolien	*Lieferform*	Granulat	
		Farben	Natur	
Besondere Merkmale	Ausgezeichnete Weiterreissfestigkeit; Ausgezeichnete Durchstossfestigkeit; Sehr gute Zaehigkeit; Mittlere Steifheit; Optimaler Dickenbereich 0.012 bis 0.075 mm	*Bevorzugte Anwendungen*	Blasfolie	

Dichte	g/cm³	0.926	*Schmelzindex*	g/10 min	1:	190/2.16
Schüttdichte	g/cm³		*Volumenfließindex*	cm³/10 min	:	
Viskositätszahl	ml/g					

Verarbeitungsbedingungen für Spritzgießen

Massetemp.	°C	*Schwindung*	% lgs , quer
Werkzeugtemp.	°C	*Bemerkungen*	
Spritzdruck	bar		

Zugversuch 23 °C ASTM D-638;

Probekörper: *Form* — *Herstellung* Pressen
Zustand — *Vorbehandlung* Normalklima

Streckspannung	N/mm²	13	*Dehnung bei Streckspannung*	%	
Zugfestigkeit	N/mm²		*Reißdehnung*	%	900
Reißfestigkeit	N/mm²	31	*% Dehnspannung*	N/mm²	
E-Modul	N/mm²	281	*Dehnung bei % Dehnspg.*	%	

Kriechmoduln und Zeitstandwerte 23 °C

Probekörper: *Form* — *Herstellung*
Zustand — *Vorbehandlung*

Kriechmodul	*1 min*	N/mm²	*Zeitstandzugfestigkeit*	h	N/mm²
Kriechmodul	*1000 h*	N/mm²	*Zeitdehnspg. %*	h	N/mm²
bei Spannung		N/mm²			

Biegeversuch 23 °C

Probekörper: *Form* — *Herstellung*
Zustand — *Vorbehandlung*

Biegefestigkeit	N/mm²	*E-Modul*	N/mm²
3,5% *Biegespannung*	N/mm²		

Härte 23 °C *Probekörper:* *Zustand* — *Herstellung*
Vorbehandlung

Kugeldruckhärte	N/mm² bei N, s	*Shore-Härte* A	
Rockwellhärte		*Shore-Härte* D	

Schlagversuch *Probekörper:* *(1)*
(2) — *Herstellung*
Zustand — *Vorbehandlung*

	°C	°C	°C	*Probekörper-Form*
Schlagzähigkeit kJ/m²				
Kerbschlagzähigkeit (1) kJ/m²				
IZOD-Kerbschlagzähigkeit (2) J/m				
Kerbschlagzugzähigkeit kJ/m²				

Abrieb und Reibung

Taber-Abrieb (Reibradverfahren) mm^3/100 U
Abriebfaktor LNP (Thrust washer) Vergleichswert
Statische Reibungszahl
Dynamische Reibungszahl (p · v= N/mm^2 · m/min)
Zulässiger p · v Wert N/mm^2 · (m/min) v= m/min
v= m/min

Thermische Eigenschaften

Formbeständigkeit in der Wärme	*Verfahren*		°C
	Verfahren		°C
Vicat Erweichungstemperatur (VST)	*Verfahren* A/50		110 °C
	Verfahren		°C
Kristallit-Schmelzpunkt	*Verfahren*		
Längenausdehnungskoeffizient	*Bereich*	°C	· $10^{-4}K^{-1}$
	Temperatur		· $10^{-4}K^{-1}$
Wärmeleitfähigkeit	*Verfahren*		W/(K · m)
Spezifische Wärmekapazität	*Verfahren*		J/(K · g)
Glasumwandlungstemperatur	*Torsionsschwingungsversuch*	°C	
	Differentialkalorimetrie	°C	

Brandverhalten

UL-Test vertikal Dicke mm, Wert
Dicke mm, Wert

	Norm	*Bewertung*	*Abmessungen*
Sauerstoff-Index	ASTM D 2863		
Glühstab-Verfahren			
Brandverhalten	DIN 4102		
MVSS			
FAR			

Elektrische Eigenschaften

	Hz	°C	*Probekörper, Form*
Dielektrizitätszahl	50		
	10^3		
	10^6		
Dielektrischer Verlustfaktor tan δ	50		
	10^3		
	10^6		
Spezifischer Durchgangswiderstand Ohm · cm			
Durchschlagfestigkeit kV/mm			mm dick
Oberflächenwiderstand Ohm			

Kriechstromfestigkeit KC KB KA
Elektrolytische Korrosionswirkung
Lichtbogenfestigkeit nach DIN
nach ASTM s

Beständigkeit *(Chemische Beständigkeit siehe Anhang)*

Wasseraufnahme

Feuchtigkeitsaufnahme Normalklima %
Wetterbeständigkeit

Spannungskorrosion

Optische Eigenschaften

Brechungszahl n_D
Transmissionsgrad τ_c % mm dick
Lichtdurchlässigkeit

Datenbank-Nr.	**T04891**	Merkblatt-Nr. **3581**

Produkt	Polyethylen niedriger Dichte		**PE**
Handelsname	**Dowlex 2056 E**		
Hersteller	DOW		
DIN-Bez 1	16776-PE,FG,20-D012		
DIN-Bez 2			
Zusätze		*Füllstoffe/ Verstärkung*	
Bevorzugte Verarbeitung	Extrudieren von Blasfolien	*Lieferform*	Granulat
		Farben	Natur
Besondere Merkmale	Ausgezeichnete Weiterreissfestigkeit; Ausgezeichnete Durchstossfestigkeit; Optimaler Dickenbereich 0.012 bis 0.075 mm	*Bevorzugte Anwendungen*	Blasfolie mit niedrigem Gelanteil

Dichte	g/cm³	0.920	*Schmelzindex*	g/10 min	1:	190/2.16
Schüttdichte	g/cm³		*Volumenfließindex*	cm³/10 min	:	
Viskositätszahl	ml/g					

Verarbeitungsbedingungen für Spritzgießen

Massetemp.	°C	*Schwindung*	% lgs , quer
Werkzeugtemp.	°C	*Bemerkungen*	
Spritzdruck	bar		

Zugversuch 23 °C ASTM D-638;

Probekörper:	*Form*	*Herstellung*	Pressen
	Zustand	*Vorbehandlung*	Normalklima

Streckspannung	N/mm²	13	*Dehnung bei Streckspannung*	%	
Zugfestigkeit	N/mm²		*Reißdehnung*	%	1100
Reißfestigkeit	N/mm²	25	*% Dehnspannung*	N/mm²	
E-Modul	N/mm²	240	*Dehnung bei % Dehnspg.*	%	

Kriechmoduln und Zeitstandwerte 23 °C

Probekörper:	*Form*	*Herstellung*	
	Zustand	*Vorbehandlung*	

Kriechmodul	*1 min*	N/mm²	*Zeitstandzugfestigkeit*	h	N/mm²
Kriechmodul	*1000 h*	N/mm²	*Zeitdehnspg. %*	h	N/mm²
bei Spannung		N/mm²			

Biegeversuch 23 °C

Probekörper:	*Form*	*Herstellung*	
	Zustand	*Vorbehandlung*	

Biegefestigkeit	N/mm²	*E-Modul*	N/mm²
3,5% *Biegespannung*	N/mm²		

Härte 23 °C *Probekörper:* *Zustand* *Herstellung* *Vorbehandlung*

Kugeldruckhärte	N/mm² bei N, s	*Shore-Härte* A	
Rockwellhärte		*Shore-Härte* D	

Schlagversuch *Probekörper:* *(1)* *(2)* *Zustand* *Herstellung* *Vorbehandlung*

		°C	°C	°C	*Probekörper-Form*
Schlagzähigkeit	kJ/m²				
Kerbschlagzähigkeit (1)	kJ/m²				
IZOD-Kerbschlagzähigkeit (2)	J/m				
Kerbschlagzugzähigkeit	kJ/m²				

Abrieb und Reibung

Taber-Abrieb (Reibradverfahren)	$mm^3/100$ U			
Abriebfaktor LNP (Thrust washer) Vergleichswert				
Statische Reibungszahl				
Dynamische Reibungszahl	(p·v=	N/mm^2·	m/min)	0.67
Zulässiger p · v Wert	N/mm^2 · (m/min)	v=	m/min	
		v=	m/min	

Thermische Eigenschaften

Formbeständigkeit in der Wärme	*Verfahren*			°C
	Verfahren			°C
Vicat Erweichungstemperatur (VST)	*Verfahren*	A/50		103 °C
	Verfahren			°C
Kristallit-Schmelzpunkt	*Verfahren*			
Längenausdehnungskoeffizient	*Bereich*		°C	$\cdot 10^{-4}K^{-1}$
	Temperatur			$\cdot 10^{-4}K^{-1}$
Wärmeleitfähigkeit	*Verfahren*			W/(K · m)
Spezifische Wärmekapazität	*Verfahren*			J/(K · g)
Glasumwandlungstemperatur	*Torsionsschwingungsversuch*		°C	
	Differentialkalorimetrie		°C	

Brandverhalten

UL-Test vertikal Dicke mm, Wert
Dicke mm, Wert

	Norm	*Bewertung*	*Abmessungen*
Sauerstoff-Index	ASTM D 2863		
Glühstab-Verfahren			
Brandverhalten	DIN 4102		
MVSS			
FAR			

Elektrische Eigenschaften

	Hz	°C	*Probekörper, Form*
Dielektrizitätszahl	50		
	10^3		
	10^6		
Dielektrischer Verlustfaktor tan δ	50		
	10^3		
	10^6		

Spezifischer Durchgangswiderstand	Ohm · cm	
Durchschlagfestigkeit	kV/mm	mm dick
Oberflächenwiderstand	Ohm	

Kriechstromfestigkeit	KC	KB	KA
Elektrolytische Korrosionswirkung			
Lichtbogenfestigkeit nach DIN			
nach ASTM s			

Beständigkeit *(Chemische Beständigkeit siehe Anhang)*

Wasseraufnahme

Feuchtigkeitsaufnahme Normalklima %

Wetterbeständigkeit

Spannungskorrosion

Optische Eigenschaften

Brechungszahl n_D

Transmissionsgrad τ_c % mm dick

Lichtdurchlässigkeit

Produkt	Polyethylen niedriger Dichte			**PE**
Handelsname	**Dowlex 2056.01 E**			
Hersteller	DOW			
DIN-Bez 1	16776-PE,FBGS,20-D012			
DIN-Bez 2				
Zusätze	Antiblockmittel; Gleitmittel	*Füllstoffe/ Verstärkung*		
Bevorzugte Verarbeitung	Extrudieren von Blasfolien	*Lieferform*	Granulat	
		Farben	Natur	
Besondere Merkmale	Ausgezeichnete Weiterreissfestigkeit; Ausgezeichnete Durchstossfestigkeit; Optimaler Dickenbereich 0.012 bis 0.075 mm	*Bevorzugte Anwendungen*	Blasfolie mit niedrigem Gelanteil	

Dichte	g/cm^3	0.920	*Schmelzindex*	g/10 min	1:	190/2.16
Schüttdichte	g/cm^3		*Volumenfließindex*	$cm^3/10$ min	:	
Viskositätszahl	ml/g					

Verarbeitungsbedingungen für Spritzgießen

Massetemp.	°C	*Schwindung*	% lgs , quer
Werkzeugtemp.	°C	*Bemerkungen*	
Spritzdruck	bar		

Zugversuch 23 °C ASTM D-638;

Probekörper: *Form* / *Zustand* — *Herstellung* Pressen / *Vorbehandlung* Normalklima

Streckspannung	N/mm^2	13	*Dehnung bei Streckspannung*	%	
Zugfestigkeit	N/mm^2		*Reißdehnung*	%	1100
Reißfestigkeit	N/mm^2	25	*% Dehnspannung*	N/mm^2	
E-Modul	N/mm^2	240	*Dehnung bei % Dehnspg.*	%	

Kriechmoduln und Zeitstandwerte 23 °C

Probekörper: *Form* / *Zustand* — *Herstellung* / *Vorbehandlung*

Kriechmodul	*1 min* N/mm^2	*Zeitstandzugfestigkeit*	h	N/mm^2
Kriechmodul	*1000 h* N/mm^2	*Zeitdehnspg. %*	h	N/mm^2
bei Spannung	N/mm^2			

Biegeversuch 23 °C

Probekörper: *Form* / *Zustand* — *Herstellung* / *Vorbehandlung*

Biegefestigkeit	N/mm^2	*E-Modul*	N/mm^2
3,5% *Biegespannung*	N/mm^2		

Härte 23 °C *Probekörper:* *Zustand* — *Herstellung* / *Vorbehandlung*

Kugeldruckhärte	N/mm^2 bei N, s	*Shore-Härte* A	
Rockwellhärte		*Shore-Härte* D	

Schlagversuch *Probekörper:* *(1)* / *(2)* / *Zustand* — *Herstellung* / *Vorbehandlung*

		°C	°C	°C	*Probekörper-Form*
Schlagzähigkeit	kJ/m^2				
Kerbschlagzähigkeit (1)	kJ/m^2				
IZOD-Kerbschlagzähigkeit (2)	J/m				
Kerbschlagzugzähigkeit	kJ/m^2				

Abrieb und Reibung

Taber-Abrieb (Reibradverfahren) mm³/100 U
Abriebfaktor LNP (Thrust washer) Vergleichswert
Statische Reibungszahl
Dynamische Reibungszahl (p·v= N/mm²· m/min) 0.19
Zulässiger p · v Wert N/mm² · (m/min) v= m/min
v= m/min

Thermische Eigenschaften

Formbeständigkeit in der Wärme *Verfahren* °C
Verfahren °C
Vicat Erweichungstemperatur (VST) *Verfahren* A/50 103 °C
Verfahren °C
Kristallit-Schmelzpunkt *Verfahren*

Längenausdehnungskoeffizient *Bereich* °C $\cdot 10^{-4} K^{-1}$
Temperatur $\cdot 10^{-4} K^{-1}$
Wärmeleitfähigkeit *Verfahren* W/(K · m)

Spezifische Wärmekapazität *Verfahren* J/(K · g)

Glasumwandlungstemperatur *Torsionsschwingungsversuch* °C
Differentialkalorimetrie °C

Brandverhalten

UL-Test vertikal Dicke mm, Wert
Dicke mm, Wert

	Norm	*Bewertung*	*Abmessungen*
Sauerstoff-Index	ASTM D 2863		
Glühstab-Verfahren			
Brandverhalten	DIN 4102		
MVSS			
FAR			

Elektrische Eigenschaften

	Hz	°C	*Probekörper, Form*
Dielektrizitätszahl	50		
	10^3		
	10^6		
Dielektrischer Verlustfaktor tan δ	50		
	10^3		
	10^6		

Spezifischer Durchgangswiderstand Ohm · cm
Durchschlagfestigkeit kV/mm mm dick
Oberflächenwiderstand Ohm

Kriechstromfestigkeit KC KB KA
Elektrolytische Korrosionswirkung
Lichtbogenfestigkeit nach DIN
nach ASTM s

Beständigkeit *(Chemische Beständigkeit siehe Anhang)*

Wasseraufnahme

Feuchtigkeitsaufnahme Normalklima %
Wetterbeständigkeit

Spannungskorrosion

Optische Eigenschaften

Brechungszahl n_D
Transmissionsgrad τ_c % mm dick
Lichtdurchlässigkeit

Produkt	Polyethylen niedriger Dichte		**PE**
Handelsname	**Dowlex 2035 E**		
Hersteller	DOW		
DIN-Bez 1	16776-PE,FG,20-D045		
DIN-Bez 2			
Zusätze		*Füllstoffe/ Verstärkung*	
Bevorzugte Verarbeitung	Chill-Roll Verfahren; Extrudieren von Flachfolien	*Lieferform*	Granulat
		Farben	Natur
Besondere Merkmale	Ausgezeichnete Weiterreissfestigkeit; Ausgezeichnete Durchstossfestigkeit; Sehr gute Zaehigkeit; Sehr gute Verarbeitbarkeit; Optimaler Dickenbereich 0.012 bis 0.060 mm	*Bevorzugte Anwendungen*	Flachfolie

Dichte	g/cm^3	0.919	*Schmelzindex*	g/10 min	6.0:	190/2.16
Schüttdichte	g/cm^3		*Volumenfließindex*	cm^3/10 min	:	
Viskositätszahl	ml/g					

Verarbeitungsbedingungen für Spritzgießen

Massetemp.	°C	*Schwindung*	% lgs , quer
Werkzeugtemp.	°C	*Bemerkungen*	
Spritzdruck	bar		

Zugversuch 23 °C ASTM D-638;

Probekörper: *Form* / *Zustand* — *Herstellung* Pressen, *Vorbehandlung* Normalklima

Streckspannung	N/mm^2	12	*Dehnung bei Streckspannung*	%	
Zugfestigkeit	N/mm^2		*Reißdehnung*	%	800
Reißfestigkeit	N/mm^2	20	*% Dehnspannung*	N/mm^2	
E-Modul	N/mm^2	267	*Dehnung bei % Dehnspg.*	%	

Kriechmoduln und Zeitstandwerte 23 °C

Probekörper: *Form* / *Zustand* — *Herstellung* / *Vorbehandlung*

Kriechmodul	*1 min* N/mm^2	*Zeitstandzugfestigkeit*	h	N/mm^2
Kriechmodul	*1000 h* N/mm^2	*Zeitdehnspg. %*	h	N/mm^2
bei Spannung	N/mm^2			

Biegeversuch 23 °C

Probekörper: *Form* / *Zustand* — *Herstellung* / *Vorbehandlung*

Biegefestigkeit	N/mm^2	*E-Modul*	N/mm^2
3,5% *Biegespannung*	N/mm^2		

Härte 23 °C *Probekörper:* *Zustand* — *Herstellung* / *Vorbehandlung*

Kugeldruckhärte	N/mm^2 bei N, s	*Shore-Härte* A	
Rockwellhärte		*Shore-Härte* D	

Schlagversuch *Probekörper:* *(1)* *(2)* *Zustand* — *Herstellung* / *Vorbehandlung*

°C °C °C *Probekörper-Form*

Schlagzähigkeit	kJ/m^2
Kerbschlagzähigkeit (1)	kJ/m^2
IZOD-Kerbschlagzähigkeit (2)	J/m
Kerbschlagzugzähigkeit	kJ/m^2

Abrieb und Reibung

Taber-Abrieb (Reibradverfahren) mm^3/100 U
Abriebfaktor LNP (Thrust washer) Vergleichswert
Statische Reibungszahl
Dynamische Reibungszahl (p·v= N/mm^2· m/min)
Zulässiger p · v Wert N/mm^2·(m/min) v= m/min
v= m/min

Thermische Eigenschaften

Formbeständigkeit in der Wärme *Verfahren* °C
Verfahren °C
Vicat Erweichungstemperatur (VST) *Verfahren* A/50 97 °C
Verfahren °C
Kristallit-Schmelzpunkt *Verfahren*
Längenausdehnungskoeffizient *Bereich* °C $\cdot 10^{-4}K^{-1}$
Temperatur $\cdot 10^{-4}K^{-1}$
Wärmeleitfähigkeit *Verfahren* W/(K · m)
Spezifische Wärmekapazität *Verfahren* J/(K · g)
Glasumwandlungstemperatur *Torsionsschwingungsversuch* °C
Differentialkalorimetrie °C

Brandverhalten

UL-Test vertikal Dicke mm, Wert
Dicke mm, Wert

	Norm	*Bewertung*	*Abmessungen*
Sauerstoff-Index	ASTM D 2863		
Glühstab-Verfahren			
Brandverhalten	DIN 4102		
MVSS			
FAR			

Elektrische Eigenschaften

	Hz	°C	*Probekörper, Form*
Dielektrizitätszahl	50		
	10^3		
	10^6		
Dielektrischer Verlustfaktor tan δ	50		
	10^3		
	10^6		

Spezifischer Durchgangswiderstand Ohm · cm
Durchschlagfestigkeit kV/mm mm dick
Oberflächenwiderstand Ohm
Kriechstromfestigkeit KC KB KA
Elektrolytische Korrosionswirkung
Lichtbogenfestigkeit nach DIN
nach ASTM s

Beständigkeit *(Chemische Beständigkeit siehe Anhang)*

Wasseraufnahme
Feuchtigkeitsaufnahme Normalklima %
Wetterbeständigkeit
Spannungskorrosion

Optische Eigenschaften

Brechungszahl n_D
Transmissionsgrad τ_c % mm dick
Lichtdurchlässigkeit

Produkt	Polyethylen niedriger Dichte		**PE**
Handelsname	**Dowlex 2037 E**		
Hersteller	DOW		
DIN-Bez 1	16776-PE,FG,35-D022		
DIN-Bez 2			
Zusätze		*Füllstoffe/ Verstärkung*	
Bevorzugte Verarbeitung	Chill-Roll Verfahren; Extrudieren von Flachfolien	*Lieferform*	Granulat
		Farben	Natur
Besondere Merkmale	Sehr gute Steifheit; Ausgezeichnete optische Eigenschaften; Gute Weiterreissfestigkeit; Optimaler Dickenbereich 0.012 bis 0.060 mm	*Bevorzugte Anwendungen*	Flachfolie

Dichte	g/cm³	0.935	*Schmelzindex*	g/10 min	2.5:	190/2.16
Schüttdichte	g/cm³		*Volumenfließindex*	cm³/10 min	:	
Viskositätszahl	ml/g					

Verarbeitungsbedingungen für Spritzgießen

Massetemp.	°C	*Schwindung*	% lgs , quer
Werkzeugtemp.	°C	*Bemerkungen*	
Spritzdruck	bar		

Zugversuch 23 °C ASTM D-638;
Probekörper: *Form* — *Herstellung* Pressen
Zustand — *Vorbehandlung* Normalklima

Streckspannung	N/mm²	20	*Dehnung bei Streckspannung*	%	
Zugfestigkeit	N/mm²		*Reißdehnung*	%	800
Reißfestigkeit	N/mm²	15	*% Dehnspannung*	N/mm²	
E-Modul	N/mm²	527	*Dehnung bei % Dehnspg.*	%	

Kriechmoduln und Zeitstandwerte 23 °C
Probekörper: *Form* — *Herstellung*
Zustand — *Vorbehandlung*

Kriechmodul	*1 min*	N/mm²	*Zeitstandzugfestigkeit*	h	N/mm²
Kriechmodul	*1000 h*	N/mm²	*Zeitdehnspg. %*	h	N/mm²
bei Spannung		N/mm²			

Biegeversuch 23 °C
Probekörper: *Form* — *Herstellung*
Zustand — *Vorbehandlung*

Biegefestigkeit	N/mm²	*E-Modul*	N/mm²
3,5% *Biegespannung*	N/mm²		

Härte 23 °C *Probekörper:* *Zustand* — *Herstellung*
Vorbehandlung

Kugeldruckhärte	N/mm² bei N, s	*Shore-Härte* A	
Rockwellhärte		*Shore-Härte* D	

Schlagversuch *Probekörper:* *(1)*
(2) — *Herstellung*
Zustand — *Vorbehandlung*

	°C	°C	°C	*Probekörper-Form*
Schlagzähigkeit kJ/m²				
Kerbschlagzähigkeit (1) kJ/m²				
IZOD-Kerbschlagzähigkeit (2) J/m				
Kerbschlagzugzähigkeit kJ/m²				

Abrieb und Reibung

Taber-Abrieb (Reibradverfahren)	$mm^3/100$ U		
Abriebfaktor LNP (Thrust washer) Vergleichswert			
Statische Reibungszahl			
Dynamische Reibungszahl	(p · v=	N/mm² ·	m/min)
Zulässiger p · v Wert	N/mm² · (m/min)	v=	m/min
		v=	m/min

Thermische Eigenschaften

Formbeständigkeit in der Wärme	*Verfahren*		°C
	Verfahren		°C
Vicat Erweichungstemperatur (VST)	*Verfahren*	A/50	118 °C
	Verfahren		°C
Kristallit-Schmelzpunkt	*Verfahren*		
Längenausdehnungskoeffizient	*Bereich*	°C	$\cdot 10^{-4} K^{-1}$
	Temperatur		$\cdot 10^{-4} K^{-1}$
Wärmeleitfähigkeit	*Verfahren*		W/(K · m)
Spezifische Wärmekapazität	*Verfahren*		J/(K · g)
Glasumwandlungstemperatur	*Torsionsschwingungsversuch*		°C
	Differentialkalorimetrie		°C

Brandverhalten

UL-Test vertikal	Dicke	mm, Wert
	Dicke	mm, Wert

	Norm	*Bewertung*	*Abmessungen*
Sauerstoff-Index	ASTM D 2863		
Glühstab-Verfahren			
Brandverhalten	DIN 4102		
MVSS			
FAR			

Elektrische Eigenschaften

	Hz	°C	*Probekörper, Form*
Dielektrizitätszahl	50		
	10^3		
	10^6		
Dielektrischer Verlustfaktor tan δ	50		
	10^3		
	10^6		

Spezifischer Durchgangswiderstand	Ohm · cm		
Durchschlagfestigkeit	kV/mm		mm dick
Oberflächenwiderstand	Ohm		
Kriechstromfestigkeit	KC	KB	KA
Elektrolytische Korrosionswirkung			
Lichtbogenfestigkeit nach DIN			
nach ASTM	s		

Beständigkeit *(Chemische Beständigkeit siehe Anhang)*

Wasseraufnahme

Feuchtigkeitsaufnahme Normalklima %

Wetterbeständigkeit

Spannungskorrosion

Optische Eigenschaften

Brechungszahl n_D

Transmissionsgrad τ_c % mm dick

Lichtdurchlässigkeit

Produkt	Polyethylen niedriger Dichte		**PE**
Handelsname	**Dowlex 2047 E**		
Hersteller	DOW		
DIN-Bez 1	16776-PE,FG,15-D022		
DIN-Bez 2			
Zusätze		*Füllstoffe/ Verstärkung*	
Bevorzugte Verarbeitung	Chill-Roll Verfahren; Extrudieren von Flachfolien	*Lieferform*	Granulat
		Farben	Natur
Besondere Merkmale	Hervorragende Weiterreissfestigkeit; Sehr gute Schlagzaehigkeit; Optimaler Dickenbereich 0.012 bis 0.060 mm	*Bevorzugte Anwendungen*	Flachfolie

Dichte	g/cm³	0.917	*Schmelzindex*	g/10 min	2.3:	190/2.16
Schüttdichte	g/cm³		*Volumenfließindex*	cm³/10 min	:	
Viskositätszahl	ml/g					

Verarbeitungsbedingungen für Spritzgießen

Massetemp.	°C	*Schwindung*	% lgs , quer
Werkzeugtemp.	°C	*Bemerkungen*	
Spritzdruck	bar		

Zugversuch 23 °C ASTM D-638;

Probekörper:	*Form*	*Herstellung*	Pressen
	Zustand	*Vorbehandlung*	Normalklima

Streckspannung	N/mm²	11	*Dehnung bei Streckspannung*	%	
Zugfestigkeit	N/mm²		*Reißdehnung*	%	900
Reißfestigkeit	N/mm²	19	*% Dehnspannung*	N/mm²	
E-Modul	N/mm²	253	*Dehnung bei % Dehnspg.*	%	

Kriechmoduln und Zeitstandwerte 23 °C

Probekörper:	*Form*	*Herstellung*
	Zustand	*Vorbehandlung*

Kriechmodul	*1 min*	N/mm²	*Zeitstandzugfestigkeit*	h	N/mm²
Kriechmodul	*1000 h*	N/mm²	*Zeitdehnspg. %*	h	N/mm²
bei Spannung		N/mm²			

Biegeversuch 23 °C

Probekörper:	*Form*	*Herstellung*
	Zustand	*Vorbehandlung*

Biegefestigkeit	N/mm²	*E-Modul*	N/mm²
3,5% *Biegespannung*	N/mm²		

Härte 23 °C *Probekörper:* *Zustand* *Herstellung* *Vorbehandlung*

Kugeldruckhärte	N/mm² bei N, s	*Shore-Härte*	A
Rockwellhärte		*Shore-Härte*	D

Schlagversuch *Probekörper:* *(1)* *(2)* *Zustand* *Herstellung* *Vorbehandlung*

		°C	°C	°C	*Probekörper-Form*
Schlagzähigkeit	kJ/m²				
Kerbschlagzähigkeit (1)	kJ/m²				
IZOD-Kerbschlagzähigkeit (2)	J/m				
Kerbschlagzugzähigkeit	kJ/m²				

Abrieb und Reibung

Taber-Abrieb (Reibradverfahren) mm^3/100 U
Abriebfaktor LNP (Thrust washer) Vergleichswert
Statische Reibungszahl
Dynamische Reibungszahl (p·v= N/mm^2· m/min)
Zulässiger p·v Wert N/mm^2·(m/min) v= m/min
v= m/min

Thermische Eigenschaften

Formbeständigkeit in der Wärme	*Verfahren*		°C
	Verfahren		°C
Vicat Erweichungstemperatur (VST)	*Verfahren*	A/50	96 °C
	Verfahren		°C
Kristallit-Schmelzpunkt	*Verfahren*		
Längenausdehnungskoeffizient	*Bereich*	°C	$\cdot 10^{-4}K^{-1}$
	Temperatur		$\cdot 10^{-4}K^{-1}$
Wärmeleitfähigkeit	*Verfahren*		W/(K·m)
Spezifische Wärmekapazität	*Verfahren*		J/(K·g)
Glasumwandlungstemperatur	*Torsionsschwingungsversuch*	°C	
	Differentialkalorimetrie	°C	

Brandverhalten

UL-Test vertikal Dicke mm, Wert
Dicke mm, Wert

	Norm	*Bewertung*	*Abmessungen*
Sauerstoff-Index	ASTM D 2863		
Glühstab-Verfahren			
Brandverhalten	DIN 4102		
MVSS			
FAR			

Elektrische Eigenschaften

		Hz	°C	*Probekörper, Form*
Dielektrizitätszahl		50		
		10^3		
		10^6		
Dielektrischer Verlustfaktor tan δ		50		
		10^3		
		10^6		
Spezifischer Durchgangswiderstand	Ohm·cm			
Durchschlagfestigkeit	kV/mm			mm dick
Oberflächenwiderstand	Ohm			

Kriechstromfestigkeit KC KB KA
Elektrolytische Korrosionswirkung
Lichtbogenfestigkeit nach DIN
nach ASTM s

Beständigkeit *(Chemische Beständigkeit siehe Anhang)*

Wasseraufnahme

Feuchtigkeitsaufnahme Normalklima %
Wetterbeständigkeit

Spannungskorrosion

Optische Eigenschaften

Brechungszahl n_D
Transmissionsgrad τ_c % mm dick
Lichtdurchlässigkeit

Produkt	Polyethylen niedriger Dichte		**PE**
Handelsname	**Dowlex 2247 E**		
Hersteller	DOW		
DIN-Bez 1	16776-PE,FG,15-D022		
DIN-Bez 2			
Zusätze		*Füllstoffe/ Verstärkung*	
Bevorzugte Verarbeitung	Chill-Roll Verfahren; Extrudieren von Flachfolien	*Lieferform*	Granulat
		Farben	Natur
Besondere Merkmale	Ausgezeichnete Streckbarkeit; Hervorragende Weiterreisfestigkeit und Schlagzaehigkeit; Ausgezeichnete optische Eigenschaften; Optimaler Dikkenbereich 0.010 bis 0.060 mm	*Bevorzugte Anwendungen*	Stretchfolie fuer Verpackungen

Dichte	g/cm^3	0.917	*Schmelzindex*	g/10 min	2.3:	190/2.16
Schüttdichte	g/cm^3		*Volumenfließindex*	cm^3/10 min	:	
Viskositätszahl	ml/g					

Verarbeitungsbedingungen für Spritzgießen

Massetemp.	°C	*Schwindung*	% lgs , quer
Werkzeugtemp.	°C	*Bemerkungen*	
Spritzdruck	bar		

Zugversuch 23 °C ASTM D-638;

Probekörper: *Form* / *Zustand* — *Herstellung* Pressen / *Vorbehandlung* Normalklima

Streckspannung	N/mm^2	11	*Dehnung bei Streckspannung*	%	
Zugfestigkeit	N/mm^2		*Reißdehnung*	%	900
Reißfestigkeit	N/mm^2	19	*% Dehnspannung*	N/mm^2	
E-Modul	N/mm^2	253	*Dehnung bei % Dehnspg.*	%	

Kriechmoduln und Zeitstandwerte 23 °C

Probekörper: *Form* / *Zustand* — *Herstellung* / *Vorbehandlung*

Kriechmodul	*1 min* N/mm^2	*Zeitstandzugfestigkeit*	h	N/mm^2
Kriechmodul	*1000 h* N/mm^2	*Zeitdehnspg.* %	h	N/mm^2
bei Spannung	N/mm^2			

Biegeversuch 23 °C

Probekörper: *Form* / *Zustand* — *Herstellung* / *Vorbehandlung*

Biegefestigkeit	N/mm^2	*E-Modul*	N/mm^2
3,5% *Biegespannung*	N/mm^2		

Härte 23 °C *Probekörper:* *Zustand* — *Herstellung* / *Vorbehandlung*

Kugeldruckhärte	N/mm^2 bei N, s	*Shore-Härte* A	
Rockwellhärte		*Shore-Härte* D	

Schlagversuch *Probekörper:* *(1)* / *(2)* / *Zustand* — *Herstellung* / *Vorbehandlung*

		°C	°C	°C	*Probekörper-Form*
Schlagzähigkeit	kJ/m^2				
Kerbschlagzähigkeit (1)	kJ/m^2				
IZOD-Kerbschlagzähigkeit (2)	J/m				
Kerbschlagzugzähigkeit	kJ/m^2				

Abrieb und Reibung

Taber-Abrieb (Reibradverfahren)	mm^3/100 U		
Abriebfaktor LNP (Thrust washer) Vergleichswert			
Statische Reibungszahl			
Dynamische Reibungszahl	(p · v=	N/mm^2 ·	m/min)
Zulässiger p · v Wert	N/mm^2 · (m/min)	v=	m/min
		v=	m/min

Thermische Eigenschaften

Formbeständigkeit in der Wärme	*Verfahren*		°C
	Verfahren		°C
Vicat Erweichungstemperatur (VST)	*Verfahren*	A/50	96 °C
	Verfahren		°C
Kristallit-Schmelzpunkt	*Verfahren*		
Längenausdehnungskoeffizient	*Bereich*	°C	$\cdot 10^{-4}K^{-1}$
	Temperatur		$\cdot 10^{-4}K^{-1}$
Wärmeleitfähigkeit	*Verfahren*		W/(K · m)
Spezifische Wärmekapazität	*Verfahren*		J/(K · g)
Glasumwandlungstemperatur	*Torsionsschwingungsversuch*	°C	
	Differentialkalorimetrie	°C	

Brandverhalten

UL-Test vertikal	Dicke	mm, Wert
	Dicke	mm, Wert

	Norm	*Bewertung*	*Abmessungen*
Sauerstoff-Index	ASTM D 2863		
Glühstab-Verfahren			
Brandverhalten	DIN 4102		
MVSS			
FAR			

Elektrische Eigenschaften

		Hz	°C			*Probekörper, Form*
Dielektrizitätszahl		50				
		10^3				
		10^6				
Dielektrischer Verlustfaktor tan δ		50				
		10^3				
		10^6				
Spezifischer Durchgangs-widerstand	Ohm · cm					
Durchschlagfestigkeit	kV/mm					mm dick
Oberflächenwiderstand	Ohm					
Kriechstromfestigkeit		KC		KB	KA	
Elektrolytische Korrosionswirkung						
Lichtbogenfestigkeit nach DIN						
nach ASTM	s					

Beständigkeit *(Chemische Beständigkeit siehe Anhang)*

Wasseraufnahme	
Feuchtigkeitsaufnahme Normalklima	%
Wetterbeständigkeit	
Spannungskorrosion	

Optische Eigenschaften

Brechungszahl n_D		
Transmissionsgrad τ_c	%	mm dick
Lichtdurchlässigkeit		

Produkt	Polyethylen niedriger Dichte		**PE**
Handelsname	**Dowlex 2288 E**		
Hersteller	DOW		
DIN-Bez 1	16776-PE,FG,15-D045		
DIN-Bez 2			
Zusätze		*Füllstoffe/ Verstärkung*	
Bevorzugte Verarbeitung	Chill-Roll Verfahren; Extrudieren von Flachfolien	*Lieferform*	Granulat
		Farben	Natur
Besondere Merkmale	Ausgezeichnete Streckbarkeit; Hervorragende Weiterreissfestigkeit und Schlagzaehigkeit; Ausgezeichnete optische Eigenschaften; Optimaler Dikkenbereich 0.010 bis 0.060 mm	*Bevorzugte Anwendungen*	Stretchfolie fuer Verpackungen

Dichte	g/cm^3	0.917	*Schmelzindex*	g/10 min	3.3:	190/2.16
Schüttdichte	g/cm^3		*Volumenfließindex*	cm^3/10 min	:	
Viskositätszahl	ml/g					

Verarbeitungsbedingungen für Spritzgießen

Massetemp.	°C	*Schwindung*	% lgs , quer
Werkzeugtemp.	°C	*Bemerkungen*	
Spritzdruck	bar		

Zugversuch 23 °C ASTM D-638;

Probekörper: *Form* / *Zustand* — *Herstellung* Pressen / *Vorbehandlung* Normalklima

Streckspannung	N/mm^2	11	*Dehnung bei Streckspannung*	%	
Zugfestigkeit	N/mm^2		*Reißdehnung*	%	900
Reißfestigkeit	N/mm^2	19	*% Dehnspannung*	N/mm^2	
E-Modul	N/mm^2	253	*Dehnung bei % Dehnspg.*	%	

Kriechmoduln und Zeitstandwerte 23 °C

Probekörper: *Form* / *Zustand* — *Herstellung* / *Vorbehandlung*

Kriechmodul	*1 min* N/mm^2	*Zeitstandzugfestigkeit*	h	N/mm^2
Kriechmodul	*1000 h* N/mm^2	*Zeitdehnspg. %*	h	N/mm^2
bei Spannung	N/mm^2			

Biegeversuch 23 °C

Probekörper: *Form* / *Zustand* — *Herstellung* / *Vorbehandlung*

Biegefestigkeit	N/mm^2	*E-Modul*	N/mm^2
3,5% *Biegespannung*	N/mm^2		

Härte 23 °C *Probekörper:* *Zustand* — *Herstellung* / *Vorbehandlung*

Kugeldruckhärte	N/mm^2 bei N, s	*Shore-Härte* A	
Rockwellhärte		*Shore-Härte* D	

Schlagversuch *Probekörper:* *(1)* / *(2)* / *Zustand* — *Herstellung* / *Vorbehandlung*

		°C	°C	°C	*Probekörper-Form*
Schlagzähigkeit	kJ/m^2				
Kerbschlagzähigkeit (1)	kJ/m^2				
IZOD-Kerbschlagzähigkeit (2)	J/m				
Kerbschlagzugzähigkeit	kJ/m^2				

Abrieb und Reibung

Taber-Abrieb (Reibradverfahren)	mm^3/100 U		
Abriebfaktor LNP (Thrust washer) Vergleichswert			
Statische Reibungszahl			
Dynamische Reibungszahl	(p · v= N/mm² ·		m/min)
Zulässiger p · v Wert	N/mm² · (m/min)	v=	m/min
		v=	m/min

Thermische Eigenschaften

Formbeständigkeit in der Wärme	*Verfahren*		°C
	Verfahren		°C
Vicat Erweichungstemperatur (VST)	*Verfahren*	A/50	96 °C
	Verfahren		°C
Kristallit-Schmelzpunkt	*Verfahren*		
Längenausdehnungskoeffizient	*Bereich*	°C	$\cdot 10^{-4}K^{-1}$
	Temperatur		$\cdot 10^{-4}K^{-1}$
Wärmeleitfähigkeit	*Verfahren*		W/(K · m)
Spezifische Wärmekapazität	*Verfahren*		J/(K · g)
Glasumwandlungstemperatur	*Torsionsschwingungsversuch*		°C
	Differentialkalorimetrie		°C

Brandverhalten

UL-Test vertikal		Dicke mm, Wert	
		Dicke mm, Wert	
	Norm	*Bewertung*	*Abmessungen*
Sauerstoff-Index	ASTM D 2863		
Glühstab-Verfahren			
Brandverhalten	DIN 4102		
MVSS			
FAR			

Elektrische Eigenschaften

		Hz	°C			*Probekörper, Form*
Dielektrizitätszahl		50				
		10^3				
		10^6				
Dielektrischer Verlustfaktor tan δ		50				
		10^3				
		10^6				
Spezifischer Durchgangswiderstand	Ohm · cm					
Durchschlagfestigkeit	kV/mm					mm dick
Oberflächenwiderstand	Ohm					
Kriechstromfestigkeit		KC		KB	KA	
Elektrolytische Korrosionswirkung						
Lichtbogenfestigkeit nach DIN						
nach ASTM	s					

Beständigkeit *(Chemische Beständigkeit siehe Anhang)*

Wasseraufnahme	
Feuchtigkeitsaufnahme Normalklima	%
Wetterbeständigkeit	
Spannungskorrosion	

Optische Eigenschaften

Brechungszahl n_D		
Transmissionsgrad τ_c	%	mm dick
Lichtdurchlässigkeit		

Datenbank-Nr.	**T04898**	*Merkblatt-Nr.*	**3588**

Produkt	Polyethylen niedriger Dichte		**PE**
Handelsname	**Dowlex 2552 E**		
Hersteller	DOW		
DIN-Bez 1	16776-PE,MG,20-D200		
DIN-Bez 2			
Zusätze		*Füllstoffe/ Verstärkung*	
Bevorzugte Verarbeitung	Spritzgiessen	*Lieferform*	Granulat
		Farben	Natur; Standard
Besondere Merkmale	Enge Molmasseverteilung; Sehr gute Verarbeitbarkeit; Ausgezeichnete Zaehigkeit; Ausgezeichnete Spannungsrissbestaendigkeit	*Bevorzugte Anwendungen*	Haushaltsgeraet; Deckel; Spielzeug

Dichte	g/cm^3	0.920	*Schmelzindex*	g/10 min	25:	190/2.16
Schüttdichte	g/cm^3		*Volumenfließindex*	cm^3/10 min	:	
Viskositätszahl	ml/g					

Verarbeitungsbedingungen für Spritzgießen

Massetemp.	°C	*Schwindung*	% lgs , quer
Werkzeugtemp.	°C	*Bemerkungen*	
Spritzdruck	bar		

Zugversuch 23 °C ASTM D-638;

Probekörper: *Form* / *Zustand* — *Herstellung* Pressen / *Vorbehandlung* Normalklima

Streckspannung	N/mm^2	10	*Dehnung bei Streckspannung*	%	
Zugfestigkeit	N/mm^2		*Reißdehnung*	%	950
Reißfestigkeit	N/mm^2		*% Dehnspannung*	N/mm^2	
E-Modul	N/mm^2		*Dehnung bei % Dehnspg.*	%	

Kriechmoduln und Zeitstandwerte 23 °C

Probekörper: *Form* / *Zustand* — *Herstellung* / *Vorbehandlung*

Kriechmodul	*1 min* N/mm^2	*Zeitstandzugfestigkeit*	h	N/mm^2
Kriechmodul	*1000 h* N/mm^2	*Zeitdehnspg. %*	h	N/mm^2
bei Spannung	N/mm^2			

Biegeversuch 23 °C ASTM D-790;

Probekörper: *Form* / *Zustand* — *Herstellung* Pressen / *Vorbehandlung* Normalklima

Biegefestigkeit	N/mm^2	*E-Modul*	N/mm^2	280
3,5% *Biegespannung*	N/mm^2			

Härte 23 °C *Probekörper:* *Zustand* — *Herstellung* / *Vorbehandlung*

Kugeldruckhärte	N/mm^2 bei N, s	*Shore-Härte* A	
Rockwellhärte		*Shore-Härte* D	

Schlagversuch *Probekörper:* *(1)* / *(2)* V-Kerbe / *Zustand* — *Herstellung* Pressen / *Vorbehandlung* Normalklima

		°C	°C	°C	*Probekörper-Form*
Schlagzähigkeit	kJ/m^2				
Kerbschlagzähigkeit (1)	kJ/m^2				
IZOD-Kerbschlagzähigkeit (2)	J/m	-50 53			
Kerbschlagzugzähigkeit	kJ/m^2				

Abrieb und Reibung

Taber-Abrieb (Reibradverfahren)	mm^3/100 U		
Abriebfaktor LNP (Thrust washer) Vergleichswert			
Statische Reibungszahl			
Dynamische Reibungszahl	(p·v= N/mm^2 ·		m/min)
Zulässiger p · v Wert	N/mm^2 · (m/min)	v=	m/min
		v=	m/min

Thermische Eigenschaften

Formbeständigkeit in der Wärme	*Verfahren*		°C
	Verfahren		°C
Vicat Erweichungstemperatur (VST)	*Verfahren*		°C
	Verfahren		°C
Kristallit-Schmelzpunkt	*Verfahren*		
Längenausdehnungskoeffizient	*Bereich*	°C	$\cdot 10^{-4}K^{-1}$
	Temperatur		$\cdot 10^{-4}K^{-1}$
Wärmeleitfähigkeit	*Verfahren*		W/(K · m)
Spezifische Wärmekapazität	*Verfahren*		J/(K · g)
Glasumwandlungstemperatur	*Torsionsschwingungsversuch*	°C	
	Differentialkalorimetrie	°C	

Brandverhalten

UL-Test vertikal		Dicke mm, Wert	
		Dicke mm, Wert	

	Norm	*Bewertung*	*Abmessungen*
Sauerstoff-Index	ASTM D 2863		
Glühstab-Verfahren			
Brandverhalten	DIN 4102		
MVSS			
FAR			

Elektrische Eigenschaften

		Hz	°C			*Probekörper, Form*
Dielektrizitätszahl		50				
		10^3				
		10^6				
Dielektrischer Verlustfaktor tan δ		50				
		10^3				
		10^6				
Spezifischer Durchgangswiderstand	Ohm · cm					
Durchschlagfestigkeit	kV/mm					mm dick
Oberflächenwiderstand	Ohm					
Kriechstromfestigkeit		KC		KB	KA	
Elektrolytische Korrosionswirkung						
Lichtbogenfestigkeit nach DIN						
nach ASTM	s					

Beständigkeit *(Chemische Beständigkeit siehe Anhang)*

Wasseraufnahme

Feuchtigkeitsaufnahme Normalklima %

Wetterbeständigkeit

Spannungskorrosion

Optische Eigenschaften

Brechungszahl n_D		
Transmissionsgrad τ_c	%	mm dick
Lichtdurchlässigkeit		

Datenbank-Nr. **T04899** *Merkblatt-Nr.* **3589**

Produkt	Polyethylen niedriger Dichte		**PE**
Handelsname	**Dowlex 2553 E**		
Hersteller	DOW		
DIN-Bez 1	16776-PE,MG,35-D400		
DIN-Bez 2			
Zusätze		*Füllstoffe/ Verstärkung*	
Bevorzugte Verarbeitung	Spritzgiessen	*Lieferform*	Granulat
		Farben	Natur; Standard
Besondere Merkmale	Enge Molmasseverteilung; Sehr gute Verarbeitbarkeit; Ausgezeichnete Zaehigkeit; Ausgezeichnete Spannungsrissbestaendigkeit	*Bevorzugte Anwendungen*	Haushaltsgeraet; Nahrungsmittelbehaelter; Grosses Spielzeugteil

Dichte	g/cm^3	0.935	*Schmelzindex*	g/10 min	40:	190/2.16
Schüttdichte	g/cm^3		*Volumenfließindex*	cm^3/10 min	:	
Viskositätszahl	ml/g					

Verarbeitungsbedingungen für Spritzgießen

Massetemp.	°C	*Schwindung*	% lgs , quer
Werkzeugtemp.	°C	*Bemerkungen*	
Spritzdruck	bar		

Zugversuch 23 °C ASTM D-638;
Probekörper: *Form* — *Herstellung* Pressen
Zustand — *Vorbehandlung* Normalklima

Streckspannung	N/mm^2 16	*Dehnung bei Streckspannung*	%	
Zugfestigkeit	N/mm^2	*Reißdehnung*	%	950
Reißfestigkeit	N/mm^2	*% Dehnspannung*	N/mm^2	
E-Modul	N/mm^2	*Dehnung bei % Dehnspg.*	%	

Kriechmoduln und Zeitstandwerte 23 °C
Probekörper: *Form* — *Herstellung*
Zustand — *Vorbehandlung*

Kriechmodul	*1 min* N/mm^2	*Zeitstandzugfestigkeit*	h	N/mm^2
Kriechmodul	*1000 h* N/mm^2	*Zeitdehnspg. %*	h	N/mm^2
bei Spannung	N/mm^2			

Biegeversuch 23 °C ASTM D-790;
Probekörper: *Form* — *Herstellung* Pressen
Zustand — *Vorbehandlung* Normalklima

Biegefestigkeit	N/mm^2	*E-Modul*	N/mm^2 492
3,5% *Biegespannung*	N/mm^2		

Härte 23 °C *Probekörper:* *Zustand* — *Herstellung*
Vorbehandlung

Kugeldruckhärte	N/mm^2 bei N, s	*Shore-Härte* A	
Rockwellhärte		*Shore-Härte* D	

Schlagversuch *Probekörper:* *(1)*
(2) V-Kerbe — *Herstellung* Pressen
Zustand — *Vorbehandlung* Normalklima

		°C	°C	°C	*Probekörper-Form*
Schlagzähigkeit	kJ/m^2				
Kerbschlagzähigkeit (1)	kJ/m^2				
IZOD-Kerbschlagzähigkeit (2)	J/m	-50 38			
Kerbschlagzugzähigkeit	kJ/m^2				

Abrieb und Reibung

Taber-Abrieb (Reibradverfahren) $mm^3/100$ U
Abriebfaktor LNP (Thrust washer) Vergleichswert
Statische Reibungszahl
Dynamische Reibungszahl (p · v = N/mm² · m/min)
Zulässiger p · v Wert N/mm² · (m/min) v = m/min
v = m/min

Thermische Eigenschaften

Formbeständigkeit in der Wärme	*Verfahren*		°C
	Verfahren		°C
Vicat Erweichungstemperatur (VST)	*Verfahren*		°C
	Verfahren		°C
Kristallit-Schmelzpunkt	*Verfahren*		
Längenausdehnungskoeffizient	*Bereich*	°C	$\cdot 10^{-4}K^{-1}$
	Temperatur		$\cdot 10^{-4}K^{-1}$
Wärmeleitfähigkeit	*Verfahren*		W/(K · m)
Spezifische Wärmekapazität	*Verfahren*		J/(K · g)
Glasumwandlungstemperatur	*Torsionsschwingungsversuch*	°C	
	Differentialkalorimetrie	°C	

Brandverhalten

UL-Test vertikal Dicke mm, Wert
Dicke mm, Wert

	Norm	*Bewertung*	*Abmessungen*
Sauerstoff-Index	ASTM D 2863		
Glühstab-Verfahren			
Brandverhalten	DIN 4102		
MVSS			
FAR			

Elektrische Eigenschaften

		Hz	°C	*Probekörper, Form*
Dielektrizitätszahl		50		
		10^3		
		10^6		
Dielektrischer Verlustfaktor tan δ		50		
		10^3		
		10^6		
Spezifischer Durchgangs-widerstand	Ohm · cm			
Durchschlagfestigkeit	kV/mm			mm dick
Oberflächenwiderstand	Ohm			

Kriechstromfestigkeit KC KB KA
Elektrolytische Korrosionswirkung
Lichtbogenfestigkeit nach DIN
nach ASTM s

Beständigkeit *(Chemische Beständigkeit siehe Anhang)*

Wasseraufnahme

Feuchtigkeitsaufnahme Normalklima %
Wetterbeständigkeit

Spannungskorrosion

Optische Eigenschaften

Brechungszahl n_D
Transmissionsgrad τ_c % mm dick
Lichtdurchlässigkeit

Produkt	Polyethylen niedriger Dichte		**PE**
Handelsname	**Dowlex 2450 E**		
Hersteller	DOW		
DIN-Bez 1	16776-PE,RG,40-D045		
DIN-Bez 2			
Zusätze		*Füllstoffe/ Verstärkung*	
Bevorzugte Verarbeitung	Rotationsformen	*Lieferform*	Granulat
		Farben	Natur
Besondere Merkmale	Enge Molmasseverteilung; Leicht fliessend; Hervorragende Zaehigkeit; Gute Steifheit; Gute Oberflaeche; Gute Spannungsrissbestaendigkeit	*Bevorzugte Anwendungen*	Behaelter; Freizeitartikel

Dichte	g/cm^3	0.938	*Schmelzindex*	g/10 min	5.4:	190/2.16
Schüttdichte	g/cm^3		*Volumenfließindex*	$cm^3/10$ min	:	
Viskositätszahl	ml/g					

Verarbeitungsbedingungen für Spritzgießen

Massetemp.	°C	*Schwindung*	% lgs , quer
Werkzeugtemp.	°C	*Bemerkungen*	
Spritzdruck	bar		

Zugversuch 23 °C ASTM D-638;

Probekörper:	*Form*	*Herstellung*	Pressen
	Zustand	*Vorbehandlung*	Normalklima

Streckspannung	N/mm^2	17	*Dehnung bei Streckspannung*	%	
Zugfestigkeit	N/mm^2		*Reißdehnung*	%	630
Reißfestigkeit	N/mm^2	20	*% Dehnspannung*	N/mm^2	
E-Modul	N/mm^2	515	*Dehnung bei % Dehnspg.*	%	

Kriechmoduln und Zeitstandwerte 23 °C

Probekörper:	*Form*	*Herstellung*	
	Zustand	*Vorbehandlung*	

Kriechmodul	*1 min*	N/mm^2	*Zeitstandzugfestigkeit*	h	N/mm^2
Kriechmodul	*1000 h*	N/mm^2	*Zeitdehnspg.* %	h	N/mm^2
bei Spannung		N/mm^2			

Biegeversuch 23 °C ASTM D-790;

Probekörper:	*Form*	*Herstellung*	Pressen
	Zustand	*Vorbehandlung*	Normalklima

Biegefestigkeit	N/mm^2	*E-Modul*	N/mm^2	1024
3,5% *Biegespannung*	N/mm^2			

Härte 23 °C

Probekörper:	*Zustand*	*Herstellung*	
		Vorbehandlung	

Kugeldruckhärte	N/mm^2 bei N, s	*Shore-Härte* A	
Rockwellhärte		*Shore-Härte* D	

Schlagversuch

Probekörper:	*(1)*		
	(2)	*Herstellung*	
	Zustand	*Vorbehandlung*	

°C	°C	°C	*Probekörper-Form*

Schlagzähigkeit	kJ/m^2
Kerbschlagzähigkeit (1)	kJ/m^2
IZOD-Kerbschlagzähigkeit (2)	J/m
Kerbschlagzugzähigkeit	kJ/m^2

Abrieb und Reibung

Taber-Abrieb (Reibradverfahren) mm³/100 U
Abriebfaktor LNP (Thrust washer) Vergleichswert
Statische Reibungszahl
Dynamische Reibungszahl (p · v = N/mm² · m/min)
Zulässiger p · v Wert N/mm² · (m/min) v = m/min
v = m/min

Thermische Eigenschaften

Formbeständigkeit in der Wärme	*Verfahren*		°C
	Verfahren		°C
Vicat Erweichungstemperatur (VST)	*Verfahren*	A/50	119 °C
	Verfahren		°C
Kristallit-Schmelzpunkt	*Verfahren*		
Längenausdehnungskoeffizient	*Bereich*	°C	$\cdot 10^{-4} K^{-1}$
	Temperatur		$\cdot 10^{-4} K^{-1}$
Wärmeleitfähigkeit	*Verfahren*		W/(K · m)
Spezifische Wärmekapazität	*Verfahren*		J/(K · g)
Glasumwandlungstemperatur	*Torsionsschwingungsversuch*	°C	
	Differentialkalorimetrie	°C	

Brandverhalten

UL-Test vertikal Dicke mm, Wert
Dicke mm, Wert

	Norm	*Bewertung*	*Abmessungen*
Sauerstoff-Index	ASTM D 2863		
Glühstab-Verfahren			
Brandverhalten	DIN 4102		
MVSS			
FAR			

Elektrische Eigenschaften

	Hz	°C	*Probekörper, Form*
Dielektrizitätszahl	50		
	10^3		
	10^6		
Dielektrischer Verlustfaktor tan δ	50		
	10^3		
	10^6		
Spezifischer Durchgangswiderstand Ohm · cm			
Durchschlagfestigkeit kV/mm			mm dick
Oberflächenwiderstand Ohm			

Kriechstromfestigkeit KC KB KA
Elektrolytische Korrosionswirkung
Lichtbogenfestigkeit nach DIN
nach ASTM s

Beständigkeit *(Chemische Beständigkeit siehe Anhang)*

Wasseraufnahme

Feuchtigkeitsaufnahme Normalklima %
Wetterbeständigkeit

Spannungskorrosion ASTM D-1693 B F50: 35 h

Optische Eigenschaften

Brechungszahl n_D
Transmissionsgrad τ_c % mm dick
Lichtdurchlässigkeit

Produkt	Polyethylen niedriger Dichte		**PE**
Handelsname	**Dowlex 2440 E**		
Hersteller	DOW		
DIN-Bez 1	16776-PE,RG,35-D045		
DIN-Bez 2			
Zusätze		*Füllstoffe/ Verstärkung*	
Bevorzugte Verarbeitung	Rotationsformen	*Lieferform*	Granulat
		Farben	Natur
Besondere Merkmale	Enge Molmasseverteilung; Sehr gute Verarbeitbarkeit; Ausgezeichnete Zaehigkeit; Ausgezeichnete Spannungsrissbestaendigkeit; Gute Oberflaeche	*Bevorzugte Anwendungen*	Abfallbehaelter; Grossbehaelter; Gebinde; Freizeitartikel

Dichte	g/cm^3	0.935	*Schmelzindex*	g/10 min	4.0:	190/2.16
Schüttdichte	g/cm^3		*Volumenfließindex*	cm^3/10 min	:	
Viskositätszahl	ml/g					

Verarbeitungsbedingungen für Spritzgießen

Massetemp.	°C	*Schwindung*	% lgs , quer
Werkzeugtemp.	°C	*Bemerkungen*	
Spritzdruck	bar		

Zugversuch 23 °C ASTM D-638;

Probekörper: *Form* — *Zustand* — *Herstellung* Pressen — *Vorbehandlung* Normalklima

Streckspannung	N/mm^2	17	*Dehnung bei Streckspannung*	%	
Zugfestigkeit	N/mm^2		*Reißdehnung*	%	900
Reißfestigkeit	N/mm^2	27	*% Dehnspannung*	N/mm^2	
E-Modul	N/mm^2	560	*Dehnung bei % Dehnspg.*	%	

Kriechmoduln und Zeitstandwerte 23 °C

Probekörper: *Form* — *Zustand* — *Herstellung* — *Vorbehandlung*

Kriechmodul	*1 min*	N/mm^2	*Zeitstandzugfestigkeit*	h	N/mm^2
Kriechmodul	*1000 h*	N/mm^2	*Zeitdehnspg. %*	h	N/mm^2
bei Spannung		N/mm^2			

Biegeversuch 23 °C ASTM D-790;

Probekörper: *Form* — *Zustand* — *Herstellung* Pressen — *Vorbehandlung* Normalklima

Biegefestigkeit	N/mm^2	*E-Modul*	N/mm^2	845
3,5% *Biegespannung*	N/mm^2			

Härte 23 °C *Probekörper:* *Zustand* — *Herstellung* — *Vorbehandlung*

Kugeldruckhärte	N/mm^2 bei N, s	*Shore-Härte* A	
Rockwellhärte		*Shore-Härte* D	

Schlagversuch *Probekörper:* *(1)* *(2)* *Zustand* — *Herstellung* — *Vorbehandlung*

		°C	°C	°C	*Probekörper-Form*
Schlagzähigkeit	kJ/m^2				
Kerbschlagzähigkeit (1)	kJ/m^2				
IZOD-Kerbschlagzähigkeit (2)	J/m				
Kerbschlagzugzähigkeit	kJ/m^2				

Abrieb und Reibung

Taber-Abrieb (Reibradverfahren)	mm^3/100 U		
Abriebfaktor LNP (Thrust washer) Vergleichswert			
Statische Reibungszahl			
Dynamische Reibungszahl	(p·v=	N/mm^2·	m/min)
Zulässiger p·v Wert	N/mm^2·(m/min)	v=	m/min
		v=	m/min

Thermische Eigenschaften

Formbeständigkeit in der Wärme	Verfahren		°C
	Verfahren		°C
Vicat Erweichungstemperatur (VST)	Verfahren	A/50	117 °C
	Verfahren		°C
Kristallit-Schmelzpunkt	Verfahren		
Längenausdehnungskoeffizient	Bereich	°C	$\cdot 10^{-4}K^{-1}$
	Temperatur		$\cdot 10^{-4}K^{-1}$
Wärmeleitfähigkeit	Verfahren		W/(K·m)
Spezifische Wärmekapazität	Verfahren		J/(K·g)
Glasumwandlungstemperatur	Torsionsschwingungsversuch	°C	
	Differentialkalorimetrie	°C	

Brandverhalten

UL-Test vertikal	Dicke	mm, Wert
	Dicke	mm, Wert

	Norm	Bewertung	Abmessungen
Sauerstoff-Index	ASTM D 2863		
Glühstab-Verfahren			
Brandverhalten	DIN 4102		
MVSS			
FAR			

Elektrische Eigenschaften

		Hz	°C			Probekörper, Form
Dielektrizitätszahl		50				
		10^3				
		10^6				
Dielektrischer Verlustfaktor tan δ		50				
		10^3				
		10^6				
Spezifischer Durchgangswiderstand	Ohm·cm					
Durchschlagfestigkeit	kV/mm					mm dick
Oberflächenwiderstand	Ohm					
Kriechstromfestigkeit		KC		KB	KA	
Elektrolytische Korrosionswirkung						
Lichtbogenfestigkeit nach DIN						
nach ASTM	s					

Beständigkeit *(Chemische Beständigkeit siehe Anhang)*

Wasseraufnahme	
Feuchtigkeitsaufnahme Normalklima	%
Wetterbeständigkeit	
Spannungskorrosion ASTM D-1693 B F50: 400 h	

Optische Eigenschaften

Brechungszahl n_D		
Transmissionsgrad τ_c	%	mm dick
Lichtdurchlässigkeit		

PE

Produkt	Polyethylen niedriger Dichte		
Handelsname	**Dowlex 2441 E**		
Hersteller	DOW		
DIN-Bez 1	16776-PE,RGL,35-D045		
DIN-Bez 2			
Zusätze	UV-Stabilisator	*Füllstoffe/ Verstärkung*	
Bevorzugte Verarbeitung	Rotationsformen	*Lieferform*	Granulat
		Farben	Natur
Besondere Merkmale	Enge Molmasseverteilung; Leichtfliessend; Hervorragende Spannungsrissbestaendigkeit	*Bevorzugte Anwendungen*	Abfallbehaelter; Tanks; Gebinde; Freizeitartikel

Dichte	g/cm³	0.935	*Schmelzindex*	g/10 min	4.0:	190/2.16
Schüttdichte	g/cm³		*Volumenfließindex*	cm³/10 min	:	
Viskositätszahl	ml/g					

Verarbeitungsbedingungen für Spritzgießen

Massetemp.	°C	*Schwindung*	% lgs , quer
Werkzeugtemp.	°C	*Bemerkungen*	
Spritzdruck	bar		

Zugversuch 23 °C ASTM D-638;

Probekörper: *Form* / *Zustand* — *Herstellung* Pressen; *Vorbehandlung* Normalklima

Streckspannung	N/mm²	17	*Dehnung bei Streckspannung*	%	
Zugfestigkeit	N/mm²		*Reißdehnung*	%	900
Reißfestigkeit	N/mm²	27	*% Dehnspannung*	N/mm²	
E-Modul	N/mm²	560	*Dehnung bei % Dehnspg.*	%	

Kriechmoduln und Zeitstandwerte 23 °C

Probekörper: *Form* / *Zustand* — *Herstellung* / *Vorbehandlung*

Kriechmodul	*1 min* N/mm²	*Zeitstandzugfestigkeit*	h	N/mm²
Kriechmodul	*1000 h* N/mm²	*Zeitdehnspg. %*	h	N/mm²
bei Spannung	N/mm²			

Biegeversuch 23 °C ASTM D-790;

Probekörper: *Form* / *Zustand* — *Herstellung* Pressen; *Vorbehandlung* Normalklima

Biegefestigkeit	N/mm²	*E-Modul*	N/mm² 845
3,5% *Biegespannung*	N/mm²		

Härte 23 °C *Probekörper:* *Zustand* — *Herstellung* / *Vorbehandlung*

Kugeldruckhärte	N/mm² bei N, s	*Shore-Härte* A	
Rockwellhärte		*Shore-Härte* D	

Schlagversuch *Probekörper:* *(1)* *(2)* *Zustand* — *Herstellung* / *Vorbehandlung*

		°C	°C	°C	*Probekörper-Form*
Schlagzähigkeit	kJ/m²				
Kerbschlagzähigkeit (1)	kJ/m²				
IZOD-Kerbschlagzähigkeit (2)	J/m				
Kerbschlagzugzähigkeit	kJ/m²				

Abrieb und Reibung

Taber-Abrieb (Reibradverfahren)	mm^3/100 U		
Abriebfaktor LNP (Thrust washer) Vergleichswert			
Statische Reibungszahl			
Dynamische Reibungszahl	(p·v=	N/mm^2·	m/min)
Zulässiger p· v Wert	N/mm^2·(m/min)	v=	m/min
		v=	m/min

Thermische Eigenschaften

Formbeständigkeit in der Wärme	*Verfahren*			°C
	Verfahren			°C
Vicat Erweichungstemperatur (VST)	*Verfahren*	A/50		117 °C
	Verfahren			°C
Kristallit-Schmelzpunkt	*Verfahren*			
Längenausdehnungskoeffizient	*Bereich*	°C		$\cdot 10^{-4}K^{-1}$
	Temperatur			$\cdot 10^{-4}K^{-1}$
Wärmeleitfähigkeit	*Verfahren*			W/(K · m)
Spezifische Wärmekapazität	*Verfahren*			J/(K · g)
Glasumwandlungstemperatur	*Torsionsschwingungsversuch*		°C	
	Differentialkalorimetrie		°C	

Brandverhalten

UL-Test vertikal		Dicke mm, Wert	
		Dicke mm, Wert	
	Norm	*Bewertung*	*Abmessungen*
Sauerstoff-Index	ASTM D 2863		
Glühstab-Verfahren			
Brandverhalten	DIN 4102		
MVSS			
FAR			

Elektrische Eigenschaften

		Hz	°C	*Probekörper, Form*
Dielektrizitätszahl		50		
		10^3		
		10^6		
Dielektrischer Verlustfaktor tan δ		50		
		10^3		
		10^6		
Spezifischer Durchgangswiderstand	Ohm · cm			
Durchschlagfestigkeit	kV/mm			mm dick
Oberflächenwiderstand	Ohm			
Kriechstromfestigkeit		KC	KB	KA
Elektrolytische Korrosionswirkung				
Lichtbogenfestigkeit nach DIN				
nach ASTM	s			

Beständigkeit *(Chemische Beständigkeit siehe Anhang)*

Wasseraufnahme

Feuchtigkeitsaufnahme Normalklima %

Wetterbeständigkeit

Spannungskorrosion ASTM D-1693 B F50: 400 h

Optische Eigenschaften

Brechungszahl n_D

Transmissionsgrad τ_c % mm dick

Lichtdurchlässigkeit

Produkt	Polyethylen niedriger Dichte		**PE**
Handelsname	**Dowlex 2343 E**		
Hersteller	DOW		
DIN-Bez 1	16776-PE,EG,35-D012		
DIN-Bez 2			
Zusätze		*Füllstoffe/ Verstärkung*	
Bevorzugte Verarbeitung	Extrudieren	*Lieferform*	Granulat
		Farben	Natur; Schwarz
Besondere Merkmale	Sehr hohe Zaehigkeit; Gutes Langzeitverhalten; Ausgezeichnete Spannungsrissbestaendigkeit; Flexibel; Nicht kerbempfindlich; Hoher Glanz; Strahlenvernetzbar	*Bevorzugte Anwendungen*	Fussbodenheizungsrohr; Installationsrohr; Bewaesserungsrohr

Dichte	g/cm³	0.937	*Schmelzindex*	g/10 min	1.0:	190/2.16
Schüttdichte	g/cm³		*Volumenfließindex*	cm³/10 min	:	
Viskositätszahl	ml/g					

Verarbeitungsbedingungen für Spritzgießen

Massetemp.	°C	*Schwindung*	% lgs , quer
Werkzeugtemp.	°C	*Bemerkungen*	
Spritzdruck	bar		

Zugversuch 23 °C ASTM D-638;

Probekörper: *Form* — *Herstellung* Pressen
Zustand — *Vorbehandlung* Normalklima

Streckspannung	N/mm²	17	*Dehnung bei Streckspannung*	%	11
Zugfestigkeit	N/mm²		*Reißdehnung*	%	770
Reißfestigkeit	N/mm²	24	*% Dehnspannung*	N/mm²	
E-Modul	N/mm²	710	*Dehnung bei % Dehnspg.*	%	

Kriechmoduln und Zeitstandwerte 23 °C

Probekörper: *Form* — *Herstellung*
Zustand — *Vorbehandlung*

Kriechmodul	*1 min*	N/mm²	*Zeitstandzugfestigkeit*	h	N/mm²
Kriechmodul	*1000 h*	N/mm²	*Zeitdehnspg.* %	h	N/mm²
bei Spannung		N/mm²			

Biegeversuch 23 °C

Probekörper: *Form* — *Herstellung*
Zustand — *Vorbehandlung*

Biegefestigkeit	N/mm²	*E-Modul*	N/mm²
3,5% *Biegespannung*	N/mm²		

Härte 23 °C *Probekörper:* *Zustand* — *Herstellung* Pressen
Vorbehandlung Normalklima

Kugeldruckhärte	N/mm² bei N, s	*Shore-Härte* A	
Rockwellhärte		*Shore-Härte* D	60

Schlagversuch *Probekörper:* *(1)*
(2) — *Herstellung*
Zustand — *Vorbehandlung*

	°C	°C	°C	*Probekörper-Form*
Schlagzähigkeit kJ/m²				
Kerbschlagzähigkeit (1) kJ/m²				
IZOD-Kerbschlagzähigkeit (2) J/m				
Kerbschlagzugzähigkeit kJ/m²				

Abrieb und Reibung

Taber-Abrieb (Reibradverfahren)	mm^3/100 U		
Abriebfaktor LNP (Thrust washer) Vergleichswert			
Statische Reibungszahl			
Dynamische Reibungszahl	(p · v=	N/mm² ·	m/min)
Zulässiger p · v Wert	N/mm² · (m/min)	v=	m/min
		v=	m/min

Thermische Eigenschaften

Formbeständigkeit in der Wärme	*Verfahren*		°C
	Verfahren		°C
Vicat Erweichungstemperatur (VST)	*Verfahren*	A/50	125 °C
	Verfahren		°C
Kristallit-Schmelzpunkt	*Verfahren*		
Längenausdehnungskoeffizient	*Bereich*	°C	$\cdot 10^{-4} K^{-1}$
	Temperatur		$\cdot 10^{-4} K^{-1}$
Wärmeleitfähigkeit	*Verfahren*		W/(K · m)
Spezifische Wärmekapazität	*Verfahren*		J/(K · g)
Glasumwandlungstemperatur	*Torsionsschwingungsversuch*	°C	
	Differentialkalorimetrie	°C	

Brandverhalten

UL-Test vertikal		Dicke mm, Wert	
		Dicke mm, Wert	
	Norm	*Bewertung*	*Abmessungen*
Sauerstoff-Index	ASTM D 2863		
Glühstab-Verfahren			
Brandverhalten	DIN 4102		
MVSS			
FAR			

Elektrische Eigenschaften

		Hz	°C			*Probekörper, Form*
Dielektrizitätszahl		50				
		10^3				
		10^6				
Dielektrischer Verlustfaktor tan δ		50				
		10^3				
		10^6				
Spezifischer Durchgangswiderstand	Ohm · cm					
Durchschlagfestigkeit	kV/mm					mm dick
Oberflächenwiderstand	Ohm					
Kriechstromfestigkeit		KC		KB	KA	
Elektrolytische Korrosionswirkung						
Lichtbogenfestigkeit nach DIN						
nach ASTM	s					

Beständigkeit *(Chemische Beständigkeit siehe Anhang)*

Wasseraufnahme

Feuchtigkeitsaufnahme Normalklima %

Wetterbeständigkeit

Spannungskorrosion

Optische Eigenschaften

Brechungszahl n_D

Transmissionsgrad τ_c % mm dick

Lichtdurchlässigkeit

Datenbank-Nr.	**T05032**		Merkblatt-Nr. **3594**

Produkt	Polypropylen		**PP**
Handelsname	**Finaprop PPH 3060 M**		
Hersteller	FINA		
DIN-Bez 1	16774-PP-H,MG,XX-M022		
DIN-Bez 2			
Zusätze		*Füllstoffe/ Verstärkung*	
Bevorzugte Verarbeitung	Spritzgiessen	*Lieferform*	Granulat
		Farben	Natur; Standard
Besondere Merkmale	Hohe Reissfestigkeit; Hohe Steifigkeit; Mittlere Schlagzaehigkeit	*Bevorzugte Anwendungen*	Dickwandiges Formteil; Technisches Formteil

Dichte	g/cm³	0.905	*Schmelzindex*	g/10 min	1.7: 230/2.16
Schüttdichte	g/cm³	0.55–0.60	*Volumenfließindex*	cm³/10 min	:
Viskositätszahl	ml/g				

Verarbeitungsbedingungen für Spritzgießen

Massetemp.	°C	180–270	*Schwindung*	%	lgs 1–2, quer 1–2
Werkzeugtemp.	°C		*Bemerkungen*		
Spritzdruck	bar				

Zugversuch 23 °C DIN 53455;
Probekörper: *Form* Nr.3 — *Herstellung* Spritzgiessen
Zustand — *Vorbehandlung* Normalklima

Streckspannung	N/mm²	33	*Dehnung bei Streckspannung*	%	
Zugfestigkeit	N/mm²		*Reißdehnung*	%	≧400
Reißfestigkeit	N/mm²	22	*% Dehnspannung*	N/mm²	
E-Modul	N/mm²		*Dehnung bei % Dehnspg.*	%	

Kriechmoduln und Zeitstandwerte 23 °C
Probekörper: *Form* — *Herstellung*
Zustand — *Vorbehandlung*

Kriechmodul	*1 min*	N/mm²	*Zeitstandzugfestigkeit*	h	N/mm²
Kriechmodul	*1000 h*	N/mm²	*Zeitdehnspg. %*	h	N/mm²
bei Spannung		N/mm²			

Biegeversuch 23 °C DIN 53457;
Probekörper: *Form* — *Herstellung* Spritzgiessen
Zustand — *Vorbehandlung* Normalklima

Biegefestigkeit	N/mm²	*E-Modul*	N/mm²	1300
3,5% *Biegespannung*	N/mm²			

Härte 23 °C *Probekörper:* *Zustand* — *Herstellung*
Vorbehandlung

Kugeldruckhärte	N/mm² bei N, s	*Shore-Härte*	A
Rockwellhärte		*Shore-Härte*	D

Schlagversuch *Probekörper:* *(1)* U-Kerbe
(2) V-Kerbe — *Herstellung* Spritzgiessen
Zustand — *Vorbehandlung* Normalklima

		°C		°C		°C		*Probekörper-Form*
Schlagzähigkeit	kJ/m²							
Kerbschlagzähigkeit (1)	kJ/m²	23	7					
IZOD-Kerbschlagzähigkeit (2)	J/m	23	50	0	35	-18	25	
Kerbschlagzugzähigkeit	kJ/m²							

Abrieb und Reibung

Taber-Abrieb (Reibradverfahren)	mm^3/100 U		
Abriebfaktor LNP (Thrust washer) Vergleichswert			
Statische Reibungszahl			
Dynamische Reibungszahl	(p·v=	N/mm^2·	m/min)
Zulässiger p·v Wert	N/mm^2·(m/min)	v=	m/min
		v=	m/min

Thermische Eigenschaften

Formbeständigkeit in der Wärme	*Verfahren* A		51 °C
	Verfahren B		100 °C
Vicat Erweichungstemperatur (VST)	*Verfahren* A/50		152 °C
	Verfahren B/50		105 °C
Kristallit-Schmelzpunkt	*Verfahren* Labofina		160–165 °C
Längenausdehnungskoeffizient	*Bereich*	°C	$\cdot 10^{-4}K^{-1}$
	Temperatur		$\cdot 10^{-4}K^{-1}$
Wärmeleitfähigkeit	*Verfahren*		W/(K·m)
Spezifische Wärmekapazität	*Verfahren*		J/(K·g)
Glasumwandlungstemperatur	*Torsionsschwingungsversuch*	°C	
	Differentialkalorimetrie	°C	

Brandverhalten

UL-Test vertikal Dicke mm, Wert
Dicke mm, Wert

	Norm	*Bewertung*	*Abmessungen*
Sauerstoff-Index	ASTM D 2863		
Glühstab-Verfahren			
Brandverhalten	DIN 4102		
MVSS			
FAR			

Elektrische Eigenschaften

		Hz	°C			*Probekörper, Form*
Dielektrizitätszahl		50				
		10^3				
		10^6				
Dielektrischer Verlustfaktor tan δ		50				
		10^3				
		10^6				
Spezifischer Durchgangswiderstand	Ohm·cm					
Durchschlagfestigkeit	kV/mm					mm dick
Oberflächenwiderstand	Ohm					
Kriechstromfestigkeit		KC		KB	KA	
Elektrolytische Korrosionswirkung						
Lichtbogenfestigkeit nach DIN						
nach ASTM	s					

Beständigkeit *(Chemische Beständigkeit siehe Anhang)*

Wasseraufnahme

Feuchtigkeitsaufnahme Normalklima %

Wetterbeständigkeit

Spannungskorrosion

Optische Eigenschaften

Brechungszahl n_D

Transmissionsgrad τ_c % mm dick

Lichtdurchlässigkeit

Produkt	Polypropylen		**PP**
Handelsname	**Finaprop PPH 4060 M**		
Hersteller	FINA		
DIN-Bez 1	16774-PP-H,MG,XX-M022		
DIN-Bez 2			
Zusätze		*Füllstoffe/ Verstärkung*	
Bevorzugte Verarbeitung	Spritzgiessen	*Lieferform*	Granulat
		Farben	Natur; Standard
Besondere Merkmale	Hohe Reissfestigkeit; Hohe Steifigkeit; Ausreichende Schlagzaehigkeit	*Bevorzugte Anwendungen*	Haushaltsartikel; Technisches Formteil; Spielzeug; Dickwandiges Formteil mit relativ kurzen Fliesswegen

Dichte	g/cm^3	0.905	*Schmelzindex*	g/10 min	3:	230/2.16
Schüttdichte	g/cm^3	0.55–0.60	*Volumenfließindex*	cm^3/10 min	:	
Viskositätszahl	ml/g					

Verarbeitungsbedingungen für Spritzgießen

Massetemp.	°C	180–270	*Schwindung*	% lgs 1–2, quer 1–2
Werkzeugtemp.	°C		*Bemerkungen*	
Spritzdruck	bar			

Zugversuch 23 °C DIN 53455;
Probekörper: *Form* Nr.3 — *Zustand* — *Herstellung* Spritzgiessen — *Vorbehandlung* Normalklima

Streckspannung	N/mm^2	33	*Dehnung bei Streckspannung*	%	
Zugfestigkeit	N/mm^2		*Reißdehnung*	%	≧400
Reißfestigkeit	N/mm^2	22	*% Dehnspannung*	N/mm^2	
E-Modul	N/mm^2		*Dehnung bei % Dehnspg.*	%	

Kriechmoduln und Zeitstandwerte 23 °C
Probekörper: *Form* — *Zustand* — *Herstellung* — *Vorbehandlung*

Kriechmodul	*1 min* N/mm^2	*Zeitstandzugfestigkeit*	h N/mm^2
Kriechmodul	*1000 h* N/mm^2	*Zeitdehnspg. %*	h N/mm^2
bei Spannung	N/mm^2		

Biegeversuch 23 °C DIN 53457;
Probekörper: *Form* — *Zustand* — *Herstellung* Spritzgiessen — *Vorbehandlung* Normalklima

Biegefestigkeit	N/mm^2	*E-Modul*	N/mm^2	1330
3,5% *Biegespannung*	N/mm^2			

Härte 23 °C *Probekörper:* *Zustand* — *Herstellung* — *Vorbehandlung*

Kugeldruckhärte	N/mm^2 bei N, s	*Shore-Härte*	A
Rockwellhärte		*Shore-Härte*	D

Schlagversuch *Probekörper:* *(1)* U-Kerbe, *(2)* V-Kerbe, *Zustand* — *Herstellung* Spritzgiessen — *Vorbehandlung* Normalklima

		°C		°C		°C		*Probekörper-Form*
Schlagzähigkeit	kJ/m^2							
Kerbschlagzähigkeit (1)	kJ/m^2	23	6					
IZOD-Kerbschlagzähigkeit (2)	J/m	23	40	0	30	-18	22	
Kerbschlagzugzähigkeit	kJ/m^2							

Abrieb und Reibung

Taber-Abrieb (Reibradverfahren)	mm^3/100 U		
Abriebfaktor LNP (Thrust washer) Vergleichswert			
Statische Reibungszahl			
Dynamische Reibungszahl	(p · v= N/mm^2 ·		m/min)
Zulässiger p · v Wert	N/mm^2 · (m/min)	v=	m/min
		v=	m/min

Thermische Eigenschaften

Formbeständigkeit in der Wärme	*Verfahren* A		51 °C
	Verfahren B		100 °C
Vicat Erweichungstemperatur (VST)	*Verfahren* A/50		152 °C
	Verfahren B/50		105 °C
Kristallit-Schmelzpunkt	*Verfahren* Labofina		160–165 °C
Längenausdehnungskoeffizient	*Bereich*	°C	· $10^{-4}K^{-1}$
	Temperatur		· $10^{-4}K^{-1}$
Wärmeleitfähigkeit	*Verfahren*		W/(K · m)
Spezifische Wärmekapazität	*Verfahren*		J/(K · g)
Glasumwandlungstemperatur	*Torsionsschwingungsversuch*	°C	
	Differentialkalorimetrie	°C	

Brandverhalten

UL-Test vertikal Dicke mm, Wert
Dicke mm, Wert

	Norm	*Bewertung*	*Abmessungen*
Sauerstoff-Index	ASTM D 2863		
Glühstab-Verfahren			
Brandverhalten	DIN 4102		
MVSS			
FAR			

Elektrische Eigenschaften

	Hz	°C	*Probekörper, Form*
Dielektrizitätszahl	50		
	10^3		
	10^6		
Dielektrischer Verlustfaktor tan δ	50		
	10^3		
	10^6		

Spezifischer Durchgangswiderstand Ohm · cm
Durchschlagfestigkeit kV/mm mm dick
Oberflächenwiderstand Ohm

Kriechstromfestigkeit KC KB KA
Elektrolytische Korrosionswirkung
Lichtbogenfestigkeit nach DIN
nach ASTM s

Beständigkeit *(Chemische Beständigkeit siehe Anhang)*

Wasseraufnahme

Feuchtigkeitsaufnahme Normalklima %
Wetterbeständigkeit

Spannungskorrosion

Optische Eigenschaften

Brechungszahl n_D
Transmissionsgrad τ_c % mm dick
Lichtdurchlässigkeit

Datenbank-Nr. **T05034** *Merkblatt-Nr.* **3596**

Produkt	Polypropylen		**PP**
Handelsname	**Finaprop PPH 5060 M**		
Hersteller	FINA		
DIN-Bez 1	16774-PP-H,MG,XX-M045		
DIN-Bez 2			
Zusätze		*Füllstoffe/ Verstärkung*	
Bevorzugte Verarbeitung	Spritzgiessen	*Lieferform*	Granulat
		Farben	Natur; Standard
Besondere Merkmale	Gute Fliessfaehigkeit; Gute mechanische Eigenschaften	*Bevorzugte Anwendungen*	Haushaltsartikel; Industrielles Formteil; Spielzeug

Dichte	g/cm^3 0.905	*Schmelzindex*	g/10 min	6:	230/2.16
Schüttdichte	g/cm^3 0.55–0.60	*Volumenfließindex*	cm^3/10 min	:	
Viskositätszahl	ml/g				

Verarbeitungsbedingungen für Spritzgießen

Massetemp.	°C 180–270	*Schwindung*	% lgs 1–2, quer 1–2
Werkzeugtemp.	°C	*Bemerkungen*	
Spritzdruck	bar		

Zugversuch 23 °C DIN 53455;
Probekörper: *Form* Nr.3 *Herstellung* Spritzgiessen
Zustand *Vorbehandlung* Normalklima

Streckspannung	N/mm^2 34	*Dehnung bei Streckspannung*	%
Zugfestigkeit	N/mm^2	*Reißdehnung*	% ≧400
Reißfestigkeit	N/mm^2 22	*% Dehnspannung*	N/mm^2
E-Modul	N/mm^2	*Dehnung bei % Dehnspg.*	%

Kriechmoduln und Zeitstandwerte 23 °C
Probekörper: *Form* *Herstellung*
Zustand *Vorbehandlung*

Kriechmodul	*1 min* N/mm^2	*Zeitstandzugfestigkeit*	h N/mm^2
Kriechmodul	*1000 h* N/mm^2	*Zeitdehnspg.* %	h N/mm^2
bei Spannung	N/mm^2		

Biegeversuch 23 °C DIN 53457;
Probekörper: *Form* *Herstellung* Spritzgiessen
Zustand *Vorbehandlung* Normalklima

Biegefestigkeit	N/mm^2	*E-Modul*	N/mm^2 1380
3,5% *Biegespannung*	N/mm^2		

Härte 23 °C *Probekörper:* *Zustand* *Herstellung*
Vorbehandlung

Kugeldruckhärte	N/mm^2 bei N, s	*Shore-Härte* A
Rockwellhärte		*Shore-Härte* D

Schlagversuch *Probekörper:* *(1)* U-Kerbe
(2) V-Kerbe *Herstellung* Spritzgiessen
Zustand *Vorbehandlung* Normalklima

		°C	°C	°C	*Probekörper-Form*
Schlagzähigkeit	kJ/m^2				
Kerbschlagzähigkeit (1)	kJ/m^2	23 5			
IZOD-Kerbschlagzähigkeit (2)	J/m	23 32	0 25	-18 20	
Kerbschlagzugzähigkeit	kJ/m^2				

Abrieb und Reibung

Taber-Abrieb (Reibradverfahren)	mm³/100 U		
Abriebfaktor LNP (Thrust washer) Vergleichswert			
Statische Reibungszahl			
Dynamische Reibungszahl	(p·v= N/mm²·		m/min)
Zulässiger p · v Wert	N/mm² · (m/min)	v=	m/min
		v=	m/min

Thermische Eigenschaften

Formbeständigkeit in der Wärme	*Verfahren* A		51 °C
	Verfahren B		100 °C
Vicat Erweichungstemperatur (VST)	*Verfahren* A/50		152 °C
	Verfahren B/50		105 °C
Kristallit-Schmelzpunkt	*Verfahren* Labofina		160–165 °C
Längenausdehnungskoeffizient	*Bereich*	°C	$\cdot 10^{-4}K^{-1}$
	Temperatur		$\cdot 10^{-4}K^{-1}$
Wärmeleitfähigkeit	*Verfahren*		W/(K · m)
Spezifische Wärmekapazität	*Verfahren*		J/(K · g)
Glasumwandlungstemperatur	*Torsionsschwingungsversuch*	°C	
	Differentialkalorimetrie	°C	

Brandverhalten

UL-Test vertikal	Dicke	mm, Wert
	Dicke	mm, Wert

	Norm	*Bewertung*	*Abmessungen*
Sauerstoff-Index	ASTM D 2863		
Glühstab-Verfahren			
Brandverhalten	DIN 4102		
MVSS			
FAR			

Elektrische Eigenschaften

		Hz	°C	*Probekörper, Form*
Dielektrizitätszahl		50		
		10^3		
		10^6		
Dielektrischer Verlustfaktor tan δ		50		
		10^3		
		10^6		
Spezifischer Durchgangswiderstand	Ohm · cm			
Durchschlagfestigkeit	kV/mm			mm dick
Oberflächenwiderstand	Ohm			

Kriechstromfestigkeit	KC	KB	KA
Elektrolytische Korrosionswirkung			
Lichtbogenfestigkeit nach DIN			
nach ASTM s			

Beständigkeit *(Chemische Beständigkeit siehe Anhang)*

Wasseraufnahme

Feuchtigkeitsaufnahme Normalklima %

Wetterbeständigkeit

Spannungskorrosion

Optische Eigenschaften

Brechungszahl n_D

Transmissionsgrad τ_c % mm dick

Lichtdurchlässigkeit

PP

Produkt	Polypropylen
Handelsname	**Finaprop PPH 6060 M**
Hersteller	FINA
DIN-Bez 1	16774-PP-H,MG,XX-M090
DIN-Bez 2	
Zusätze	
Füllstoffe/ Verstärkung	
Bevorzugte Verarbeitung	Spritzgiessen
Lieferform	Granulat
Farben	Natur; Standard
Besondere Merkmale	Gute Fliesseigenschaften; Gute Reiss-festigkeit; Hohe Steifigkeit
Bevorzugte Anwendungen	Haushaltsartikel; Industrielles Formteil; Spielzeug; Formteil mit komplizierten Fliesswegen

Dichte	g/cm³	0.905	*Schmelzindex*	g/10 min	9: 230/2.16
Schüttdichte	g/cm³	0.55–0.60	*Volumenfließindex*	cm³/10 min	:
Viskositätszahl	ml/g				

Verarbeitungsbedingungen für Spritzgießen

Massetemp.	°C	180–270	*Schwindung*	%	lgs 1–2, quer 1–2
Werkzeugtemp.	°C		*Bemerkungen*		
Spritzdruck	bar				

Zugversuch 23 °C DIN 53455;
Probekörper: *Form* Nr.3, *Zustand* — *Herstellung* Spritzgiessen, *Vorbehandlung* Normalklima

Streckspannung	N/mm²	34	*Dehnung bei Streckspannung*	%	
Zugfestigkeit	N/mm²		*Reißdehnung*	%	≧400
Reißfestigkeit	N/mm²	22	*% Dehnspannung*	N/mm²	
E-Modul	N/mm²		*Dehnung bei % Dehnspg.*	%	

Kriechmoduln und Zeitstandwerte 23 °C
Probekörper: *Form*, *Zustand* — *Herstellung*, *Vorbehandlung*

Kriechmodul	*1 min* N/mm²	*Zeitstandzugfestigkeit*	h N/mm²
Kriechmodul	*1000 h* N/mm²	*Zeitdehnspg. %*	h N/mm²
bei Spannung	N/mm²		

Biegeversuch 23 °C DIN 53457;
Probekörper: *Form*, *Zustand* — *Herstellung* Spritzgiessen, *Vorbehandlung* Normalklima

Biegefestigkeit	N/mm²	*E-Modul*	N/mm²	1430
3,5% *Biegespannung*	N/mm²			

Härte 23 °C *Probekörper:* *Zustand* — *Herstellung*, *Vorbehandlung*

Kugeldruckhärte	N/mm² bei N, s	*Shore-Härte* A	
Rockwellhärte		*Shore-Härte* D	

Schlagversuch *Probekörper:* *(1)* U-Kerbe, *(2)* V-Kerbe, *Zustand* — *Herstellung* Spritzgiessen, *Vorbehandlung* Normalklima

		°C		°C		°C		*Probekörper-Form*
Schlagzähigkeit	kJ/m²							
Kerbschlagzähigkeit (1)	kJ/m²	23	4					
IZOD-Kerbschlagzähigkeit (2)	J/m	23	25	0	22	-18	20	
Kerbschlagzugzähigkeit	kJ/m²							

Abrieb und Reibung

Taber-Abrieb (Reibradverfahren)	mm^3/100 U	
Abriebfaktor LNP (Thrust washer) Vergleichswert		
Statische Reibungszahl		
Dynamische Reibungszahl	(p·v= N/mm^2·	m/min)
Zulässiger p · v Wert	N/mm^2 · (m/min) v=	m/min
	v=	m/min

Thermische Eigenschaften

Formbeständigkeit in der Wärme	*Verfahren*	A	51 °C
	Verfahren	B	100 °C
Vicat Erweichungstemperatur (VST)	*Verfahren*	A/50	152 °C
	Verfahren	B/50	105 °C
Kristallit-Schmelzpunkt	*Verfahren*	Labofina	160–165 °C
Längenausdehnungskoeffizient	*Bereich*	°C	$\cdot 10^{-4} K^{-1}$
	Temperatur		$\cdot 10^{-4} K^{-1}$
Wärmeleitfähigkeit	*Verfahren*		W/(K · m)
Spezifische Wärmekapazität	*Verfahren*		J/(K · g)
Glasumwandlungstemperatur	*Torsionsschwingungsversuch*	°C	
	Differentialkalorimetrie	°C	

Brandverhalten

UL-Test vertikal Dicke mm, Wert
Dicke mm, Wert

	Norm	*Bewertung*	*Abmessungen*
Sauerstoff-Index	ASTM D 2863		
Glühstab-Verfahren			
Brandverhalten	DIN 4102		
MVSS			
FAR			

Elektrische Eigenschaften

		Hz	°C	*Probekörper, Form*
Dielektrizitätszahl		50		
		10^3		
		10^6		
Dielektrischer Verlustfaktor tan δ		50		
		10^3		
		10^6		
Spezifischer Durchgangswiderstand	Ohm · cm			
Durchschlagfestigkeit	kV/mm			mm dick
Oberflächenwiderstand	Ohm			

Kriechstromfestigkeit KC KB KA
Elektrolytische Korrosionswirkung
Lichtbogenfestigkeit nach DIN
nach ASTM s

Beständigkeit *(Chemische Beständigkeit siehe Anhang)*

Wasseraufnahme

Feuchtigkeitsaufnahme Normalklima %
Wetterbeständigkeit

Spannungskorrosion

Optische Eigenschaften

Brechungszahl n_D
Transmissionsgrad τ_c % mm dick
Lichtdurchlässigkeit

Produkt	Polypropylen		**PP**
Handelsname	**Finaprop PPH 8060 M**		
Hersteller	FINA		
DIN-Bez 1	16774-PP-H,MG,XX-M200		
DIN-Bez 2			
Zusätze		*Füllstoffe/ Verstärkung*	
Bevorzugte Verarbeitung	Spritzgiessen	*Lieferform*	Granulat
		Farben	Natur; Standard
Besondere Merkmale	Hervorragende Fliesseigenschaften	*Bevorzugte Anwendungen*	Spielzeug; Duennwandiges Formteil

Dichte	g/cm³ 0.905	*Schmelzindex*	g/10 min	18:	230/2.16
Schüttdichte	g/cm³ 0.55–0.60	*Volumenfließindex*	cm³/10 min	:	
Viskositätszahl	ml/g				

Verarbeitungsbedingungen für Spritzgießen

Massetemp.	°C 180–270	*Schwindung*	%	lgs 1–2, quer 1–2
Werkzeugtemp.	°C	*Bemerkungen*		
Spritzdruck	bar			

Zugversuch 23 °C DIN 53455;

Probekörper: *Form* Nr.3 — *Herstellung* Spritzgiessen
Zustand — *Vorbehandlung* Normalklima

Streckspannung	N/mm² 35	*Dehnung bei Streckspannung*	%	
Zugfestigkeit	N/mm²	*Reißdehnung*	%	≦400
Reißfestigkeit	N/mm² 22	*% Dehnspannung*	N/mm²	
E-Modul	N/mm²	*Dehnung bei % Dehnspg.*	%	

Kriechmoduln und Zeitstandwerte 23 °C

Probekörper: *Form* — *Herstellung*
Zustand — *Vorbehandlung*

Kriechmodul	*1 min* N/mm²	*Zeitstandzugfestigkeit*	h	N/mm²
Kriechmodul	*1000 h* N/mm²	*Zeitdehnspg. %*	h	N/mm²
bei Spannung	N/mm²			

Biegeversuch 23 °C DIN 53457;

Probekörper: *Form* — *Herstellung* Spritzgiessen
Zustand — *Vorbehandlung* Normalklima

Biegefestigkeit	N/mm²	*E-Modul*	N/mm² 1530
3,5% *Biegespannung*	N/mm²		

Härte 23 °C *Probekörper:* *Zustand* — *Herstellung*
Vorbehandlung

Kugeldruckhärte	N/mm² bei N, s	*Shore-Härte* A	
Rockwellhärte		*Shore-Härte* D	

Schlagversuch *Probekörper:* *(1)* U-Kerbe
(2) V-Kerbe — *Herstellung* Spritzgiessen
Zustand — *Vorbehandlung* Normalklima

		°C	°C	°C	*Probekörper-Form*
Schlagzähigkeit	kJ/m²				
Kerbschlagzähigkeit (1)	kJ/m²	23 4			
IZOD-Kerbschlagzähigkeit (2)	J/m	23 25	0 22	-18 20	
Kerbschlagzugzähigkeit	kJ/m²				

Abrieb und Reibung

Taber-Abrieb (Reibradverfahren)	$mm^3/100$ U		
Abriebfaktor LNP (Thrust washer) Vergleichswert			
Statische Reibungszahl			
Dynamische Reibungszahl	(p·v=	N/mm²·	m/min)
Zulässiger p·v Wert	N/mm²·(m/min)	v=	m/min
		v=	m/min

Thermische Eigenschaften

Formbeständigkeit in der Wärme	*Verfahren*	A	51 °C
	Verfahren	B	100 °C
Vicat Erweichungstemperatur (VST)	*Verfahren*	A/50	152 °C
	Verfahren	B/50	105 °C
Kristallit-Schmelzpunkt	*Verfahren*	Labofina	160–165 °C
Längenausdehnungskoeffizient	*Bereich*	°C	$\cdot 10^{-4}K^{-1}$
	Temperatur		$\cdot 10^{-4}K^{-1}$
Wärmeleitfähigkeit	*Verfahren*		W/(K·m)
Spezifische Wärmekapazität	*Verfahren*		J/(K·g)
Glasumwandlungstemperatur	*Torsionsschwingungsversuch*	°C	
	Differentialkalorimetrie	°C	

Brandverhalten

UL-Test vertikal	Dicke	mm, Wert
	Dicke	mm, Wert

	Norm	*Bewertung*	*Abmessungen*
Sauerstoff-Index	ASTM D 2863		
Glühstab-Verfahren			
Brandverhalten	DIN 4102		
MVSS			
FAR			

Elektrische Eigenschaften

		Hz	°C	*Probekörper, Form*
Dielektrizitätszahl		50		
		10^3		
		10^6		
Dielektrischer Verlustfaktor tan δ		50		
		10^3		
		10^6		
Spezifischer Durchgangswiderstand	Ohm·cm			
Durchschlagfestigkeit	kV/mm			mm dick
Oberflächenwiderstand	Ohm			

Kriechstromfestigkeit	KC	KB	KA
Elektrolytische Korrosionswirkung			
Lichtbogenfestigkeit nach DIN			
nach ASTM s			

Beständigkeit *(Chemische Beständigkeit siehe Anhang)*

Wasseraufnahme

Feuchtigkeitsaufnahme Normalklima %

Wetterbeständigkeit

Spannungskorrosion

Optische Eigenschaften

Brechungszahl n_D

Transmissionsgrad τ_c % mm dick

Lichtdurchlässigkeit

Produkt	Polypropylen		**PP**
Handelsname	**Finaprop PPH 9060 M**		
Hersteller	FINA		
DIN-Bez 1	16774-PP-H,MG,XX-M200		
DIN-Bez 2			
Zusätze		*Füllstoffe/ Verstärkung*	
Bevorzugte Verarbeitung	Spritzgiessen	*Lieferform*	Granulat
		Farben	Natur; Standard
Besondere Merkmale	Hervorragende Fliesseigenschaften	*Bevorzugte Anwendungen*	Spielzeug; Duennwandiges technisches Formteil

Dichte	g/cm³	0.905	*Schmelzindex*	g/10 min	25:	230/2.16
Schüttdichte	g/cm³	0.55–0.60	*Volumenfließindex*	cm³/10 min	:	
Viskositätszahl	ml/g					

Verarbeitungsbedingungen für Spritzgießen

Massetemp.	°C	180–270	*Schwindung*	%	lgs	1–2, quer 1–2
Werkzeugtemp.	°C		*Bemerkungen*			
Spritzdruck	bar					

Zugversuch 23 °C DIN 53455;
Probekörper: *Form* Nr.3, *Zustand* — *Herstellung* Spritzgiessen, *Vorbehandlung* Normalklima

Streckspannung	N/mm²	36	*Dehnung bei Streckspannung*	%	
Zugfestigkeit	N/mm²		*Reißdehnung*	%	≦200
Reißfestigkeit	N/mm²	23	*% Dehnspannung*	N/mm²	
E-Modul	N/mm²		*Dehnung bei % Dehnspg.*	%	

Kriechmoduln und Zeitstandwerte 23 °C
Probekörper: *Form*, *Zustand* — *Herstellung*, *Vorbehandlung*

Kriechmodul	*1 min*	N/mm²	*Zeitstandzugfestigkeit*	h	N/mm²
Kriechmodul	*1000 h*	N/mm²	*Zeitdehnspg. %*	h	N/mm²
bei Spannung		N/mm²			

Biegeversuch 23 °C DIN 53457;
Probekörper: *Form*, *Zustand* — *Herstellung* Spritzgiessen, *Vorbehandlung* Normalklima

Biegefestigkeit	N/mm²	*E-Modul*	N/mm²	1550
3,5% Biegespannung	N/mm²			

Härte 23 °C *Probekörper:* *Zustand* — *Herstellung*, *Vorbehandlung*

Kugeldruckhärte	N/mm² bei N, s	*Shore-Härte*	A
Rockwellhärte		*Shore-Härte*	D

Schlagversuch *Probekörper:* *(1)* U-Kerbe, *(2)* V-Kerbe, *Zustand* — *Herstellung* Spritzgiessen, *Vorbehandlung* Normalklima

		°C		°C		°C		*Probekörper-Form*
Schlagzähigkeit	kJ/m²							
Kerbschlagzähigkeit (1)	kJ/m²	23	3.5					
IZOD-Kerbschlagzähigkeit (2)	J/m	23	22	0	20	-18	≦20	
Kerbschlagzugzähigkeit	kJ/m²							

Abrieb und Reibung

Taber-Abrieb (Reibradverfahren)	mm^3/100 U		
Abriebfaktor LNP (Thrust washer) Vergleichswert			
Statische Reibungszahl			
Dynamische Reibungszahl	(p·v=	N/mm^2·	m/min)
Zulässiger p·v Wert	N/mm^2·(m/min)	v=	m/min
		v=	m/min

Thermische Eigenschaften

Formbeständigkeit in der Wärme	*Verfahren*	A		51 °C
	Verfahren	B		100 °C
Vicat Erweichungstemperatur (VST)	*Verfahren*	A/50		152 °C
	Verfahren	B/50		105 °C
Kristallit-Schmelzpunkt	*Verfahren*	Labofina		160–165 °C
Längenausdehnungskoeffizient	*Bereich*		°C	$\cdot 10^{-4} K^{-1}$
	Temperatur			$\cdot 10^{-4} K^{-1}$
Wärmeleitfähigkeit	*Verfahren*			W/(K·m)
Spezifische Wärmekapazität	*Verfahren*			J/(K·g)
Glasumwandlungstemperatur	*Torsionsschwingungsversuch*		°C	
	Differentialkalorimetrie		°C	

Brandverhalten

UL-Test vertikal	Dicke	mm, Wert
	Dicke	mm, Wert

	Norm	*Bewertung*	*Abmessungen*
Sauerstoff-Index	ASTM D 2863		
Glühstab-Verfahren			
Brandverhalten	DIN 4102		
MVSS			
FAR			

Elektrische Eigenschaften

		Hz	°C		*Probekörper, Form*
Dielektrizitätszahl		50			
		10^3			
		10^6			
Dielektrischer Verlustfaktor tan δ		50			
		10^3			
		10^6			
Spezifischer Durchgangswiderstand	Ohm·cm				
Durchschlagfestigkeit	kV/mm				mm dick
Oberflächenwiderstand	Ohm				
Kriechstromfestigkeit		KC	KB	KA	
Elektrolytische Korrosionswirkung					
Lichtbogenfestigkeit nach DIN					
nach ASTM	s				

Beständigkeit *(Chemische Beständigkeit siehe Anhang)*

Wasseraufnahme

Feuchtigkeitsaufnahme Normalklima %

Wetterbeständigkeit

Spannungskorrosion

Optische Eigenschaften

Brechungszahl n_D		
Transmissionsgrad τ_c	%	mm dick
Lichtdurchlässigkeit		

Datenbank-Nr. **T05039** *Merkblatt-Nr.* **3600**

PP

Produkt	Polypropylen		
Handelsname	**Finaprop PPH 10060 M**		
Hersteller	FINA		
DIN-Bez 1	16774-PP-H,MG,XX-M400		
DIN-Bez 2			
Zusätze		*Füllstoffe/ Verstärkung*	
Bevorzugte Verarbeitung	Spritzgiessen	*Lieferform*	Granulat
		Farben	Natur; Standard
Besondere Merkmale	Hervorragende Fliesseigenschaften	*Bevorzugte Anwendungen*	Spielzeug; Duennwandiges Formteil

Dichte	g/cm^3	0.905	*Schmelzindex*	g/10 min	35: 230/2.16
Schüttdichte	g/cm^3	0.55–0.60	*Volumenfließindex*	$cm^3/10$ min	:
Viskositätszahl	ml/g				

Verarbeitungsbedingungen für Spritzgießen

Massetemp.	°C	180–270	*Schwindung*	%	lgs 1–2, quer 1–2
Werkzeugtemp.	°C		*Bemerkungen*		
Spritzdruck	bar				

Zugversuch 23 °C DIN 53455;

Probekörper: *Form* Nr.3 *Zustand* — *Herstellung* Spritzgiessen, *Vorbehandlung* Normalklima

Streckspannung	N/mm^2	37	*Dehnung bei Streckspannung*	%	
Zugfestigkeit	N/mm^2		*Reißdehnung*	%	≦200
Reißfestigkeit	N/mm^2	23	*% Dehnspannung*	N/mm^2	
E-Modul	N/mm^2		*Dehnung bei % Dehnspg.*	%	

Kriechmoduln und Zeitstandwerte 23 °C

Probekörper: *Form* *Zustand* — *Herstellung* *Vorbehandlung*

Kriechmodul	*1 min*	N/mm^2	*Zeitstandzugfestigkeit*	h	N/mm^2
Kriechmodul	*1000 h*	N/mm^2	*Zeitdehnspg. %*	h	N/mm^2
bei Spannung		N/mm^2			

Biegeversuch 23 °C DIN 53457;

Probekörper: *Form* *Zustand* — *Herstellung* Spritzgiessen, *Vorbehandlung* Normalklima

Biegefestigkeit	N/mm^2	*E-Modul*	N/mm^2	1550
3,5% *Biegespannung*	N/mm^2			

Härte 23 °C *Probekörper:* *Zustand* — *Herstellung* *Vorbehandlung*

Kugeldruckhärte	N/mm^2 bei N, s	*Shore-Härte*	A
Rockwellhärte		*Shore-Härte*	D

Schlagversuch *Probekörper:* *(1)* U-Kerbe, *(2)* V-Kerbe, *Zustand* — *Herstellung* Spritzgiessen, *Vorbehandlung* Normalklima

		°C		°C		°C		*Probekörper-Form*
Schlagzähigkeit	kJ/m^2							
Kerbschlagzähigkeit (1)	kJ/m^2	23	3					
IZOD-Kerbschlagzähigkeit (2)	J/m	23	22	0	20	-18	≦20	
Kerbschlagzugzähigkeit	kJ/m^2							

Abrieb und Reibung

Taber-Abrieb (Reibradverfahren)	mm^3/100 U		
Abriebfaktor LNP (Thrust washer) Vergleichswert			
Statische Reibungszahl			
Dynamische Reibungszahl	(p·v=	N/mm^2·	m/min)
Zulässiger p · v Wert	N/mm^2 · (m/min)	v=	m/min
		v=	m/min

Thermische Eigenschaften

Formbeständigkeit in der Wärme	*Verfahren* A		51 °C
	Verfahren B		100 °C
Vicat Erweichungstemperatur (VST)	*Verfahren* A/50		152 °C
	Verfahren B/50		105 °C
Kristallit-Schmelzpunkt	*Verfahren* Labofina		160–165 °C
Längenausdehnungskoeffizient	*Bereich*	°C	$\cdot 10^{-4}K^{-1}$
	Temperatur		$\cdot 10^{-4}K^{-1}$
Wärmeleitfähigkeit	*Verfahren*		W/(K · m)
Spezifische Wärmekapazität	*Verfahren*		J/(K · g)
Glasumwandlungstemperatur	*Torsionsschwingungsversuch*	°C	
	Differentialkalorimetrie	°C	

Brandverhalten

UL-Test vertikal Dicke mm, Wert
Dicke mm, Wert

	Norm	*Bewertung*	*Abmessungen*
Sauerstoff-Index	ASTM D 2863		
Glühstab-Verfahren			
Brandverhalten	DIN 4102		
MVSS			
FAR			

Elektrische Eigenschaften

		Hz	°C	*Probekörper, Form*
Dielektrizitätszahl		50		
		10^3		
		10^6		
Dielektrischer Verlustfaktor tan δ		50		
		10^3		
		10^6		
Spezifischer Durchgangswiderstand	Ohm · cm			
Durchschlagfestigkeit	kV/mm			mm dick
Oberflächenwiderstand	Ohm			

Kriechstromfestigkeit KC KB KA
Elektrolytische Korrosionswirkung
Lichtbogenfestigkeit nach DIN
nach ASTM s

Beständigkeit *(Chemische Beständigkeit siehe Anhang)*

Wasseraufnahme

Feuchtigkeitsaufnahme Normalklima %

Wetterbeständigkeit

Spannungskorrosion

Optische Eigenschaften

Brechungszahl n_D
Transmissionsgrad τ_c % mm dick
Lichtdurchlässigkeit